Aspekte
der Organischen
Chemie

Struktur

Distribution
VCH, P.O. Box 102261, D-6940 Weinheim (Federal Republic of Germany)
Switzerland: VCH, P.O. Box, CH-4020 Basel (Switzerland)
United Kingdom and Ireland: VCH (UK) Ltd., 8 Wellington Court, Wellington Street, Cambridge CB1 1HZ (England)
USA and Canada: VCH, Suite 909, 220 East 23rd Street, New York, NY 10010-4606 (USA)

ISBN 3-906390-11-X

Gerhard Quinkert
Ernst Egert
Christian Griesinger

Aspekte der Organischen Chemie

Struktur

Verlag Helvetica Chimica Acta, Basel

VCH
Weinheim · New York · Basel
Cambridge · Tokyo

Professor Dr. Gerhard Quinkert
Professor Dr. Ernst Egert
Professor Dr. Christian Griesinger
Institut für Organische Chemie
Marie-Curie-Straße 11
D-60439 Frankfurt am Main

Lektorat: Dr. M. Volkan Kisakürek
Herstellerische Betreuung: Jakob Schüpfer
Layout: Yann R. Keller
Einbandgestaltung: Bruckmann & Partner, Basel

Die Deutsche Bibliothek - CIP-Einheitsaufnahme

Quinkert, Gerhard:
Aspekte der organischen Chemie : Struktur / Gerhard Quinkert ; Ernst Egert ; Christian Griesinger. - Basel : Verl. Helvetica Chimica Acta ; Weinheim ; New York ; Basel ; Cambridge ; Tokyo : VCH, 1995
ISBN 3-906390-11-X
NE: Egert, Ernst:; Griesinger, Christian:

Gedruckt auf säurefreiem und chlorarm gebleichtem Papier

Druck: Birkhäuser+GBC AG, CH-4153 Reinach BL
Printed in Switzerland

VORWORT

Immanuel Kant bezweifelte 1786, daß die 'Chymie', eine Experimentallehre, sich jemals zu einer Wissenschaft entwickeln könne. Die 'Chymie', die er meinte, konnte jedoch nur die Alchemie sein, von der inzwischen bekannt ist, daß sie durch bewußte Metaphorisierung eine Sprachverwirrung suchte, 'um die Neugier der Ungebildeten abzuwenden'. Die Chemie hat eine völlig andere Einstellung zur Sprache als Vehikel der Kommunikation. Dies kommt an den verschiedensten Stellen des vorliegenden Bandes zum Ausdruck.

So, wie Vertreter der romantischen Naturphilosophie früher, machen Anhänger des Postmodernismus und Poststrukturalismus heute aus ihrer Abneigung gegen das methodische Vorgehen von Naturwissenschaftlern nicht nur keinen Hehl, sondern entwickeln vielfach eine aggressive Ideologie und industriefeindliche Politik. (Organische) Chemie und chemische Industrie sind seit einem Jahrhundert so eng miteinander verknüpft, daß in der Öffentlichkeit der Begriff 'Chemie' häufig synonym mit dem Begriff 'chemische Industrie' gesehen wird. Ohne einer Trennung zwischen den beiden Bereichen, die in einer fruchtbaren Wechselbeziehung leben, das Wort zu reden, gilt: Wenn hier von 'organischer Chemie' gesprochen wird, ist ausschließlich die empirisch begründete wissenschaftliche Disziplin gemeint.

Der vorliegende Band legt in 16 Kapiteln das Fundament zur Struktur von Molekülen und Übermolekülen der organischen Chemie. Die ersten acht Kapitel bilden, gerade auch in der festgelegten Reihenfolge, eine Einheit. Bei ihnen geht es zunächst darum, die kombinatorische Vielfalt von Molekülen zu ganzen Ensembles unterschiedlicher Individuen, aber gleicher allgemeiner oder individueller Molekularformel zu erfassen. Die mit gleicher individueller Molekularformel ausgestatteten Vertreter eines Ensembles, 'Isomere' genannt, enthalten die gleichen Atome in derselben numerischen Zusammensetzung, aber in anderer Reihenfolge (*Konstitution*) oder räumlicher Anordnung (*Konfiguration*). Mit Hilfe von Struktur-Modellen lassen sich Moleküle beschreiben und klassifizieren, unabhängig davon, ob diese Moleküle bereits hergestellt oder nur in der Phantasie des Chemikers entworfen worden sind. Das *Struktur-Modell der klassischen organischen Chemie* sagt nichts über die Natur der chemischen Bindung aus und nennt die zu befolgenden Bau-Leitlinien im wesentlichen aufgrund experimenteller Beobachtungen. Es handelt sich um ein chemisches Modell, das mit Anleihen bei der klassischen Mechanik auskommt. Die einzelnen Atome eines Moleküls sind miteinander verbunden. Handelt es sich bei diesen Bindungen um Einfachbindungen, sind die miteinander verbundenen Atom-Gruppierungen gegeneinander frei drehbar. Trotz dieser Drehbarkeit sind bestimmte, idealisierte Atom-Anordnungen mit charakteristischen Torsionswinkel-Kombinationen (*Konformationen*) energetisch bevorzugt. Sie spielen bei der Konformationsanalyse, die sich um die Aufdeckung von Zusammenhängen zwischen einer Konformation und den mit ihr verknüpften Eigenschaften bemüht, eine dominierende Rolle.

Die Konformationsanalyse ist dann auch der rote Faden, welcher Moleküle und Übermoleküle der mikro-, makro- und supramolekularen Chemie miteinander verbindet. In *Kap. 6* werden am Beispiel von Molekülen kleiner Masse einfache 'Spielregeln' aufgestellt, die sich – wie aus *Kap. 7* hervorgeht – auch bei der Analyse von Molekülen großer Masse bewähren. *Kap. 7* bildet nicht nur vom Umfang her den Schwerpunkt dieses Bandes. Geradezu im Widerspruch zur ursprünglichen Bedeutung des Begriffs 'organische Chemie' sind Chemiker in der Vergangenheit Biomakromolekülen mehr oder weniger aus dem Wege gegangen. Sie überließen es biologisch Interessierten, gleich welcher Fachrichtung, sich mit diesem, im wahrsten Sinn des Wortes lebendigen Gebiet der Chemie zu beschäftigen. Es ist ein besonderes Anliegen der Autoren, mitzuhelfen, die getrennt lebenden 'Verwandten', die sich inzwischen deutlich verschieden voneinander entwickelt haben, einander anzunähern.

In den ersten sieben Kapiteln werden Struktur-Probleme mit dem Struktur-Modell der klassischen organischen Chemie gelöst. In einigen Fällen widersprechen experimentell gefundene Eigenschaften von Molekülen der angenommenen Konformation, Konfiguration oder Konstitution. Hier stößt das Struktur-Modell der klassischen organischen Chemie an die Grenzen seines Geltungsbereichs. An seine Stelle tritt ein physikalisches Modell, das von der Wellenmechanik her bestimmt wird und die chemische Bindung in den Vordergrund rückt: das (qualitative) MO-Modell. In *Kap. 8* wird gezeigt, daß es mit dem MO-Modell gelingt, für die vom Struktur-Modell der klassischen organischen Chemie nicht erfaßten Probleme eine Lösung zu finden.

Während der Inhalt der ersten acht Kapitel, im Zusammenhang gesehen, die Sehweise vermittelt, mit welcher sich die Mannigfaltigkeit organisch-chemischer Moleküle und Übermoleküle überhaupt erst überblicken und handhaben läßt, sind die letzten acht, eher essayistischen Kapitel dazu angetan, zuvor bereits angesprochenen Themen der molekularen oder supramolekularen Struktur unter einem vertiefenden oder erweiternden Aspekt weiter nachzugehen. Die Auswahl der beschriebenen Moleküle und Übermoleküle geschah mit der Absicht, Grenzüberschreitungen zwischen Chemie und Biologie zur Selbstverständlichkeit zu verhelfen. Dem Brückenschlag zwischen Chemie und Biologie dient ganz besonders *Kap. 16*.

Die Autoren haben – jeder für sich und mehr als einmal – den Inhalt dieses Bandes einer ersten Vorlesung über 'Organische Chemie' an der Frankfurter Universität (die dort für alle Chemie-Studenten im dritten Fachsemester vorgesehen ist) zugrunde gelegt. Sie sind davon ausgegangen, daß die Hörer, die parallel zur Vorlesung mit der Durchführung von Experimenten im Laboratorium und mit der Lösung chemischer Denkaufgaben im Seminar beschäftigt waren, eines der gängigen Lehrbücher über 'Organische Chemie' zum Nachschlagen benutzten. Die Autoren hatten ferner im Auge, daß die Universität neben dem *Schulbetrieb für alle* das *Kultivieren autodidaktischer Initiative bei wenigen* nicht zu kurz kommen lassen darf. So sind die ausgewählten Aspekte der organischen Chemie einschließlich der ausführlichen Angaben zur weiterführenden Literatur am Ende eines jeden Kapitels entstanden. Die in der weiterführenden Literatur angegebenen Autorennamen sind ins Namensregister nicht übernommen worden.

Organische Chemiker beschreiben die Struktur von Molekülen mit einer kodifizierten Bildersprache und benennen die Moleküle unter Anwendung von Nomenklatur-Regeln. *Kap. 10* informiert ausführlich darüber, wie man Moleküle durch Formeln und Namen wiedergeben sollte.

Zu einer Zeit, in der Fortschritt in den Naturwissenschaften im wesentlichen in englischer Sprache mitgeteilt wird, möchten sich die Autoren klar und differenzierend in ihrer Muttersprache ausdrücken: um heranwachsende Wissenschaftler zu ermuntern, sich zwei- und nicht anderthalbsprachig zu entwickeln. In einigen Fällen wurden aus englischen Wörtern stammende Akronyme verwendet. So gebrauchen wir DNA und RNA (Einzahl) bzw. DNAs und RNAs (Mehrzahl, Genitiv) sowie AO und MO (Einzahl) bzw. AOs und MOs (Mehrzahl, Genitiv) für Atom- und Molekül-Orbitale.

Der vorliegende Text hat eine komplexe Geschichte, die – um gebührenden Dank abstatten zu können – kurz skizziert werden soll. Alles begann mit der Vorlesung und der dazugehörigen *Notizensammlung*. Der Vorlesungsinhalt wurde von Studenten während mehrerer Semester in zahlreichen *Mitschriften* dokumentiert. Von den ausgearbeiteten Mitschriften, die nicht ohne Rückwirkung auf Inhalt und Form der Vorlesung im Wiederholungsfall waren, soll diejenige von *Peter Eckes* – ihrer Qualität und zeitweiligen Verbreitung wegen – hervorgehoben werden. Das schließlich zustande gekommene *Manuskript* ist über Jahre hinweg herangereift. Ohne die souveräne Handhabung moderner Textverarbeitung durch *Anneliese Dlabal* und ohne ihre Geduld und Umsicht wäre der jetzige Zustand nie erreicht worden. Mit dem Programm *ChemDraw* hat eine ganze Reihe tüchtiger Mitarbeiter Vorlagen für Abbildungen angefertigt. *Petra Schmalz, Claudia Schierloh, Astrid Döring, Dietmar Reichert, Klaus Urbahns* und *Birgit Gröne* haben sich hier besonders verdient gemacht. Von der Notizensammlung bis zum Manuskript ist es ein weiter Weg. Nicht geringer ist der Abstand zwischen dem Manuskript und dem fertigen Buch. Daß diese letzte und aufwendige Wegstrecke überhaupt zurückgelegt werden konnte, ist das Verdienst von *M. Volkan Kısakürek*. Sein Sprachgefühl, seine Kenntnis der chemischen Nomenklatur und seine ästhetischen Prinzipien haben auf nahezu jeder Seite Spuren hinterlassen.

Außer den Autoren waren *Joachim W. Engels, Dieter Rehm* und *Wolf-Dieter Stohrer* an der Ausarbeitung des Lehrkonzepts beteiligt. Ihre Beiträge sind in den Text verwoben. Das gleiche gilt für die Beiträge der Gastprofessoren (der *Rolf-Sammet*-Stiftung und der *Degussa* an der *Johann-Wolfgang-Goethe*-Universität) *Peter B. Dervan, Albert Eschenmoser, Meir Lahav, Jean-Marie Lehn, K. Barry Sharpless, W. Clark Still* und *Rolf K. Thauer*. Konstruktive Kommentare zu einzelnen Kapiteln verdanken wir *Albrecht Berkessel, Steffen Glaser, Michael W. Göbel, Clemens Jochum, Reiner Luckenbach, Michael Reggelin, Wolfgang R. Roth, Hans-Günther Schmalz, Wolfgang Schubert* und *Hans Ulrich Stilz*.

Autoren wissen bei bestem Willen häufig nicht, wer sie auf diesen Gedanken brachte oder zu jenem Bild führte. Sie können jedoch in der Regel den einen oder anderen nennen, der ihre Denkart nachhaltig beeinflußte. Dem einen von uns (*G. Q.*), der im wesentlichen als Autodidakt heranwuchs, hat *Edgar Heilbronner* schon frühzeitig den Blick für die Rolle von Modellen geschärft und hat *Albert Eschenmoser* über Jahrzehnte hinweg die Richtung angegeben und den Maßstab gesetzt.

Frankfurt am Main, im Oktober 1994

Gerhard Quinkert
Ernst Egert
Christian Griesinger

Inhaltsverzeichnis

1 Einführung in die organische Chemie

1.1. Skizzierung des Gesamtvorhabens *'Aspekte der Organischen Chemie'*

Wenn es zu den Aufgaben eines Philosophen gehört, unausgesprochene Annahmen aufzudecken und zu verdeutlichen, so wird der vorliegende Text auch in einem philosophischen Seminar mit Gewinn zu verwenden sein. Dabei haben sich die Autoren bemüht, viele der Annahmen, die dem Gebrauch der verwendeten Begriffe und dem Verständnis der damit verknüpften Bedeutungen zugrunde liegen, bewußt zu machen: damit der Text verständlich werde und einem in der Chemie noch nicht sehr Erfahrenen nützen könne. Bei den nachstehenden Ausführungen von *Abschn. 1.1* ist allerdings eine Ausnahme gemacht worden. Hier ist mit knappen Strichen skizziert worden, was in der Gesamtheit der noch zu publizierenden Teile thematisiert werden soll: unter Verwendung von Begriffen, die nicht sorgsam eingeführt worden sind, und mit Anspielungen auf ein Verständnis, über das nur der in der Chemie Erfahrene verfügen kann. Beiden, dem Anfänger wie dem Fortgeschrittenen, sollen die *Aspekte der Organischen Chemie* eine Stütze sein.

Durch die Verleihung des *Nobel*-Preises für Chemie an *Donald J. Cram*, *Jean-Marie Lehn* und *Charles J. Pedersen* im Jahr 1987 wurde einer breiten Öffentlichkeit bewußt gemacht, daß sich die *molekulare Chemie* (mit ihren Molekülen) in die *supramolekulare Chemie* (mit ihren Übermolekülen) ausgeweitet hat. In *Aspekte der Organischen Chemie*, Band 1: *Struktur* werden die Grundlagen zur strukturellen Beschreibung von Molekülen und Übermolekülen gelegt.

In den ersten hundert Jahren organischer Chemie stand die molekulare Struktur der Verbindungen im Mittelpunkt des Interesses. Jetzt interessiert vornehmlich die molekulare Funktion, welche eine Verbindung aufgrund ihrer aus der Struktur abzuleitenden Eigenschaften ausüben kann. Diese Akzentverschiebung entspricht der dramatischen Horizonterweiterung, welche *James D. Watson* und *Francis H.C. Crick* (*Nobel*-Preis für Physiologie oder Medizin 1962) erfuhren, als sie 1953 die Struktur der DNA ('**d**eoxyribo**n**ucleic **a**cid') erkannt hatten: Jeder der beiden DNA-Einzelstränge, die im Übermolekül mit Doppelhelix-Struktur miteinander verknüpft sind, dient abgespult als Matrize für die Herstellung einer exakten DNA-Kopie, die bei der Zellteilung an eine Tochterzelle weitergegeben wird.

Durch die außerordentliche Beachtung, welche die Katalyse stereoasymmetrischer Reaktionen (z. B. durch *K. Barry Sharpless* und *Ryoji Noyori*) in jüngster Zeit gefunden hat, ist es leichter geworden, Bedingungen zu nennen, die erfüllt sein müssen, bevor man eine konsensfähige Definition einer ausgereiften chemischen Reaktion festlegen kann. Eine chemische Reaktion kann als ausgereift angesehen werden, wenn sie bei nicht zu enger Substrat-Spezifität unter Verwendung substöchiometrischer Anteile an effektiven Katalysatoren mit hoher chemischer Ausbeute und hoher Regio- und Stereoselektivität in vorhersagbarer Weise und ohne Beschränkung auf eine bestimmte Ansatzgröße zum erwünschten Produkt führt. In *Aspekte der Organischen Chemie*, Band 2: *Reaktivität* werden die Grundlagen zur Beschreibung und Anwendung chemischer Reaktionen gelegt. Es wird insbesondere der Reifegrad der vorgestellten Umsetzungen aufgezeigt, um den Blick für künftige Entwicklungen zu schärfen.

Im Mittelpunkt der Chemie steht die Synthese. Unter chemischer Synthese versteht man seit *Adolf von Baeyer* (*Nobel*-Preis für Chemie 1905) ein System von Methoden, mit dessen Hilfe sich strukturell komplexe chemische Verbindungen aus einfachen aufbauen lassen. Das Äußerste, was in der synthetischen organischen Chemie bisher erreicht wurde, sind die beiden Totalsynthesen des Vitamins B_{12}, die mit insgesamt 130 Doktoranden oder Postdoktoranden unter der Leitung von *Robert B. Woodward* (Harvard University) und/oder *Albert Eschenmoser* (ETH-Zürich) verwirklicht werden konnten. *R. B. Woodward* (*Nobel*-Preis für Chemie 1965) demonstrierte, wie man vielstufige Synthesen strukturell komplexer Zielverbindungen konsequent planen und flexibel realisieren kann. *A. Eschenmoser* zeigte, wie man durch Erfinden neuer Reaktionen im Rahmen eines Synthese-Projekts die ursprüngliche Strategie beibehalten und die Synthese zur wesentlichen Quelle neuer Erkenntnis über die Reaktivität chemischer Verbindungen nutzen kann. 1990 wurde an *Elias J. Corey* der *Nobel*-Preis für Chemie verliehen: für die didaktische Aufbereitung der Synthese-Methodologie bis hin zur computer-unterstützten Synthese-Planung.

Die Aufmerksamkeit des synthetisierenden Chemikers ist einerseits auf Naturstoffe, andererseits auf solche Zielverbindungen gerichtet, die im Verlauf der materiellen Evolution nicht aufgetreten sind, die aber nach den chemischen, physikalischen oder biologischen Eigenschaften (als Reagenz bzw. Katalysator, als Werkstoff oder als Wirkstoff) besondere Funktionen auszuüben versprechen. In *Aspekte der Organischen Chemie*, Band 3: *Synthese* wird der Kenntnisstand der Synthese strukturell komplexer Zielverbindungen vermittelt.

Das Spektrum synthetischer Methoden schließt ausdrücklich sowohl solche der *chemischen* als auch solche der *biologischen* Synthese mit ein. Unter *chemischen Synthese-Schritten* werden nicht nur Umsetzungen mit Reagentien oder Katalysatoren, welche von Chemikern hergestellt worden sind, verstanden, sondern auch solche, bei denen Enzyme, Antikörper sowie tote Zellen mit natürlichem Genom Verwendung finden. Lebende Zellen besitzen in ihrer DNA für die zahlreichen in ihnen ablaufenden Synthese-Schritte ein ganz bestimmtes Synthese-Programm. Dieses Synthese-Programm und das hiervon bestimmte Synthese-Geschehen lassen sich gentechnisch (durch Einführung *in vitro* neukombinierter Nucleinsäure-Moleküle) umprogrammieren. Synthese-Schritte, bei denen die synthetische Leistungsfähigkeit lebender Zellen mit originärer oder neukombinierter DNA gezielt ausgenutzt wird, rechnet man der biologischen Synthese zu.

Nach der erfolgreichen 'Physikalisierung' der Chemie während der ersten Hälfte dieses Jahrhunderts ist es an der Zeit, die Schlagbäume zur Nachbar-Disziplin *Biologie* zu öffnen, um den interdisziplinär denkenden Chemiker zu kultivieren, der biologische Wirkungsstrukturen erkennen und optimieren sowie die entsprechenden Zielverbindungen durch chemische oder biologische Synthese zugänglich machen kann. *Aspekte der Organischen Chemie,* Band 4: *Methoden der Struktur-Bestimmung* zeigt auf, wie durch *Röntgen*-Strukturanalyse, NMR-Spektroskopie und Computer-Simulation die Struktur eines biologisch interessanten Wirkstoffs erkannt und nach Berücksichtigung geeigneter Struktur/Wirkungsbeziehungen gezielt abgewandelt werden kann. Damit wird ein Anliegen berücksichtigt, auf das *Emil Fischer* (*Nobel*-Preis für Chemie 1902) in seiner *Faraday Lecture 1907* ('*Synthetical Chemistry in its Relation to Biology*') bereits hingewiesen hat: '*In its early youth organic chemistry was so closely connected with biology. I do consider it not only possible but desirable, that the close connexion of chemistry with biology ... should be reestablished, as the great chemical secrets of life are only to be unveiled by cooperative work.*'

1.2. Die Verbindungen der organischen Chemie

Chemie ist die empirisch begründete Wissenschaft von den Eigenschaften und den Umwandlungen der Stoffe. Eigenschaften können im allgemeinen eine kontinuierliche Skala von 'Werten' durchlaufen. Stoffe lassen sich in diskreter Weise klassifizieren: kontinuierliche Übergänge zwischen ihnen erweisen sich als bloße Gemische. Diese Unterscheidung zwischen Gemischen und diskreten Stoffen – chemischen Verbindungen, wie der Chemiker sagt – steht am Anfang jedes Weges in die Chemie. Jede Eigenschaft von Mischungen durchläuft ein Kontinuum zwischen den Qualitäten der reinen Stoffe. Die Eigenschaften einer chemischen Verbindung sind dagegen neuartig und charakterisieren einen diskreten Stoff. Die Diskretheit des reinen Stoffes ist ein chemisches Grundphänomen und im Alltag mühelos zu erkennen. Sie offenbart die Grundstruktur der materiellen Wirklichkeit und ist keineswegs trivial. Nach *Carl Friedrich von Weizsäcker* wäre vermutlich keine Begriffsbildung möglich, gäbe es die Phänomene der Diskretheit und damit die Unstetigkeit in der Natur nicht.

1.2.1. Abgrenzung und Einteilung

Der Name suggeriert es: Die organische Chemie widmet sich den Bausteinen des Lebens. Doch ist die Abgrenzung der organischen von den anorganischen Verbindungen nicht so einfach, wie es auf den ersten Blick erscheinen mag. So sind im Laufe von zwei Jahrhunderten die verschiedensten Abgrenzungslinien gezogen worden.

Ursprünglich ging man davon aus, daß es nicht möglich sein werde, Verbindungen der organischen Chemie außerhalb der lebenden Zelle zu synthetisieren. Für ihre Entstehung sollte eine mystische Lebenskraft, die sogenannte *vis vitalis*, verantwortlich sein. Aus diesem Glauben heraus wurden organische Verbindungen wie z.B. die vegetabilische Oxalsäure oder der animalische Harnstoff separat betrachtet. *Fig. 1.1* gibt an, daß Oxalsäure (1825) und Harnstoff (1828) von *Friedrich Wöhler* als Produkt-Komponenten erkannt werden konnten, nachdem er Dicyan in eine wäßrige Ammoniak-Lösung geleitet hatte.

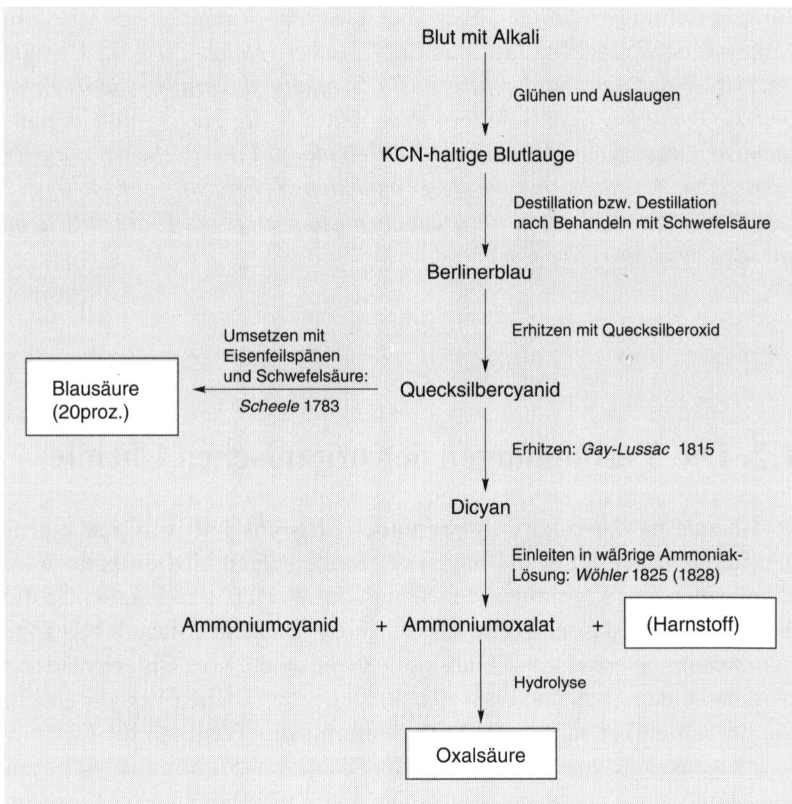

Fig. 1.1. *Erstmalige Herstellung von Blausäure, Oxalsäure und Harnstoff im chemischen Laboratorium*

Dieser Befund ist in der Folgezeit sehr unterschiedlich ausgelegt worden und hat zum Entstehen der Legende geführt, die *vis vitalis* sei allein schon dadurch obsolet geworden. Eine sorgfältige historische Analyse läßt jedoch eine derart kurzschlüssige Interpretation nicht zu. Jedenfalls wurde es notwendig, eine neue Abgrenzung zwischen anorganischen und organischen Verbindungen zu finden, da auch Verbindungen, die von Organen oder Organismen synthetisiert werden, sich vom Chemiker im Laboratorium herstellen lassen.

Eine andere Bestimmung bezeichnet alle Kohlenstoff-Verbindungen als organische Verbindungen. Doch führt auch diese Festlegung nicht zu einem befriedigenden Ergebnis. Üblicherweise werden nämlich außer den elementaren Modifikationen auch die Oxide des Kohlenstoffs, ferner die Carbonate und Carbide, der anorganischen Chemie zugewiesen.

Eine häufig verwendete Definition versteht alle Kohlenwasserstoffe und ihre Derivate als organische Verbindungen. Vom Standpunkt einer systematischen Entwicklung der Nomenklatur chemischer Verbindungen aus überzeugt eine derartige Abgrenzung. Doch darf nicht übersehen werden, daß sie recht künstlich ist: Sie entspricht weder der biologischen Chemie noch einer potentiell präbiotischen Chemie und trägt daher wenig zum Verständnis der materiellen Evolution bei.

In einer solchen Situation mag man sich fragen, was denn die als öffentliches Wissen aufgefaßte Wissenschaft unter *Organischer Chemie* versteht. Als kompetenter Ratgeber sollte hier vorrangig ein Handbuch für dieses Wissensgebiet in Betracht kommen. Vom *Beilstein-Institut für Literatur der Organischen Chemie* zu Frankfurt am Main wird *Beilsteins Handbuch der Organischen Chemie* (nachfolgend kurz als der *Beilstein* zitiert) herausgegeben. Hierbei handelt es sich genau gesehen um eine Enzyklopädie organisch-chemischer Verbindungen. Doch kümmert sich der *Beilstein* nicht um makromolekulare Kohlenstoff-Verbindungen und nur mit Einschränkung um metallorganische Verbindungen. Informationen über metallorganische Verbindungen findet man in *Gmelin Handbook of Inorganic and Organometallic Chemistry*, das vom *Gmelin-Institut für Anorganische Chemie und Grenzgebiete* zu Frankfurt am Main herausgegeben wird.

Wenn auch der *Beilstein* für eine Definition, was organische Chemie sei, nicht optimal geeignet ist, macht er auf etwas aufmerksam: daß es Informationsquellen über das in der Vergangenheit angesammelte Wissen im Bereich der organischen Chemie gibt, wo immer die genauen Grenzen dieser Disziplin im einzelnen auch liegen mögen.

1.2.2. Dokumentation und Wiedergewinnung von chemischem Wissen

Die Veröffentlichung ist ein integraler Bestandteil des Wissenschaftsprozesses. Sie kann in mündlicher Form als Vortrag bei Kongressen oder bei sonstigen, mehr oder weniger regelmäßig stattfindenden Zusammenkünften von Wissenschaftlern für ein begrenztes Publikum erfolgen. Soll eine wissenschaftliche Veröffentlichung weiter reichen und zugleich dauerhaft fixiert bleiben, wird sie in wissenschaftlichen Büchern oder wissenschaftlichen Zeitschriften, also in schriftlicher Form vorgenommen. Um den Fortgang der Wissenschaft laufend zu dokumentieren, gibt man Handbücher heraus, welche die Original-Literatur im abgegrenzten Erfassungsbereich erschließen und zitieren.

Pessimisten haben Angstvorstellungen entwickelt, nach denen die wachsende Flut publizierter Informationen die zur Regulierung der Wiedergewinnung der Information errichteten Dämme bräche. Sie sprechen davon, daß in absehbarer Zukunft immer häufiger verschiedene Autoren die gleichen Forschungsergebnisse doppelt und dreifach publizieren würden. Da selbst der gewissenhafteste Forscher nicht mehr in der Lage sei, sämtliche für ihn wichtigen Veröffentlichungen aus Referate-Organen, geschweige denn aus der Original-Literatur, zu beachten, käme man gegen die Vergeudung menschlicher Arbeitskraft und finanzieller Mittel, die mit einer wildwuchernden Überproduktion verknüpft sei, nicht mehr an. Zum Glück gibt dieser Eindruck eher die Stimmung eines Albtraums als die unausweichliche Realität der Wissenschaft von heute oder auch von morgen wieder.

Durch die revolutionären Veränderungen im Publikationswesen, von der Manuskriptherstellung durch den Autor in Kleincomputern bis hin zur Speicherung von Informationen in und ihrer Wiedergewinnung aus Datenbanken, sind die technischen Voraussetzungen für eine intelligente Bewältigung der Wissensflut gewährleistet. Wichtige Datenbanken, welche den Bereich der organischen Chemie berücksichtigen, sind vor allem *Beilstein-ONLINE-Datenbank*, *CAS ONLINE* und *SCI-SEARCH*. Diese Datenbanken sowie die mit ihnen verbundenen gedruckten Dienste sind in *Kap. 9* ausführlich beschrieben worden.

1.2.3. Das 'Literatur-Problem'

Betrachtet man z. B. den aktuellen Stand des *Beilstein*s, so fällt ins Auge, daß bis heute nur die Veröffentlichungen bis zum Jahre 1959 vollständig erfaßt worden sind und die Literatur bis 1979 bislang erst im Bereich der Heterocyclen bearbeitet wird. Wie ist ein solcher Rückstand zu erklären?

Die Antwort auf diese Frage ist verhältnismäßig einfach, wenn man sich die gigantische Anzahl von Veröffentlichungen vor Augen führt. Eine kritische Prüfung der Literatur, wie sie das *Beilstein*-Institut vornimmt, ist nicht rasch zu leisten. Zur Zeit erscheinen jährlich mehr als 500 000 Veröffentlichungen auf dem Gebiet der Chemie, d. h. an jedem Tag des Jahres, sonn- und feiertags genauso wie werktags, rund um die Uhr: im Schnitt in jeder Minute eine Publikation. Durch die Flut an Informationen, deren Ende nicht abzusehen ist, vervielfacht sich in immer kürzeren Zeiträumen das Wissen der Chemie. Der *Beilstein* kennt innerhalb des ihm eigenen Erfassungsbereichs bis 1960 *ca.* 1 Million

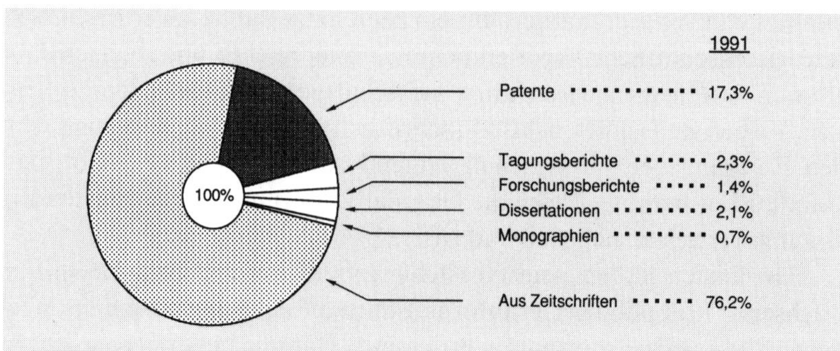

Fig. 1.2. *Aufschlüsselung der vom* Chemical Abstracts Service *referierten Veröffentlichungen für das Jahr 1991 nach Quellen*

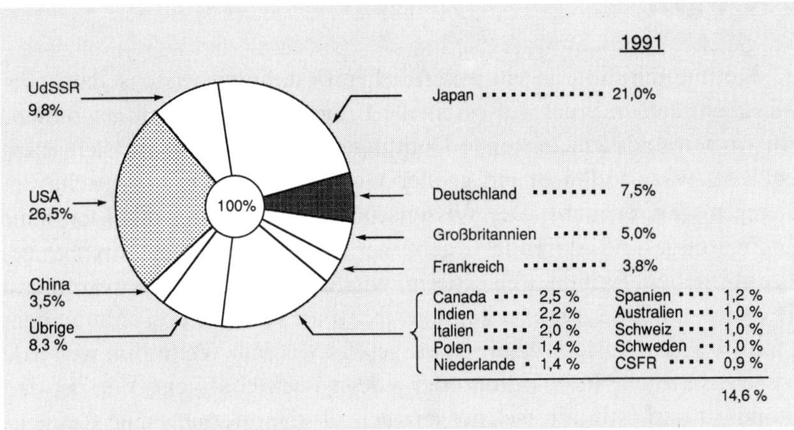

Fig. 1.3. *Aufschlüsselung der vom* Chemical Abstracts Service *referierten Veröffentlichungen für das Jahr 1991 nach nationaler Herkunft*

organisch-chemische Verbindungen. Von 1960 bis 1979 sind 2,5 Millionen Verbindungen hinzugekommen. 1990 dürfte die Gesamtzahl bei etwa 4,6 Millionen Verbindungen gelegen haben. Leider ist die Anzahl von (z.Zt. insgesamt mehr als 10 Millionen) vom *Chemical Abstracts Service* (*CAS*) aufgeführten Registrier-Nummern (*CA-RN*) mit der Anzahl chemischer Verbindungen nicht identisch: wenn der jeweilige Referent vom *CAS* nicht sicher ist, ob eine in der zu referierenden Literatur beschriebene chemische Verbindung bereits mit einer *CA-RN* versehen worden ist, wird er in der Regel eine neue *CA-RN* verwenden.

Eine Aufschlüsselung der vom *CAS* in einem bestimmten Zeitabschnitt referierten Veröffentlichungen nach Art der Veröffentlichung, ihrer nationalen Herkunft und natürlichen Sprache liefert interessante Einblicke in die Forschungsaktivitäten verschiedener Länder und Sprachräume. Die *Fig. 1.2–1.4* geben die entsprechenden Ergebnisse für 1991 wieder.

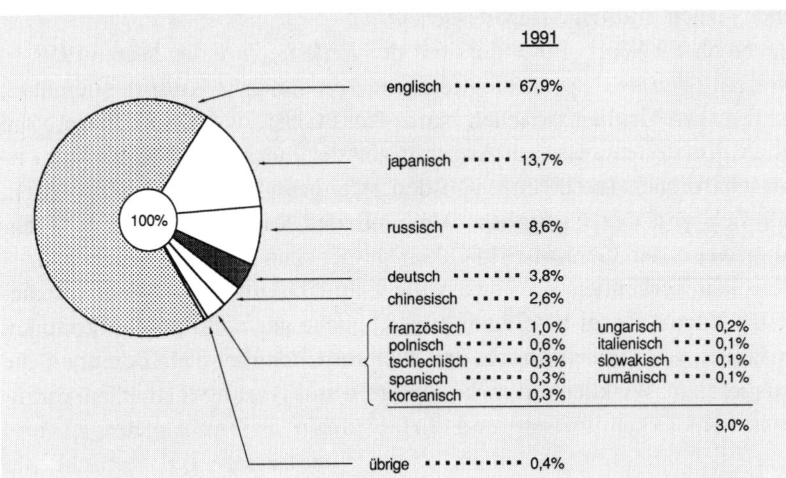

Fig. 1.4. *Aufschlüsselung der vom* Chemical Abstracts Service *referierten Veröffentlichungen für das Jahr 1991 nach Sprachen*

Das Jahr 1991 ist als Bezugsjahr gewählt worden, weil die verwendeten Kriterien – nationale Herkunft und verwendete Sprache – nach den politischen Veränderungen in Osteuropa für ein späteres Jahr ein verzerrtes Bild ergeben würden.

1.3. Fazit

Kommunikation ist ein wesentlicher Bestandteil wissenschaftlicher Tätigkeit. Jemand, der auf originelle Fragen experimentell gewonnene Antworten und tiefschürfende Deutungen wüßte und sie für sich selbst behielte, wäre vielleicht ein großer Geist, ein großer Wissenschaftler dagegen wäre er nicht: Der Wissenschaftler ist dazu verpflichtet, neue Erkenntnisse und klärende Ergebnisse (wenn auch nicht voreilig) bekanntzugeben. Einmal, weil experimentelle Ergebnisse, Hypothesen und Theorien im Feuer sachverständiger Kritik getempert und somit einem evolutionären Ausleseverfahren ausgesetzt werden. Weiterhin, weil jede wissenschaftliche Publikation oder jeder wissenschaftliche Vortrag den Standard mitbestimmt, welcher letztlich für die internationale Gemeinschaft tätiger Wissenschaftler einer jeden Epoche charakteristisch ist. Der Wissenschaftler wird daher nicht nur die von ihm gewonnenen Ergebnisse bekanntmachen, sondern er wird dies in der für ihn bestmöglichen Art und Weise tun.

Der vertraute Umgang mit wissenschaftlichen Vortragsveranstaltungen, der wissenschaftlichen Literatur sowie mit Datenbanken kann gar nicht früh genug zustande kommen. Man wird dann bald lernen: In der Alltagssprache verwendet man dieselben Worte wie in der wissenschaftlichen Sprache. Sie haben in der wissenschaftlichen Sprache oftmals eine andere Bedeutung als in der Alltagssprache. Um in der wissenschaftlichen Gemeinschaft verstanden zu werden, muß man die wissenschaftliche Sprache wissenschaftlich sprechen: indem man Worte mit ihrer Bedeutung in der Alltagssprache in Worte mit ihrer Bedeutung in der wissenschaftlichen Sprache übersetzt. Würde man auf diese oft verdeckte Übersetzungstätigkeit achten, so würde man merken, daß in der Sprache der Wissenschaft viele Ausdrücke eigentlich in Anführungszeichen stehen müßten (*Gaston Bachelard*).

Noch ein Wort: Besonders seit der *Rede Lecture* des Jahres 1959, in welcher *Charles P. Snow* die Metapher von den zwei Kulturen benutzte, ist viel vom Graben zwischen Natur- und Geisteswissenschaftlern, vom Nicht-Verstehen zwischen Angehörigen der literarischen und naturwissenschaftlichen Intelligenz, von den zwei grundsätzlich verschiedenen, nämlich von der naturalistischen und der kulturalistischen Betrachtungsweise der Gesamtwirklichkeit gesprochen oder geschrieben worden. Wir verkennen keineswegs die damit bekundete Absicht, existierende Vorurteile zu beseitigen und mögliche gar nicht erst aufkommen zu lassen. Wir meinen jedoch, daß das, was Chemiker beim Bemühen, die existierende Wirklichkeit zu analysieren und verantwortbar zu verändern, an Erkenntnissen und Erfahrungen zusammengetragen und schriftlich festgehalten haben, einen bedeutsamen Teil menschlicher Kulturleistung darstellt. Wir vergessen allerdings nicht, daß auch der Mensch Teil der Natur ist. Eine Überbetonung der Alternative *naturalistisch/kulturalistisch* könnte die Zwei-Kulturen-Mentalität eher konservieren, statt sie für einen Dialog zu reformulieren.

Weiterführende Literatur

Zu Abschn. 1.1.

D. J. Cram, *Nobel-Vortrag: Von molekularen Wirten und Gästen sowie ihren Komplexen, Angew. Chem.* **1988,** *100,* 1041.

J.-M. Lehn, *Nobel-Vortrag: Supramolekulare Chemie – Moleküle, Übermoleküle und molekulare Funktionseinheiten, Angew. Chem.* **1988,** *100,* 92.

C. J. Pedersen, *Nobel-Vortrag: Die Entdeckung der Kronenether, Angew. Chem.* **1988,** *100,* 1053.

K. B. Sharpless, *Discovery of the Titanium-Catalyzed Asymmetric Epoxidation – A Personal Account, Proceedings of the Robert A. Welch Foundation Conferences on Chemical Research XXVI:* Stereospecificity in Chemistry and Biochemistry, Houston, Texas, 1984.

R. Noyori, *Chemical Multiplication of Chirality: Science and Application, Chem. Soc. Revs.* **1989,** *18,* 187.

J. D. Watson, *Nobel-Vortrag: Die Beteiligung der Ribonucleinsäure an der Proteinsynthese, Angew. Chem.* **1963,** *75,* 439.

F. H. C. Crick, *Nobel-Vortrag: Über den genetischen Code, Angew. Chem.* **1963,** *75,* 425.

J. D. Watson, F. H. C. Crick, *Molecular Structure of Nucleic Acids. A Structure for Deoxyribose Nucleic Acid, Nature* **1953,** *171,* 737.
– Genetic Implications of the Structure of Deoxyribonucleic Acid, Nature **1953,** *171,* 964.

A. Baeyer, *Über die chemische Synthese,* Verlag der K. B. Akademie, München, 1878.

R. B. Woodward, *Synthesis* in *Perspectives in Organic Chemistry* (Ed. A. Todd), Interscience Publ., New York, 1956.

A. Eschenmoser, *Organische Naturstoffsynthese heute – Vitamin B_{12} als Beispiel, Naturwissenschaften* **1974,** *61,* 513.

E. J. Corey, *Nobel-Vortrag: Die Logik der chemischen Synthese: Vielstufige Synthesen komplexer 'carbogener' Moleküle, Angew. Chem.* **1991,** *103,* 469.

Emil Fischer, *Nobel Lecture: Synthesis in the Purine and Sugar Group* in *Nobel Lectures Chemistry 1901–1921,* S. 21, Elsevier Publ. Comp., Amsterdam, 1966.
– Faraday Lecture: Synthetical Chemistry in its Relation to Biology, J. Chem. Soc. **1907,** 1749.

Zu Abschn. 1.2.

C. F. von Weizsäcker, *Aufbau der Physik,* Deutscher Taschenbuch Verlag, München, 1985.

G. Quinkert, *Spuren der Chemie im Weltbild unserer Zeit* in *Chemie und Geisteswissenschaften* (Ed. J. Mittelstraß, G. Stock), Akademie Verlag, Berlin, 1992.

1.2.1.

F. Wöhler, *Über Cyan-Verbindungen, Ann. Phys. Chem.* **1825,** *3,* 177.
– Über künstliche Bildung des Harnstoffs, Ann. Phys. Chem. **1828,** *12,* 253.

H. Bauer, *Die ersten organisch-chemischen Synthesen, Naturwissenschaften* **1980,** *67,* 1.

J. Weyer, *150 Jahre Harnstoffsynthese, Nachr. Chem. Tech. Lab.* **1978,** *26,* 564.

1.2.2.

M. Mücke, *Die chemische Literatur,* Verlag Chemie, Weinheim, 1982.

Y. Wolman, *Chemical Information – A Practical Guide to Utilization* (2nd Edn.), John Wiley & Sons, New York, 1988.

B. Fabian, *Buch, Bibliothek und geisteswissenschaftliche Forschung,* Vandenhoeck & Ruprecht, Göttingen, 1983.

Zu Abschn. 1.3.

G. Bachelard, *Die Bildung des wissenschaftlichen Geistes,* Suhrkamp Verlag, Frankfurt am Main, 1984.

J. Ben-David, *The Scientist's Role in Society,* Prentice-Hall Inc., Englewood Cliffs, New Jersey, 1971.

C.P. Snow, *The Two Cultures and A Second Look,* Cambridge University Press, Cambridge, 1980.

H. Kreuzer (Ed.), *Die zwei Kulturen – Literarische und naturwissenschaftliche Intelligenz – C.P. Snows These in der Diskussion,* dtv/Klett-Cotta, München, 1987.

W.H. Brock, *C.P. Snow – Novelist or Scientist? Chem. Br.* **1988,** 345.

P. Janich, *Grenzen der Naturwissenschaft – Erkennen als Handeln,* C.H. Beck, München, 1992.

2 Das Struktur-Modell der klassischen organischen Chemie

2.1. Das Molekül-Konzept

Die Diskretheit chemischer Verbindungen wurde Anfang des 19. Jahrhunderts in den *Gesetzen der konstanten und multiplen Proportionen* postuliert. Diese Gesetze gehen von der Annahme aus, die große Anzahl chemischer Verbindungen bestünde aus einer kleinen Anzahl chemischer Elemente.

Nach dem Gesetz der konstanten Proportionen stehen die Gewichtsmengen der in einer chemischen Verbindung vereinigten Elemente in einem konstanten Verhältnis zueinander. In der chemischen Verbindung Wasser sind die Elemente Wasserstoff und Sauerstoff miteinander verbunden: Auf einen Gewichtsanteil Wasserstoff kommen acht Gewichtsanteile Sauerstoff.

Das Gesetz der konstanten Proportionen, auch als Grundgesetz der Stöchiometrie bezeichnet, wurde durch das Gesetz der multiplen Proportionen erweitert: Die Gewichtsverhältnisse zweier oder mehrerer chemischer Elemente, die sich zu verschiedenen chemischen Verbindungen vereinigen, stehen im Verhältnis einfacher ganzer Zahlen zueinander. Wie Wasser enthält auch Wasserstoffperoxid die Elemente Wasserstoff und Sauerstoff. Nun kommen 16 Gewichtsanteile Sauerstoff auf einen Gewichtsanteil Wasserstoff. Die Verhältnisse 1:8 beim Wasser und 1:16 beim Wasserstoffperoxid lassen erkennen, daß die mit einer bestimmten Wasserstoff-Menge verbundene Sauerstoff-Menge sich in den beiden chemischen Verbindungen Wasser und Wasserstoffperoxid wie 1:2 verhält.

Als einfache Deutung der Gesetze der konstanten und multiplen Proportionen bot sich unmittelbar die chemische Atom-Lehre an.

Nach ihr ist ein chemisches Element, wie Wasserstoff oder Sauerstoff, durch eine bestimmte Sorte von Atomen charakterisiert, eine chemische Verbindung, wie Wasser oder Wasserstoffperoxid, durch eine bestimmte Sorte von Molekülen. In den Molekülen sind die in Frage kommenden, durch chemische Analyse bestimmten Atome der betreffenden Elemente miteinander chemisch verbunden. Die Diskretheit der Moleküle erklärt die Diskretheit der chemischen Verbindungen und legt den Unterschied zwischen Gemischen und Verbindungen offen: In Gemischen können die Komponenten (Elemente oder Verbindungen) in beliebigen Mischungsverhältnissen vorliegen, in chemischen Verbindungen dagegen nicht. Um ausrechnen zu können, wieviel H-Atome mit wieviel O-Atomen im Molekül des Wassers oder des Wasserstoffperoxids miteinander verknüpft sind, müßte man die Masse der einzelnen Atome und die Masse der jeweiligen Moleküle kennen. Inzwischen sind diese Zahlen durch mannigfaltige physikalische Methoden bekannt geworden, und demzufolge weiß man, daß im Wasser-Molekül zwei H-Atome mit einem O-Atom und im Wasserstoffperoxid-Molekül zwei H-Atome mit zwei O-Atomen verbunden sind. Man weiß ferner, wie groß die Moleküle sind, und daß 1 l Wasser mehr als 10^{25} Wasser-Moleküle enthält.

Auf dem Fundament der atomaren Zusammensetzung der materiellen Wirklichkeit haben Chemiker das grandiose Gebäude ihrer Struktur-Theorie errichtet: mit den Antworten, die sie auf Fragen, welche Atome in den Molekülen unmittelbar miteinander verbunden seien, erhielten.

2.2. Molekül-Modelle

Die molekulare Struktur chemischer Verbindungen ist das Fundament von Chemie und Biologie. Was bedeutet hier der Begriff Struktur? Es ist das Anliegen des vorliegenden Bandes, diese Frage zu beantworten.

Die *International Union of Pure and Applied Chemistry* (*IUPAC*) hat darauf verzichtet, den Begriff Struktur zu definieren: *'The term structure may be used in connexion with any aspect of the organization of matter.'* Dies mag man bedauern, zumal man im heutigen Sprachgebrauch das Wort *Struktur* als Oberbegriff in einer Begriffspyramide verwendet, welche – vorwegnehmend – die Unterbegriffe *Konstitution, Konfiguration* und *Konformation* enthält. In der älteren Literatur wird der Begriff Struktur dagegen synonym mit dem Begriff Konstitution gebraucht.

Man geht bei der Struktur-Beschreibung chemischer Verbindungen üblicherweise so vor, daß man den in Betracht kommenden Molekülen bestimmte Modelle, z. B. geometrische Figuren, zuordnet. Ein Modell soll stets die idealisierte Reduktion unübersichtlicher Sachverhalte auf eine leicht verständliche Darstellung bewirken. Das statische Stereomodell, von dem wir hier ausgehen, besteht aus einer starren Anordnung von Punkten, die durch Geraden verbunden sind: Die Punkte sind Abbildungen der Positionen von Atom-Kernen, die Geraden stellen chemische Bindungen dar. Die Beschreibung von Molekülen durch Formeln (und Namen) im Rahmen des Struktur-Modells der klassischen organischen Chemie wird in *Kap. 10* dieses Bandes behandelt.

Für die Betrachtungsweise des Chemikers ist es typisch, Struktur-Modelle zu formulieren,
- die auf ganze Klassen von chemischen Verbindungen zugeschnitten sind,
- die den diskreten Einzelfall einer chemischen Verbindung (z. B. Wasser oder Wasserstoffperoxid) als Spezialfall der betreffenden Verbindungsklasse (Hydroxy-Verbindungen) beschreiben: Der Chemiker kultiviert gewissermaßen sein 'chemisches Gefühl', mit dessen Hilfe er Querbeziehungen zwischen Angehörigen einer Verbindungsklasse (oder einer Reaktionsgruppe) herstellt. Vermutete Analogien lassen sich dann als Fragen formulieren und, wo immer möglich, experimentell untersuchen.

Das Struktur-Modell der klassischen organischen Chemie ist zu einer Zeit entwickelt worden, in der man noch nichts von Elektronen und deren Bedeutung für die chemische Bindung wußte. Es enthält sich jeglicher Aussage über die physikalische Natur der chemischen Bindung und beschränkt sich darauf, die Anzahl gebundener Atome oder Atom-Gruppierungen (*Liganden*) und deren Anordnung zueinander und zum gemeinsamen Zentralatom zu beschreiben.

Ein vorläufiger Verzicht auf die heute mögliche physikalische Fundierung des Struktur-Modells der klassischen organischen Chemie wird sich in der Folge als didaktisch sinnvoll erweisen. Denn tatsächlich gelingt es, die Stereostruktur organisch-chemischer Verbindungen rein phänomenologisch zu entfalten. Die Erfahrung, daß man in vielen Bereichen und bei zahlreichen Fragestellungen der Chemie auf die Bedeutung der dreidimensionalen Struktur von chemischen Verbindungen stößt, verdichtet sich zur stereotypen Aussage, daß *Chemie im Grunde immer Stereochemie sei.*

Erst wenn Fragen auftauchen, die auf der Grundlage des Struktur-Modells der klassischen organischen Chemie nicht mehr befriedigend zu beantworten sind, muß ein anderes Modell konstruiert und herangezogen werden (*Kap. 8*).

Die Struktur eines Moleküls im Rahmen des Struktur-Modells der klassischen organischen Chemie festzulegen, heißt, die
- Art,
- Anzahl,
- Verknüpfung (Konnektivität) und
- räumliche Anordnung

Tab. 2.1. *Vorgehen zur Festlegung der Struktur eines Moleküls*

Konzeptionelle Grundlagen	Experimentelle Methoden	Information: Aussage	Information: Inhalt
Stoffe mit unterschiedlichen physikalischen und chemischen Eigenschaften sind in ihrer physikalischen Zusammensetzung und/oder in ihrer chemischen Struktur verschieden.	Verschiedene Trennmethoden (Kristallisation, Sublimation, Zonenschmelze, Destillation, Extraktion und verschiedene Arten der Chromatographie)	Reiner Stoff	Einheitliche chemische Zusammensetzung
Atomare Struktur der Materie, Gültigkeit der stöchiometrischen Gesetze	Qualitative und quantitative Analyse einschließlich Bestimmung der Molekülmasse	Molekularformel	Art und Anzahl der Atome pro Molekül
Modell-Vorstellungen von der Konstitution organischer Verbindungen	Chemische und/oder physikalische (heute bevorzugt spektroskopische) Methoden	Konstitutionsformel	Art, Anzahl und Verknüpfungstyp der Atome eines Moleküls
Modell-Vorstellungen vom räumlichen Aufbau organischer Verbindungen	Chemische und/oder physikalische (heute bevorzugt Beugungs- und kernmagnetische Resonanz-) Methoden	Stereoformel	Art, Anzahl, Verknüpfungstyp und räumliche Anordnung der Atome eines Moleküls

der beteiligten Atome zu bestimmen. In einer knappen Übersicht ist zusammengestellt, wie man vorgeht. Dabei gelangt man, entsprechend der praktischen Durchführung von oben nach unten fortschreitend, zu immer differenzierteren Informationen über die zu untersuchende chemische Verbindung (*Tab. 2.1*).

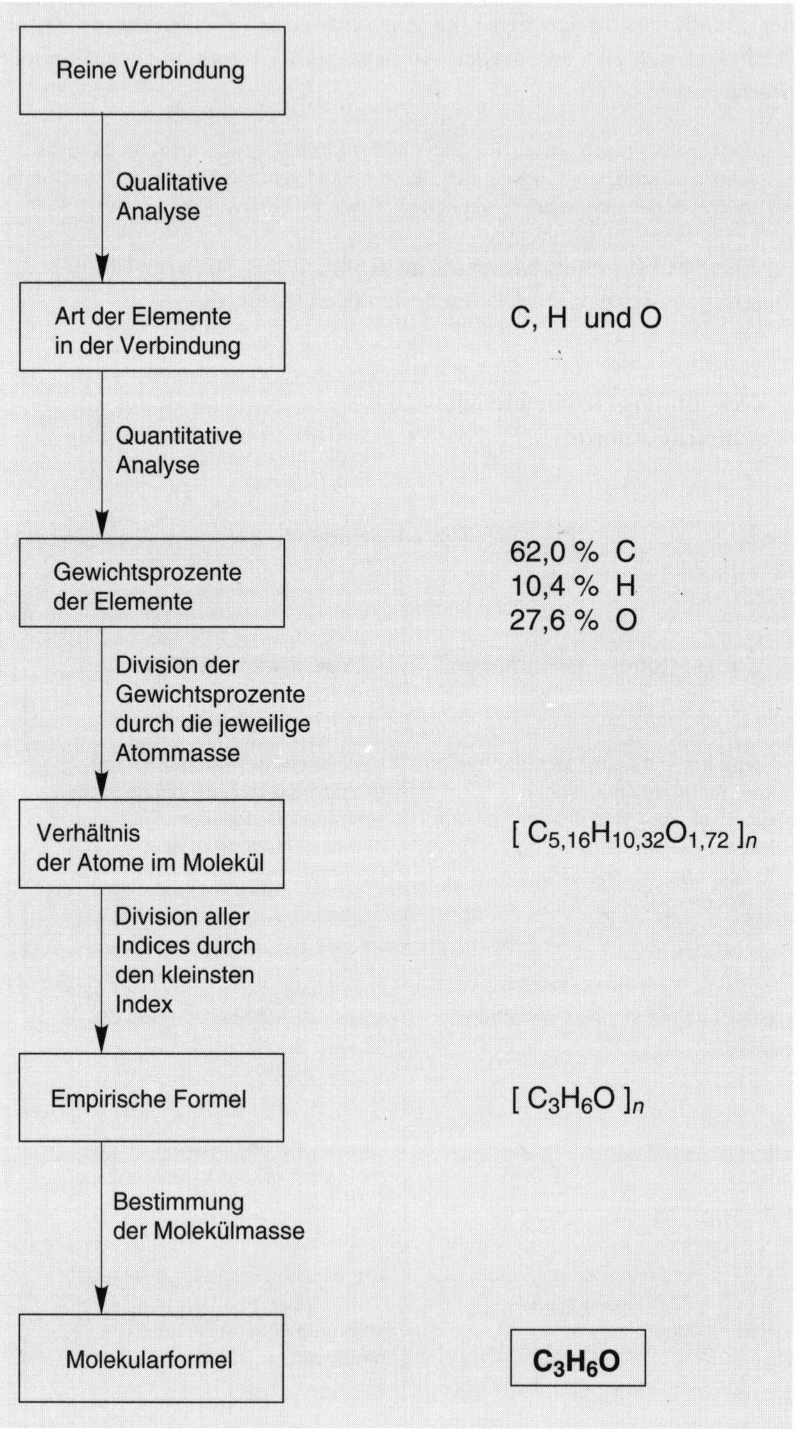

Fig. 2.1. *Experimentelle Bestimmung der Molekularformel*

2.3. Molekularformel

Nach der Isolierung und Anwendung verschiedener Trennmethoden zur Gewinnung eines reinen Stoffes gilt es, durch qualitative und quantitative Analyse sowie durch Bestimmung der Molekülmasse die Molekularformel der untersuchten Verbindung zu ermitteln bzw. von einem darauf spezialisierten Analytik-Laboratorium ermitteln zu lassen (*Fig. 2.1*). Die so bestimmte Molekularformel (z. B. C_3H_6O) läßt offen, in welcher Weise die angegebenen (hier: zehn) Atome miteinander verknüpft sind. Um Aussagen über die Verknüpfung (Konnektivität, Sequenz) der Atome in einem Molekül treffen zu können, bedarf es einer Modell-Vorstellung über die Konstitution organischer Verbindungen.

2.4. Konstitutionsisomerie

Das Konstitutionsmodell der klassischen organischen Chemie wurde von *Johann J. Loschmidt, F. August Kekulé von Stradonitz, Archibald C. Couper* und *Alexander M. Butlerov* eingeführt. Während *Kekulé* (und wohl auch *Loschmidt*) für den Gesamtentwurf verantwortlich waren, führte *Couper* die Bindungsstriche (zur Berücksichtigung der jeweiligen Wertigkeit der betreffenden Atome) ein und stellte *Butlerov* die Forderung auf, daß jede organische Verbindung durch ein und nur ein Formelsymbol dargestellt werden solle (was impliziert, daß jedem Formelsymbol nur eine Verbindung entspräche). Es enthält folgende Bau-Leitlinien für die Verknüpfung von Atomen innerhalb eines Moleküls: Atome können ihrer jeweiligen Wertigkeit entsprechend eine bestimmte Anzahl von Bindungen eingehen. Diese Bindungen werden durch Bindestriche symbolisiert. So ist z. B. Kohlenstoff vierwertig, Stickstoff dreiwertig, Sauerstoff zweiwertig und Wasserstoff einwertig. C-Atome können im Rahmen ihrer Wertigkeit Einfach-, Zweifach- oder Dreifachbindungen eingehen sowie zu verzweigten oder unverzweigten Ketten und/oder Ringen zusammentreten. Durch die zahlreichen Kombinationsmöglichkeiten ist bereits für ein aus wenigen Atomen bestehendes Molekül eine große Anzahl von Konstitutionsformeln im Rahmen des Konstitutionsmodells der klassischen organischen Chemie konstruierbar.

Unterschiedliche Verbindungen gleicher Molekularformel nennt man nach *Jöns Jacob Berzelius* entweder *isomere Verbindungen* oder einfach *Isomere*. So ergeben sich für die Molekularformel C_3H_6O unter Berücksichtigung der oben erwähnten Bau-Leitlinien neun verschiedene Konstitutionsisomere. *Tab. 2.2* gibt deren Konstitutionsformeln sowie deren Namen wieder.

Die Anzahl möglicher Konstitutionsisomeren hängt stark von der Molekülgröße ab und kann bereits bei mittelgroßen Molekülen astronomische Werte annehmen. Sie ist hier für einige Beispiele aus der homologen Reihe der Alkane (mit der allgemeinen Molekularformel C_nH_{2n+2}) angegeben:

Molekularformel	Konstitutionsmöglichkeiten
CH_4	1
C_2H_6	1
C_3H_8	1
C_4H_{10}	2
C_5H_{12}	3
C_6H_{14}	5
C_7H_{16}	9
C_8H_{18}	18
C_9H_{20}	35
$C_{10}H_{22}$	75
$C_{15}H_{32}$	347
$C_{20}H_{42}$	366319
$C_{25}H_{52}$	36797588

Tab. 2.2. *Die Molekularformel C_3H_6O: Konstitutionsformeln und Namen sämtlicher Konstitutionsisomeren*

Molekularformel **C_3H_6O**

Konstitutionsformeln

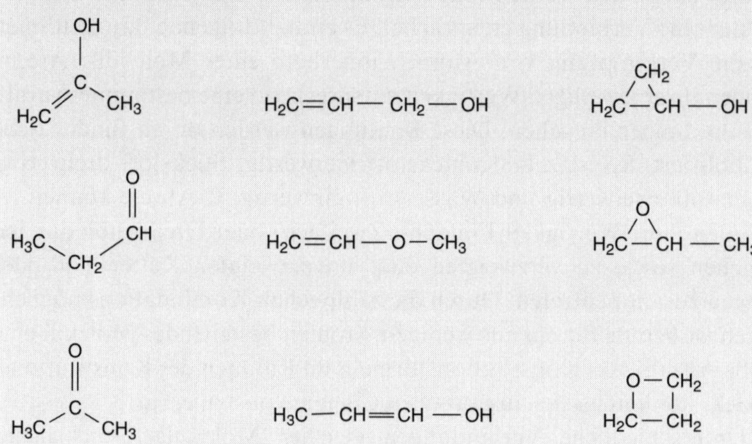

Namen

Prop-1-en-2-ol	Prop-2-en-1-ol	Cyclopropanol
Propionaldehyd	Methyl-vinyl-ether	Methyloxiran
Aceton	Prop-1-en-1-ol	Oxetan

Bemerkenswert ist hierbei nicht nur die große Anzahl möglicher, sondern häufig auch die kleine Anzahl bislang bekannter Konstitutionsisomeren. Im Falle von $C_{25}H_{52}$ z. B. stand Anfang 1990 der Zahl 36 797 588 möglicher Konstitutionsisomeren die Zahl 34 in *CAS* ONLINE auffindbarer Konstitutionsisomeren gegenüber.

Mit dem kombinatorischen Problem, die Anzahl möglicher Konstitutionsisomeren für eine Molekularformel zu bestimmen, hat sich seit langem die Graphentheorie beschäftigt. Die Graphentheorie benutzt Diagramme, die intuitiv verstanden werden und ästhetisch befriedigen. Solche Diagramme, die man auch als 'Bäume' bezeichnet, dienen zur Beschreibung von Konstitutionsisomeren (*Kap. 10.1*). Eine weitere Möglichkeit, die Konstitution organischer Moleküle zu beschreiben, liefern sogenannte Matrizen. Hiervon wird besonders bei der elektronischen Datenverarbeitung (EDV) Gebrauch gemacht (*Tab. 10.9*).

2.5. Stereoisomerie

Nachdem in den vorangegangenen Abschnitten mit Hilfe von Molekularformel und Konstitutionsmodell Art, Anzahl und Verknüpfung der Atome eines Moleküls beschrieben wurden, muß im nächsten Schritt die räumliche Anordnung der Atome eines Moleküls behandelt werden. Das Modell der klassischen organischen Chemie zur Stereostruktur organischer Verbindungen basiert auf der *Bau-Leitlinie*, daß die vier Bindungen eines C-Atoms in die Ecken a, b, c und d eines Tetraeders gerichtet sind (*Fig. 2.2*).

Jacobus H. van't Hoff und *Joseph Achille Le Bel* erkannten im Jahre 1874 unabhängig voneinander, daß sich das Tetraeder-Modell dafür eignet, überzählige Isomere, die keine Konstitutionsisomeren sind, vorherzusagen und zu interpretieren.

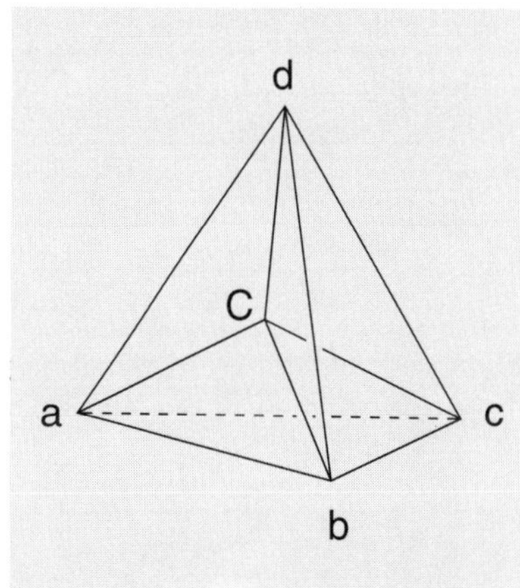

Fig. 2.2. *Tetraeder-Modell des Methans nach* van't Hoff

2.5.1. Stereoisomerie bei acyclischen Verbindungen

2.5.1.1. Methan und seine Derivate

Für das unsubstituierte Methan ergeben sich aus dem Übergang von der zweidimensionalen Konstitutionsformel zur Stereoformel folgende neue Informationen:

- alle vier Bindungen sind äquivalent,
- die Figur, welche der Stereoformel entspricht, kann durch Parallelverschiebung und Drehung mit ihrem Spiegelbild zur Deckung gebracht werden: Folglich existieren hier keine Stereoisomeren.

Auch bei mono- oder disubstituierten Methan-Derivaten gibt es keine Stereoisomeren: Jeder Konstitutionsformel läßt sich nur eine Stereoformel zuordnen.

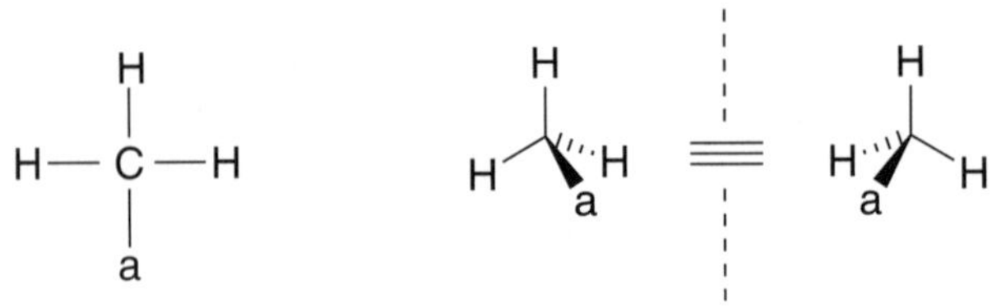

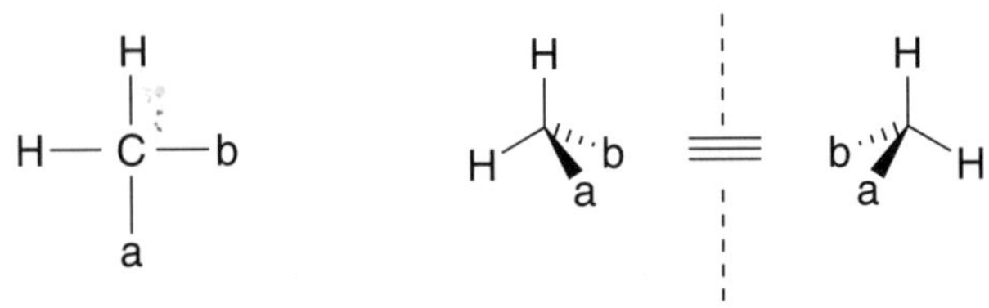

Bei tri- oder tetrasubstituierten Methan-Derivaten mit vier verschiedenen Liganden liegen die Dinge anders: Auf eine und dieselbe Konstitutionsformel passen nun zwei Stereoformeln, die man zur Präzisierung *Konfigurationsformeln* nennt. Eine Konfigurationsformel beschreibt die jeweilige Anordnung der Atome eines Moleküls im Raum (allerdings ohne Berücksichtigung der verschiedenen Atom-Anordnungen, die durch Drehung um Einfachbindungen auseinander hervorgehen).

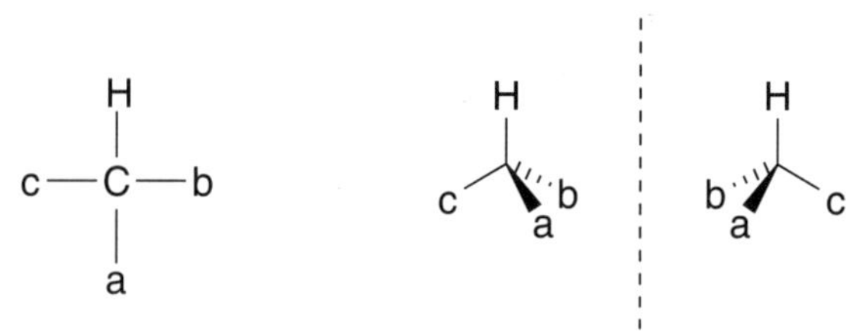

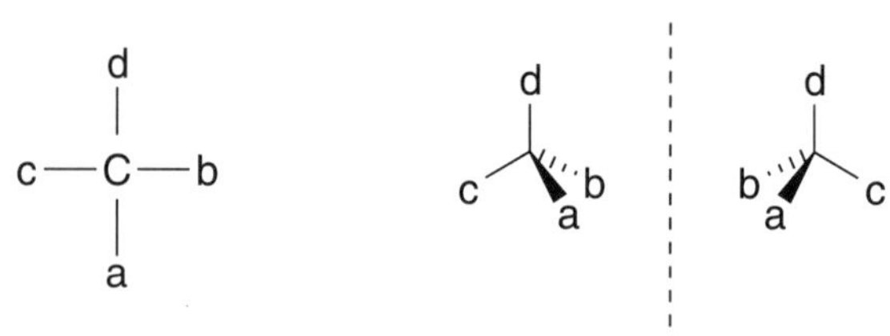

Die zugrunde liegenden Stereoisomeren, die sich wie Bild und Spiegelbild zueinander verhalten und durch Parallelverschiebung und Drehung nicht miteinander zur Deckung zu bringen sind, werden *Enantiomere* (*Spiegelbild-Isomere*) genannt. Enantiomere unterscheiden sich durch die *absolute Konfiguration* am vorhandenen stereogenen Zentrum (oder allgemein an den vorhandenen stereogenen Zentren) voneinander (*vide infra*). Die Eigenschaft eines Objekts, mit seinem Spiegelbild durch die genannten Operationen nicht zur Deckung gebracht werden zu können, bezeichnet man als *Chiralität* oder *Händigkeit*. Chemische Verbindungen oder ihre Modelle, die diese Eigenschaft aufweisen, werden *chiral* oder *händig* genannt. Wie die zu einem Enantiomerenpaar gehörenden Individuen durch Notation ihrer absoluten Konfiguration spezifiziert werden, findet man in *Kap. 10.2.1* beschrieben.

Das Tetraeder-Modell läßt erkennen, daß *Enantiomerie* bereits dann besteht, wenn sich vier verschiedene Liganden um ein Zentralatom scharen. Das Zentralatom muß nicht unbedingt ein C-Atom sein. Konstitutionell gleiche Liganden können konfigurationell gleich oder verschieden sein: Die sich hieraus ergebenden Konsequenzen werden in *Kap. 3* berücksichtigt. Ein derartiges Zentralatom mit Enantiomerie bedingender Ligandenorientierung wird in der Literatur *Chiralitätszentrum* oder *stereogenes Zentrum* genannt. In diesem Sinne werden alle Stereoisomerie erzeugenden Struktur-Einheiten als *stereogene Einheiten* bezeichnet: Wie wir noch sehen werden, vertritt das stereogene Zentrum nur einen Typus stereogener Einheiten.

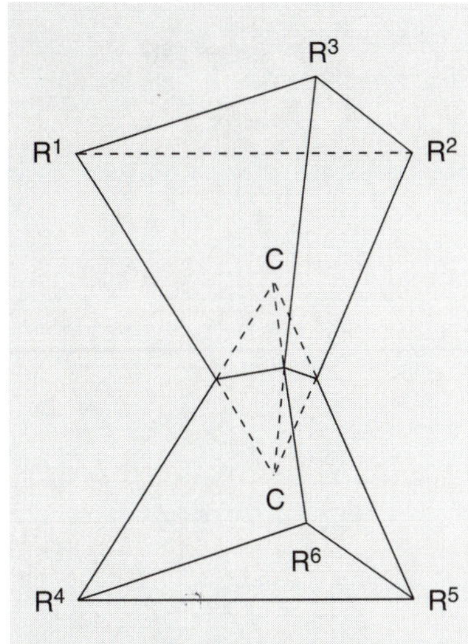

Fig. 2.3. *Tetraeder-Modell des Ethans nach* van't Hoff

2.5.1.2. Ethan und seine Derivate

Für das nächsthöhere Homologe des Methans ergeben sich im Hinblick auf die Diskretheit chemischer Verbindungen neue Aspekte. Beim Ethan und seinen Derivaten befinden sich die beiden C-Atome jeweils im Mittelpunkt des einen und im Eckpunkt des anderen Tetraeders (*Fig. 2.3*). Ebensogut jedoch wie die Anordnung in *Fig. 2.3* kommt jede andere Figur in Betracht, die durch Drehung der beiden Tetraeder um die (C–C)-Achse entsteht. Um der Möglichkeit einer endlosen Isomerie zu entgehen, führte *van't Hoff* das *Konzept der freien Drehung* ein. Beim unsubstituierten Ethan sind tatsächlich unter normalen Bedingungen keine Stereoisomeren beobachtet worden. Anders dagegen bei solchen Verbindungen, bei denen die freie Drehung um eine (C–C)-Bindung aus sterischen Gründen ganz offensichtlich behindert sein muß.

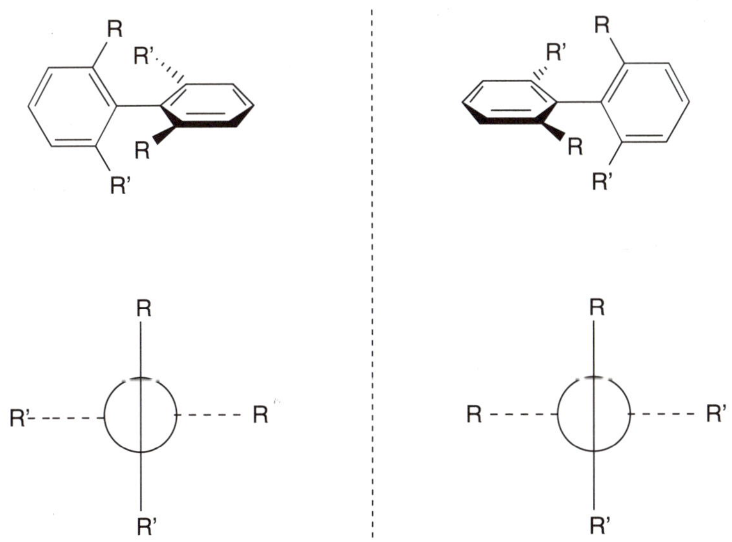

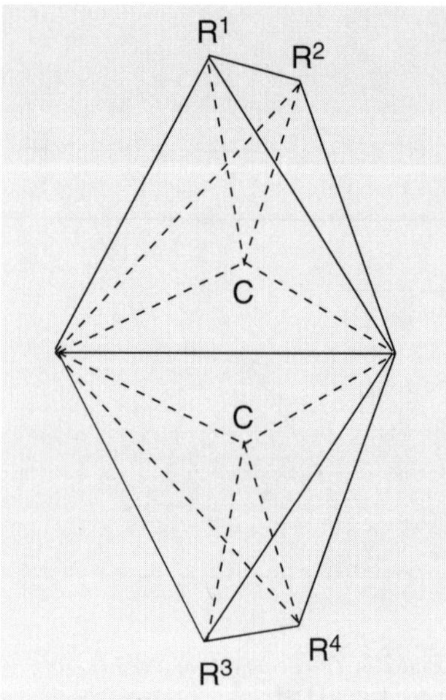

Fig. 2.4. *Tetraeder-Modell des Ethens nach* van't Hoff

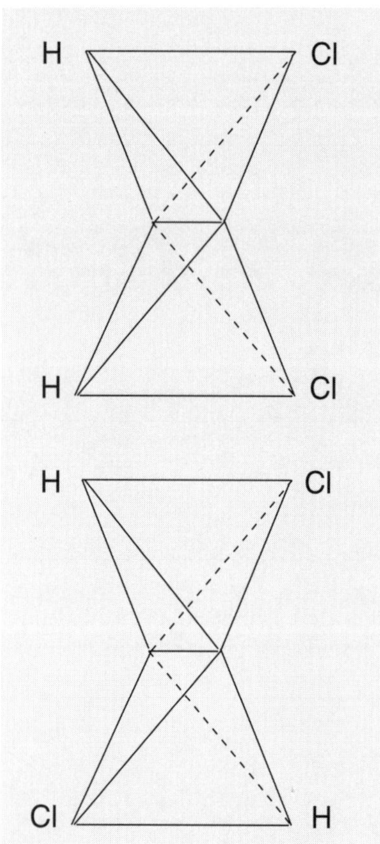

Fig. 2.5. *Tetraeder-Modell der beiden Stereoisomeren von 1,2-Dichloroethen*

Diejenigen Stereoisomeren, die durch Drehung um eine (C–C)-Bindung auseinander hervorgehen, nennt man *Konformationsisomere* (*Konformere*), im Gegensatz zu denjenigen *Stereoisomeren*, die nicht durch Drehung um (C–C)-Bindungen ineinander überführbar sind und die man *Konfigurationsisomere* nennt. In *Kap. 10* ist die konventionelle Handhabung von *Konstitutions-*, *Konfigurations-* und *Konformationsformeln* beschrieben.

2.5.1.3. Ethen und seine Derivate

Ethen (Ethylen) ist das einfachste Beispiel eines Alkens (Kohlenwasserstoffs mit (C=C)-Bindung der allgemeinen Molekularformel C_nH_{2n}). Im *van't-Hoff*-Modell des Ethens haben die beiden Tetraeder eine Kante gemeinsam (*Fig. 2.4*).

Man kann die (C=C)-Bindung sozusagen als *Zweiring* auffassen. Daraus ergeben sich die überprüfbaren Konsequenzen,

- daß die freie Drehbarkeit um (C=C)-Bindungen aufgehoben ist,
- daß die Zentralatome der vier Liganden mit den an der (C=C)-Bindung unmittelbar beteiligten C-Atomen in einer Ebene liegen,
- daß zwei Stereoisomere (*Konfigurationsisomere*) in Betracht kommen (*Fig. 2.5*), sofern nur die an das jeweilige Zentralatom gebundenen *geminalen* Liganden sich voneinander unterscheiden, einerlei, ob die *vicinalen* (an Nachbar-Atomen befindlichen) Ligandenpaare gleich oder verschieden sind.

In diesen Fällen wird von *stereogenen Doppelbindungen* gesprochen. Nachdem wir das *stereogene Zentrum* bereits kennengelernt haben (*Abschn. 2.5.1.1*), treffen wir in der stereogenen (C=C)-Bindung auf eine zweite *stereogene Struktur-Einheit*.

Beim unsubstituierten Ethen, seinen monosubstituierten und seinen 1,1-disubstituierten Derivaten treten keine Konfigurationsisomeren auf. 1,2-Disubstitution oder entsprechende Polysubstitution führt dagegen jeweils zu zwei Konfigurationsisomeren (s. *Kap. 10.2.2*):

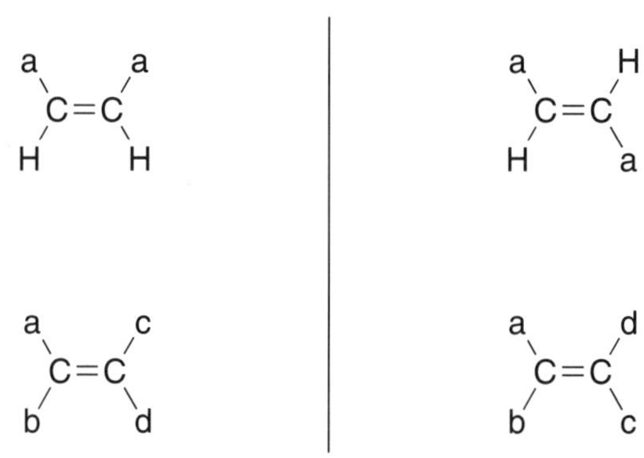

Da sich die resultierenden Konfigurationsisomeren nicht wie *Enantiomere* verhalten, handelt es sich bei ihnen um *Diastereoisomere*.

2.5.1.4. Ethin und seine Derivate

Die konsequente Anwendung des Tetraeder-Modells auf Ethin (Acetylen) und seine Derivate sagt eine lineare Struktur voraus. Die beiden Tetraeder sind über drei Ecken miteinander verknüpft (*Fig. 2.6*). Sie haben, anders ausgedrückt, eine Tetraeder-Fläche gemeinsam. Für Ethin und seine Derivate ist erwartungsgemäß keine Stereoisomerie beobachtet worden.

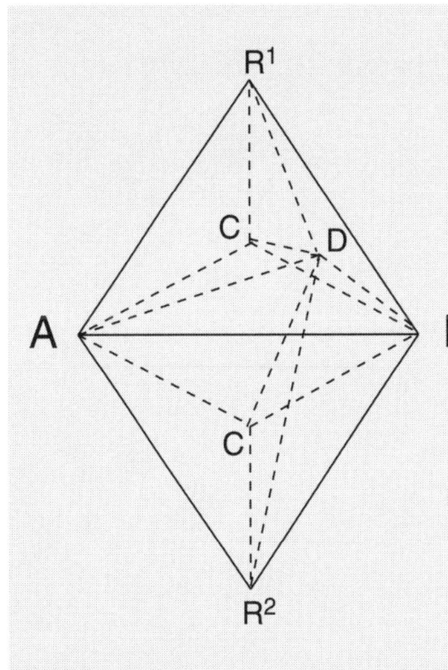

Fig. 2.6. *Tetraeder-Modell des Ethins nach* van't Hoff

2.5.2. Stereoisomerie bei cyclischen Verbindungen

Cyclische Verbindungen unterteilt man je nach

- Anzahl der Ring-Zentren in solche mit *kleinen* Ringen (3 und 4), *gewöhnlichen* Ringen (5 bis 7), *mittleren* Ringen (8 bis 11) oder *großen* Ringen (> 11);
- Atom-Art der Ring-Zentren in *isocyclische* Verbindungen (nur eine Atom-Art; *carbocyclisch*, falls Kohlenstoff) oder *heterocyclische* Verbindungen;
- topologischer Komplexität in *monocyclische*, *bicyclische* oder *polycyclische* Ring-Systeme. Bereits die bicyclischen Verbindungen geben zu weiterer Unterteilung Anlaß, je nachdem, ob nur ein Zentrum beiden Ringen angehört (*Spiro*-Verbindungen), ob zwei benachbarte Zentren (*anellierte* Ring-Systeme) oder ob zwei nicht-benachbarte Zentren beiden Ringen angehören (*überbrückte* Ring-Systeme).

In *Abschn. 2.5.1.3* ist die (C=C)-Bindung als Zweiring aufgefaßt worden. Dies hat den Vorteil, daß man mit Hilfe der Zweiring-Ebene als Referenz-Ebene den dreidimensionalen Raum in zwei Halbräume unterteilen kann. Die vier Liganden einer (C=C)-Bindung verteilen sich paarweise auf die beiden Halbräume, so daß man im Fall einer stereogenen (C=C)-Bindung die möglichen Konfigurationsisomeren eindeutig spezifizieren kann. Ähnlich liegen die Verhältnisse bei einer Dreiring-Verbindung. Hier spielt die Dreiring-Ebene für in Betracht kommende Liganden an den Ring-Zentren die Rolle der Referenz-Ebene. Ringe mit mehr als drei Zentren sind in der Regel nicht-planar. Man hilft sich üblicherweise damit, daß man eine beste gedachte Ebene in das Ring-System legt, die dann als Referenz-Ebene für relative Ligandenorientierungen fungiert.

2.6. Die Anzahl von Stereoisomeren

2.6.1. Die formale Maximalzahl von Stereoisomeren

In den vorangegangenen Abschnitten wurde festgestellt, daß ein Methan-Derivat mit einem stereogenen Zentrum zu zwei Stereoisomeren führt. Am Beispiel eines polysubstituierten Ethan-Derivates sahen wir, daß für ein System mit zwei stereogenen Zentren vier Stereoisomere in

Betracht kommen. Des weiteren ergab die Beschäftigung mit Ethen-Derivaten, daß pro stereogener (C=C)-Bindung zwei Stereoisomere zu beobachten sind. Diese Ergebnisse lassen sich in einer einzigen Formel zur Bestimmung der formalen Maximalzahl von Stereoisomeren zusammenfassen (*Tab. 2.3*).

Tab. 2.3. *Bestimmung der formalen Maximalzahl von Stereoisomeren und entsprechende Notationen*

$$N_{max.}^{formal} = 2^{n} \qquad n = \text{Anzahl stereogener Zentren}$$

$$N_{max.}^{formal} = 2^{m} \qquad m = \text{Anzahl stereogener Doppelbindungen}$$

Anzahl der stereogenen Einheiten	Notation für mögliche Kombinationen	Formale Maximalzahl von Stereoisomeren
1 stereogenes Zentrum	*R* *S*	2
2 stereogene Zentren	*R,R* *R,S* *S,R* *S,S*	4
3 stereogene Zentren	*R,R,R* *R,R,S* *R,S,R* *S,R,R* *R,S,S* *S,R,S* *S,S,R* *S,S,S*	8
1 stereogene (C=C)-Bindung	*E* *Z*	2
2 stereogene (C=C)-Bindungen	*E,E* *E,Z* *Z,E* *Z,Z*	4
3 stereogene (C=C)-Bindungen	*E,E,E* *E,E,Z* *E,Z,E* *Z,E,E* *E,Z,Z* *Z,E,Z* *Z,Z,E* *Z,Z,Z*	8

$$N_{max.}^{formal} = 2^{n+m}$$

Das Beispiel der Molekularformel C_3H_6O, das uns auf dem Weg von der reinen Verbindung über die Molekularformel bis zur Anzahl möglicher Konstitutionsisomeren (*Tab. 2.2*) begleitet hat, soll nun durch die Betrachtung der Anzahl möglicher Stereoisomeren vervollständigt werden (*Tab. 2.4*). Unter den Konstitutionsformeln von C_3H_6O findet sich sowohl eine mit stereogenem Zentrum als auch eine mit stereogener (C=C)-Bindung, so daß vier Stereoisomere (ein Enantiomeren- und ein Diastereoisomerenpaar) und insgesamt elf unterschiedliche chemische Verbindungen zu erwarten sind.

Tab. 2.4. *Konstitutions- und Stereoisomere, hergeleitet von der Molekularformel C_3H_6O*

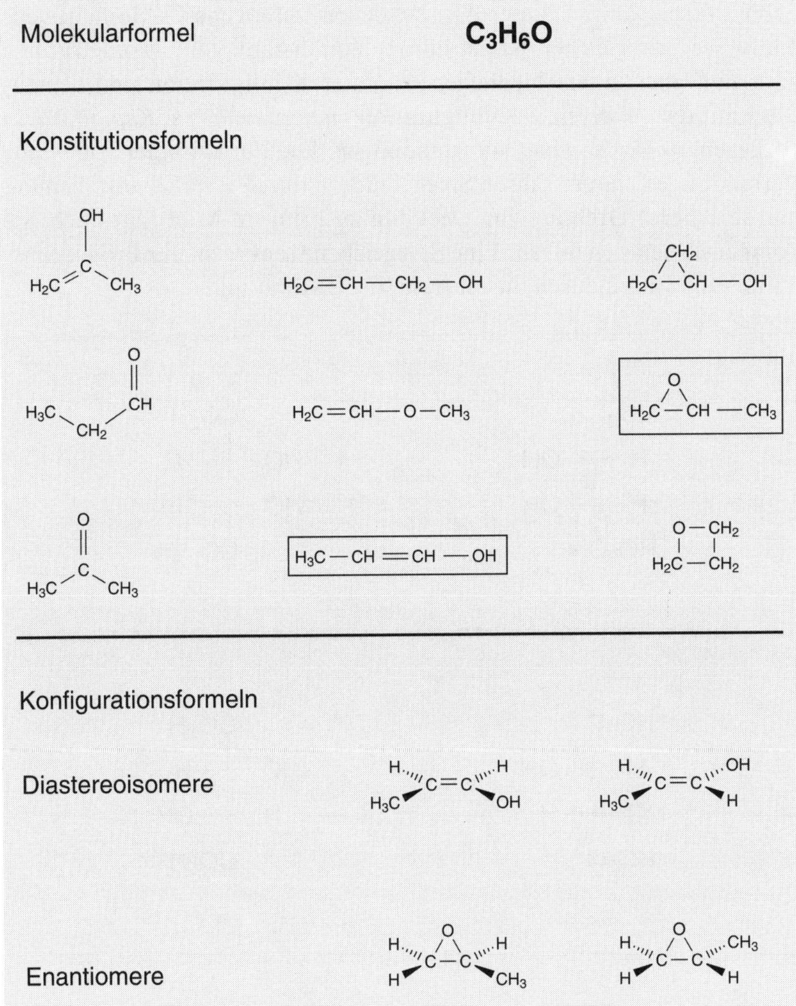

2.6.2. Einschränkung der formalen Maximalzahl von Stereoisomeren

2.6.2.1. Einschränkung aus Gründen konstitutioneller Symmetrie

Nicht in allen Fällen stimmt die reale Anzahl von Stereoisomeren mit der formalen Maximalzahl überein. Liegt zum Beispiel konstitutionelle Symmetrie vor, treten weniger Stereoisomere auf als die Berechnung der formalen Maximalzahl erwarten läßt. Am Fall der Weinsäure (= 2,3-Dihydroxybutandisäure), für die nur drei Stereoisomere bekannt sind, sei dies erläutert. Zur Konstitutionsformel der Weinsäure lassen sich wie bei einem konstitutionell unsymmetrischen Butandisäure-Derivat zunächst einmal vier Stereoformeln (in der *Fischer*-Projektion; s. *Kap. 10.2.1*) darstellen. Bei genauerer Betrachtung stellt man jedoch fest, daß sich die beiden Formeln (a) und (b) durch eine (erlaubte) Drehung um 180° (in der Projektionsebene) ineinander überführen lassen, so daß die beiden Projektionen lediglich ein und dieselbe Stereostruktur repräsentieren. Verbindungen dieser Art, bei denen stereogene C-Atome jeweils paarweise mit gleicher Konstitution, äquidistant vom geometrischen Zentrum, aber unterschiedlicher absoluter Konfiguration und demzufolge mit der relativen *u*-Konfiguration (*u* von *unlike*; s. *Kap. 10.2.1.2*) vorliegen, nennt man *meso*-Verbindungen. Die Formelbilder von *meso*-Verbindungen sind mit ihren Spiegelbildern durch Parallelverschiebung und (erlaubte) Drehung zur Deckung zu bringen. Man sagt auch, sie kompensierten sich intern: Eine Spiegelebene senkrecht zur Projektionsebene geht mitten durch die zentrale (C–C)-Bindung.

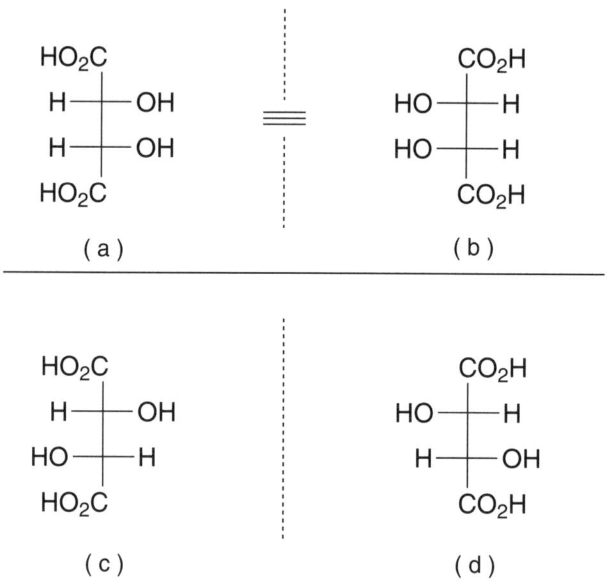

Konstitution: 2,3-Dihydroxybutandisäure (Weinsäure)

relative Konfiguration: *u* (*meso*) oder *l* (*rac*)

absolute Konfiguration: (*R,S*) ≡ (*S,R*) oder (*R,R*) und (*S,S*)

Die *Fischer*-Projektionen (c) und (d) lassen sich weder durch Parallelverschiebung noch durch erlaubte Drehung (in der Projektionsebene) ineinander überführen. Durch erlaubte Drehung werden die

Fischer-Projektionen (c) und (d) dagegen jeweils mit sich selber zur Deckung gebracht. Anders als bei der *meso*-Weinsäure ist die relative Konfiguration der beiden Weinsäure-Enantiomeren mit dem Deskriptor *l* (*l* von *like*) zu versehen. Die absolute Konfiguration ist (*R*,*R*) im einen und (*S*,*S*) im anderen Fall (s. *Kap. 10.2.1*).

1,2-Dimethylcyclopropan ist ein Beispiel dafür, daß auch bei einem Satz stereoisomerer cyclischer Verbindungen eine *meso*-Verbindung auftreten kann. Anstelle der erwarteten vier gibt es für diesen Fall nur drei Stereoisomere, da die geometrische Figur des *cis*-Isomeren (a) mit der relativen *u*-Konfiguration mit ihrem Spiegelbild identisch ist (s. *Kap. 10.2.3*).

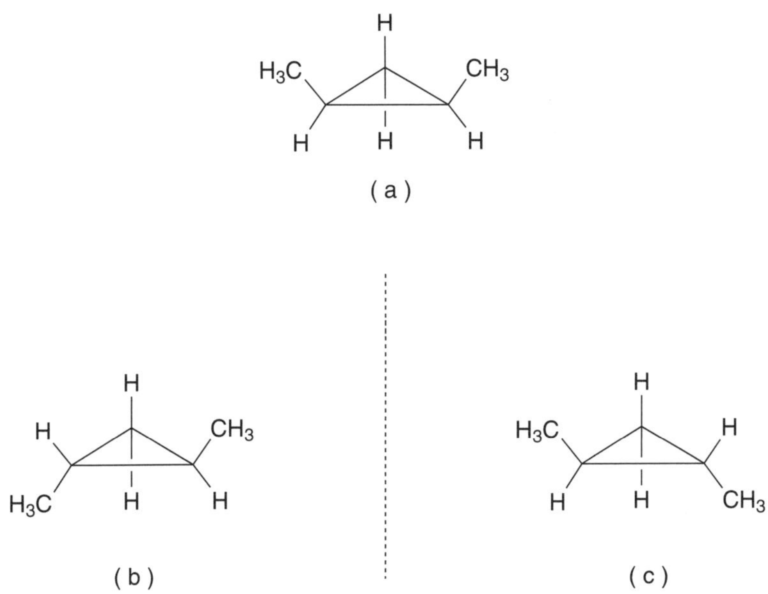

Konstitution: 1,2-Dimethylcyclopropan

relative Konfiguration: *u* (*meso* oder *cis*) oder *l* (*rac* oder *trans*)

absolute Konfiguration: (*S*,*R*) $\equiv$ (*R*,*S*) oder (*R*,*R*) und (*S*,*S*)

Bei den beiden *trans*-Isomeren (b) und (c) mit der relativen *l*-Konfiguration handelt es sich um zwei Enantiomere mit unterschiedlicher absoluter Konfiguration: (*R*,*R*) bzw. (*S*,*S*).

Auch bei stereogenen (C=C)-Bindungen beobachtet man das Phänomen, daß sich die Anzahl der Stereoisomeren aufgrund konstitutioneller Symmetrie erniedrigt. Für Hexa-2,4-dien mit zwei (konjugierten) (C=C)-Bindungen sind formal vier Stereoisomere zu erwarten. Es zeigt sich jedoch, daß die (*E*,*Z*)- mit der (*Z*,*E*)-Formulierung identisch ist. Folglich gibt es auch für diesen Fall nur insgesamt drei Stereoisomere. Da sie nicht durch Drehung um (C–C)-Bindungen auseinander hervorgehen, handelt es sich um Konfigurationsisomere.

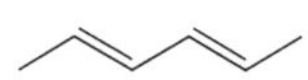

(*E*,*E*)

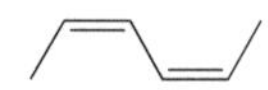

(*Z*,*Z*)

(*Z*,*E*) (*E*,*Z*)

Die Verbindungsklasse der Carotinoide soll mit einigen komplexeren Beispielen aufwarten. Sie enthält Vertreter, die sich formal vom acyclischen Kohlenwasserstoff *φ*,*φ*-Carotin ($C_{40}H_{56}$) ableiten und durch Hydrierung, Dehydrierung, Cyclisierung,

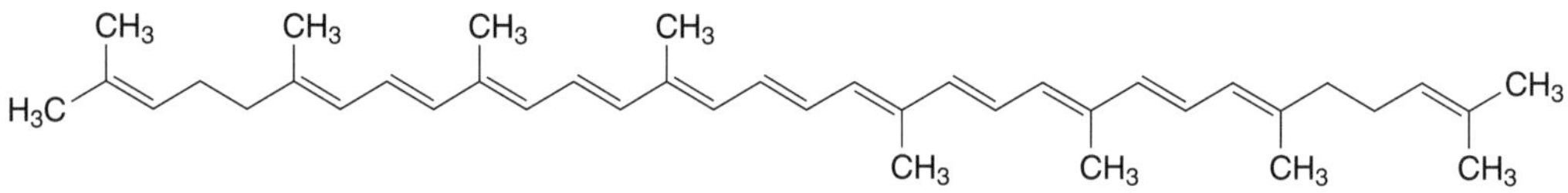

φ,*φ*-Carotin

Oxidation oder durch irgendeine Kombination dieser Prozesse konstitutionell verändert worden sind. Jede Konstitution entspricht fast immer einer größeren Anzahl von Konfigurationen. Diese Anzahl hängt in regelmäßiger Weise nicht nur davon ab, ob die zur Diskussion stehende Verbindung konstitutionell symmetrisch ist und wieviel stereogene (C=C)-Bindungen vorliegen, sondern wird auch davon mitbestimmt, ob die Anzahl stereogener (C=C)-Bindungen gerade oder ungerade ist.

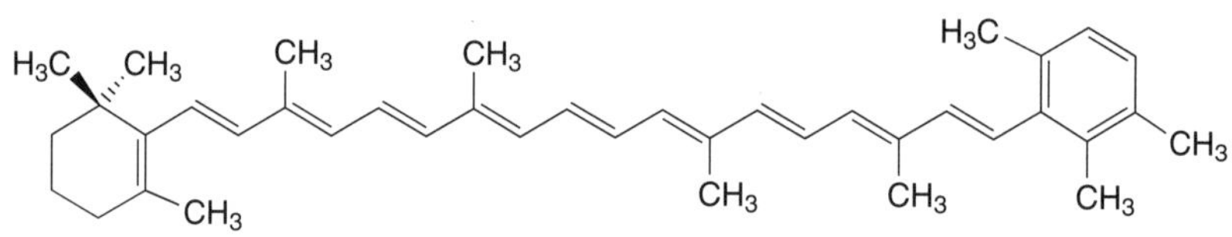

β,*φ*-Carotin

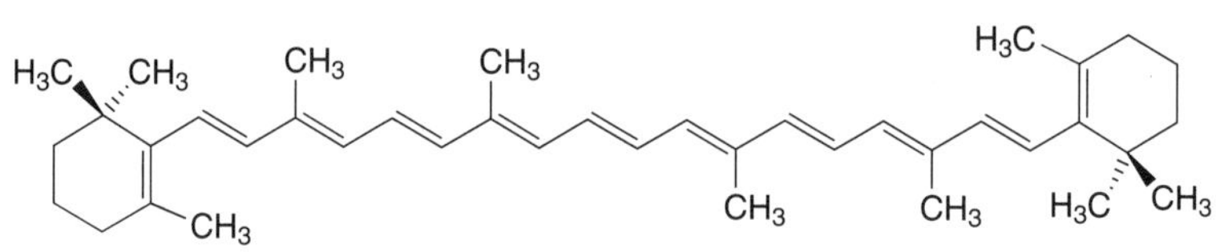

β,*β*-Carotin

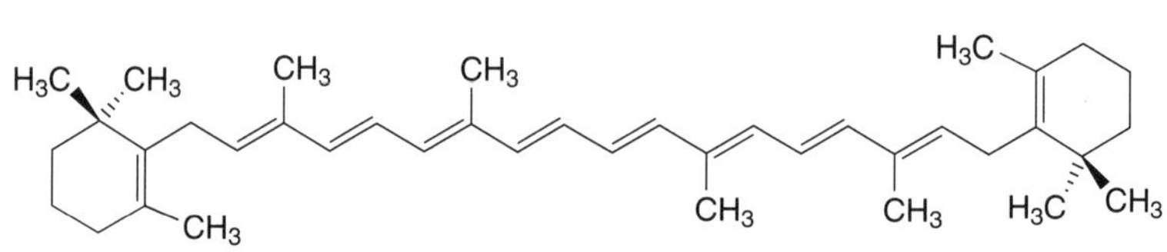

7,7′-Dihydro-*β*,*β*-carotin

Für Carotinoide, die konstitutionell unsymmetrisch sind und n stereogene (C=C)-Bindungen aufweisen, gilt:

$$N_{max.}^{real} = N_{max.}^{formal} = 2^n$$

So ist β,φ-Carotin eines von 512 ($N = 2^9$) möglichen Konfigurationsisomeren. Für Carotinoide, die konstitutionell symmetrisch und mit einer ungeraden Anzahl stereogener (C=C)-Bindungen ausgestattet sind, gilt:

$$N_{max.}^{real} = 2^{(n-1)/2} \cdot (2^{(n-1)/2} + 1)$$

So ist das natürlich vorkommende β,β-Carotin eines von 272 ($N = 16 \cdot 17$) möglichen Konfigurationsisomeren. Für konstitutionell symmetrische Carotinoide mit einer geraden Anzahl stereogener (C=C)-Bindungen gilt:

$$N_{max.}^{real} = 2^{(n/2)-1} \cdot (2^{n/2} + 1)$$

So ist 7,7′-Dihydro-β,β-carotin eines von 136 ($N = 8 \cdot 17$) möglichen Konfigurationsisomeren.

2.6.2.2. Einschränkung aus molekülbautechnischen Gründen

Eine weitere Ursache für die Einschränkung der formalen Maximalzahl von Stereoisomeren sind sogenannte molekülbautechnische Gründe, die man besonders auffällig z. B. bei überbrückten Systemen oder bei Cycloalkenen (cyclischen Kohlenwasserstoffen der allgemeinen Molekularformel C_nH_{2n-2} mit einer (C=C)-Bindung) findet.

So werden beim Bicyclo[2.2.1]heptan-Derivat Campher (= Bornan-2-on) lediglich zwei Stereoisomere (ein Enantiomerenpaar) beobachtet, obwohl aufgrund der beiden stereogenen Zentren (Brückenkopf-Atome C(1) und C(4)) formal vier Stereoisomere zu erwarten wären. Für das bicyclische System des Camphers sind jedoch nur diejenigen Konfigurationen zu realisieren, bei denen sich aus Spannungsgründen die nicht am bicyclischen Skelett beteiligten Liganden der beiden Brückenkopf-Atome an der Außenseite des Moleküls befinden.

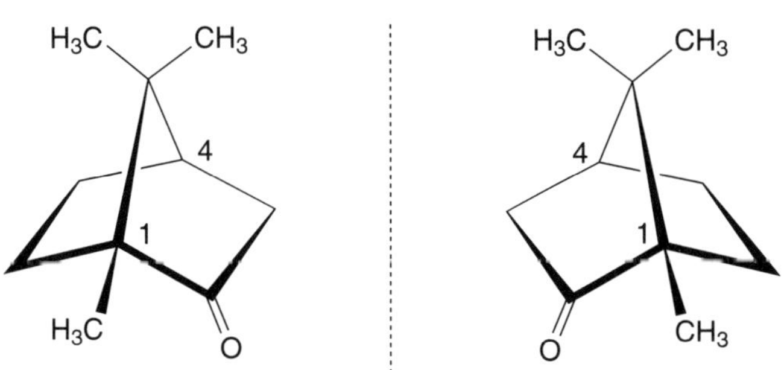

(1*R*,4*R*)-Campher (1*S*,4*S*)-Campher

Diese spannungsbedingte Einschränkung entfällt selbstverständlich, wenn einer oder gar mehrere der Ringe des bicyclischen Systems eine bestimmte Größe annehmen, so daß sich insbesondere an den Brückenkopf-Atomen befindende H-Atome im Innern des Moleküls befinden können. Tatsächlich hat man z. B. beim Bicyclo[6.5.1]tetradecan vier Stereoisomere herstellen können. Die (*außen,außen*)- und (*innen,innen*)-Stereoisomeren sind diastereoisomer. Die (*außen,innen*)- und (*innen,außen*)-Stereoisomeren sind enantiomer und können zu gleichen Anteilen im Gemisch der beiden Enantiomeren auftreten. Es ließ sich sogar experimentell nachweisen, daß die beiden Diastereoisomeren durch sogenannte *homöomorphe Isomerisierung* ineinander übergehen. Bei einer homöomorphen Isomerisierung bewegt sich das Polymethylen-Segment des einen Ringes durch den verbleibenden Ring, so daß das Gesamtmolekül umgestülpt wird. Eine homöomorphe Isomerisierung der (*außen,innen*)- und der (*innen,außen*)-Stereoisomeren konnte dagegen beim Bicyclo[6.5.1]tetradecan nicht beobachtet werden.

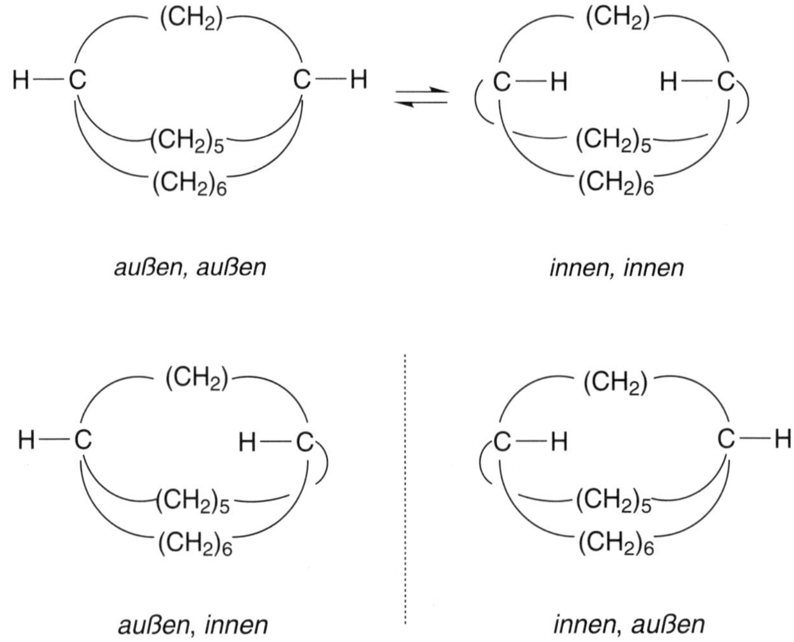

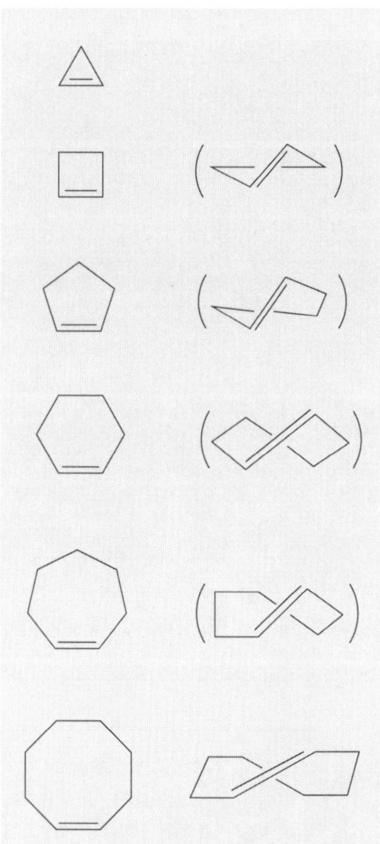

Fig. 2.7. *Cycloalkene C_3–C_8* (in Klammern die bei Raumtemperatur kinetisch nicht stabilen (*E*)-Isomeren)

In cyclischen Systemen ist auch die (*E*/*Z*)-Isomerie an (C=C)-Bindungen eingeschränkt. Bei Ringen mit weniger als acht Gliedern kann nur das (*Z*)-Isomere isoliert werden (*Fig. 2.7*), da die jeweilige (*E*)-Konfiguration untragbare Molekül-Spannung verursacht.

Man stößt immer wieder auf Fälle, bei denen die formale Maximalzahl an Stereoisomeren sowohl aus Gründen der konstitutionellen Symmetrie als auch der Molekül-Spannung wegen nicht erreicht werden kann. Zu einer gegebenen Konstitutionsformel mit stereogenen Zentren und stereogenen (C=C)-Bindungen die zutreffende reale Maximalzahl von Stereoisomeren zu bestimmen, ist für den heranwachsenden Stereochemiker das beste Konditionstraining.

2.6.3. Erweiterung der formalen Maximalzahl von Stereoisomeren

2.6.3.1. Erweiterung bei 2,6,2′,6′-tetrasubstituierten Biphenyl-Derivaten

Von 2,6,2′,6′-tetrasubstitutierten 1,1′-Biphenyl-Derivaten gibt es zwei Stereoisomere (Enantiomere; *Fig. 2.8*), obwohl dieser Verbindungstyp keine stereogenen Zentren oder (C=C)-Bindungen besitzt. Damit wird die formale Maximalzahl (2^{n+m}) von Stereoisomeren überschritten; es tritt also ein Fall von Stereoisomerie auf, der bisher nur als Phänomen (*Abschn. 2.5.1.2*), nicht aber zahlenmäßig berücksichtigt wurde. Diese neue Form von Stereoisomerie wird beobachtet,

- wenn sperrige Liganden in den Biphenyl-Positionen 2,6 und 2′,6′ die freie Drehung um die (C–C)-Bindung behindern;
- wenn sich die in den 2,6- und 2′,6′-Positionen eines jeden Phenyl-Restes befindlichen Liganden voneinander unterscheiden.

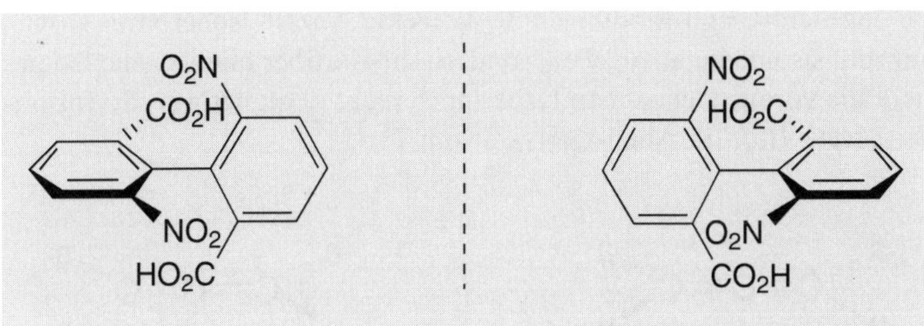

Fig. 2.8. *Enantiomere der 6,6′-Dinitro-1,1′-biphenyl-2,2′-dicarbonsäure*

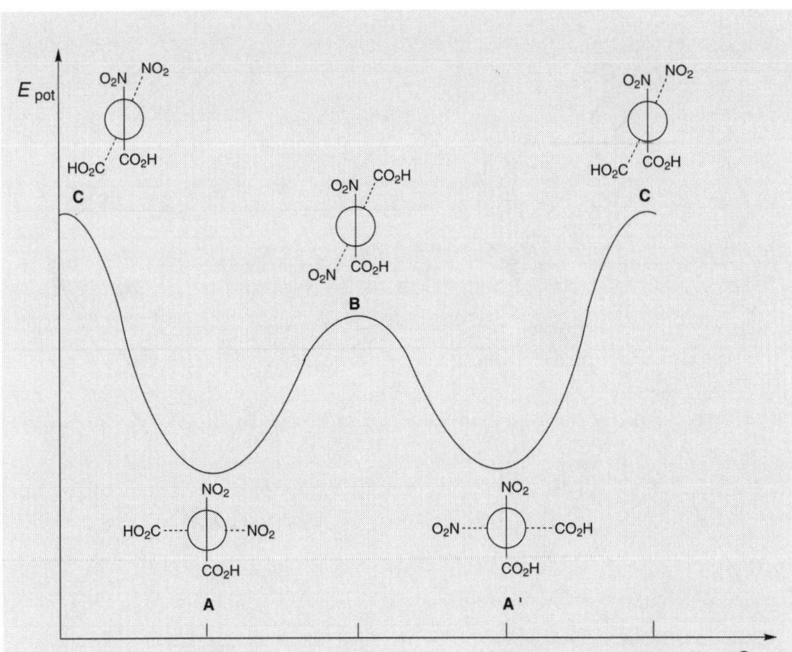

Fig. 2.9. *Das Energie-Profil der 6,6′-Dinitro-1,1′-biphenyl-2,2′-dicarbonsäure mit den Konformationen an den Extrempunkten*

Mit Hilfe eines *Energie-Profils* (*Fig. 2.9*) – eines Diagramms, welches die potentielle Energie eines molekularen Systems in Abhängigkeit von einem Strukturparameter (hier vom Torsionswinkel) zeigt – werden mögliche Konformationen und ihre relativen Energie-Inhalte anschaulich wiedergegeben. Das Diagramm weist den Extrempunkten der Kurve bestimmte Konformationen (in der *Newman*-Projektion; s. *Kap. 10.3.1*) zu. Bei den Konformationen minimaler Energie (**A** und **A′**) handelt es sich um enantiomorphe Konformationsisomere (*cf. Fig. 2.17*). Die Strukturen **B** oder **C** sind Konformationen maximaler Energie, die beim Übergang von einem Enantiomeren in das andere Enantiomere durchlaufen werden müßten, wenn freie Drehung möglich wäre.

2.6.3.2. Erweiterung bei Allenen, Alkyliden-cycloalkanen und Spiro-Verbindungen

Das Tetraeder-Modell war nicht nur in der Lage, bei chemischen Verbindungen gleicher Konstitution mit stereogenen Zentren und/oder stereogenen (C=C)-Bindungen die korrekte Anzahl isolierbarer Konfigurationsisomeren anzugeben, sondern sah darüber hinaus neue Isomerie-Fälle voraus, denen man bisher noch nicht begegnet war. So formulierte *van't Hoff* für Allen-Derivate vom Typ

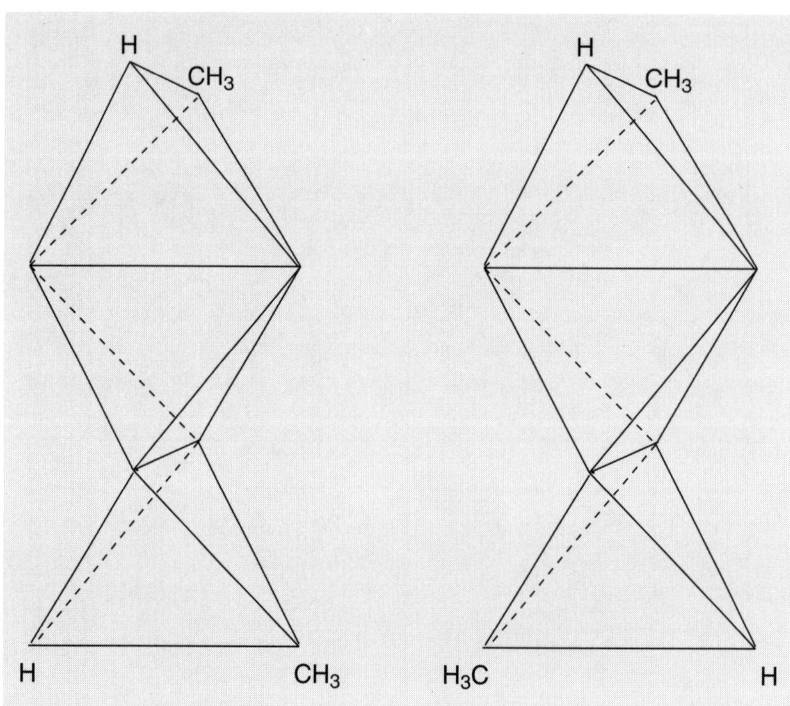

Fig. 2.10. *Tetraeder-Modell für die beiden Enantiomeren des Penta-2,3-diens nach* van't Hoff

zwei Enantiomere, die zum damaligen Zeitpunkt (und viele Jahrzehnte danach) experimentell nicht nachgewiesen werden konnten.

Die auf *van't Hoff* zurückgehende *Fig. 2.10* läßt für eine Allen-Struktur erkennen, daß die beiden Zweiringe ((C=C)-Bindungen) senkrecht aufeinander stehen. Das gleiche gilt für die beiden Ebenen, in denen sich jeweils ein terminales Zentralatom und seine beiden Liganden befinden.

Zieht man in einem Gedankenexperiment ein Tetraeder (als Modell für ein Methan-Derivat) so auseinander, daß aus dem Zentralatom drei linear angeordnete Zentren hervorgehen, erhält man eine Anordnung (als Modell für ein Allen-Derivat; *Fig. 2.11*), welche der relativen Lage der beiden terminalen Ligandenpaare einer Allen-Struktur entspricht. Während Enantiomere bei Methan-Derivaten nur dann auftreten, wenn alle vier Liganden verschieden sind (*Abschn. 2.5.1.1*), brauchen bei Allen-Derivaten lediglich die beiden terminalen Zentren jeweils verschiedene Liganden zu tragen, damit Enantiomere möglich werden, und zwar gleichgültig, ob die beiden Paare verschiedener Liganden sich voneinander unterscheiden oder nicht.

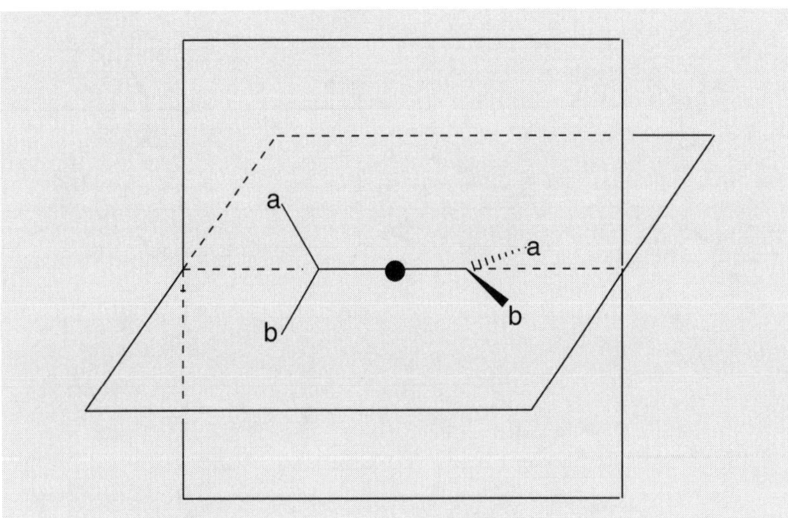

Fig. 2.11. *Darstellung eines Gedankenexperiments, wodurch man von einem Methan- zu einem Allen-Derivat gelangt*

Bei einem Kumulen mit drei (oder allgemein mit einer ungeraden Anzahl von) kumulierten (C=C)-Bindungen liegen nun (im Gegensatz zur Situation bei einem Allen oder allgemein bei einem Kumulen mit gerader Anzahl von (C=C)-Bindungen) beide terminale Ligandenpaare in derselben Ebene. Daraus folgt, daß nicht zwei Enantiomere, sondern zwei Diastereoisomere ((*E*/*Z*)-Konfigurationsisomere), analog zur Stereoisomerie an isolierten (C=C)-Bindungen (*Abschn. 2.5.1.3*), beobachtet werden können.

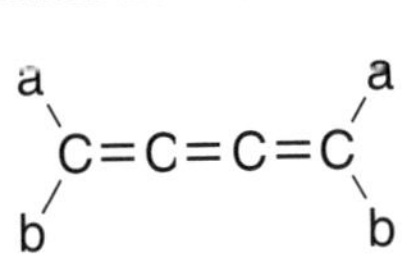

(*Z*)

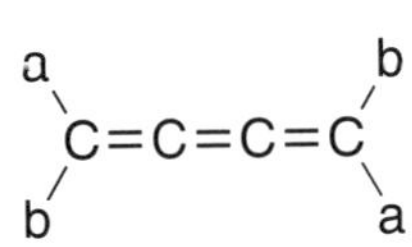

(*E*)

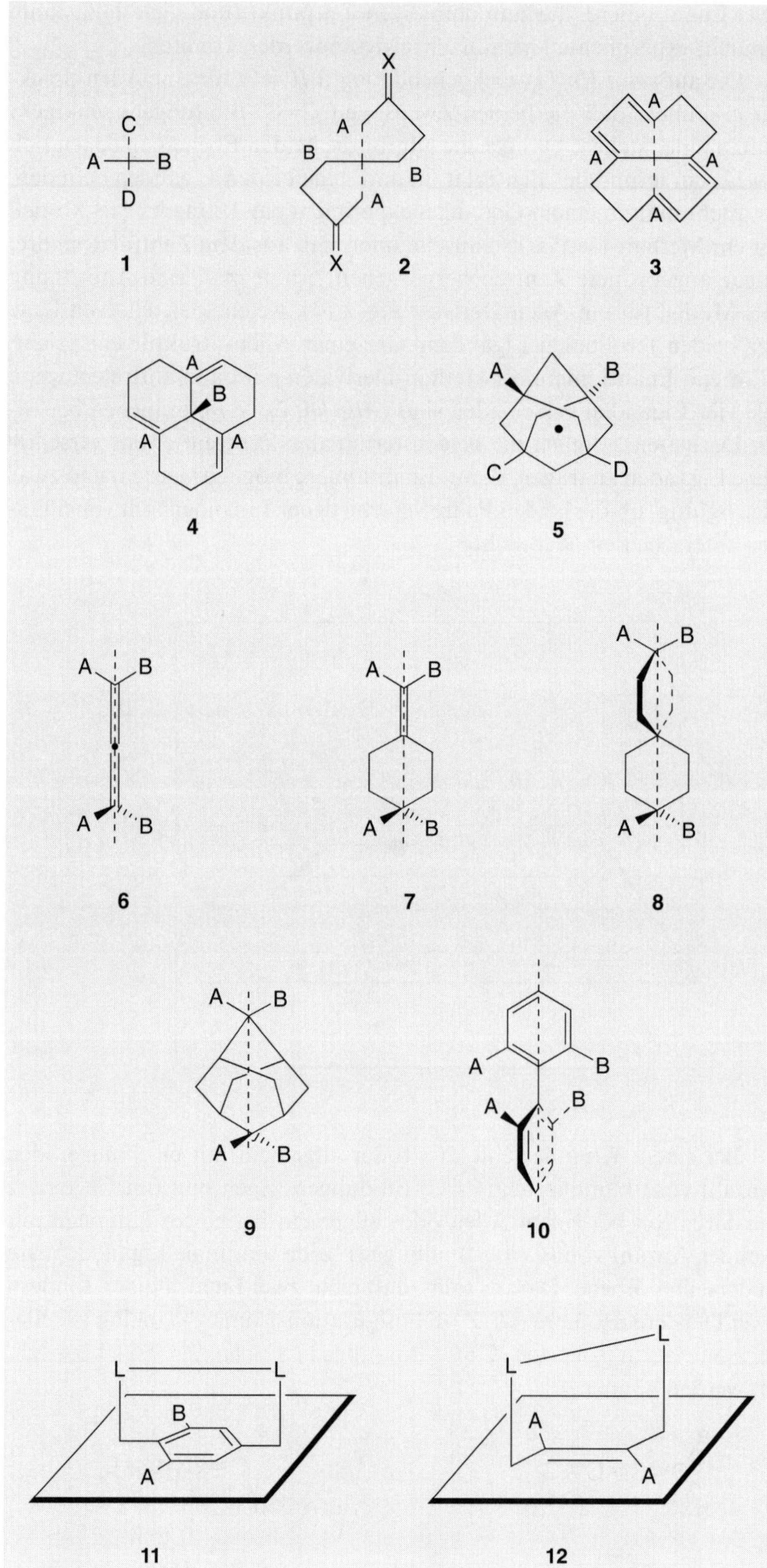

Fig. 2.12. *Eine Auswahl von chiralen Strukturen, denen ein* Chiralitätszentrum (**1**–**5**), *eine* Chiralitätsachse (**6**–**10**) *oder eine* Chiralitätsebene (**11** und **12**) *gemeinsam ist*

Allene, Alkyliden-cycloalkane und Spiro-Verbindungen haben eine Chiralitätsachse als stereogene Einheit. In *Fig. 2.12* wird eine ganze Reihe von Strukturen verschiedener Chiralitätstypen zusammengefaßt: die Strukturen **1**–**5** sind durch ein *Chiralitätszentrum*, die Strukturen **6**–**10** durch eine *Chiralitätsachse* und die Strukturen **11** und **12** durch eine *Chiralitätsebene* charakterisiert.

Wie die Enantiomeren bei Allenen, Alkyliden-cycloalkanen oder Spiro-Verbindungen spezifiziert werden, findet man in *Kap. 10.2.4* beschrieben.

Es sollte nicht unerwähnt bleiben, daß einige der Stereoisomeren von *Fig. 2.12* nach der Definition *'Stereoisomere, die durch Drehung um eine (C–C)-Bindung auseinander hervorgehen, heißen Konformationsisomere'* als Konformationsisomere aufgefaßt werden müssen. Andererseits kennzeichnet man sie durch ihren spezifischen Chiralitätssinn (durch ihre absolute Konfiguration) und könnte sie danach als Konfigurationsisomere bezeichnen. Hier wird offenbar, daß die Unterscheidung von Stereoisomeren in Konfigurations- oder Konformationsisomere nicht 'computerrein' ist: im Gegensatz zur Abgrenzung der Enantiomeren von Diastereoisomeren.

2.6.4. Sind sämtliche Ursachen der Stereoisomerie bekannt?

Vladimir Prelog hat diese Frage mit 'Nein' beantwortet: Er hat den Rahmen der scheinbar abgeschlossenen stereochemischen Statik erweitert. Er hat nicht nur immer wieder darauf hingewiesen, daß stereostrukturelle Grundbegriffe und Anschauungen gruppentheoretisch fundiert sein sollten, sondern hat zuvor nicht erkannte Lücken experimentell geschlossen.

Bei der Suche nach Fällen bislang nicht erkannter Isomerie-Erscheinungen wird man sich wohlweislich solchen Strukturen zuwenden, in denen man repetitive Struktur-Einheiten zu erkennen vermag. Es kann nämlich sein, daß hier Isomere in Betracht kommen, die bei den Repetiereinheiten selber gar nicht existieren. Was gemeint ist, wird zunächst an einem Beispiel der *Konstitutionsisomerie* aufgezeigt. Es handelt sich hier um die vier verschiedenen Uroporphyrinogene der Typen **I**–**IV** (*Fig. 2.13*), zu denen sich ein Monopyrrol-Vorläufer anordnen kann. *Fig. 2.14* läßt die statistische Häufigkeit der verschiedenen Typen und die auffällige Bevorzugung des Uroporphyrinogens **III** bei repetierendem Aufbau und schließlicher Cyclisierung erkennen.

Auf einen Fall neuartiger Stereoisomerie, der erst im Bereich größerer Struktur-Komplexität auftritt, trifft man beim Makrotetrolid-Antibiotikum Nonactin. Es handelt sich hier um einen *Ionophor*, der mit auffälliger Spezifität den Transport von Kationen durch biologische Membranen bewerkstelligt. Vier esterartig miteinander verknüpfte Reste einer C_{10}-Hydroxycarbonsäure (Nonactinsäure; Konfigurationsformeln **1** und **2**) sind zu einem 32gliedrigen Ring zusammengeschlossen.

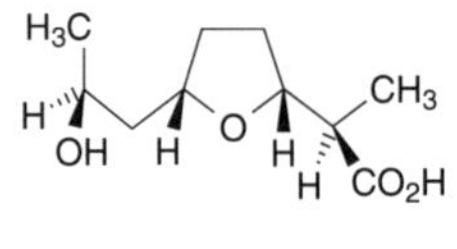

1

● (–)-(2*R*, 3*R*, 6*S*, 8*S*)-Nonactinsäure

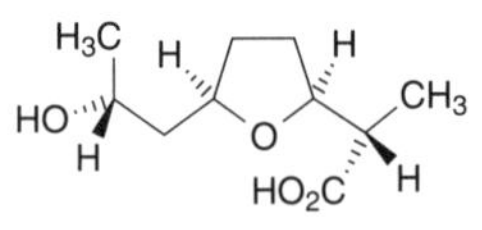

2

○ (+)-(2*S*, 3*S*, 6*R*, 8*R*)-Nonactinsäure

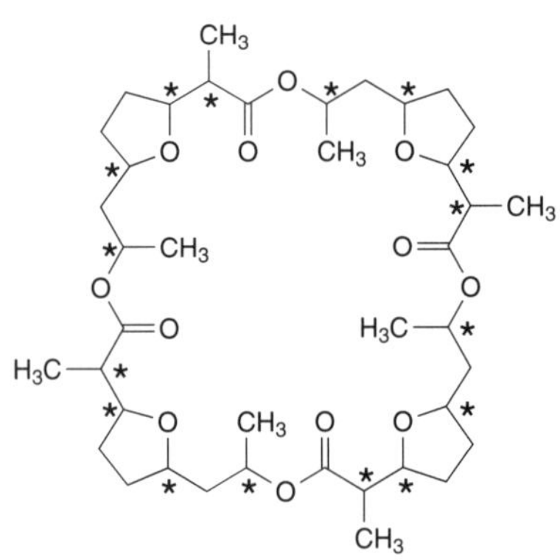

3

Die Konstitutionsformel des Nonactins (**3**) läßt 16 (mit einem Stern versehene) stereogene Zentren erkennen.

Die formale Maximalzahl möglicher Stereoisomeren ist demzufolge 65 536. In Wirklichkeit kommen jedoch nur sechs Stereoisomere mit der regulären (Kopf-Schwanz)-Sequenz in Betracht (**1**–**6** in *Fig. 2.15*). Da das natürlich vorkommende Nonactin optisch inaktiv ist, ein racemisches Gemisch aufgrund der Kristall-Struktur jedoch nicht vorliegt, bleiben nur die schematisch vereinfachten Formelbilder zweier *meso*-Vebindungen (**5** und **6** in *Fig. 2.15*) für die letzte Entscheidung zur Festlegung seiner Konfiguration übrig. Wie die *Röntgen*-Strukturanalyse zeigt, wird das Antibiotikum korrekt durch das Symbol **6** (*Fig. 2.15*) wiedergegeben: Die enantiomorphen Nonactinsäure-Reste kommen alternierend angeordnet je zweimal vor. Das Molekül weist S_4-Symmetrie auf (**7** in *Fig. 2.15*), und demzufolge ist Nonactin, trotz der vorhandenen 16 stereogenen Zentren, achiral. Was S_4-Symmetrie bedeutet, wird in *Kap. 11* beschrieben. Der Kristall-Struktur ist ferner zu entnehmen, daß das Molekül eine Topologie besitzt, welche mit der Naht eines Tennisballs verglichen werden kann.

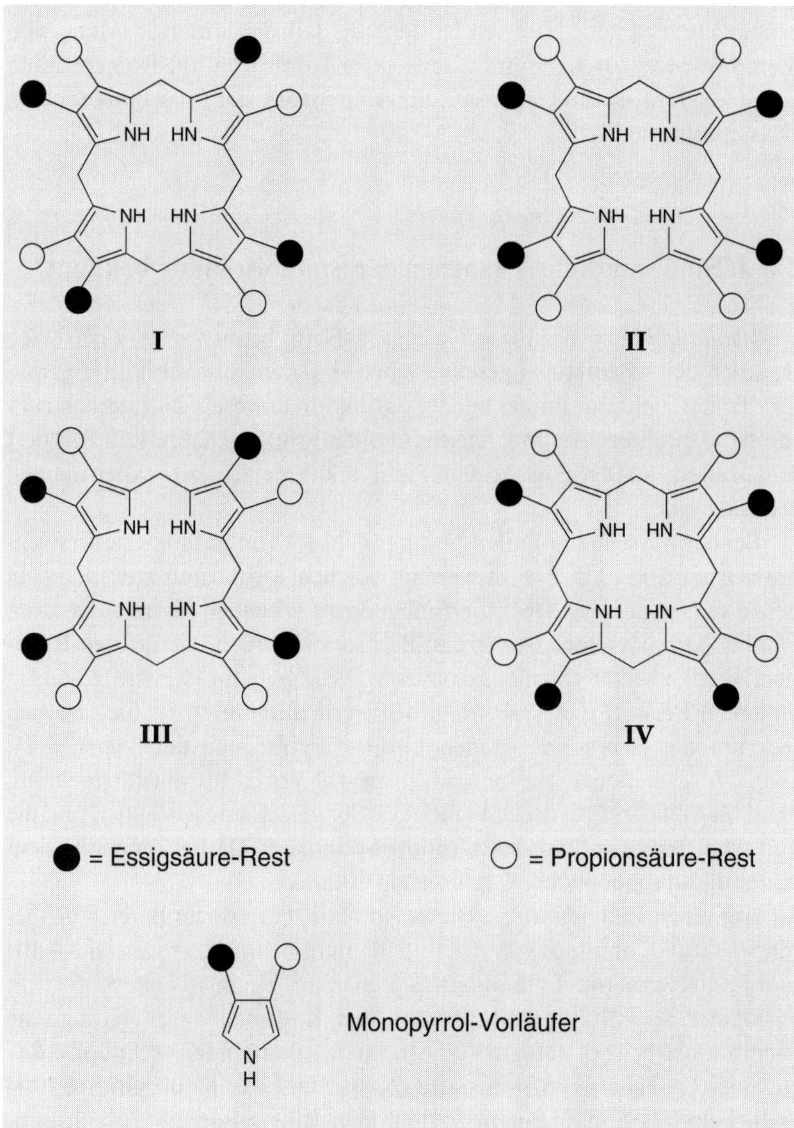

Fig. 2.13. *Uroporphyrinogene* **I–IV**

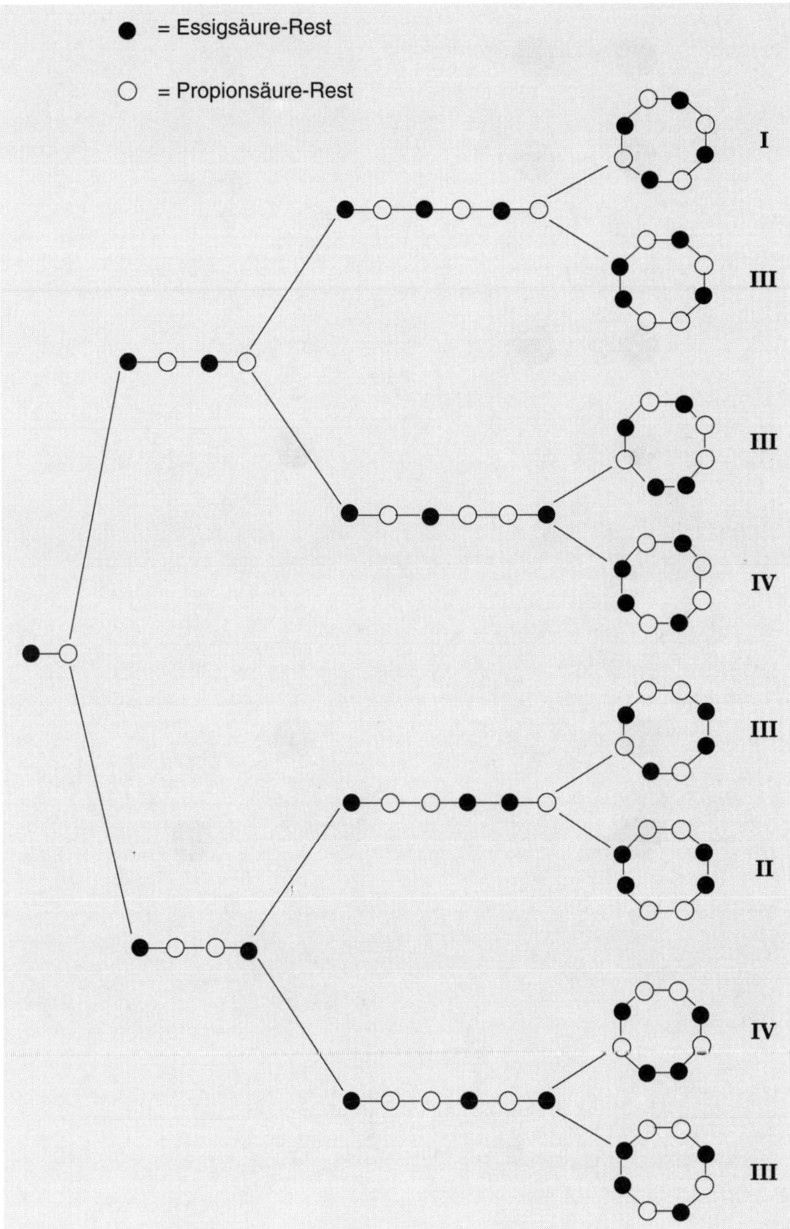

Fig. 2.14. *Statistische Häufigkeit für die Bildung der Uroporphyrinogene* **I–IV** *aus dem (symbolisch vereinfachten) Monopyrrol-Vorläufer und Formaldehyd*

Ein anderer Isomerie-Fall (*Cyclostereoisomerie*) tritt auf, wenn sich zwei enantiomorphe Bausteine, z. B. aus (*R*)- und (*S*)-Alanin (*Fig. 2.16*), in der regulären (Kopf-Schwanz)-Sequenz zu einem höhermolekularen Cyclus aus sechs niedermolekularen Struktur-Einheiten zusammenschließen. Im Satz der vier Verteilungsmuster (**1–4** in *Fig. 2.16*) für das Cyclohexapeptid, das aus der gleichen Anzahl enantiomorpher Alanin-Reste besteht, kommen zwei *Cycloenantiomere* (**2** und **3** in *Fig. 2.16*) vor. Da sie sich wie Bild und Spiegelbild verhalten, muß sich selbstverständlich auch ihr 'Ringsinn' (im oder entgegen dem Uhrzeigersinn) spiegeln und somit umkehren.

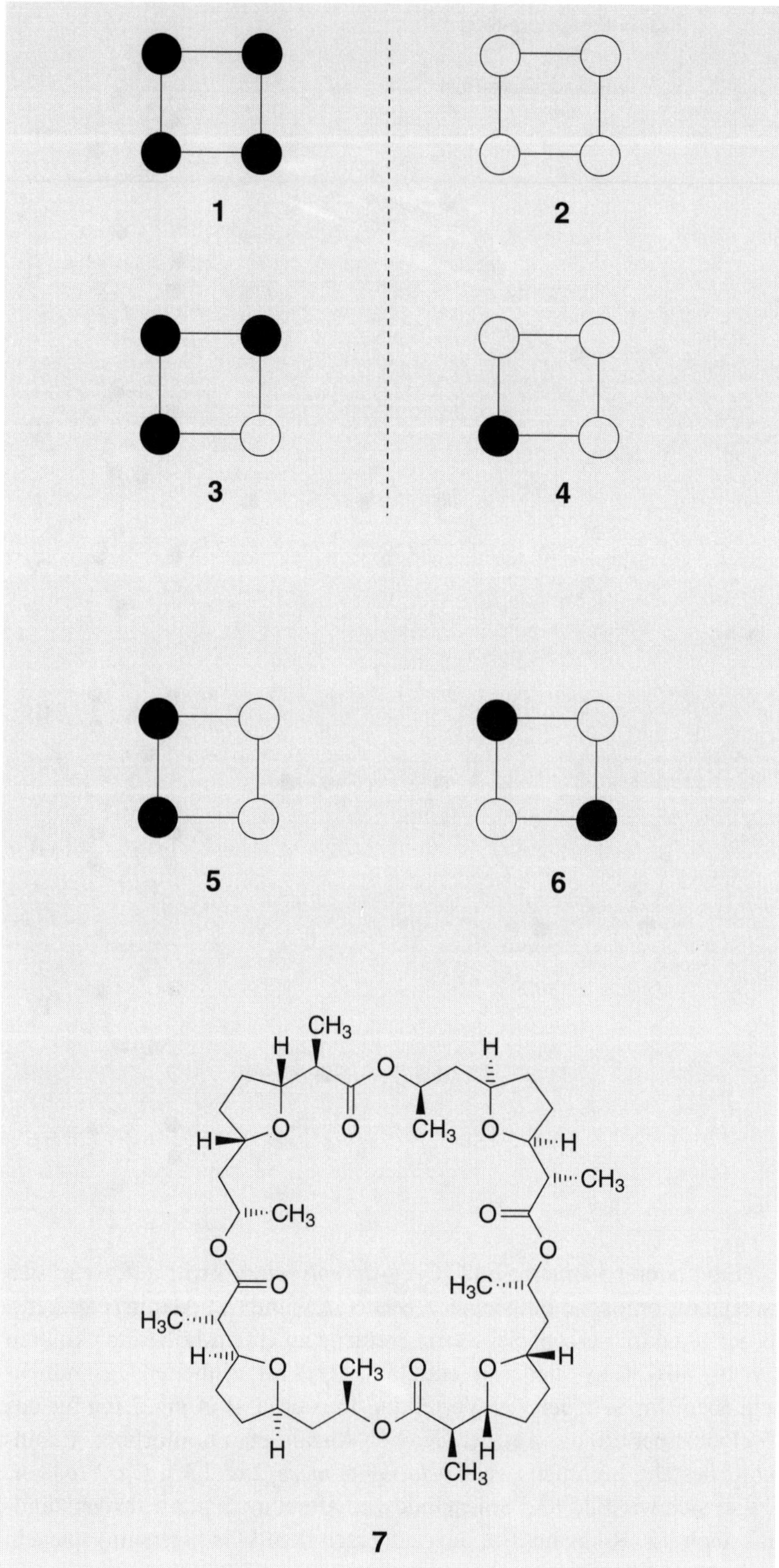

Fig. 2.15. *Darstellung der racemischen Gemische* (aus **1** und **2** oder **3** und **4**), meso-*Verbindungen* (**5** oder **6**) *mit der gleichen Anzahl enantiomorpher Nonactinsäure-Reste sowie der Konfigurationsformel* (**7**) *des Nonactins*

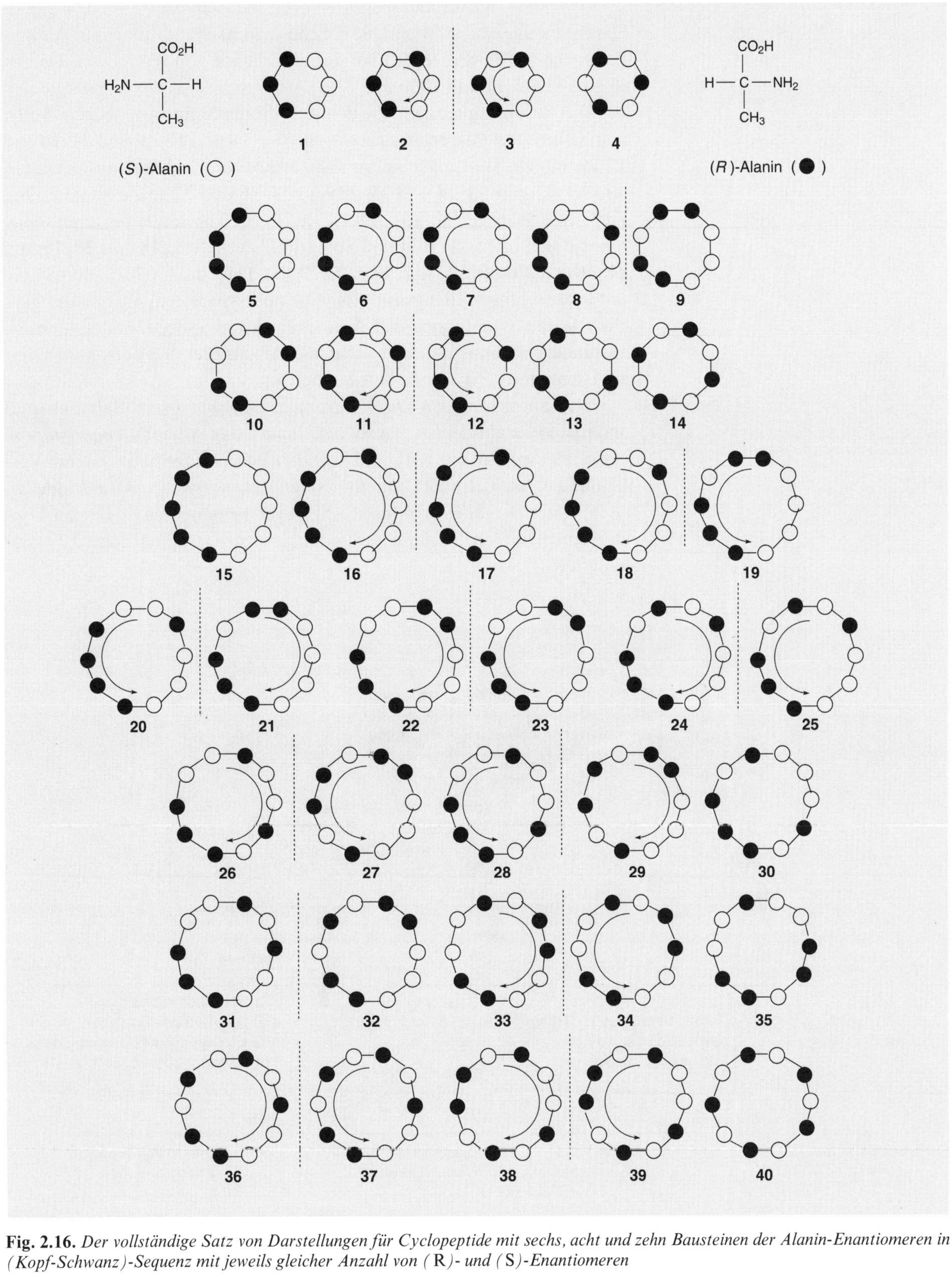

Fig. 2.16. *Der vollständige Satz von Darstellungen für Cyclopeptide mit sechs, acht und zehn Bausteinen der Alanin-Enantiomeren in (Kopf-Schwanz)-Sequenz mit jeweils gleicher Anzahl von (*R*)- und (*S*)-Enantiomeren*

Geht man zu Cyclooctapeptiden über, die nach der (Kopf-Schwanz)-Sequenz aufgebaut sind und die gleiche Anzahl enantiomorpher Alanin-Bausteine aufweisen, trifft man auf zwei Paare von *Cycloenantiomeren* (**6** und **7** bzw. **11** und **12** in *Fig. 2.16*).

Bei Cyclodecapeptiden, die dem erwähnten Bauprinzip folgen, findet man neben fünf Paaren von Enantiomeren (**18** und **19**, **20** und **21**, **26** und **27**, **28** und **29**, **31** und **32**) bereits sechs Paare von Cycloenantiomeren (**16** und **17**, **22** und **23**, **24** und **25**, **33** und **34**, **36** und **37** sowie **38** und **39** in *Fig. 2.16*). Darüber hinaus gibt es vier Paare von *Cyclodiastereoisomeren,* die sich nicht wie Bild und Spiegelbild verhalten (**18** und **20**, **19** und **21**, **26** und **28** sowie **27** und **29** in *Fig. 2.16*): Das sind Cyclostereoisomere mit gegenläufigem 'Ringsinn'. Bei Cyclooligopeptiden, die aus der gleichen Anzahl enantiomorpher Aminosäure-Bausteine (z. B. des Alanins) zustande gekommen sind, wächst die Anzahl der Stereoisomeren mit zunehmender Ring-Größe beträchtlich an.

Dem aufmerksamen Leser wird nicht entgangen sein, daß hier (und anderswo) neben dem Adjektiv *enantiomer* das Adjektiv *enantiomorph* verwendet worden ist. Während *enantiomer* bei spiegelbildisomeren Verbindungen in Betracht kommt, ist *enantiomorph* Struktur-Modellen (z. B. von Übergangsstrukturen), Struktur-Fragmenten (z. B. von konstitutionellen Repetiereinheiten) oder ganzen Kristallen (*Kap. 3.1*) vorbehalten.

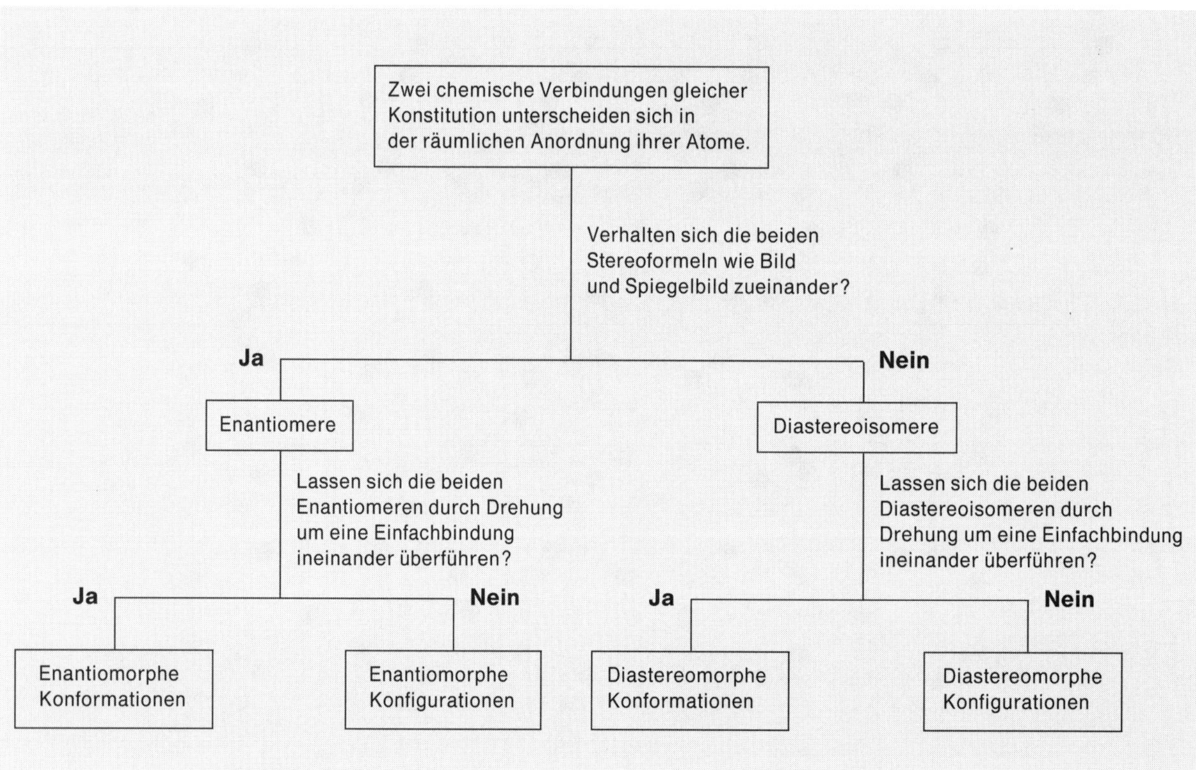

Fig. 2.17. *Fluß-Diagramm zur Differenzierung von Stereoisomeren*

2.6.5. Wie man zwischen den verschiedenen Typen von Stereoisomeren unterscheidet

Der Chemiker nennt die chemischen Individuen, welche den einzelnen Atom-Kombinationen der gleichen molekularen Zusammensetzung entsprechen, *Isomere* (*Abschn. 2.4*). Er spricht von *Konstitutionsisomeren*, wenn die Verknüpfung (Konnektivität, Sequenz) der in einem Molekül vorhandenen Atome verändert worden ist, und von *Stereoisomeren*, wenn für ein und dieselbe Konstitution verschiedene Raumanordnungen für die vorhandenen Atome in Betracht kommen. Die Anzahl und Stereostruktur möglicher Stereoisomeren (Enantiomeren oder Diastereoisomeren) folgt in anschaulicher Weise aus dem Tetraeder-Modell. Allerdings muß der Blick des heranwachsenden Chemikers für Einschränkungen geschärft werden, die *a priori* auf konstitutionelle Symmetrie oder *a posteriori* auf untragbare Molekül-Spannungen zurückzuführen sind.

Fig. 2.17 weist einen Weg, der programmatisch zwischen Enantiomeren oder Diastereoisomeren sowie pragmatisch zwischen Konformationsisomeren (Konformeren) oder Konfigurationsisomeren unterscheiden hilft.

2.7. Fazit

Seit Mitte des vorigen Jahrhunderts hat sich die organische Chemie als eines der eindrucksvollsten Operationsgebiete nicht-quantitativer Logik entwickelt. Nach Art eines Baukasten-Systems lassen sich die Atome (im wesentlichen der Elemente C, H, O, N, P, S) unter Berücksichtigung ihrer jeweiligen Wertigkeit zu Molekülen mit verzweigten oder unverzweigten Ketten und/oder Ringen mit Einfach-, Doppel- und/oder Dreifachbindungen zusammensetzen. Den einfachen Bau-Leitlinien des Konstitutionsmodells der klassischen organischen Chemie steht die enorme Komplexität möglicher Konstitutionsisomeren gegenüber. Inzwischen haben Chemiker erkannt, daß Konstitutionsformeln, die in einfacher Weise die Verknüpfung (Konnektivität) der beteiligten Atome wiedergeben, nichts anderes als Graphen oder Multigraphen sind. So eignet sich die Graphentheorie hervorragend dazu, die Anzahl und individuelle Art der Atom-Kombination möglicher Konstitutionsisomeren korrekt zu formulieren. Heute läßt man die in Frage kommenden Atom-Kombinationen von Computern aufzeichnen und zählt sie dann einfach ab. Die hierzu benötigten Algorithmen müssen natürlich die hier aufgezeigten Spielregeln der Molekül-Architektur berücksichtigen.

Die Anwendung der Graphentheorie zur Bestimmung der tatsächlichen Anzahl chemischer Verbindungen derselben Molekularformel, die insbesondere Mehrfachzählungen als Folge molekularer Symmetrie (*Kap. 3*) vermeidet, ist ein Beitrag der *mathematischen Chemie*. Im Gegensatz zur mathematischen Chemie, welche die Mathematisierung der Chemie ohne den Umweg über die Physik vornimmt und die logische Struktur der Chemie sichtbar machen will, spricht man von *physikali-*

scher Chemie, wenn Vorstellungen und Ergebnisse der Physik auf chemische Verbindungen (und ihre Reaktionen) angewendet werden. Geht es um die Übernahme von Gedanken und Resultaten aus der theoretischen Physik, spricht man wohl auch von *theoretischer Chemie*.

Das Tetraeder-Modell war nicht nur in der Lage, solche Isomeren ihrer Anzahl und Stereostruktur nach richtig zu deuten, deren Existenz auf stereogene Zentren (Enantiomeren oder Diastereoisomeren) oder auf stereogene (C=C)-Bindungen (Diastereoisomeren) zurückgeführt werden konnte, sondern sah darüber hinaus (bei Allenen, Alkylidencycloalkanen, Spiro-Verbindungen) Fälle der Stereoisomerie vor, die erst Jahrzehnte später verwirklicht wurden. Es ist anzunehmen, daß man auch in Zukunft weitere Fälle der Konstitutions- oder Stereoisomerie erschliessen wird, die heute noch unbekannt sind.

Das Interesse an Konstitutions- oder Stereoisomerie ist deshalb so groß, weil mit jedem untersuchten Einzelfall die Struktur-Theorie der klassischen organischen Chemie einem Falsifikationstest ausgesetzt wird. Die zahlenmäßige Übereinstimmung zwischen vorhergesagten und experimentell nachgewiesenen Isomeren ist immer wieder festgestellt worden. Gelegentlich stieß man auf Ausnahmen. Sie führten dazu, daß für ganz bestimmte Verbindungsklassen die Struktur-Theorie der klassischen organischen Chemie leicht abgewandelt oder schließlich sogar aufgegeben werden mußte (s. *Kap. 8*).

In diesem Kapitel stand die Struktur chemischer Verbindungen im Vordergrund. Es erscheint angebracht, darauf hinzuweisen, daß jedoch nicht die Struktur, sondern die Wirkung der Struktur auf den menschlichen Geist die Hauptrolle in der chemischen Wissenschaft spielt. (Organische) Chemiker unterscheiden sich von anderen Wissenschaftlern dadurch, daß sie eine Bildersprache haben, und stehen in ihrer Mentalität Architekten nahe. Dies wird besonders deutlich, wenn man den synthetisierenden Chemiker bei seinem Planen und Ausführen (*Aspekte der Organischen Chemie*, Band 3: *Synthese*) beobachtet. Der im Ausdruck zutage tretende Reichtum der chemischen Bildersprache und die Klarheit der verwendeten Symbole (bei Anerkennung ihrer konventionellen Spezifizierung) gehen aus *Kap. 10* dieses Bandes hervor.

Weiterführende Literatur

Zu Abschn. 2.2.

D. H. R. Barton, *Stereochemistry* in *Perspectives in Organic Chemistry* (Ed. A. Todd), Interscience Publ., New York, 1956.

H. Hartmann, *Die Bedeutung Quantentheoretischer Modelle für die Chemie*, Franz Steiner Verlag, Wiesbaden, 1965.

Zu Abschn. 2.4.

W. J. Wiswesser, *Johann Josef Loschmidt (1821–1895): A Forgotten Genius, Aldrichim. Acta* **1989**, *22*, 17.

O. T. Benfey, *Kekulé Centennial*, American Chemical Society, Washington, DC, 1966.

J. H. Wotiz (Ed.), *The Kekulé Riddle*, Cache River Press, Vienna, Il., 1993.

Zu Abschn. 2.5.

IUPAC-Rules on Organic Stereochemistry, Pure Appl. Chem. **1976,** *45,* 11.
J. H. van't Hoff, *Die Lagerung der Atome im Raume,* 3. Aufl., F. Vieweg und Sohn, Braunschweig, 1908.
O. B. Ramsay, *van't Hoff – Le Bel Centennial,* American Chemical Society, Washington, DC, 1975;
– *Nobel Prize Topics in Chemistry: Stereochemistry,* Heyden & Son, London, 1981.
K. Freudenberg (Ed.), *Stereochemie,* Franz Deuticke, Leipzig, 1932.
E. L. Eliel, *Stereochemistry of Carbon Compounds,* McGraw-Hill, New York, 1962.
B. Testa, *Grundlagen der Organischen Stereochemie,* Verlag Chemie, Weinheim, 1983.
J. Dale, *Stereochemie und Konformationsanalyse,* Verlag Chemie, Weinheim, 1978.
Topics in Stereochemistry, Interscience, Vol. 1–20, 1967–1991.
K. Mislow, *Einführung in die Stereochemie,* Verlag Chemie, Weinheim, 1967.

Zu Abschn. 2.6.

2.6.2.1.

D. Seebach, V. Prelog, *Spezifikation des sterischen Verlaufs von asymmetrischen Synthesen, Angew. Chem.* **1982,** *94,* 696.
IUPAC Nomenclature of Carotenoids, Pure Appl. Chem. **1975,** *41,* 407.

2.6.2.2.

C. H. Park, H. E. Simmons, *Bicyclo[8.8.8]hexacosan. Out,In-Isomerism, J. Am. Chem. Soc.* **1972,** *94,* 7184.
M. Saunders, *Stochastic Search for the Conformations of Bicyclic Hydrocarbons, J. Comput. Chem.* **1989,** *10,* 203.
M. Saunders, N. Krause, *The Use of Stochastic Search in Looking for Homeomorphic Isomerism: Synthesis and Properties of Bicyclo[6.5.1]tetradecane, J. Am. Chem. Soc.* **1990,** *112,* 1791.
R. W. Alder, *Intrabridgehead Chemistry, Tetrahedron* **1990,** *46,* 683.

2.6.4.

D. Mauzerall, *The Condensation of Porphobilinogen to Uroporphyrinogen, J. Am. Chem. Soc.* **1960,** *82,* 2605.
W. Keller-Schierlein, H. Gerlach, *Makrotetrolide, Fortschr. Chem. Org. Naturstoffe* **1968,** *26,* 161.
M. Dobler, *The Crystal Structure of Nonactin, Helv. Chim. Acta* **1972,** *55,* 1371.
M. Dobler, J. D. Dunitz, B. T. Kilbourn, *Die Struktur des KNCS-Komplexes von Nonactin, Helv. Chim. Acta* **1969,** *52,* 2573.
H. Gerlach, K. Oertle, A. Thalmann, S. Servi, *Synthese des Nonactins, Helv. Chim. Acta* **1975,** *58,* 2036.
V. Prelog, H. Gerlach, *Cycloenantiomerie und Cyclodiastereomerie, Helv. Chim. Acta* **1964,** *47,* 2288.
H. Gerlach, J. A. Owtschinnikow, V. Prelog, *Über cycloenantiomere cyclo-Hexaalanyle und ein cycloenantiomeres cyclo-Diglycyl-tetraalanyl, Helv. Chim. Acta* **1964,** *47,* 2294.

Zu Abschn. 2.7.

R. Hoffmann, P. Laszlo, *Darstellungen in der Chemie – die Sprache der Chemiker, Angew. Chem.* **1991,** *103,* 1.
J. G. Nourse, R. E. Carhart, D. H. Smith, C. Djerassi, *Exhaustive Generation of Stereoisomers for Structure Elucidation, J. Am. Chem. Soc.* **1979,** *101,* 1216.
I. Ugi, J. Bauer, K. Bley, A. Dengler, A. Dietz, E. Fontain, B. Gruber, R. Herges, M. Knauer, K. Reitsam, N. Stein, *Die computerunterstützte Lösung chemischer Probleme – eine neue Disziplin der Chemie, Angew. Chem.* **1993,** *105,* 210.

3 Optische Aktivität, Chiralität und Symmetrie bei Molekülen

3.1. Grundlagen

3.1.1. Das physikalische Phänomen der optischen Aktivität

Mit Hilfe des linear-polarisierten Lichts ist es möglich, chemische Verbindungen in zwei Gruppen einzuteilen. Vertreter der einen Gruppe in Lösung drehen die Ebene des linear-polarisierten Lichts (*Fig. 3.1*): Man sagt, sie seien optisch aktiv. Vertreter der anderen Gruppe drehen die Ebene des linear-polarisierten Lichts nicht: Sie sind optisch inaktiv.

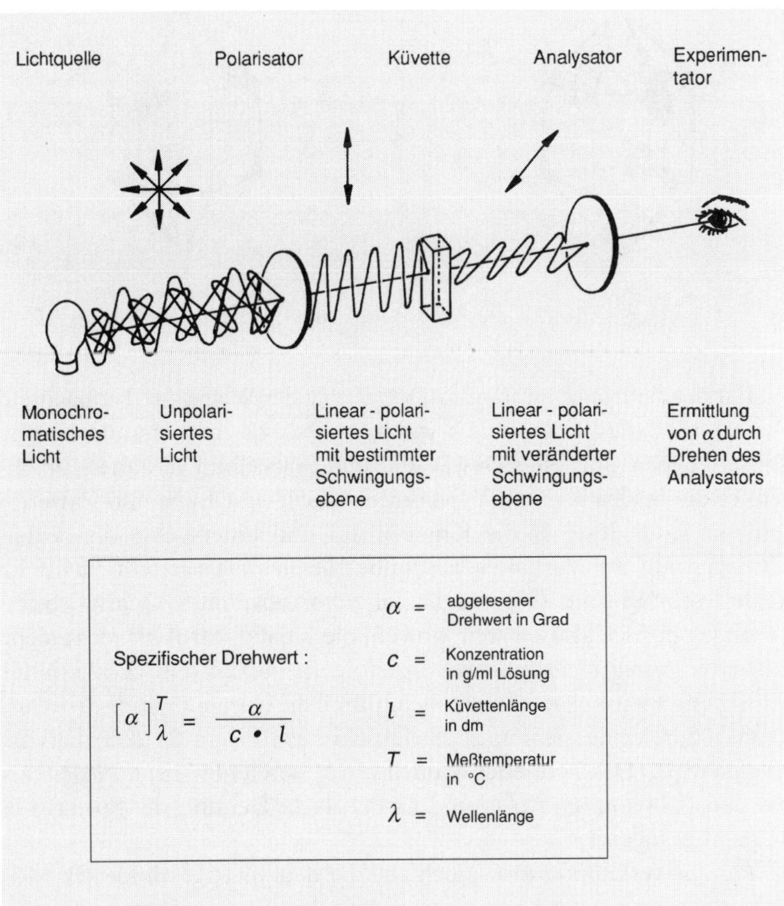

Fig. 3.1. *Drehung der Schwingungsebene des linear-polarisierten Lichts durch die Lösung einer linksdrehenden Substanz im Polarimeter und Definition des spezifischen Drehwerts*

Die experimentelle Untersuchung, wie chemische Verbindungen sich linear-polarisiertem Licht gegenüber verhalten (Bestimmung des spezifischen Drehwerts $[\alpha]_{\lambda}^{T}$), ist eine wichtige analytische Methode. So kann man zwei Enantiomere anhand der Drehwerte unterscheiden: Bei gleichen Meßbedingungen (d.h. bei gleicher Anzahl von Molekülen, gleichem Lösungsmittel, gleicher Temperatur und gleicher Wellenlänge) wird das eine Enantiomere die Ebene des linear-polarisierten Lichts um einen bestimmten Betrag nach links (im Gegenuhrzeigersinn; Kennzeichnung: (−)), das andere Enantiomere die Ebene des linear-polarisierten Lichts um den gleichen Betrag nach rechts (im Uhrzeigersinn; Kennzeichnung: (+)) drehen.

Bereits zur Zeit von *Louis Pasteur* war bekannt, daß zwei enantiomorphe Arten von Quarz-Kristallen (*Fig. 3.2*) existieren. Man wußte weiterhin, daß die beiden enantiomorphen Quarzkristall-Typen optisch aktiv sind. Gleich starke Quarzkristall-Plättchen drehen jeweils um den gleichen Winkel. Beim Quarz ist die optische Aktivität an die chirale Kristall-Struktur gebunden. Die monomere SiO_2-Einheit ist dagegen achiral.

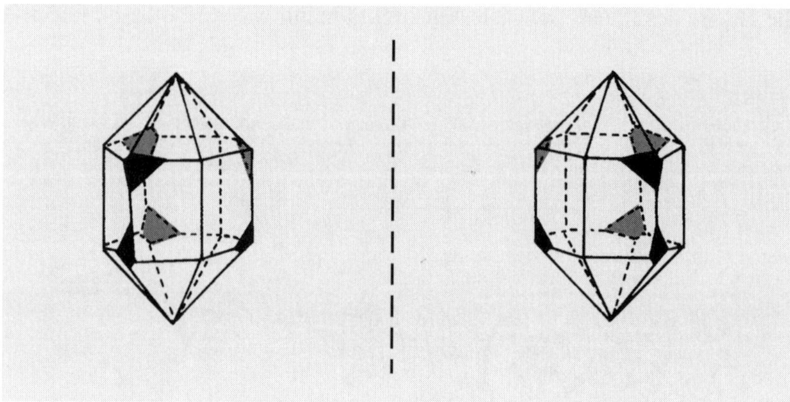

Fig. 3.2. *Enantiomorphe Quarz-Kristalle*

Für das Natriumammonium-Doppelsalz der Weinsäure beobachtete *Pasteur* 1848, daß es – ähnlich wie beim Quarz – zwei enantiomorphe Kristall-Typen gibt, die sich wie Bild und Spiegelbild verhalten. Nachdem er die beiden Kristall-Typen mechanisch (mit Lupe und Pinzette) getrennt hatte, löste er die Kristalle auf und untersuchte die beiden Lösungen auf ihr Verhalten gegenüber linear-polarisiertem Licht. Er stellte fest, daß – im Gegensatz zum zuvor erwähnten Quarz – beide Lösungen optisch aktiv waren, obwohl die Kristall-Struktur nicht mehr existierte. *Pasteur*s Leistung war es zu folgern, daß die optische Aktivität der Lösung natürlich jetzt nicht mehr durch die chirale *Kristall-Struktur,* sondern durch eine wie immer geartete chirale *Molekül-Struktur* hervorgerufen wird. (Das Tetraeder-Modell wurde bereits 1860 von *Pasteur* als *eine* und 1874 von *van't Hoff* und *Le Bel* als *die* Deutung der Struktur in Betracht gezogen.)

Pasteur verknüpfte also, noch ehe die detailliert geschilderten Modell-Vorstellungen der klassischen organischen Chemie über die Konstitution oder gar über die Konfiguration chemischer Verbindungen (*vide supra*) entwickelt worden waren, die experimentell feststellbare Tatsache der optischen Aktivität intuitiv mit einer zugrunde liegenden molekularen Eigenschaft, die dann später als Chiralität bezeichnet werden sollte.

3.1.2. Chiralität bei Molekülen

'Chiralität in der Chemie' war das Thema des Stockholmer *Nobel*-Vortrags von *V. Prelog* aus dem Jahre 1975. Es ist zugleich das Hauptmotiv, das durch ein mehr als 132semestriges Chemie-Studium (*Studium chymiae nec nisi cum morte finitur*) hindurchklingt. In vergangenen Kapiteln ist es bereits angetönt. Der Begriff *Chiralität* stammt von *Lord Kelvin*, er ist von *Kurt Mislow* in die Chemie eingeführt worden.

Ein Objekt (z. B. ein Molekül, sein Modell oder eine Skulptur von *Henry Moore*) ist chiral, wenn es sich nicht durch Parallelverschiebung und/oder Drehung mit seinem Spiegelbild zur Deckung bringen läßt. Diesem Phänomen sind wir schon mehrfach begegnet, und zwar immer dann, wenn zwei Enantiomere erörtert wurden.

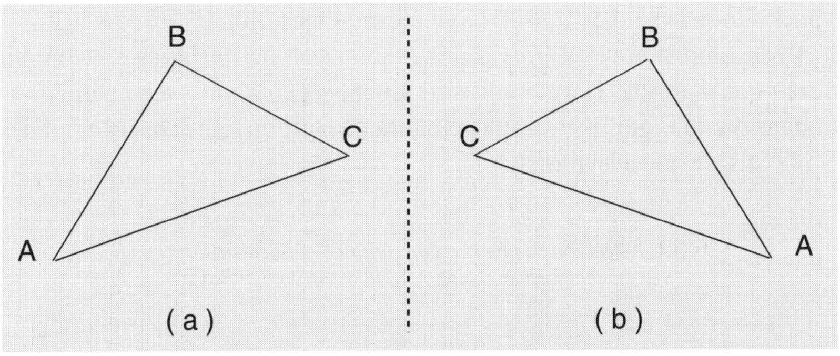

Fig. 3.3 *Enantiomorphe Dreiecke*

Wie das Dreieck im zweidimensionalen, so stellt das Tetraeder im dreidimensionalen Raum die einfachste Figur, das Simplex, dar. Im dreidimensionalen Raum ist ein Tetraeder mit vier unterscheidbaren Ecken (Modell für ein Methan-Derivat mit vier verschiedenen Liganden; vgl. *Kap. 2.5.1.1*) die einfachste chirale Figur. In einem zweidimensionalen Raum ('Flächenland') ist ein Dreieck mit drei unterscheidbaren Ecken die einfachste chirale Figur (*Fig. 3.3*). Durch Parallelverschiebung und/oder Drehung innerhalb der Papierebene können die beiden Dreiecke (a) und (b) nicht zur Deckung gebracht werden. Lediglich die Spiegelung an einer außerhalb der Figuren liegenden Geraden (hier gestrichelte Linie in *Fig. 3.3*) führt die beiden Dreiecke ineinander über. Obwohl uns schließlich die Chiralität dreidimensionaler Strukturen interessiert, sind Betrachtungen in einem zweidimensionalen Raum sehr hilfreich: Im 'Flächenland' kann an relativ einfachen Figuren gezeigt werden, wie chirale und achirale Objekte zu unterscheiden sind. Die großen Druckbuchstaben unseres Alphabets z. B. sind einfache planare Figuren, von denen einige (A, B, C, D, E ...) zweidimensional-achiral, andere (F, G, J, L, N ...) zweidimensional-chiral sind.

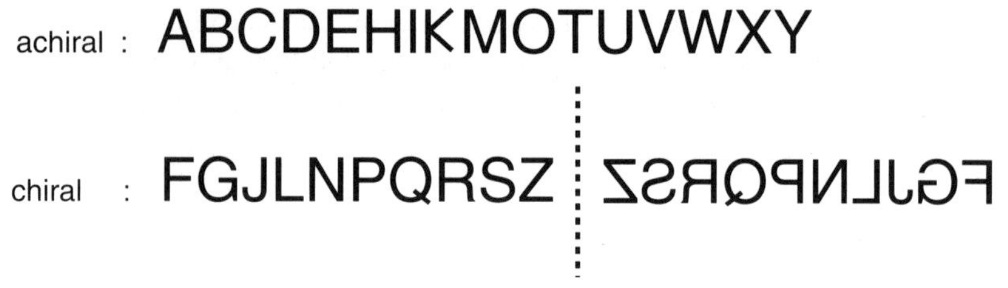

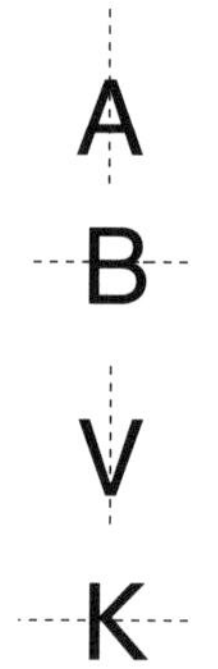

Erstere lassen sich durch Drehung und/oder Parallelverschiebung innerhalb der Ebene mit ihrem Spiegelbild zur Deckung bringen, für letztere gelingt dies nicht. Man kann nun leicht durch Inspektion feststellen, daß alle achiralen Buchstaben (spiegel-)symmetrisch sind, d. h., daß sie jeweils eine (interne) Spiegelgerade besitzen.

3.1.3. Symmetrie bei Molekülen

Offensichtlich bestimmt die Symmetrie, ob eine Figur chiral ist oder nicht. Den bisher in 'lockerer Weise' verwendeten Begriff Symmetrie (vgl. *Kap. 2.6.2.1*) müssen wir nun mit einem klar definierten Inhalt versehen. Die Symmetrie eines Moleküls ergibt sich aus dem Verhalten seines Modells bei bestimmten Symmetrie-Operationen. Für *cis*-1,2-Dimethylcyclopropan (vgl. *Kap. 2.6.2.1*) zeigt sich beispielsweise, daß man durch das statische Formelbild eine Ebene legen kann, welche die dreidimensionale Figur in zwei spiegelbildliche Hälften teilt: Das Modell des Moleküls ist spiegelsymmetrisch.

Tab. 3.1. *Arten von Symmetrie-Operationen mit den entsprechenden Symmetrie-Elementen im dreidimensionalen Raum*

Symbol	Symmetrie-Operation	Symmetrie-Element
E	Identitätsoperation	Identitätselement
C	Drehung	Drehachse
σ	Spiegelung (Flächenspiegelung)	Spiegelebene
i	Inversion (Punktspiegelung)	Inversionszentrum
S	Drehspiegelung	Drehspiegelachse

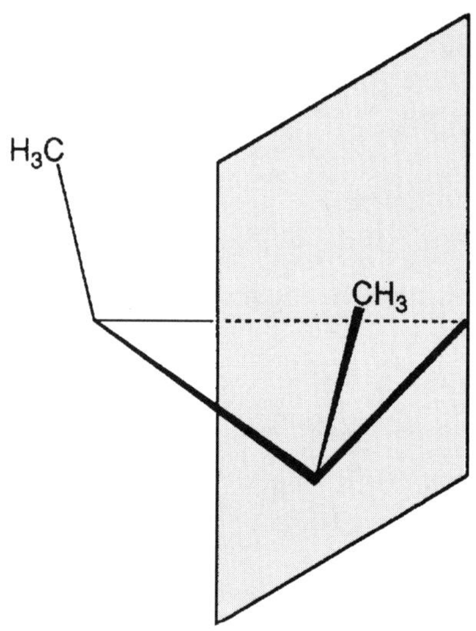

Für das statische Modell des *cis*-1,2-Dimethylcyclopropans kommt somit an der festgestellten Symmetrie-Ebene σ (Symmetrie-Element) eine Spiegelung (Symmetrie-Operation) in Betracht. *Tab. 3.1* führt die in Frage kommenden *Symmetrie-Elemente* und *Symmetrie-Operationen* auf. Jedes Molekül kann anhand seiner Symmetrie-Elemente eindeutig klassifiziert werden. Zwei (oder mehrere) Moleküle, die den gleichen Satz von Symmetrie-Elementen besitzen, sind symmetrieverwandt, unabhängig davon, wie stark sie sich chemisch voneinander unterscheiden: Sie gehören zur selben Symmetrie-Punktgruppe. Weitere Einzelheiten findet man in *Kap. 11* dieses Bandes.

Für die verschiedenen Symmetrie-Punktgruppen soll nun die Beziehung zwischen den Eigenschaftspaaren symmetrisch oder asymmetrisch sowie chiral oder achiral aufgezeigt werden. Es gibt drei Kombinationen:

- ein Molekül ist *asymmetrisch* (Punktgruppe C_1) und *chiral* (Beispiele: *Fig. 3.4*);
- ein Molekül ist *symmetrisch* (für Punktgruppen C_n, D_n, T, O und I) und *chiral* (Beispiele: *Fig. 3.5*);
- ein Molekül ist *symmetrisch* (alle Punktgruppen außer den oben genannten) und *achiral* (Beispiele: *Fig. 3.6*).

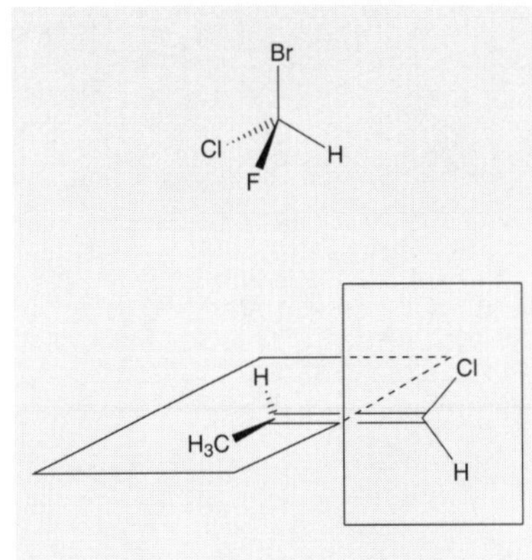

Fig. 3.4. *Beispiele für* asymmetrische *und* chirale *Moleküle*

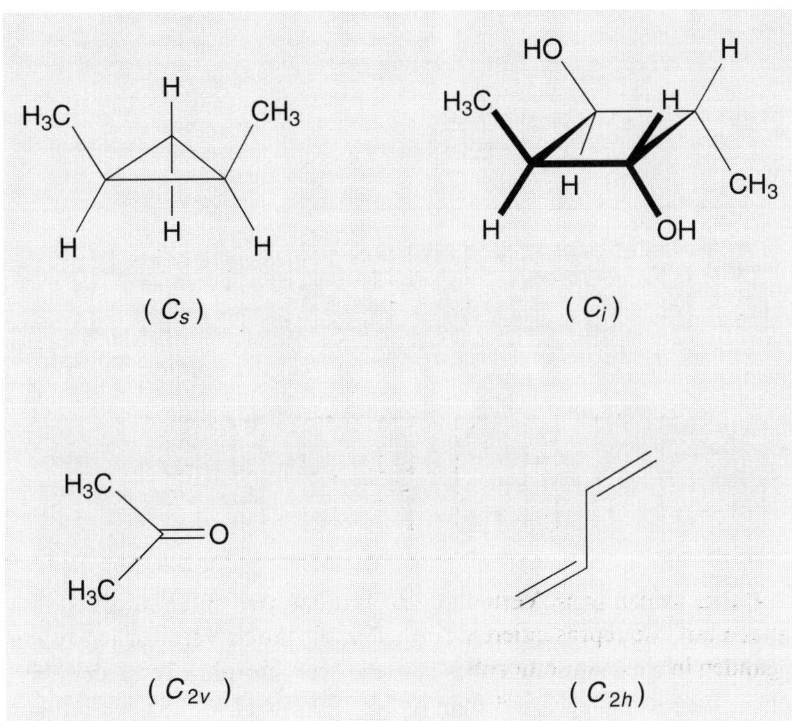

Fig. 3.6. *Beispiele für* symmetrische *und* achirale *Moleküle*

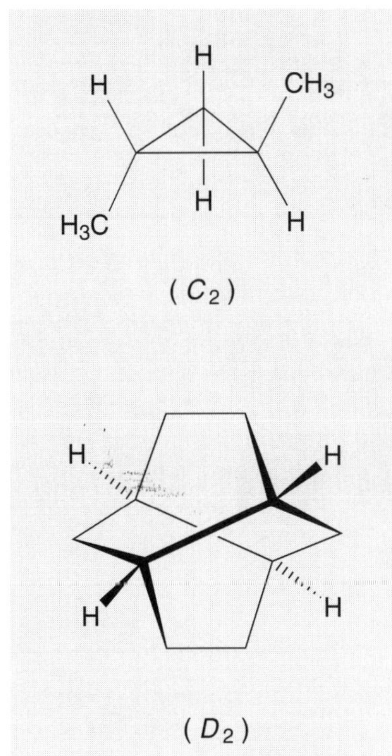

Fig. 3.5. *Beispiele für* symmetrische *und* chirale *Moleküle*

Man kann also auf zweierlei Weise durch mehr oder weniger bewußte Symmetrie-Operationen zwischen chiralen und achiralen Molekülen unterscheiden:

- durch Spiegelung an einer extramolekularen Spiegelebene,
- durch Bestimmung der zutreffenden Symmetrie-Punktgruppe.

3.2. Der *Prelog*-Katalog der regulären Tetraeder

Die Permutation von zweidimensional-achiralen Symbolen (A, B, C, D) für achirale Liganden bzw. von zweidimensional-chiralen Symbolen (F, G, J, L) für chirale Liganden in Form von *Young*schen Verteilungsdiagrammen ergibt 30 verschiedene Anordnungen (*Tab. 3.2*).

Tab. 3.2. Young*sche Verteilungsdiagramme*

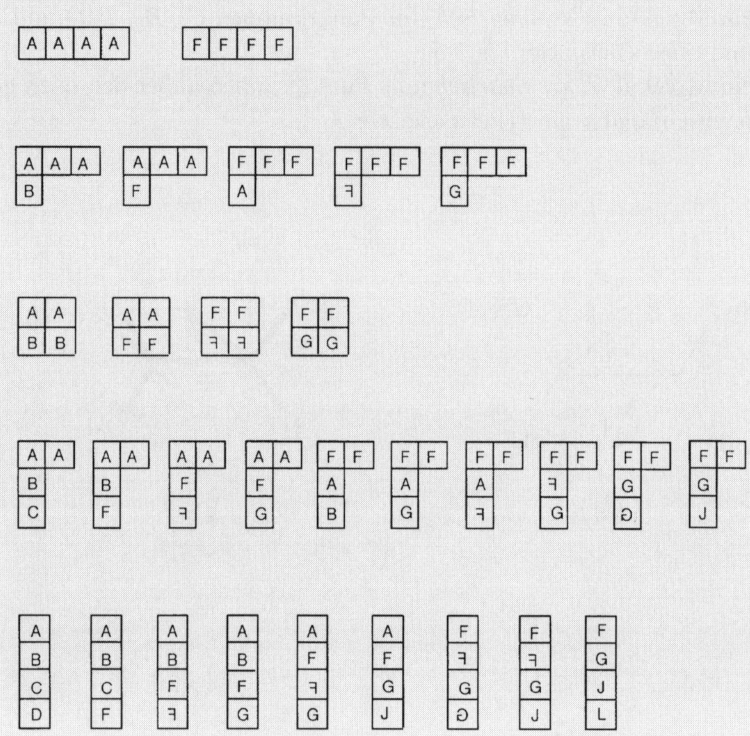

Dabei weisen neun Verteilungsdiagramme vier unterschiedliche Liganden auf. Sie repräsentieren Tetraeder, die durch Vertauschen zweier Liganden in ein enantiomorphes oder diastereomorphes Tetraeder übergehen. Insgesamt registriert man daher 39 Fälle (*Tab. 3.3*), welche sich auf die verschiedenen Subklassen von Verbindungen mit Kohlenstoff als Zentralatom verteilen: den *Prelog*-Katalog der regulären Tetraeder.

3.2.1. Das Chiralitätszentrum (Das asymmetrische C-Atom)

Im *Prelog*-Katalog der regulären Tetraeder stellen die Fälle 24 und 25 Modelle für das C-Atom der Koordinationszahl 4 als *Chiralitätszentrum* dar.

Tab. 3.3. *Der* Prelog-*Katalog der regulären Tetraeder*
(d = diastereomorph, e = enantiomorph)

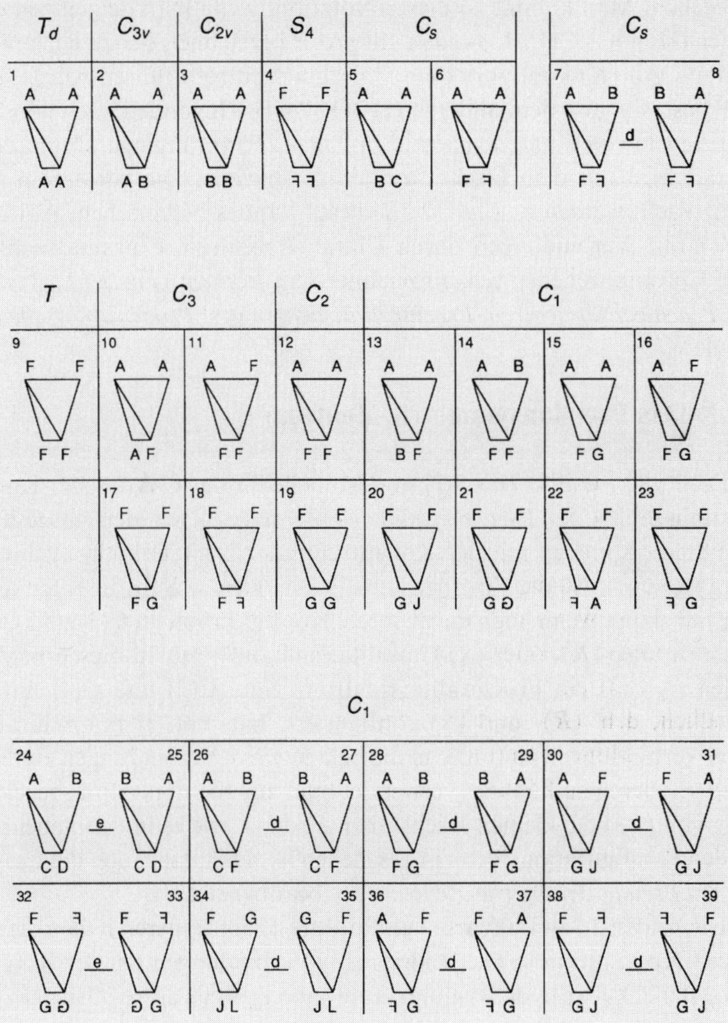

3.2.2. Das Prochiralitätszentrum

Die Fälle 5 und 6 sind Modelle für das C-Atom der Koordinationszahl 4 als *Prochiralitätszentrum.* Ein Prochiralitätszentrum ist ein Zentralatom in der Mitte eines regulären Tetraeders mit zwei konstitutionell gleichen und zwei konstitutionell oder konfigurationell verschiedenen Liganden in den Ecken: X(AABC) oder X(AAF Ⅎ). Dabei kann das Struktur-Fragment X(AA) auch einen Zweiring aus X und A beschreiben. In jedem Fall besitzt dieses Tetraeder C_s-Symmetrie. Ethanol hat demzufolge ein Prochiralitätszentrum.

Man spezifiziert dasjenige H-Atom der CH_2-Gruppe, welches bei Austausch durch D zu einem (*R*)-Chiralitätszentrum Anlaß gäbe, durch H_R und kennzeichnet dann das andere H-Atom der CH_2-Gruppe mit H_S.

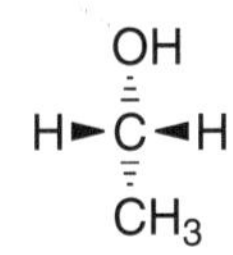

Ethanol

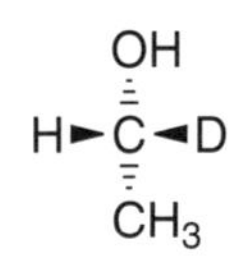

(*R*)-Konfiguration

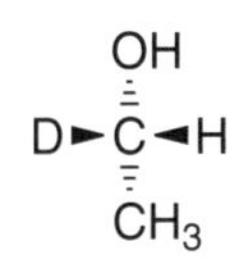

(*S*)-Konfiguration

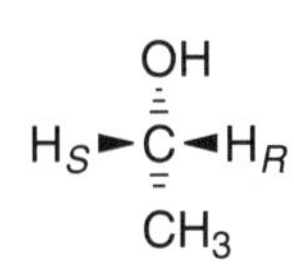

Differenzierung zwischen
den beiden H-Atomen
am Prochiralitätszentrum

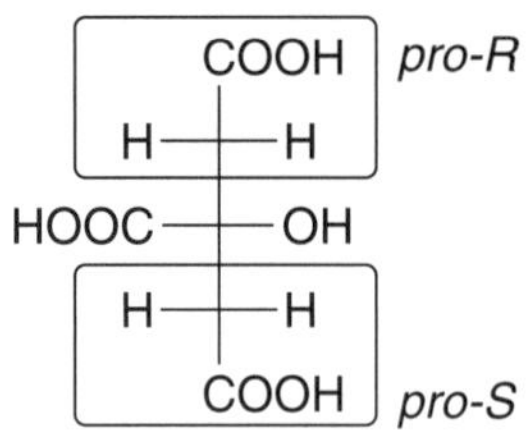

Zitronensäure

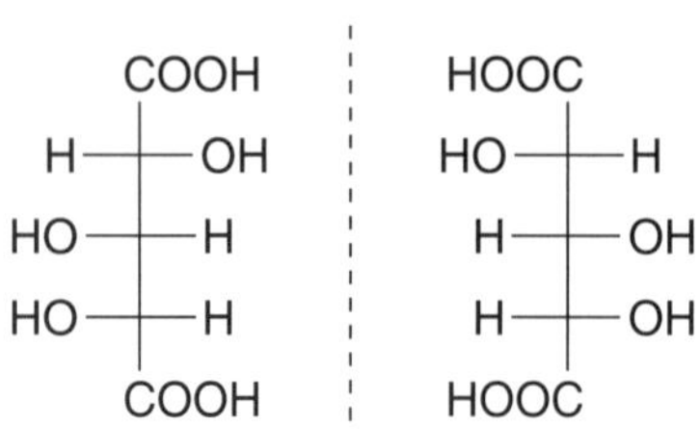

(2*R*,4*R*) (2*S*,4*S*)

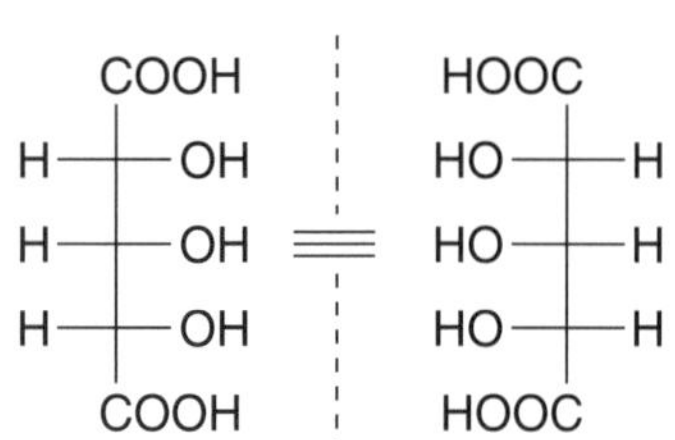

(2*R*,3*r*,4*S*) (2*S*,3*r*,4*R*)

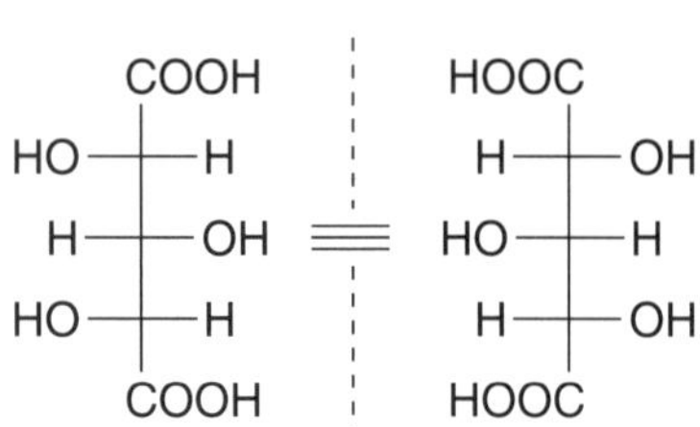

(2*S*,3*s*,4*R*) (2*R*,3*s*,4*S*)

2,3,4-Trihydroxyglutarsäure

Die achirale Zitronensäure (=3-Carboxy-3-hydroxypentandisäure) hat mit C(3) ein Prochiralitätszentrum. Die eindeutige Kennzeichnung der beiden (HOOC$-$CH$_2$)-Liganden ist im nebenstehenden Formelbild angegeben. Man kommt zu dieser Notation, wenn man denjenigen der beiden (HOOC$-$CH$_2$)-Liganden mit *pro-R* bezeichnet, der zu einer Verbindung mit (*R*)-konfiguriertem Chiralitätszentrum führen würde, sofern dieser Ligand dem anderen (HOOC$-$CH$_2$)-Liganden nach den Sequenzregeln von *Cahn, Ingold* und *Prelog* (*CIP*) voranginge. Der andere Ligand wird mit dem Deskriptor *pro-S* versehen. Die genannten Sequenzregeln werden in *Kap. 10.2.1* dieses Bandes beschrieben. Ähnlich wie chirale Verbindungen durch Chiralitätszentren, Chiralitätsachsen oder Chiralitätsebenen gekennzeichnet sein können (*Fig. 2.12*), lassen sich *Prochiralitätszentren*, *Prochiralitätsachsen* und *Prochiralitätsebenen* definieren.

3.2.3. Das Pseudoasymmetrie-Zentrum

Die Fälle 7 und 8 (*Tab. 3.3*) sind Modelle für das C-Atom der Koordinationszahl 4 als *Pseudoasymmetrie-Zentrum*. Zwei der (insgesamt vier) Stereoisomeren mit der Konstitution der 2,3,4-Trihydroxyglutarsäure weisen – wie die Zitronensäure – zwei gleiche Substituenten auf: aber nur dann, wenn auch die absolute Konfiguration an C(2) und C(4) gleich ist, also (*R*)- oder (*S*)-Chiralitätssinn aufweist. In diesen beiden Fällen ist C(3) ein Prochiralitätszentrum. Sind C(2) und C(4) unterschiedlich, d. h. (*R*)- und (*S*)-konfiguriert, hat man es mit achiralen *meso*-Verbindungen zu tun. Um die beiden *meso*-Verbindungen eindeutig spezifizieren zu können, verwendet man zur Konfigurationsbezeichnung von C(3) die kleinen Buchstaben *r* oder *s*, wie es in den nebenstehenden Konfigurationsformeln geschehen ist. Damit ist auch die Frage, was ein *Pseudoasymmetrie-Zentrum* sei, beantwortet.

Die beiden 2,3,4-Trihydroxyglutarsäure-Enantiomeren haben die relative *l*-Konfiguration. Die beiden *meso*-Verbindungen mit der Konstitution der 2,3,4-Trihydroxyglutarsäure haben jeweils die relative *u*-Konfiguration.

3.2.4. *meso*-Verbindungen und racemische Gemische

In *Kap. 2.6.2.1, 2.6.4* und *Abschn. 3.2.3* sind wir immer wieder auf *meso*-Verbindungen gestoßen, d. h. auf konstitutionell symmetrische Verbindungen, die optisch inaktiv und mit der relativen *u*-Konfiguration ausgestattet sind. Der *Prelog*-Katalog der regulären Tetraeder enthält die Fälle 7 und 8 (*Tab. 3.3*) mit wenigstens vier konfigurationell verschiedenen Liganden, von denen allerdings zwei enantiomorph und äquidistant vom geometrischen Zentrum des Moleküls entfernt sind. In einem solchen Fall (z. B. bei den beiden *meso*-Verbindungen mit der Konstitution der 2,3,4-Trihydroxyglutarsäure und der relativen *u*-Konfiguration) fällt das geometrische Zentrum des Moleküls tatsächlich mit einem Atom-Zentrum (Pseudoasymmetrie-Zentrum) zusammen. Bei der *meso*-Weinsäure oder beim *cis*-1,2-Dimethylcyclopropan (jeweils mit der relativen *u*-Konfiguration, s. *Kap. 2.6.2.1*) fällt das geometrische Zentrum dagegen nicht mit einem Atom-Zentrum zusammen.

Nimmt man ein (1:1)-Gemisch der beiden Weinsäure-Enantiomeren und untersucht es auf seine optische Aktivität, so beobachtet man keine Drehung der Ebene des linear-polarisierten Lichts: Das sogenannte *racemische Gemisch* ist optisch inaktiv, da sich die Drehbeiträge der beiden Enantiomeren (gleicher Betrag, unterschiedliches Vorzeichen) *extern* kompensieren (Kennzeichnung: (±)).

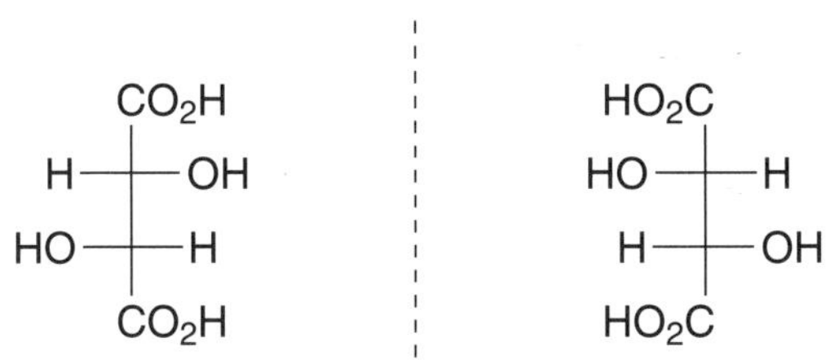

(+)-(*R,R*)-Weinsäure (–)-(*S,S*)-Weinsäure

Die *IUPAC*-Regeln zur Stereochemie organischer Verbindungen stellen eine (1:1)-Korrespondenz zwischen Chiralität und optischer Aktivität her. Danach sind die Moleküle von optisch aktiven Verbindungen chiral, und alle chiralen Moleküle sind optisch aktiv. Wie ist es jedoch mit racemischen Gemischen, die eine gleich große Anzahl von chiralen Molekülen mit entgegengesetztem Chiralitätssinn enthalten? Um unnötiges Aneinandervorbeireden zu vermeiden, nennen wir chirale Verbindungen, die nicht im racemischen Gemisch vorliegen und die demzufolge optisch aktiv sind, *chiral-nichtracemisch*.

3.3. Racemisierungen

3.3.1. Grundlagen

In manchen Fällen läßt sich beobachten, daß eine optisch aktive Verbindung unter bestimmten Bedingungen (z. B. bei erhöhter Temperatur, in Gegenwart von Säure oder Base, bei Einwirkung von Licht) racemisiert, d. h. in ein optisch inaktives Gemisch der beiden Enantiomeren übergeht. *Alfred Werner* formulierte bereits 1904 für optisch aktive Verbindungen mit einem stereogenen Zentrum eine Theorie der Racemisierung. Er ging davon aus, daß die Bindungen zu den vier Liganden des tetraedrisch koordinierten Zentralatoms in starke Schwingungen versetzt würden, so daß eine quadratisch-planare Übergangsstruktur (mit D_{4h}-Symmetrie bei vier gleichen Liganden) durchlaufen werden könnte (*Fig. 3.7*). Diese Übergangsstruktur stünde nach seiner Vorstellung mit den beiden Enantiomeren **A** und **A′** im Gleichgewicht. Von ihr aus wären die energieärmeren Strukturen **A** und **A′** mit gleicher Wahrscheinlichkeit zugänglich. Heute weiß man, daß die Inversion eines tetraedrisch koordinierten Zentrums über eine planare Übergangsstruktur unwahrscheinlich ist: Der Energie-Inhalt der planaren Struktur wäre nämlich sehr hoch.

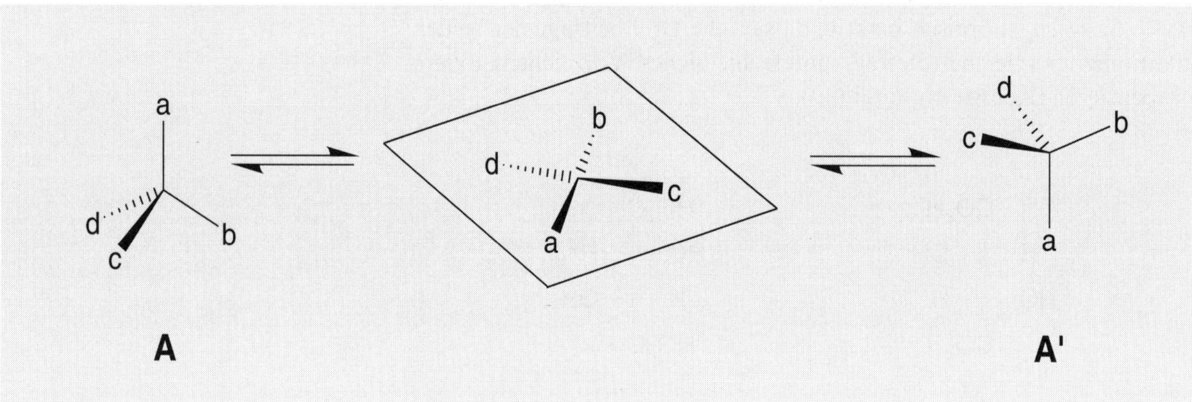

Fig. 3.7. *Das* Werner*sche Modell zur Racemisierung*

Der Energie-Gehalt einer C_s-symmetrischen Übergangsstruktur wird vergleichsweise als weniger hoch angesehen. Er ist aber nicht so niedrig, daß optisch aktive Verbindungen mit einem stereogenen C-Atom allgemein leicht racemisieren würden. Leicht stattfindende Racemisierungen sind die Ausnahme, nicht die Regel, und lassen sich jeweils individuell erklären.

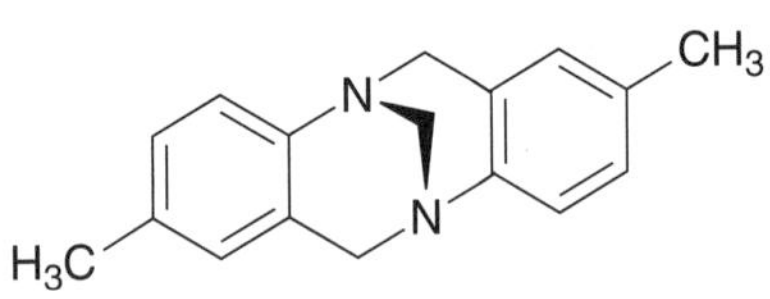

1

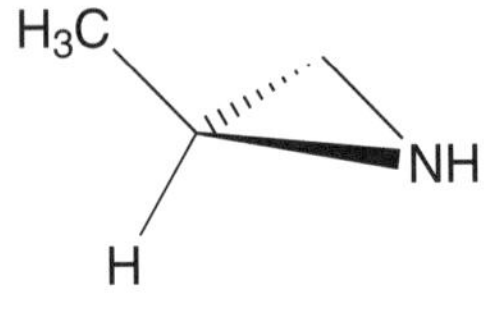

2

Für Verbindungen der allgemeinen Formel X(ABC) stellt sich in diesem Zusammenhang die Frage nach der Geometrie. Falls sie pyramidale Struktur aufwiesen, wären sie chiral. Falls sie dauerhaft oder auch nur vorübergehend planar strukturiert sein sollten, wären sie achiral. 1944 gelang es *Prelog,* das racemische Gemisch der *Tröger*schen Base (*rac*-**1**, s. *Kap. 10.2.6*) in die beiden Enantiomeren aufzutrennen. Letztere sind aus molekülbautechnischen Gründen konfigurationsstabil.

In den zwanziger und dreißiger Jahren des 20. Jahrhunderts hatte *Jacob Meisenheimer* immer wieder versucht, eine Racemat-Trennung auch bei solchen Aminen zu erreichen, die konfigurationell nicht 'eingefroren' sind. Er ging dabei so weit, wie ihn die phantasievolle Auslegung des Struktur-Modells der klassischen organischen Chemie führen konnte, und versuchte eine Enantiomerentrennung beim (±)-2-Methylaziridin (*rac*-**2**).
Sollten pyramidale Amine leicht die planare Übergangsstruktur durchlaufen können, müßte sich der Winkel ∢ CNC dabei (von etwas weniger als 109° auf praktisch 120°) aufweiten. Jeder strukturelle Einfluß, welcher einer Winkel-Aufweitung entgegenwirkt, müßte die Inversionsbarriere erhöhen: Ein gespannter Dreiring sollte hier besonders effektiv sein. Das Ziel wurde jedoch nicht erreicht. Um so erstaunlicher war es, als man Ende der sechziger Jahre beobachtete, daß in *N*-Haloaziridinen die Isomerisierungsbarriere eine Höhe annahm, die für die Trennung der 'Invertomeren' ausreichen sollte.

Tatsächlich ist es *A. Eschenmoser* gelungen, die beiden Diastereoisomeren **3** und **4** des 7-Aza-7-chlorobicyclo[4.1.0]heptans voneinander zu trennen.

3 **4**

Das Diastereoisomere **4** geht bei 29,5 °C innerhalb eines Tages praktisch vollständig in **3** über (Halbwertszeit: 4,5 h).

Das Struktur-Modell der klassischen organischen Chemie ist nicht in der Lage, den zusätzlich zur Ring-Spannung ausgeübten Einfluß des Cl-Atoms auf die Erhöhung der Inversionsbarriere zu erklären.

3.3.2. Beispiele

An vier Beispielen soll erläutert werden, wie Racemisierungen tatsächlich ablaufen: sofern nur bestimmte experimentelle Bedingungen und strukturelle Voraussetzungen erfüllt sind.

3.3.2.1. 6,6′-Difluoro-1,1′-biphenyl-2,2′-dicarbonsäure

Erhitzt man eines der beiden Enantiomeren der 6,6′-Difluorodiphensäure (= 6,6′-Difluoro-1,1′-biphenyl-2,2′-dicarbonsäure) auf 140 °C, so stellt man ein stetiges Absinken der optischen Aktivität fest, bis nach einiger Zeit vollständige Racemisierung eintritt (*Fig. 3.8*). Der Grund für dieses Verhalten liegt im Überschreiten der Energie-Barriere, welche die freie Drehbarkeit um die zentrale (C–C)-Bindung bei niedriger Temperatur verhindert. *Fig. 2.9* macht deutlich, daß die sperrigen Substituenten in den *ortho*-Positionen paarweise aneinander vorbeigleiten müssen, wenn Racemisierung eintreten soll. Nach Gleichverteilung der beiden Enantiomeren hört die thermische Äquilibrierung zwar nicht auf, ändert jedoch die Bruttozusammensetzung nicht mehr.

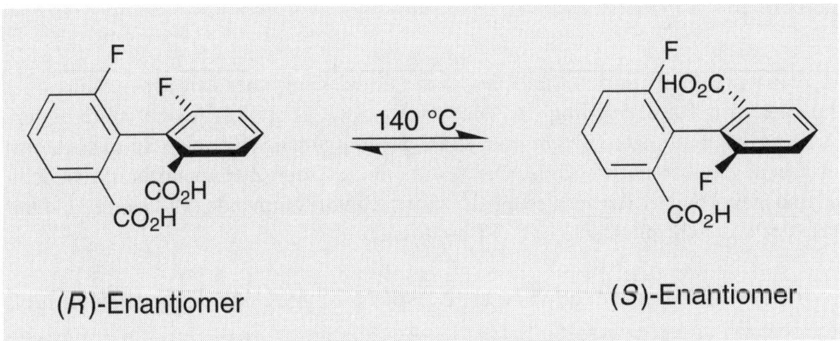

Fig. 3.8. *Racemisierung der 6,6′-Difluoro-1,1′-biphenyl-2,2′-dicarbonsäure*

3.3.2.2. Acyl-Derivate von *N*-Acyl-α-aminosäuren

Bei der Synthese von Proteinen (Biomakromoleküle mit einer mehr oder weniger großen Zahl von Repetiereinheiten –NH–CH(R)–CO– mit variabler Seitenkette R; *Kap. 10.5.4.2*) spielen Acyl-Derivate von *N*-Acyl-α-aminosäuren (**A**) eine beträchtliche Rolle. Bei Einwirkung von Base cyclisieren sie zu Oxazolonen (Azlactonen, **B**). Letztere gehen durch Base (oder Säure) in Oxazole (**C**) über. Wenn schließlich Oxazole in *N*-Acyl-α-aminosäuren zurückgeführt werden, tritt nicht nur **A** (X = OH), sondern mit gleich hoher Wahrscheinlichkeit auch *ent*-**A** (X = OH) auf (*Fig. 3.9*). (Zur eindeutigen Kennzeichnung von Enantiomeren durch Weglassen oder Verwendung des Präfixes *ent*: *Kap. 10.2.6.*)

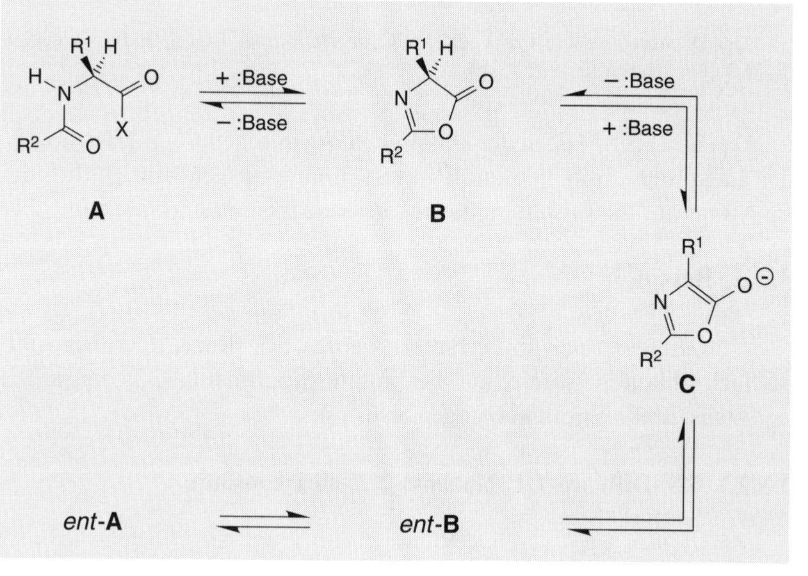

Fig. 3.9. *Racemisierung der* N-*Acyl-α-aminosäure-Derivate*

3.3.2.3. Usninsäure

Der Flechteninhaltsstoff Usninsäure kommt in der Natur meist in optisch aktiver Form vor. Er racemisiert bei Einwirkung von Licht. Der Cyclohexadienon-Ring wird vorübergehend geöffnet, wobei ein achirales Dienketen entsteht, das thermisch rasch wieder cyclisiert. Bei der Recyclisierung entstehen die (*R*)- und (*S*)-Enantiomeren der Usninsäure mit gleicher Wahrscheinlichkeit (*Fig. 3.10*).

3.3.2.4. Geodin

Setzt man das Antibiotikum Geodin der Einwirkung einer schwachen Säure oder Base aus, tritt Racemisierung ein. Wie aus *Fig. 3.11* ersichtlich, wird auch in diesem Fall eine der Bindungen, welche vom stereogenen Zentrum (hier dem Spiro-C-Atom) ausgehen, vorübergehend gelöst. Das resultierende Keten-Zwischenprodukt ist achiral und liefert bei der Recyclisierung das natürlich vorkommende (+)-Geodin und mit gleicher Wahrscheinlichkeit das (–)-Enantiomere.

Die willkürlich ausgewählten Beispiele zeigen, daß Racemisierungen im Verlauf von reversiblen Struktur-Änderungen eintreten, bei denen die ursprünglich vorhandene optische Aktivität verlorengeht. Sehr häufig ist dies der Fall, wenn die Koordinationszahl am stereogenen Zentrum vorübergehend um eine Einheit verringert wird.

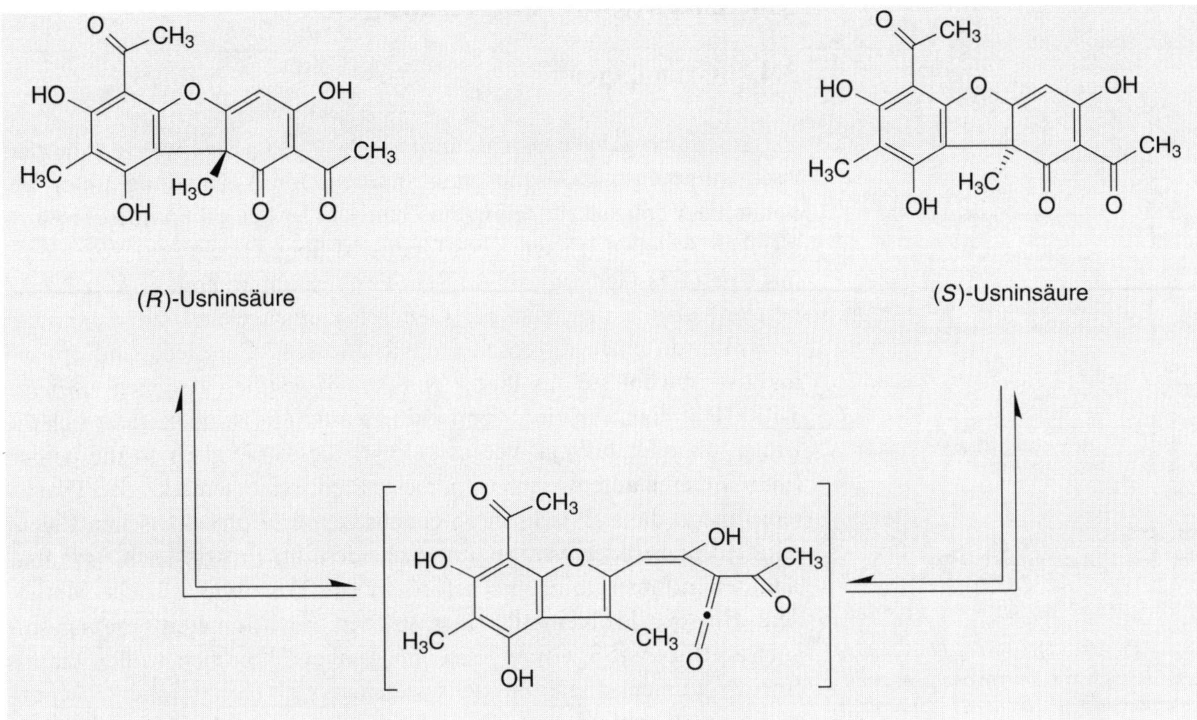

Fig. 3.10. *Racemisierung der Usninsäure*

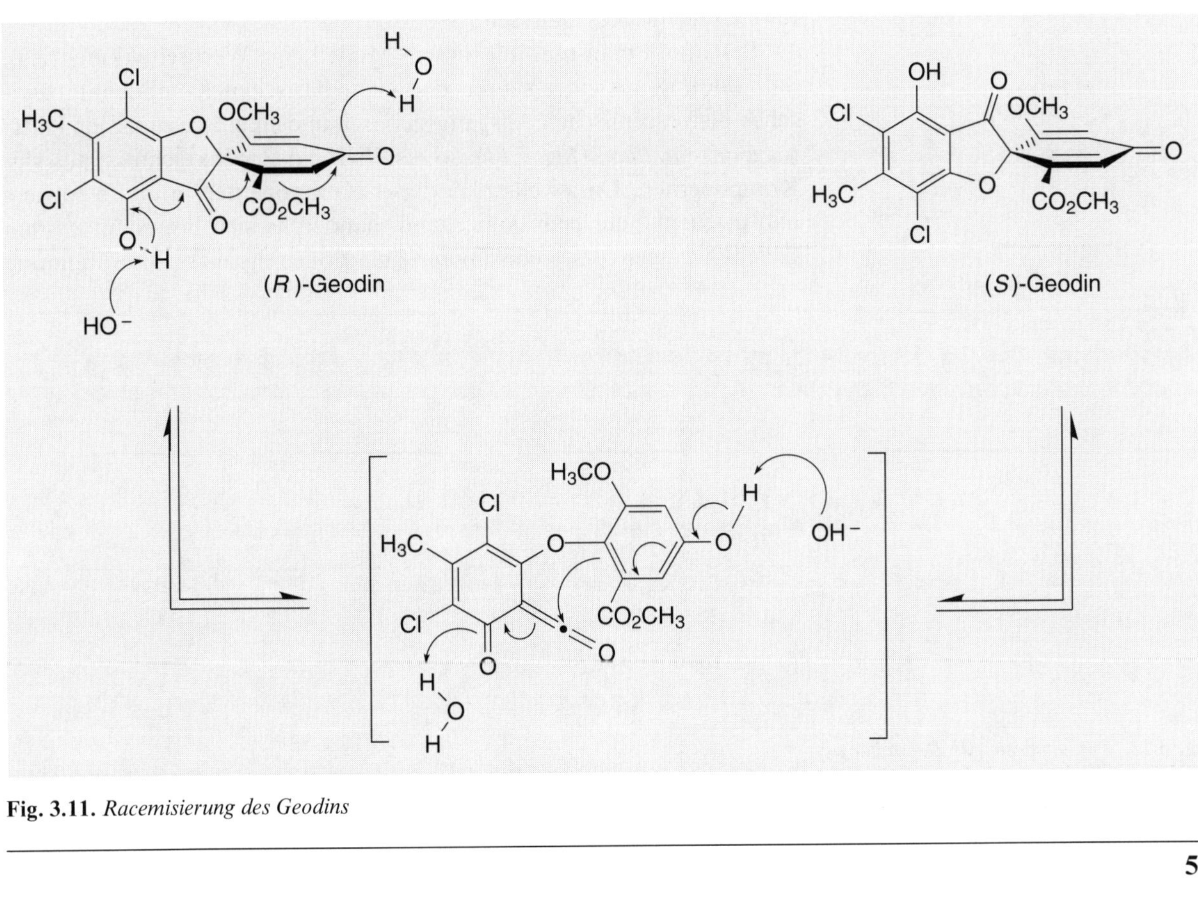

Fig. 3.11. *Racemisierung des Geodins*

3.4. Enantiomerentrennungen

3.4.1. Grundlagen

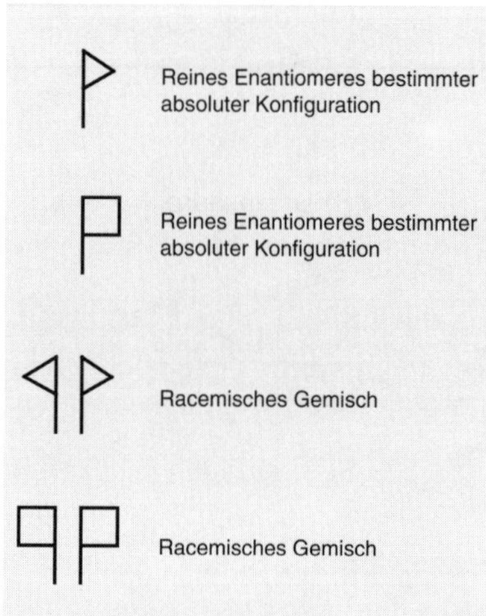

Fig. 3.12. *Zweidimensionale Symbole nach* Seebach *zur Darstellung von enantiomerenreinen Verbindungen und ihrer racemischen Gemische*

In vorangegangenen Abschnitten (*3.3.2.1–3.3.2.4*) wurde exemplarisch aufgezeigt, daß eine enantiomerenreine Verbindung unter bestimmten Voraussetzungen in ein Gemisch der beiden Enantiomeren zu gleichen Anteilen (racemisches Gemisch) übergehen kann. Wir hatten mit dem (1:1)-Gemisch der (*außen,innen*)-Enantiomeren in *Kap. 2.6.2.2* bereits früher ein racemisches Gemisch kennengelernt, ohne *expressis verbis* darauf eingegangen zu sein. Racemische Gemische sind optisch inaktiv, obwohl sie aus lauter chiralen Molekülen bestehen (*Abschn. 3.2.4*). Hat man nun ein racemisches Gemisch in Händen, stellt sich die Frage, ob und, falls ja, wie es gelingt, dieses Gemisch in die beiden Enantiomeren aufzutrennen. An dieser Stelle sei angemerkt, daß Diastereoisomere, die sich ja in ihren chemischen und physikalischen Eigenschaften mehr oder weniger unterscheiden, im Prinzip leicht trennbar sind. Enantiomere hingegen erfordern zur Trennung spezielle Methoden. Um der Problematik einer solchen Enantiomerentrennung (oft auch als Racemat-Spaltung bezeichnet) näherzukommen, wollen wir uns eines zweidimensionalen Modells bedienen (vgl. *Abschn. 3.1.2*; 'Flächenland'). In diesem Modell (*Fig. 3.12*) wird eine dreidimensional-chirale Verbindung durch ein zweidimensional-chirales Symbol dargestellt. Die Kombination zweier solcher zueinander spiegelbildlicher Symbole steht für ein racemisches Gemisch.

Beschreibt man nun mit diesem Modell eine Wechselwirkung (z. B. Salz-Bildung aus einer sauren und einer basischen Komponente) zwischen dem racemischen Ausgangsgemisch und einem racemischen Hilfsreagenz (*Auxiliar*) (*Fig. 3.13*), so resultiert ein Produktgemisch aus vier Komponenten. Da jeweils zwei dieser Komponenten (**a** und **b** sowie **c** und **d**) zueinander enantiomer sind, handelt es sich insgesamt um ein Gemisch zweier diastereoisomerer Enantiomerenpaare. Eine Trennung

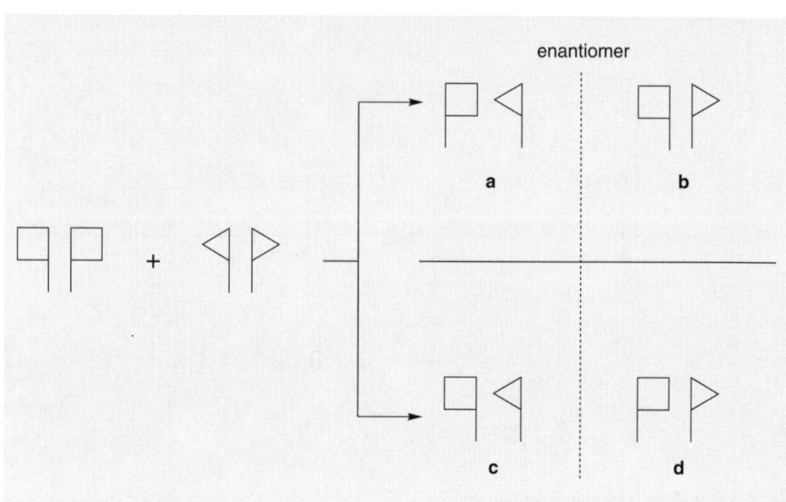

Fig. 3.13. *Zweidimensionale Darstellung der Wechselwirkung zwischen den Molekülen aus zwei racemischen Gemischen*

der so erhaltenen racemischen Gemische (**a** und **b** von **c** und **d**) würde keine Trennung der enantiomeren Ausgangsverbindungen bewirken, folglich wäre nichts gewonnen.

Reduziert man die Kombinationsmöglichkeiten, indem man das racemische Ausgangsgemisch mit einem enantiomerenreinen Hilfsreagenz umsetzt (*Fig. 3.14*), erhält man ein Gemisch von zwei Produkt-Komponenten. Diese beiden Produkt-Komponenten sind nun keine Enantiomere, sondern Diastereoisomere. Durch eine Trennung wird erreicht, daß die beiden Enantiomeren der racemischen Ausgangsverbindung **b** in getrennten Produkt-Komponenten **c** und **e** vorliegen. Eine nachfolgende Abspaltung des chiralen Hilfsreagenzes **a** ermöglicht die Isolierung der reinen Enantiomeren **d** und **f**.

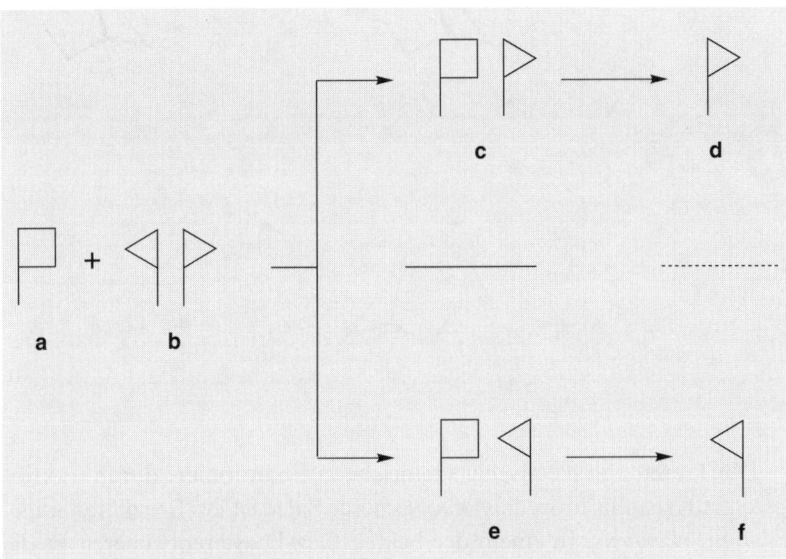

Fig. 3.14. *Zweidimensionale Darstellung der Wechselwirkung zwischen den Molekülen einer enantiomerenreinen Verbindung und denjenigen eines racemischen Gemisches*

Bevor Enantiomerentrennungen (Racemat-Spaltungen) an praktischen Beispielen vorgestellt werden, ist nachdrücklich hervorzuheben, daß Aussagen über die *relative* oder *absolute* Konfiguration strikt voneinander unterschieden werden müssen. Zur eindeutigen Verwendung von Konfigurationsformeln wird auf *Kap. 10.2.6* verwiesen.

3.4.2. Beispiele

Die Untersuchung eines zweidimensional-chiralen Modells im vorausgegangenen Abschnitt führte zur wichtigen Erkenntnis: Die Trennung von Enantiomeren erfordert eine Wechselwirkung jeweils zwischen den beiden Komponenten eines racemischen Gemisches und einer chiralen Hilfskomponente (*Auxiliar*). Die nachfolgenden Beispiele geben einen Einblick, was unter Wechselwirkung hier alles zu verstehen ist.

3.4.2.1. Mitwirkung eines chiralen Hilfsreagenzes

Das racemische Gemisch der Ketocarbonsäure *rac*-**A** (*Fig. 3.15*) kann durch Umsetzung mit der chiralen Base (+)-(1*R*)-Phenylethylamin in ein Gemisch zweier diastereoisomerer Salze übergeführt werden, die sich durch fraktionierende Kristallisation voneinander trennen lassen. Aus den getrennten Salzen können durch Einwirkung einer stärkeren Säure als **A** die reinen Enantiomeren **A** und *ent*-**A** getrennt freigesetzt werden.

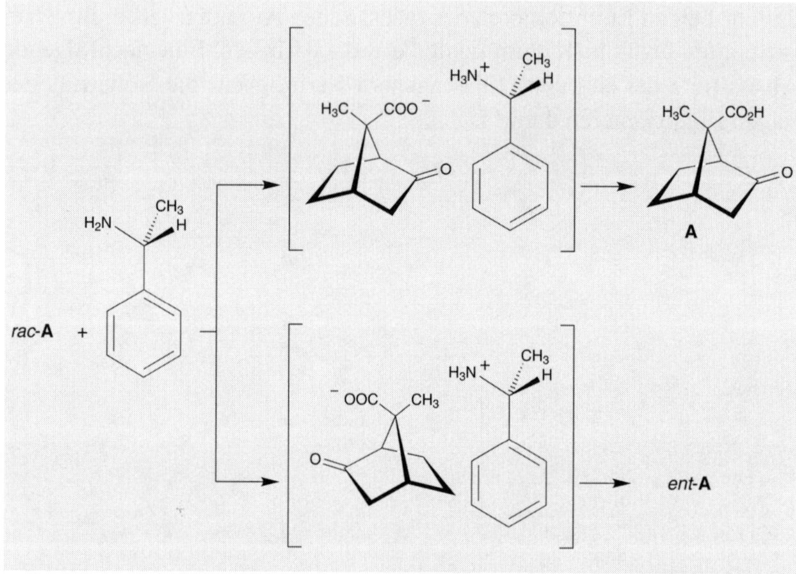

Fig. 3.15. *Trennung des Carbonsäure-Gemisches* rac-**A** *mit Hilfe eines Amin-Enantiomeren* via *diastereoisomere Salze*

Die Trennung racemischer Gemische in Enantiomere durch fraktionierende Kristallisation diastereoisomerer Salze ist ein Spezialfall *molekularen Erkennens*. In einem der beiden Salz-Diastereoisomeren ist die Packungsdichte und damit die Summe attraktiver Wechselwirkungen größer – anders ausgedrückt: die potentielle Energie kleiner – als im anderen Salz-Diastereoisomeren. Beim Brucin z. B. paßt das eine Enantiomere des chiralen Gastmoleküls viel besser in den chiralen Hohlraum zwischen den Schichten der chiralen Wirtmoleküle als das andere Enantiomere.

Wenn von fraktionierender Kristallisation diastereoisomerer Verbindungen, letztlich zum Zweck der Gewinnung reiner Enantiomeren, die Rede ist, sollte darauf hingewiesen werden, daß aus enantiomerenangereicherten Gemischen nach einmaliger Kristallisation ein Kristallisat anfallen kann, in welchem das eine der beiden Enantiomeren zu mehr als 98% vorliegt. Um ein derartiges Ergebnis vorauszusagen, müßte man allerdings das Phasendiagramm des binären Enantiomerengemisches kennen (*Aspekte der Organischen Chemie*, Band 4: *Methoden der Struktur-Bestimmung*).

3.4.2.2. Mitwirkung eines chiralen Adsorbens

Eine andere Möglichkeit zur Enantiomerentrennung ist die Chromatographie an chiral-nichtracemischen Adsorptionsmitteln. Nach dem oben erläuterten Prinzip (*Abschn. 3.4.1*) treten die beiden Enantiomeren hierbei in verschieden starke (diastereomorphe) Wechselwirkung mit der chiralen stationären Phase. Dies führt zu einer unterschiedlichen Verweildauer z. B. auf der Säule, so daß die Enantiomeren schließlich in getrennten Fraktionen aufgefangen werden können. So wurde das racemische Gemisch der *Tröger*schen Base (*rac*-**B**; *Fig. 3.16*) chromatographisch an D-Lactose-hydrat aufgetrennt.

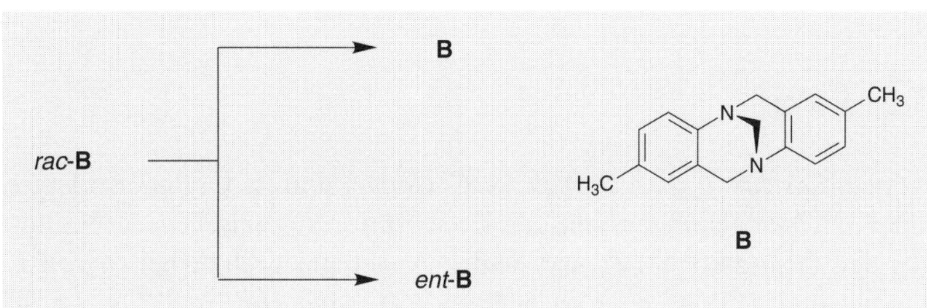

Fig. 3.16. *Partielle Enantiomerentrennung durch Chromatographie:* Tröger*sche Base* (*rac*-**B**) *an einem chiralen Adsorbens*

Die Auftrennung der *Tröger*schen Base in ihre Enantiomeren 1944 durch *V. Prelog* ist von doppelter Bedeutung: Es war erstmals gelungen,

- ein optisch aktives Amin (*Abschn. 3.3.1*), das aus molekülbautechnischen Gründen nicht invertieren kann und deshalb konfigurationsstabil ist, zu isolieren;
- ein racemisches Gemisch durch Chromatographie an einem chiralen Adsorptionsmittel zu trennen.

Nach dem gleichen Prinzip gelang die fast vollständige Trennung der beiden Enantiomeren des Biphenyl-Derivates *rac*-**C** (*Fig. 3.17*) durch Chromatographie an Kartoffelstärke.

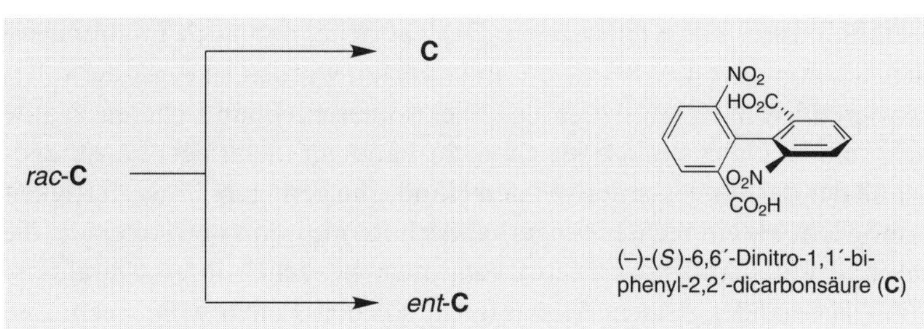

Fig. 3.17. *Enantiomerentrennung durch Chromatographie: 6,6′-Dinitro-1,1′-biphenyl-2,2′-dicarbonsäure* (*rac*-**C**) *an einem chiralen Adsorbens*

Wenn von Enantiomerentrennung durch Chromatographie an chiral-nichtracemischen Adsorbentien die Rede ist, sollte nicht unerwähnt bleiben, daß selbst durch Chromatographie an achiralen Adsorbentien die Anreicherung eines Enantiomeren möglich ist. Da sich im Prinzip intermolekulare Wechselwirkungen zwischen E und E oder zwischen *ent*-E und *ent*-E (*homochiral*) von denjenigen zwischen E und *ent*-E (*heterochiral*) energetisch unterscheiden, ist eine Diskriminierung der beiden Komponenten eines nicht-racemischen Enantiomerengemisches durch Chromatographie möglich. Es handelt sich hier wieder um einen Spezialfall *molekularen Erkennens,* indem ein adsorbiertes Molekül E eine energetisch begünstigte Assoziation mit E (oder mit *ent*-E) eingeht. Da homochirale und heterochirale Assoziationen in konzentrierten Lösungen gang und gäbe sind, muß man grundsätzlich darauf achten, ob sich der Enantiomerenüberschuß (*ee*) nicht-racemischer Enantiomerengemische während der Reaktion, der Aufarbeitung oder der Reinigung durch Chromatographie, Kristallisation, Sublimation oder Extraktion geändert hat.

Man wird auch nicht überrascht sein zu erfahren, daß sich die Spektren von Enantiomeren in hochkonzentrierten Lösungen von denjenigen der racemischen Gemische unterscheiden können.

3.5. Fazit

J.J. Loschmidt, F.A. Kekulé, A.C. Couper und *A.M. Butlerov* legten mit ihren Vorstellungen von der Konstitution organischer Verbindungen den Grund zur Struktur-Chemie. Angeregt durch Arbeiten von *L. Pasteur* und *J. Wislicenus* erweiterten *J.H. van't Hoff* und *J.A. Le Bel* mit ihren Vorstellungen über die tetraedrische Anordnung der Liganden am C-Atom das Wissensgebäude der Struktur-Chemie (im wahrsten Sinne des Wortes) um eine neue Dimension und begründeten unter Berücksichtigung von Konfigurationsdetails die Stereochemie. Die stereochemische Statik wurde in unseren Tagen von *V. Prelog* fest in der mathematischen Disziplin der Gruppentheorie verankert und das scheinbar abgeschlossene Gebiet hierdurch für neue Entwicklungen geöffnet. Das Wissen um Chiralität geht auf *L. Pasteur* zurück und wurde besonders durch *V. Prelog* und *K. Mislow* kultiviert.

Im Verlauf der materiellen Evolution sind chiral-nichtracemische Verbindungen (*wie?*) entstanden. Die Tatsache, daß auch Enantiomere den Bedingungen der Selektion unterworfen worden sind, ist der differenzierenden Wirkungsweise des selektionierten Enantiomeren zugute gekommen. Ganz ähnlich wie ein nicht-händiger (achiraler) Fausthandschuh der darin steckenden rechten Hand eine geringere Fingerfertigkeit ermöglicht als ein rechter Fingerhandschuh, müssen zwei Moleküle, die optimal miteinander wechselwirken, auch bezüglich ihres Chiralitätssinns zueinander passen. Man sagt in solchen Fällen wohl auch, daß zueinander passende Moleküle zueinander komplementär seien oder sich komplementär verhielten. Die Fähigkeit eines Moleküls, aus einem System verschiedenartiger Moleküle den komplementären Partner zu erkennen und sich mit ihm näher 'einzulassen', nennt man *molekulares Erkennen.* Um Probleme molekularen Erkennens geht es z.B., wenn Enantiomere aus racemischen Gemischen erhalten sowie in ihrer Enantiomerenreinheit und absoluten Konfiguration bestimmt werden.

Weiterführende Literatur

Allgemein

S. F. Mason, *Molecular optical activity and the chiral discriminations*, Cambridge University Press, Cambridge, 1992.
V. Prelog, *Nobel Lecture: Chirality in Chemistry, Science* **1976**, *193*, 17.

Zu Abschn. 3.1.

3.1.2.

V. Prelog, *My 132 Semesters of Chemistry Studies*, American Chemical Society, Washington, DC, 1991;
– *Problems in Chemical Topology, Chem. Br.* **1968**, *4*, 382;
– *Das Asymmetrische Atom, Chiralität und Pseudoasymmetrie, Konikl. Nederl. Akad. Wetenschap.* **1968**, *71B*, 108.
R. S. Cahn, C. Ingold, V. Prelog, *Spezifikation der molekularen Chiralität, Angew. Chem.* **1966**, *78*, 413.
V. Prelog, G. Helmchen, *Grundlagen des CIP-Systems und Vorschläge für eine Revision, Angew. Chem.* **1982**, *94*, 614;
– *Pseudoasymmetrie in der organischen Chemie, Helv. Chim. Acta* **1972,** *55*, 2581.
D. Seebach, V. Prelog, *Spezifikation des sterischen Verlaufs von asymmetrischen Synthesen, Angew. Chem.* **1982**, *94*, 696.
E. A. Abott, *Flächenland*, Klett-Cotta, Stuttgart, 1982.

Zu Abschn. 3.3.

3.3.1.

A. Werner, *Lehrbuch der Stereochemie,* G. Fischer, Jena, 1904.
M. S. Gordon, M. W. Schmidt, *Does Methane Invert through Square Planar? J. Am. Chem. Soc.* **1993**, *115*, 7486.
D. Felix, A. Eschenmoser, *Langsame Inversion am pyramidal gebundenen Stickstoff: Isolierung von diastereomeren 7-Chlor-7-azabicyclo[4.1.0]heptanen bei Raumtemperatur, Angew. Chem.* **1968,** *80,* 197.

3.3.2.

E. E. Turner, *Configuration and Steric Effects in Conjugated Systems* in *Steric Effects in Conjugated Systems* (Ed. G. W. Gray), S. 1, Butterworths Scientific Publ., London, 1958.
G. Stork, *The Racemization of Usnic Acid, Chem. Ind. (London)* **1955,** 915.
D. H. R. Barton, A. I. Scott, *The Constitution of Geodin and Erdin, J. Chem. Soc.* **1958,** 1767.
D. H. R. Barton, G. Quinkert, *Photochemical Cleavage of Cyclohexadienones, J. Chem. Soc.* **1960,** 1.

Zu Abschn. 3.4.

3.4.1.

J. Jacques, A. Collet, S. W. Wilen, *Enantiomers, Racemates, Resolutions,* John Wiley & Sons, New York, 1981.
D. Seebach, E. Hungerbühler, *Synthesis of Enantiomerically Pure Compounds (EPC-Synthesis)* in *Modern Synthetic Methods*, Vol. 2 (Ed. R. Scheffold), Salle + Sauerländer, Frankfurt am Main, 1980.

3.4.2.

G. Quinkert, U. Schwartz, H. Stark, W.-D. Weber, F. Adam, H. Baier, G. Frank, G. Dürner, *Asymmetrische Totalsynthese von 19-Nor-Steroiden mit photochemi-*

scher Schlüsselreaktion: Enantiomerenreine Zielverbindungen, Liebigs Ann. Chem. **1982,** 1999.

R. O. Gould, M. D. Walkinshaw, *Molecular Recognition in Model Crystal Complexes: The Resolution of D and L Amino Acids, J. Am. Chem. Soc.* **1984**, *106*, 7840.

V. Prelog, P. Wieland, *Über die Spaltung der Tröger'schen Base in optische Antipoden, ein Beitrag zur Stereochemie des dreiwertigen Stickstoffs, Helv. Chim. Acta* **1944**, *27*, 1127.

K. R. Lindner, A. Mannschreck, *Separation of enantiomers by high performance liquid chromatography on triacetylcellulose, J. Chromatogr.* **1980**, *193*, 308.

Y. Okamoto, I. Okamoto, H. Yuki, *Chromatographic Resolution of Enantiomers Having Aromatic Group by Optically Active Poly(triphenylmethyl methacrylate), Chem. Lett.* **1981**, 835.

H. Hess, G. Burger, H. Musso, *Vollständige Enantiomerentrennung durch Chromatographie an Kartoffelstärke, Angew. Chem.* **1978**, *90*, 645.

W.-L. Tsai, K. Hermann, B. Rohde, A. Dreiding, *Enantiomer-Differentiation Induced by an Enantiomeric Excess during Chromatography with Achiral Phases, Helv. Chim. Acta* **1985**, *68*, 2238.

T. Williams, R. G. Pitcher, P. Bommer, J. Gutzwiller, M. Uskoković, *Diastereomeric Solute-Solute Interactions of Enantiomers in Achiral Solvents. Nonequivalence of the Nuclear Magnetic Resonance Spectra of Racemic and Optically Active Dihydroquinine, J. Am. Chem. Soc.* **1969**, *91*, 1871.

R. Noyori, M. Kitamura, *Diastereomere Wechselwirkungen zwischen Enantiomeren: Kap. 4* in *Enantioselektive Addition von Organometallreagentien an Carbonylverbindungen: Übertragung, Vervielfältigung und Verstärkung der Chiralität, Angew. Chem.* **1991**, *103*, 34.

Zu Abschn. 3.5.

J. Wislicenus, *Über die räumliche Anordnung der Atome in organischen Molekülen, Abhandl. sächs. Ges. Wiss.* **1887**, *14*, 1.

4 Topizität

4.1. Bei Atomen oder Atom-Gruppierungen eines Moleküls

4.1.1. Grundlagen und Definitionen

Die bisherigen Überlegungen (*Kap. 2* und *3*) zur Konstitution und Stereostruktur organischer Verbindungen liefen darauf hinaus, ganze Moleküle zu beschreiben und miteinander zu vergleichen. Um zu entscheiden, ob für eine bestimmte Konstitution Stereoisomere in Betracht kommen, haben wir Stereoformeln miteinander verglichen. Falls sie nicht ein und dieselbe chemische Verbindung vertraten, also nicht identisch waren, ließen sie entweder Enantiomere oder Diastereoisomere erkennen. Während wir die Struktur eines Moleküls (oder seines Modells) erfaßten, haben wir konstitutionell identische Teile eines Moleküls mehr oder weniger bewußt räumlich aufeinander bezogen, um Symmetrie-Eigenschaften zu entdecken. Ganz analog, wie man bei einem externen Vergleich zwischen zwei Molekülen (besser zwischen ihren Modellen) feststellt, daß man es entweder mit identischen oder mit enantiomorphen bzw. mit diastereomorphen Objekten zu tun hat, kann man sich leicht davon überzeugen, daß konstitutionell identische Atome oder Atom-Gruppierungen bei internem Vergleich ebenfalls einer von drei möglichen Beziehungen entsprechen: sie sind entweder *homotop* oder *enantiotop* oder *diastereotop*. Sie heißen homotop, wenn durch partielle Substitution – tatsächlich oder gedanklich – mal des einen, mal des anderen Atoms insgesamt zwei identische Substitutionsprodukte entstehen. So sind z. B. die beiden H-Atome in der CH_2-Gruppe (oder die beiden CO_2H-Gruppen) der Malonsäure *homotop* (*Fig. 4.1*).

Wir nennen zwei Atome oder Atom-Gruppierungen eines Moleküls *enantiotop*, wenn durch jeweils partielle Substitution insgesamt zwei enantiomere Substitutionsprodukte entstehen. So sind z. B. die beiden monodeuterierten Substitutionsprodukte aus Bromochloromethan enantiomer und damit die beiden H-Atome der Ausgangsverbindung *enantiotop* (*Fig. 4.2*).

Wir nennen zwei Atome oder Atom-Gruppierungen eines Moleküls *diastereotop*, wenn durch jeweils partielle Substitution insgesamt zwei diastereoisomere Substitutionsprodukte entstehen. So sind z. B. die beiden Stereoformeln der monodeuterierten Verbindung, mit der Konstitu-

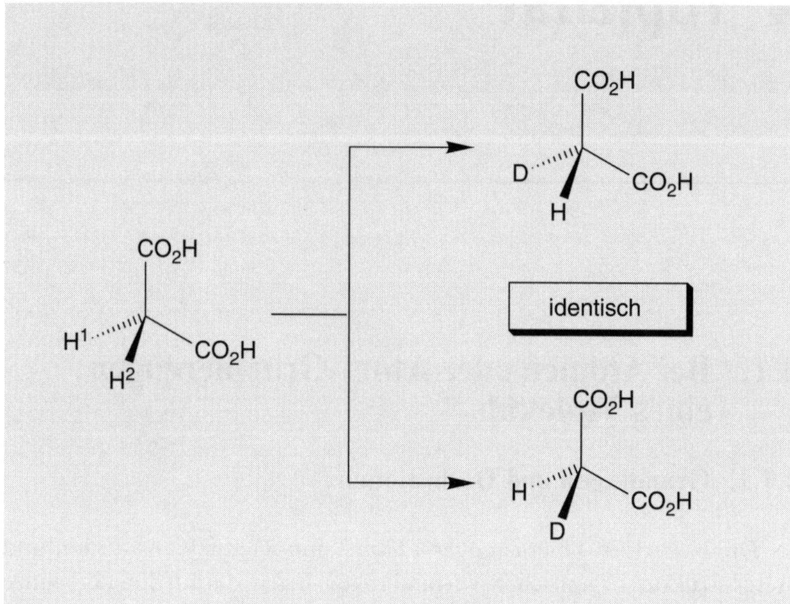

Fig. 4.1. *Substitution von H^1 oder von H^2 jeweils durch D, die zu* identischen *Substitutionsprodukten führt.* Die H-Atome der CH_2-Gruppe sind *homotop*.

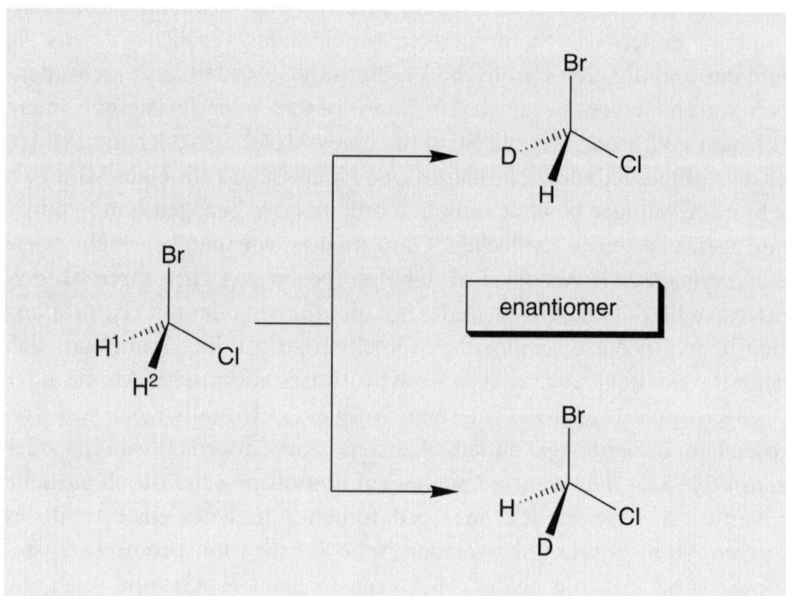

Fig. 4.2. *Substitution von H^1 oder von H^2 jeweils durch D, die zu* enantiomeren *Substitutionsprodukten führt.* Die H-Atome der CH_2-Gruppe sind *enantiotop*.

tion eines 1,2,3,4-Tetrahydro-*N*,1,4-triphenylnaphthalin-2,3-dicarboximids diastereoisomer und damit die beiden H-Atome der Ausgangsverbindung *diastereotop* (*Fig. 4.3*).

Wie wir später noch sehen werden (*Abschn. 4.1.3*), ist das zuletzt genannte Beispiel einem Satz von insgesamt zehn möglichen Stereoisomeren entnommen worden. Im gegenwärtigen Zusammenhang genügt es, zwei weitere Stereoformeln heranzuziehen, um die unterschiedliche Art der topischen Beziehungen zwischen Atomen und Atom-Gruppierungen ein und desselben Moleküls bei verschiedenen Stereoisomeren zu verdeutlichen.

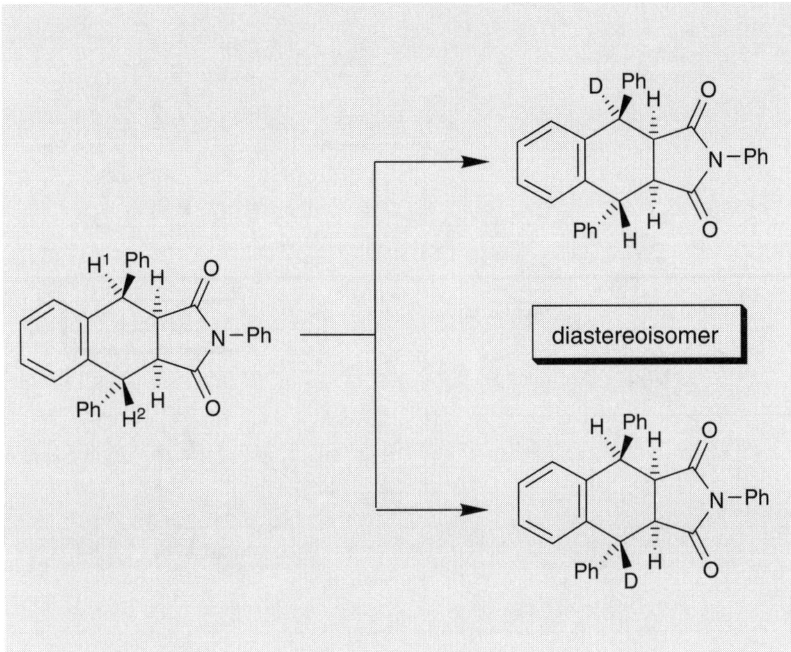

Fig. 4.3. *Substitution von* H^1 *oder von* H^2 *jeweils durch D, die zu* diastereoisomeren *Substitutionsprodukten führt.* Die gekennzeichneten H-Atome (das gleiche gilt für die Ph-Gruppen und für die H-Atome an den Brückenkopf-Atomen) sind *diastereotop.*

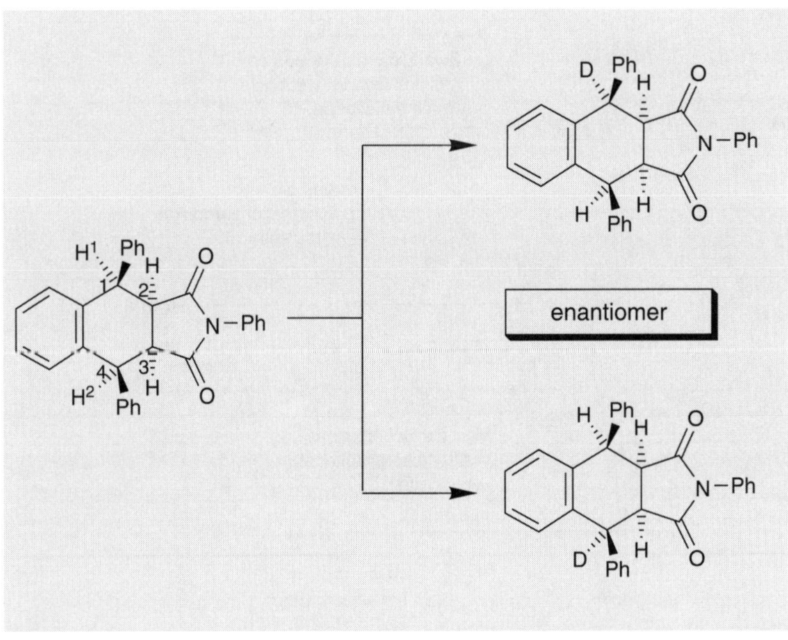

Fig. 4.4. *Substitution von* H^1 *oder von* H^2 *jeweils durch D, die zu* enantiomeren *Substitutionsprodukten führt.* Die gekennzeichneten H-Atome sind *enantiotop.*

Im obigen Beispiel (*Fig. 4.4*) beschreibt die Stereoformel links eine achirale *meso*-Verbindung mit enantiotopen H-Atomen (oder Ph-Gruppen) im mittleren Sechsring oder mit enantiotopen H-Atomen an den Brückenkopf-Atomen. Im nachfolgenden Beispiel (*Fig. 4.5*) steht die Stereoformel links für eine chirale Verbindung der Symmetrie-Punktgruppe C_2: Die numerierten H-Atome (ebenso die Ph-Gruppen) am mittleren Sechsring als auch die H-Atome an den Brückenkopf-Atomen sind *homotop*.

Fig. 4.6 zeigt, wie die relative topische Beziehung zweier Liganden im selben Molekül eindeutig beschrieben werden kann.

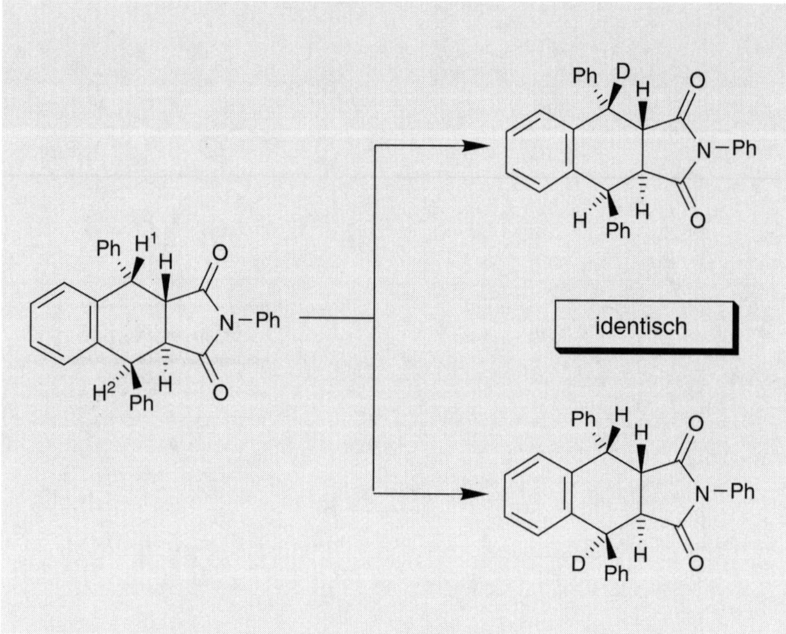

Fig. 4.5. *Substitution von H^1 oder von H^2 jeweils durch D, die zu* identischen *Substitutionsprodukten führt.* Die gekennzeichneten H-Atome sind *homotop.*

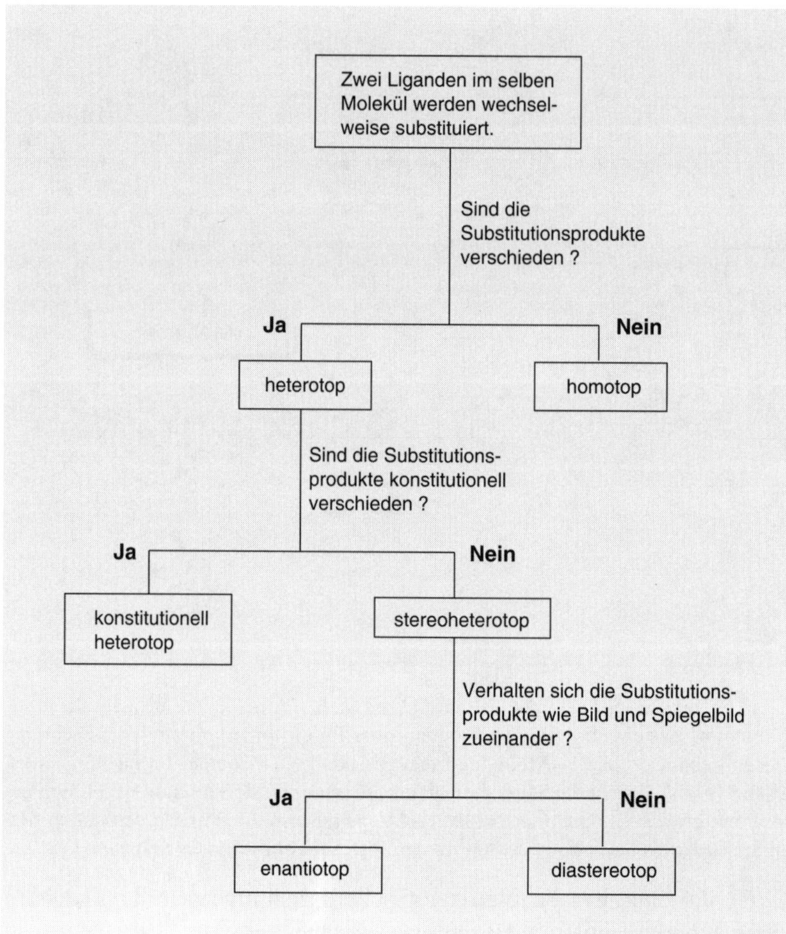

Fig. 4.6. *Differenzierung topischer Beziehungen zwischen Atomen und Atom-Gruppierungen ein und desselben Moleküls*

4.1.2. NMR-Spektroskopische Symmetrie-Analyse

Es wird dem aufmerksamen Leser nicht entgangen sein, daß die Unterteilung von konstitutionell gleichen Atomen eines Moleküls in *homotope*, *enantiotope* oder *diastereotope* Atome Rückschlüsse auf die Symmetrie der betreffenden Verbindung gestattet. Wie man sich leicht durch Inspektion der in *Fig. 4.1–4.5* aufgeführten undeuterierten Verbindungen überzeugen kann, existiert folgender Zusammenhang:

- *Homotope* Atome werden durch Drehung um eine C_n-Achse ($1 < n < \infty$) ineinander übergeführt.
- *Enantiotope* Atome werden durch Drehspiegelung an einer S_n-Achse ($S_1 \equiv \sigma$; $S_2 \equiv i$) ineinander übergeführt.
- *Diastereotope* Atome lassen sich durch keinerlei Symmetrie-Operation (außer durch die triviale Identitätsoperation) ineinander überführen.

Zweifellos wäre es wünschenswert, über eine experimentelle Methode zu verfügen, mit deren Hilfe es möglich ist, zwischen *homotopen*, *enantiotopen* und *diastereotopen* Atomen und damit zwischen Verbindungen zu unterscheiden, die asymmetrische oder symmetrische Strukturen aufweisen und im letzteren Fall entweder chiral oder achiral sind.

Die NMR-Spektroskopie vermag dies zu tun (s. *Kap. 13.2.4*). Zwei konstitutionell identische Atome ein und desselben Moleküls absorbieren entweder bei derselben Frequenz, oder aber sie tun es nicht. Im ersteren Fall sagt man, die beiden Atome seien *isochron*, im letzteren Fall nennt man sie *anisochron*. Nun gilt:

- Zwei *homotope* Atome oder Atom-Gruppierungen sind unter allen Bedingungen *isochron*.
- Zwei *diastereotope* Atome oder Atom-Gruppierungen sind höchstens zufällig *isochron*.
- Zwei *enantiotope* Atome oder Atom-Gruppierungen sind in achiraler Umgebung auf jeden Fall, in chiraler Umgebung dagegen höchstens zufällig *isochron*.

4.1.3. Beispiele aus der Praxis

Tab. 4.1 faßt nicht nur die drei bislang erwähnten, sondern sämtliche Konfigurationen zusammen, die für das 1,2,3,4-Tetrahydro-*N*,1,4-triphenylnaphthalin-2,3-dicarboximid überhaupt möglich sind. Da der mittlere Ring vier stereogene Zentren aufweist und ein Konstitutionstyp des Substitutionsmusters abba vorliegt, wird die formale Maximalzahl von acht relativen (16 absoluten) Konfigurationsmöglichkeiten auf sechs relative reduziert:

$$\begin{matrix} syn/cis/syn & syn/trans/syn \\ \left\{\begin{matrix} syn/cis/anti \\ anti/cis/syn \end{matrix}\right\} & \left\{\begin{matrix} syn/trans/anti \\ anti/trans/syn \end{matrix}\right\} \\ anti/cis/anti & anti/trans/anti \end{matrix}$$

Die in Klammern angegebenen relativen Konfigurationen sind identisch, so daß jeweils eine von ihnen entfällt. Da weiterhin die (*syn/cis/syn*)- und die (*anti/cis/anti*)-Konfigurationen *meso*-Verbindungen bezeichnen, müssen zur Berücksichtigung der absoluten Konfiguration lediglich die vier übrigen Konfigurationen zahlenmäßig verdoppelt werden. Es gibt insgesamt nur zehn absolute Konfigurationen oder, anders ausgedrückt, zwei *meso*-Verbindungen und vier Enantiomerenpaare.

Die Deskriptoren *syn* und *anti* geben hier die relative Konfiguration von a zu b bzw. von b zu a an. Sie sind analog zu den Deskriptoren *cis* und *trans*; letztere kennzeichnen die relative Konfiguration von b zu b.

Tab. 4.1. *Konfigurationsbestimmung der Stereoisomeren von 1,2,3,4-Tetrahydro-N,1,4-triphenylnaphthalin-2,3-dicarboximid*

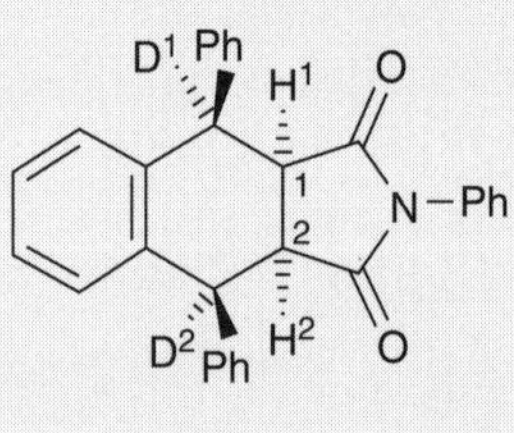

1

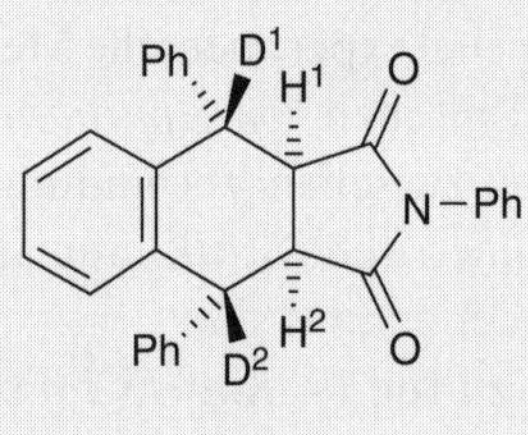

2

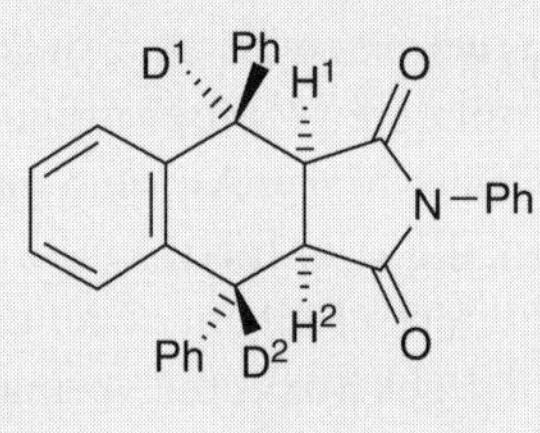

3

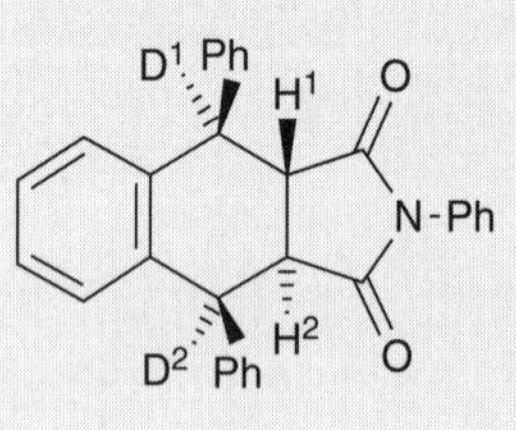

4

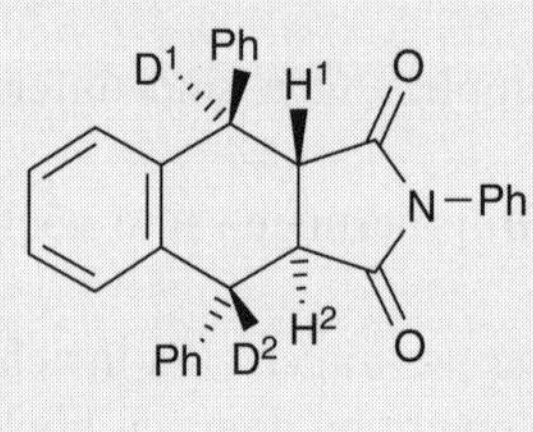

5

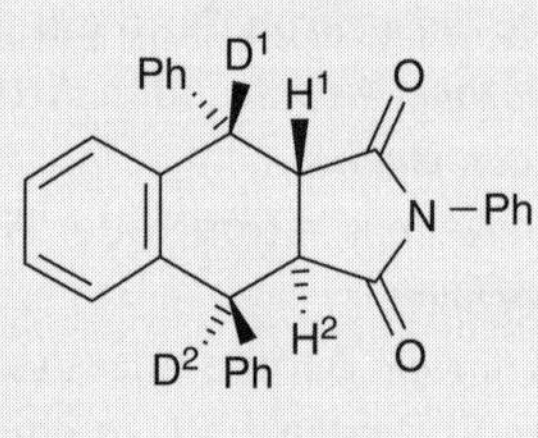

6

	1	**2**	*rac*-**3**	*rac*-**4**	*rac*-**5**	*rac*-**6**
Symmetrie-Punktgruppe	C_s	C_s	C_1	C_1	C_2	C_2
Chiralität	achiral	achiral	chiral	chiral	chiral	chiral
relative Konfiguration	*syn/cis/syn*	*anti/cis/anti*	*syn/cis/anti*	*anti/trans/syn*	*anti/trans/anti*	*syn/trans/syn*
topische Beziehung (H^1 und H^2)	enantiotop	enantiotop	diastereotop	diastereotop	homotop	homotop
NMR-Signale von H^1 und H^2						
– in achiralen Lösungsmitteln	isochron	isochron	anisochron	anisochron	isochron	isochron
– in chiralen Lösungsmitteln	anisochron	anisochron	anisochron	anisochron	isochron	isochron

Sieht man von den Protonen am Benzol-Ring ab, die abseits bei tiefem Feld absorbieren, sind es zwei Protonenarten, denen unser Augenmerk gilt: die beiden Brückenkopf-Protonen sowie die beiden Protonen am mittleren Ring. Protonen mit konstitutionell unterschiedlicher Nachbarschaft sollten in einem ^{1}H-NMR-Spektrum bei verschiedenen Frequenzen absorbieren: Zwischen den beiden zuletztgenannten Protonenarten sollte man daher leicht unterscheiden können. Da ein ^{1}H-NMR-Spektrum anhand getrennter Signale nicht nur über Protonenarten mit konstitutionell unterschiedlicher Nachbarschaft informiert, sondern anhand der Feinstruktur auch über die Wechselwirkung (Kopplung durch die Bindungen) zwischen Protonen der einen Art und andersartigen Protonen in der unmittelbaren Nachbarschaft, ist u. U. für die Brückenkopf-Protonen mit einem unerwünscht komplexen Teilspektrum zu rechnen. Falls es in einfacher Weise gelingt, die Protonen im mittleren Ring durch Deuteronen zu ersetzen, kann mit einem wesentlich vereinfachten Spektrum gerechnet werden, das eine klare Aussage über die Symmetrie der betreffenden Struktur zuläßt. Es gibt dann nur noch zwei Möglichkeiten:

- entweder absorbieren die beiden Brückenkopf-Protonen bei derselben Resonanz-Frequenz, und dann nennt man sie *isochron*; wenn sie es nicht zufällig sind, müssen sie *homotop* oder *enantiotop* sein; d. h. es muß dann C_n-Symmetrie ($1 < n < \infty$) oder S_n-Symmetrie vorliegen und im ^{1}H-NMR-Spektrum ein *A_2-Singulett* erscheinen;
- oder die beiden Brückenkopf-Protonen absorbieren bei verschiedenen Resonanz-Frequenzen, und dann nennt man sie *anisochron*; sie müssen *diastereotop*, d. h. die Struktur der betreffenden Verbindung muß asymmetrisch sein, und im ^{1}H-NMR-Spektrum wird ein *AB-Doppeldublett* auftreten.

Tab. 4.1 faßt die relative Konfiguration der Isomeren zusammen, nennt ihren Symmetrie- und Chiralitätscharakter und bezeichnet die Topizität sowie den Isochronie-Typ der Brückenkopf-Protonen. Man sieht, daß es durch NMR-Spektroskopie möglich ist,

- in achiralen Lösungsmitteln die Isomeren mit C_s- oder C_2-Symmetrie (mit *A_2-Singulett* für H^1 (H–C(1)) und H^2 (H–C(2))) von denjenigen mit C_1-Symmetrie (mit *AB-Doppeldublett* für H^1 und H^2),
- in chiralen Lösungsmitteln die Isomeren mit C_2-Symmetrie (mit *A_2-Singulett*) von denjenigen mit C_s- oder C_1-Symmetrie (mit *AB-Doppeldublett*)

zu unterscheiden.

Statt ein chirales Lösungsmittel (oder ein chirales Verschiebungsreagenz) zu verwenden, kann man auch von einem anderen experimentellen Kriterium Gebrauch machen: von der Trennbarkeit racemischer Gemische in die entsprechenden Enantiomeren (*Kap. 3.4*). Auf diese Weise ist *rac*-**3** tatsächlich in seine Enantiomeren getrennt worden. Wie *rac*-**3** weist auch *rac*-**4** in achiralen Lösungsmitteln ein *AB-Doppeldublett* im ^{1}H-NMR-Spektrum auf. Daß es sich beim aufgetrennten Racemat um *rac*-**3** und nicht um *rac*-**4** handelt, konnte durch basenvermittelte Isomerisierung von **1** nach **2** *via* *rac*-**4** bestätigt werden. Es gelingt mit dieser zusätzlichen Information, *rac*-**3** und *rac*-**4** eindeutig die relativen Konfigurationen *syn/cis/anti* bzw. *anti/trans/syn* zuzuordnen. Weitere Informationen sind notwendig, um den beiden *meso*-Verbindungen **1** und **2** die entsprechende Konfiguration zuzuschreiben. Analoges gilt, wenn zu entscheiden wäre, welche der beiden noch offenen relativen Konfigurationen (**5** oder **6**) den noch ausstehenden C_2-symmetrischen Isomeren zukäme.

Im vorigen Fall erwies sich eine Kombination der Feinstruktur relevanter Protonensignale im NMR-Spektrum mit Trennbarkeit eines Racemats in seine Enantiomeren als ausreichend (um wenigstens die Zuordnung einzelner Isomeren zu einem der drei symmetrisch unterschiedlichen Isomerenpaare vorzunehmen). Im folgenden Beispiel der Stereoisomeren mit der Konstitution des 1,3-Diphenylindan-2-ons (*Tab. 4.2*) wird die Feinstruktur klar zuzuordnender Protonensignale mit der Anzahl der Folgeprodukte zu einer eindeutigen (weil auf Symmetrie-Prinzipien zurückgeführten) Konfigurationszuordnung kombiniert. Demjenigen Keton, welches bei der Reduktion (mit $LiAlH_4$) zwei diastereoisomere Alkohole ergibt, muß die Stereoformel **7** zugeordnet werden: **7**, **9a** und **10a** gehören zur Klasse der C_s-symmetrischen Verbindungen. Dem verbleibenden Keton müssen dann die Konfigurationsformel **8** und C_2-Symmetrie zugeschrieben werden. Beim resultierenden Reduktionsprodukt (*rac*-**11a**) muß es sich um ein racemisches Gemisch mit C_1-Symmetrie der beiden Enantiomeren handeln. Wie *Tab. 4.2* zeigt, wird diese Zuordnung durch die Feinstruktur der Signale für H−C(1) und H−C(3) bei den Ketonen sowie für H−C(1), H−C(2) und H−C(3) bei den Acetaten der Reduktionskomponenten gestützt.

Man könnte meinen, die Anzahl der Komponenten im alkoholischen Reduktionsprodukt mit der Symmetrie des Ausgangsketons zu korrelieren, sei derart einfach und sicher, daß sich die Anwendung der NMR-Spektroskopie hier erübrigen würde. Dieser Einwand ist richtig (wenn man davon absieht, daß die NMR-spektroskopische Charakterisierung auf jeden Fall vorgenommen wird). Es kann jedoch der Trivialfall eintreten, daß die Gesamtzahl der zu erwartenden Produkt-Komponenten experimentell nicht verwirklicht werden kann. Daß eine solche Überlegung nicht an den Haaren herbeigezogen ist, zeigt das nächste Beispiel der Stereoisomeren mit der Konstitution des 2,4-Dimethyl-2,4-diphenylcyclobutan-1,3-dions (*Tab. 4.3*).

Es gibt zwei Dimere des Methyl-phenyl-ketens, deren Schmelzpunkte sich fast um 100 °C voneinander unterscheiden. Das eine wird durch die Stereoformel **12**, das andere durch die Stereoformel **15** wiedergegeben. Doch welche Konfiguration gilt für welches Keton? Da **12** der Symmetrie-Punktgruppe C_{2h}, **15** der Symmetrie-Punktgruppe C_{2v} zuzuordnen ist, erscheinen die Signale der isochronen Me-Protonen im entsprechenden ^{1}H-NMR-Spektrum jeweils als *Singulett* und erlauben somit keine eindeutige Zuordnung. Eine eindeutige Konfigurationsbestimmung ist prinzipiell durch eine Analyse geeigneter Folgeprodukte möglich: sei es durch Verifizierung der maximalen Anzahl ihrer Isomeren und/oder durch NMR-spektroskopische Unterscheidung zwischen Protonen mit

Tab. 4.2. *Konfigurationsbestimmung der Stereoisomeren von 1,3-Diphenylindan-2-on unter Verwendung ihrer alkoholischen Folgeprodukte*

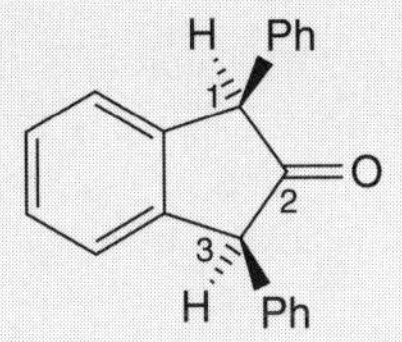

7

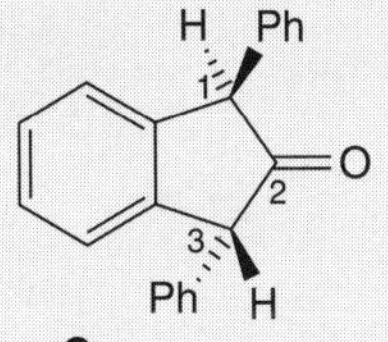

8

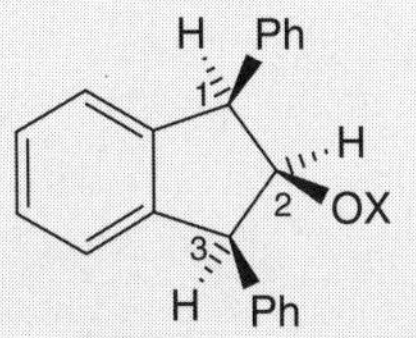

9

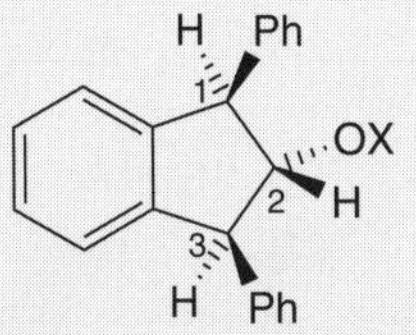

10

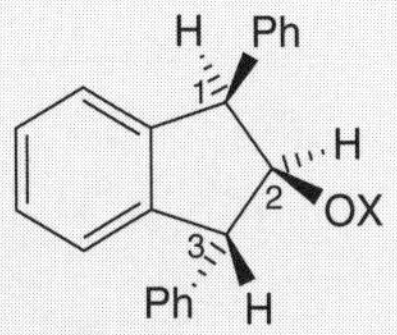

11

a X = H; **b** X = $COCH_3$

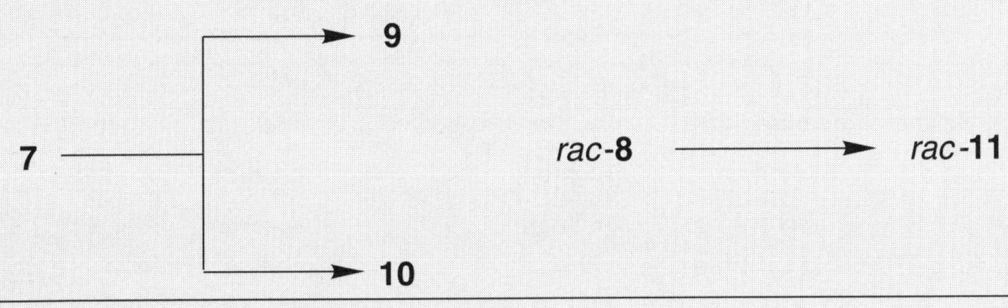

	7	8	9	10	11
Symmetrie-Punktgruppe	C_s	C_2	C_s	C_s	C_1
Chiralität	achiral	chiral	achiral	achiral	chiral
topische Beziehung (H–C(1) und H–C(3))	enantiotop	homotop	enantiotop	enantiotop	diastereotop
Feinstruktur der Signale von H–C(1) und H–C(3)	*s*	*s*	*d*	*d*	2 *d*
Feinstruktur der Signale von H–C(2) bei Acetaten	–	–	*t*	*t*	*dd*

konstitutionell gleichartiger Nachbarschaft, jedoch unterschiedlicher Topizität. Wandelt man die Stereoisomeren **12** und **15** von 2,4-Dimethyl-2,4-diphenylcyclobutan-1,3-dion (durch Einwirkung überschüssigen Lithiumalanats) in die entsprechenden Diole um, wäre das anstehende Problem eventuell bereits gelöst: Aus dem C_{2h}-symmetrischen Di-

Tab. 4.3. *Konfigurationsbestimmung der Stereoisomeren von 2,4-Dimethyl-2,4-diphenylcyclobutan-1,3-dion unter Verwendung ihrer alkoholischen Folgeprodukte*

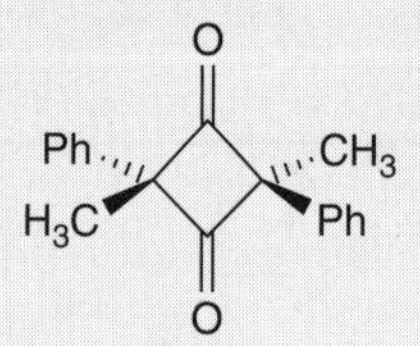

12

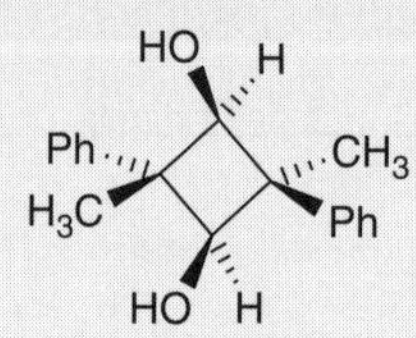

13

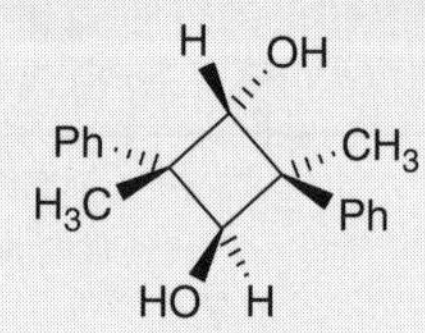

14

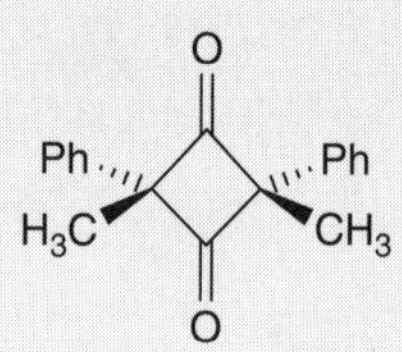

15

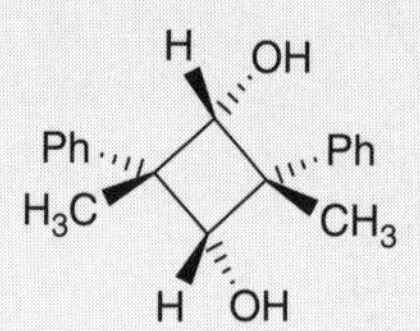

16

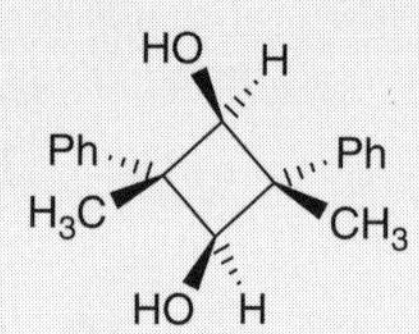

17

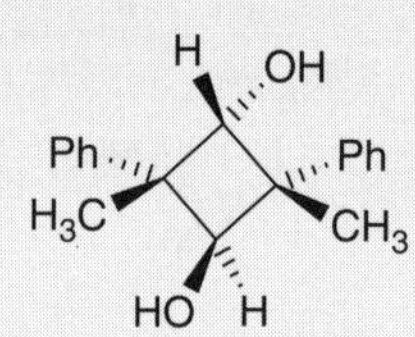

18

	12	13	14	15	16	17	18
Symmetrie-Punktgruppe	C_{2h}	C_s	C_i	C_{2v}	C_{2v}	C_{2v}	C_s
NMR-Signale der Methyl-Protonen	isochron	anisochron	isochron	isochron	isochron	isochron	isochron
Methin-Protonen	–	isochron	isochron	–	isochron	isochron	anisochron
Hydroxy-Protonen	–	isochron	isochron	–	isochron	isochron	anisochron

meren **12** können maximal zwei Diole (**13** mit C_s-, **14** mit C_i-Symmetrie) und aus dem C_{2v}-symmetrischen Dimeren **15** maximal drei Diole (**16** und **17** jeweils mit C_{2v}- und **18** mit C_s-Symmetrie) entstehen. Da sowohl aus dem bei höherer Temperatur als auch aus dem bei niedrigerer Temperatur schmelzenden Diketon jeweils nur zwei Diol-Komponenten isoliert werden konnten, entfällt die Prämisse zur sicheren Konfigurationszuordnung allein aus der Anzahl resultierender Diole.

Ein zweiter Anlauf zur Konfigurationsbestimmung von **12** und **15** beginnt mit der Symmetrie-Punktgruppen-Zugehörigkeit der Diole, die sich von **12** oder **15** ableiten lassen. In dem aus **13** und **14** bzw. dem aus **16** und **17** oder **16** und **18** oder **17** und **18** bestehenden Diol-Paar existiert jeweils ein Diol (**13** zu **12** gehörig und **18** zu **15** gehörig) mit C_s-Symmetrie. Da die Symmetrie-Ebene in **13** räumlich anders orientiert ist als die Symmetrie-Ebene in **18**, sind diese beiden Diole eindeutig voneinander sowie von den übrigen Diolen (**14** sowie **16** und **17**) zu unterscheiden: Von den insgesamt fünf Diolen (**13**, **14**, **16**, **17** und **18**) weist nur **13** anisochrone Me-Protonen und lediglich **18** anisochrone OH- bzw. CH-Protonen auf.

Da eines der beiden vom bei höherer Temperatur schmelzenden Dion abstammenden Diole (nämlich **13**) zwei verschiedene *Singuletts* für Me-Protonen und eines der beiden nach Reduktion des bei niedrigerer Temperatur schmelzenden Dions isolierten Diole (nämlich **18**) jeweils zwei getrennte Signale für OH- wie für CH-Protonen aufweist, besitzt das 1,3-Cyclobutandion-Derivat vom Schmp. 162,5 °C eindeutig C_{2h}-Symmetrie und das vom Schmp. 69,5–70 °C eindeutig C_{2v}-Symmetrie. Die beiden zuletzt genannten Verbindungen werden daher durch die Stereoformeln **12** bzw. **15** korrekt wiedergegeben.

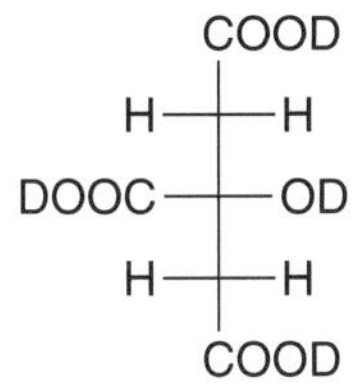

Zitronensäure
(nach H/D-Austausch)

Derartige Zuordnungen sind, über den eigentlichen Zweck hinaus, erkenntnistheoretisch interessant: Sie können nicht falsch sein, da sie auf Symmetrie-Überlegungen zurückzuführen sind.

Der *Prelog*-Katalog der regulären Tetraeder mit allen möglichen Ligandenkombinationen (*Kap. 3.2*) machte uns mit Modellen für das C-Atom der Koordinationszahl 4 als Prochiralitätszentrum bekannt. Bromochloromethan ist ein konkretes Beispiel für eine achirale Verbindungen mit Prochiralitätszentrum. Seine beiden H-Atome sind enantiotop, und in einem achiralen Lösungsmittel sind die Protonen isochron: Im ^{1}H-NMR-Spektrum wird ein *Singulett* beobachtet. Vom NMR-spektroskopischen Standpunkt aus gesehen, sind achirale Verbindungen mit einem Prochiralitätszentrum und diastereotopen CH_2-Protonen interessanter. Zitronensäure ist ein solches Beispiel. Es wurde bereits früher (*Kap. 3.2.2*) erwähnt, daß sie in C(3) ein Prochiralitätszentrum (mit zwei enantiotopen (HOOC–CH_2)-Liganden) aufweist. Betrachtet man die Protonen einer jeder dieser (HOOC–CH_2)-Gruppen näher, stellt man fest, daß sie diastereotop sind. Für das ^{1}H-NMR-Spektrum ist ein *AB-Doppeldublett* zu erwarten, was auch beobachtet worden ist. Analoges gilt für 1,1-Dibenzylphthalan (= 1,1-Dibenzyl-1,3-dihydroisobenzofuran). Beim Acetaldehyd-diethyl-acetal sind die CH_2-Protonen der beiden enantiotopen EtO-Gruppen diastereotop: Im ^{1}H-NMR-Spektrum wird für die CH_2-Protonen ein *ABX_3-Multiplett* beobachtet.

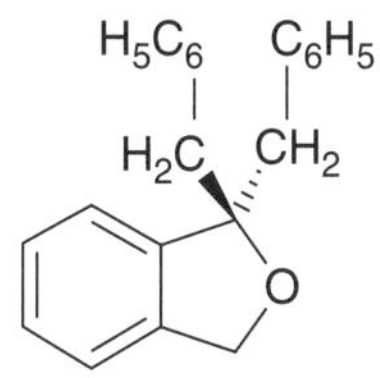

1,1-Dibenzylphthalan

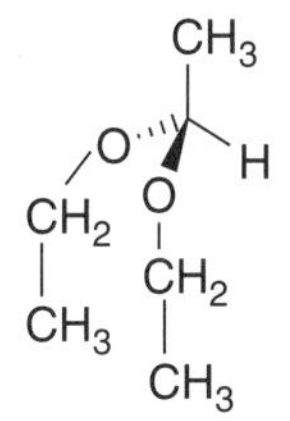

Acetaldehyd-diethyl-acetal

4.2. Bei den beiden Ansichten eines Moleküls mit Zentren der Koordinationszahl 3

Für Moleküle mit Doppelbindungen gibt es eine obere und eine untere Ansicht. Da *oben* und *unten* willkürliche Kennzeichnungen sind, werden eindeutige Zuordnungen benötigt, sofern die beiden Ansichten nicht äquivalent sind. Diese Zuordnungen werden durch Anwendung der *Sequenzregeln* auf das jeweilige Referenz-Atom der Koordinationszahl 3 (das C-Atom einer (C=O)-Gruppe, die Referenz-Atome C(1) und C(2) einer (C=C)-Gruppe) festgelegt. Über die Spezifizierung von zweidimensional-chiralen Molekülen, Molekül-Fragmenten oder ihren Modellen (*Kap. 3.1.2*) findet man Einzelheiten in *Kap. 10.2.7*.

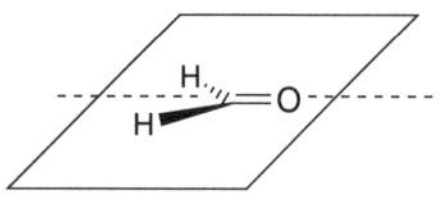

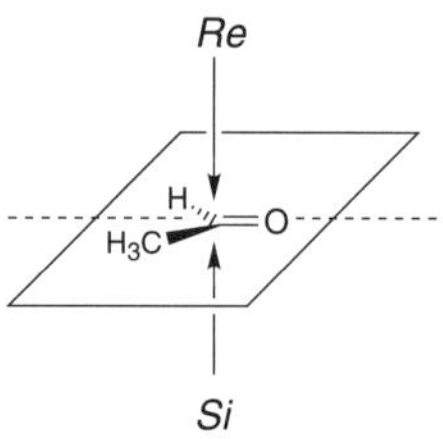

Die beiden Ansichten des Formaldehyds können voneinander nicht unterschieden werden: sie sind äquivalent (homotop). Die beiden Ansichten des Acetaldehyds verhalten sich wie Bild und Spiegelbild zueinander: Sie sind enantiotop.

Für die Ketone **7** und **8** von *Tab. 4.2* gilt, daß die *meso*-Verbindung **7** mit *u*-Konfiguration zwei nicht-äquivalente Ansichten aufweist, die sich nicht wie Bild und Spiegelbild zueinander verhalten. Auf der *Re*-Seite (*Si*-Seite) gelangt man vom O- über das (*R*)-konfigurierte zum (*S*)-konfigurierten C-Atom im Uhrzeigersinn (entgegen dem Uhrzeigersinn). Die Enantiomeren **8** und *ent*-**8** weisen *l*-Konfiguration auf. Ihre beiden Ansichten sind jeweils äquivalent.

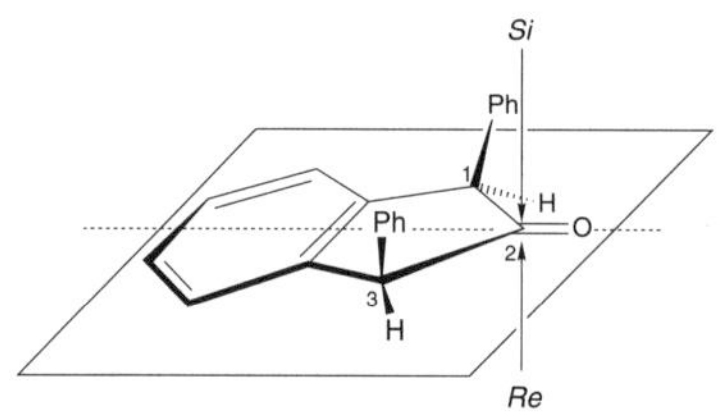

7

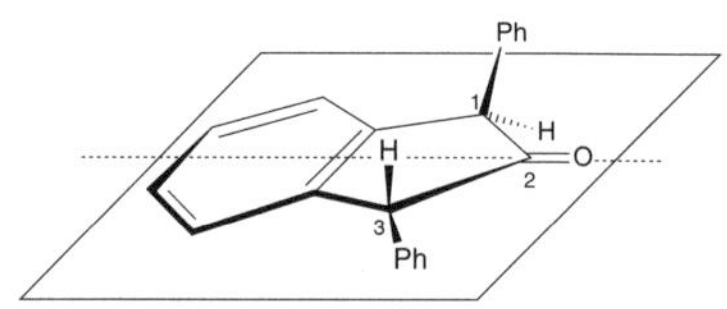

8

Für die Stereoisomeren **12** und **15** von 2,4-Dimethyl-2,4-diphenylcyclobutan-1,3-dion (*Tab. 4.3*) gilt, daß **12** (Symmetrie-Punktgruppe C_{2h}) mit der *l*-Konfiguration ((2*R**,4*R**)) zwei äquivalente Ansichten aufweist, eine Tatsache, die eine Spezifizierung weder erfordert noch zuläßt. ((*R**) und (*S**) sind Deskriptoren für relative Konfiguration, für weitere Einzelheiten s. *Kap. 10.2.1.2.*) Das Stereoisomere **15** (Symmetrie-Punktgruppe C_{2v}) mit der *u*-Konfiguration ((2*R**,4*S**) bzw. (2*S**,4*R**)) hat zwei nicht-äquivalente Ansichten, die sich auch nicht wie Bild und Spiegelbild zueinander verhalten und demzufolge diastereotop sind. Zu ihrer Spezifizierung legt man zunächst die relative Konfiguration an C(2) und C(4) fest und ist dann in der Lage, für die (C(1)=O)-Gruppe die *Si*-Ansicht (mit O, C(2) und C(4) entgegen dem Uhrzeigersinn) und für die (C(3)=O)-Gruppe die *Re*-Ansicht (mit O, C(2) und C(4) im Uhrzeigersinn) zu spezifizieren. Der größeren Anschaulichkeit wegen ist der Einblick auf die bisher unerwähnt gebliebene Seite nach Drehung der besten Ebene um 180° freigegeben worden.

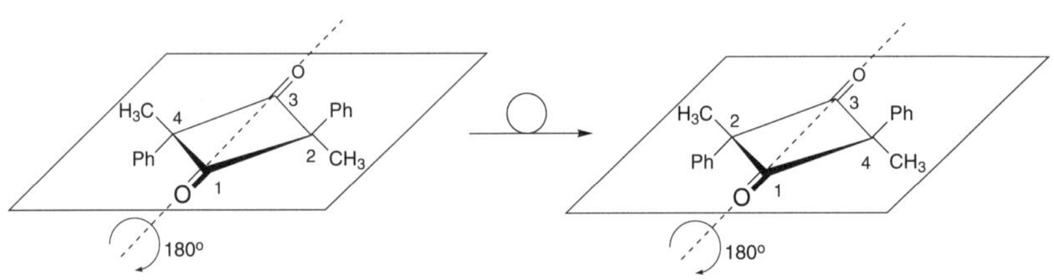

12 (2*R**,4*R**)

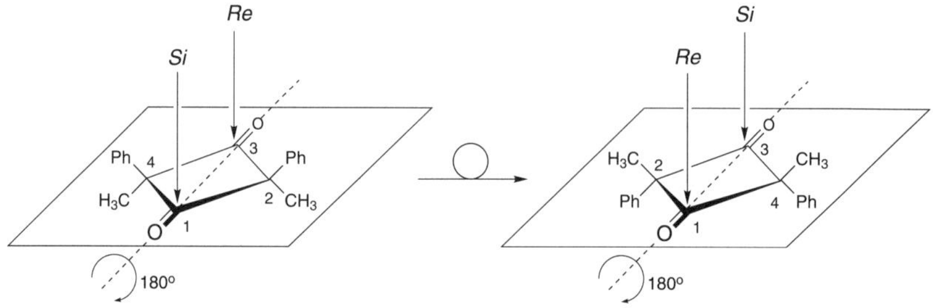

15 (2*R**,4*S**)

2-Methyl-2-(3-oxobutyl)cyclopentan-1,3-dion, dessen Formel man nebenstehend abgebildet findet, ist achiral. Die beiden (C=O)-Gruppen sind enantiotop und werden unter Beachtung, daß es sich bei C(2) um ein Prochiralitätszentrum handelt, in bekannter Weise (*Kap. 3.2.2*) spezifiziert. Die Molekül-Ansicht, die vom Standort der (*pro-S*)-Carbonyl-Gruppe mit *Si* bezeichnet wird, ist *Re*-Ansicht vom Standort der (*pro-R*)-Carbonyl-Gruppe. Der bequemeren Einsicht wegen ist auch hier die beste Ebene um 180° gedreht worden, so daß die bisher verborgene Ansicht aufgedeckt wird.

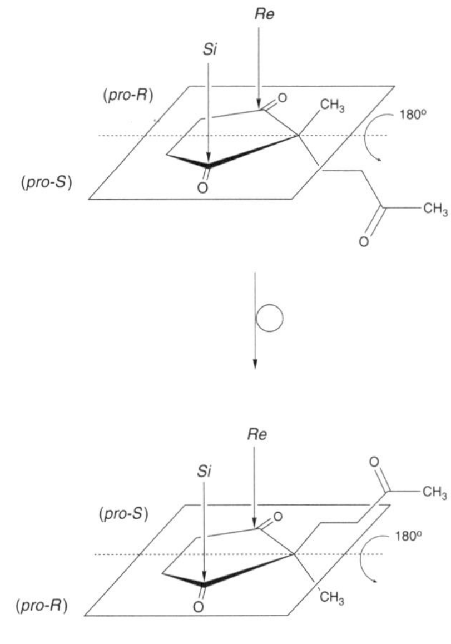

Fig. 4.7 zeigt, wie die beiden Ansichten eines zweidimensionalen Molekül-Modells eindeutig aufeinander zu beziehen sind.

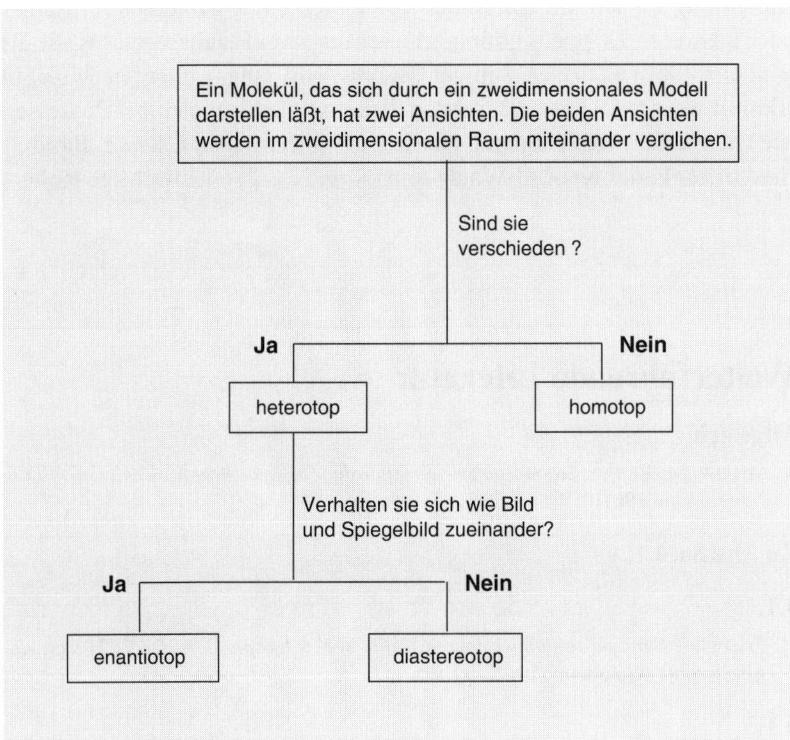

Fig. 4.7. *Differenzierung topischer Beziehungen zwischen zwei Ansichten eines Moleküls, das durch ein zweidimensionales Modell darstellbar ist*

4.3. Fazit

Das *Konzept der Isomerie* (*J. J. Berzelius*) stellt Beziehungen zwischen verschiedenen Molekülen derselben Molekularformel her. Vergleicht man zwei Moleküle derselben Konstitution miteinander, so trifft man auf einen von drei Fällen: entweder sind die beiden Moleküle identisch oder sie sind es nicht; im letzteren Fall sind sie dann entweder enantiomer oder diastereoisomer (s. *Fig. 2.17*).

Das *Konzept der Topizität* (*K. Mislow*) beschreibt, welche Beziehungen zwischen zwei verschiedenen Atomen oder Atom-Gruppierungen derselben Atommasse innerhalb ein und desselben Moleküls bestehen. Substituiert man (tatsächlich oder auch nur in Gedanken) einmal die eine, ein anderes Mal die andere der beiden miteinander zu vergleichenden Atom-Gruppierungen, so trifft man auch hier auf einen der zuvor genannten drei Fälle: Sind die Atom-Gruppierungen homotop, dann sind die beiden Substitutionsprodukte identisch. Diese sind dagegen enantiomer (diastereoisomer), wenn jene enantiotop (diastereotop) sind.

Bestimmte Atom-Gruppierungen ein und derselben chemischen Verbindung nach Topizitätskriterien zu ordnen, erweist sich als opportun, wenn es gilt, NMR-Spektren dieser Verbindung zu deuten. Topizitätserörterungen lassen sich nicht nur auf Atome und Atom-Gruppierungen, sondern auch auf Flächen anwenden: von denen man wissen will, ob sie identisch oder – falls nicht – ob sie enantiotop oder diastereotop sind. Dabei mag es sich um die beiden Ansichten eines Moleküls (mit einer oder mehreren Doppelbindungen) oder um zwei Flächen eines Kristalls handeln, die mehr oder weniger selektiv von einem anderen Molekül erkannt werden können. Derartige 'Erkennungen' spielen bei Prozessen wie chemischen Reaktionen (*Aspekte der Organischen Chemie,* Band 2: *Reaktivität*) oder Kristall-Wachstum (*Kap. 12.2.2*) eine wichtige Rolle.

Weiterführende Literatur

Allgemein

K. Mislow, M. Raban, *Stereoisomeric Relationships of Groups in Molecules, Topics in Stereochem.* **1967,** *1,* 1.

Zu Abschn. 4.1.

4.1.2.

H. Friebolin, *Ein- und zweidimensionale NMR-Spektroskopie,* 2. Aufl., VCH Verlagsgesellschaft, Weinheim, 1992.

4.1.3.

G. Quinkert, K. Opitz, W.-W. Wiersdorff, M. Finke, *Stereospezifische Adduktbildung bei Benzocyclobutenen, Liebigs Ann. Chem.* **1966,** *693,* 44.

G. Quinkert, H.-P. Lorenz, W.-W. Wiersdorff, *Darstellung und Konfigurationszuordnung symmetrischer Indanon-(2)-Derivate, Chem. Ber.* **1969,** *102,* 1597.

G. Quinkert, P. Jacobs, *Die Stereospezifität der lichtinduzierten Cyclobutanon/Tetrahydrofuryliden-Isomerisierung und ihre mechanistische Konsequenz, Chem. Ber.* **1974,** *107,* 2473.

G. C. Brumli, R. L. Baumgarten, A. I. Kosak, *Effect of the Aromatic Ring Current on NMR Resonance Splitting Owing to Molecular Dissymmetry, Nature* **1964,** *201,* 388.

Zu Abschn. 4.2.

V. Prelog, G. Helmchen, *Pseudoasymmetrie in der organischen Chemie, Helv. Chim. Acta* **1972,** *55,* 2581.

5 Konfigurationsanalyse (aufgezeigt am Beispiel der Kohlenhydrate)

5.1. Grundlagen

Die häufigste organische Verbindung auf unserem Planeten, in freier oder mehr noch in gebundener Form, ist Glucose, ein einfacher Zucker (Monosaccharid) aus der Verbindungsklasse der Kohlenhydrate.

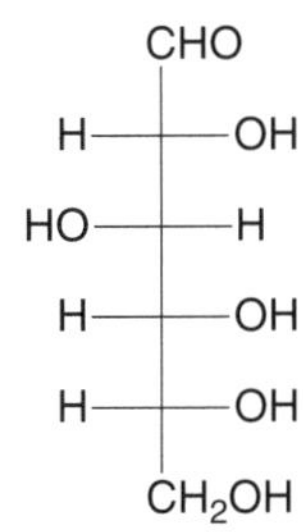

Der Klassenname Kohlenhydrat geht auf die empirische Formel zurück, welche die Vertreter dieser Verbindungsklasse als 'Hydrate des Kohlenstoffs' beschreibt.

$$C_n(H_2O)_n$$

In der Gruppe der Monosaccharide unterscheidet man zwischen *Aldosen* (mit einer Aldehyd-Funktion) und *Ketosen* (mit einer Keto-Funktion). Die stereochemischen Betrachtungen werden sich hier auf Aldosen beschränken, da diese eine vielfältigere Stereochemie als Ketosen aufweisen. Aldosen lassen sich durch die nebenstehende allgemeine Konstitutionsformel beschreiben.

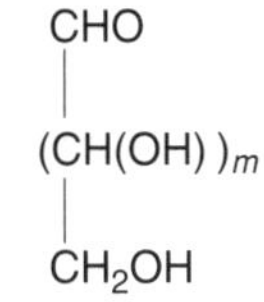

Als funktionelle Gruppen erkennt man eine Aldehyd-Funktion, eine primäre OH-Gruppe und eine variable Anzahl sekundärer OH-Gruppen. Jede dieser sekundären OH-Gruppen ist an ein Chiralitätszentrum gebunden, so daß sich aus der Anzahl sekundärer OH-Funktionen die Anzahl möglicher Stereoisomeren berechnen läßt (*Kap. 2.6.1*). Von der einfachsten Aldose mit einem Chiralitätszentrum existieren folglich zwei Enantiomere.

Die Aldotriosen tragen den Trivialnamen Glyceraldehyd (= *glycero*-Triose; systematischer Name: 2,3-Dihydroxypropanal; *Fig. 5.1*). Experimentell lassen sich die beiden Enantiomeren des Glyceraldehyds durch

Messung der optischen Drehung voneinander unterscheiden (*Kap. 3.1.1*): Das eine Enantiomere dreht die Ebene des linear-polarisierten Lichts nach rechts, und das andere bewirkt eine Drehung um den gleichen Betrag nach links. Eine eindeutige Festlegung der absoluten Konfiguration gelingt (bei einem geeigneten kristallinen Derivat) mit Hilfe der *Röntgen*-Strukturanalyse (*Kap. 12.1*).

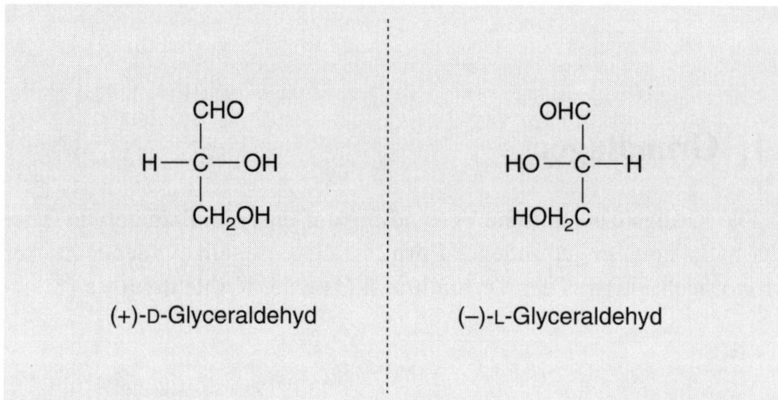

Fig. 5.1. Fischer-*Projektion der beiden enantiomeren Aldotriosen*

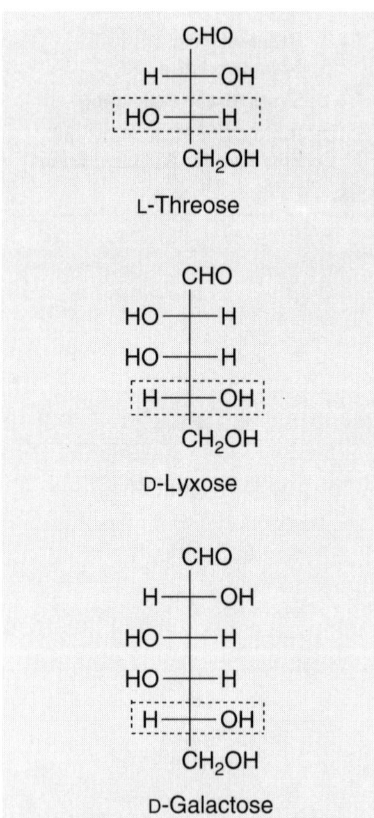

Fig. 5.2. *Das am weitesten von der CHO-Gruppe entfernte stereogene Zentrum bestimmt als Referenz-Zentrum die Zugehörigkeit zur* D- *oder* L-*Reihe*

Emil Fischer ordnete Ende des letzten Jahrhunderts, als die *Röntgen*-Strukturanalyse noch nicht bekannt war (s. *Kap. 10.2.1*), dem rechtsdrehenden Enantiomeren des Glyceraldehyds willkürlich diejenige Projektionsformel zu, bei der die OH-Gruppe am Chiralitätszentrum auf der rechten Seite der Hauptkette liegt. Dieses (+)-Enantiomere wurde mit D (von *dexter* = rechts) bezeichnet. Dem linksdrehenden Enantiomeren wurde die Projektionsformel mit der sekundären OH-Gruppe auf der linken Seite der Hauptkette zugeordnet. Dem (−)-Glyceraldehyd stellte man den Buchstaben L (von *laevus* = links) voran. Für längerkettige Aldosen schrieb *E. Fischer* vor, daß zur D/L-Benennung jeweils diejenige sekundäre OH-Gruppe in der *Fischer*-Projektion als Referenz-Zentrum berücksichtigt werden soll, die am weitesten von der Aldehyd-Funktion entfernt ist (*Fig. 5.2*).

Die absolute Konfiguration an jedem Chiralitätszentrum kann auch durch die später entwickelte (*R*/*S*)-Konvention des *CIP*-Systems angegeben werden (*Kap. 10.2.1*). So ergibt sich für (+)-D-Glyceraldehyd am Referenz-Zentrum die absolute Konfiguration (*R*) und für (−)-L-Glyceraldehyd (*S*).

Bei der Charakterisierung eines Zucker-Enantiomeren durch das Vorzeichen des spezifischen Drehwerts [α] (*Kap. 3.1.1*) muß man darauf achten, daß die gemachte Aussage für den Anfangswert der sogenannten Mutarotation (*Kap. 6.6.2*) gilt.

5.2. Der Stammbaum der Aldosen

Die höheren Aldosen mit vier, fünf, sechs usw. C-Atomen (Tetrosen, Pentosen, Hexosen usw.) können alle durch Gedankenexperimente von einem der beiden Enantiomeren des Glyceraldehyds abgeleitet werden.

Fügt man beim (+)-D-Glyceraldehyd zwischen Aldehyd- und benachbarter sekundärer OH-Funktion eine weitere (CH(OH))-Einheit ein, gelangt man zu zwei stereoisomeren Aldotetrosen, der (−)-D-Erythrose ((−)-D-*erythro*-Tetrose) und der (−)-D-Threose ((−)-D-*threo*-Tetrose) (*Fig. 5.3*). Zwei Stereoisomere (wie (−)-D-Threose und (−)-D-Erythrose), die mehrere stereogene Zentren besitzen, sich aber nur in der absoluten Konfiguration eines Zentrums unterscheiden, bezeichnet man als *Epimere*. Zu jedem Epimeren existiert je eine enantiomere Verbindung ((+)-L-Erythrose bzw. (+)-L-Threose; *Fig. 5.3*), die vom (−)-L-Glyceraldehyd abgeleitet wird. Aus den beiden enantiomeren Aldotriosen gehen somit vier stereoisomere Aldotetrosen hervor.

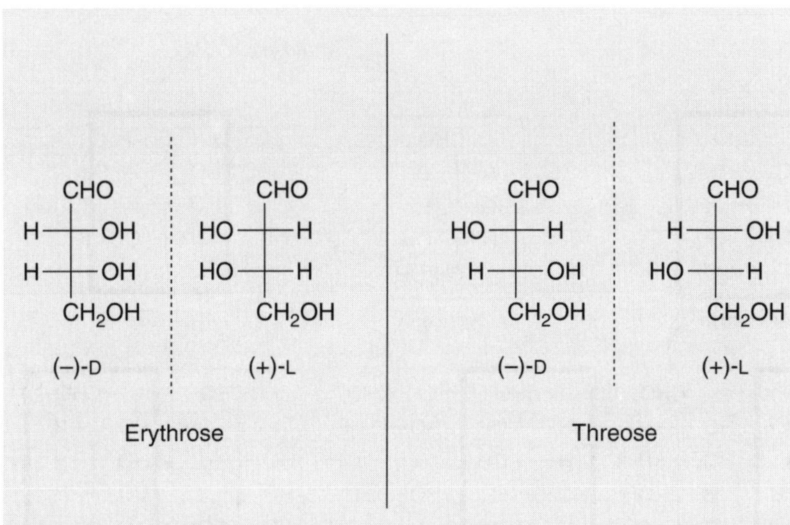

Fig. 5.3. Fischer-*Projektion der stereoisomeren Aldotetrosen*

Eine Fortsetzung des Gedankenexperiments zeigt, daß aus jeder der vier Aldotetrosen durch 'formales Einfügen' einer weiteren (CH(OH))-Einheit an der bezeichneten Stelle jeweils zwei epimere Aldopentosen entstehen, so daß insgesamt acht Aldopentosen (vier Enantiomerenpaare) resultieren.

In *Fig. 5.4* ist der Stammbaum der Aldosen der D-Reihe zusammengestellt, der von (+)-D-Glyceraldehyd ausgeht und in *Abschn. 5.3* ausführlich erläutert werden wird.

Bei der Frage nach der Gesamtzahl stereoisomerer Aldosen muß berücksichtigt werden, daß es zu jeder abgebildeten D-Aldose jeweils eine enantiomere L-Aldose (nicht abgebildet) gibt. Neben der ekliptischen *Fischer*-Projektion zur Darstellung der relativen Konfiguration – und, wenn der Chiralitätssinn an einem der stereogenen Zentren bekannt ist, auch der absoluten Konfiguration – von Monosacchariden bieten sich auch die gestaffelten 'Zickzack'-Stereoformeln an, die in der neueren Literatur häufig verwendet werden (*Fig. 5.5*). Im Fall der Monosaccharide ist die *Fischer*-Projektion jedoch von Vorteil, da bei dieser Darstellung der systematische Aufbau der Verbindungsklasse besonders gut ersichtlich ist.

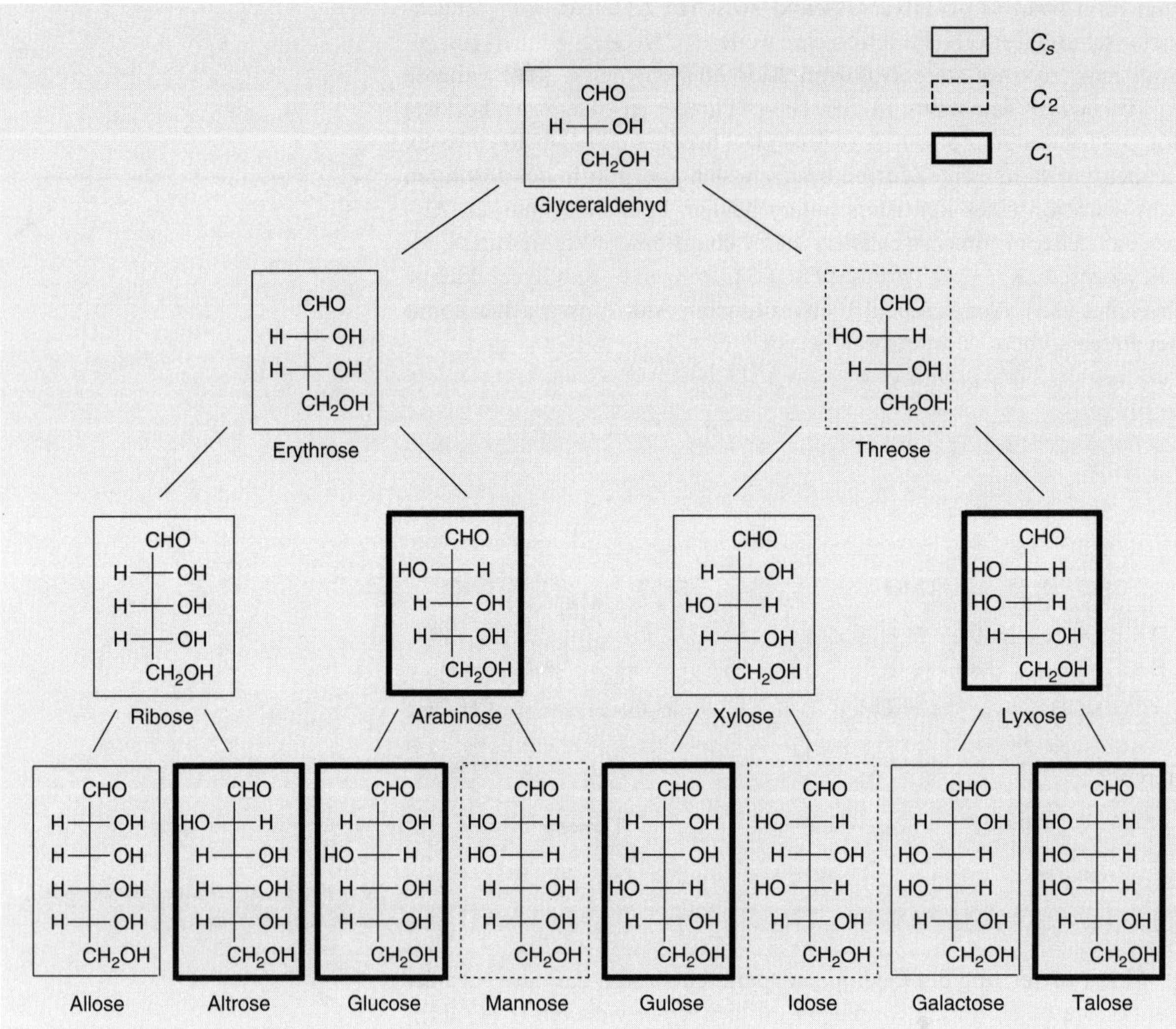

Fig. 5.4. *Stammbaum von Aldosen, die sich von (+)-D-Glyceraldehyd ableiten.* Die *Fischer*-Projektionen der zugehörigen Zuckersäuren sind chiral und unsymmetrisch (C_1), chiral und symmetrisch (C_2) oder achiral und symmetrisch (C_s).

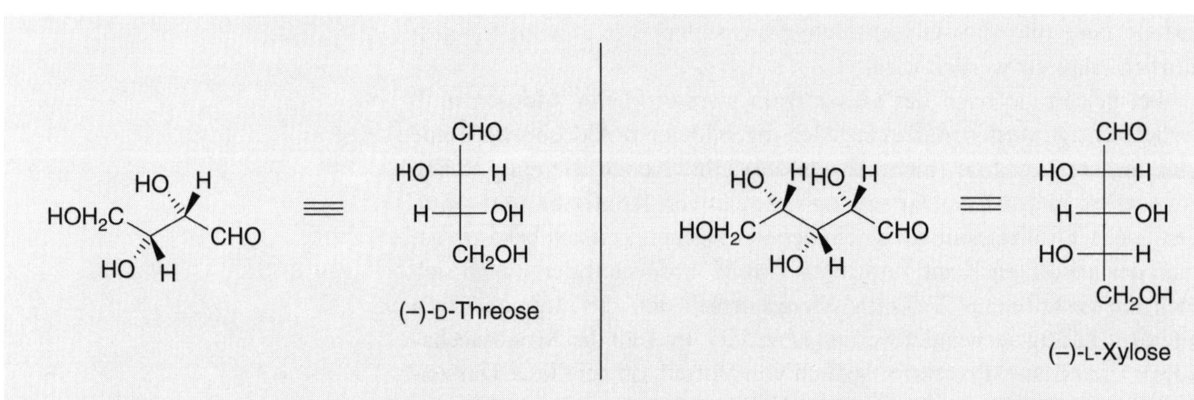

Fig. 5.5. *Beispiele für 'Zickzack'-Stereoformeln für Monosaccharide*

5.3. Identifizierung der Aldosen

Da nun für die verschiedenen Aldosen (Triosen, Tetrosen *etc.*) die Anzahl der Stereoisomeren bekannt ist, drängt sich bei der Betrachtung des 'Stammbaumes' (*Fig. 5.4*) die Frage auf, wie man z. B. die diastereoisomeren Aldosen, die sich vom D-Glyceraldehyd ableiten, identifizieren kann. Heute ist diese Identifizierung mit Hilfe physikalischer Methoden möglich. Bevor man soweit war, hatte *E. Fischer* ein Procedere entwikkelt, das die Ermittlung der relativen Konfiguration von Aldosen in bestechend logischer Weise ermöglichte. Hierzu muß man wissen, von welcher niedrigeren Aldose die Struktur der zur Diskussion stehenden Verbindung durch Einfügen einer (CH(OH))-Einheit abgeleitet werden kann. Bei den auf diese Weise aufgebauten höheren Aldosen ist folglich nur die Konfiguration am neu eingebauten stereogenen Zentrum unbekannt. Im nächsten Schritt wandelt man die Aldosen in Zuckersäuren um, indem man die beiden endständigen Gruppen (CHO- und primäre OH-Gruppe) zu COOH-Funktionen oxidiert. Zwei Aldosen, die in der vorangehenden Generation einen gemeinsamen Vorläufer haben, also sich voneinander nur in der absoluten Konfiguration eines stereogenen Zentrums unterscheiden, lassen sich immer dann eindeutig identifizieren, wenn eine der beiden resultierenden Zuckersäuren optisch aktiv, die andere optisch inaktiv ist. Mit Hilfe dieser experimentellen Unterscheidung kann man auf die Konfiguration am neu eingebauten stereogenen Zentrum schließen und somit die epimeren Aldosen bestimmen. Da die jeweilige Korrelation zwischen einer Zuckersäure mit n stereogenen Zentren und einer Aldose ebenfalls mit n oder mit zwei Aldosen mit $n + 1$ stereogenen Zentren für die *Fischer*sche Argumentation entscheidend ist, wollen wir uns zunächst den Zuckersäuren zuwenden.

5.3.1. Stereoisomerie der Zuckersäuren

Unter Zuckersäuren (*Aldarsäuren*) versteht man die konstitutionell symmetrischen Polyhydroxy-disäuren, die durch partielle Oxidation der funktionellen Endgruppen aus den entsprechenden Aldosen zugänglich sind. Für sie trifft die allgemeine Molekularformel $HO_2C-(CHOH)_n-CO_2H$ zu. Kommt zur konstitutionellen auch noch die konfigurationelle Symmetrie hinzu, wird die reale Maximalzahl die formale Maximalzahl der Stereoisomeren nicht erreichen. Tatsächlich gilt statt der Formel $N = 2^n$ für die Aldosen bei den Zuckersäuren, für den Fall n gerade, die Formel: $N = 2^{(n/2)-1}(2^{n/2} + 1)$ und, für den Fall n ungerade, die Formel: $N = 2^{n-1}$. In *Fig. 5.6* sind *Fischer*-Projektionen für Aldarsäuren im Bereich von $n = 2$–5 unter Berücksichtigung der an ihnen möglichen Symmetrie-Operationen (Rotation um C_2 oder Spiegelung an σ) zusammengestellt worden.

Den Namen der dargestellten Aldarsäuren ist zu entnehmen, daß man zwei (oder mehr) Stereodeskriptoren benutzt, wenn es darum geht,

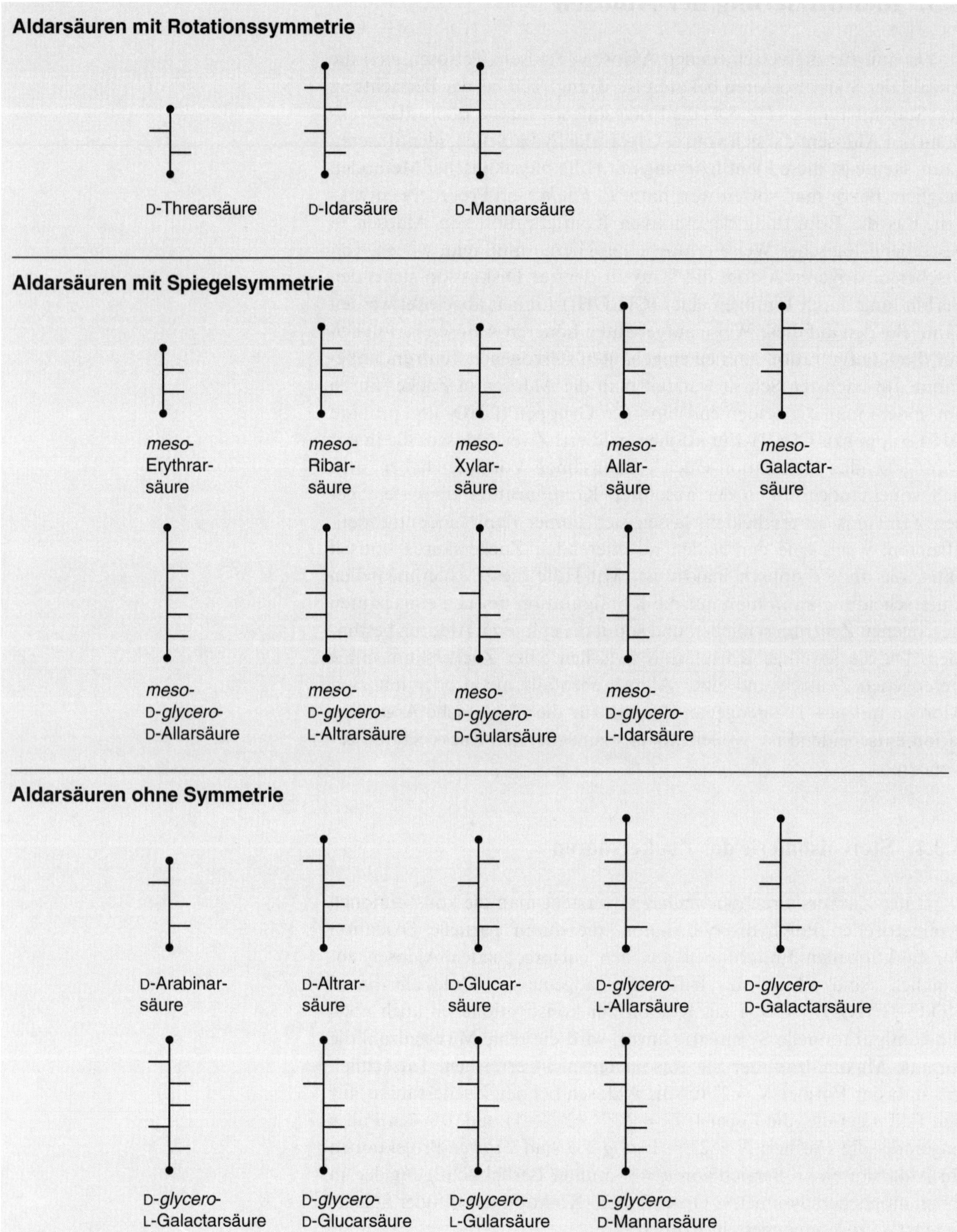

Fig. 5.6. Fischer-*Projektionen für Aldarsäuren im Bereich von* n = *2–5 unter Berücksichtigung der an ihnen möglichen Symmetrie-Operationen*

acyclische Monosaccharide mit mehr als vier aufeinander folgenden stereogenen Zentren zu benennen. So versteht man unter D-*glycero*-D-Glucarsäure die 6-D-*glycero*-2,3,4,5-D-Glucarsäure.

5.3.2. Eindeutige Konfigurationszuordnung bei Aldotetrosen, -pentosen und -hexosen

Die Vorgehensweise soll am Beispiel der Aldosen, die sich vom D-Glyceraldehyd ableiten, erläutert werden: Die beiden D-Aldotetrosen sind optisch aktiv, ihre Strukturformeln gehören zur Symmetrie-Punktgruppe C_1. Partielle Oxidation führt in einem Fall zu einer optisch aktiven Disäure, im anderen Fall zu einer *meso*-Verbindung (*Fig. 5.7*). Nur die D-Erythrose, die beide sekundären OH-Funktionen in der *Fischer*-Projektion auf der gleichen Seite der Hauptkette aufweist, führt zur *meso*-Zuckersäure: Folglich kann der Threose das optisch aktive Oxidationsprodukt zugeordnet werden.

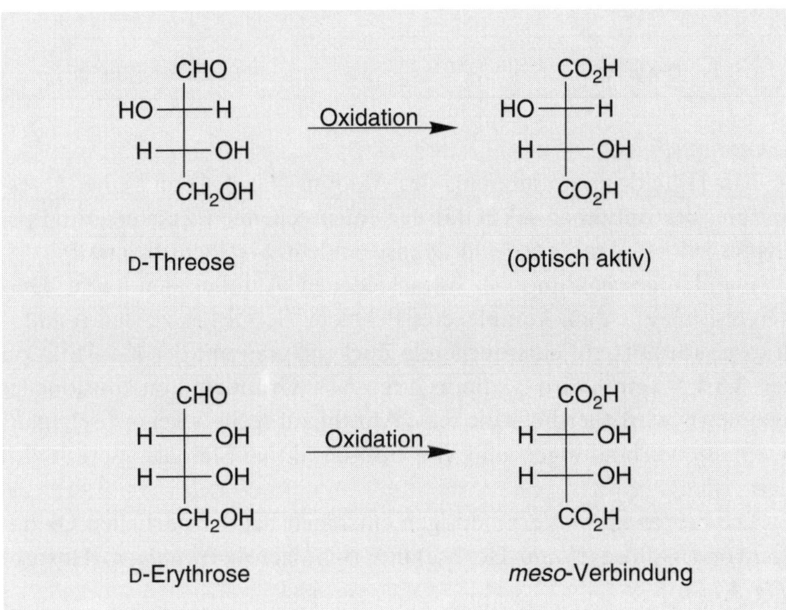

Fig. 5.7. *Partielle Oxidation von D-Aldotetrosen*

Bei den Aldopentosen besitzen die Oxidationsprodukte die Konstitution der 2,3,4-Trihydroxyglutarsäure (zur Symmetrie der Oxidationsprodukte vgl. *Fig. 5.4*). So führt die Oxidation von D-Ribose (D-*ribo*-Pentose) zu einer optisch inaktiven *meso*-Verbindung (*Fig. 5.8*).

Auch die aus D-Xylose (D-*xylo*-Pentose) hergeleitete Disäure hat C_s-Symmetrie und zeigt keine optische Aktivität (*Fig. 5.9*).

Hingegen werden Arabinose und Lyxose zu chiralen Zuckersäuren oxidiert. Allerdings findet man für D-Arabinose (D-*arabino*-Pentose) und D-Lyxose (D-*lyxo*-Pentose) die gleiche optisch aktive Disäure (*Fig. 5.10*).

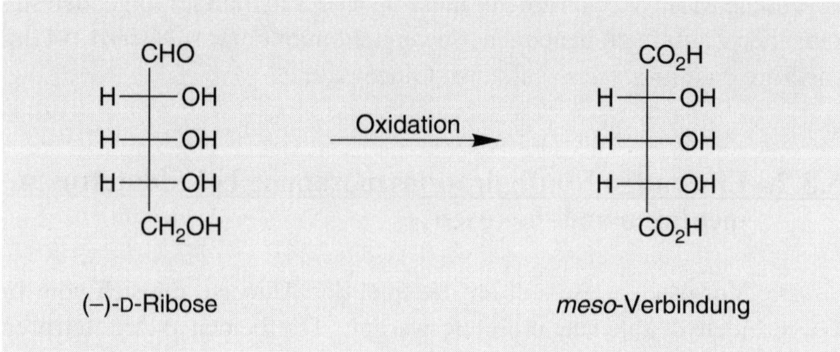

Fig. 5.8. *Partielle Oxidation von (–)-*D*-Ribose*

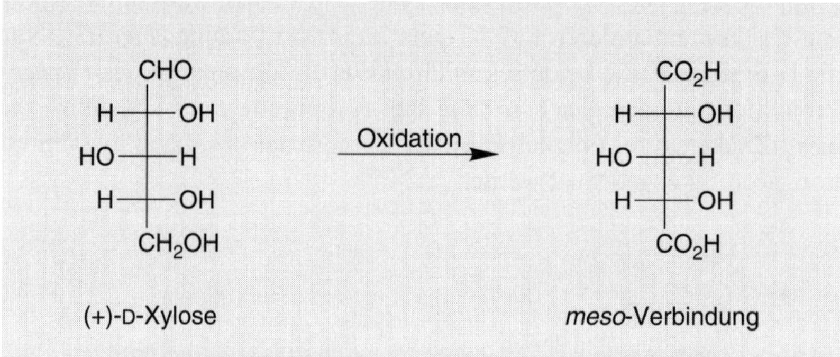

Fig. 5.9. *Partielle Oxidation von (+)-*D*-Xylose*

Mit Hilfe des Stammbaums der Aldosen (*Fig. 5.4*) und einer Überprüfung der optischen Aktivität der entsprechenden Zuckersäuren gelingt es jedoch, Arabinose und Lyxose eindeutig zu identifizieren.

Die Unterscheidung der verschiedenen Aldohexosen (acht Diastereoisomere) ist ein komplexeres Problem. So gibt es zu den D-Aldohexosen formal acht entsprechende Zuckersäuren mit der Konstitution der 2,3,4,5-Tetrahydroxyadipinsäure. Aus Gründen konstitutioneller Symmetrie wird allerdings die reale Anzahl auf sechs, zwei optisch inaktive *meso*-Verbindungen und vier optisch aktive Stereoisomere, reduziert.

Die beiden *meso*-Verbindungen entstehen bei der partiellen Oxidation von D-Allose (D-*allo*-Hexose) und D-Galactose (D-*galacto*-Hexose) (*Fig. 5.11*).

Aus D-Mannose (D-*manno*-Hexose) und D-Idose (D-*ido*-Hexose) gehen zwei verschiedene Zuckersäuren hervor, die sich darüber hinaus von allen anderen Oxidationsprodukten unterscheiden (*Fig. 5.12*).

Aus D-Altrose (D-*altro*-Hexose) und D-Talose (D-*talo*-Hexose) entsteht ein und dieselbe optisch aktive Zuckersäure. Analoges gilt für D-Glucose (D-*gluco*-Hexose) und L-Gulose (L-*gulo*-Hexose) (*Fig. 5.13*).

Die in *Fig. 5.11–5.13* dargestellten Beziehungen führen offensichtlich zu keinen eindeutigen Ergebnissen zur Unterscheidung der D-Aldohexosen (vgl. auch Symmetrie der Oxidationsprodukte, *Fig. 5.4*). Erst die Beantwortung von drei Fragen (FH1 bis FH3 in *Fig. 5.14*), welche die Spiegelsymmetrie der zugehörigen Pentarsäuren, Hexarsäuren bzw. Heptarsäuren einbeziehen, erlaubt eine eindeutige Identifizierung.

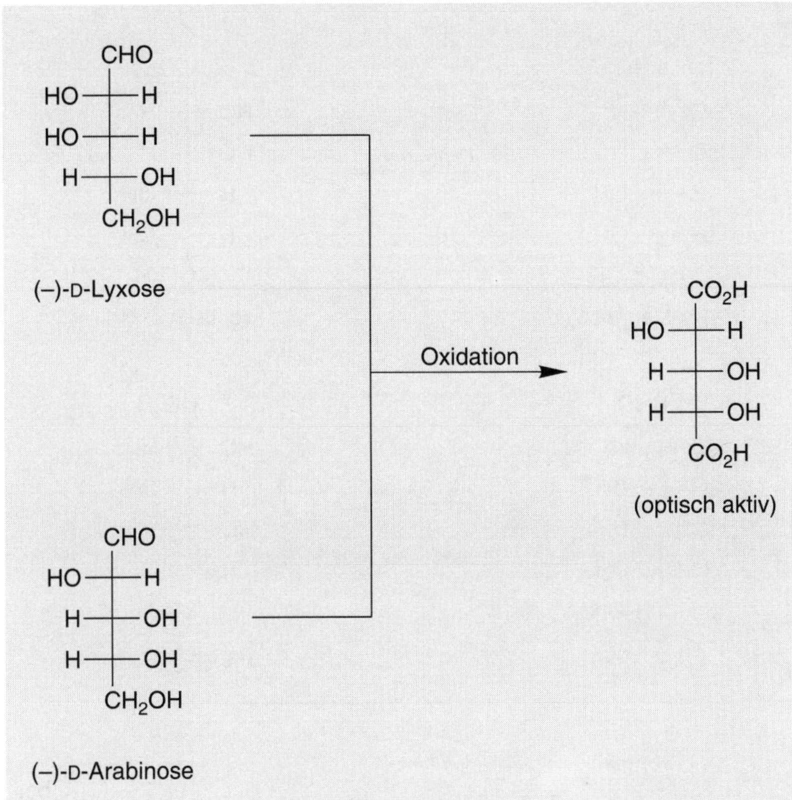

Fig. 5.10. *Partielle Oxidation von (–)-D-Lyxose und (–)-D-Arabinose*

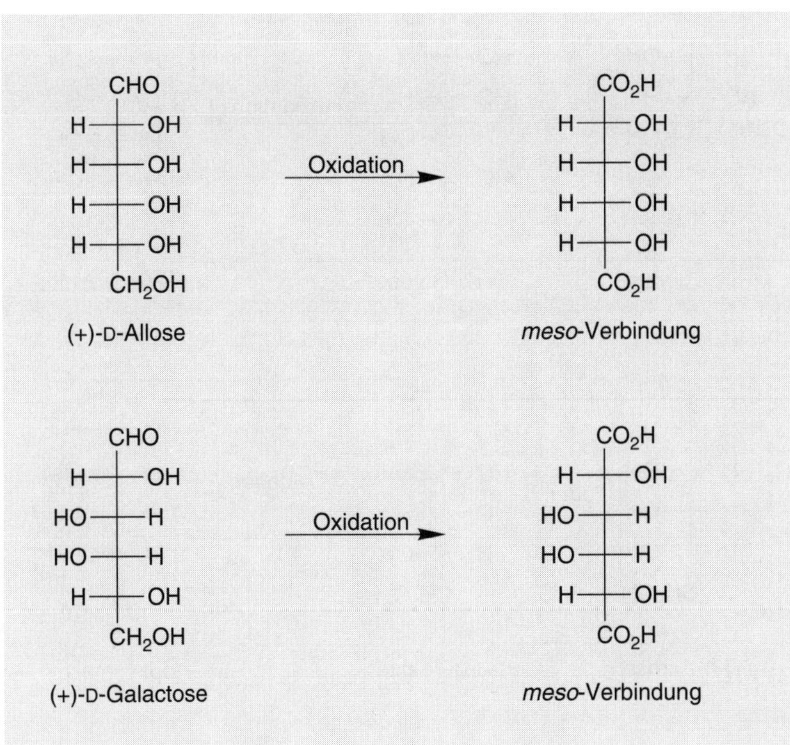

Fig. 5.11. *Partielle Oxidation von (+)-D-Allose und (+)-D-Galactose*

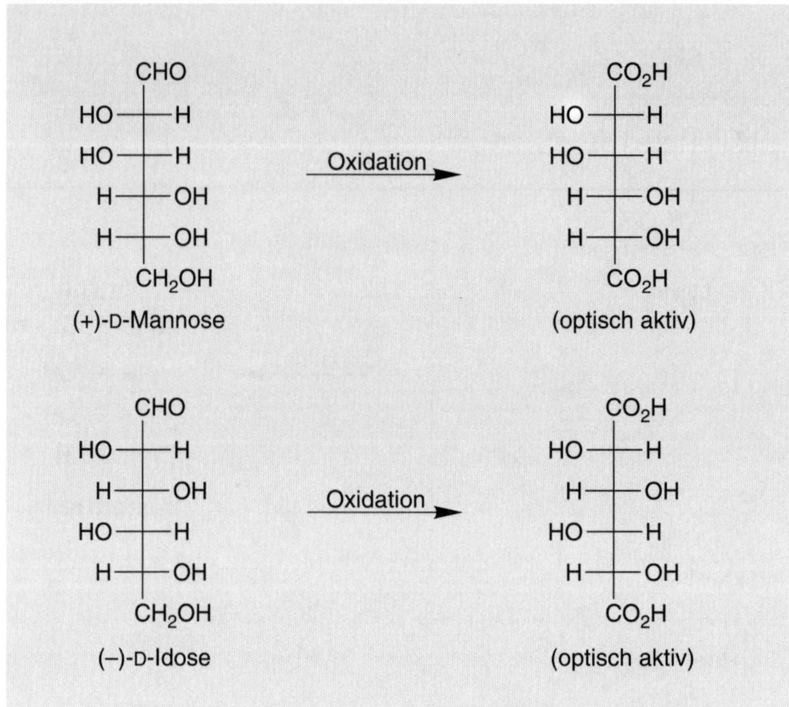

Fig. 5.12. *Partielle Oxidation von (+)-D-Mannose und (–)-D-Idose*

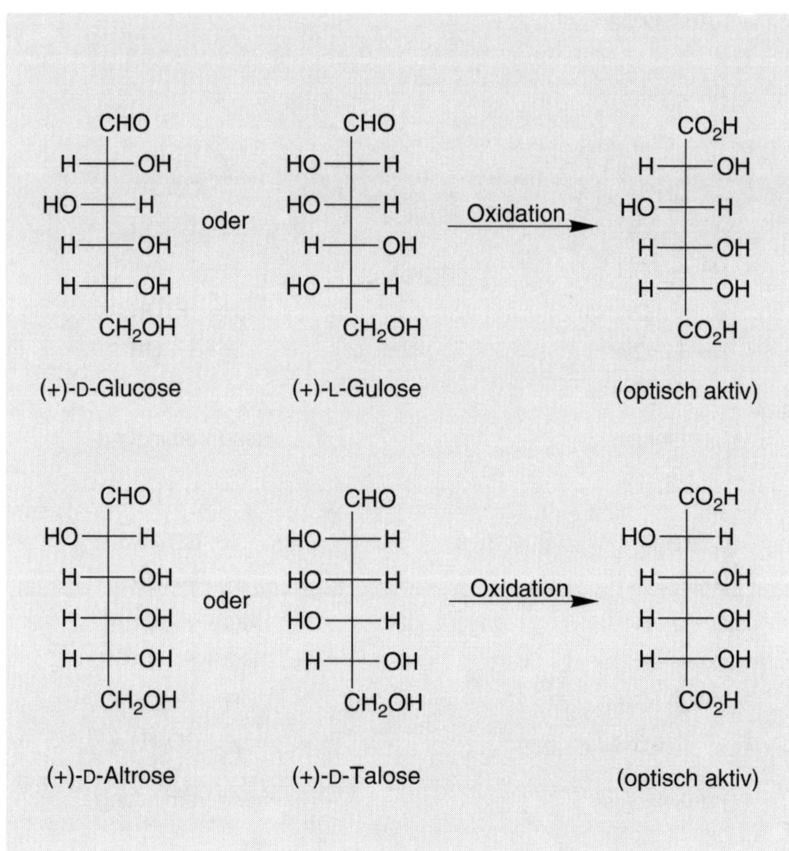

Fig. 5.13. *Partielle Oxidation von (+)-D-Glucose oder (+)-D-Gulose und (+)-D-Altrose oder (+)-D-Talose*

Während die Zuordnung der einzelnen Aldohexosen durch Beantwortung von drei Fragen möglich ist, genügen für die eindeutige Zuordnung der Aldopentosen oder der Aldotetrosen Antworten auf zwei oder auf nur noch eine Frage. *Fig. 5.14* ist ein eindrucksvoller Beleg für den logisch-mathematischen Duktus der organischen Struktur-Chemie.

5.4. Bedeutung der Monosaccharide

Kohlenhydrate im allgemeinen und Monosaccharide im besonderen spielen in der organischen Chemie eine kaum überschätzbare Rolle (für weitere Ausführungen s. *Kap. 6.6.2* und *10.5.3*).

5.4.1. Synthetische Bedeutung

Glucose ist der Menge nach die organische Verbindung Nummer Eins auf unserem Planeten. Diverse Monosaccharide sind als 'nachwachsende Rohstoffe' eine wohlfeile Quelle für Synthese-Bausteine zur Herstellung enantiomerenreiner Zielverbindungen. Sie haben eine ganze Reihe funktioneller Gruppen und stereogener Zentren bekannter absoluter Konfiguration.

5.4.2. Biologische Bedeutung und Funktion der Kohlenhydrate

In ihren Funktionen als Gerüstsubstanzen für Zellen (Cellulose, Pektine, Agar, Chitin), als Reservestoffe bei der Speicherung chemisch fixierter Energie (Stärke, Glykogen), als bewegliche Bauelemente in DNA und RNA, als integrale Bestandteile von Akteuren mit hohem molekularen Erkennungsvermögen für diverse biologische Abwehr- und Schaltvorgänge spielen Oligo- und Polysaccharide im wahrsten Sinne des Wortes eine vitale Rolle.

Die Tatsache, daß Oligo- und Polysaccharide neben Polypeptiden und Polynucleotiden sich ebenfalls als molekulare Informationsträger betätigen, überrascht kaum, wenn man die immense Zahl ihrer Konstitutionsisomeren berücksichtigt. Wie bei Proteinen und Nucleinsäuren wird man auch bei vielen Oligo- und Polysacchariden eine konformationelle Vielfalt erwarten dürfen. Leicht zu bewerkstelligende Konformationsänderungen sind das Mindeste, was Vertreter einer polyfunktionellen Verbindungsklasse als Eigenschaft mitbringen mußten, um während der chemischen Evolution als makro- oder supramolekulare Funktionseinheiten ausgewählt und beibehalten worden zu sein. Es ist die strukturelle Komplexität, die den nicht spezialisierten organischen Chemiker derartige Biomoleküle lange Zeit ignorieren ließ. Mit der zunehmenden Zahl gut dokumentierter *Röntgen*-Strukturanalysen und mit den methodischen Fortschritten der mehrdimensionalen NMR-Spektroskopie (*Aspekte der Organischen Chemie*, Band 4: *Methoden der Struktur-Be-*

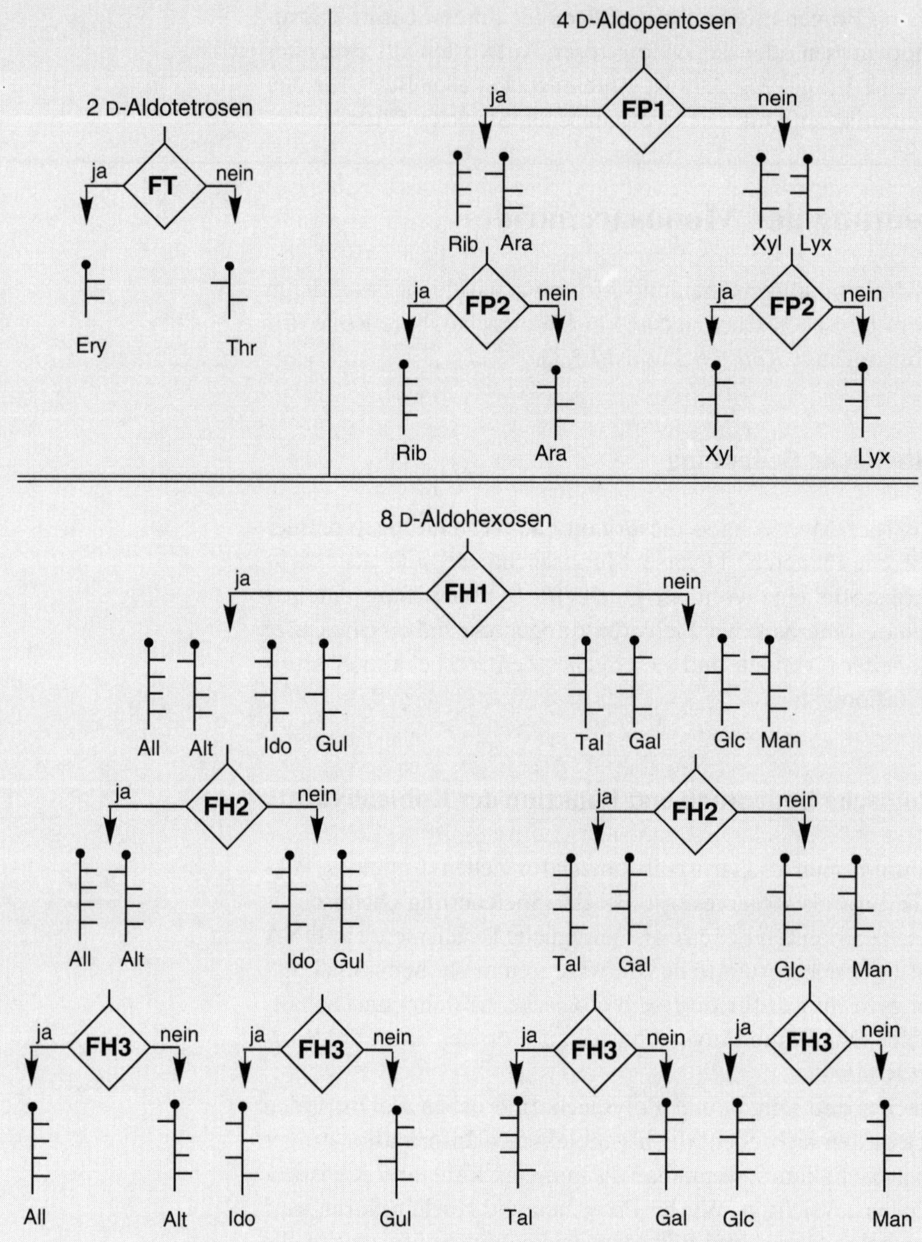

FT: Ist die resultierende Weinsäure spiegelsymmetrisch (optisch inaktiv)?
FP1: Ist die Weinsäure, die man nach Abstieg von der Pentose- zur Tetrose-Reihe erhält, spiegelsymmetrisch (optisch inaktiv)?
FP2: Ist die zugehörige Pentarsäure spiegelsymmetrisch (optisch inaktiv)?
FH1: Ist die Pentarsäure, die man nach Abstieg von der Hexose- zur Pentose-Reihe erhält, spiegelsymmetrisch (optisch inaktiv)?
FH2: Ist eine der beiden C(2)-epimeren Hexarsäuren spiegelsymmetrisch (optisch inaktiv)?
FH3: Ist eine der beiden C(2)-epimeren Heptarsäuren, die man nach Aufstieg von der Hexose- in die Heptose-Reihe erhält, spiegelsymmetrisch (optisch inaktiv)?

Fig. 5.14. *Identifizierung der einzelnen Aldosen im Bereich von* n = *2–4*

stimmung) ist es möglich geworden, die in der Vergangenheit am Rande der organischen Chemie lokalisierten *glycobiologischen* Moleküle konformationsanalytisch zu erschließen.

Eine therapeutische Strategie der absehbaren Zukunft ist auf die Suche nach *antiadhäsiven* Arzneimitteln gerichtet. Unter antiadhäsiven Molekülen versteht man ungebundene Oligosaccharide, welche, besser als an Zelloberflächen gebundene Oligosaccharide, von Rezeptoren pathogener Eindringlinge erkannt werden. Auf diese Art und Weise kann die Adhäsion von Pathogenen an menschliche Zellen und somit der Beginn einer Infektion verhindert werden.

5.5. Fazit

In den vorangegangenen Abschnitten wurde der Weg aufgezeigt, wie man sowohl die Anzahl stereoisomerer Aldosen als auch die absolute Konfiguration jedes einzelnen Stereoisomeren bestimmen kann. Monosaccharide mit ihren jeweiligen vollständigen Sätzen enantiomerenreiner Diastereoisomeren erwiesen sich als Grundsteine zum Aufbau der Stereochemie. In der historischen Entwicklung der organischen Chemie spielten *Emil Fischer*s Arbeiten zur Konfigurationsanalyse der Aldosen deshalb eine bedeutende Rolle, weil sich das Tetraeder-Konzept von *van't Hoff* und *Le Bel* erst durch *Fischer*s erfolgreiche Anwendung durchsetzte. Die Beobachtung, daß z. B. bei D-Glucose (und ihren Derivaten) die erwartete Anzahl von Stereoisomeren kleiner als in Wirklichkeit ist, wird unsere Vorstellungen und Kenntnisse von der Struktur der Monosaccharide beträchtlich erweitern (*Kap. 6.6.2*).

Für den besonderen Stellenwert der Monosaccharide innerhalb der organischen Chemie gibt es zahlreiche weitere Gründe. So eignen sich Monosaccharide als Quelle für chiral-nichtracemische Synthese-Bausteine zur Herstellung enantiomerenreiner Zielverbindungen. Außerdem sind Monosaccharide ihres biologischen Ursprungs und ihrer biologischen Funktionen wegen interessant.

Kap. 12 informiert über die direkte '*Bestimmung der absoluten Konfiguration*'. Seitdem die absolute Konfiguration experimentell festgelegt worden ist, konnte eine Jahrzehnte währende Unsicherheit beseitigt werden. Der Chemiker ist nun gehalten, Namen und Formeln für chemische Verbindungen so klar zu verwenden, daß die absolute (dort, wo es genügt, die relative) Konfiguration leicht und eindeutig erkannt werden kann.

Weiterführende Literatur

Zu Abschn. 5.2.

K. Freudenberg, *Emil Fischer and his contribution to carbohydrate chemistry, Adv. Carbohydrate Chem.* **1966,** *21,* 1.

Zu Abschn. 5.3.

R. Bentley, J. L. Popp, *Configurations of Glucose and Other Aldoses, J. Chem. Educ.* **1987,** *64,* 15.

Zu Abschn. 5.4.

5.4.1.

A. Vasella, *Chiral Building Blocks in Enantiomer Synthesis-Ex Sugars* in *Modern Synthetic Methods*, Vol. 2 (Ed. R. Scheffold), Salle + Sauerländer, Frankfurt am Main, 1980.

B. Fraser-Reid, *Progeny of 2,3-unsaturated sugars. They little resemble Grandfather Glucose, Acc. Chem. Res.* **1975,** *8,* 192.

B. Fraser-Reid, R. C. Anderson, *Carbohydrate Derivatives in the Asymmetric Synthesis of Natural Products, Fortschr. Chem. Org. Naturst.* **1980,** *39,* 1.

S. Hanessian, *Approaches to the Total Synthesis of Natural Products Using 'Chiral Templates' Derived from Carbohydrates, Acc. Chem. Res.* **1979,** *12,* 159.
– *Total Synthesis of Natural Products: The 'Chiron' Approach,* Pergamon Press, Oxford, 1983.

5.4.2.

S. Borman, *Glycotechnology Drugs Begin To Emerge from the Lab, Chem. Eng. News* **1993,** *28. Juni,* 27.

6 Konformationsanalyse (aufgezeigt am Beispiel der Steroide)

6.1. Bedeutung der Steroide

Ohne Schwierigkeit lassen sich mehr als 15 *Nobel*-Preisträger zwischen 1927 und 1990 benennen, die mit der Isolierung, Struktur-Ermittlung, Biosynthese, der chemischen Totalsynthese oder mit der biologischen Wirkung von Steroiden auf molekularer Grundlage beschäftigt waren.

Dank ihrer starren Struktur weisen Steroide eine eindeutige Beziehung zwischen Konfiguration und Konformation auf. Sie dienen als historische Paradebeispiele der Konformationsanalyse (s. *Fig. 6.1*).

Kap. 10.5.1 faßt das Wesentliche zusammen, das man für die formelmäßige Beschreibung der Struktur eines Steroid-Moleküls wissen muß.

6.1.1. Bedeutung der Steroide für die chemische Synthese

Steroide kommen – mehr als jede andere Verbindungsklasse – als 'Spielverbindungen' für reaktionsmechanistische Untersuchungen sowie als Testobjekte für die Erprobung von Reagentien in Betracht. In zahllosen Partialsynthesen sind wohlfeile Steroide in solche, die ihrer biologischen Eigenschaften wegen begehrt sind, umgewandelt worden. Nach wie vor sind Steroide prominente Zielverbindungen für die Totalsynthese.

6.1.2. Biologische Bedeutung der Steroide

Cholesterol hat von *Chemikern* (*Struktur und Totalsynthese*) und *Biochemikern* (*Biosynthese von Cholesterol und von Steroid-Hormonen aus Cholesterol*) über *Zellbiologen* (*Cholesterol als lipoider Bestandteil eukaryotischer Plasmamembranen, als Rohstoff für Gallensäuren und Steroid-Hormone, bei der rezeptor-vermittelten Endocytose von LD-Lipoproteinen*) bis hin zu *Medizinern* (*Herzinfarkte und Schlaganfälle infolge beetförmiger Gewebsveränderungen (arteriosklerotischer Plaques in der Blutbahn) und deren Vermeidung durch Rezeptor-Regulation (Diät und Medikamente)*) Generationen von Wissenschaftlern beschäftigt und wird dies auch weiterhin tun.

Rege Forschungsaktivität ist zudem auf Steroid-Hormone (*Estrogene, Gestagene, Androgene, Glucocorticoide, Mineralocorticoide, Vitamin* D_3*-Derivate*) gerichtet. Der Akzent liegt derzeit bei den (Steroidhormon/Rezeptor)-Übermolekülen und deren Wechselwirkung mit spezifischen Bereichen der DNA mit der Folge veränderter Genexpression.

Bei den biologisch bedeutsamen Steroiden sind synthetische Agonisten und Antagonisten (*Antihormone*) in den Vordergrund getreten. Ihr Einsatz als hormonale Kontrazeptiva (*(−)-Norethindron, (−)-Norgestrel, (−)-Gestoden*) zur menschenwürdigen Geburtenregelung oder zur nicht-chirurgischen Behandlung männlicher Sexualdeviationen (*(+)-Cyproteronacetat*) läßt vermuten, daß naturwissenschaftliche oder medizinische Überlegungen und Kenntnisse alleine hier nicht ausreichen: Der Chemiker von heute ist mehr denn je mit Menschheitsproblemen konfrontiert, die über seine unmittelbare Nachbarschaft und Lebenszeit weit hinausgehen.

6.2. Bedeutung der Konformationsanalyse für die Steroid-Chemie

Fig. 6.1. *Die Briefmarke, welche zu Ehren von* Sir Derek (Harold Richard) Barton *für seine Beiträge zur Entwicklung der Konformationsanalyse und ihrer Anwendung in der Chemie, besonders der Steroide, herausgebracht wurde*

Der Begriff *Konformation* wurde 1929 von *Sir Walter (Norman) Haworth* bei der Diskussion von Kohlenhydraten geprägt. Es gelang *Haworth* allerdings nicht, die für Zucker zutreffende Konformation anzugeben. Der Ausdruck *'Konformationsanalyse'* stammt von *William S. Johnson* (1951). Doch zu diesem Zeitpunkt war bereits die epochale Publikation des 32jährigen *Barton* in *Experientia* erschienen und ihre Bedeutung für die Entwicklung der Steroid-Chemie offenkundig geworden. Im gleichen Jahr, als *'The Conformation of the Steroid Nucleus'* veröffentlicht wurde, erhielten *Edward C. Kendall, Tadeus Reichstein* und *Philip S. Hench* den *Nobel*-Preis für ihre Untersuchungen an Hormonen der Nebennierenrinde. Die sogenannten *Corticosteroide* hatten Patienten, die vorher unter großen Schmerzen an ihre Rollstühle gefesselt waren, dazu gebracht, sich wieder frei und schmerzlos zu bewegen, vorausgesetzt, daß die entsprechenden Corticosteroide regelmäßig verabreicht wurden. In zahllosen Hochschul- und Industrie-Laboratorien bemühte man sich verständlicherweise intensiv um die Synthese dieser segensreichen Naturstoffe und ihrer Derivate. Um Erfolg zu haben, mußte man allerdings in der Lage sein, chemische Reaktionen, die im Rahmen einer Synthese eine ganz bestimmte Struktur-Änderung bewirken sollten, gezielt auszunutzen. Der Ablauf chemischer Reaktionen war dazumal schwierig zu deuten und kaum vorherzusagen. Dies galt selbst für Steroide, welche – der *Röntgen*-Strukturanalyse des Cholesteryl-iodids zufolge (*Fig. 6.2*) – flach gebaut und starr angeordnet sind. Wenn die bestgedachte Ebene eines derartigen Steroid-Moleküls den dreidimensionalen Raum in zwei Halbräume unterteilt, befinden sich die angularen Me-Gruppen an C(10) oder C(13) in dem einen Halbraum (von *Louis F. Fieser* mit β bezeichnet). Der andere Halbraum enthält dann keine Me-Gruppen (von *Fieser* mit α bezeichnet; *Fig. 6.3*). Wie schwierig es war, vor der erwähnten Veröffentlichung in *Experientia* Synthese-Schritte zu planen, zeigt eine Publikation von *Fieser* über *'Steric Course of Reactions of Steroids'*, welche derjenigen von *Barton* in derselben Zeitschrift unmittelbar vorausging.

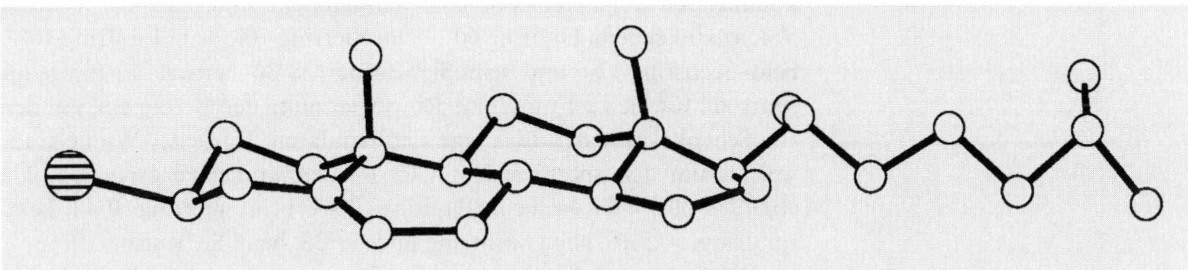

Fig. 6.2. *Molekül-Struktur von Cholesteryl-iodid im kristallinen Zustand nach* C. H. Carlisle *und* D. Crowfoot

Fieser macht die überzeugende Annahme, daß das Molekül eines Reagenzes sich demjenigen eines Steroids häufiger aus dem (in der Regel) weniger behinderten α-Halbraum nähert. Er betrachtet dann jedes C-Atom des Ring-Gerüstes für sich und untersucht, ob zwei (empirisch angenommene) Hinderungseffekte – ein *intraradialer* und ein *extraradialer* – miteinander oder gegeneinander wirken. Das jeweilige Ergebnis ist jedoch wenig überzeugend und bietet bestenfalls eine *a posteriori*-Erläuterung.

Barton geht ebenfalls davon aus, daß ein Reagenz-Molekül sich einem Steroid-Molekül häufiger aus dem (in der Regel) weniger behinderten α-Halbraum nähert. Er betrachtet dann die nicht an der Ring-Bildung beteiligten Bindungen der C-Atome in den vorhandenen Cyclohexan-Ringen und unterteilt sie in zwei (topologisch bestimmte) Bindungstypen: in *axiale* (ursprünglich, aber mißverständlich *polare*) und *äquatoriale* Bindungen (*Fig. 6.3*). Das Ergebnis ist überzeugend und erlaubt *a priori*-Voraussagen: z. B. die, daß ein Ligand in axialer Orientierung an einem gegebenen C-Atom einer stärkeren sterischen Hinderung ausgesetzt ist als der gleiche Ligand in äquatorialer Orientierung.

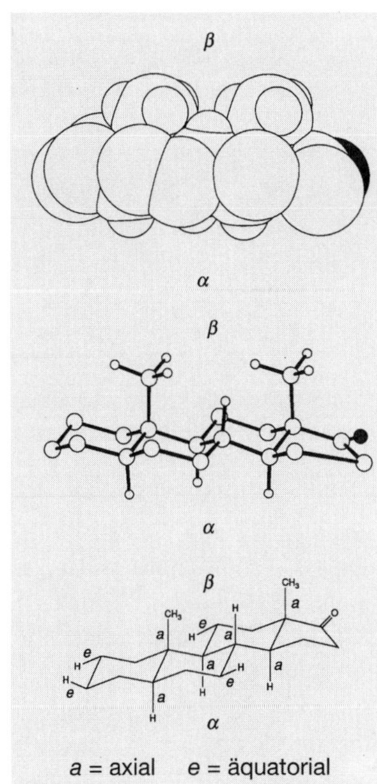

Fig. 6.3. *Verschiedene Darstellungen des 5α-Androstan-17-on-Gerüstes*

In dem *Experientia*-Beitrag von *Barton* deuten sich bereits Regeln an, mit deren Hilfe die Produkte aus verschiedenen Reaktionstypen vorhergesagt werden können. Diese Regeln werden in *Aspekte der Organischen Chemie*, Band 2: *Reaktivität* näher behandelt werden. Hier soll die Feststellung genügen, daß die an Corticosteroiden (und anderen Naturstoffen) interessierten Synthetiker durch die Möglichkeiten der Konformationsanalyse derart ermutigt wurden, daß bald kein Synthese-Ziel mehr als unerreichbar gelten sollte.

6.3. Stereostruktur des Cyclohexans und seiner Derivate

6.3.1. Sonderstellung des Cyclohexans in der homologen Reihe gesättigter Carbocyclen: *Baeyer*-Spannung

Eine offene Kette zu einem Ring schließen, heißt, die Anzahl möglicher Konformationen entscheidend verringern. Diese topologisch bedingte Einschränkung nimmt noch zu, wenn das cyclische System symmetrisch ist. In der Erwartung, daß man hier weniger komplexe Verhältnisse als bei offenkettigen Verbindungen antrifft, ist cyclischen Verbindungen von je her besonderes Interesse entgegengebracht worden.

Adolf von Baeyer hatte bereits 1885 eine Theorie aufgestellt, nach welcher sich Ring-Größe und potentielle Energie bei Cycloalkanen miteinander korrelieren ließen. Er ging von der Voraussetzung aus, daß idealisierte Cycloalkan-Moleküle jeweils die Geometrie des in Betracht kommenden regulären Polygons einnähmen, und daß der (CCC)-Valenzwinkel beim Dreiring 60°, beim Vierring 90°, beim Fünfring 108°, beim Sechsring 120° und beim Siebenring 128°34′ betrüge. Er führte als Maßzahl für die zu ermittelnde Ring-Spannung den Betrag ein, um den ein Schenkel aus der Ideallage des regulären Tetraeder-Winkels abweicht, um den spezifizierten (CCC)-Valenzwinkel zu erreichen: 1/2 (109°28′–60°) = 24°44′ beim Dreiring, 9°44′ beim Vierring, 0°44′ beim Fünfring, – 5°16′ beim Sechsring und –9°33′ beim Siebenring.

Die Spannungstheorie von *von Baeyer* wird wissenschaftlich erst dann fruchtbar, wenn die theoretisch ermittelte Ring-Spannung (*Baeyer*-Spannung) mit experimentell bestimmbaren Energie-Beträgen verglichen und dadurch der Theorie grundsätzlich widersprochen werden kann. Mit der Verbrennungswärme steht für die einzelnen Cycloalkane eine spezifische Energie-Größe zur Verfügung. Bei den Cycloalkanen mit der allgemeinen Molekularformel $(CH_2)_n$ lassen sich die experimentell bestimmten Energie-Beträge bequem normieren und relativ zum energieärmsten Cycloalkan ausdrücken (*Tab. 6.1*).

Danach ist in der homologen Reihe der Cycloalkane Cyclohexan und nicht Cyclopentan die am wenigsten gespannte Verbindung. Cycloalkane mit großen Ringen erreichen vergleichbare Werte.

Der Widerspruch löst sich auf, sobald man das unbegründete Vorurteil über die planare Geometrie der idealisierten Ring-Verbindungen ablegt. Der Dreiring hat keine Wahl und muß eben sein. Vier- und Fünfring könnten ohne weiteres eben sein, um die Valenzwinkel-Deformation gering zu halten. Vom Sechsring an aufwärts lassen sich nicht-ebene Modelle ohne *Baeyer*-Spannung zwanglos aufbauen. Die Tatsache, daß Cyclohexan frei von *Baeyer*-Spannung ist, kann nachgerade als Argument für den nicht-ebenen Bau dieses Ring-Systems verwendet werden.

Tab. 6.1. *Beziehung zwischen der Valenzwinkel-Ablenkung im ebenen Ring, der relativen Spannung des Moleküls und einem CH_2-Gruppeninkrement*

CH_2-Gruppen pro Ring	3	4	5	6	7
Valenzwinkel-Ablenkung im ebenen Ring	24° 44′	9° 44′	0° 44′	– 5° 16′	– 9° 33′
Relative Spannung des Moleküls [kJ/mol]	116,0	109,0	25,1	0,0	26,4
Relative Spannung pro CH_2-Gruppe [kJ/mol]	38,6	27,2	5,0	0,0	3,8

6.3.2. Die begünstigte Sessel-Konformation beim Cyclohexan

Hermann Sachse (1890) und *Ernst W. M. Mohr* (1918) hatten überzeugend dargelegt, daß es beim Cyclohexan mehr als eine Konformation (wie wir heute sagen) gibt, die keine *Baeyer*-Spannung aufweist. Diese Konformationen sind in anschaulicher Weise als starre *Sessel*-Konformationen und als flexible *Boot*-Konformationen (oder auch als *Wannen*-Konformationen) bezeichnet worden (*Fig. 6.4*).

Die Annahme spannungsfreier Sessel- und Wannen-Konformationen blieb jedoch praktisch ohne Folgen. *Giulio Natta* und *Mario Farina* haben in einer Einführung in stereochemische Probleme darauf hingewiesen, daß diese Tatsache die systematische Fortentwicklung der Chemie in nahezu allen Gebieten verzögerte. Wenn das stimmt, lohnt es sich, die kollektive Psychologie zu ergründen, welche die Übernahme der Überlegungen von *Sachse* verhinderte.

Der wichtigste Grund ist die jeweilige Nicht-Übereinstimmung zwischen der tatsächlich aufgefundenen und der erwarteten Anzahl von Isomeren, wenn Cyclohexan und seine Derivate in mehr als einer Konformation auftreten sollten: obwohl *Sachse* nachdrücklich betont hatte, daß durch eine rasche Konformationsänderung die formale Maximalzahl von Isomeren nicht zustande käme, ein Fall, der vom Ethan her bekannt war (*Kap. 2.5.1.2*). Diese Erklärung wurde von den Zeitgenossen *Sachses* als unnötige Erschwerung aufgefaßt: statt *von Baeyers* ebene Molekül-Modelle für Cycloalkane im zeitlichen Mittel und nicht permanent zugrunde zu legen, blieb man bei der statischen Auffassung. Das bewährte Kriterium, die experimentell feststellbare Anzahl von Isomeren als Grundlage zur Entscheidung für Struktur-Modelle zu verwenden, war hier zu einer Schablone erstarrt.

Odd Hassel, der 1969 zusammen mit *Barton* den *Nobel*-Preis für Chemie erhielt, hatte inzwischen durch Elektronenbeugung sichergestellt, daß Cyclohexan (und seine Derivate), wenn möglich, in der Sessel-Konformation vorliegen: wie es die *Röntgen*-Strukturanalyse bei den gesättigten Sechsringen des Steroid-Gerüstes (s. *Fig. 6.2*) bereits gezeigt hatte. Es war *Hassel*, der darauf hinwies, daß die eine Hälfte der zwölf (C—H)-Bindungen in der Sessel-Konformation des Cyclohexans zur dreizähligen Drehachse parallel, die sechs anderen (C—H)-Bindungen nahezu in der 'Äquator'-Ebene des Ring-Systems angeordnet sind. Um im Bild zu bleiben, wurde die erstere Gruppe von (C—H)-Bindungen später *axial* (abgekürzt *a*), die letztere Gruppe von (C—H)-Bindungen *äquatorial* (abgekürzt *e*) genannt (*Fig. 6.5*). Um verstehen zu können, warum die Sessel-Konformation vor der Boot-Konformation energetisch bevorzugt ist, erscheint es zweckmäßig, zunächst die energetisch begünstigten Konformationen bei einfachen Vertretern aus der homologen Reihe der Alkane zu erörtern.

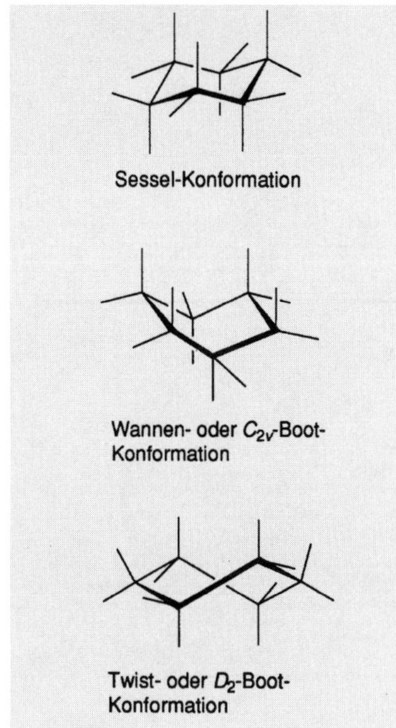

Fig. 6.4. *Perspektivische Darstellung von Sessel-, C_{2v}-Boot- und D_2-Boot-Konformationen des Cyclohexans*

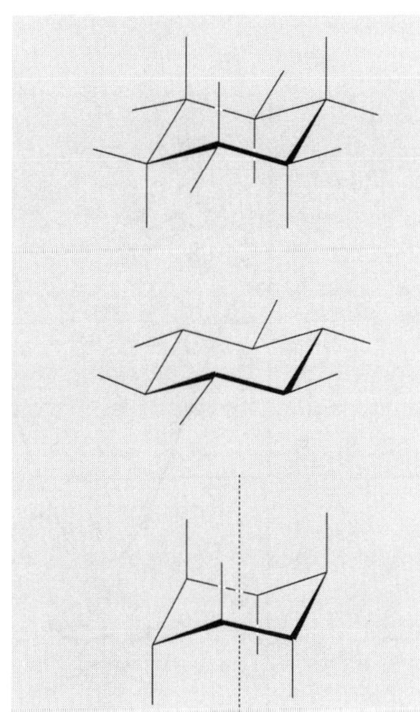

Fig. 6.5. *Verschiedene Darstellungen* (von oben nach unten) *von Cyclohexan, von Cyclohexan nur mit äquatorialen, von Cyclohexan nur mit axialen (C—H)-Bindungen*

6.3.3. *Pitzer*-Spannung

Bei der Anwendung der Tetraeder-Theorie auf Verbindungen mit (C–C)-Bindungen hatte *van't Hoff* ausdrücklich freie Drehbarkeit zugelassen, um der *Möglichkeit einer endlosen Isomerie* zu entgehen, da ohne diese Annahme *schon bei C_2H_6 eine Unzahl von Isomeren sich denken ließe* (*Kap. 2.5.1.2*). Bei 2,6,2′,6′-tetrasubstituierten 1,1′-Biphenyl-Derivaten sind dagegen zusätzliche Isomere aufgefunden worden; die freie Drehbarkeit ist hier ganz offensichtlich eingeschränkt (*Kap. 2.6.3.1*). Inzwischen weiß man, daß die Rotationsbarriere zwischen zwei Stereoisomeren mindestens 100 kJ/mol betragen muß, damit die Isomeren bei Raumtemperatur wenigstens eine Lebensdauer von mehreren Stunden aufweisen. Aus dieser Abhängigkeit der Lebensdauer von der Höhe der Isomerisierungsbarriere folgt, daß ein Molekül mal in einer, mal in einer anderen Konformation vorliegen kann und nicht fixiert sein muß. Man kann sich leicht Fälle ausdenken, bei denen die Rotationsbarriere weniger als 100 kJ/mol beträgt und Rotationsisomerie bei Raumtemperatur nicht leicht nachweisbar ist.

Die Barriere ist auf jeden Fall zu berücksichtigen, wenn man die Energie eines Moleküls abschätzen will, die sich aus *Translationsenergie*, *Rotationsenergie* und *Schwingungsenergie* zusammensetzt. *Kenneth S. Pitzer* hatte in den dreißiger Jahren darauf hingewiesen, daß der theoretisch berechnete Enthalpie-Wert für Ethan nur dann mit dem experimentell bestimmten übereinstimmt, wenn man zusätzlich zur Rotation des Gesamtmoleküls (*äußere Rotation*) auch noch die gehinderte Rotation der beiden Me-Gruppen gegeneinander (*innere Rotation*) in Betracht

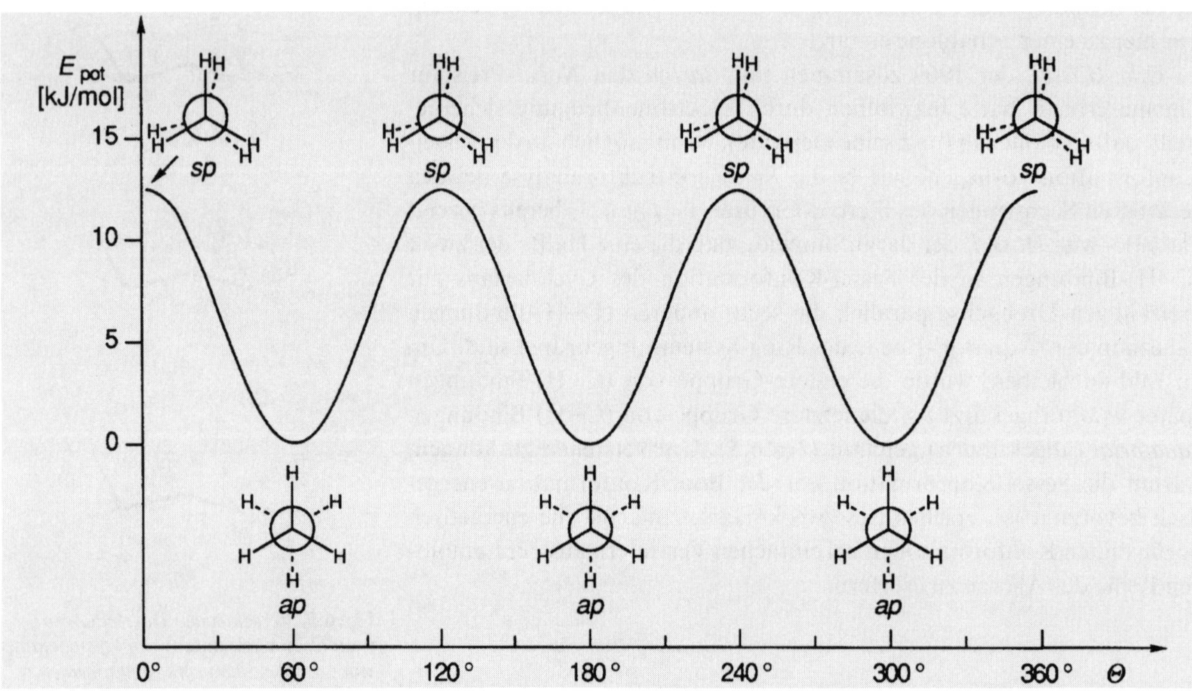

Fig. 6.6. *Energie-Profil des Ethans*

zieht. Er erhielt für die innere Rotationsenergie des Ethans eine Sinuskurve, in welcher sich die Amplitudenausschläge zu *ca.* 12 kJ/mol addieren. Dieser Wert kennzeichnet die Barriere der inneren Rotation für Ethan (*Fig. 6.6*). Er ist viel niedriger als der zuvor erwähnte Wert von *ca.* 100 kJ/mol, aber deutlich höher als derjenige von 2,5 kJ/mol. Der erstere Grenzwert besagt, ab wann bei Raumtemperatur zwei Stereoisomere einige Zeit nebeneinander bestehen können, der letztere entspricht dem Produkt $R \cdot T$ und damit der thermischen Energie, die bei Raumtemperatur der Rotation um die (C–C)-Bindung zur Verfügung steht. Ethan ist also ein Molekül, bei dem sich unter normalen Bedingungen die Me-Gruppen, wenn auch nicht ungehindert, aneinander vorbeidrehen.

Bei einer vollen Drehung der beiden Me-Gruppen gegeneinander muß die Barriere dreimal überwunden werden. Die Extrempunkte in der Potentialkurve des Ethans (*Fig. 6.6*) entsprechen den angegebenen Konformationen. Dem jeweiligen Minimum wird die *gestaffelte*, dem jeweiligen Maximum die *ekliptische* Konformation zugeordnet. Bei der gestaffelten Konformation stehen die Bindungen *auf Lücke,* bei der ekliptischen Konformation sind die Bindungen des hinteren C-Atoms durch diejenigen des vorderen C-Atoms *verdeckt*. Die in *Fig. 6.6* getroffene Zuordnung konnte IR-spektroskopisch vorgenommen werden. Jede Struktur mit ekliptischen (C–H)-Bindungen wird daher eine gewisse Spannung besitzen. In Ergänzung zur *Baeyer*-Spannung, die durch Valenzwinkel-Deformation bewirkt wird, spricht man bei der sogenannten Torsionsspannung auch von *Pitzer*-Spannung. Die *Pitzer*-Spannung kann vom Struktur-Modell der klassischen organischen Chemie aus nicht gedeutet werden.

6.3.4. Abschätzung von Energie-Differenzen nach dem Inkrement-Verfahren von *Turner*: *Newman*-Spannung

Richard B. Turner hat eine Methode entwickelt, welche es erlaubt, die energetische Reihenfolge verschiedener Konformationen des Cyclohexans und seiner Me-Derivate in anschaulicher Weise festzulegen. Er untersucht, welche Konformation des Butans als Baukasten-Konformationselement man wie häufig in jede der miteinander zu vergleichenden Konformationen für die in Frage kommende Cyclohexan-Struktur einpassen kann. Multipliziert man diese Häufigkeitszahl mit dem charakteristischen Energie-Wert der entsprechenden Konformation des Butans ($E_{ap} = 0$; $E_{sc} = 3{,}6$; $E_{sp} = 26{,}4$ kJ/mol) und addiert die erhaltenen Produkte, so erhält man für Vergleichszwecke verwendbare Energie-Werte. Die Spezifizierung der Konformationen, welche den Extremwerten des Energie-Profils für Butan zugeordnet sind, findet man in *Kap. 10.3.2.*

Bei der Betrachtung der Sessel-Konformation des unsubstituierten Cyclohexans (*Fig. 6.7*) läßt sich nach der Methode von *Turner* sechsmal das *sc*-Konformationselement ($E_{sc} = 3{,}6$ kJ/mol) des Butans in den Sessel einpassen. So ergibt sich aus $6 \times 3{,}6$ kJ/mol für die Sessel-Konformation eine relative potentielle Energie von

21,6 kJ/mol. Die Boot-Konformation des unsubstituierten Cyclohexans setzt sich nach dem gleichen Verfahren aus vier *sc*- (E_{sc} = 3,6 kJ/mol) und zwei *sp*- (E_{sp} = 26,4 kJ/mol) Konformationselementen des Butans zusammen. Damit ergibt sich die relative potentielle Energie der Boot-Konformation aus 4 × 3,6 kJ/mol + 2 × 26,4 kJ/mol als E_{Boot} = 67,2 kJ/mol. Ein Vergleich der potentiellen Energien von Sessel- und Boot-Konformation zeigt eine energetische Bevorzugung der Sessel-Konformation um 45,6 kJ/mol.

Das Inkrement-Verfahren von *Turner* ist eine grobe Näherung. Die beiden terminalen H-Atome des Butans in der *sc*-Konformation, die einander nahekommen, sind im Fall der Sessel-Konformation des Cyclohexans durch zwei aneinander gebundene C-Atome zu ersetzen. Daß das Näherungsverfahren in vielen Fällen dennoch zu brauchbaren Ergebnissen führt, liegt daran, daß die geschilderte Unzulänglichkeit bei vielen Differenzbildungen aufgehoben wird.

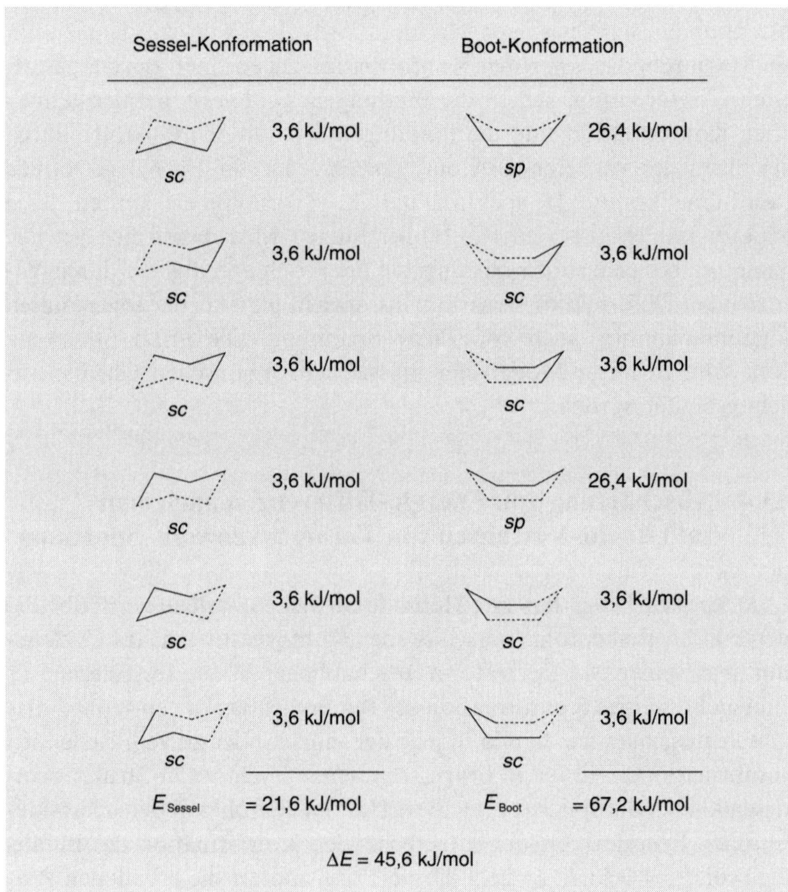

Fig. 6.7. *Abschätzung der potentiellen Energie des Cyclohexans in der Sessel- oder Boot-Konformation*

Der einfachste Vertreter der Me-substituierten Cyclohexane, das monosubstituierte Derivat, kann in zwei Sessel-Konformationen vorliegen, die sich in der Orientierung der Me-Gruppe (axial oder äquatorial) unterscheiden (*Fig. 6.8*). In die Konformation mit äquatorialer Me-Gruppe lassen sich (nach *Turner*) sechs *sc*- (E_{sc} = 3,6 kJ/mol) und zwei *ap*- (E_{ap} = 0 kJ/mol) Konformationselemente des Butans einpassen. Für dieses Konformere erhält man somit einen Energie-Wert von 21,6 kJ/mol (6 × 3,6 + 2 × 0 kJ/mol). Die Konformation mit axialer Me-Gruppe kann aus acht *sc*-Konformationselementen des Butans zusammengesetzt werden und besitzt eine potentielle Energie von 8 × 3,6 kJ/mol = 28,8 kJ/mol. Das Konformere mit der äquatorialen Me-Gruppe ist also um 7,2 kJ/mol energieärmer als das axial substituierte Konformere.

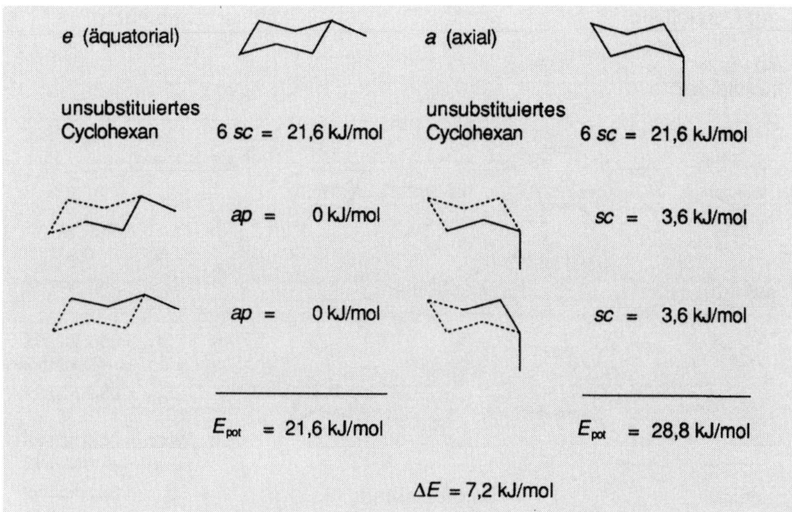

Fig. 6.8. *Abschätzung der potentiellen Energie von Methylcyclohexan in der Sessel-Konformation mit äquatorialer oder axialer Me-Gruppe*

Bei 1,2-disubstituierten Cyclohexan-Derivaten können die beiden Substituenten *cis*- oder *trans*-ständig zueinander sein. *cis*-1,2-Dimethylcyclohexan stellt sich in einer ebenen Konfigurationsformel als achirale *meso*-Verbindung dar. Die nicht-ebenen Konformationsformeln zeigen, daß zwei chirale Sessel-Konformationen vorliegen, die sich zueinander wie Bild und Spiegelbild verhalten (*Tab. 6.2*). In beide Konformationen lassen sich nach der Methode von *Turner* die gleichen Konformationselemente des Butans in gleicher Anzahl (jeweils neun *sc*- und zwei *ap*-Konformationselemente) einpassen. Die beiden Konformeren des *cis*-1,2-Dimethylcyclohexans sind energetisch äquivalent und liegen als racemisches Gemisch vor, dessen Komponenten sich durch Ring-Inversion (s. *Abschn. 6.3.6*) ständig ineinander umwandeln.

trans-1,2-Dimethylcyclohexan (*Tab. 6.2*) ist bereits nach der ebenen Formel chiral. Die beiden Konformeren (mit äquatorialen bzw. axialen Me-Gruppen) sind Diastereoisomere. Eine Energie-Abschätzung für beide Konformationen weist das Konformere mit äquatorialen Me-Gruppen, E_{pot} = 25,2 kJ/mol (sieben *sc*- und vier *ap*-Konformationselemente des Butans), als die energieärmere Verbindung aus, die im Gleichgewicht der beiden Konformeren bei weitem überwiegt. Das Derivat mit axialen Me-Gruppen besitzt eine potentielle Energie von 36,0 kJ/mol (zehn *sc*- und ein *ap*-Konformationselement(e) des Butans).

Für die 1,3- und 1,4-Dimethylcyclohexane ist ebenfalls eine *cis*- oder *trans*-Orientierung der Me-Gruppen möglich. *cis*-1,3-Dimethylcyclohexan ist eine *meso*-Verbindung, also achiral. Dies läßt die ebene Konfigu-

Tab. 6.2. *Information über die verschiedenen dimethyl-substituierten Cyclohexan-Derivate. Linke Spalte:* Anzahl von Konfigurationsisomeren (achiral: keine Konfigurationsisomeren; chiral: 2 Enantiomere). *Mittlere Spalte:* Orientierung der beiden Me-Gruppen (*e:* äquatorial, *a:* axial) und Kennzeichnung der Beziehung zwischen den inversen Sessel-Konformationen (identisch, enantiomer oder diastereoisomer). *Rechte Spalte:* Abschätzung der potentiellen Energie nach *R. B. Turner*.

Ebene Formeln zur Darstellung von Konstitution und Konfiguration	Konformationsformeln	Abgeschätzte Energie nach *R. B. Turner*
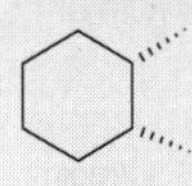 achiral	*a,e* ⇌ *e,a* 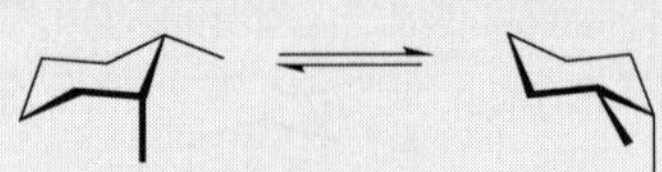 enantiomer	*a,e* = *e,a* 9 *sc* = 32,4 kJ/mol 2 *ap* = 0 kJ/mol E_{pot} = 32,4 kJ/mol
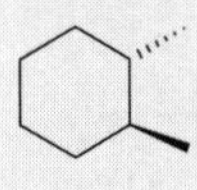 chiral	*e,e* ⇌ *a,a* 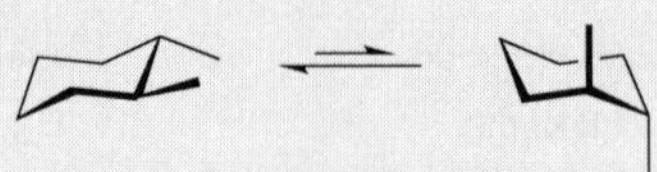 diastereoisomer	*e,e* 7 *sc* = 25,2 kJ/mol 4 *ap* = 0 kJ/mol E_{pot} = 25,2 kJ/mol *a,a* 10 *sc* = 36,0 kJ/mol 1 *ap* = 0 kJ/mol E_{pot} = 36,0 kJ/mol
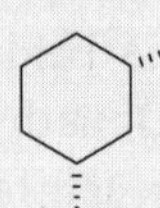 achiral	*e,e* ⇌ *a,a* 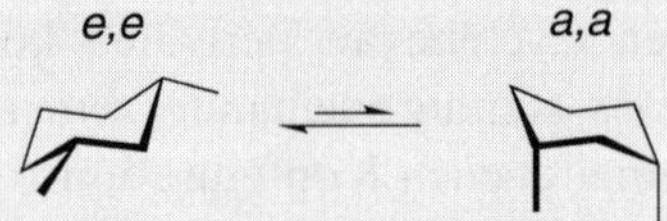 diastereoisomer	*e,e* 6 *sc* = 21,6 kJ/mol 4 *ap* = 0 kJ/mol E_{pot} = 21,6 kJ/mol *a,a* 10 *sc* = 36,0 kJ/mol E_{pot} = 36,0 kJ/mol
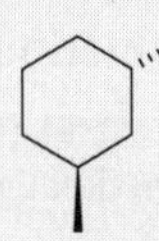 chiral	*a,e* ⇌ *e,a*  identisch	*a,e* = *e,a* 8 *sc* = 28,8 kJ/mol 2 *ap* = 0 kJ/mol E_{pot} = 28,8 kJ/mol
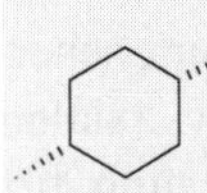 achiral	*a,e* ⇌ *e,a* 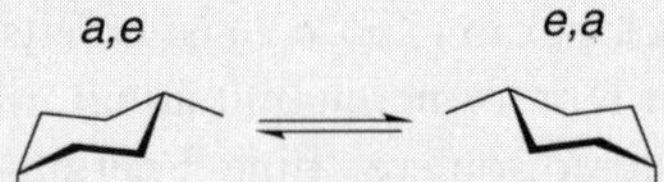 identisch	*a,e* = *e,a* 8 *sc* = 28,8 kJ/mol 2 *ap* = 0 kJ/mol E_{pot} = 28,8 kJ/mol
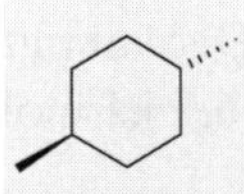 achiral	*e,e* ⇌ *a,a* 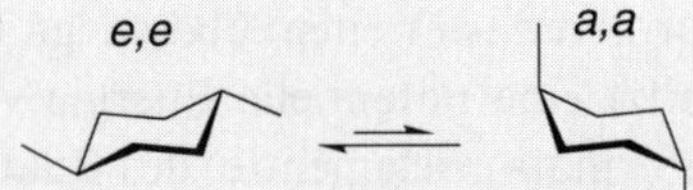 diastereoisomer	*e,e* 6 *sc* = 21,6 kJ/mol 4 *ap* = 0 kJ/mol E_{pot} = 21,6 kJ/mol *a,a* 10 *sc* = 36,0 kJ/mol E_{pot} = 36,0 kJ/mol

rationsformel genauso erkennen wie die beiden durch Ring-Inversion ineinander überführbaren Konformationsformeln (*Tab. 6.2*). Von den letzteren weist die eine zwei äquatorial orientierte Me-Gruppen auf: Nach der Methode von *Turner* kommen zu den bereits im unsubstituierten Cyclohexan vorhandenen sechs *sc*-Konformationselementen noch vier *ap*-Konformationselemente des Butans hinzu. Dies ändert den relativen Gehalt an potentieller Energie jedoch nicht, solange es nur um einen Vergleich mit anderen Dimethylcyclohexanen geht. Besonders relevant ist der Vergleich mit der anderen Sessel-Konformation, in welcher die beiden Me-Gruppen axial orientiert sind. Dies führt nach *Turner* zur Erhöhung der Anzahl der einzupassenden *sc*-Konformationselemente des Butans auf insgesamt zehn und damit zu einer Erhöhung des relativen Gehalts an potentieller Energie auf 36,0 kJ/mol (*Tab. 6.2*). Hierbei ist allerdings die *repulsive 1,5-Wechselwirkung* noch nicht berücksichtigt worden, d.h. die Tatsache, daß die beiden in 1,3-Stellung positionierten, im selben Halbraum befindlichen, axialen Me-Gruppen sich in der ungestörten Sessel-Konformation mit ihren *van-der-Waals*-Radien überlagern: Die potentielle Energie würde um eine beträchtliche *van-der-Waals*-Spannung zunehmen.

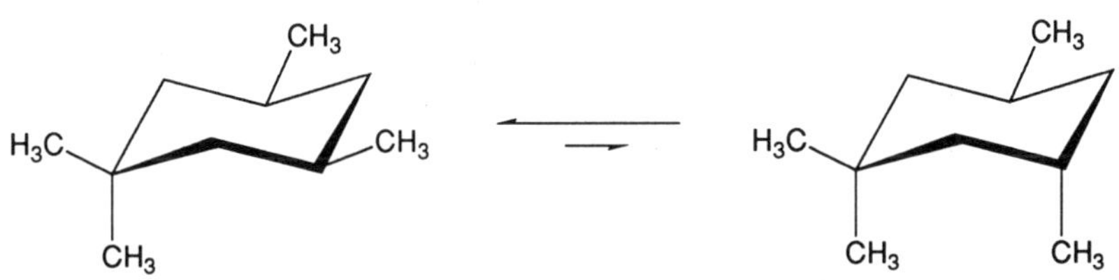

Die zusätzliche Spannungsenergie für ein Cyclohexan-Derivat mit 1,3-diaxialer (Me/Me)-Wechselwirkung ist mit Hilfe der Gleichgewichtseinstellung zwischen *cis*- und *trans*-1,1,3,5-Tetramethylcyclohexan (die durch Pd/C bei 520 bis 631 K zustande kommt) experimentell bestimmt worden: 15,5 kJ/mol.

Dieser Wert entspricht der *van-der-Waals*-Spannung eines idealisierten Cyclohexan-Rings (ohne *Baeyer*- und *Pitzer*-Spannung). Der Unterschied an potentieller Energie der beiden Konformationen des *cis*-1,3-Dimethylcyclohexans würde somit auf $36{,}0 + 15{,}5 - 21{,}6 = 29{,}9$ kJ/mol anwachsen. Im realen Fall wird sich die potentielle Energie durch einen 'Lastenausgleich' zwischen den drei (angenommenen) verschiedenen Spannungsursachen erniedrigen. So können sich im vorliegenden Fall die beiden Me-Gruppen voneinander entfernen, was mit einer Abflachung des Sechsrings einhergehen und zu einer gewissen *Baeyer*- und/ oder *Pitzer*-Spannung führen würde. Auf jeden Fall kann man davon ausgehen, daß unter normalen Bedingungen im Gleichgewicht der beiden diastereoisomeren Konformationen diejenige mit äquatorial orientierten Me-Gruppen nahezu ausschließlich vorliegt (oder – wie man auch sagen könnte – die Konformation mit axialen Me-Gruppen *'verboten'* ist).

Die Regel, daß Konformationen mit 1,5-Repulsion zwischen zwei Nicht-H-Atomen nicht berücksichtigt werden müssen – es sei denn, daß aus konstitutionellen Gründen eine plausible Ausnahme vorliegt – ist von *Melvin S. Newman* mit seiner «*rule of six*» bereits 1950 formuliert worden. Wir werden bei den künftigen Erörterungen nur noch selten von der *1,5-Repulsion zweier Nicht-H-Atome*, stattdessen – einem Vorschlag von *Albert Eschenmoser* folgend – von *Newman*-Spannung sprechen.

trans-1,3-Dimethylcyclohexan ist chiral, gleichgültig, ob die ebene Konfigurationsformel oder die sesselförmigen Konformationsformeln betrachtet werden. Die beiden Konformationsformeln mit einer äquatorialen und einer axialen Me-Gruppe, welche durch Ring-Inversion ineinander übergehen, kennzeichnen identische Konformationen. Im Gegensatz zum *cis*-1,2-Dimethylcyclohexan ist daher beim *trans*-1,3-Dimethylcyclohexan eine Trennung in Enantiomere möglich.

Bei hohen Temperaturen lassen sich *cis*- und *trans*-1,3-Dimethylcyclohexan in Anwesenheit von Hydrierungskatalysatoren ins Gleichgewicht bringen, in dem das *cis*-Isomere überwiegt. Dieses Ergebnis stimmt mit dem Resultat des Ansatzes von *Turner* überein: die 1*e*,3*e*-Konformation (*cis*) ist um 7,2 kJ/mol energieärmer als die 1*e*,3*a*-Konformation (*trans*) (*Tab. 6.2*).

cis-1,4-Dimethylcyclohexan ist achiral; sowohl die ebene Konfigurationsformel als auch die sesselförmigen Konformationsformeln zeigen, daß Spiegelung an einer Symmetrie-Ebene (in welcher sich die substituierten Zentren befinden) möglich ist. Durch Ring-Inversion werden zwei Konformationen ineinander übergeführt, die sich bei näherer Betrachtung als identisch erweisen. Einem solchen Fall einer *entarteten Isomerisierung* oder *Topomerisierung* sind wir bereits (*Fig. 2.11*) begegnet. Nach der Methode von *Turner* sind in die Konformation mit einer äquatorialen und einer axialen Me-Gruppe zwei *ap*- und acht *sc*-Konformationselemente des Butans einzupassen (E_{pot} = 28,8 kJ/mol; *Tab. 6.2*).

trans-1,4-Dimethylcyclohexan ist aus analogen Gründen wie sein *cis*-Isomeres achiral. Die beiden Konformationen, welche durch Ring-Inversion ineinander übergehen, sind diastereoisomer und energetisch verschieden. Das im Gleichgewicht vorherrschende Konformere hat zwei äquatoriale Me-Gruppen und kommt mit insgesamt vier *ap*- und sechs *sc*-Konformationselementen des Butans auf einen relativen Gesamtbetrag von 21,6 kJ/mol für die potentielle Energie (*Tab. 6.2*). Das energiereichere Konformere beinhaltet zehn *sc*-Konformationselemente des Butans; der relative Gesamtbetrag der potentiellen Energie wächst auf 36,0 kJ/mol an. Es läßt sich klar voraussagen, daß *trans*-1,4-Dimethylcyclohexan energieärmer ist als das *cis*-Isomere und daß das (1*e*,4*e*)-Konformere energieärmer ist als das (1*a*,4*a*)-Konformere.

Vergleicht man bei den hier beschriebenen 1,2-, 1,3- oder 1,4-disubstituierten Cyclohexanen jeweils die Energie-Inhalte der *cis*- und *trans*-Konfigurationsisomeren, so stellt man fest, daß generell diejenige Konfiguration energetisch begünstigt ist, die in einer Konformation mit beiden Me-Gruppen in äquatorialer Orientierung vorliegt. Im Fall von 1,2-Dimethylcyclohexan ist es das *trans*-Isomere, beim 1,3-Dimethylcyclohexan das *cis*-Isomere und beim 1,4-Dimethylcyclohexan wiederum das *trans*-Isomere.

Anhand von Ethan und Butan haben wir gelernt, daß der gestaffelte Konformationstyp dem ekliptischen und die *ap*- der *sc*-Konformation energetisch bevorzugt werden. Vom Cyclohexan wissen wir, daß die Sessel-Konformation gegenüber der Boot-Konformation energetisch begünstigt ist. Bei den verschiedenen Dimethylcyclohexan-Isomeren sind diejenigen mit der größtmöglichen Anzahl äquatorialer Me-Gruppen die energieärmsten. Beim *cis*-1,3-Dimethylcyclohexan stießen wir auf einen Fall, in welchem die *Newman*-Spannung zu einer derartigen Einschränkung des Konformationsraums führt, daß unter normalen Bedingungen nur eine der beiden Sessel-Konformationen zu berücksichtigen ist. Der *Newman*-Spannung werden wir später immer wieder begegnen. Bei cyclischen Systemen kommt man durch Einführung zusätzlicher 1,5-Repulsionen zu Fällen, die strukturell weitgehend 'eingefroren' sein sollten. *cis*-1-Ethyl-2-isopropylcyclohexan ist ein solches Beispiel. Außer der dargestellten kommt keine andere Konformation in Betracht.

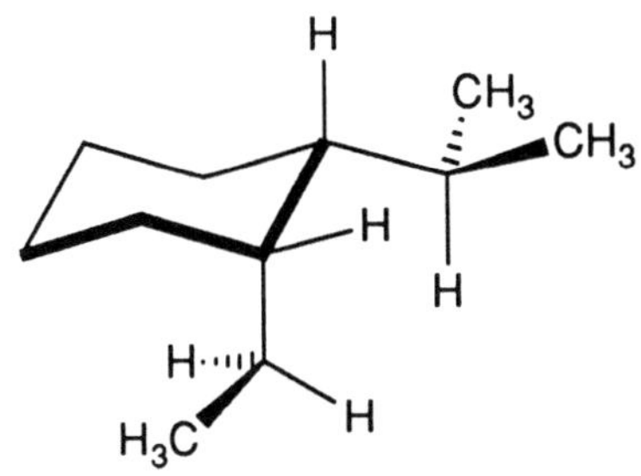

Um weitere stereostrukturelle Einzelheiten über komplexe Cyclohexan-Derivate kennenzulernen, lohnt es sich, über anellierte und überbrückte bi- oder polycyclische Systeme (s. *Kap. 2.5.2*) nachzudenken.

6.3.5. Anellierte und überbrückte Ring-Systeme

6.3.5.1. Decaline

Am Anfang einer Reihe anellierter polycyclischer Ring-Systeme mit lauter gesättigten Sechsringen steht Decalin (= Decahydronaphthalin, Bicyclo[4.4.0]decan). Die beiden Sechsringe können *trans*- oder *cis*-anelliert sein. Auch hier läßt sich von einer groben Vereinfachung aus, nach welcher das Ring-System als eben angesehen wird, die korrekte Anzahl der auf Dauer als einzeln nachweisbaren Stereoisomeren voraussagen: Es gibt nur zwei, *trans*- und *cis*-Decalin.

Wird *trans*-Decalin als ein 1,2-disubstituiertes Cyclohexan-Derivat betrachtet, erkennt man aus der Konformationsformel mit zwei anellierten Sesseln leicht, daß die Brückenkopf-H-Atome jeweils axial und die benachbarten C-Atome der anellierten Ringe jeweils äquatorial orientiert sind. Da bei der Ring-Inversion einer Sessel-Konformation axiale Bindungen in äquatoriale und äquatoriale Bindungen in axiale übergehen (*Abschn. 6.3.6*), können die beiden Sechsringe des *trans*-Decalins nicht invertieren: Der anellierte Ring ist zu klein, die hierzu erforderliche Konformationsänderung mitzumachen. *trans*-Decalin ist starr und konformationell unflexibel. Es könnte allenfalls jeder der beiden Cyclohexan-Ringe die energiereichere Boot-Konformation annehmen; doch wird die Tendenz hierzu gering sein. *trans*-Decalin gehört zur Symmetrie-Punktgruppe C_{2h} und ist demzufolge achiral. In der oberen Reihe von *Tab. 6.3* sind die ebene Konfigurationsformel, die Konformationsformel mit zwei anellierten Sesseln sowie die *Newman*-Projektion für *trans*-Decalin wiedergegeben.

Beim *cis*-Decalin ist eines der beiden Brückenkopf-H-Atome äquatorial, das andere axial orientiert. Dann muß von den benachbarten

Tab. 6.3. *Darstellungen von* trans- *und* cis-*Decalin. Linke Spalte:* ebene Formeln mit der tatsächlichen Anzahl von Konfigurationsisomeren. *Mittlere Spalte:* Konformationsformeln für das achirale *trans*-Decalin und für das Gleichgewicht der Enantiomeren des *cis*-Decalins. *Rechte Spalte:* Torsionswinkel.

Ebene Formeln zur Darstellung von Konstitution und relativer Konfiguration	Konformationsformeln	*Newman*-Projektion
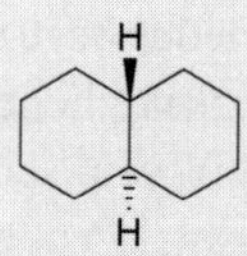	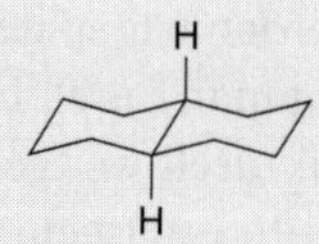	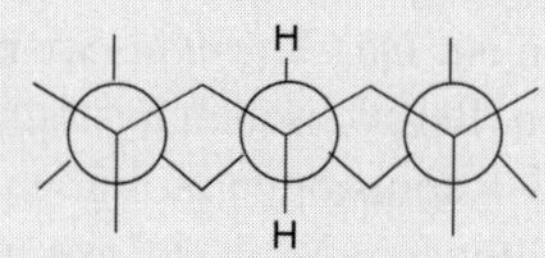
trans-Decalin		
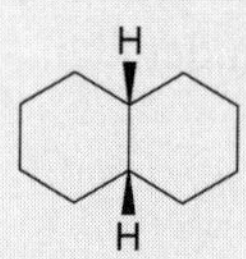	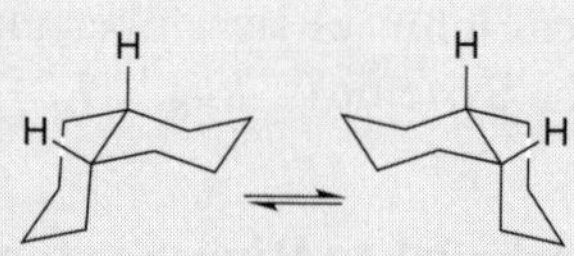	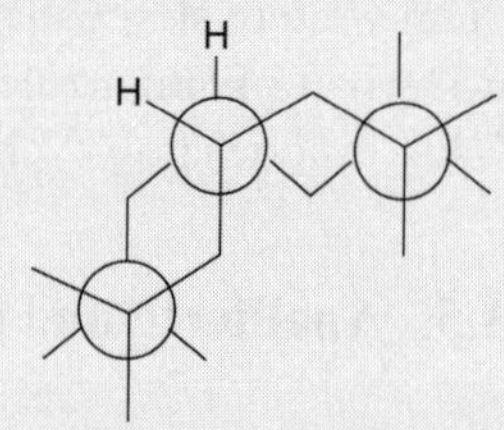
cis-Decalin		

C-Atomen des anellierten Rings das eine axial, das andere äquatorial orientiert sein. Dies hat zur Folge, daß eine Inversion beider sesselförmiger Ringe durch kooperative Drehung um die (C–C)-Bindungen möglich ist. Von der ebenen Formel aus würde man vermuten, daß es sich beim *cis*-Decalin um eine *meso*-Verbindung handelt. Die einzelnen Konformationsformeln lassen dagegen keine Spiegelsymmetrie erkennen. Es gibt deshalb beim *cis*-Decalin zwei enantiomorphe Konformationen. Da sie unter normalen Bedingungen rasch und fortwährend ineinander übergehen, lassen sie sich nicht voneinander trennen. Daß *cis*-Decalin (unter normalen Bedingungen) nicht optisch aktiv sein kann, läßt sich sowohl aus der Konfigurationsformel wie aus den Konformationsformeln folgern. Die Ursache für die optische Inaktivität ist in den beiden Fällen jedoch verschieden: Die Konfigurationsformel suggeriert innere Kompensation einer *meso*-Verbindung, das dynamische System enantiomorpher Konformeren weist auf externe Kompensation hin. In der unteren Reihe von *Tab. 6.3* sind die statische Konfigurationsformel, die dynamische Beziehung zwischen den beiden Konformeren sowie die *Newman*-Projektion für eines dieser beiden Konformeren wiedergegeben.

Vergleich der relativen Energie-Werte von *cis*- und *trans*-Decalin nach der Methode von *Turner* ergibt für das *cis*-Isomere eine potentielle Energie von 54,0 kJ/mol (15 *sc*- und drei *ap*-Konformationselemente des Butans). Das *trans*-Isomere ist mit $E_{pot} = 43{,}2$ kJ/mol (zwölf *sc*- und sechs *ap*-Konformationselemente des Butans) wesentlich energieärmer und überwiegt im (*cis*/*trans*)-Gleichgewicht bei weitem.

6.3.5.2. Perhydroanthracene (= Tricyclo[8.4.0.0^{3,8}]tetradecane)

Anellieren eines weiteren gesättigten Sechsrings an Decalin führt zum Perhydroanthracen (linear) oder Perhydrophenanthren (angular). In beiden Fällen verwendet man die Stereodeskriptoren *cis* oder *trans,* um die Art der Anellierung der beiden terminalen Ringe mit dem mittleren Ring zu beschreiben. Die Stereodeskriptoren *syn* oder *anti* geben die relative Anordnung der beiden terminalen Ringe zueinander an (*Tab. 6.4* und *6.5*).

Die formale Maximalzahl von 16 Konfigurationsisomeren wird beim Perhydroanthracen aus Symmetrie-Gründen nicht erreicht. Sieht man sich die acht formalen relativen Konfigurationen

trans/syn/trans	*trans/anti/trans*
trans/syn/cis	*trans/anti/cis*
cis/syn/trans	*cis/anti/trans*
cis/syn/cis	*cis/anti/cis*

an, so erkennt man leicht, daß die Deskriptoren *trans/syn/cis, cis/syn/trans, trans/anti/cis* und *cis/anti/trans* identische Anordnungen beschreiben. Von den verbliebenen fünf relativen Konfigurationen

trans/syn/trans
cis/syn/cis
cis/anti/cis
cis/anti/trans
trans/anti/trans

bezeichnen die ersten drei *meso-*Strukturen, so daß hier keine weitere Konfigurationsbezeichnung nötig und möglich ist. Die letzten zwei beschreiben jeweils ein Enantiomerenpaar, so daß man für eine eindeutige Konfigurationsbezeichnung die absolute Konfiguration angeben muß. Hier interessieren jedoch nur die Werte der potentiellen Energie, welche für Enantiomere keinen Unterschied aufweisen.

Tab. 6.4 zeigt die Reihenfolge der relativen Konfigurationen des Perhydroanthracens nach ihrem Inhalt an potentieller Energie. Diese Reihenfolge entspricht weitgehend der aufgrund der bisherigen Diskussion berechtigten Vorhersage, sofern man nur feststellt,

- wieviel äquatoriale oder axiale (C–C)-Bindungen vom mittleren Ring aus am gesamten C-Gerüst beteiligt sind,
- von welcher Art die Wechselwirkungen zwischen 1,3-diaxialen Bindungen zu Liganden an den Brückenkopf-Atomen sind.

Die (*trans/syn/trans*)-Konfiguration ist ohne Zweifel am energieärmsten: Vom mittleren Ring mit Sessel-Konformation gehen vier äquatoriale (C–C)-Bindungen aus, und bei den 1,3-diaxialen Wechselwirkungen handelt es sich um (H/H)-Interaktionen. Es schließt sich die (*cis/anti/trans*)-Konfiguration mit drei äquatorialen (C–C)-Bindungen, einer axialen (C–C)-Bindung, einer diaxialen Wechselwirkung vom (H/H)-Typ und einer solchen vom (C/H)-Typ an. In der nachfolgenden (*cis/anti/cis*)-Konfiguration gehen zwei äquatoriale und zwei axiale (C–C)-Bindungen vom mittleren Ring mit Sessel-Konformation aus, und die diaxialen Wechselwirkungen sind beide vom (C/H)-Typ.

Tab. 6.4. *Die fünf relativen Konfigurationen des Perhydroanthracens. Linke Spalte:* Notation; Auflistung der vom mittleren Ring ausgehenden (C–C)-Bindungen und Angabe der 1,5-Anordnung axialer Liganden. *Mittlere Spalte:* Konformationsformeln. *Rechte Spalte:* durch molekulare Mechanik (Kraftfeld: MM2 (85)) gewonnene Relativwerte der potentiellen Energie.

Beschreibung der relativen Konfiguration	Konformationsformeln	Relative Energie nach MM2 (85) [kJ/mol]
trans/syn/trans 4 *e* C–C 2 diaxiale H/H	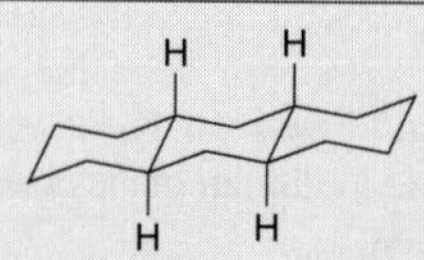	0,0
cis/anti/trans 3 *e* (1 *a*) C–C 1 diaxiale H/H 1 diaxiale C/H	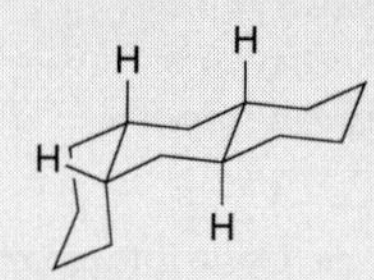	11,3
cis/anti/cis 2 *e* (2 *a*) C–C 2 diaxiale C/H	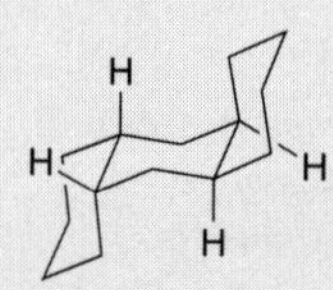	23,4
trans/anti/trans	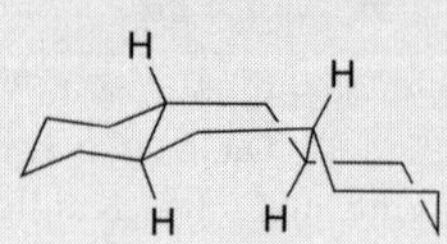	25,5 (Twist-Boot)
cis/syn/cis 2 *e* (2 *a*) C–C 1 diaxiale H/H 1 diaxiale C/C	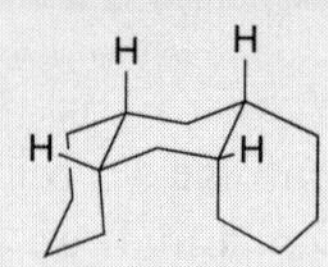	31,8

Ohne Frage nimmt die (*cis*/*syn*/*cis*)-Konfiguration den letzten Platz ein: Vom mittleren Ring mit Sessel-Konformation gehen zwar auch hier zwei äquatoriale und zwei axiale (C–C)-Bindungen aus. Die 1,3-diaxialen Wechselwirkungen sind außer vom (H/H)- jedoch auch vom (C/C)-Typ. Welche Position der (*trans*/*anti*/*trans*)-Konfiguration zukommt, ist weniger klar. Diese Konfiguration ist dadurch gekennzeichnet, daß der mittlere Sechsring keine Sessel-Konformation annehmen kann. Dies eröffnet die Möglichkeit, experimentell etwas über die potentielle Energie einer Boot-Konformation relativ zur Sessel-Konformation beim Cyclohexan zu erfahren. Bestimmt man nämlich durch Verbrennung die jeweilige potentielle Energie der (*trans*/*syn*/*trans*)- und der (*trans*/*anti*/*trans*)-Isomeren, erhält man aus der Differenz den Betrag, um welchen das (*trans*/*anti*/*trans*)-Isomere energiereicher als das (*trans*/*syn*/*trans*)-Isomere ist, und kennt damit den Energie-Unterschied zwischen Sessel- und Boot-Konformation beim Cyclohexan: Der Unterschied beträgt hiernach 23 kJ/mol.

Das *Dreiding*-Modell der Boot-Konformation des Cyclohexans läßt ohne Schwierigkeit erkennen, daß das unverdrillte Boot (mit C_{2v}-Symmetrie), ohne Valenzwinkel ändern zu müssen, bequem in ein Twist-Boot (mit D_2-Symmetrie) übergeführt werden kann. Bei letzterem ist zumindest die *Pitzer*-Spannung und damit auch die Gesamtspannung niedriger als bei ersterem.

Die (*trans/anti/trans*)-Konfiguration gehört in der energetischen Reihenfolge in die Nähe der (*cis/anti/cis*)-Konfiguration. Jene sollte ein wenig energiereicher sein als diese: Eine genaue Betrachtung (z.B. von *Dreiding*-Modellen) zeigt, daß sich die beiden Konfigurationsisomeren nicht nur in der Konformation des mittleren Rings voneinander unterscheiden, sondern daß beim Stereoisomeren mit Boot-Konformation die terminalen Ringe eine geringe zusätzliche *Pitzer*-Spannung einführen, die beim Konfigurationsisomeren mit lauter Sesselringen nicht vorhanden ist und bei einer Subtraktion der entsprechenden Inkrementsumme nicht eliminiert wird.

Inzwischen ist mit Hilfe der molekularen Mechanik, die in Band 4 von *Aspekte der Organischen Chemie* näher behandelt werden wird, die Reihenfolge der fünf Perhydroanthracen-Konfigurationen berechnet worden. *Tab. 6.4* enthält die relativen Energie-Werte, um welche die vier anderen Konfigurationsisomeren energiereicher sind als die sinnvollerweise auf das Nullniveau gebrachte (*trans/syn/trans*)-Konfiguration.

Tab. 6.5. *Die sechs relativen Konfigurationen des Perhydrophenanthrens.* Zur weiteren Erläuterung s. Legende zur *Tab. 6.4.*

Beschreibung der relativen Konfiguration	Konformationsformeln	Relative Energie nach MM2 (85) [kJ/mol]
trans/anti/trans 4 *e* C–C 2 diaxiale H/H	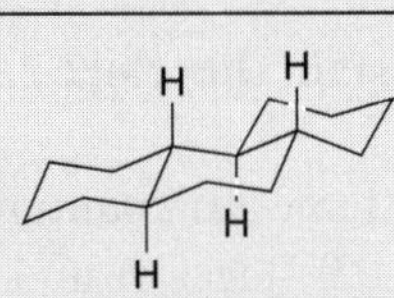	0,0
cis/syn/trans 3 *e* (1 *a*) C–C 1 diaxiale H/H 1 diaxiale C/H	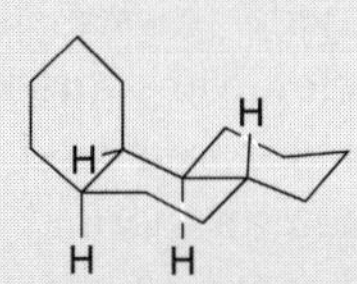	10,5
cis/anti/trans 3 *e* (1 *a*) C–C 1 diaxiale H/H 1 diaxiale C/H	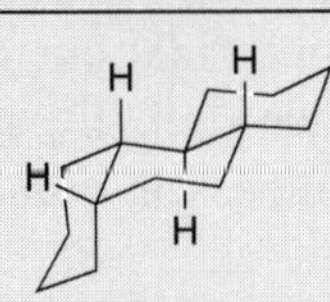	10,9
cis/anti/cis 2 e (2 *a*) C–C 2 diaxiale C/H	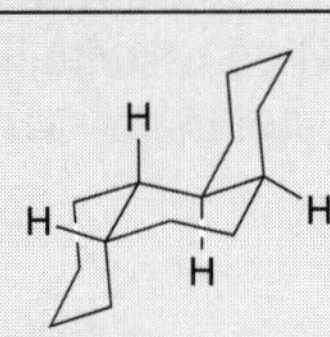	23,0
cis/syn/cis 2 *e* (2 *a*) C–C 1 diaxiale H/H 1 diaxiale C/C	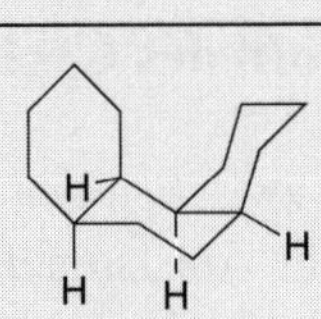	31,4
trans/syn/trans	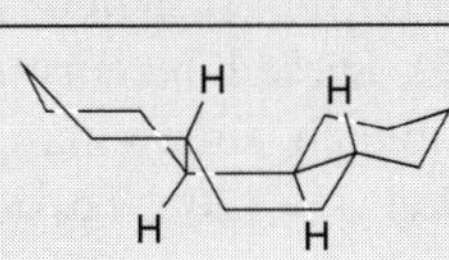	35,1 (Twist-Boot)

6.3.5.3. Perhydrophenanthrene (= Tricyclo[8.4.0.0^{2,7}]tetradecane)

Unter den zehn Perhydrophenanthren-Stereoisomeren, die sich in ihrer absoluten Konfiguration voneinander unterscheiden, findet man ein *meso*-Perhydrophenanthren (mit (*trans*/*syn*/*trans*)-Anellierung) und einen Fall (mit (*cis*/*syn*/*cis*)-Anellierung), bei welchem unter normalen Bedingungen zwei enantiomorphe Konformationen sich derart rasch miteinander ins Gleichgewicht setzen, daß eine Trennung ausgeschlossen ist. Demzufolge gibt es insgesamt sechs relative Konfigurationen (*Tab. 6.5*). Die angegebene Reihenfolge erhält man weitgehend nach dem zuvor geschilderten Inkrement-Verfahren. Sie ist durch Methoden der molekularen Mechanik abgesichert worden (rechte Spalte von *Tab. 6.5*).

Wie in der Perhydroanthracen-Reihe gilt auch hier, daß diejenige Konfiguration mit Boot-Konformation für den mittleren Ring energiereicher ist, als man lediglich wegen der Boot-Konformation erwarten sollte: Die terminalen Ringe verursachen auch hier zusätzliche *Pitzer*-Spannung.

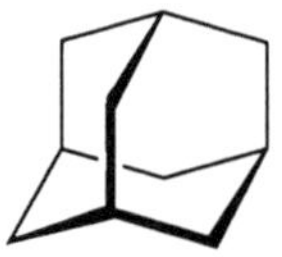

Adamantan

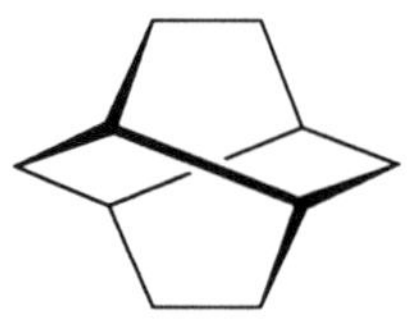

Twistan

Bicyclo[2.2.2]octan

6.3.5.4. Adamantan, Twistan, Bicyclo[2.2.2]octan

Die überbrückten Systeme Adamantan (= Tricyclo[3.3.1.1^{3,7}]decan), Twistan (= Tricyclo[4.4.0.0^{3,8}]decan) und Bicyclo[2.2.2]octan sind deshalb interessant, weil in jeder dieser starren Strukturen verschiedene Konformationen des Cyclohexans aus konstitutionellen (molekülbautechnischen) Gründen 'eingefroren' sind.

So läßt sich in Adamantan viermal die (D_{3d}-symmetrische) Sessel-Konformation des Cyclohexans einpassen. Twistan birgt fünf (D_2-symmetrische) Twist-Boot-Konformationen des Cyclohexans in sich. In Bicyclo[2.2.2]octan lassen sich drei (C_{2v}-symmetrische) Boot-Konformationen des Cyclohexans einpassen, vorausgesetzt es liegt D_{3h}- und nicht D_3-Symmetrie vor.

Die oben genannten Verbindungen sind Beispiele dafür, wie organische Chemiker strukturelle Vorstellungen nach gezieltem Entwurf und durchgeführter Synthese geeigneter Modell-Verbindungen experimentell verifizieren.

6.3.6. Das Energie-Profil des Cyclohexans

Die Übereinstimmung zwischen der vorhergesagten und der experimentell bestimmten Anzahl von Isomeren war hundert Jahre lang das bestimmende Kriterium für die Ansichten von der Struktur organischer Verbindungen (*Kap. 2.7*). Diese Übereinstimmung ist beim Cyclohexan und seinen Derivaten möglich, sofern man einen ebenen Ring (mit D_{6h}-Symmetrie; Valenzwinkel $\delta = 120°$, Torsionswinkel $\tau = 0°$) annimmt. Ein planarer, gesättigter Sechsring weist jedoch sowohl *Baeyer*- als auch hohe *Pitzer*-Spannung auf. Er wäre mit der Tatsache, daß Cyclohexan in der homologen Reihe der Cycloalkane die am wenigsten gespannte Verbindung ist (*Abschn. 6.3.1*), nicht vereinbar. Im idealisierten Modell (*Abschn. 6.3.2*) des Cyclohexans mit sesselförmiger Anordnung (D_{3d}-Symmetrie; $\delta = 109° 28'$, $\tau = \pm 60°$) tritt weder *Baeyer*- noch *Pitzer*-Spannung auf. Im realen Fall belaufen sich der (CCC)-Valenzwinkel auf 111,4° und der Torsionswinkel auf ± 54,5°. Als Folge davon ist der Cyclohexan-Ring, z.B. im Vergleich zu *Dreiding*-Modellen, etwas abgeflacht, und die axialen Liganden sind ein wenig nach außen gebogen. Die sechs axialen H-Atome bleiben jedoch homotop, ebenso die sechs äquatorialen H-Atome. Axiale und äquatoriale H-Atome sind dagegen diastereotop. Vom Standpunkt des sesselförmigen Cyclohexan-Rings aus sollte es für ein monosubstituiertes Derivat zwei Stereoisomere geben: eines mit äquatorialem und eines mit axialem Substituenten. Da jedoch zwei solche Stereoisomere nie getrennt nachgewiesen werden konnten, wurde angenommen, daß unter normalen Bedingungen Ring-Inversion stattfindet.

Durch Ring-Inversion wird jeder axiale Substituent äquatorial, jeder äquatoriale Substituent wird axial. Diese Ring-Inversion führt über eine vergleichsweise hohe Barriere ($\Delta G^{+} = 45{,}2$ kJ/mol) von der Sessel-Konformation (im globalen Minimum) zur Twist-Boot-Konformation (im lokalen Minimum) schließlich bis zur inversen Sessel-Konformation (*Fig. 6.9*).

Die Twist-Boot-Konformation (D_2-Symmetrie; $\delta \approx 109° 28'$, $\tau \approx \pm 33$ bzw. $\mp 70°$) liegt im Gleichgewicht mit der Sessel-Konforma-

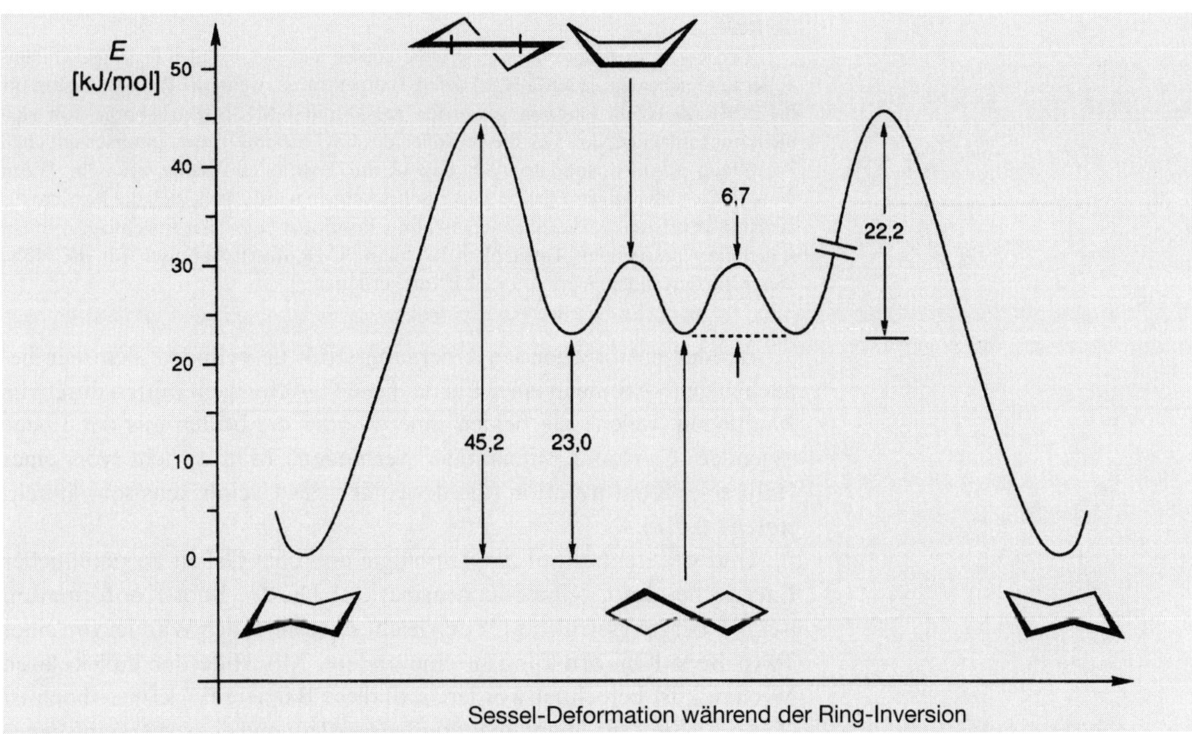

Fig. 6.9. *Das Energie-Profil des Cyclohexans mit Sessel-, Halbsessel- sowie mit* C_{2v}*-Boot- und* D_2*-Boot-Konformationen*

tion bei Raumtemperatur in derart geringen Anteilen (< 0,1 %) vor, daß ein experimenteller Nachweis schwierig ist. Bei erhöhter Temperatur dagegen sollte die Konzentration der energiereicheren Twist-Boot-Konformation nennenswerte Beträge erreichen (*ca.* 30% bei 800 °C). *Frank A. L. Anet* und *Orville L. Chapman* haben IR-Spektren von zwei Proben des Cyclohexans bei 10 K gemessen. Die eine Probe entsprach dem normalen Konformationsgemisch des Cyclohexans. Die andere Probe enthielt Cyclohexan, das zuvor auf 800 °C erwärmt und dann im Hochvakuum auf 20 K abgeschreckt worden war. Aus der Differenz der IR-Spektren ließ sich der Anteil der Twist-Boot-Konformation bei 800 °C und aus der Geschwindigkeit, mit welcher die charakteristischen Banden der energiereicheren Cyclohexan-Konformation bei höheren Temperaturen verschwanden, ließ sich die Energie-Barriere für die Konformationsumwandlung von Twist-Boot nach Sessel zu 22,2 kJ/mol berechnen. Wüßte man die Höhe der Energie-Barriere (45,2 kJ/mol laut *Fig. 6.9*) für die Konformationsumwandlung von Sessel nach Twist-Boot, so hätte man nach Differenzbildung den Energie-Unterschied zwischen Sessel- und Twist-Boot-Konformation des Cyclohexans (23,0 kJ/mol nach *Fig. 6.9*). *Fig. 6.9* enthält sämtliche Daten. Doch wie ist man zur Höhe der Energie-Barriere von der Sessel- zur Twist-Boot-Konformation gelangt?

Es kommt nur eine solche Meßmethode in Betracht, in deren 'Belichtungszeit' der Wechsel von Sessel-Konformation zu inverser Sessel-Konformation stattfindet. Es hat sich gezeigt, daß die Zeitskala der NMR-Spektroskopie dem dynamischen Verhalten des Cyclohexans entspricht. Von dynamischer NMR-Spektroskopie ist in *Kap. 13* die Rede.

NMR-spektroskopisch lassen sich die axialen und äquatorialen Protonen voneinander unterscheiden; jedenfalls bei tiefen Temperaturen, wenn die Ring-Inversion für die NMR-Zeitskala langsam geworden ist. Durch NMR-Spektroskopie läßt sich nicht nur feststellen, daß sich die Protonen des Cyclohexans in zwei unterschiedlichen Positionen befinden, sondern auch, daß sie ihre Positionen ständig wechseln. Wenn man die Geschwindigkeit dieses Austausches kennen würde, ließe sich die Barriere für die Ring-Inversion (bei welcher der erwähnte Positionswechsel der einzelnen Protonen stattfindet) bestimmen. Tatsächlich hat man NMR-spektroskopisch für die Höhe dieser Barriere einen Wert von 45,2 kJ/mol erhalten.

Bei der entsprechenden Übergangsstruktur befinden sich vier benachbarte C-Atome in einer Ebene. Eine C_2-Achse geht mitten durch die Bindungen, welche die beiden inneren oder die beiden aus der Ebene ragenden C-Atome miteinander verbinden. Man spricht von einer Halbsessel-Konformation (die derjenigen des Cyclohexens sehr ähnelt; *Abschn. 6.5.1*).

Und wie steht es mit der Topologie und dem Gehalt an potentieller Energie bei der C_{2v}-Boot-Konformation? Die C_{2v}-Boot-Konformation ist die Übergangsstruktur für den leicht stattfindenden Wandel von einer Twist-Boot-Konformation in eine andere. Mit Hilfe der molekularen Mechanik ist berechnet worden, daß diese Barriere 6,7 kJ/mol hoch ist (*Fig. 6.9*). Sie kann leicht überwunden werden, und es existiert eine ganze Familie von Twist-Boot-Konformeren.

6.4. Stereostruktur des Cyclopentans

Das Steroid-Gerüst enthält außer drei angular anellierten Cyclohexan-Ringen einen carbocyclischen Fünfring. Da in der Mehrzahl der Steroide der fünfgliedrige Ring *D* und der sechsgliedrige Ring *C* miteinander *trans*-anelliert sind, kommt beträchtliche Spannung ins Gesamtmolekül. Die Konformation des *D*-Rings ist nicht-planar. Die *Röntgen*-Strukturanalyse zahlreicher Steroide hat ergeben, daß der Fünfring eine Konformation zwischen den C_s- und C_2-Konformationen des Cyclopentans (*Tab. 6.6*; Einzelheiten s. *Kap. 11.1.2*) einnimmt. Im Cyclopentan selbst ist der Fünfring etwas flacher als in substituierten Cyclopentanen und somit auch in einem Steroid.

Ein ebener Cyclopentan-Ring wäre nahezu ohne *Baeyer*-Spannung ((CCC)-Valenzwinkel $\delta = 108°$), würde jedoch erhebliche *Pitzer*-Spannung (lauter ekliptische Bindungen) aufweisen. Bei einem Kompromiß werden die Valenzwinkel deutlich kleiner als 108°. Mit den Methoden

Tab. 6.6. *Konformationen des Cyclopentans. Linke Spalte:* Molekül-Modelle für (von oben nach unten) planare, Briefumschlag- und Halbsessel-Konformationen. *Mittlere Spalte:* Angabe von Symmetrie-Elementen anhand der Perspektivebene (Spur der Symmetrie-Ebene senkrecht zur Perspektivebene: —; zweizählige Drehachse in der Perspektivebene: ·····; fallen Spur der Symmetrie-Ebene und Drehachse zusammen, wird das Zeichen — verwendet). *Rechte Spalte:* Torsionswinkel mit Angabe des jeweiligen Vorzeichens.

Molekül-Modelle charakteristischer Cyclopentan-Konformationen	Symbole mit Angaben von Symmetrie-Elementen	Symbole mit Angabe von Torsionswinkeln

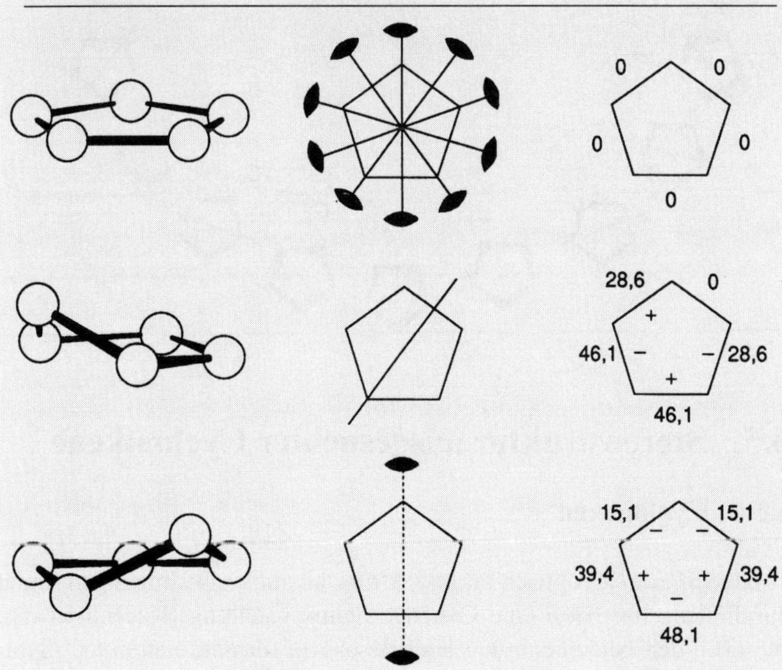

der molekularen Mechanik sind computer-unterstützte Konformationssuchen und anschließende Energie-Minimierungen vorgenommen worden. Danach ist die potentielle Energie für die C_2- oder die C_s-Konformation gleich und erreicht für die planare Konformation einen Höchstwert. Alles spricht dafür, daß die lokale Abweichung von der Koplanarität den Ring entlangwandert. Man stelle sich vor: Vier C-Atome des Rings befinden sich in einer Ebene, das fünfte C-Atom liegt etwa 50 pm darüber oder darunter. Es ist nicht immer dasselbe Ring-Zentrum, welches aus der Ebene hervorragt, sondern die Unebenheit wandert mit den vibrierenden C-Atomen durch den Ring (*Pseudorotation*). Da der Pseudorotationscyclus keine Barrieren kennt, die größer als die Schwingungsenergie wären, ist Cyclopentan frei beweglich, und man hat es in Wirklichkeit mit einem Konformationsensemble zu tun (*Fig. 6.10*).

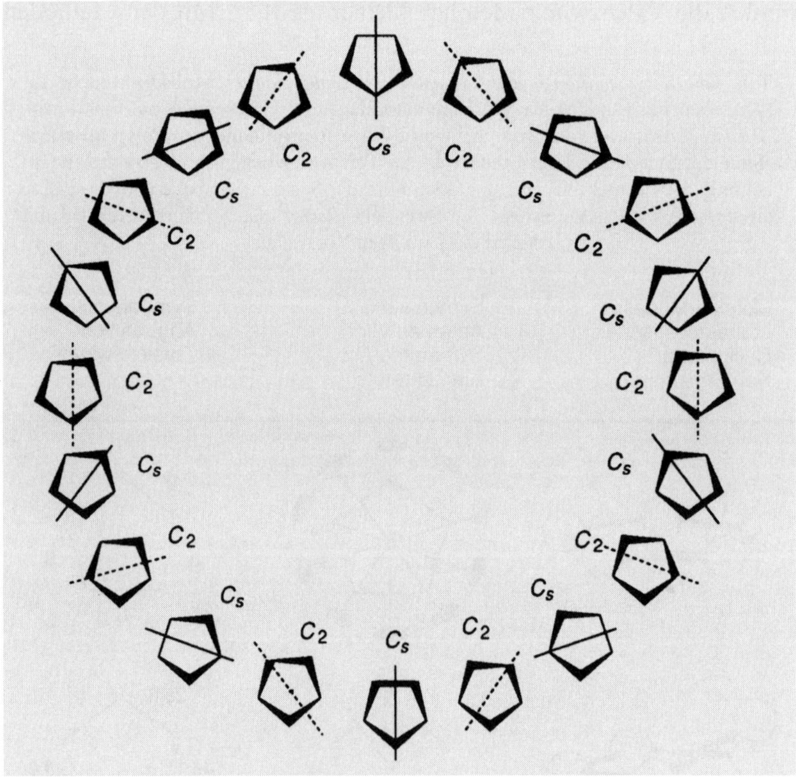

Fig. 6.10. *Pseudorotationscyclus des Cyclopentans*

6.5. Stereostruktur ausgesuchter Cycloalkene

6.5.1. Cyclohexen

Cyclohexen ist optisch inaktiv. Unter normalen Bedingungen findet durch Ring-Inversion eine Gleichgewichtseinstellung (Racemisierung) zwischen den beiden chiralen Halbsessel-Konformationen mit C_2-Symmetrie statt. In der Halbsessel-Konformation gibt es äquatoriale (*e*) und axiale (*a*) Bindungen nur an den Zentren C(4) und C(5). Die Bindungen an C(3) und C(6) werden als *pseudoäquatorial* (*e′*) und *pseudoaxial* (*a′*) bezeichnet.

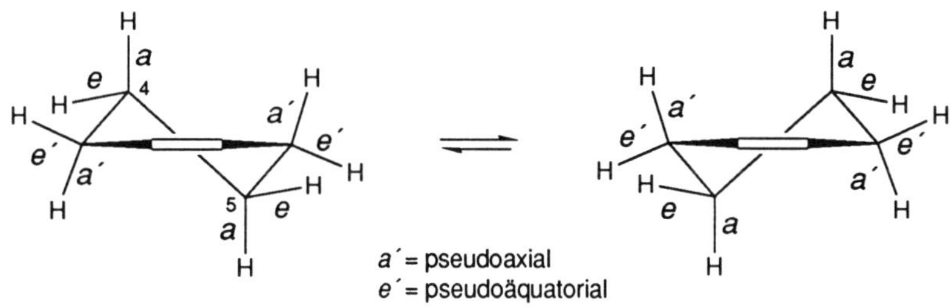

Die Barriere ist mit Methoden der molekularen Mechanik (s. *Aspekte der Organischen Chemie*, Band 4: *Methoden der Struktur-Bestimmung*) berechnet (25,5 kJ/mol) oder NMR-spektroskopisch gemessen (22,6 kJ/mol) worden. Die Meinungen gehen

Tab. 6.7. *Konformationen des Cyclohexens. Linke Spalte:* Molekül-Modelle für (von oben nach unten) planare, Boot- und Halbsessel-Konformationen. Für weitere Einzelheiten s. Legende von *Tab. 6.6.*

Molekül-Modelle charakteristischer Cyclohexen-Konformationen	Symbole mit Angaben von Symmetrie-Elementen	Symbole mit Angabe von Torsionswinkeln
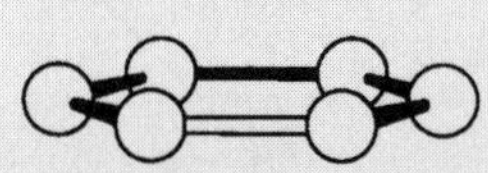	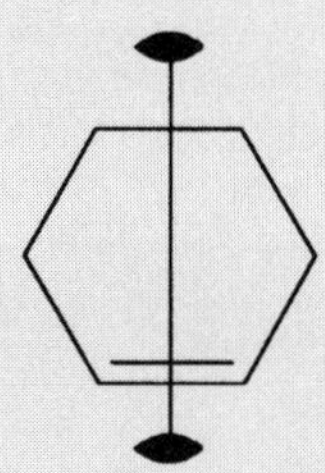	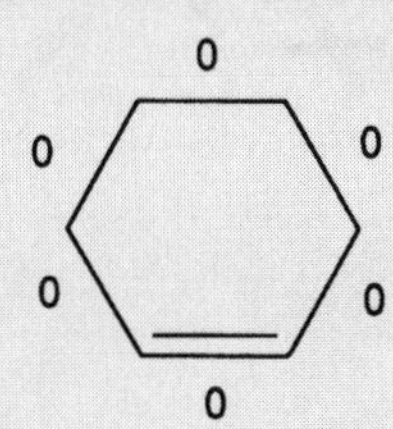
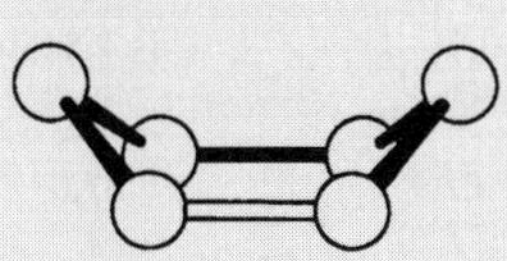	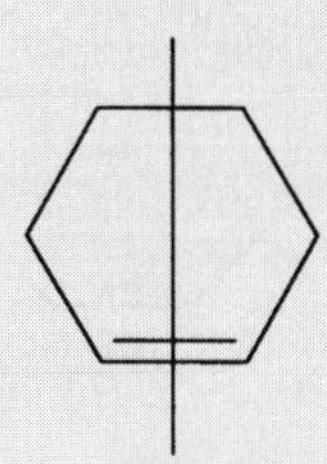	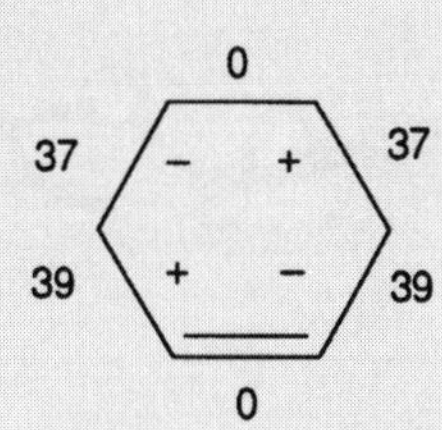
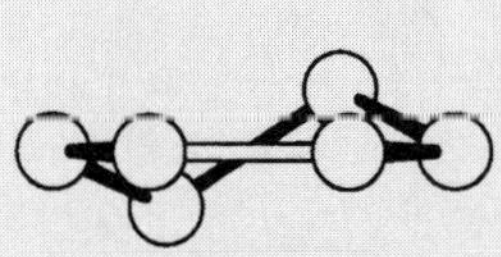	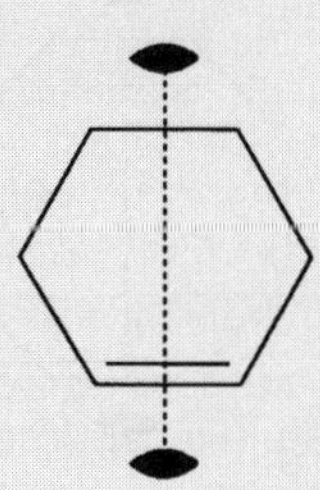	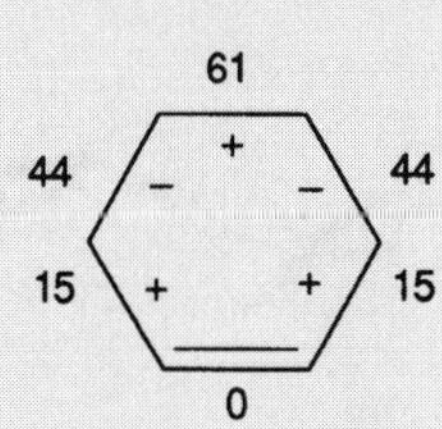

darüber auseinander, ob die Boot-Konformation (*Tab. 6.7*) im Energie-Profil dem Maximum der potentiellen Energie (Übergangsstruktur) oder einem lokalen Minimum entspricht. Im letzteren Fall wäre eine 'Sofa'-Konformation zusätzlich zu berücksichtigen. Das planare Cyclohexen kommt selbst als Übergangsstruktur nicht in Betracht.

6.5.2. Die konfigurationsisomeren Cyclooctene

In der homologen Reihe der Cycloalkene trifft man beim Achtring zum ersten Mal auf einen Fall, wo (*Z*)- und (*E*)-Konfigurationsisomere beide als isolierbare Verbindungen existieren können. Das (*Z*)-Isomere

Tab. 6.8. *Konformere mit unterschiedlicher Cycloocten-Konfiguration. Linke Spalte:* Molekül-Modelle (von oben nach unten) für asymmetrisches (*Z*)-Cycloocten, die C_2-symmetrische Kronen-Konformation des (*E*)-Cyclooctens, die C_2-symmetrische Sessel-Konformation des (*E*)-Cyclooctens. Für weitere Einzelheiten s. Legende von *Tab. 6.6*.

Molekül-Modelle charakteristischer Cycloocten-Konformationen	Symbole mit Angaben von Symmetrie-Elementen	Symbole mit Angabe von Torsionswinkeln

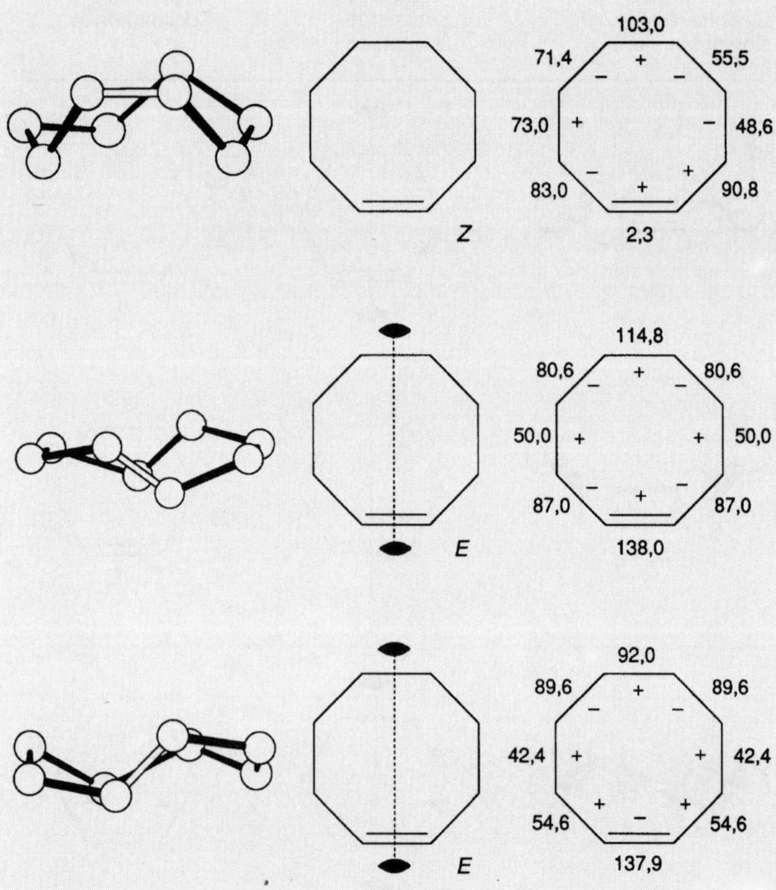

tritt bevorzugt in asymmetrischen Konformationen auf, die leicht ineinander übergehen und von denen eine in *Tab. 6.8* abgebildet ist. Es ist energieärmer als das (*E*)-Isomere: Seine Hydrierwärme unterbietet diejenige des (*E*)-Isomeren um fast 39 kJ/mol.

$K_2[PtCl_4] + C_2H_4 \longrightarrow K[PtCl_3(C_2H_4)] + KCl$

$K[PtCl_3(C_2H_4)] + \mathbf{1} \longrightarrow [PtCl_2(C_2H_4)(\mathbf{1})] + KCl$

$[PtCl_2(C_2H_4)(\mathbf{1})] + \textit{rac}\text{-}\mathbf{2} \longrightarrow [PtCl_2(\mathbf{1})(\mathbf{2})] + [PtCl_2(\mathbf{1})(\textit{ent}\text{-}\mathbf{2})]$

$[PtCl_2(\mathbf{1})(\mathbf{2})] + [PtCl_2(\mathbf{1})(\textit{ent}\text{-}\mathbf{2})] \longrightarrow [PtCl_2(\mathbf{1})(\mathbf{2})]$

$[PtCl_2(\mathbf{1})(\mathbf{2})] + 4\,KCN \longrightarrow K_2[Pt(CN)_4] + 2\,KCl + \mathbf{1} + \mathbf{2}$

1 (+)-(1*R*)-Phenylethylamin

2 (−)-(*R,E*)-Cycloocten

Fig. 6.11. *Enantiomerentrennung von (±)-(*E*)-Cycloocten (rac-***2***)*

Die energieärmste Konformation des (*E*)-Isomeren hat eine deformierte (C=C)-Bindung (mit einem (C−C=C−C)-Torsionswinkel von 138°), weist ein Dipolmoment (0,8 D) auf und ist C_2-symmetrisch (*Tab. 6.8*). Da die Racemisierungsbarriere recht hoch ist (fast 150 kJ/mol), läßt sich das racemische Gemisch (über diastereoisomere Platin-Komplexe) in seine Enantiomeren trennen (*Fig. 6.11*).

Die Racemisierung ist eine zweistufige Konformationsumwandlung und verläuft von der soeben beschriebenen Kronen-Konformation über eine verzerrte Sessel-Konformation (ebenfalls mit C_2-Symmetrie) zur inversen Kronen-Konformation (*Fig. 6.12*).

6.6. Zur Konformation heterocyclischer Systeme

6.6.1. Allgemeines

Im Standardwerk '*Conformational Analysis*' von *E. L. Eliel et al.* wird kurz und bündig festgestellt: '*The replacement of a methylene group in an alicyclic ring by a hetero-atom usually does not have a profound effect on the conformational properties of the system. Certainly there are quantitative differences between the homocyclic and the heterocyclic rings, but in general the similarities, rather than the differences, are the striking features.*'

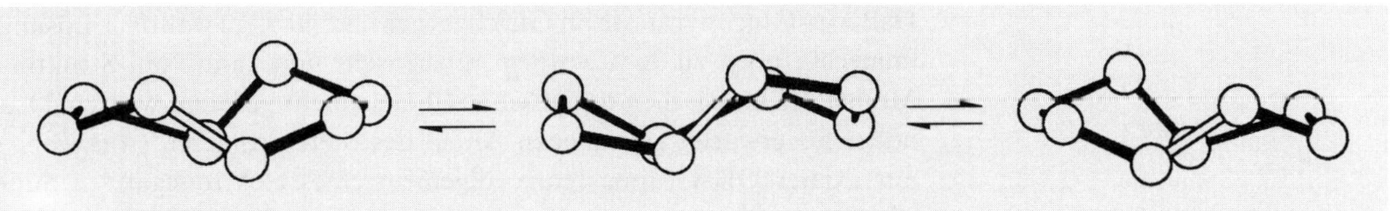

Fig. 6.12. *Racemisierung von (−)- oder (+)-(*E*)-Cycloocten* (**2** oder *ent*-**2**)

6.6.2. Konformationsanalyse von Monosacchariden

Die strukturelle Interpretation der (+)-D-Glucose als offenkettiger Pentahydroxy-aldehyd (*Kap. 5*) wird einer Reihe von Beobachtungen nicht gerecht. So gibt es z. B. nicht nur *ein* Pentaacetat, wie es zu erwarten wäre, sondern es existieren *zwei* diastereoisomere Pentaacetate. Nimmt man an, daß für Glucose nicht die bislang akzeptierte Konstitution einer offenkettigen Aldohexose, sondern, nach Addition der OH-Gruppe an C(5) an die (C(1)=O)-Bindung, diejenige einer cyclischen Pyranose in Betracht kommt, muß man geradezu fordern, daß zwei konfigurationsisomere (*anomere*) Glucopyranosen existieren, da bei der *cyclo*-Isomerisierung der *seco*-isomeren Aldohexose an C(1) ein zusätzliches stereogenes Zentrum (das sogenannte *anomere Zentrum*) entsteht:

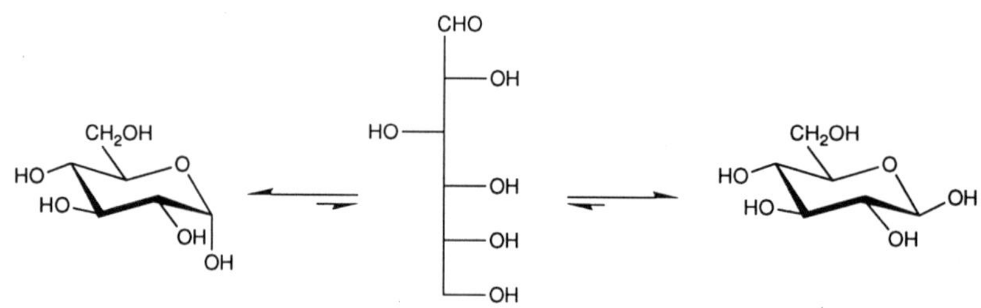

α-D-Glucopyranose D-Glucose β-D-Glucopyranose

Zur Konformationsanalyse heterocyclischer Verbindungen geht man zunächst von den bekannten Gegebenheiten verwandter Carbocyclen aus. Für die Diskussion des Tetrahydropyran-Rings dient der Cyclohexan-Ring (*Abschn. 6.3.2*) als Grundlage und für die Erörterung des Tetrahydrofuran-Rings der Cyclopentan-Ring (*Abschn. 6.4*). Natürlich wird der Austausch einer CH_2-Gruppe durch ein O-Atom eine gewisse 'Störung' bewirken, die es auszumachen gilt. Zunächst trifft jedoch auch für den Tetrahydropyran-Ring zu, daß er in der Sessel-Konformation die geringstmögliche potentielle Energie aufweist. Bei einer Pyranose wird dann diejenige Sessel-Konformation im Gleichgewicht überwiegen, welche die größte Häufung äquatorialer Substituenten an C(2) bis C(5) aufweist. Für die beiden *Anomeren* der D-Glucopyranose können sämtliche Substituenten an diesen Zentren äquatorial angeordnet sein. Daß die OH-Gruppe an C(1) im sogenannten α-Anomeren axial und im β-Anomeren äquatorial orientiert ist (s. *Kap. 10.5.3.1*), hat man unmittelbar durch *Röntgen*-Strukturanalyse im kristallinen Zustand erfahren. Daß α-D-Glucopyranose im Gleichgewicht bei 40 °C in wäßriger Lösung immerhin noch zu 36% vorliegt, überrascht und kann vom Struktur-Modell der klassischen organischen Chemie nicht gedeutet werden. Den höher als erwartet gefundenen Anteil des Stereoisomeren (*Anomeren*) mit axialer OH-Gruppe (ganz allgemein eines elektronegativen Substituenten) am *anomeren Zentrum* C(1) in Pyranosen bezeichnet man als *anomeren Effekt* (*Kap. 8.1.2*). *Tab. 6.9* listet für einige Aldosen die

Tab. 6.9. *Prozentuale Anteile anomerer Pyranosen und Furanosen bei diversen Aldosen*

Aldose	α-Pyranose	β-Pyranose	α-Furanose	β-Furanose
Ribose	20	56	6	18
Arabinose	63	34	--------- 3 ---------	
Xylose	33	67	-------- < 1 ---------	
Lyxose	71	29	-------- < 1 ---------	
Allose	18	70	5	7
Altrose	27	40	20	13
Glucose	36	64	-------- < 1 ---------	
Mannose	67	33	-------- < 1 ---------	
Gulose	< 22	> 78	-------- < 1 ---------	
Idose	31	37	16	16
Galactose	27	73	-------- < 1 ---------	
Talose	40	29	20	11

bei 40 °C in wäßriger Lösung jeweils gefundene Gleichgewichtszusammensetzung auf. Die einzelnen Komponenten wurden dazu in die entsprechenden Trimethylsilyl-ether übergeführt und gaschromatographisch analysiert.

Daß es sich jeweils um Gleichgewichtseinstellungen handelt, kann man leicht feststellen, wenn man von den in Frage kommenden Einzelkomponenten ausgeht: Es stellt sich nach einiger Zeit von allen Seiten her dasselbe Gemisch ein. Benutzt man die optische Drehung als experimentelles Kriterium für diese Gleichgewichtseinstellung, so erreicht man im Falle der D-Glucose in wäßriger Lösung den Wert $[\alpha]_D^{20} = +53$, gleichgültig, ob man ursprünglich von der α-D-Glucopyranose ($[\alpha]_D^{20} = +113$) oder von der β-D-Glucopyranose ($[\alpha]_D^{20} = +19$) ausgegangen war. Das Phänomen, daß zwei verschiedene Lösungen optisch aktiver Verbindungen nach einiger Zeit ein und denselben Wert der optischen Drehung (der von Null verschieden ist und daher eine Racemisierung ausschließt) aufweisen und beide Ausgangsverbindungen dann nebeneinander vorliegen, nennt man *Mutarotation*.

Monosaccharide liegen in Lösung üblicherweise als ein Gemisch diverser Konstitutionsisomeren (seco-isomerer Polyhydroxy-aldehyd, cyclo-isomere Pyranose, Furanose oder Septanose, die beiden zuletzt genannten mit fünf- oder siebengliedrigem Ring, der nach Addition der OH-Gruppe an C(4) oder an C(6) an die (C(1)=O)-Bindung zustande gekommen ist) und Konfigurationsisomeren (anomere Furanosen, Pyranosen oder Septanosen) vor. In der Regel überwiegen die sechsgliedrigen Konstitutionsisomeren (*Tab. 6.9*), obwohl bereits der Wechsel des Lösungsmittels zu Ausnahmen führen kann.

Diejenigen Komponenten, die nur untergeordnet oder gar unterhalb der Nachweisbarkeitsgrenze vorliegen, können immerhin durch spezifische Reagentien dem Gleichgewicht entzogen und durch ständige Gleichgewichtsstörung schließlich als irreversibel entstandene Folgeprodukte nachgewiesen werden.

Kap. 10.5.3 enthält ausführliche Angaben zur Beschreibung von Kohlenhydraten mit Pyranose- oder Furanose-Ring.

6.7. Fazit

Konstitution, Konfiguration und Konformation beschreiben mit unterschiedlicher Tiefenschärfe die Struktur einer chemischen Verbindung. Zur Beschreibung der *Konstitution* nimmt man die Art und Verbundenheit der in einem Molekül vorkommenden Atome wahr. Man berücksichtigt die atomspezifischen Wertigkeiten sowie die Fähigkeit der Atome, sich in offenen Ketten oder in Ringen anzuordnen und sich hierbei an Einfach-, Doppel- oder Dreifachbindungen zu beteiligen. Zur Beschreibung der *absoluten Konfiguration* von Verbindungen der organischen Chemie – ein Begriff, der mit *Chiralitätssinn* synonym ist – genügt jeweils die Andeutung, in welcher Weise die vier Punkte eines Tetraeders in einem kartesischen Koordinatensystem angeordnet sind. Zur Beschreibung der *relativen Konfiguration* gibt man an, wie sich die Liganden an zwei (oder mehr) stereogenen Zentren in zwei- oder dreidimensionalen Stereomodellen zueinander verhalten, d.h. ob sie *like* oder *unlike* (*Kap. 10.2.1.2*) sind. Zur Beschreibung der *Konformation* konzentriert man sich vor allem auf die verschiedenen Torsionswinkel. Wenn konstitutionell möglich, brauchen nur gestaffelte Konformationen berücksichtigt zu werden, kommen nur solche gestaffelten Konformationen mit minimaler *Newman*-Spannung in Betracht und haben *ap*- vor *sc*- vor allen anderen Konformationselementen des Butans Vorrang.

Beim Bemühen, diskrete Stoffe strukturell zu beschreiben, tut man gut daran, zu beachten, daß sich vermeintlich diskrete Stoffe als Gemische erweisen können, in denen insbesondere verschiedene Konformere vorkommen. Die Beschäftigung mit mehreren Konformationen wird auch dann akut, wenn sich das Augenmerk auf die Reaktivität einer Verbindung (s. *Aspekte der Organischen Chemie*, Band 2: *Reaktivität*) richtet: wenn für die reagierende Verbindung deren Konformation im Grundzustand mit derjenigen im Übergangszustand verglichen werden muß. In diesem Sinne – angeregt durch Arbeiten von *Pitzer* und *Hassel* – begründete *Barton* die *dynamische Stereochemie*. Von nun an galt das Interesse des Chemikers nicht mehr nur der energetisch begünstigten Konformation einer chemischen Verbindung, wenn nach deren chemischer Reaktionsfähigkeit oder nach deren biologischer Wirkung gefragt wurde. Diese Akzentverschiebung von der molekularen Statik zur molekularen Dynamik charakterisiert den Wandel, welchen die Chemie inzwischen von der Beschäftigung mit Problemen der molekularen Struktur zur Konzentration auf Probleme der molekularen Funktion erfahren hat.

Dadurch, daß *Barton* die Regeln der Konformationsanalyse ausgerechnet am Beispiel der seinerzeit hochaktuellen Steroide entwickelte, wurden überhaupt erst die Voraussetzungen geschaffen, die wegen ihrer biologischen Wirkung als Zielverbindungen begehrten Steroid-Hormone totalsynthetisch zugänglich zu machen. Bald profitierte die ganze synthetische Chemie von den vertieften Einblicken in Zusammenhänge zwischen Konformation und chemischem Reaktionsverhalten. Kein Wunder, daß sich die führenden Synthetiker in der Folgezeit wohl bewußt waren, welch große Rolle die Konformationsanalyse für die bald aufblühende Synthese biologisch aktiver Wirkstoffe spielte. Demjenigen, der an der Entwicklung von Ideen interessiert ist, fällt immer wieder auf, daß es wichtig ist, neue Vorstellungen und Konzeptionen zur richtigen Zeit am zutreffenden Beispiel vorzustellen.

An den verschiedensten Stellen von *Kap. 6* sind Ergebnisse der molekularen Mechanik eingeflochten worden: um Stabilitätenreihenfolgen, die anders nicht hätten vervollständigt werden können, nicht unnötig in der Schwebe zu halten. So versteht man unter Konformationsanalyse heute die Suche nach Konformationen in diversen Minima einer Potential-Hyperfläche mit Hilfe leistungsstarker Rechner und die räumliche Visualisierung gewonnener Ergebnisse durch mehrfarbige Computer-Graphik (*Aspekte der Organischen Chemie*, Band 4: *Methoden der Struktur-Bestimmung*). Der Konformationsanalytiker benutzt für das sogenannte *Molekulare Modellieren* interaktive Computer-Programme, die in der Lage sind, von ihm vorgenommene Struktur-Änderungen unmittelbar auf dem Bildschirm sichtbar zu machen.

Im Zeitalter der computer-unterstützten Konformationsanalyse sollte man jedoch ein Konformationsverständnis, wie es z. B. nach der Methode von *Turner* erarbeitet worden ist, nicht gering einschätzen: In seinem Alltag wird der Chemiker anwenden wollen, was er verstanden hat. Er wird verstanden haben, was er auf qualitativer Ebene als Zusammenwirken konformationsbestimmender Faktoren anschaulich erfassen konnte. Die hierbei gewonnenen Regeln werden auch in anderen Verbindungsklassen anzuwenden sein.

Man hat die Struktur eines Moleküls so lange nicht verstanden, bis man nicht in der Lage war, ein zugehöriges 3D-Modell, zunächst mit den Händen und danach am Bildschirm, aufzubauen. Dies gilt besonders für die Moleküle der makromolekularen und für die Übermoleküle der supramolekularen Chemie.

Weiterführende Literatur

Zu Abschn. 6.1.

R. Witzmann, *Schlüssel des Lebens – Die Steuerung biologischer Vorgänge durch Steroide*, Molden, Wien, 1977.
I. McKinley, *Synthesis of a Postal Issue, Chem. Br.* **1977,** *13,* 51.

6.1.1.

D.N. Kirk, M.P. Hartshorn, *Steroid Reaction Mechanisms,* Elsevier Publ. Comp., Amsterdam, 1968.
J. Fried, J.A. Edwards (Ed.), *Organic Reactions in Steroid Chemistry,* Vol. 1 and 2, Van Nostrand Reinhold Comp., New York, 1972.
A.A. Akhrem, Y.A. Titov, *Total Steroid Synthesis,* Plenum Press, New York, 1970.
R.T. Blickenstaff, A.C. Ghosh, G.C. Wolf, *Total Synthesis of Steroids,* Academic Press, New York, 1974.

6.1.2.

M.S. Brown, J.L. Goldstein, *Ein rezeptor-vermittelter Stoffwechselweg für die Cholesterin-Homöostase, Angew. Chem.* **1986,** *98,* 579.
M. Sluyser (Ed.), *Interaction of Steorid Hormone Receptors with DNA,* VCH Verlagsgesellschaft, Weinheim, 1985.
V.K. Moudgil (Ed.), *Recent Advances in Steroid Hormone Action,* Walter de Gruyter, Berlin, 1987.
J. Elks, G.H. Phillips, *Discovery of a Family of Potent Topical Anti-inflammatory Agents* in *Medicinal Chemistry* (Ed. S.M. Roberts, B.J. Price), Academic Press, London, 1985.
F.J. Zeelen, *Steroid Contraceptives* in *Medicinal Chemistry* (Ed. S.M. Roberts, B.J. Price), Academic Press, London, 1985.
F.J. Zeelen, *Medicinal Chemistry of Steroids,* Elsevier, Amsterdam, 1990.
E.E. Baulieu, *Contragestion and Other Clinical Applications of RU 486, an Antiprogesterone at the Receptor, Science* **1989,** *245,* 1351.
E.E. Baulieu, P.A. Kelly, *Hormones,* Hermann, Paris, 1990.
F. Neumann, R. Wiechert, *Die Geschichte von Cyproteronacetat – Ungewöhnliche Wege bei der Entwicklung eines Arzneimittels,* Medizinisch Pharmazeutische Studiengesellschaft e.V., Mainz, 1984.
W. Frobenius, *Ein Siegeszug mit Hindernissen,* Schriftenreihe des Scheringianums, Berlin, 1989.

Zu Abschn. 6.2.

D.H.R. Barton, *The Conformation of the Steroid Nucleus, Experientia* **1950,** *6,* 316;
– *Die Prinzipien der Konformationsanalyse, Angew. Chemie* **1970,** *82,* 827;
– *The Stereochemistry of cyclo-Hexane Derivatives, J. Chem. Soc.* **1953,** 1027;
– *Some Recollections of Gap Jumping,* American Chemical Society, Washington, DC, 1991.
D.H.R. Barton, G.A. Morrison, *Conformational Analysis of Steroids and Related Natural Products, Fortschr. Chem. Organ. Naturst.* **1961,** *19,* 165.
L.F. Fieser, *Steric Course of Reactions of Steroids, Experientia* **1950,** *6,* 312.

Zu Abschn. 6.3.

K. Freudenberg (Ed.), *Stereochemie – Eine Zusammenfassung der Ergebnisse, Grundlagen und Probleme,* Franz Deuticke, Leipzig, 1933.
E.L. Eliel, *Stereochemistry of Carbon Compounds,* McGraw-Hill, New York, 1962.
E.L. Eliel, N. Allinger, S.J. Angyal, G.A. Morrison, *Conformational Analysis,* Interscience Publ., New York, 1965.
O.B. Ramsay, *Stereochemistry* in the Series *Nobel Prize Topics in Chemistry,* Heyden, London, 1981.

J. Dale, *Stereochemie und Konformationsanalyse,* Verlag Chemie, Weinheim, 1978.
B. Testa, *Grundlagen der Organischen Stereochemie,* Verlag Chemie, Weinheim, 1983.

6.3.1.

A. Wassermann, *Spannungstheorie und physikalische Eigenschaften ringförmiger Verbindungen* in *Stereochemie* (Ed. K. Freudenberg), Franz Deuticke, Leipzig, 1933.
A.J. Ihde, *The Development of Strain Theory* in *Kekulè Centennial* (Ed. O.T. Benfey), *Advances in Chemistry* Series 61, American Chemical Society, Washington, DC, 1966.

6.3.2.

H. Sachse, *Über die Konfigurationen der Polymethylenringe, Z. Physik. Chem.* **1892,** *10,* 203;
– *Über die geometrischen Isomerien der Hexamethylenderivate, Ber. Dtsch. Chem. Ges.* **1890,** *23,* 1363.
E. Mohr, *Die Baeyersche Spannungstheorie und die Struktur des Diamanten, J. Prakt. Chem.* **1918,** *98,* 315.
G. Natta, M. Farina, *Struktur und Verhalten von Molekülen im Raum,* Verlag Chemie, Weinheim, 1976.
D.H.R. Barton, *How to Win a Nobel Prize: an Account of the Early History in Stereochemistry of Organic and Bioorganic Transformations* (Ed. W. Bartmann, K.B. Sharpless), VCH Verlagsgesellschaft, Weinheim, 1987.
O. Hassel, *The Cyclohexane Problem, Topics in Stereochem.* **1971,** *6,* 11.
J.D. Dunitz, *The Two Forms of Cyclohexane, J. Chem. Educ.* **1970,** *47,* 488.

6.3.3.

W.G. Dauben, K.S. Pitzer, *Conformation Analysis* in *Steric Effects in Organic Chemistry* (Ed. M.S. Newman), Chapman & Hall, New York, 1956.
R.M. Pitzer, *The Barrier to Internal Rotation in Ethane, Acc. Chem. Res.* **1983,** *16,* 207.

6.3.4.

R.B. Turner, *Energy Differences in the cis- and trans-Decalins, J. Am. Chem. Soc.* **1952,** *74,* 2118.
E. Juaristi, *The Attractive and Repulsive Gauche Effects, J. Chem. Educ.* **1979,** *56,* 438.
N.L. Allinger, M.A. Miller, *The 1,3-Diaxial Methyl-Methyl-Interaction, J. Am. Chem. Soc.* **1961,** *83,* 2145.
M.S. Newman, *Some Observations Concerning Steric Factors, J. Am. Chem. Soc.* **1950,** *72,* 4783.

6.3.5.

W.S. Johnson, *The Relative Stability of Stereoisomeric Forms of Fused Ring Systems, Experientia* **1951,** *7,* 315.
– *Energy Relationships of Fused Ring Systems, J. Am. Chem. Soc.* **1953,** *75,* 1498.
N.L. Allinger, B.J. Gorde, I.J. Tyminski, M.T. Wuesthoff, *The Perhydrophenanthrens, J. Org. Chem.* **1971,** *36,* 739.
W.S. Johnson, V.J. Bauer, J.L. Margrave, M.A. Frisch, L.H. Dreger, W.N. Hubbard, *The Energy Difference between the Chair and Boat Forms of Cyclohexane. The Twist Conformation of Cyclohexane, J. Am. Chem. Soc.* **1961,** *83,* 606.
J.L. Margrave, M.A. Frisch, R.G. Bantista, R.L. Clarke, W.S. Johnson, *Further Studies on the Energy Difference between the Chair and Twist Forms of Cyclohexane, J. Am. Chem. Soc.* **1963,** *85,* 546.
O. Ermer, J.D. Dunitz, *Zur Konformation des Bicyclo[2.2.2]octan-Systems, Helv. Chim. Acta* **1969,** *52,* 1861.

6.3.6.

M. Squillacote, R.S. Sheridan, O.L. Chapman, F.A.L. Anet, *Spectroscopic Detection of the Twist-Boat Conformation of Cyclohexane. A Direct Measurement of the*

Free-Energy Difference between the Chair and the Twist-Boat, J. Am. Chem. Soc. **1975,** *97,* 3244.

F. A. L. Anet, A. J. R. Bourn, *Nuclear Magnetic Resonance Line-Shape and Double-Resonance Studies of Ring Inversion in Cyclohexane-d_{11}, J. Am. Chem. Soc.* **1967,** *89,* 760.

F. R. Jensen, D. S. Noyce, C. H. Sederholm, A. J. Berlin, *The Rate of the Chair-Chair Interconversion of Cylcohexane, J. Am. Chem. Soc.* **1962,** *84,* 386.

S. L. Spassor, D. L. Griffith, E. S. Glazer, K. Nagarijan, J. D. Roberts, *Conformational Properties of Substituted 1,1-Difluorocyclohexanes, J. Am. Chem. Soc.* **1967,** *89,* 88.

R. Bucourt, *The Torsion Angle Concept in Conformational Analysis, Topics in Stereochem.* **1974,** *8,* 159.

Zu Abschn. 6.4.

W. L. Duax, C. M. Weeks, D. C. Rohrer, *Crystal Structures of Steroids, Topics in Stereochem.* **1976,** *9,* 271.

C. Altona, H. J. Geise, C. Romers, *Geometry and Conformation of Ring D in Some Steroids from X-Ray Structure Determinations, Tetrahedron* **1968,** *24,* 13.

C. Altona, *Geometry of Five-Membered Rings* in *Conformational Analysis* (Ed. G. Chiurdoglu), Academic Press, New York, 1971.

J. E. Kilpatrick, K. S. Pitzer, R. Spitzer, *The Thermodynamics and Molecular Structure of Cyclopentane, J. Am. Chem. Soc.* **1947,** *69,* 2483.

Zu Abschn. 6.5.

6.5.1.

D. H. R. Barton, R. C. Cookson, W. Klyne, C. W. Shoppee, *The Conformation of Cyclohexene, Chem. Ind. (London)* **1954,** 21.

6.5.2.

R. B. Turner, W. R. Meador, R. E. Winkler, *Heats of Hydrogenation. Hydrogenation of Some* cis- *and* trans-*Cycloolefins, J. Am. Chem. Soc.* **1957,** *79,* 4133.

A. C. Cope, C. R. Ganellin, H. W. Johnson, jr., T. V. Van Auken, H. J. S. Winkler, *Resolution of* trans-*Cyclooctene, J. Am. Chem. Soc.* **1963,** *85,* 3276.

P. C. Manor, D. P. Shoemaker, A. S. Parkes, *The Conformation and Absolute Configuration of (−)-*trans-*Cyclooctene, J. Am. Chem. Soc.* **1970,** *92,* 5260.

A. C. Cope, B. A. Pawson, *Kinetics of Racemization of (+ or −)-*trans-*Cyclooctene, J. Am. Chem. Soc.* **1965,** *87,* 3649.

O. Ermer, S. Lifson, *Vibrations, Conformations, and Heats of Hydrogenation of Nonconjugated Olefins, J. Am. Chem. Soc.* **1973,** *94,* 4121.

O. Ermer, *Zur Konformation von* trans-*Cycloocten, Angew. Chem.* **1974,** *86,* 672.

O. Ermer, *Aspekte von Kraftfeldrechnungen,* W. Baur Verlag, München, 1981.

M. Traetteberg, *The Molecular Structure of* trans-*Cyclooctene, Acta Chem. Scand.* **1975,** *29B,* 29.

Zu Abschn. 6.6.

6.6.1.

E. L. Eliel, N. L. Allinger, S. J. Angyal, G. A. Morrison, *Conformational Analysis,* Interscience Publ., New York, 1965.

C. Romers, C. Altona, H. R. Buys, E. Havinga, *Geometry and Conformational Properties of Some Five- and Six-Membered Heterocyclic Compounds Containing Oxygen or Sulfur, Topics in Stereochem.* **1969,** *4,* 39.

6.6.2.

C. Altona, M. Sundaralingam, *Conformational Analysis of the Sugar Ring in Nucleosides and Nucleotides. A New Description Using the Concept of Pseudorotation, J. Am. Chem. Soc.* **1972,** *94,* 8205.

Zu Abschn. 6.7.

V. Prelog, *Conformational Analysis – Scope and Present Limitations, Pure Appl. Chem.* **1971,** *25,* 465.

M. Saunders, R.M. Jarret, *A New Method for Molecular Mechanics, J. Comput. Chem.* **1986,** *7,* 578.

M. Saunders, *Stochastic Exploration of Molecular Mechanics Energy Surfaces. Hunting for the Global Minimum, J. Am. Chem. Soc.* **1987,** *109,* 3150.

V. L. Shannon, H. L. Strauss, R. G. Snyder, C. A. Elliger, W. L. Mattice, *Conformation of the Cycloalkanes* $C_{14}H_{28}$, $C_{16}H_{32}$, *and* $C_{22}H_{44}$ *in the Liquid and High-Temperature Crystalline Phases by Vibrational Spectroscopy, J. Am. Chem. Soc.* **1989,** *111,* 1947.

J. B. Hendrickson, *Machine Computation of The Common Rings, J. Am. Chem. Soc.* **1961,** *83,* 4537.

N. L. Allinger, M. A. Miller, F. A. VanCatledge, J. A. Hirsch, *The Calculation of the Conformational Structures of Hydrocarbons by the Westheimer-Hendrickson-Wiberg Method, J. Am. Chem. Soc.* **1967,** *89,* 4345.

J. M. A. Baas, B. van de Graaf, D. Tavernier, P. Vanhee, *Empirical Force Field Calculations. Conformational Analysis of* cis-*Decalin, J. Am. Chem. Soc.* **1981,** *103,* 5014.

7 Makromolekulare und supramolekulare Chemie

7.1. Definitionen

Ein wichtiges Kriterium zur Klassifizierung chemischer Verbindungen ist die Molekülmasse. Verbindungen ab einer Molekülmasse von etwa 10000 (= 10 kD) rechnet man der *makromolekularen Chemie* zu. Es wäre nur konsequent, Verbindungen mit einer geringeren Molekülmasse der *mikromolekularen Chemie* zuzuordnen. Der Grenzwert von 10 kD wurde vom Begründer der makromolekularen Chemie, *Hermann Staudinger*, vorgeschlagen. Er ist willkürlich, berücksichtigt allerdings die Erfahrung, daß jenseits dieser Grenze die sogenannten makromolekularen Eigenschaften, z. B. die hohe Viskosität verdünnter Lösungen, ausgeprägt sind.

Die *molekulare Chemie* beschäftigt sich mit Molekülen jedweder Größe, deren Atome durch kovalente Bindungen zusammengehalten werden. Die *supramolekulare Chemie* beschäftigt sich mit Übermolekülen, deren Moleküle durch nicht-kovalente Kräfte zusammengehalten werden.

Die Begriffe *Makromoleküle*, *Kunststoffe* oder *Polymere* werden des öfteren synonym verwendet. Unter einem Polymeren (Oligomeren) versteht man ein Molekül, das strukturell durch vielfache (mehrfache) Repetition konstitutioneller Repetiereinheiten (*vide infra*) beschrieben werden kann. Der Struktur und dem systematischen Namen eines Polymeren ist dabei ohne weiteres nicht abzulesen, welches Monomere zu seiner Herstellung (Polymerisation) verwendet worden ist. Makromolekulare Verbindungen werden zweckmäßigerweise in technische Polymere (Kunststoffe) und in Biopolymere unterteilt.

Die technischen Polymeren wie die Biopolymeren sind in der Vergangenheit mehr oder weniger von organischen Chemikern ausgegrenzt worden (*Kap. 1.2.1*). Wir wollen dagegen die wachsende Einsicht fördern, die Molekülgröße sei als Kriterium für wissenschaftsdisziplinäre Abgrenzungen nicht länger annehmbar. In der Frage nach der Struktur der Moleküle sehen wir ein vereinigendes Interesse für bislang getrennte Fachgebiete und trauen der Konformationsanalyse am ehesten zu, die bisherige Grenze zu überwinden.

Die Bezeichnung *mer* wird als Bestandteil von Substantiven (man spricht in bezug auf eine kleinste Struktur-Einheit von *Monomeren*, *Dimeren*, *Oligomeren*, *30meren*, *Polymeren*, *Diversomeren*) oder als Bestandteil von Adjektiven (zur strukturellen Unterscheidung von einer gegebenen Struktur-Einheit spricht man von *isomer*, *enantiomer*, *anomer*) verwendet.

In idealisierten Kettenpolymeren liegt eine strukturelle Regelmäßigkeit vor, die in verstärkter Weise für die Beschreibung eines idealisierten Kristalls zutrifft: In beiden Fällen gibt es strukturelle Repetiereinheiten, die in periodischer Regelmäßigkeit durch Parallelverschiebung (Translation) wiederkehren. Lineare Polymere mit ihrer eindimensionalen Ordnung stehen am Anfang einer Systematik, die bei den Kristallen mit ihrer dreidimensionalen Ordnung endet. Ausführungen über Kristall-Symmetrie sind in *Kap. 11.3* gemacht worden.

7.2. Technische Polymere

7.2.1. Konstitution und Konfiguration von Poly(methylen) und Poly(propylen)

Polymerisationsprodukte entstehen durch spontane oder katalysierte Polymerisation aus den gleichen oder aus verschiedenen Monomer-Einheiten. Der herkunftsbezogene Trivialname wie z. B. *Polyethylen* für ein Polymeres deutet hier auf das verwendete Monomere *Ethylen* hin. Dem systematischen Namen *Poly(methylen)* liegt dagegen die *bivalent-konstitutionelle Repetiereinheit* (*'constitutional repeating unit'*) ($-CH_2-$) zugrunde.

Bestehen Polymere aus nur einer Art *konstitutioneller Repetiereinheit*, so werden sie als *reguläre* Polymere bezeichnet, enthalten sie dagegen zwei oder mehrere verschiedenartige *konstitutionelle Repetiereinheiten*, spricht man von *irregulären* Polymeren (*Fig. 7.1*). In *Kap. 2.6.4* wurde der Begriff 'regulär' ohne Kommentar bereits verwendet, wenn eine konstitutionelle Repetiereinheit in einer chemischen Verbindung mehrfach auftrat.

Für *Poly(propylen)* mit regulärer Konstitution stellt das (1-Methylethan-1,2-diyl)-Fragment ($-CH(CH_3)-CH_2-$) die *konstitutionelle Repe-*

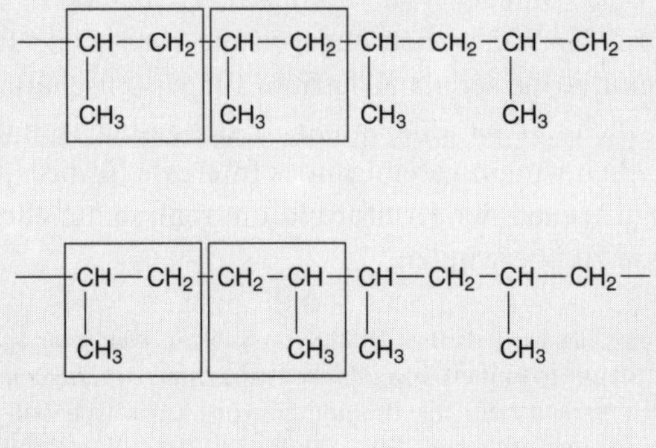

Fig. 7.1. *Fragmente von Poly(propylen) mit* regulärer (oben) *sowie* irregulärer (unten) *Konstitution*

tiereinheit dar, die hier mit der *konstitutionellen Basiseinheit* identisch ist. Nach der Konvention beginnt die bivalent-konstitutionelle Repetiereinheit mit dem Atom der höchsten Priorität. Die reguläre Anordnung wird durch (*Kopf-Schwanz*)-*Verknüpfung* der konstitutionellen Basiseinheit erreicht. Im Poly(propylen) mit irregulärer Konstitution sind die konstitutionellen Basiseinheiten in unregelmäßiger Folge durch (Kopf-Kopf)-, (Schwanz-Schwanz)- oder (Kopf-Schwanz)-Verknüpfungen aneinander gereiht. Zur stereostrukturellen Beschreibung von Polymeren vom Typ des Poly(propylens) durch *konfigurationelle Repetiereinheiten* (*configurational repeating units*) ist darauf zu achten, daß letztere mit den *konfigurationellen Basiseinheiten* (*configurational base units*) identisch sein können, aber nicht müssen.

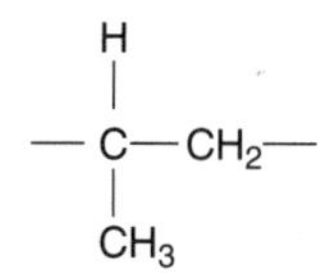

und

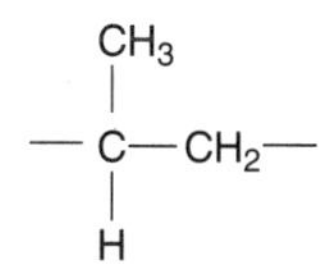

Es ist daher zweckmäßig, zwischen *konfigurationeller Basiseinheit* und *konfigurationeller Repetiereinheit* zu unterscheiden.

Reguläres isotaktisches Poly(propylen)

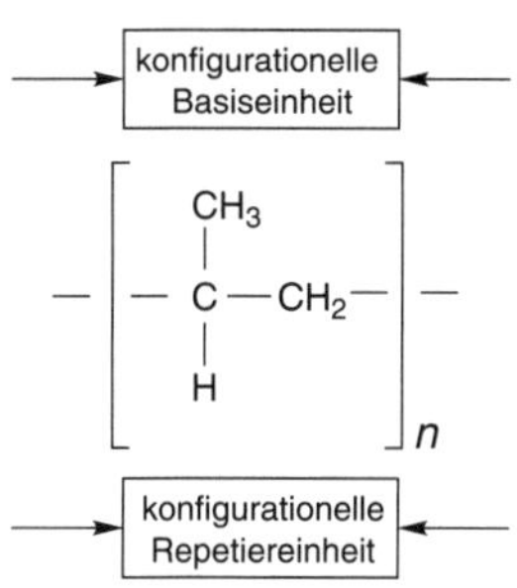

Die konfigurationelle Repetiereinheit ist mit der konfigurationellen Basiseinheit identisch.

Reguläres syndiotaktisches Poly(propylen)

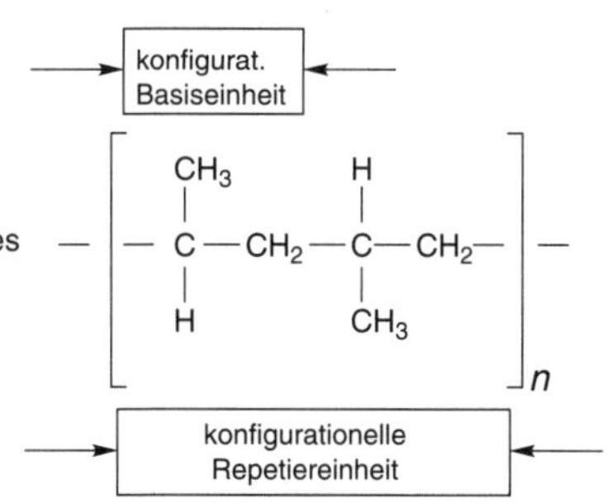

Die konfigurationelle Repetiereinheit besteht aus zwei enantiomorphen konfigurationellen Basiseinheiten.

Reguläres ataktisches Poly(propylen)

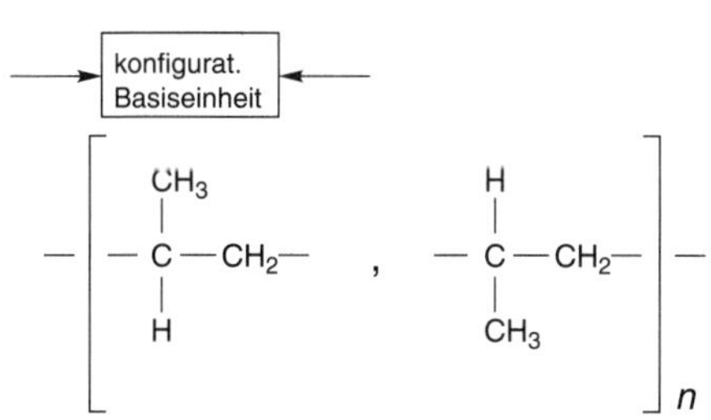

Die gleiche Anzahl enantiomorpher konfigurationeller Basiseinheiten ist ungleichmäßig verteilt.

Bei linearen Polymeren ist es üblich, statt der ursprünglichen *Fischer*-Projektion mit vertikaler Kettenanordnung eine modifizierte *Fischer*-Projektion mit horizontaler Kettenanordnung zu verwenden, in der horizontale Linien vor und vertikale Linien hinter die Projektionsebene gerichtet sind. Sehr häufig wird auch die Zickzack-Darstellung einer Kette verwendet. In *Fig. 7.2* wird gezeigt, wie man die *Fischer*-Projektion in die Zickzack-Darstellung (und umgekehrt) übersetzt.

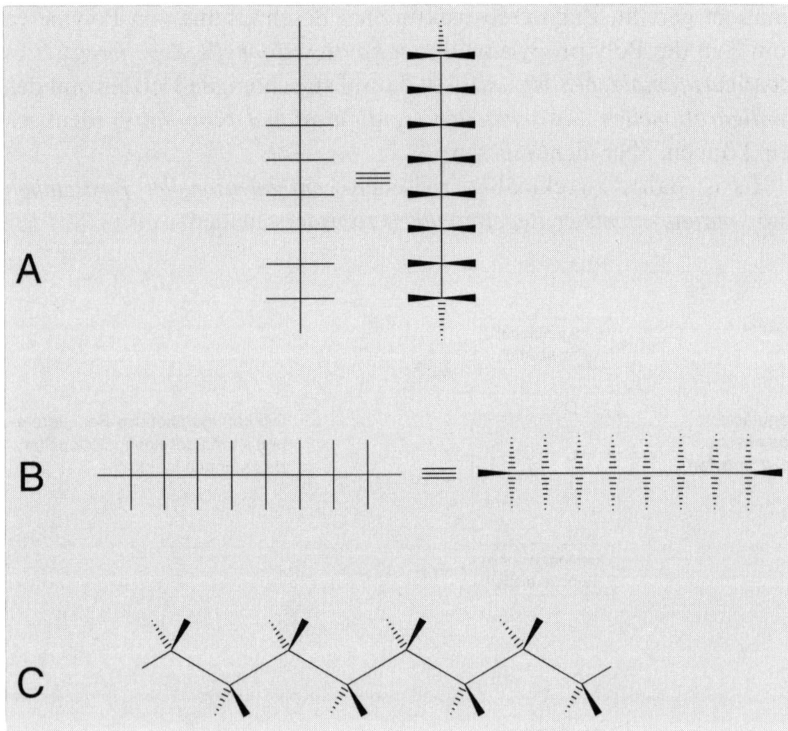

Fig. 7.2. Fischer-*Projektion* (A), *modifizierte* Fischer-*Projektion* (B) *und Zickzack-Darstellung* (C)

Bei Poly(propylen) mit regulärer Konstitution gibt es konfigurationell reguläre (*taktische*) und konfigurationell irreguläre (*ataktische*) Varianten. Taktisches Poly(propylen) kann *isotaktisch* oder *syndiotaktisch* sein, je nachdem, ob die konfigurationelle Basiseinheit und die konfigurationelle Repetiereinheit identisch sind oder nicht.

Das *isotaktische* Polymere (*Fig. 7.3*) ist dadurch gekennzeichnet, daß nur ein und dieselbe konfigurationelle Basiseinheit in konstitutionell-regelmäßiger Anordnung wiederkehrt. Beim isotaktischen Poly(propylen) (R = Me) sind konfigurationelle Basiseinheit und konfigurationelle Repetiereinheit identisch. Die Me-Gruppen befinden sich auf derselben Seite der Kette.

Fig. 7.3. *Modifizierte* Fischer-*Projektion und Zickzack-Darstellung eines isotaktischen Polymeren*

Das *syndiotaktische* Polymere (*Fig. 7.4*) ist dadurch gekennzeichnet, daß die beiden sich durch enantiomorphe Konfiguration unterscheidenden Basiseinheiten in konstitutionell-regelmäßiger Anordnung alternieren. Hier sind konfigurationelle Basiseinheit und konfigurationelle Repetiereinheit nicht identisch. Beim syndiotaktischen Poly(propylen) (R = Me) wechseln die Me-Gruppen alternierend die Kettenseite.

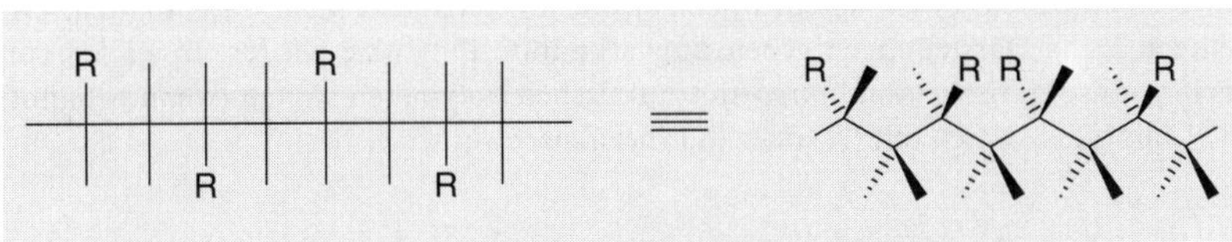

Fig. 7.4. *Modifizierte* Fischer-*Projektion und Zickzack-Darstellung eines syndiotaktischen Polymeren*

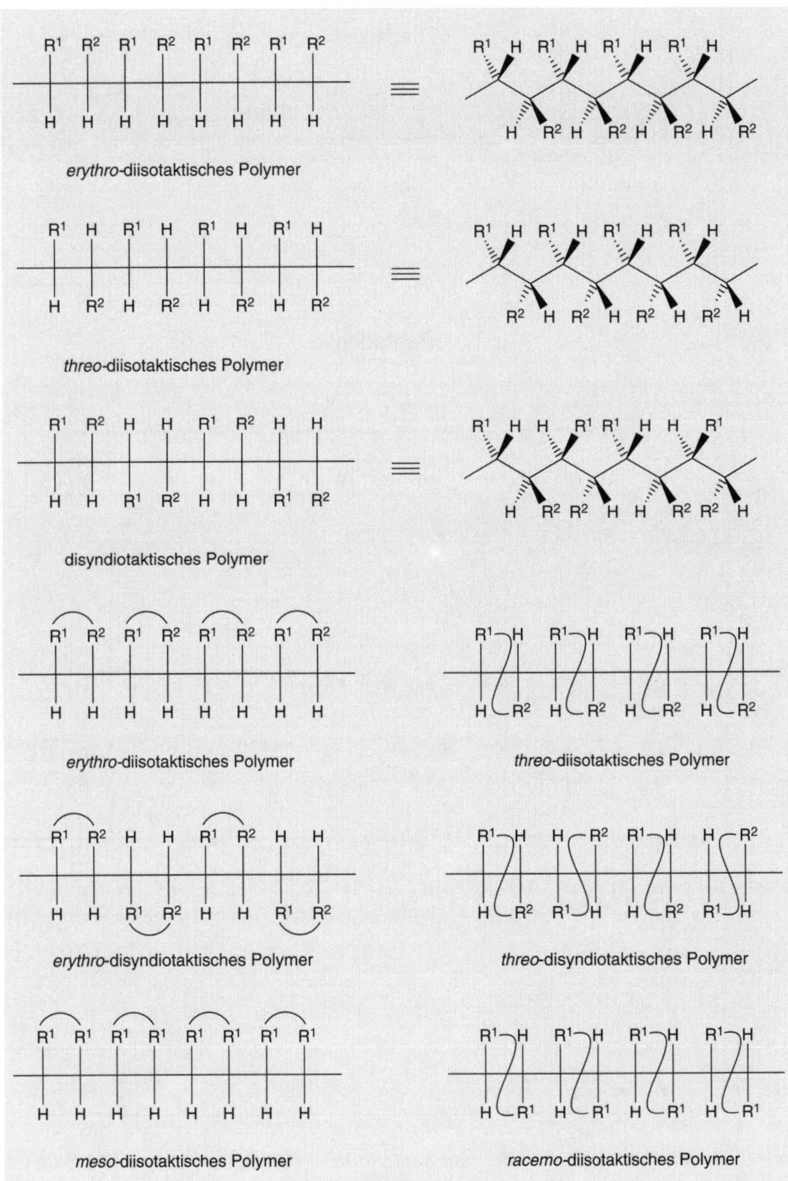

Fig. 7.5. *Stereochemische Spezifizierung von Polymeren*

In der Regel sind die beiden Teile der Hauptkette, die von einer konstitutionellen Basiseinheit ausgehend gebildet werden, nicht identisch. Dies hat zur Folge, daß ein C-Atom im Rückgrat des Polymeren, das zusätzlich mit zwei verschiedenartigen Liganden verknüpft ist, ein stereogenes Zentrum darstellt. Wenn nicht ausdrücklich anders betont, geben die Formelbilder für konfigurationelle Basis- oder Repetiereinheiten nur die relative Konfiguration an.

In bezug auf die relative Konfiguration können die Polymeren weiter spezifiziert werden. In *Fig. 7.5* werden ditaktische Polymere gezeigt, in denen die konfigurationellen Basiseinheiten jeweils zwei (unterschiedliche) stereogene Zentren enthalten. Die unteren sechs Darstellungen geben ringverknüpfte Polymere wieder: In Fällen von *erythro*-diisotaktischen und *threo*-diisotaktischen Polymeren sollten (wenn bekannt) die Chiralitätszentren mit (*R*) oder (*S*) spezifiziert werden.

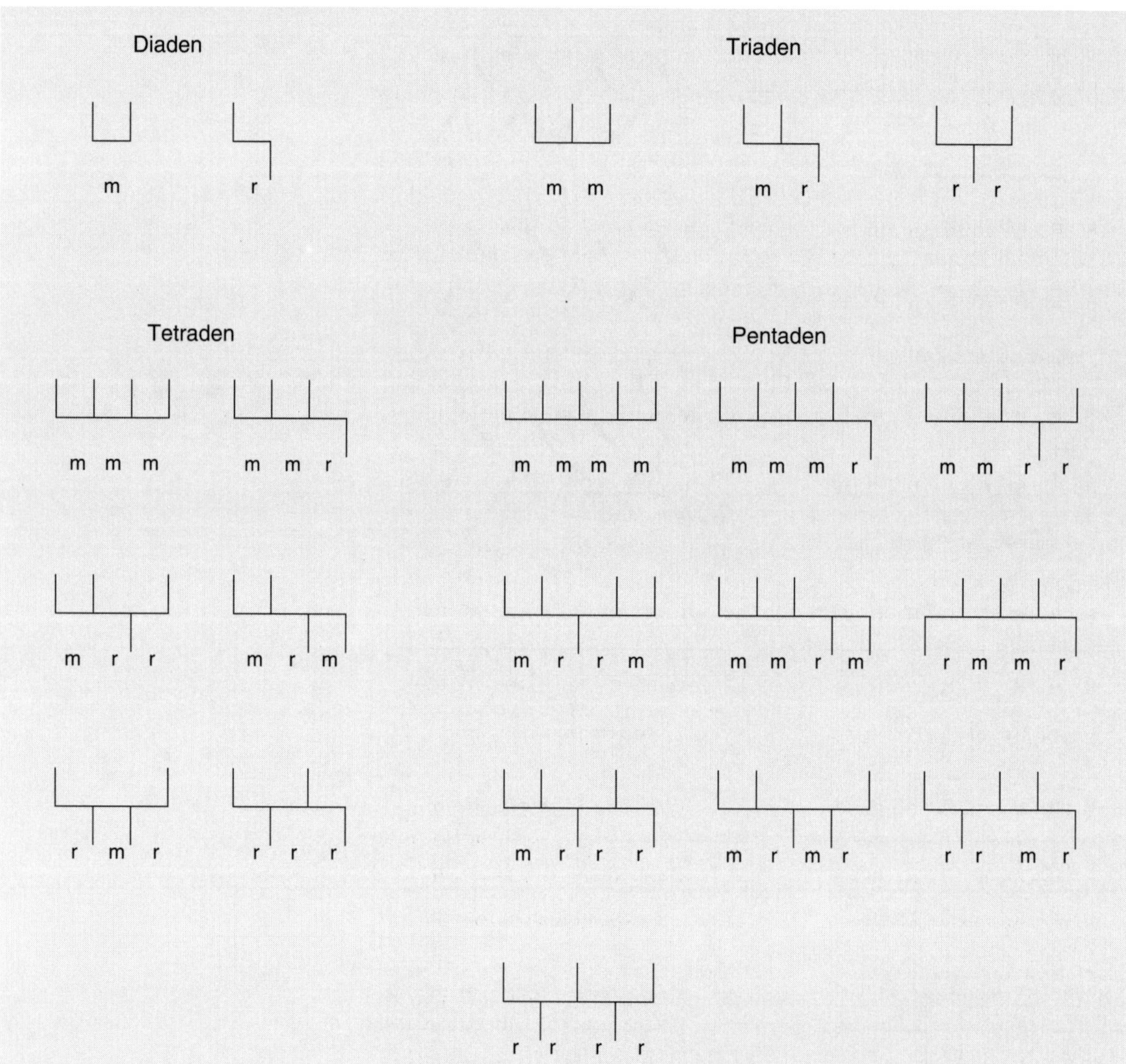

Fig. 7.6. *Symbolische Darstellung von Kettensegmenten mit zwei, drei, vier oder fünf konfigurationellen Basiseinheiten.* Die Buchstaben m (von *meso*) bzw. r (von *racemo*) kennzeichnen das isotaktische bzw. syndiotaktische Polymerensegment.

Kommen in einem Polymeren Basiseinheiten in ihren möglichen Konfigurationen in gleicher Anzahl, aber unregelmäßig verteilt vor, so hat man es mit einem *ataktischen* Polymeren zu tun.

In vielen Polymeren kommt Taktizität (d. h. die regelmäßige Anordnung konfigurationeller Basiseinheiten in der Hauptkette des Polymeren) nur in relativ kurzen Kettenabschnitten in Betracht. Man spricht dann von partieller Taktizität. Solche Kettensegmente, welche zwei, drei, vier *etc.* konfigurationelle Basiseinheiten enthalten, werden als *Diaden, Triaden, Tetraden etc.* bezeichnet (*Fig. 7.6*).

7.2.2. Konformation von Poly(methylen), Poly(propylen) und Poly(oxymethylen)

Die systematische Konformationsanalyse solcher Makromoleküle, deren konstitutionelle Repetiereinheiten aus Alkandiyl-Fragmenten bestehen, folgt Regeln, die als Erfahrungssätze beim Umgang mit *Ethan*, *Butan* und *Pentan* gewonnen wurden. Beim *Ethan* (*Kap. 2.5.1.2* und *6.3.3*) wurde festgestellt, daß die gestaffelte Konformation 'erlaubt', die ekliptische 'verboten' ist. Beim *Butan* (*Kap. 6.3.4* und *10.3.2*) gilt, daß bei den gestaffelten Konformationen die Stabilitätenreihenfolge *ap* > *sc* lautet. Beim *Pentan* werden wir sehen, daß zur Analyse sämtlicher gestaffelten Konformationen die Drehungen um die (C(2)–C(3))- und um die (C(3)–C(4))-Bindungen nicht unabhängig voneinander betrachtet werden können. Beim *Hexan* führt eine entsprechende Analyse der gestaffelten Konformationen zur Einsicht, daß Folgerungen aus Drehungen um die (C(2)–C(3))-, (C(3)–C(4))- und (C(4)–C(5))-Bindungen zwar ebenfalls nicht voneinander losgelöst gezogen werden können, daß aber zum Glück für eine qualitativ-systematische Konformationsanalyse die sukzessive Berücksichtigung von Konformationsausschnitten nach Drehungen jeweils um zwei aufeinanderfolgende Bindungen zum gewünschten Ziel führt.

Die idealisiert-gestaffelten Konformationen des Pentans ohne *Pitzer*-Spannung lassen sich mit Hilfe der Diamantgitter-Matrix (*Kap. 10.3.3*) bequem graphisch beschreiben und mit Hilfe der Forderungen nach minimaler *Newman*-Spannung (*Kap. 6.3.4*) sowie nach Begünstigung von *ap*- vor *sc*-Konformationselementen des Butans in eine geeignete Stabilitätenreihenfolge bringen (*Fig. 7.7*).

Beim (*ap*/*ap*)-Konformationstyp sind zwei 1,3-ständige (H,H)-Paare auszumachen. Bei den enantiomorphen Konformationen vom (*ap*/–*sc*)- oder (*ap*/+*sc*)-Typ trifft man einmal auf ein 1,3-ständiges (H,H)-Paar und einmal auf ein 1,3-ständiges (H,Me)-Paar. Bei den enantiomorphen Konformationen vom (–*sc*/–*sc*)- oder (+*sc*/+*sc*)-Typ liegen zwei 1,3-ständige (H,Me)-Paare vor, deren Bindungen zu den entsprechenden Kettenzentren parallel zueinander angeordnet sind. Beim (+*sc*/–*sc*)-Konformationstyp schließlich sind jeweils zwei 1,3-ständige H-Atome sowie zwei 1,3-ständige Me-Gruppen parallel zueinander orientiert. Die potentielle Energie der aufgeführten Konformationstypen nimmt in der angegebenen Reihenfolge zu; die drei erstgenannten Konformationstypen gelten aus sterischen Gründen als 'erlaubt', der zuletzt genannte Konformationstyp gilt dagegen wegen der Repulsion zweier 1,3-ständiger Me-Gruppen (hohe *Newman*-Spannung) als 'verboten': Im Diamantgitter konkurrieren zwei H-Atome um ein und dieselbe Position.

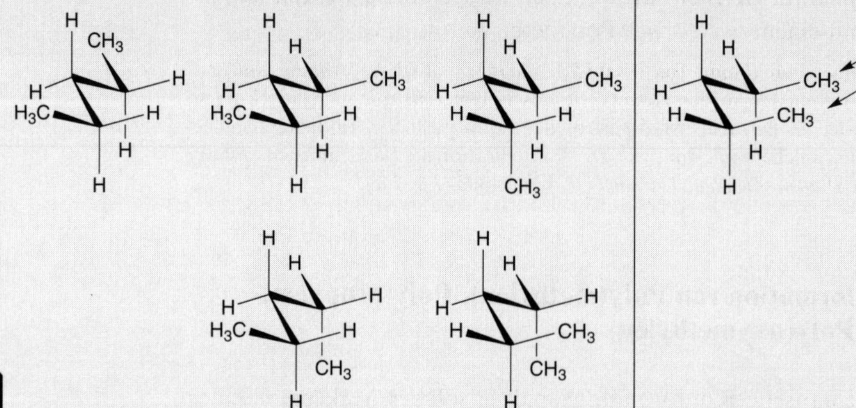

Pentan

Torsionswinkel	180°, 180°	180°, –60° 180°, +60°	–60°, –60° +60°, +60°	+60°, –60°
Konformationstyp	*ap*/*ap* (*t*/*t*)	*ap*/∓*sc* (*t*/∓*g*)	∓*sc*/∓*sc* (∓*g*/∓*g*)	+*sc*/–*sc* (+*g*/–*g*)
	'erlaubt'	'erlaubt'	'verboten'	'verboten'

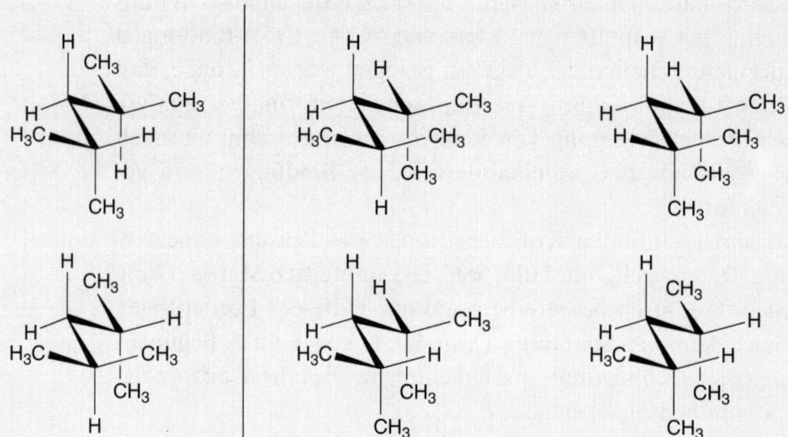

2,4-Dimethylpentan

Torsionswinkel	180°, 180° u. –60°, –60° 180°, 180° u. +60°, +60°	180°, +60° u. +60°, –60° 180°, –60° u. –60°, +60°	+60°, –60° u. –60°, +60° 180°, 180° u. –60°, +60°
Konformationstyp	*ap*/*ap* u. ∓*sc*/∓*sc* (*t*/*t* u. ∓*g*/∓*g*)	*ap*/±*sc* u. ±*sc*/∓*sc* (*t*/±*g* u. ±*g*/∓*g*)	+*sc*/–*sc* u. –*sc*/+*sc* *ap*/*ap* u. –*sc*/+*sc* (+*g*/–*g* u. –*g*/+*g*) (*t*/*t* u. –*g*/+*g*)
	'erlaubt'	'verboten'	'verboten'

Fig. 7.7. *Systematische Konformationsanalyse für Pentan und 2,4-Dimethylpentan* (*t*: *trans*, *g*: *gauche*)

In aller Regel weichen die realen Konformeren von den idealisierten Konformationen ab. *Ab initio* MO-Berechnungen sind heute mit einer solchen Zuverlässigkeit möglich, daß sie als eine der Informationsquellen für (Struktur/Energie)-Beziehungen in Betracht kommen (s. *Aspekte der Organischen Chemie*, Band 4: *Methoden der Struktur-Bestimmung*). *Tab. 7.1* können die berechneten Torsionswinkel und relativen Energie-Beträge für die relevanten Konformationen des Pentans entnommen werden. Erwartungsgemäß weichen die beiden zuletzt angeführten realen Konformeren (mit C_s- oder C_1-Symmetrie) besonders stark von der 'verbotenen' Konformation mit C_s-Symmetrie ab.

Tab. 7.1. *Torsionswinkel und berechnete relative Energie-Beträge für die Konformationen des Pentans*

idealisiert [°]	berechnet [°]	ber. [a]) rel. Energien [kJ/mol]
180/180	180/180	0,00
180/±60	177/±68,76	4,19
±60/±60	±63,77/±63,40	7,87
±60/∓60	———	21,60
	±78,13/∓77,14	17,21
	±63,23/∓94,61	16,24

[a]) K. B. Wiberg, M. A. Murcko, *Energies of Alkane Rotamers. An Examination of Gauche Interactions, J. Am. Chem. Soc.* **1988,** *110*, 8029.

Beim 2,4-Dimethylpentan (*Fig. 7.7*) sind insgesamt nur die beiden enantiomorphen Konformationen mit jeweils zwei 1,3-Anordnungen von H-Atom und Me-Gruppe 'erlaubt': diejenigen mit (*ap*/*ap*)- und (+*sc*/+*sc*)- bzw. mit (*ap*/*ap*)- und (−*sc*/−*sc*)-Konformationselementen des Butans. Zu den 'verbotenen' Konformationen gehören die beiden enantiomorphen und eine der beiden diastereomorphen Konformationen (mit jeweils *einer* Repulsion zweier 1,3-ständiger Me-Gruppen) sowie die andere der beiden diastereomorphen Konformationen (mit *zwei* Repulsionen zweier 1,3-ständiger Me-Gruppen).

Der Vergleich von Pentan mit 2,4-Dimethylpentan macht die Einschränkung des vieldimensionalen Konformationsraums durch die Repulsion 1,3-ständiger Nicht-H-Atome bewußt (*Newman*-Spannung; vgl. *cis*-1-Ethyl-2-isopropylcyclohexan in *Kap. 6.3.4*). Diese Einschränkung führt zu konformationellen Präorganisationen, die z. B. für die Funktion acyclischer Ionophore, für die Cyclisierungstendenz acyclischer

Synthese-Vorläufer von makrocyclischen Zielverbindungen oder für das Zustandekommen regulärer Elemente der Sekundärstruktur (*Kap. 10.5.4.2*) durch Bildung von H-Brücken (*Kap. 15*) wichtig sind.

Drastische Einschränkungen der molekularen Mobilität werden durch eine konstitutionelle Klammer erreicht, die dann zu cyclischen Systemen führt. Ersetzt man zwei zueinander parallel orientierte Me-Gruppen in Gedanken durch CH_2-Gruppen eines Propan-1,3-diyl-Fragments (*Fig. 7.8*), so entfallen die 'erlaubten' Konformationen des acyclischen Systems als Ausgangsbasis. Von den vier 'verbotenen' Konformationen des 2,4-Dimethylpentans kommt man zu den beiden 'erlaubten' Konformationen des *trans*-1,3-Dimethylcyclohexans (*Tab. 6.2*) sowie zur 'erlaubten' Konformation des konfigurationsisomeren *cis*-1,3-Dimethylcyclohexans mit äquatorial orientierten Me-Gruppen.

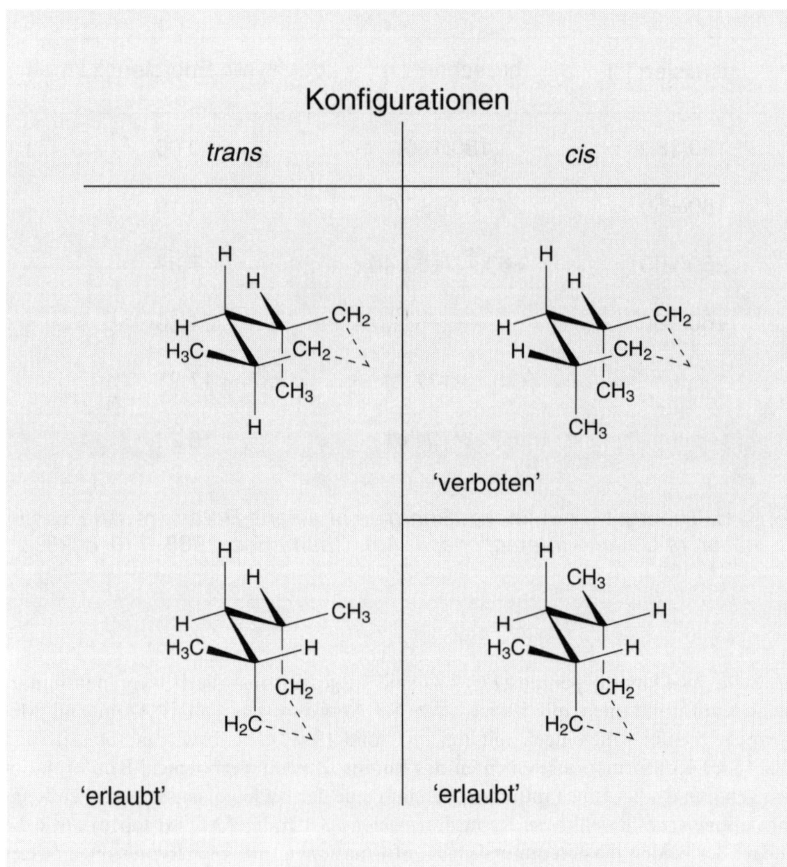

Fig. 7.8. *Konformere des zwischen C(2) und C(4) propano-1,3-diyl-überbrückten Pentans*

Von den zehn Konformationstypen des Hexans (*Fig. 7.9*) mit den dort angegebenen Torsionswinkel-Kombinationen sind alle, bis auf die drei letztgenannten, 'erlaubt'. Bei den drei 'verbotenen' Konformationstypen ist in den beiden erstgenannten Fällen eine Repulsion und sind im letztgenannten Fall gar zwei Repulsionen zwischen 1,3-ständigen Me- oder CH_2-Gruppen festzustellen.

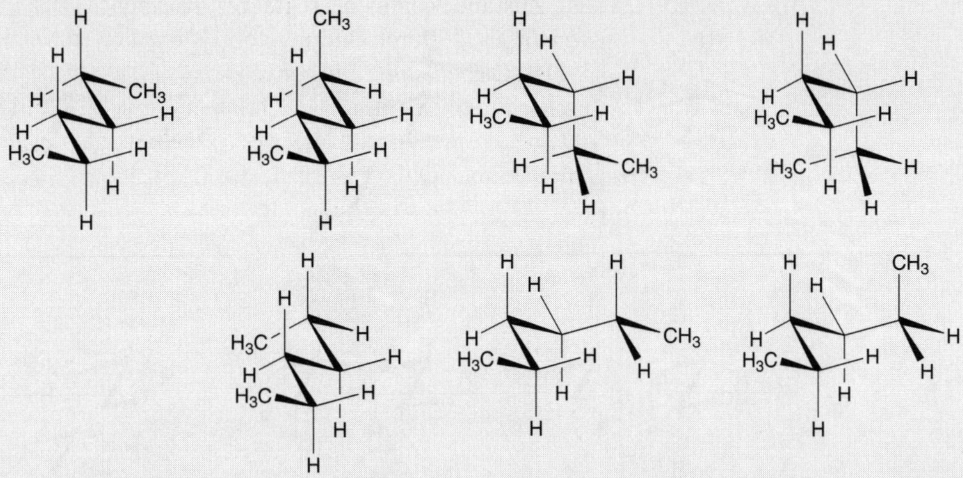

Torsionswinkel	180°, 180°, 180°	180°, 180°, +60° 180°, 180°, −60°	180°, +60°, 180° 180°, −60°, 180°	180°, +60°, +60° 180°, −60°, −60°
Konformationstyp	*ap*/*ap*/*ap* (*t*/*t*/*t*)	*ap*/*ap*/±*sc* (*t*/*t*/±*g*)	*ap*/±*sc*/*ap* (*t*/±*g*/*t*)	*ap*/±*sc*/±*sc* (*t*/±*g*/±*g*)

'erlaubt'

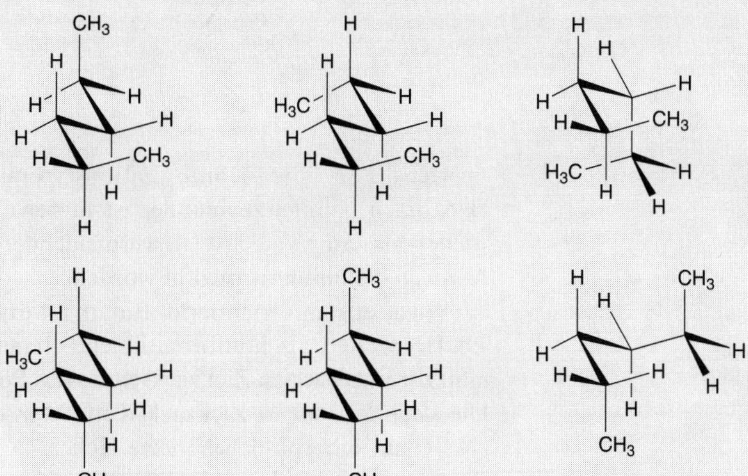

Torsionswinkel	+60°, 180°, +60° −60°, 180°, −60°	+60°, 180°, −60° −60°, 180°, +60°	+60°, +60°, +60° −60°, −60°, −60°
Konformationstyp	±*sc*/*ap*/±*sc* (±*g*/*t*/±*g*)	±*sc*/*ap*/∓*sc* (±*g*/*t*/∓*g*)	±*sc*/±*sc*/±*sc* (±*g*/±*g*/±*g*)

'erlaubt'

Fig. 7.9. *Systematische Konformationsanalyse für Hexan.* Die untereinander dargestellten Konformationen sind jeweils enantiomorph.

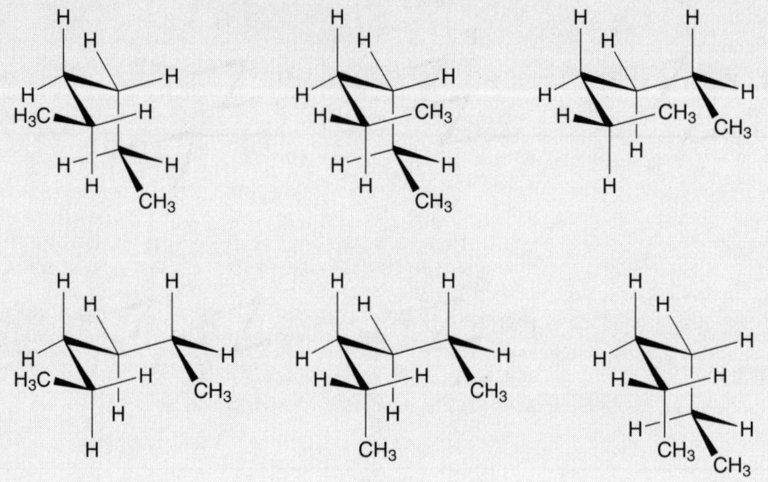

Torsions-winkel	180°, +60°, −60° 180°, −60°, +60°	+60°, +60°, −60° −60°, −60°, +60°	+60°, −60°, +60° −60°, +60°, −60°
Konfor-mationstyp	*ap*/±*sc*/∓*sc* (*t*/±*g*/∓*g*)	±*sc*/±*sc*/∓*sc* (±*g*/±*g*/∓*g*)	±*sc*/∓*sc*/±*sc* (±*g*/∓*g*/±*g*)
		'verboten'	

Fig. 7.9. (*Forts.*)

Der (± *sc*/∓ *sc*)-Konformationstyp mit zwei 1,3-ständigen Nicht-H-Atomen parallel zueinander ist in der chemischen Literatur immer wieder als ein möglichst zu vermeidender Konformationstyp (hoher *Newman*-Spannung) erwähnt worden.

Wird das *ap*-orientierte Butan-1,4-diyl-Fragment ($-CH_2-CH_2-$ $-CH_2-CH_2-$) als konformationelle Repetiereinheit gewählt, kommt man zur idealisierten Zickzack-Kette des Poly(methylens) (*Fig. 7.11, a*). Die idealisiert-lineare Zickzack-Kette ist insofern ein Sonderfall, als hier zwei enantiomorph-degenerierte Helices zusammenfallen. Jede Abweichung von der idealisiert-linearen Konformation bewirkt, daß die Zickzack-Kette helicale Gestalt annimmt. Zur eindeutigen Beschreibung einer Helix müssen die in *Fig. 7.10* angegebenen Größen bekannt sein.

Für den idealisierten Fall des Poly(methylens) beträgt der minimale Abstand zwischen den H-Atomen in 1,2- oder in 1,3-Stellungen 250 pm und ist damit größer als die Summe der *van-der-Waals*-Radien (für H: 2 · 120 pm = 240 pm). Tatsächlich sind Zickzack-Ketten mit einem Abstand von 255 pm zwischen den benachbarten Repetiereinheiten beobachtet worden (*Fig. 7.11, a*).

In *Abschn. 7.2.1* wurde zwischen isotaktischem, syndiotaktischem und ataktischem Poly(propylen) unterschieden. Für syndiotaktisches Poly(propylen) (*Fig. 7.4*), bei welchem Basiseinheiten mit enantiomorpher Konfiguration alternieren, führt die Konformationsanalyse ebenfalls zu einer idealisiert-linearen Zickzack-Kette (Torsionswinkel der Hauptkette: 180°; *Fig. 7.11, b*).

Man erkennt in der dreidimensionalen Struktur eine Translationsachse, die mit der Kettenachse zusammenfällt, eine Gleitspiegelebene entlang und eine Spiegelebene senkrecht zur Kettenachse.

Daneben kommen zwei enantiomorphe 4_1-Helices (d. h. vier konfigurationelle Basiseinheiten auf eine volle Umdrehung) in Betracht (*Fig. 7.12*).

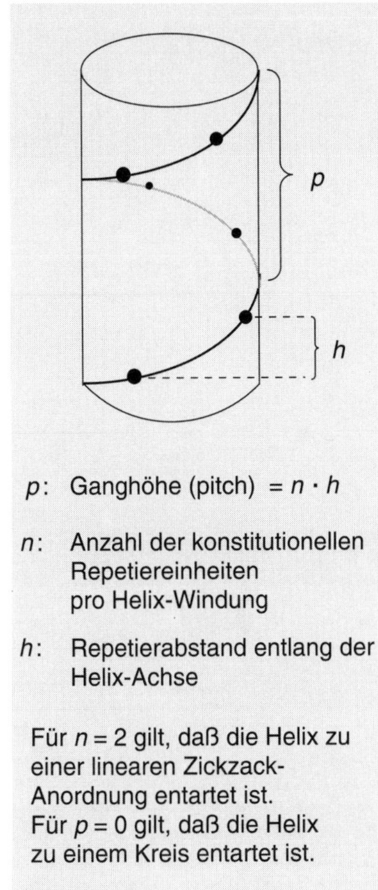

Fig. 7.10. *Schematische Darstellung eines Helix-Ausschnitts*

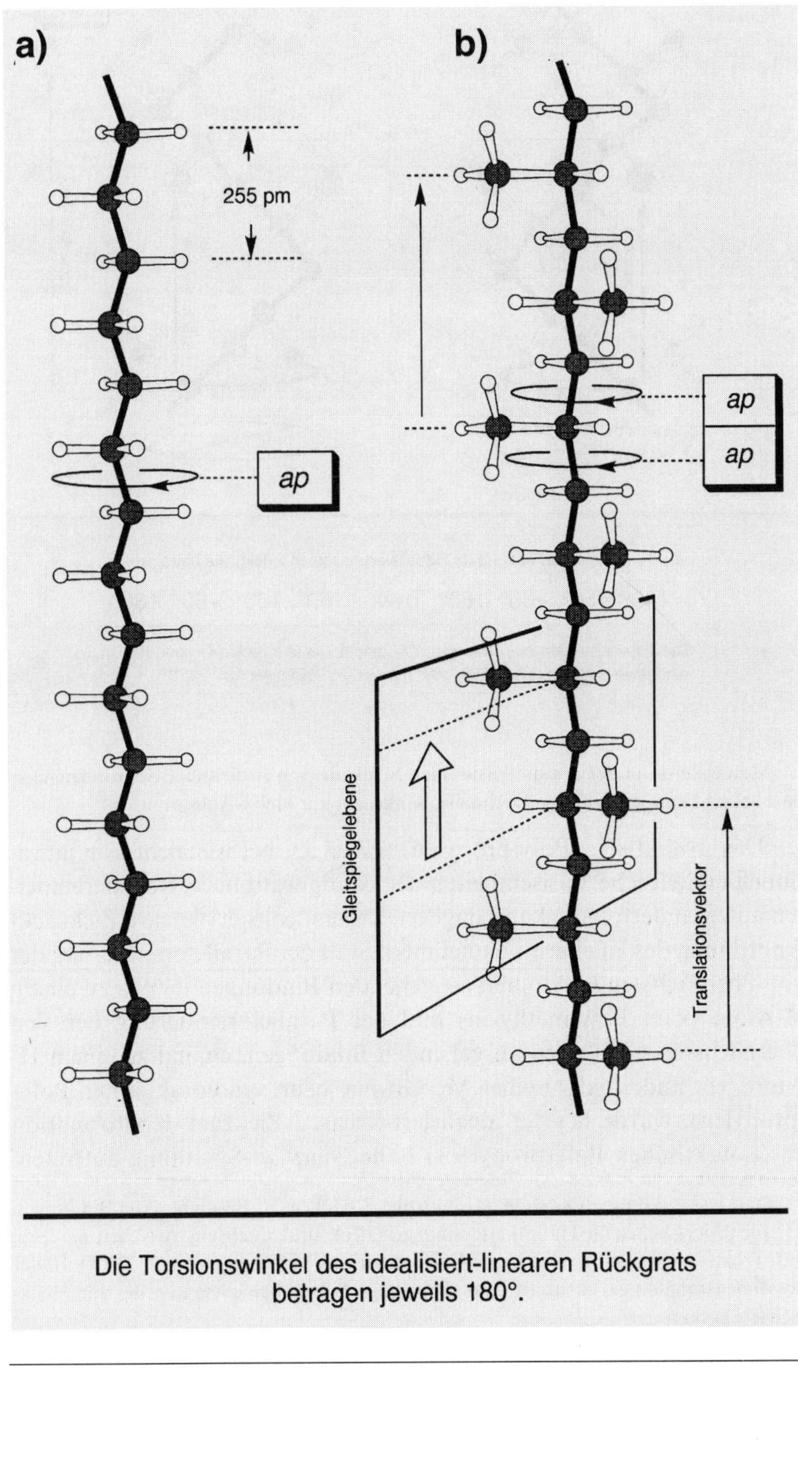

Fig. 7.11. *Ausschnitte aus Poly(methylen)* (a) *und aus syndiotaktischem Poly(propylen)* (b) *mit jeweils idealisiert-linearer Kette*

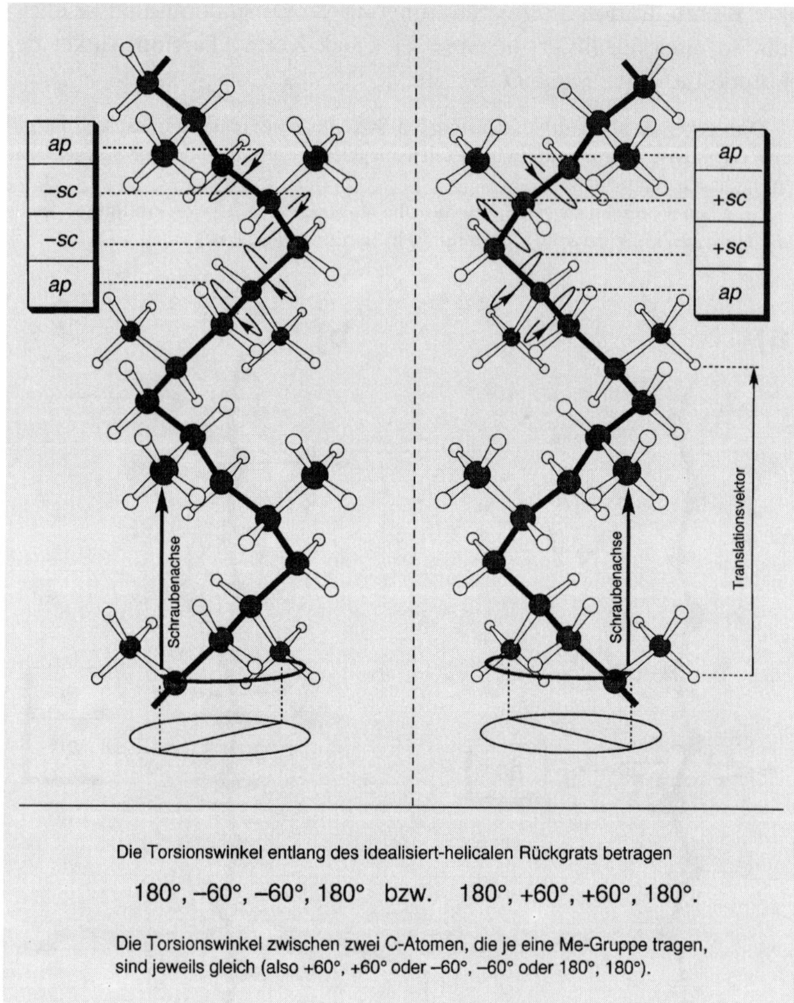

Fig. 7.12. *Ausschnitte aus syndiotaktischem Poly(propylen) mit helicaler 4_1-Konformation*

Man erkennt in der dreidimensionalen Struktur eine zweizählige Schraubenachse parallel und eine zweizählige Drehachse senkrecht zur Helix-Achse.

Das isotaktische Poly(propylen) (*Fig. 7.3*), bei welchem konfigurationell-einheitliche Basiseinheiten als konfigurationelle Repetiereinheiten aufeinanderfolgen, kann dagegen keine idealisiert-lineare Zickzack-Anordnung des Rückgrats einnehmen: Statt der Parallelorientierung der von übernächsten C-Atomen ausgehenden Bindungen jeweils zu einem H-Atom beim Poly(methylen) und der Parallelorientierung der von übernächsten C-Atomen ausgehenden Bindungen, einmal zu einem H-Atom, ein andermal zu einer Me-Gruppe beim syndiotaktischen Poly(propylen), würde bei der idealisiert-linearen Zickzack-Konformation des isotaktischen Poly(propylens) hohe *Newman*-Spannung auftreten.

Stattdessen kommen zwei enantiomorphe 3_1-Helices in Betracht. Alle Bindungen der idealisiert-helicalen Hauptkette sind gestaffelt und wechseln zwischen *ap*- und (+*sc*)- bzw. zwischen *ap*- und (−*sc*)-Konformationsfragmenten ab (*Fig. 7.13*). In der dreidimensionalen Struktur ist eine dreizählige Schraubenachse parallel zur Helix-Achse zu erkennen.

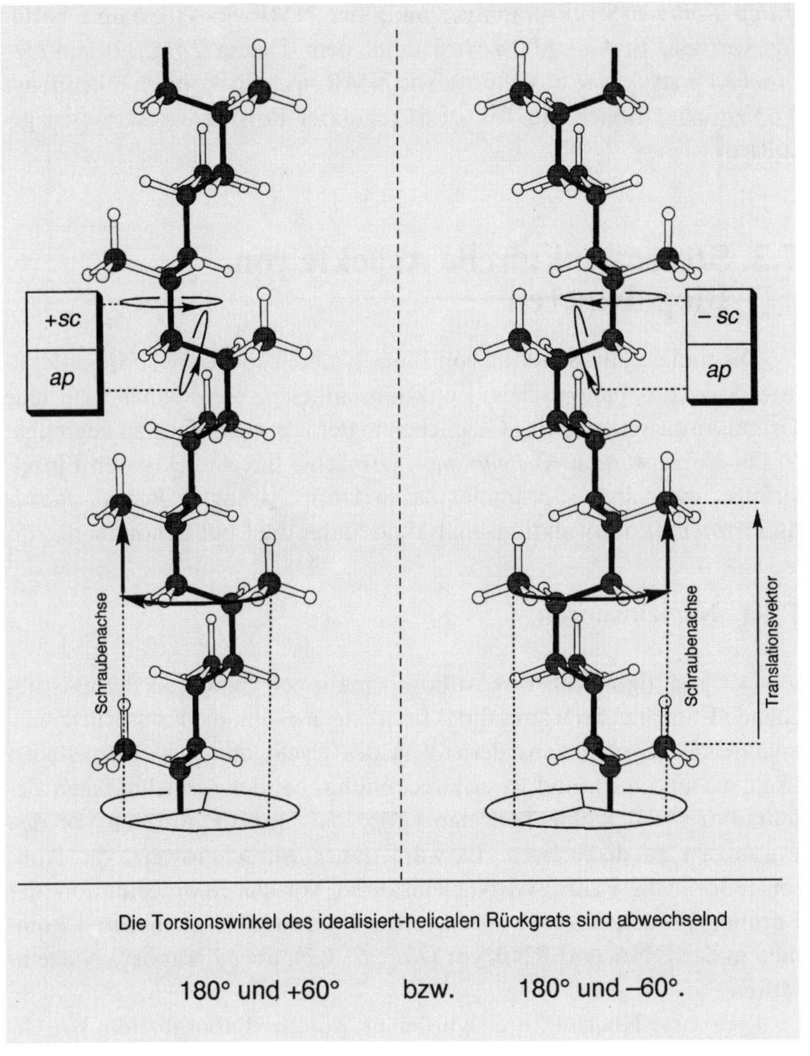

Fig. 7.13. *Ausschnitte aus isotaktischem Poly(propylen) mit helicaler 3_1-Konformation*

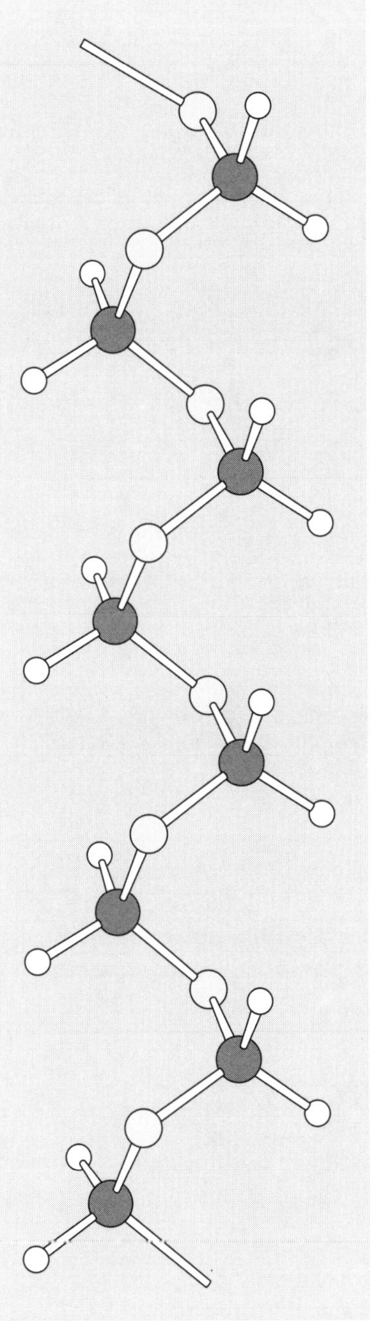

Fig. 7.14. *Idealisiert-helicale Konformation des Poly(oxymethylens)*

Die in den *Fig. 7.11–7.13* verwendeten Symmetrie-Elemente – *Translationsvektor*, *Schraubenachse*, *Gleitspiegelebene* – spielen bei der Spezifizierung von Raumgruppen eine Rolle. Raumgruppen und Symmetrie-Punktgruppen werden in *Kap. 11* behandelt.

Im Gegensatz zum Poly(methylen) ist Poly(oxymethylen) in der idealisierten Konformation nicht linear, sondern helical (*Fig. 7.14*). Der Austausch jeder zweiten CH_2-Gruppe durch ein O-Atom kehrt die für Kohlenwasserstoffe charakteristische Stabilitätenfolge um; anstelle von *ap* > *sc* gilt nun: *sc* > *ap*. Ursache für diese Umkehr ist der *anomere Effekt* (*Kap. 8.1.2*; zur Interpretation s. *Kap. 8.4.3*).

Die bisherige Konformationsanalyse kettenförmiger Alkane hat nur intracatenare Wechselwirkungen berücksichtigt. Für die idealisierten Konformationen des Poly(propylens) gilt, was bei der Konformationsanalyse des Pentans nachdrücklich festgestellt wurde (*vide supra*). Die 'erlaubten' Konformationen sind mit nur geringfügiger Abweichung durch *Röntgen*-Strukturanalyse und/oder NMR-Spektroskopie bestätigt worden. In *Kap. 13.2.4* wird unter dem Thema *Topizität und chemische Verschiebung* ausgeführt, wie NMR-spektroskopisch erkennbare Topizitätsrelationen die Taktizität regulärer Polymere zu erfassen gestatten.

7.3. Stereostrukturelle Aspekte von Biopolymeren

Die molekulare Struktur von Biopolymeren sowie die supramolekulare Struktur biologischer Funktionseinheiten zu kennen, ist eine Grundvoraussetzung, das Geschehen in der lebenden Zelle zu begreifen. In der Folge werden *Nucleinsäuren* (zunächst ihre molekularen Einzelstränge, dann ihre supramolekularen Doppelstränge), *Polysaccharide* und *Proteine* konformationsanalytisch 'unter die Lupe genommen'.

7.3.1. Nucleinsäuren

Der gesättigte Sechsring ist konformationell rigider als der entsprechende Fünfring. So war es didaktisch angemessen, die Konformationsanalyse des Cyclohexans derjenigen des Cyclopentans voranzustellen (*Kap. 6.3* und *6.4*), und ist es zweckmäßig, bei der formelmäßigen Beschreibung von Kohlenhydraten (*Kap. 10.5.3*) die Pyranosen vor den Furanosen zu diskutieren. Es wäre daher wünschenswert, die Konformation von Pyranosyl-Nucleinsäuren vor der Konformation der Furanosyl-Nucleinsäuren zu erörtern. Furanosyl-Nucleinsäuren kommen in der DNA und RNA vor (*Kap. 10.5.2*), aber Pyranosyl-Nucleinsäuren?

Pyranosyl-Nucleinsäuren wurden im Zürcher Laboratorium von *Albert Eschenmoser* synthetisiert, und zwar mit der Absicht, die im Rahmen des Interesses an präbiotischen Synthese-Wegen gestellte Frage '*Warum Pentose- und nicht Hexose-Nucleinsäuren?*' aufgrund solider experimenteller Befunde beantworten zu können. Wenn Hexosen den Selektionskriterien molekularer Evolution nicht genügen konnten, müssen funktionelle Gründe, die dann strukturell erklärbar sein sollten, den Ausschlag gegeben haben. Um ein Gefühl für die strukturellen Gegebenheiten von Oligonucleotiden zu bekommen, werden hier Hexose- und Pentose-Nucleinsäuren nebeneinander gestellt sowie Pentopyranosyl- und Pentofuranosyl-Oligonucleotide miteinander verglichen.

Eine Erläuterung, wie man durch formale Anordnung konstitutioneller, konfigurationeller oder konformationeller Repetiereinheiten zu Nucleinsäure-Einzelsträngen gelangt, ist in *Kap. 10.5.2* gegeben.

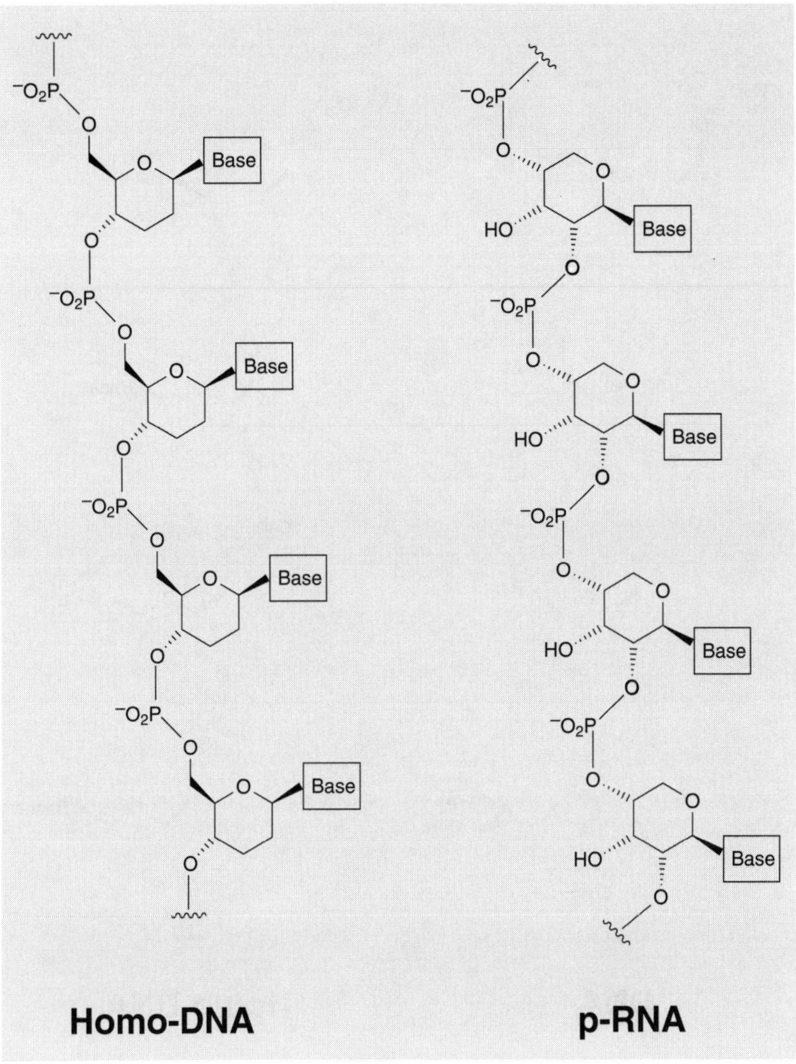

Fig. 7.15. *Ausschnitte aus Hexopyranosyl-(4' → 6')- und Pentopyranosyl-(2' → 4')-Oligonucleotiden*

7.3.1.1. Systematische Konformationsanalyse von Pyranosyl-Oligonucleotid-Einzelsträngen

Als geradezu ideale Demonstrationsobjekte für eine systematische Konformationsanalyse eignen sich die beiden nicht-natürlichen Pyranosyl-Oligonucleotide *Homo-DNA* und *Pyranosyl-RNA* (*p-RNA*) (*Fig. 7.15*).

Homo-DNA und p-RNA wurden im Zürcher Laboratorium synthetisiert, um das Paarungsverhalten von Oligonucleotid-Einzelsträngen in bezug auf die Ring-Größe der beteiligten Furanose- oder Pyranose-Zucker zu studieren: in der Hoffnung, dadurch Hinweise auf die Herkunft der RNA zu gewinnen.

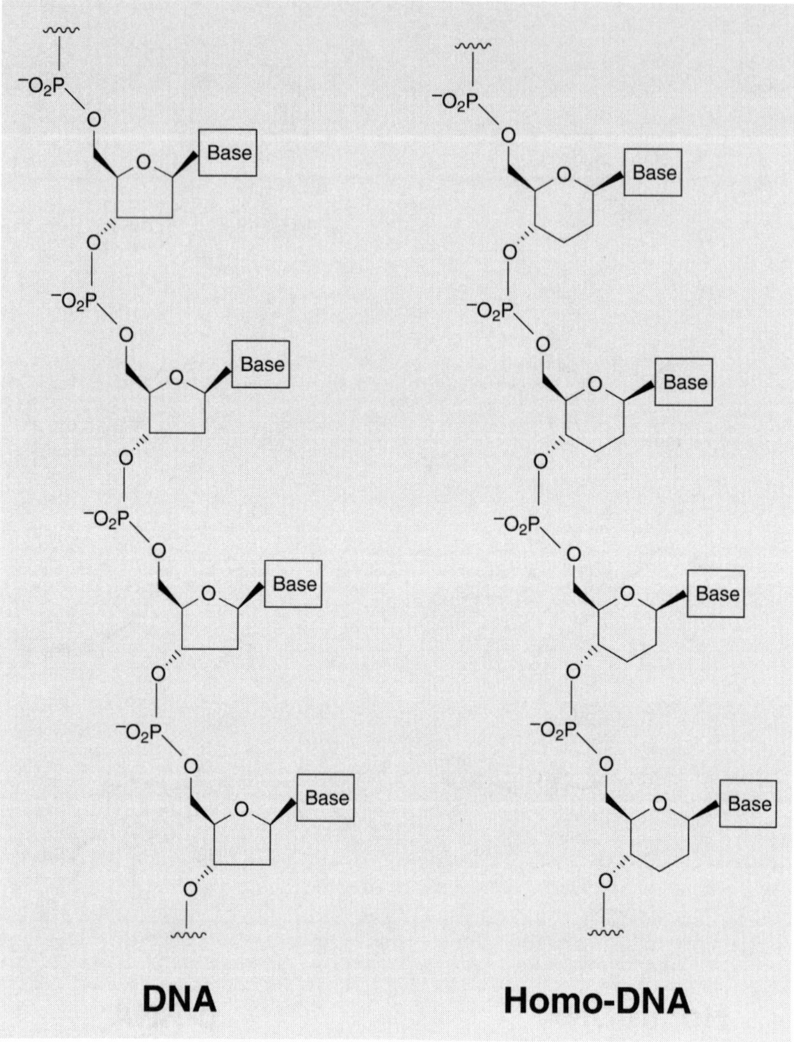

Fig. 7.16. *Ausschnitte aus homologen Pentofuranosyl-(3' → 5')- und Hexopyranosyl-(4' → 6')-Oligonucleotiden*

7.3.1.1.1. Homo-DNA

In *Fig. 7.16* werden der Konstitutions- und Konfigurationstyp eines Homo-DNA-Einzelstranges im Vergleich zu denjenigen eines DNA-Einzelstranges wiedergegeben.

In *Fig. 7.17* sind diphosphorylierte Nucleotid-Ausschnitte jeweils mit Furanose- oder mit Pyranose-Ring nebeneinander gezeigt: die Zucker-Bausteine von DNA (**A**) und Homo-DNA (**B**), diejenigen von RNA (**C**) und Homo-RNA (**D**) und schließlich diejenigen mit Allofuranose- (**E**) und Allopyranose-Ring (**F**).

Der sechsgliedrige Ring der Pyranose-Varianten liegt in der thermodynamisch stabilen Sessel-Konformation vor. Die beiden äquatorialen Phosphodiester-Seitenketten sind räumlich ähnlich orientiert wie bei der DNA oder der RNA, im Gegensatz zur Nucleobase, die an der Pyranose ebenfalls äquatorial angeordnet ist. Bei der Allofuranose (**E**) ist ein H-Atom in der exocyclischen 5-Position durch die CH_2OH-Gruppe ersetzt. Diese Substitution würde zu einer sterischen Behinderung mit den beiden flankierenden Phosphodiester-Gruppen (*Newman*-Spannung) und damit zu

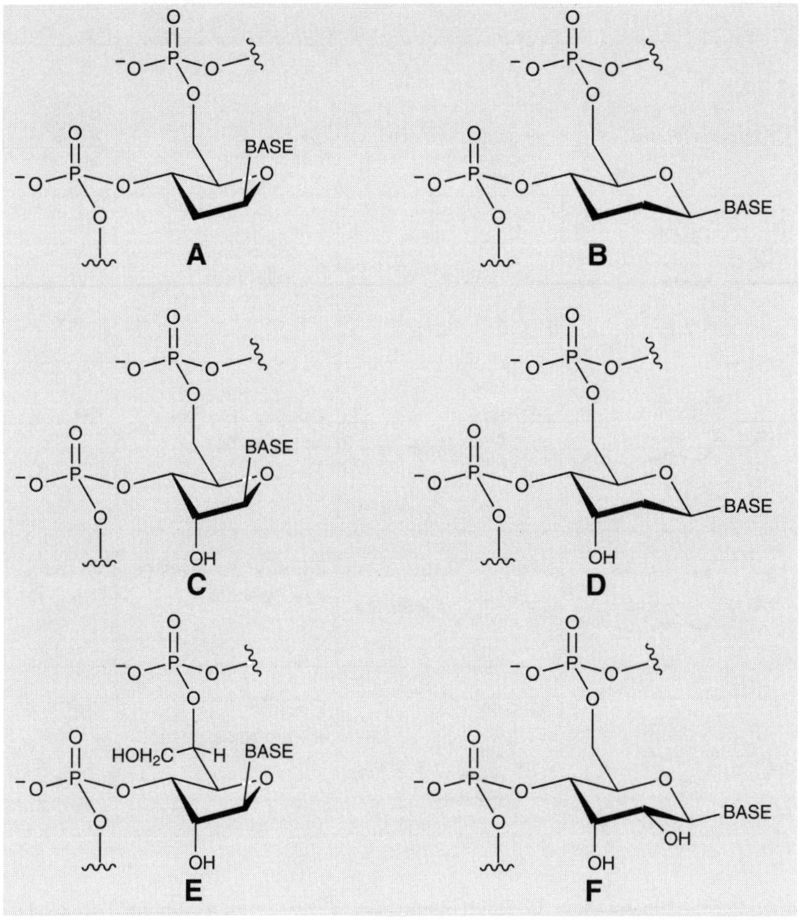

Fig. 7.17. *Ausschnitte aus Nucleotid-Einzelsträngen jeweils mit Furanose- oder Pyranose-Ring als Zucker-Baustein*

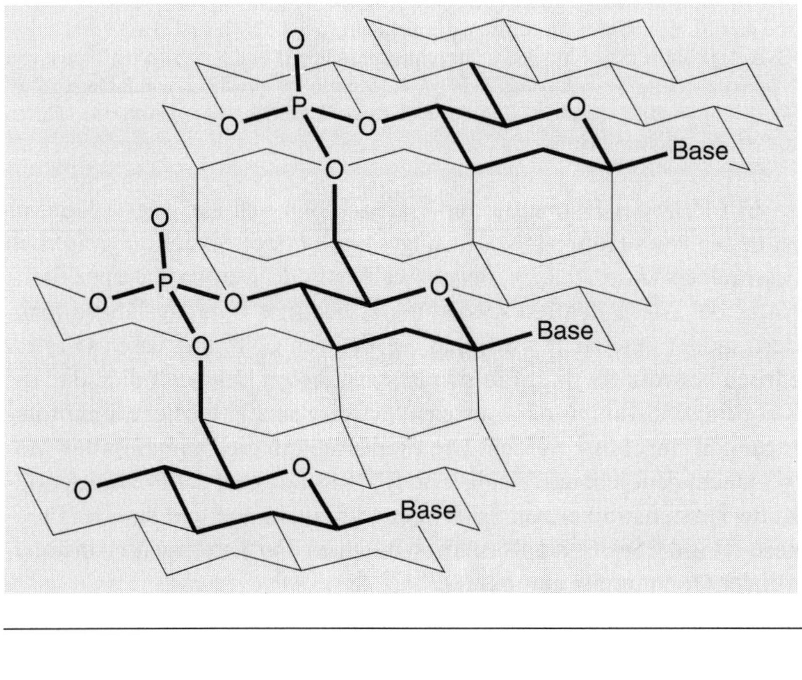

Fig. 7.18. *Diamantgitter-Einpassung einer idealisierten Homo-DNA-Trinucleotid-Konformation, die als eine von vier bevorzugten Konformationen aus der systematischen Konformationsanalyse hervorgeht (Fig. 7.20) und wegen konformationeller Repetition als einzige übrigbleibt*

Tab. 7.2. *Nomenklatur der Pyranosen nach* A. Eschenmoser *und nach* IUPAC

Chemische Formel	Nomenklatur nach *Eschenmoser*	*IUPAC*-Nomenklatur	*IUPAC*-Symbole
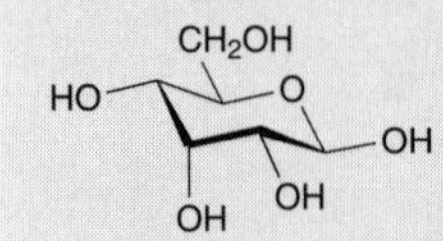	β-D-Allopyranose	β-D-Allopyranose	All*p*
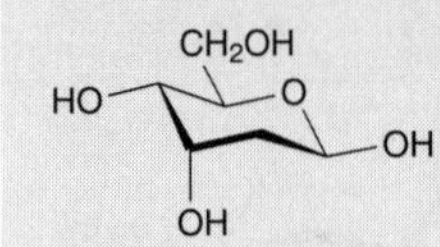	2-Deoxy-β-D-{allo, altro}pyranose	2-Deoxy-β-D-*ribo*-hexopyranose	d²All*p*
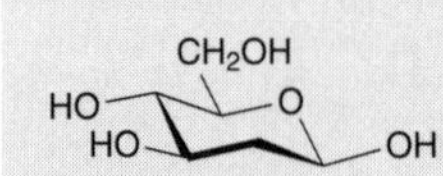	2-Deoxy-β-D-{gluco, manno}pyranose	2-Deoxy-β-D-*arabino*-hexopyranose	d²Glc*p*
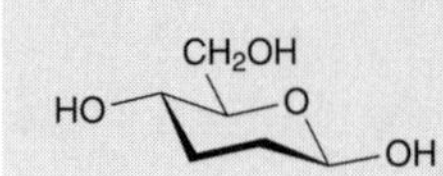	2,3-Dideoxy-β-D-{allo, altro, gluco, manno}pyranose	2,3-Dideoxy-β-D-*erythro*-hexopyranose	d²d³Glc*p*

einer thermodynamischen Benachteiligung von **E** relativ zu **F** führen. Die 2,3-Dideoxy-β-D-allopyranose (**B**) hat eine CH_2-Gruppe mehr als der Zucker-Baustein der DNA, 2-Deoxy-β-D-ribofuranose (**A**), so daß die Bezeichnung *Oligonucleotide des Homo-DNA-Typs* gerechtfertigt ist.

Um strukturellen Ähnlichkeiten bereits in der Benennung Rechnung zu tragen, sind hier Namen verwendet worden, die nicht allgemein üblich sind. Statt von Homo-RNA (**D**) könnte man – um den Unterschied zwischen **D** und **F** zu betonen – auch von 2-Deoxy-β-D-allopyranose oder den *IUPAC*-Regeln entsprechend von 2-Deoxy-β-D-*ribo*-hexopyranose sprechen. *Tab. 7.2* bietet eine Lesehilfe, die auch die bewährten *IUPAC*-Symbole mit einbezieht.

Mit Hilfe der Diamantgitter-Matrix lassen sich idealisierte Konformationen eines Homo-DNA-Stranges ohne *Pitzer*-Spannung graphisch beschreiben (*Kap. 10.3.3*). Bei dieser Methode werden die spezifische Natur der Atom-Zentren sowie unterschiedliche Bindungslängen ignoriert, indem unterstellt wird, daß die Zentren C, P, aber auch O tetraedrisch koordiniert sind. Für den letztgenannten Fall heißt dies, daß die Koordinationszahl 4 dann erreicht wird, wenn zusätzliche Phantom-Liganden eingeführt werden. Die Einpassung in die Diamantgitter-Matrix macht deutlich, daß idealisierte Konformationen der Polynucleotid-Kette Torsionswinkel von ±60° bzw. 180° aufweisen und daß der Pyranose-Ring die Sessel-Konformation mit allen drei Substituenten in äquatorialer Orientierung einnimmt (*Fig. 7.18*).

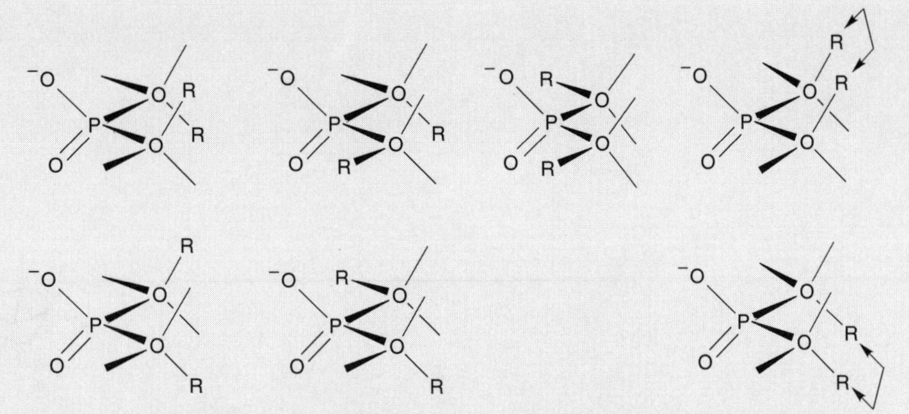

Torsionswinkel	+60°, +60° −60°, −60°	180°, +60° 180°, −60°	180°, 180°	+60°, −60° −60°, +60°

	'erlaubt'			'verboten'
Grobdifferenzierung	*±sc/±sc* (*+g/+g*), (*−g/−g*)	*ap/±sc* (*t/+g*), (*t/−g*)	*ap/ap* (*t/t*)	*±sc/∓sc* (*+g/−g*), (*−g/+g*)
Feindifferenzierung	*±sc/±sc* (*+g/+g*), (*−g/−g*)	*ap/±sc* (*t/+g*), (*t/−g*)	*ap/ap* (*t/t*)	
	begünstigt	benachteiligt		

Fig. 7.19. *Systematische Konformationsanalyse des Phosphodiester-Fragments aus einem Polynucleotid-Einzelstrang, in welchem die O-Atome in der Kette mit zusätzlichen Bindungen zu einwertigen Phantom-Liganden ausgestattet worden sind* (*t*: *trans*, *g*: *gauche*)

Mit Hilfe der Konformationstypen des Pentans (*Fig. 7.7*) lassen sich die idealisiert-gestaffelten Konformationen eines Homo-DNA-Stranges spezifizieren. Um für den Rückgrat-Abschnitt zwischen zwei benachbarten Zucker-Ringen die bevorzugte(n) aus einer größeren Anzahl gestaffelter Konformationen auslesen zu können, sind jedoch zusätzliche Auswahlkriterien erforderlich.

Die sterische Forderung nach minimaler *Newman*-Spannung wurde bereits in früheren Fällen systematischer Konformationsanalyse als Auswahlkriterium berücksichtigt (*Abschn. 7.2.2*) und gilt auch hier, d.h. ($\pm$ *sc*/ $\mp$ *sc*)-Konformationstypen sind 'verboten'. Ein weiteres Kriterium bezieht sich auf die relative Anordnung der beiden an einem P-Atom der Phosphodiester-Gruppe vorhandenen Alkoxy-Gruppen. Innerhalb der Reihe der 'erlaubten' Konformationen (*Fig. 7.19*) sind diejenigen begünstigt, bei denen die beiden Alkoxy-Gruppen so zueinander angeordnet sind, daß die Bindung zwischen einem Phantom-Liganden und dem benachbarten O-Atom der einen Alkoxy-Gruppe *ap* zur Bindung zwischen P- und O-Atom der anderen Alkoxy-Gruppe orientiert ist. Dieser Konformationstyp liegt bei *+sc*/*+sc* bzw. *−sc*/*−sc* zweimal,

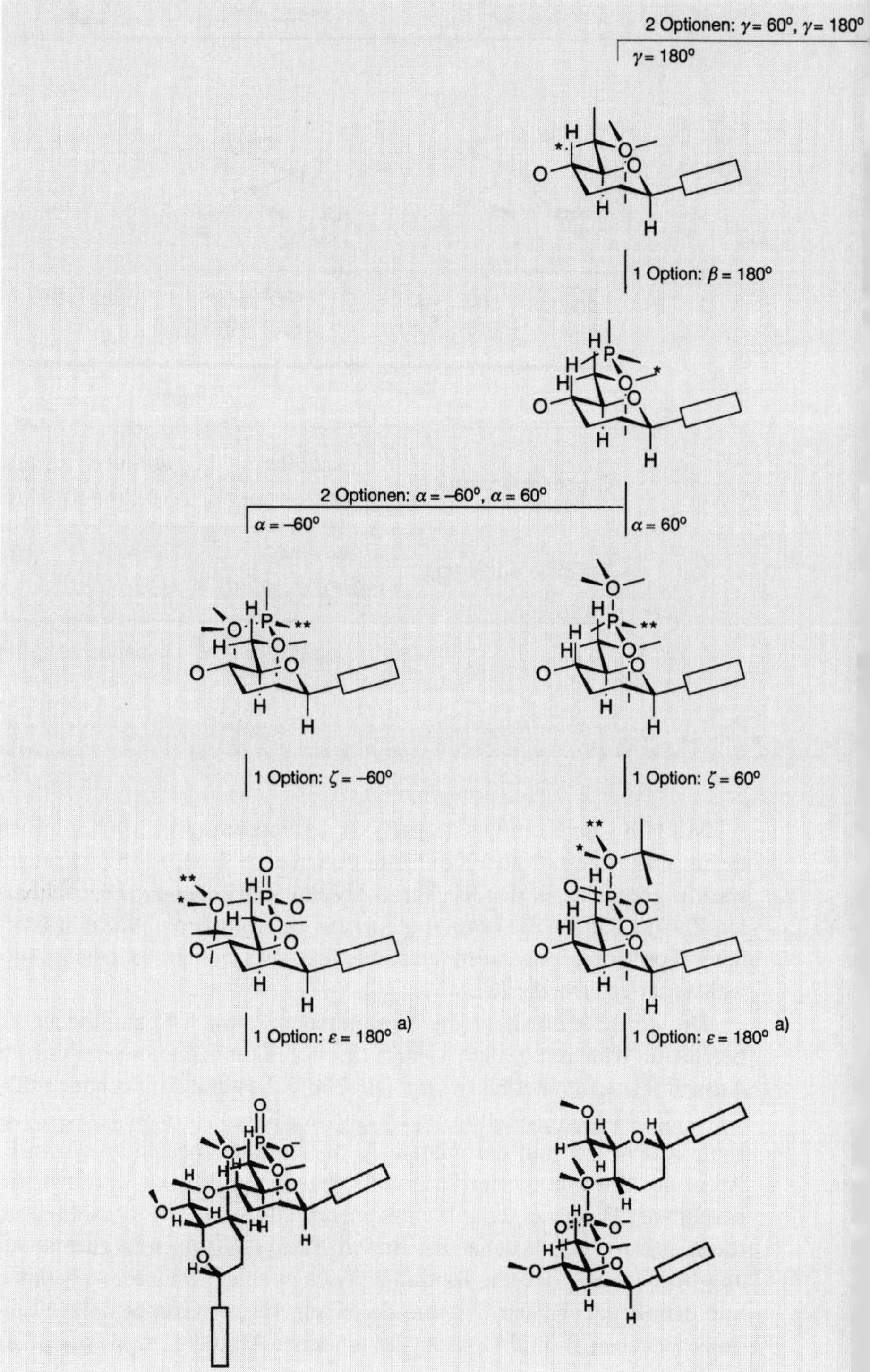

Fig. 7.20. *Entscheidungsschritte zum Auffinden bevorzugter Konformationen eines Homo-DNA-Oligonucleotids.*
a) Option mit sterisch am wenigsten ungünstiger (jedoch obligater) 1,5-Repulsion. *b*) Nur 'erlaubt', wenn der nachfolgende Torsionswinkel 180° beträgt.

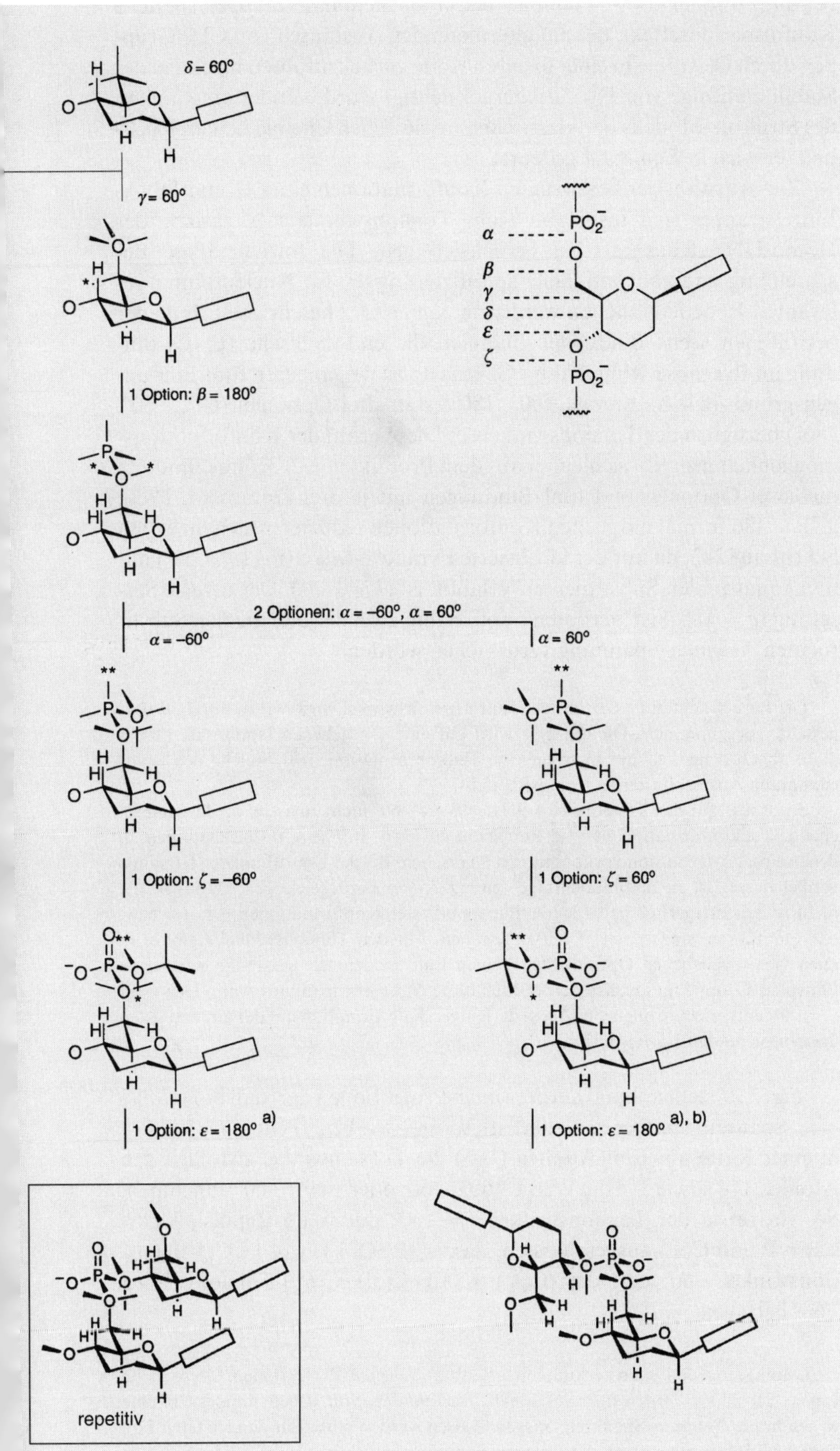
δ = 60°
γ = 60°
α
β
γ
δ
ε
ζ
1 Option: β = 180°
2 Optionen: α = –60°, α = 60°
α = –60°
α = 60°
1 Option: ζ = –60°
1 Option: ζ = 60°
1 Option: ε = 180° a)
1 Option: ε = 180° a), b)
repetitiv

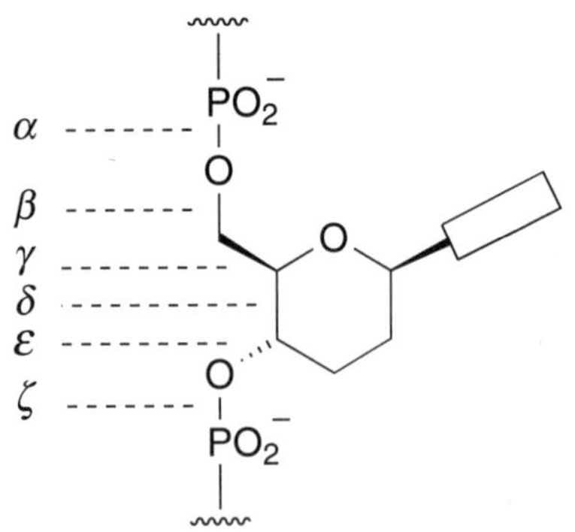

bei *ap*/+*sc* oder *ap*/−*sc* einmal, bei *ap*/*ap* keinmal vor. Der spezielle Konformationseffekt, der auf alternierenden Austausch von CH_2-Gruppen durch O-Atome in einer linearen Kette zurückzuführen ist und in der Stabilitätenfolge von *Fig. 7.19* berücksichtigt wurde, findet im Rahmen des Struktur-Modells der klassischen organischen Chemie keinen Rückhalt; er wird in *Kap. 8.4.4* gedeutet.

Zur Auswahl der bevorzugten Konformationen eines Homo-DNA-Einzelstranges sind insgesamt sechs Torsionswinkel α–ζ entlang des Homo-DNA-Rückgrats zu berücksichtigen. Die formelmäßige Beschreibung und konventionelle Spezifizierung der für Nucleinsäuren relevanten Repetiereinheiten werden in *Kap. 10.5.2* beschrieben. Eine der betroffenen sechs Bindungen, nämlich die endocyclische (C−C)-Bindung im Pyranose-Ring, hat im Gegensatz zu den anderen fünf Bindungen grundsätzlich nur zwei (60°, 180°) statt drei Optionen (60°, −60°, 180°) bezüglich des Torsionswinkels δ. Die Anzahl der Konformationsmöglichkeiten ergibt sich daher aus dem Produkt von $2 \cdot 3^5$ (eine Bindung mit zwei Optionen und fünf Bindungen mit je drei Optionen). Diese $2 \cdot 3^5 = 486$ formal möglichen Konformationen reduzieren sich im ersten Schritt auf 243, da nur der idealisierte Pyranose-Sesselring ($\delta = 60°$) mit drei äquatorialen Substituenten 'erlaubt' ist (*Fig. 7.20*). Der inverse Sesselring ($\delta = 180°$) ist 'verboten', weil in ihm zwei der drei axialen Substituenten *Newman*-Spannung verursachen würden.

Die Berücksichtigung der übrigen fünf Torsionswinkel wird, wie in *Fig. 7.20* dargestellt, vorgenommen. Die Analyse wird auf einem gegebenen Optionsast immer dann abgebrochen, sobald man auf eine Teilkonformation trifft, welche den zuvor erwähnten Auswahlkriterien nicht entspricht.

So ist z. B. für den Torsionswinkel γ der Wert −60° nicht zulässig, da die entsprechende Teilkonformation eine 1,5-Repulsion aufweist. In *Fig. 7.20* sind Optionen, in denen eine 1,5-Repulsion vorkommt, mit * versehen. Bei der Ermittlung der Torsionswinkel α und ζ ist die Stabilitätenfolge von *Fig. 7.19* zu berücksichtigen; Optionen, die nicht zu den energetisch bevorzugten Phosphodiester-Konformationen +*sc*/+*sc* bzw. −*sc*/−*sc* führen, sind durch ** hervorgehoben. Für den Torsionswinkel ε gibt es in allen vier verbliebenen Optionsästen keinen Fall, in dem die sekundär gebundene Phosphat-Gruppe im idealisierten Modell ohne *Newman*-Spannung wäre. Der Wert $\varepsilon = 180°$ entspricht in allen vier Ästen derjenigen Konformation mit der am wenigsten destabilisierenden 1,5-Repulsion.

Fig. 7.21 stellt anhand der *Newman*-Projektionen dar, daß hohe *Newman*-Spannung immer dann auftritt, wenn – wie beim Pentan (*Fig. 7.7*) – in einer Kette aus fünf Atomen (1–5) die Torsionwinkel zwischen den Atomen 1–4 sowie 2–5 die Werte +60°, −60° oder −60°, +60° annehmen. So wird etwa der Torsionswinkel $\varepsilon = -60°$ durch 1,5-Repulsion zwischen P und C(6′) ausgeschlossen, da der (P−O(4′)−C(4′)− C(5′))-Torsionswinkel −60° und der (O(4′)−C(4′)−C(5′)−C(6′))-Torsionswinkel +60° betragen.

Durchgezogene Linien verknüpfen 'erlaubte' *Newman*-Projektionen. Gestrichelte Linien verbinden *Newman*-Projektionen miteinander, von denen mindestens eine wegen hoher *Newman*-Spannung ausgeschlossen werden muß. Für den letzteren Fall wird die Fünfzentreneinheit, die *Newman*-Spannung aufweist, mit den beiden in Frage

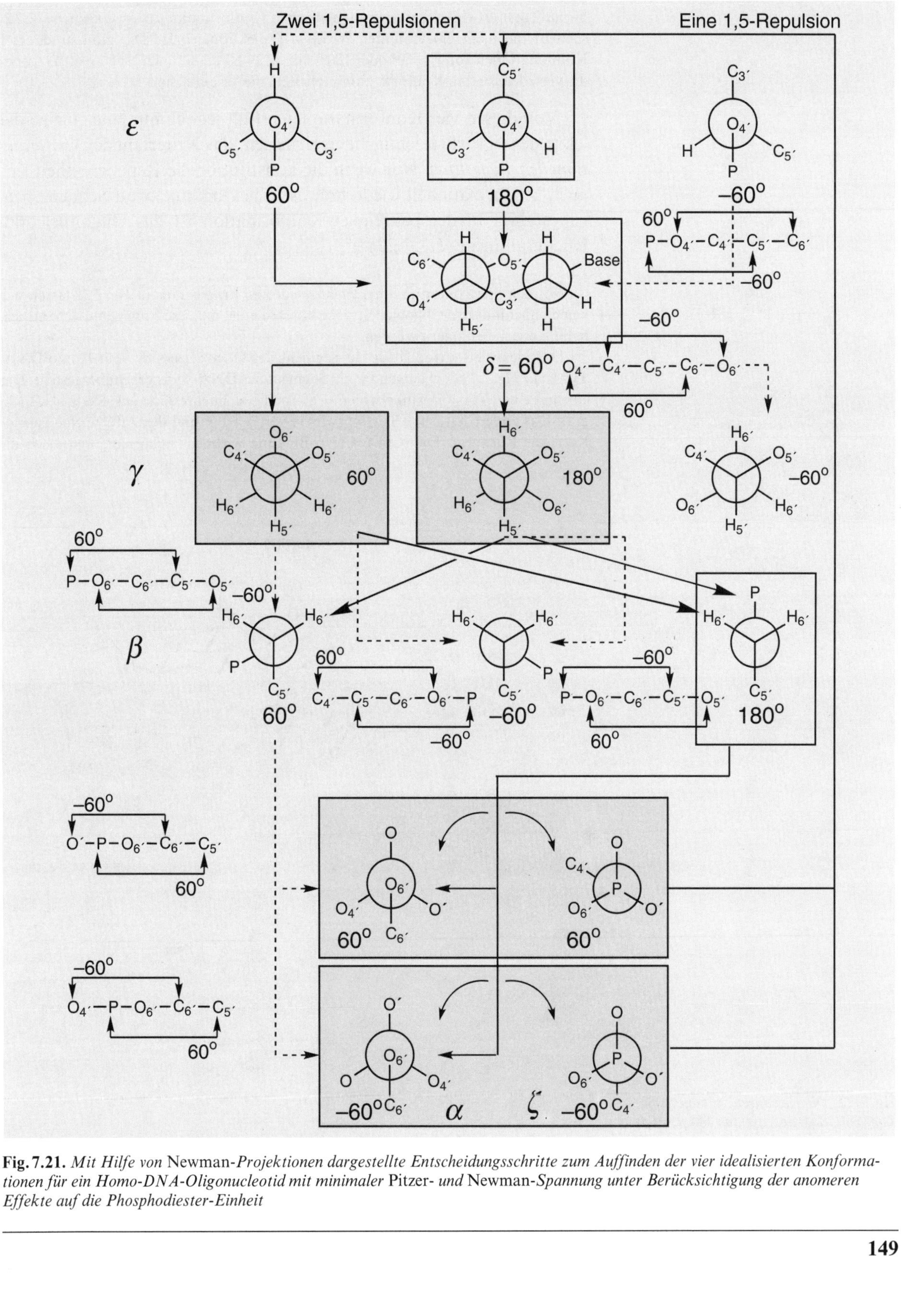

Fig. 7.21. *Mit Hilfe von* Newman-*Projektionen dargestellte Entscheidungsschritte zum Auffinden der vier idealisierten Konformationen für ein Homo-DNA-Oligonucleotid mit minimaler* Pitzer- *und* Newman-*Spannung unter Berücksichtigung der anomeren Effekte auf die Phosphodiester-Einheit*

kommenden Torsionswinkel-Werten versehen. Die Berücksichtigung jeweils benachbarter Torsionswinkel bei der systematischen Konformationsanalyse (*Abschn. 7.2.2*) schließt die nicht eingerahmten *Newman*-Projektionen aus: Die grau unterlegten Kombinationen von γ (+60° oder 180°) mit α,ζ (+60°, +60° oder −60°, −60°) ergeben die vier idealisierten Konformationseinheiten, die 'erlaubt' sind.

Von diesen vier Konformationen erfüllt jedoch nur eine einzige das letzte der zu berücksichtigenden Kriterien: das Kriterium der *konformationellen Repetition*. Nur wenn die konstitutionelle Repetiereinheit sich auch konformationell wiederholt, ist eine Oligonucleotid-Sequenz paarungsfähig. In der paarenden Konformation ist das Oligonucleotid-Rückgrat linear (*Fig. 7.22*).

Mit den drei konformationell *nicht-repetitiven* Fragmenten in *Fig. 7.22* lassen sich keine unbehinderten Oligomer-Stränge konstruieren, da diese Fragmente sich intracatenar sterisch behindern würden.

Das idealisierte Modell für ein Segment des Oligonucleotids vom Homo-DNA-Typ ist in *Fig. 7.23* demjenigen für ein Segment des DNA-Typs gegenübergestellt. Das eine hat einen Torsionswinkel von $\delta = 60°$ und eine lineare Zickzack-Kette als Rückgrat. Das andere hat einen Torsionswinkel von $\delta > 60°$ und demzufolge eine helicale Kette als Rückgrat. Die (C(4′)–C(3′))-Bindung wirkt als Scharnier, wenn sich die

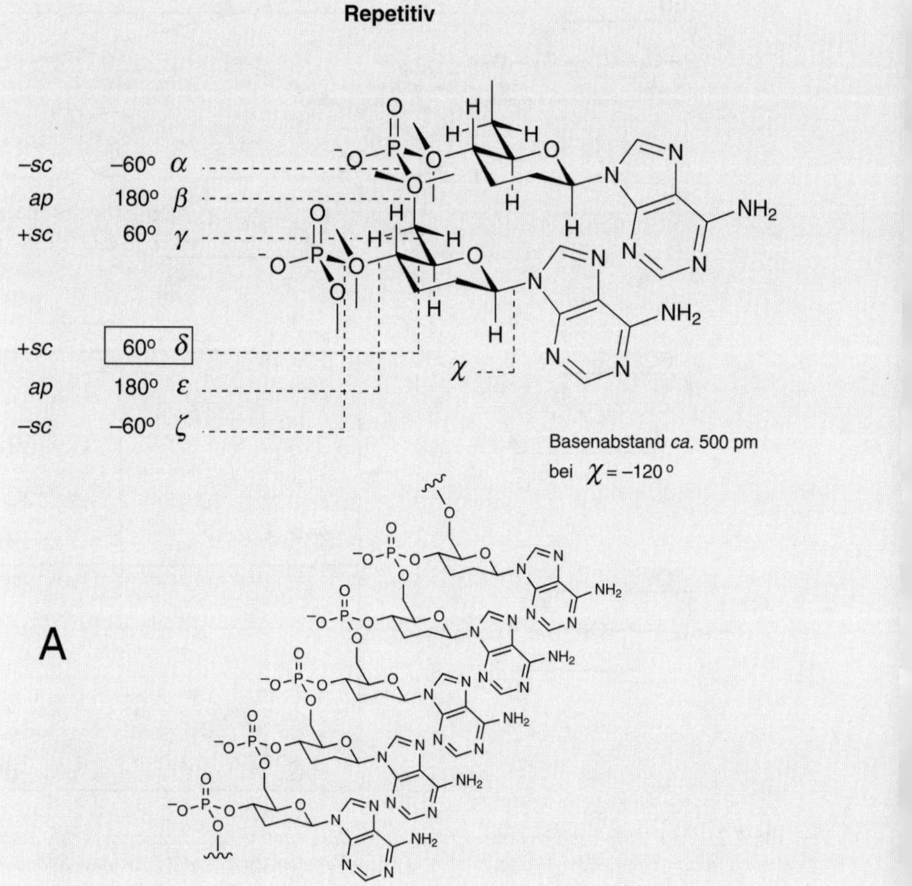

Fig. 7.22. *Die vier durch systematische Konformationsanalyse aus 486 formal möglichen Konformationen selektionierten Konformationseinheiten eines Homo-DNA-Einzelstranges:* **A**: *repetitiv;* **B**, **C** *und* **D**: *nicht-repetitiv*

Torsionswinkel δ bzw. ν_3 des Zucker-Rings (*Fig. 10.22*) ändern. Schwingbewegungen um dieses Scharnier finden besonders leicht beim beweglichen Furanose-Ring, viel schwerer beim starren Pyranose-Ring statt. Dies gilt auch für das DNA-Duplex, dessen Flexibilität viel größer ist als diejenige des Homo-DNA-Duplexes.

Der idealisierte Homo-DNA-Einzelstrang, welcher aus konformationell-repetitiven Mononucleotid-Einheiten aufgebaut ist, weist eine idealisiert-lineare Sekundärstruktur auf. In Wirklichkeit jedoch wird ein Homo-DNA-Einzelstrang nur quasi-

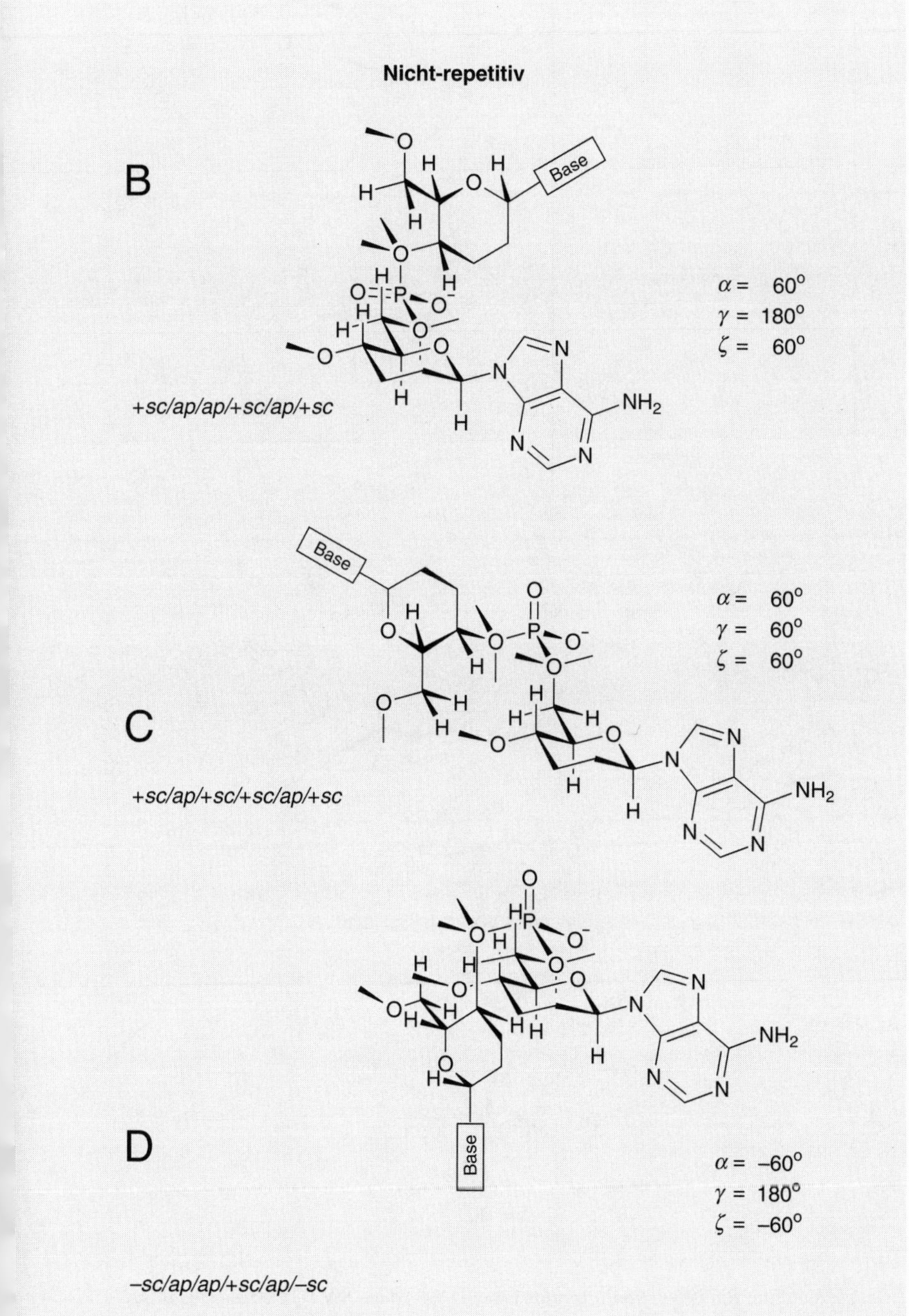

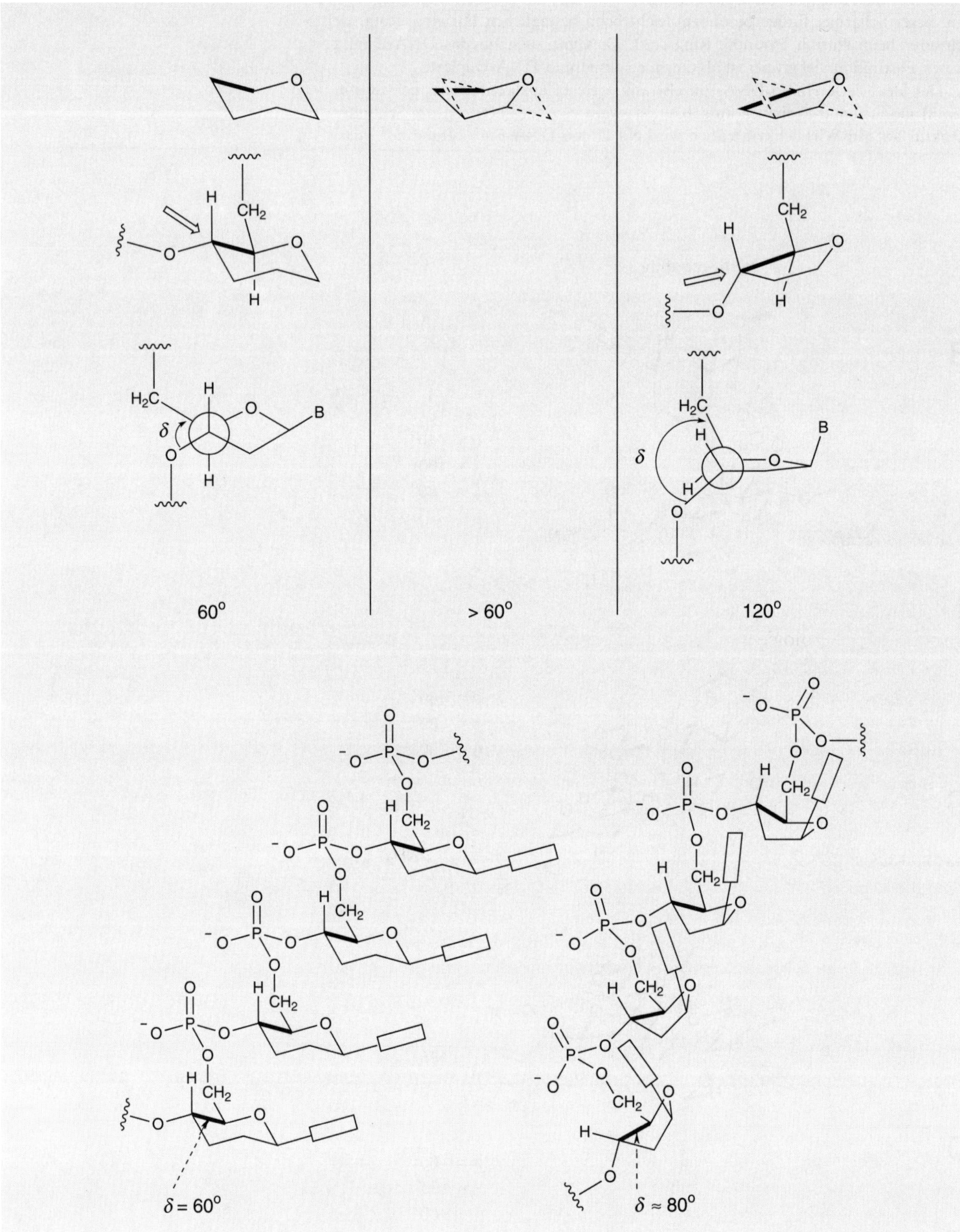

Fig. 7.23. *Einfluß des endocyclischen Torsionswinkels δ auf die Rückgrat-Konformation eines DNA-(oder RNA-)Einzelstranges aus der Sicht des idealisierten Homo-DNA-Modells*

linear sein: Jegliche reale Abweichung von den idealisierten Werten der Bindungs- und Torsionswinkel führt kraft repetitiver Verstärkung zu einer helicalen Sekundärstruktur (s. Text zu *Fig. 7.10*). 1,5-Repulsion zwischen der (C(3′)–CH_2)-Gruppe des Pyranose-Rings und einem O-Atom der RO-Gruppe aus dem Phosphodiester-Liganden an C(4′) (*Fig. 7.21*) beeinträchtigt die ideale Staffelung und ist ein wichtiger Grund für die Abweichung zumindest der Torsionswinkel ζ und α vom *sc*-Wert von jeweils −60°.

Die Antwort auf die Frage, warum der DNA-Einzelstrang helical ist, gewinnt so durch die für den Chemiker typische Einstellung, reguläre Polymere durch Repetition einfacher Konformationselemente aufzubauen und die Besonderheit derartiger Strukturen durch Homologie-Betrachtungen herauszuarbeiten, eine wohltuende Klarheit. Der DNA-Einzelstrang ist im idealisierten Modell der repetitiven, d.h. paarungsfähigen Konformation, bereits helical, weil der Zucker-Baustein einen fünfgliedrigen Ring aufweist und der endocyclische Torsionswinkel δ dort größer als 60° sein muß. Seine strukturelle Präorganisation spielt für das Zustandekommen der DNA-Doppelhelix eine entscheidende Rolle. Der DNA-Einzelstrang ist rechtshändig, sofern der beteiligte Zucker D-konfiguriert ist.

7.3.1.1.2. Pyranosyl-RNA (p-RNA)

Mit der Entdeckung der *Ribozyme*, die ihnen den *Nobel*-Preis 1989 für Chemie einbrachte, durchbrachen *Sidney Altman* und *Thomas R. Cech* ein in der Biologie und Biochemie geltendes Dogma: Die Funktion eines Enzyms setze die Struktur eines Proteins voraus. *Carl R. Woese*, *Francis Crick* und *Leslie E. Orgel* hatten bereits Mitte der sechziger Jahre vermutet, daß eine RNA-Welt, in welcher RNA das einzige genetische Material und zugleich auch Katalysator für die Selbstreplikation wie für das Zustandekommen der Peptid-Bindung ist, unserer (DNA/RNA/Protein)-Welt vorausgegangen sei. In allen lebenden Organismen findet der Schritt nach wie vor von der RNA- zur DNA-Reihe, und nicht umgekehrt, statt: 2′-Deoxyribonucleotide entstehen durch Einwirkung verschiedener Ribonucleotid-Reduktasen auf Ribonucleotide. Nachdem die Vermutung über die *Entstehung des Lebens in einer RNA-Welt* sich durchzusetzen begann, rückte die Frage in den Mittelpunkt, ob der Struktur-Typ der RNA sich selbst konstituiert haben könnte oder ob der RNA-Welt eine Prä-RNA-Welt vorausgegangen sei.

Homo-DNA war als Modell für Untersuchungen zur Konformation und Paarungsfähigkeit von Nucleinsäuren gedacht. Die mit ihr gemachten Erfahrungen ließen die fundamentale Rolle des fünfgliedrigen Zukker-Rings für DNA und RNA erkennen. 2,3-Dideoxy-β-D-allopyranose kann aber nicht als Zucker, welcher bereits vor Beginn der RNA-Welt existiert haben könnte, in Betracht gezogen werden: im Gegensatz zu den voll hydroxylierten Aldohexosen der allgemeinen Formel $(CH_2O)_6$, welche Reaktionsprodukte der Formose-Reaktion sind (s. *Fig. 7.24*). In Zürich wurden deshalb die Untersuchungen zur Konformation und Paarungsfähigkeit von Pyranose-Oligonucleotiden auf Systeme mit solchen voll hydroxylierten Bausteinen ausgedehnt, nämlich auf die Systeme mit Allose, Altrose und Glucose als Hexose-Bausteine. Die experimentellen Befunde über diese Systeme führten schließlich zur Synthese und Untersuchung der Paarungseigenschaften der Pyranosyl-RNA (p-RNA), eines zur natürlichen RNA isomeren Oligonucleotid-Systems (*Fig. 7.25*).

Allopyranosyl- und Altropyranosyl-Oligonucleotide interessieren deshalb, weil D,L-Altrose und D,L-Allose den Hauptteil im 2,4,6-triphosphorylierten Aldolisierungsprodukt aus Glykolaldehyd-phosphat ausmachen (*Fig. 7.24*). Wird die Aldolisierung von Glykolaldehyd-phosphat in Gegenwart von Formaldehyd durchgeführt, machen Pentosen zwei Drittel und D,L-Ribose allein ein Drittel des 2,4-diphosphorylierten Reaktionsproduktes aus (*Fig. 7.24*).

Die Eigenschaften der RNA werden vom Pentofuranose-Zucker D-Ribose mitbestimmt. Doch welche Eigenschaften besitzt das Ribopyranosyl-Isomere der RNA, die p-RNA, bei welchem konsequenterweise die Zucker-Zentren C(2′) und C(4′) statt C(3′) und C(5′) durch Phosphodiester-Gruppen überbrückt werden?

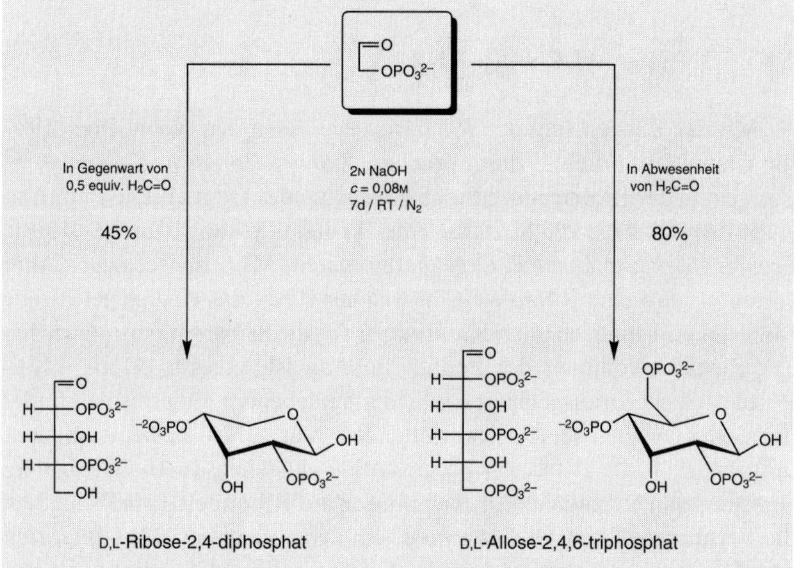

In Gegenwart von 0,5 equiv. $H_2C{=}O$	
33 %	RIB
10 %	ARA
16 %	LYX
7 %	XYL
Σ 66 %	Pentosen
21 %	Hexosen
3 %	Tetrosen
3 %	Triosen

In Abwesenheit von $H_2C{=}O$	
46 %	ALL
7 %	MAN
17 %	ALT
6 %	TAL
2 %	GAL
8 %	GUL
3 %	GLU
2 %	IDO
Σ 91 %	Hexosen
6 %	Tetrosen

Fig. 7.24. *Bedingungen, unter denen hauptsächlich* D,L-*Ribose-2,4-diphosphat bzw.* D,L-*Allose-2,4,6-triphosphat aus Glykolaldehyd-phosphat entsteht*

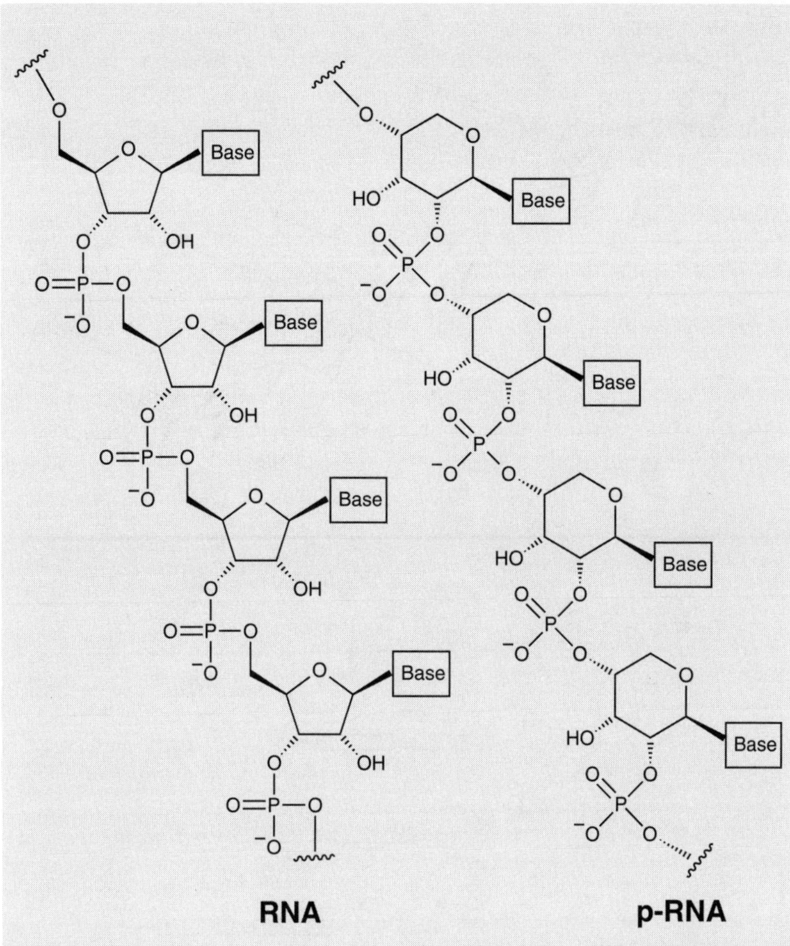

Fig. 7.25. *Ausschnitte aus konstitutionsisomeren Ribofuranosyl-(3′ → 5′)- bzw. Ribopyranosyl-(2′ → 4′)-Oligonucleotiden*

Bei der p-RNA ist – anders als bei der RNA – der Zucker-Ring mit C(2′) und C(4′) am Aufbau des Zuckerphosphat-Rückgrats *cis*-konfiguriert beteiligt (*Fig. 7.25*).

Die systematische Konformationsanalyse, die für p-RNA in ähnlicher Weise wie für die Homo-DNA (*Abschn. 7.3.1.1.1*) vorgenommen wird, führt von 162 (= $2 \cdot 3^4$) Einzelsträngen, die aus lauter idealisierten Konformationseinheiten zusammengesetzt sind, zu neun mit minimaler Spannung versehenen Einzelsträngen, von denen jedoch nur ein einziger nach dem *Watson-Crick*-Muster paarungsfähig ist, und dessen konformationelle Repetiereinheit die in *Fig. 7.26* angegebenen Torsionswinkel aufweist und der (+*sc*/*ap*)-Phosphodiester-Konformation entspricht (*Fig. 7.27*).

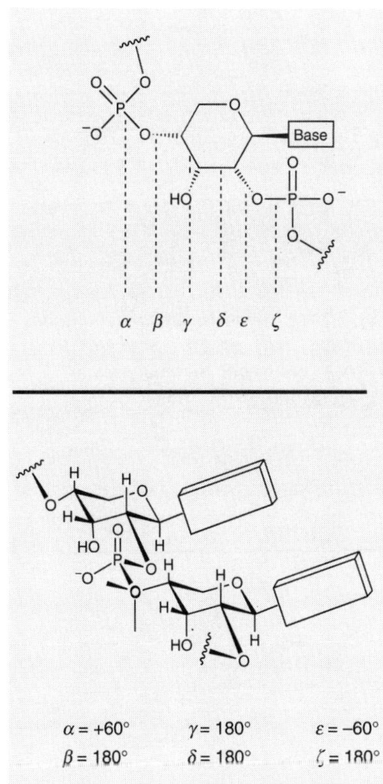

Fig. 7.26. *Definition* (oben) *und numerische Daten* (unten) *für Torsionswinkel in der Repetiereinheit des idealisiert-linearen Einzelstranges der p-RNA*

7.3.1.2. Basenpaarung als Mittel zur molekularen Erkennung

Ein Polynucleotid weist in jeder seiner Nucleobasen mehrere Donor- und Akzeptor-Gruppen für H-Brücken auf. Dies führt zu einer kombinatorischen Vielfalt der Selbstorganisation: Zwei Nucleobasen, welche

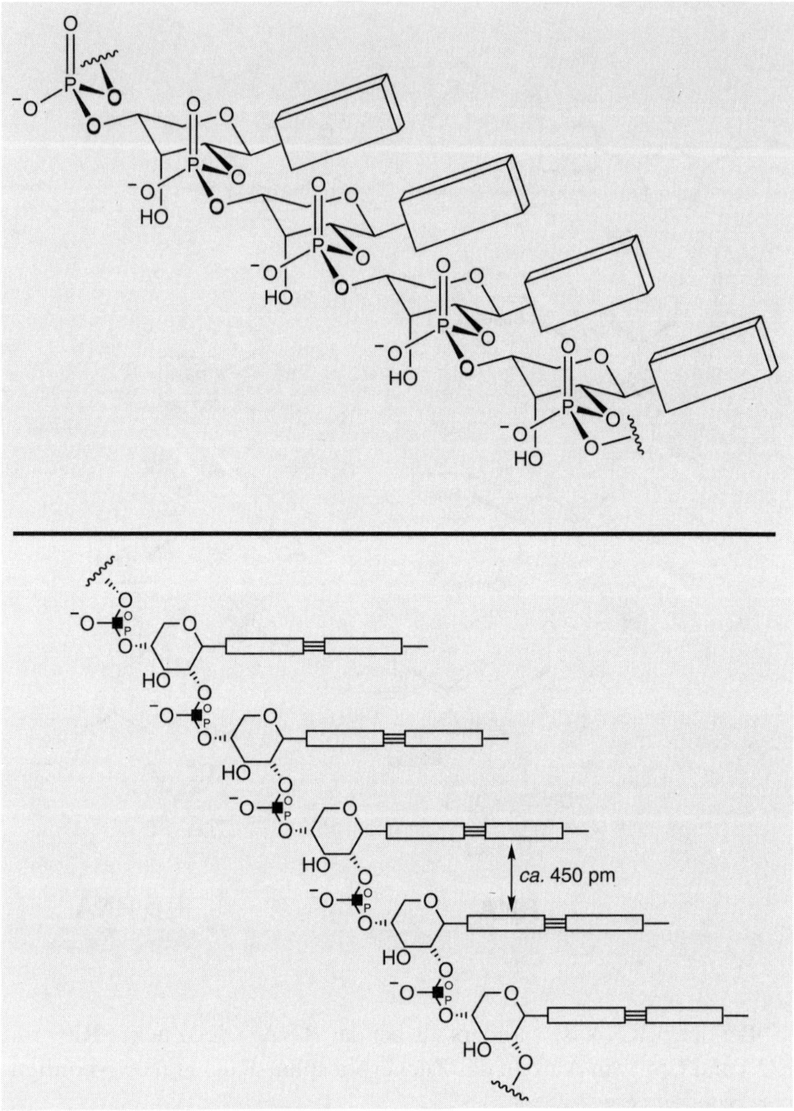

Fig. 7.27. *Schematische Darstellung des idealisiert-linearen Einzelstranges der p-RNA* (oben) *mit Betonung seiner Paarungsfähigkeit* (unten)

sich zusammenschließen, bilden ein Basenpaar, das einem von vier Konstitutionstypen (*Watson-Crick-, reverses Watson-Crick-, Hoogsteen-* oder *reverses Hoogsteen*-Muster; *vide infra*) angehört. Ein Polynucleotid-Einzelstrang vermag mit einem zweiten Einzelstrang zu einem Duplex, mit einem Duplex zu einem Triplex oder mit einem Triplex zu einem Quadruplex zusammenzutreten. Zwei jeweils benachbarte Einzelstränge in diesen Übermolekülen sind zueinander entweder parallel oder antiparallel orientiert und bilden dann einen Doppelstrang, der je nach den konformationellen Gegebenheiten um die *N*-glycosidischen Bindungen einem von vier Konformationstypen (*anti/anti, anti/syn, syn/anti* oder *syn/syn*) angehört. Über die Stärke der Donor- und Akzeptor-Gruppen in Polynucleotiden informiert *Kap. 15.2.6.*

7.3.1.2.1. Basenpaarung bei der DNA

Der Doppelstrang der DNA (*Fig. 7.28*) weist Basenpaarung nach dem *Watson-Crick*-Muster auf. Darunter versteht man die konstitutionsspezifische Paarung einer Purin-Base mit einer komplementären Pyrimidin-Base, und zwar von Ade mit Thy unter Bildung zweier und von Gua mit Cyt unter Bildung gar dreier H-Brücken (zur Bezeichnung von Nucleobasen s. *Tab. 10.15*). Im letzteren Fall stammt der größte stabilisierende Beitrag von der H-Brücke zwischen den beiden Ring-N-Atomen.

Die Bildung von H-Brücken reicht jedoch nicht aus, um die Stabilität von (A/T)- und besonders von (G/C)-Nucleosid-Paaren zwischen den entsprechenden Nucleotid-Einzelsträngen zu erklären. Die Isomorphie der beiden Basenpaare bedingt, daß die Topologie des Phosphodiester-Rückgrats nicht verändert zu werden braucht, wenn Ade (Gua) die Position von Thy (Cyt) (bzw. umgekehrt) oder wenn Ade/Thy den Platz von Gua/Cyt (bzw. umgekehrt) einnimmt.

Kinetische Untersuchungen mit isolierten Nucleobasen sprechen für die rasche Paarbildung nach *Watson-Crick*-Muster: Praktisch jede Annäherung führt zu einem Basenpaar. Die Lebensdauer der Basenpaare ist allerdings sehr gering (< 1 μs). Demzufolge ist in polaren Lösungsmitteln die Paarbildung zwischen zwei komplementären Basen, die nicht als Nucleotid-Reste in ihren jeweiligen Einzelstrang eingebaut worden sind, nicht festzustellen: Die Hydratation (in wäßriger Lösung) verschiebt das Gleichgewicht ganz auf die Seite der Einzelbasen.

Komplementäre Einzelstränge bilden dagegen aufgrund kooperativer Wechselwirkungen mehrerer Basenpaare selbst in wäßriger Lösung thermodynamisch stabile Duplexe. Die kooperative Wechselwirkung führt dazu, daß Basenpaarung zwischen Oligonucleotid-Einzelsträngen, relativ zur Paarung der gleichen Anzahl isolierter Basen, mit einem Gewinn an *Freier Enthalpie* verbunden ist. Optimale Kooperativität setzt topologische Präorganisation der Einzelstränge voraus.

Die Basenpaarung nach *Watson* und *Crick* liefert die Erklärung für die Regelmäßigkeiten, die *Erwin Chargaff* bereits früher festgestellt hatte: daß Ade (Gua) und Thy (Cyt) in gleicher Anzahl auftreten und daß das Verhältnis von Ade/Thy zu Gua/Cyt für jede Spezies charakteristisch und für phylogenetisch weit voneinander entfernte Arten recht unterschiedlich ist (*Chargaff*-Regeln; *Tab. 7.3*).

Die Basenpaare zwischen den Rückgraten der Einzelstränge wirken strukturell wie waagerechte Sprossen einer Strickleiter. Basenpaarung legt eine (1:1)-Beziehung zwischen den beiden Strängen fest. Die Einzelstränge sind antiparallel angeordnet. Jede Base des einen Einzelstranges mit 'Sinn-Sequenz' (*sense*) ist einer komplementären Base mit 'Gegensinn-Sequenz' (*antisense*) zugeordnet. Zum Beispiel paart (*hybridisiert*) ein Einzelstrang mit der *Sense*-Sequenz (3'–5')d(A-T-G-C-T-T-G) mit dem komplementären Einzelstrang der *Antisense*-Sequenz (5'–3')d(T-A-C-G-A-A-C) (*Fig. 7.29*).

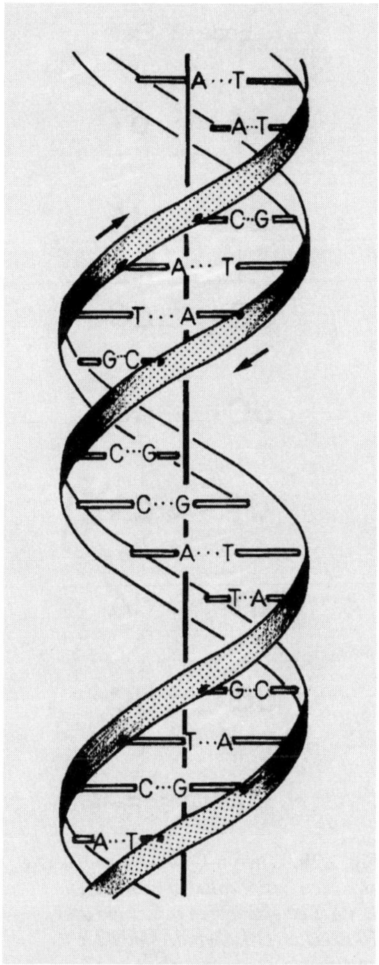

Fig. 7.28. *Ausschnitt aus dem DNA-Duplex nach* J. D. Watson *und* F. H. C. Crick

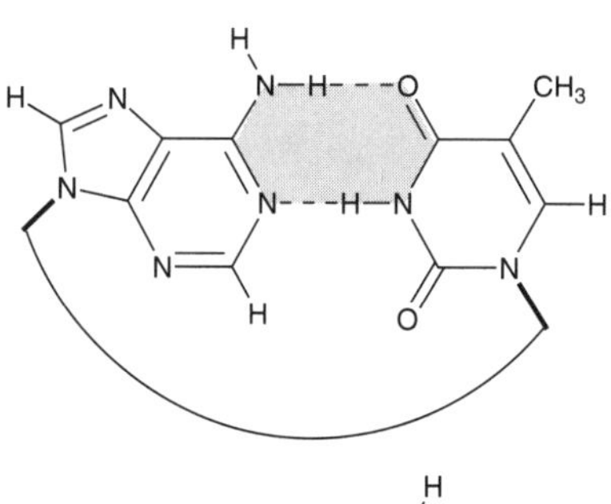

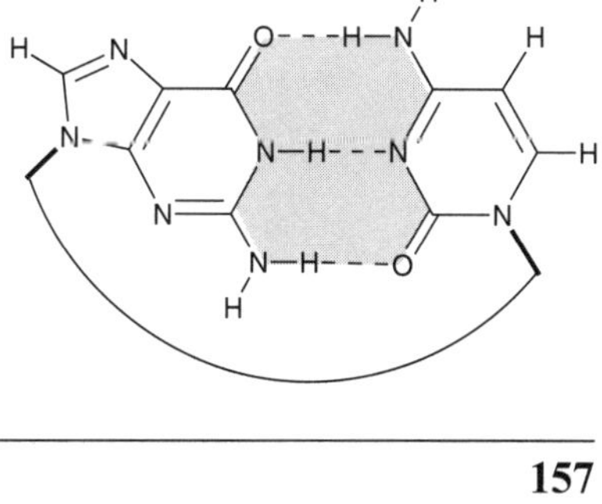

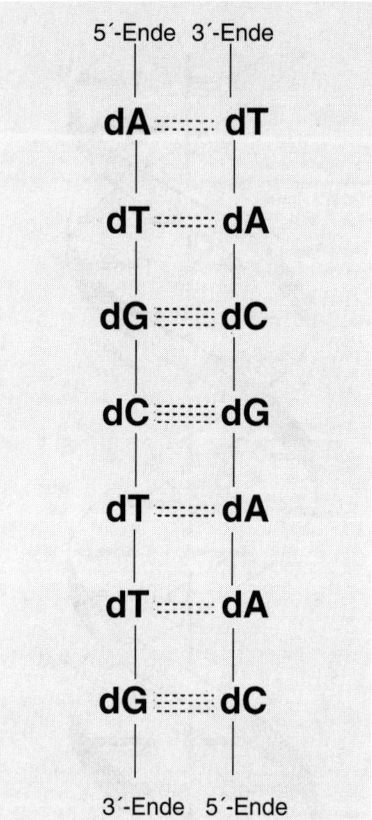

Fig. 7.29. Watson-Crick-*Basenpaarung zwischen antiparallel angeordneten DNA-Einzelsträngen mit zwei (drei) H-Brücken zwischen dA und dT (dG und dC)*

Bei der Kennzeichnung der Einzelstränge bedeuten

- (3′–5′), genauer (3′ → 5′): Überbrückung der Nucleosid-Reste dA, dC, dG und dT durch die Phosphodiester-Gruppierung;
- d (genauer d²Rib*f*): Beschreibung des Zuckers, hier: 2-Deoxy-β-D-ribofuranose (zur Kennzeichnung von Nucleinsäuren s. *Kap. 10.5.2* und besonders die Angaben zu *Fig. 10.17–10.19*).

Tab. 7.3. *Originaltabelle von* E. Chargaff (*Structure and Function of Nucleic Acids as Cell Constituents, Federation Proc.* **1951,** *10,* 654)

Quelle	Adenin zu Guanin	Thymin zu Cytosin	Adenin zu Thymin	Guanin zu Cytosin	Purin zu Pyrimidin
Ochse	1,29	1,43	1,04	1,00	1,1
Mensch	1,56	1,75	1,00	1,00	1,0
Huhn	1,45	1,29	1,06	0,91	0,99
Lachs	1,43	1,43	1,02	1,02	1,02
Weizen	1,22	1,18 [a])	1,00	0,97 [a])	0,99
Hefe	1,67	1,92	1,03	1,20	1,0
Haemophilus influenzae	1,74	1,54	1,07	0,91	1,0
E. coli K-12	1,05	0,95	1,09	0,99	1,0
Vogel Tuberkel-bazillus	0,4	0,4	1,09	1,08	1,1
Serratia marcescens	0,7	0,7	0,95	0,86	0,9
Schatz-Bazillus	0,7	0,6	1,12	0,89	1,0

[a]) Berechnung unter Verwendung der Summe von Cytosin und Methylcytosin. Berücksichtigt man Cytosin allein, resultieren Verhältnisse von Thymin zu Cytosin gleich 1,62 und von Guanin zu Cytosin gleich 1,33.

Jeder Einzelstrang mit der spezifischen Sequenz seiner Basen (*strukturelle Syntax*) ist ein Informationsträger, der während der stattfindenden Basenpaarung (aufgrund von Regeln der *strukturellen Grammatik*) vom komplementären Einzelstrang selektiv erkannt werden kann. Informationstransfer in supramolekularen Basenpaaren wird in *Kap. 16* behandelt.

Nach Inhalt und Stil hebt sich die Mitteilung von *J. D. Watson* und *F. H. C. Crick* über die Struktur der DNA so sehr vom Üblichen ab, daß sie in *Fig. 7.30* wiedergegeben wird.

No. 4356 April 25, 1953 NATURE 737

MOLECULAR STRUCTURE OF NUCLEIC ACIDS

A Structure for Deoxyribose Nucleic Acid

WE wish to suggest a structure for the salt of deoxyribose nucleic acid (D.N.A.). This structure has novel features which are of considerable biological interest.

A structure for nucleic acid has already been proposed by Pauling and Corey[1]. They kindly made their manuscript available to us in advance of publication. Their model consists of three intertwined chains, with the phosphates near the fibre axis, and the bases on the outside. In our opinion, this structure is unsatisfactory for two reasons: (1) We believe that the material which gives the X-ray diagrams is the salt, not the free acid. Without the acidic hydrogen atoms it is not clear what forces would hold the structure together, especially as the negatively charged phosphates near the axis will repel each other. (2) Some of the van der Waals distances appear to be too small.

Another three-chain structure has also been suggested by Fraser (in the press). In his model the phosphates are on the outside and the bases on the inside, linked together by hydrogen bonds. This structure as described is rather ill-defined, and for this reason we shall not comment on it.

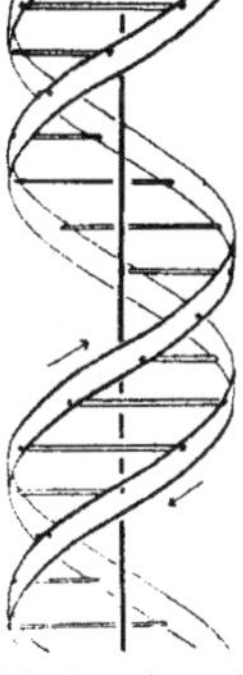

This figure is purely diagrammatic. The two ribbons symbolize the two phosphate—sugar chains, and the horizontal rods the pairs of bases holding the chains together. The vertical line marks the fibre axis

We wish to put forward a radically different structure for the salt of deoxyribose nucleic acid. This structure has two helical chains each coiled round the same axis (see diagram). We have made the usual chemical assumptions, namely, that each chain consists of phosphate diester groups joining β-D-deoxyribofuranose residues with 3′,5′ linkages. The two chains (but not their bases) are related by a dyad perpendicular to the fibre axis. Both chains follow right-handed helices, but owing to the dyad the sequences of the atoms in the two chains run in opposite directions. Each chain loosely resembles Furberg's[2] model No. 1; that is, the bases are on the inside of the helix and the phosphates on the outside. The configuration of the sugar and the atoms near it is close to Furberg's 'standard configuration', the sugar being roughly perpendicular to the attached base. There is a residue on each chain every 3·4 A. in the z-direction. We have assumed an angle of 36° between adjacent residues in the same chain, so that the structure repeats after 10 residues on each chain, that is, after 34 A. The distance of a phosphorus atom from the fibre axis is 10 A. As the phosphates are on the outside, cations have easy access to them.

The structure is an open one, and its water content is rather high. At lower water contents we would expect the bases to tilt so that the structure could become more compact.

The novel feature of the structure is the manner in which the two chains are held together by the purine and pyrimidine bases. The planes of the bases are perpendicular to the fibre axis. They are joined together in pairs, a single base from one chain being hydrogen-bonded to a single base from the other chain, so that the two lie side by side with identical z-co-ordinates. One of the pair must be a purine and the other a pyrimidine for bonding to occur. The hydrogen bonds are made as follows: purine position 1 to pyrimidine position 1; purine position 6 to pyrimidine position 6.

If it is assumed that the bases only occur in the structure in the most plausible tautomeric forms (that is, with the keto rather than the enol configurations) it is found that only specific pairs of bases can bond together. These pairs are: adenine (purine) with thymine (pyrimidine), and guanine (purine) with cytosine (pyrimidine).

In other words, if an adenine forms one member of a pair, on either chain, then on these assumptions the other member must be thymine; similarly for guanine and cytosine. The sequence of bases on a single chain does not appear to be restricted in any way. However, if only specific pairs of bases can be formed, it follows that if the sequence of bases on one chain is given, then the sequence on the other chain is automatically determined.

It has been found experimentally[3,4] that the ratio of the amounts of adenine to thymine, and the ratio of guanine to cytosine, are always very close to unity for deoxyribose nucleic acid.

It is probably impossible to build this structure with a ribose sugar in place of the deoxyribose, as the extra oxygen atom would make too close a van der Waals contact.

The previously published X-ray data[5,6] on deoxyribose nucleic acid are insufficient for a rigorous test of our structure. So far as we can tell, it is roughly compatible with the experimental data, but it must be regarded as unproved until it has been checked against more exact results. Some of these are given in the following communications. We were not aware of the details of the results presented there when we devised our structure, which rests mainly though not entirely on published experimental data and stereochemical arguments.

It has not escaped our notice that the specific pairing we have postulated immediately suggests a possible copying mechanism for the genetic material.

Full details of the structure, including the conditions assumed in building it, together with a set of co-ordinates for the atoms, will be published elsewhere.

We are much indebted to Dr. Jerry Donohue for constant advice and criticism, especially on interatomic distances. We have also been stimulated by a knowledge of the general nature of the unpublished experimental results and ideas of Dr. M. H. F. Wilkins, Dr. R. E. Franklin and their co-workers at King's College, London. One of us (J. D. W.) has been aided by a fellowship from the National Foundation for Infantile Paralysis.

J. D. WATSON
F. H. C. CRICK

Medical Research Council Unit for the Study of the Molecular Structure of Biological Systems,
Cavendish Laboratory, Cambridge.
April 2.

[1] Pauling, L., and Corey, R. B., *Nature*, 171, 346 (1953); *Proc. U.S. Nat. Acad. Sci.*, 39, 84 (1953).
[2] Furberg, S., *Acta Chem. Scand.*, 6, 634 (1952).
[3] Chargaff, E., for references see Zamenhof, S., Brawerman, G., and Chargaff, E., *Biochim. et Biophys. Acta*, 9, 402 (1952).
[4] Wyatt, G. R., *J. Gen. Physiol.*, 36, 201 (1952).
[5] Astbury, W. T., Symp. Soc. Exp. Biol. 1, Nucleic Acid, 66 (Camb. Univ. Press, 1947).
[6] Wilkins, M. H. F., and Randall, J. T., *Biochim. et Biophys. Acta*, 10, 192 (1953).

Fig. 7.30. *Erste Original-Publikation von* J. D. Watson *und* F. H. C. Crick *in* Nature **1953**

Watson teilte 1968 einer breiten Öffentlichkeit in einem Bestseller unter dem Titel '*The Double Helix*' mit, wie aus der Sicht eines Mitbeteiligten die Struktur der DNA gefunden worden war. *Crick* beschrieb 1988 unter dem Titel '*What Mad Pursuit*', wie er die Entwicklung der molekularen Biologie durch Struktur und Funktion der DNA beeinflußt sah. 1987 erschien als 'Dokudrama' gar ein Film der *BBC*, '*Life Story*', der in der amerikanischen Version *'Double Helix'* und in der synchronisierten Fassung der ARD von 1988 *'Wettlauf zum Ruhm'* heißt.

7.3.1.2.2. Basenpaarung bei der Homo-DNA

Homo-DNA-Einzelstränge bilden wie (aber nicht mit) DNA-Einzelstränge(n) bevorzugt Duplexe mit antiparalleler Orientierung. Während für den letzteren Fall die *Watson-Crick*-Regeln die thermodynamische Stabilitätenreihenfolge der Nucleosid-Paare

$$\mathrm{dG \cdot dC > dA \cdot dT}$$

festlegen, gilt für den ersteren Fall die Stabilitätenreihenfolge:

$$\mathrm{ddG \cdot ddC > ddA \cdot ddA \approx ddG \cdot ddG > ddA \cdot ddT}$$

So wie d für das eigentlich zu verwendende *IUPAC*-Symbol $\mathrm{d^2Rib}f$ benutzt wird, steht dd für das eigentlich zu verwendende *IUPAC*-Symbol $\mathrm{d^2d^3Glc}p$.

Die (Purin/Purin)-Selbstpaarung der Nucleoside ddA und ddG ist aus konstitutioneller Sicht der auffälligste Unterschied im Paarungsverhalten von Homo-DNA- und DNA-Oligonucleotiden. Das unterschiedliche Paarungsverhalten in den beiden homologen Reihen führt zur wichtigen Einsicht, daß die *Watson-Crick*-Regeln nicht nur auf die molekularen Eigenschaften der Nucleobasen zurückzuführen sind, sondern auch von der Konstitution der Zuckerphosphat-Kette mitbestimmt werden. Diese Folgerung entspricht dem Befund, daß zwei Purin- und Pyrimidin-Basen enthaltende Einzelstränge nicht miteinander paaren, wenn der eine ein Homo-DNA- und der andere ein DNA-Rückgrat aufweist.

Das Paarungsverhalten in der Homo-DNA-Reihe ist von demjenigen in der DNA-Reihe derart verschieden, daß die Frage nach der Konstitution des resultierenden Übermoleküls zu stellen war. Für den Fall, daß sich die beiden Nucleoside ddA und ddT miteinander supramolekular zusammenschließen, gibt es *a priori* die vier bereits erwähnten (*Abschn. 7.3.1.2*) konstitutionellen Paarungstypen. Die 16 Varianten mit unterschiedlicher Kombination der Variablen *Paarungstyp*, *Basenkonformation* (*syn* bzw. *anti*; zur konformationellen Beschreibung von Nucleinsäuren s. *Kap. 10.5.2*) und *Strang-Orientierung* (parallel bzw. antiparallel) sind nebenstehend zusammengestellt.

Watson-Crick	*anti* *anti* antiparallel	*syn* *anti* parallel	*anti* *syn* parallel	*syn* *syn* antiparallel
reverse *Watson-Crick*	*anti* *anti* parallel	*syn* *anti* antiparallel	*anti* *syn* antiparallel	*syn* *syn* parallel
Hoogsteen	*anti* *anti* parallel	*syn* *anti* antiparallel	*anti* *syn* antiparallel	*syn* *syn* parallel
reverse *Hoogsteen*	*anti* *anti* antiparallel	*syn* *anti* parallel	*anti* *syn* parallel	*syn* *syn* antiparallel

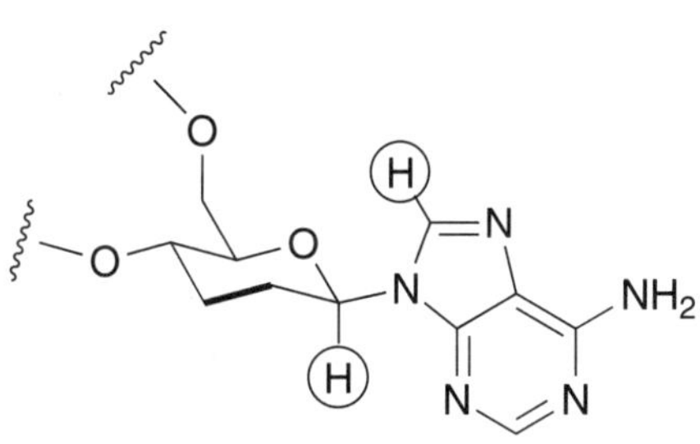

anti

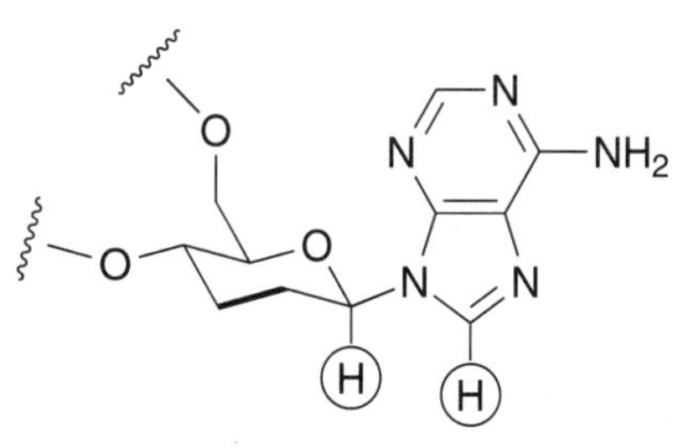

syn

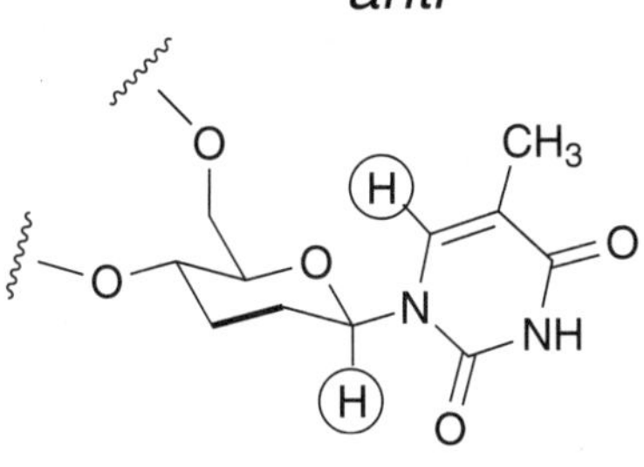

anti

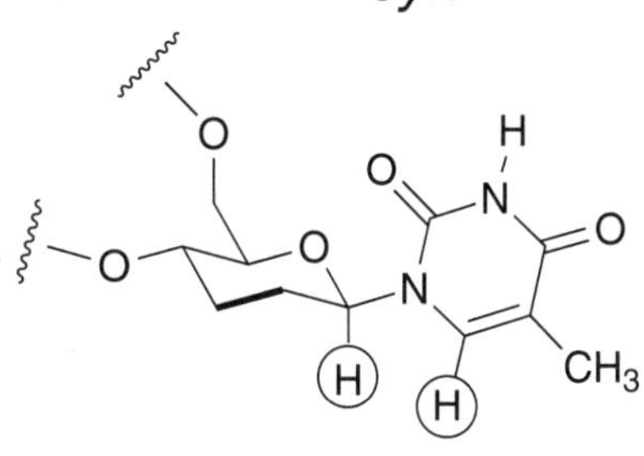

syn

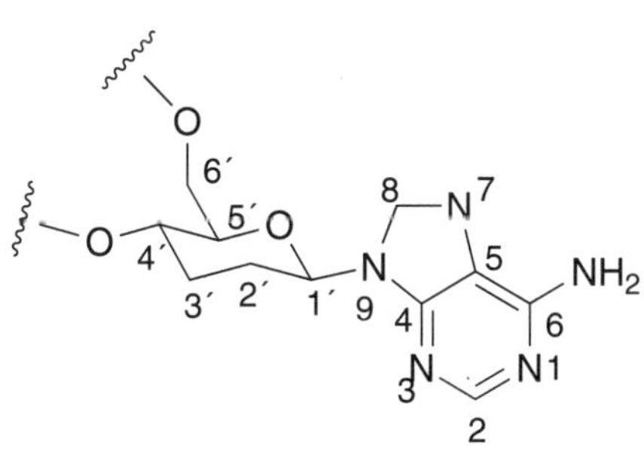

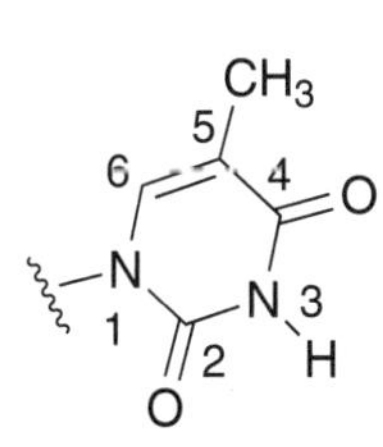

Im Fall der (ddA/ddT)-Paarung findet man im Duplex von Homo-DNA-Oligonucleotiden bevorzugt das Nucleosid-Paar vom *Watson-Crick*-Muster jeweils mit *anti*-Orientierung der beiden Basen und antiparalleler Anordnung der beiden Einzelstränge.

(Adenin/Thymin)-Basenpaarungen

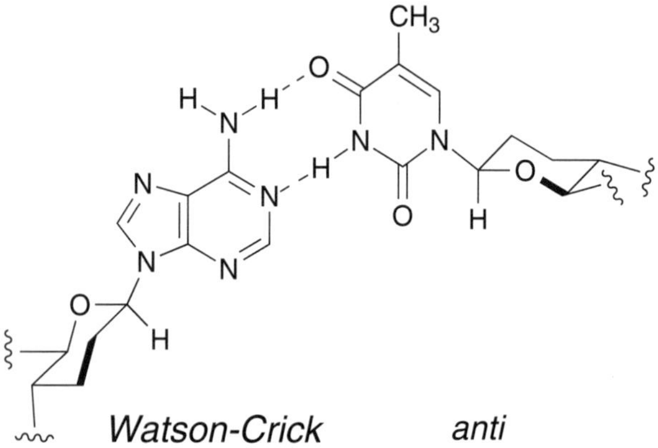

Watson-Crick — *anti* *anti* antiparallel

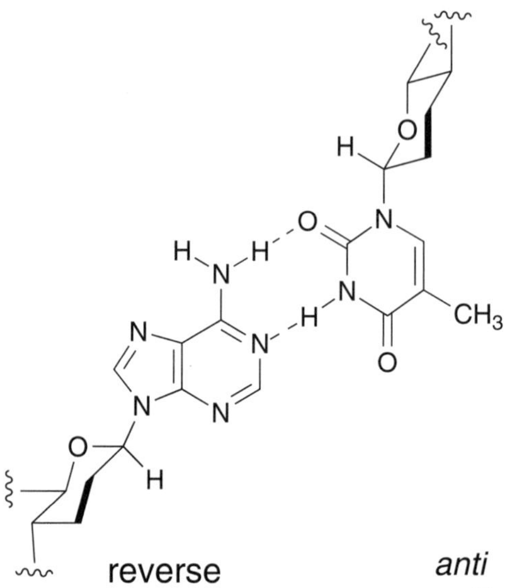

reverse *Watson-Crick* — *anti* *anti* parallel

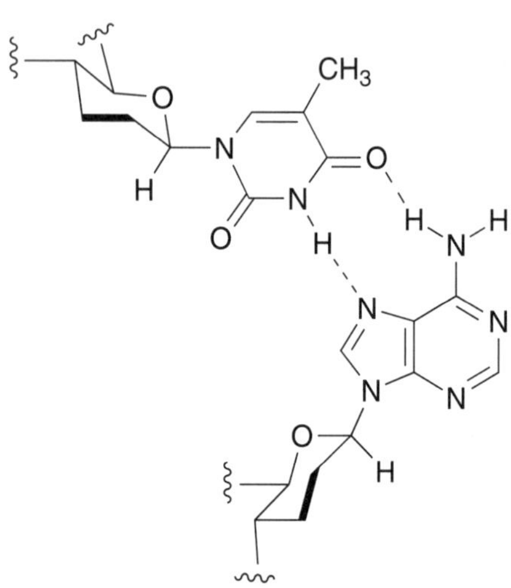

Hoogsteen — *anti* *anti* parallel

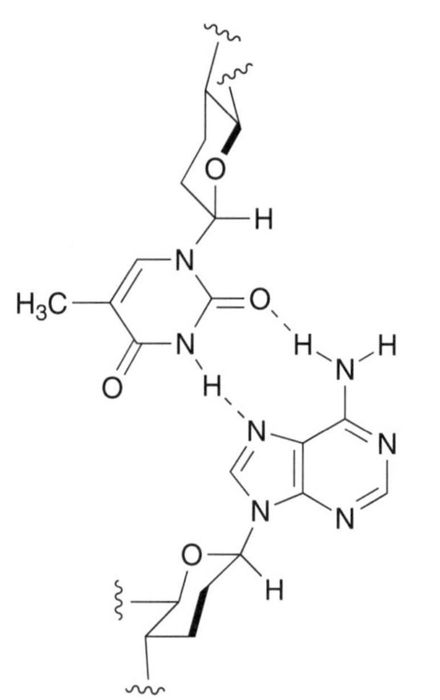

reverse *Hoogsteen* — *anti* *anti* antiparallel

Die (ddG/ddC)-Paarung geschieht in der Homo-DNA-Reihe wie die (dG/dC)-Paarung in der DNA-Reihe nach dem *Watson-Crick*-Muster, und zwar jeweils mit *anti*-Orientierung der beiden Basen und antiparalleler Anordnung der beiden Einzelstränge unter Bildung dreier H-Brücken. Die (ddA/ddA)- wie auch die (ddG/ddG)-Paarung erfolgen in der Homo-DNA-Reihe beide nach dem reversen *Hoogsteen*-Muster, jeweils mit *anti*-Orientierung der beiden Basen und antiparalleler Anordnung der beiden Einzelstränge.

Quasi-isomorphie der reversen (Adenin/Adenin)- und reversen (Guanin/Guanin)-*Hoogsteen*-Basenpaarungen

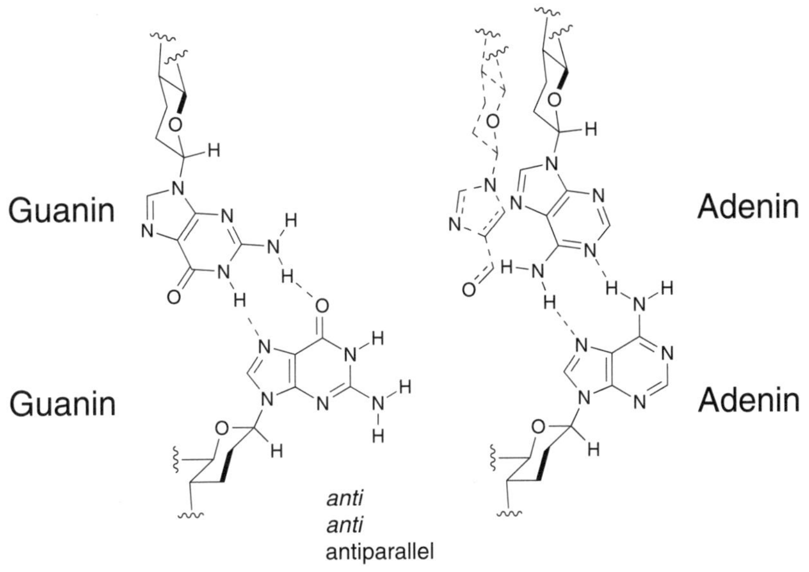

Die Beobachtung, daß Duplexe mit (Purin/Pyrimidin)-Basenpaaren in der Homo-DNA-Reihe thermodynamisch stabiler als in der DNA-Reihe sind, ist vor allem entropisch bedingt: Die von den Einzel- und Doppelsträngen besetzten Konformationsräume sind bei der Homo-DNA einander ähnlicher als bei der DNA.

Anläßlich der systematischen Konformationsanalyse des Homo-DNA-Einzelstranges (*Abschn. 7.3.1.1.1*) wurde bereits das paarungstopologische Selektionskriterium berücksichtigt. Dabei stieß man auf die (*−sc*/*ap*/*+sc*/ *+sc*/*ap*/*−sc*)-Konformation **A** (*Fig. 7.22*), die aus einem Satz von 486 formal möglichen Optionen als konformationell repetitiv und optimal paarungsfähig übriggeblieben war. Läßt man aus dem Ensemble der Phosphodiester-Fragmente (*Fig. 7.19*) außer der bevorzugten (± *sc*/ ± *sc*)- auch noch die (*ap*/ ± *sc*)-Anordnung zu, gelangt man zur (*ap*/*ap*/*ap*/*+sc*/*ap*/*−sc*)-Konformation (*Fig. 7.31*).

Ein Vergleich der Homo-DNA-Einzelstränge der idealisierten Konformationstypen von *Fig. 7.22,* **A** und *Fig. 7.31* miteinander zeigt, daß beide linear sind, und ferner, daß sich jeweils die zueinander parallelen Basenebenen mit unterschiedlichem Ausmaß zur Strang-Achse neigen: *ca.* 60° im ersten und *ca.* 45° im zweiten Fall. Dadurch verringert sich der

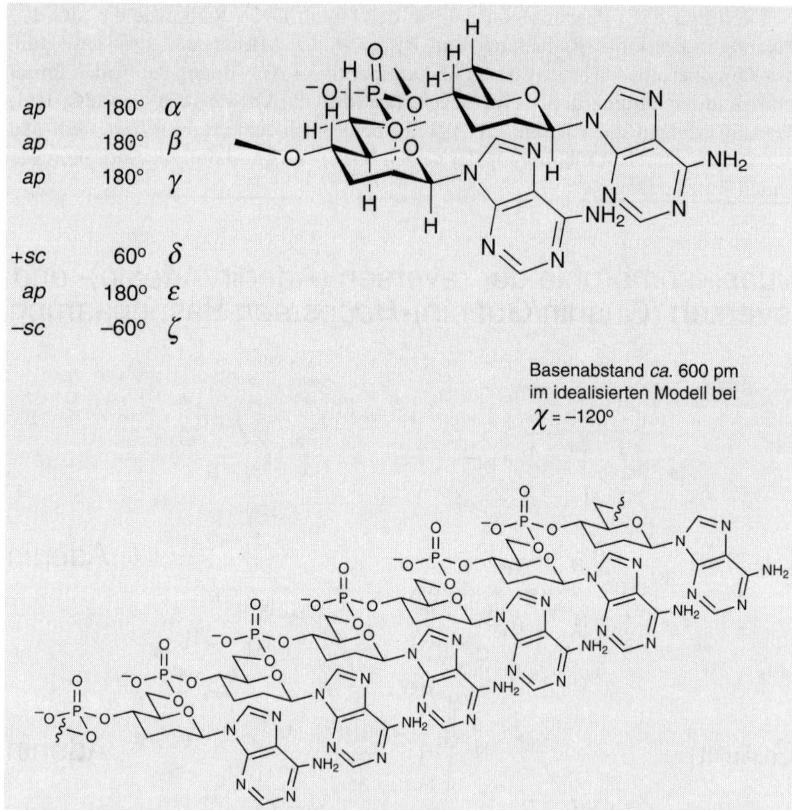

Fig. 7.31. *Der idealisiert-lineare Homo-DNA-Einzelstrang aus Repetiereinheiten des* (ap/ap/ap/+sc/ap/−sc)-*Konformationstyps mit der Fähigkeit, idealisiert-lineare Duplexe zu bilden*

Abstand benachbarter Basen nur unwesentlich und ist in beiden Fällen noch recht weit vom entsprechenden Abstand bei den verschiedenen Konformeren der DNA entfernt.

Schematische Darstellungen von Modellen von linearen Strängen mit zueinander geneigten Strang- und Basenachsen (*Fig. 7.32*, obere Reihe) lassen den geometrischen Grund erkennen, warum lineare Homo-DNA-Duplexe die antiparallele vor der parallelen Strang-Orientierung bevorzugen: und dies um so mehr, je größer die Neigung ist.

Homo-DNA-Duplexe, die durch Basenpaarung des idealisierten Konformationstyps (*Fig. 7.31*) entstehen, können idealisiert-linear sein: Das Modell für einen solchen Doppelstrang stellt eine quasi-zweidimensional-chirale Struktur dar (*Fig. 7.32*, Mitte). Das Modell für einen aus idealisiert-linearen Einzelsträngen des Konformationstyps **A** (*Fig. 7.22*) zusammengesetzten Doppelstrang enthält Stufen und ist paarungstopologisch dreidimensional-chiral. Damit es zu einer durchgehenden Basenpaarung kommt, müssen sich die antiparallel orientierten Einzelstränge 'entidealisieren' (*Fig. 7.32*, unten): es kann dann (*Abschn. 7.2.2*) ein helicales Duplex zustande kommen.

In beiden Konformationen von Fragmenten des idealisiert-linearen Homo-DNA-Einzelstranges (*Fig. 7.22*, **A**, und *7.31*) sind die parallel orientierten Basen zu weit voneinander entfernt (*ca.* 500–600 pm), als daß im Duplex die Basenpaar-Stapelung jenes Maß an Stabilisierung

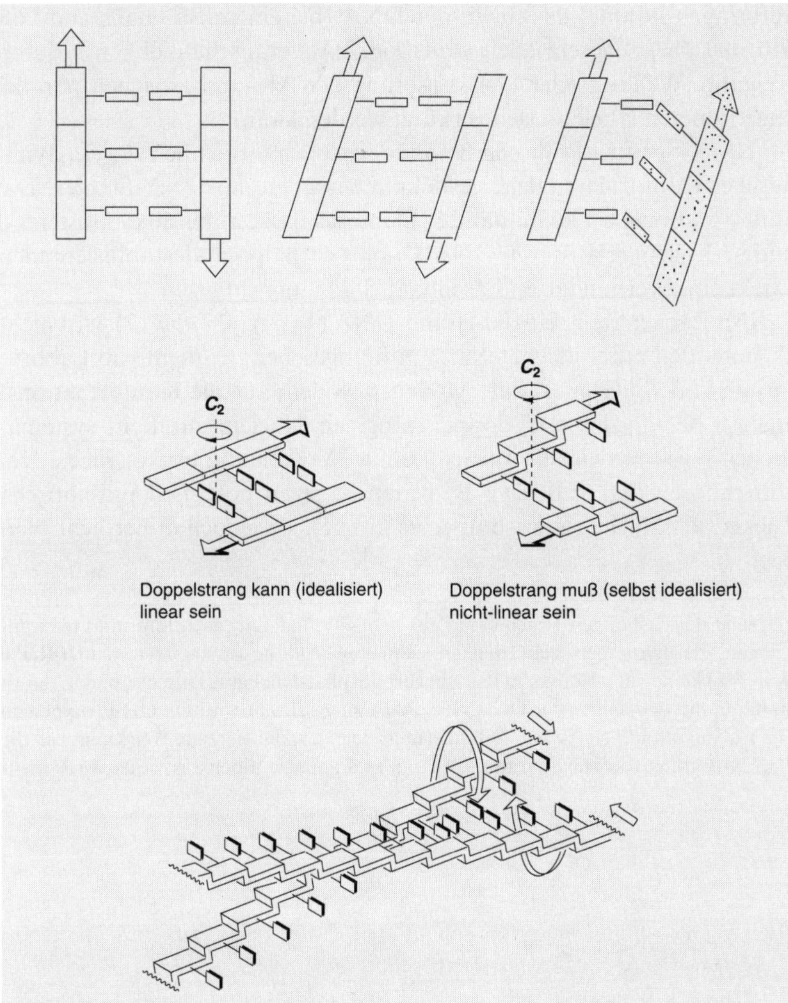

Fig. 7.32. *Antiparallele Paarung idealisiert-linearer Einzelstränge*

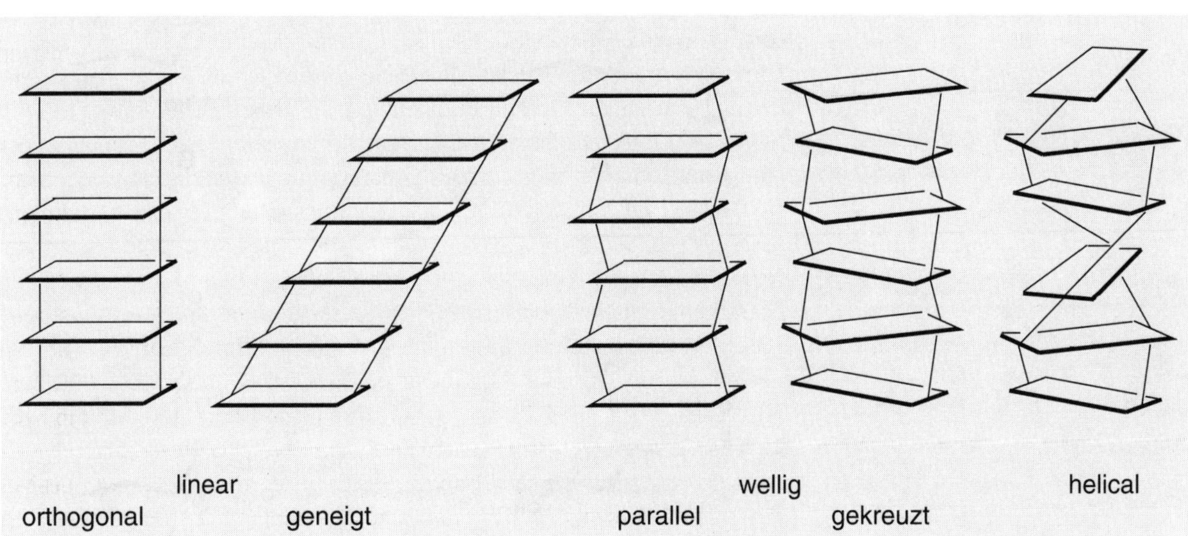

Fig. 7.33. *Verkürzung der Basenpaar-Abstände in linearen Duplex-Modellen durch Neigung, Wellung oder Helicalisierung*

aufbringen könnte, das ihr in der DNA (bei einem Basenabstand von 350–400 pm) zugeschrieben wird. *Fig. 7.33* veranschaulicht, wie durch Neigung, Wellung oder Helicalisierung der Abstand zwischen parallel angeordneten Nucleobasen verkürzt werden kann.

NMR-Spektroskopische Befunde sprechen tatsächlich für ein dynamisches Konformerengleichgewicht in einem Homo-DNA-Duplex. Die konformationelle Flexibilität des Duplexes ist entropisch-stabilisierend und wirkt dem relativ zum DNA-Duplex enthalpisch-destabilisierenden Effekt einer verminderten Basenpaar-Stapelung entgegen.

Der Zucker-Baustein der Homo-DNA (Typ **A**, s. *Tab. 7.2*) wird nicht als potentiell präbiotischer Naturstoff angesehen: Er diente im Laboratorium von *Eschenmoser* als Modell, von dem aus die Konformationsanalyse der einzel- und doppelsträngigen Nucleinsäuren in systematischer Weise entwickelt werden konnte. Vollständig hydroxylierte Hexopyranosen (vgl. z.B. Typ **B**) wären dagegen potentiell präbiotische Zucker, als Nucleinsäure-Bausteine können sie jedoch außer acht bleiben.

Nach den bisherigen Ergebnissen aus dem Zürcher Laboratorium muß man annehmen, daß von den acht diastereoisomeren Aldohexopyranosen der D-Reihe (*Kap. 5.2*) keine nach Einbau in das Zuckerphosphat-Rückgrat Duplexe bildet, die an Stabilität mit denjenigen der DNA oder RNA zu vergleichen wären. OH-Gruppen an C(2′) üben infolge sterischer Behinderung eine destabilisierende Wirkung auf die Duplex-Bildung von Hexopyranosyl-(4′→6′)-Oligonucleotiden aus: äquatorial orien-

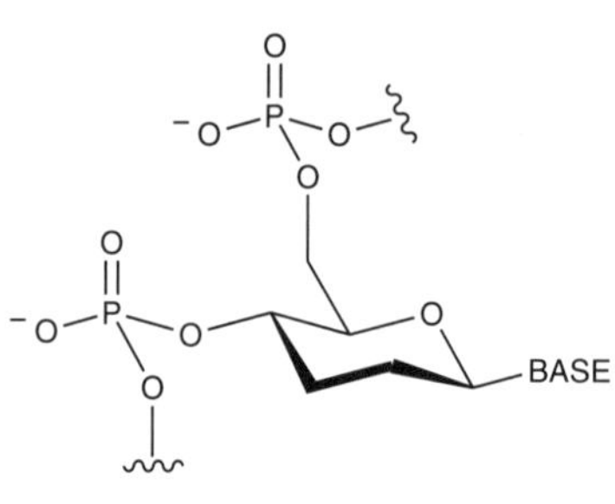

A

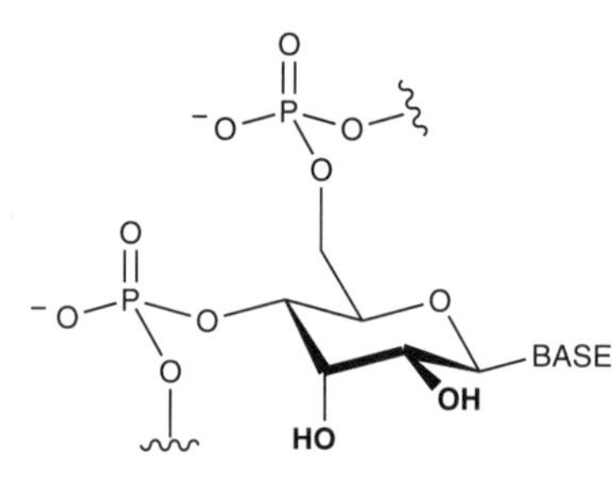

B

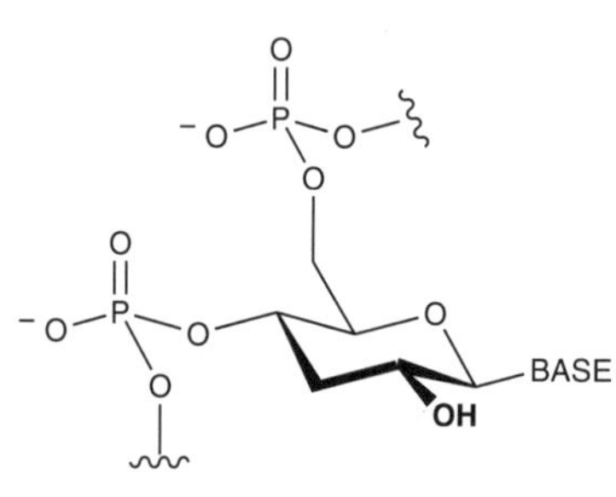

C

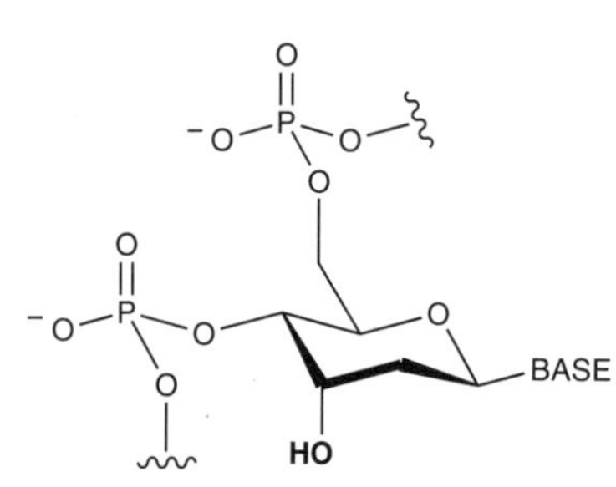

D

tierte stärker als axial orientierte OH-Gruppen. So wundert es nicht, daß 3′-Deoxy-β-D-allopyranosyl-Oligonucleotide (Typ **C**) sich bei der reversen *Hoogsteen*-Basenpaarung ähnlich verhalten wie β-D-Allopyranosyl-Oligonucleotide (Typ **B**) und ganz anders als 2′-Deoxy-β-D-allopyranosyl-Oligonucleotide (Typ **D**). *Eschenmoser* hat die von ihm aufgeworfene Frage *'Warum Pentose- und nicht Hexose-Nucleinsäuren?'* mit der lapidaren Feststellung beantwortet, die Hexopyranose-Zucker hätten 'zu viele Atome'. Mit einer ähnlichen Überlegung kommt man zu dem Schluß, daß ein DNA-Duplex 'fester' als ein RNA-Duplex ist. Tatsächlich findet man bei der RNA viel häufiger Ausbuchtungen, Schleifen und intracatenare Basenpaarung als bei der DNA.

7.3.1.2.3. Basenpaarung bei der p-RNA

Pyranosyl-RNA (p-RNA) kann laut Modell-Betrachtung (*Fig. 7.27*) durch Basenpaarung nach dem *Watson-Crick*-Muster ein idealisiert-lineares Duplex mit antiparalleler Orientierung der beiden Einzelstränge bilden. Die Beobachtung, daß (Purin/Purin)-Selbstpaarungen (reverse *Hoogsteen*-Basenpaarung) bei der Homo-DNA stattfinden, bei der p-RNA dagegen nicht, führt im letzteren Fall zur Folgerung, daß das Rückgrat der p-RNA weniger flexibel ist. Während das Rückgrat der DNA mit sechs flexiblen Bindungen pro Repetiereinheit ausgestattet ist, trifft man bei der Homo-DNA nur fünf und bei der p-RNA gar nur noch vier flexible Bindungen an. Tatsächlich führt die Basenpaarung der p-RNA nach dem *Watson-Crick*-Muster zu (Purin/Pyrimidin)-Duplexen, die thermodynamisch stabiler sind als diejenigen der RNA, der DNA und sogar der Homo-DNA. So wundert es nicht, daß p-RNA von allen erwähnten Nucleinsäuren am selektivsten ist, wenn es um die *Watson-Crick*-Duplexbildung geht. Der Grund hierfür ist die starke Neigung der Basenebenen zur Doppelstrang-Achse im Duplex, welche durch die unterschiedliche Konstitution ((2′→4′)- statt (4′→6′)-Überbrückung) verursacht wird. Die starke Neigung macht intercatenare Basenstapelung möglich (s. *Fig. 7.27*). Hohe Selektivität bei der Basenpaarung ist die Voraussetzung für eine möglichst getreue Informationsübertragung.

Auf der Suche nach dem Ursprung der RNA könnte sich p-RNA (dann als 'proto'-RNA) als ein kostbarer Schatz erweisen, jedenfalls dann, wenn experimentell festgestellt würde, daß p-RNA die vorhandene strukturelle Information weitergäbe und über sequenzbedingte katalytische Eigenschaften verfügte. Einer notwendigen Isomerisierung der p-RNA zur RNA im Duplex sollte nach *Eschenmoser* keine unüberwindbare mechanistische Barriere im Wege stehen.

7.3.1.2.4. Vom idealisierten Homo-DNA-Modell zur Rückgrat-Konformation der Einzelstränge in DNA-Duplexen

Die idealisierte Sessel-Konformation des Cyclohexans diente als Bezugsmodell für die systematische Konformationsanalyse von Steroiden (*Kap. 6.2*) sowie Pyranosiden (*Kap. 6.6.2* und *Abschn. 7.3.2*) und läßt sich leicht auf andere Naturstoff-Klassen ausdehnen, bei denen sechsgliedrige gesättigte Ringe als wichtige Struktur-Elemente auftreten. Die systematische Konformationsanalyse von Polynucleotid-Duplexen beginnt sinnvollerweise mit dem Modell eines Homo-DNA-Einzelstranges (*Abschn. 7.3.1.1.1*).

Das idealisierte Modell eines Homo-DNA-Einzelstranges in seiner paarungsfähigen Konformation ist linear und enthält als Repetiereinheit das (*−sc*/*ap*/*+sc*/*+sc*/*ap*/*−sc*)-Fragment (*Fig. 7.22*, **A**). Durch Aufweitung (im Gedankenexperiment) des Torsionswinkels δ (im Uhrzeigersinn) von 60° auf höhere Werte geht die lineare in eine (rechts-)helicale Kette über. Dies ist zwangsläufig der Fall, wenn der Pyranose-Ring durch den Furanose-Ring ersetzt wird (*Fig. 7.23*). Ein Vergleich der linearen Rückgrat-Konformation eines Homo-DNA-Einzelstranges mit denjenigen der Einzelstränge in DNA-Duplexen (unter Verwendung von Daten aus *Röntgen*-Strukturanalysen, die in der *Brookhaven Protein Data Bank* gesammelt worden sind) verdeutlicht, daß sie mit entsprechend entidealisierten Torsionswinkeln in DNA-Duplexen Ähnlichkeit aufweisen. Da DNA-Duplexe der A-Konformation (s. *Fig. 7.36*) im Mittel um +18° und DNA-Duplexe der B-Konformation um +62° vom Linearwert 60° abweichen, stimmt das idealisierte Fragment der Homo-DNA (**A** in *Fig. 7.34*) sehr gut mit einem entsprechenden Fragment aus einem A-DNA-Duplex (**B**, $\delta = 78°$) überein, jedenfalls besser als mit Fragmenten aus B-DNA-Duplexen (**C**, $\delta = 122°$ oder **D**, $\delta = 140°$).

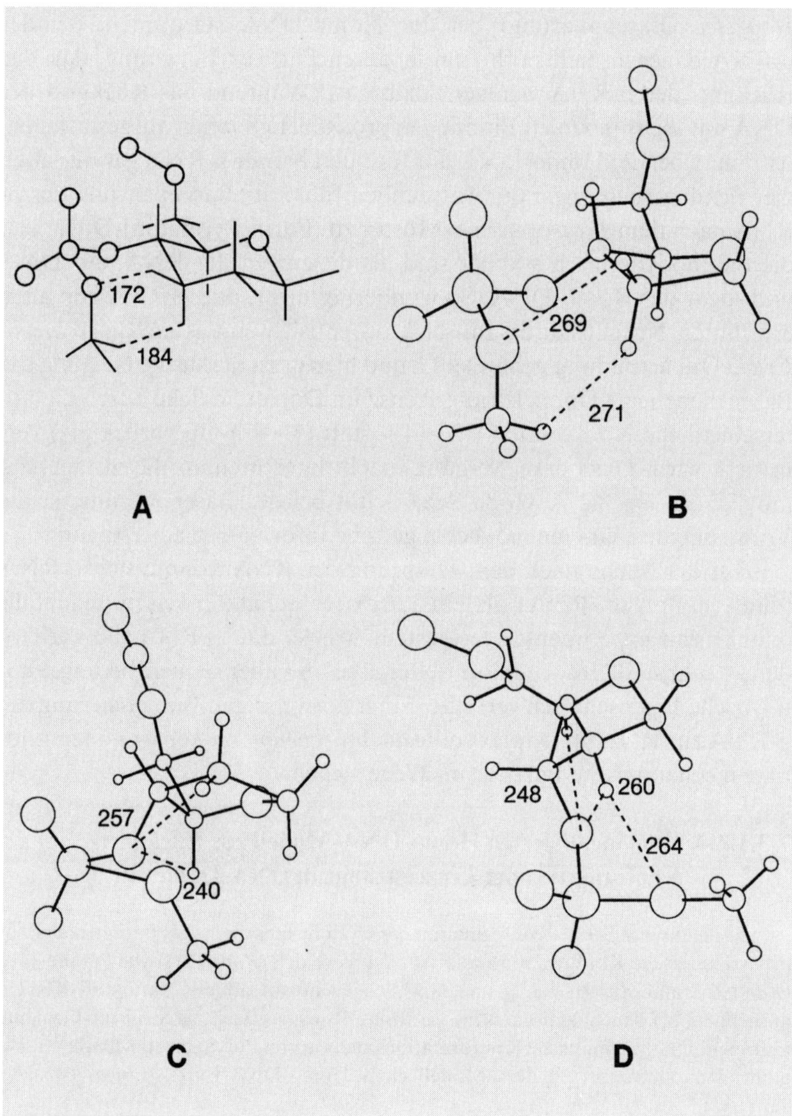

Fig. 7.34. *Vergleich der Rückgrat-Einheit des Homo-DNA-Modells* (**A**) *mit Rückgrat-Einheiten aus A-* (**B**) *bzw. B-DNA-Duplexen* (**C** und **D**). Die Zahlen geben die (H···H)- bzw. (H···O)-Abstände [pm] an.

Fig. 7.35 zeigt die idealisierte Konformation **A** des Homo-DNA-Fragments mit $\delta = 60°$ sowie Konformationen, bei denen der Pyranose-Ring – um den endocyclischen Winkel δ entsprechend manipulieren zu können – Boot-Konformation angenommen hat: mit $\delta = 60°$ (**B**), $\delta = 120°$ (**C**) und $\delta = 180°$ (**D**). Die lediglich im sechsgliedrigen Zucker-Ring abgewandelten fiktiven Konformationen **B**, **C** und **D** sind den realen Konformationen mit fünfgliedrigem Zucker-Ring, **B′** der A-DNA (mit $\delta = 78°$, C(3′)-*endo*-Konformation des Furanose-Rings und *sc*-Orientierung der vicinalen Rückgrat-Substituenten), **C′** der B-DNA (mit $\delta = 122°$, C(1′)-*exo*-Konformation des Furanose-Rings und *ac*-Orientierung der vicinalen Rückgrat-Substituenten) sowie **D′** der B-DNA (mit $\delta = 140°$, C(2′)-*endo*-Konformation des Furanose-Rings und *ac*-Orientierung der vicinalen Rückgrat-Substituenten), gegenübergestellt.

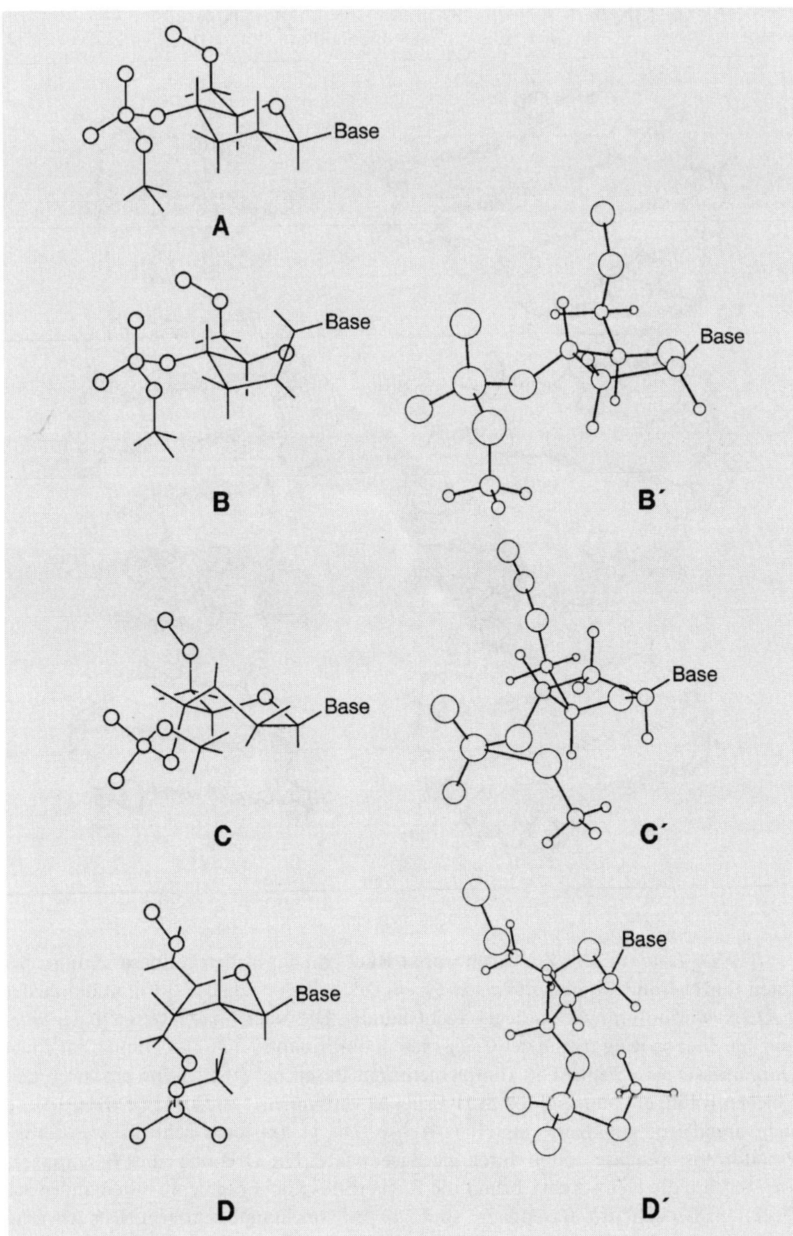

Fig. 7.35. *Rückgrat-Einheiten des Homo-DNA-Modells* (**A**) *mit manipulierten Pyranose-Boot-Konformationen* **B–D** *sind Rückgrat-Einheiten aus A-* (**B′**) *bzw. B-DNA-Duplexen* (**C′** und **D′**) *zur Seite gestellt*

Die Rückgrat-Konformation in den Einzelsträngen des A-DNA-Duplexes kommt derjenigen der Homo-DNA recht nahe. Die strukturelle Präorganisation des Einzelstranges spielt für die Bildung der DNA-Doppelhelix eine wichtige Rolle.

In den vorangegangenen Ausführungen ist angedeutet worden, daß die supramolekularen Nucleinsäure-Duplexe in verschiedenen Konformationen auftreten können, die als A-, B- oder Z-DNA-Duplexe bekannt geworden sind. Diese konformationell komplexeren Duplexe werden nun kurz vorgestellt (*Fig. 7.36*).

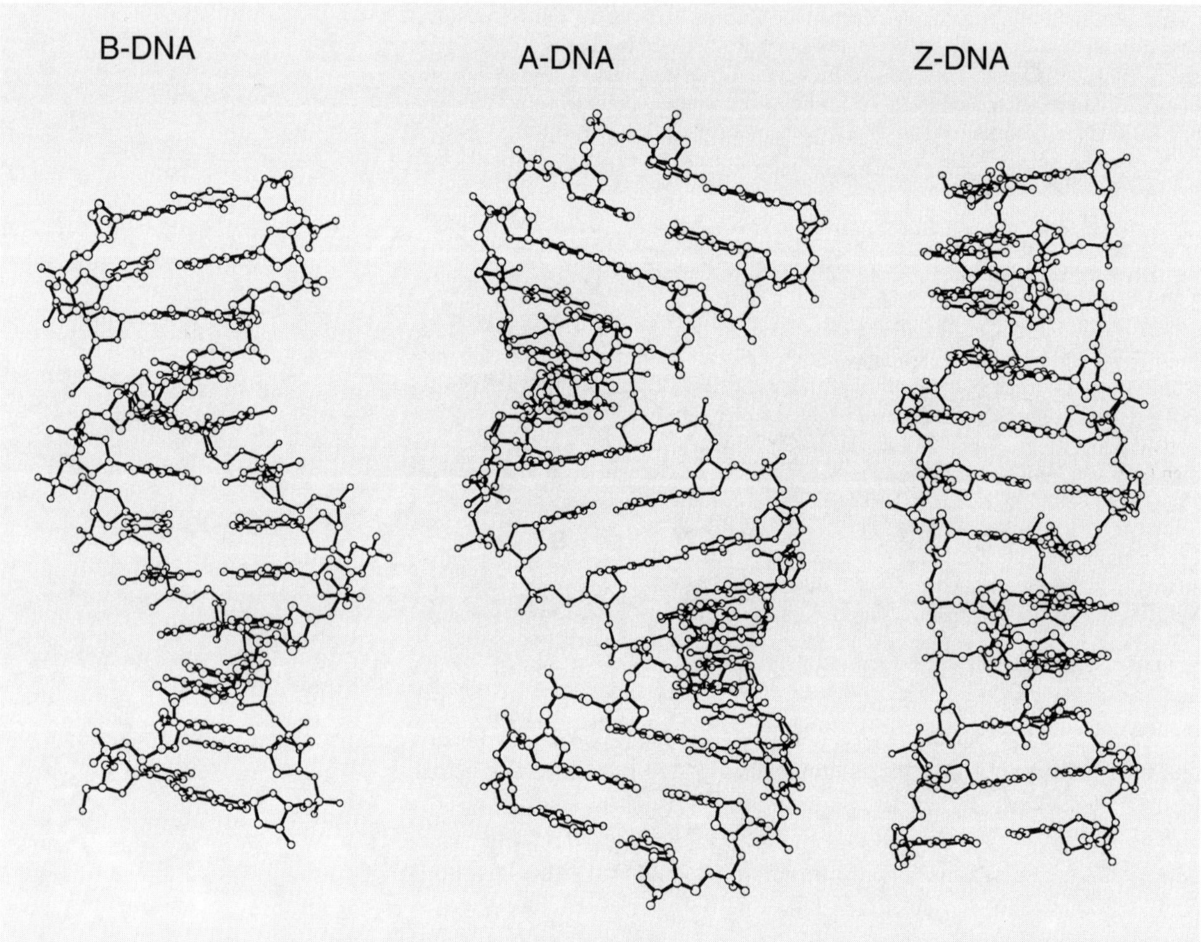

Fig. 7.36. *B-, A- und Z-DNA-Duplexe*

B-DNA-Duplexe. Das Zuckerphosphat-Rückgrat der beiden antiparallel angeordneten Einzelstränge ist in der *Watson-Crick*-Doppelhelix – da das D-Enantiomere der 2′-Deoxy-*β*-ribofuranose vorliegt – rechtshändig. Die Nucleobasen treten in der *anti*- und der Zucker-Ring tritt in der C(2′)-*endo*-Konformation auf. Das Duplex hat einen Durchmesser von 2 nm. Die komplementären Basen nehmen jeweils praktisch den gleichen Raum ein und sind durch H-Brücken verbunden. Die Ebene der Basenpaare steht annähernd senkrecht zur Helix-Achse. Die Helix-Achse geht als zweizählige Pseudorotationsachse mitten durch die Basenpaare: Die Drehung eines Basenpaares um 180° um die Helix-Achse bringt die Zuckerphosphat-Fragmente miteinander zur Deckung. Benachbarte Basenpaare sind 340 pm voneinander entfernt. Der Abstand zwischen zwei aufeinanderfolgenden Phosphat-Gruppen beträgt *ca.* 670 pm. Eine volle Helix-Windung schließt zehn (unter physiologischen Bedingungen 10,5) Basenpaare ein. Jedes Basenpaar ist um 36° zum benachbarten Basenpaar verdreht.

Das Übermolekül weist zwei periphere Furchen auf, die etwa gleich tief, aber unterschiedlich weit sind. Die Hauptfurche (*major groove*) ist nahezu 1 nm weit. Haupt- und Nebenfurche (*minor groove*) sind von außen unbehindert zugänglich. Die stark hydratisierte B-DNA (95% rel. Feuchtigkeit) enthält in der Hauptfurche zwei Ketten und in der Nebenfurche eine Kette aneinanderhängender H_2O-Moleküle.

A-DNA-Duplexe. Diese kennzeichnen die Konformation der dehydratisierten DNA-Doppelhelix (75% rel. Feuchtigkeit) sowie der (DNA/RNA)-Hybride und (RNA/RNA)-Duplexe. (Wegen sterischer Hinderung zwischen der (C(2′)–OH)-Gruppe der β-D-Ribofuranose und der Phosphat-Brücke zum benachbarten Zucker-Ring kommt die B-DNA-Duplex-Konformation bei der Beteiligung von RNA-Einzelsträngen nicht in Betracht.) Nun liegen die Zucker-Ringe in der C(3′)-*endo*-Konformation vor, wodurch benachbarte Phosphat-Reste ein und desselben Einzelstranges um 100 pm (relativ zum B-DNA-Duplex) näher aneinanderrücken, so daß zwischen 11 und 12 Basenpaare (statt 10,5 Basenpaare wie beim Duplex vom Typ B) auf eine volle Helix-Windung kommen. Im Gegensatz zur B-DNA-Konformation sind die Basenpaare bei der A-DNA-Konformation deutlich zur Hauptfurche hin verschoben und zur Helix-Achse hin geneigt: Die Helix-Achse geht nicht durch die Basenpaare, sondern durch einen leeren Hohlraum im Zentrum des Übermoleküls. Dadurch werden die beiden Furchen stark voneinander verschieden. Die Hauptfurche ist sehr tief, aber schmal, und ihr Zugang ist beengt. Die Nebenfurche liegt an der Oberfläche, sie ist flach und von außen leicht zugänglich.

Z-DNA-Duplexe. Diese sind im Gegensatz zu den A- und B-DNA-Duplexen linkshändig und haben ihren Namen von der Zickzack-Anordnung des Zuckerphosphat-Rückgrats. Auch in der Konformation der Nucleobasen unterscheiden sich die Z-DNA-Duplexe von den A- und B-DNA-Duplexen: Die Nucleobasen nehmen alternierend *syn*- und *anti*-Orientierung ein. Die Pyrimidin-Nucleoside liegen in der üblichen (*anti*/C(2′)-*endo*)-Konformation vor, die Purin-Nucleoside dagegen in der (*syn*/C(3′)-*endo*)-Konformation. Die Basenpaare sind beim Z-Duplex relativ zum B-DNA-Duplex um 180° verdreht. Dies alles führt dazu, daß die Repetiereinheit der Z-DNA aus einem Dinucleotid-Rest statt aus einem Mononucleotid-Rest besteht. Die Hauptfurche ist kaum auszumachen; in Wirklichkeit ist sie ein Teil der Oberfläche. Die Nebenfurche ist tief, aber recht schmal.

Der strukturelle Unterschied zwischen den drei Konformationsprototypen der Nucleinsäuren hat Konsequenzen für deren Funktion. Für die Bildung von Übermolekülen – z. B. zwischen einem DNA-Duplex und einem Protein – kommt es zunächst darauf an, welche der beiden Furchen leicht zugänglich ist. Sodann wird es wichtig sein, zu wissen, welche Atome für intermolekulare Wechselwirkungen dort zur Verfügung stehen. In den Furchen stößt man auf Atome und Atom-Gruppierungen, die sich an der jeweiligen Kante des Nucleobasen-Paares befinden. Raumausfüllung und Fähigkeit von Atom-Gruppierungen, den Akzeptor- (A) oder Donor-Part (D) für H-Brücken zu spielen, sind sterische oder konstitutionelle Parameter, welche den ablesbaren chemischen Informationsgehalt der beiden Furchen bestimmen (*Fig. 7.37*). DNA-bindende Proteine, Peptid-Analoga, Oligonucleotide oder andere Moleküle, die mit der DNA in supramolekulare Wechselwirkung treten, können die Konformation der einzelnen Komponenten des resultierenden Übermoleküls zum Teil drastisch beeinflussen. Derartige Konformationsänderungen verbiegen die Doppelhelix, variieren das Profil von Haupt- und Nebenfurche und greifen dadurch in die Funktion der DNA ein.

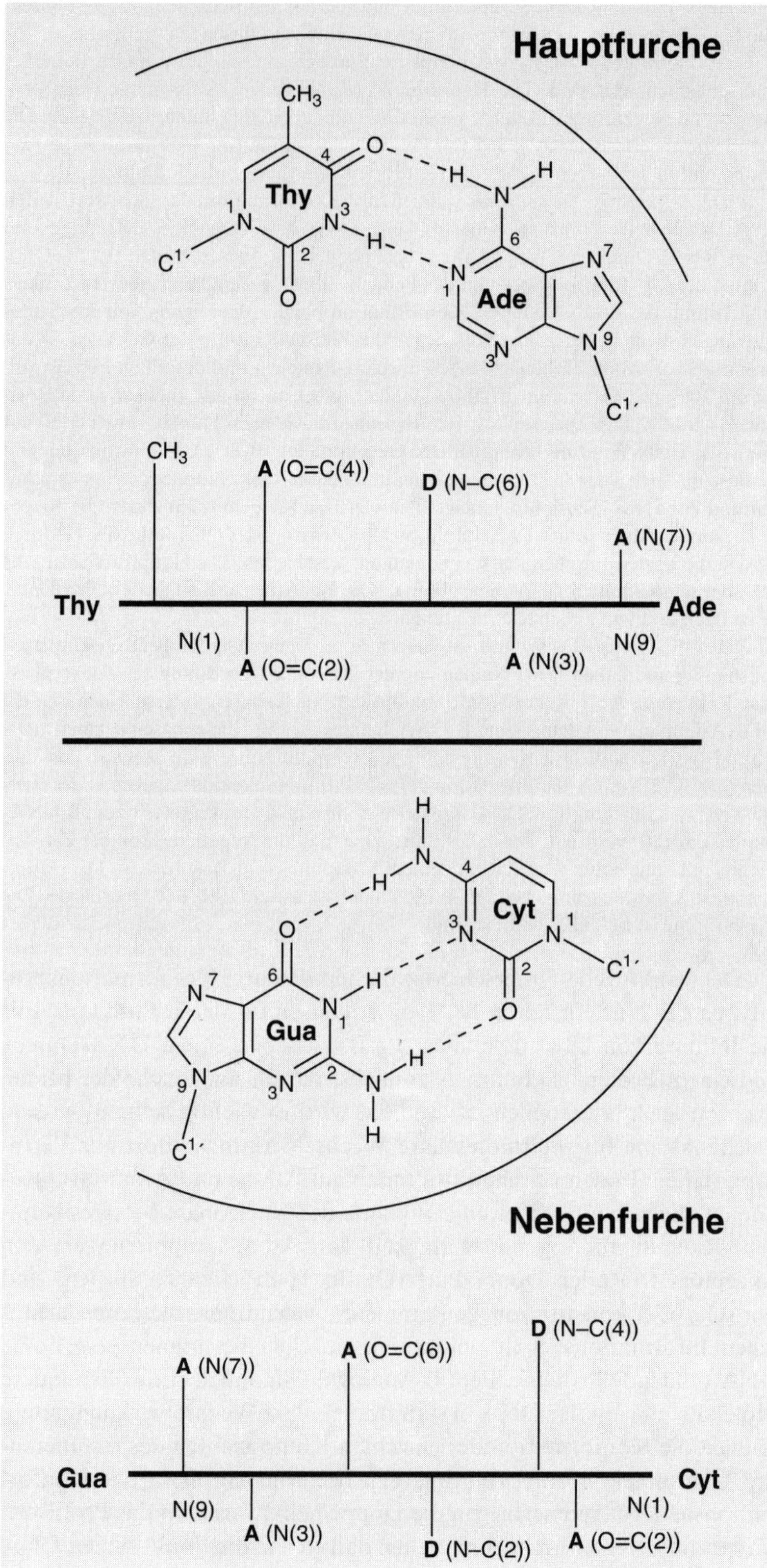

Fig. 7.37. *Schematische Darstellung von Akzeptor- und Donor-Gruppen für H-Brücken in den Furchen der DNA-Duplexe*

Die Basenpaare einer Doppelhelix sind gestapelt. Stapeleffekte stabilisieren ein Duplex und wirken der elektrostatischen Abstoßung zwischen den negativ geladenen Phosphat-Gruppen entgegen. Um Stapeleffekte zu maximieren, werden Konformationsänderungen in Kauf genommen. Da (Purin/Purin)-Stapelungen besonders günstig sind, überrascht es kaum, sogar auf sequenzspezifische Ursachen für Konformationsänderungen zu stoßen. Auf Stapelkräfte wird bei der Diskussion der Funktion von DNA-Duplexen bei der Replikation in *Kap. 16* hingewiesen.

7.3.1.3. Molekulare Erkennung als Grundlage für nicht-stochastische Suche nach medizinischen Wirkstoffen

7.3.1.3.1. Paradigmenwechsel bei der Suche nach Wirkstoffen

Unter Chemotherapeutika verstand man ursprünglich synthetisierte chemische Verbindungen, die im Blut oder im Gewebe Mikroorganismen abtöten können, ohne den Wirtsorganismus substantiell zu schädigen. Eine systematische Suche nach derart selektiven 'Zauberkugeln' wurde zu Beginn des 20. Jahrhunderts von *Paul Ehrlich* in Frankfurt am Main begonnen. *Ehrlich* fand im *Salvarsan* ein Chemotherapeutikum gegen den Erreger der Syphillis. *Ehrlich* gilt als *Vater der Chemotherapie*: wegen der von ihm vermuteten Beziehungen zwischen der Struktur und der Wirkung eines Chemotherapeutikums, wegen der von ihm angenommenen Wirkung des Chemotherapeutikums auf einen 'Rezeptor' und wegen seiner Sorgfalt, das Verhältnis von toxischer zu therapeutischer Dosis im Experiment zu bestimmen.

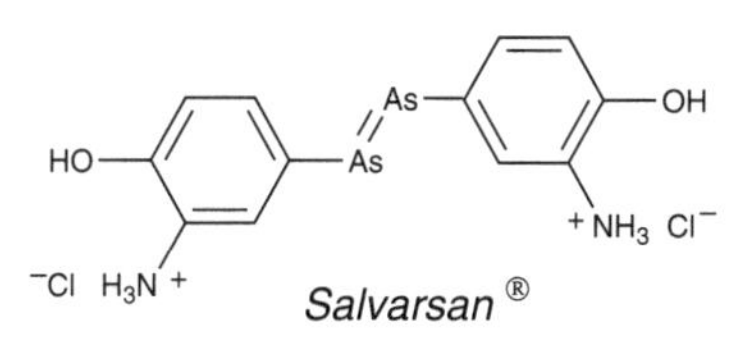

Salvarsan®

Ein Meilenstein in der Chemotherapie bakterieller Infektionen war die von *Gerhard Domagk* bei *Bayer* in Elberfeld Anfang der dreißiger Jahre gemachte Entdeckung, daß *Prontosil* (ein Azofarbstoff, der u. a. eine Sulfonamid-Gruppe enthält) gegen Streptokokken wirksam ist. Sulfonamide waren die ersten Chemotherapeutika, mit denen bakterielle Infektionen wirksam bekämpft werden konnten. In besonderen Fällen werden sie auch heute noch therapeutisch verwendet, wenngleich sie in der Regel durch Antibiotika (Sekundärmetabolite aus Mikroorganismen) ersetzt worden sind. Die Verwendung eines synthetischen Therapeutikums oder natürlichen Antibiotikums findet dann ein Ende, wenn resistente Mutanten auftreten, wodurch die chemotherapeutische Bekämpfung krankheitserregender Bakterien oder Pilze wieder von vorne beginnen muß. Die Suche nach neuen Antibiotika und besonders nach neuen Chemotherapeutika wird kein Ende finden. Daneben werden die Anstrengungen beträchtlich erhöht werden müssen, um zu erfahren, wie Antibiotika und Chemotherapeutika im Zielorganismus inaktiviert werden, wie ihnen der Weg zu den spezifischen Rezeptoren versperrt wird oder wie diese Rezeptoren einer strukturellen Veränderung unterliegen, damit man den richtigen Ansatz für ein *rationales Arzneimittel-Design* (*rational drug design*) findet.

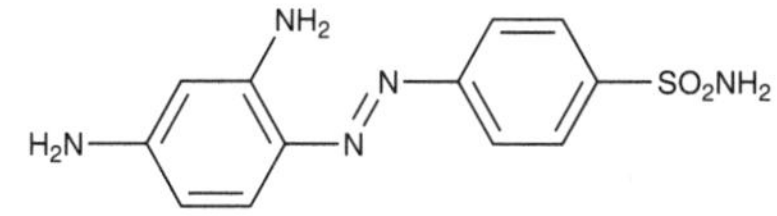

Prontosil®

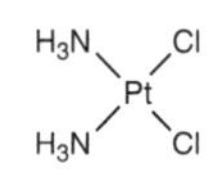

Cisplatin

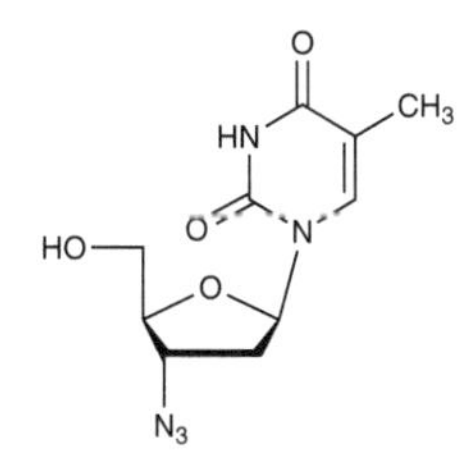

AZT

Barnett Rosenberg eröffnete 1969 ein weiteres Kapitel im Buch der Chemotherapie, und zwar dasjenige über die anticancerogene Wirksamkeit von *Cisplatin* (*cis*-Diaminoplatin(II)-chlorid). Chemie und molekulare Biologie anticancerogener Pt-Verbindungen sind anschließend vor allem von *Stephen J. Lippard* untersucht worden.

Gewisse therapeutische Erfolge gegen das Immunschwäche-Syndrom AIDS (Acquired Immune Deficiency Syndrome), welches vom HIV-Retrovirus (Human Immunodeficiency Virus) verursacht wird, werden mit dem antiviralen Chemotherapeutikum *AZT* (3′-Azido-3′-deoxythymidin) erreicht.

Heute versteht man unter einem Arzneimittel – wie es das Arzneimittelgesetz ausdrückt – Stoffe und Zubereitungen aus Stoffen, die dazu bestimmt sind, durch Anwendung am oder im menschlichen oder tierischen Körper

- Krankheiten, Leiden, Körperschäden oder krankhafte Beschwerden zu heilen, zu lindern, zu verhüten oder zu erkennen;
- die Beschaffenheit, den Zustand oder die Funktionen des Körpers oder seelische Zustände erkennen zu lassen;
- vom menschlichen oder tierischen Körper erzeugte Wirkstoffe oder Körperflüssigkeiten zu ersetzen;
- Krankheitserreger, Parasiten oder körperfremde Stoffe abzuwehren, zu beseitigen oder unschädlich zu machen, oder
- die Beschaffenheit, den Zustand oder die Funktion des Körpers oder seelische Zustände zu beeinflussen.

Trotz der eindrucksvollen Resultate, welche der medizinischen Chemie zugeschrieben werden können – immerhin hat sich die durchschnittliche Lebenserwartung seit Beginn des 20. Jahrhunderts von etwa 40 auf mehr als 70 Jahre erhöht – müssen Anregungen aus der Biologie zur Entwicklung neuer Strategien aufgegriffen werden, um mit höherer Treffsicherheit zu neuen Therapeutika zu gelangen. Heute trifft man unter 7000 neu synthetisierten Verbindungen im Schnitt nur auf eine, die pharmakologisch interessant ist. Die durchschnittlichen Kosten für die Entwicklung eines marktfähigen Therapeutikums werden auf mehr als 100 Millionen Dollar geschätzt. So ist es verständlich, wenn der Chemiker, der mit den bisherigen Methoden nach neuen Arzneimitteln sucht, mit einem Spieler verglichen worden ist, der trotz aller vernünftigen Einwände daran festhält, der nächste Einsatz werde ein Treffer sein.

Das von *Emil Fischer* entworfene Bild von der Suche nach dem passenden Schlüssel zum existierenden Schloß muß für die Vergangenheit eher als eine Suche nach einem eventuell vorhandenen Schloß zu einem zufällig gefundenen Schlüssel umgedeutet werden. Rationales Arzneimittel-Design im Sinn von *Paul Ehrlich* setzt heute eine detaillierte Kenntnis von (Primärstruktur/Tertiärstruktur)-Beziehungen sowie von supramolekularen Wechselwirkungen zwischen Wirkstoff und komplementärem Rezeptor und – allgemein ausgedrückt – eine innige Vertrautheit des Chemikers mit supramolekularer Zellchemie voraus. Um Strategien für eine zielgerichtete Chemotherapie entwerfen zu können, muß man Krankheiten als Störungen im Bereich der supramolekularen Zellchemie verstehen.

Für den Begriff *Krankheit* – das gleiche gilt für den Begriff *Gesundheit* – gibt es keine allgemein akzeptierte Definition. In der Präambel zur Gründung der Weltgesundheitsorganisation (WHO) heißt es: *'Gesundheit ist der Zustand des vollen körperlichen, geistigen und sozialen Wohlbefindens, und nicht nur des Freiseins von Krankheit und Gebrechen.'*

Das Genom (s. *Kap.16*) einer Zelle enthält in seinen Genen die Vorschriften für die Protein-Synthese. Diese Vorschriften bestehen, wie die Arbeitsvorschriften des Synthetikers, aus Handlungsanweisungen, die in Sätzen ausgedrückt werden. Die in der Sprache der Zelle ausgedrückten Sätze enthalten Wörter, welche – wie bei einer 'natürlichen Sprache' – außerhalb dieser Sätze keine semantische Bedeutung haben. Die Sätze des Genoms sind in der Syntax der Nucleinsäuren formuliert worden. Die hierzu verwendeten Wörter sind Nucleotid-Tripletts. Mit Hilfe der supramolekularen Basenpaarung wird die in den Genen vorhandene chemische Information *kopiert,* von der DNA-Schrift in die RNA-Schrift (seltener umgekehrt) *transkribiert* und von der Syntax der Nucleinsäuren in diejenige der Proteine *übersetzt.* Dem *Zentralen Dogma der Molekularbiologie* entsprechend benutzt die Zelle den *Antisense*-DNA-Strang als Transkriptionsmatrize zur Herstellung eines *Sense*-RNA-Stranges. Vor diesem Hintergrund hat die rationale Arzneimittel-Forschung mehr als eine Chance, die Synthese eines unerwünschten Proteins zu unterbinden.

Durch Basenpaarung zwischen einem *in vitro* synthetisierten Oligonucleotid und einem DNA-Doppelstrang zum resultierenden Triplex oder zwischen einem Oligonucleotid und einem RNA-Einzelstrang (als *virale RNA* oder als *mRNA*) zum entsprechenden Duplex könnten Replikation und/oder Protein-Synthese blockiert werden. Oligonucleotide, die durch Triplex- oder Duplex-Bildung das normale Verhalten *primärer* oder *sekundärer Semantide*, also der Nucleinsäure des Genoms oder der mRNA, verändern, könnten im Prinzip die Ursachen von Krankheiten statt deren Symptome bekämpfen. Kennt man die Sequenz des zu blokkierenden Nucleinsäure-Abschnitts, weiß man dank der *Watson-Crick*-Basenpaarung die Konstitution des zu synthetisierenden Oligonucleotids: eine Situation, welche den Minimalanforderungen eines rationalen Arzneimittel-Designs entspricht. Derartige Therapeutika auf Oligonucleotid-Basis würden *Code Blocker* genannt werden.

Über die *Weitergabe genetischer Information in supramolekularen Basenpaaren*, über das *Zentrale Dogma der Molekularbiologie* und über die *Spezifizierung semantophoretischer Moleküle* informiert *Kap. 16*.

Proteine, die mit DNA oder RNA supramolekulare Wechselwirkungen eingehen, beeinflussen die Weitergabe oder Verwendung genetischer Information in der lebenden Zelle als Regulatoren. Statt Liganden zu synthetisieren, die unmittelbar mit Nucleinsäuren komplexieren, wird der an Chemotherapeutika interessierte Synthetiker auch solche Liganden anvisieren, welche mit Regulatoren Übermoleküle bilden und dadurch mittelbar in biologische Prozesse eingreifen.

Proteine, die als Enzyme Stoffwechsel-Vorgänge katalysieren, können (durch *Agonisten*) aktiviert oder (durch *Antagonisten*) desaktiviert werden. Wie die zuvor erwähnten Liganden für Regulatoren sind auch die Liganden für Enzyme nicht auf einen strukturell gemeinsamen Nenner zu bringen.

Die systematische Suche nach Arzneimitteln beginnt mit der Suche nach einer Leitstruktur (*lead structure*), d.h. nach der Struktur einer wirksamen Verbindung aus einer der üblichen Naturstoff-Quellen. Diese Leitstruktur wird mit der Absicht, die therapeutische Sicherheit des verfügbaren Wirkstoffs zu erhöhen, abgewandelt. Die abgewandelte Struktur visiert dann der Synthetiker als Zielstruktur an. Für jede strukturell abgeänderte Verbindung muß ein eigener Synthese-Weg ausgearbeitet werden.

Seit kurzem hat man damit begonnen, statt einer einzelnen Verbindung ein ganzes Ensemble strukturell verwandter Verbindungen (*Diversomere*) simultan zu synthetisieren. Dies geschieht – in der Regel automatisiert – entweder unter Verwendung gentechnisch umprogrammierter Nucleinsäuren in der biologischen Synthese oder durch Anwendung einer kombinatorischen Strategie in der chemischen Synthese. Die hierbei anfallenden Gemische (*Stoffbibliotheken*) können Hunderte, Tausende oder gar Millionen von Einzelverbindungen enthalten. Bevor diese Stoffbibliotheken aufgetrennt und einzelne Komponenten identifiziert werden, untersucht man die komplexen Stoffgemische mit empfindlichen Sonden (*Screening* unter Verwendung von Antikörpern, Rezeptoren oder sonstigen Komplexierungspartnern) auf biologische Wirksamkeit der einzelnen Komponenten. Bei positivem Ergebnis müssen dann auf den jeweiligen Einzelfall ausgerichtete Maßnahmen ergriffen werden, die zu größeren Mengen an gewünschtem Wirkstoff sowie zu dessen Isolierung und Identifizierung führen. Im Gegensatz zu dem oben geschilderten Vorgehen, das als *rationales Arzneimittel-Design* bezeichnet wird, könnte man bei der Multikomponenten-Simultansynthese von *'irrationalem' Arzneimittel-Design* sprechen. Da dieser Ausdruck assoziativ nicht unbelastet wäre, spricht man stattdessen von *stochastischer Suche nach neuen Wirkstoffen* und würde dann entsprechend den Begriff *nichtstochastische Suchmethoden* verwenden, wo bisher von *rationalem Arzneimittel-Design* die Rede war. In diesem Zusammenhang mag der Hinweis auf die Herstellung linear-konstituierter Makromoleküle durch kombinatorische Synthese-Strategie genügen, bei welcher durch analytisch leicht und sicher identifizierbare *Reporter-Moleküle* eine molekulare Dokumentation über die bei jedem Kettenverlängerungsschritt verwendete Repetiereinheit vorgenommen wird.

Wie man durch kombinatorische Synthese-Strategie zu ganzen 'Bibliotheken' strukturell ähnlicher Moleküle gelangt, wird detailliert in *Aspekte der Organischen Chemie,* Band 3: *Synthese* beschrieben. Hier soll nur schematisch angedeutet werden, was von *W. Clark Still* an der *Columbia University* durch eine sechsstufige Peptid-Kettenverlängerung unter Verwendung von sieben Aminosäuren und 42 Reporter-Molekülen bei der Festphasensynthese kürzlich erreicht worden ist (*Fig. 7.38*).

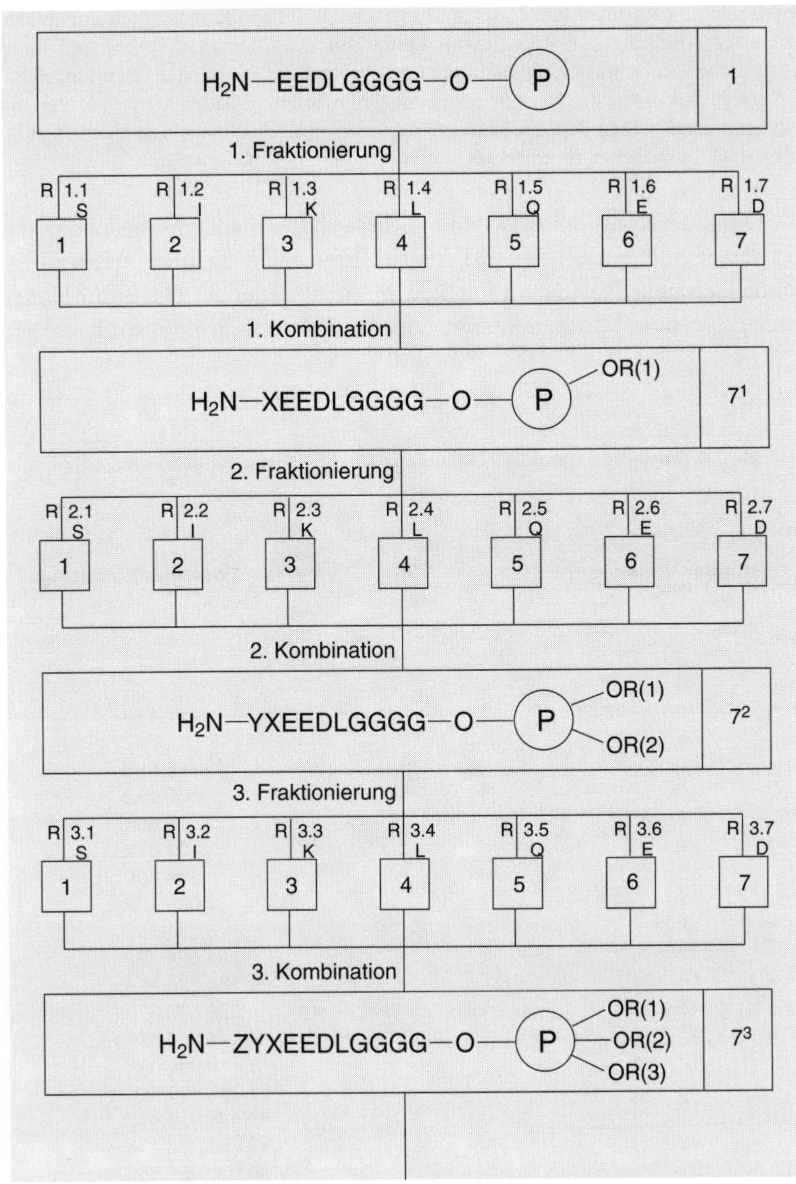

Fig. 7.38. *Schematische Darstellung der ersten drei Runden der kombinatorischen Festphasensynthese nach* W. C. Still

Jede der sechs aufeinanderfolgenden Synthese-Runden beginnt mit der Fraktionierung einer bestimmten Gewichtsmenge an *Merrifield*-Polymer-Perlen (P), die esterartig mit einem Peptid-Fragment der konstanten Sequenz GGGGLDEE (s. *Tab. 10.18*) belegt sind, und Verteilung der Polymer-Perlen (wegen der verwendeten Aminosäuren S, I, K, L, Q, E und D) auf sieben Reaktionsgefäße. In jedem dieser Reaktionsgefäße wird esterartig ein Reporter-Molekül R1–R7 (für die erste Synthese-Runde R1.1–R1.7, für die sechste Synthese-Runde R6.1–R6.7) an die dort vorhandenen *Merrifield*-Perlen geheftet. Anschließend geschieht die Kettenverlängerung: in jedem Reaktionsgefäß mit der zugeordneten Aminosäure. Auf diese Weise kann jede der insgesamt 6·7 Synthese-Runden mit einem spezifischen Reporter-Molekül markiert werden. Nachdem die auf sieben Reaktionsgefäße verteilten *Merrifield*-Perlen wieder vereinigt worden sind, werden sie zur Durchführung der nächsten Synthese-Runde erneut auf sieben Reaktionsgefäße verteilt. Dieses Wechselspiel von Fraktionierung und Kombination führt zu einer kombinatorischen Synthese-Strategie, bei welcher im vorliegenden Fall $7^6 = 117\,649$ verschiedene Peptide zugänglich sind. Nach selektiver Ablösung der Reporter-Moleküle von den *Merrifield*-Perlen und ihrer analytischen Aufschlüsselung kennt man den Verlauf der Synthese in allen Einzelheiten und insbesondere die Sequenz des kettenverlängerten, für jeden *Merrifield*-Perlentyp charakteristischen Peptids. Man gelangt – mit anderen Worten – zu einer 'Peptid-Bibliothek', in welcher die einzelnen Individuen bereits 'etikettiert' sind.

Dank der kombinatorischen Synthese ist der medizinische Chemiker bei seiner Suche nach neuen Leitstrukturen nicht dazu verurteilt, ausschließlich neue Naturstoff-Quellen zu 'prospektieren'. Die kombinatorische Synthese-Strategie macht von der enormen Komplexität mögli-

Tab. 7.4. *Statistische Häufigkeit, mit welcher eine bestimmte Basensequenz auftritt*

Anzahl der Basenpaare	Anzahl der Kombinationen
1	2
2	10
3	32
4	136
5	512
6	2.080
7	8.192
8	32.896
9	131.072
10	524.800
11	2.097.152
12	8.390.656
13	33.554.432
14	134.225.920
15	536.870.912
16	2.147.516.416
17	8.589.934.592
18	34.359.869.440
19	137.438.953.472
20	549.756.338.176
21	2.199.023.255.552
22	8.796.095.119.360
23	35.184.372.088.832

Die statistische Häufigkeit, mit welcher die Basensequenz eines DNA-Abschnitts auftritt, hängt von der Anzahl der Basenpaare in diesem Abschnitt ab.
Unter Berücksichtigung, daß A und T sowie G und C miteinander paaren, ist ein DNA-Abschnitt mit n Basenpaaren

- für n ungerade mit $(4^n)/2$,
- für n gerade mit $(4^n)/2 + (4^{n/2})/2$

Kombinationen verknüpft.

cher Konstitutionsisomeren Gebrauch (*Kap. 2.4*). So kommen für ein DNA-Octamer mit acht der natürlichen vier Nucleobasen $4^8 = 65\,536$ und für ein Octapeptid mit acht der 20 proteinogenen Aminosäuren $20^8 = 2{,}56 \cdot 10^{10}$ individuelle Spezies in Betracht.

Kombinatorische Überlegungen spielen auch bei der Einlagerung von Peptid-Analoga in die DNA-Nebenfurche oder von Oligonucleotiden in die DNA-Hauptfurche eine Rolle. Die Häufigkeit, mit welcher eine bestimmte Sequenz innerhalb des menschlichen Genoms von 10^9 Basenpaaren auftritt, hängt von der Länge des DNA-Abschnitts ab (*Tab. 7.4*). Für eine DNA-Sequenz von 17 Basenpaaren gibt es bei statistischer Verteilung 8 589 934 592 verschiedene Kombinationen. Oligo(d^2Rib*f*)-nucleotide müssen daher mindestens 17 Nucleotid-Reste enthalten, wenn sie als Reagenzien für die Genom-Analyse in Betracht kommen sollen.

7.3.1.3.2. Peptid-Antibiotika in der DNA-Nebenfurche

Hier wird es vor allem darum gehen, peptidähnliche (*peptid-mimetische*) Chemotherapeutika zu synthetisieren, die sich selektiv an regulatorische Sequenzen innerhalb der (DNA/DNA)-Duplexe oder (DNA/RNA)-Hybride binden, dadurch das An- oder Abschalten von Genen bewirken und den damit verbundenen Informationsfluß innerhalb einer Zelle in Gang setzen oder verhindern.

Eine der künftigen Chemotherapie-Strategien zur Bekämpfung genetisch bedingter Krankheiten zielt auf eine sequenzspezifische Inaktivierung von Genen durch Komplex-Bildung des DNA-Duplexes mit 'maß-

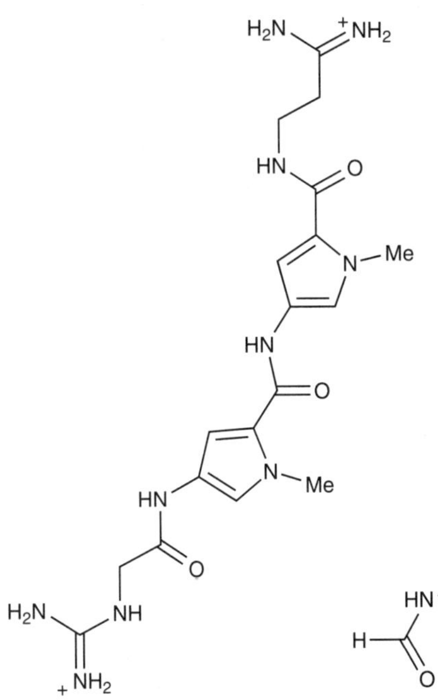

Netropsin (I)

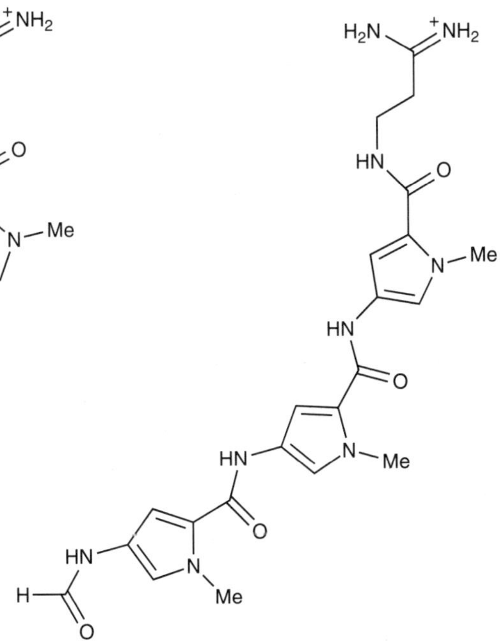

Distamycin A (II)

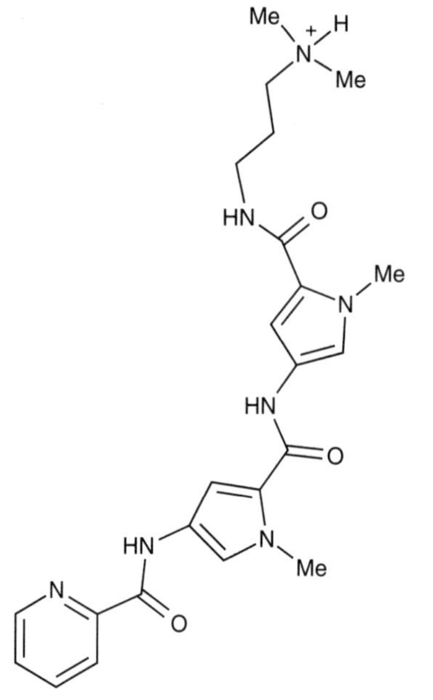

III

(nach *Dervan*: 'Pyridin-2-carboxamidonetropsin', 2-PyN)

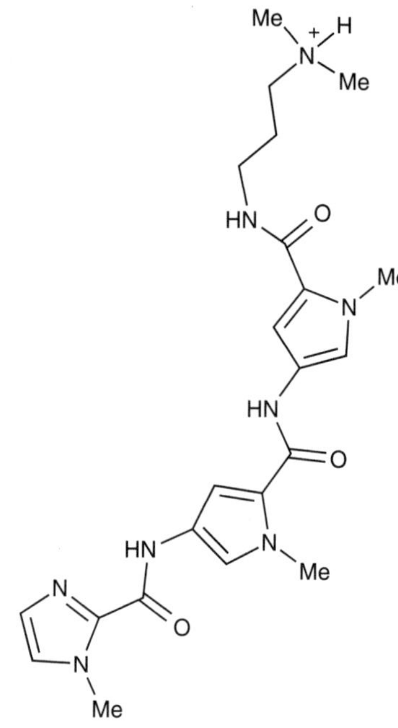

IV

(nach *Dervan*: '*N*-Methylimidazol-2-carboxamidonetropsin', 2-ImN)

geschneiderten' Repressoren ab. Wie so häufig in der Geschichte der organischen Chemie ist auch in diesem Fall mit Naturstoffen eine Bresche in ein sonst schier undurchdringliches Dickicht geschlagen worden. Die di- bzw. tripeptidischen Antibiotika Netropsin (als Dihydrochlorid) bzw. Distamycin A (als Hydrochlorid), welche mit dem B-DNA-Duplex (aber nicht mit anderen Konformationstypen des DNA-Duplexes, auch nicht mit DNA-Einzelsträngen oder mit RNA) jeweils ein recht stabiles Übermolekül bilden und dadurch Replikation und Transkription im genannten Sequenzbereich verhindern, dienten im Laboratorium von *Peter B. Dervan* am *California Institute of Technology* in Pasadena als *Leitverbindungen* zur Synthese ähnlich gebauter Peptide (**III**–**V**) mit veränderten DNA-Komplexierungseigenschaften.

Die *Leitstruktur* zum Entwurf einer ganzen Reihe von Polypeptiden mit unterschiedlicher B-DNA-Erkennungsspezifität geht auf eine *Röntgen*-Strukturanalyse des (1:1)-Übermoleküls aus Netropsin und einem B-DNA-Duplex (*Fig. 7.39*) zurück. Die *Röntgen*-Strukturanalyse zeigt, daß der gekrümmte Ligand sich der Nebenfurche der rechtsgängigen DNA-Doppelhelix gut angepaßt hat – und zwar dort, wo aufeinanderfolgende (dA,dT)-Sequenzen vorkommen. Die H-Atome der Carboxamido-Gruppen beteiligen sich dabei an Dreizentren-H-Brücken mit N(3) von Ade und O an C(2) von Thy.

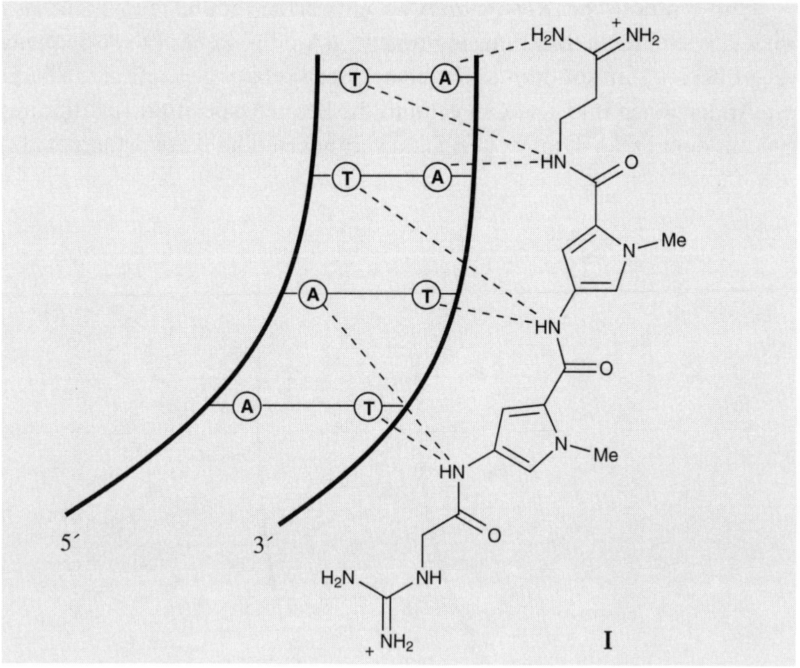

I

Fig. 7.39. *Schematische Darstellung des Übermoleküls aus B-DNA und Netropsin* (**I**)

Netropsin (oder auch Distamycin A) kommt als Leitverbindung in Betracht. Da es sich nur an vier Basenpaare bindet (*Fig. 7.39*) und das komplementäre Basenpaar-Quartett bei einer statistischen Verteilung der vier Nucleobasen alle 136 Basenpaare einmal vorkommt (*Tab. 7.4*), ist die resultierende Selektivität für einen therapeutischen Einsatz der beiden Peptid-Antibiotika zu gering.

Mit zunehmender Anzahl repetitiver (*N*-Methylpyrrol-2-carboxamido)-Einheiten vergrößert sich erwartungsgemäß die Bindungsregion für (dA,dT)-reiche DNA. Als Regel gilt, daß *n* Amid-Gruppen des Liganden mit $(n + 1)$ Basenpaaren der DNA jeweils eine Bindung eingehen. Die kleinste Erkennungseinheit für ein *N*-Methylpyrrol-2-carboxamid besteht somit aus zwei Basenpaaren. Für den Fall, daß sich zwei Akzeptor-Gruppen für H-Brücken in benachbarten Nucleobasen, aber an verschiedenen Einzelsträngen befinden, gibt es insgesamt zehn Kombinationen: (dA,dA), (dA,dT), (dA,dC), (dA,dG), (dT,dT), (dT,dC), (dT,dG), (dC,dC), (dG,dG) und (dC,dG). Experimentelle Untersuchungen haben ergeben, daß im Fall der (*N*-Methylpyrrol-2-carboxamido)-Einheiten die Tendenz zur Bildung von Dreizentren-H-Brücken in folgender Reihe abnimmt: (dA,dT) $\gg$ (dA,dA) > (dT,dT) > (dA,dC), (dT,dC), (dT,dG) $\gg$ (dA,dG), (dC,dG), (dC,dC), (dG,dG). Die Akzeptor-Eigenschaft für Dreizentren-H-Brücken in der supramolekularen (*N*-Methylpyrrol-2-carboxamid/DNA)-Kombination nimmt in folgender Reihe ab: (3′–5′)(dT,dT) $\gg$ (dT,dA), (dA,dT) > (dG,dA), (dG,dT), (dC,dT) $\gg$ (dC,dA), (dC,dC), (dG,dC), (dC,dG). Ab einer gewissen Länge der Oligo(*N*-methylpyrrol-2-carboxamid)-Kette wird das Einpassen in die Nebenfurche der DNA sicherlich auf Schwierigkeiten stoßen.

Um synthetische *Repressoren* zu entwerfen, sollte man nicht nur wissen, wie man die Bindungsregion mit (dA,dT)-reicher DNA-Sequenz vergrößern kann, sondern auch, ob es durch relativ geringfügige Struktur-Änderungen im Liganden gelingt, die Sequenzspezifität für Bindungen mit dem DNA-Duplex gezielt zu verändern. Die Antwort lautet: Ja.

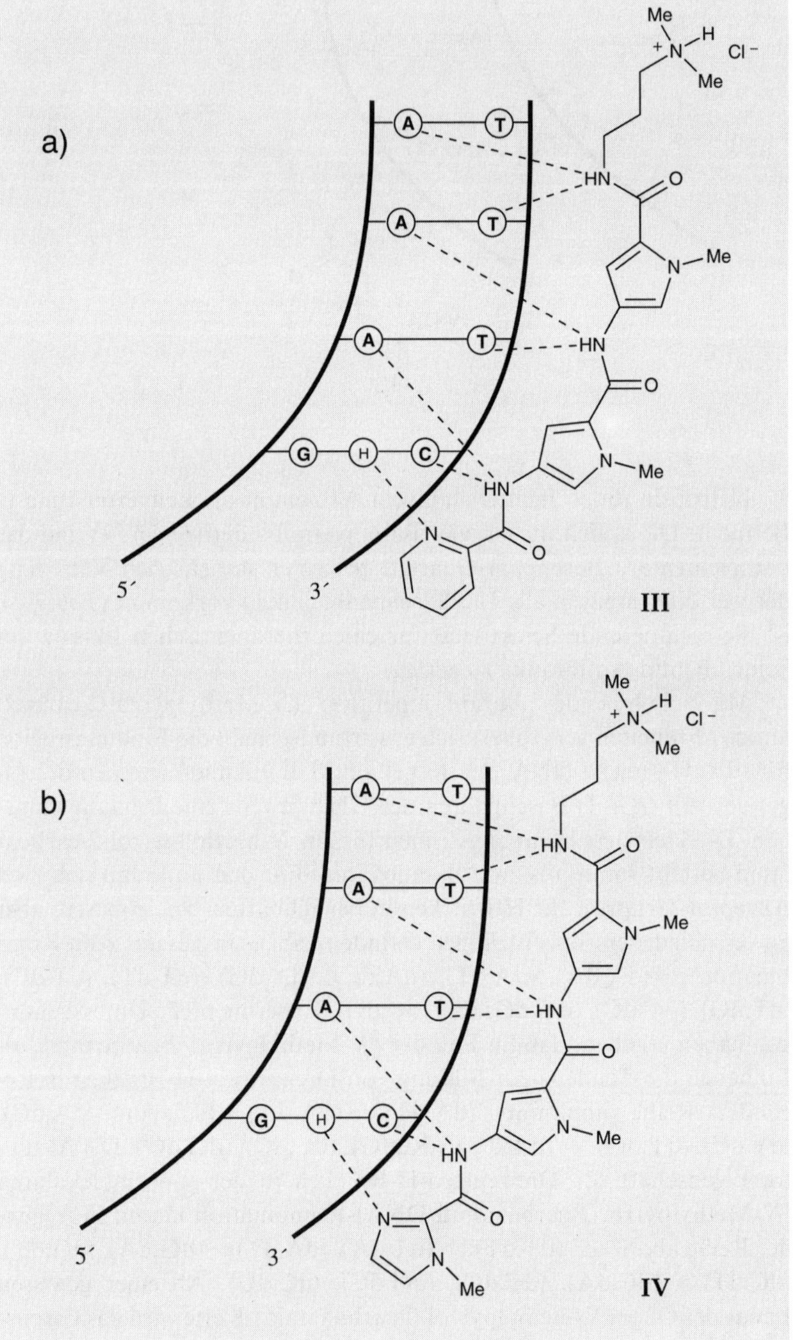

III

IV

Fig. 7.40. *Schematische Darstellung des Übermoleküls aus B-DNA und* a) *'Pyridin-2-carboxamidonetropsin'* (**III**) *bzw.* b) *'N-Methylimidazol-2-carboxamidonetropsin'* (**IV**)

Wie die Bindungsmodelle in *Fig. 7.40* zeigen, sollten sich 2-PyN und 2-ImN spezifisch an eine B-DNA-Sequenz aus einem (dG/dC)-Nucleosid-Paar und drei (dA/dT)-Nucleosid-Paaren binden.

In Wirklichkeit wurde beobachtet, daß 2-PyN mit drei, jeweils aus fünf Basenpaaren bestehenden dA- oder dT-reichen Duplex-Abschnitten in Wechselwirkung tritt: (3′–5′)d(TTTTT), (3′–5′)d(AATAA) und (3′–5′)d(CTTTT). Darüber hinaus wurde völlig unerwartet eine Bindung von 2-PyN an die Sequenz (3′–5′)d(TGTCA) beobachtet. Letztere wird von 2-ImN sogar noch mit einer höheren Sequenzspezifität erkannt. Dieses Ergebnis ist vom Standpunkt des genannten (1:1)-Modells aus nicht verständlich.

So wie das (1:1)-Modell, und damit die Anregung zur Synthese von 2-PyN und 2-ImN, durch *Röntgen*-Strukturanalyse der Komplexe, an denen Netropsin oder Distamycin A beteiligt sind, zustande gekommen waren, führte eine bei höherer Ligandenkonzentration vorgenommene 2D-NMR-Untersuchung, nach der zwei Distamycin-Moleküle an ein zentrales (3′–5′)d(AAATT)-Segment gebunden sind, zu einem (2:1)-Modell. Im Rahmen des (2:1)-Modells ist 2-ImN an die Sequenz (3′–5′)d(TGTCA) gebunden (*Fig. 7.41*).

Das Übermolekül aus einer B-DNA, in deren Nebenfurche sich ein Paar antiparallel orientierter, konstitutionell gleicher Liganden eingepaßt hat, unterscheidet sich strukturell vom (1:1)-Übermolekül in zweierlei Hinsicht: die Nebenfurche ist im ersteren Fall doppelt so weit wie im letzteren Fall, und statt der zuvor erwähnten Dreizentren-H-Brücken im (1:1)-Komplex ist im (2:1)-Komplex jeder der beiden Einzelstränge jeweils nur an einen Liganden gebunden.

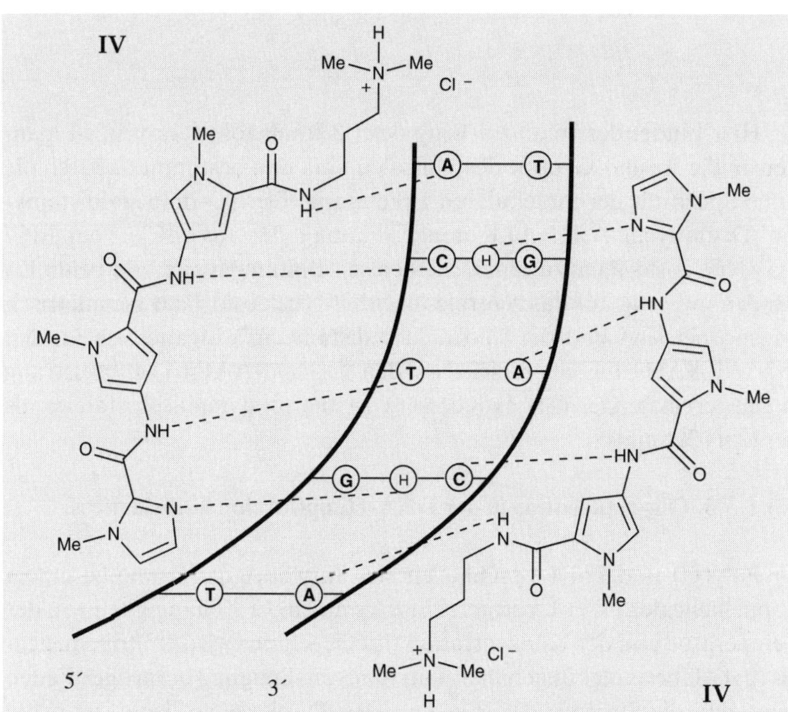

Fig. 7.41. *Schematische Darstellung des Übermoleküls aus B-DNA und zwei zueinander antiparallelen 'N-Methylimidazol-2-carboxamidonetropsin'-Liganden* (**IV**) ((2:1)-Komplex)

Außer dem (2:1)-Übermolekül aus zwei gleichen Liganden und DNA kommen (1:1:1)-Übermoleküle aus zwei verschiedenen Liganden und DNA (z.B. aus Distamycin A, '2-Imidazoldistamycin' und dem Duplex von *Fig. 7.42*) in Betracht.

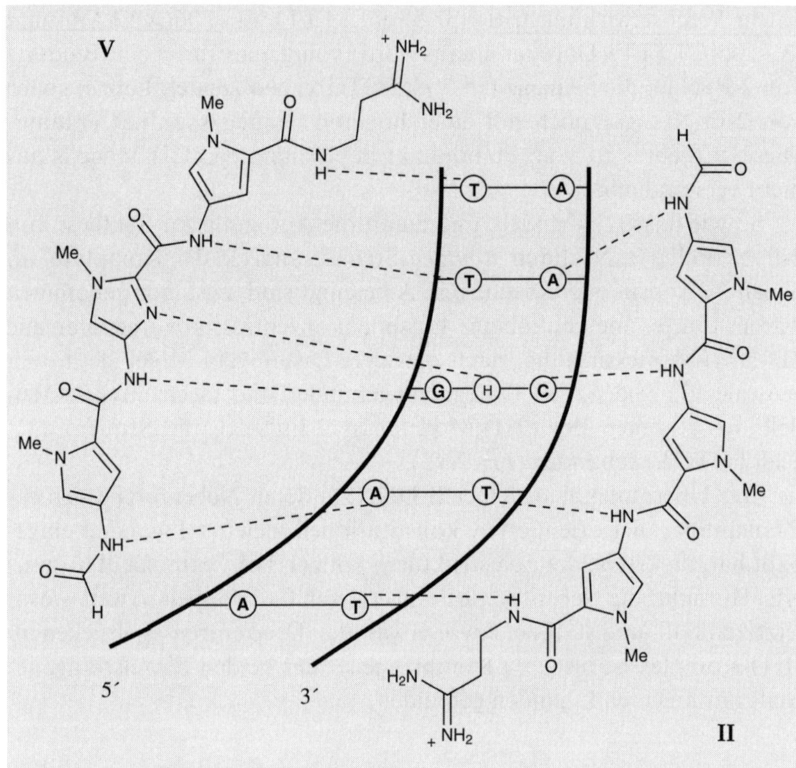

Fig. 7.42. *Schematische Darstellung des (1:1:1)-Übermoleküls aus Distamycin A* (**II**), *'2-Imidazoldistamycin'* (**V**) *und B-DNA*

Hier bindet der Imidazol-Ring des ('2-Imidazoldistamycin')-Liganden an die Amino-Gruppe des zentralen Gua und bestimmt dadurch die hohe Spezifität der molekularen Erkennung. Der ('2-Imidazoldistamycin'/Distamycin A/DNA)-Komplex vermag das (dG/dC)- vom (dC/dG)-Nucleosid-Paar zu unterscheiden, da Bindungsstelle und beide Liganden in bezug auf das zentrale (dG/dC)-Nucleosid-Paar symmetrisch angeordnet sind und der ('2-Imidazoldistamycin')-Ligand sich an den (3′–5′)d(AAGTT)-, aber nicht an den (3′–5′)d(AACTT)-Einzelstrang angelagert hat. Der (1:1:1)-Komplex ist thermodynamisch stabiler als der (2:1)-Komplex.

7.3.1.3.3. Oligonucleotide in der DNA-Hauptfurche: Tripelhelices

Poly(U) und Poly(A) schließen sich in wäßriger Lösung zu einem doppelhelicalen (1:1)-Übermolekül zusammen. In Abhängigkeit von der Temperatur und der Konzentration des Gegenions wird ein tripelhelicales (2:1)-Übermolekül gebildet. Die *Röntgen*-Beugung derartiger Fäden zeigt, daß die Struktur des *Watson-Crick*-Duplexes vorliegt. Der dritte

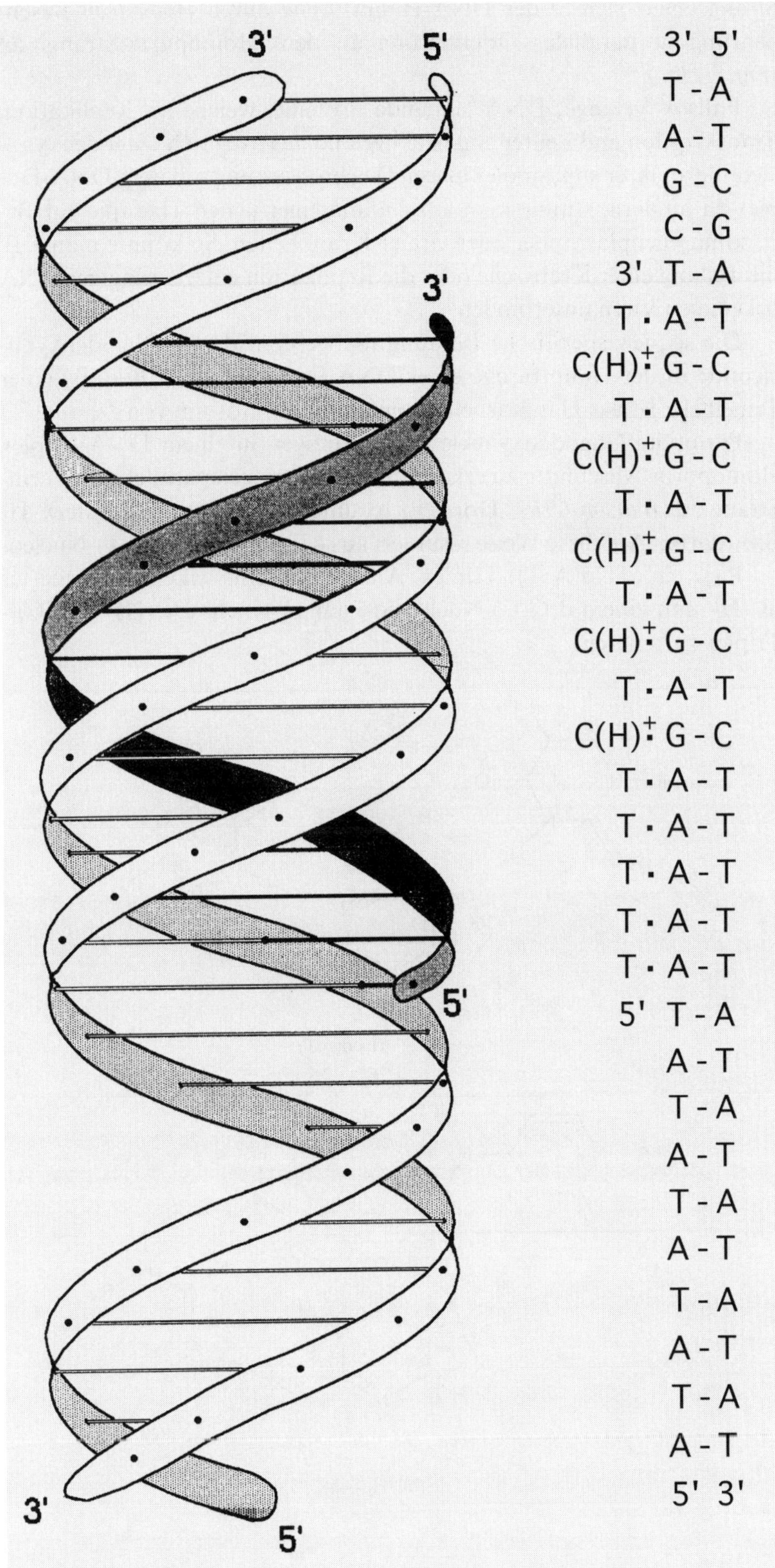

Fig. 7.43. *Tripelhelicales (1:1:1)-Übermolekül*

Strang lagert sich in der DNA-Hauptfurche durch *Hoogsteen*-Basenpaarung in paralleler Orientierung an den 'Homopurin-Strang' an (*Fig. 7.43*).

Falls es gelänge, DNA-bindende Proteine, welche an Replikation, Transkription und Zellteilung beteiligt sind, *in vivo* durch Oligodeoxynucleotide an ihrer supramolekularen Wechselwirkung mit dem DNA-Duplex zu hindern, stünde man am Anfang einer neuen Therapie zur Behandlung neoplastischer oder viraler Krankheiten. So könnte man z. B. die Teilung einer Krebszelle oder die Replikation einzelsträngiger DNA bei einigen Viren unterbinden.

Die sequenzspezifische Bindung maßgeschneiderter Oligodeoxynucleotide in der Hauptfurche eines DNA-Duplexes unter Bildung einer Tripelhelix ist das Hauptarbeitsgebiet im Laboratorium von *Dervan*.

Pyrimidin-Oligodeoxynucleotide vermögen in einem DNA-Duplex Homopurin-Abschnitte zu erkennen und lagern sich parallel zum Purin-Strang der *Watson-Crick*-Doppelhelix unter Bildung von *Hoogsteen*-H-Brücken an. Auf diese Weise resultiert aus dT und einem d(A/T)-Nucleosid-Paar ein (dT/d(A/T))-Triplex. Analog schließt sich ein protoniertes dC(H)$^+$ mit einem d(G/C)-Nucleosid-Paar zu einem (dC(H)$^+$/d(G/C))-Triplex zusammen.

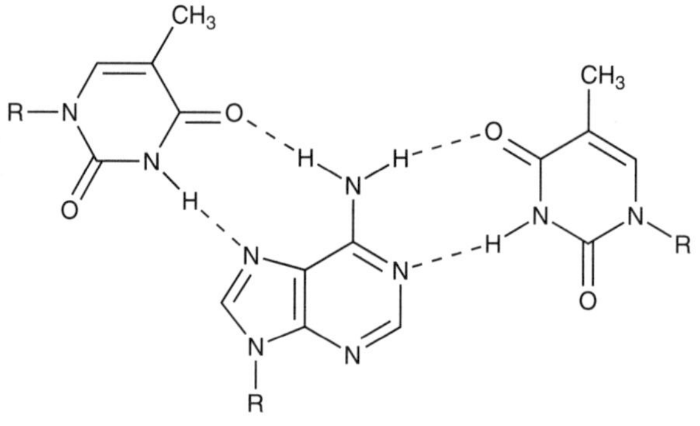

dT · d(A/T)

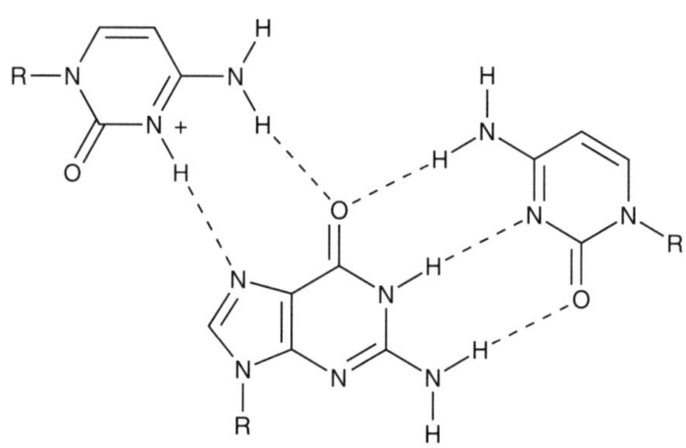

dC(H)$^+$ · d(G/C)

Für die (Pyrimidin/Purin/Pyrimidin)-Triplexe, die durch *Hoogsteen*-Bindung eines Oligo(d²Rib*f*)nucleotid-Stranges (D) oder eines Oligo-(Rib*f*)nucleotid-Stranges (R) an ein *Watson-Crick*-Duplex vom Typ DD, DR, RD und RR zustande kommen können, ist experimentell untersucht worden, welche der acht formal möglichen Triplexe tatsächlich auftreten. Die beiden eingerahmten Fälle konnten nicht beobachtet werden. Es gilt daher,
- daß ein Oligonucleotid-Strang D nur mit den beiden Duplexen DD und DR und
- daß ein Oligonucleotid-Strang R mit allen vier Duplexen DD, DR, RD und RR ein stabiles Triplex bildet.

	DDD	
DDR	[DRD]	RDD
RRD	RDR	[DRR]
	RRR	

In der Kurzschrift-Bezeichnung der Triplexe bedeutet der erste Buchstabe den nach *Hoogsteen*-Muster gebundenen Pyrimidin-Einzelstrang. Der zweite Buchstabe kennzeichnet den Purin-Strang und der dritte Buchstabe den Pyrimidin-Strang im *Watson-Crick*-Duplex.

In den sechs aufgetretenen Triplexen sind die Oligonucleotide D und R parallel zum Purin-Einzelstrang in den *Watson-Crick*-Duplexen DD, DR, RD und RR angeordnet. Enthält das *Watson-Crick*-Duplex DNA im Purin-Einzelstrang, werden DNA- und RNA-Einzelstränge genügend fest gebunden. Enthält das *Watson-Crick*-Duplex RNA im Purin-Einzelstrang, bindet ein RNA-, aber nicht ein DNA-Einzelstrang.

Oligo(Rib*f*)nucleotide üben mit der OH-Gruppe an C(2′) einen anderen Einfluß auf die Konformation des Zuckerphosphat-Rückgrats aus als Oligo(d²Rib*f*)nucleotide (*Abschn. 7.3.1.2.3*): Im ersteren Fall sind Duplexe der A-Konformation begünstigt. Da auch die Tripelhelix das *Watson-Crick*-Duplex in der A-Konformation enthält, ist es verständlich, daß ein Oligo(Rib*f*)nucleotid-Einzelstrang besser an das Duplex bindet als ein Oligo(d²Rib*f*)nucleotid-Einzelstrang. Die Nucleobase Thy (bei der DNA) weist im Gegensatz zum Ura (bei der RNA) eine Me-Gruppe an C(5) auf, die zusätzlich eine Stabilisierung von Übermolekülen (mit Duplex- oder mit Triplex-Charakter) durch hydrophobe Stapelkräfte bewirkt.

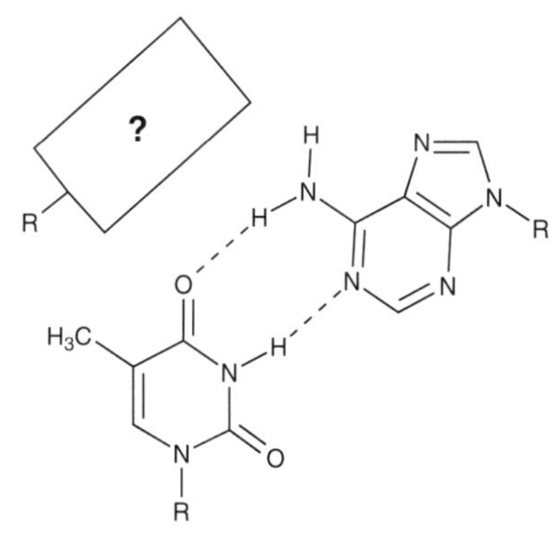

? · d(T/A)

Auch Purin-Oligonucleotide vermögen in einem DNA-Duplex Homopurin-Abschnitte zu erkennen und lagern sich antiparallel zum Purin-Strang in der Hauptfurche der *Watson-Crick*-Doppelhelix unter Bildung von H-Brücken des reversen *Hoogsteen*-Typs an.

Die sequenzspezifische Erkennung doppelhelicaler DNA durch oligonucleotidbewirkte Bildung einer Tripelhelix ist somit auf Purin-Abschnitte beschränkt. Spezifische Erkennung sämtlicher Basenpaare eines DNA-Duplexes setzt die Verwendung nicht-natürlicher Deoxyribonucleoside voraus, die maßgeschneidert hergestellt werden müssen.

Wird das synthetisierte Oligonucleotid am 3′- oder 5′-Ende mit einer kovalent gebundenen 'chemischen Schere' versehen, so läßt sich der Doppelstrang sequenzspezifisch schneiden. Die Doppelfunktion – sequenzspezifische Bindung und sequenzspezifisches Schneiden – machen funktionalisierte Oligo(d²Rib*f*)nucleotide zu möglichen Werkzeugen für die Genom-Analyse.

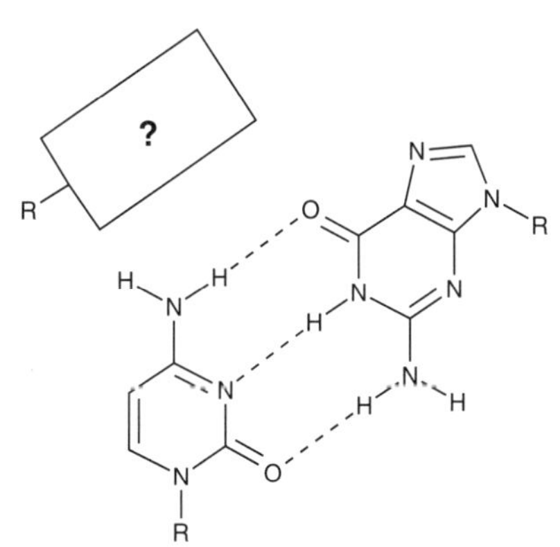

? · d(C/G)

Nachdem das für *Chorea Huntington* (Veitstanz) verantwortliche Gen 1983 auf dem menschlichen Chromosom Nr. 4 lokalisiert worden war, gelang zehn Jahre später seine Kartierung in der zuvor erwähnten Weise.

7.3.1.3.4. *Antisense*-Oligonucleotide

Statt durch Einwirkung von Oligo(d^2Rib*f*)nucleotiden auf doppelsträngige DNA zu Tripelhelices zu gelangen, um Replikation und Protein-Synthese zu blockieren, könnten durch Einwirkung von *Antisense*-Oligonucleotiden auf einzelsträngige RNA mit *Sense*-Anordnung ihrer Nucleobasen Duplexe erzeugt werden, um die Protein-Synthese zu unterbinden. Daß derartige Überlegungen nicht im Wünschbaren stecken bleiben, konnte bereits 1978 durch *in vitro*-Versuche mit Zellkulturen bzw. in einem zellfreien System von *Paul C. Zamecnik* und *Mary L. Stephenson* belegt werden. So war ein 13meres Oligo(d^2Rib*f*)nucleotid passender Sequenz in der Lage, durch spezifische Hybridisierung mit der komplementären RNA das Wachstum des *Rous-Sarcom*-Virus und die Synthese eines Proteins, dessen Produktionsanweisung in der blockierten RNA steckt, zu behindern.

Der Weg zu einer neuen Klasse antiviraler Arzneimittel schien geebnet. Die animalischen Viren können in sechs verschiedene Klassen eingeteilt werden (*Tab. 7.5*). Die verschiedenen Viren unterscheiden sich in bezug auf das Programm voneinander, das festlegt, in welcher Weise die genetische Information der viralen Nucleinsäure des Genoms (DNA oder RNA, einzel- oder doppelsträngig, mit *Sense*- oder *Antisense*-Basenfolge) in diejenige der viralen mRNA mit *Sense*-Basenfolge übergeht. Die Blockade der mRNA durch *Antisense*-Oligonucleotide sollte bei Viren sämtlicher Klassen möglich sein.

Bevor jedoch an eine therapeutische Verwendung von *Antisense*-Oligonucleotiden gedacht werden kann, müssen die folgenden Fragen positiv beantwortet worden sein.

Tab. 7.5. *Klassifizierung animalischer Viren (s: sense, a: antisense)*

Nucleinsäure-Klasse	DNA-Viren		RNA-Viren			
	I	II	III	IV	V	VI
Genom	DNA-Doppelstrang	DNA-Einzelstrang (*s* oder *a*)	RNA-Doppelstrang	RNA-Einzelstrang (*s*)	RNA-Einzelstrang (*a*)	RNA-Einzelstrang (*s*)
Zwischenkopie	keine	DNA-Doppelstrang	keine	RNA-Einzelstrang (*a*)	keine	1. DNA-Einzelstrang (*a*) 2. DNA-Doppelstrang
mRNA	Einzelstrang (*s*)					

Ist die anvisierte Sequenz für das zu synthetisierende Antisense-*Oligonucleotid überhaupt topologisch zugänglich?* Diese Frage ist keineswegs trivial, da die RNA üblicherweise eine Faltstruktur aufweist und man *a priori* die für eine Duplexbildung erforderliche exponierte Lage der Zielsequenz nicht kennt. Selbst wenn eine Duplexbildung im gewünschten Sequenzbereich zustande kommt, erhebt sich die Frage, ob sie lang genug existiert, um die Translation des zu blockierenden Sequenzabschnitts zu verhindern. Die Lebensdauer des Duplexes spielt besonders dann eine Rolle, wenn der molekulare Mechanismus, welcher die Translation unterbindet, auf einer sterischen Blockierung solcher Abschnitte der mRNA beruht, mit denen RNA-bindende Proteine anderenfalls in Wechselwirkung treten würden. Sie scheint beim alternativen Mechanismus – wo zelluläre *RNase H* den RNA-Anteil aus dem (RNA/DNA)-Hybrid hydrolytisch abzutrennen vermag – von geringerer Bedeutung zu sein.

Erfüllt das synthetisierte Antisense-*Oligonucleotid strukturelle Voraussetzungen, die seinen* in vivo-*Einsatz überhaupt zulassen?* Diese Frage bringt das potentielle *Antisense*-Therapeutikum auf den Prüfstand, wo man feststellen muß, ob es Membranen durchdringen kann, um ins Zellinnere zu gelangen, und wo man zeigen muß, daß es mit zellulären Nucleasen nicht reagiert.

Reichen Affinität und Spezifität, mit denen das synthetisierte Antisense-*Oligonucleotid an den komplementären Sequenzabschnitt der mRNA gebunden werden soll, für eine gezielte therapeutische Verwendung aus?* Die Affinität wächst prinzipiell mit zunehmender Kettenlänge der *Antisense*-Oligonucleotide und mit der Anzahl von (G/C)-Nucleosid-Paaren im resultierenden Duplex. Dabei ist zu berücksichtigen, daß die Anzahl der Basenpaarungen kleiner sein kann als die Anzahl der Kettenglieder, welche den komplementären Einzelstrang zu erkennen vermögen, und daß die Spezifität der *Antisense*-Oligonucleotide davon abhängt, ob sich – zur Beseitigung mißgepaarter Basen – das (Assoziation-Dissoziation)-Gleichgewicht rasch genug einstellt, bevor die jeweilige RNA-Hydrolyse einsetzt.

Ist das benötigte Antisense-*Oligonucleotid synthetisch kostengünstig, in größerem Maßstab und durch 'Gute Herstellungspraxis' (Good Manufacturing Practice) zugänglich? Antisense*-Oligonucleotide jeder gewünschten Basenfolge sind durch automatisierte Festphasensynthese zugänglich. Da *Antisense*-Oligonucleotide *in vivo* durch Nucleasen effektiv abgebaut werden, versucht man, strukturell modifizierte DNA-Analoga, die unter physiologischen Bedingungen weniger reaktiv sind als *Antisense*-Oligonucleotide, durch Festphasensynthese herzustellen. Strukturelle Änderungen können grundsätzlich am Zucker, an den Nucleobasen oder an der Phosphat-Brücke vorgenommen werden.

Unter 'Guter Herstellungspraxis' faßt man die Grundregeln für Herstellung und Qualitätskontrolle von Arzneimitteln zusammen, die von der *Weltgesundheitsorganisation* (*WHO*) herausgegeben worden sind.

7.3.1.4. Strukturell modifizierte Oligonucleotide

7.3.1.4.1. Im Zucker-Teil modifizierte Oligonucleotide

Strukturelle Veränderungen im Zucker-Teil des Zuckerphosphat-Rückgrats sind in verschiedener Weise denkbar. Der Unterschied ist am größten, wenn es sich um verschiedene Zucker unterschiedlicher Konstitution handelt. Dies ist in der Reihe RNA (β-D-Ribofuranose), DNA (2-Deoxy-β-D-ribofuranose) und Homo-DNA (2,3-Dideoxy-β-D-allopyranose) der Fall. Der Unterschied ist subtiler, wenn es sich um den gleichen Zucker mit unterschiedlicher Konstitution oder Konfiguration handelt. Auf einen Fall der ersteren Art trifft man in der Reihe RNA (β-D-Ribofuranose) und p-RNA (β-D-Ribopyranose), auf einen Fall der letzteren Art, wenn die Nucleobase nicht β-glycosidisch, sondern α-glycosidisch mit einem Zucker derselben Konstitution verknüpft ist.

In vorausgegangenen Abschnitten sind RNA und DNA, DNA und Homo-DNA sowie RNA und p-RNA einander gegenübergestellt worden. Wir lernten hierbei, daß die zusätzliche OH-Gruppe an C(2′) RNA reaktionsfähiger als DNA macht, und wir sind nicht überrascht, zu erfahren, daß RNA für das Zustandekommen spezifischer Duplex-Übermoleküle mit einem weiteren Erkennungsmerkmal ausgestattet ist. Für Homo-DNA, DNA, RNA und p-RNA haben wir Unterschiede wahrgenommen (*Abschn. 7.3.1.2.3*), die sich nicht nur auf die Konformation der Einzelstränge beschränken, sondern auch auf die Selektivität der jeweiligen Basenpaarung als Resultat molekularen Erkennens erstrecken.

So hat jeder Nucleinsäure-Typ seine spezifische molekulare Identität und seine eigenen Basenpaarungsregeln. Dies gilt auch für Oligo(2-deoxy-α-D-ribofuranosyl)nucleotide. Letztere schließen sich zu Doppelhelices zusammen, in denen die Einzelstränge antiparallel orientiert sind. Sie hybridisieren auch mit Oligo(2-deoxy-β-D-ribofuranosyl)nucleotiden, aber so, daß beide Einzelstränge parallel zueinander angeordnet sind. Die dabei resultierenden Duplexe unterbinden allerdings die Translation nicht.

7.3.1.4.2. Im Basen-Teil modifizierte Oligonucleotide

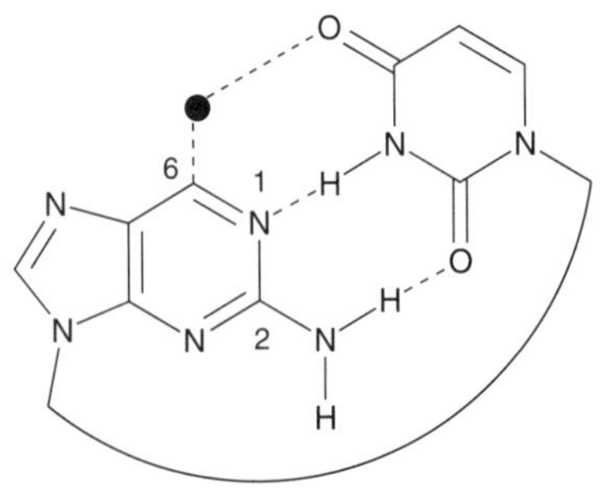

Nachdem betont worden ist, daß das Zuckerphosphat-Rückgrat bestimmte strukturelle Voraussetzungen erfüllen muß, damit ein Oligonucleotid als Partner für Paarungen mit sich selbst oder mit anderen Oligo- oder Polynucleotiden in Betracht kommt, wird man interessiert sein zu erfahren, ob andere Nucleobasen als die natürlichen verwendet werden können.

2-Aminopurin kann ohne sterische Komplikationen die Rolle von 6-Aminopurin (= Adenin) beim Aufbau einer DNA-Doppelhelix mit *Watson-Crick*-Basenpaarung übernehmen. Daß 2-Aminopurin jedoch kein 'Buchstabe' aus dem 'Alphabet' der natürlichen Nucleobasen ist, mag biosynthetisch bedingt sein und weist nach *Eschenmoser* auf die

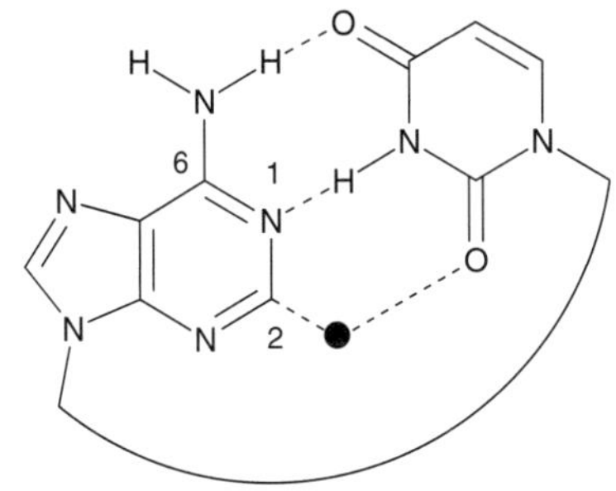

bemerkenswerte *Koinzidenz von spezifischer Eignung zur biologisch fundamentalen Funktion der Basenpaarung einerseits und immanenter Anlage zur Selbstkonstituierung aus elementaren organischen Ausgangsstoffen andererseits* bei den natürlichen Nucleobasen hin.

Nucleoside von 2,6-Diaminopurin und Uracil paaren unbeschwert unter Bildung von drei H-Brücken miteinander (**A**). *Steven A. Benner* hat den enzymatischen Einbau von Isoguanin und Isocytosin (**B**) in DNA oder RNA und Duplexbildung zwischen ihnen durch komplementäre Basenpaarung nach dem *Watson-Crick*-Muster erreicht. Ähnliches gelang ihm für die Nucleoside von 2,4-Diaminopyrimidin einerseits und Xanthin (**C**) bzw. 1-Methyl-1,4-dihydropyrazolo[4,3-*d*]pyrimidin-5,7-dion (**D**) andererseits.

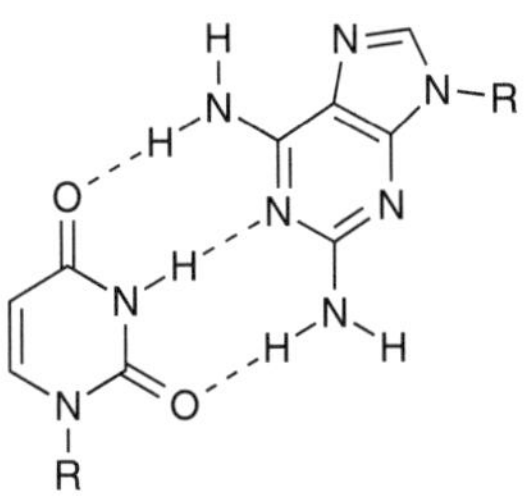

A

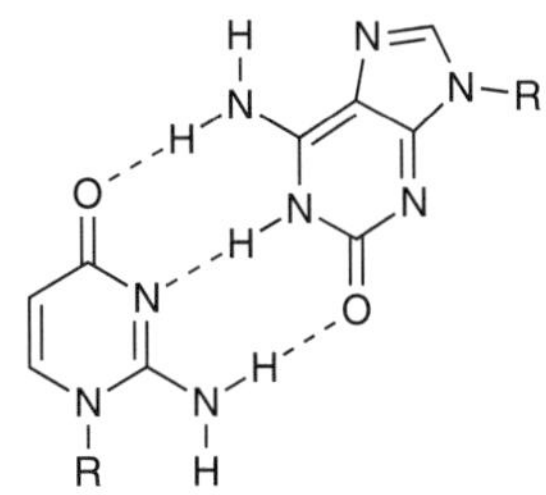

B

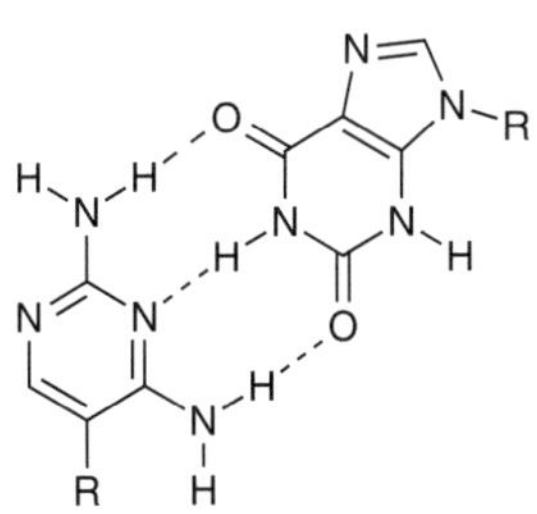

C

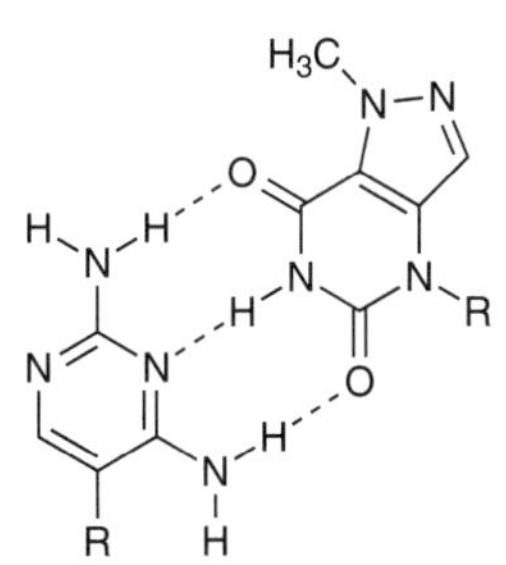

D

7.3.1.4.3. Im Phosphat-Teil modifizierte Oligonucleotide

Mit der Absicht, thermodynamisch stabile und (insbesondere gegen Nucleasen) unreaktive *Antisense*-Oligonucleotid-Analoga herzustellen, welche überdies von Zellmembranen durchgelassen werden, hat man sich um solche Oligomere bemüht, bei denen die Phosphat-Gruppe strukturell verändert oder durch eine andere Atom-Gruppierung ganz ohne P ersetzt worden ist.

Auf der nächsten Seite sind einige Beispiele dargestellt, bei denen ein oder beide O-Atome, die an der Brücke zwischen zwei Zucker-Resten nicht unmittelbar beteiligt sind, durch andere Atome oder Atom-Gruppierungen ersetzt werden konnten. Hier werden häufig neue stereogene Zentren mit der Konsequenz eingeführt, daß *n* neue stereogene Zentren zu 2^n Diastereoisomeren führen. In den Methylphosphonaten wie auch in den Phosphat-triestern ist die Brücke zwischen den Zucker-Ringen elektrisch ungeladen, was ein Durchdringen der Membranen (*Abschn. 7.3.1.3.4*) erleichtern sollte. Der Austausch von O durch S, der zu den Phosphoro-thioaten und -thionaten führt, ist eine Maßnahme, welche sich dem am Periodensystem der chemischen Elemente (s. *Tab.* auf der Innenseite des vorderen Einbanddeckels) orientierten Chemiker geradezu aufdrängt. Bei den Phosphoro-dithioaten vermeidet man ebenfalls, neue stereogene Zentren einzuführen.

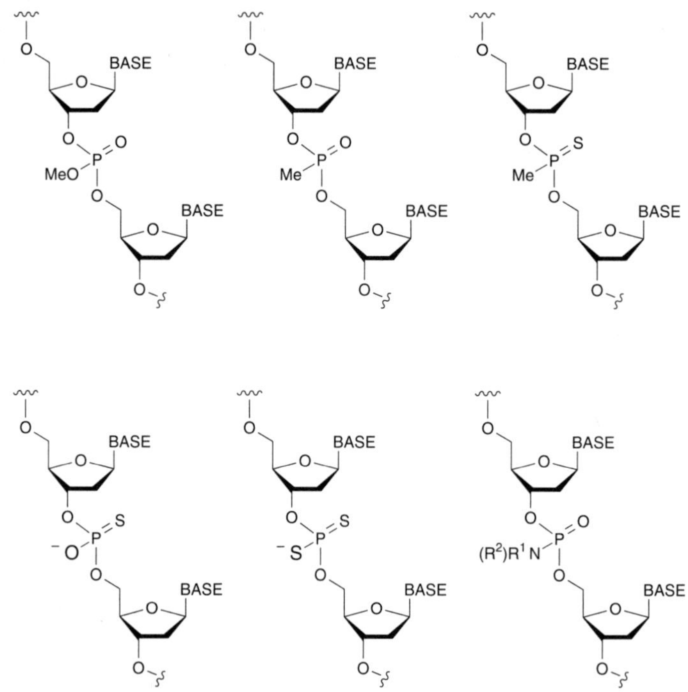

Unten sind konstitutionelle Modifikationen aufgeführt, welche die Konformation der jeweiligen Hauptkette nicht wesentlich verändern sollten.

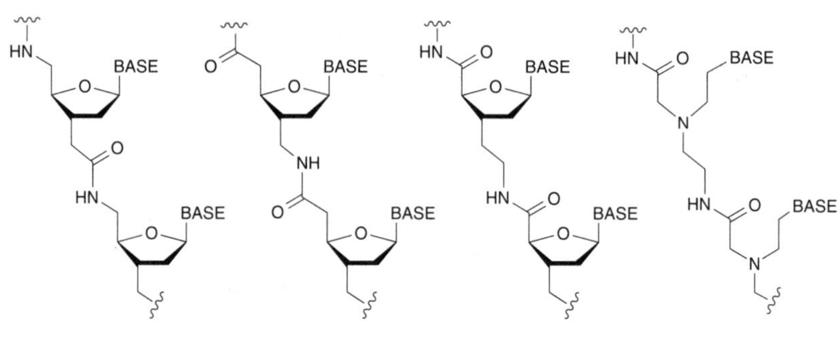

Auf der Suche nach Analoga zur DNA oder RNA wurden gar Polymere synthetisiert, bei denen das Zuckerphosphat-Rückgrat nicht mehr vorkommt und die Nucleobasen kovalent an Polyamid-Ketten gebunden sind.

7.3.2. Polysaccharide

Monosaccharide sind bereits ausführlich behandelt worden. Fragen der Konfiguration wurden in *Kap. 5,* Fragen der Konformation in *Kap. 6.6.2* beantwortet. *Kap. 10.5.3* faßt zusammen, wie Kohlenhydrate durch Formeln oder Namen (mit entsprechenden Deskriptoren) zu beschreiben sind.

7.3.2.1. Diamantgitter-Matrix als Anfang zur systematischen Konformationsanalyse

Kennt man die an einem Disaccharid (oder allgemein an einem Oligosaccharid) beteiligten Monosaccharide sowie ihre acetalische(n) Verknüpfung(en) und nutzt man die Erfahrung, daß die beteiligten Pyranose-Ringe jeweils diejenige Sessel-Konformation einnehmen, in welcher die Mehrzahl der Substituenten äquatorial orientiert ist, werden durch Einpassen in die Diamantgitter-Matrix (*Abschn. 7.2.2, 7.3.1.1.1* und *Kap. 10.3.3*) diejenigen Konformationen ohne *Pitzer*-Spannung erhalten, welche für die systematische Konformationsanalyse in Betracht kommen. Man braucht nur zu berücksichtigen,

- daß die *Newman*-Spannung so gering wie (konstitutionell) möglich ist;
- daß für das (C–C–O–C)-Fragment die Reihenfolge *ap* > *sc*, für das (O–C–O–C)-Fragment, des anomeren Effekts wegen, die Reihenfolge *sc* > *ap* lautet;
- daß sich durch kooperative Bildung intracatenarer H-Brücken Stabilitätenreihenfolgen umkehren können, die zunächst, ohne Berücksichtigung von H-Brücken, postuliert worden sind.

Breit angelegte Untersuchungen von *Yoshito Kishi* haben verdeutlicht, daß die sterische Wechselwirkung der (X–C(4))-Bindung mit C(2′) stärker ist als mit O(5′) und daß diese Feststellung auch dann noch gilt, wenn – wie bei einem 2′-Deoxy-Zucker – eine 1,5-Repulsion zwischen C(4) und O(2′) nicht vorliegen kann. Dieses Resultat ist NMR-spektroskopisch durch weitgehende Übereinstimmung zwischen *O*-Glycosiden und ihren eigens für einen Vergleich synthetisierten *C*-Glycosid-Analoga zustande gekommen. Es entspricht den geltend gemachten Forderungen (*vide supra*), daß die energetisch jeweils begünstigte Konformation der Atom-Folgen C(2′)–C(1′)–O(4)–C(4) bzw. O(5′)–C(1′)–O(4)–C(4) *ap* bzw. *sc* sein sollte.

Um einen Einblick in die konformationellen Verhältnisse bei den 1,4-verknüpften Polysacchariden *Amylose* (aus Stärke) und *Cellulose* zu gewinnen, werden nachstehend die disaccharidischen Stammverbindungen Methyl-α-maltosid (= Methyl-(O^4-α-D-glucopyranosyl-α-D-glucopyranosid)) und Methyl-α-cellobiosid (= Methyl-(O^4-β-D-glucopyranosyl-α-D-glucopyranosid)) (X = jeweils O) zusammen mit den analogen *C*-Glycosiden (X = jeweils CH_2) der systematischen Konformationsanalyse unterworfen.

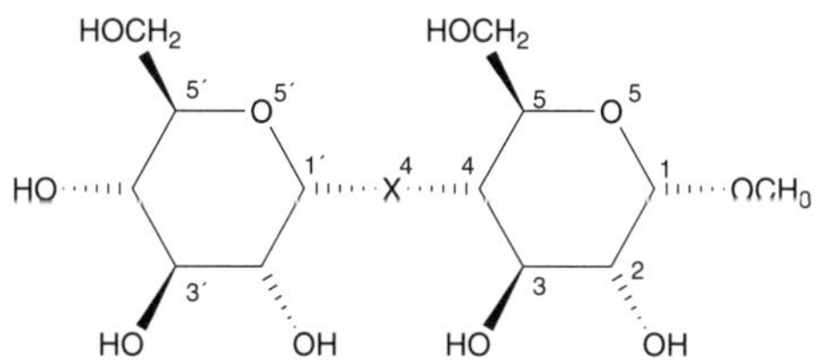

X=O: Methyl-(O^4-α-D-glucopyranosyl-α-D-glucopyranosid)
(= Methyl-α-maltosid)

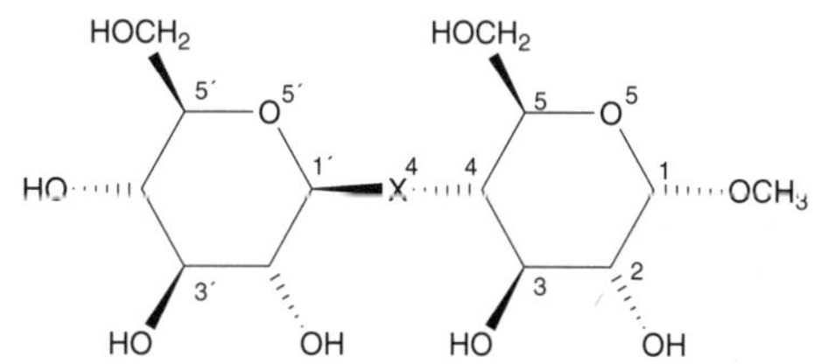

X=O: Methyl-(O^4-β-D-glucopyranosyl-α-D-glucopyranosid)
(= Methyl-α-cellobiosid)

7.3.2.2. Systematische Konformationsanalyse von Methyl-α-maltosid und dem analogen *C*-Glycosid

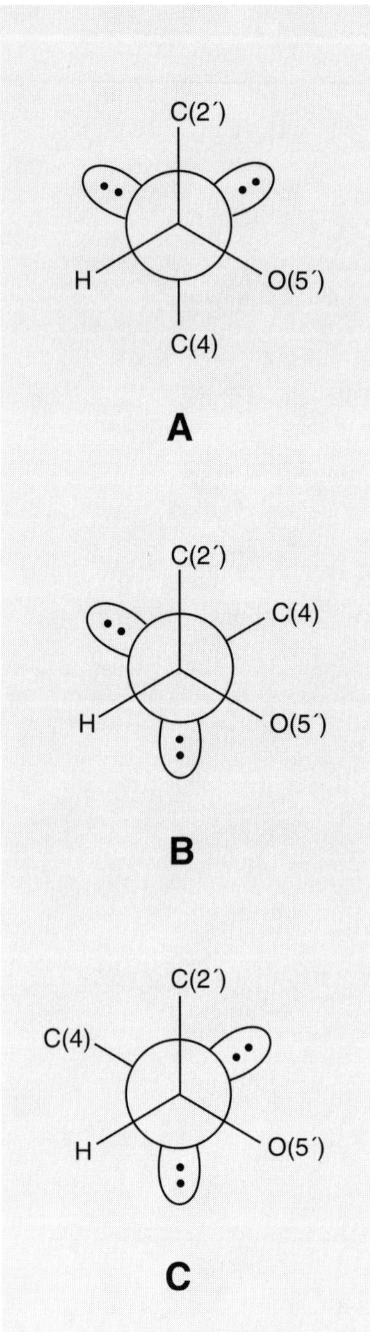

Fig. 7.44. Newman-*Projektionen idealisiert-gestaffelter Konformationen für 1,4-verknüpfte Disaccharide mit axialer (C(1´)–O(4))-Bindung und den (C(2´)–C(1´)–O(4)–C(4))-Torsionswinkeln 180°* (**A**), *+60°* (**B**) *und –60°* (**C**)

Von den drei idealisierten Konformationstypen ohne *Pitzer*-Spannung, die sich durch ihre Anordnung um die axiale (C(1′)–O(4))-Bindung voneinander unterscheiden (*Fig. 7.44*), ist derjenige mit *ap*-Orientierung der (C(2′)–C(1′)–O(4)–C(4))-Sequenz (*Fig. 7.44*, **A**) aufgrund der genannten Selektionskriterien (*Abschn. 7.3.2.1*) den beiden anderen Konformationstypen vorzuziehen. Dies ist leicht zu begründen, wenn man die Atom-Folge O–C–O konformationell schärfer auflöst. Konformationell schärfere Auflösung heißt – ohne einer Interpretation des hier wirksamen anomeren Effekts (*Kap. 8.4.3*) vorgreifen zu wollen – Einpassen der Sequenz O–C–O in die Diamantgitter-Matrix und bedeutet (s. *Abschn. 7.3.1.1.1*), daß die O-Atome jeweils mit zwei Phantom-Liganden ausgestattet werden und diejenige Konformation als bevorzugt anzusehen ist, bei welcher die Bindung zwischen einem der beiden Phantom-Liganden und dem betreffenden O-Atom zur Bindung zwischen dem anschließenden C-Atom und dem darauffolgenden O-Atom *ap*-orientiert ist (*Fig. 7.44*, **A**, und *Tab. 7.6*). Bei einem Disaccharid mit axialer (C(1′)–O(4))-Bindung geschieht Stabilisierung der *sc*-Anordnung der (O(5′)–C(1′)–O(4)–C(4))-Sequenz durch den anomeren Effekt sowohl von O(4) als auch in umgekehrter Richtung von O(5′) aus. Der Konformationstyp **A** (*Fig. 7.44*) ist außerdem durch möglichst geringe *Newman*-Spannung ausgezeichnet.

Tab. 7.6. *Charakteristika der drei idealisiert-gestaffelten Konformationen des Methyl-α-maltosids mit (C(2′)–C(1′)–O(4)–C(4))-Torsionswinkel von 180°* (*Fig. 7.44*, **A**) *und verschiedenen Torsionswinkeln um die (O(4)–C(4))-Bindung*

Diamantgitter-Einpassung	*Fig. 7.45*, I	*Fig. 7.45*, II	*Fig. 7.45*, III
C(1´)—O(4)—C(4)—C(5)	180°	–60°	+60°
C(1´)—O(4)—C(4)—C(3)	+60°	180°	–60°
1,5-Repulsionen	O(3)····C(1´)	C(5)····O(5´) C(6)····C(1´)	C(3)····O(5´)
1,6-Repulsionen	–	C(6)····O(5´)	–
1,7-Repulsionen	–	–	O(3)····C(5´)
H-Brücken	–	–	–

Der andere Konformationstyp, welcher die topologischen Voraussetzungen erfüllt, um den anomeren Effekt zweimal wirksam werden zu lassen, weist einen Torsionswinkel C(2′)–C(1′)–O(4)–C(4) von + 60° auf (*Fig. 7.44*, **B**, und *Tab. 7.7*). Er ist jedoch mit einer hohen *Newman*-Spannung ausgestattet und weist darüber hinaus auch noch 1,6-Repulsionen auf, so daß er getrost außer acht bleiben kann.

Tab. 7.7. *Charakteristika der drei idealisiert-gestaffelten Konformationen des Methyl-α-maltosids mit (C(2′)–C(1′)–O(4)–C(4))-Torsionswinkel von +60° (Fig. 7.44,* **B***) und verschiedenen Torsionswinkeln um die (O(4)–C(4))-Bindung*

C(1′)—O(4)—C(4)—C(5)	180°	–60°	+60°
C(1′)—O(4)—C(4)—C(3)	+60°	180°	–60°
1,5-Repulsionen	O(3) und C(5′) fallen aufeinander	C(6) und C(3′) fallen aufeinander	C(3)····C(2′) C(4)····C(3′) C(5)····O(5′) C(4)····C(5′)
1,6-Repulsionen			C(3)····C(3′) C(5)····C(5′)
1,7-Repulsionen			viele
H-Brücken			–

Der Konformationstyp mit einem Torsionswinkel C(2′)–C(1′)–O(4)–C(4) von – 60° (*Fig. 7.44*, **C**, und *Tab. 7.8*) ist gegenüber der begünstigten Konformation mit einem entsprechenden Torsionswinkel von 180° (*Fig. 7.44*, **A**) nicht nur in diesem Bereich, sondern auch noch durch Wegfall einer der beiden stabilisierenden anomeren Effekte in der Atom-Folge O–C–O benachteiligt. Er weist darüber hinaus erhebliche *Newman*-Spannung auf.

Tab. 7.8. *Charakteristika der drei idealisiert-gestaffelten Konformationen des Methyl-α-maltosids mit (C(2′)–C(1′)–O(4)–C(4))-Torsionswinkel von –60° (Fig. 7.44,* **C***) und verschiedenen Torsionswinkeln um die (O(4)–C(4))-Bindung*

C(1′)—O(4)—C(4)—C(5)	180°	–60°	+60°
C(1′)—O(4)—C(4)—C(3)	+60°	180°	–60°
1,5-Repulsionen	O(3) und O(2′) fallen aufeinander	C(4)····O(2′) C(6)····C(1′)	C(5)····C(2′) C(4)····O(2′)
1,6-Repulsionen		–	C(5)····O(2′)
1,7-Repulsionen		–	C(6)····C(3′)
H-Brücken		–	–

Die idealisierten Konformationen von Methyl-α-maltosid, jeweils mit dem (C(2′)–C(1′)–O(4)–C(4))-Torsionswinkel von 180°, sind in den drei gestaffelten Orientierungen **I**–**III** um das Scharnier der (O(4)–C(4))-Bindung in *Fig. 7.45* (X=O) wiedergegeben (s. *Tab. 7.6*).

In Konformation **II** gibt es zwei 1,5-Repulsionen. Außerdem liegt eine besonders ungünstige 1,6-Repulsion vor. Die Konformationen **I**

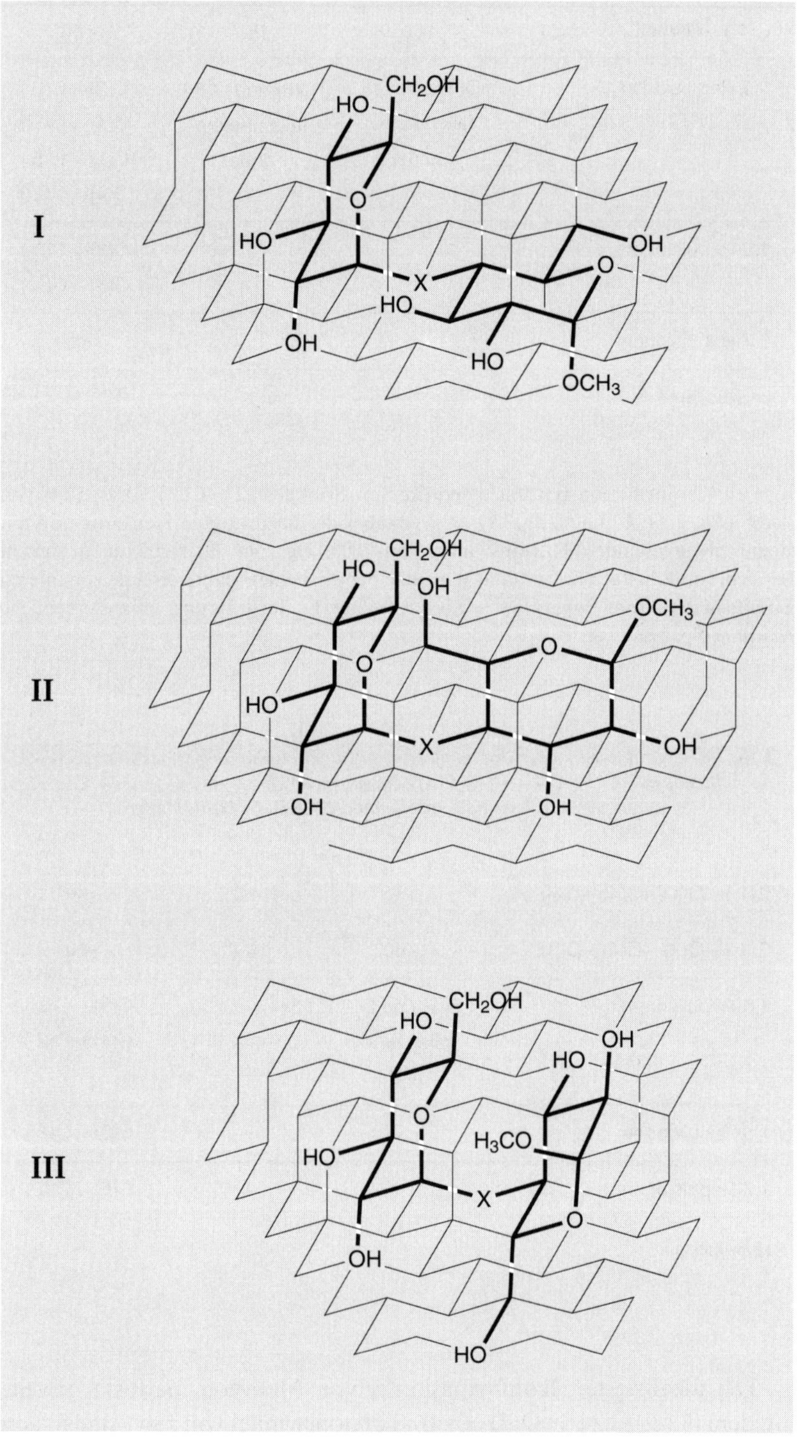

Fig. 7.45. *Diamantgitter-Einpassung für die Konformationen* **I**–**III** *des Disaccharids Methyl-α-maltosid* (X=O) *und des analogen C-Glycosids* (X=CH_2)

und **III** (*Fig. 7.45* und *Tab. 7.6*) weisen jeweils nur eine 1,5-Repulsion auf. Die (C(1′)–O(4))-Bindung ist in Konformation **III** an zwei *sc*-Fragmenten (über die (O(4)–C(4))-Bindung mit C(3) *und* mit C(5)) beteiligt, in den Konformationen **I** oder **II** jeweils nur an einem *sc*-Fragment (über die (O(4)–C(4))-Bindung mit C(3) *oder* mit C(5)). Konformation **I** sollte alles in allem am wenigsten destabilisiert sein. NMR-Untersuchungen zeigen, daß in Lösung bei Raumtemperatur mehr als eine Konformation vorliegt. Jedenfalls sollte Konformation **I** ganz in den Vordergrund rücken, sobald man die OH-Gruppe an C(3) und damit die sonst vorkommende 1,5-Repulsion entfernt. Diese Vermutung ließ sich für $X=CH_2$ experimentell bestätigen.

Für Methyl-α-maltosid liegt keine *Röntgen*-Strukturanalyse vor, wohl aber für Methyl-β-maltosid (= Methyl-(O^4-α-D-glucopyranosyl-β-D-glucopyranosid), *Fig. 7.46*).

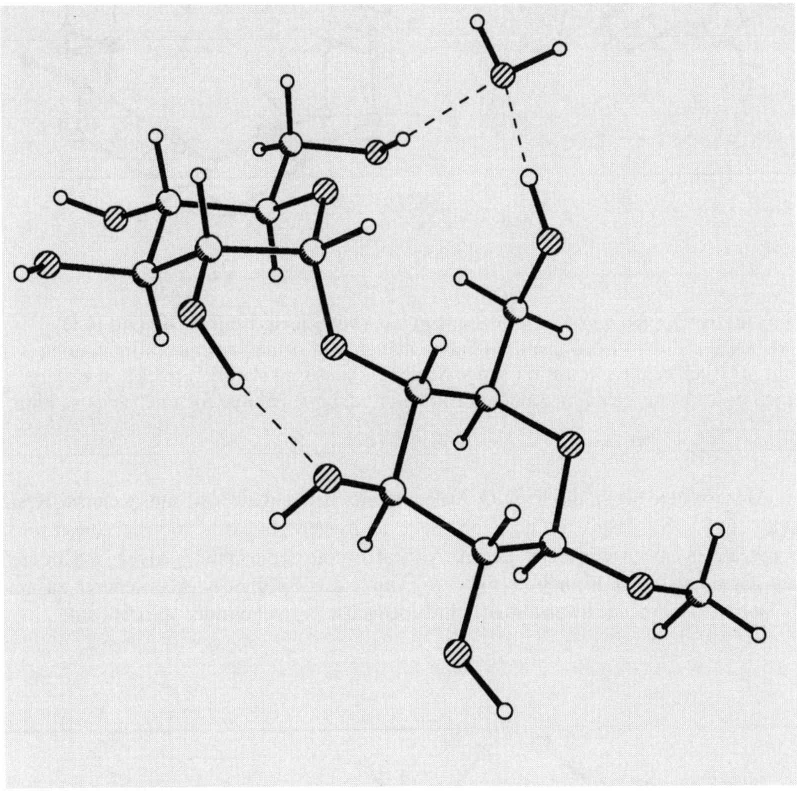

Fig. 7.46. *Kristall-Struktur des Disaccharids Methyl-β-maltosid-Monohydrat*

Im letzteren Fall weicht der (C(2′)–C(1′)–O(4)–C(4))-Torsionswinkel mit −128,2° deutlich von der regelgerechten *ap*-Anordnung ab. Da der jeweiligen *Röntgen*-Strukturanalyse von α-Maltose (= O^4-α-D-Glucopyranosyl-α-D-glucopyranose) oder von β-Maltose (= O^4-α-D-Glucopyranosyl-β-D-glucopyranose) der (C(2′)–C(1′)–O(4)–C(4))-Torsionswinkel von −125,5° bzw. von −116,6° entnommen werden kann, ist die Abweichung vom *ap*-Wert nicht auf die Konfigurationsänderung am anomeren Zentrum C(1), sondern auf den Übergang vom Vakuum (Diamantgitter-Einpassung) bzw. von wäßrig/methanolischer Lösung (NMR-Spektroskopie) zum Festkörper (*Röntgen*-Strukturanalyse) zurückzuführen. In der Kristall-Struktur des

Methyl-β-maltosid-Monohydrats kommen drei H-Brücken zwischen den beiden benachbarten Monosaccharid-Resten vor. Die eine zwischen den OH-Gruppen an C(2′) und C(3) stellt eine direkte Verknüpfung zwischen den beiden Pyranose-Ringen her. Die zwei anderen, jeweils mit einem H_2O-Molekül als Akzeptor, überbrücken die beiden OH-Gruppen an C(6′) und C(6). Als Folge der H-Brücken liegt eine Konformation vor, die stark von der idealisierten abweicht.

Die Kristall-Struktur des Polymers Amylose (komplexiert mit KOH und H_2O; *Fig. 7.47*) weist dagegen keine derartigen intracatenaren H-Brücken auf, und seine Konformation entspricht daher eher derjenigen, die aufgrund der systematischen Konformationsanalyse vorhergesagt worden war ((C(2′)–C(1′)–O(4)–C(4))-Torsionswinkel *ca.* – 144°, (C(1′)–O(4)–C(4)–C(5))-Torsionswinkel *ca.* – 150°).

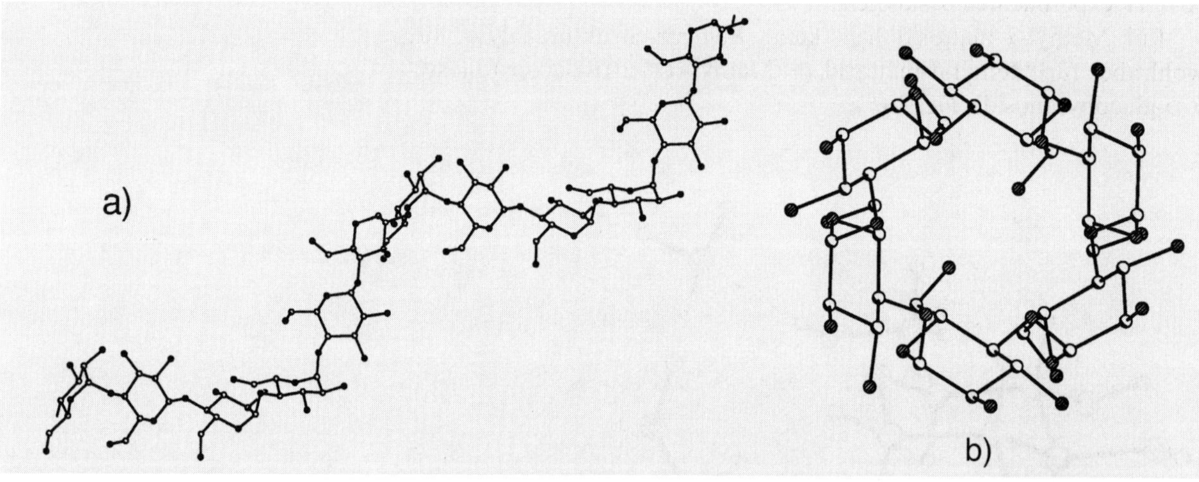

Fig. 7.47. *Ausschnitt* (vier asymmetrische Einheiten) *aus der Kristall-Struktur der Amylose* (komplexiert mit KOH und H_2O). Intracatenare H-Brücken liegen nicht vor, H-Brücken mit dem Lösungsmittel haben keinen konformationsmitbestimmenden Einfluß und sind daher nicht kenntlich gemacht. *a*) Blick senkrecht auf die lange Molekül-Achse, *b*) Parallelprojektion entlang der langen Molekül-Achse (zwei Einheiten liegen exakt hinter den abgebildeten Einheiten: die zweizählige Symmetrie ist so klar zu erkennen).

Demzufolge liegen die Ring-O-Atome zweier benachbarter Monosaccharid-Reste (O(5), O(5′) *etc.*) jeweils auf derselben Seite des langen Molekül-Stranges: eine Anordnung, die zu einer Helix führt. Der Amylose-Komplex bildet eine 6_1-Helix, welche sich aus asymmetrischen Einheiten (*Fig. 7.48*) von je drei α-Glucosyl-Monomeren zusammensetzt, die um eine zweizählige Schraubenachse gegeneinander verdreht sind.

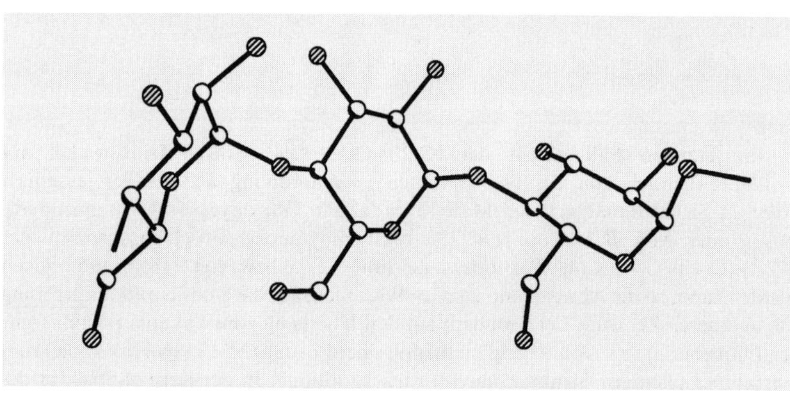

Fig. 7.48. *Ausschnitt* (eine asymmetrische Einheit) *aus der Kristall-Struktur der Amylose* (komplexiert mit KOH und H_2O)

7.3.2.3. Systematische Konformationsanalyse von Methyl-α-cellobiosid und dem analogen *C*-Glycosid

Von den drei idealisierten Konformationstypen ohne *Pitzer*-Spannung, die sich durch ihre Anordnung um die äquatoriale (C(1′)–O(4))-Bindung voneinander unterscheiden (*Fig. 7.49*), ist derjenige mit *ap*-Orientierung der (C(2′)–C(1′)–O(4)–C(4))-Sequenz (*Fig. 7.49,* **A**, und *Tab. 7.9*) den beiden anderen Konformationen aufgrund der genannten Selektionsregeln (*Abschn. 7.3.2.1*) vorzuziehen. Dies ist durch relativ geringe *Newman*-Spannung sowie durch Wirksamkeit des anomeren Effekts leicht zu begründen. Bei einem Disaccharid mit äquatorialer (C(1′)–O(4))-Bindung geschieht Stabilisierung der *sc*-Anordnung der (O(5′)–C(1′)–O(4)–C(4))-Sequenz allerdings nur durch den anomeren Effekt von O(5′) aus.

Tab. 7.9. *Charakteristika der drei idealisiert-gestaffelten Konformationen des Methyl-α-cellobiosids mit (C(2′)–C(1′)–O(4)–C(4))-Torsionswinkel von 180° (Fig. 7.49,* **A**) *und verschiedenen Torsionswinkeln um die (O(4)–C(4))-Bindung*

Diamantgitter-Einpassung	*Fig. 7.50,* I	*Fig. 7.50,* II	*Fig. 7.50,* III
C(1′)—O(4)—C(4)—C(5)	–60°	+60°	180°
C(1′)—O(4)—C(4)—C(3)	180°	–60°	+60°
1,5-Repulsionen	C(6)····C(1′)	C(5)····O(5′)	C(3)····O(5′) O(3)····C(1′)
1,6-Repulsionen	–	–	O(3)····O(5′)
1,7-Repulsionen	–	–	–
H-Brücken	–	–	O(3)—H····O(5′)

Tab. 7.10. *Charakteristika der drei idealisiert-gestaffelten Konformationen des Methyl-α-cellobiosids mit (C(2′)–C(1′)–O(4)–C(4))-Torsionswinkel von –60° (Fig. 7.49,* **B**) *und verschiedenen Torsionswinkeln um die (O(4)–C(4))-Bindung*

C(1′)—O(4)—C(4)—C(5)	–60°	+60°	180°
C(1′)—O(4)—C(4)—C(3)	180°	–60°	+60°
1,5-Repulsionen	C(5)····O(5′) C(6)····C(1′)	C(3)····O(5′) C(5)····C(2′)	C(3)····C(2′) O(3)····C(1′)
1,6-Repulsionen	C(6)····O(5′)	–	O(3)····C(2′)
1,7-Repulsionen	–	C(6)····O(2′)	–
H-Brücken	–	–	–

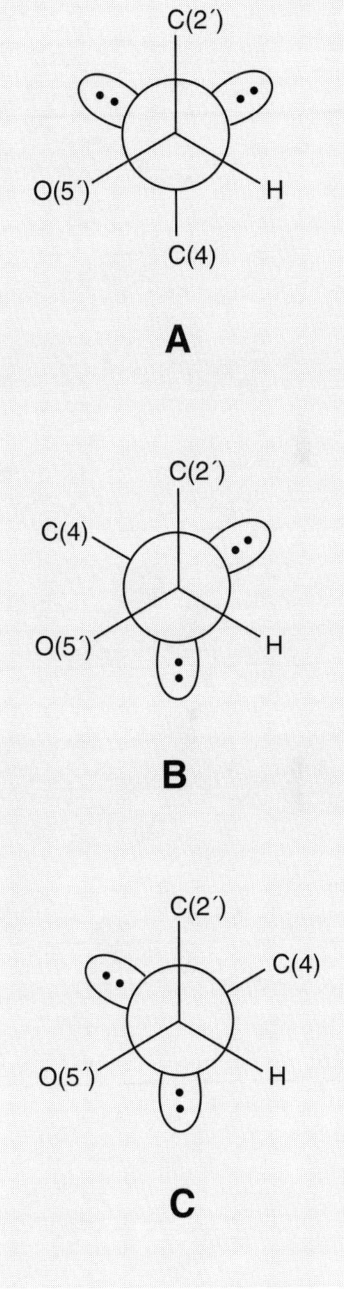

Fig. 7.49. Newman-*Projektionen idealisiert-gestaffelter Konformationen für 1,4-verknüpfte Disaccharide mit äquatorialer (C(1′)–O(4))-Bindung und den (C(2′)–C(1′)–O(4)–C(4))-Torsionswinkeln 180°* (**A**), *–60°* (**B**) *und +60°* (**C**)

Der zweite Konformationstyp weist einen (C(2′)–C(1′)–O(4)–C(4))-Torsionswinkel von – 60° auf (*Fig. 7.49*, **B**, und *Tab. 7.10*). Er ist durch den anomeren Effekt begünstigt, jedoch durch *sc*-Orientierung der (C(2′)–C(1′)–O(4)–C(4))-Sequenz sowie durch hohe *Newman*-Spannung stark benachteiligt.

Der dritte Konformationstyp, mit einem (C(2′)–C(1′)–O(4)–C(4))-Torsionswinkel von + 60° (*Fig. 7.49*, **C**, und *Tab. 7.11*) erfährt keine Stabilisierung durch den anomeren Effekt und ist wegen der *sc*-Orientierung der (C(2′)–C(1′)–O(4)–C(4))-Sequenz darüber hinaus benachteiligt. Er ist auf jeden Fall mit beträchtlicher *Newman*-Spannung ausgestattet.

Tab. 7.11. *Charakteristika der drei idealisiert-gestaffelten Konformationen des Methyl-α-cellobiosids mit (C(2′)–C(1′)–O(4)–C(4))-Torsionswinkel von +60° (Fig. 7.49,* **C***) und verschiedenen Torsionswinkeln um die (O(4)–C(4))-Bindung*

C(1′)—O(4)—C(4)—C(5)	–60°	+60°	180°
C(1′)—O(4)—C(4)—C(3)	180°	–60°	+60°
1,5-Repulsionen	C(6) und O(2′) fallen aufeinander	C(3)····C(2′) C(4)····O(2′)	C(4)····O(2′) O(3)····C(1′)
1,6-Repulsionen		C(3)····O(2′)	–
1,7-Repulsionen		–	–
H-Brücken		–	–

Fig. 7.50 gibt die idealisierten Konformationen **I**–**III** von Methyl-α-cellobiosid mit *ap*-fixierter (C(2′)–C(1′)–O(4)–C(4))-Sequenz und jeweils gestaffelter Orientierung um die (O(4)–C(4))-Bindung sowie deren Einpassung in das Diamantgitter wieder (s. *Tab. 7.9*).

Von den Konformationen **I**, **II** und **III** kann Konformation **III** rasch verworfen werden. Sie läßt zwei 1,5-Repulsionen, eine 1,6-Repulsion, ferner eine *sc*-Orientierung zwischen C(1′) und C(3) um die (O(4)–C(4))-Bindung erkennen. Bei den Konformationen **I** und **II** kommt jeweils eine 1,5-Repulsion vor. Konformation **I** weist eine, Konformation **II** gar zwei *sc*-Orientierungen um die (O(4)–C(4))-Bindung auf. Bei nur leichter Bevorzugung von Konformation **I** vor Konformation **II** ist in Lösung mit einem Gemisch beider zu rechnen.

Die Einkristall-*Röntgen*-Strukturanalyse von Methyl-α-cellobiosid ist nicht bekannt. Diejenige vom Methanol-Solvat des Methyl-β-cellobiosids (= Methyl-(O^4-β-D-glucopyranosyl-β-D-glucopyranosids), *Fig. 7.51*) liefert folgende Torsionswinkel: C(2′)–C(1′)–O(4)–C(4) = 152,0°, O(5′)–C(1′)–O(4)–C(4) = –91,1°, C(1′)–O(4)–C(4)–C(3) = 80,3° und C(1′)–O(4)–C(4)–C(5) = –160,7°.

Ein kurzer Blick auf die Kristall-Struktur zeigt bereits, daß hier eine Konformation vorliegt, die aufgrund der systematischen Analyse derjenigen Konformationen, welche ins Diamantgitter passen, ausgeschlossen wurde. Konformationsmitbestimmend ist die Dreizentren-H-Brücke zwischen der OH-Gruppe an C(3) und O(5′) (stärker) sowie zwischen den OH-Gruppen an C(3) und C(6′) (schwächer). Eine Suche

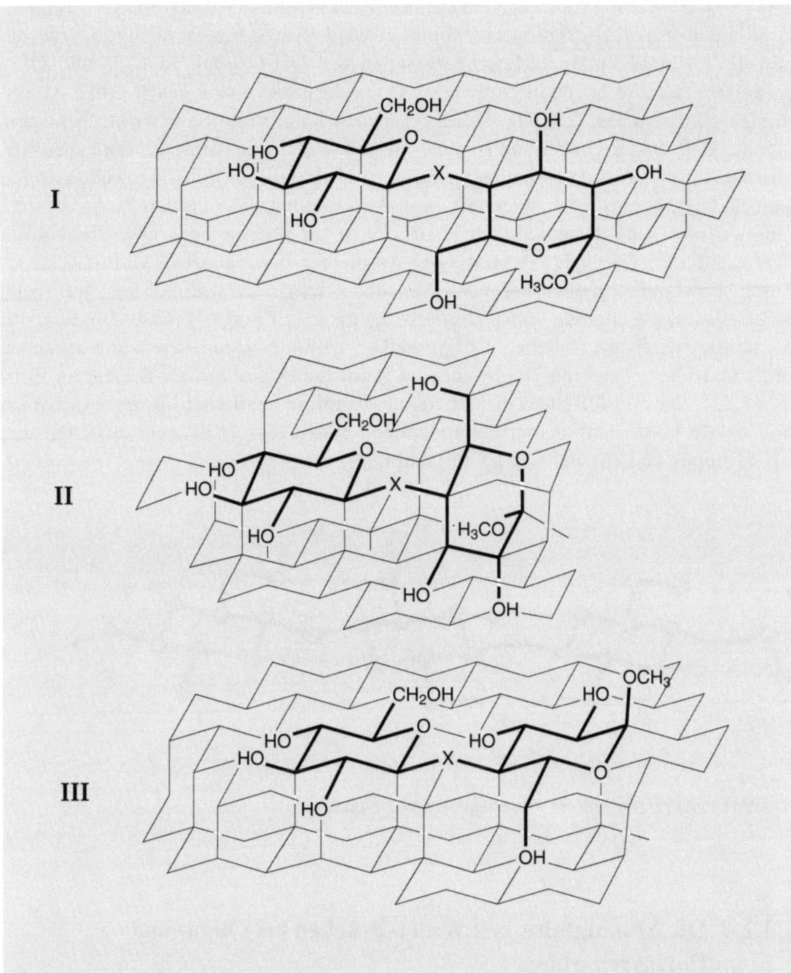

Fig. 7.50. *Diamantgitter-Einpassung für die Konformationen* **I–III** *des Disaccharids Methyl-α-cellobiosid* (X=O) *und des analogen* C-*Glycosids* (X=CH_2)

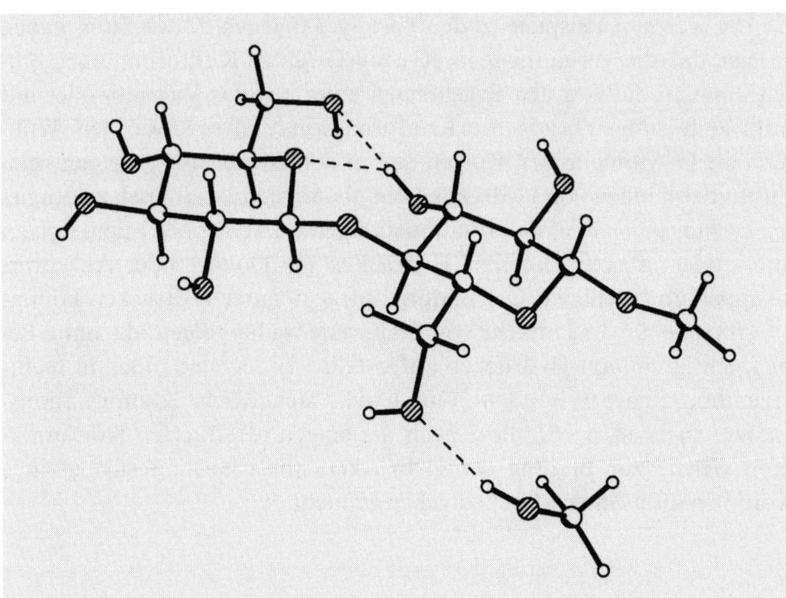

Fig. 7.51. *Kristall-Struktur des Disaccharids Methyl-β-cellobiosid als Methanol-Solvat.* Die H-Brücke zwischen den OH-Gruppen des Lösungsmittels MeOH und an C(6) hat keinen Einfluß auf die Konformation.

in der *Cambridge Structural Database* dokumentiert, daß die Mehrzahl der aus äquatorial/äquatorial 1,4-verknüpften Monosaccharid-Resten bestehenden Oligosaccharide die intramolekulare H-Brücke zwischen der OH-Gruppe an C(3) und O(5′) aufweisen und dies bei den betreffenden Oligosacchariden eine gleich große Abweichung von der in *Fig. 7.50*, **III**, wiedergegebenen Konformation bewirkt. Sieht man sich die H-Brücken-Umgebung genauer an und läßt die zustande gekommenen Siebenringe durch Vernachlässigung des Brücken-H-Atoms als Sechsringe gelten, so hat man ein Diamantgitter-Paßstück mit *trans*-Anordnung der anellierten Ringe vor sich. Eine weitere Folge der erwähnten H-Brücke ist die alternierende Orientierung der Pyranose-Ringe (*Fig. 7.51*): Die Ring-O-Atome der benachbarten Monosaccharid-Reste liegen auf gegenüberliegenden Seiten der langen Molekül-Achse, was beim Polymer *Ramie*-Cellulose – nach Drehung um die jeweilige (O(4)–C(4))-Bindung mit Abstandserweiterung zwischen O(3) und O(5′) und Abstandsverengung zwischen O(2′) und O(6) – zu einer quasi-linearen Anordnung des Zucker-Rückgrats führt (*Fig. 7.52*). Die Kristall-Struktur der *Ramie*-Cellulose beinhaltet infolgedessen noch eine zweite konformationsmitbestimmende intracatenare H-Brücke: zwischen den OH-Gruppen an C(6) und C(2′), C(6′) und C(2″) usw.

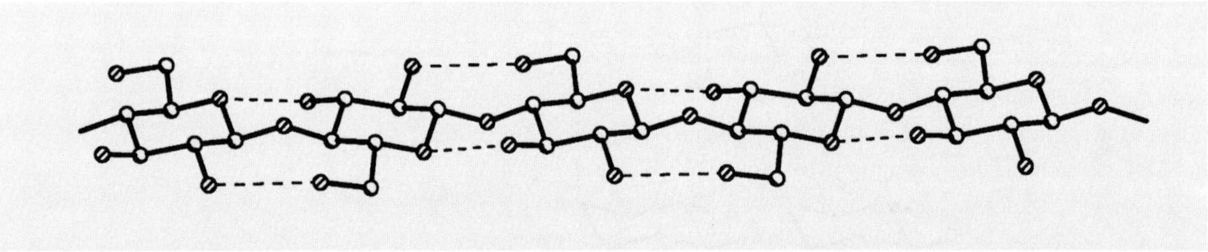

Fig. 7.52. *Ausschnitt* (fünf asymmetrische Einheiten) *aus der Kristall-Struktur der* Ramie-*Cellulose*

7.3.2.4. Die Mannigfaltigkeit von H-Brücken bei Oligo- und Polysacchariden

Die wenigen Beispiele in den vorangegangenen Abschnitten haben gezeigt, daß die Verhältnisse im Kristall-Gitter zu Konformationen führen können, die von den Ergebnissen einer auf das Vakuum oder auf wäßrige Lösungen bezogenen Konformationsanalyse abweichen. Während die O-Atome in den Ringen und in den Glycosid-Bindungen beim Zustandekommen von H-Brücken nur als Akzeptor-Gruppen zu fungieren vermögen, steht es den rotationsfähigen OH-Gruppen offen, sich an inter- oder intramolekularen H-Brücken als Donor- oder Akzeptor-Gruppen zu beteiligen. Die Bildung intracatenarer H-Brücken kommt als Ursache für die Umkehr von Stabilitätenreihenfolgen, die ohne Berücksichtigung von H-Brücken aufgestellt worden sind, auch in nichtkristalliner Phase in Betracht. Durch die systematische Konformationsanalyse sucht man vor allem nach derjenigen idealisierten Konformation, welche zur Bildung der H-Brücken nur eine möglichst geringe Konformationsänderung einzugehen braucht.

7.3.3. Proteine

'*Molecular Architecture and Biological Reactions'* war der Titel eines bemerkenswerten Artikels aus dem Jahre 1946, in welchem *Linus Pauling* sein wissenschaftliches Glaubensbekenntnis veröffentlichte. Er wies darauf hin, wie wichtig es sei, die Architektur biologisch aktiver Makromoleküle, insbesondere diejenige der Proteine, zu kennen. (Im ursprünglichen Text wird statt *Konformation* entweder *Gestalt* oder *Konfiguration* verwendet. Der Begriff *Konformation* setzte sich allgemein erst durch, nachdem die Bedeutung der Konformationsanalyse für die Steroid-Chemie (*Kap. 6.2*) erkannt worden war.) In seinem *Nobel*-Vortrag 1954 betonte *Pauling,* es komme darauf an, zur Bestimmung der Protein-Struktur die atomaren Dimensionen, die Lokalisierung von Atomen, die sich an H-Brücken beteiligen können, und die Einschränkungen der freien Drehbarkeit in der konstitutionellen Repetiereinheit des Aminosäure-Restes zu kennen sowie die sich hieraus ergebenden Konsequenzen an physikalisch relevanten Molekül-Modellen zu testen.

Nachfolgend beschreiben wir zunächst, wie man mit Hilfe charakteristischer Daten aus *Röntgen*-Strukturanalysen, und anschließend, wie man mit Regeln der systematischen Konformationsanalyse zur jeweiligen idealisierten Konformation eines Polypeptid-Rückgrats gelangt.

7.3.3.1. Pragmatische Konformationsanalyse

7.3.3.1.1. Acyclische Polyglycine

Die Polypeptid-Kette der Proteine paßt wegen der Planarität der Peptid-Einheit (*Kap. 8.1.1* und *8.4.1*) nicht ins Diamantgitter. Das Polypeptid-Rückgrat kann durch eine gestreckte Konformation mit formaler (C=N)-Bindung in der jeweiligen Amid-Gruppe dargestellt werden.

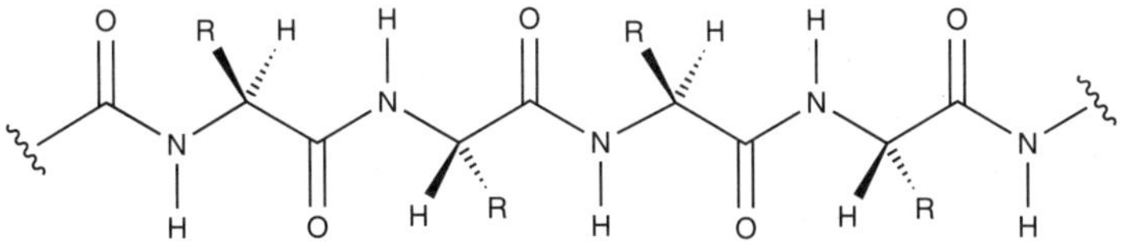

Im Polypeptid-Rückgrat der Proteine erkennt man ein repetitives Konstitutionsmuster: auf zwei Zentren mit der Koordinationszahl 3 folgt jeweils ein Zentrum mit der Koordinationszahl 4. Für den Fall des Polyglycins (R=H) kann man getrost die idealisiert-lineare Konformation mit den Torsionswinkeln $\phi=\psi=\omega=180°$ annehmen. Dies läßt sich folgendermaßen begründen:

Histogrammen der (C(=O)–O–C–C)-Torsionswinkel bei Estern mit der ($-CH_2-O-C(=O)-$)-Gruppierung und der (C(=O)–N–C–C)-Torsionswinkel bei Amiden mit der ($-CH_2-NH-C(=O)-$)-Gruppierung, welche die Information der *Cambridge Structural Database* verwenden, ist zu entnehmen,

- daß der (C(=O)–O–C–C)-Torsionswinkel beim angegebenen Ester-Typ im Bereich von 180° am häufigsten auftritt,
- daß der (C(=O)–N–C–C)-Torsionswinkel beim angegebenen Amid-Typ zwischen 60° und 180° streut, wobei der Schwerpunkt im Bereich von 80° liegt.

Wird der Ester-Fall als normal, der Amid-Fall dagegen als durch H-Brücken leicht störbar angesehen, sollte für ϕ im idealisierten Gly-Fragment bei Polypeptiden der Wert 180° zugrunde liegen. Diesem Sollwert kommen die Torsionswinkel ϕ (und ψ) in der Kristall-Struktur von Gly-Gly-Gly (*Fig. 7.53*) nahe.

Fig. 7.53, b, zeigt einen Ausschnitt aus der Kristall-Struktur von Gly-Gly-Gly. Man erkennt, wie zwei komplementäre Einzelstränge ohne größere Konformationsänderung sich unter Bildung zweier Paare von H-Brücken antiparallel zusammengeschlossen haben, so daß der N-Terminus des einen dem C-Terminus des anderen Stranges gegenübersteht.

Tripeptide, welche außer Gly noch andere Aminosäuren aufweisen, weichen stärker von der idealisiert-linearen Konformation ab. Dies kann z. B. den Torsionswinkeln von DL-Leu-Gly-Gly relativ zu denjenigen von Gly-Gly-Gly (*Fig. 7.53*) sowie dem *Ramachandran*-Diagramm für Gly-Reste in diversen Polypeptiden entnommen werden. Derartige Diagramme, bei denen ψ gegen ϕ aufgetragen wird, werden in *Kap. 10.5.4.2* erläutert.

7.3.3.1.2. Acyclische Polypeptide mit substituierten Aminosäure-Resten

Mit der Einführung von Seitenketten an C^α nimmt das Polypeptid-Rückgrat eine gegenüber Polyglycin veränderte idealisierte Konformation ein. Von Estern mit der (–CH(R)–O–C(=O)–)-Gruppierung und Amiden mit der (–CH(R)–NH–C(=O)–)-Gruppierung ist seit längerem bekannt, daß in der bevorzugten Konformation die beiden 1,3-ständigen (C=O)- und (C–H)-Bindungen zueinander mehr oder weniger parallel orientiert sind. Dieser Fall erinnert an die 'erlaubten' Konformationen bei Alkanen (*Abschn. 7.2.2*), bei denen in 1,3-Position gebundene Liganden parallel angeordnet sind, solange es sich nicht bei beiden um Nicht-H-Atome handelt (Vermeidung von *Newman*-Spannung).

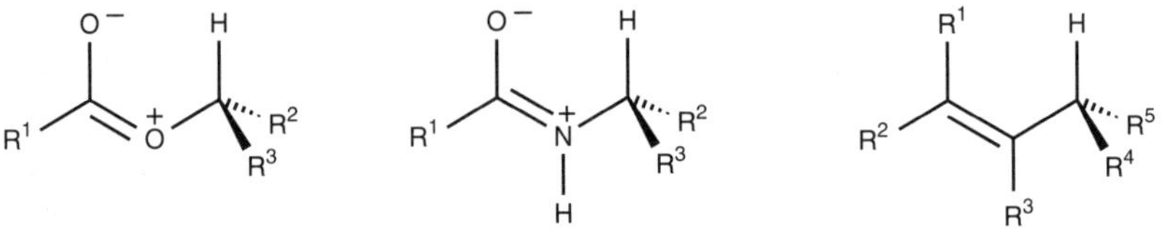

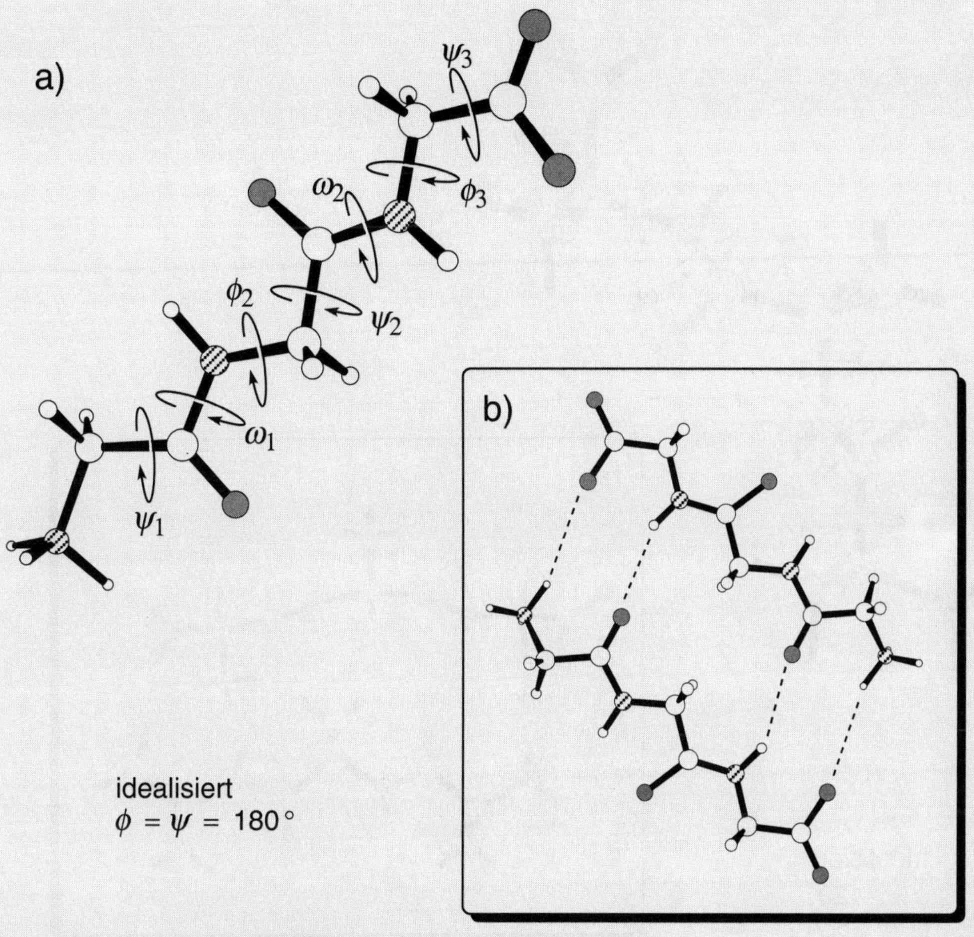

	Torsionswinkel [°]		
	Gly-Gly-Gly		DL-Leu-Gly-Gly
ψ_1	–150	(–162)	–130
ω_1	–176	(176)	172
ϕ_2	178	(–166)	–165
ψ_2	–172	(175)	–172
ω_2	–179	(–176)	–178
ϕ_3	173	(173)	–164
ψ_3	–173	(–169)	–177

Fig. 7.53. *Molekül-Struktur des Tripeptids Gly-Gly-Gly* a) *idealisiert,* b) *im Kristall mit zwei symmetrie-unabhängigen Molekülen und Vergleich der entsprechenden Torsionswinkel mit denjenigen von* DL-*Leu-Gly-Gly im Kristall*

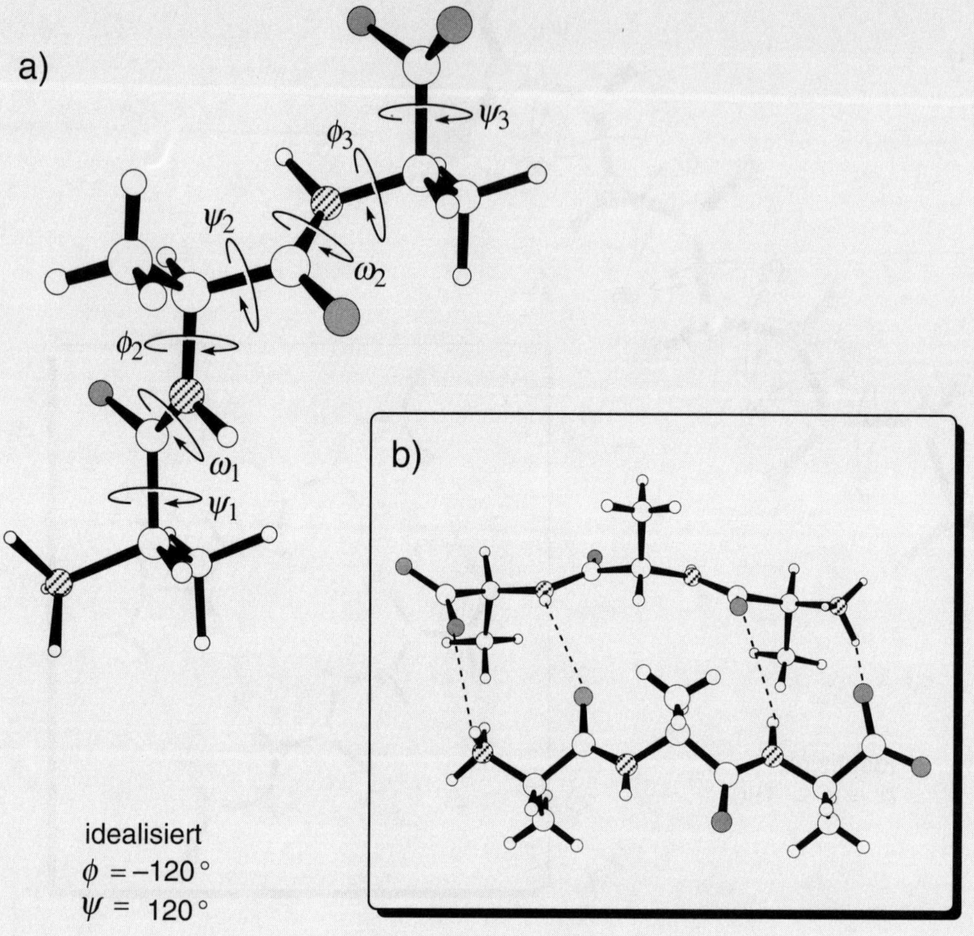

	Torsionswinkel [°]	
	L-Ala-L-Ala-L-Ala	
ψ_1	153	(162)
ω_1	175	(–179)
ϕ_2	–146	(–156)
ψ_2	146	(150)
ω_2	177	(173)
ϕ_3	–147	(–160)
ψ_3	172	(144)

Fig. 7.54. *Molekül-Struktur des Tripeptids* L-*Ala*-L-*Ala*-L-*Ala* a) *idealisiert*, b) *im Kristall mit zwei symmetrie-unabhängigen Molekülen*

Aus der Tatsache, daß die (O=C–O–C)- und (C(=O)–O–C–H)-Torsionswinkel bei Estern bzw. die (O=C–N–C)- und (C(=O)–N–C–H)-Torsionswinkel bei Amiden entsprechender Substitution um den Wert 0° nennenswert schwanken, ist allerdings eine recht flache Energie-Mulde und leichte Deformierbarkeit der jeweiligen *sp*-Konformation anzunehmen.

Fig. 7.54, a, gibt für L-Ala-L-Ala-L-Ala die als idealisiert angesehene Konformation wieder. Auch hier schließen sich im Kristall zwei komplementäre Einzelstränge ohne drastische Konformationsänderung antiparallel orientiert zusammen (*Fig. 7.54, b*).

Werden die jeweiligen Zweistrang-Ausschnitte aus der Kristall-Struktur des Tripeptids L-Ala-L-Ala-L-Ala und des Tripeptids Gly-Gly-Gly miteinander verglichen, so ist festzustellen, daß die letztere Kombination getreckt, die erstere gefaltet ist. Der jeweilige Abstand zwischen C_1^α und C_3^α schrumpft von 727 pm (718 pm) für Gly-Gly-Gly über 720 pm (699 pm) für L-Ala-L-Ala-L-Ala auf 695 pm für *β*-Poly(L-alanin).

7.3.3.2. Systematische Konformationsanalyse

Proteine sind von ihrer Konstitution her reguläre Polymere, die – sofern man von den Seitenketten absieht – aus repetitiven Aminosäure-Resten (mit den Rückgrat-Zentren N_i, C_i^α und C_i, *Kap. 10.5.4.2*) zusammengesetzt sind. Die Konformation des jeweiligen Hauptkettenabschnitts, welcher aus den fünf Atomen C_{i-1} bis N_{i+1} (*Fig. 7.55*) besteht, läßt sich im wesentlichen durch die beiden aufeinanderfolgenden Torsionswinkel ϕ und ψ beschreiben. Die Unterscheidung zwischen solchen (ϕ,ψ)-Kombinationen, die nach den Regeln der Konformationsanalyse 'erlaubt', und solchen, die danach 'verboten' sind, geschieht anschaulich in *Ramachandran*-Diagrammen (s. *Fig. 10.27*). Kehren bestimmte Torsionswinkel-Paare für aufeinanderfolgende Repetiereinheiten mehrfach hintereinander wieder, hat man es mit einem auch konformationell regulären Polymeren oder Polymerenabschnitt zu tun. Konformationell reguläre Polymere weisen typische Elemente der sogenannten Sekundär-

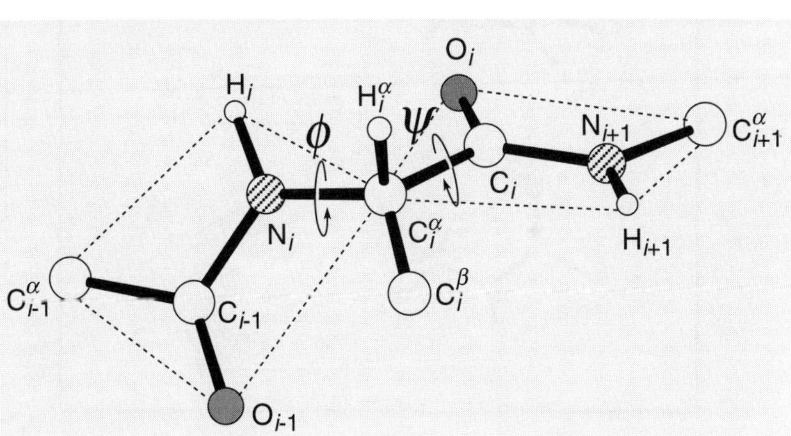

Fig. 7.55. *Die bestimmende Teilstruktur bei Polypeptiden*

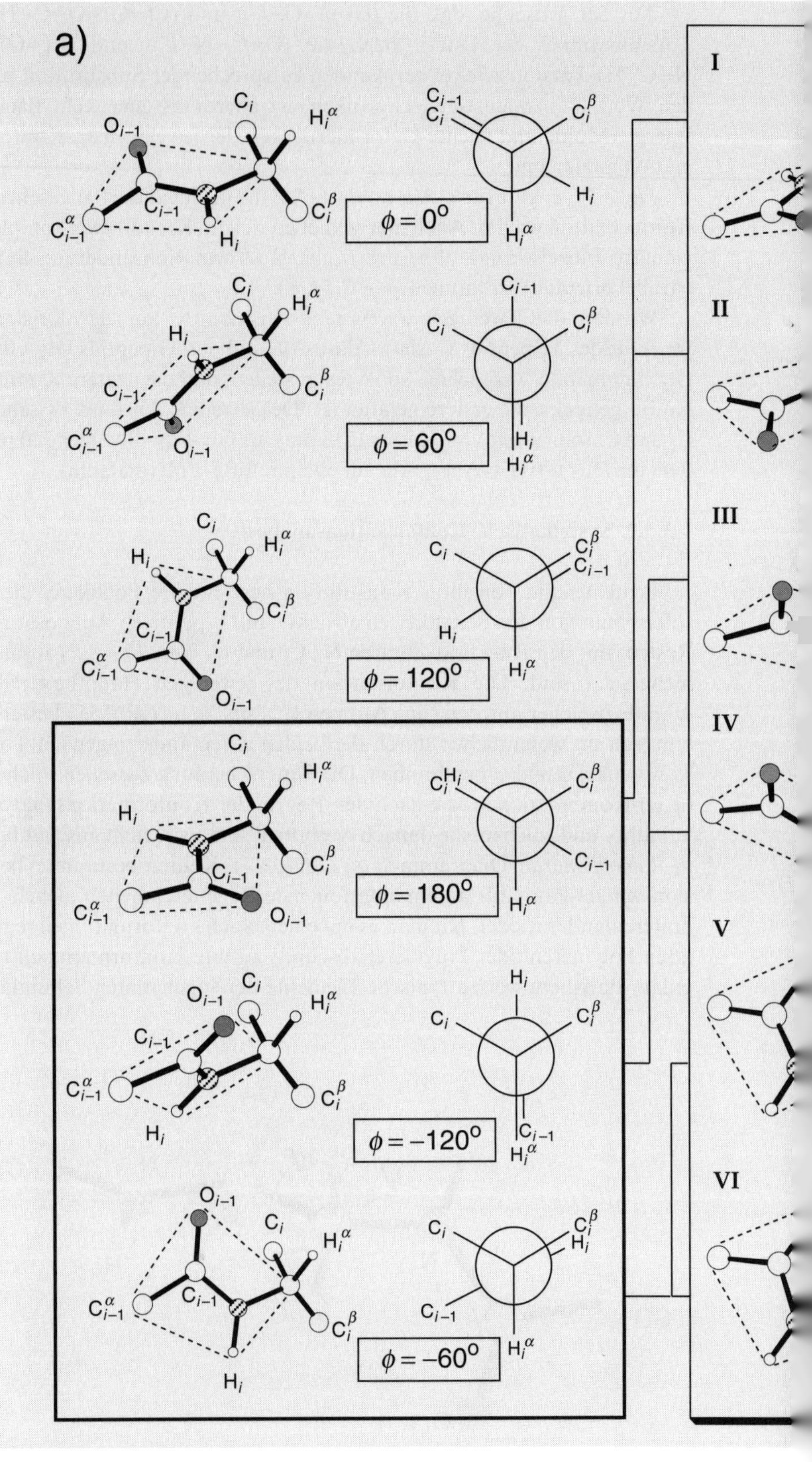
a)
$\phi = 0°$
$\phi = 60°$
$\phi = 120°$
$\phi = 180°$
$\phi = -120°$
$\phi = -60°$
I
II
III
IV
V
VI

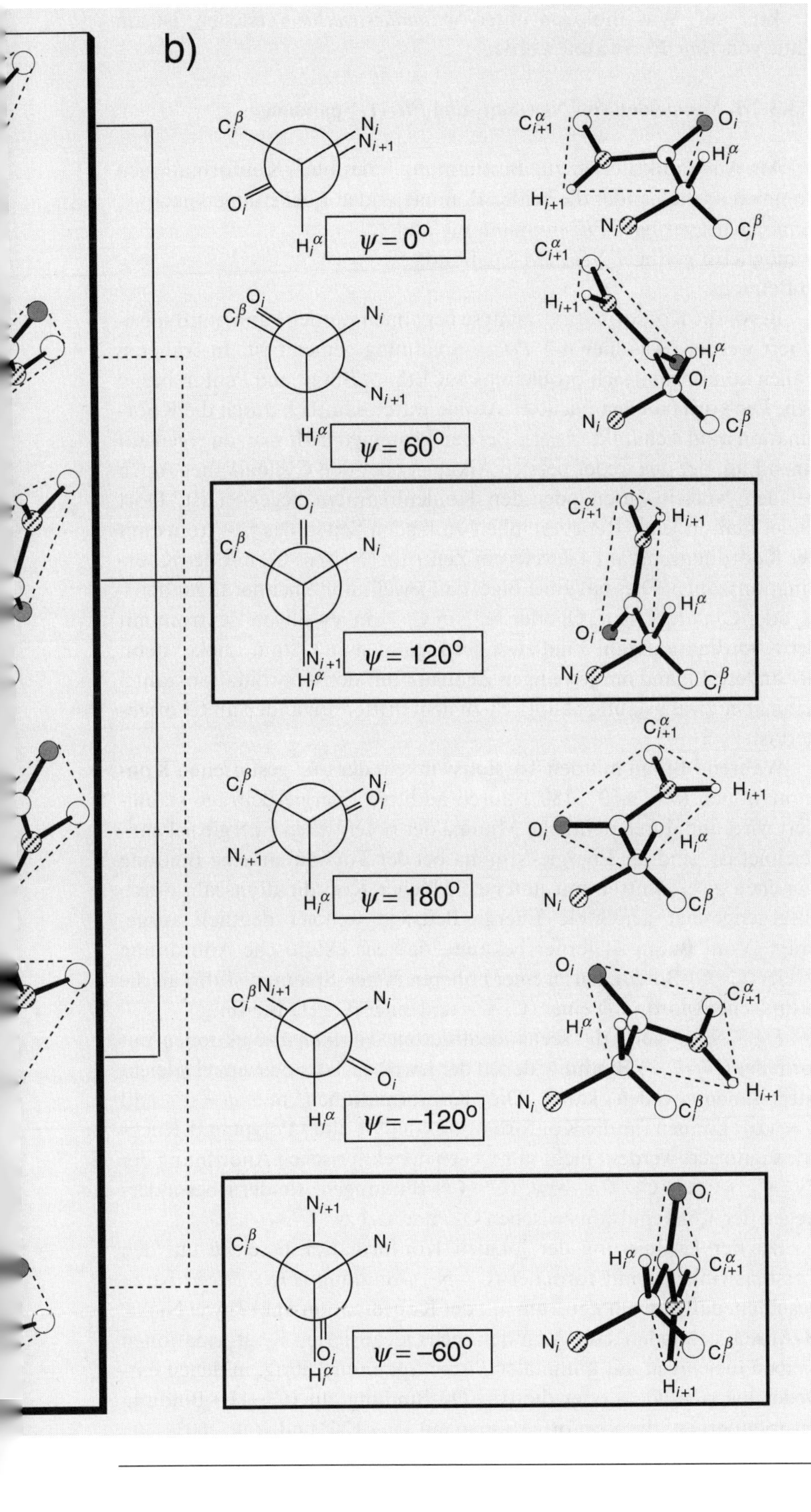

Fig. 7.56. *Die sechs Konformationsausschnitte* (**I–VI**), *die sich durch Kombination von* ϕ *und* ψ, *jeweils in 60°-Schritten, unter Berücksichtigung minimaler* Pitzer- *und* Newman-*Spannung aus insgesamt 36 Kombinationen ergeben*

struktur auf. Was Biologen unter *Sekundärstruktur* verstehen, ist am Ende von *Kap. 10* erwähnt worden.

7.3.3.2.1. Vermeiden von *Newman*- und *Pitzer*-Spannung

Als Auswahlkriterien zur Bestimmung 'erlaubter' Konformationen kommen nacheinander die beiden dominierenden Forderungen nach
- möglichst geringer *Pitzer*-Spannung und
- möglichst geringer *Newman*-Spannung

in Betracht.

Bevor die Konformationsanalyse begonnen werden kann, muß spezifiziert werden, was hier mit *Pitzer*-Spannung gemeint ist. In früheren Fällen konnte man sich problemlos auf Ethan, Butan und Pentan beziehen: Die vorhandenen Nicht-H-Atome waren sämtlich durch die Koordinationszahl 4 charakterisiert. Bei den Proteinen trifft man dagegen auf einen Fall, der uns weder bei den Alkanen oder den Cycloalkanen, noch bei den Nucleinsäuren oder den Kohlenhydraten begegnet ist. Dort findet man in jeder Repetiereinheit zu beiden Seiten des C_i^α-Atoms mit der Koordinationszahl 4 jeweils ein Zentrum (N_i bzw. C_i) mit der Koordinationszahl 3. Dies hat zur Folge, daß jeweils nur einer der Liganden – H_i oder C_{i-1} an N_i bzw. O_i oder N_{i+1} an C_i – am jeweiligen Zentrum mit der Koordinationszahl 3 mit zwei der Liganden an C_i^α 'auf Lücke' steht, der andere Ligand am jeweiligen Zentrum mit der Koordinationszahl 3 dann aber zwangsläufig ekliptisch zu dem dritten Liganden an C_i^α orientiert ist.

Während Butan mit den Torsionswinkeln der drei gestaffelten Konformationen ($\theta = \pm 60°$, 180°) durch additive Energie-Beiträge stabilisiert wird und durch deutliche Minima der potentiellen Energie gekennzeichnet ist, sind die Energie-Minima bei der Torsion um eine Bindung zwischen zwei Zentren mit unterschiedlicher Koordinationszahl durch entgegengesetzt gerichtete Energie-Beiträge weniger deutlich ausgeprägt. Vom Butan ist ferner bekannt, daß die ekliptische Anordnung zweier (C–C)-Bindungen zu einer höheren *Pitzer*-Spannung führt als die ekliptische Anordnung einer (C–C)- und einer (C–H)-Bindung.

Fig. 7.56, a, zeigt die sechs idealisierten *Newman*-Projektionen mit formaler (N_i=C_{i-1})-Bindung, denen der jeweilige Torsionswinkel ϕ leicht entnommen werden kann. Die Konformationen mit $\phi = 0°$ und $\phi = 120°$ können für die Konformationsanalyse eines Polypeptid-Rückgrats ignoriert werden: nicht nur wegen der ekliptischen Anordnung der (N_i–C_{i-1})- und (C_i^α–C_i)- bzw. (C_i^α–C_i^β)-Bindungen, sondern besonders wegen der 1,5-Repulsion zwischen O_{i-1} und C_i bzw. C_i^β.

Bei der Evaluierung der lokalen Konformationsbereiche um den Torsionswinkel ψ mit formaler (C_i=N_{i+1})-Bindung (*Fig. 7.56, b*) ist zu beachten, daß nun am Zentrum mit der Koordinationszahl 3 zwei Nicht-H-Atome gebunden sind. Von den sechs idealisierten Konformationen bleiben diejenigen mit minimaler *Pitzer*-Spannung übrig, in denen entweder die (C_i–N_{i+1})- oder die (C_i–O_i)-Bindung zur (C_i^α–H_i^α)-Bindung *sp*-orientiert ist: die Konformationen mit $\psi = 120°$ und $\psi = -60°$.

Die Forderung nach Minimierung der *Newman*- und *Pitzer*-Spannung hat die Anzahl der Kombinationen von ϕ und ψ pro Repetiereinheit von 36 auf 8 reduziert. Da die Kombinationen $\phi = 60°$, $\psi = 120°$ sowie $\phi = 60°$, $\psi = -60°$ zu 1,5-Repulsionen zwischen O_i und C_{i-1} bzw. zwischen N_{i+1} und C_{i-1} führen, scheiden sie ebenfalls aus (s. die beiden durch × gekennzeichneten (ϕ,ψ)-Kombinationen im *Ramachandran*-Diagramm (s. *Kap. 10.5.4.2*) in *Fig. 7.57*).

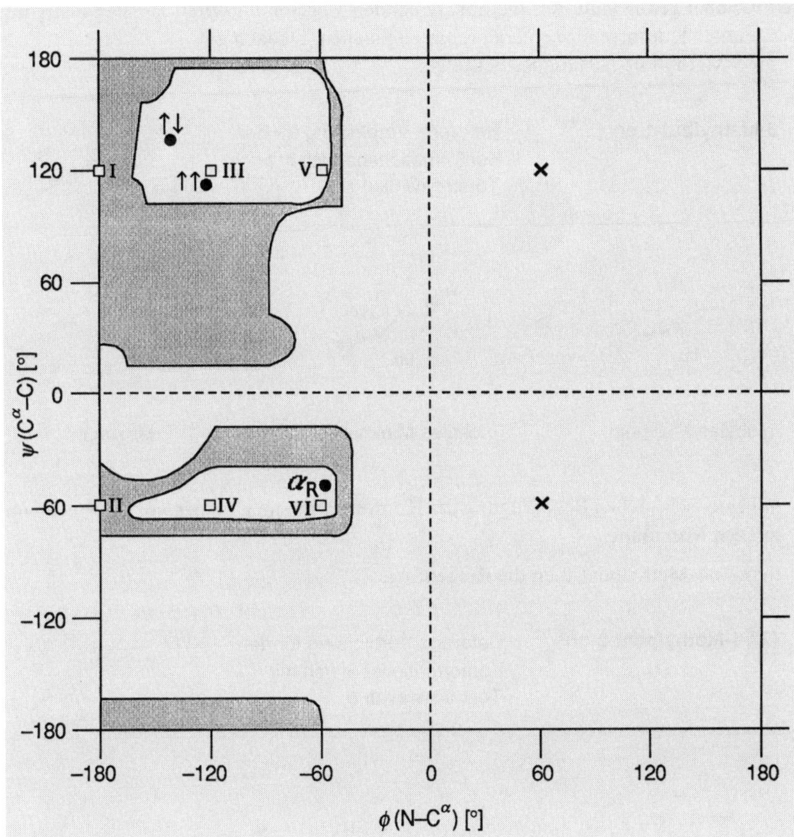

Fig. 7.57. Ramachandran-*Diagramm mit den Konformationsausschnitten* **I–VI**

Die jetzt noch verbleibenden sechs Konformationsausschnitte sind als die Hauptkettenabschnitte **I–VI** in *Fig. 7.56* dargestellt: und zwar jeweils als die Fünferkette, welche die Rückgrat-Atome der Aminosäure-Reste sowie die beiden flankierenden Atome C_{i-1} und N_{i+1} enthält. Um eine weitere Auswahl treffen zu können, ist es angebracht, zwei zusätzliche Selektionskriterien für die nebeneinander zu erfolgende Feinevaluierung einzuführen:

- möglichst geringe 1,3-Allyl-Spannung und
- optimale Präorganisation zur Bildung von H-Brücken-Mustern der regulären Sekundärstruktur.

7.3.3.2.2. Vermeiden von 1,3-Allyl-Spannung

Für 1,1-disubstituierte Prop-2-enyl(Allyl-)-Systeme gilt, daß in der energetisch bevorzugten Konformation eine der allylischen Bindungen – möglichst unter Vermeidung von *Newman*-Spannung – zur Doppelbindung *sp*-orientiert ist. *Francis Johnson* (1968) und *Reinhard W. Hoffmann* (1989) sprechen von '1,3-Allyl-Spannung' und haben Fälle von 1,1-disubstituierten Allyl-Systemen zusammengetragen, die strukturell variabel genug sind, um die dort geltenden Regelmäßigkeiten zur Begünstigung bestimmter Konformationen erkennbar zu machen. Danach gilt

– für 3-Methylbut-1-en die Reihenfolge:

3-Methylbut-1-en: Referenz-Verbindung für den Konformationsbereich mit Torsionswinkel ψ

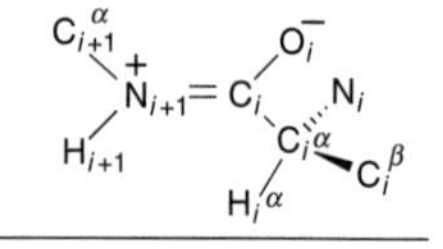

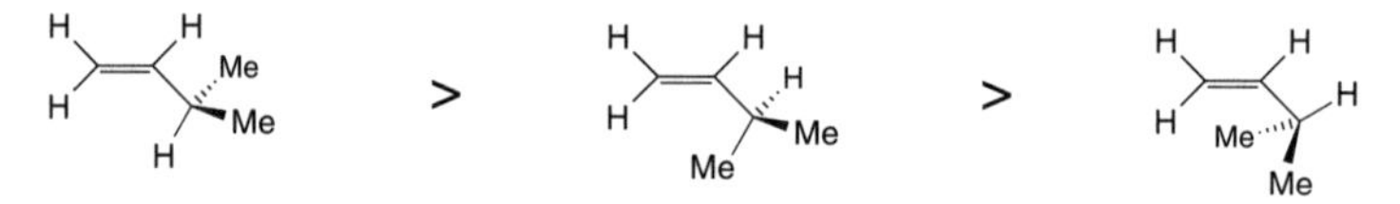

globales Minimum — lokales Minimum — Maximum

mit einer schwachen Bevorzugung der Konformation im globalen vor derjenigen im lokalen Minimum;

– für (*Z*)-4-Methylpent-2-en die Reihenfolge:

(*Z*)-4-Methylpent-2-en: Referenz-Verbindung für den Konformationsbereich mit Torsionswinkel ϕ

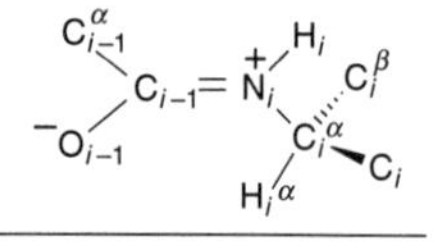

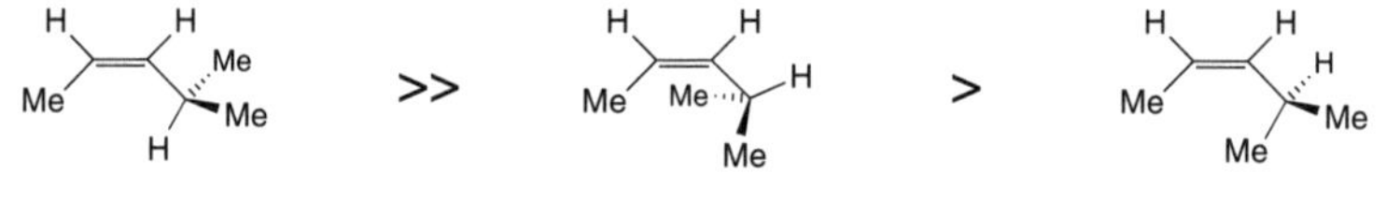

globales Minimum — lokales Minimum — Maximum

mit einer starken Bevorzugung der Konformation im globalen vor derjenigen im lokalen Minimum.

2,3-Dimethylbut-1-en läßt erkennen, daß ein Nicht-H-Atom an C(2) die beim 3-Methylbut-1-en festgestellte Stabilitätenreihenfolge ausgesuchter Konformationen nicht ändert.

2,3-Dimethylbut-1-en

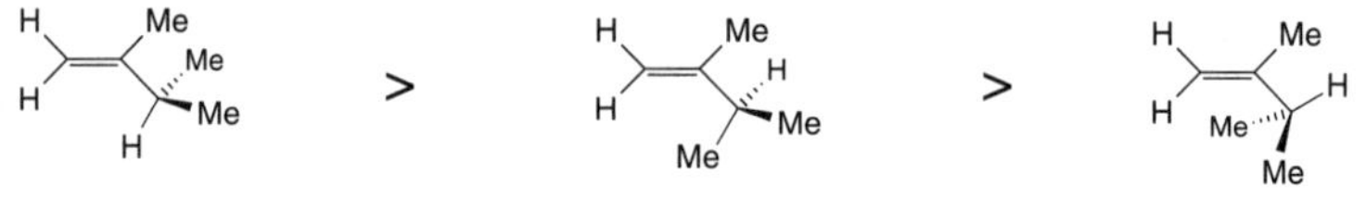

Die Konformation der jeweiligen Verbindung im *globalen* Minimum ist jeweils dadurch gekennzeichnet, daß die (C(1)–H)- bzw. (C(1)–Me)- und (C(3)–H)-Bindungen in einer Ebene liegen oder – wie man auch sagt – daß die (C(3)–H)-Bindung zur (C(1)=C(2))-Bindung ekliptisch angeordnet ist. In der Konformation im *lokalen* Minimum ist (wie beim 3-Methylbut-1-en) eine (C(3)–Me)-Bindung ekliptisch zur (C(1)=C(2))-Bindung orientiert: es sei denn, daß hierdurch (wie beim (*Z*)-4-Methylpent-2-en) *Newman*-Spannung erzeugt würde. Nun ist 3-Methylbut-1-en als Referenz-Verbindung für den Konformationsbereich mit (C_i=N_{i+1})-Bindung, welcher den Torsionswinkel ψ einschließt, gedacht, und (*Z*)-4-Methylpent-2-en fungiert als Referenz-Verbindung für den Konformationsbereich mit (N_i=C_{i-1})-Bindung, welcher den Torsionswinkel ϕ umfaßt. Demzufolge gilt, daß die Zusatzforderung nach minimaler 1,3-Allyl-Spannung für den Konformationsbereich mit dem Torsionswinkel ϕ ein größeres Gewicht haben sollte als für den Konformationsbereich mit dem Torsionswinkel ψ.

Tab. 7.12 zeigt auf einen Blick, welche der Hauptkettenabschnitte **I–VI** von *Fig. 7.56* in den lokalen Konformationsbereichen für die Torsionswinkel ϕ und ψ 1,3-Allyl-Spannung aufweisen.

Tab. 7.12. *1,3-Allyl-Spannung in den Konformationsbereichen für ϕ und ψ der Konformationsausschnitte **I–VI***

Konformationsausschnitt in *Fig. 7.56*	1,3-Allyl-Spannung im Konformationsbereich	
	für ϕ	für ψ
I	180° : +	120° : –
II	180° : +	–60° : +
III	–120° : –	120° : –
IV	–120° : –	–60° : +
V	–60° : +	120° : –
VI	–60° : +	–60° : +

Völlig ohne jede 1,3-Allyl-Spannung ist nur der Konformationsausschnitt **III**. Alle übrigen Konformationsausschnitte weisen im sensiblen Konformationsbereich für ϕ (**I** und **V**) oder im weniger spannungsanfälligen Konformationsbereich für ψ (**IV**) oder gar in beiden lokalen Konformationsbereichen (**II** und **VI**) 1,3-Allyl-Spannung auf.

Von der Gesamtheit der verschiedenen Spannungsursachen her ist der Polypeptid-Strang vom Typ **III** energetisch bevorzugt. Gegenüber Polypeptid-Strängen der Typen **I**, **II**, **V** und **VI** sind solche des Typs **IV** weniger gespannt. Idealisierte Polypeptid-Stränge, deren Rückgrat jeweils in regulärer Weise aus konformationellen Repetiereinheiten mit Torsionswinkel-Paaren der Hauptkettenabschnitte **I–VI** besteht, müssen jedoch noch auf ihre Eignung untersucht werden, ohne nennenswerte Konformationsänderung möglichst viele inter- oder intracatenare H-Brücken zwischen (N–H)-Donor- und (C=O)-Akzeptor-Gruppen zu bilden.

7.3.3.2.3. Optimale Präorganisation zur Bildung von H-Brücken

Die zuvor erwähnten idealisierten Hauptkettenabschnitte **I**–**VI** mit regulärer Wiederkehr der konformationellen Repetiereinheiten (ohne Berücksichtigung von H-Brücken) sind mit Ausnahme von **III** helical. *Tab. 7.13* faßt die jeweiligen Helix-Parameter (s. *Fig. 7.10*) zusammen, vermerkt die Händigkeit und gibt an, in welchen Fällen durch das Zustandekommen stabilisierender H-Brücken reguläre Muster idealisierter Sekundärstruktur zu erwarten sind.

Tab. 7.13. *Helix-Parameter der idealisierten Polypeptid-Stränge mit den Konformationsausschnitten* **I–VI**

Polypeptid-Typ (s. *Fig. 7.56*)	Helix				H-Brücken	
	Händigkeit	n	h [pm]	p [pm]	intracatenar	intercatenar
I (180°, 120°)	rechts	2,7	344	929		
II (180°, –60°)	links	3,9	252	983		
III (–120°, 120°)	—	2,0	331	662		optimal
IV (–120°, –60°)	links	5,0	97	485	$N_i \cdots O_{i+4}$ 323 pm $H_i–N_i–O_{i+4}$ 60°	
V (–60°, 120°)	links	2,8	288	806		
VI (–60°, –60°)	rechts	4,0	119	476	$N_{i+4} \cdots O_i$ 253 pm $H_{i+4}–N_{i+4}–O_i$ 39° $N_{i+5} \cdots O_i$ 325 pm $H_{i+5}–N_{i+5}–O_i$ 28°	

Nimmt man an, daß der Ausbau von H-Brücken zu idealisiert-regulären Mustern der Sekundärstruktur von denjenigen idealisierter Hauptkettenabschnitte ausgeht, welche hierbei eine möglichst geringe Konformationsänderung erfahren, wird man **III** und **VI** zu den bevorzugten Konformationsausschnitten rechnen.

Dem *Ramachandran*-Diagramm in *Fig. 7.57* ist zu entnehmen, daß die Konformation parallel ausgerichteter Polypeptid-Einzelstränge in einem β-Faltblatt nur geringfügig von der idealisiert-linearen Konformation des Polypeptid-Einzelstranges vom Typ **III** abweicht. Ähnlich geringfügig unterscheiden sich die rechtsgängige Helix mit idealisiertem Polypeptid-Rückgrat vom Typ **VI** und die in Polypeptiden so verbreitete, rechtsgängige α-Helix voneinander.

7.3.3.3. Faltblätter

Der Hauptkettenabschnitt vom Typ **III** (*Fig. 7.58*) ist ohne 1,3-Allyl-Spannung. Er ist darüber hinaus optimal zur Selbstorganisation geeignet: mit Oligopeptid-Einzelsträngen desselben Typs, die in supramolekularen β-Faltblättern durch intercatenare H-Brücken zusammengehalten werden.

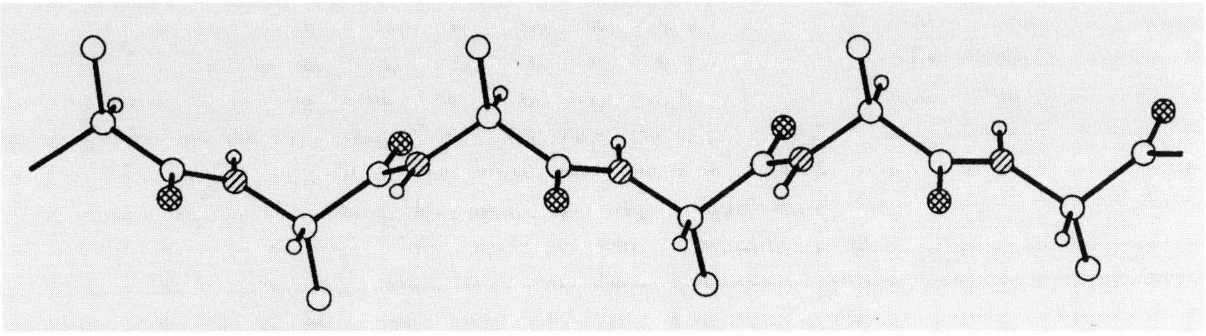

Fig. 7.58. *Idealisiert-lineare Polypeptid-Kette mit regulärer Wiederkehr der Torsionswinkel* $\phi = -120°$, $\psi = +120°$ (mit Konformationsausschnitt **III** von *Fig. 7.56*)

Jeweils vier Zentren des Polypeptid-Rückgrats, C^{α}_{i-1}, C_{i-1}, N_i und C^{α}_i, liegen mit ihren Bindungen zu H^{α}_{i-1}, O_{i-1}, H_i und H^{α}_i in einer Ebene. Dies hat zur Folge, daß die genannten Bindungen jeweils an zwei benachbarten Zentren *ap*-orientiert und an übernächsten Zentren zueinander parallel angeordnet sind.

Die (C^{α}_i–H^{α}_i)-Bindung gehört zu zwei benachbarten Ebenen und wird auf der einen Seite von der (C_{i-1}–O_{i-1})-Bindung und auf der anderen Seite von der (N_{i+1}–H_{i+1})-Bindung flankiert. Unterteilt man den dreidimensionalen Raum mit Hilfe der Ebene, in der sich die (C=O)-Gruppen befinden, in zwei Halbräume, so gilt, daß die Seitenketten an den C^{α}-Atomen alternierend den Halbraum wechseln.

Ähnlich wie sich kurze Einzelstränge im Kristall-Gitter von Oligopeptiden durch intercatenare H-Brücken zu supramolekularen Struktur-Mustern anzuordnen vermögen, sind Proteine häufig in der Lage, durch inter- oder intracatenare H-Brücken sogenannte Faltblätter zu bilden. Dabei können die Strang-Sequenzen, die sich durch Bildung von H-Brücken selbständig zu derartigen Sekundärstruktur-Bereichen organisieren, parallel (*Fig. 7.59*) oder antiparallel (*Fig. 7.60*) zueinander orientiert sein.

Bei den antiparallelen Faltblättern liegen die H-Brücken senkrecht zu den Polypeptid-Ketten, und zwar so, daß jeweils auf einen kleineren Abstand zwischen zwei benachbarten H-Brücken ein größerer Abstand folgt.

Im Vergleich zum 'idealisierten Wertepaar' der Torsionswinkel $\phi = -120°$, $\psi = 120°$ wurde als 'kanonisches Wertepaar' der Torsionswinkel für das parallele Faltblatt $\phi = -119°$, $\psi = 113°$ und für das antiparallele Faltblatt $\phi = -139°$, $\psi = 135°$ gefunden. Unter dem 'kanonischen Wertepaar' wird hier das durch statistische Analyse von Protein-Kristall-Strukturen mit den darin vorkommenden H-Brücken gefundene Wertepaar verstanden.

7.3.3.4. Helices

Da Polypeptid-Ketten mit einer Fülle von Donor- (N–H) und Akzeptor-Gruppen (C=O) für H-Brücken ausgestattet sind, ist mit einem intracatenaren Typus regulärer Sekundärstruktur-Bereiche zu rechnen, sofern die Voraussetzungen erfüllt sind,

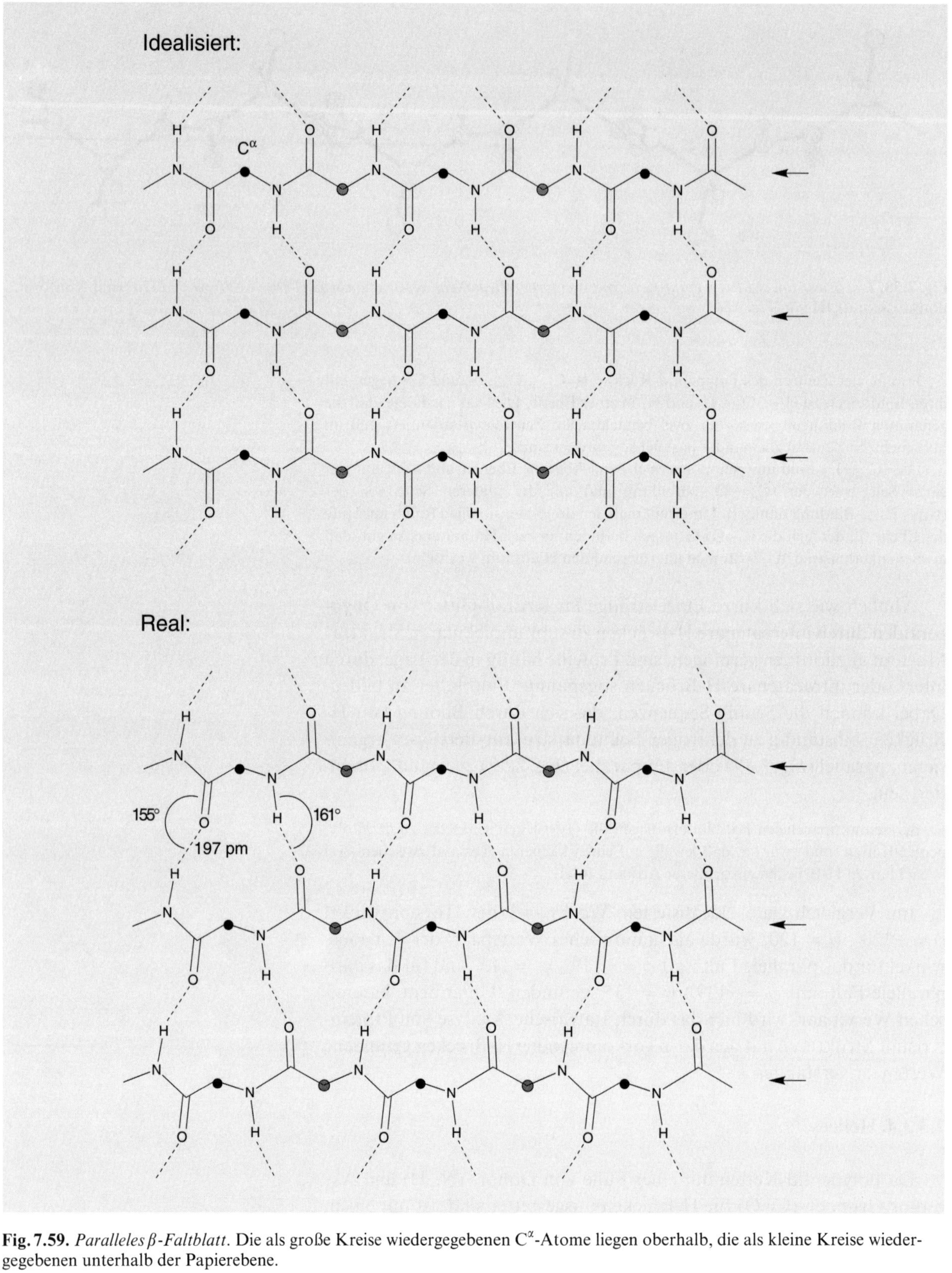

Fig. 7.59. *Paralleles β-Faltblatt.* Die als große Kreise wiedergegebenen C^{α}-Atome liegen oberhalb, die als kleine Kreise wiedergegebenen unterhalb der Papierebene.

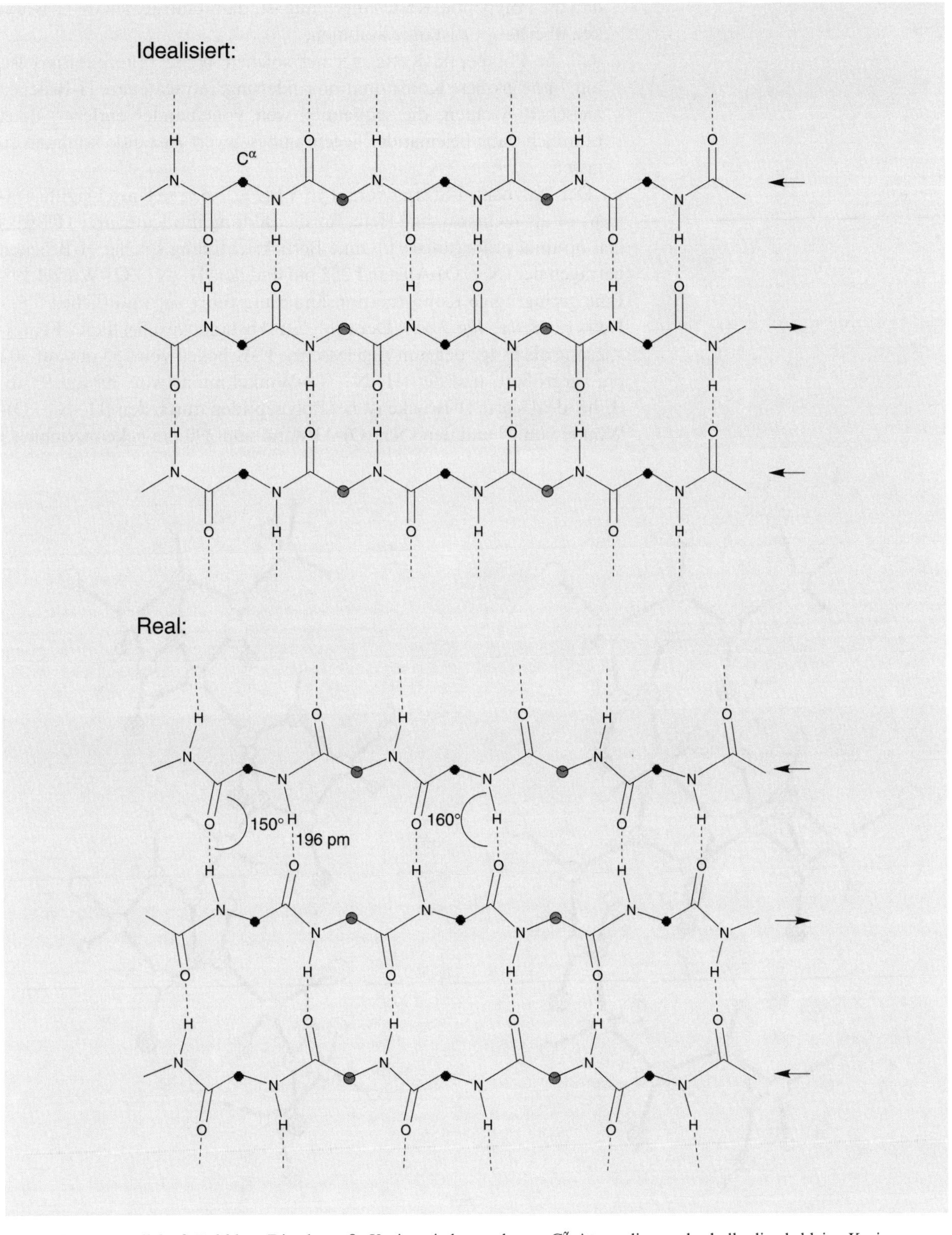

Fig. 7.60. *Antiparalleles β-Faltblatt.* Die als große Kreise wiedergegebenen C^{α}-Atome liegen oberhalb, die als kleine Kreise wiedergegebenen unterhalb der Papierebene.

- daß die Polypeptid-Kette lang genug ist, damit intracatenare H-Brücken überhaupt zustande kommen,
- daß die Polypeptid-Kette in einer solchen Weise präorganisiert ist, um, ohne größere Konformationsänderung, intracatenare H-Brücken zwischen Atomen, die sequentiell weit voneinander entfernt, doch räumlich nahe beieinander liegen, unbeschwert zustande kommen zu lassen.

Der Polypeptid-Strang vom Typ **VI** (*Fig. 7.61*; s. Umschlagillustration) ist als rechtsgängige Helix für die Bildung intracatenarer H-Brücken optimal präorganisiert. Ohne Berücksichtigung solcher H-Brücken betragen der (N···O)-Abstand 253 pm und der (H–N···O)-Winkel 39°. Eine geringfügige Konformationsänderung führt zur natürlichen $3{,}6_{13}$-Helix (*α-Helix; Fig. 7.62*): Der (N···O)-Abstand wird bei dieser Feinjustierung als Folge der nun zugelassenen H-Brücken von 253 pm auf 302 pm vergrößert, und der (H–N···O)-Winkel nimmt von 39° auf 9° ab. (Eine idealisierte H-Brücke ist bei Polypeptiden durch den (H–N···O)-Winkel von 0° und den (N···O)-Abstand von 290 pm gekennzeichnet.)

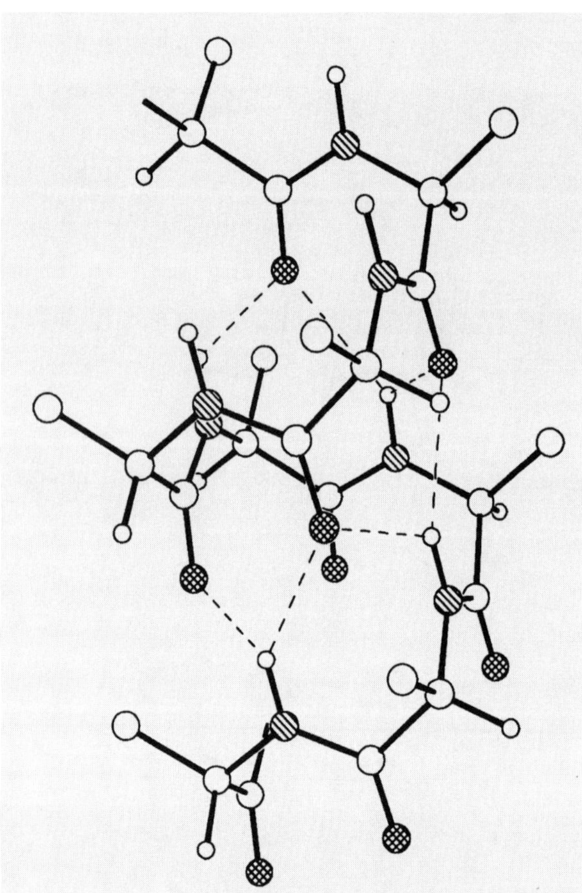

Fig. 7.61. *Idealisierte, rechtsgängige 4_{13}-Helix mit regulärer Wiederkehr der Torsionswinkel $\phi = \psi = -60°$* (mit Konformationsausschnitt **VI** von *Fig. 7.56*) *ohne Berücksichtigung von H-Brücken*

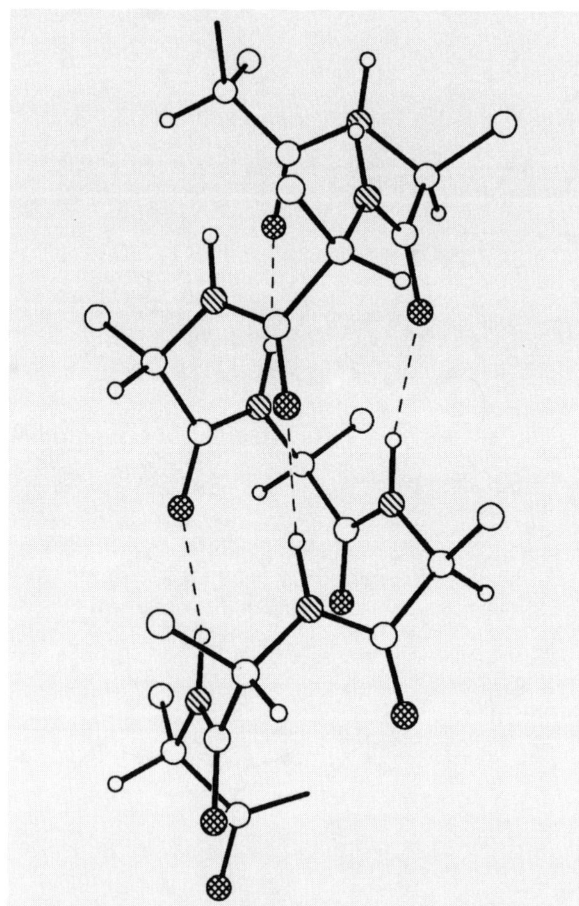

Fig. 7.62. *Reale, rechtsgängige $3{,}6_{13}$-Helix mit regulärer Wiederkehr der Torsionswinkel $\phi = -57°$, $\psi = -47°$ mit Berücksichtigung intracatenarer H-Brücken*

Die Torsionswinkel der idealisierten Helix vom Typ **VI** liegen in der Nähe des 'kanonischen Wertepaares': $\phi = -57°$, $\psi = -47°$ (s. *Tab. 7.12*). Die Abweichung des 'kanonischen Wertepaares' vom 'idealisierten Wertepaar' ($\phi = -60°$, $\psi = -60°$) bewirkt, daß die Anzahl der konstitutionellen Repetiereinheiten pro Helix-Windung (*n* von *Fig. 7.10*) abnimmt: Die Helix wird schlanker.

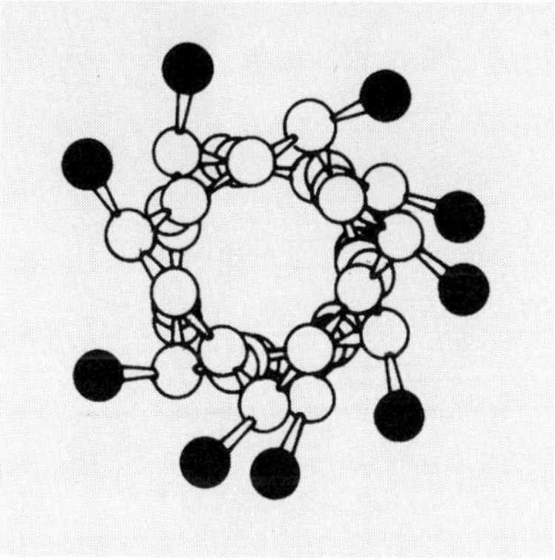

Fig. 7.63. *α-Helix* (Blickrichtung entlang der Helix-Achse)

Die H-Brücken der α-Helix kommen jeweils zwischen dem Carbonyl-O-Atom eines *n*-ten Aminosäure-Restes und der (N–H)-Gruppe des ($n + 4$)-ten Aminosäure-Restes zustande. Sie sind nahezu parallel zur Helix-Achse orientiert, wobei alle (C=O)-Gruppen zum C-Terminus hin ausgerichtet sind. Die Helix weist demzufolge ein Dipolmoment auf: positiv am N- und negativ am C-Terminus. Jeder Aminosäure-Rest verschiebt sich durch eine Drehung um 100° vom nächsten um $h = 150$ pm entlang der Helix-Achse, so daß 3,6 Aminosäure-Reste auf eine volle Drehung (18 Aminosäure-Reste auf je fünf Umdrehungen) kommen. Die Ganghöhe *p* (s. *Fig. 7.10*) beträgt 540 pm. Die H-Brücken der α-Helix schließen jeweils einen 13gliedrigen Ring (daher: $3{,}6_{13}$-Helix). Die Seitenketten befinden sich auf der Außenseite der Helix (*Fig. 7.63*).

Die Tendenz zur Bildung einer Helix nimmt zunächst einmal mit steigendem Polymerisationsgrad zu (*Tab. 7.14*). Die durchschnittliche α-Helix mit 12 Aminosäure-Resten enthält acht intracatenare H-Brücken. Die (N–H)-Donor- in den vier ersten sowie die (C=O)-Akzeptor-Gruppen in den vier letzten Aminosäure-Resten sind jeweils ohne komplementären Partner im Helix-Bereich. Aminosäuren, deren Seitenketten geeignet sind, sich an H-Brücken zu beteiligen, wirken häufig als 'Lückenbüßer' außerhalb der Helix.

Tab. 7.14. *Anzahl der H-Brücken in Abhängigkeit von der Anzahl der Aminosäure-Reste in der α-Helix*

Anzahl der Aminosäure-Reste	< 5	5	6	7	8	20	40
Anzahl der H-Brücken	0	1	2	3	4	16	36
% der intramolekular genutzten H-Brücken	0	20	33	43	50	80	90

Die reguläre Polypeptid-Kette aus **IV** bildet eine linksgängige Helix (*Fig. 7.64*; s. Umschlagillustration). Im Gegensatz zur rechtsgängigen Helix aus **VI** ist sie im Bereich des ϕ-Winkels ohne 1,3-Allyl-Spannung. Dieser Vorteil reicht offensichtlich für eine Bevorzugung von **IV** gegenüber **VI** nicht aus, da der (N···O)-Abstand von 323 pm und der (H–N···O)-Winkel von 60° zu weit von den Idealwerten einer H-Brücke (bei Amiden) entfernt sind.

Die *Brookhaven Protein Database* weist für die Reste der Aminosäuren (außer Gly und Pro) von mehr als 2500 Proteinen auch (ϕ,ψ)-Kombinationen bei −120°, −60° auf, doch gibt es dort keinen Fall, in welchem das für **IV** charakteristische Wertepaar mehr als dreimal hintereinander

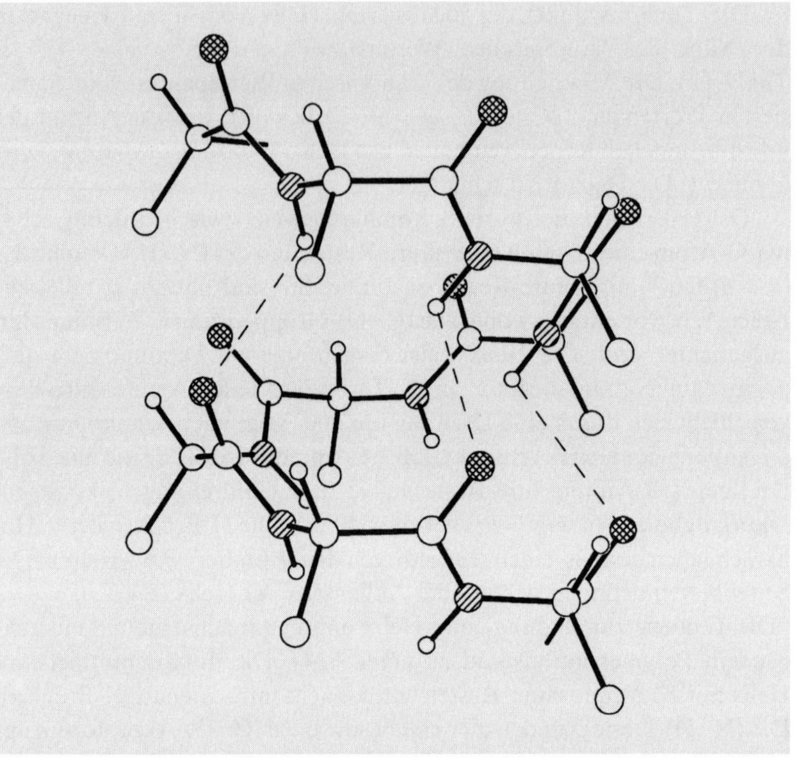

Fig. 7.64. *Idealisierte, linksgängige 5_{17}-Helix mit regulärer Wiederkehr der Torsionswinkel $\phi = -120°$, $\psi = -60°$* (mit Konformationsausschnitt **IV** von *Fig. 7.56*)

vorkommt: Von einer Helix kann demzufolge keine Rede sein. Die Bildung einer Helix setzt offensichtlich die kooperative Bildung einer ganzen Reihe von H-Brücken und diese ein optimal präorganisiertes Polypeptid-Rückgrat voraus. Konsultiert man die erwähnte Datenbank, so findet man, daß Polypeptid-Stränge vom Typ **V** (*Fig. 7.65, c*) eine schwache Tendenz zur Helix-Bildung erkennen lassen. Polypeptid-Stränge der Typen **I** und **II** (*Fig. 7.65, a* und *b*) sind dagegen für eine Selbstorganisation durch Bildung inter- oder intracatenarer H-Brücken nicht hinreichend präorganisiert und für den Übergang zu Konformationstypen regulärer Sekundärstruktur nicht disponiert. Die Histogramme (*Fig. 7.66*) lassen deutlich erkennen, daß (ϕ,ψ)-Wertepaare im Bereich der Faltblätter und der α-Helix alles andere überragen (*a*), insbesondere, wenn gefragt worden ist, wie häufig ein und dasselbe Wertepaar mindestens viermal aufeinanderfolgt (*b*).

Die Erfahrung zeigt, daß Ala, Glu, Leu und Met die Bildung einer α-Helix begünstigen, Gly, Pro, Ser und Tyr dagegen nicht. α,α-Disubstituierte Glycin-Derivate, bei denen einer der beiden Substituenten eine Me-Gruppe ist oder beide Substituenten Teile ein und desselben drei-, fünf- oder sechsgliedrigen Ringes sind, begünstigen das Zustandekommen α-helicaler Konformationen, sobald sie in ein Polypeptid eingebaut worden sind.

Außer der $3{,}6_{13}$-Helix gibt es noch die weniger verbreitete rechtshändige 3_{10}-Helix. Letztere schließt durch eine H-Brücke zwischen der (C=O)-Gruppe eines *n*-ten und der (N–H)-Gruppe des ($n + 3$)-ten Aminosäure-Restes einen zehngliedrigen Ring.

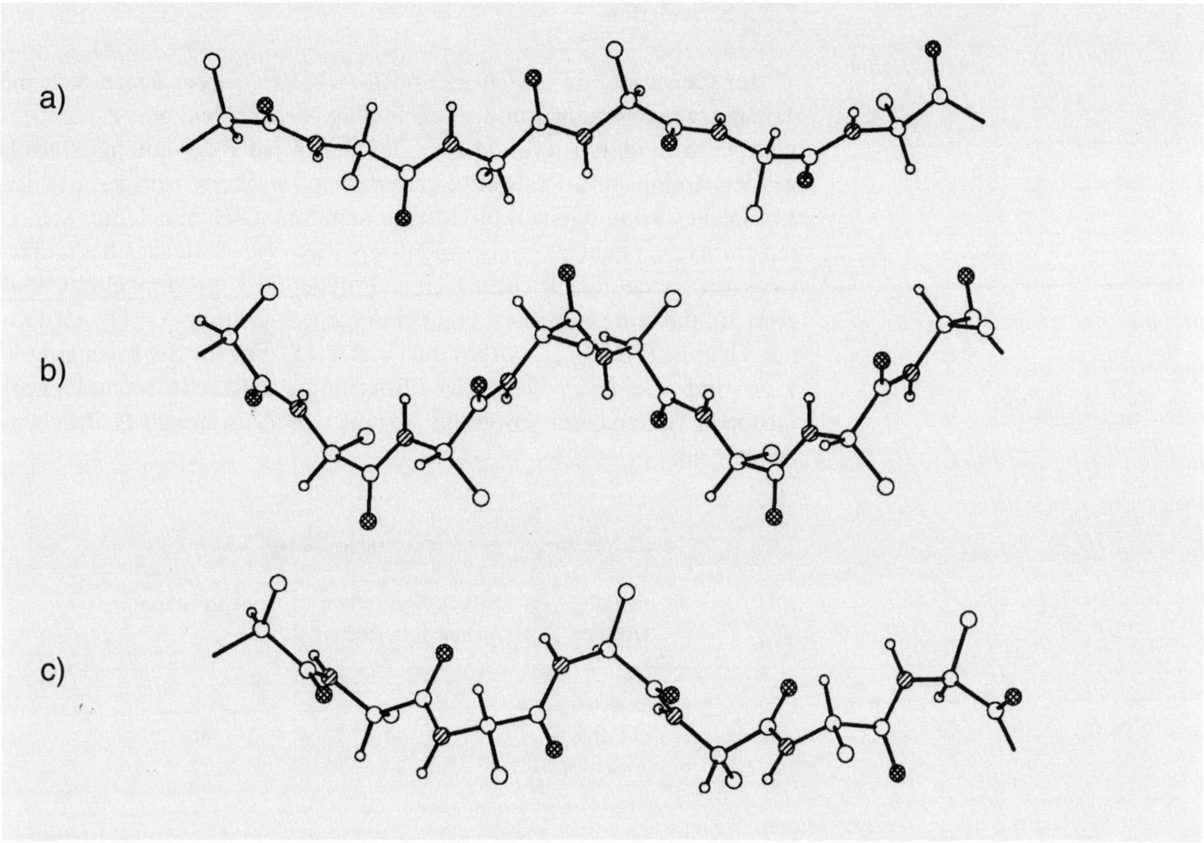

Fig. 7.65. *Idealisiert-helicale Polypeptid-Ketten mit regulärer Wiederkehr der Torsionswinkel* a) $\phi = 180°$, $\psi = +120°$ (rechtsgängig, mit Konformationsausschnitt **I** von *Fig. 7.56*); b) $\phi = 180°$, $\psi = -60°$ (linksgängig, mit Konformationsausschnitt **II** von *Fig. 7.56*); c) $\phi = -60°$, $\psi = +120°$ (linksgängig, mit Konformationsausschnitt **V** von *Fig. 7.56*)

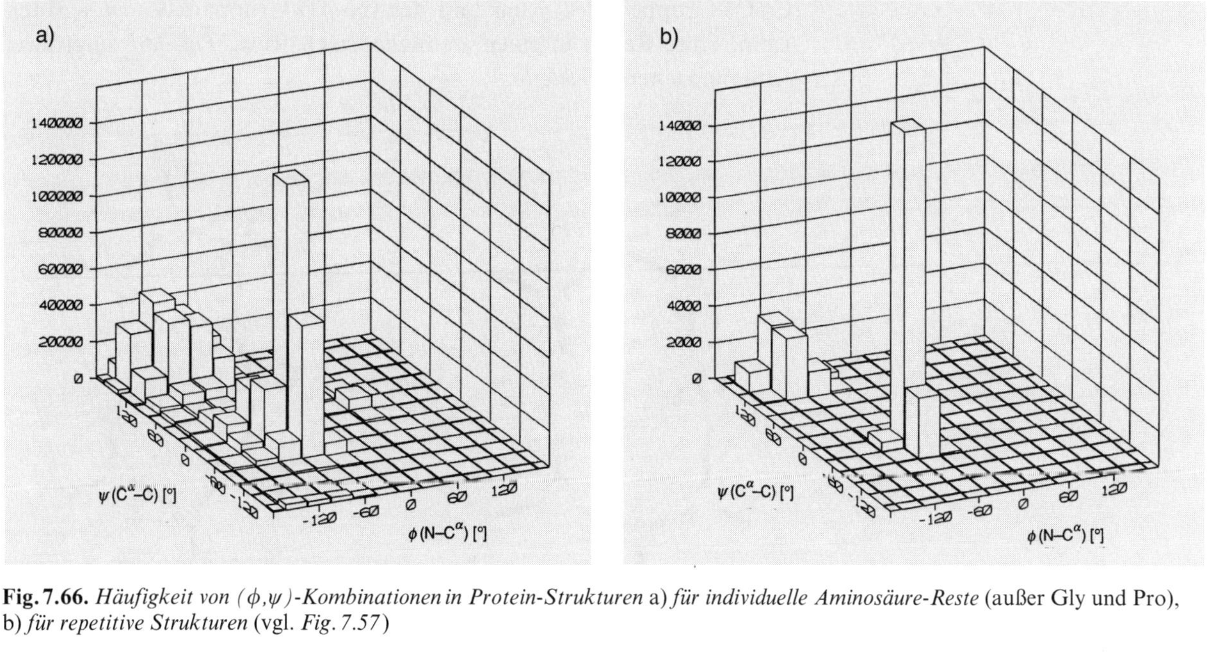

Fig. 7.66. *Häufigkeit von* (ϕ,ψ)*-Kombinationen in Protein-Strukturen* a) *für individuelle Aminosäure-Reste* (außer Gly und Pro), b) *für repetitive Strukturen* (vgl. *Fig. 7.57*)

7.3.3.5. Schleifen

Im Gegensatz zu *α-Helices* und *β-Faltblättern*, bei denen sich die Torsionswinkel-Paare ϕ und ψ regelmäßig wiederholen, gibt es nicht-repetitive Sekundärstruktur-Muster, bei denen jeder der aufeinanderfolgenden Aminosäure-Reste mit eigenen ϕ- und ψ-Werten ausgestattet ist. Ein solches Sekundärstruktur-Muster nennt man Schleife. Unter Schleifen (*turns*) versteht man also nicht-repetitive Elemente der Sekundärstruktur, welche die Richtung einer Polypeptid-Kette umkehren, und zwar so, daß eine H-Brücke von der Akzeptor-Gruppe $(C{=}O)_i$ zur Donor-Gruppe $(N{-}H)_{(i+n)}$ vorkommt. *Tab. 7.15* gibt für die sogenannten *α-, β-* und *γ-Schleifen* die relative Entfernung der Akzeptor- und Donor-Gruppen voneinander sowie die Anzahl von Zentren pro H-Brücken-Schleife an.

Tab. 7.15. *Charakterisierung der verschiedenen Schleifen-Typen*

Trivial-Notation	H-Brücke zwischen Aminosäure-Resten	Ring-Größe
α-Schleife	5 → 1	13
β-Schleife	4 → 1	10
γ-Schleife	3 → 1	7

Die *α-Schleife* ähnelt einem Ausschnitt aus einer *α-Helix*. Bei ihr verbindet eine H-Brücke die (C=O)-Gruppe eines *n*-ten mit der (N−H)-Gruppe eines (*n* + 4)-ten Aminosäure-Restes und schließt hierbei einen 13gliedrigen Ring. *β-Schleifen* enthalten eine H-Brücke zwischen der (C=O)-Gruppe eines *n*-ten und der (N−H)-Gruppe eines (*n* + 3)-ten Aminosäure-Restes in einem zehngliedrigen Ring. *Fig. 7.67* zeigt zwei Versionen einer *β-Schleife*.

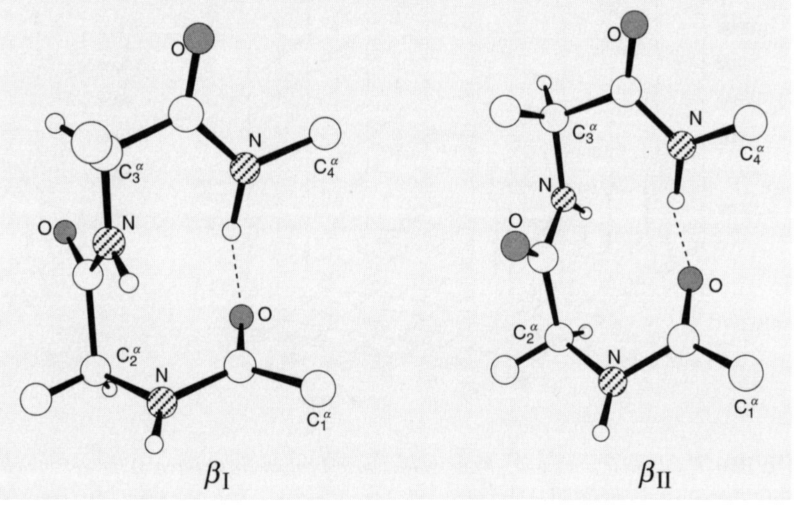

Fig. 7.67. *β-Schleifen*

Der β_{I}-Typ in *Fig. 7.67* schließt keinen der proteinogenen Aminosäure-Reste aus. Hier nimmt der zweite Aminosäure-Rest eine α-helicale Konformation ein, der dritte Aminosäure-Rest eine *3_{10}*-Konformation.

Beim β_{II}-Typ (*Fig. 7.67*) liegt dann ein 'verbotenes' lokales Konformationsfragment – 1,5-Repulsion zwischen dem O-Atom des zweiten und dem C^{β}-Atom des dritten Aminosäure-Restes – nicht vor, wenn Gly als dritte Aminosäure auftritt. Tatsächlich trifft man Gly in dieser Position bei *β-Schleifen* häufig an. Eine andere Möglichkeit, die erwähnte 1,5-Repulsion zu vermeiden, ist bei D-Konfiguration der zweiten oder dritten Aminosäure gegeben. Und schließlich auch dann, wenn C_2^{β} und/oder C_3^{β} Zentren eines Ringes darstellen, d. h. wenn die Rolle der zweiten und/oder dritten Aminosäure von Pro wahrgenommen wird.

Die selten auftretende *γ-Schleife* enthält eine H-Brücke, welche die (C=O)-Gruppe eines n-ten mit der (N–H)-Gruppe eines ($n + 2$)-ten Aminosäure-Restes verbindet.

Die repetitiven Elemente regulärer Sekundärstruktur, aber auch irreguläre Sekundärstruktur-Muster, lassen sich NMR-spektroskopisch anhand spezifischer Distanzen zwischen relevanten Protonen durch Messung von NOE-Effekten bestimmen (*Kap. 13.4*).

7.3.3.6. Protein-Faltung

Der polydimensionale Konformationsraum eines regulären Makromoleküls mit linear-konstituiertem Rückgrat, welcher das Ensemble sämtlicher Torsionswinkel-Kombinationen enthält, läßt sich durch systematische Konformationsanalyse, die nur die 'erlaubten' Torsionswinkel-Kombinationen ausliest, beträchtlich einschränken. Dies ist am Beispiel von Pyranosyl-Oligonucleotiden (*Abschn. 7.3.1.1*) und Oligopeptiden (*Abschn. 7.3.3.2*) aufgezeigt worden.

Die α-Helix und die beiden Typen von β-Faltblättern mit ihren charakteristischen H-Brücken-Mustern sind bereits 1951 von *L. Pauling* und *R. B. Corey* vorgeschlagen worden: aufgrund von Erfahrungen, welche bei der Verwendung von Daten aus *Röntgen*-Strukturanalysen für Blaupausen zum Aufbau physikalisch relevanter Molekül-Modelle gemacht worden waren.

Durch systematische Konformationsanalyse werden Oligopeptiden bereits auf der Stufe der Primärstruktur-Betrachtung diskrete Konformationen zugeordnet, die sich als Startkonformationen zur Erfassung von Protein-Faltungswegen zunächst zu Domänen mit Elementen der Sekundärstruktur eignen sollten. (Zur Bedeutung der Begriffe Primär- und Sekundärstruktur s. *Kap. 10.5.4.2*).

Bei den bisherigen Bemühungen, die Sekundärstruktur eines beliebigen Polypeptids bekannter Primärstruktur durch statistische Analyse bereits gelöster Protein-Strukturen vorauszusagen, führen die einschlägigen Algorithmen zur computer-unterstützten Muster-Erkennung nur zu etwa 50% zum Erfolg. Wie man hört, soll die Trefferrate durch neuronale Netztechnik neuerdings bis auf nahezu 70% zu steigern sein. Doch ist selbst dieses Ergebnis immer noch weit von der genannten Zielvorstellung entfernt, die biologisch aktive Tertiärstruktur unmittelbar aus der Sequenz der Aminosäure-Reste abzuleiten. In Wirklichkeit ist das Ziel noch weiter gesteckt: Man möchte eines Tages durch Protein-Design und Verwendung von *in vitro*-neukombinierten Nucleinsäuren 'maßgeschneiderte' Proteine mit vorausgesagten Eigenschaften synthetisieren können.

Neben dem *mathematisch-chemischen Ansatz* – Algorithmen zu entwickeln, mit deren Hilfe sich Sekundärstrukturen maschinenlesbar aus Primärstrukturen erkennen lassen – ist der *physikalisch-chemische Ansatz* – den Faltungsweg eines ungefaltenen Proteins über Transienten bis hin zur nativen Konformation zu verfolgen – nicht vernachlässigt worden. Hierbei traten zwei Fragen in den Vordergrund. *Erste Frage*: Befindet sich die native Konformation in einem globalen statt in einem lokalen Minimum der Freien Energie? Anders ausgedrückt: Ist die native Konformation thermodynamisch begünstigt, oder wird sie nur auf einem bequemen Weg erreicht und wäre dann kinetisch bevorzugt? *Zweite Frage*: Wird der Faltungsprozeß durch intrinsische Instruktion der Primärstruktur gelenkt, oder bedarf es äußerer Information durch katalytisch oder topologisch wirksame Faltungshelfer? Da eine Antwort für alle Fälle nicht zu erwarten ist, sollen einige besonders gut untersuchte Fälle hervorgehoben werden.

Ribonuclease A (*RNase A*) ist ein Protein mit nur 124 Aminosäure-Resten, unter denen sich achtmal Cys befindet. Durch überschüssiges 2-Mercaptoethanol in 8M Harnstoff-Lösung läßt sich das Protein denaturieren: Die vier Disulfid-Brücken werden reduktiv gelöst.

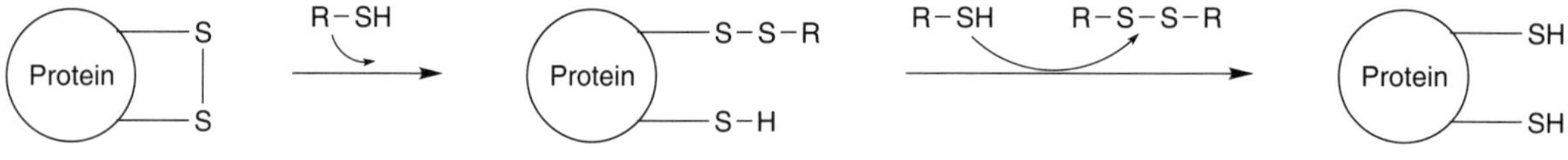

Das resultierende Gemisch zufälliger Konformationen zeigt praktisch keine enzymatische Aktivität mehr. Das gereinigte Protein geht in Abwesenheit von 2-Mercaptoethanol und Harnstoff innerhalb von Stunden in die völlig aktive RNase A über. Bei dieser Renaturierung werden die vier (S–S)-Brücken wieder gebildet. Die Renaturierung braucht viel Zeit, da acht Cys-Resten 105 formale Möglichkeiten zur Bildung von vier Disulfid-Brücken zur Verfügung stehen. Die *in vivo*-Synthese von RNase A benötigt dagegen nur wenige Minuten. Die native Konformation befindet sich wahrscheinlich im globalen Minimum, und der Weg dorthin wird durch eine Disulfid-Isomerase geebnet. *Proteindisulfid-Isomerasen* (*PDI*) beschleunigen – auch in anderen Fällen – als zelluläre Katalysatoren in posttranslationalen Modifizierungen das Knüpfen und Auflösen von Disulfid-Brücken. Sie sind im Lumen des *endoplasmatischen Reticulums* weit verbreitet. Unter dem endoplasmatischen Reticulum versteht man ein intrazelluläres Membransystem, das etwa die Hälfte der gesamten Zellmembran ausmacht. Für seine bahnbrechenden Untersuchungen an der RNase A erhielt *Christian B. Anfinsen* 1972 den *Nobel*-Preis für Chemie.

Bei der *in vitro*-Protein-Faltung bei Raumtemperatur trifft man häufig auf die langsame Isomerisierung einer (Prolyl–peptidyl)-Bindung. Ein solcher Fall liegt z. B. bei der Rückfaltung der *RNase T1* aus *Aspergillus oryzae* vor. Derartige Rückfaltungen lassen sich, wie *Gunter Fischer* 1984 fand, durch *(Peptidyl-prolyl)-Isomerasen*

(*PPI*) beschleunigen. PPI konnten bislang in allen Organismen und Geweben nachgewiesen werden, so daß man auf ihre katalytische *in vivo*-Wirkung schließen kann.

Pro ist die einzige der proteinogenen α-Aminosäuren, in welcher (nach Einbau in ein Peptid) das Amid-N-Atom vollständig substituiert ist. Dies hat für die Struktur und Dynamik von Peptiden mit Pro-Resten Konsequenzen. So nimmt der Pro-Rest im *Ramachandran*-Diagramm eine extreme Position ein, und die Barriere für Isomerisierungen um die (Prolyl–peptidyl)-Bindung ist niedriger als bei Peptiden ohne Pro. Während bei Peptiden, an denen Pro nicht beteiligt ist, die *ap*-Konformation so gut wie nicht (< 0,1%) vorkommt, trifft man bei Pro-haltigen Peptiden die *ap*-Konformation im Gleichgewicht zwischen 10 und 30% an. In den nativen Konformationen biologisch wirksamer Proteine, die strukturell gut untersucht worden sind, liegt die *ap*-(Prolyl–peptidyl)-Bindung immerhin zu etwa 7% vor.

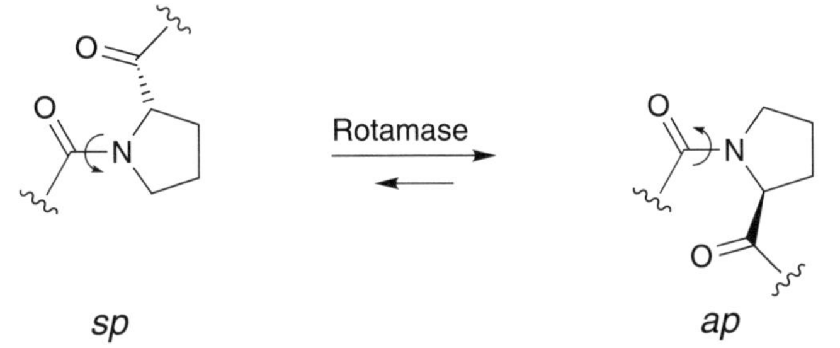

Als Übergangsstruktur der (*sp*⇌*ap*)-Isomerisierung um die (Prolyl–peptidyl)-Bindung wird eine 'verdrillte' Amid-Bindung angenommen. Dies gilt auch für die enzym-katalysierte Isomerisierung durch PPI.

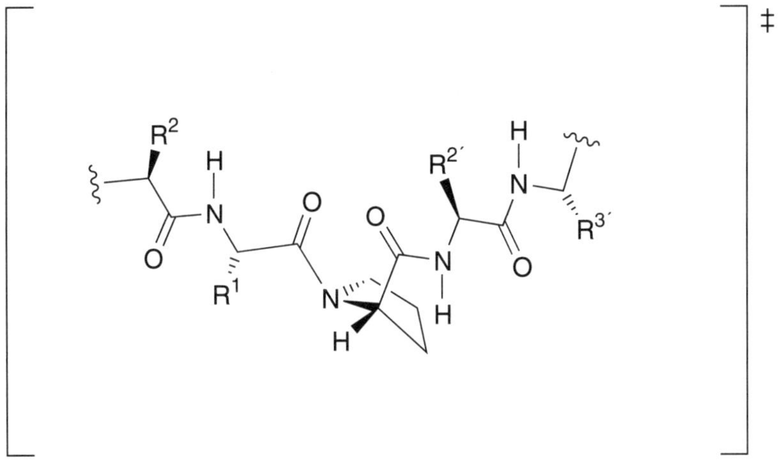

Schließlich konnte durch Vergleich des Wildtyps mit einer Variante von RNase T1, bei welcher eine *ap*-orientierte (Prolyl–peptidyl)-Gruppierung fehlte, der geschwindigkeitsbegrenzende Charakter der *in vitro*-Isomerisierung und die Katalysierbarkeit dieser Umlagerung durch PPI nachgewiesen werden.

Nach vielerlei Einzelbeobachtungen verdichtet sich der Eindruck, daß sich die Protein-Faltung in einem reduzierten Konformationsraum effektiv fortsetzt, nachdem lokale Elemente der Sekundärstruktur sequenzspezifisch zustande gekommen sind. Diese lokalen Bereiche der Sekundärstruktur funktionieren wie Teile eines Gerüstes, an dem der weitere Faltungsprozeß leichter abzulaufen vermag. Die geschwindigkeitsbegrenzenden Schritte des gesamten Faltungsprozesses liegen kurz vor Erreichen der nativen Konformation mit ihrem hydrophoben Kern und haben mit Vorgängen zu tun, bei denen es darum geht, einen substrukturierten Teilbereich an einen anderen anzudocken. Gegen Ende des Weges vom ungefalteten Protein zur nativen Konformation begegnet man einem Ensemble von Konformationen, die sich mit der nativen Konformation im Gleichgewicht befinden, so daß man gut beraten ist, Proteine als ein fluktuierendes System, das aus einem Ensemble von Konformeren besteht, anzusehen.

Ist die *in vivo*-Selbstorganisation der Proteine derart effektiv, daß nur die native, biologisch wirksame Konformation entsteht? Diese Frage kann nicht eindeutig beantwortet werden. Es wird jedoch angenommen, daß Enzyme im endoplasmatischen Reticulum mißgefaltene Proteine, welche dem Zugriff von *Proteasen* (*Hydrolasen*, die in der Lage sind, Peptid-Bindungen zu lösen) räumlich leichter ausgesetzt sind, relativ rasch abbauen.

Damit im Innern einer Zelle synthetisierte Proteine Membranen passieren können und besonders lange Protein-Ketten sich durch intra- oder intercatenare Assoziationen – vom Standpunkt der anzustrebenden nativen Konformation aus geurteilt – nicht inkorrekt assoziieren, spielt eine Gruppe funktionsverwandter Proteine eine helfende Rolle. Warum man diese Gruppe von Faltungshelfern, oder vielleicht besser von 'Falsch-Faltungsverhinderern', *molekulare Chaperone* genannt hat, geht aus einer kürzlich gegebenen Definition hervor:

'The word chaperone is normally used to describe a particular and largely outdated form of social behavior by human beings. The *Oxford English Dictionary* (2nd edition) defines chaperone, or more correctly chaperon, as a person, usually a married or elderly woman who, for the sake of propriety, accompanies a young unmarried lady in public as guide and protector. Thus the traditional role of the human chaperone, if described in biochemical terms, is to prevent improper interactions between potentially complementary surfaces.'

Derartige Chaperone bilden selektiv mit frisch synthetisierten Proteinen, je nach deren Faltungszustand, Übermoleküle, in denen abträgliche Aggregationen unterbunden oder erwünschte Konformationsänderungen begünstigt werden. Die Einwirkung zweier Chaperone, die unter dem Namen *Hitzestreß-Proteine* (*Hsp*) bereits bekannt waren, auf das Protein *Rhodanase* (*Thiosulfat-Schwefel-Transferase*) liefert hierfür ein Beispiel. *Hsp 70* bindet zunächst an die ungefaltene, *Hsp 60* anschließend an die partiell gefaltene Rhodanase. Das erstere Chaperon ist bemüht, ein Abweichen vom 'vorgeschriebenen' Faltungspfad zu verhindern, das letztere Chaperon ist darauf ausgerichtet, den 'richtigen' Faltungspfad zu finden. Inzwischen konnte belegt werden, daß derartige Faltungshelfer nicht nur bei den leichter zu studierenden *in vitro*-Faltungen, sondern auch bei den unter extremen Konzentrationsbedingungen ablaufenden *in vivo*-Faltungen, und zwar im substöchiometrischen Verhältnis, d. h. katalytisch, eingreifen.

Zusammenfassend gilt: Für die drei wichtigen Typen langsamer Einzelvorgänge – Disulfid-Umgruppierung, Isomerisierung um Peptid-Bindungen, an denen Pro beteiligt ist, und fortschreitende Assoziation von Sekundärstruktur-Bereichen zu Domänen – stehen den Zellen Faltungshelfer bzw. 'Falsch-Faltungsverhinderer' zur Verfügung: PDI, PPI und Chaperone.

7.4. Helicate

Die Duplexbildung bei Nucleinsäuren ist das prominente Beispiel dafür, daß kettenförmige Moleküle sich konstitutionsspezifisch als komplementäre Partner erkennen und spontan zu Übermolekülen organisieren können. Diese Selbstorganisation von Molekülen zu Übermolekülen setzt eine bestimmte Größe (mehrere Donor- und Akzeptor-Gruppen) und Topologie (konformationell präorganisierte oder leicht präformierbare molekulare Partner) der beteiligten Moleküle sowie einen Gewinn an Freier Enthalpie bei der Selbstorganisation voraus. In jüngster Zeit hat eine intensive Suche nach chemischen Systemen mit der Neigung zur spontanen Selbstorganisation eingesetzt.

Eine Technologie, die erfolgreich von der Struktur komplementärer Moleküle über die Struktur supramolekularer Komplexe auf die Struktur oder gar den Habitus gewünschter Kristalle ausgerichtet ist, kann heute allenfalls als Wunschvorstellung beschrieben werden. Es ist jedoch nicht zu übersehen, daß mehr oder weniger systematische Bemühungen, Kristall- aus Molekül-Strukturen zu entwerfen und zu verwirklichen (*crystal engineering*; *Kap. 12.2.2*), an Zahl und Intensität zunehmen.

Da sind die Fälle, in denen H-Brücken den Zusammenhalt in den resultierenden Molekül-Komplexen sichern. Die Voraussagbarkeit supramolekularer Strukturen beruht bei ihnen darauf, daß H-Brücken eine räumliche Vorzugsrichtung haben und daß die Übermoleküle unter thermodynamisch bestimmten Bedingungen zustande kommen. Die programmatischen Untersuchungen von *George M. Whitesides* an (Melamin/Cyanursäure)-Komplexen (s. *Kap. 15.2.4*) gehören dazu. Da sind jedoch auch solche Fälle, in denen sich – z. B. nach den Untersuchungen von *Stephen Hanessian* – (*R*,*R*)- oder (*S*,*S*)-Cyclohexan-1,2-diamin und (*S*,*S*)-Cyclohexan-1,2-diol im Kristall zu unerwarteten Tripelhelices zusammenschließen.

Spontane Selbstorganisation zu doppel- oder tripelhelicalen Metall-Komplexen – *Helicaten* – ist in den Laboratorien (Strasbourg und Paris) von *Jean-Marie Lehn* beobachtet worden. Oligo(2,2′-bipyridyl)-Einzelstränge unterschiedlicher Kettenlänge schließen sich nach Zugabe von Kupfer(I)- oder Nickel(II)-Ionen konstitutionsspezifisch zu den entsprechenden Doppel- oder Tripelhelicaten jeweils mit konstitutionsgleichen Liganden zusammen (*Fig. 7.68*). Die Anwesenheit jeweils eines O-Atoms in der Brücke zwischen zwei Bipyridyl-Resten sollte der helicalen Präorganisation der Liganden (*Abschn. 7.2.2*) und damit der Komplex-Bildung zugute kommen.

Helicate mit konstitutionell gleichen Liganden (*Homo-Helicate*) laufen solchen mit konstitutionell ungleichen Liganden (*Hetero-Helicaten*) den Rang ab. Die Begünstigung von molekularer Selbsterkennung vor molekularer Fremderkennung ist im wesentlichen auf die hohe Enthalpie der Komplex-Bildung zurückzuführen, wodurch alle Bipyridyl-Reste ein Maximum koordinativer Bindungen erreichen. Die Entropie nimmt bei der Bildung der Helicate ab, da die Molekül-Anzahl stark reduziert wird. Die strukturell geringere Vielfalt (2/2, 2/2, 3/3, 3/3) beim Zustande-

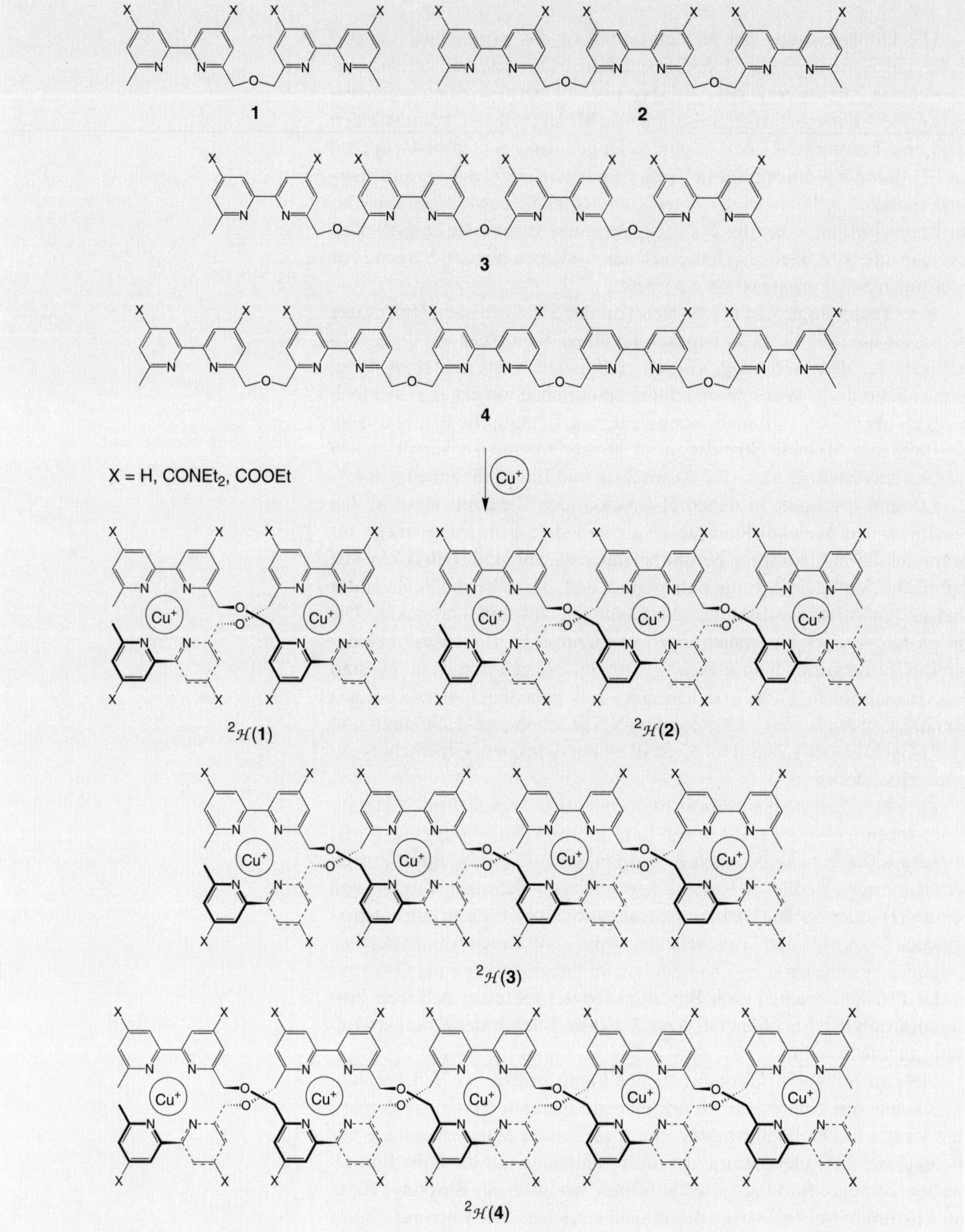

Fig. 7.68. *Homo-Helicate als bevorzugte Produkte molekularer Selbstorganisation* ($^2\mathcal{H}$: Doppelhelicat)

kommen nur von Homo-Helicaten bietet gegenüber der strukturell größeren Vielfalt (2/2, 2/3, 3/2, 3/3) beim Zustandekommen von Homo- und Hetero-Helicaten entropisch keinen, enthalpisch jedoch einen Gewinn.

7.5. Fazit

Der Feststellung *Paul J. Flory*s im *Nobel*-Vortrag 1974 über die *Konformation linearer Makromoleküle: 'Die Regeln der chemischen Wertigkeit, auch in ihrer einfachsten Form, lassen ... die Existenz makromolekularer Strukturen erwarten'* läßt nichts von den Vorurteilen bei prominenten Vertretern der organischen Chemie erkennen, mit denen sich *Hermann Staudinger* jahrelang auseinandersetzen mußte, bevor seine Ansichten allgemein akzeptiert wurden. Dennoch sind Makromoleküle bis heute recht stiefmütterlich in den Lehrbüchern der organischen Chemie behandelt worden, selbst dann, wenn es sich um Biomakromoleküle handelte. Die Vorliebe des organischen Chemikers für molekulare Systeme, die experimentell genau untersucht und deren Verhalten exakt beschrieben werden können, kam der Entwicklung einer eigenständigen Disziplin 'Makromolekulare Chemie' entgegen und überließ das Studium komplexer Zusammenhänge im Bereich des Lebendigen Biologen oder gar biologisch interessierten Physikern. Bedenkt man, daß wissenschaftliche Disziplinen im weitesten Sinne des Wortes politische Institutionen sind, die akademische Territorien abstecken und bestimmen, wodurch und wofür sich jemand Fachkenntnisse aneignet und welche Probleme wissenschaftlich relevant sind, so darf man sich kaum wundern, daß die Aufklärung komplexer Zusammenhänge im Bereich des Lebendigen mehr und mehr ohne Mitwirkung organischer Chemiker zustande gekommen ist.

Den Königsweg von den mikro- zu den makromolekularen Verbindungen mit linear-konstituiertem Rückgrat bietet die Konformationsanalyse. Für Verbindungen, die sich mit Hilfe von Ethano- ($-CH_2CH_2-$), Butano- ($-CH_2CH_2CH_2CH_2-$) oder Pentano-Fragmenten ($-CH_2CH_2CH_2CH_2CH_2-$) beschreiben lassen, sind Regeln der systematischen Konformationsanalyse entwickelt worden, die energetischen Unterschieden bei den entsprechenden Konformationstypen des Ethans (→ *Regel 1*), Butans (→ *Regel 3*) oder Pentans (→ *Regel 2*) entsprechen.

Regel 1: Nur Konformationen möglichst ohne *Pitzer*-Spannung sind zu berücksichtigen.

Regel 2: Nur Konformationen möglichst ohne *Newman*-Spannung sind zu berücksichtigen.

Regel 3. ap-Konformationstypen sind vor *sc*- und diese vor den sonst noch in Betracht kommenden Konformationstypen zu bevorzugen.

Ausnahmen zu allen Regeln treten auf, wenn diese aus konstitutionellen Gründen nicht befolgt werden können. Ausnahmen zu den *Regeln 2* und *3* kommen in Betracht, wenn die zur Diskussion stehende Konformation eine ganze Reihe intracatenarer H-Brücken zustande bringt. Ausnahmen zur *Regel 3* sind (als Folge des anomeren Effekts) zu erwarten, wenn CH_2 durch O alternierend substituiert worden ist.

Bei den Derivaten des Cyclohexans gestattet das Inkrement-Verfahren von *Turner* (im wesentlichen mit den *Regeln 1* und *3*) einen tieferen Einblick in die Konformation der Steroide (*Kap. 6*). Bei den Nucleinsäuren (mit den *Regeln 1–3*) verhilft die Konformationsanalyse von *Eschenmoser* zu einem Übergang von den niedermolekularen Repetiereinheiten für Homo-DNA und Pyranosyl-RNA zu den entsprechenden Einzelsträngen und von den Einzelsträngen zu ihren supramolekularen Duplexen. Die strukturelle Kenntnis dieser Duplexe schärft den Blick auch für DNA und RNA. Jeder Nucleinsäure-Typ hat eine spezifische molekulare Identität, seine eigenen Basenpaarungsregeln und individuelle Selektivität für Duplexbildung. Man geht wohl nicht fehl in der Annahme, den Nucleinsäuren für die nächste Zeit eine Rolle zuzuschreiben, welche diejenige der Steroide in der Vergangenheit noch übertreffen wird. Hier war es *Derek Barton*, der Synthetikern den Zugang zur 'Konformation des Steroid-Gerüstes' ermöglichte, dort ist es *Albert Eschenmoser*, der mit seinen Antworten auf die Frage 'Warum Pentose- und nicht Hexose-Nucleinsäuren?' Chemikern den Weg zum tieferen Verständnis der Nucleinsäure-Struktur ebnet.

Mit Hilfe der gleichen Regeln gelingt es, durch systematische Konformationsanalyse auch in das Dickicht der Oligosaccharide eine Bresche zu schlagen. Der anomere Effekt ist hier ebenso zu berücksichtigen wie auch die Bildung intracatenarer H-Brücken.

In ähnlicher Weise wird ein direkter Zugang zu Proteinen erschlossen, jedenfalls von den idealisierten Konformationen im Bereich der Primärstruktur zu den repetitiven Elementen regulärer Sekundärstruktur. Die Anhäufung von Zentren mit der Koordinationszahl 3 verlangt hier allerdings, daß an die Grobdifferenzierung – Forderung nach Konformationen möglichst ohne *Newman*-Spannung und ohne *Pitzer*-Spannung – eine Feindifferenzierung – Forderung nach minimaler 1,3-Allyl-Spannung und/oder Berücksichtigung der Neigung zur Bildung intracatenarer (bei helicalen Konformationen) oder intercatenarer H-Brücken-Muster (bei linearen Konformationen) – angeschlossen wird. Nach Abwägen aller konformationsbestimmenden Faktoren findet man einen einfachen Zugang zu den beiden repetitiven Elementen idealisierter Protein-Sekundärstruktur: zum β-Faltblatt und zur α-Helix.

Die supramolekulare Chemie verdankt *J.-M. Lehn* nicht nur die cartesianische Klarheit seiner Begriffsprägungen, sondern – ganz im Sinne von *Pierre Eugène Marcelin Berthelot* – nicht-natürliche, eigens zum Studium der Selbstorganisation synthetisierte Untersuchungsobjekte.

Neben der offensichtlichen Absicht, dem medizinisch interessierten Chemiker Biomakromoleküle und deren supramolekulare Wechselwirkungen mit anderen Biomakromolekülen oder mit synthetisierten Liganden oder Rezeptoren nahezubringen, ging es den Autoren in *Kap. 7* vor allen anderen Dingen darum zu verdeutlichen, auf welche Weise und in welchem Ausmaß das Regelwerk (die *Grammatik*) der systematischen Konformationsanalyse die formale Anzahl diskutabler Torsionswinkel-Kombinationen und die damit verbundene chemische Information (*strukturelle Syntax*) ermöglicht.

Weiterführende Literatur

Zu Abschn. 7.1.

H. Staudinger, *Nobel Lecture: Macromolecular Chemistry* in *Nobel Lectures Chemistry 1942–1962*, S. 397, Elsevier Publ. Comp., Amsterdam, 1964.
– Arbeitserinnerungen, Hüthig Verlag, Heidelberg, 1961.

J.-M. Lehn, *Nobel-Vortrag: Supramolekulare Chemie – Moleküle, Übermoleküle und molekulare Funktionseinheiten, Angew. Chem.* **1988,** *100,* 92.
– *Supramolecular Chemistry, Science* **1993,** *260,* 1762.

Zu Abschn. 7.2.

K. Ziegler, *Nobel-Vortrag: Folgen und Werdegang einer Erfindung, Angew. Chem.* **1964,** *76,* 545.

G. Natta, *Nobel-Vortrag: Von der stereospezifischen Polymerisation zur asymmetrischen autokatalytischen Synthese von Makromolekülen, Angew. Chem.* **1964,** *76,* 553.

'IUPAC-Basic Definitions of Terms Relating to Polymers', Pure Appl. Chem. **1974,** *40,* 477.

'IUPAC-Nomenclature of Regular Single-Strand Organic Polymers', Pure Appl. Chem. **1976,** *48,* 373.

'IUPAC-Stereochemical Definitions and Notations Relating to Polymers', Pure Appl. Chem. **1981,** *53,* 733.

A. D. Jenkins, K. L. Loening, *Nomenclature* in *Comprehensive Polymer Science,* Vol. 1 (Ed. G. Allen, J. Bevington, C. Booth, C. Price), S. 13, Pergamon Press, Oxford, 1989.

M. Farina, *The Stereochemistry of Linear Macromolecules* in *Topics in Stereochem.* **1987,** *17,* 1.

H.-G. Elias, *Makromoleküle,* 4. Aufl., Hüthig & Wepf, Basel, 1981.

E. Müller (Ed.), *Methoden der Organischen Chemie (Houben-Weyl),* 4. Aufl., Bd. XIV/1 (1961) und XIV/2 (1993): *Makromolekulare Stoffe,* Thieme Verlag, Stuttgart.

7.2.2.

P. J. Flory, *Nobel-Vortrag: Die Konformation linearer Makromoleküle, Angew. Chem.* **1975,** *87,* 787.

A. Abe, R. L. Jernigan, P. J. Flory, *Conformational Energies of n-Alkanes and the Random Configuration of Higher Homologs Including Polymethylene, J. Am. Chem. Soc.* **1966,** *88,* 631.

M. Saunders, *Stochastic Exploration of Molecular Mechanics Energy Surfaces. Hunting for the Global Minimum, J. Am. Chem. Soc.* **1987,** *109,* 3150.

P. W. Smith, W. C. Still, *The Effect of Substitution and Stereochemistry on Ion Binding in the Polyether Ionophor Monensin, J. Am. Chem. Soc.* **1988,** *110,* 7917.

R. W. Hoffmann, *Flexible Moleküle mit definierter Gestalt – Konformationsdesign, Angew. Chem.* **1992,** *104,* 1147.

C. R. Noe, C. Miculca, J. W. Bats, *Zur Helicität des oligomeren Formaldehyds, Angew. Chem.* **1994,** *106,* 1559.

Zu Abschn. 7.3.

L. Pauling, *Molecular Architecture and Biological Reactions, Chem. Eng. News* **1946,** *24,* 1375.

7.3.1.

G. M. Blackburn, M. J. Gait (Ed.), *Nucleic Acids in Chemistry and Biology,* Oxford University Press, Oxford, 1990.

7.3.1.1.1.

A. Eschenmoser, *Kon-Tiki-Experimente zur Frage nach dem Ursprung von Biomolekülen,* Verhandlungen der Gesellschaft Deutscher Naturforscher und Ärzte, 116. Versammlung, Berlin, 1990, S. 135, Wissenschaftl. Verlagsgesellschaft, Stuttgart, 1991.
– *Warum Pentose- und nicht Hexose-Nucleinsäuren? Nachr. Chem. Tech. Lab.* **1991,** *39,* 795.

A. Eschenmoser, E. Loewenthal, *Chemistry of Potentially Prebiological Natural Products, Chem. Soc. Rev.* **1992,** *21,* 1.

A. Eschenmoser, M. Dobler, *Warum Pentose- und nicht Hexose-Nucleinsäuren? Teil I: Einleitung und Problemstellung, Konformationsanalyse für Oligonucleotid-Ketten aus 2′,3′-Dideoxyglucopyranosyl-Bausteinen ('Homo-DNS') sowie Betrachtungen zur Konformation von A- und B-DNS, Helv. Chim. Acta* **1992,** *75,* 218.

M. Böhringer, H.-J. Roth, J. Hunziker, M. Göbel, R. Krishnan, A. Giger, B. Schweizer, J. Schreiber, C. Leumann, A. Eschenmoser, *Warum Pentose- und nicht Hexose-Nucleinsäuren? Teil II: Oligonucleotide aus 2′,3′-Dideoxy-β-*D*-glucopyranosyl-Bausteinen ('Homo-DNS'): Herstellung, Helv. Chim. Acta* **1992,** *75,* 1416.

7.3.1.1.2.

S. Altman, *Nobel-Vortrag Physiologie oder Medizin: Enzymatische Spaltung der RNA durch RNA, Angew. Chem.* **1990,** *102,* 735.

T. R. Cech, *Nobel-Vortrag Physiologie oder Medizin: Selbstspleißen und enzymatische Aktivität einer intervenierenden Sequenz der RNA von Tetrahymena, Angew. Chem.* **1990,** *102,* 745.

C. R. Woese, *The Origins of the Genetic Code,* Harper and Row, New York, 1967.

F. H. C. Crick, *The Origin of the Genetic Code, J. Mol. Biol.* **1968,** *38,* 367.

L. E. Orgel, *Evolution of the Genetic Apparatus, J. Mol. Biol.* **1968,** *38,* 381.

F. H. Westheimer, *Polyribonucleic acids as enzymes, Nature* **1986,** *319,* 534.

W. Gilbert, *The RNA world, Nature* **1986,** *319,* 618.

P. Reichard, *From RNA to DNA, Why So Many Ribonucleotide Reductases? Science* **1993,** *260,* 1773.

G. F. Joyce, A. W. Schwartz, S. L. Miller, L. E. Orgel, *The case for an ancestral genetic system involving simple analogues of the nucleotides, Proc. Natl. Acad. Sci. USA* **1987,** *84,* 4398.

J. A. Doudna, S. Couture, J. W. Szostak, *A Multisubunit Ribozyme That is a Catalyst of and Template for Complementary Strand RNA Synthesis, Science* **1991,** *251,* 1605.

L. E. Orgel, *Molecular replication, Nature* **1992,** *358,* 203.

S. Pitsch, S. Wendeborn, B. Jaun, A. Eschenmoser, *Why Pentose- and Not Hexose-Nucleic Acids? Part VII: Pyranosyl-RNA ('p-RNA'), Helv. Chim. Acta* **1993,** *76,* 2161.

R. F. Gesteland, J. F. Atkins (Ed.), *The RNA World – The Nature of Modern RNA Suggests a Prebiotic RNA World,* Cold Spring Harbor Laboratory Press, Plainview, 1993.

7.3.1.2.1.

J. D. Watson, F. H. C. Crick, *Molecular Structure of Nucleic Acids. A Structure for Deoxyribose Nucleic Acid, Nature* **1953,** *171,* 737.

F. Crick, *DNA: Test of Structure? Science* **1970,** *167,* 1694.
– *An Error in Model Building, Nature* **1967,** *213,* 798.
M. Eigen, *Selforganization of Matter and the Evolution of Biological Macromolecules, Naturwiss.* **1971,** *58,* 465.
G. Schwarzenbach, *Der Chelateffekt, Helv. Chim. Acta* **1952,** *35,* 2344.
J.D. Watson, *The Double Helix,* Weidenfeld and Nicolson, London, 1968.
F. Crick, *What Mad Pursuit,* Basic Books, New York, 1988.
A. Sayre, *Rosalind Franklin and DNA,* Norton & Comp., New York, 1975.
M. Jackson, *Life Story,* BBC Film, 1987.

7.3.1.2.2.

J. Munziker, H.-J. Roth, M. Böhringer, A. Giber, U. Diederichsen, M. Göbel, R. Krishnan, B. Jaun, C. Leumann, A. Eschenmoser, *Warum Pentose- und nicht Hexose-Nucleinsäuren? Teil III: Oligo(2',3'-dideoxy-β-D-glucopyranosyl)nucleotide ('Homo-DNS'): Paarungseigenschaften, Helv. Chim. Acta* **1993,** *76,* 259.
G. Otting, M. Billeter, K. Wüthrich, H.-J. Roth, C. Leumann, A. Eschenmoser, *Warum Pentose- und nicht Hexose-Nucleinsäuren? Teil IV: Homo-DNS: ^{1}H-, ^{13}C-, ^{31}P- und ^{15}N-NMR-spektroskopische Untersuchung von ddGlc(A-A-A-A-A-T-T-T-T-T) in wässriger Lösung, Helv. Chim. Acta* **1993,** *76,* 2701.
A. Eschenmoser, *Towards a chemical etiology of the structure of nucleic acids, Chem. Biol.* **1994,** *15. April*: Introductory issue.

7.3.1.2.4.

N.R. Cozzarelli, J.C. Wang, *DNA Topology and its Biological Effects,* Cold Spring Harbor Laboratory Press, Cold Spring Harbor, 1990.

7.3.1.3.1.

P. Ehrlich, *Nobel Lecture 1908: Partial cell functions* in *Nobel Lectures Physiology or Medicine 1901–1921,* Elsevier Publ. Comp., Amsterdam, 1967.
E. Bäumler, *Auf der Suche nach der Zauberkugel,* Econ-Verlag, Düsseldorf, 1963.
G. Domagk, *Nobel Lecture 1947: Further progress in chemotherapy of bacterial infections* in *Nobel Lectures Physiology or Medicine 1922–1941,* Elsevier Publ. Comp., Amsterdam, 1965.
Science 1994, *15. April*: *Frontiers in Biotechnology: Resistance to Antibiotics.*
S.J. Lippard, *Molecular Basis of Drug Design* in *Biotechnology and Materials Science – Chemistry for the Future* (Ed. M.L. Good, J.K. Barton), American Chemical Society, Washington, DC, 1988.
– *Chemistry and molecular biology of platinum anticancer drugs, Pure Appl. Chem.* **1987,** *59,* 731.
H. Mitsuya, S. Broder, *Strategies for antiviral therapy in AIDS, Nature* **1987,** *325,* 773.
J. Thesing, *Trendumkehr in der Arzneimittelforschung, Naturwissensch.* **1977,** *64,* 601.
J. Drews, *Naturwissenschaftliche Paradigmen in der Medizin – Die Rolle der Chemie, Swiss. Chem.* **1991,** *13,* 33.
D.M. Spencer, T.J. Wandless, S.L. Schreiber, G.R. Crabtree, *Controlling Signal Transduction with Synthetic Ligands, Science* **1993,** *262,* 1019.
J. Travis, *Making Molecular Matches in the Cell, Science* **1993,** *262,* 989.
M.L. Riordan, J.C. Martin, *Oligonucleotide-based therapeutics, Nature* **1991,** *350,* 442.
S. Brenner, R.A. Lerner, *Encoded combinatorial chemistry, Proc. Natl. Acad. Sci. USA* **1992,** *89,* 5381.
D. Pei, H.D. Ulrich, P.G. Schultz, *A Combinatorial Approach Toward DNA Recognition, Science* **1991,** *253,* 1408.
M.H.J. Ohlmezer, R. Swanson, L.W. Dillard, J.C. Reader, G. Asouline, R. Kobayashi, M.H. Wigler, W.C. Still, *Complex Synthetic Chemical Libraries Indexed with Molecular Tags, Proc. Natl. Acad. Sci. USA* **1993,** *90,* 10922.
A. Borchardt, W.C. Still, *Synthetic Receptor Binding Elucidated with an Encoded Combinatorial Library, J. Am. Chem. Soc.* **1994,** *116,* 373.

R. M. Baum, *Combinatorial Approaches Provide Fresh Leads for Medicinal Chemistry, Chem. Eng. News* **1994,** *7. Februar,* S. 20.

7.3.1.3.2.

M. L. Kopka, C. Yoon, D. Goodsell, P. Pjura, R. E. Dickerson, *The molecular origin of DNA-drug specificity in netropsin and distamycin, Proc. Natl. Acad. Sci. USA* **1985,** *82,* 1376.

M. Coll, C. A. Frederick, A. H.-J. Wang, A. Rich, *A bifurcated hydrogen-bonded conformation in the d(A-T) base pairs of the DNA dodecamer d(CGCAAATTTGCG) and its complex with distamycin, Proc. Natl. Acad. Sci. USA* **1987,** *84,* 8385.

P. B. Dervan, *Sequence Specific Recognition of Double Helical DNA. A Synthetic Approach, Nucleic Acids and Molecular Biology,* Vol. 2 (Ed. F. Eckstein, D. M. J. Lilley), Springer-Verlag, Berlin, 1988.

J. G. Pelton, D. E. Wemmer, *Structural characterization of a 2:1 distamycin A · d(CGCAAATTGGC) complex by two-dimensional NMR, Proc. Natl. Acad. Sci. USA* **1989,** *86,* 5723.

W. S. Wade, M. Mrksich, P. B. Dervan, *Design of Peptides That Bind in the Minor Groove of DNA at 5′-(A,T)G(A,T)C(A,T)-3′-Sequence by a Dimeric Side-by-Side Motif, J. Am. Chem. Soc.* **1992,** *114,* 8783.

M. Mrksich, P. B. Dervan, *Antiparallel Side-by-Side Heterodimer for Sequence-Specific Recognition in the Minor Groove of DNA by a Distamycin/1-Methylimidazole-2-carboxamide-netropsin Pair, J. Am. Chem. Soc.* **1993,** *115,* 2572.

B. H. Geierstanger, T. J. Dwyer, Y. Bathini, J. W. Lown, D. E. Wemmer, *NMR Characterization of a Heterocomplex Formed by Distamycin and Its Analog 2-ImD with d(CGCAAGTTGGC):d(GCCAACTTGCG): Preference for the 1:1:1 2-ImD:Dst:DNA Complex over the 2:1 2-ImD:DNA and the 2:1 Dst:DNA Complexes, J. Am. Chem. Soc.* **1993,** *115,* 4474.

J. W. Lown, *Targeting the DNA Minor Groove for Control of Biological Function: Progress, Challenges, and Prospects, Chemtracts Org. Chem.* **1993,** *6,* 205.

7.3.1.3.3.

G. Felsenfeld, D. R. Davies, A. Rich, *Formation of a Three-Stranded Polynucleotide Molecule, J. Am. Chem. Soc.* **1957,** *79,* 2023.

S. Arnott, P. J. Bond, *Structures for poly(U)-poly(A)-poly(U) triple stranded polynucleotides, Nature New Biol.* **1973,** *244,* 99.

O. Kennard, W. N. Hunter, *Einkristall-Röntgenstrukturanalysen von Oligonucleotiden und Oligonucleotid-Wirkstoff-Komplexen, Angew. Chem.* **1991,** *103,* 1280.

H. E. Moser, P. B. Dervan, *Sequence-Specific Cleavage of Double Helical DNA by Triple Helix Formation, Science* **1987,** *238,* 645.

L. J. Maher, III, B. Wold, P. B. Dervan, *Inhibition of DNA Binding Proteins by Oligonucleotide-Directed Triple-Helix Formation, Science* **1989,** *245,* 725.

L. C. Griffin, P. B. Dervan, *Recognition of Thymine-Adenine Base Pairs by Guanine in a Pyrimidine Triple Helix Motif, Science* **1989,** *245,* 967.

P. B. Dervan, *Oligonucleotide Recognition of Double-helical DNA by Triple-helix Formation* in *Oligodeoxynucleotides – Antisense Inhibitors of Gene Expression* (Ed. J. S. Cohen), MacMillan Press, Houndmills, 1989.

J. F. Gusella, N. S. Wexler, P. M. Conneally, S. L. Naylor, M. A. Anderson, R. E. Tanzi, P. C. Watkins, K. Ottina, M. R. Wallace, A. Y. Sakaguchi, A. B. Young, I. Shoulson, E. Bonilla, J. B. Martin, *A polymorphic DNA marker genetically linked to Huntington's disease, Nature* **1983,** *306,* 234.

The Huntington's Disease Collaborative Research Group, *A Novel Gene Containing a Trinucleotide Repeat That is Expanded and Unstable on Huntington's Disease Chromosomes, Cell* **1993,** *72,* 971.

7.3.1.3.4.

P. Zamecnik, M. L. Stephenson, *Inhibition of Rous sarcoma virus replication and cell transformation by a specific oligodeoxynucleotide, Proc. Natl. Acad. Sci. USA* **1978,** *75,* 280.

M. L. Stephenson, P. Zamecnik, *Inhibition of Rous sarcoma viral RNA 'translation' by a specific oligodeoxynucleotide, Proc. Natl. Acad. Sci. USA* **1978,** *75,* 285.

C. Cheong, G. Varani, I. Tinoco, Jr., *Solution structure of an unusually stable RNA hairpin 5'GGAC(UUCG)GUCC, Nature* **1990,** *346,* 680.

J. S. Cohen, *Strategies and Realities* in *Oligodeoxynucleotides – Antisense Inhibitors of Gene Expression,* MacMillan Press, Houndmills, 1989.

H. M. Weintraub, *Antisense RNA and DNA, Scientific American* **1990,** *Januar,* 34.

E. Uhlmann, A. Peyman, *Antisense Oligonucleotides: A New Therapeutic Principle, Chem. Rev.* **1990,** *90,* 543.

J. Engels, *Antisense Oligonucleotide; Krankheit – Fehler in der Informationsübertragung, Nachr. Chem. Tech. Lab.* **1991,** *39,* 1250.

A. S. Moffat, *Making Sense of Antisense, Science* **1991,** *253,* 510.

D. Herschlag, *Implications of Ribozyme Kinetics for Targeting the Cleavage of Specific RNA Molecules In Vivo: More Isn't Always Better, Proc. Natl. Acad. Sci. USA* **1991,** *88,* 6921.

T. M. Woolf, D. A. Melton, C. G. B. Jennings, *Specificity of antisense oligonucleotides in vivo, Proc. Natl. Acad. Sci. USA* **1992,** *89,* 7305.

J. F. Milligan, M. D. Matteucci, J. C. Martin, *Current Concepts in Antisense Drug Design, J. Med. Chem.* **1993,** *36,* 1923.

C. A. Stein, Y.-C. Cheng, *Antisense Oligonucleotides as Therapeutic Agents – Is the Bullet Really Magical? Science* **1993,** *261,* 1004.

S. A. Narang (Ed.), *Synthesis and Applications of DNA and RNA,* Academic Press, Orlando, 1987.

7.3.1.4.

P. Strazewski, C. Tamm, *Replikationsexperimente mit Nucleotidbasen-Analoga, Angew. Chem.* **1990,** *102,* 37.

7.3.1.4.2.

C. Switzer, S. E. Moroney, S. A. Benner, *Enzymatic Incorporation of a New Base Pair into DNA and RNA, J. Am. Chem. Soc.* **1989,** *111,* 8322.

J. A. Piccirilli, T. Krauch, S. E. Moroney, S. A. Benner, *Enzymatic incorporation of a new base pair into DNA and RNA extends the genetic alphabet, Nature* **1990,** *343,* 33.

L. E. Orgel, *Adding to the genetic alphabet, Nature* **1990,** *343,* 18.

R. Dagani, *Genetic alphabet for RNA gains two letters, Chem. Eng. News* **1990,** *22. Januar,* S. 25.

7.3.1.4.3.

P. E. Nielsen, M. Egholm, R. H. Berg, O. Buchardt, *Sequence-Selective Recognition of DNA by Strand Displacement with a Thymine-Substituted Polyamide, Science* **1991,** *254,* 1497.

M. Egholm, O. Buchardt, L. Christensen, C. Behrens, S. M. Freier, D. A. Driver, R. H. Berg, S. K. Kim, B. Norden, P. E. Nielsen, *PNA hybridizes to complementary oligonucleotides obeying the Watson-Crick hydrogen-bonding rules, Nature* **1993,** *365,* 566.

D. J. Patel, *Marriage of convenience, Nature* **1993,** *365,* 490.

F. Flam, *Can DNA Mimics Improve on the Real Thing? Science* **1993,** *262,* 1647.

A. De Mesmaecker, A. Waldner, J. Lebreton, P. Hoffmann, V. Fritsch, R. M. Wolf, S. M. Freier, *Amidverbrückung, eine neue Art der Modifizierung von Oligonucleotidrückgraten, Angew. Chem.* **1994,** *106,* 237.

7.3.2.

P. G. Goekjian, Tse-Chong Wu, Y. Kishi, *Conformational Similarity of Glycosides and Corresponding C-Glycosides, J. Org. Chem.* **1991,** *56,* 6412.

P. G. Goekjian, Tse-Chong Wu, Han-Young Kang, Y. Kishi, *Preferred Conformation of Carbon Analogues of Isomaltose and Gentobiose, J. Org. Chem.* **1991,** *56,* 6422.

Y. Wang, P.G. Goekjian, D.M. Ryckman, W.H. Miller, S.A. Babirad, Y. Kishi, *Conformational Analysis of 1,4-Linked Carbon Disaccharides, J. Org. Chem.* **1992,** *57,* 482.

T. Haneda, P. G. Goekjian, S. H. Kim, Y. Kishi, *Synthesis and Conformational Analysis of Carbon Trisaccharides, J. Org. Chem.* **1992,** *57,* 490.

G. A. Jeffrey, *Crystallographic Studies of Carbohydrates, Acta Cryst., Sect. B* **1990,** *46,* 89.

– *Experimental and Theoretical Bases for Accurate Modeling – An Experimentalist Looks at Modeling* in *Computer Modeling of Carbohydrate Molecules* (Ed. A. D. French, J. W. Brady), American Chemical Society, Washington, DC, 1990.

A. D. French, *The Crystal Structure of Native Ramie Cellulose, Carbohydrate Res.* **1978,** *61,* 67.

F. H. Allen, O. Kennard, R. Taylor, *Systematic Analysis of Structural Data as a Research Technique in Organic Chemistry, Acc. Chem. Res.* **1983,** *16,* 146.

7.3.3.

R. E. Dickerson, I. Geis, *Struktur und Funktion der Proteine,* Verlag Chemie, Weinheim, 1971.

G. E. Schulz, R. H. Schirmer, *Principles of Protein Structure,* Springer-Verlag, New York, 1979.

7.3.3.1.

W. B. Schweizer, J. D. Dunitz, *Structural Characteristics of the Carboxylic Ester Group, Helv. Chim. Acta* **1982,** *65,* 1547.

P. Chakrabarti, J. D. Dunitz, *Structural Characteristics of the Carboxylic Amide Group, Helv. Chim. Acta* **1982,** *65,* 1555.

T. Srikrishnan, N. Winiewicz, R. Parthasarathy, *Crystal and molecular structure of glycylglycylglycine, Int. J. Peptide Protein Res.* **1982,** *19,* 103.

K. N. Goswami, V. S. Yadava, V. M. Padmanabhan, DL-*Leucylglycylglycine (LGG), Acta Cryst., Sect. B* **1977,** *33,* 1280.

J. K. Fawcett, N. Camerman, A. Camerman, *The Structure of the Tripeptide* L-*Alanyl*-L-*alanyl*-L-*alanine, Acta Cryst., Sect. B* **1975,** *31,* 658.

S. Arnott, S. D. Dover, A. Elliott, *Structure of β-Poly-*L*-alanine: Refined Atomic Co-ordinates for an Anti-parallel Beta-pleated Sheet, J. Mol. Biol.* **1967,** *30,* 201.

7.3.3.2.

L. Schäfer, C. Van Alsenoy, J. N. Scarsdale, *Molecular structures and conformational analysis of the dipeptide N-acetyl-N′-methylglycylamide and the significance of local geometries for peptide structures, J. Chem. Phys.* **1982,** *76,* 1439.

J. N. Scarsdale, C. Van Alsenoy, Y. J. Klimkowski, L. Schäfer, F. A. Momany, *Optimized Molecular Structures and Conformational Analysis of N′-Acetyl-N-methylalaninamide and Comparison with Peptide Crystal Data and Empirical Calculations, J. Am. Chem. Soc.* **1983,** *105,* 3438.

H.-J. Böhm, S. Brode, *Ab Initio Calculations on Low-Energy Conformers of N-Acetyl-N′-methylalaninamide and N-Acetyl-N′-methylglycinamide, J. Am. Chem. Soc.* **1991,** *113,* 7129.

L. Schäfer, S. Q. Newton, M. Cao, A. Peeters, C. Van Alsenoy, K. Wolinski, F. A. Momany, *Evaluation of the Dipeptide Approximation in Peptide Modeling by Ab Initio Geometry Optimizations of Oligopeptides, J. Am. Chem Soc.* **1993,** *115,* 272.

K. B. Wiberg, E. Martin, *Barriers to Rotation Adjacent to Double Bonds, J. Am. Chem. Soc.* **1985,** *107,* 5035.

7.3.3.2.2.

F. Johnson, *Allylic Strain in Six-membered Rings, Chem. Rev.* **1968,** *68,* 375.

R. W. Hoffmann, *Allylic 1,3-Strain as a Controlling Factor in Stereoselective Transformations, Chem. Rev.* **1989,** *89,* 1841.

J. L. Broeker, R. W. Hoffmann, K. N. Houk, *Conformational Analysis of Chiral Alkenes and Oxonium Ions: Ab Initio Molecular Orbital Calculations and an Improved MM2 Force Field, J. Am. Chem. Soc.* **1991,** *113,* 5006.

7.3.3.2.3.

M. Levitt, J. Greer, *Automatic Identification of Secondary Structure in Globular Proteins, J. Mol. Biol.* **1977,** *114,* 181.

W. Kabsch, C. Sander, *Dictionary of Protein Secondary Structure: Pattern Recognition of Hydrogen Bond and Geometrical Features, Biopolymers* **1983,** *22,* 2577.

7.3.3.4.

L. Pauling, *Nobel Lecture Chemistry 1954: Modern Structural Chemistry* in *Nobel Lectures Chemistry 1942–1962,* Elsevier Publ. Comp., Amsterdam, 1964.

L. Pauling, R. B. Corey, *The Configuration of Polypeptide Chains in Proteins* in *Progress in the Chemistry of Organic Natural Products* (Ed. L. Zechmeister), **1954,** *11,* 180.

F. Crick, *The Impact of Linus Pauling on Molecular Biology: A Reminiscence* in *The Chemical Bond – Structure and Dynamics* (Ed. A. Zewail), Academic Press, San Diego, 1992.

D. Obrecht, C. Spiegler, P. Schönholzer, K. Müller, H. Heimgartner, F. Stierli, *A New Approach to Enantiomerically Pure Cyclic and Open-Chain (* R*)- and (* S*)-α, α-Disubstituted α-Amino Acids, Helv. Chim. Acta* **1992,** *75,* 1666.

7.3.3.5.

I. L. Karle, *X-Ray Analysis: Conformation of Peptides in the Crystalline State* in *The Peptides,* Vol. 4, Academic Press, New York, 1981.

J. S. Richardson, D. C. Richardson, *Principles and Patterns of Protein Conformation* in *Prediction of Protein Structure and The Principles of Protein Conformation* (Ed. G. D. Fasman), Plenum Press, New York, 1989.

7.3.3.6.

B. Rost, R. Schneider, C. Sander, *Progress in protein structure prediction? Trends in Biol. Science* **1993,** *18. April,* 120.

D. Freedman, *AI Helps Researchers Find Meaning in Molecules, Science* **1993,** *261,* 844.

C. B. Anfinsen, *Nobel-Vortrag: Untersuchungen über die Ursachen der Faltung von Proteinketten, Angew. Chem.* **1973,** *85,* 1065.

R. Jaenicke, *Protein Folding: Local Structures, Domains, Subunits, and Assemblies, Biochem.* **1991,** *30,* 3147.

S. W. Englander, *In Pursuit of Protein Folding, Science* **1993,** *262,* 848.

G. Fischer, F. X. Schmid, *The Mechanism of Protein Folding. Implications of In Vitro Refolding Models for De Novo Protein Folding and Translocation in the Cell, Biochem.* **1990,** *29,* 2205.

N. J. Bulleid, *Protein Disulfide-Isomerase: Role in Biosynthesis of Secretory Proteins, Adv. Protein Chem.* **1993,** *44,* 125.

J. F. Brandts, H. R. Halvorson, M. Brennan, *Consideration of the Possibility That the Slow Step in Protein Denaturation is Due to Cis-Trans Isomerism of Proline Residues, Biochem.* **1975,** *14,* 4953.

G. Fischer, H. Bang, C. Mech, *Nachweis einer Enzymkatalyse für die cis-trans-Isomerisierung der Peptidbindung in prolinhaltigen Peptiden, Biomed. Biochim. Acta* **1994,** *10,* 1101.

T. Kiefhaber, H.-P. Grunert, U. Hahn, F. X. Schmid, *Replacement of a Cis Proline Simplifies the Mechanism of Ribonuclease T1 Folding, Biochem.* **1990,** *29,* 6475.

M. K. Rosen, S. L. Schreiber, *Naturstoffe als Sonden zum Studium zellulärer Funktionen – Untersuchungen von Immunophilinen, Angew. Chem.* **1992,** *104,* 413.
R. L. Stein, *Mechanism of Enzymatic and Nonenzymatic Proline Cis-Trans Isomerization, Adv. Protein Chem.* **1993,** *44,* 1.
F. X. Schmid, L. M. Mayr, M. Mücke, E. R. Schönbrunner, *Prolyl Isomerases: Role in Protein Folding, Adv. Protein Chem.* **1993,** *44,* 25.
R. J. Ellis, *Proteins as molecular chaperones, Nature* **1987**, *328*, 378.
R. J. Ellis, S. M. van der Vies, *Molecular Chaperones, Ann. Rev. Biochem.* **1991**, *60*, 321.
J. Martin, F. U. Hartl, *Protein Folding in the cell: molecular chaperones pave the way, Current Biol. Structure* **1993**, *1*, 161.
M.-J. Gething, J. Sambrook, *Protein Folding in the cell, Nature* **1992**, *355*, 33.
E. A. Craig, *Chaperones: Helpers Along the Pathways to Protein Folding, Science* **1993**, *260,* 1902.
D. A. Agard, *To Fold or Not to Fold, Science* **1993**, *260*, 1903.
R. Pain, *Further up the kinetic pathway, Nature* **1992**, *356*, 664.
R. J. Ellis, *Chaperoning nascent proteins, Nature* **1994**, *370*, 96.

Zu Abschn. 7.4.

G. M. Whitesides, J. P. Mathias, C. T. Seto, *Molecular Self Assembly and Nanochemistry: A Chemical Strategy for the Synthesis of Nanostructures, Science* **1991**, *254*, 1312.
J. A. Zerkowski, J. C. MacDonald, C. T. Seto, D. A. Wierda, G. M. Whitesides, *Design of Organic Structures in the Solid State: Molecular Types Based on the Network of Hydrogen Bonds Present in the Cyanuric Acid Melamine Complex, J. Am. Chem. Soc.* **1994**, *116*, 2382.
S. Hanessian, A. Gomtsyan, M. Simard, S. Roelens, *Molecular Recognition and Self-Assembly by "Weak" Hydrogen Bonding: Unprecedented Supramolecular Helicate Structures from Diamine/Diol Motifs, J. Am. Chem. Soc.* **1994**, *116*, 4495.
J.-M. Lehn, A. Rigault, J. Siegel, J. Harrowfield, B. Chevrier, D. Moras, *Spontaneous assembly of double-stranded helicates from oligobipyridine ligands and copper(I) cations: Structure of an inorganic double helix, Proc. Natl. Acad. Sci. USA* **1987**, *84*, 2565.
J.-M. Lehn, A. Rigault, *Helicate: Vier- und fünfkernige Doppelhelix-Komplexe aus Cu^I und Poly(bipyridin)-Liganden, Angew. Chem.* **1988**, *100*, 1121.
U. Koert, M. M. Harding, J.-M. Lehn, *DNA deoxyribonucleohelicates: self-assembly of oligonucleosidic double-helical metal complexes, Nature* **1990**, *346*, 339.
R. Krämer, J.-M. Lehn, A. Marquis-Rigault, *Self-recognition in helicate self-assembly: Spontaneous formation of helical metal complexes from mixtures of ligands and metal ions, Proc. Natl. Acad. Sci. USA* **1993**, *90*, 5394.
J.-M. Lehn, *Self-assembly of double helical, triple helical, and deoxyribonucleo-helicate architectures, Chem. Biol.* **1994**, *15. April*: Introductory issue.
E. C. Constable, *Sodium springs a surprise, Nature* **1994**, *367*, 415.

8 Das qualitative MO-Modell

8.1. Grenzen für das Struktur-Modell der klassischen organischen Chemie

Bei der Einführung des Struktur-Modells der klassischen organischen Chemie (*Kap. 2.2*) wurde bereits angedeutet, daß man auf Fragen stoßen würde, deren Beantwortung von der Grundlage dieses Modells aus nicht möglich ist: In einem solchen Fall muß man das vertraute Modell verlassen und zu einem anderen übergehen. Fortschritt bedeutet in den Naturwissenschaften ein Fort-Schreiten, bei dem durch 'trial and elimination of error' (*Sir Karl (Raimund) Popper*) jeweils ein neuer Erkenntniszustand erreicht wird. Ist der Fortschritt sehr groß, spricht man – um dies deutlich zu machen – von einer wissenschaftlichen Revolution (*Thomas S. Kuhn*). Selbst eine wissenschaftliche Revolution hat noch deutlich konservative Züge, denn vom neu erreichten Standort aus müssen die bislang erfolgreichen Aussagen mindestens ebensogut wie vordem zu formulieren sein. Erweist sich die neue Ansicht als eine Erweiterung der alten, wird ein Bewertungskriterium für beide und somit auch für den erreichten Fortschritt verfügbar. *Imre Lakatos* geht von *Popper*s 'naivem Falsifikationismus' zu einem 'raffinierten Falsifikationismus' über. Letzterem zufolge sollte man eine Theorie nur im Fall einer *progressiven Problemerweiterung* durch eine andere ersetzen: Die neue Theorie muß sich von der alten durch einen empirischen Gehaltsüberschuß unterscheiden, bevor sie akzeptiert werden kann. Dieses Verfahren, Theorien einer rationalen Kritik zu unterziehen, läßt sich auch auf Forschungsprogramme übertragen: Ein Forschungsprogramm ist förderungswürdig gewesen, wenn es zu einer progressiven Problemverschiebung geführt hat.

Im folgenden werden die fünf Problemfälle angeführt, auf die wir bislang gestoßen sind und die vom Struktur-Modell der klassischen organischen Chemie aus nicht erklärt werden können. Ihre Lösungen findet man in *Abschn. 8.4*.

8.1.1. Die planare Atom-Anordnung der Amid-Gruppe

Dem Mikrowellenspektrum von Formamid ist zu entnehmen, daß alle sechs Atome dieses Moleküls in einer Ebene liegen.

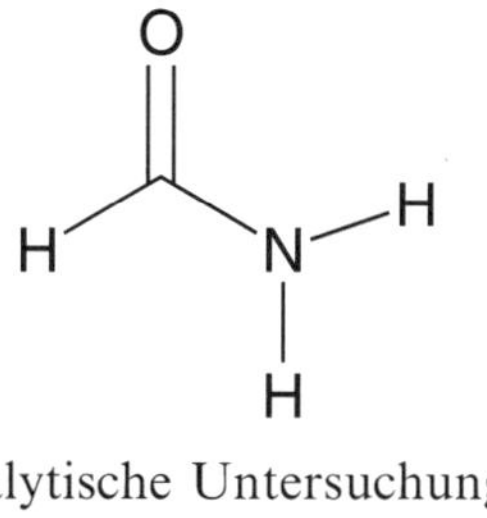

Röntgen-strukturanalytische Untersuchungen an kristallinen Peptiden zeigen, daß das als Peptid-Einheit bezeichnete Struktur-Element (*Kap. 10.5.4.2*) periplanar ist. Die Planarität der Peptid-Einheit und die relativ hohe Rotationsbarriere um die ((O=)C–N)-Bindung, zwei Fakten, die für die Struktur und Funktion von Proteinen fundamental sind, können vom Standpunkt des Struktur-Modells der klassischen organischen Chemie aus nicht erklärt werden.

8.1.2. Anomere Effekte

Die Ähnlichkeit, welche sich dem Konformationsanalytiker bietet, wenn er carbocyclische und heterocyclische Verbindungen miteinander vergleicht, ist in *Kap. 6.6* festgestellt worden. Sie ist besonders leicht bei sechsgliedrig-gesättigten Systemen zu erkennen: Idealisierte Staffelung und fallende Präferenz für Vieratom-Fragmente in der Reihenfolge *ap* > *sc* (*Kap. 10.3.2*) bilden den gemeinsamen Nenner für konformationsanalytische Bewertungen. Die Erfahrung, daß der Anteil desjenigen Anomeren mit axialer Orientierung der OH-Gruppe am anomeren Zentrum größer ist als man nach Anwendung der bei Cyclohexan-Derivaten gefundenen Regelmäßigkeiten erwarten sollte (*Kap. 6.6.2*), läßt für den Fall, in dem CH_2-Gruppen alternierend durch O-Atome ersetzt worden sind, die Mitwirkung eines besonderen Effekts, des sogenannten *anomeren Effekts*, vermuten. Der anomere Effekt ist jedoch nicht auf die OH-Gruppe als Substituent an C(1), ja nicht einmal auf die (C(1)–O)-Bindung beschränkt (*Tab. 8.1*).

Tab. 8.1. *Bestimmung des Anomerengleichgewichts durch den Substituenten am anomeren Zentrum*

Verbindung	Substituent an C(1)	% axiale Orientierung
D-Glucopyranose[a])	OH	36
Methyl-D-glucopyranosid[b])	OMe	67
Penta-*O*-acetyl-D-glucopyranosid[c])	OAc	86
Tetra-*O*-acetyl-D-glucopyranosyl-chlorid[d])	Cl	94

[a]) 25°C in H_2O. [b]) 25°C in MeOH. [c]) 25°C in AcOH/Ac_2O 1:1.
[d]) 30°C in MeCN.

Das Ausmaß des anomeren Effekts nimmt in der Reihenfolge Halogen > PhCOO > AcO > AcS > MeO > RS > HO > H_2N > MeO_2C > Pyridinium ab und kehrt sich bei der Pyridinium-Gruppe gar um. Im letzteren Fall spricht man vom *reversen anomeren* Effekt.

Der *endo-anomere* Effekt begünstigt die *sc*-Konformation vor der *ap*-Konformation von C(5)–O(5)–C(1)–O(1). In ähnlicher Weise begünstigt der *exo-anomere* Effekt die *sc*- vor der *ap*-Konformation des Struktur-Fragments O(5)–C(1)–O(1)–R. Da die *ap*-Konformation vor der *sc*-Konformation von C(2)–C(1)–O(1)–R begünstigt ist, sind aus der **A**-Reihe mit axialer bzw. aus der **E**-Reihe mit äquatorialer Orientierung der RO-Gruppe die Konformationen **A1** bzw. **E1** bevorzugt (*Tab. 8.2*).

Tab. 8.2. *Durch Wirkung des* exo-*anomeren Effekts begünstigte* (eingerahmte) *Konformationen.* **A3** ist wegen *Newman*-Spannung 'verboten'. **E2** ist wegen *sc*-Orientierung von R bezüglich C(2), **A2** und **E3** sind darüber hinaus wegen Nicht-Wirksamkeit des *exo*-anomeren Effekts benachteiligt.

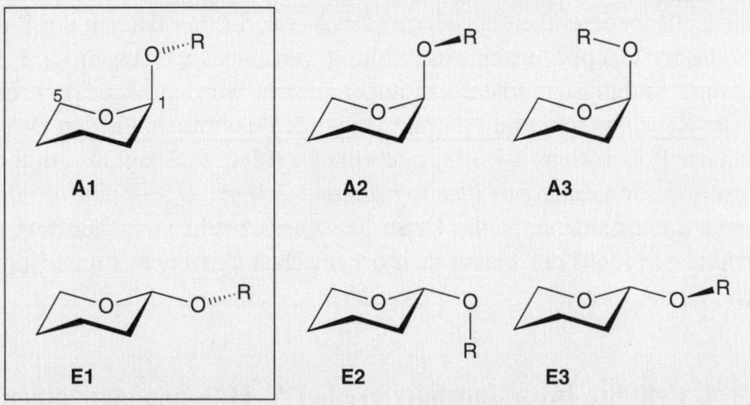

	A1	E1	A2	A3	E2	E3
Konformationstyp:						
C(5)–O(5)–C(1)–O(1)	–*sc*	*ap*	–*sc*	–*sc*	*ap*	*ap*
O(5)–C(1)–O(1)–R	–*sc*	+*sc*	*ap*	+*sc*	–*sc*	*ap*
C(2)–C(1)–O(1)–R	*ap*	*ap*	+*sc*	–*sc*	+*sc*	–*sc*

Der *exo*-anomere Effekt spielt bei Oligosacchariden eine nicht unerhebliche Rolle und wurde z. B. bei der Konformationsanalyse des Methyl-α-maltosids und des Methyl-α-cellobiosids (*Kap. 7.3.2.2* und *7.3.2.3*) berücksichtigt.

Anomere Effekte sind auch auf acyclische Verbindungen, bei denen eine oder mehrere CH_2-Gruppen alternierend durch O-Atome ersetzt worden sind, ausgedehnt worden. Im Gegensatz zur Reihenfolge von Konformationen mit steigender Energie für Pentan (s. *Fig. 7.6*):

$$ap/ap > ap/\pm sc > \pm sc/\pm sc > \pm sc/\mp sc$$

gilt für die Konformationen des Dimethoxymethans die Reihenfolge:

$$\pm sc/\pm sc > ap/\pm sc > ap/ap > \pm sc/\mp sc$$

Diese Abweichung wird auf den *verallgemeinerten anomeren Effekt* zurückgeführt. Dies ergibt sich unmittelbar, wenn man die lineare Konformation des Poly(methylens) mit der helicalen Konformation des Poly(oxymethylens) vergleicht (*Kap. 7.2.2*).

endo-Anomerer, *exo*-anomerer und verallgemeinerter anomerer Effekt werden auch unter dem Begriff *Gauche-Effekt* zusammengefaßt. Dieser Begriff betont für bestimmte Sequenzen die Bevorzugung einer *sc*- vor einer *ap*-Konformation. Die genannten Effekte sind vom Struktur-Modell der klassischen organischen Chemie aus nicht interpretierbar.

8.1.3. Die bevorzugte Konformation der Repetiereinheit eines Polynucleotids

Homo-DNA bietet einen bequemen Zugang zur Konformation der DNA (*Kap. 7.3.1.1.1*). Für den gesamten Satz gestaffelter Konformationen der Repetiereinheit der Homo-DNA war für den Bereich der Phosphodiester-Gruppe durch Anwendung verschiedener Regeln eine bestimmte Stabilitätenreihenfolge angenommen worden (*Fig. 7.19*). Eine dieser Regeln macht von Phantom-Liganden Gebrauch, die den O-Atomen der Polynucleotid-Kette zugeordnet werden, und sagt aus, daß das Konformationsfragment *Phantom-Ligand−O−P−O(−R)* die *ap*-Konformation einnehmen solle. Diese Vorschrift bleibt vom Standort des Struktur-Modells der klassischen organischen Chemie aus unverständlich.

8.1.4. Erhöhte Inversionsbarriere bei *N*-Halogenoaziridinen

Verbindungen der allgemeinen Formel N(ABC) mit asymmetrisch substituiertem N-Atom der Koordinationszahl 3 haben lange Zeit allen Versuchen widerstanden, als racemische Gemische in Enantiomere getrennt zu werden: obschon Ammoniak und Amine pyramidale Molekül-Struktur aufweisen. Zur Erklärung wurde angenommen, daß derartige Stickstoff-Verbindungen durch Inversion racemisieren (*Kap. 3.3.1*), und daß somit die Inversionsbarriere weit unterhalb von 100 kJ/mol liegt (*Kap. 6.3.3*). Tatsächlich ist es gelungen, die beiden Diastereoisomeren des 7-Aza-7-chlorobicyclo[4.1.0]heptans **3** und **4** (s. *Kap. 3.3.1*) voneinander zu trennen. Den Einfluß des Cl-Atoms vermag das Struktur-Modell der klassischen organischen Chemie nicht zu deuten.

8.1.5. Hohe Symmetrie und hohe thermodynamische Stabilität beim Benzol

Für das Struktur-Modell der klassischen organischen Chemie spielt das Kriterium, die geforderte Anzahl der Isomeren experimentell zu verifizieren, eine Schiedsrichterrolle. Da man bei einem disubstituierten Benzol-Derivat stets nur drei statt der vier (bei gleichen Substituenten) oder gar fünf Konstitutionsisomeren (bei ungleichen Substituenten) findet, die zu erwarten wären, falls die *Kekulé*-Struktur zuträfe, kann man schließen, daß das Benzol-Gerüst zur Symmetrie-Punktgruppe D_{6h} und nicht zur Symmetrie-Punktgruppe D_{3h} gehört. Die naheliegende und auch von *Kekulé* gemachte Annahme, daß zwei *Kekulé*-Strukturen im raschen Gleichgewicht miteinander stünden, erklärt nicht ohne weiteres, warum Benzol eine völlig unerwartete und vom Struktur-Modell der klassischen organischen Chemie jedenfalls nicht deutbare hohe thermodynamische Stabilität aufweist. Es gibt also ein 'Benzol-Problem' (s. *Kap. 14*).

8.2. Wandel im Weltbild der Physik

Aristoteles nahm an, Materie sei unbegrenzt teilbar. *Leukipp* vertrat den gegenteiligen Standpunkt: Danach sollte man bei der Teilung der Materie schließlich auf Atome stoßen. In den nachfolgenden 2000 Jahren wurde immer wieder für die eine oder andere philosophische Ansicht Partei ergriffen. *John Dalton* fand zu Beginn des 19. Jahrhunderts im Gesetz der multiplen Proportionen (*Kap. 2.1*) ein starkes Argument für die Atom-Theorie: Die Beobachtung, daß chemische Elemente in chemischen Verbindungen immer in bestimmten Proportionen auftreten, ließ sich einfach dadurch erklären, daß Elemente nur bis zu Atomen und Verbindungen nur bis zu Molekülen teilbar sind, und daß eine jede Molekül-Art eine bestimmte Anzahl von Atomen der entsprechenden Elemente enthält. Zu Beginn dieses Jahrhunderts wurden dann durch *Albert Einstein*s Deutung der *Brown*schen Molekularbewegung, *Joseph J. Thomson*s Entdeckung des Elektrons, *Einstein*s Deutung des photoelektrischen Effekts durch die Quantentheorie des Lichts sowie *Sir Ernest Rutherford*s Interpretation der radioaktiven α-Strahlung letzte Zweifel an der Gültigkeit der Atom-Theorie behoben. Experimente, die beliebig wiederholt werden konnten, hatten die Ansicht des *Aristoteles'* widerlegt. Der Philosoph *K. R. Popper* hat auf die erkenntnistheoretische Bedeutung, falsifizieren statt verifizieren zu können, nachdrücklich hingewiesen. Er unterscheidet Theorien nach ihrer unterschiedlichen Qualität und versteht unter einer guten Theorie diejenige, die im Prinzip (z. B. durch Experimente) widerlegt werden kann. In diesem Sinn waren die Hypothesen von *Aristoteles* und *Leukipp* vorderhand gute Theorien. Experimentelle Beobachtungen stimmten mit der letzteren überein, mit der ersteren dagegen nicht.

Den Erfolg, den die Theorie der Schwerkraft von *Sir Isaac Newton* im Bereich der Mechanik hatte, brachte den *Marquis de Laplace* Anfang des 19. Jahrhunderts dazu, anzunehmen, das Universum sei naturwissenschaftlichen Gesetzen zufolge völlig determiniert. *de Laplace* unterstellte, daß mit einer Serie von Naturgesetzen alle Ereignisse im Universum vorausgesagt werden könnten, sofern nur der Zustand des Universums zu einem bestimmten Zeitpunkt vollständig bekannt sei. Die Tatsache, daß aus der momentanen Stellung von Sonne und Planeten die Konstellation des Sonnensystems mit Hilfe der *Newton*schen Gesetze zu jedem beliebigen anderen Zeitpunkt berechenbar ist, kam der Doktrin vom wissenschaftlichen Determinismus entgegen.

Daß diese Doktrin zumindest für mikroskopische Systeme aufgegeben werden mußte, wurde klar, als die bislang als Teilchen (Korpuskeln) angesehenen Elektronen sich bei Streuexperimenten so verhielten, wie dies nach der Theorie des Elektromagnetismus von *James Clark Maxwell* nur von Wellen erwartet worden wäre. Umgekehrt zeigte *Einstein* mit der Deutung des photoelektrischen Effekts, daß elektromagnetische Strahlung auch korpuskulare Eigenschaften hat. Dieses Korpuskel, *Lichtquant* oder *Photon* genannt, erweiterte die aus Elektron, Proton und Neutron bestehende Reihe von Elementarteilchen. Die Summe der mit einer bestimmten Energie ausgestatteten Photonen entspricht der Gesamtenergie der Strahlung. Nach der Theorie von *Max Planck* besitzt jedes Quant eine diskrete Energie, und nach *Einstein* ist diese Energie umso größer, je höher die Frequenz der beobachteten Strahlung ist.

Die Quantentheorie vermochte die experimentell beobachtete Zusammensetzung des Lichts, das von einem strahlenden Körper ausgesandt wird, korrekt wiederzugeben. Ihre Auswirkungen auf den vermeintlichen Determinismus wurden allerdings erst durch das *Heisenberg*sche Unbestimmtheitsprinzip offenbar. Will man die zukünftige Position und den Impuls eines Teilchens bestimmen, muß man die gegenwärtige Position und den augenblicklichen Impuls messen. Dies kann z. B. geschehen, indem man Licht auf das Teilchen fallen läßt. Einige Lichtwellen werden gestreut, und hieraus ergibt sich die Position des Teilchens. Allerdings läßt sich die Position nur bis zur Wellenlänge des verwendeten Lichts festlegen. Also braucht man für eine genauere Ortsbestimmung kürzerwelliges Licht. Man benötigt wenigstens ein Lichtquant. Dieses Lichtquant 'stört' unter Umständen das Teilchen und ändert dessen Geschwindigkeit: Je genauer man die Position des Teilchens bestimmen will, um so kleiner muß die Wellenlänge des verwendeten Lichts sein, und um so größer ist die Energie eines einzelnen Lichtquants. Je genauer man die Position des Teilchens zu messen versucht, um so ungenauer mißt man seinen Impuls. So kann, *Werner Heisenberg* zufolge, das Produkt aus der Ungenauigkeit der Position und der Ungenauigkeit des Impulses des Teilchens niemals kleiner sein als ein bestimmter Minimalwert: die *Planck*sche Konstante. Dieses Unvermögen hängt nicht von der Art und Weise ab, in welcher die Messungen vorgenommen werden. Das *Heisenberg*sche Unbestimmtheitsprinzip charakterisiert eine fundamentale und unumgängliche Eigenart unserer Welt. Diese Eigenart hat im kollektiven Bewußtsein auch 60 Jahre nach ihrer Beschreibung immer noch nicht die gebührende Beachtung gefunden. Schriftsteller, Essayisten, aber auch Philosophen und Psychologen, und mit ihnen der größte Teil der Menschheit, leben noch weitgehend an dieser Weltbetrachtung vorbei.

Das Unbestimmtheitsprinzip machte mit der Determinierbarkeit des Universums endgültig ein Ende: Es ist selbstverständlich, daß es nicht gelingen kann, zukünftige Ereignisse exakt vorherzusagen, wenn es nicht einmal möglich ist, den derzeitigen Zustand des Universums exakt zu beschreiben.

In der Physik mußte die *Newton*sche Mechanik durch die von *Werner Heisenberg*, *Erwin Schrödinger* und *Paul Dirac* entwickelte Quanten- bzw. Wellenmechanik ersetzt werden. In der Quantenmechanik wird, statt getrennt von der Bestimmung des Ortes und des Impulses auszugehen, von Quantenzuständen gesprochen, in denen Position und Impuls kombiniert berücksichtigt werden. Der andersartige Ansatz zieht ein andersartiges Resultat nach sich. Statt eines einzelnen, diskreten Ergebnisses erhält man mit unterschiedlicher statistischer Wahrscheinlichkeit eine Reihe diskreter Ergebnisse (*Eigenwerte*). Dies hat zur Folge, daß das spezifische Ergebnis einer individuellen Messung nicht vorhersagbar ist. Stattdessen wird man mit einer bestimmten Wahrscheinlichkeit das Ergebnis A, mit einer bestimmten Wahrscheinlichkeit das Ergebnis B erwarten, sofern man dieselbe Messung an einer großen Anzahl gleicher Systeme vornimmt. Durch die Quantenmechanik kommt ein unvermeidbares Maß an Unvorhersagbarkeit und Unsicherheit in die Naturwissenschaft.

Obwohl Licht aus Wellen besteht, verhält es sich gemäß des *Einstein*schen Photonenmodells so, als wäre es aus Teilchen zusammengesetzt: Es kann nur quantenweise absorbiert oder emittiert werden. *Heisenberg*s Unbestimmtheitsprinzip hat zur Folge, daß sich Teilchen in mancher Hinsicht wie Wellen verhalten: Sie haben keine definierte Position, sondern sind mit einer gewissen Verteilungswahrscheinlichkeit über den Raum 'verschmiert'. Der Quantenmechanik liegt ein völlig neuer mathematischer Ansatz zugrunde, welcher zur Beschreibung der realen Welt nicht mehr Teilchen und Wellen voneinander unterscheidet.

Nachdem *Thomson* gegen Ende des 19. Jahrhunderts das negativ geladene Elektron und wenige Jahre später *Rutherford* den positiv geladenen Atom-Kern aufgespürt hatten, konnte das *Rutherford*sche Atom-Modell entworfen werden. Es beinhaltet einen *Atom-Kern* mit der *Kernladungszahl Z* (Anzahl der Protonen), welcher nahezu die ganze Atommasse in einem winzigen Bruchteil des Atom-Volumens enthält. Die Kernladungszahl Z ist mit der Anzahl der Elektronen in der *Elektronenhülle* identisch, so daß das Atom insgesamt neutral ist. Damit in Analogie zum mechanischen Planetensystem von *Newton* das Atom stabil und üblicherweise mit beträchtlicher Lebensdauer ausgestattet ist, entstand das Bild vom Atom-Kern, um den sich in relativ großen Abständen *das* Elektron (beim H-Atom) oder *die* Elektronen (bei den anderen Atomen) – wie die Planeten um die Sonne – bewegen. Da ein Elektron das Elementarteilchen der negativen Ladung darstellt und von einer beschleunigten Ladung eine Strahlungswelle ausgeht, würde das Atom der *Maxwell*schen Elektrodynamik zufolge fortwährend Energie verlieren. Dies geschähe auf Kosten der Gesamtenergie des kreisenden Elektrons, was zur Folge hätte, daß das Elektron in den Kern stürzen und zur Ruhe kommen würde. Um die Stabilität des Atoms mit dem *Rutherford*schen Atom-Modell in Einklang zu bringen, nahm *Niels Bohr* – wider die Erfahrung aus der makroskopischen Welt und in Übereinstimmung mit den Unstetigkeitsvorstellungen von *Planck* – im *Bohr-Rutherford*schen Atom-Modell an, daß Elektronen sich nur auf diskreten Bahnen (jeweils mit den sogenannten *Bohr*schen Radien versehen) um den Atom-Kern bewegen könnten. *Bohr* erzwang also die Stabilität des Atoms mit einem gedanklichen Gewaltstreich, indem er den aus der *Maxwell*schen Elektrodynamik zu folgernden Energie-Verlust und damit die für die makroskopische Welt des Lichts und der Optik aufgestellte Theorie für die mikroskopische Welt der Atome kurzerhand außer Kraft setzte.

Daß die *Newton*sche Mechanik und die *Maxwell*sche Elektrodynamik im makroskopischen Bereich durch die Quantenmechanik und die Quantenelektrodynamik im mikroskopischen Bereich ersetzt werden mußten, kennzeichnet nach *Richard P. Feynman* den ungemütlichen Aspekt der Natur, welcher dem gesunden Menschenverstand deutlich gegen den Strich geht.

Heisenbergs Unbestimmtheitsprinzip macht plausibel, daß das Atom stabil ist. Befänden sich die Elektronen im Atom-Kern, würde man ihre Position kennen. Aufgrund des Unbestimmtheitsprinzips müßten sie dann mit einer großen kinetischen Energie ausgestattet sein. Mit dieser Energie würden sie sich jedoch vom Atom-Kern entfernen. In Wirklichkeit stellt sich ein Kompromiß ein, und die Elektronen trudeln um den Atom-Kern herum, ohne daß man genau bestimmen könnte, wo sie sich aufhalten und wie schnell sie sich fortbewegen.

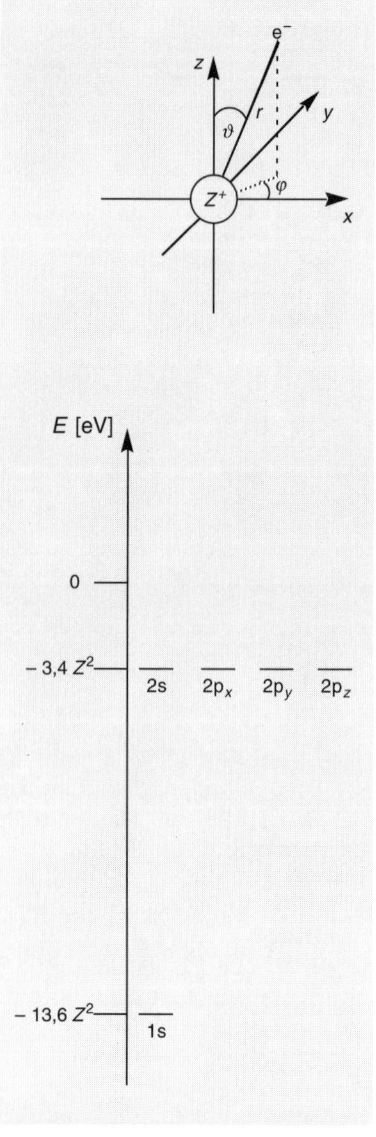

Fig. 8.1. *Die durch Lösen der* Schrödinger-*Gleichung für ein Elektron im* Coulomb-*Potential eines Atom-Kerns erhaltenen fünf energetisch niedrigsten Atom-Orbitale*

8.3. Atom- und Molekül-Orbitale (AOs und MOs)

Die Quantenmechanik lehrt, daß ein Teilchen kleiner Masse – wie das Elektron – nicht durch eine aus den *Newton*schen Gesetzen folgende Bahnkurve, sondern durch eine Funktion $\psi(\mathbf{r},t)$ im Raum beschrieben wird. Diese Funktion ist durch Lösen der *Schrödinger*-Gleichung mit Hilfe von Näherungsverfahren zugänglich. Das Betragsquadrat $|\psi|^2 = \psi^\star \cdot \psi$ ($\psi^\star$ ist die zu ψ konjugiert-komplexe Funktion) entspricht der Wahrscheinlichkeitsdichte $\mathrm{d}W/\mathrm{d}V$ und gibt somit für jeden Ort die Wahrscheinlichkeit an, das Teilchen dort anzutreffen. Es ist zweckmäßig, mit ψ-Funktionen zu arbeiten, die zueinander orthogonal und normiert sind. Das heißt mathematisch:

$$\int \psi_i^\star \psi_j \mathrm{d}V \begin{cases} = 0, \text{ für } i \neq j \\ = 1, \text{ für } i = j \end{cases}$$

und besagt, daß das Volumenintegral Null wird, falls die Funktionen nicht gleich sind. Für gleiche Funktionen wird das Volumenintegral auf 1 normiert, weil die Wahrscheinlichkeit, das Elektron irgendwo im Raum zu finden, gleich 1 ist.

8.3.1. Einelektronenatome

Die Lösung der *Schrödinger*-Gleichung für ein Elektron, das sich im *Coulomb*-Potential eines Z-fach positiv geladenen Atom-Kerns bewegt, ergibt eine unendlich große Anzahl möglicher Funktionen ψ mit jeweils *diskreten* Energien (*Energie-Eigenwerten*). Diese Zustandsfunktionen (*Eigenfunktionen*) werden auch *Orbitale* genannt. Mit zunehmender Energie wächst die Anzahl verschiedener Orbitale gleicher Energie (*entartete Orbitale*). Die fünf energetisch niedrigsten Orbitale werden mit 1s, 2s, $2p_x$, $2p_y$ und $2p_z$ bezeichnet (*Fig. 8.1*).

Eine bestimmte Position des Elektrons bezüglich des Kerns wird durch Angabe der kartesischen Koordinaten x, y, z bzw. der Polarkoordinaten r, ϑ, φ eindeutig definiert.

8.3.1.1. Der Grundzustand des H-Atoms

Die (reelle) Funktion ψ_{1s} für den niedrigsten Energie-Eigenwert beschreibt den Grundzustand des H-Atoms mit der Kernladungszahl $Z = 1$. Mit einer Energie von −13,6 eV relativ zur (willkürlich gleich Null gesetzten) Energie des vollständig dissoziierten H-Atoms hängt sie nur vom Abstand r, nicht aber von den Winkeln ϑ und φ ab (*Fig. 8.1*). Die Wahrscheinlichkeit dW, das Elektron in irgendeinem Volumenelement dV mit dem Abstand r vom Kern zu finden, beträgt

$$\mathrm{d}W = \psi_{1s} \cdot \psi_{1s} \mathrm{d}V$$

Die Wahrscheinlichkeit, das Elektron insgesamt in allen Volumenelementen mit dem Abstand r, also in der Kugelschale mit innerem Radius r und äußerem Radius $r + \mathrm{d}r$ zu finden, beträgt

$$\mathrm{d}W = \psi_{1s} \cdot \psi_{1s} \cdot 4\pi r^2 \mathrm{d}r$$

Die Funktionen ψ_{1s}, ψ_{1s}^2 und $\psi_{1s}^2 \cdot 4\pi r^2$ sind in *Fig. 8.2* dargestellt. Sie offenbaren ein scheinbares Paradoxon: Die Wahrscheinlichkeitsdichte dW/dV ist bei $r = 0$, also am Kern, maximal. Fragt man aber nach dem Abstand des Elektrons vom Kern, dann zeigt sich, daß die Wahrscheinlichkeit, das Elektron im Abstand $r = 0$ anzutreffen, gleich Null ist. Der wahrscheinlichste Abstand des Elektrons im Grundzustand des H-Atoms ergibt sich zu 53 pm (der *Bohr*sche Radius a_0). Im *Bohr*schen Modell des H-Atoms hat das Elektron allerdings immer diesen Abstand vom Atom-Kern, während das quantenmechanische Modell ergibt, daß das Elektron mit 20%iger Wahrscheinlichkeit in einer Kugelschale mit einer Dicke von ±10 pm um die *Bohr*sche Bahn aufzufinden ist.

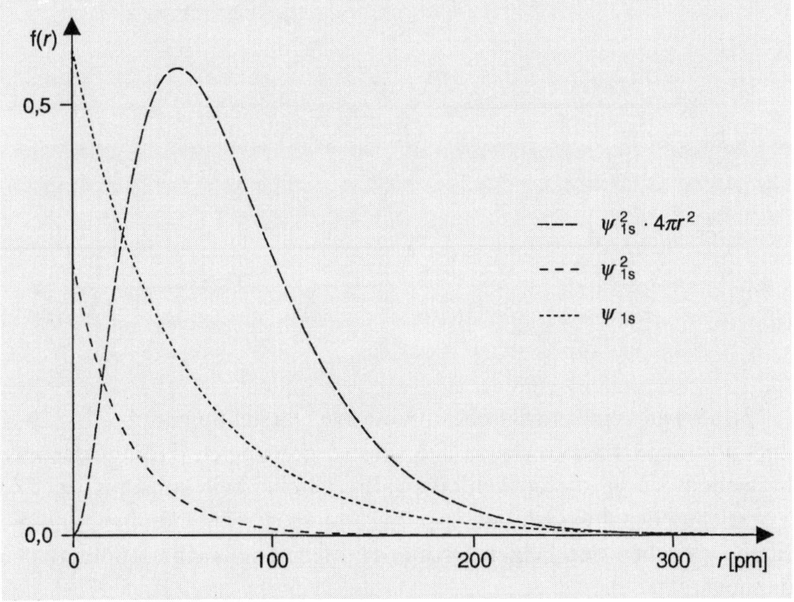

Fig. 8.2. *Darstellung der Funktionen* ψ_{1s}, ψ_{1s}^2 *und* $\psi_{1s}^2 \cdot 4\pi r^2$ *für das H-Atom*

Für die in der Chemie am häufigsten benutzte graphische Darstellung von s-Orbitalen wird eine Kugel mit endlichem Radius so gewählt, daß die Wahrscheinlichkeit, das Elektron innerhalb der Kugel zu finden, 90% beträgt.

8.3.1.2. Energetisch höhere Zustände des H-Atoms

Außer dem elektronischen Grundzustand existieren viele angeregte Zustände, in denen das Elektron durch jeweils eine andere Eigenfunktion (z.B. ψ_{2s}) beschrieben wird. Die Funktionen ψ_{2s}, ψ^2_{2s} und $\psi^2_{2s} \cdot 4\pi r^2$ sind in *Fig. 8.3* dargestellt. Der wesentliche Unterschied zwischen den beiden Orbitalen 1s und 2s liegt darin, daß die Funktion ψ_{2s} bei $r = 106$ pm aufgrund eines Wechsels im Vorzeichen den Wert Null aufweist, daß also bei diesem Abstand die Wahrscheinlichkeitsdichte gleich Null ist. Das relative Vorzeichen der Eigenfunktion ist von Bedeutung für das qualitative MO-Modell, so daß es immer angegeben werden muß: entweder direkt durch '+' bzw. '−' oder indirekt durch *Schraffur* bzw. *Nicht-Schraffur*. Da das Quadrat der Eigenfunktion für die Elektronendichte entscheidend ist, kann man einen bestimmten Bereich willkürlich mit '+' oder '−' kennzeichnen. Die Flächen, die – bedingt durch einen Vorzeichenwechsel der Eigenfunktion – den Funktionswert Null aufweisen, heißen *Knotenflächen*.

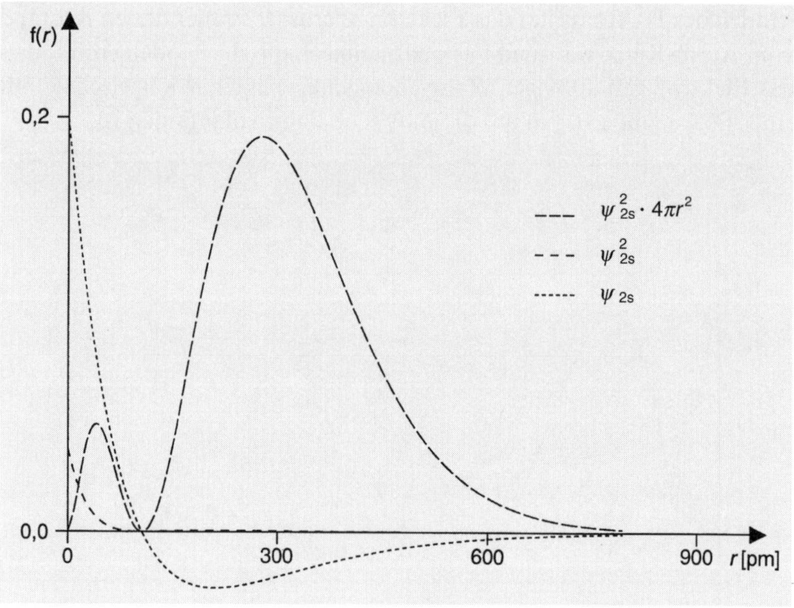

Fig. 8.3. *Darstellung der Funktionen ψ_{2s}, ψ^2_{2s} und $\psi^2_{2s} \cdot 4\pi r^2$ für das H-Atom*

Fig. 8.4 gibt eine graphische, qualitative Darstellung der 1s-, 2s-, $2p_x$-, $2p_y$- und $2p_z$-Orbitale wieder. Sie sind so gezeichnet, daß auf der umhüllenden Kurve die Aufenthaltswahrscheinlichkeit konstant ist. Die Vorzeichen der drei Orbitale $2p_x$, $2p_y$ und $2p_z$ lassen erkennen, daß die Ebene zwischen den beiden Orbital-Hälften jeweils eine Knotenfläche darstellt.

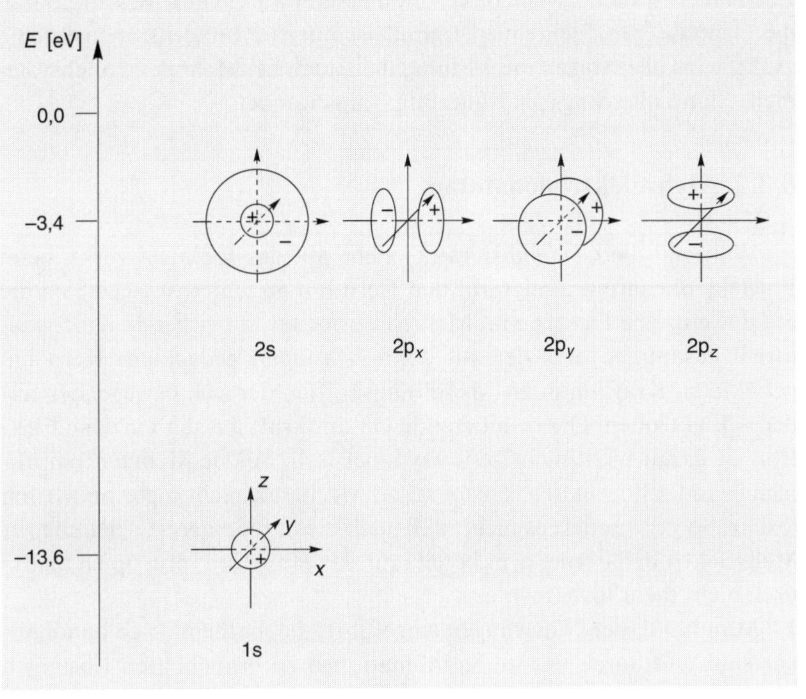

Fig. 8.4. *Qualitative Darstellung der fünf energetisch niedrigsten H-Atom-Orbitale*

8.3.1.3. Atome mit höheren Kernladungszahlen

Die Bedeutung der Orbitale wurde bislang am Beispiel des H-Atoms mit der Kernladungszahl $Z = 1$ demonstriert. Die dabei gewonnenen Erkenntnisse und Erfahrungen gelten gleichermaßen auch für andere Einelektronenatome mit dem wesentlichen Unterschied, daß

- die Energie eines bestimmten Orbitals proportional zu Z^2 abgesenkt wird;
- das Orbital zwar seine Form behält, aber um den Faktor $1/Z$ kleiner wird.

Das Zusammenschrumpfen der Orbitale bei zunehmender Kernladungszahl ist leicht nachvollziehbar: Das Elektron wird zunehmend vom Kern angezogen und hält sich daher im zeitlichen Mittel näher am Kern auf.

8.3.1.4. Besetzte und unbesetzte Orbitale und deren Energien

Ein Einelektronenatom existiert nur in bestimmten Zuständen, die jeweils durch eine Zustandsfunktion und den zugehörigen Energie-Wert eindeutig beschrieben sind. Man sagt nun, das Elektron befinde sich in einem bestimmten Orbital ψ. Die Energie des Systems wird daher mit der Orbital-Energie von ψ identifiziert. In dieser Beschreibung gibt es auch Orbitale, die nicht besetzt sind. Ihnen ordnet man ebenfalls eine Orbital-Energie zu, welche der Energie des Einelektronenatoms im betreffenden

Zustand entspräche, wenn das Orbital besetzt wäre. Diese Beschreibung, die Orbitale von Elektronen trennt, ist nur für Einelektronensysteme exakt, wird aber wegen ihrer Einfachheit auch bei Mehrelektronensystemen – dann allerdings als Näherung – angewendet.

8.3.2. Mehrelektronenatome

Während die *Coulomb*-Kraft, welche auf das Elektron wirkt, beim Einelektronenatom immer auf den Kern hin gerichtet ist, setzt sich die auf das einzelne Elektron im Mehrelektronenatom wirkende Kraft vektoriell zusammen: aus der auf den (als ruhend gedachten) Kern hin gerichteten Kraft und den Abstoßungskräften der sich bewegenden anderen Elektronen. Die resultierende Gesamtkraft auf das einzelne Elektron ist damit nicht mehr zentrosymmetrisch. Solche Mehrzentrenprobleme sind schon in der *Newton*schen Mechanik nicht mehr analytisch lösbar. So verwundert es nicht, daß auch die *Schrödinger*-Gleichung für Mehrelektronenatome, d. h. bereits für das He-Atom, prinzipiell analytisch nicht mehr lösbar ist.

Man hat daher Näherungen eingeführt, die mathematisch handhabbar sind und durch lineare Kombinationen zu brauchbaren Lösungen führen. Eine derartige Näherung stellt die 'Orbital-Näherung' dar.

8.3.2.1. Die Orbital-Näherung

Im einfachsten Fall ignoriert man die (Elektron/Elektron)-Wechselwirkung. Das bedeutet physikalisch, daß jedes einzelne Elektron – wie im Fall der Einelektronenatome – nur noch die Anziehung durch den Kern 'spürt', nicht mehr aber die Abstoßung durch die anderen Elektronen. Mit anderen Worten: Für jedes der n Elektronen liegt jetzt ein Problem mit einer Eigenfunktion, wie sie für Einelektronensysteme verwendet wird, als Lösung vor.

Damit kann die Eigenfunktion $\psi(\boldsymbol{r}_1, \boldsymbol{r}_2 \ldots \boldsymbol{r}_n)$, die ja von den Koordinaten aller n Elektronen gleichzeitig abhängt, durch ein Produkt aus n Funktionen, die jeweils nur von den Koordinaten eines einzelnen Elektrons abhängen, approximiert werden:

$$\psi(\boldsymbol{r}_1, \boldsymbol{r}_2 \ldots \boldsymbol{r}_n) \xrightarrow[\text{Näherung}]{\text{Orbital-}} \varphi_1(\boldsymbol{r}_1) \cdot \varphi_2(\boldsymbol{r}_2) \ldots \varphi_n(\boldsymbol{r}_n)$$

Diese Funktionen φ_1–φ_n werden, da sie den Funktionen des H-Atoms ähnlich sind, als wasserstoffähnliche Einelektronenfunktionen bezeichnet. Obwohl dieses Produkt das *Pauli*-Prinzip (*Abschn. 8.3.2.2*) nicht erfüllt, verzichten wir auf die Einführung der sogenannten *Slater*-Determinanten, da sie für unsere Diskussion nicht notwendig sind.

Der Vorteil dieser Orbital-Näherung liegt darin, daß wir auf bereits bekannte Einelektronenfunktionen zurückgreifen können. Wieder werden Elektronen in Einelektronenorbitale gefüllt und wird die Gesamtenergie des Systems durch Addition der Energien der besetzten Orbitale berechnet. Dieses Verfahren ist im Gegensatz zu den Einelektronenatomen wegen der Vernachlässigung der (Elektron/Elektron)-Wechselwirkung eine grobe Annäherung. Das Modell der sogenannten *effektiven Kernladungen* bietet die einfachste Möglichkeit, diese Wechselwirkung im Rahmen der Orbital-Näherung wenigstens teilweise zu berücksichtigen. Es geht davon aus, daß auf das einzelne Elektron im Mehrelektronenatom nicht die volle, sondern eine reduzierte, *effektive* Kernladung wirkt. Die Ursache dafür besteht darin, daß die restlichen Elektronen im zeitlichen Mittel die tatsächliche Kernladung etwas abschirmen. Die gegenseitige Beeinflussung der Elektronenbewegung, die sogenannte Elektronenkorrelation, wird dabei bewußt vernachlässigt.

Wie beim Einelektronenatom hängen Energie und 'Größe' der einzelnen Atom-Orbitale von der Kernladung ab – nicht von der tatsächlichen, sondern von der effektiven. Die effektive Kernladung wird bestimmt von

- *Anzahl und 'Art' der Elektronen*: Die abschirmende Wirkung eines Elektrons im 1s-Orbital ist für ein Elektron in einem 2p-Orbital stärker als für ein Elektron im 2s-Orbital. Die auf ein Elektron im 2s-Orbital wirkende effektive Kernladung ist folglich größer als die im gleichen Atom auf ein Elektron in einem 2p-Orbital wirkende, so daß die Entartung der Orbitale 2s und 2p beim Übergang zu den Mehrelektronenatomen verlorengeht. Dies erklärt die energetische Aufspaltung der verschiedenen Energie-Niveaus im Mehrelektronenatom: Grundlage für das Aufbauprinzip des Periodensystems der Elemente;
- *der tatsächlichen Kernladung*: Je größer die tatsächliche Kernladung ist, um so größer ist auch die effektive Kernladung – trotz zunehmender Anzahl abschirmender Elektronen –, da ein zusätzliches Elektron weniger als eine volle zusätzliche Kernladung abzuschirmen vermag. So beträgt beispielsweise die effektive Kernladung im He-Atom *ca.* 1,7. Das bedeutet, daß in der Reihe vom Lithium zum Fluor die Atom-Orbitale zunehmend 'kleiner' werden und energetisch tiefer liegen.

8.3.2.2. Besetzungsregeln und Elektronenstrukturen

Für die erlaubten Kombinationen verschiedener möglicher Einelektronenfunktionen gibt es bestimmte Einschränkungen und Regeln:

- Aufgrund des *Pauli*-Prinzips können Elektronen im gleichen Atom oder Molekül nur dann durch ein und dieselbe Einelektronenfunktion beschrieben werden, wenn sie sich in ihrem *Spin* unterscheiden. Da ein Elektron nur zwei unterschiedliche Spin-Richtungen haben kann (↑ oder ↓, charakterisiert durch die Spin-Quantenzahlen $s = +1/2$ bzw. $-1/2$), folgt daraus: Ein Orbital kann von maximal zwei Elektronen 'besetzt' (*populiert*) werden, die dann aber entgegengesetzten Spin aufweisen müssen.
- Die stabilste Elektronenpopulation für einen Satz vorgegebener Orbitale ist diejenige, in welcher die Elektronen jeweils paarweise (mit entgegengesetztem Spin) die Orbitale auf der Energie-Skala von unten nach oben (also zunächst die am tiefsten liegenden) besetzen.
- Bei der Besetzung zweier entarteter Orbitale durch zwei Elektronen ist diejenige Anordnung die stabilere, in welcher die beiden Elektronen den gleichen Spin aufweisen und damit jedes der beiden Orbitale von einem Elektron besetzt ist (*Hund*sche Regel).

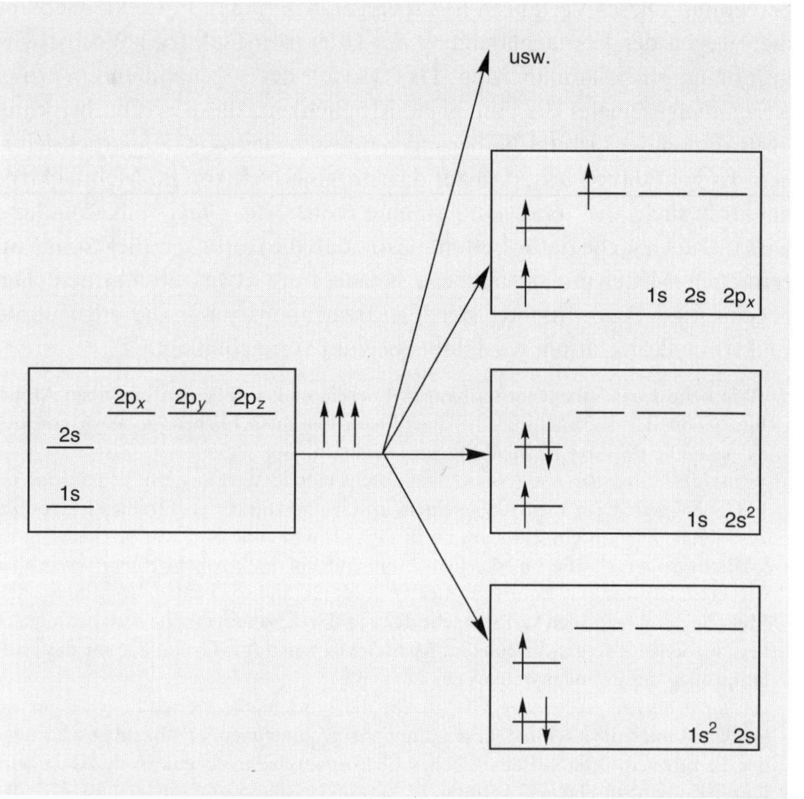

Fig. 8.5. *Besetzungsmöglichkeiten für drei Elektronen bei gegebenem Orbitalsatz*

Es gibt viele Möglichkeiten, einen gegebenen Orbitalsatz durch eine gegebene Anzahl von Elektronen zu besetzen (*Fig. 8.5*). Die verschiedenen Populationen werden im Sinne der Orbital-Näherung jeweils durch ein Produkt aus Einelektronenfunktionen charakterisiert und als Elektronenstruktur (*Elektronenkonfiguration*) bezeichnet. So wird der Grundzustand des Li-Atoms durch die Elektronenstruktur $1s^2 2s$ beschrieben.

8.3.3. Moleküle

8.3.3.1. Der LCAO-MO-Ansatz

Einem Molekül aus m Atom-Kernen und n Elektronen ist eine Eigenfunktion

$$\psi\,(\boldsymbol{R}_1, \boldsymbol{R}_2 \ldots \boldsymbol{R}_m, \boldsymbol{r}_1, \boldsymbol{r}_2 \ldots \boldsymbol{r}_n)$$

zugeordnet, die von den Koordinaten $\boldsymbol{R}_k$ der Kerne und den Koordinaten $\boldsymbol{r}_l$ der Elektronen abhängt. Aufgrund ihrer sehr viel kleineren Masse und Trägheit passen sich die Elektronen praktisch verzögerungsfrei Umorientierungen des Kerngerüsts an, d. h. aus der Sicht der Kerne ist die Bewegung der Elektronen 'unendlich' schnell. Aus der Sicht der Elektronen ist dagegen die Bewegung der Kerne 'unendlich' langsam, so daß für das Verhalten der Elektronen nicht die Kernbewegung, sondern nur die momentane Kernanordnung wichtig ist. In sehr guter Näherung sind deshalb Kern- und Elektronenbewegungen entkoppelt (*Born-Oppenheimer*-Näherung):

$$\psi\,(\boldsymbol{R}_1 \ldots \boldsymbol{R}_m, \boldsymbol{r}_1 \ldots \boldsymbol{r}_n) = \chi\,(\boldsymbol{R}_1 \ldots \boldsymbol{R}_m) \cdot \psi'(\boldsymbol{r}_1 \ldots \boldsymbol{r}_n)$$

Der zweite Faktor dieses Produkts beschreibt das Verhalten der Elektronen im fixierten Kerngerüst.

Für eine molekulare Kernanordnung gibt es – analog zum Atom – verschiedene 'erlaubte' Elektronenstrukturen mit jeweils diskreter Energie. Im (Energie/Atomkern-Koordinaten)-System bilden die Energien aller möglichen Kernanordnungen die Energie-Hyperfläche – auch Potentialfläche genannt – des Moleküls im elektronischen Grundzustand oder in einem elektronisch angeregten Zustand.

Mit Hilfe von Einelektronenfunktionen ϕ_i, welche die Aufenthaltswahrscheinlichkeit jeweils eines Elektrons im effektiven Potentialfeld des Kerngerüsts beschreiben, können analog zu den Atom-Orbitalen (AOs) *Molekül-Orbitale* (MOs) definiert werden, die sich über das ganze Molekül erstrecken. Im Rahmen der Orbital-Näherung gibt es verschiedene Möglichkeiten, durch Produkt-Bildung aus sinnvoll gewählten Einelektronenfunktionen die gesamte Eigenfunktion zu gewinnen.

Trotz weitgehender Analogie der Orbital-Näherung bei der Behandlung von Mehrelektronenatomen und -molekülen gibt es einen wesentlichen Unterschied: Während sich der Orbitalsatz (1s, 2s, $2p_x$ usw.) für Atome lediglich in Ausdehnung und Energie von Atom-Art zu Atom-Art unterscheidet, sind die effektiven Kerngerüst-Felder von Molekül zu Molekül und von Konformation zu Konformation eines Moleküls verschieden und bedingen deshalb für jedes Molekül in jeder möglichen Kernanordnung einen individuellen und charakteristischen Satz von MOs ϕ_i. Zu dessen Konstruktion hat sich die Linearkombination aus Basisfunktionen φ_j bewährt:

$$\phi_i = \sum_j c_{ij}\,\varphi_j$$

Die Koeffizienten c_{ij} geben an, wie 'stark' die jeweilige Basisfunktion φ_j am MO ϕ_i beteiligt ist. Dabei ist zu berücksichtigen, daß es verschiedene Sätze von Basisfunktionen gibt. Beim Chemiker, der gedanklich Moleküle aus Atomen aufbaut, hat sich das Verfahren durchgesetzt, die gesuchten Einelektronenfunktionen eines Moleküls im Baukasten-Prinzip aus den bekannten Einelektronenfunktionen der am Molekül beteiligten Atome aufzubauen (LCAO-MO = *L*inear *C*ombination of *A*tomic *O*rbitals to *M*olecular *O*rbitals). Dabei stimmt die Anzahl der gebildeten MOs immer mit der Anzahl der für ihre Konstruktion verwendeten AOs überein.

8.3.3.2. Orbital-Symmetrie

Durch eine Symmetrie-Operation wird ein Orbital ψ in ein neues Orbital ψ' übergeführt. Für nicht-entartete Orbitale gilt:

$$\psi' = c \cdot \psi$$

wobei *c* eine für die betrachtete Symmetrie-Operation charakteristische Konstante darstellt und die Werte +1 oder −1 annehmen kann. Wechselt das Orbital bei der Ausführung der Symmetrie-Operation das Vorzeichen nicht ($c = +1$), ist es bezüglich dieser Symmetrie-Operation *symmetrisch*. Ändert sich dagegen das Vorzeichen ($c = -1$), ist es *antisymmetrisch*. Dies ist in *Tab. 8.3* am Beispiel des $2p_x$-AOs gezeigt: Dieses Orbital verhält sich bezüglich der Drehung um die x-Achse und der Spiegelung an der xy- oder xz-Ebene symmetrisch; bezüglich der Spiegelung an der yz-Ebene, der Inversion und der Drehung um die y- oder z-Achse verhält es sich dagegen antisymmetrisch.

Bei der Aufstellung von Wechselwirkungsdiagrammen (*vide infra*) spielt die Symmetrie der MOs eine entscheidende Rolle. Jedes MO gehört in dieselbe Symmetrie-Punktgruppe wie das Molekül (bzw. sein Modell), zu dessen Beschreibung es dient. Sein Verhalten bezüglich der jeweiligen Symmetrie-Operationen kann durch eine der irreduziblen Darstellungen der betreffenden Punktgruppe (s. *Kap. 11.4*) charakterisiert werden. Von dieser Zuordnung wird in *Abschn. 8.3.3.4.3*, *Kap. 14.4.2* und *Kap. 14.5* Gebrauch gemacht, ohne daß dies dort noch einmal ausdrücklich erwähnt wird.

8.3.3.3. Wechselwirkungsdiagramme

8.3.3.3.1. Bindende, antibindende und nichtbindende Molekül-Orbitale

Die Auswahl einer geeigneten Methode zur numerischen Berechnung der MOs hängt von dem vorgegebenen Problem ab. In vielen Fällen genügen Aussagen im Rahmen des qualitativen MO-Modells, in dem die MOs durch Linearkombination der AOs der beteiligten Atome gewonnen werden. Für die Linearkombination der AOs zu MOs gelten folgende Regeln:

- Die zu einem MO kombinierten AOs sind derselben irreduziblen Darstellung aus derjenigen Symmetrie-Punktgruppe, in welche das betrachtete Molekül (oder Molekül-Fragment) gehört, zugeordnet.
- Für die Kombination werden AOs verwendet, die energetisch nicht zu weit voneinander entfernt liegen. Außerdem werden nur solche AOs miteinander kombiniert, bei denen es einen Raumausschnitt gibt, in dem sie beide eine erhebliche Elektronendichte aufweisen. Das Ausmaß dieser räumlichen Durchdringung (*Überlappung*) zweier AOs φ und φ' wird durch das sogenannte *Überlappungsintegral* ausgedrückt:

$$\int \varphi\varphi'^{*} \mathrm{d}V$$

Es ist ein Maß für die energetische Absenkung derjenigen Linearkombination, bei der die beiden AOs im Überlappungsbereich das gleiche Vorzeichen aufweisen, und ein Maß für die energetische Anhebung derjenigen Linearkombination, bei der sie das entgegengesetzte Vorzeichen besitzen. Den ersteren Typ von MOs nennt man *bindende*, den letzteren *antibindende* MOs.

Tab. 8.3. *Symmetrie-Verhalten des $2p_x$-Orbitals*

Symmetrie-Operation		Ergebnis	c
Identitätsoperation	E	symmetrisch	+1
Spiegelung	$\sigma(xy)$	symmetrisch	+1
Spiegelung	$\sigma(xz)$	symmetrisch	+1
Spiegelung	$\sigma(yz)$	antisymmetrisch	−1
Drehung	$C_2(y)$	antisymmetrisch	−1
Drehung	$C_2(z)$	antisymmetrisch	−1
Drehung	$C_\infty(x)$	symmetrisch	+1
Inversion	i	antisymmetrisch	−1

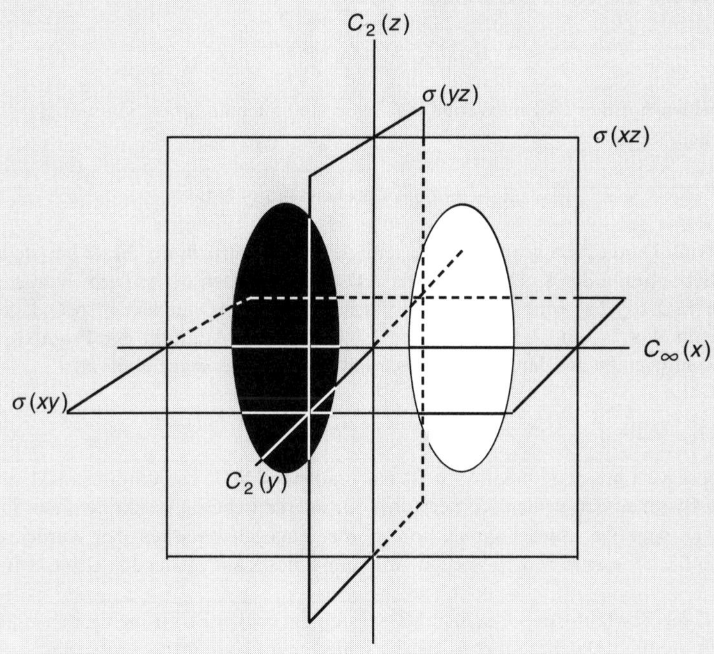

Die Stabilisierungs- bzw. Destabilisierungsenergie läßt sich durch ein anderes Integral berechnen und wird daher häufig kurz *Resonanz-Integral* genannt. Das Resonanz-Integral steht in keinem direkten Zusammenhang mit der in *Kap. 14* erwähnten Resonanz-Theorie.

Bei der Linearkombination von AOs, welche die genannten Voraussetzungen erfüllen, ist die Wahl der Koeffizienten durch die Forderung nach Orthogonalität der resultierenden MOs eingeschränkt. Die MOs des H_2-Moleküls mögen dies verdeutlichen.

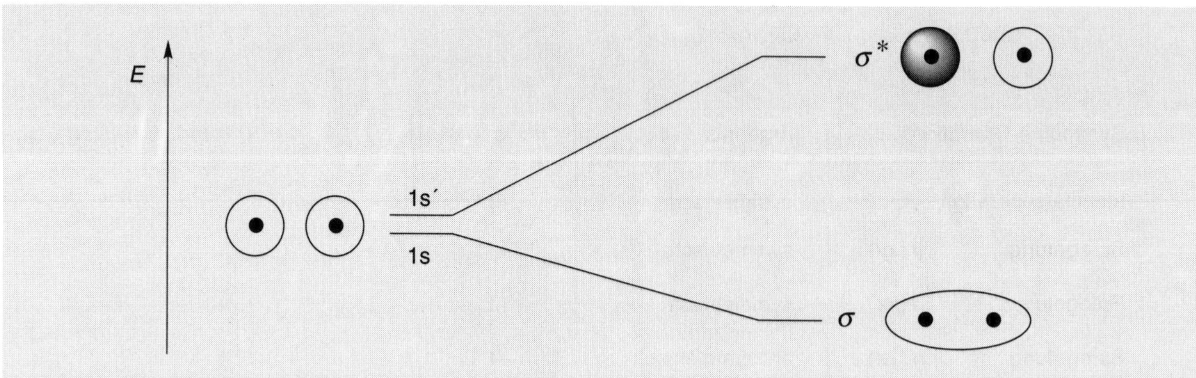

Fig. 8.6. *Positive und negative Linearkombination von zwei 1s-Orbitalen*

Als AOs dienen die beiden 1s-Orbitale der am Molekül beteiligten H-Atome. Sie sind im Wechselwirkungsdiagramm von *Fig. 8.6* (links) dargestellt. Die beiden Orbitale erfüllen alle oben genannten Bedingungen: Sie besitzen gleiche Symmetrie und Energie und durchdringen sich im H_2-Molekül beträchtlich. Wir bilden nun eine positive und eine negative Linearkombination:

$$\sigma = (1s + 1s')/\sqrt{2} \text{ und } \sigma^* = (1s - 1s')/\sqrt{2}$$

Die beiden normierten Linearkombinationen sind zueinander orthogonal, denn das Volumenintegral

$$\int((1s + 1s')/\sqrt{2})^{\star} \cdot ((1s - 1s')/\sqrt{2})\mathrm{d}V$$

wird Null. Da die AOs normiert sind, genügt für die Überprüfung dieser Feststellung eine Betrachtung der Koeffizienten der AOs in den beiden MOs. Diese betragen in dem σ-MO $1/\sqrt{2}$ sowohl für das 1s- als auch für das 1s′-AO, in dem σ^*-MO dagegen $1/\sqrt{2}$ für das 1s- und $-1/\sqrt{2}$ für das 1s′-AO. Durch Addition der Produkte der AO-Koeffizienten aus den beiden MOs erhält man für das obige Integral:

$$2 \cdot (1/\sqrt{2})^{\star} \cdot (1/\sqrt{2}) + 2 \cdot (1/\sqrt{2})^{\star} \cdot (-1/\sqrt{2}) = 0.$$

Die positive Linearkombination σ ist ein bindendes MO. Die erhöhte Elektronendichte zwischen den beiden Kernen führt zur energetischen Absenkung dieses Orbitals. Die negative Linearkombination σ^* hat dagegen zwischen den Kernen eine Knotenfläche, was zur energetischen Anhebung dieses antibindenden Orbitals führt.

Für die Besetzung dieser beiden MOs durch die beiden Elektronen gelten analoge Regeln wie für AOs; dies führt zu vier verschiedenen Elektronenstrukturen (*Fig. 8.7*). Das vollständige Symbol zur Kennzeichnung einer Elektronenstruktur gibt auch den Gesamtspin $S = \Sigma s$ durch eine links hochgestellte Zahl an, allerdings nicht direkt, sondern in Form der Spin-Multiplizität $2S + 1$.

Gesamtspin	Spin-Multiplizität	Bezeichnung
0	1	Singulett
½	2	Dublett
1	3	Triplett

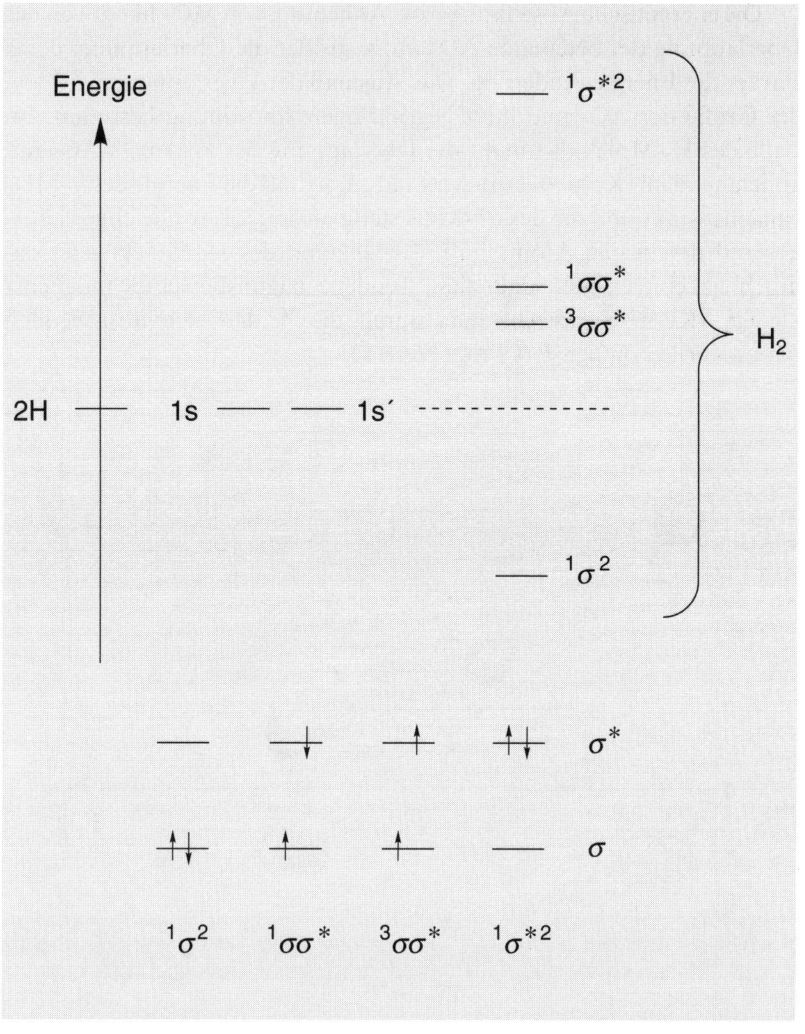

Fig. 8.7. *Besetzungsmöglichkeiten für die beiden Elektronen nach Überlappung zweier 1s-Orbitale und relative Energie der möglichen Elektronenstrukturen des H_2-Moleküls*

Die Destabilisierung bei der Überlappung zweier Orbitale mit unterschiedlichem Vorzeichen ist immer betragsmäßig größer als die Stabilisierung bei der entsprechenden Überlappung der beiden Orbitale mit gleichem Vorzeichen. Damit erlaubt der Vergleich der Energien der verschiedenen Elektronenstrukturen des H_2-Moleküls mit der Energie zweier isolierter H-Atome folgende Aussagen:

- Die Elektronenstruktur $^1\sigma^2$ (d.h. der Grundzustand) des H_2-Moleküls ist stabiler als zwei isolierte H-Atome.
- Die Strukturen $^1\sigma\sigma^*$ bzw. $^3\sigma\sigma^*$ sind instabiler als zwei isolierte H-Atome; dies läßt erwarten, daß beim Übergang eines Elektrons aus dem σ-MO in das σ^*-MO eine Dissoziation des H_2-Moleküls erfolgt.

Für ein He_2-Molekül ergibt sich qualitativ das gleiche Wechselwirkungsdiagramm. Der Grundzustand des He_2-Moleküls würde durch die Elektronenstruktur $^1(\sigma^2\sigma^{*2})$ beschrieben, die instabiler wäre als die beiden getrennten He-Atome mit den Elektronenstrukturen $1s^2$ und $1s'^2$; dies erklärt im Rahmen des MO-Modells, daß es zwar H_2-, nicht aber He_2-Moleküle gibt.

Die energetische Absenkung bzw. Anhebung von MOs hängt von der Überlappung der beteiligten AOs ab: je größer die Überlappung, desto stärker die Energie-Änderung. Das Ausmaß der Überlappung wird von der Größe der AOs und ihrer gegenseitigen Anordnung bestimmt. Im Falle des H_2-Moleküls nimmt die Überlappung der beiden 1s-AOs mit abnehmendem (Kern–Kern)-Abstand zu, so daß die Energie des σ-MOs zunächst sinkt und die des σ^*-MOs stetig ansteigt. Der Gleichgewichtsabstand der beiden Atome im Grundzustand des H_2-Moleküls ist dadurch gekennzeichnet, daß diese Tendenz zugunsten eines möglichst kleinen (Kern–Kern)-Abstands durch die beiden sich abstoßenden Atom-Kerne kompensiert wird (*Fig. 8.8*).

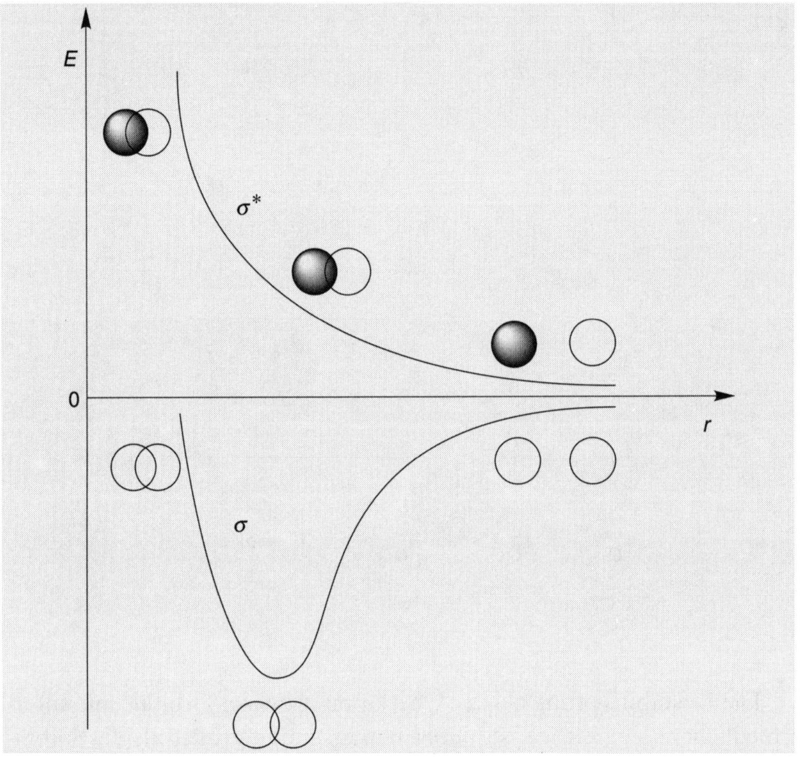

Fig. 8.8. *Energie-Änderung der σ- und σ*-MOs in Abhängigkeit vom (Kern–Kern)-Abstand*

Mit diesem Ergebnis, welches die Gesamtenergie des H_2-Moleküls und den Gleichgewichtsabstand zwischen den beiden Protonen bei Besetzung des bindenden MOs mit einem Elektronenpaar angibt, ist die *kovalente Bindung* im H_2-Molekül als Elektronenpaar-Bindung beschrieben und das *Valenzbindungskonzept*, das mit dem *Molekül-Konzept* der Chemiker unmittelbar verbunden ist, physikalisch begründet worden.

Die Bildung einer chemischen Bindung ist auch mit nur einem Elektron im σ-MO möglich. Für ein solches H_2^+-Ion sagt das MO-Modell voraus, daß der Gleichgewichtsabstand der beiden Kerne größer sein muß als der im H_2-Molekül, da bei gleichbleibender (Kern/Kern)-Abstoßung im ersten Fall ein Elektron, im zweiten Fall zwei Elektronen die Bindung hervorrufen. Unter bestimmten Bedingungen ist es tatsächlich möglich, ein H_2^+-Ion zu erzeugen, dessen (Kern–Kern)-Abstand mit 106 pm deutlich über dem Wert von 74 pm für das H_2-Molekül liegt.

Ähnlich wie man durch Kombination zweier s-AOs ein σ- und ein σ^*-MO erhält, lassen sich andere Kombinationen ausführen.

Kombination eines s- und eines p_x-Orbitals:

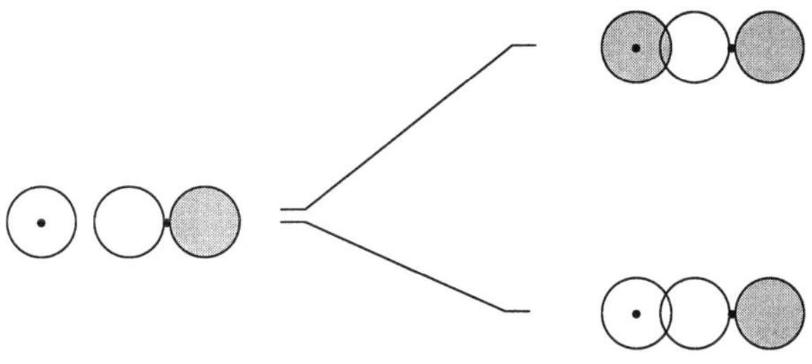

Kombination zweier p_x-Orbitale:

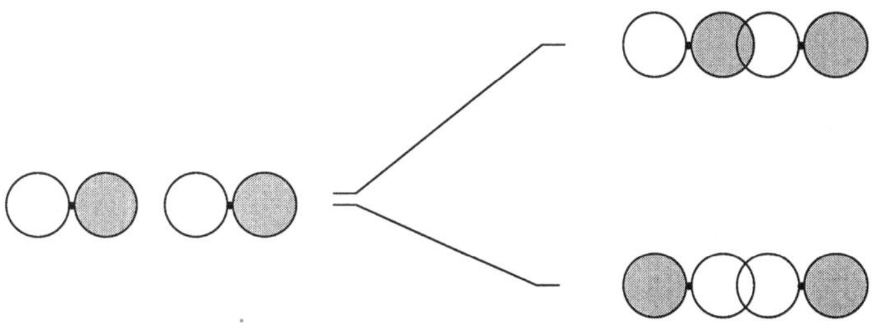

Während die bisher dargestellten MOs zur (Kern–Kern)-Bindungsachse rotationssymmetrisch waren (σ-MOs), führt die Kombination zweier p_z-Orbitale zu sogenannten π-MOs, bei denen die Atom-Kerne in einer Knotenebene liegen. Da hier die Überlappung nicht entlang der Richtung mit der größten Ausdehnung der p_z-AOs erfolgt, ist die energetische Aufspaltung bei typischen Bindungsabständen geringer als bei der Überlappung zweier p_x-AOs zu σ-MOs.

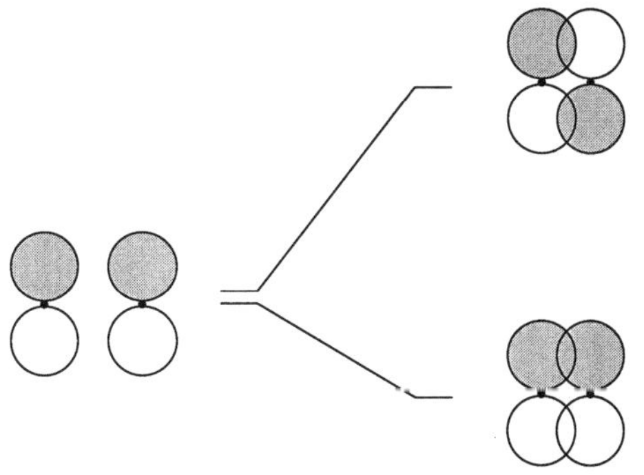

Dagegen zeigen in den folgenden vier Kombinationen die AOs jeweils verschiedenes Symmetrie-Verhalten bezüglich der Rotation um die Bindungsachse.

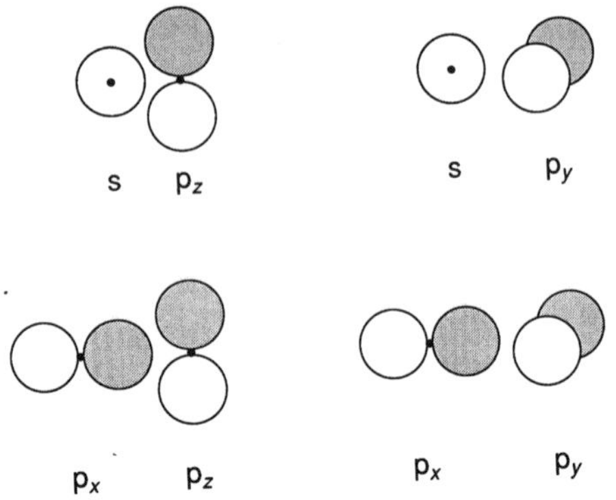

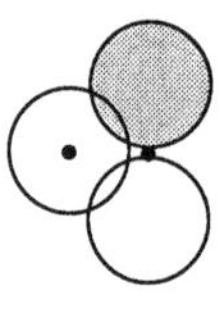

Es ist dann zwangsläufig, daß im Überlappungsbereich der betreffenden AOs gleiche Volumina mit gleichem und entgegengesetztem Vorzeichen der beiden AOs vorliegen, so daß insgesamt keine Stabilisierung zustande kommt. Dies ist am Beispiel der Überlappung eines s-AOs mit einem p_z-AO nebenstehend aufgezeigt.

Für p_z am einen und p_y am anderen Atom ist – wiederum wegen des unterschiedlichen Symmetrie-Verhaltens – die Kombination zu einem MO 'verboten'. Wir betrachten dazu die Symmetrie-Operationen $C_2(x)$, $\sigma(xy)$ und $\sigma(xz)$:

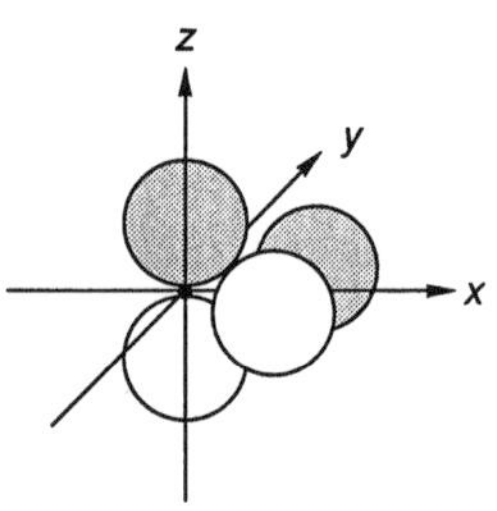

Während beide AOs bezüglich $C_2(x)$ antisymmetrisch sind, verhält sich p_y bezüglich $\sigma(xy)$ symmetrisch und bezüglich $\sigma(xz)$ antisymmetrisch. Umgekehrtes gilt für p_z.

Bei der Linearkombination zweier 1s-AOs zu den MOs σ und σ^* des H_2-Moleküls ergaben sich betragsgleiche Koeffizienten. Bei der Kombination von Orbitalen unterschiedlichen Typs oder unterschiedlicher Kern-Arten haben die Koeffizienten nicht mehr den gleichen Betrag. Es gilt allgemein, daß das tiefer liegende AO im bindenden MO einen größeren Koeffizienten hat als das höher liegende AO. Wegen der Orthogonalität der MOs gilt für das antibindende MO das Umgekehrte. Die genauen numerischen Werte der Koeffizienten der AOs sind nur durch quantitative Rechnung erhältlich (s. *Aspekte der Organischen Chemie*, Band 4: *Methoden der Struktur-Bestimmung*). Wir werden dennoch bei einigen Beispielen, insbesondere bei denen, die am Anfang dieses Kapitels den Leser zur Lektüre motiviert haben, Ergebnisse solcher Rechnungen angeben.

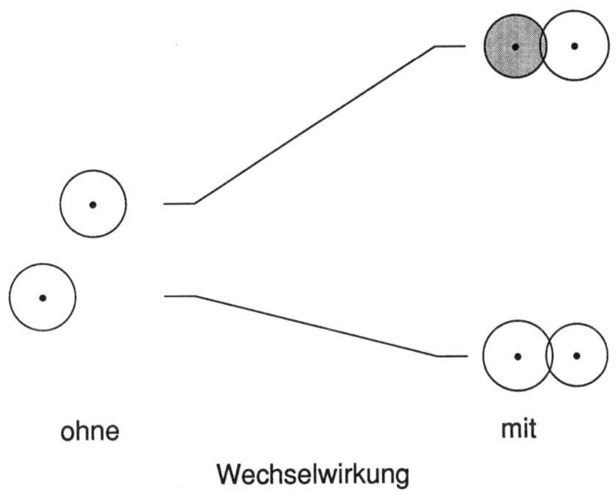

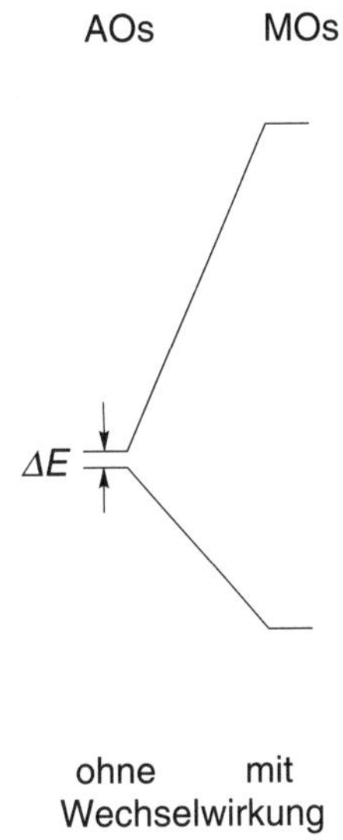

In welchem Ausmaß zwei MOs relativ zu den AOs stabilisiert bzw. destabilisiert werden, hängt auch von der Energie-Differenz der beiden AOs ab: je größer die Energie-Differenz, desto kleiner die Stabilisierung bzw. Destabilisierung.

Damit haben wir die wichtigsten Regeln kennengelernt, die notwendig sind, um die MOs eines gegebenen Kerngerüsts qualitativ mittels eines Wechselwirkungsdiagramms zu konstruieren. Diese Regeln bilden das Kernstück des qualitativen MO-Modells.

Für lineares und gewinkeltes Methylen werden nachstehend Wechselwirkungsdiagramme konstruiert. Dabei werden nicht nur *bindende* und *antibindende* MOs auftreten, sondern auch *nichtbindende* MOs.

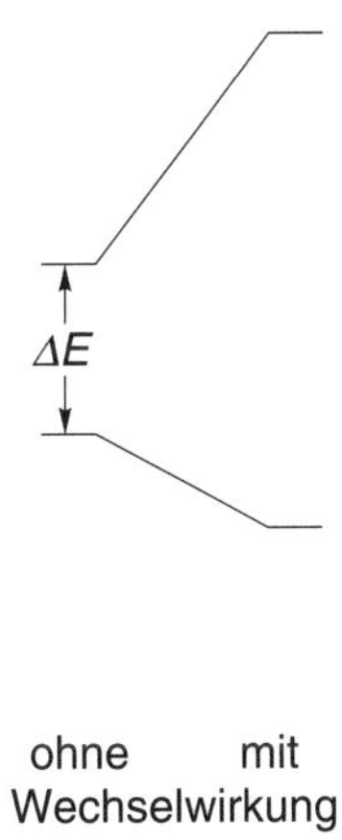

8.3.3.3.2. Wechselwirkungsdiagramm für linear angenommenes Methylen

Es gibt zwei Möglichkeiten, das vorgegebene Kerngerüst des linear angenommenen Methylens in je zwei Bruchstücke mit den entsprechenden Fragmentorbitalen (ein Fragmentorbital ist ein MO, das sich nur über einen Teil des Moleküls erstreckt) aufzuspalten.

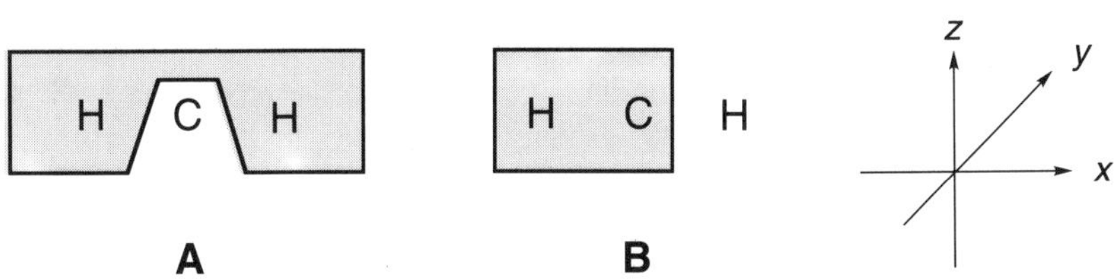

A **B**

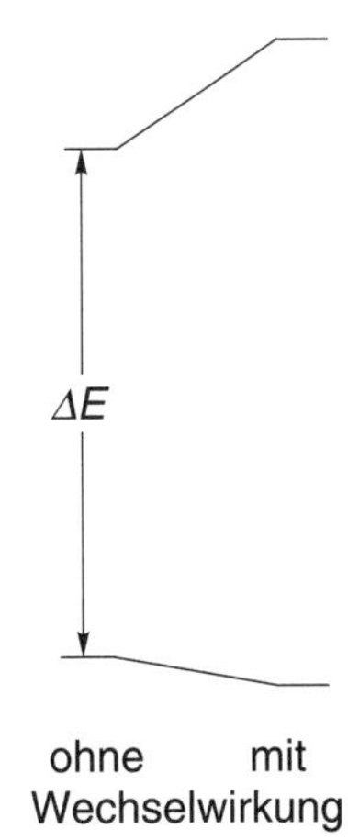

Im Prinzip sind diese beiden Möglichkeiten gleichwertig, für die Konstruktion eines Wechselwirkungsdiagramms ist aber die links gezeigte Möglichkeit **A** wegen der höheren Symmetrie die günstigere. Wie *Fig. 8.9* zeigt, zerlegt man das lineare Methylen zweckmäßigerweise in das Fragment *C-Atom* und das Fragment *gedehntes H_2-Molekül* und ordnet die zugehörigen Fragmentorbitale entsprechend ihrer energetischen Lage.

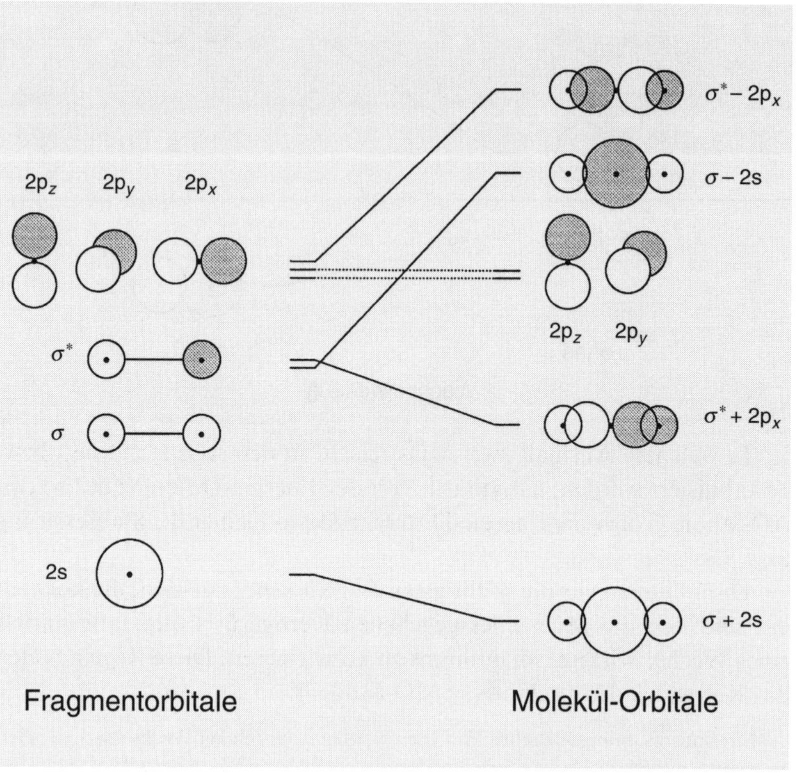

Fig. 8.9. *Orbital-Wechselwirkungsdiagramm für lineares Methylen*

Um das aufzustellende Wechselwirkungsdiagramm zu vereinfachen, wird die Analyse nicht in der Symmetrie-Punktgruppe $D_{\infty h}$, sondern in der Untergruppe D_{2h} durchgeführt; am Ergebnis ändert sich dadurch nichts.

Die Klassifizierung der Fragmentorbitale bezüglich der Symmetrie-Operationen der Symmetrie-Punktgruppe D_{2h} (der drei Spiegelungen, der drei C_2-Drehungen, der Inversion) zeigt sofort, daß

- das 2s-Orbital des Fragments *C-Atom* und das σ-Orbital des Fragments *gedehntes H_2-Molekül* bezüglich aller Symmetrie-Operationen das jeweils gleiche Symmetrie-Verhalten aufweisen und damit bei der Überlappung zu einer bindenden Kombination $\sigma + 2s$ und zu einer antibindenden Kombination $\sigma - 2s$ energetisch aufspalten;
- das $2p_x$-Orbital des Fragments *C-Atom* und das σ^*-Orbital des Fragments *gedehntes H_2-Molekül* sich auch bezüglich aller Symmetrie-Operationen gleich verhalten und damit bei der Überlappung zu einer bindenden Kombination $\sigma^* + 2p_x$ und zu einer antibindenden Kombination $\sigma^* - 2p_x$ aufspalten;
- die Fragmentorbitale $2p_y$ und $2p_z$ keinen Partner mit identischem Symmetrie-Verhalten im Fragment *gedehntes H_2-Molekül* finden und damit unverändert bleiben (*nichtbindende MOs*).

Gemäß den Besetzungsregeln wird der Grundzustand des linear angenommenen Methylens durch die Elektronenstruktur $(\sigma + 2s)^2\ (\sigma^* + 2p_x)^2\ 2p_y\ 2p_z$ beschrieben, wobei die beiden Elektronen in den Orbitalen $2p_y$ und $2p_z$ parallelen Spin haben (*Triplett-Zustand*).

8.3.3.3.3. Wechselwirkungsdiagramm für gewinkelt angenommenes Methylen

Auch hier gibt es zwei Möglichkeiten, das vorgegebene Kerngerüst des gewinkelt angenommenen Methylens in je zwei Bruchstücke mit den entsprechenden Fragmentorbitalen aufzuspalten.

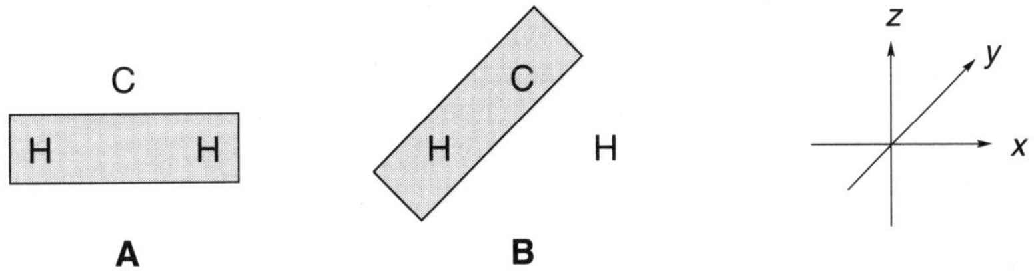

Wiederum wird die Möglichkeit **A** aus Symmetrie-Gründen bevorzugt. Wie *Fig. 8.10* zeigt, zerlegt man also das gewinkelte Methylen zweckmäßigerweise in das Fragment *C-Atom* und das Fragment *gedehntes H_2-Molekül* und ordnet die zugehörigen Fragmentorbitale entsprechend ihrer energetischen Lage.

Die Klassifizierung der Fragmentorbitale bezüglich der Symmetrie-Operationen der Symmetrie-Punktgruppe C_{2v} (der beiden Spiegelungen und der C_2-Drehung) zeigt sofort, daß
- das $2p_y$-Orbital keinen Partner im Fragment *gedehntes H_2-Molekül* findet und damit als nichtbindendes Orbital unverändert bleibt;
- das $2p_x$-Orbital ausschließlich mit dem σ^*-Orbital in Wechselwirkung tritt und diese beiden Orbitale zur bindenden Kombination $\sigma^* + 2p_x$ und zur antibindenden Kombination $\sigma^* - 2p_x$ aufspalten;
- die drei verbleibenden Fragmentorbitale σ, 2s und $2p_z$ das gleiche Symmetrie-Verhalten aufweisen.

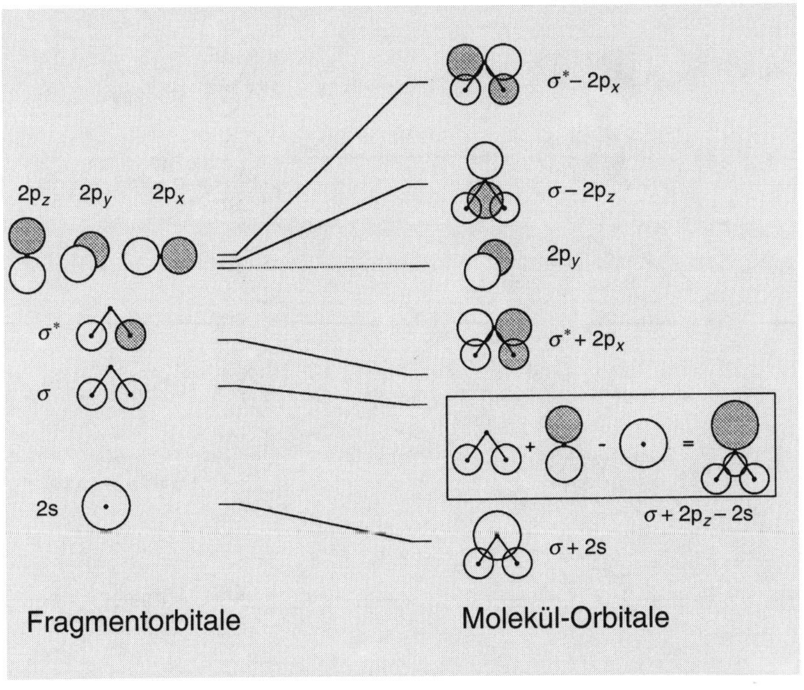

Fig. 8.10. *Orbital-Wechselwirkungsdiagramm für gewinkeltes Methylen*

Nach dem bisher Gesagten könnte man auf die Idee kommen, einfach das σ- und das 2s-Orbital zur bindenden Kombination $\sigma + 2s$ und zur antibindenden Kombination $\sigma - 2s$ und gleichermaßen das σ- und das $2p_z$-Orbital zur bindenden Kombination $\sigma + 2p_z$ und zur antibindenden Kombination $\sigma - 2p_z$ überlappen zu lassen. Damit hätte man aber aus drei Ausgangsorbitalen insgesamt vier Endorbitale geschaffen, was nicht zulässig ist.

Mehrfachwechselwirkungen dieser Art treten im Rahmen des qualitativen MO-Modells häufig auf, wobei in der Regel nur Wechselwirkungen zwischen energetisch ähnlichen Orbitalen berücksichtigt werden. Das bedeutet für den vorliegenden Fall, daß die Wechselwirkung zwischen 2s und $2p_z$ vernachlässigt wird. Damit überlappt

- das energetisch am höchsten liegende $2p_z$-Orbital mit dem energetisch benachbarten σ-Orbital antibindend unter Bildung des Orbitals $\sigma - 2p_z$,
- das energetisch am tiefsten liegende 2s-Orbital mit dem energetisch benachbarten σ-Orbital bindend unter Bildung des Orbitals $\sigma + 2s$,
- das σ-Orbital mit dem höher liegenden $2p_z$-Orbital bindend und gleichzeitig mit dem niedriger liegenden 2s-Orbital antibindend unter Bildung des Orbitals $\sigma + 2p_z - 2s$, wie dies in *Fig. 8.10* eingerahmt dargestellt ist.

Der Grundzustand des gewinkelt angenommenen Methylens wird durch die Elektronenstruktur $(\sigma + 2s)^2\,(\sigma + 2p_z - 2s)^2\,(\sigma^* + 2p_x)^2$ beschrieben (*Singulett-Zustand*).

8.3.3.3.4. *Walsh*-Diagramme

Fig. 8.11 zeigt links die MOs des linear angenommenen und rechts die des gewinkelten Methylens, zusammen mit den dazugehörigen Korrelationslinien. Diese Korrelationslinien erhält man, indem man Orbitale mit gleichem Symmetrie-Verhalten (bezüglich der Symmetrie-Operationen, die sowohl im linearen als auch im gewinkelten Methylen vorhanden sind) miteinander verbindet. Dabei ist zu beachten, daß sich nur Korrelationslinien zwischen Orbital-Paaren mit verschiedenem Symmetrie-Verhalten kreuzen dürfen. Ein derartiges Diagramm, das die Ände-

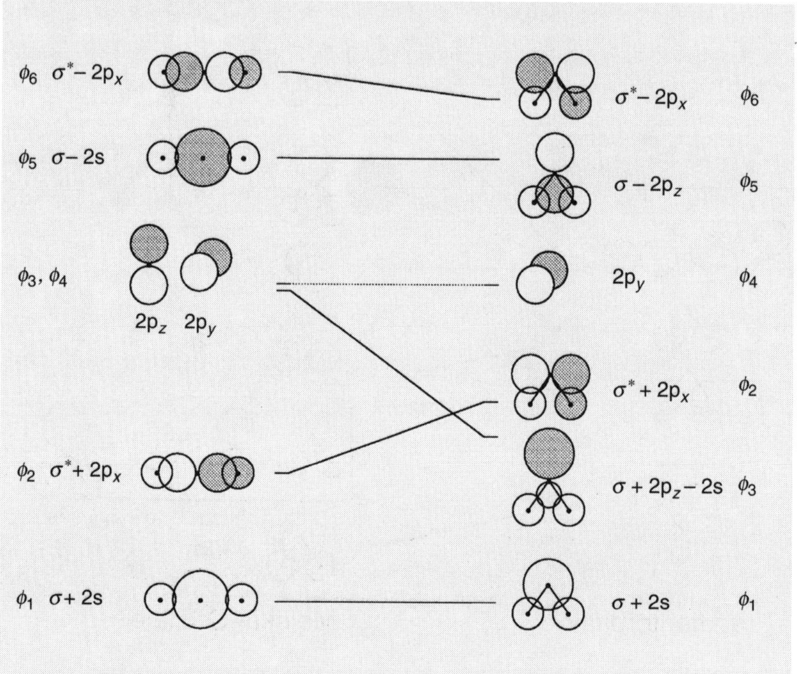

Fig. 8.11. Walsh-*Korrelationsdiagramm für Methylen*

rung der nodalen und energetischen Eigenschaften der MOs bei der Änderung der Kernanordnung aufzeigt, wird als *Walsh*-Korrelationsdiagramm bezeichnet. Es ermöglicht insbesondere Aussagen über den Zusammenhang zwischen Molekül- und Elektronenstruktur und gibt z. B. eine Antwort auf die Frage, ob ein dreiatomiges Molekül linear oder gewinkelt ist. (Unter *nodalen Eigenschaften* versteht man die Lokalisierung von Knotenflächen in einem MO.)

Bei der Konstruktion der MOs des linearen bzw. des gewinkelten Methylens hätten wir anstelle des Fragments *C-Atom* ebenso ein Li-, ein Be-, ein B-, ein N-, ein O- oder ein F-Atom einsetzen können. Das qualitative Aussehen der Wechselwirkungsdiagramme und der resultierenden Orbitale wäre davon nur wenig beeinflußt worden. Deshalb beschreibt das in *Fig. 8.12* dargestellte *Walsh*-Korrelationsdiagramm ganz allgemein den Übergang von einem linearen zu einem gewinkelten XH_2-Molekül.

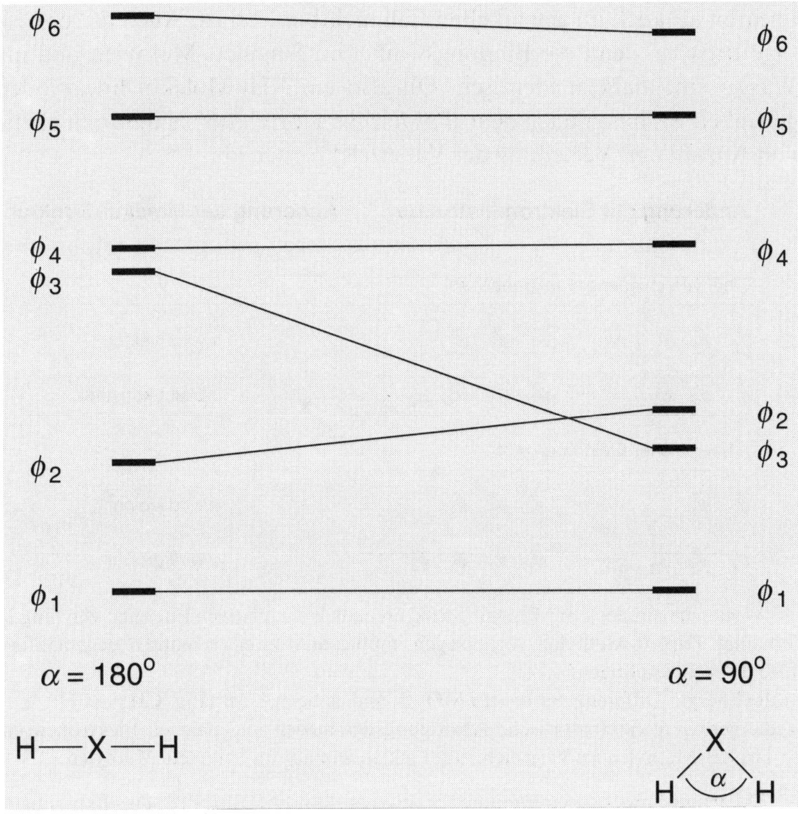

Fig. 8.12. Walsh-*Korrelationsdiagramm für XH_2* (X entspricht einem Atom aus der zweiten Periode)

Wenn die MOs sukzessive unter Beachtung der in *Abschn. 8.3.2.2* formulierten Regeln mit Elektronen besetzt werden, ergeben sich folgende Struktur-Vorhersagen:

Elektronenstruktur	**Molekül-Struktur**	**Beispiel**
$\phi_1^2\ \phi_2^2$	linear	H—Be—H
$\phi_1^2\ \phi_2^2\ \phi_3^2$	nicht-linear	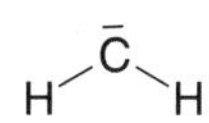
$\phi_1^2\ \phi_2^2\ \phi_3^2\ \phi_4^2$	nicht-linear	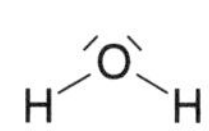

XH_2-Moleküle mit vier Valenzelektronen (Elektronenstruktur $\phi_1^2\phi_2^2$) sollten linear sein, weil das ϕ_2-MO bei dieser Geometrie energetisch tiefer liegt; dies ist für BeH_2 experimentell bestätigt worden. Aufgrund des deutlichen Abfalls der Energie des ϕ_3-MOs beim Übergang zu einer gewinkelten Anordnung sollte CH_2 (mit sechs Valenzelektronen) dagegen gewinkelt sein – und tatsächlich findet man für Methylen im Singulett-Zustand (*Singulett-Methylen*; Elektronenstruktur $\phi_1^2\phi_2^2\phi_3^2$) einen Bindungswinkel von 105°. Mit dem *Walsh*-Korrelationsdiagramm konsistent ist auch die Beobachtung, daß Methylen im Triplett-Zustand (*Triplett-Methylen*; Elektronenstruktur $\phi_1^2\phi_2^2\phi_3\phi_4$), in dem das ϕ_3-MO nur einfach besetzt ist, einen Bindungswinkel von 136° aufweist. Der Übergang von sechs auf acht Valenzelektronen (also von CH_2 nach H_2O) sollte keine Struktur-Änderungen hervorrufen, da das ϕ_4-MO sowohl im linearen als auch im gewinkelten Fall nichtbindend ist. Auch diese Aussage trifft zu, denn die Bindungswinkel im Singulett-Methylen und im Wasser sind nahezu identisch. Ob also ein XH_2-Molekül linear oder gewinkelt ist, hängt nach dem *Walsh*schen Korrelationsdiagramm allein von Anzahl und Verteilung der Valenzelektronen ab.

Änderung der Elektronenstruktur			Änderung der Molekül-Struktur
bei verschiedener Elektronenzahl			
$\phi_1^2\ \phi_2^2$	⟶	$\phi_1^2\ \phi_2^2\ \phi_3^2$	α wird kleiner
$\phi_1^2\ \phi_2^2\ \phi_3^2$	⟶	$\phi_1^2\ \phi_2^2\ \phi_3^2\ \phi_4^2$	α bleibt konstant
bei gleicher Elektronenzahl			
$\phi_1^2\ \phi_2^2$	⟶	$\phi_1^2\ \phi_2\ \phi_3$	α wird kleiner
$\phi_1^2\ \phi_2^2\ \phi_3^2$	⟶	$\phi_1^2\ \phi_2^2\ \phi_3\ \phi_4$	α wird größer

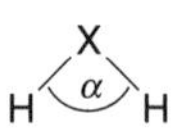

Wollte man außer den Molekül-Strukturen auch die relativen Energien von Singulett- und Triplett-Methylen vorhersagen, müßte man zwei zueinander gegenläufige Effekte berücksichtigen:
- die Energie-Differenz der beiden MOs ϕ_3 und ϕ_4 beim Übergang $^1CH_2 \rightarrow {}^3CH_2$,
- die geringere elektrostatische Abstoßung der beiden ungepaarten Elektronen im Triplett-Methylen im Vergleich zum Elektronenpaar im Singulett-Methylen.

Derartige Abwägungen überfordern das qualitative MO-Modell. Das Experiment ergibt, daß Methylen einen Triplett-Grundzustand besitzt, der um *ca.* 40 kJ/mol unter dem tiefsten Singulett-Zustand liegt.

Wechselwirkungsdiagramme können außer *bindenden* und *antibindenden* auch *nichtbindende* MOs enthalten (*Abschn. 8.3.3.3.1*). Heteroatome wie O, N oder Cl haben in ihren Verbindungen in der Regel auch Elektronenpaare in nichtbindenden MOs, die sprachlich als *einsame Elektronenpaare* hervorgehoben werden. Die Gesamtzahl aus Bindungselektronen und einsamen Elektronenpaaren bestimmt die Geometrie z. B. der Moleküle vom Typ H–X–X–H. *Walsh*-Diagramme sagen in diesem Fall aus, daß *Ethin* linear, *Diimin* nicht-linear, aber planar, und *Wasserstoffperoxid* nicht-planar ist.

Ethin

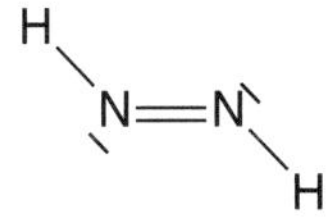

Diimin

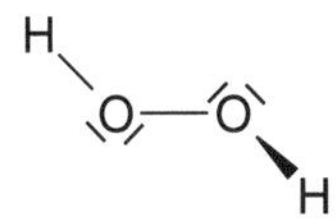

Wasserstoffperoxid

Nachdem für den Fall des Methylens MOs aus AOs und darüber hinaus das zugehörige *Walsh*-Korrelationsdiagramm für lineares ($D_{\infty h}$) und gewinkeltes (C_{2v}) Methylen konstruiert worden sind, ist es zweckmäßig, die *Regeln des qualitativen MO-Modells* zur Aufstellung und Ausdeutung von Korrelationsdiagrammen zusammenzustellen.

- Die in Betracht kommenden MOs sind durch Linearkombination der zugrundeliegenden AOs (oder geeigneter Fragmentorbitale) zugänglich.
- Zwei (oder mehrere) Orbitale von Atomen oder Molekül-Fragmenten werden einander überlappen, sofern sie das gleiche Symmetrie-Verhalten aufweisen. Die resultierenden MOs sind in bezug auf die Symmetrie-Operationen, die für das betreffende Molekül in Betracht kommen, entweder symmetrisch oder antisymmetrisch.
- Zwei (oder mehrere) Orbitale von Atomen oder Molekül-Fragmenten werden einander um so mehr überlappen – was zu einer energetischen Absenkung des bindenden MOs führt – je mehr sie geometrisch dazu in der Lage sind.
- Zwei (oder mehrere) Orbitale von Atomen oder Molekül-Fragmenten werden miteinander um so stärker (schwächer) in Wechselwirkung treten, je weniger (mehr) sie sich energetisch voneinander unterscheiden.
- Die MOs werden – wie üblich – von unten nach oben mit Elektronen besetzt, solange die Vorschriften von *Hund* und *Pauli* (*Abschn. 8.3.2.2*) beachtet werden.
- Es werden nur Valenzelektronen berücksichtigt. (Die Gesamtzahl der Elektronen eines Atoms oder Moleküls setzt sich aus der Anzahl der *Rumpfelektronen* und der Anzahl der *Valenzelektronen* zusammen: Das C-Atom (Ethan) z. B. hat 2 (4) Rumpfelektronen und 4 (14) Valenzelektronen.) (Elektron/Elektron)-Wechselwirkungen werden ignoriert.
- MO-Korrelationsdiagramme geben für eine Klasse von Molekülen (z. B. des Typs HXH oder HXXH) qualitativ das gleiche Bild. Die individuellen Mitglieder dieser Klasse unterscheiden sich in der Anzahl ihrer Valenzelektronen, die im vorhandenen System der Orbitale untergebracht werden müssen.
- Die gesamte Elektronenenergie eines Moleküls erhält man, wenn man für jedes Valenzelektron die jeweilige Orbital-Energie berücksichtigt.

Der zuletzt aufgeführten Regel ist zu entnehmen, daß es möglich ist, die qualitative Diskussion der Elektronenstruktur und der damit zusammenhängenden Eigenschaften eines Moleküls auf quantitativer Ebene fortzusetzen. Was man damit an Präzision für die einzelne Verbindung gewinnt, geht an möglicher Verallgemeinerung für eine ganze Verbindungsklasse verloren.

8.3.3.4. Das HMO-Modell und seine Vereinfachungen

Beim MO-Modell von *Erich Hückel* (HMO-Modell) handelt es sich um eine quantenmechanisch fundierte Näherung, die qualitative (bestenfalls semiquantitative) Antworten auf Fragen nach der Elektronenstruktur (insbesondere von konjugiert-ungesättigten Molekülen) liefert.

Das HMO-Modell (s. die Monographien von *Erich Hückel* sowie von *Edgar Heilbronner* und *Hans Bock*) hat für die Entwicklung der organischen Struktur-Chemie in den 50er und 60er Jahren des 20. Jahrhunderts eine Rolle gespielt, deren Bedeutung kaum überschätzt werden kann.

Für eine umfangreiche Auswahl einfacher Strukturen findet man im Tabellenwerk *Heilbronner/Straub, Hückel Molecular Orbitals*, Springer-Verlag, Berlin, 1966, die Resultate der Berechnung von Einelektroneneigenfunktionen und Einelektroneneigenwerten nach dem *Hückel*schen Verfahren benutzerfreundlich aufgelistet.

8.3.3.4.1. Die (σ/π)-Trennung

Für das HMO-Modell wird der LCAO-MO-Ansatz (*Abschn. 8.3.3.1*) mit einigen Vereinfachungen auf π-Elektronensysteme angewendet. Die erste Vereinfachung beruht auf der gedanklichen *Trennung von σ- und π-Elektronensystemen.* In einem als eben angenommenen Molekül, das definitionsgemäß in der xy-Ebene liegt, sind die s-, p_x- und p_y-AOs symmetrisch, die p_z-AOs hingegen antisymmetrisch bezüglich der Spiegelung an der Molekül-Ebene. Bei der Konstruktion der MOs aus diesen AOs mit Hilfe des LCAO-MO-Verfahrens erfolgt daher keine Mischung zwischen den s-, p_x- und p_y-AOs einerseits sowie den p_z-AOs andererseits. Man kann also zwei getrennte Wechselwirkungsdiagramme aufstellen:

- eines für die symmetrischen AOs, aus denen die (bezüglich der Molekül-Ebene) symmetrischen σ-MOs,
- eines für die antisymmetrischen AOs, aus denen die (bezüglich der Molekül-Ebene) antisymmetrischen π-MOs

konstruiert werden. Das σ-Molekül-Skelett und das π-Elektronensystem können wegen der Orthogonalität der σ- und π-Orbitale getrennt behandelt werden.

Im Rahmen der (σ/π)-Trennung werden die durch σ-MOs repräsentierten Bindungen lediglich durch Striche angedeutet (entsprechend dem Struktur-Modell der klassischen organischen Chemie) und nur die π-MOs explizit aus den p_z-AOs konstruiert. Diese Beschränkung auf die π-MOs ist dadurch gerechtfertigt, daß

- eine Reihe chemischer Fragestellungen im Rahmen des MO-Modells nur mit Hilfe des höchsten besetzten (HOMO = *highest occupied molecular orbital*) und/oder des tiefsten unbesetzten (LUMO = *lowest unoccupied molecular orbital*) Orbitals hinreichend gut zu beantworten ist,
- in heteroatom-freien Systemen mit π-Elektronen in aller Regel HOMO und LUMO π-MOs sind.

Es hat sich tatsächlich als nützlich erwiesen, bei der Beschreibung der Elektronenstruktur organischer Verbindungen von einem Fundament aus σ-Bindungen auszugehen und darauf, an den entsprechenden Stellen, delokalisierte π-Elektronensysteme (und unter Umständen einsame Elektronenpaare) aufzusetzen. So können die π-Elektronen von konjugiert-ungesättigten Systemen in MOs eingefüllt werden,

- die entweder – in Übereinstimmung mit den Formelsymbolen der klassischen organischen Chemie – streng auf den Bereich der einzelnen (C=C)-Bindungen *lokalisiert* sind oder
- die – in Abweichung von den Formelsymbolen der klassischen organischen Chemie – über den gesamten konjugiert-ungesättigten Struktur-Bereich *delokalisiert* sind.

Nach der HMO-Theorie wird die Diskrepanz zwischen der berechneten Energie von Systemen mit streng lokalisierten (C=C)-Bindungen (z. B. des fiktiven *Kekulé*-Benzols, s. *Kap. 14.3.2*) und der experimentell bestimmten Bildungsenthalpie von konjugiert-ungesättigten Verbindungen (z. B. des realen Benzols) in vereinfachender Weise nur der Delokalisierung von π-Elektronen zugeschrieben.

Das Verfahren von *Hückel* hat sich für die Behandlung konjugierter π-Systeme als sehr nützlich erwiesen. Die im Rahmen des HMO-Modells konstruierten π-MOs hängen von der Molekül-Topologie, nicht aber von der Anzahl der π-Elektronen ab. Unter Vernachlässigung der (Elektron/Elektron)-Abstoßung ist die Gesamtenergie E_π unmittelbar aus den Energien der π-MOs ε_i erhältlich:

$$E_\pi = \sum_i \mathrm{b}_i \cdot \varepsilon_i$$

Die Besetzungszahl b_i gibt an, wie viele Elektronen (0, 1 oder 2) sich im i-ten Orbital aufhalten. Die Energien werden mit Hilfe zweier empirischer Parameter α und β angegeben, wobei

- α die Energie darstellt, die frei wird, wenn ein Elektron das $2p_z$-AO eines C-Atoms besetzt (*Coulomb-Integral*),
- β die Energie darstellt, die frei wird, wenn sich ein Elektron über weitere (benachbarte) AOs delokalisiert (*Resonanz-Integral*),
- α und β negativ sind.

Aus dem HMO-Energieniveau-Diagramm für Ethen (*Fig. 8.13*) ergibt sich, daß aus den beiden $2p_z$-AOs mit der jeweiligen relativen Energie α zwei π-MOs mit den Energien $\varepsilon_1 = \alpha + \beta$ (bindend) und $\varepsilon_2 = \alpha - \beta$ (antibindend) gebildet werden. Durch die Vernachlässigung des Überlappungsintegrals ist die Destabilisierung des antibindenden MOs betragsmäßig gleich der Stabilisierung des bindenden MOs. Die Gesamtenergie der π-Elektronen im Grundzustand ist demzufolge $E_\pi = 2(\alpha + \beta) = 2\alpha + 2\beta$ und der Energie-Gewinn bei der Bildung der π-Bindung $\Delta E_\pi = 2\beta$.

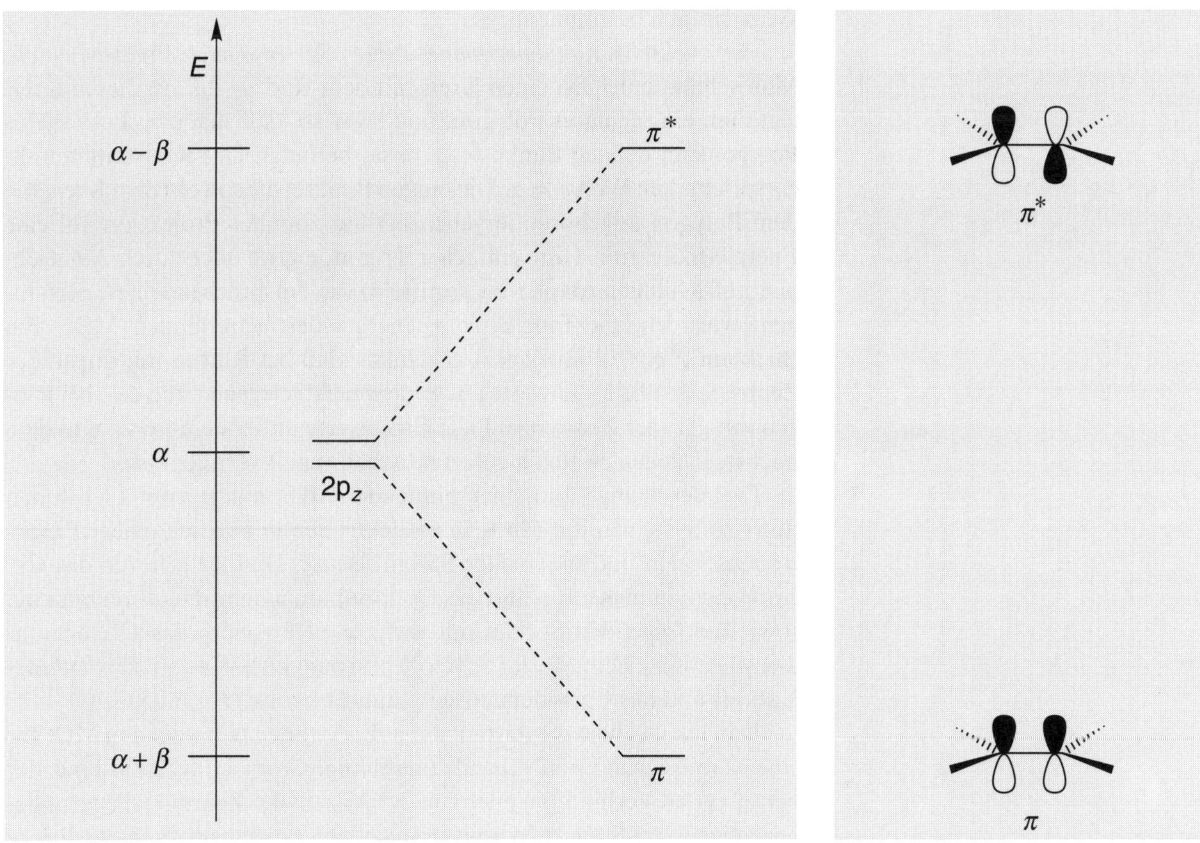

Fig. 8.13. *HMO-Energieniveau-Diagramm für Ethen*

Die für π und π^* angegebenen Darstellungen (am Rand) entsprechen einem HMO-Ansatz unter der verschärften Bedingung, daß die AOs in keinem Volumenelement gleichzeitig endliche Werte annehmen (*Zero Differential Overlap*-Näherung).

Konjugiert-ungesättigte Verbindungen sind wiederholt hervorgehoben worden. Der Begriff *Konjugation* hat eine konstitutionelle Bedeutung und bezog sich ursprünglich auf eine alternierende Sequenz von Einfach- und (mindestens zwei) Mehrfachbindungen. Der Prototyp konjugiert-ungesättigter Verbindungen ist Buta-1,3-dien (jedenfalls für die Hauptklasse acyclischer, ungesättigter organischer Verbindungen) oder Benzol (*Kap. 14.3.2*; für die Hauptklasse carbocyclischer, ungesättigter Verbindungen). Der Begriff Konjugation schließt inzwischen Systeme mit ein, bei denen mit einsamen Elektronenpaaren versehene Zentren (*Abschn. 8.3.3.3.4*) zueinander oder zu einer Gruppierung mit Mehrfachbindung(en) benachbart sind.

8.3.3.4.2. Mnemotechnische Hilfsmittel zur Beschreibung der HMO-Energie-Schemata

Statt die algebraischen Gleichungen von *Hückel* zur Berechnung der MO-Energien für acyclische oder monocyclische, konjugiert-ungesättigte Systeme zu lösen, lassen sich die Ergebnisse auch auf graphischem Wege einfach bestimmen.

Für cyclische, konjugiert-ungesättigte Systeme nach Frost-Musulin. Man schlägt zunächst einen Kreis mit dem Radius $2|\beta|$. In diesen Kreis legt man ein reguläres Polygon, und zwar so, daß sich eine Ecke dieses Polygons im tiefsten Punkt des Kreises befindet. Der Kreismittelpunkt entspricht dem Wert $\varepsilon = \alpha$. Diejenigen Punkte, die sowohl dem Kreis wie dem Polygon angehören, ergeben bei horizontaler Projektion auf eine Energie-Skala (mit Hilfe einfacher Trigonometrie oder durch Aufzeichnen auf Millimeterpapier zu ermitteln) die entsprechenden *Hückel*-Eigenwerte, d. h. die Einelektronenenergie des betreffenden MOs. Ein Blick auf *Fig. 8.14* läßt leicht erkennen, daß bei Ringen mit ungerader Zentrenzahl alle Eigenwerte außer dem tiefstgelegenen und daß bei Ringen mit gerader Zentrenzahl alle Eigenwerte außer dem tiefst- und dem höchstgelegenen zweifach entartet (d. h. doppelt vertreten) sind.

Die Besetzung sämtlicher bindender MOs mit je zwei Elektronen führt zu Systemen mit $(4n + 2)$ π-Elektronen in abgeschlossenen Elektronenschalen und maximaler Stabilisierung. Hierher gehören das Cyclopropenylium-Kation und das Cyclobutadienylium-Dikation mit zwei sowie die folgenden Spezies mit sechs π-Elektronen: das Cyclopentadienyl-Anion, Benzol, das Cycloheptatrienylium-Kation (*Tropylium*-Kation) und das Cyclooctatetraenylium-Dikation (*Fig. 8.15*).

Danach ist allein die Anzahl der π-Elektronen in bindenden MOs für eine Stabilisierung maßgebend, unabhängig vom Ladungszustand der betreffenden Verbindung oder von der Anzahl der Zentren im zugrundeliegenden Ring-System. Systeme mit 4 oder 8 (allgemein $4n$; $n = 1,2,3\ldots$) π-Elektronen sind der *Hund*schen Regel entsprechend Biradikale (bei

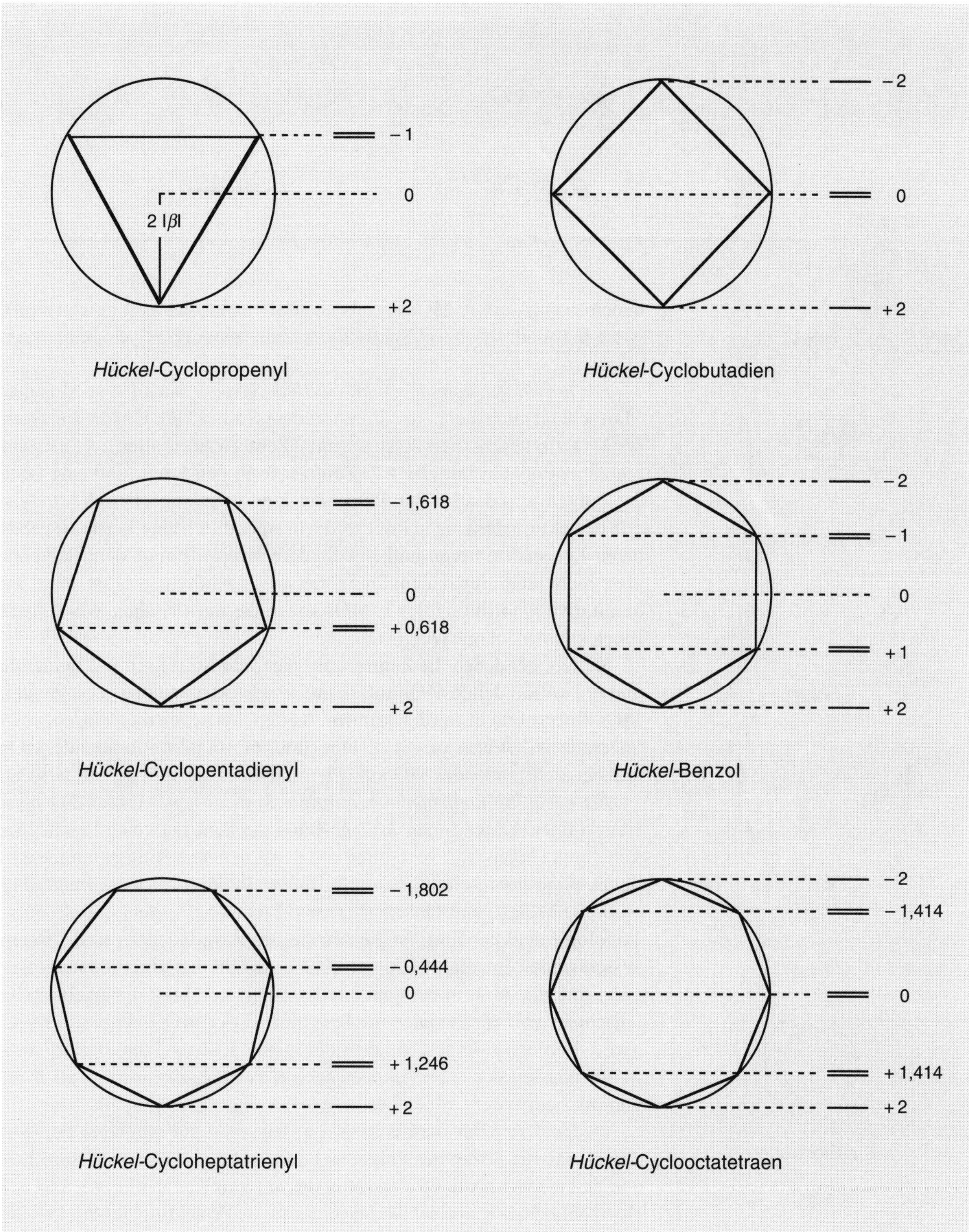

Fig. 8.14. *Mnemotechnisches Hilfsmittel nach* Frost-Musulin *zur Beschreibung von MO-Energie-Schemata für cyclische, konjugiert-ungesättigte Systeme vom* Hückel-*Typ* (|β| ist die verwendete Energie-Einheit)

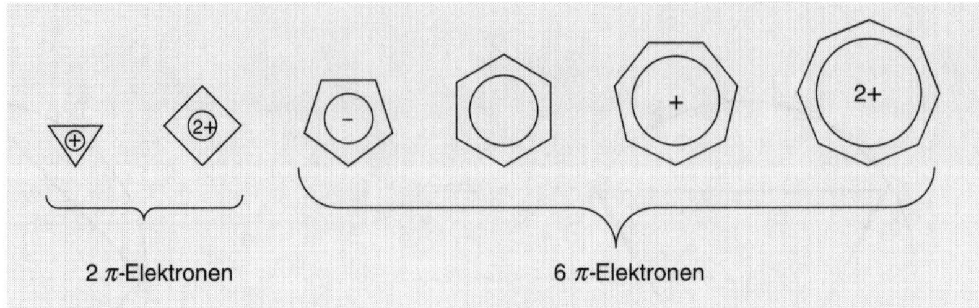

Fig. 8.15. *Cyclisch-konjugierte Moleküle bzw. Ionen mit (4*n *+ 2) π-Elektronen*

denen zwei entartete MOs jeweils nur mit einem Elektron besetzt sind), wie z. B. (quadratisches) Cyclobutadien und (planares) Cyclooctatetraen (*Fig. 8.16*).

Für acyclische, konjugiert-ungesättigte Systeme nach Frost-Musulin. Man schlägt auch hier einen Kreis mit dem Radius $2|\beta|$. Um die Energien der MOs für acyclische π-Systeme mit n Zentren zu erhalten, legt man ein reguläres Polygon mit $(2n + 2)$ Zentren so in den Kreis, daß eine Ecke des Polygons in den tiefsten Punkt des Kreises gelangt. Durch horizontale Projektion derjenigen Punkte, die in einer durch eine Vertikale gebildeten Kreishälfte liegen und sowohl dem Kreis als auch dem Polygon, aber nicht dem vertikalen Durchmesser angehören, erfährt man die qualitative Anordnung der π-MOs sowie die numerischen Werte ihrer Einelektronenenergie (*Fig. 8.17*).

Ketten, bei denen die Zentrenzahl n gerade ist, weisen $n/2$ bindende und $n/2$ antibindende MOs auf, so daß n π-Elektronen in den bindenden MOs untergebracht werden können. Ketten, bei denen die Zentrenzahl n ungerade ist, weisen $(n - 1)/2$ bindende, $(n - 1)/2$ antibindende MOs und ein nichtbindendes MO auf (*Fig. 8.18*).

Für cyclische, konjugiert-ungesättigte Systeme vom Möbius-*Typ nach* Heilbronner. Unter einem *Möbius*-Band versteht man eine Fläche, die sich durch ein um 180° verdrilltes und dann zu einem Ring zusammengefügtes Band veranschaulichen läßt. *Edgar Heilbronner* hat gezeigt, daß cyclische Moleküle mit konjugiertem π-Elektronensystem und *Möbius*-Topologie denkbar sind. Ist die Anzahl der Ring-Glieder gerade, treten ausschließlich entartete MOs auf. Ist die Anzahl der Ring-Glieder ungerade, sind alle MOs außer dem höchsten entartet. Statt die algebraische Gleichung von *Heilbronner* zur Berechnung der MO-Energien für cyclische, konjugiert-ungesättigte Systeme mit *Möbius*-Topologie zu verwenden, lassen sich die Ergebnisse nach *Howard E. Zimmerman* auch auf graphischem Wege einfach bestimmen.

In den Kreis mit dem Radius $2|\beta|$ legt man ein reguläres Polygon derart, daß die Ecken des Polygons Punkten auf dem Kreis entsprechen und daß eine Kante des Polygons in der unteren Kreishälfte, parallel zur Horizontalen, angeordnet ist. Die horizontale Projektion der Punkte, die Kreis und Polygon gemeinsam haben, auf eine Energie-Skala liefert die Einelektronenenergie der bindenden, nichtbindenden und antibindenden MOs. *Fig. 8.19* macht deutlich, daß in einem *Möbius*-System alle

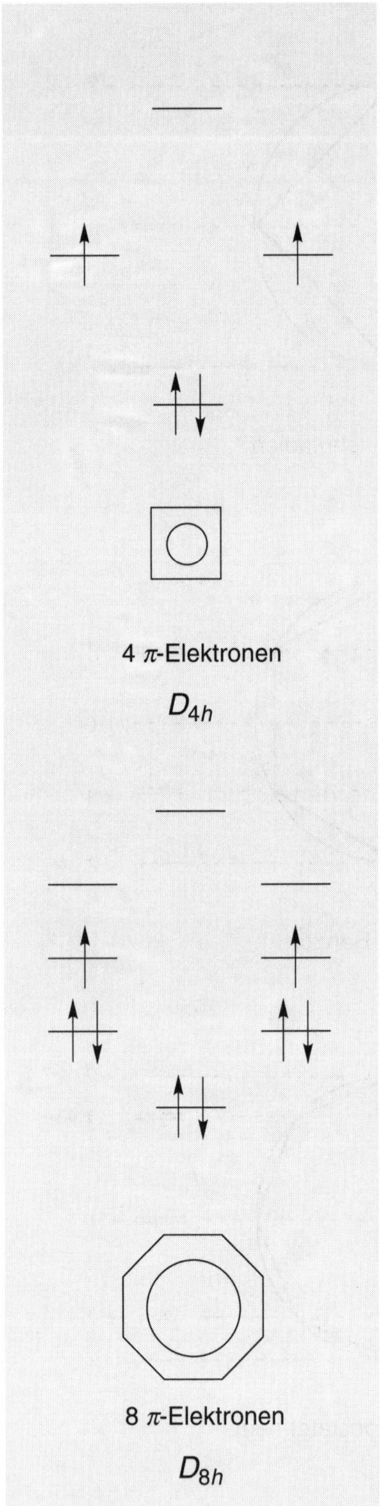

Fig. 8.16. *Cyclisch-konjugierte Moleküle mit 4*n *π-Elektronen*

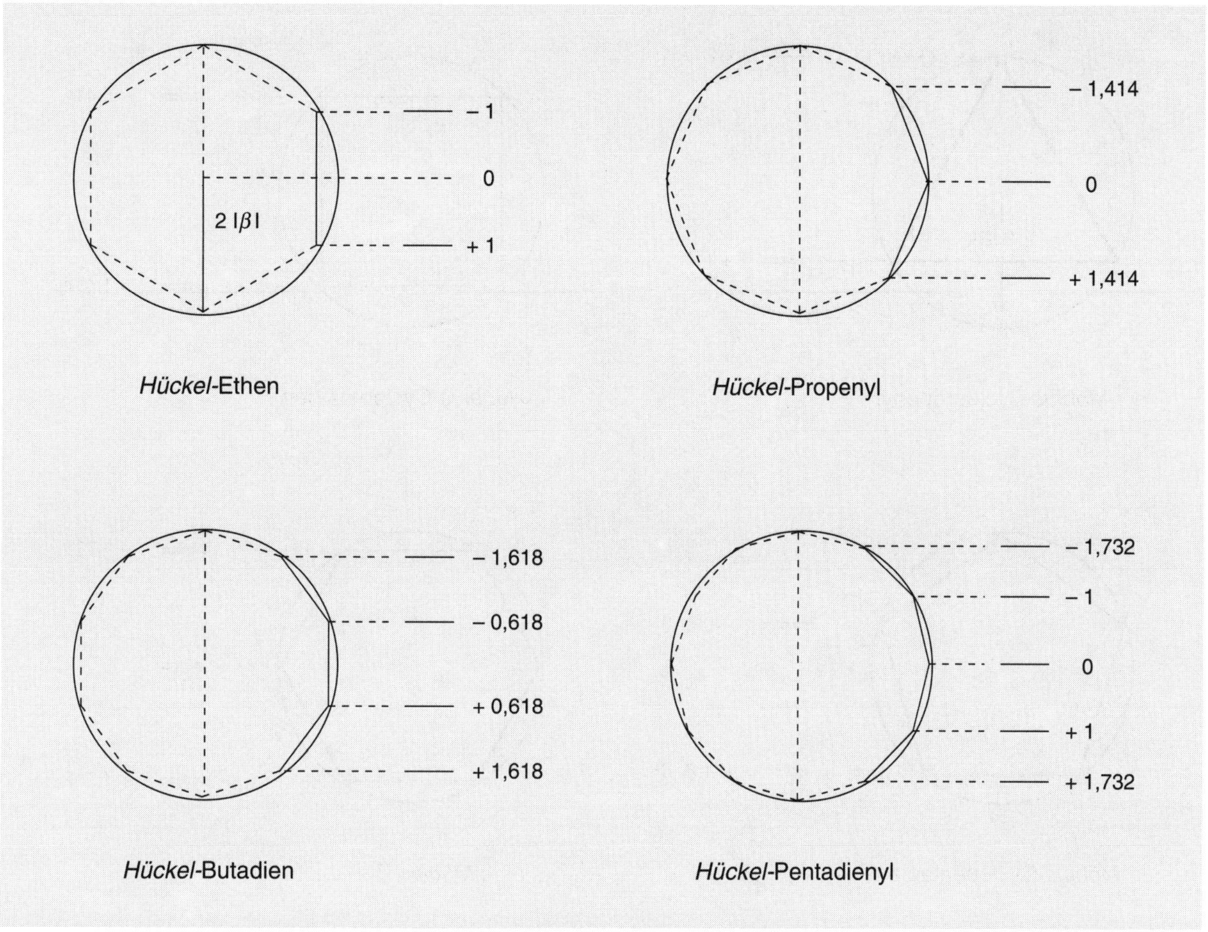

Fig. 8.17. *Mnemotechnisches Hilfsmittel nach* Frost-Musulin *zur Beschreibung von MO-Energie-Schemata für acyclische, konjugiert-ungesättigte Systeme* (|β| ist die verwendete Energie-Einheit)

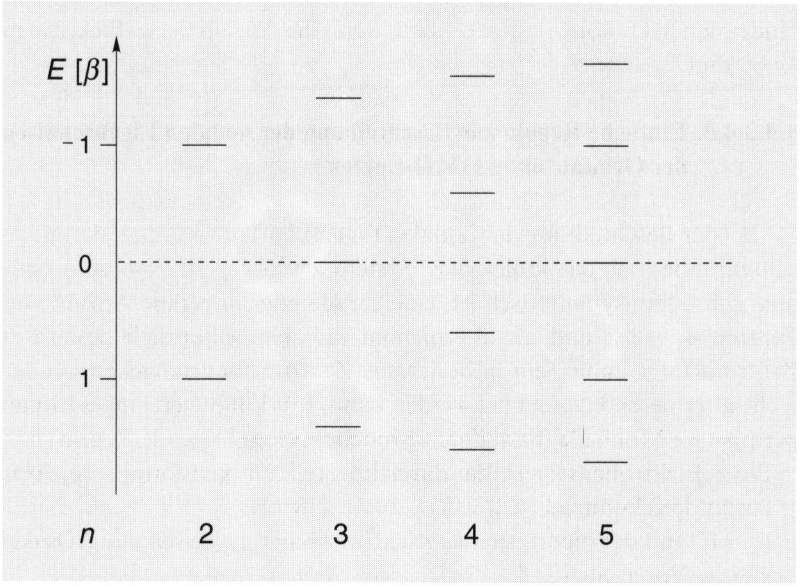

Fig. 8.18. *Aufspaltung der MOs für acyclische, konjugiert-ungesättigte Systeme in bindende, antibindende und nichtbindende in Abhängigkeit von der Zentrenzahl* n

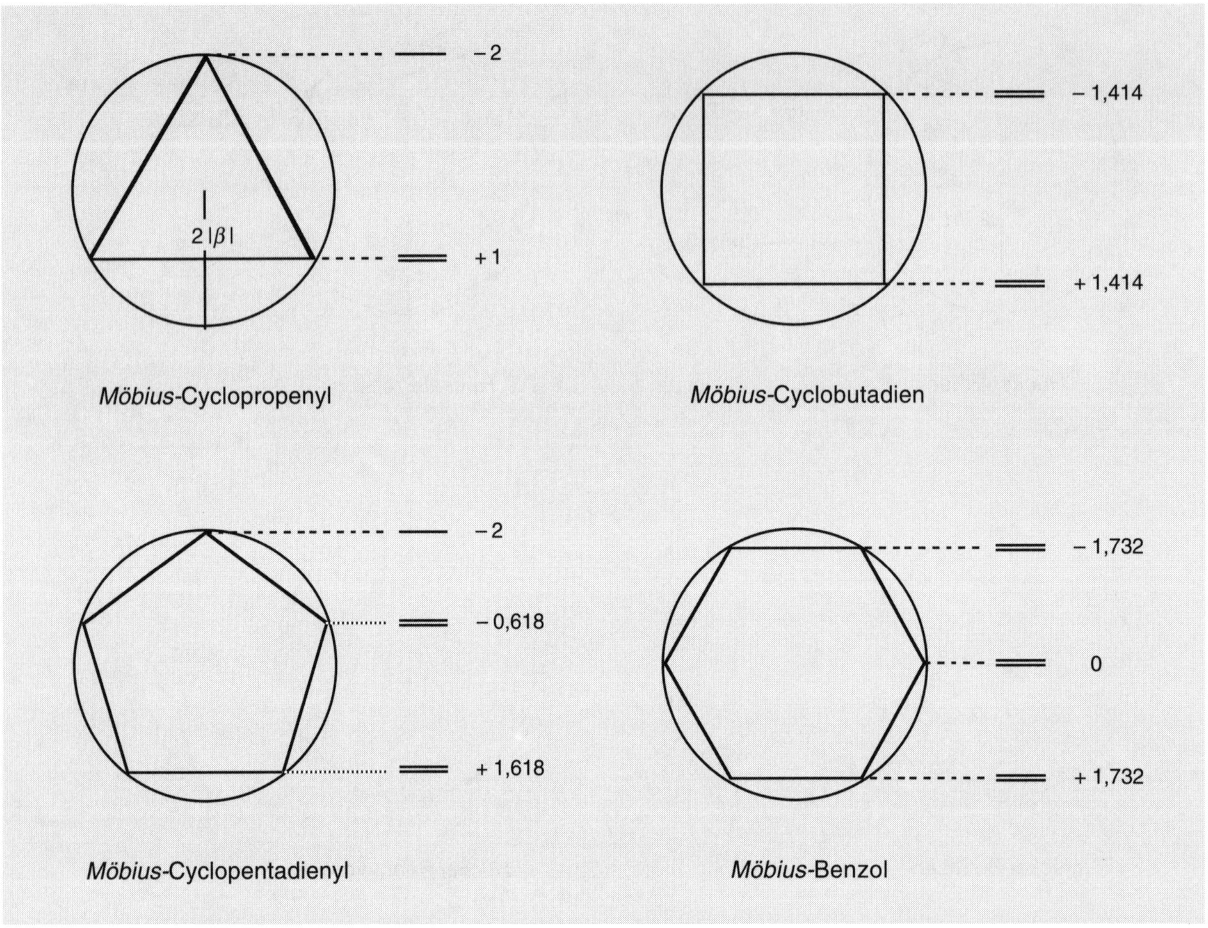

Fig. 8.19. *Mnemotechnisches Hilfsmittel nach* Heilbronner-Zimmerman *zur Beschreibung von MO-Energie-Schemata für cyclische, konjugiert-ungesättigte Systeme vom* Möbius-*Typ* (|β| ist die verwendete Energie-Einheit)

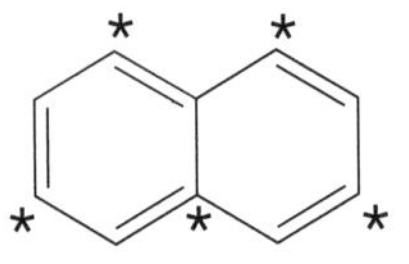

alternierend

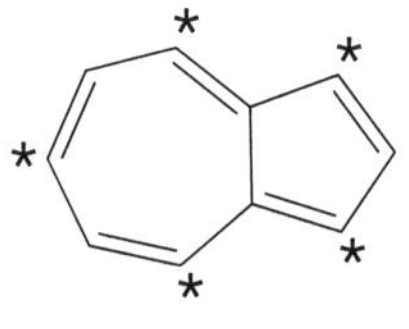

nicht-alternierend

bindenden MOs doppelt besetzt sind, wenn die Anzahl der π-Elektronen $4n$ beträgt.

8.3.3.4.3. Einfache Regeln zur Beschreibung der nodalen Eigenschaften der Orbitale eines HMO-Satzes

Bei der Beschreibung der nodalen Eigenschaften wird man darauf zu achten haben, ob das molekulare System acyclisch oder cyclisch, symmetrisch oder asymmetrisch ist, eine gerade oder ungerade Anzahl von Zentren aufweist und als alternierend (auf ein willkürlich besterntes Zentrum folgt immer ein unbesterntes Zentrum und umgekehrt) oder nicht-alternierend bezeichnet werden kann. Für konjugiert-ungesättigte, periplanare Moleküle (bzw. deren Modelle) gelten folgende Regeln:

- Ein π-Elektronensystem, das durch lineare Kombination aus $n\,p_z$-AOs zustande gekommen ist, verfügt über n π-MOs.
- Im MO mit der niedrigsten Einelektronenenergie weisen alle AOs das gleiche Vorzeichen auf.

- Die Anzahl der Knotenflächen steigt mit zunehmender Einelektronenenergie und ist bei acyclischen, konjugiert-ungesättigten π-Elektronensystemen um eine Einheit geringer als die Laufzahl des betreffenden MOs. Bei cyclischen, konjugiert-ungesättigten π-Elektronensystemen mit n Zentren hat das MO mit der niedrigsten Einelektronenenergie (ϕ_1) keine Knotenfläche. Bei den π-Elektronensystemen mit einer geraden Anzahl von Ring-Zentren hat das MO mit der höchsten Einelektronenenergie ($\phi_{(n+2)/2}$) $n/2$ Knotenflächen. Die Paare entarteter MOs haben J Knotenflächen ($J = 1,2,3 \ldots (n-2)/2$).
- In alternierenden π-Elektronensystemen gehört zu jedem bindenden MO ein antibindendes MO, bei dem sich – ausgehend vom bindenden MO – an jedem zweiten Zentrum das Vorzeichen umkehrt.
- Alternierende, acyclische π-Elektronensysteme mit ungerader Anzahl von Zentren weisen ein oder mehrere nichtbindende MOs auf. Letztere besitzen an jedem zweiten Zentrum eine Knotenfläche und entsprechen dem rechts dargestellten Koeffizientenmuster.
- Die MOs eines π-Elektronensystems gehören jeweils zu einer der irreduziblen Darstellungen der für das Molekül zutreffenden Symmetrie-Punktgruppe (*Abschn. 8.3.3.2*).

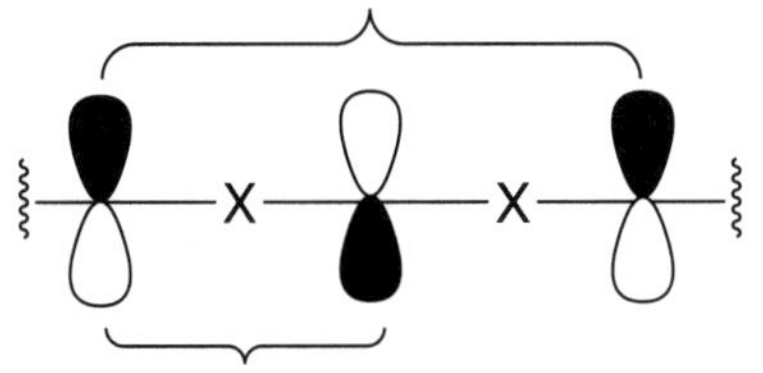

Am Beispiel des acyclischen Buta-1,3-diens, mit alternierendem π-Elektronensystem, einer geraden Anzahl von Zentren und Zugehörigkeit zur Symmetrie-Punktgruppe C_{2v} (der Konformation im lokalen Minimum) oder C_{2h} (der Konformation im globalen Minimum), führt die Anwendung der genannten Regeln zu den in *Tab. 8.4* angegebenen MO-Sätzen.

In ähnlicher Weise gelangt man zu den MO-Sätzen für die stereoisomeren Hexa-1,3,5-triene, die ebenfalls zur Symmetrie-Punktgruppe C_{2v} (mit (3*Z*)-Konfiguration) oder C_{2h} (mit (3*E*)-Konfiguration) gehören (*Tab. 8.5*).

Für Benzol gilt der MO-Satz von *Fig. 8.20*.

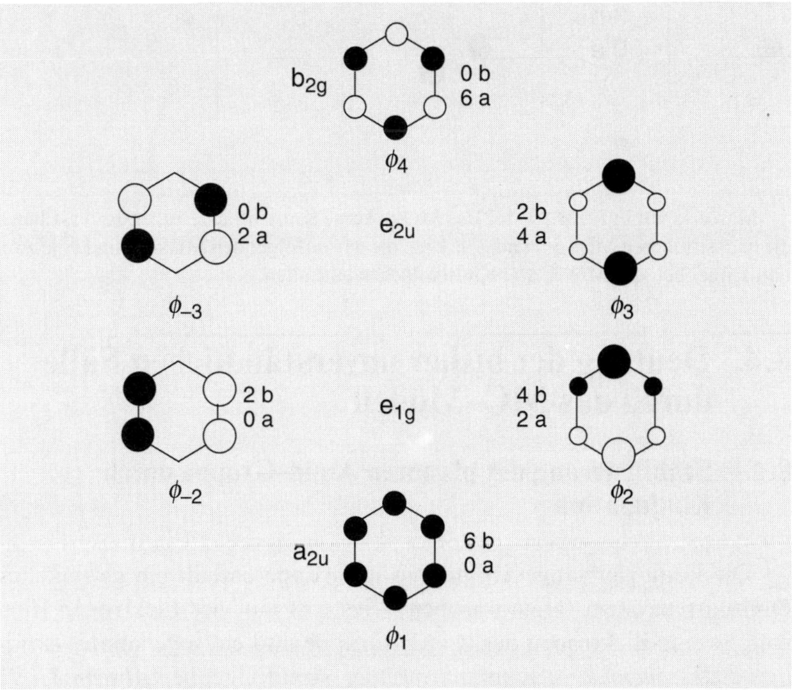

Fig. 8.20. *HMO-Satz für Benzol mit Angabe der Summe der bindenden* (b) *und antibindenden* (a) *Wechselwirkungen*

Tab. 8.4. *HMO-Sätze für* C_{2h}- *und* C_{2v}-*Buta-1,3-dien unter Anwendung der im Text erwähnten Regeln* (Σ AO-WW: Summe der bindenden (b) und antibindenden (a) Wechselwirkungen)

MO	irred. Darst.	Buta-1,3-dien (C_{2h})	Σ AO-WW	Buta-1,3-dien (C_{2v})	irred. Darst.	MO
ϕ_4	b_g	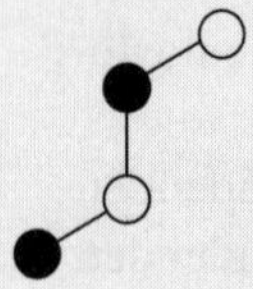	0 b 3 a	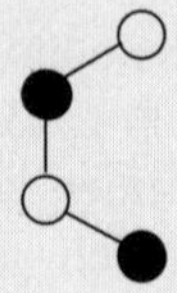	a_2	ϕ_4
ϕ_3	a_u	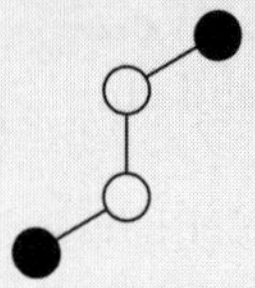	1 b 2 a	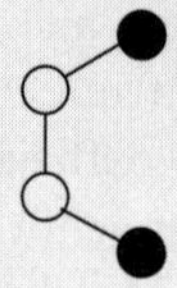	b_1	ϕ_3
ϕ_2	b_g	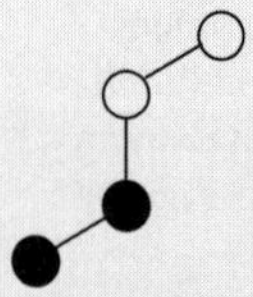	2 b 1 a	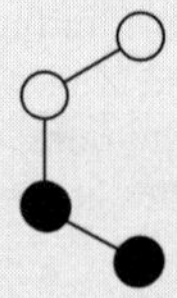	a_2	ϕ_2
ϕ_1	a_u	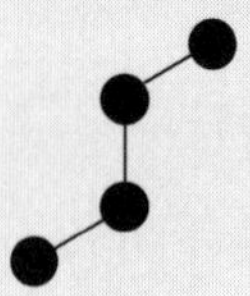	3 b 0 a	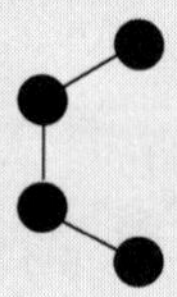	b_1	ϕ_1

Man erkennt in *Fig. 8.20*, daß das MO ϕ_1 keine Knotenfläche außer der xy-Ebene, die nächsthöheren MOs ϕ_{-2} und ϕ_2 je eine, die darauffolgenden MOs ϕ_{-3} und ϕ_3 je zwei und schließlich das MO ϕ_4 drei Knotenflächen enthalten.

8.4. Deutung der bisher unverständlichen Fälle durch das MO-Modell

8.4.1. Stabilisierung der planaren Amid-Gruppe durch Konjugation

Die konjugiert-ungesättigte Peptid-Gruppe enthält ein gewinkeltes Dreizentrensystem (Heteropropenyl-System) mit vier Elektronen (formal: zwei π-Elektronen der (C=O)-Gruppe und ein sogenanntes *einsames Elektronenpaar*). Koplanarität der Amid-Gruppe (*Abschn. 8.1.1*)

Tab. 8.5. *HMO-Sätze für* (E)*- und* (Z)*-Hexa-1,3,5-trien unter Anwendung der im Text erwähnten Regeln* (Σ AO-WW: Summe der bindenden (b) und antibindenden (a) Wechselwirkungen)

MO	irred. Darst.	(3*E*)-Hexa-1,3,5-trien (C_{2h})	Σ AO-WW	(3*Z*)-Hexa-1,3,5-trien (C_{2v})	irred. Darst.	MO
ϕ_6	b_g	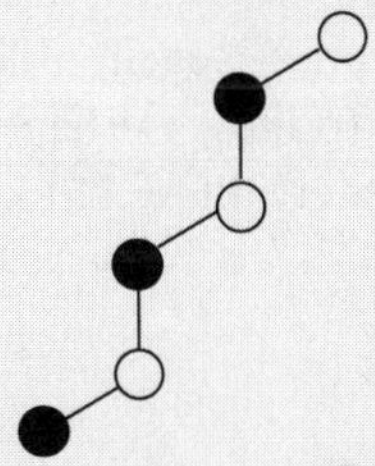	0 b 5 a	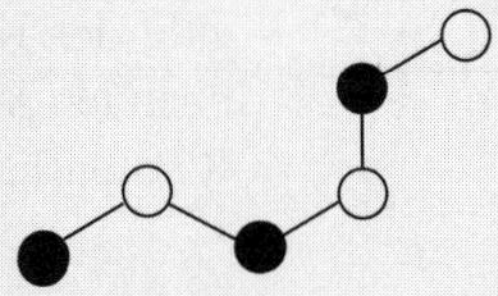	a_2	ϕ_6
ϕ_5	a_u	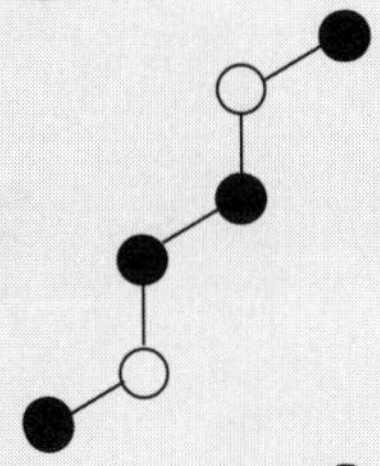	1 b 4 a	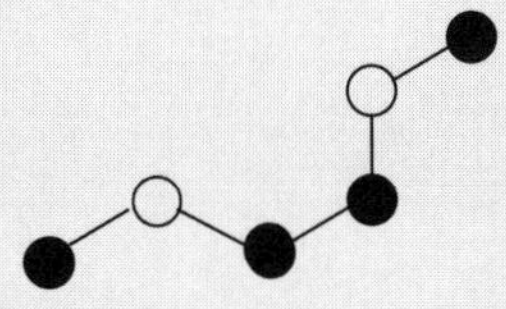	b_1	ϕ_5
ϕ_4	b_g	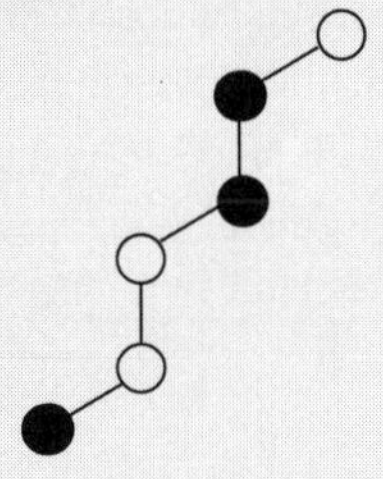	2 b 3 a	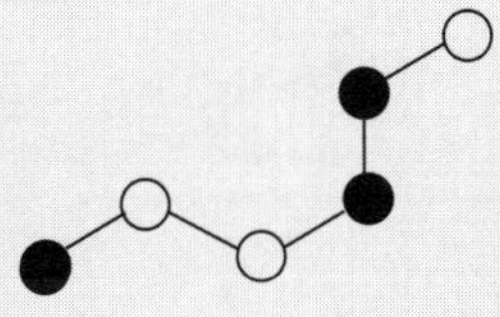	a_2	ϕ_4
ϕ_3	a_u	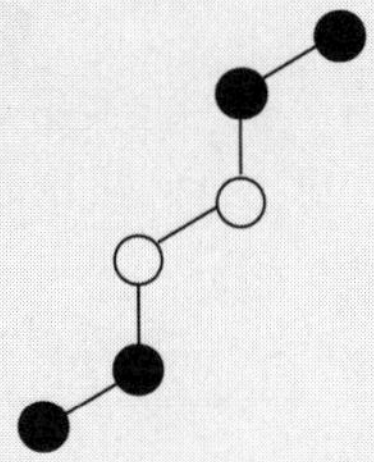	3 b 2 a	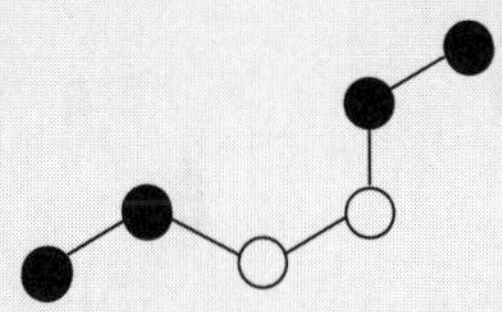	b_1	ϕ_3
ϕ_2	b_g	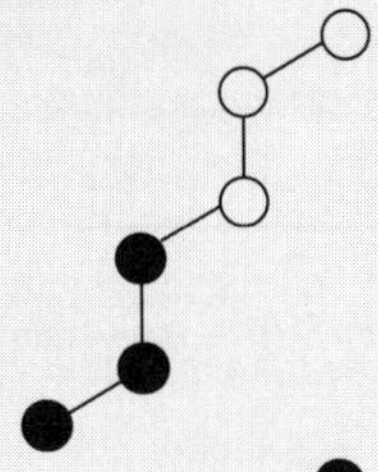	4 b 1 a	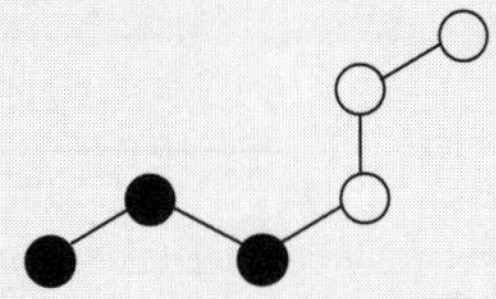	a_2	ϕ_2
ϕ_1	a_u	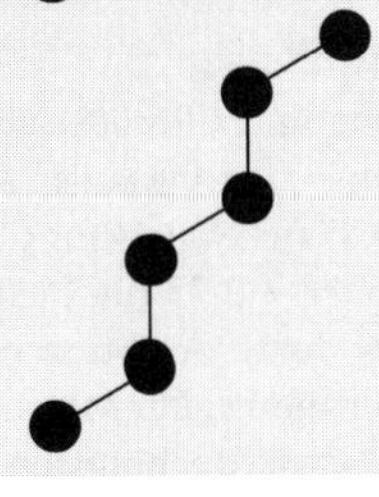	5 b 0 a	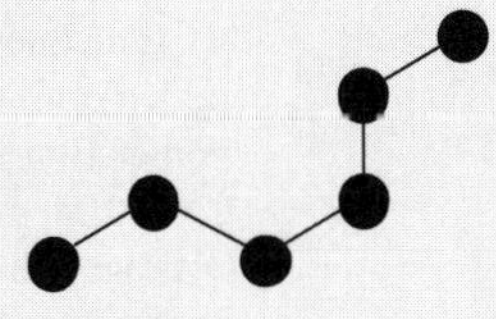	b_1	ϕ_1

ermöglicht maximale Delokalisierung dieser Elektronen durch optimale Überlappung der drei p_z-AOs, zu Lasten der Planarisierung des N-Atoms und seiner drei Proximalatome.

Die π-MOs der Amid-Gruppe ϕ_1, ϕ_2 und ϕ_3 (*Fig. 8.21*, links) sind den π-MOs der Allyl-(= Propenyl-)Gruppe verwandt. Allerdings sind aufgrund der unterschiedlichen effektiven Kernladungszahlen von C, N und O die Koeffizienten der einzelnen p_z-AOs nicht mehr mit Hilfe der einfachen qualitativen Symmetrie-Regeln ableitbar. Die Regel, daß die Anzahl der Knotenflächen (ohne *xy*-Ebene) mit der Energie des entsprechenden MOs ansteigt, ist erfüllt: ϕ_1 hat keine, ϕ_2 hat eine und ϕ_3 hat zwei Knotenflächen.

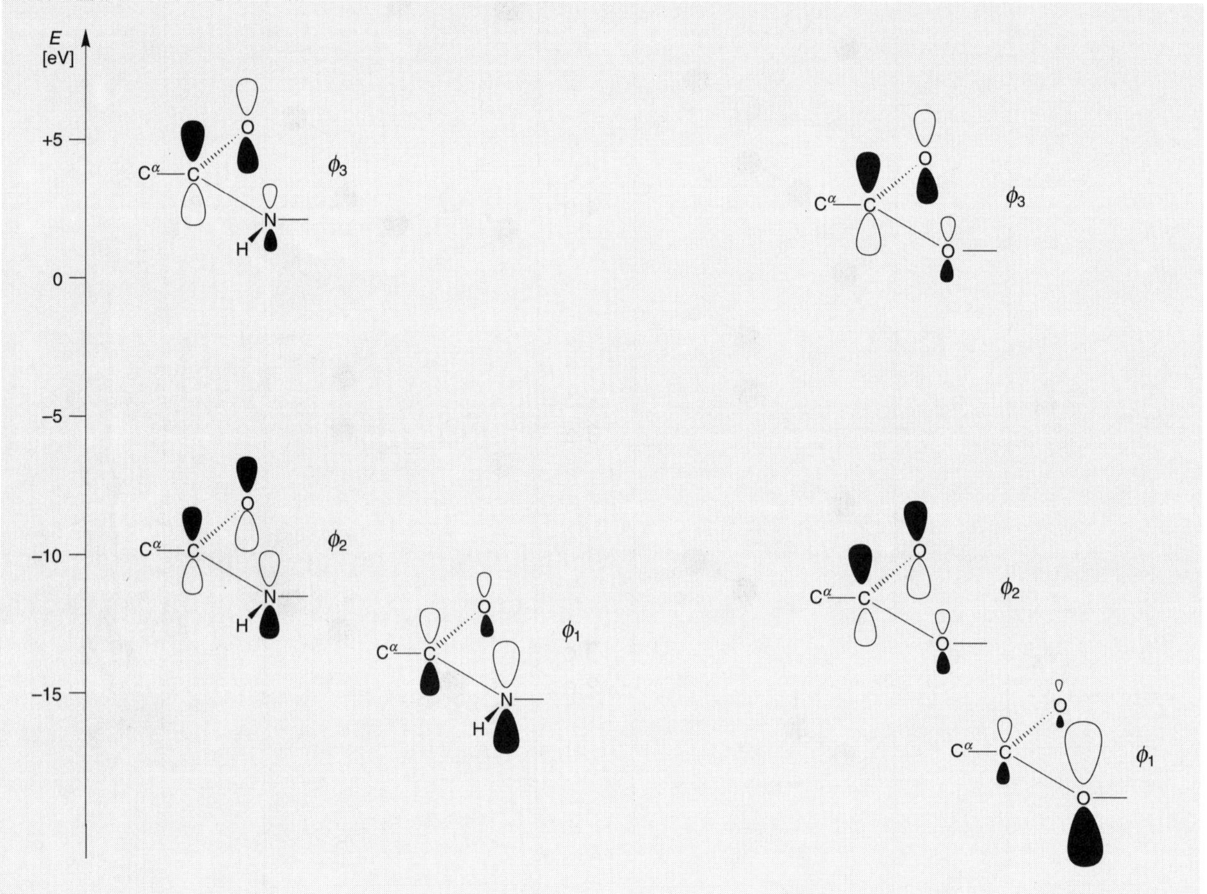

Fig. 8.21. *Graphische Darstellung der drei propenylähnlichen π-MOs der Amid-* (links) *und der Ester-Gruppe* (rechts) *mit Angabe der jeweiligen Einelektronenenergie*

Eine quantitative Rechnung unter Berücksichtigung der effektiven Kernladungszahlen ergibt für die N-, C- und O-p_z-AOs der Amid-Gruppe die folgenden Koeffizienten für die drei MOs. ϕ_1: 0,87 für N, 0,44 für C, 0,22 für O; ϕ_2: 0,42 für N, −0.47 für C, −0,78 für O; ϕ_3: 0,24 für N, −0,77 für C, 0,59 für O. Man kann sich von der Orthogonalität der drei MOs durch Addition der Produkte der AO-Koeffizienten überzeugen. So findet man für die beiden MOs ϕ_1 und ϕ_2: $0{,}87 \cdot 0{,}42 + 0{,}44 \cdot (-0{,}47) + 0{,}22 \cdot (-0{,}78) = 0$. Entsprechende Rechnungen für ϕ_1 und ϕ_3 bzw. ϕ_2 und ϕ_3 liefern ebenfalls 0. Die MO-Koeffizienten der Ester-Gruppe (*vide infra*) sind ϕ_1: 0,97 für O (Ester), 0,23 für C, 0,06 für O; ϕ_2: 0,19 für O (Ester), −0,58 für C, −0,79 für O; ϕ_3: 0,15 für O (Ester), −0,78 für C, 0,61 für O.

Das konjugierte Amid-System enthält vier Elektronen. Daher sind die MOs ϕ_1 und ϕ_2 mit je zwei Elektronen besetzt. Die Schreibweise der Peptid-Bindung im Rahmen des klassischen Struktur-Modells mit (C−N)- und (C=O)-Bindung wird in der MO-Betrachtung verfeinert. Die AOs von C und O gehen in die beiden besetzten MOs mit jeweils gleichem relativen Vorzeichen ein. Die Vorzeichen der Koeffizienten der AOs von C und N sind im untersten besetzten MO gleich und im obersten besetzten MO entgegengesetzt. Der in der MO-Betrachtungsweise weniger ausgeprägte Doppelbindungscharakter zwischen C und N entspricht dem Vorliegen einer (C−N)-Bindung im klassischen Bindungsmodell. Die Verteilung der vier erwähnten Elektronen über drei Atome, die nur in der periplanaren Peptid-Bindung möglich ist, stabilisiert diese Konformation.

In der zur Amid-Gruppe isoelektronischen Ester-Gruppe ist die entsprechende Delokalisierung viel schwächer ausgeprägt. In erster Annäherung sind die π-Elektronen der (C=O)-Gruppe und das zu berücksichtigende einsame Elektronenpaar am zweifach koordinierten O-Atom in den MOs ϕ_2 bzw. ϕ_1 lokalisiert (*Fig. 8.21*, rechts). Damit ist der Doppelbindungscharakter der ((O=)C−O)- gegenüber der ((O=)C−N)-Bindung erheblich reduziert. Dies steht im Einklang mit der experimentell beobachteten Verringerung der Rotationsbarriere um diese Bindung von *ca.* 80 kJ/mol in Amiden auf *ca.* 35 kJ/mol in Estern.

Bei der Erörterung der Protein-Faltung (*Kap. 7.3.3.6*) ist für (*sp*⇌*ap*)-Isomerisierungen (um die (Prolyl−peptidyl)-Bindung) eine 'verdrillte' Übergangsstruktur diskutiert worden. Dafür spricht, daß nicht-polare im Vergleich zu polaren Lösungsmitteln die Isomerisierungsgeschwindigkeit erhöhen: Durch geometrische Einschränkung der Delokalisierung wird die verdrillte Übergangsstruktur weniger polar als die planare Amid-Struktur.

8.4.2. Destabilisierung planarer *N*-heteroatom-substituierter Aziridine durch Konjugation

Hat das N-Atom eines Amins ein Nachbar-Zentrum, das ebenfalls mit einem *einsamen Elektronenpaar* ausgestattet ist, liegt ein konjugiertes System vor (*Abschn. 8.3.3.4.1*). Im vorliegenden Fall handelt es sich um ein *(Zwei Zentren/Vier Elektronen)-System*, bei welchem beide, das bindende und das antibindende π-MO, mit Elektronen voll besetzt sind. Eine derartige Atom-Gruppierung hat die Tendenz, durch Pyramidalisierung die Delokalisierung zu mindern und sich damit zu stabilisieren (*Abschn. 8.1.4*). Demzufolge wächst die Inversionsbarriere, und es gelingt, stereoisomere Amine mit drei konstitutionell verschiedenen Liganden nebeneinander nachzuweisen oder gar voneinander zu trennen. Letzteres hat man im Laboratorium von *Eschenmoser* verwirklicht. Der *konjugativen Destabilisierung* der planaren Übergangsstruktur durch unmittelbar benachbarte Heteroatome mit jeweils wenigstens einem einsamen Elektronenpaar ist bei der Antwort auf eine alte Frage eine wesentliche Rolle zugeschrieben worden.

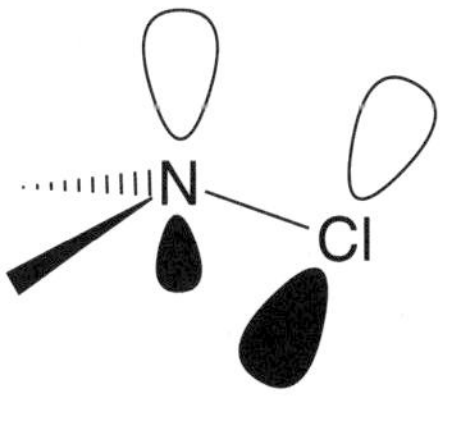

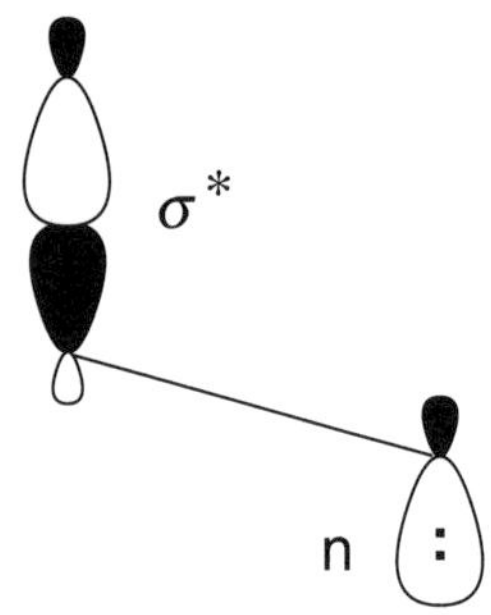

8.4.3. Die Ursachen der anomeren Effekte

Einsame Elektronenpaare (*Abschn. 8.3.3.3.4*) können an (Elektronendonor/Elektronenakzeptor)-Wechselwirkungen teilnehmen, welche einem gerichteten Elektronenfluß durch die benachbarte in die übernächste Bindung entsprechen. Da eine solche Delokalisierung von einem Phantom-Liganden als Elektronendonor bis hin zu einem Elektronenakzeptor über drei chemische Bindungen hinweg erfahrungsgemäß dann optimal ist, wenn sich der Phantom-Ligand am einsamen Elektronenpaar in *ap*-Orientierung zum Akzeptor befindet, wird das betreffende Vieratom-Fragment – falls die molekulare Flexibilität es erlaubt – die erwähnte Konformation einnehmen.

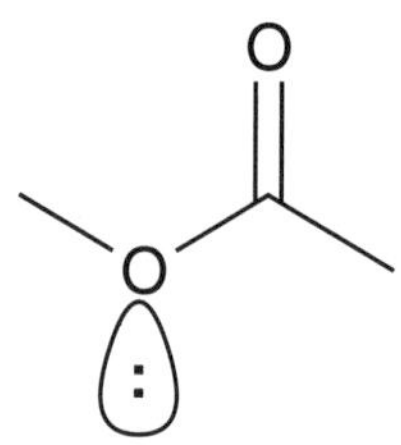

Die diversen anomeren Effekte fordern für Konformationsfragmente mit alternierender Anordnung von O-Atomen eine energetische Reihenfolge, die von derjenigen der Konformationsfragmente mit CH_2 anstelle von O abweicht (*Abschn. 8.1.2*). Sie lassen sich durch eine stabile Konformation erklären, bei welcher es zur *ap*-Orientierung eines MOs mit einsamem Elektronenpaar an einem Heteroatom relativ zu einem möglichst tief gelegenen antibindenden MO (σ^*-MO) zwischen dem unmittelbar benachbarten und dem übernächsten Atom und somit zu einer ($n \rightarrow \sigma^*$)-Delokalisierung kommt.

Ein Wort zu Estern: Aufgrund der ($n \rightarrow \pi^*$)-Delokalisierung ist die Ester-Gruppe (ähnlich wie die Amid-Gruppe) planar. Aufgrund der ($n \rightarrow \sigma^*$)-Delokalisierung ist die *sp*- vor der *ap*-Konformation energetisch begünstigt.

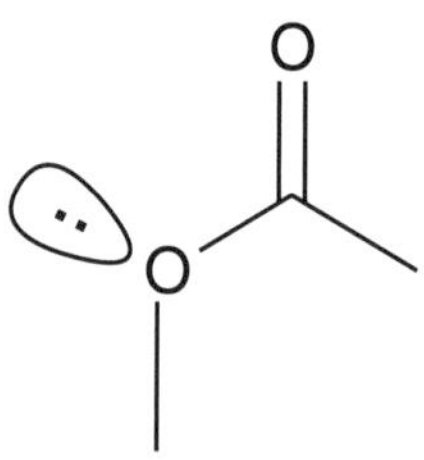

8.4.4. Die bevorzugte Konformation der Repetiereinheit eines Homo-DNA-Einzelstranges

Anläßlich der Konformationsanalyse von Homo-DNA-Einzelsträngen (*Kap. 7.3.1.1.1*) wurde für das Konformationsfragment der Phosphodiester-Gruppierung ohne eine Begründung die Stabilitätenreihenfolge in *Fig. 7.19* angegeben. Die Begründung soll jetzt nachgeholt werden.

Die umständliche Beschreibung (unter Verwendung von Phantom-Liganden) wird einfacher, wenn man die einsamen Elektronenpaare an den diversen O-Atomen miteinbezieht. *Fig. 8.22* enthält die Aussagen von *Fig. 7.19* und darüber hinaus Angaben, die zeigen, daß außer dem *sterischen* ein *stereoelektronisches* Bewertungskriterium (($n \rightarrow \sigma^*$)-Stabilisierung) angewendet worden ist.

Beim stereoelektronischen Kriterium handelt es sich allgemein um die Formulierung einer Konformation, in welcher durch maximale Überlappung geeigneter Orbitale in der Regel größtmögliche Stabilisierung gewährleistet ist. Im vorliegenden Fall geht es speziell um die Berücksichtigung des *verallgemeinerten anomeren Effekts*. Diejenigen Konformationen sind stereoelektronisch begünstigt, bei denen eine ($n \rightarrow \sigma^*$)-Delokalisierung vorkommt, d. h. bei denen ein einsames Elektronenpaar am O-Atom der einen RO-Gruppe und eine *ap*-orientierte Bindung zwischen dem P- und dem O-Atom der anderen RO-Gruppe beteiligt

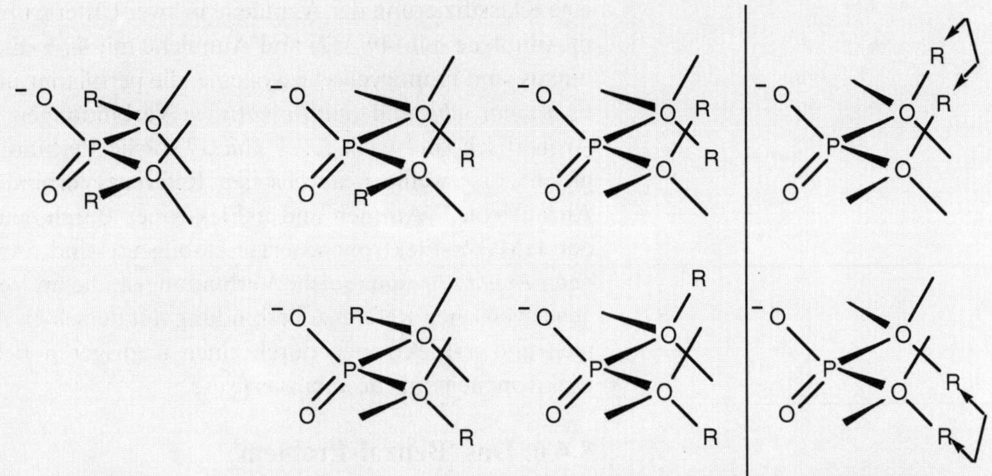

Torsions-winkel	180°, 180°	180°, +60° 180°, −60°	+60°, +60° −60°, −60°	+60°, −60° −60°, +60°
Konfor-mationstyp	*ap*/*ap* (*t*/*t*)	*ap*/±*sc* (*t*/±*g*)	±*sc*/±*sc* (±*g*/±*g*)	±*sc*/∓*sc* (±*g*/∓*g*)
sterisch	'erlaubt'	'erlaubt'	'erlaubt'	'verboten'
($n \rightarrow \sigma^*$)-Stabilisierung	0	1	2	2

t = trans, g = gauche

Fig. 8.22. *Systematische Konformationsanalyse des Phosphodiester-Fragments aus einem Polynucleotid-Einzelstrang* (für die O-Atome in der Kette sind nicht nur die Bindungen zu R, sondern auch die Achsen der einsamen Elektronenpaare angegeben)

sind. Daß als σ^*-MO eine Bindung zwischen dem P- und dem O-Atom der Koordinationszahl 2 (d.h. dem O-Atom der RO-Gruppe) und nicht zwischen dem P- und einem O-Atom der Koordinationszahl 1 (d.h. einem halb negativ geladenen O-Atom) in Betracht kommt, hat mit der größeren effektiven Kernladung des ersteren O-Atoms und demzufolge mit dem tiefer gelegenen σ^*-MO der betroffenen Bindung zu tun.

8.4.5. Annulene

Der Begriff *Annulene* wurde von *Franz Sondheimer* eingeführt. Zur Verbindungsklasse der Annulene gehören monocyclische, konjugiert-ungesättigte Kohlenwasserstoffe der allgemeinen Molekularformel $(CH)_{2m}$. Von besonderem Interesse sind Antworten auf Fragen nach der

Elektronenstruktur der Annulene. Es hat sich als zweckmäßig erwiesen, eine Klassifizierung der Annulene in zwei Untergruppen vorzunehmen: in Annulene mit $(4n + 2)$ und Annulene mit $4n$ π-Elektronen. Darüber hinaus sind monocyclische Systeme, die periplanar und konjugiert sind, in *aromatische* und *antiaromatische* Verbindungen unterteilt worden. Aromatisch sind nach *Erich Hückel* solche Verbindungen, die im Vergleich zur jeweiligen acyclischen Referenz-Verbindung mit derselben Anzahl von C-Atomen und π-Elektronen durch einen höheren Betrag der HMO-π-Elektronenenergie stabilisiert sind. Antiaromatisch sind nach *Ronald Breslow* solche Verbindungen, die im Vergleich zur jeweiligen acyclischen Referenz-Verbindung mit derselben Anzahl von C-Atomen und π-Elektronen durch einen niedrigeren Betrag der HMO-π-Elektronenenergie destabilisiert sind.

8.4.6. Das 'Benzol-Problem'

Benzol ist bei ebener Anordnung seiner Ring-Zentren (der Koordinationszahl 3) ohne *Baeyer*-Spannung. Es ist nach dem HMO-Modell energetisch dadurch ausgezeichnet, daß seine drei bindenden π-MOs insgesamt 6 Elektronen aufzunehmen in der Lage sind. Es handelt sich hier um einen Fall, bei welchem die *Butlerov*sche Forderung '*Eine Verbindung – eine Formel*' nicht erfüllt werden kann. Eine ausführliche Behandlung des 'Benzol-Problems' und des Potentials der organischen Chemie zur Theorienbildung findet in *Kap. 14* statt.

8.4.7. Delokalisierung von σ-Elektronen

Fälle, welche vom Struktur-Modell der klassischen organischen Chemie nicht gedeutet werden konnten (*Abschn. 8.1.1–8.1.5*), gaben den Anstoß, Überlegungen zur Natur der chemischen Bindung nicht länger zu verschieben. Das qualitative MO-Modell hilft hier weiter. Bei Annulenen mit $(4n + 2)$ π-Elektronen (*Abschn. 8.4.5*) geht es um deren Delokalisierung. Bei der koplanaren Amid-Bindung (*Abschn. 8.4.1*) kommt eine $(n \rightarrow \pi^*)$-Delokalisierung ins Spiel. Bei den diversen anomeren Effekten (beim *endo*- und beim *exo*-anomeren Effekt der Kohlenhydrate und allgemeiner der Acetale: *Abschn. 8.4.3*; beim verallgemeinerten anomeren Effekt in den Repetiereinheiten von Polynucleotiden: *Abschn. 8.4.4*), die jeweils zu einer energetischen Bevorzugung der *sc*- vor der *ap*-Anordnung führen, ist eine $(n \rightarrow \sigma^*)$-Delokalisierung die Ursache. Bei Alkanen gilt – wie schon wiederholt festgestellt – die umgekehrte Reihenfolge: die *ap*- wird energetisch der *sc*-Konformation vorgezogen. Beispiele hierfür lieferten Butan, Methylcyclohexan, Pentan und Hexan. Die Stabilitätenreihenfolge nimmt in jedem dieser Fälle in der Reihe

$$H/H > H/CH_3 > CH_3/CH_3$$

ab (*Newman*-Spannung; s. *Kap. 7.2.2*). Diese Feststellung ist unausgesprochen auf eine sterische Ursache zurückzuführen. Ein sterischer Effekt erscheint plausibel, reicht aber nicht aus. Es kommt die ($\sigma \rightarrow \sigma^*$)-Delokalisierung hinzu, deren Stabilisierungsbeitrag bei der *ap*-Konformation eines Paraffins am größten ist. In dieser Konformation findet man nämlich eine (CC/CC)- und zwei (HC/CH)-Wechselwirkungen. In der *sc*-Konformation kommen dagegen eine (HC/CH)- und zwei (CC/CH)-Wechselwirkungen vor. Und eine (CC/CH)-Wechselwirkung trägt weniger zur Stabilisierung bei als das Mittel aus den Beiträgen der (CC/CC)- und (HC/CH)-Wechselwirkungen.

8.5. Fazit

Chemiker haben die Mannigfaltigkeit organisch-chemischer Strukturen erkannt. Sie haben der Überschaubarkeit wegen zahlreiche Struktur-Klassen eingerichtet. Beim Einordnen der unübersehbar großen Anzahl organischer Verbindungen in geeignete Struktur-Klassen wurden Erfahrungen gesammelt, die erkennen ließen, inwieweit die vorgenommene Differenzierung aufgrund von Struktur-Merkmalen imstande ist, Unterschiede in den Eigenschaften widerzuspiegeln. So wurde mit chemischer Intuition, und ohne nach der Natur der chemischen Bindung zu fragen, die Struktur-Theorie der klassischen organischen Chemie entwickelt. Hierbei verdichtete sich die Erkenntnis, daß die Diskretheit chemischer Verbindungen auf die Existenz spezifischer Moleküle, in denen Atome bestimmter Elemente im konstanten Verhältnis und in charakteristischer Raumorientierung anzutreffen sind, zurückzuführen ist.

Gelegentlich stieß man auf Problemfälle – wie z. B. bei der Peptid-Bindung, beim anomeren Effekt oder beim Benzol –, wo dann klar wurde, daß man einer physikalisch begründbaren Antwort auf die Frage nach der Natur der chemischen Bindung nicht länger würde ausweichen können. Die *Elektronentheorie der chemischen Bindung*, welche nicht nur die an Bindungen beteiligten, sondern auch einsame Elektronenpaare bei einer Inventur der in einem Molekül insgesamt vorhandenen Valenzelektronen berücksichtigt, versucht, die Aussagen des Struktur-Modells der klassischen organischen Chemie zu aktualisieren. Das gleiche kann man von der *Resonanz-Theorie* (s. *Kap. 14.1*) sagen, welche der Erfahrung gerecht zu werden versucht, daß hin und wieder ein Formelsymbol aus dem Struktur-Archiv der klassischen organischen Chemie allein nicht geeignet ist, die Bindungseigenschaften einer diskutierten Verbindung hinreichend zu interpretieren. Doch war der Trend, daß sich die Struktur-Lehre der organischen Chemie zu einem Teilgebiet der Physik entwickelt, dadurch nicht mehr aufzuhalten.

Das *qualitative MO-Modell* bietet dem Chemiker die physikalische Grundlage zu einem tieferen Verständnis vom Zusammenhang zwischen den Struktur-Details einer chemischen Verbindung und ihren Eigenschaften. Mit geringem Aufwand läßt sich ein Zusammenhang zwischen Molekül-Struktur und Elektronenstruktur herstellen und erkennen, daß die Geometrie z. B. eines drei- (Typ HXH) oder vieratomigen Moleküls (Typ HXXH) allein von der Anzahl und Verteilung der Valenzelektronen auf die in Betracht kommenden MOs abhängt. Die Ergebnisse derartiger *Walsh*-Korrelationsdiagramme haben sich in *Walsh*schen Regeln niedergeschlagen. Das *HMO-Modell* mit seinen diversen Vereinfachungen deckt in einer ästhetisch äußerst ansprechenden Art und Weise Struktur-Muster auf, die eine subtile Differenzierung in und zwischen den verschiedenen Verbindungsklassen zulassen.

Wie das Struktur-Modell der klassischen organischen Chemie ist auch das qualitative MO-Modell, bei welchem $(n \rightarrow \pi^*)$-, $(n \rightarrow \sigma^*)$- oder $(\sigma \rightarrow \sigma^*)$-Delokalisierungen eine Rolle spielen, bemüht, komplexe Strukturen aus einfachen Repetiereinheiten zusammenzusetzen und *homologe* oder *vinyloge* Reihen als chemische Orientierungshilfen zu benutzen.

Daß neben *sterische* auch *elektronische* und gar *stereoelektronische* Effekte getreten sind, kommt nicht nur einem Verständnis der Problemfälle der klassischen organischen Chemie zugute, sondern wird bei der Erörterung chemischer Reaktionen (*Aspekte der Organischen Chemie*, Band 2: *Reaktivität*) von Nutzen sein.

Am Ende der Ausführungen über die Struktur organischer Verbindungen wird der eingangs apostrophierte Philosoph (*Kap. 1.1*) als Quintessenz der Struktur-Lehre gelten lassen: Der Chemiker beschäftigt sich mit Molekülen. Er weiß zwar nicht, wie sie *in Wirklichkeit* aussehen, überträgt jedoch seine Vorstellungen auf Modelle, mit deren Hilfe er auf Molekül-Eigenschaften schließen kann. Molekül-Eigenschaften lassen sich experimentell überprüfen. Die experimentelle Überprüfung zeigt, wie nützlich das zugrunde gelegte Modell tatsächlich ist. Allein die Nützlichkeit bestimmt, welches Modell in einem gegebenen Fall verwendet werden sollte (s. *Kap. 14.5*).

Weiterführende Literatur

Zu Abschn. 8.1.

K. R. Popper, *The rationality of scientific revolutions* in *The Herbert Spencer Lectures 1973* (Ed. R. Harrè), S. 72, Oxford University Press, Oxford, 1975.

H. Bondi, *What is progress in science?* in *The Herbert Spencer Lectures 1973* (Ed. R. Harrè), S. 1, Oxford University Press, Oxford, 1975.

T. S. Kuhn, *Die Struktur wissenschaftlicher Revolutionen*, Suhrkamp Verlag, Frankfurt am Main, 1981.

I. Lakatos, *Die Methodologie wissenschaftlicher Forschungsprogramme* (Ed. J. Worrall, G. Currie), Vieweg-Verlag, Braunschweig, 1982.

I. B. Cohen, *Revolutionen in der Naturwissenschaft*, Suhrkamp Verlag, Frankfurt am Main, 1994.

8.1.1.

L. Pauling, R. B. Corey, *The Configuration of Polypeptide Chains in Proteins, Fortschr. Chem. Organ. Naturstoffe* **1954,** *11,* 180.

8.1.2.

J. T. Edward, *Stability of glycosides to acid hydrolysis, Chem. Ind. (London)* **1955,** 1102.

R. U. Lemieux, *Rearrangement and Isomerizations in Carbohydrate Chemistry* in *Molecular Rearrangements,* Vol. 2 (Ed. P. de Mayo), S. 709, Interscience Publ., New York, 1964.

8.1.4.

J. Meisenheimer, W. Theilacker, *Stereochemie des Stickstoffs* in *Stereochemie* (Ed. K. Freudenberg), Franz Deuticke, Leipzig, 1933.
J. Meisenheimer, L.-H. Chou, *Versuche zur Spaltung substituierter cyclischer Äthylenimine in optisch aktive Isomere, Liebigs Ann. Chem.* **1939,** *539,* 70.
J. F. Kincaid, F. C. Henriques, Jr., *The Stability toward Racemization of Optically Active Compounds with Especial Reference to Trivalent Nitrogen Compounds, J. Am. Chem. Soc.* **1940,** *62,* 1474.
V. Prelog, P. Wieland, *Über die Spaltung der* Tröger*'schen Base in optische Antipoden, Helv. Chim. Acta* **1944,** *27,* 1127.

Zu Abschn. 8.2.

S.W. Hawking, *Eine kurze Geschichte der Zeit,* Rowohlt Verlag, Reinbek bei Hamburg, 1988.
R. P. Feynman, *QED – Die seltsame Theorie des Lichts und der Materie,* Piper, München, 1990.
R. P. Feynman, R. B. Leighton, M. Sands, *The Feynman Lectures on Physics,* Vol. 1–3, Addison-Wesley Publ. Comp., Reading, Mass., 1963.

Zu Abschn. 8.3.

W. Kutzelnigg, *Einführung in die Theoretische Chemie, Bd. 2: Die chemische Bindung,* Verlag Chemie, Weinheim, 1978.
M. Klessinger, *Elektronenstruktur organischer Moleküle,* Verlag Chemie, Weinheim, 1982.

8.3.3.3.4.

B. M. Gimarc, *Applications of Qualitative Molecular Orbital Theory, Acc. Chem. Res.* **1974,** *7,* 384.
E. Amitai-Halevi, *Orbital Symmetry and Reaction Mechanism,* Chapt. 4, Springer-Verlag, Berlin, 1992.

8.3.3.4.

E. Hückel, *Grundzüge der Theorie ungesättigter und aromatischer Verbindungen,* Verlag Chemie, Berlin, 1938.
E. Heilbronner, H. Bock, *Das HMO-Modell und seine Anwendung,* Verlag Chemie, Weinheim, 1968.
A. S. Streitwieser, *Molecular Orbital Theory for Organic Chemists,* Wiley, New York, 1961.

8.3.3.4.2.

A. A. Frost, B. Musulin, *A Mnemonic Device for Molecular Orbital Energies, J. Chem. Phys.* **1953,** *21,* 572.
E. Heilbronner, *Hückel Molecular Orbitals of Möbius-Type Conformations of Annulenes, Tetrahedron Lett.* **1964,** 1923.
H. E. Zimmerman, *Quantum Mechanics for Organic Chemists,* Academic Press, New York, 1975.

Zu Abschn. 8.4.

8.4.1.

L. Pauling, *Recent Work on the Configuration and Electronic Structure of Molecules with some Applications to Natural Products, Fortschr. Chem. Organ. Naturstoffe* **1939,** *3,* 203.

8.4.2.

A. Eschenmoser, D. Felix, *Langsame Inversion am pyramidal gebundenen Stickstoff: Isolierung von diastereomeren 7-Chlor-7-azabicyclo[4.1.0]heptanen bei Raumtemperatur, Angew. Chem.* **1968,** *80,* 197.

J.-M. Lehn, J. Wagner, *Hindered Nitrogen Inversion in N-Halogenoaziridines and in N-Halogenoazetidines, Chem. Commun.* **1968,** 148.

A. Rauk, L. C. Allen, K. Mislow, *Pyramidale Inversion, Angew. Chem.* **1970,** *82,* 453.

J. B. Lambert, *Pyramidal Atomic Inversion, Topics in Stereochem.* **1971,** *6,* 19.

8.4.3.

C. Romers, C. Altona, H. R. Buys, E. Havinga, *Geometry and Conformational Properties of Some Five- and Six-Membered Heterocyclic Compounds Containing Oxygen or Sulfur, Topics in Stereochem.* **1969,** *4,* 39.

S. David, O. Eisenstein, W. J. Hehre, L. Salem, R. Hoffmann, *Superjacent Orbital Control. An Interpretation of the Anomeric Effect, J. Am. Chem. Soc.* **1973,** *95,* 3806.

O. Eisenstein, N. T. Anh, Y. Jean, A. Devaquet, J. Cantacuzène, L. Salem, *Lone Pairs in Organic Molecules: Energetic and Orientational Non-Equivalence, Tetrahedron* **1974,** *30,* 1717.

W. A. Szarek, D. Horton (Ed.), *Anomeric Effect,* American Chemical Society, Washington, DC, 1979.

A. J. Kirby, *The Anomeric Effect and Related Stereoelectronic Effects at Oxygen,* Springer-Verlag, Berlin, 1983.

8.4.4.

A. Eschenmoser, M. Dobler, *Warum Pentose- und nicht Hexose-Nucleinsäuren? Teil I: Einleitung und Problemstellung, Konformationsanalyse für Oligonucleotid-Ketten aus 2',3'-Dideoxyglucopyranosyl-Bausteinen ('Homo-DNS') sowie Betrachtungen zur Konformation von A- und B-DNS, Helv. Chim. Acta* **1992,** *75,* 218.

8.4.7.

R. Hoffmann, *Interaction of Orbitals through Space and through Bonds, Acc. Chem. Res.* **1971,** *4,* 1.

Zu Abschn. 8.5.

A. D. Walsh, *The Electronic Orbitals, Shapes, and Spectra of Polyatomic Molecules,* Part I: *AH_2 Molecules, J. Chem. Soc.* **1953,** 2260; Part II: *Non-hydride AB_2 and BAC Molecules, J. Chem. Soc.* **1953,** 2266; Part III: *HAB and HAAH Molecules, J. Chem. Soc.* **1953,** 2288; Part IV: *Tetratomic Hydride Molecules, AH_3, J. Chem. Soc.* **1953,** 2296; Part V: *Tetratomic, Non-hydride Molecules, AB_3, J. Chem. Soc.* **1953,** 2301; Part VI: *H_2AB Molecules, J. Chem. Soc.* **1953,** 2306; Part. VIII: *Pentatomic Molecules: CH_3I, J. Chem. Soc.* **1953,** 2321; Part IX: *Hexatomic Molecules: Ethylene, J. Chem. Soc.* **1953,** 2325.

9 Dokumentation und Wiedergewinnung von chemischem Wissen

9.1. *Beilsteins Handbuch der Organischen Chemie*

Anläßlich der Frage, wie der Bereich der organischen Chemie und seiner Verbindungen festzulegen sei, ist *Beilstein Handbook of Organic Chemistry* in *Kap. 1.2* als mögliche Informationsquelle genannt worden. Um einen Eindruck über seinen Umfang zu vermitteln, sollte festgehalten werden, daß der *Beilstein* Anfang 1994 die stattliche Zahl von 459 Einzelbänden mit einer Gesamtzahl von 379 323 Seiten erreicht hatte.

9.1.1. Das gedruckte Handbuch

Es erscheint angebracht, kurz zu erwähnen, wie *Beilsteins Handbuch der Organischen Chemie* aufgebaut ist. Das seit über hundert Jahren erscheinende Werk gliedert sich in verschiedene Serien, die jeweils die Publikationen eines bestimmten Zeitraumes berücksichtigen (*Tab. 9.1*).

Das V. Ergänzungswerk erscheint derzeit. Mit dem V. Ergänzungswerk (*Fifth Supplementary Series*) ist das *Beilstein-Institut für Literatur*

Tab. 9.1. *Zeitliche Einteilung des* Beilstein-*Handbuchs* (4. Auflage)

Serie	Abkürzung	Vollständig erfaßte Literatur	Farbe des Deckschildes am Buchrücken
Hauptwerk	H	bis 1909	grün
I. Ergänzungswerk	E I	1910 – 1919	rot
II. Ergänzungswerk	E II	1920 – 1929	weiß
III. Ergänzungswerk	E III	1930 – 1949	blau
III./IV. Ergänzungswerk *)	E III/IV *)	1930 – 1959	blau/schwarz
IV. Ergänzungswerk	E IV	1950 – 1959	schwarz
V. Ergänzungswerk	E V	1960 – 1979	rot

*) Für den Bereich der Heterocyclen (Bd. 17 – 27) wurden das III. und IV. Ergänzungswerk zu einer gemeinsamen Ausgabe zusammengefaßt.

der Organischen Chemie zu Frankfurt am Main zur englischen Sprache übergegangen. Seit 1984 führt das Werk konsequenterweise den Titel: *Beilstein Handbook of Organic Chemistry*.

Jede Serie ist ihrerseits in 27 Bände oder Bandgruppen unterteilt, in denen die einzelnen Verbindungsklassen und die Anordnung der einzelnen Verbindungen innerhalb dieser Klassen jeweils nach dem *Beilstein-System* geordnet sind. Unter dem *Beilstein-System* versteht man eine Sammlung von Regeln, mit deren Hilfe jeder beliebigen Kohlenstoff-Verbindung ein ganz bestimmter Platz in der Gesamtmenge aller Kohlenstoff-Verbindungen zugeordnet wird. Diese Gesamtmenge wird auf 4720 *System-Nummern* verteilt, die zur Orientierung im *Beilstein* herangezogen werden können.

Das *Beilstein-System* bestimmt die drei Hauptklasssen organischer Verbindungen: die acyclischen oder offenkettigen Kohlenstoff-Verbindungen, die isocyclischen oder carbocyclischen Verbindungen und die heterocyclischen Verbindungen; bei den zuletzt genannten Verbindungen ist für ein Ring-Atom oder sind für mehrere Ring-Atome das Element Kohlenstoff durch andere Elemente ersetzt worden (*Tab. 9.2*).

Tab. 9.2. *Stoffliche Einteilung des* Beilstein-*Handbuchs in drei Hauptklassen* (4. Auflage)

***Beilstein*-Zuordnung** Verbindungsklassen	Bände	System-Nr.
Acyclische Verbindungen	1 – 4	1 – 449
Isocyclische Verbindungen	5 – 16	450 – 2358
Heterocyclische Verbindungen	17 – 27	2359 – 4720

Dem Sortierrang nach folgt auf die Hauptklasse die Funktionsklasse. Sie bestimmt die Unterklassen organischer Verbindungen, welche durch Art und Anzahl ihrer funktionellen Gruppen charakterisiert sind (*Tab. 9.3*). Unter funktionellen Gruppen versteht man seit *Justus von Liebig* Atome oder Atom-Gruppierungen, welche die Stelle von H-Atomen im Grundgerüst einnehmen. Es sind die funktionellen Gruppen, die zum erheblichen Teil die physikalische, chemische oder biologische Funktion der betreffenden Verbindungsklasse ausmachen.

So finden im *Beilstein* alle in der wissenschaftlichen Literatur behandelten Kohlenstoff-Verbindungen Eingang, die exakt beschrieben worden sind, in hinreichend reiner Form vorgelegen haben, eine definierte Strukturformel besitzen und deren Konstitution bekannt ist. Eine Ausnahme stellen die makromolekularen Kohlenstoff-Verbindungen sowie CO, CO_2, Kohlensäure, deren Salze und die Carbide dar. Metallorganische Verbindungen werden vom *Beilstein* nur eingeschränkt berücksichtigt. Anhand der *Tab. 9.4* ist leicht zu erkennen, welche metallorganischen Verbindungen bis 1991 vom *Gmelin-Institut für Anorganische Chemie und Grenzgebiete* der *Max-Planck-Gesellschaft zur Förderung der Wissenschaften* in Frankfurt am Main erfaßt worden sind.

Tab. 9.3. *Unterteilung organischer Verbindungen in Haupt- und Funktionsklassen nach dem* Beilstein-System

	Art der Registrier-Verbindungen	Funktionsmerkmal der funktionellen Gruppe		Beilstein Band Nr. für Hauptabteilung: A Acyclen	B Isocyclen	C Heterocyclen – Art u. Anzahl der Ring-Hetero-Atome: 1O*)	2O*) 3O*)	1N	2N	3N 4N	1N, 1O*), 1N, 2O*), ----, 2N, 1O*), 2N, 2O*), ----, weitere Hetero-Atome**)
1	Funktionslose Verbindungen	—		1	5	17	19	20	23	26	27
2	Hydroxy-Verbindungen	—OH			6			21			
3	Oxo-Verbindungen	=O	=O		7				24		
			=O + —OH		8	18			25		
4	Carbonsäuren	—C(=O)OH	—C(=O)OH	2	9			22			
			—C(=O)OH + —OH; —C(=O)OH + =O; —C(=O)OH + =O + —OH	3	10						
5	Sulfinsäuren	$—SO_2H$		4	11						
6	Sulfonsäuren	$—SO_3H$									
7	Selenin- u. Selenonsäuren Tellurinsäuren	$—SeO_2H$, $—SeO_3H$, $—TeO_2H$									
8	Amine	$—NH_2$	$—NH_2$		12						
			$[—NH_2]_n$; $—NH_2$ + —OH		13						
			$—NH_2$ + =O; $—NH_2$ + —C(=O)OH; $—NH_2$ + ...		14						
9	Hydroxylamine u. Dihydroxyamine	—NH-OH; $—N(OH)_2$			15						
10	Hydrazine	$—NH—NH_2$									
11	Azo-Verbindungen	—N=NH			16						
12	Diazonium-Verbindungen	$[—N\equiv N]^+$									
13	Verbindungen mit Gruppen aus drei oder mehr N-Atomen	$—NH—NH—NH_2$; $N(NH_2)_2$; $—N=N—NH_2$ usw.									
14	Verbindungen mit direkter Bindung von C an P, As, Sb und Bi	z.B. $—PH_2$; PH—OH; $—P(OH)_2$; $—PH_4$; ......; $PO(OH)_2$									
15	Verbindungen mit direkter Bindung von C an Si, Ge und Sn	z.B. $—SiH_3$; $—SiH_2(OH)$;									
16	Verbindungen mit direkter Bindung von C an Elemente der 3. bis 1. Hauptgruppe des Periodischen Systems	z.B. $—BH_2$; —BH(OH); ......; $—Mg^+$									
17	Verbindungen mit direkter Bindung von C an Elemente der 1. bis 8. Nebengruppe des Periodischen Systems	z.B. —HgH; $—Hg^+$;									

*) statt O auch S, Se, Te **) z.B. B, Si, P; aber nicht S, Se, Te

Für die einzelnen Verbindungen werden die veröffentlichten Daten und Erkenntnisse kritisch geprüft. Durch die genaue Untersuchung, mit der die gegenseitige Unvereinbarkeit verschiedener Literatur-Angaben festgestellt wird und die Beseitigung offensichtlicher Fehler und Widersprüche erfolgt ('Kritische Sichtung'), ist der *Beilstein* allen anderen rein bibliographischen Dokumentationen und Referate-Organen, wie z. B. *Chemical Abstracts*, an Zuverlässigkeit überlegen.

In den Jahren 1991 und 1992 erschien das Generalregister H bis EIV (*Centennial Index*), welches die im *Beilstein* abgehandelten organischen Verbindungen des Literatur-Zeitraums 1779 bis 1959 umfaßt.

9.1.2. SANDRA-Programm

Die Suche nach Informationen im *Beilstein*-Handbuch wird durch das Computer-Programm SANDRA, das man auf *IBM*-PCs oder auf *IBM*-kompatiblen Systemen laufen lassen kann, außerordentlich erleichtert.

Tab. 9.4. *Zusammenstellung der in* Gmelin Handbook of Inorganic Chemistry *aufgeführten metallorganischen Verbindungen: Stand 1992.* Die angegebenen Zahlen kennzeichnen die Molmasse bzw. die *Gmelin System Number.*

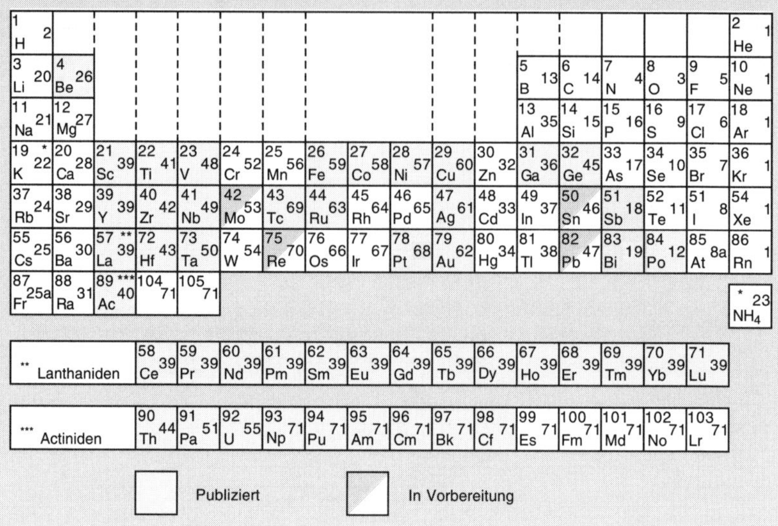

Man gibt die Konstitutionsformel einer organisch-chemischen Verbindung mit Hilfe einer 'Maus' graphisch ein und erhält die Angabe

- der in Betracht kommenden Handbuch-Serie(n),
- des entsprechenden Bandes und Teilbandes,
- der Summenformel,
- des Konkordanz-Verweises zur jeweiligen Seite im Hauptwerk,
- der zutreffenden System-Nummer bzw. des System-Nummer-Bereiches,
- über zusätzliche Klassifikationsmerkmale: Sättigungsgrad und Anzahl der C-Atome der zugrundeliegenden Stammverbindung.

Ab *Version 3.0* ermöglicht SANDRA zusätzlich ein '*Structure Browsing*' in der *Beilstein*-ONLINE-Datenbank.

9.1.3. *Beilstein*-ONLINE-Datenbank

Die vom *Beilstein*-Handbuch erschienenen Bände werden ab 1988 stufenweise auch in Form einer Datenbank, also maschinen-lesbar, angeboten. Die Datenbank enthält alle Angaben in kritisch gesichteter Form, wie sie auch im Handbuch vorliegen.

Die Datenbank ist ebenso wie das Handbuch verbindungsorientiert. Jeder Dokumentationseinheit (DE) der Datenbank entspricht eine Titel-Verbindung im Handbuch und/oder die zusammengefaßten Rohinformationen (s. u.), die zu dieser Verbindung im Literatur-Bereich des *V. Ergänzungswerkes* bekannt sind. Eine DE besteht aus:

- der *Beilstein*-Registrier-Nummer (BRN),
- der Strukturformel (in Form einer Konnektivitätsmatrix unter Einschluß der Konfiguration, falls bekannt),
- den Herstellungen und Reaktionen,
- den physikalischen Daten,
- der Bibliographie, d. h. aller Handbuch- und Primärliteratur-Zitate. Hierbei sind jede Herstellung oder Reaktion und jedes Faktum in der DE mit mindestens einem Primärliteratur-Zitat verknüpft worden.

Jede DE kann bis zu 400 Felder enthalten. 80 Felder haben numerische Inhalte, 250 enthalten sog. *keywords*, der Rest besteht aus Textfeldern.

Entsprechend ihrer Datenstruktur kann in der *Beilstein*-Datenbank recherchiert werden, d.h. es sind beliebige Abfragekombinationen aus
- Struktur- bzw. Teilstruktur-Suche,
- numerischer Bereichssuche,
- Text-Suche, z.B. nach der Bibliographie,

möglich.

Derzeit stehen die Faktendaten (das sind chemische Eigenschaften und physikalische Kennwerte) der Verbindungen des Hauptwerkes und des *I.* bis *IV. Ergänzungswerkes* in elektronischer Form zur Verfügung.

Außerdem werden die im *V. Ergänzungswerk* zu berücksichtigenden, der Literatur der Jahre 1960 bis 1979 entnommenen Informationen in ihrer Rohform, d.h. noch nicht kritisch gesichtet, angeboten. Die Datenbank umfaßt derzeit 3,8 Millionen Verbindungen mit den dazugehörigen Faktendaten. Bis 1994 soll die Datenbank auf den aktuellen Literatur-Stand gebracht werden. Sie wird dann mehr als 6 Millionen Verbindungen umfassen.

Auf die *Beilstein*-Datenbank kann entweder *online* (bei *Scientific Technical Network (STN) International*, DIALOG und ORBIT) oder *inhouse* auf einem eigenen Rechner zugegriffen werden.

Zur Erhöhung der Aktualität werden die aus *ca.* 80 Kernzeitschriften ab 1990 exzerpierten Rohdaten vierteljährlich unter der Bezeichnung *Current Facts* auf *CD-ROM* in Kombination mit einem Retrieval-System für 'personal computer' angeboten.

Current Facts informiert über Strukturen (bis zu 300000) und über Fakten. Bei den Faktenangaben findet man Informationen über chemische Umsetzungen, Herstellung, numerische Daten und – für den *Beilstein* neu – biologische Informationen. Die Suche nach Faktendaten geschieht wie bei der ONLINE-Datenbank und kann sowohl bei der Struktur- wie bei der Teilstruktur-Suche auf Stereoisomere oder Tautomere ausgerichtet sein. Die Antwort liegt meistens nach wenigen Sekunden in benutzerfreundlicher Art und Weise vor.

Die Angaben aus *Current Facts* enthalten *autonames*, d.h. *IUPAC*-Namen für die entsprechenden Verbindungen, die mit Hilfe des Programms AUTONOM (*AUTO*matic *NOM*enclature) erzeugt werden. AUTONOM ist auch getrennt für IBM-kompatible PCs zu verwenden. Der Benutzer kann jede organische Strukturformel eingeben, gleichgültig, ob sie bereits bekannt ist oder nicht. AUTONOM antwortet in der Mehrzahl der Fälle (*ca.* 80%) mit einem Namen der *International Union of Pure and Applied Chemistry* (*IUPAC*) oder verweigert die Antwort (*ca.* 20%: zu schwierig). Ohne Frage ist die computer-unterstützte Übersetzung der in einer Strukturformel enthaltenen Information in diejenige des *IUPAC*-Namens der Lösungsansatz der Zukunft.

9.2. Der *Chemical Abstracts Service* (*CAS*) der *American Chemical Society* (*ACS*)

9.2.1. Die gedruckten Dienste

Die Stärke des *Beilsteins* ist die kritische Sichtung. Die Stärke von *Chemical Abstracts Service* (*CAS*) ist die rasche Information über die internationale chemische Literatur (seit 1907). Allwöchentlich kommt ein Referate-Heft (*Abstract Issue*) heraus, und im vierzehntägigen Abstand (*Fig. 9.1*) findet man
- in Heften (*Issues*) mit ungerader Numerierung Veröffentlichungen aus der Biochemie und der organischen Chemie,

– in Heften mit gerader Numerierung Veröffentlichungen aus der makromolekularen Chemie, der angewandten Chemie, der chemischen Technologie, der physikalischen Chemie, der anorganischen Chemie und der analytischen Chemie.

CHEMICAL ABSTRACTS®

KEY TO THE WORLD'S CHEMICAL LITERATURE

A Publication of the CHEMICAL ABSTRACTS SERVICE
Published weekly by the AMERICAN CHEMICAL SOCIETY

Editorial Office: Chemical Abstracts Service, 2540 Olentangy River Road, P.O. Box 3012, Columbus, Ohio 43210-0012
Telephone 614-447-3600, Telex 684-2086, TWX 810-482-1608, Fax 614-447-3713 or 447-3709, Cable CHEMABS

Copyright © 1994 American Chemical Society
All Rights Reserved
Printed in the USA

Volume 120 - Number 1 - January 3, 1994

ABSTRACT SECTIONS

Biochemistry Sections

1.	Pharmacology	1
2.	Mammalian Hormones	599
3.	Biochemical Genetics	1485
4.	Toxicology	2273
5.	Agrochemical Bioregulators	2662
6.	General Biochemistry	2829
7.	Enzymes	3173
8.	Radiation Biochemistry	3559
9.	Biochemical Methods	3703
10.	Microbial, Algal, and Fungal Biochemistry	4064
11.	Plant Biochemistry	4470
12.	Nonmammalian Biochemistry	5057
13.	Mammalian Biochemistry	5291
14.	Mammalian Pathological Biochemistry	5788
15.	Immunochemistry	6252
16.	Fermentation and Bioindustrial Chemistry	6794
17.	Food and Feed Chemistry	6938
18.	Animal Nutrition	7324
19.	Fertilizers, Soils, and Plant Nutrition	7489
20.	History, Education, and Documentation	7726

Organic Chemistry Sections

21.	General Organic Chemistry	7858
22.	Physical Organic Chemistry	7878
23.	Aliphatic Compounds	8169
24.	Alicyclic Compounds	8215
25.	Benzene, Its Derivatives, and Condensed Benzenoid Compounds	8250
26.	Biomolecules and Their Synthetic Analogs	8342
27.	Heterocyclic Compounds (One Hetero Atom)	8413
28.	Heterocyclic Compounds (More Than One Hetero Atom	8484
29.	Organometallic and Organometalloidal Compounds	8623
30.	Terpenes and Terpenoids	8749
31.	Alkaloids	8782
32.	Steroids	8797
33.	Carbohydrates	8814
34.	Amino Acids, Peptides, and Proteins	8938

ISSUE INDEXES

Keyword Index
Patent Index
Author Index

Sections 35 - 80 covering Macromolecular Chemistry, Applied Chemistry and Chemical Engineering, and Physical, Inorganic, and Analytical Chemistry appear in alternate issues of *Chemical Abstracts*.

Volume 120 - Number 2 - January 10, 1994

ABSTRACT SECTIONS

Macromolecular Chemistry Sections

35.	Chemistry of Synthetic High Polymers	8981
36.	Physical Properties of Synthethic High Polymers	9229
37.	Plastics Manufacture and Processing	9463
38.	P lastics Fabrication and Uses	9824
39.	Synthetic Elastomers and Natural Rubber	10144
40.	Textiles and Fibers	10231
41.	Dyes, Orgainic Pigments, Fluorescent Brightrners, and Photographic Sensitizers	10353
42.	Coatings, Inks, and Related Products	10382
43.	Cellulose, Lignin, Paper, and Other Wood Products	10548
44.	Industrial Carbohydrates	10637
45.	Industrial Organic Chemicals, Leather, Fats, and Waxes	10649
46.	Surface-Active Agents and Detergents	10737

Applied Chemistry and Chemical Engineering Sections

47.	Appartus and Plant Equipment	10821
48.	Unit Operations and Processes	10900
49.	Industrial Inorganic Chemicals	11156
50.	Propellants and Explosives	11315
51.	Fossil Fuels, Derivatives and Related Products	11348
52.	Electrochemical,Radiational, and Thermal Energy Technology	11564
53.	Mineralogical and Geological Chemistry	11832
54.	Extractive Metallurgy	12120
55.	Ferrous Metals and Alloys	12324
56.	Nonferrous Metals and Alloys	12699
57.	Ceramics	13202
58.	Cement, Concrete, and Related Building Materials	13710
59.	Air Pollution and Industrial Hygiene	13817
60.	Waster Treatment and Disposal	14084
61.	Water	14317
62.	Essential Oils and Cosmetics	14606
63.	Pharmaceuticals	14686
64.	Pharmaceutical Analysis	14970

Physical, Inorganic, and Analytical Chemistry Sections

65.	General Physical Chemistry	15032
66.	Surface Chemistry and Colloids	15564
67.	Catalysis, Reaction Kinetics, and Inorganic Reaction Mechanisms	16292
68.	Phase Equilibriums, Chemical Equilibriums, and Solutions	16546
69.	Thermodynamics, Thermochemistry, and Thermal Properties	16740
70.	Nuclear Phenomena	16868
71.	Nuclear Technology	17149
72.	Electrochemistry	17521
73.	Optical, Electron, and Mass Spectroscopy and Other Related Properties	17713
74.	Radiationn Chemistry, Photochemistry, and Photographiic and Other Reprographic Processes	18824
75.	Crystallography and Liquid Crystals	19385
76.	Electric Phenomena	20213
77.	Magnetic Phenomena	21678
78.	Inorganic Chemicals and Reactions	22265
79.	Inorganic Analytical Chemistry	22453
80.	Organic Analytical Chemistry	22756

ISSUE INDEXES

Keyword Index
Patent Index
Author Index

Sections 1 - 34 covering Biochemistry and Organic Chemistry appear in alternate issues of *Chemical Abstracts*.

Fig. 9.1. *Ausschnitte aus den Inhaltsverzeichnissen zweier aufeinander folgender* Chemical Abstracts-*Hefte mit den 80 Sachgebietsgruppen*

Die Referate (*Abstracts*) verteilen sich auf 80 verschiedene Sachgebietsgruppen (*Sections*). Ausführlichen bibliographischen Daten schließen sich in der Regel knappe Inhaltsangaben an. Letztere sind bewußt unkritisch und sollen dem Leser nur bei der Entscheidung behilflich sein, ob er die zugrunde liegende Original-Veröffentlichung lesen will.

Mit Hilfe eines abgestuften Register-Systems (*Fig. 9.2*) ist es möglich, in den *Chemical Abstracts* untergebrachte Informationen effektiv und zuverlässig wiederzugewinnen (*Information Retrieval*):

– über Arbeiten bestimmter Autoren im Autorenregister (*Author Index*),

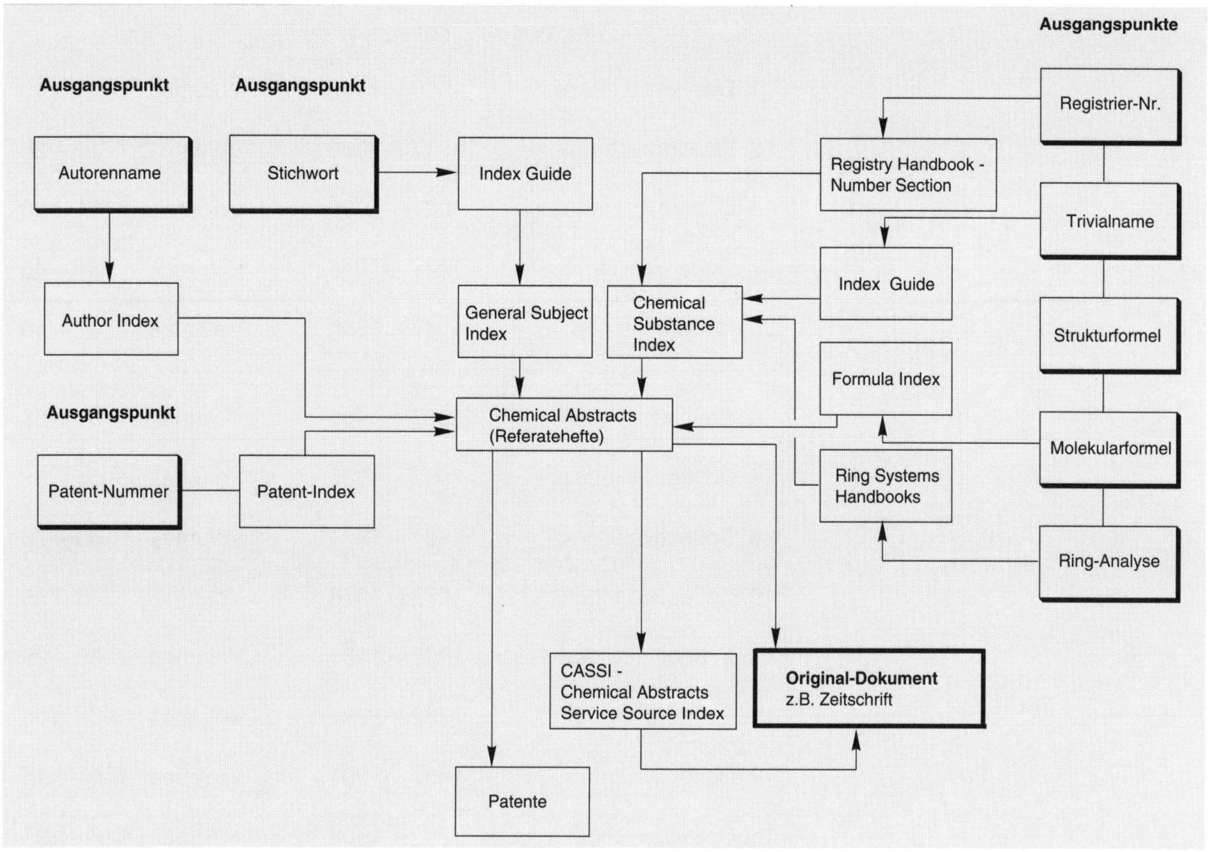

Fig. 9.2. *Wege zur Informationsgewinnung aus* Chemical Abstracts

- über bestimmte chemische Verbindungen im Verbindungsregister (*Chemical Substance Index*), im Formelregister (*Formula Index*), im Verzeichnis der Ring-Systeme (*Index of Ring Systems*),
- über bestimmte Patentschriften und den Zusammenhang mit Patentanmeldungen in anderen Ländern im Patentregister (*Patent Index*, vor 1981: *Numerical Patent Index* und *Patent Concordance*),
- für eine Literatur-Recherche zu einem bestimmten Thema im allgemeinen Sachregister (*General Subject Index*) oder im Stichwortregister (*Keyword Index*).

Man findet die Register

- in jedem der wöchentlich erscheinenden Referate-Hefte im Heftregister (*Issue Index*),
- in den halbjährlich erscheinenden Bandregistern (*Volume Indexes*),
- in den alle fünf oder zehn Jahre erscheinenden Sammelregistern (*Collective Indexes, Decennial Index*; *Tab. 9.5*).

Man muß dabei berücksichtigen, daß

- das Stichwortregister (*Keyword Index*) eines einzelnen Referate-Heftes sich auf Stichwörter aus Titel und Referat beschränkt,
- die Bandregister (*Volume Indexes*) Begriffe aus den Original-Dokumenten unter Verwendung eines normierten Vokabulars (*controlled vocabulary*) enthalten.

Erst nach Erscheinen der Bandregister besteht für den Benutzer der gedruckten Dienste die Möglichkeit, die Information vollständig wiederzugewinnen. Ein eigener Registerführer (*Index Guide*) für jede Sammelregister-Periode (*Collective Index Period*)

- ermöglicht Querverweise zwischen Trivialnamen oder früheren Bezeichnungen und derzeit ausschließlich verwendeten Namen für chemische Verbindungen,

Tab. 9.5. *Zehnjahres- und Sammelregister von* Chemical Abstracts

1. Decennial Index	1907 – 1916	Volumes	1 – 10
2. Decennial Index	1917 – 1926	Volumes	11 – 20
3. Decennial Index	1927 – 1936	Volumes	21 – 30
4. Decennial Index	1937 – 1946	Volumes	31 – 40
5. Decennial Index	1947 – 1956	Volumes	41 – 50
6. Collective Index	1957 – 1961	Volumes	51 – 55
7. Collective Index	1962 – 1966	Volumes	56 – 65
8. Collective Index	1967 – 1971	Volumes	66 – 75
9. Collective Index	1972 – 1976	Volumes	76 – 85
10. Collective Index	1977 – 1981	Volumes	86 – 95
11. Collective Index	1982 – 1986	Volumes	96 – 105
12. Collective Index	1987 – 1991	Volumes	106 – 115
13. Collective Index	1992 – 1996	Volumes	116 – 125

- weist auf das in *Chemical Abstracts* verwendete Schlagwort für synonyme Bezeichnungen hin,
- erläutert die Hauptlinien der Referierpolitik, die im Referierzeitabschnitt verfolgt worden sind.

Der Registerführer wird in regelmäßigen Abständen ergänzt und neu herausgegeben.

Bei den Referate-Nummern (*Accession Numbers*) ist zu beachten, daß seit 1967 fortlaufend durchnumeriert wird. Vor 1967 bezeichnete eine Zahl die Kolonne und ein kleiner Buchstabe die Zeilengruppe innerhalb dieser Kolonne. Von 1967 bis Ende 1990 wurden 9,5 Mill. Veröffentlichungen erfaßt. Seit 1965 erhält jede in der Literatur vorkommende Verbindung eine eigene Registrier-Nummer (*Registry Number*): bis Ende 1993 wurden nahezu 12,8 Millionen Registrier-Nummern vergeben.

9.2.2. Die maschinen-lesbaren Dienste

Die seit 1967 in den *Chemical Abstracts* erschienenen Referate sind in Datenbanken erfaßt, in denen mit Hilfe eines Computers *online*-Recherchen äußerst rasch durchgeführt werden können.

Die bibliographischen Daten und alle sonstigen Eintragungen, welche die Register der gedruckten Dienste von *Chemical Abstracts* enthalten, sowie die Texte der Referate sind bei *Scientific Technical Network* (*STN*) *International/CAS* ONLINE oder anderen kommerziellen Informationsanbietern in bibliographischen Datenbanken gespeichert. Sie können vom Informationsbenutzer, der über verschiedene Benutzungserlaubnisse, Kenntnisse der Suchstrategie, ein geeignetes Terminal und das erforderliche Geld zur Bezahlung der Gebühren verfügt, im Dialog mit dem Computer per Telekommunikation abgerufen werden: Dialog-Recherchen (*Online Retrieval*).

Der interaktive Dialog

- macht Kenntnisse zum Gebrauch der gedruckten Dienste des *CAS* nicht überflüssig: Die vor 1967 in den *Chemical Abstracts* gesammelten Informationen sind nicht vollständig in einer Datenbank verfügbar,
- eröffnet den gedruckten Diensten des *CAS* gegenüber zusätzliche Suchmöglichkeiten: Fast alle gespeicherten Angaben können als Suchbegriffe verwendet und durch eine Suchlogik miteinander verknüpft werden, die wesentlich komplexer sein kann als bei der Suche in den gedruckten Diensten von Hand (multidimensionale Suchprofile).

Wie bereits erwähnt, bemüht sich *CAS* seit 1965, alle in der Literatur auftretenden chemischen Verbindungen zu registrieren; im übrigen werden seit einiger Zeit Verbindungen, die ausschließlich in der Literatur vor 1965 beschrieben worden sind, ergänzend registriert. Selbst jedem Stereoisomer wird eine individuelle Registrier-Nummer (*CA-RN*) zugeordnet. Alle registrierten Verbindungen sind in einer Verbindungsregister-Datenbank gespeichert, die ebenfalls für Dialog-Recherchen zugänglich ist. Ist die Registrier-Nummer, der englische systematische Name oder ein Synonym von einer chemischen Verbindung bekannt, können aus einer derartigen Datenbank sofort die Strukturformel, die Molekularformel, weitere synonyme Namen sowie Hinweise auf die neuesten Veröffentlichungen, für welche die Verbindung indexiert worden ist, abgerufen werden. Die Strukturen der Verbindungen sind so abgespeichert, daß auch durch Zeichnen einer Strukturformel auf einem graphischen Terminal eine Recherche eingeleitet werden kann. Diese Datenbank wird wöchentlich um *ca.* 10000 neue Registrier-Nummern bereichert.

9.3. Der *Science Citation Index*

Fast jede wissenschaftliche Veröffentlichung enthält ein Literatur-Verzeichnis (Bibliographie) mit den genauen Quellenangaben derjenigen Literatur, die in der Veröffentlichung zitiert worden ist. Das *Institute for Scientific Information* (*ISI*) in Philadelphia ermöglicht es, mit Hilfe des *Science Citation Index* all diejenigen Publikationen (seit kurzem ab 1955) aufzufinden, in deren Literatur-Verzeichnis eine bestimmte, zeitlich zurückliegende Veröffentlichung zitiert wurde. Es liegt natürlich nahe, daß zwischen der zitierten und der zitierenden Literatur ein inhaltlicher Zusammenhang besteht. Man erhält so ein Netzwerk, aus welchem der Einfluß einer zurückliegenden Publikation auf später veröffentlichte Arbeiten abgelesen werden kann. Der *Science Citation Index* umfaßt die Gebiete Biowissenschaften, Chemie, Geowissenschaften, Physik, Physiologie, Ingenieur- und angewandte Wissenschaften. Derzeit werden in jedem Jahr mehr als 600000 Veröffentlichungen aus etwa 3200 wissenschaftlichen Zeitschriften der genannten Fachgebiete ausgewertet: Die in den Literatur-Verzeichnissen der einzelnen Publikationen aufgeführten Literatur-Zitate werden registriert. Im *Science Citation Index* findet man dann unter dem Namen des ersten Autors (nur die Initialen der Vornamen werden angegeben) für jede seiner Publikationen eine Liste derjenigen Veröffentlichungen, in denen diese Publikation zitiert worden ist.

Die in zweimonatlicher Folge erscheinenden Teilbände eines Jahrgangs des *Citation Index* werden in einem Jahresband zusammengefaßt.

Das Gesamtwerk besteht aus vier sich gegenseitig ergänzenden Registern, die jeweils die gleichen Aufsätze unter verschiedenen Gesichtspunkten erschließen: Der *Source Index* ist ein alphabetisch geordnetes Quellenregister. Er enthält sämtliche bibliographischen Angaben zu dem jeweiligen Artikel: Autor, Titel (in englischer Sprache), Zeitschrift, in welcher der Artikel erschienen ist (mit Band-Nummer, Heft-Nummer, Seitenangabe sowie Erscheinungsjahr) und die Anzahl der im Artikel angegebenen Literatur-Zitate. Die Anschrift des Autors wird ebenfalls angegeben (anonym erschienene Artikel sind am Anfang des *Source Index* alphabetisch nach Zeitschriften eingeordnet). Ein aus zwei Buchstaben bestehender Sprachencode geht dem (ins Englische) übersetzten Titel voran.

Im *Permuterm Subject Index* erfolgt der Zugriff auf jeden Quellenaufsatz durch ein Wortpaar aus dem (englischen) Titel des Aufsatzes. Diesen Stichwörtern folgt lediglich der Name des Autors. Die vollständigen bibliographischen Angaben des ausgewerteten Aufsatzes können dem *Source Index* entnommen werden.

Der eigentliche *Citation Index* listet zitierte Autoren (in alphabetischer Reihenfolge) mit ihren Veröffentlichungen (in chronologischer Reihenfolge) auf und gibt die Zeitschriften an, in welchen die Publikationen der zitierenden Autoren erschienen sind.

Der *Corporate Index* verzeichnet sämtliche Autoren nach dem Namen ihrer Institution mit einem Kurzhinweis auf ihren Aufsatz. Die Institutionen sind ebenfalls nach geographischem Sitz aufgeführt.

SCI-SEARCH ist eine dem gedruckten *Science Citation Index* äquivalente Datenbank, die – wie *CAS* ONLINE – durch computer-unterstützte Dialog-Recherchen benutzt werden kann. Sie enthält derzeit die Informationen ab 1974.

Weiterführende Literatur

Zu Abschn. 9.1.

Kennen Sie Beilstein? Springer-Verlag, Berlin.

The Short Cut to Locating a Compound in Beilstein Handbook of Organic Chemistry, Springer-Verlag, Berlin.

This is Gmelin, Springer-Verlag, Berlin.

SANDRA, Structure and Reference Analyser for Users of the Beilstein Handbook of Organic Chemistry, Springer-Verlag, Berlin.

W. Liebscher, *Die Beschreibung von Substanzen – die Ambivalenz der Nomenklatur,* Mitteilungsblatt der GDCh-Fachgruppe 'Chemie – Information – Computer', Frankfurt am Main, 1992, Nr. 21, 4.

A. Lawson, *Systematic Nomenclature from F.K. Beilstein to AUTONOM,* Mitteilungsblatt der GDCh-Fachgruppe 'Chemie – Information – Computer', Frankfurt am Main, 1992, Nr. 21, 27.

E. Zass, *Chemische Weltliteratur auf CD-ROM, Nachr. Chem. Tech. Lab.* **1991,** *39,* 1152.
– *On Searching the Literature – Using the Computer (and Your Head) to Retrieve Structures, References, Reactions, and Data Online* in *A Guide for the Perplexed Organic Experimentalist* (Ed. H.J.E. Loewenthal), John Wiley & Sons, Chichester, 1990.

Zu Abschn. 9.2.

Mit den Chemical Abstracts führen alle Wege zum Ziel, VCH Verlagsgesellschaft, Weinheim.

Hedda Schulz, *Von CA bis CAS ONLINE,* VCH Verlagsgesellschaft, Weinheim, 1985.

Zu Abschn. 9.3.

How to Search the Science Citation Index, ISI Institute for Scientific Information, Offenbach am Main.

10 Die Beschreibung von Molekülen im Rahmen des Struktur-Modells der klassischen organischen Chemie durch Formeln und Namen

'Chemisches Denken' beginnt mit der Akzeptanz von Molekülen und ihrer atomaren Zusammensetzung. Um 'chemische Gedanken' möglichst klar und unmißverständlich ausdrücken zu können, ist eine *chemische Ikonographie* (*chemische Formelsprache*) eingeführt und entwikkelt worden. Seit Beginn der chemischen Wissenschaft sind Symbole der chemischen Ikonographie ein wichtiges Mittel, um den Informationsgehalt einer molekularen Struktur zu codieren. Eine Kommunikation über chemischen Sachverhalt ist dort möglich, wo Sender- und Empfängercode eine gemeinsame Teilmenge haben. Die *International Union of Pure and Applied Chemistry* (*IUPAC*) sorgt dafür, daß die Symbole der chemischen Ikonographie klar spezifiziert und nach einer gewissen Testphase verbindlich vorgeschrieben werden.

Die semiotische Kennzeichnung von Molekülen durch Formelbilder eint alle Chemiker über sämtliche Schranken natürlicher Sprachen hinweg, ist jedoch nach wie vor eine Verständigungsbarriere, häufig nicht nur dem Laien, sondern auch den Wissenschaftlern anderer Disziplinen gegenüber, die sich mit chemischen Verbindungen und ihren Eigenschaften beschäftigen müssen. Die Sprache der Chemie verknüpft die Physik über die Chemie mit der Biologie, also alle menschlichen Wissens- und Kenntnisbereiche, die sich mit Phänomenen beschäftigen, deren Einzelheiten auf molekularer Grundlage interpretiert werden können. Journalisten, Richter, Umweltengagierte, jeder wache Zeitgenosse sollte über ein Minimum des chemischen 'Zeichencodes' verfügen. Der mündige Bürger, der über chemische Probleme und Problemlösungen informiert sein und seine Meinung dazu äußern will, wird nicht umhin kommen, sich ein Minimum der chemischen (Formel-)Sprache anzueignen. Gleichzeitig werden sich Chemiker stärker als bisher dazu aufraffen müssen, ihre Formelsprache so eindeutig und klar wie möglich zu verwenden.

10.1. Konstitutionsformeln

Um zu beschreiben, welche Atome mit ihren spezifischen Wertigkeiten in Molekülen miteinander verbunden sind, verknüpft man ihre Element-Symbole mittels der Zeichen für Einfach-, Doppel- oder Dreifachbindungen miteinander und drückt durch entsprechende Zeichen aus, ob Ketten, Ringe oder deren Kombinationen vorliegen (*Tab. 10.1–10.3*).

Tab. 10.1. *Atome, ihre Symbole, Wertigkeit und Auftreten in Struktur-Einheiten*

Element	Zeichen	Struktur-Einheit (gegeben durch Wertigkeit)	
Kohlenstoff	**C**	vierwertig	—C— (mit zwei vertikalen Bindungen)
Stickstoff	**N**	dreiwertig	—N<
Sauerstoff	**O**	zweiwertig	—O—
Wasserstoff	**H**	einwertig	H—

Tab. 10.2. *Bindungen, ihre Symbole und Auftreten in Struktur-Einheiten*

Bindung	Zeichen	Struktur-Einheit
Einfachbindung	—	—C—C— (mit vertikalen Bindungen)
Doppelbindung	=	>C=C<
Dreifachbindung	≡	—C≡C—

Man gelangt so zu Formelbildern, welche die Verbundenheit (*Konnektivität, Konstitution*) der in einem Molekül beteiligten Atome verdeutlichen. Derartige Konstitutionsformeln erweisen sich rasch als Quelle anschaulicher Struktur-Information, auf welche der Chemiker nicht mehr verzichten kann. Sie sind besonders dann zweckmäßig, wenn es z. B. darum geht, die zur Molekularformel C_3H_6O gehörigen Konstitutionsisomeren zu veranschaulichen (*Tab. 10.4*).

Man hat sich daran gewöhnt, statt der ausführlichen eine leicht gekürzte Formel-Schreibweise (*Tab. 10.5*) zu benutzen, in welcher bestimmte Atom-Gruppierungen (CH_3, CH_2) zusammengefaßt werden. Oder man verwendet gar Piktogramme, die als stark vereinfachte Formelbilder (*Tab. 10.6*) die wesentlichen Struktur-Elemente enthalten. Hier sind praktisch nur noch die Heteroatome und die daran gebundenen H-Atome ausgeschrieben. Das Gerüst aus C- und H-Atomen wird lediglich durch (C—C)-Bindungsstriche dargestellt. Eine andere Darstellungsweise für Konstitutionsisomere benutzt *Graphen*. Für die ersten

Tab. 10.3. *Ketten oder Ringe, ihre Symbole und Auftreten in Struktur-Einheiten*

Konstitutionstyp	Zeichen / Struktur-Einheit	Konstitutionstyp	Zeichen / Struktur-Einheit
Kette	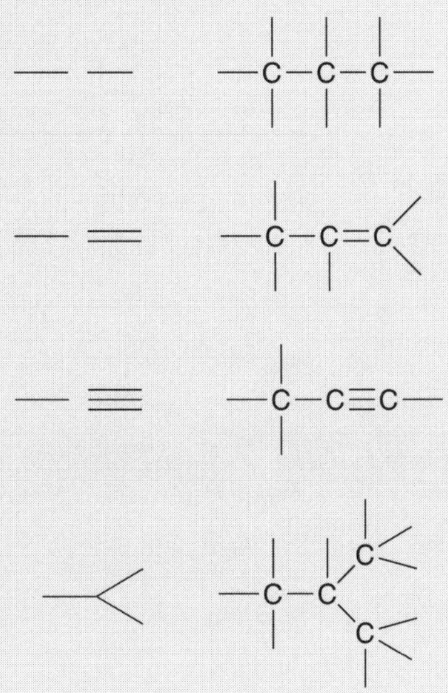	Ring	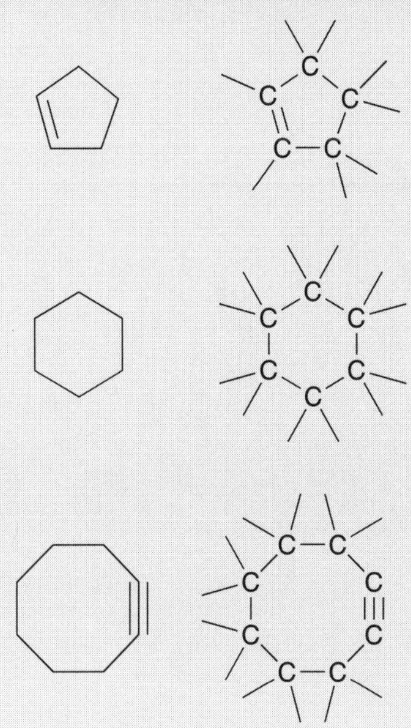

fünf Glieder aus der homologen Reihe der Alkane stimmt die Anzahl der Bäume (*Tab. 10.7*) mit der Anzahl von Konstitutionsisomeren überein.

Die Anwendung der *Graphentheorie* ergibt allerdings nur dann die richtige Anzahl möglicher Konstitutionsisomere, wenn die Wertigkeiten von C und H berücksichtigt werden. Für die Molekularformel C_8H_{18}

Tab. 10.4. *Ausführliche Formel-Schreibweise für die Konstitutionsisomeren von C_3H_6O*

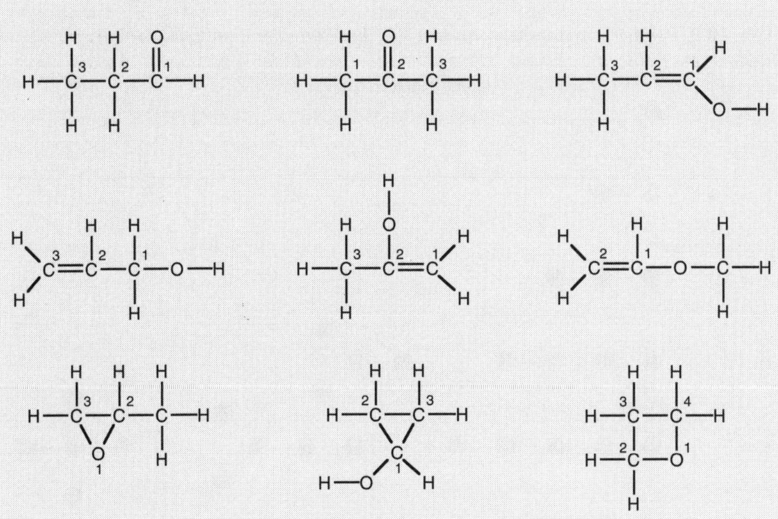

Tab. 10.5. *Leicht gekürzte Formel-Schreibweise für die Konstitutionsisomeren von C_3H_6O*

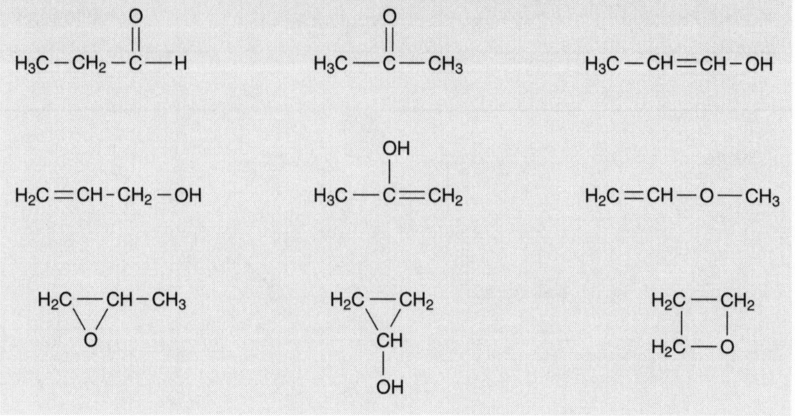

Tab. 10.6. *Stark gekürzte Formel-Schreibweise für die Konstitutionsisomeren von C_3H_6O*

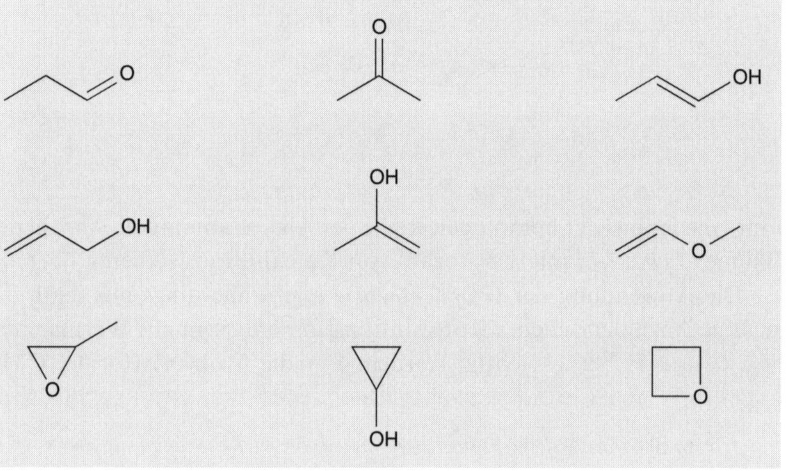

Tab. 10.7. *Bei der graphentheoretischen Beschreibung der ersten fünf Glieder aus der homologen Reihe der Alkane entspricht die Anzahl der* Bäume *der Anzahl ihrer Konstitutionsisomeren*

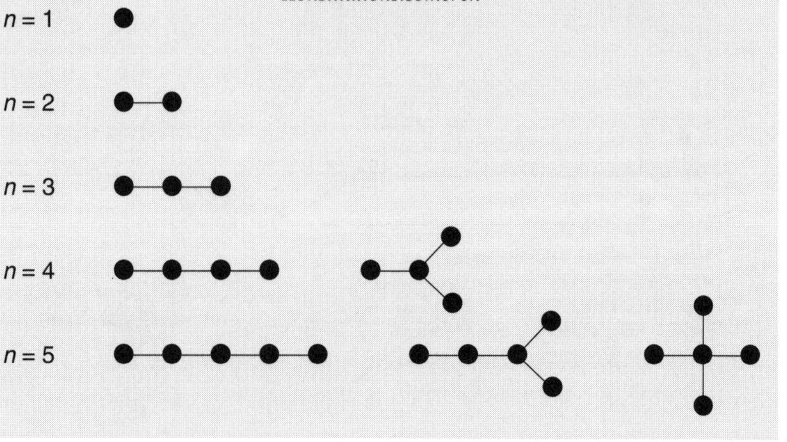

Tab. 10.8. *Für Verbindungen der Molekularformel C_8H_{18} stimmt die Anzahl der* Bäume *nur dann mit der Anzahl der Konstitutionsisomeren überein, falls lediglich Punkte der Ordnung 1 oder 4 (Wertigkeit von Wasserstoff bzw. Kohlenstoff) berücksichtigt werden.*

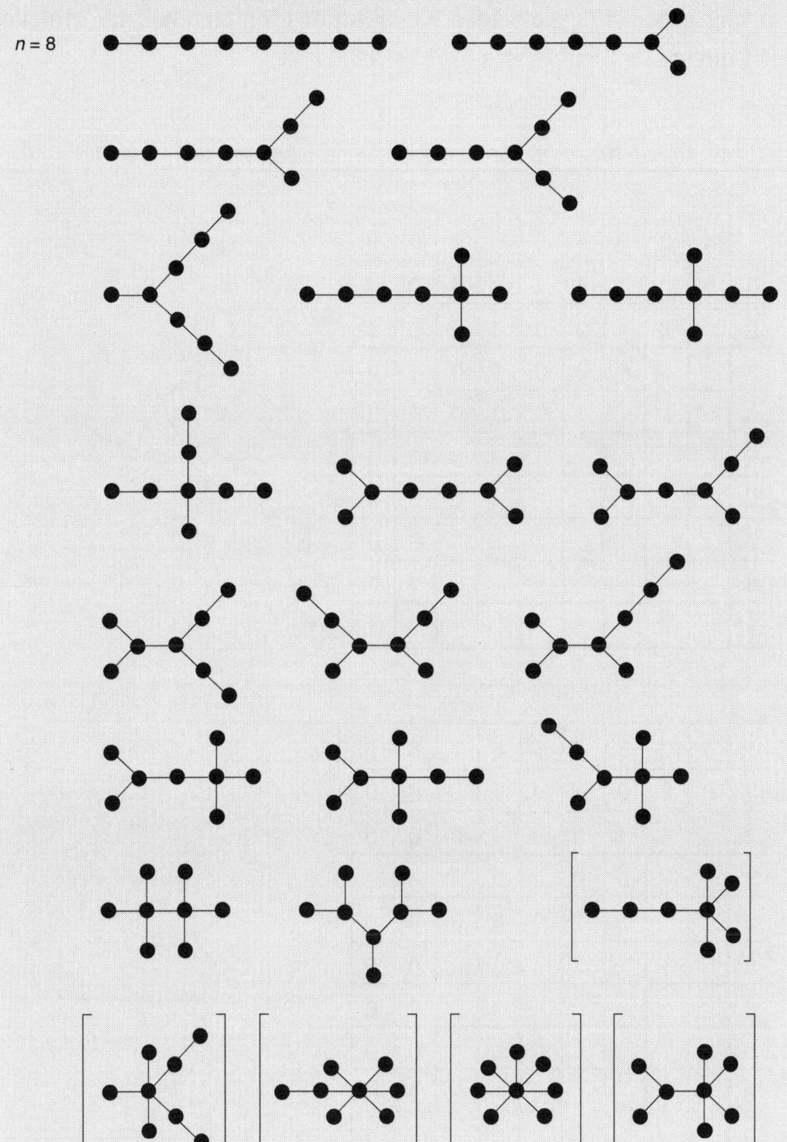

bedeutet dies, daß nicht 23 Konstitutionsisomere möglich sind, sondern lediglich die 18 Strukturen (*Tab. 10.8*), die nur aus Punkten der Ordnung 1 oder 4 bestehen. Seitdem Computer mit hoher Speicherkapazität allgemein verfügbar geworden sind, läßt sich eine gesteigerte Aktivität wahrnehmen, für jede allgemeine Molekularformel (z. B. C_nH_{2n+2}) einen Algorithmus zu finden, der für eine entsprechende einzelne Molekularformel (z. B. $C_{25}H_{52}$) die korrekte Anzahl und das individuelle Aussehen der einzelnen Konstitutionsisomeren wiedergibt.

Im Zusammenhang mit den verschiedenen Formel-Schreibweisen soll noch eine Alternative zur Darstellung von Konstitutionsisomeren erwähnt werden. Bei dieser Methode werden die verschiedenen Konstitutionen nicht durch Formelbilder repräsentiert, sondern durch *Matrizen* angegeben. Für die beiden Konstitutionsisomeren mit der Molekularformel C_3H_6 soll dies erläutert werden (*Tab. 10.9*).

Tab. 10.9. *Beschreibung der Konstitution von Cyclopropan und Propen jeweils durch eine Matrix*

	1	2	3	4	5	6	7	8	9
1	6	1	1	1	1	0	0	0	0
2		6	1	0	0	1	1	0	0
3			6	0	0	0	0	1	1
4				1	0	0	0	0	0
5					1	0	0	0	0
6						1	0	0	0
7							1	0	0
8								1	0
9									1

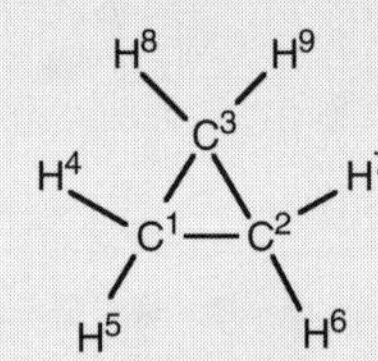

	1	2	3	4	5	6	7	8	9
1	6	2	0	1	1	0	0	0	0
2		6	1	0	0	1	0	0	0
3			6	0	0	0	1	1	1
4				1	0	0	0	0	0
5					1	0	0	0	0
6						1	0	0	0
7							1	0	0
8								1	0
9									1

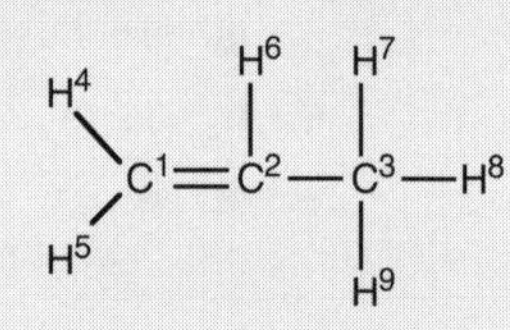

Dabei entsprechen die hochgestellen Zahlen in den Konstitutionsformeln den Atom-Numerierungen der Matrix. Die Zahlen der Matrix-Diagonalen geben die Ordnungszahl des jeweiligen Atoms im Periodensystem der chemischen Elemente an, die Zahlen in den Nichtdiagonal-Elementen die Anzahl der Bindungen zwischen den in Betracht kommenden Atomen. Solche oder ähnliche Darstellungen sind im Hinblick auf den Einsatz elektronischer Datenverarbeitung in der Chemie von besonderem Interesse.

Von *Ludwig Wittgenstein* wissen wir, daß ein Bild eine Beschreibung ersetzen kann und daß beide synonym sind. Von *René Magritte* haben wir erfahren, daß ein Bild ein Objekt symbolisiert, daß beide aber nicht identisch sind. *Magrittes* Inschriftenbild mit dem Bild einer Pfeife und der Aussage '*Ceci n'est pas une pipe*' (*Fig. 10.1*) macht im Grunde etwas Triviales bewußt und auf eine Verhaltensweise aufmerksam, die für den Chemiker so typisch ist: Formelbilder des Chemikers stehen stellvertretend für Moleküle.

Fig. 10.1. *Der belgische Maler* René Magritte *macht hier durch eines seiner* Inschriftenbilder *bewußt, was auch der Chemiker tut: daß wir* Bilder *oder* Modelle *benutzen, wenn wir die Wirklichkeit beschreiben wollen.*

So wie die nebenstehende Abbildung nur den Gegenstand mit dem Namen 'Pfeife' symbolisiert, ist auch das unten stehende Formelbild (*Fig. 10.2*) nicht Cyclohexan, sondern nur ein Symbol für das Molekül mit dem Namen 'Cyclohexan'.

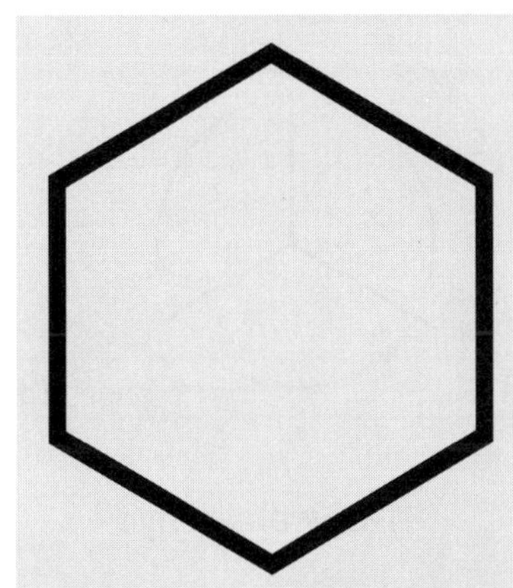

Fig. 10.2. *'Dies ist nicht Cyclohexan'.*

10.2. Konfigurationsformeln

Das für Methan und seine Derivate entworfene Tetraeder-Modell verläßt die Papierebene und beschreibt dreidimensionale Strukturen. Üblicherweise verwendet man im chemischen Formelsymbol

- *Striche normaler Stärke* für Bindungen in der Papierebene,
- *voll ausgefüllte Keilzeichen* für Bindungen, die aus der Papierebene herausragen und auf den Leser hin gerichtet sind,
- *unterbrochene Keilzeichen* für Bindungen, die ebenfalls nicht in der Papierebene liegen, aber in den Halbraum dahinter gerichtet sind.

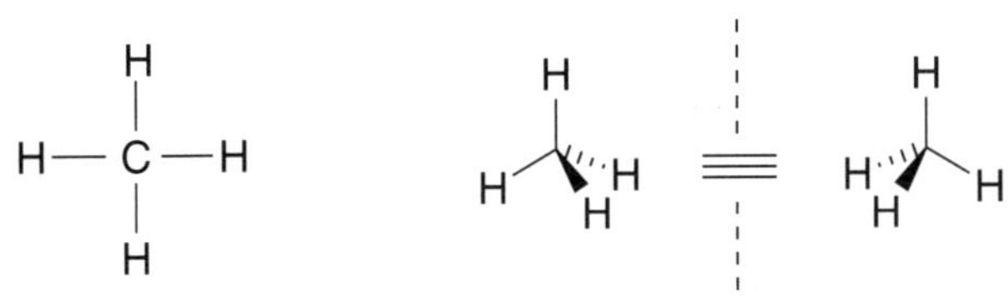

Derartige Stereoformeln bezeichnet man als *Konfigurationsformeln*.

10.2.1. Konfigurationsisomere mit stereogenen Zentren

Konfigurationsisomerie kommt in Betracht, wenn wenigstens ein stereogenes Zentrum vorhanden ist. Glyceraldehyd wurde hier als Prototyp für die Beschreibung der Konfigurationsisomerie ausgewählt. Seine beiden Enantiomeren sind in der sogenannten *Fischer*-Projektion wiedergegeben.

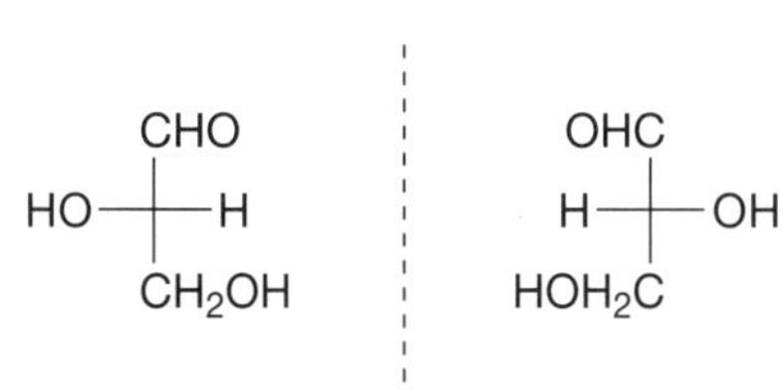

(*S*) (*R*)

E. Fischer führte die nach ihm benannte Projektion während seiner Arbeiten über Zucker ein. Er schrieb folgende Konventionen vor:

- Die längste Kohlenstoff-Kette (Hauptkette) wird vertikal angeordnet, und zwar so, daß das C-Atom mit der niedrigsten Stellungsziffer (dem niedrigsten Lokanten) oben steht.
- Für jedes C-Atom der Hauptkette zeigen die vertikalen (die catenaren) Bindungen vom Betrachter weg (in den Halbraum hinter die Papierebene).

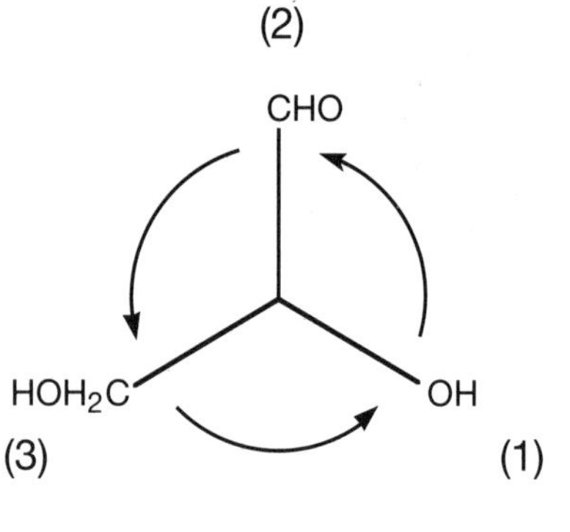

(*S*)-Glyceraldehyd

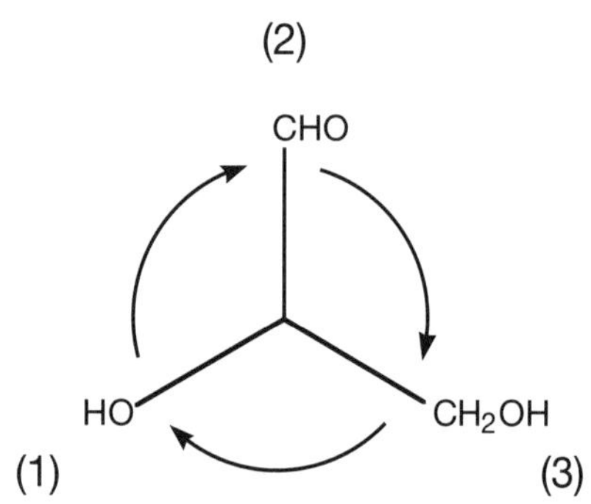

(*R*)-Glyceraldehyd

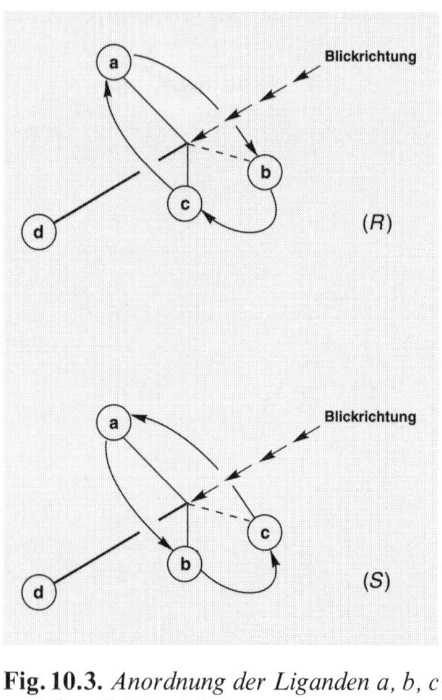

Fig. 10.3. *Anordnung der Liganden a, b, c und d nach Prioritäten*

– Für jedes C-Atom der Hauptkette zeigen die horizontalen (die extracatenaren) Bindungen zum Betrachter hin (in den Halbraum vor die Papierebene).

Gehören zu einer Konstitution zwei Enantiomere, so sind Bezeichnungen notwendig, die eine eindeutige Unterscheidung zwischen beiden ermöglichen. Hier hat sich die Notation von *Robert Sidney Cahn*, *Sir Christopher (Kelk) Ingold* und *Vladimir Prelog* (*CIP*-Notation) bewährt. Grundlage der *CIP*-Notation oder der (*R*/*S*)-Konvention sind *Sequenzregeln*, welche die vier Substituenten am stereogenen Zentrum ('Asymmetrie-Zentrum') in eine Reihe fallender Priorität ordnen. Im vorliegenden Zusammenhang gilt, daß

- die höhere Ordnungszahl von Atomen vor der niedrigeren,
- die höhere Massenzahl von Atomen vor der niedrigeren,
- (*R*) vor (*S*) und (*R*,*R*) oder (*S*,*S*) vor (*R*,*S*) oder (*S*,*R*) Vorrang haben. Von den drei genannten Sequenzregeln wird die jeweils nächste nur dann berücksichtigt, wenn die zuvor genannte nicht zu einer klaren Priorität führte.

Ist die Priorität (hier: a > b > c > d) an einem stereogenen Zentrum durch Beachtung der Sequenzregeln festgelegt worden, so werden dem stereogenen Zentrum mit Hilfe der *Chiralitätsregel* die Deskriptoren (*R*) oder (*S*) zugeordnet. Hierzu wird das Zentralatom in den Mittelpunkt eines 'Steuerrades' gelegt und die drei Liganden höchster Priorität (a, b, c) wie Speichen auf dem 'Rad' verteilt (*Fig. 10.3*). Der vierte Ligand geringster Priorität (d) befindet sich am Fuß der 'Steuersäule'. Die Blickrichtung des Betrachters geht nun durch die Mitte des Speichenrades auf den Fuß der 'Steuersäule'.

Führt man entlang der drei auf dem 'Steuerrad' befindlichen Gruppen eine Kreisbewegung in Richtung abnehmender Priorität durch, so ergibt sich ein Drehsinn, der zur Spezifikation der absoluten Konfiguration dient. Bei einer Drehung entgegen dem Uhrzeigersinn wird die Konfiguration mit dem Buchstaben *S* (abgeleitet vom lateinischen *sinister* = links), bei einer Drehung im Uhrzeigersinn mit *R* (abgeleitet vom lateinischen *rectus* = rechts) bezeichnet.

10.2.1.1. Acyclische Moleküle mit einem stereogenen Zentrum

Das nachfolgende Beispiel (*Fig. 10.4*) hat die Konstitution 3-Chloro-2-(hydroxymethyl)-4-methylpentan-1-ol. Um den Chiralitätssinn eines stereogenen Zentrums festzulegen, muß man dessen Liganden in eine festgelegte Reihenfolge bringen. Bei komplexen Strukturen bedient man sich hierzu eines gerichteten, hierarchischen Graphen (*Digraphen*), welcher die Art der Atome und deren Verbundenheit in Form einer Baumstruktur wiedergibt. Um die stereostrukturelle Information der *Fischer*-Projektion auf die Proximalatome am stereogenen Zentrum übertragen zu können, wandelt man die ursprüngliche *Fischer*-Projektion mit vertikaler Anordnung der Hauptkette (**A**) in eine modifizierte *Fischer*-Projektion mit horizontaler Hauptkette (**B**) um. Eine Drehung der *Fischer*-Projektion in der Papierebene um 90° kehrt die absolute Konfiguration

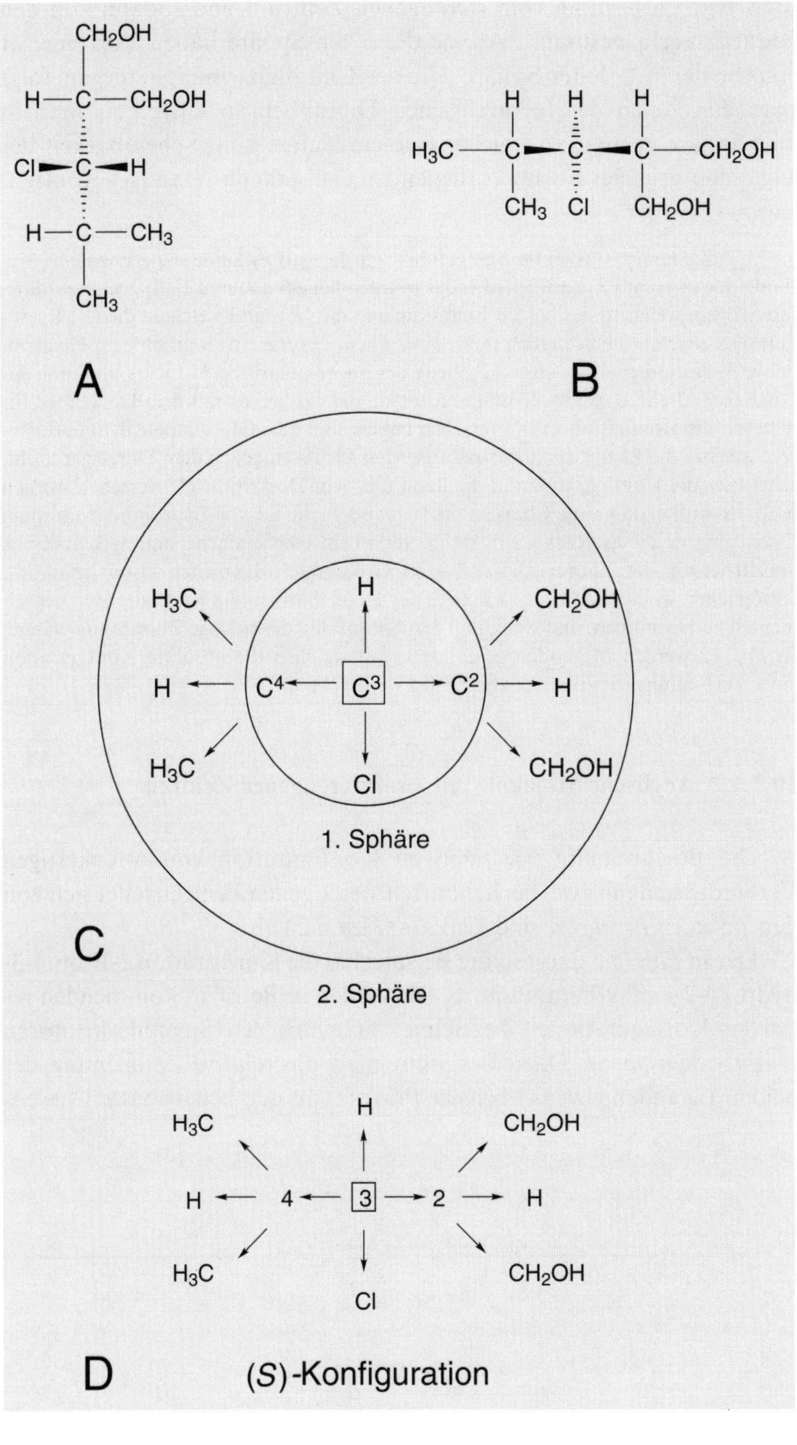

Fig. 10.4. *Bestimmung der (*S*)-Konfiguration für das Enantiomere mit der Konstitution 3-Chloro-2-(hydroxymethyl)-4-methylpentan-1-ol. A*) *Fischer*-Projektion; *B*) modifizierte *Fischer*-Projektion; *C*) vollständiger hierarchischer Digraph; *D*) vereinfachter Digraph.

am stereogenen Zentrum um! Bei strukturell komplexen Molekülen ist es vorteilhaft, statt der ausführlichen Schreibweise (**C**) eine vereinfachte Darstellung (**D**) zu verwenden, in welcher die nicht-relevanten H-Atome ausgelassen und die C-Atome durch ihre Lokanten ersetzt werden. Die Rangfolge der Atome wird zunächst durch Berücksichtigung ihrer topologischen Entfernung vom stereogenen Zentrum und sodann von den Sequenzregeln bestimmt. Atome der n-ten Sphäre haben Vorrang vor solchen der $(n + 1)$-ten Sphäre. Um den Chiralitätssinn festzulegen, folgt man den Ästen des hierarchischen Digraphen so lange, bis man in eine Sphäre gelangt, in welcher eine eindeutige Unterscheidbarkeit der Liganden gegeben ist. Im vorliegenden Fall erkennt man (*S*)-Konfiguration.

Als die *Fischer*-Projektion eingeführt wurde, gab es keine experimentelle Methode, die es beim Glyceraldehyd (oder in irgendeinem anderen Fall) gestattet hätte, festzulegen, welchem der beiden Enantiomeren die (*R*)- und welchem die (*S*)-Konfiguration zugeschrieben werden muß. *Emil Fischer* ordnete willkürlich dem Glyceraldehyd-Enantiomeren, welches die Ebene des linear-polarisierten Lichts im Sinne des Uhrzeigers dreht, diejenige Konfiguration zu, die wir bereits mit dem Deskriptor für die absolute Konfiguration (*R*) versehen haben, und dem Glyceraldehyd-Enantiomeren, welches die Ebene des linear-polarisierten Lichts entgegen dem Uhrzeiger dreht, schrieb er die Konfiguration zu, die dann mit dem Deskriptor (*S*) versehen werden muß. Er wußte, daß seine Chancen 50:50 standen, die falsche Zuordnung zu treffen. Doch ging er dieses Risiko ein, da er vor allem eine einfache und systematische Spezifizierung der Zucker, die sich vom Glyceraldehyd ableiten lassen (*Fig. 5.4*), ermöglichen wollte. Seit 1951 ist man in der Lage, die absolute Konfiguration experimentell zu bestimmen, und weiß, daß *Fischer* zufällig die richtige Zuordnung wählte. In *Kap. 12* werden Methoden geschildert, mit welchen die absolute Konfiguration einer Verbindung experimentell bestimmt werden kann.

10.2.1.2. Acylische Moleküle mit zwei stereogenen Zentren

Erythrose Threose

Die Beschreibung der relativen Konfiguration von offenkettigen Verbindungen mit zwei benachbarten stereogenen Zentren leitet sich von den Zuckern *Erythrose* und *Threose* (*Kap. 5.2*) ab.

Das in *Fig. 10.5* dargestellte Beispiel hat die Konstitution 2-Bromo-3-hydroxy-2-methylbutandisäure. Die beiden in Betracht kommenden relativen Konfigurationen bezeichnet man mit den Stereodeskriptoren *erythro* oder *threo*. Dazu bestimmt man die relative Anordnung der beiden Liganden jeweils höchster Priorität an den benachbarten stereo-

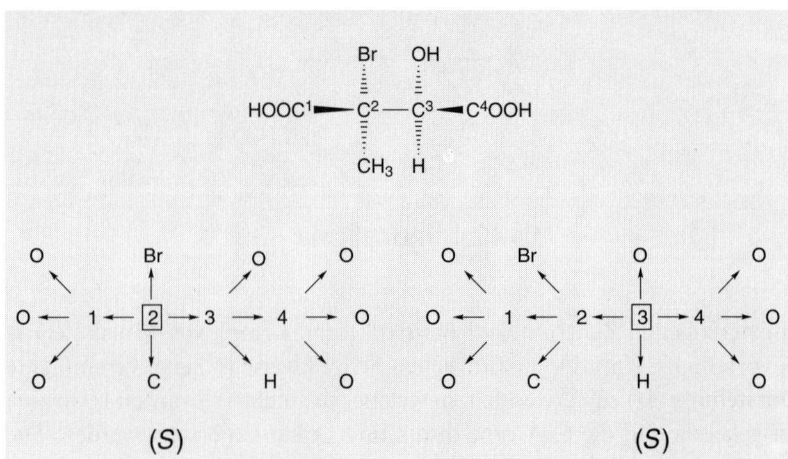

Fig. 10.5. *Bestimmung der (2S,3S)-Konfiguration für das Stereoisomere mit der Konstitution 2-Bromo-3-hydroxy-2-methylbutandisäure* (*oben:* modifizierte *Fischer*-Projektion; *unten:* vereinfachte Digraphen)

genen Zentren. Liegen das Br-Atom und das O-Atom der OH-Gruppe in der *Fischer*-Projektion auf derselben Seite der Kette, analog zu den beiden OH-Gruppen der Erythrose, hat man es mit der *erythro*-, im anderen Fall mit der *threo*-Konfiguration zu tun. Um zur Spezifizierung der jeweiligen absoluten Konfiguration zu kommen, benutzt man die stereostrukturelle Information der angegebenen *Fischer*- (bzw. der modifizierten *Fischer*-) Projektion und überträgt sie in den zugehörigen (vereinfachten) Digraphen. Die C-Atome der (C=O)-Gruppen werden dabei mit Duplikatsdarstellungen der O-Atome versehen. Durch Auffüllen mit Phantom-Atomen (der Ordnungszahl Null) wird die Ligandenzahl aller Atome außer H auf vier ergänzt. Im vorliegenden Fall findet man die absolute Konfiguration (2*S*,3*S*).

Zusammenfassend ist die volle Information über die relative und absolute Konfiguration aller möglichen Stereoisomeren in *Fig. 10.6* aufgeführt.

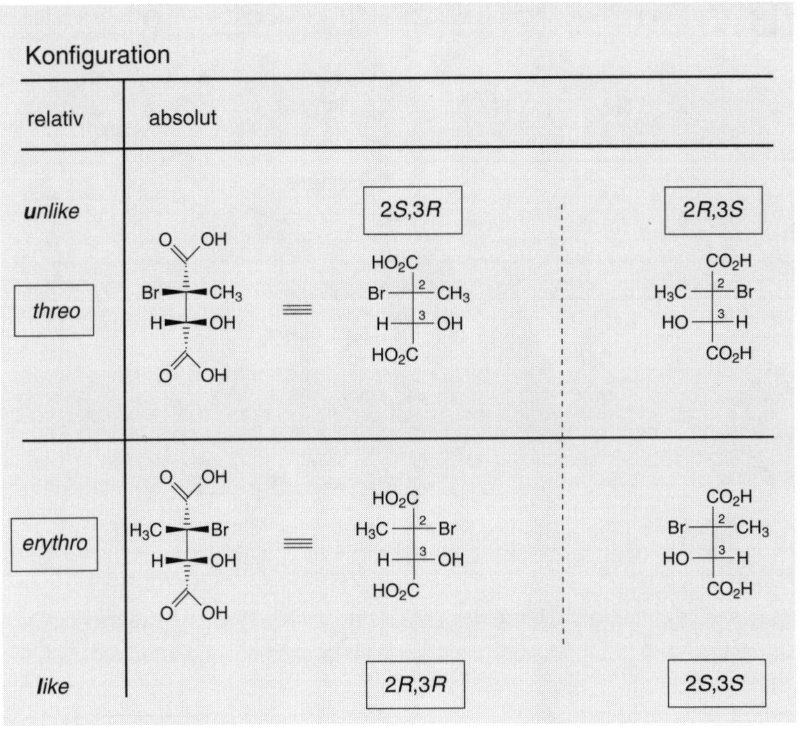

Fig. 10.6. *Die vier Stereoisomeren der 2-Bromo-3-hydroxy-2-methylbutandisäure in der* Fischer-*Projektion.* Für zwei Diastereoisomere ist der Übergang von der Keilstrich-Schreibweise zur *Fischer*-Projektion aufgezeigt.

Man entnimmt der Übersicht, daß zur Spezifizierung der relativen Konfiguration statt der speziellen Notation (*erythro* und *threo*) die allgemeine Notation (*like*, abgekürzt: *l*, und *unlike*, abgekürzt: *u*) verwendet werden kann. Dazu werden die Deskriptorenpaare (*R*,*R*) oder (*S*,*S*) unter *l*, die Deskriptorenpaare (*R*,*S*) oder (*S*,*R*) unter *u* subsumiert. Ist für die Einzelkomponenten eines Enantiomerenpaares (z. B. (2*S*,3*R*) und (2*R*,3*S*)) die absolute Konfiguration nicht bekannt, verwendet man die Stereodeskriptoren (*R**) und (*S**), wobei die Spezifizierung des zuerst genannten Enantiomeren willkürlich mit (*R**) beginnt.

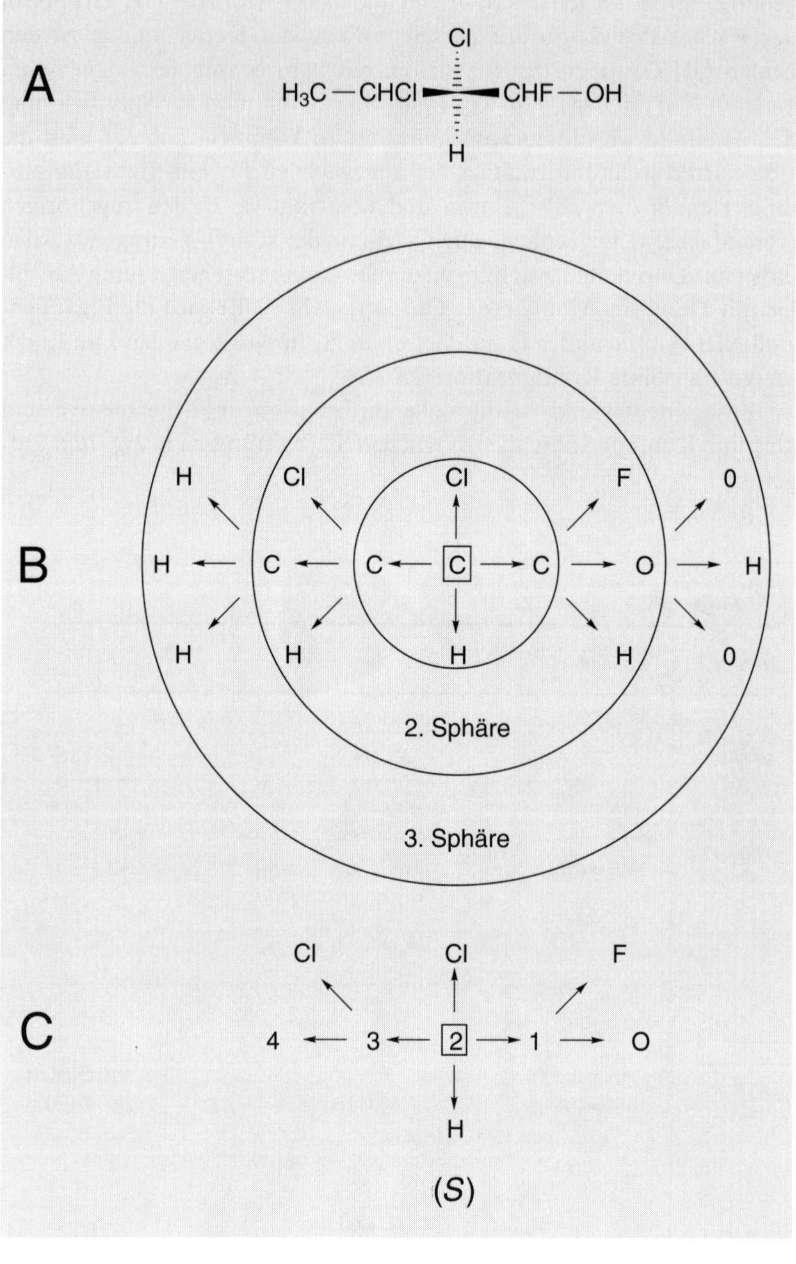

Fig. 10.7. *Bestimmung der (*S*)-Konfiguration für das Enantiomere mit der Konstitution 2,3-Dichloro-1-fluorobutan-1-ol.* *A*) Modifizierte *Fischer*-Projektion; *B*) vollständiger hierarchischer Digraph; *C*) vereinfachter Digraph.

10.2.1.3. Acyclische Moleküle mit drei oder mehr stereogenen Zentren

Mit Hilfe der Stereodeskriptoren für Kohlenhydrate (*Fig. 5.4*), *ribo*, *arabino*, *xylo* und *lyxo* bzw. *allo*, *altro*, *gluco*, *manno*, *gulo*, *ido*, *galacto* und *talo*, kennzeichnet man die relative Konfiguration von Molekülen mit drei bzw. vier stereogenen Zentren, die sich jeweils in einer unverzweigten Kette befinden.

In den dargestellten 'Leiter-Mustern' geben die horizontalen Striche die Orientierung der Bezugsliganden an der jeweils als *Fischer*-Projektion wiedergegebenen C-Kette an. Das Atom mit dem niedrigsten Lokanten befindet sich hierbei am oberen Ende der vertikal dargestellten Kette.

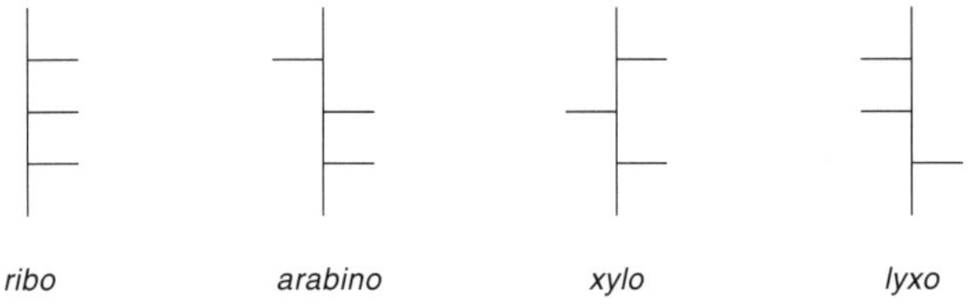

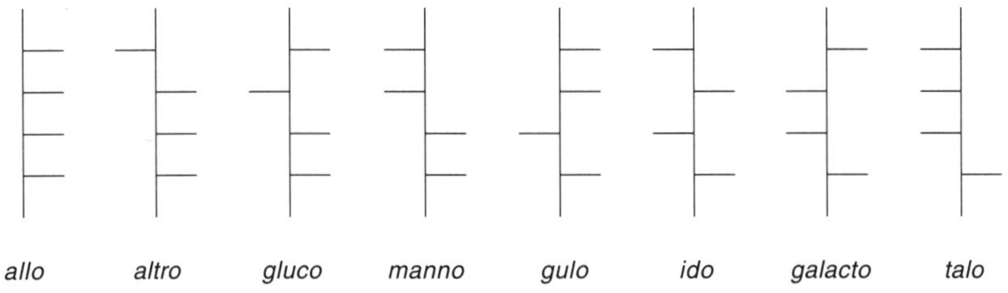

Beim in *Fig. 10.7* dargestellten Beispiel mit der Konstitution 2,3-Dichloro-1-fluorobutan-1-ol ist eine der acht möglichen Konfigurationen in Form des vereinfachten Digraphen abgebildet. Hier ist eine Festsetzung der Rangfolge der Liganden am ausgewählten stereogenen Zentrum bereits in der zweiten Sphäre möglich: Gemäß den Sequenzregeln ergibt sich Cl > F und somit resultiert die (*S*)-Konfiguration.

Dagegen kann für Stereoisomere der Konstitution 4,6-Dichloro-3-(hydroxymethyl)-5-methylhexan-2-ol (*Fig. 10.8*) die absolute Konfiguration am gekennzeichneten stereogenen Zentrum erst in der dritten Sphäre bestimmt werden. Aus Cl > O folgt auch hier die (*S*)-Konfiguration:

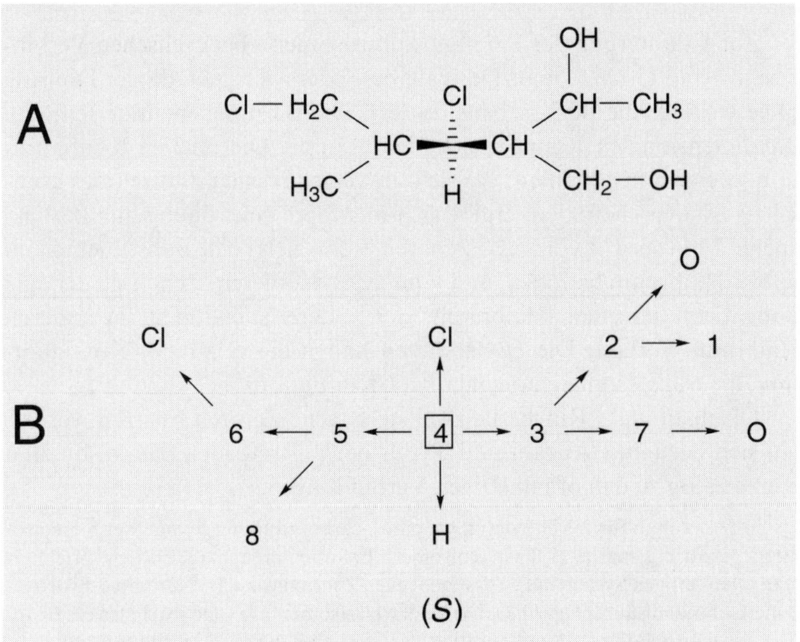

Fig. 10.8. *Bestimmung der (*S*)-Konfiguration für das Enantiomere mit der Konstitution 4,6-Dichloro-3-(hydroxymethyl)-5-methylhexan-2-ol. A*) Modifizierte *Fischer*-Projektion; *B*) vereinfachter Digraph.

10.2.2. Konfigurationsisomere mit stereogenen Doppelbindungen

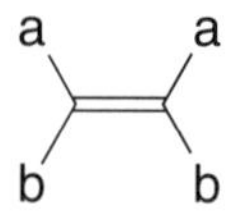

cis

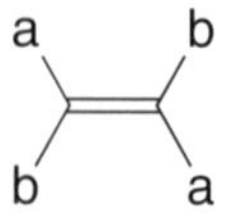

trans

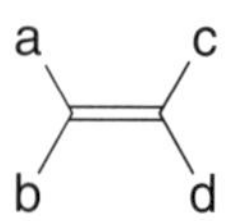

(*Z*)

a > b; c > d

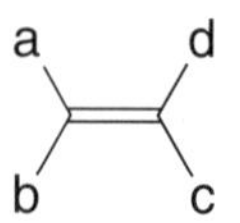

(*E*)

Zur Spezifizierung von Stereoisomeren mit stereogenen (C=C)-Bindungen wird in der älteren Literatur die (*cis*/*trans*)-Notation verwendet. Mit dieser Notation gerät man z. B. bei Vierfach-Substitution in Schwierigkeiten, da die Reihenfolge der Liganden nicht eindeutig ist. Man hat daher für die einzelnen Fälle, in denen die Liganden eindeutig spezifiziert (und nicht durch unbestimmte Liganden, wie a, b oder R^1, R^2, ausgedrückt) worden sind, die (*E*/*Z*)-Konvention eingeführt, bei welcher die Liganden an jedem der beiden Zentralatome durch die *Sequenzregeln* (*Abschn. 10.2.1*) nach fallender Priorität (hier a > b; c > d) geordnet werden: wobei die Ebene des Zweirings als Bezugsebene fungiert. Die Benennung geschieht derart, daß an jedem der beiden C-Atome der Ligand höchster Priorität Bezugsligand wird. Die relative Anordnung der beiden Bezugsliganden führt entweder zum (*Z*)-Isomeren (*Z* von *z*usammen), wenn die Liganden jeweils höchster Priorität auf der gleichen Seite der Bezugsebene, oder zum (*E*)-Isomeren (*E* von *e*ntgegen), wenn sie auf entgegengesetzten Seiten liegen.

Um nach der in *Abschn. 10.2.1* genannten *Chiralitätsregel* einem stereogenen Zentrum den passenden Deskriptor ((*R*) oder (*S*)) für die absolute Konfiguration zuordnen zu können, ist für den Fall, daß die relative Konfiguration stereogener (C=C)-Bindungen berücksichtigt werden muß, eine weitere *Sequenzregel* zu beachten: Eine (*Z*)-konfigurierte (C=C)-Bindung hat Vorrang vor einer (*E*)-konfigurierten; und zwar hat diese Sequenzregel Vorrang vor derjenigen, welche die Reihenfolge von Substituenten regelt, die selber mit stereogenen Zentren ausgestattet sind.

10.2.3. Konfigurationsisomere cyclische Verbindungen

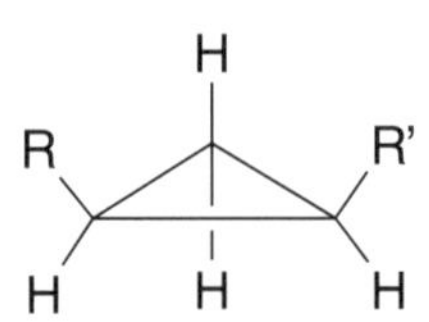

cis

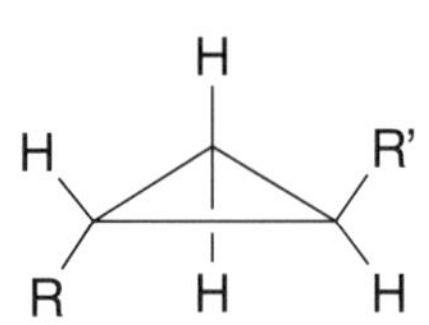

trans

Zur Erläuterung der Konfigurationsisomerie bei cyclischen Verbindungen sind Cyclopropan-Derivate besonders geeignet, da der Dreiring ohne weiteres die Bezugsebene festlegt. Die Bezugsebene unterteilt den dreidimensionalen Raum in zwei Halbräume. Die relative Konfiguration zweier Substituenten, die sich an verschiedenen Zentren des cyclischen Systems befinden, ergibt sich aus ihrer Anordnung zur Bezugsebene: Man spricht vom *cis*-Isomeren, wenn sich beide Substituenten im selben Halbraum befinden, und vom *trans*-Isomeren, wenn sich der eine Substituent im einen Halbraum, der andere Substituent im anderen Halbraum aufhält. Die *cis*-Isomeren haben die relative *u*-Konfiguration, die *trans*-Isomeren die relative *l*-Konfiguration.

Disubstituierte Ringe, die zwei stereogene Zentren besitzen, verhalten sich bezüglich Anzahl und Typus der auftretenden Stereoisomeren ganz analog zu den offenkettigen Verbindungen.

So findet man für 2-Methylcyclopropan-1-carbonsäure insgesamt vier Stereoisomere, genauer gesagt zwei diastereoisomere Enantiomerenpaare. Das entspricht einem offenkettigen System mit zwei stereogenen Zentren wie z. B. 2-Bromo-3-hydroxy-2-methylbutandisäure (*Fig. 10.6*). Die beiden *cis*-Isomeren (a) und (b) stellen ein Enantiomerenpaar relativer *u*-Konfiguration dar, sind aber durch die absolute Konfiguration voneinander zu unterscheiden. Das Entsprechende gilt für die beiden *trans*-Isomeren (c) und (d) mit relativer *l*-Konfiguration. Die absolute Konfiguration ist den nachfolgenden Formelbildern zu entnehmen:

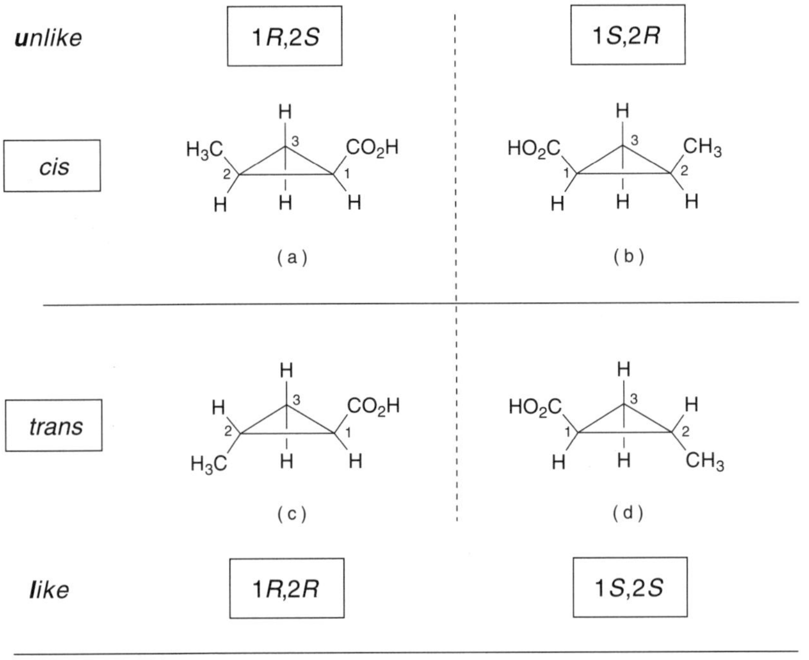

Konstitution: 2-Methylcyclopropan-1-carbonsäure
relative Konfiguration: *u* (*cis*)/ *l* (*trans*)
absolute Konfiguration: (1*R*,2*S*) bzw. (1*S*,2*R*) / (1*R*,2*R*) bzw. (1*S*,2*S*)

Um nach der in *Abschn. 10.2.1* genannten *Chiralitätsregel* einem stereogenen Zentrum den passenden Deskriptor ((*R*) oder (*S*)) für die absolute Konfiguration zuordnen zu können, ist für den Fall, daß die relative Konfiguration cyclischer Substituenten berücksichtigt werden muß, eine weitere *Sequenzregel* zu beachten: Ein cyclischer Substituent mit relativer *cis*-Konfiguration hat Vorrang vor einem cyclischen Substituenten mit relativer *trans*-Konfiguration; und zwar hat diese Sequenzregel Vorrang vor derjenigen, welche die Reihenfolge von Substituenten bestimmt, die selber mit stereogenen Zentren ausgestattet sind.

Für Ringe mit mehr als zwei Substituenten, bei denen Stereoisomere in Betracht kommen, ist es zur genaueren Bezeichnung der relativen

Konfiguration

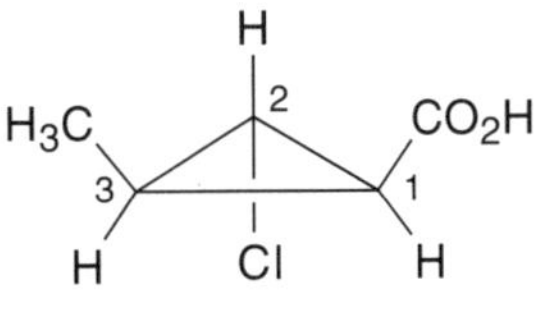	relative	2*t*-Chloro-3*c*-methylcyclopropan-1*r*-carbonsäure
	absolute	(1*R*,2*S*,3*R*)-2-Chloro-3-methylcyclopropan-1-carbonsäure

Konfiguration notwendig, einen *Referenz*-Liganden (an C(1)) zu wählen, der dann im Namen der betreffenden Verbindung mit *r* bezeichnet wird. Die anderen Liganden am Ring werden, entsprechend ihrer relativen Anordnung zum Referenz-Liganden, mit *c* (für *cis*) oder *t* (für *trans*) angegeben.

Wir haben bisher die (*cis*/*trans*)-Konvention am Dreiring betrachtet, obwohl sie auch zur Beschreibung der relativen Konfiguration an größeren Ringen herangezogen wird. Nun sind Ringe mit mehr als drei Gliedern im allgemeinen nicht planar. Für cyclische Systeme stellt die Annahme einer statistischen Planarität für Nomenklatur und Projektionszwecke eine Vereinfachung dar.

Um die absolute Konfiguration bei einer cyclischen Struktur zu spezifizieren, muß man anders vorgehen als bei acyclischen Verbindungen. Durch Öffnen des vorhandenen Ringes nach beiden Seiten vom stereogenen Zentrum aus und Anfügen von Duplikat-Atomen an die so entstandenen Äste des Graphen läßt sich das cyclische System auf offenkettige Partialstrukturen zurückführen. Beim angegebenen Enantiomeren mit der Konstitution (Cyclobutyl)(cyclopropyl)methanol erhält man auf diese Weise die (*S*)-Konfiguration am stereogenen Zentrum (*Fig. 10.9*).

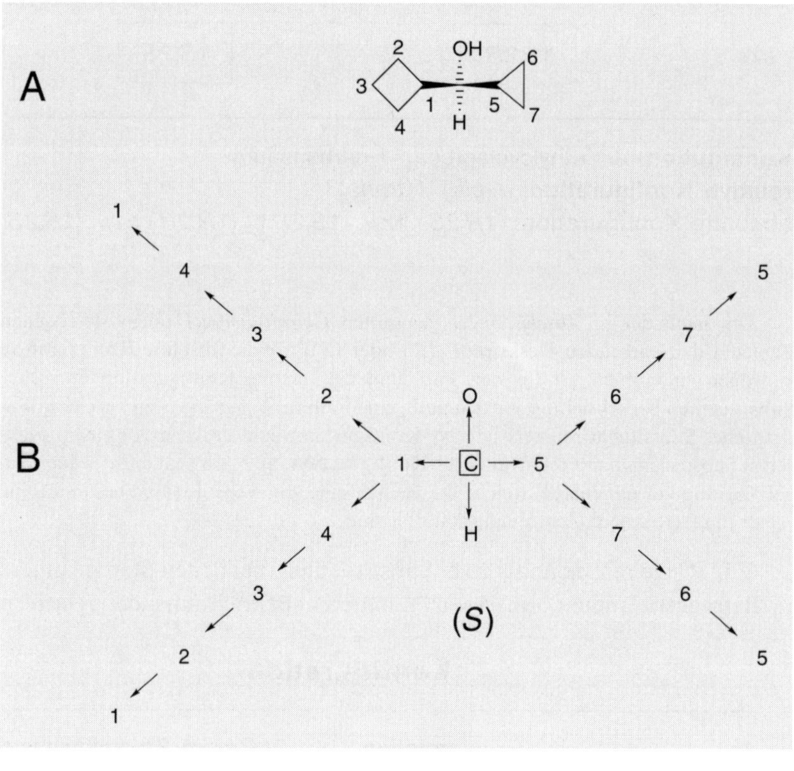

Fig. 10.9. *Bestimmung der (*S*)-Konfiguration für das Enantiomere mit der Konstitution (Cyclobutyl)(cyclopropyl)methanol. A*) Modifizierte *Fischer*-Projektion; *B*) vereinfachter Digraph.

Liegen in einem Ring mehrere stereogene Zentren vor, so muß für jedes von ihnen ein eigener Graph erstellt werden. Für das in *Fig. 10.10* dargestellte Stereoisomere mit der Konstitution 2-Methyl-3-vinylcyclopentan-1-on und der relativen *trans*-Konfiguration erhält man auf dem angegebenen Weg die (2*S*,3*S*)-Konfiguration.

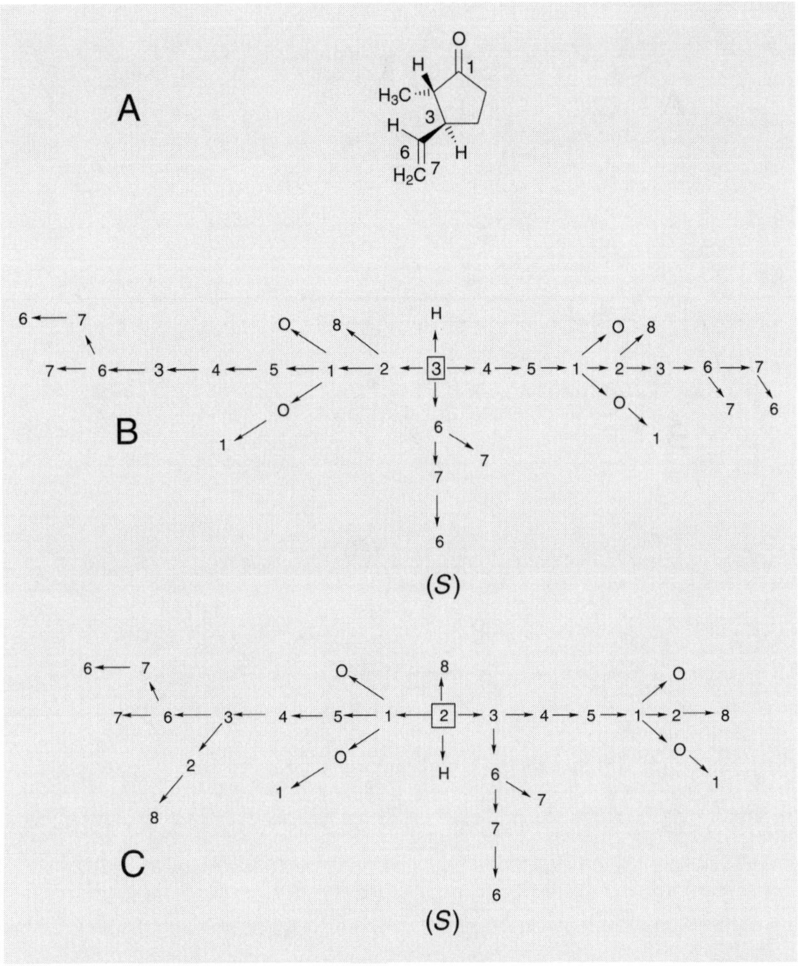

Fig. 10.10. *Bestimmung der (2S,3S)-Konfiguration für das Stereoisomere mit der Konstitution 2-Methyl-3-vinylcyclopentan-1-on. A)* Konfigurationsformel; *B)* und *C)* vereinfachte Digraphen zur Bestimmung des Chiralitätssinns an C(3) und C(2).

Hat man an C(3) statt einer Vinyl- eine Isopropenyl-Gruppe, ändert sich der Chiralitätssinn an C(3) als ein 'Artefakt der Sequenzregeln' von (*S*) nach (*R*) (*Fig. 10.11*).

10.2.4. Konfigurationsisomere Allene, Alkyliden-cycloalkane und Spiro-Verbindungen

Auch zur Beschreibung der absoluten Konfiguration bei Stereoisomeren vom Allen-Typ wird die *CIP*-Notation angewendet. Um die Priorität der Liganden festzulegen, stellt man die Verbindung in der sogenannten *Newman*-Projektion dar. Diese Projektion entspricht dem Blick auf das Formelbild in Richtung einer gedachten Achse, die durch die drei Gerüst-Atome des Allens läuft. Dabei ist es gleichgültig, von welchem Ende der Achse die Projektion erfolgt, denn beide Betrachtungsweisen ergeben für ein Formelbild dieselbe absolute Konfiguration. Nach einer zusätzlichen Sequenzregel (der *CIP*-Notation) für Stereoisomere vom Allen-Typ hat das näher zum Betrachter liegende Ligandenpaar Priori-

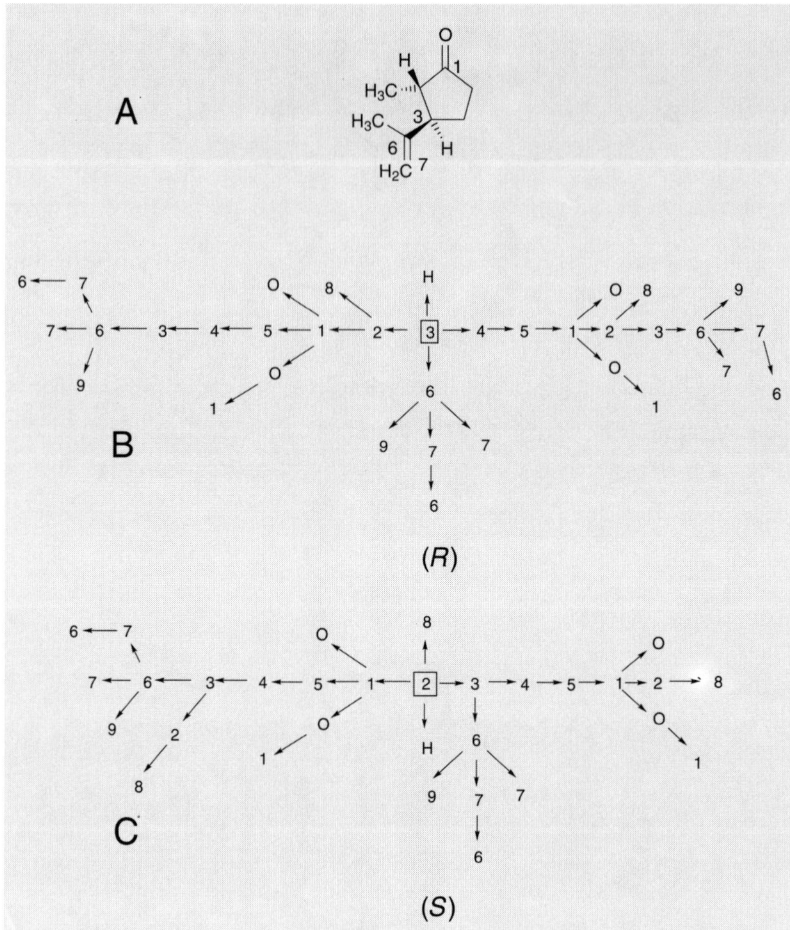

Fig. 10.11. *Bestimmung der (2S,3R)-Konfiguration für das Stereoisomere mit der Konstitution 3-Isopropenyl-2-methyl-cyclopentan-1-on. A)* Konfigurationsformel; *B)* und *C)* vereinfachte Digraphen zur Bestimmung des Chiralitätssinns an C(3) und C(2).

tät vor den weiter entfernten Liganden. Für die genaue Prioritätenfolge (1 > 2 > 3 > 4) werden die Liganden der beiden terminalen C-Atome derart geordnet, daß den näher zum Betrachter liegenden Liganden die Prioritäten 1 und 2, den dahinter liegenden Liganden die Prioritäten 3 und 4 zugeschrieben werden. Aus dem Drehsinn einer Kreisbewegung in Richtung abnehmender Priorität (1 > 2 > 3) ergibt sich schließlich für die beiden Enantiomeren mit Konstitution Penta-2,3-dien die Bezeichnung der absoluten Konfiguration mit (*R*) (Uhrzeigersinn) oder (*S*) (Gegenuhrzeigersinn) (*Fig. 10.12*).

Bei den beiden Enantiomeren mit der Konstitution (4-Methylcyclohexyliden)-essigsäure ist einer der beiden Zweiringe des Allen-Systems durch einen sechsgliedrigen Ring ersetzt (*Fig. 10.13*). Man kommt analog zum Vorgehen im vorigen Fall auch hier zur eindeutigen Spezifizierung des Chiralitätssinns.

In ähnlicher Weise geht man vor, um den Chiralitätssinn bei entsprechend substituierten Spiro-Verbindungen zu spezifizieren. In *Fig. 10.14* findet man den skizzierten Weg und das eindeutige Resultat für die beiden Enantiomeren mit der Konstitution Spiro[3.3]heptan-2,6-dicarbonsäure.

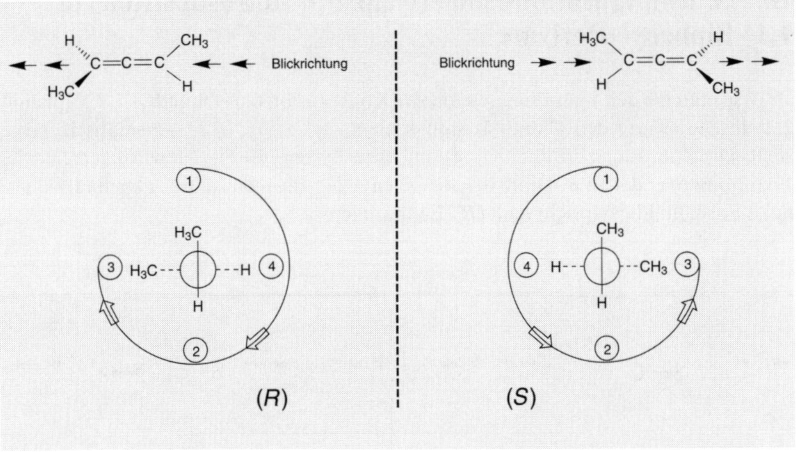

Fig. 10.12. *Bestimmung des Chiralitätssinns der beiden Enantiomeren von Penta-2,3-dien*

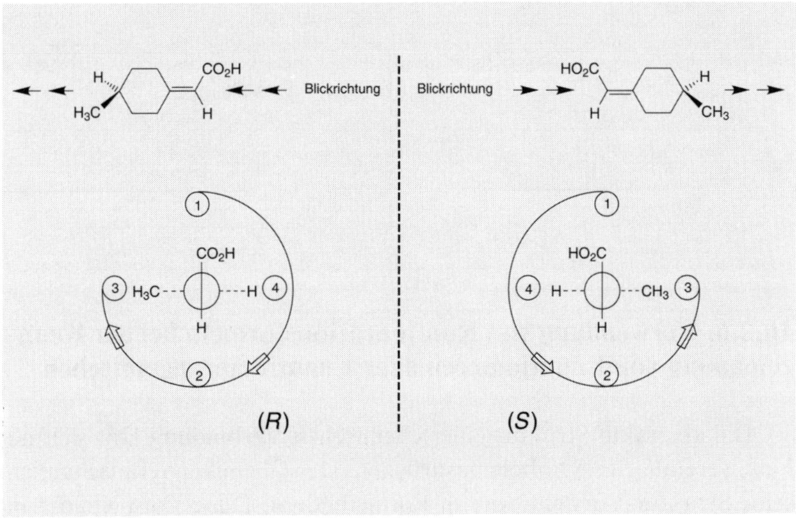

Fig. 10.13. *Bestimmung des Chiralitätssinns der beiden Enantiomeren von (4-Methylcyclohexyliden)essigsäure*

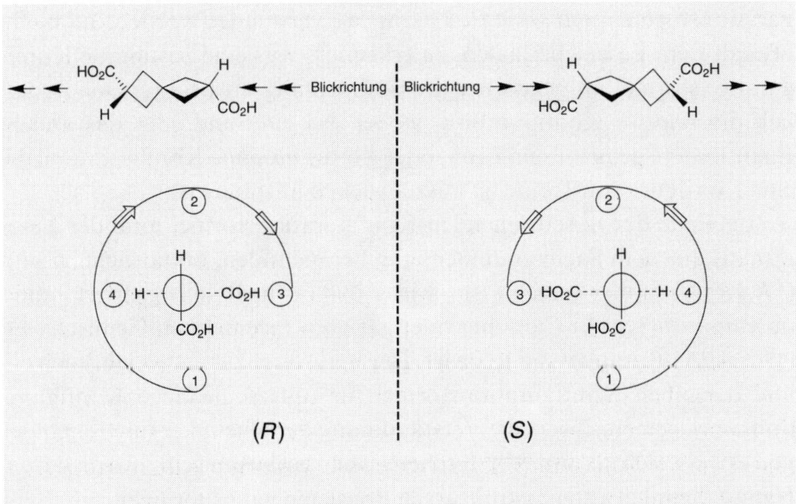

Fig. 10.14. *Bestimmung des Chiralitätssinns der beiden Enantiomeren von Spiro[3.3]heptan-2,6-dicarbonsäure*

10.2.5. Konfigurationsisomere 2,6,2′,6′-tetrasubstituierte 1,1′-Biphenyl-Derivate

Wie man bei den Enantiomeren mit der Konstitution 6,6′-Dimethyl-1,1′-biphenyl-2,2′-dicarbonsäure den Chiralitätssinn festlegt, ist in *Fig. 10.15* schematisch dargestellt: Die Zuordnung erfolgt analog zum Allen-System. In *Fig. 2.8* wurden die beiden Enantiomeren der 6,6′-Dinitro-1,1′-biphenyl-2,2′-dicarbonsäure abgebildet: Das linke Formelbild entspricht dem (*R*)-Enantiomeren.

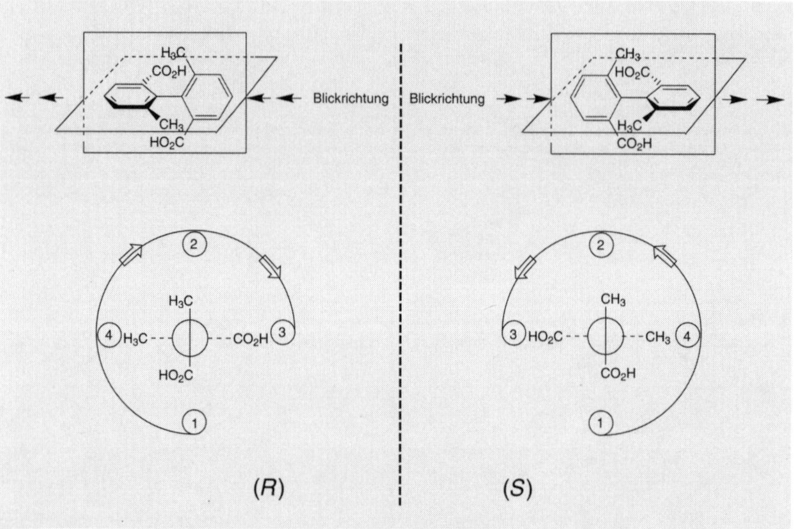

Fig. 10.15. *Bestimmung des Chiralitätssinns der beiden Enantiomeren von 6,6′-Dimethyl-1,1′-biphenyl-2,2′-dicarbonsäure*

10.2.6. Verwendung von Konfigurationsformeln bei der Kennzeichnung von Enantiomeren oder Enantiomerengemischen

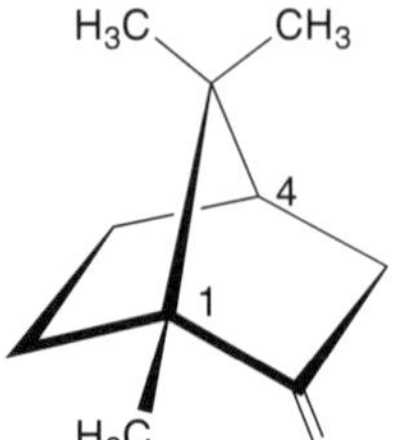

Formelbild

Die abstrakte Struktur einer chemischen Verbindung läßt sich mit Hilfe vereinbarter Symbole ausdrücken. Der Chemiker veranschaulicht seine Struktur-Vorstellungen in Formelbildern. Diese Formelbilder informieren in der Regel unmißverständlich über Konstitution und je nachdem auch über Konformation. Im Laufe der Zeit sind jedoch Konfigurationsformeln (*Abschn. 10.2*) sehr lax verwendet worden. Es bleibt oftmals dem Leser überlassen, zu erkennen, was eine bestimmte Konfigurationsformel im gegebenen Zusammenhang ausdrücken soll: lediglich die *relative* Konfiguration, wobei das eine und/oder das andere Enantiomere gemeint sein kann, oder gar die *absolute* Konfiguration, die eine Konfigurationsformel ja auszudrücken imstande ist.

Im Falle der nebenstehenden Konfigurationsformel muß der Leser oftmals aus dem Sachzusammenhang herausfinden, ob tatsächlich (+)-(1*R*,4*R*)-Campher gemeint ist – wie es das Formelbild suggeriert – oder ob vom (−)-(1*S*,4*S*)-Campher oder gar vom racemischen Gemisch (±)-(1*RS*,4*RS*)-Campher die Rede ist. Der undifferenzierende Gebrauch ein und derselben Konfigurationsformel für unterschiedliche Konfigurationsaussagen erschwert die Verständigung der Chemiker untereinander und erweist sich als unnötige Barriere, wenn es darum geht, interessierten Nicht-Chemikern stereostrukturelle Probleme nahezubringen.

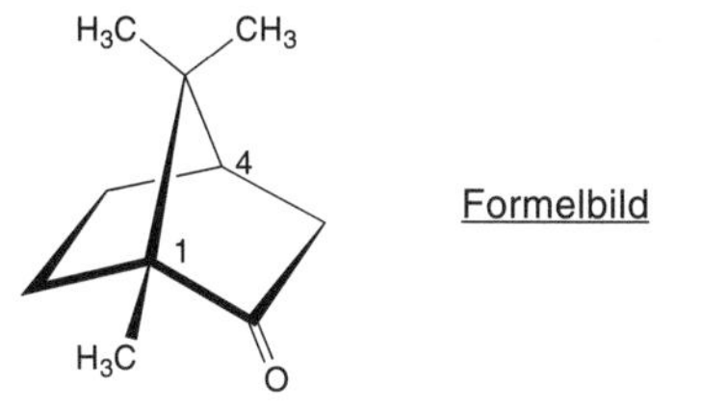

1 Formelnummer

Wir nehmen deshalb in den weiteren Ausführungen den Informationsgehalt einer Konfigurationsformel auch in bezug auf die absolute Konfiguration ernst. Steht in einem Sinnzusammenhang statt einer chiralen Verbindung, deren Konfigurationsformel abgebildet wird, das Enantiomere zur Diskussion, verzichten wir auf dessen Formelbild. Stattdessen versehen wir die mit der abgebildeten Konfigurationsformel (im gegebenen Sinnzusammenhang) synonyme Formelnummer (mit fettgedruckter arabischer Ziffer, hier **1**) oder den Formelbuchstaben (fettgedruckt) mit dem Stereodeskriptor *ent*. Gemische, in denen das eine der beiden Enantiomeren überwiegt, lassen sich durch Verwendung der Formelnummer ohne Deskriptor *und* derselben Formelnummer mit dem Deskriptor *ent* beschreiben. So ist es leicht möglich, diejenigen Fälle zu unterscheiden, bei denen das Verhältnis der ungleichgewichtigen Enantiomeren nicht näher bekannt ist (**1**/*ent*-**1** $\neq$ 1), bei denen man lediglich weiß, welches der beiden Enantiomeren überwiegt (**1** > bzw. < *ent*-**1**) oder bei denen das Verhältnis exakt bestimmt werden konnte (z. B. **1**/*ent*-**1** = 96:4).

Für den häufig auftretenden Sonderfall, daß die beiden Enantiomeren in (praktisch) gleichen Anteilen vorliegen, setzt man der Formelnummer, die für eines der beiden Enantiomeren steht, den Stereodeskriptor *rac* voran und betont damit die Sonderstellung, die *racemische Gemische* unter den Enantiomerengemischen einnehmen.

Kurzum, die Formelnummer **1** entspricht dem Formelbild und kennzeichnet (+)-(1*R*,4*R*)-Campher. *ent*-**1** entspricht dem nicht eigens wiedergegebenen Spiegelbild vom abgebildeten Formelbild und kennzeichnet (−)-(1*S*,4*S*)-Campher. *rac*-**1** bezieht sich sowohl auf das abgebildete Formelbild als auch auf das (nicht abgebildete) Spiegelbild und kennzeichnet das racemische Gemisch ((±)-(1*RS*,4*RS*)-Campher).

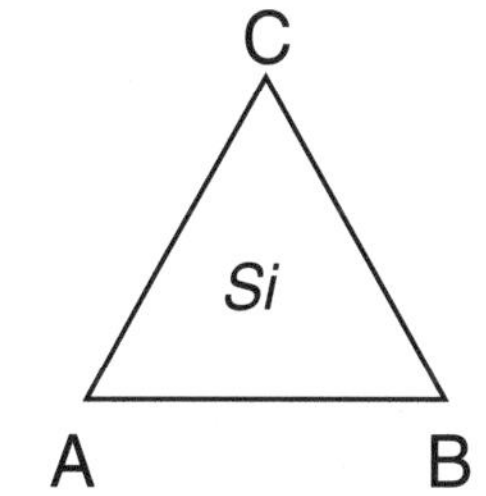

10.2.7. Konfigurationsbeschreibung aus der Vogelperspektive

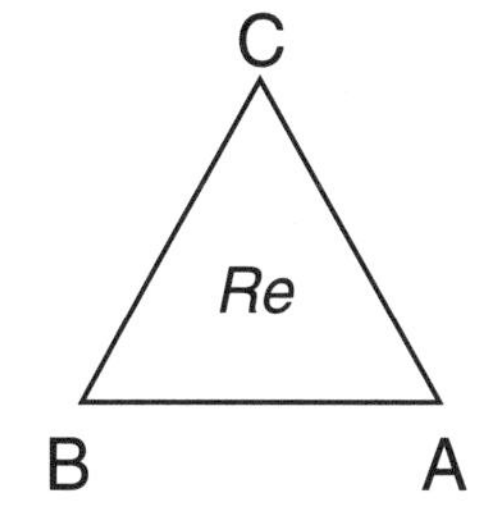

Moleküle, welche sich modellhaft durch das Simplex des zweidimensionalen Raums – durch ein gleichseitiges Dreieck mit drei unterscheidbaren Ecken – darstellen lassen, sind zweidimensional-chiral. Die für ein solches Dreieck zutreffende Ebene unterteilt den dreidimensionalen Raum in zwei Halbräume. Ein Beobachter, der aus der Vogelperspektive auf das Dreieck blickt, befindet sich in einem dieser Halbräume und hat vom Dreieck eine Ansicht, die mit *Re* zu spezifizieren ist, sofern der Weg von A über B im Uhrzeigersinn zu C führt. Auch der vom Beobachter eingenommene Halbraum wird zweckmäßigerweise mit dem Deskriptor *Re* versehen. Bei einer Ansicht, bei welcher der Weg von A über B entgegen dem Uhrzeigersinn zu C führt, werden Ansicht und Halbraum, in welchem sich der Beobachter befindet, jeweils mit dem Deskriptor *Si* versehen. Es gilt (s. *Abschn. 10.2.1*): A > B > C.

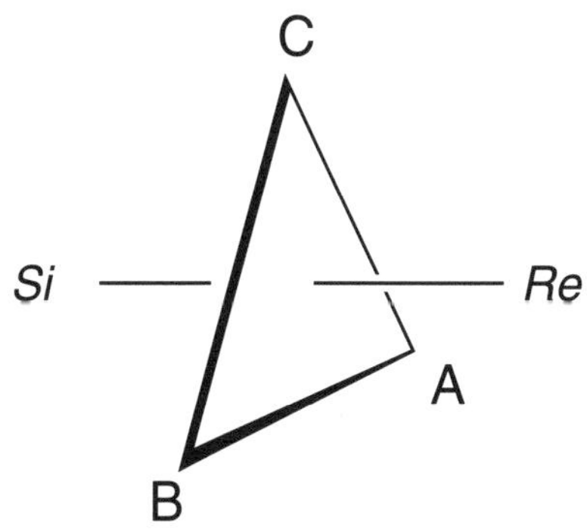

Die Verhältnisse lassen sich am Beispiel des Acetaldehyds verdeutlichen. Die Molekül-Ebene trennt den dreidimensionalen Raum in zwei Halbräume. Die Ansichten aus den beiden Halbräumen sind enantiotop, die Halbräume selbst sind enantio-

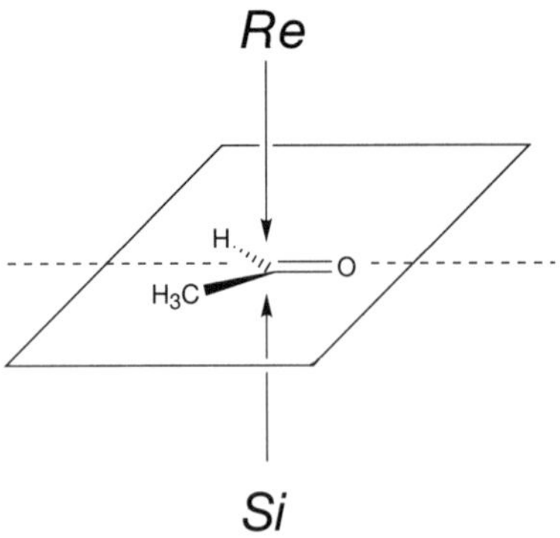

morph. Aus dem *Re*-Halbraum hat man die Ansicht der *Re*-Seite, aus dem *Si*-Halbraum nimmt man die *Si*-Seite wahr.

Je nachdem, ob die beiden Halbräume, aus denen man die Ansichten eines Moleküls gewinnt, identisch, enantiomorph oder diastereomorph sind, werden die beiden Ansichten als *äquivalent* (*homotop*), *enantiotop* oder *diastereotop* bezeichnet (*Kap. 4.2*).

Liegt eine (C=C)-Gruppierung vor, erfolgt die Spezifizierung beider zweidimensional-stereogener Zentren durch die Deskriptoren *Re* und *Si*. Hierdurch wird nicht nur die absolute, sondern werden, durch die Beziehung der jeweiligen Deskriptoren zueinander, auch die relative Konfiguration und Topizität festgelegt. Die relative Topizität (*Re,Re*) oder (*Si, Si*) faßt man durch den Deskriptor *lk* (von *like*), die relative Topizität (*Re,Si*) oder (*Si,Re*) durch den Deskriptor *ul* (von *unlike*) zusammen.

Im nebenstehenden Beispiel sind die beiden Ansichten des (*Z*)-But-2-ens homotop, diejenigen des (*E*)-But-2-ens enantiotop. Die relative Topizität ist *ul* im ersteren und *lk* im letzteren Fall.

10.3. Konformationsformeln

10.3.1. Graphische Darstellungen

ul

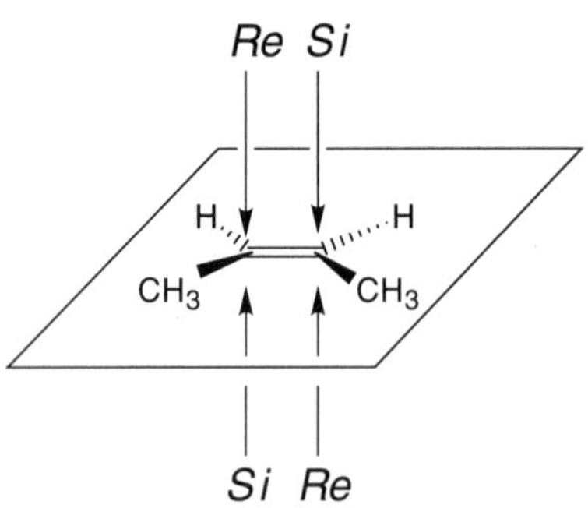

ul

Am Beispiel des Ethans läßt sich zeigen, daß bei Drehung um die (C–C)-Bindung eine unendlich große Anzahl unterschiedlicher Konformationen durchlaufen wird. Diese strukturelle Vielfalt erstreckt sich zwischen der gestaffelten Konformation auf der einen und der ekliptischen Konformation auf der anderen Seite.

Neben der perspektivischen Darstellung der beiden relevanten Konformationen des Ethans, die gelegentlich auch als 'Sägebock'-Darstel-

lk

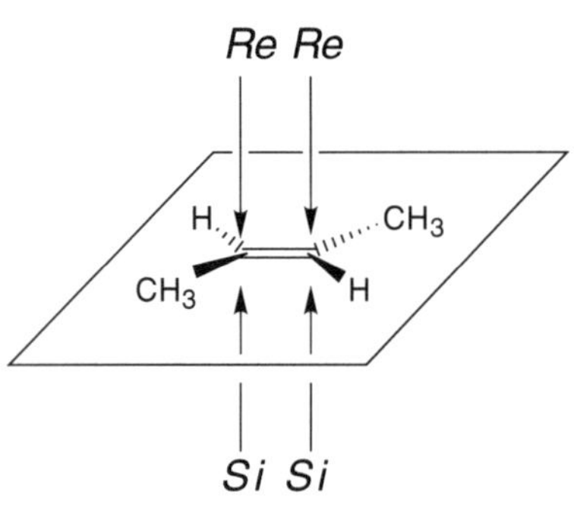

lk

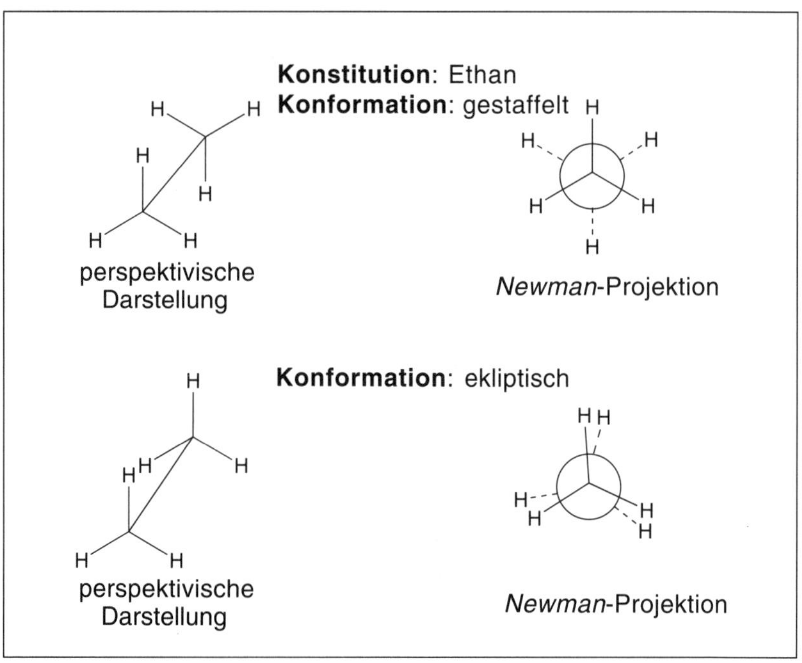

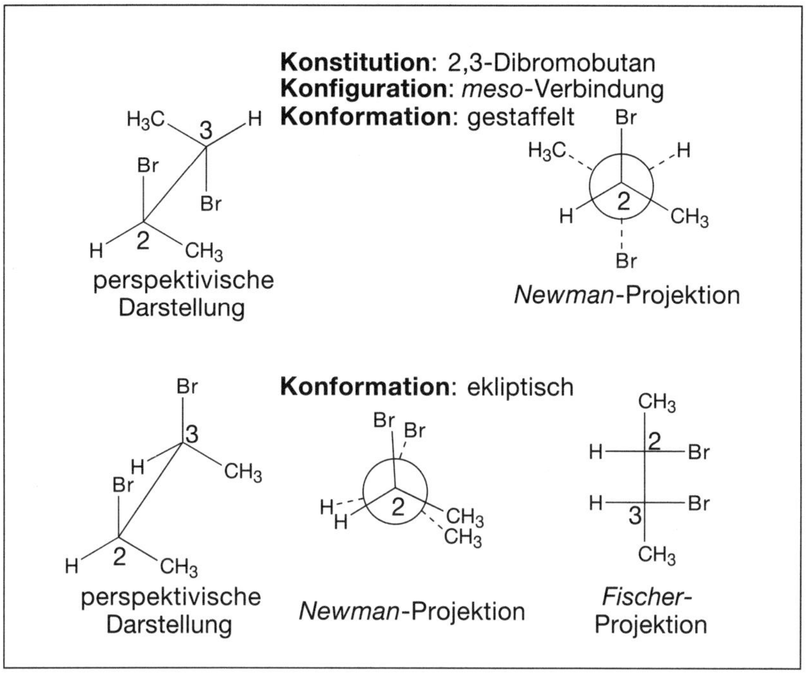

lung bezeichnet wird und sich selbst erklärt, wird die sogenannte *Newman*-Projektion verwendet.

Für die *meso*- und für die (2*S*,3*S*)-Konfiguration des 2,3-Dibromobutans sind die gestaffelten Konformationen in der perspektivischen Darstellung wie in der *Newman*-Projektion und die ekliptischen Konformationen in der perspektivischen Darstellung als auch in der *Newman*- und in der *Fischer*-Projektion abgebildet.

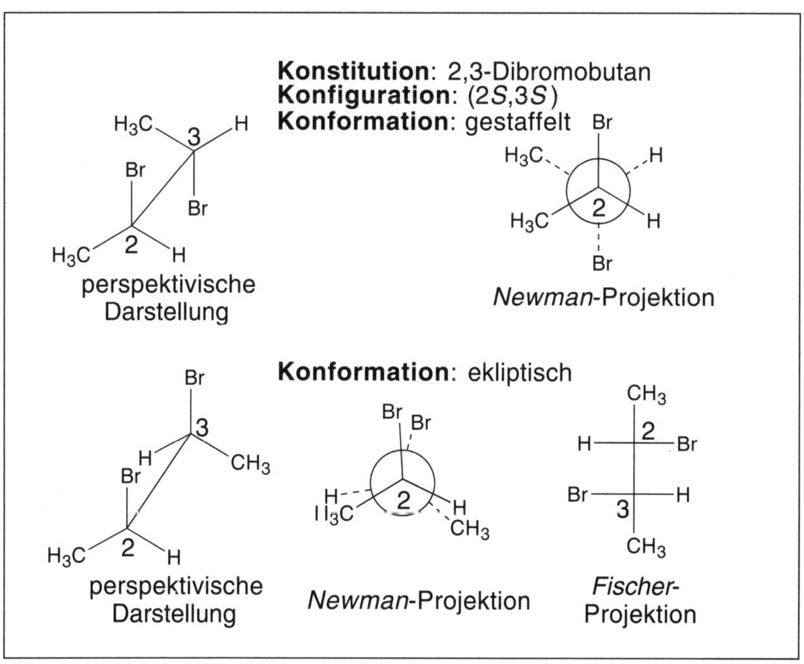

Bei der *Newman*-Projektion fallen die Blickrichtung des Beobachters und die Richtung der (C(2)–C(3))-Bindung zusammen. Die Projektionsebene liegt senkrecht zur (C(2)–C(3))-Bindung. Das Atom C(2) steht näher zum Beobachter als C(3), so daß die Bindungen von C(2) zu seinen Liganden als Kreisradien in der Projektionsebene erscheinen. Die Bindungen von C(3) zu seinen Liganden liegen hinter der Projektionsebene. Damit zwei Bindungen nicht übereinanderliegen, wird statt der *synplanaren* eine *syn-periplanare* Konformation gezeichnet (s. *Tab. 10.10*).

10.3.2. Torsionswinkel-Notation von *Klyne* und *Prelog*

Torsionswinkel sind *die* Wesensmerkmale einer Konformation. Ihre unmißverständliche Beschreibung ist eine Grundvoraussetzung für jede mitteilbare Konformationsanalyse. Im Gegensatz zum Ethan weist Butan in seinem *Energie-Profil* (*Fig. 10.16*) – einem Diagramm, welches die potentielle Energie eines molekularen Systems in Abhängigkeit von einem Strukturparameter (hier vom Torsionswinkel) angibt – Maxima und Minima ungleicher Höhe auf: Es genügt daher nicht, zwischen einem gestaffelten und einem ekliptischen Konformationstyp zu unterscheiden.

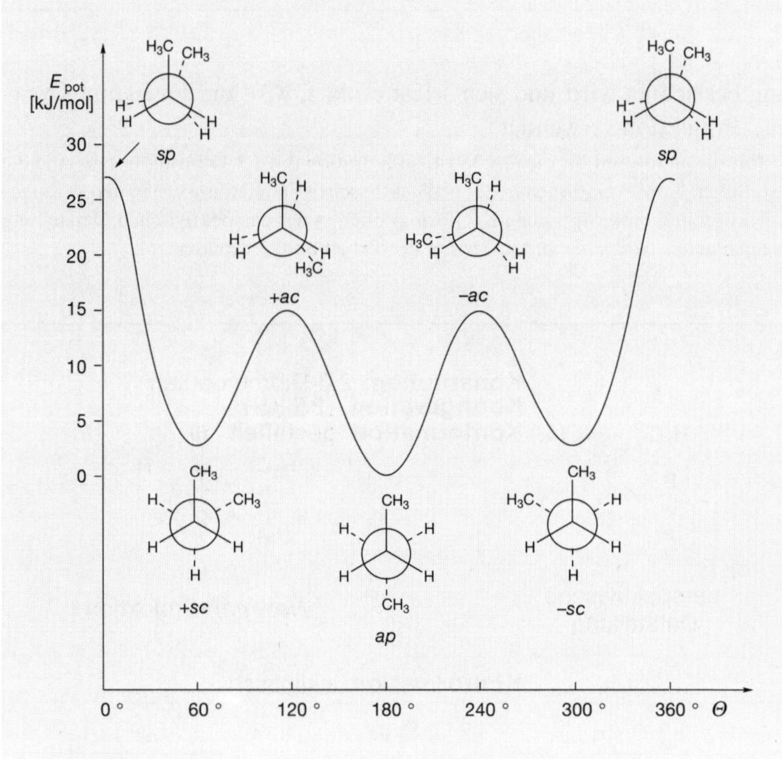

Fig. 10.16. *Das Energie-Profil von Butan mit den Extrempunkten entsprechenden Konformationen*

Wie in anderen Bereichen der Stereochemie hat die *Prelog*sche Sorge – *Das Bestreben um Ökonomie in der Begriffsprägung erscheint besonders für den Unterricht dringend geboten* – auch bei Konformationsbeschreibungen geholfen, Mißverstehen zu vermeiden. Eine von *William Klyne* und *Vladimir Prelog* geschaffene Konvention geht von einem allgemeinen System vier miteinander verknüpfter Atome A–X–Y–B aus. Der entscheidende Parameter zur Beschreibung der Konformation ist der Torsionswinkel Θ zwischen A und B entlang der Bindung X–Y.

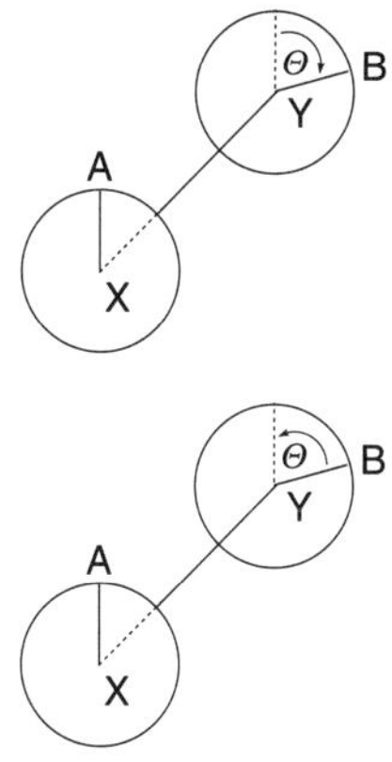

Θ positiv

A und B sind jeweils diejenigen Substituenten an den Zentren X oder Y, die nach der *CIP*-Notation die höchste Priorität besitzen. Häufig sieht man sich in einer Situation, in welcher man die jeweilige Position der Atome A und B relativ zur Bindung X–Y beschreiben möchte, ohne den genauen Torsionswinkel zu kennen. Die Konformation wird dann durch die Verwendung dreier Begriffe beschrieben, die man erhält, nachdem ein Kreis in sechs geeignete Segmente unterteilt wurde (*Tab. 10.10*).

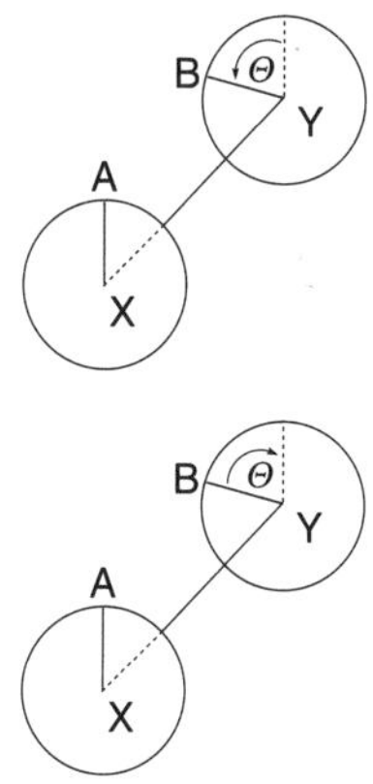

Θ negativ

Tab. 10.10. *Torsionswinkel-Notation von* Klyne *und* Prelog

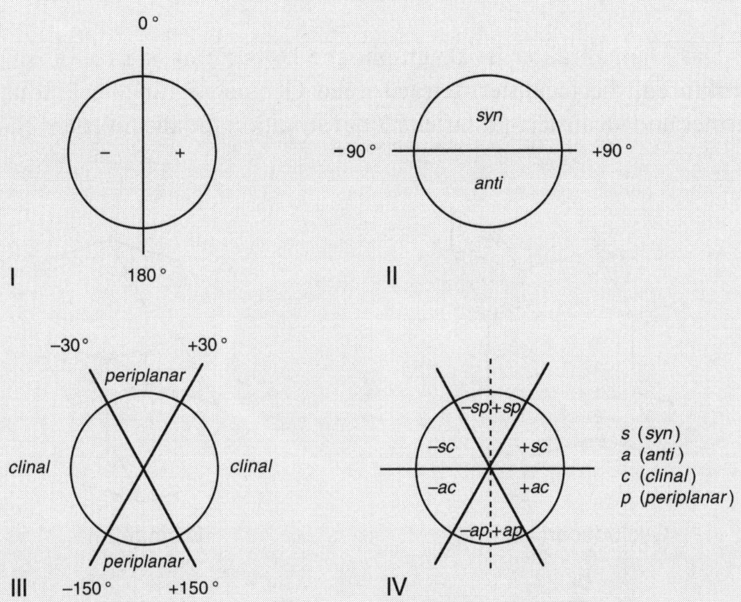

Torsionswinkel	Benennung der jeweiligen Konformation	Abkürzung der Konformationsbezeichnung
0 ° ± 30 °	± *syn-periplanar*	(±*sp*)
+60 ° ± 30 °	+ *syn-clinal*	(+*sc*)
+120 ° ± 30 °	+ *anti-clinal*	(+*ac*)
180 ° ± 30 °	± *anti-periplanar*	(±*ap*)
–120 ° ± 30 °	– *anti-clinal*	(–*ac*)
–60 ° ± 30 °	– *syn-clinal*	(–*sc*)

So steht ein '+', wenn B gegenüber A im Uhrzeigersinn um einen Winkel zwischen 0° und 180° verdreht ist; es steht ein '–' für denselben Winkelbereich im Gegenuhrzeigersinn (I, *Tab. 10.10*). Die Bezeichnungen *syn* und *anti* bringen zum Ausdruck, daß der Betrag von Θ kleiner bzw. größer als 90° ist (II, *Tab. 10.10*). *Periplanar* und *clinal* (III, *Tab. 10.10*) stehen für die Bereiche zwischen +30° und –30° bzw. +150° und –150° sowie zwischen +30° und +150° bzw. –30° und –150°.

Den Extrempunkten des Energie-Profils von Butan (*Fig. 10.16*) sind die jeweiligen Konformationen in der *Newman*-Projektion und die abgekürzten Konformationsbezeichnungen der *Klyne-Prelog*-Konvention zugeordnet worden. Gibt man der *ap*-Konformation im globalen Minimum den relativen Wert 0 kJ/mol, liegen die (+*sc*)- und (−*sc*)-Konformationen in lokalen Minima bei 3,6 kJ/mol. Die Übergangskonformationen der Rotation liegen dann (mit *ac*- bzw. *sp*-Orientierung) bei 15,1 bzw. 26,4 kJ/mol.

10.3.3. Das Diamantgitter als mnemotechnisches Hilfsmittel zur graphischen Darstellung idealisiert-gestaffelter Konformationen

Das Diamantgitter ist als graphische Darstellungsmatrix für solche Strukturen, die idealisiert-tetraedrische Geometrie für alle Bindungspartner und idealisiert-gestaffelte Konformation für alle (in erster Nähe-

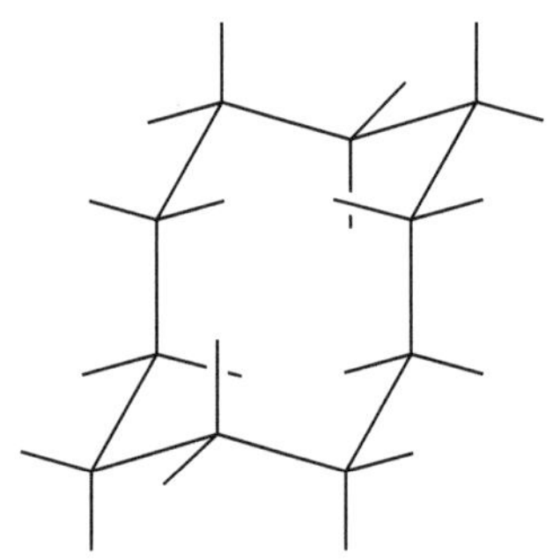

Cyclodecan

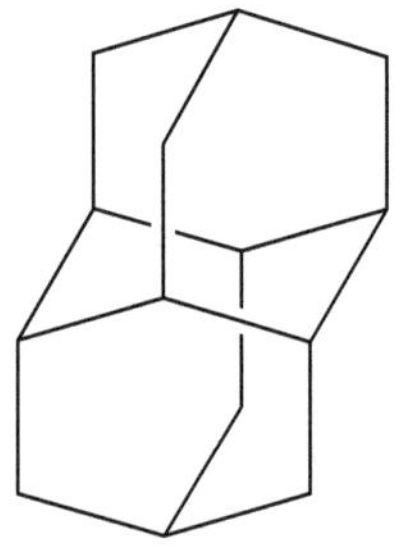

Diamantan

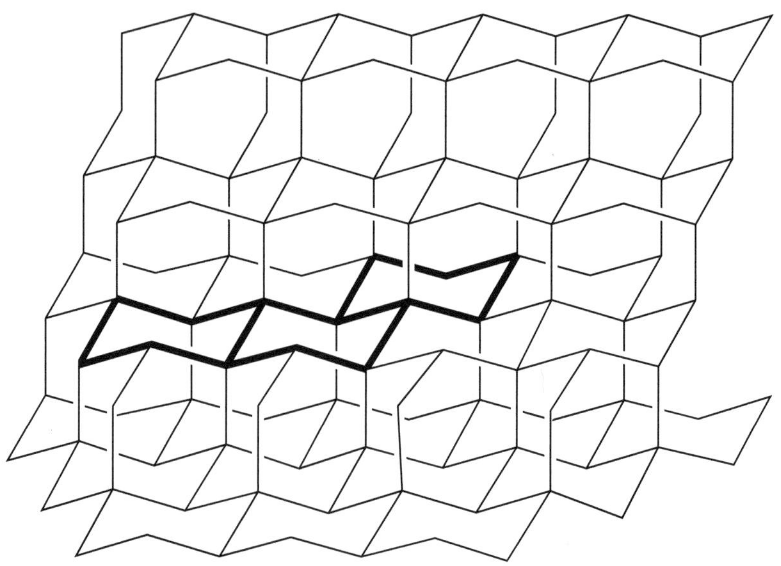

Ausschnitt aus dem Diamantgitter mit eingepaßtem (*trans/anti/trans*)-Perhydrophenanthren (*Kap. 6.3.5.3*)

rung gleich lange) (C–C)-Bindungen aufweisen, benutzt worden. Es ist ein Grobraster für die Suche nach diskreten Konformationen ohne *Pitzer*-Spannung, welches zwar ekliptische Konformationen ausschließt, aber zwischen den Untergruppen *ap*- und *sc*-Staffelungen nicht unterscheidet.

Tab. 10.11. *Molekül-Modelle der Cyclohexan-Konformationen mit ihren jeweiligen Symmetrie-Elementen und Torsionswinkeln*

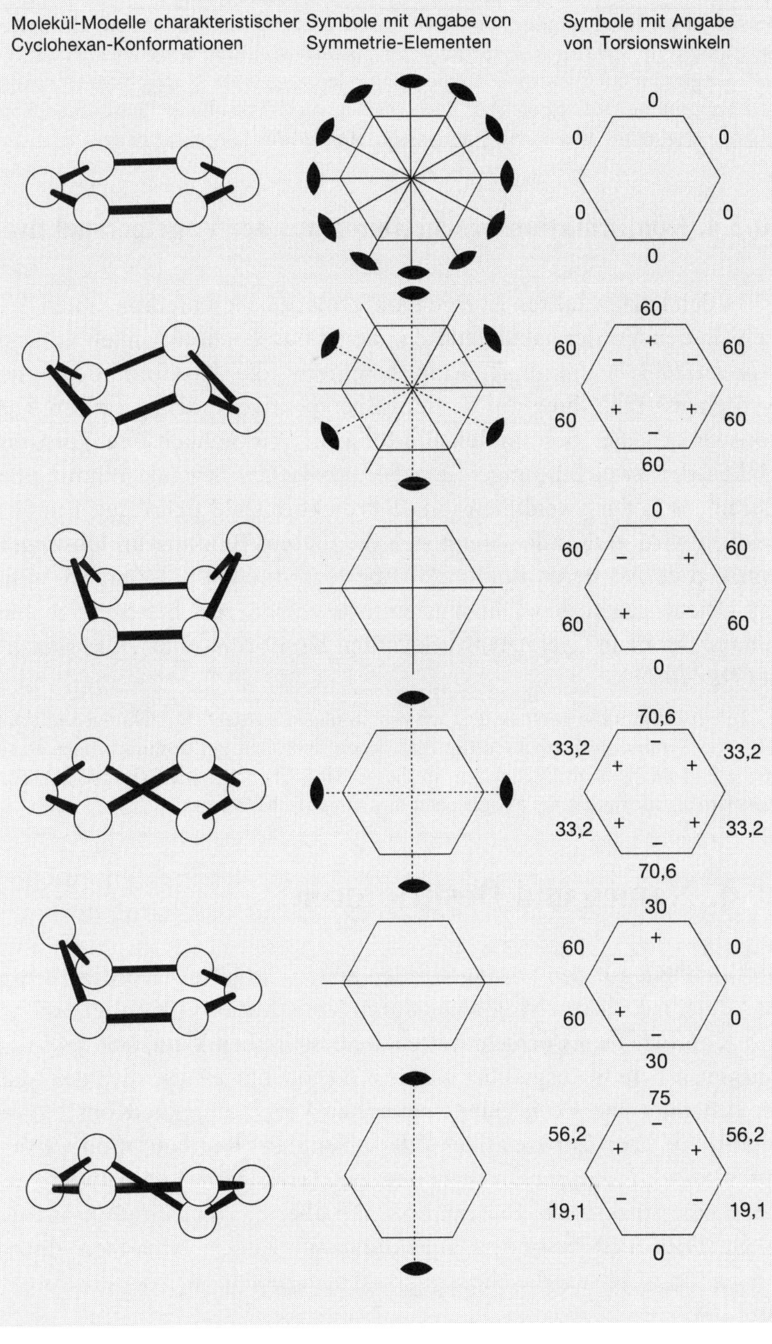

Cyclohexan in der Sessel-Konformation, die beiden stereoisomeren Decaline, die Mehrzahl der stereoisomeren Perhydroanthracene und Perhydrophenanthrene, aber auch Adamantan, Diamantan, Cyclodecan sowie die Alkane, Poly(methylen), Poly(propylen), Poly(oxymethylen), ja sogar Nucleinsäuren mit Pyranose-Zuckern und Pyranose-Kohlenhydrate lassen sich idealisiert als Sektoren des Diamantgitters darstellen. *V. Prelog* hat das von *J. C. Speakman* wohl erstmalig benutzte Diamantgitter als graphisches Hilfsmittel zur Darstellung gestaffelter Konformationen so häufig mit Erfolg verwendet, daß ein ihm nahestehender Chemiker (*A. E.*) das Diamantgitter als '*Computer des armen Mannes*' bezeichnet hat. Wie dem auch sei, vor 25 Jahren ist bereits ein Computer-Programm entwickelt worden, das im Bereich der mittleren und höhergliedrigen Cycloalkane dazu verhilft, diejenigen Konformationen aufzuspüren, die sich in ein Diamantgitter einpassen lassen. In der Zwischenzeit sind Computer-Programme zur *Jagd nach der Struktur im globalen Minimum* weiter entwickelt worden. Vergleiche mit spektroskopischen Befunden zeigen die Nützlichkeit derartiger Suchprogramme. Sie zeigen aber auch, daß in nicht-kristalliner Phase (manchmal selbst in kristalliner Phase) mehr als eine Konformation zu berücksichtigen ist.

10.3.4. Konformationsbeschreibung aus der Vogelperspektive

In den letzten Jahren ist eine Konformationsbeschreibung mehr und mehr in den Vordergrund getreten, die an das Torsionswinkel-Konzept (*Abschn. 10.3.2*) anknüpft. Man beschreibt die Konformation einer cyclischen Verbindung aus der Vogelperspektive, indem man den Torsionswinkel einer bestimmten Bindung (in Wirklichkeit den Torsionswinkel, den zwei Bindungen um die dazwischen liegende Bindung beschreiben) in das zweidimensionale Projektionsbild überträgt. Ein (+)-Zeichen wird verwendet, wenn sich die hintere Bindung im Uhrzeigersinn von der vorderen Bindung fortbewegt, und ein (−)-Zeichen, wenn das gleiche gegen den Uhrzeigersinn geschieht. Am besten zeigt man anhand der beim Cyclohexan relevanten Konformationen, was gemeint ist (*Tab. 10.11*).

Tab. 10.11 gibt die perspektivischen Abbildungen wieder, Darstellungen mit Angabe von Symmetrie-Elementen (Spiegelebenen senkrecht zur dominierenden Ring-Ebene und zweizählige Drehachsen in dieser Ring-Ebene) sowie Symbole mit Torsionswinkel-Informationen (Vorzeichen und numerische Werte).

10.4. Namen und Deskriptoren

Nachdem auf den vorangehenden Seiten dargestellt worden ist, wie man die Struktur von Molekülen durch Konstitutions-, Konfigurations- und Konformationsformeln mitteilbar beschreiben kann, soll – was an Beispielen bereits ausgeführt wurde – darauf hingewiesen werden, daß der systematische *Name* einer chemischen Verbindung die Konstitution angibt. Angaben zur (relativen oder absoluten) Konfiguration werden durch *Stereodeskriptoren* vorgenommen. Trivialnamen enthalten in der Regel eine strukturelle Information, die über die Konstitution hinausreicht. Dies trifft besonders augenfällig für Zucker oder Steroide zu, Verbindungsklassen, die ehedem als Arbeitsgebiete für Spezialisten galten.

Name der Konstitution systematisch (obere Reihe) trivial (untere Reihe)	Stereodeskriptoren der Konfiguration relativ (obere Reihe) absolut (untere Reihe)	*Kap.* bzw. *Abschn.*
2,3-Dihydroxybutandisäure (= Weinsäure)	*meso*-2,3-Dihydroxybutandisäure; (2*R*,3*R*)-2,3-Dihydroxybutandisäure [a])	2.6.2.1
2-Bromo-3-hydroxy-2-methylbutandisäure	*threo*-2-Bromo-3-hydroxy-2-methylbutandisäure; (2*R*,3*S*)-2-Bromo-3-hydroxy-2-methylbutandisäure	10.2.1.2
1,2-Dimethylcyclopropan	*cis*-1,2-Dimethylcyclopropan; (1*R*,2*R*)-1,2-Dimethylcyclopropan [a])	2.6.2.1
2-Methylcyclopropan-1-carbonsäure	*cis*-2-Methylcyclopropan-1-carbonsäure; (1*R*,2*S*)-2-Methylcyclopropan-1-carbonsäure	10.2.3
2-Chloro-3-methylcyclopropan-1-carbonsäure	2*t*-Chloro-3*c*-methylcyclopropan-1*r*-carbonsäure; (1*R*,2*S*,3*R*)-2-Chloro-3-methylcyclopropan-1-carbonsäure	10.2.3

[a]) Im Gegensatz zur relativen Konfiguration in der oberen Reihe ist hier die absolute Konfiguration eines der beiden Enantiomeren angegeben.

10.5. Spezielle Verbindungsklassen

10.5.1. Steroide

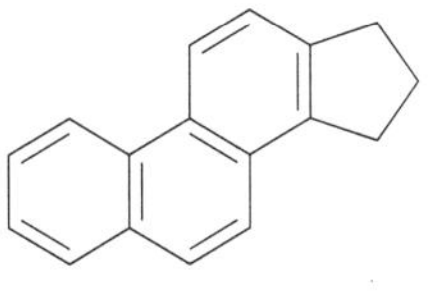

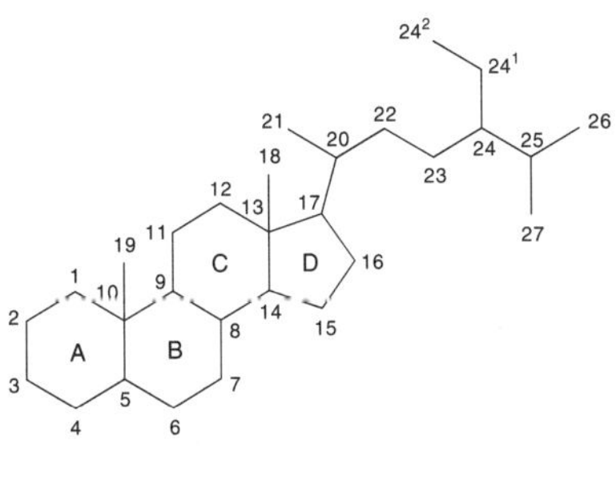

Zur Klasse der Steroide zählt man Verbindungen, die ein verändertes Gerüst des '1,2-Cyclopentenophenanthrens' (ursprünglich; = 16,17-Dihydro-15*H*-cyclopent[*a*]phenanthrens) aufweisen: Veränderungen können formal durch Fehlen von einer oder mehreren Bindungen, durch Erweiterung und/oder Verengung eines oder mehrerer Ringe zustande gekommen sein. Die unsystematische Numerierung der einzelnen C-Atome bezieht sich auf ein Ring-Gerüst, das fälschlicherweise den Steroiden zugeschrieben worden war. Nach Revision der Konstitution wurde, um unnötige Verwirrung beim Schreiben und Lesen von Publikationen zu vermeiden, die ursprüngliche Bezifferung beibehalten.

In der Regel sind C(10) und C(13) mit Me Gruppen besetzt, und häufig findet man eine Seitenkette an C(17). Substituenten, die sich auf derselben Molekül-Seite wie die angularen Me-Gruppen befinden, bezeichnet man mit β, Substituenten auf der anderen Molekül-Seite bezeichnet man mit α (*Kap. 6.2*).

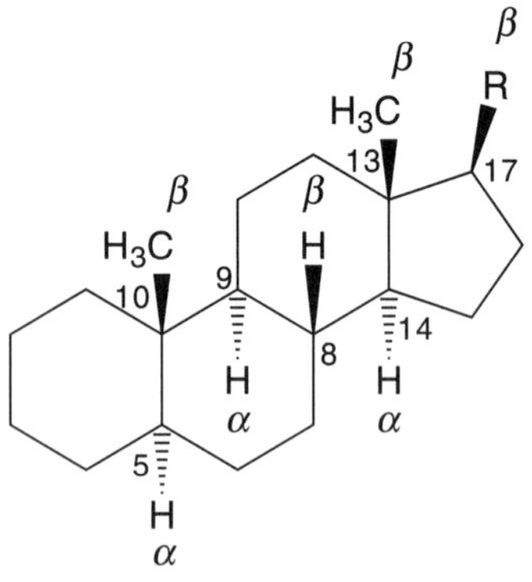

Da einerseits ein System aus anellierten Cyclohexan-Ringen bei größtmöglicher Zahl von Sessel-Konformationen thermodynamisch stabil ist und andererseits zwei *trans*-anellierte Cyclohexan-Ringe nicht invertieren können, gibt es für jede Position des Steroid-Gerüstes eine eindeutige Beziehung zwischen der konfigurationellen (α oder β) und der konformationellen (*a* oder *e*) Orientierung eines Liganden (*Tab. 10.12*).

Tab. 10.12. *Beziehung zwischen der konfigurationellen und der konformationellen Orientierung bei Steroiden*

	trans-A/B		*cis*-A/B		*trans*-A/B *cis*-A/B		
Stellung	α	β	α	β	Stellung	α	β
1	(*a*)	(*e*)	(*e*)	(*a*)	11	(*e*)	(*a*)
2	(*e*)	(*a*)	(*a*)	(*e*)	12	(*a*)	(*e*)
3	(*a*)	(*e*)	(*e*)	(*a*)	13	—	(*a*)
4	(*e*)	(*a*)	(*a*)	(*e*)	14	(*a*)	—
5	(*a*)	—	—	A (*a*); B (*e*)	15	(*e**)	(*a**)
6	(*e*)	(*a*)	(*e*)	(*a*)	16	—	—
7	(*a*)	(*e*)	(*a*)	(*e*)	17	(*a**)	(*e**)
8	—	(*a*)	—	(*a*)			
9	(*a*)	—	(*a*)	—			
10	—	(*a*)	—	A (*e*); B (*a*)			

Das mit einem * versehene Kürzel besagt, daß die zum Ausdruck gebrachten Beziehungen Bedeutung besitzen im Hinblick auf den Ring C. (*a*) bedeutet axial, (*e*) äquatorial.

Tab. 10.13 gibt die Namen und Formelbilder der verschiedenen Grundgerüste an, die sich durch Substituenten an C(10), C(13) oder C(17) voneinander unterscheiden.

In *Tab. 10.14* werden Namen und Formelbilder einiger Repräsentanten aus der biologisch wichtigen Steroid-Familie aufgeführt.

Namen und Symbole (α und β) werden zur Bezeichnung der absoluten Konfiguration verwendet, so daß sich die Spezifizierung der stereogenen Zentren im Steroid-Gerüst durch die sonst üblichen Deskriptoren ((*R*) oder (*S*)) erübrigt.

Die Regeln der Konformationsanalyse sind an Steroiden entwickelt worden. Nicht zufällig trägt *Kap. 6* den Titel '*Konformationsanalyse (aufgezeigt am Beispiel der Steroide)*'.

Tab. 10.13. *Grundgerüste von Steroiden*

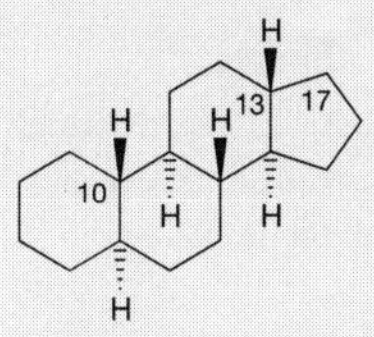
5α-Gonan

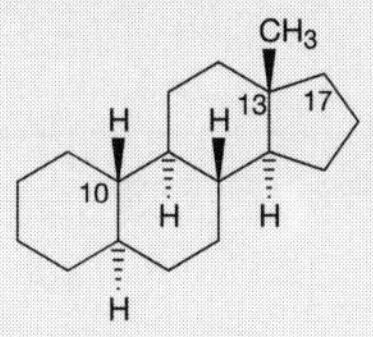
5α-Estran

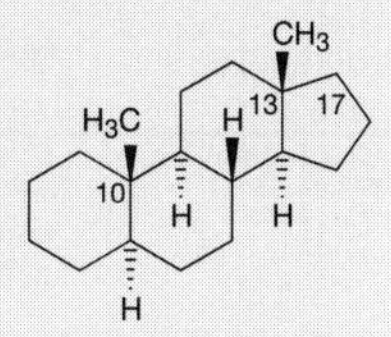
5α-Androstan

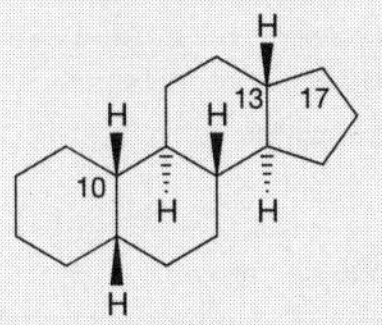
5β-Gonan

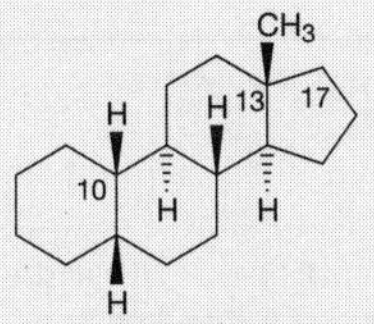
5β-Estran

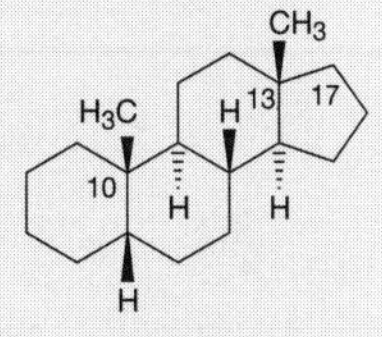
5β-Androstan

Seitenkette R	Chiralitätssinn	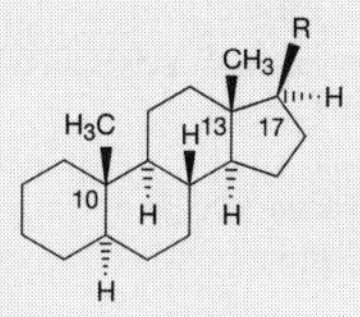	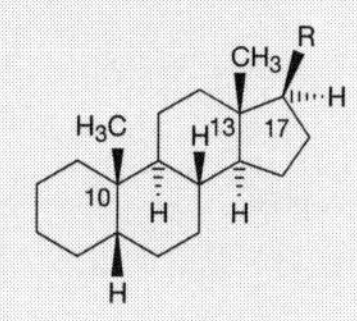
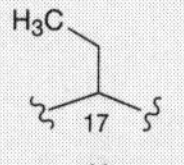	—	5α-Pregnan	5β-Pregnan
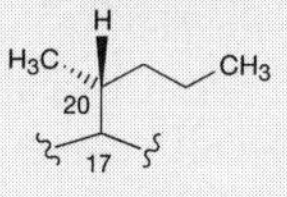	(20*R*)	5α-Cholan	5β-Cholan
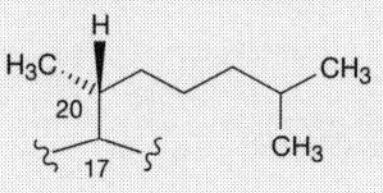	(20*R*)	5α-Cholestan	5β-Cholestan
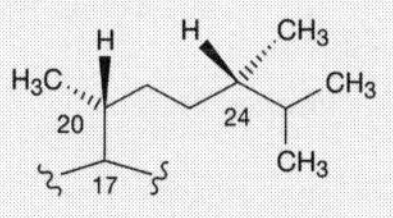	(20*R*,24*S*)	5α-Ergostan	5β-Ergostan
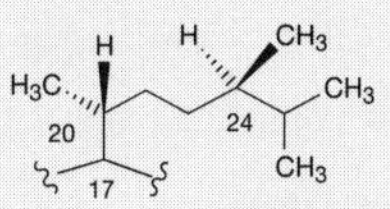	(20*R*,24*R*)	5α-Campestan	5β-Campestan
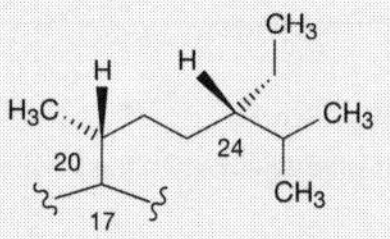	(20*R*,24*S*)	5α-Poriferastan	5β-Poriferastan
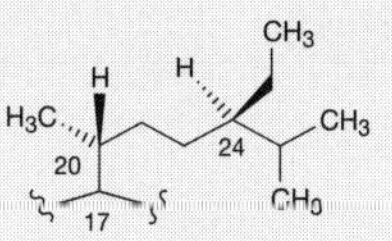	(20*R*,24*R*)	5α-Stigmastan	5β-Stigmastan
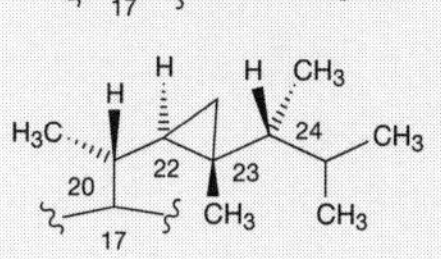	(20*S*,22*R*, 23*R*,24*R*)	5α-Gorgostan	5β-Gorgostan

Tab. 10.14. *Einige biologisch wichtige Steroide*

Struktur-Typ	Beispiel		Funktionstyp
Estran	18α-Homo-17α-ethinyl-17β-hydroxy-estra-4-en-3-on (= (–)-Norgestrel)	**1**	Sexualhormon (Gestagen) orales Kontrazeptivum
	1,3,5(10)-Estratrien-3,17β-diol (= (+)-Estradiol-17β)	**2**	Sexualhormon (Estrogen)
	18α-Homo-17α-ethinyl-17β-hydroxy-estra-4,15-dien-3-on (= (–)-Gestoden)	**3**	Sexualhormon (Gestagen) orales Kontrazeptivum
	11β-[4-(Dimethylamino)phenyl]-17β-hydroxy-17α-(1-propynyl)-estra-4,9-dien-3-on (= (+)-Mifepristone; RU 486)	**4**	Anti-Sexualhormon (Progesteron-Antagonist)
Androstan	3α-Hydroxy-5α-androstan-17-on (= (+)-Androsteron)	**5**	Sexualhormon (Androgen)
	17β-Hydroxy-4-androsten-3-on (= (+)-Testosteron)	**6**	Sexualhormon (Androgen)
Pregnan	4-Pregnen-3,20-dion (= (+)-Progesteron)	**7**	Sexualhormon (Gestagen)
	11β,17α,21-Trihydroxy-4-pregnen-3,20-dion (= (+)-Cortisol)	**8**	Glucocorticosteroid
	6-Chlor-1α,2α-methylen-4,6-pregnadien-17α-acetoxy-3,20-dion (= (+)-Cyproteronacetat)	**9**	Anti-Sexualhormon (Androgen-Antagonist)
	(18*R*,20*S*)-18,11-Acetal-20,18-hemiketal von 11β,21-Dihydroxy-3,20-dioxo-4-pregnen-18-al (= (+)-Aldosteron)	**10**	Antimineral-Corticosteroid
Cholan	3α,7α,12α-Trihydroxy-5β-cholan-24-säure (= (+)-Cholsäure)	**11**	Gallensäure
Cholestan	5-Cholesten-3β-ol (= (–)-Cholesterol)	**12**	Sterol (Sterin) aus tierischen Zellen
9,10-Secocholestan	(1*S*,3*R*,5*Z*,7*E*)-9,10-Secocholesta-5,7,10(19)-trien-1,3,25-triol (= (+)-Calcitriol; 1α,25-Dihydroxycholecalciferol)	**13**	Calcitropes Hormon
Ergostan	5,7,22-Ergostatrien-3β-ol (= (–)-Ergosterol)	**14**	Sterol (Sterin) aus Hefezellen
Stigmastan	5-Stigmasten-3β-ol (= (–)-β-Sitosterol)	**15**	Sterol (Sterin) aus pflanzlichen Zellen
Spirostan	(25*S*)-5-Spirosten-3β-ol (= (–)-Diosgenin)	**16**	Sapogenin

Tab. 10.14. *Einige biologisch wichtige Steroide* (Fortsetzung)

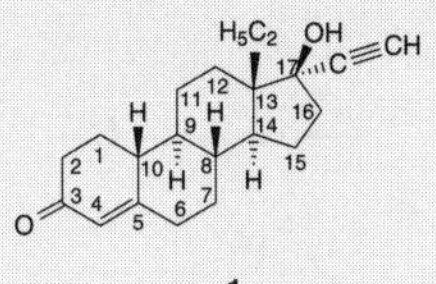

1

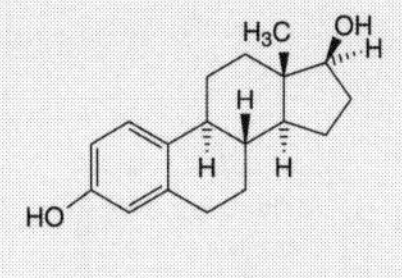

2

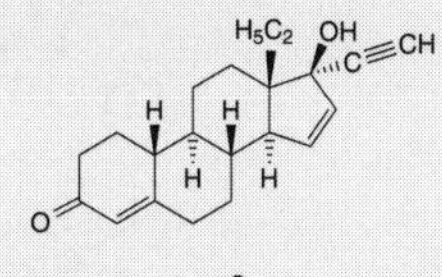

3

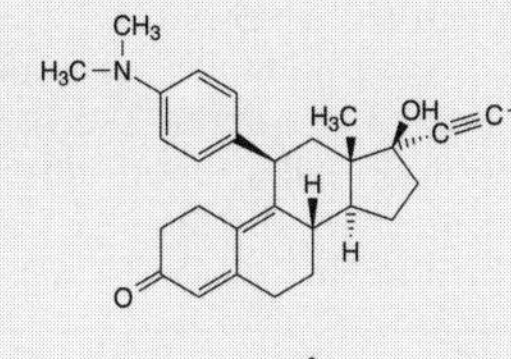

4

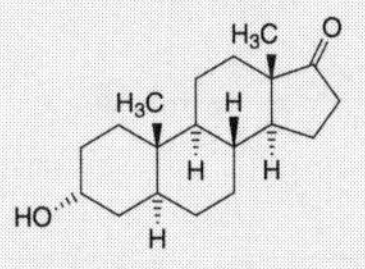

5

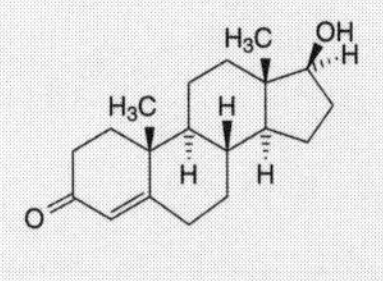

6

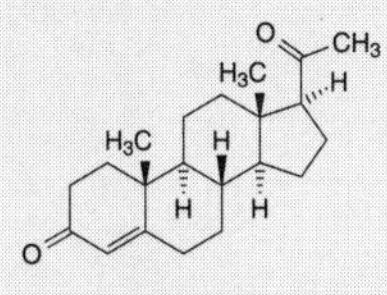

7

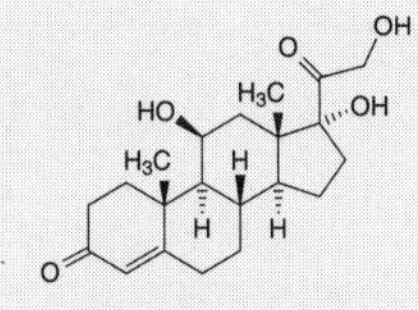

8

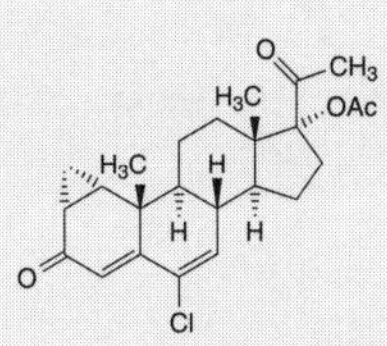

9

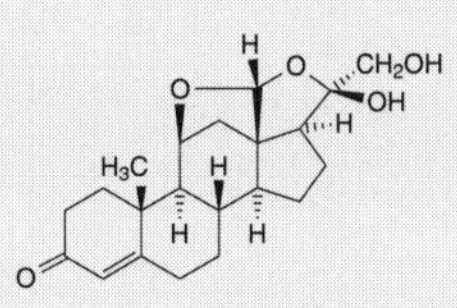

10

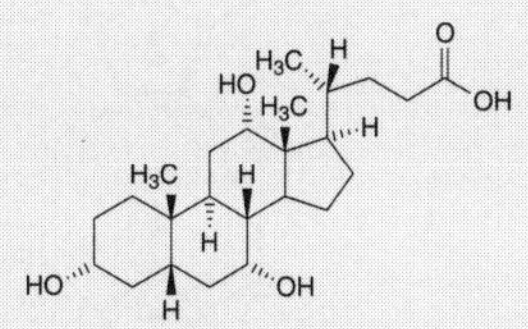

11

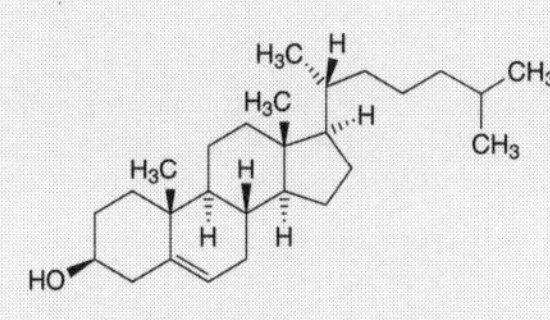

12

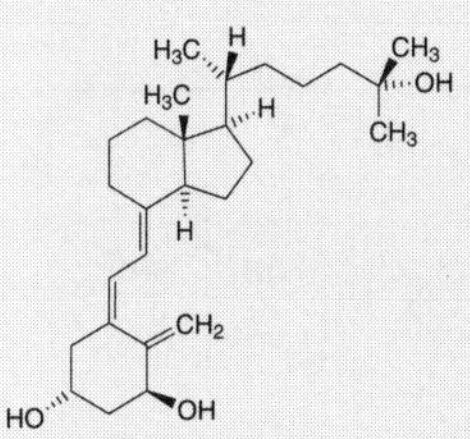

13

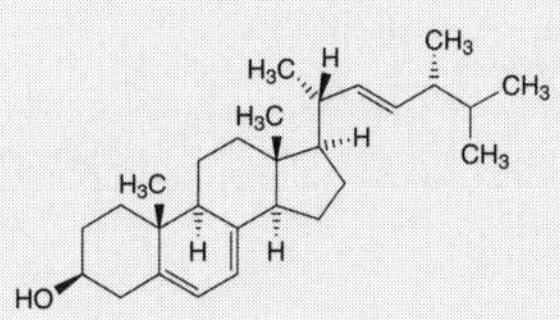

14

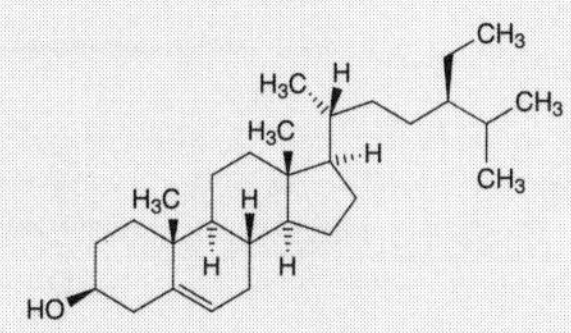

15

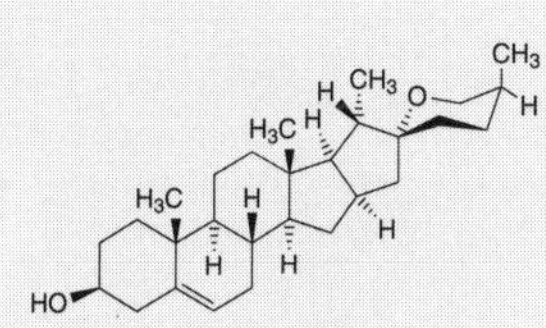

16

10.5.2. Nucleinsäuren

Zur Klasse der Nucleinsäuren werden Polymere mit einem linear-konstituierten Zuckerphosphat-Rückgrat gezählt. Bei den natürlich vorkommenden Nucleinsäuren DNA (deoxyribonucleic acid; DNS = Deoxyribonucleinsäure) und RNA (ribonucleic acid; RNS = Ribonucleinsäure) kommen als Zucker 2-Deoxy-β-D-ribofuranose und β-D-Ribofuranose in Betracht. Die *konstitutionelle Repetiereinheit* ist ein jeweils an O(5) phosphorylierter Zucker, der an C(1) *N*-glycosidisch mit einer Nucleobase versehen ist (*Fig. 10.17*).

Bei der Synthese nicht-natürlicher Oligonucleotide mit Hexopyranosyl-(4′→6′)-Konstitution (‘*Homo-DNA*’; *Fig. 10.18*) wird als Zucker 2,3-Dideoxy-β-D-*erythro*-hexopyranose verwendet.

An den nicht-natürlichen Oligonucleotiden mit Pentopyranosyl-(2′→4′)-Konstitution (*p-RNA*; *Fig. 10.19*) ist der Zucker β-D-Ribopyranose beteiligt.

DNA enthält die Pyrimidin-Basen Thy und Cyt sowie die Purin-Basen Ade und Gua. Bei der RNA findet man statt Thy die Nucleobase

Beispiel für einen (3′–5′)-Penta-*β*-D-ribofuranosylnucleotid-Einzelstrang: (3′–5′)Rib*f*(C-U-G-A-G).
Beispiel für ein Duplex aus komplementären (3′–5′)-Penta-2′-deoxy-*β*-D-ribofuranosylnucleotid-Einzelsträngen: (3′–5′)d²Rib*f*(C-T-G-A-G)·(5′–3′)d²Rib*f*(G-A-C-T-C).

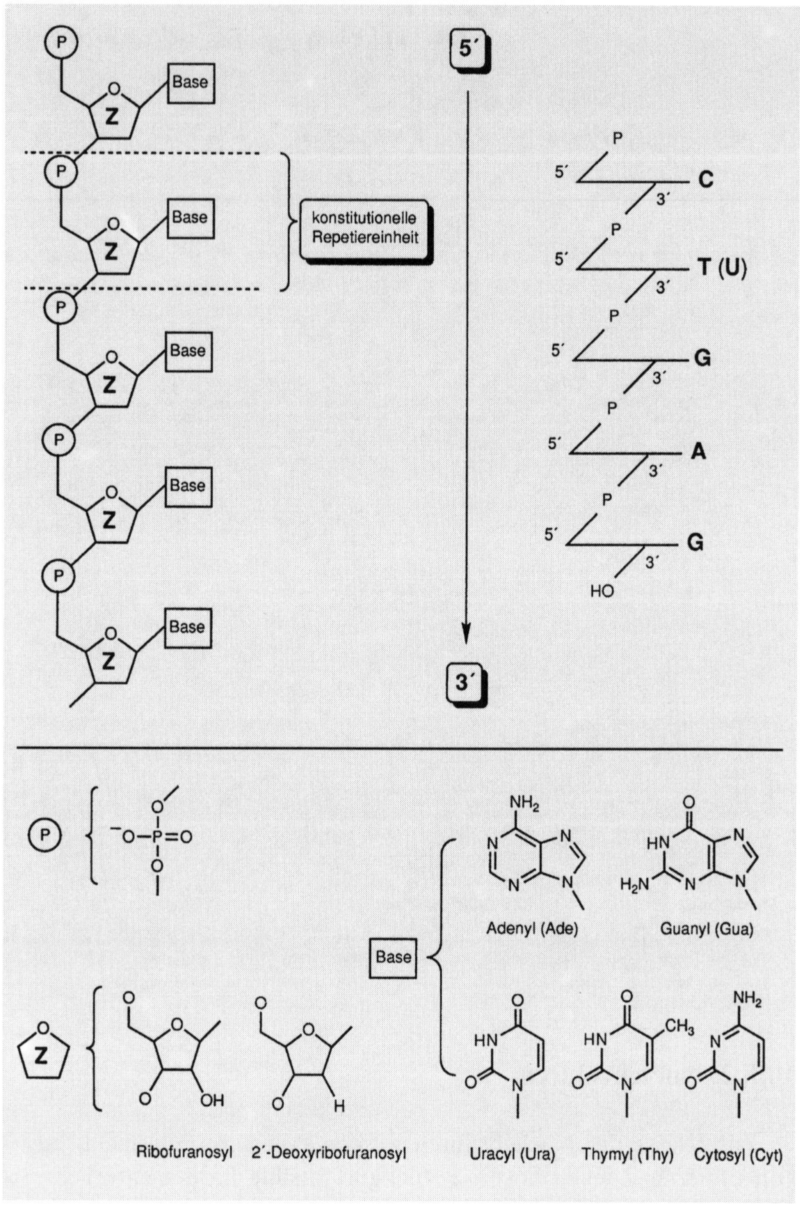

Fig. 10.17. *Schematische Darstellungen vom konstitutionellen Ausschnitt aus einem DNA- bzw. RNA-Einzelstrang*

Ura. Der Phosphorsäure-Rest wird, einfach oder zweifach verestert, nach der Dreibuchstaben-Notation mit *P* bezeichnet. Nach der Einbuchstaben-Notation geht man differenzierender vor. Ein monosubstituierter (terminaler) Phosphorsäure-Rest wird durch p, ein (interner) Phosphodiester-Rest mit Verknüpfung zwischen den Zentren C(3′) und C(5′) wird durch einen Bindestrich oder Richtungspfeil (3′→5′) oder durch ein Komma (3′,5′) ausgedrückt: je nachdem, ob die Sequenz bekannt ist oder nicht.

Die Drei- oder Einbuchstaben-Notationen für Nucleobasen, Nucleoside und Nucleotide sind in *Tab. 10.15* angegeben.

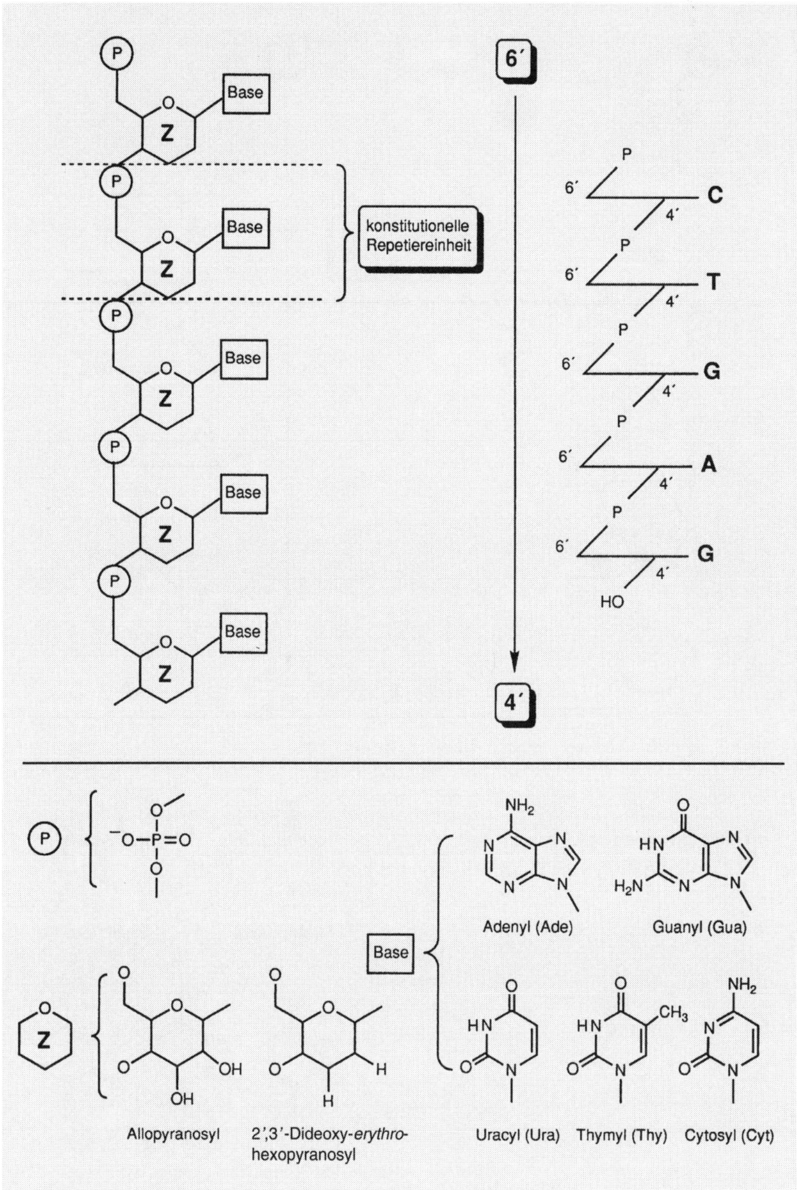

Beispiel für einen (4′–6′)-Penta-2′,3′-dideoxy-β-D-*erythro*-hexopyranosylnucleotid-Einzelstrang: (4′–6′)d^{2}d^{3}Glc*p*(C-T-G-A-G).
Beispiel für ein Duplex aus komplementären (4′–6′)-Penta-2′,3′-dideoxy-β-D-*erythro*-hexopyranosylnucleotid-Einzelsträngen: (4′–6′)d^{2}d^{3}Glc*p*(C-T-G-A-G)·(6′–4′)d^{2}d^{3}Glc*p*(G-A-C-T-C).

Fig. 10.18. *Schematische Darstellungen vom konstitutionellen Ausschnitt aus einem (4′–6′)-Pyranosyl-Oligonucleotid*

In vielen Fällen hat es sich als nützlich erwiesen, Symbole zur Verfügung zu haben, die völlig oder innerhalb einer der beiden Subklassen von Nucleosiden unspezifiziert sind. Hat man es mit einem unspezifizierten Purin-Nucleosid (Pyrimidin-Nucleosid) zu tun, verwendet man das Symbol R (Y). Weiß man nicht einmal, ob ein Purin- oder Pyrimidin-Nucleosid vorliegt, oder will man die Option offenhalten, verwendet man das Symbol N. Die Numerierung der einzelnen Atome ist den am Rand dargestellten Beispielen (*Fig. 10.17–10.19, Fig. 7.37* und *Abschn. 10.5.3.2*) zu entnehmen.

Die *konfigurationelle Repetiereinheit* läßt bei der DNA und bei der Homo-DNA erkennen, daß der Zucker mit zwei benachbarten C-Atomen am Aufbau des Zuckerphosphat-Rückgrats beteiligt ist, und zwar so, daß das Rückgrat *trans*-konfiguriert aus dem Furanose- oder Pyra-

Beispiel für einen (2′–4′)-Penta-β-D-ribopyranosylnucleotid-Einzelstrang: (2′–4′)Rib*p*(C-T-G-A-G).
Beispiel für ein Duplex aus komplementären (2′–4′)-Penta-β-D-ribopyranosylnucleotid-Einzelsträngen: (2′–4′)Rib*p*(C-T-G-A-G)·(4′–2′)-Rib*p*(G-A-C-T-C).

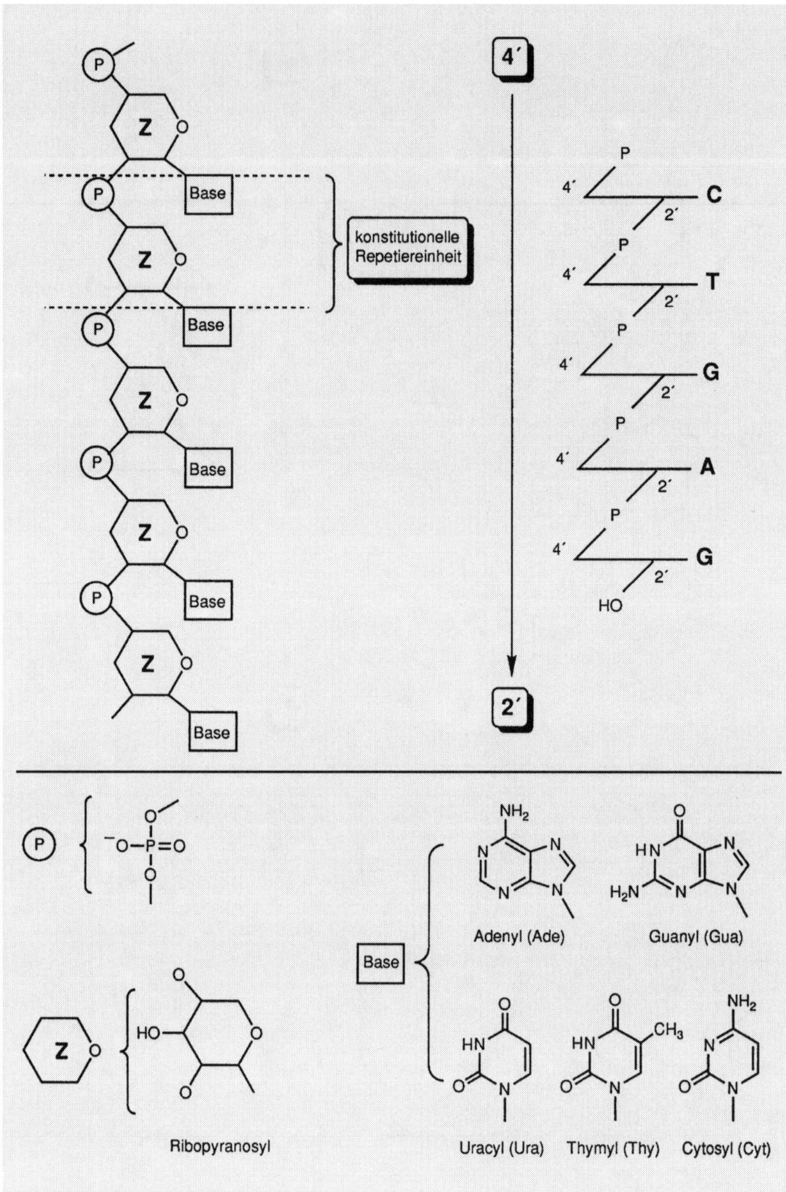

Fig. 10.19. *Schematische Darstellungen vom konstitutionellen Ausschnitt aus einem (2′–4′)-Pyranosyl-Oligonucleotid*

nose-Zucker-Ring herauswächst. Die Nucleobase ist β-orientiert mit C(1′) verknüpft (*Fig. 10.20*).

Zur Konformation des Pyranose- wie des Furanose-Rings s. *Abschn. 10.5.3.1* und *10.5.3.2*.

Das Rückgrat einer Polynucleotid-Kette enthält die sechs Bindungen umfassende *konformationelle Repetiereinheit*: P–O(5′), O(5′)–C(5′), C(5′)–C(4′), C(4′)–C(3′), C(3′)–O(3′) und O(3′)–P. Die Torsionswinkel um diese Bindungen werden mit α, β, γ, δ, ε und ξ bezeichnet (*Fig. 10.21*).

Die (C(4′)–C(3′))-Bindung des Zucker-Rings nimmt in dieser Repetiereinheit die Funktion eines Scharniers wahr. Um die lokale Konformation des Zucker-Rings

Tab. 10.15. *Bezeichnung von Nucleobasen, Nucleosiden und Nucleotiden nach der Drei- oder Einbuchstaben-Notation*

Base	Symbol	Ribonucleosid	Symbol		Ribonucleotid	Symbol	
Uracil	Ura	Uridin	Urd	U	Uridin-5´-phosphat	Urd-5´-*P*	pU
Cytosin	Cyt	Cytidin	Cyd	C	Cytidin-5´-phosphat	Cyd-5´-*P*	pC
Adenin	Ade	Adenosin	Ado	A	Adenosin-5´-phosphat	Ado-5´-*P*	pA
Guanin	Gua	Guanosin	Guo	G	Guanosin-5´-phosphat	Guo- 5´-*P*	pG
Base	**Symbol**	**2´-Deoxyribo-nucleosid**	**Symbol**		**2´-Deoxyribo-nucleotid**	**Symbol**	
Thymin	Thy	Thymidin	dThd	dT	Thymidin-5´-phosphat	dThd-5´-*P*	dpT
Cytosin	Cyt	Deoxycytidin	dCyd	dC	Deoxycytidin-5´-phosphat	dCyd-5´-*P*	dpC
Adenin	Ade	Deoxyadenosin	dAdo	dA	Deoxyadenosin-5´-phosphat	dAdo-5´-*P*	dpA
Guanin	Gua	Deoxyguanosin	dGuo	dG	Deoxyguanosin-5´-phosphat	dGuo-5´-*P*	dpG

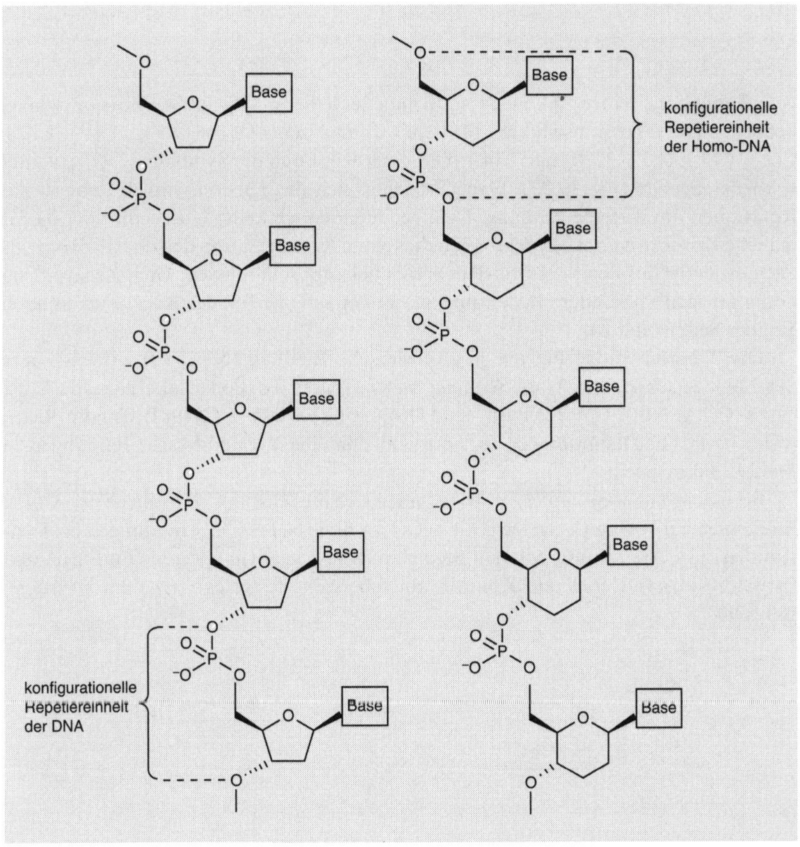

Fig. 10.20. *Schematische Darstellung von konfigurationellen Ausschnitten aus (3′–5′)-Furanosyl- und (4′–6′)-Pyranosyl-Oligonucleotiden*

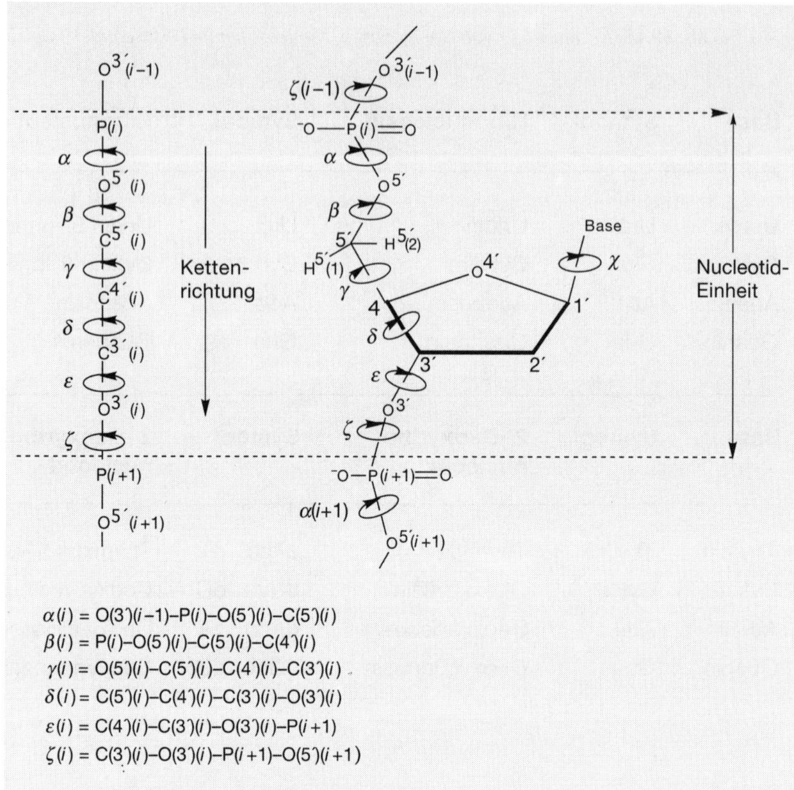

Fig. 10.21. *Schematische Darstellungen vom konformationellen Ausschnitt aus (3′–5′)-Furanosyl-Oligonucleotiden*

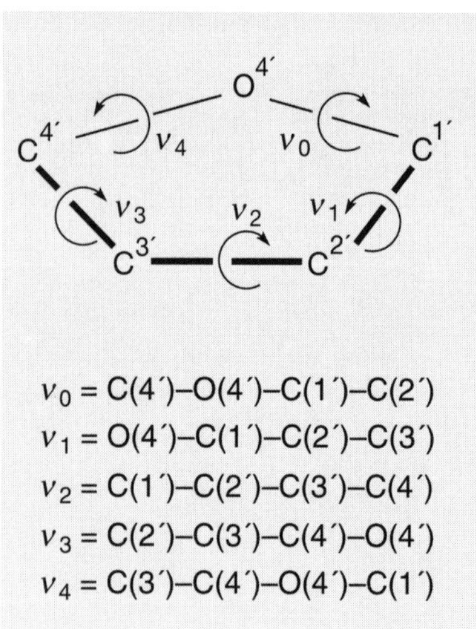

Fig. 10.22. *Torsionswinkel im Zucker-Ring*

vollständig beschreiben zu können, muß man auch die endocyclischen Torsionswinkel kennen. Die Torsionswinkel für die Bindungen O(4′)–C(1′), C(1′)–C(2′), C(2′)–C(3′), C(3′)–C(4′) und C(4′)–O(4′) werden durch die Symbole ν_0, ν_1, ν_2, ν_3 und ν_4 wiedergegeben (*Fig. 10.22*). Dabei beziehen sich die Torsionswinkel δ und ν_3 auf Rotationen um dieselbe Bindung. Dies bedeutet jedoch keine Überdefinition, da für manche Konformationsbetrachtungen die lokale Konformation des Zucker-Rings als auch diejenige des Polynucleotid-Rückgrats bekannt sein müssen: Dem Zucker-Ring kommt deshalb besondere Bedeutung zu, weil er sowohl Teil des Rückgrats als auch Teil der Seitenkette ist.

Der Torsionswinkel um die *N*-glycosidische Bindung (N–C(1′)) wird mit dem Symbol χ versehen. Die Atom-Sequenz, welche diesen Torsionswinkel einschließt, ist O(4′)–C(1′)–N(9)–C(4) für Purin- und O(4′)–C(1′)–N(1)–C(2) für Pyrimidin-Basen (*vide supra*). Die Definition der Torsionswinkel um die *N*-glycosidische Bindung ist in *Fig. 10.23* dargestellt.

Bei einem Torsionswinkel $\chi = 0°$ befinden sich die (O(4′)–C(1′)) und (N(9)–C(4))-Bindungen bei Purinen bzw. die (O(4′)–C(1′))- und (N(1)–C(2))-Bindungen bei Pyrimidinen in *sp*-Anordnung. Mit den Bezeichnungen *syn* und *anti* werden für Purin- und Pyrimidin-Derivate folgende Konformationsbereiche festgelegt; *syn*: $0 \pm 90°$; *anti*: $180 \pm 90°$.

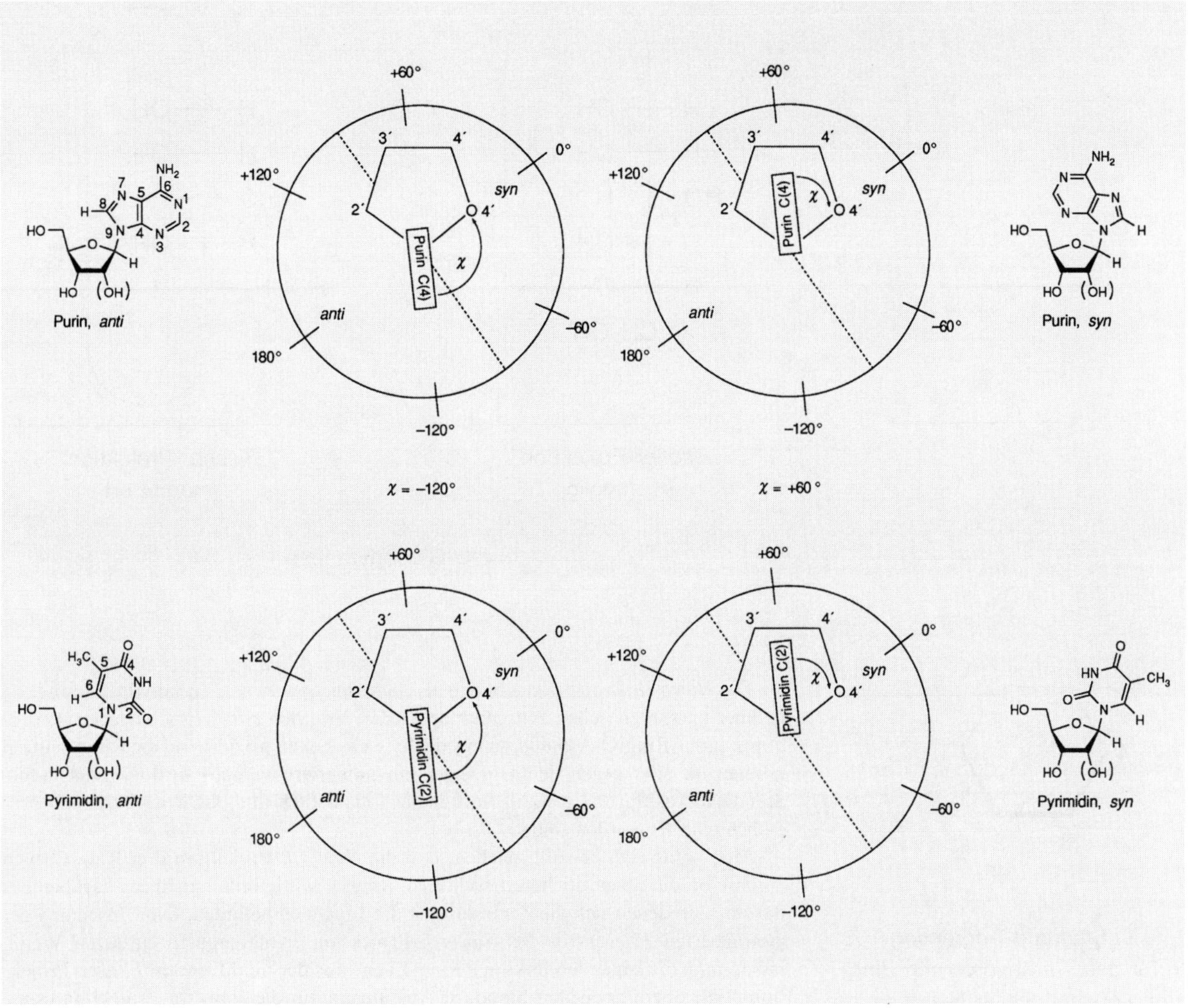

Fig. 10.23. *Definition des Torsionswinkels um die* N-*glycosidische Bindung*

10.5.3. Kohlenhydrate

10.5.3.1. Pyranosen

Für Monosaccharide als tetrahydropyran-enthaltende Halbacetale gibt es verschiedene semiotische Beschreibungen: die *Fischer*-Projektion (*Abschn. 10.2.1*), die *Haworth*-Projektion und das Symbol der Sessel-Konformation. Um *Fischer*-Projektionen in die Darstellung der Sessel-Konformation umzusetzen, wird, für α-D-Glucopyranose aufgezeigt, nachstehender Vorschrift gefolgt.

Zunächst muß man durch Tetraeder-Umgruppierung dafür sorgen, daß sämtliche Ring-Atome in derselben (vertikalen) Ebene liegen: hierzu wird die ursprüngliche in eine modifizierte *Fischer*-Projektion umgewandelt.

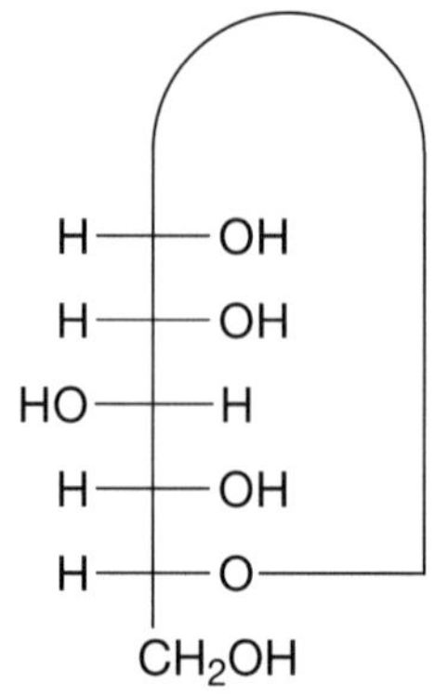

Fischer-Projektion
ursprünglich

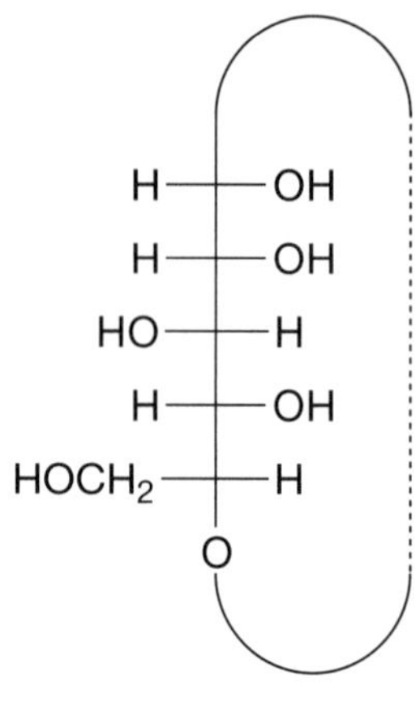

Fischer-Projektion
modifiziert

α-D-Glucopyranose

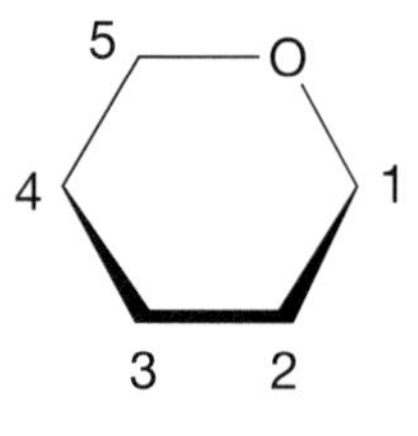

Standard-Anordnung
für den Tetrahydropyran-Ring
mit konventioneller Numerierung
der Ring-Zentren

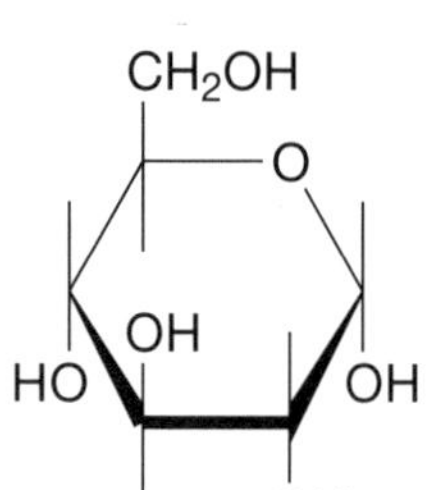

Haworth-Projektion
für α-D-Glucopyranose

Die *Haworth*-Projektion gibt den als eben angenommenen Tetrahydropyran-Ring in einer perspektivischen Schreibweise wieder. Von den zwölf verschiedenen Anordnungen (das Ring-O-Atom kann in jede der sechs Ecken plaziert und die Ring-Zentren können im oder gegen den Uhrzeigersinn numeriert werden) wird die sogenannte Standard-Ausführung gewählt (in welcher C(1) östlich und das Ring-O-Atom nordöstlich plaziert worden sind).

Man sollte sich bewußt machen, daß die *Haworth*-Projektion drei Ring-Ebenen beschreibt: die Ebene des heterocyclischen Rings sowie jeweils eine Ebene darüber und darunter, in denen sich die Zentralatome der Liganden befinden. Die Umsetzung der modifizierten *Fischer*- in die *Haworth*-Projektion erfolgt nun in einfacher Weise, indem man die Liganden links zur Ring-Ebene aus der modifizierten *Fischer*-Projektion in die obere Ebene der Standard-Ausführung für die *Haworth*-Projektion transponiert. Analog werden die Liganden rechts von der Ring-Ebene aus der modifizierten *Fischer*-Projektion in die untere Ebene der Standard-Ausführung für die *Haworth*-Projektion gebracht.

Um die unnötige Annahme eines ebenen Tetrahydropyran-Rings zu vermeiden, wird statt der *Haworth*-Projektion die Darstellung der Sessel-Konformation verwendet. Man geht dazu von einer Sessel-Konformation aus, welche der *Haworth*-Projektion entspricht. Die beiden isomeren Sessel-Konformationen werden eindeutig durch die Deskriptoren $^{1}C_{4}$ bzw. $^{4}C_{1}$ spezifiziert. Der Buchstabe *C* steht für Sessel-Konformation (von *c*hair; andere Möglichkeiten wären *B* für *b*oat, *S* für *s*kew und *H* für *h*alf-chair), die Ziffern geben an, welches der beiden Ring-Zentren, C(1) oder C(4), oberhalb oder unterhalb der Referenz-Ebene (in welcher zwei parallele Ring-Seiten liegen, die so gewählt werden, daß das C-Atom mit möglichst niedrigem Lokanten sich außerhalb dieser Referenz-Ebene befindet) angeordnet ist. Die beiden inversen Sessel-Konformeren der α-D-Glucopyranose und ihre Spiegelbild-Isomeren sind dann durch ihre Formelbilder und durch ihre um Stereodeskriptoren erweiterten Namen eindeutig bestimmt.

Die Kennzeichnung der Konfiguration am anomeren Zentrum erfolgt folgendermaßen: Befinden sich die OH-Gruppen am anomeren Zentrum und am Referenz-Zentrum (dem stereogenen Zentrum mit dem höchsten Lokanten) in der *Fischer*-Projektion auf derselben Seite, hat man es mit dem α-Anomeren zu tun; andernfalls handelt es sich um das β-Anomere.

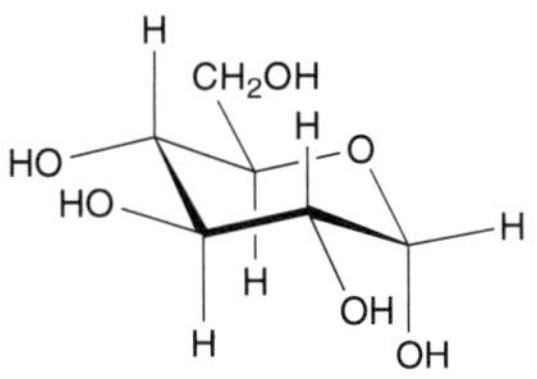

α-D-Glucopyranose - $^4C_1$

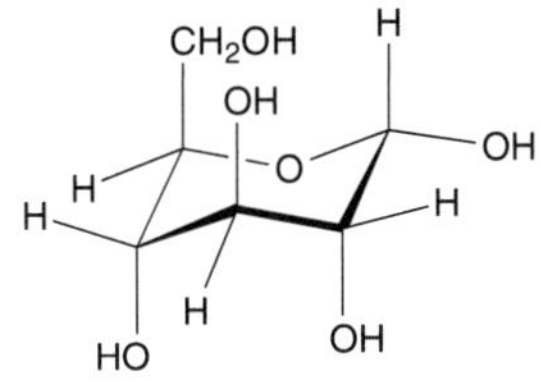

α-D-Glucopyranose - $^1C_4$

Spiegelebene

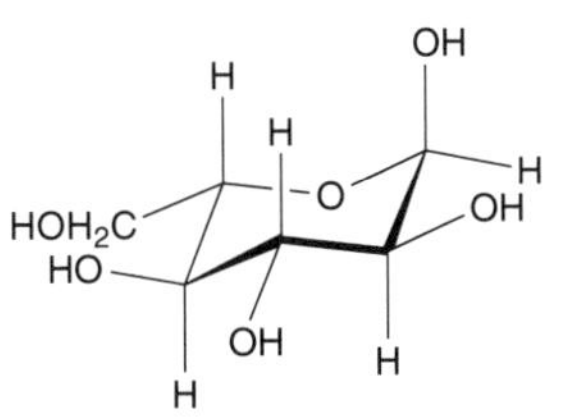

α-L-Glucopyranose - $^1C_4$

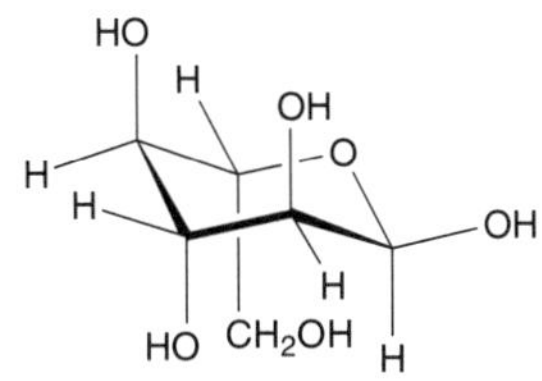

α-L-Glucopyranose - $^4C_1$

10.5.3.2. Furanosen

Bei den fünfgliedrigen Monosacchariden unterscheidet man zwischen den hervorgehobenen Konformationen *E* (von *e*nvelope) und *T* (von *t*wist). Bei den *E*-Konformationen ist die Referenz-Ebene durch vier Ring-Zentren bestimmt. Bei den Aldofuranosen sind dann folgende Konformationen möglich: ^1E, E_1, ^2E, E_2, ^3E, E_3, ^4E, E_4, ^0E und E_0. Die Referenz-Ebene der *T*-Konformationen, die durch drei benachbarte Ring-Zentren definiert ist, wird so gewählt, daß die beiden exoplanaren Zentren einmal oberhalb, das andere Mal unterhalb der Ebene liegen. Bei den Aldofuranosen sind dann folgende Konformationen möglich: $^0T_1$, $^1T_0$, $^1T_2$, $^2T_1$, $^2T_3$, $^3T_2$, $^3T_4$, $^4T_3$, $^4T_0$ und $^0T_4$.

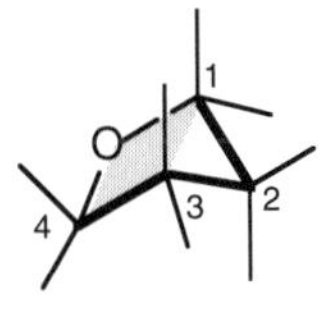

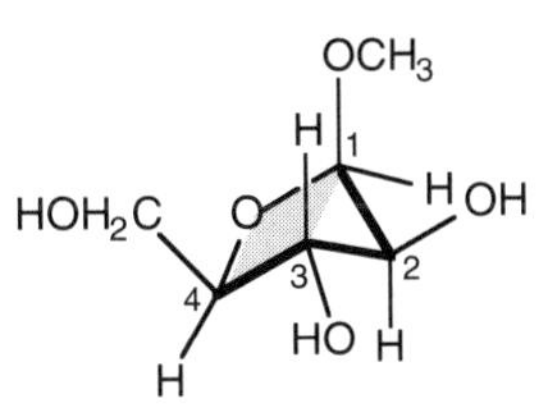

E_2

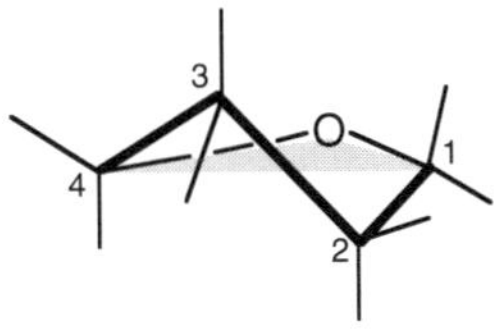

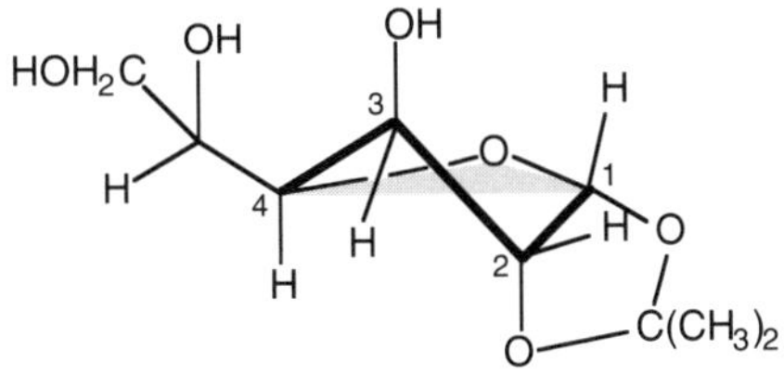

$^3T_2$

^1E heißt: C(1) liegt außerhalb der Ebene, in welcher sich die vier Ring-Zentren aufhalten, und zwar auf der Seite, von der aus die Zentren im Uhrzeigersinn gezählt werden. E_1 heißt: C(1) liegt außerhalb der Ebene, in welcher sich die vier Ring-Zentren befinden, und zwar auf der Seite, von der aus die Zentren entgegen dem Uhrzeigersinn gezählt werden.

Der Furanose-Ring spielt in der Chemie der Nucleinsäuren (*Abschn. 10.5.2*) eine besondere Rolle. Konformationsänderungen im Zucker-Bereich beeinflussen die Konformation von DNA- und RNA-Molekülen. Der Übergang von einem Furanose-Konformeren zum anderen wirkt sich nachhaltig auf die Konformation der Zuckerphosphat-Kette und damit auf die biologische Funktion der Nucleinsäuren aus. Geht man vom carbocyclischen Fünfring als Bezugssystem für Tetrahydrofuran aus, wird man analog für den Furanose-Ring in Nucleosiden einen Pseudorotationscyclus und ein flexibles Ring-Gerüst zugrunde legen. Da die Barriere für die interne Rotation um eine (C—O)-Bindung geringer ist als diejenige um eine (C—C)-Bindung, werden beim Tetrahydrofuran-Ring Konformationen mit ekliptischer Anordnung um eine der beiden (C—O)-Bindungen und deutlichem Herausragen des jeweils gegenüberliegenden C-Atoms (C(2′)-*endo* bzw. ^{2}E und C(3′)-*endo* bzw. ^{3}E) energetisch begünstigt sein (*Fig. 10.24*).

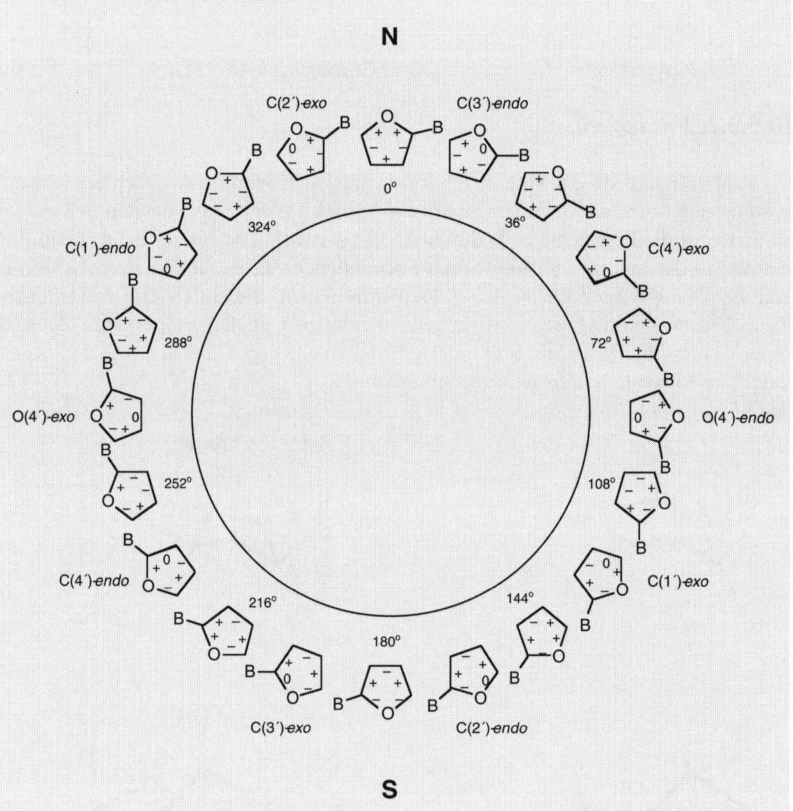

Fig. 10.24. *Pseudorotationscyclus des furanosiden Zucker-Rings in Nucleosiden*

Die früheren Bezeichnungen C(2′)-*endo* und C(3′)-*endo* oder C(3′)-*endo*/C(2′)-*exo* sind neuerdings durch die Bezeichnungen ^{2}E und ^{3}E oder $^{3}T_{2}$ ersetzt worden. Die Stereodeskriptoren *endo* oder *exo* besagen demnach dasselbe, was durch die hoch oder tief gesetzten Zahlen vor oder nach den Buchstaben *E* bzw. *T* ausgedrückt wird.

10.5.3.3. Polysaccharide

Unter *Polysacchariden* (*Oligosacchariden*) versteht man Makromoleküle, in denen mehr als (bis zu) zehn Monosaccharid-Reste(n) jeweils durch eine Acetal-Bindung, welche auch *Glycosid-Bindung* genannt wird, miteinander verknüpft sind.

Eine Glycosid-Bindung wird (zumindest formal) durch eine Kondensation gebildet, an welcher die OH-Gruppe am anomeren Zentrum C(1′) des einen Monosaccharid-Restes und irgendeine OH-Gruppe an einem der Zentren C(1) bis C(6) eines anderen Monosaccharid-Restes beteiligt sind. Bereits bei der Kondensation, an der zwei oder drei identische D-Hexopyranosen teilnehmen, kommen 11 verschiedene Kombinationen für fünf verschiedene Konstitutionen oder 176 verschiedene Kombinationen in Betracht.

Stereoformeln zur Wiedergabe von Oligo- und Polysacchariden werden nachfolgend am Beispiel des Disaccharids β-Maltose aufgeführt: Zu den bereits bekannten Darstellungen durch Konformationsformel und *Haworth*-Projektion tritt die in der Literatur ebenfalls verwendete *Mills*-Projektion.

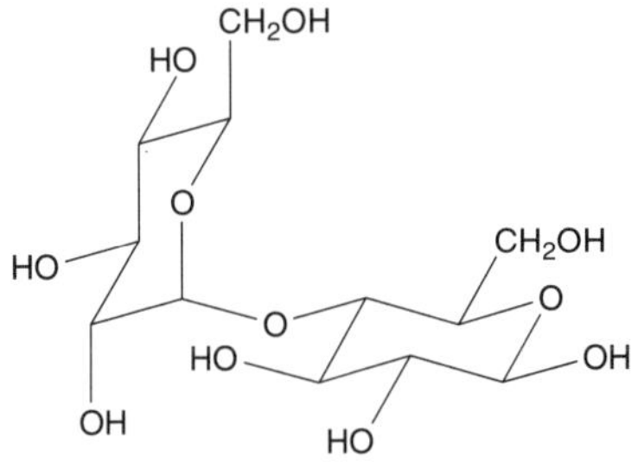

Konformationsformel

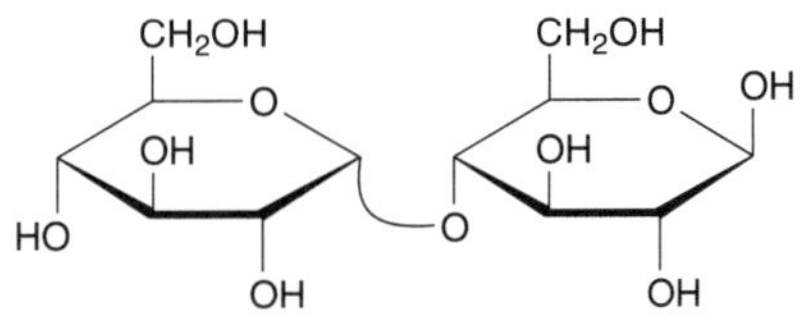

Haworth-Projektion

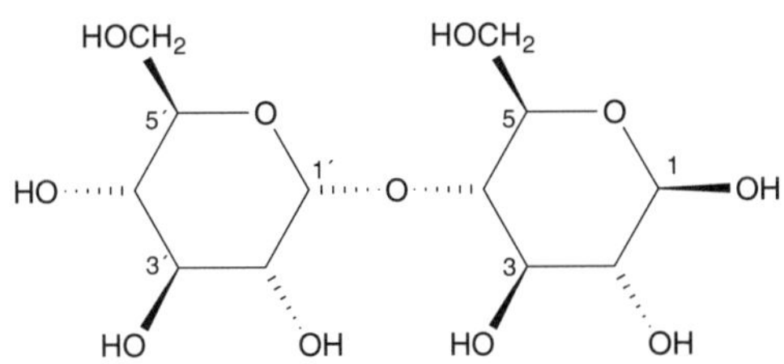

Mills-Projektion

Dem Trivialnamen β-Maltose entsprechen der systematische Name O^4-α-D-Glucopyranosyl-β-D-glucopyranose und die abgekürzte Schreibweise α-D-Glc*p*-(1→4)-β-D-Glc. Für die Kurzbezeichnung wird der Trivialname des jeweiligen Monosaccharids auf drei Buchstaben gekürzt (*Tab. 10.16*).

Beispiele für Di-, Tri- und Tetrasaccharide sind in *Tab. 10.17* aufgeführt.

Die Konfiguration des Zuckers (D oder L), seine Ring-Größe (Pyranose = *p* oder Furanose = *f*) und die Konfiguration am anomeren Zentrum (α oder β) werden als Informationen mitangegeben. Ein horizontaler Pfeil kennzeichnet die spezifische Verknüpfung zwischen den Monomeren des Saccharids. Bei Verzweigungen gibt ein vertikaler Pfeil die Verknüpfungsstelle an.

α-D-Gal*p*-(1→ 4)-β-D-Glc*p*NAc-(1→ 4)-D-Glc*p*

6
↑
1

β-D-Fru*f*

→ 4)-[α-D-Glc*p*]$_6$-(1 ⤴

Tab. 10.16. *Dreibuchstaben-Schreibweise von Monosacchariden*

Pentosen:

Ribose	Rib	Arabinose	Ara	Xylose	Xyl
Lyxose	Lyx				

Hexosen:

Allose	All	Altrose	Alt	Glucose	Glc
Mannose	Man	Gulose	Gul	Idose	Ido
Galactose	Gal	Talose	Tal	Fructose	Fru
Fucose	Fuc	Muraminsäure	Mur	Rhamnose	Rha

Nonosen:

Neuraminsäure	Neu

Tab. 10.17. *Trivialnamen und Struktur-Kurzbezeichnungen von Di-, Tri- und Tetrasacchariden*

Trivialname	Struktur-Kurzbezeichnung
Cellobiose	β-D-Glc*p*-(1 ⟶ 4)-D-Glc
Lactose	β-D-Gal*p*-(1 ⟶ 4)-D-Glc
Maltose	α-D-Glc*p*-(1 ⟶ 4)-D-Glc
Sucrose	α-D-Glc*p*-(1 ⟷ 2)-D-Fru*f*
Cellotriose	β-D-Glc*p*-(1 ⟶ 4)-β-D-Glc*p*-(1 ⟶ 4)-D-Glc
Maltotriose	α-D-Glc*p*-(1 ⟶ 4)-α-D-Glc*p*-(1 ⟶ 4)-D-Glc
Raffinose	α-D-Gal*p*-(1 ⟶ 6)-α-D-Glc*p*-(1 ⟷ 2)-β-D-Fru*f*
Cellotetrose	β-D-Glc*p*-(1 ⟶ 4)-β-D-Glc*p*-(1 ⟶ 4)-β-D-Glc*p*- -(1 ⟶ 4)-D-Glc
Maltotetrose	α-D-Glc*p*-(1 ⟶ 4)-α-D-Glc*p*-(1 ⟶ 4)-α-D-Glc*p*- -(1 ⟶ 4)-D-Glc

Die Numerierung der Monosaccharid-Reste in einem Oligo- oder Polysaccharid geschieht von rechts nach links. Dies hat den Vorteil, daß sich die Numerierung nicht ändert, wenn man die Kette – üblicherweise am linken Ende – verkürzt oder verlängert.

Zur Zeit sind keine Polysaccharide bekannt, die mehr als sechs verschiedene Monosaccharid-Reste (meist Pentose- und Hexose-Monosaccharide bzw. deren Derivate) enthalten. Die Monosaccharid-Reste bilden reguläre Repetiereinheiten. Oft ist die Konstitution solcher Repetiereinheiten wegen der strukturellen Komplexität noch nicht bis ins letzte Detail bestimmt worden. Es kommt hinzu, daß verschiedene Chargen desselben Polysaccharids unterschiedlicher Herkunft kleinste Unterschiede im Substitutionsgrad der Derivate, der Kettenlänge und der Zusammensetzung aufweisen können. Diese Erscheinung, die kaum merkliche Wirkung auf die Gesamtstruktur hat, wird als *Mikroheterogenität* bezeichnet. Die einzelnen Individuen einer solcher Sammlung könnte man – wie für das Produkt einer automatisierten Simultan-Synthese geschehen – *Diversomere* nennen.

10.5.4. Proteine

Unter *Proteinen* oder *Eiweißstoffen* versteht man Polymere mit linear-unverzweigter Hauptkette, in denen Aminosäure-Reste, die peptidartig miteinander verknüpft sind, sich repetitiv aneinanderreihen. Verbindungen mit Peptid-Bindungen nennt man auch *Peptide*. Wir werden die Begriffe Proteine, Peptide, Eiweißstoffe synonym verwenden.

10.5.4.1. α-L-Aminosäuren

Alle *proteinogenen Aminosäuren* enthalten an einem zentralen C-Atom (C^{α}) die Liganden CO_2H, NH_2 (im Fall von Prolin NH), H und die sogenannte Seitenkette R (im Fall von Glycin ist R = H). Jede einzelne Aminosäure verdankt der jeweiligen Seitenkette ihre Individualität.

Für die 20 proteinogenen Aminosäuren (s. jedoch *Kap. 16.3.1*) werden üblicherweise Trivialnamen verwendet. *Tab. 10.18* listet diese Trivialnamen zusammen mit den systematischen Namen auf und gibt die *Drei-* bzw. *Einbuchstaben-Notationen* sowie die *Nucleinsäure-Tripletts*, die bei der Protein-Biosynthese als *Codonen* für die jeweiligen Aminosäuren fungieren, wieder.

Am Beispiel von Ile, Pro, Tyr und His wird die Numerierung der einzelnen C-Atome der Aminosäure-Hauptkette (mit ihren Seitenketten-Verzweigungen) aufgezeigt.

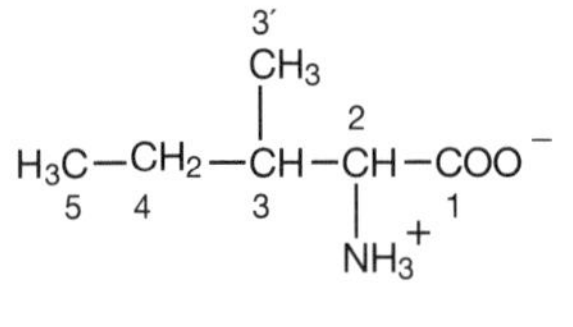

Ile

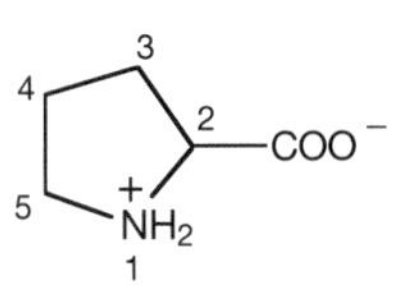

Pro

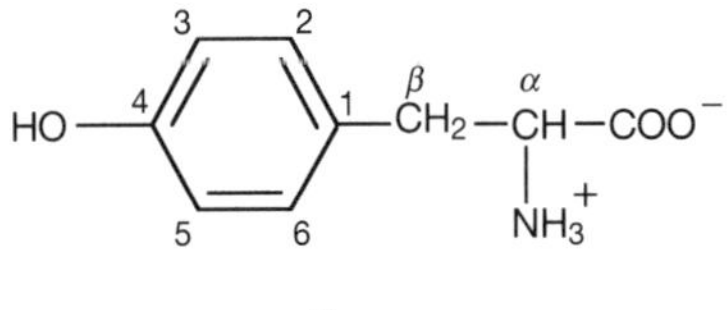

Tyr

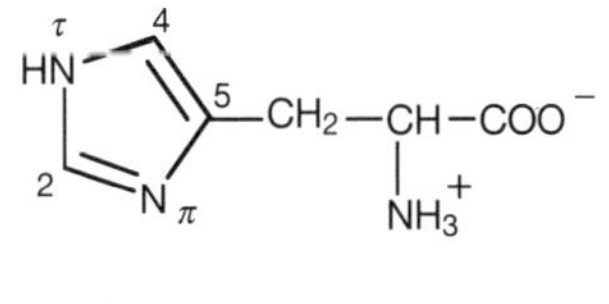

His

Tab. 10.18. *Drei- bzw. Einbuchstaben-Notation sowie die als Codon fungierenden Nucleinsäure-Tripletts für die jeweiligen Aminosäuren*

Trivialname	Systematischer Name	Symbol		Codonen
Alanin	L-2-Aminopropansäure	Ala	A	GCA GCC GCG GCU
Arginin	L-2-Amino-5-guanidinopentansäure	Arg	R	AGA AGG CGA CGC CGG CGU
Asparagin	L-2-Amino-3-carbamoylpropansäure	Asn	N	AAC AAU
Asparaginsäure	L-2-Aminobutandisäure	Asp	D	GAC GAU
Cystein	L-2-Amino-3-mercaptopropansäure	Cys	C	UGC UGU
Glutamin	L-2-Amino-4-carbamoylbutansäure	Gln	Q	CAA CAG
Glutaminsäure	L-2-Aminopentandisäure	Glu	E	GAA GAG
Glycin	Aminoethansäure	Gly	G	GGA GGC GGG GGU
Histidin	L-2-Amino-3-(1*H*-imidazol-4-yl)propansäure	His	H	CAC CAU
Isoleucin	L-2-Amino-3-methylpentansäure	Ile	I	AUA AUC AUU
Leucin	L-2-Amino-4-methylpentansäure	Leu	L	UUA UUG CUA CUC CUG CUU
Lysin	L-2,6-Diaminohexansäure	Lys	K	AAA AAG
Methionin	L-2-Amino-4-(methylthio)butansäure	Met	M	AUG
Phenylalanin	L-2-Amino-3-phenylpropansäure	Phe	F	UUC UUU
Prolin	L-Pyrrolidin-2-carbonsäure	Pro	P	CCA CCC CCG CCU
Serin	L-2-Amino-3-hydroxypropansäure	Ser	S	AGC AGU UCA UCC UCG UCU
Threonin	L-2-Amino-3-hydroxybutansäure	Thr	T	ACA ACC ACG ACU
Tryptophan	L-2-Amino-3-(1*H*-indol-3-yl)propansäure	Trp	W	UGG
Tyrosin	L-2-Amino-3-(4-hydroxyphenyl)propansäure	Tyr	Y	UAC UAU
Valin	L-2-Amino-3-methylbutansäure	Val	V	GUA GUC GUG GUU

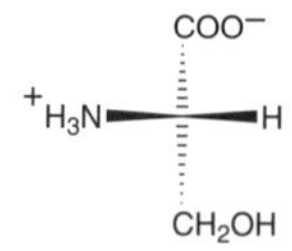

L-Serin

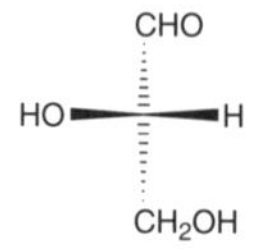

L-Glyceraldehyd

Mit Ausnahme von Gly sind die Bausteine der Peptide und Proteine chiral. Sie liegen darüber hinaus nicht als racemische Gemische vor. Die absolute Konfiguration am C^{α}-Atom wird (wie bei den Zuckern) durch die Buchstaben D oder L spezifiziert. Man erhält D oder L dann leicht und eindeutig, wenn man von *Fischer*-Projektionen ausgeht und L-Serin auf L-Glyceraldehyd (*Abschn. 10.2.1*) bezieht.

In *Tab. 10.18* wurde bereits berücksichtigt, daß proteinogene Aminosäuren L-konfiguriert sind.

Aminosäuren mit zwei stereogenen Zentren, Ile und Thr, werden besonders behandelt: Falls sich hier die relative Konfiguration geändert hat, verwendet man den Stereodeskriptor *allo*.

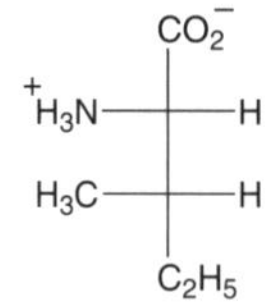

L-Isoleucin

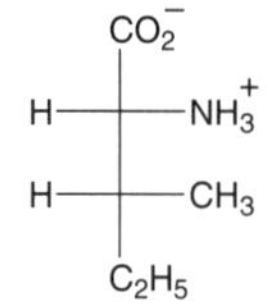

D-Isoleucin

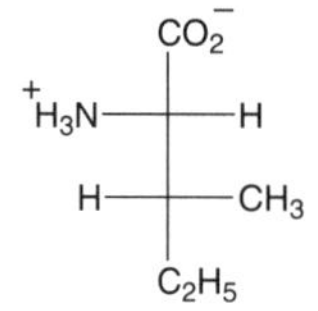

L-Alloisoleucin

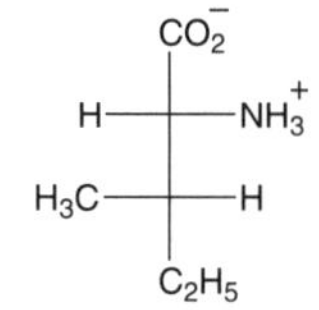

D-Alloisoleucin

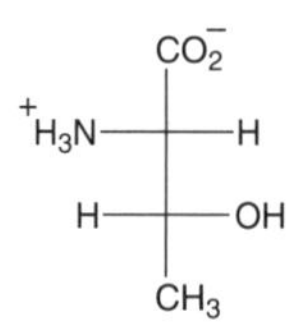

L-Threonin

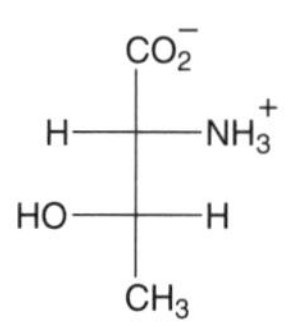

D-Threonin

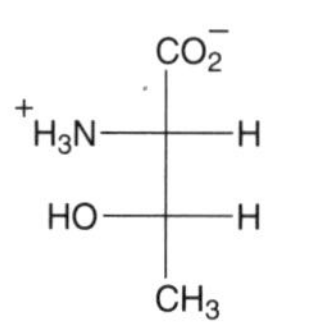

L-Allothreonin

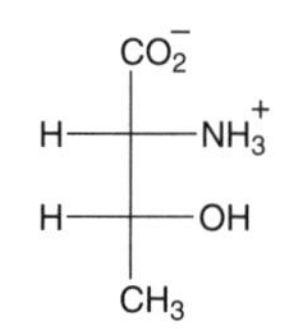

D-Allothreonin

Tab. 10.18. *Drei- bzw. Einbuchstaben-Notation sowie die als Codon fungierenden Nucleinsäure-Tripletts für die jeweiligen Aminosäuren* (Fortsetzung)

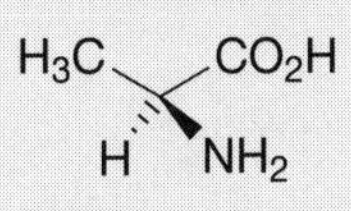
A

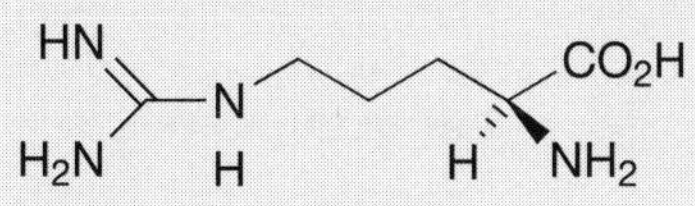
R

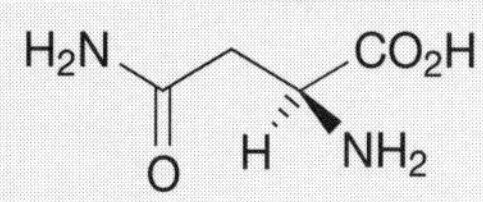
N

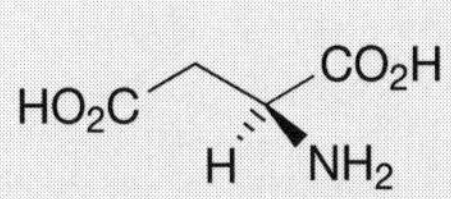
D

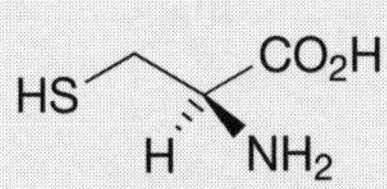
C

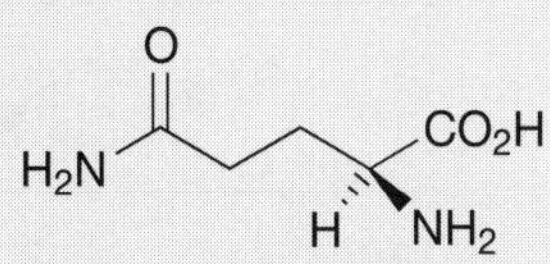
Q

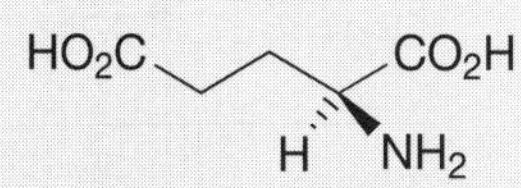
E

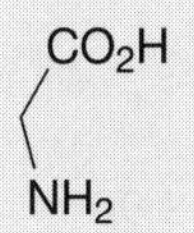
G

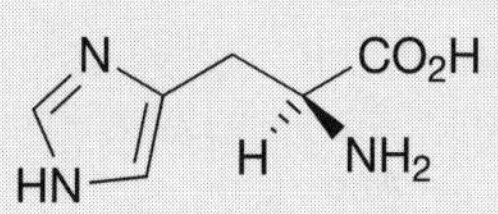
H

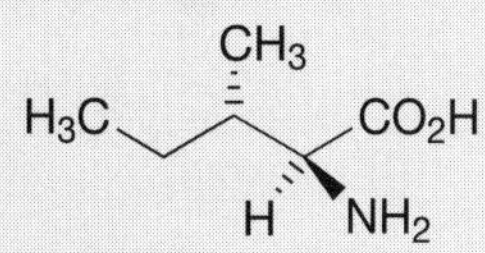
I

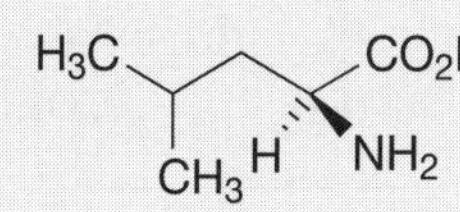
L

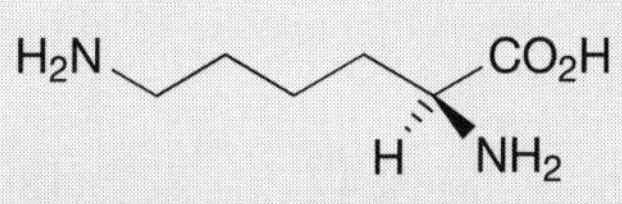
K

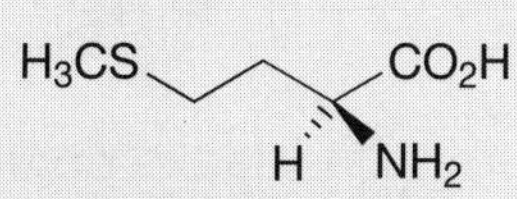
M

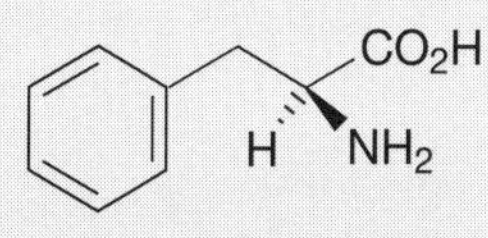
F

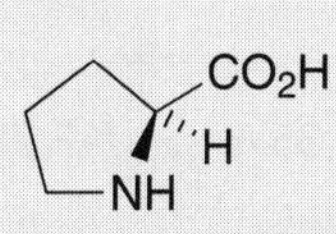
P

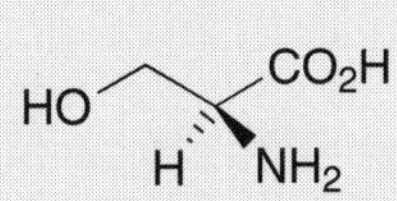
S

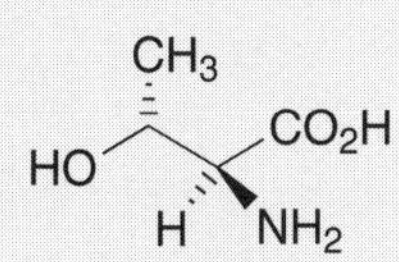
T

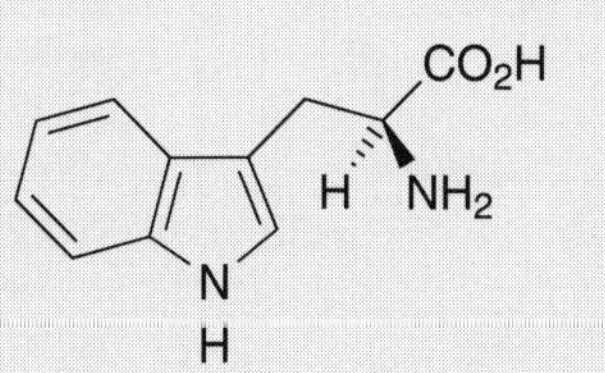
W

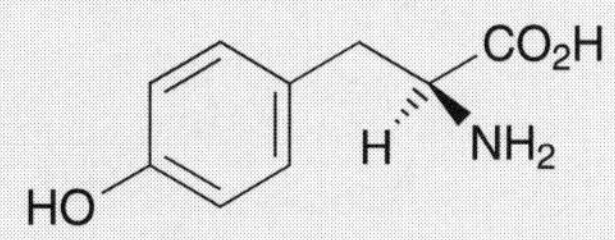
Y

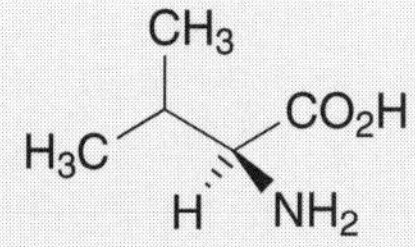
V

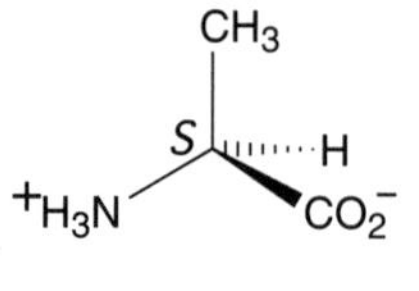

Ala

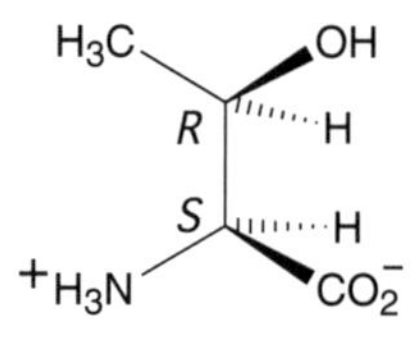

Thr

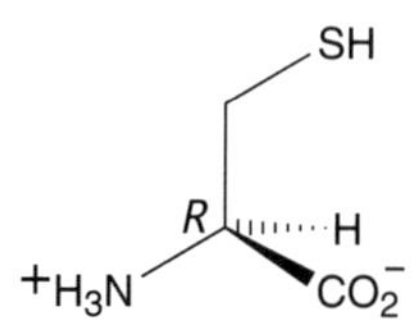

Cys

Enthält eine Aminosäure oder ihr Derivat mehrere stereogene Zentren, ist es zweckmäßig, sich der *CIP*-Notation (*Abschn. 10.2.1*) zu bedienen. Beim 'Übersetzen' von der (D/L)- in die (*R*/*S*)-Notation ist zu beachten, daß in der Mehrzahl der Fälle aus L-Aminosäuren (*S*)-Aminosäuren werden: die Reihenfolge der Proximalatome am stereogenen Zentrum ist $NH_2 > CO_2H > R > H$. Aus L-Cystein jedoch wird (*R*)-

Tab. 10.19. p*K-Werte der proteinogenen Aminosäuren*

Struktur	Symbol	pK_1	pK_2
		C^{α}-COOH	C^{α}-NH_3^+
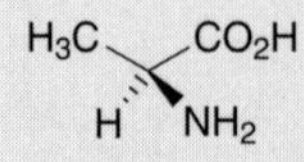	Ala	2,35	9,87
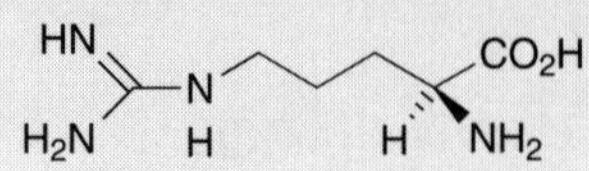	Arg	1,82	8,99
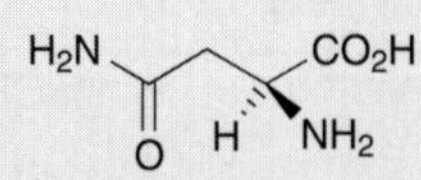	Asn	2,14	8,84
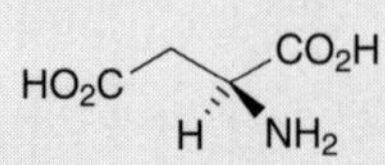	Asp	1,99	9,90
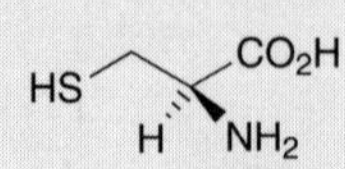	Cys	1,92	10,78
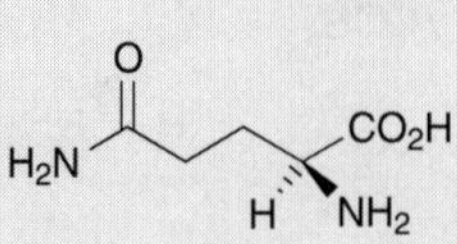	Gln	2,17	9,13
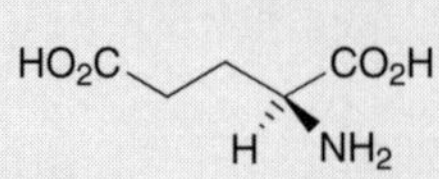	Glu	2,10	9,47
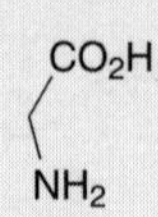	Gly	2,35	9,78
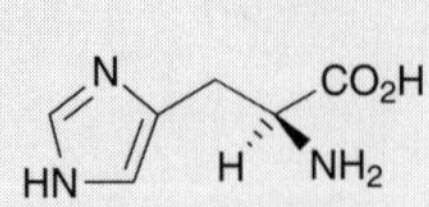	His	1,80	9,33
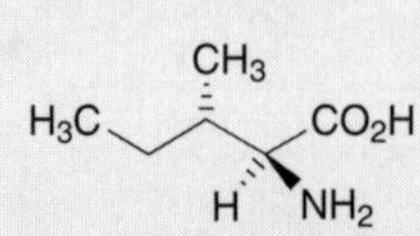	Ile	2,32	9,76
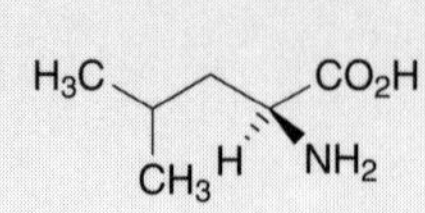	Leu	2,33	9,74

Cystein: hier ist die Reihenfolge der Proximalatome am stereogenen Zentrum $NH_2 > CH_2SH > CO_2H > H$ ('Artefakt der Sequenzregeln'; *Abschn. 10.2.3*).

α-Aminosäuren sind amphoter. Sie können sich wie eine Säure oder wie eine Base verhalten: je nach dem pH-Wert ihrer Umgebung.

Tab. 10.19. *pK-Werte der proteinogenen Aminosäuren* (Fortsetzung)

Struktur	Symbol	pK_1 C^{α}-COOH	pK_2 C^{α}-NH_3^+
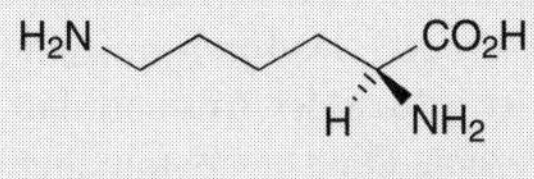	Lys	2,16	9,18
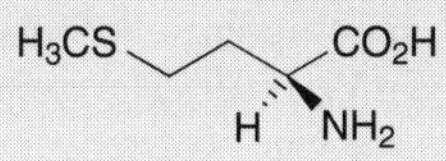	Met	2,13	9,28
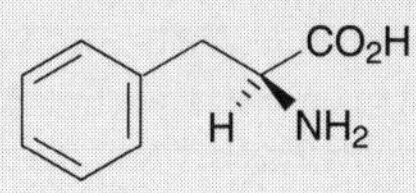	Phe	2,16	9,18
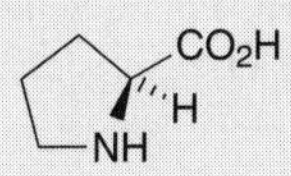	Pro	2,95	10,65
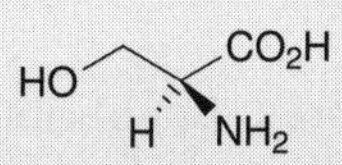	Ser	2,19	9,21
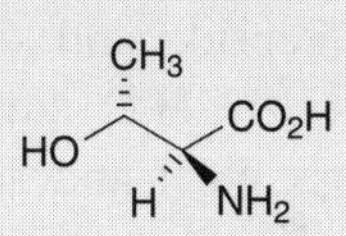	Thr	2,09	9,10
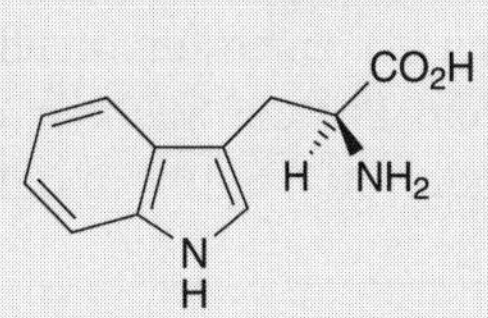	Trp	2,43	9,44
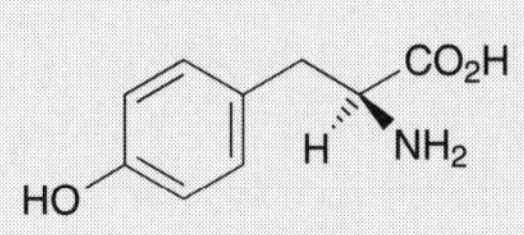	Tyr	2,20	9,11
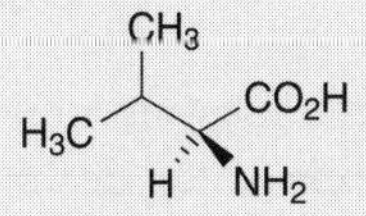	Val	2,29	9,74

Tab. 10.19 führt die proteinogenen Aminosäuren mit ihren pK_1- und pK_2-Werten auf. Die pK_1-Werte beziehen sich auf die COOH-Gruppe und lassen erkennen, daß oberhalb eines pH-Wertes von 3,5 diese als (COO^-)-Gruppe vorliegt. Die pK_2-Werte beziehen sich auf die NH_2-Gruppe und lassen erkennen, daß unterhalb eines pH-Wertes von 8,0 diese als (NH_3^+)-Gruppe vorliegt. Obwohl Aminosäuren unter den üblichen Bedingungen als Zwitterionen auftreten, verwenden wir in der Regel die Formelbilder der undissoziierten Verbindungen.

Je nach Art ihrer Seitenkette faßt man Aminosäuren in Gruppen mit ähnlichen Eigenschaften zusammen. Gly ist ohne Seitenkette, ohne stereogenes Zentrum und deshalb die einfachste α-Aminosäure. Ala, Val, Leu und Ile haben eine Alkyl- (Methyl-, Isopropyl-, Isobutyl-, sec-Butyl-) Seitenkette, die bemüht ist, den Kontakt mit Wasser so weit als möglich zu meiden (*hydrophobe Eigenschaft*). Dadurch entsteht der Eindruck, unpolare Seitenketten zögen sich an: Man ist jedoch der Ansicht, daß sie von den assoziierenden H_2O-Molekülen ausgegrenzt werden. Die Diskussion über die molekulare Basis der Hydrophobizität ist derzeit recht konfus.

Phe, Trp und Tyr weisen eine Benzyl-, eine (Indol-3-yl)methyl- oder eine 4-Hydroxybenzyl-Gruppe auf und gehören auch zu den α-Aminosäuren mit *hydrophoben Seitenketten*, ebenso Pro sowie die beiden schwefelhaltigen Vertreter: Met und Cys mit Sulfanyl- und SH-Gruppierung. Ser und Thr haben jeweils eine Hydroxyalkyl-, Asn und Gln eine Carbamoylalkyl-Gruppe in der Seitenkette; alle vier bilden die Familie der α-Aminosäuren mit polaren, aber ungeladenen Seitenketten. Zu den α-Aminosäuren mit positiv geladenen Seitenketten bei neutralem pH gehören Lys (mit Aminobutyl-), Arg (mit Guanidinopropyl-) und His (mit Imidazolylmethyl-Seitenkette). Asp (mit Carboxymethyl-) und Glu (mit Carboxyethyl-Seitenkette) gehören zur Familie der α-Aminosäuren mit negativ geladenen Seitenketten. Polare Seitenketten, besonders wenn sie geladen sind, haben die Tendenz, durch H_2O solvatisiert zu werden: man spricht hier von *hydrophilen Seitenketten.*

10.5.4.2. Die lokale Peptid-Einheit

α-Aminosäuren – und zwar in der Regel ihre L-Enantiomeren – sind die monomeren Bausteine für die als Polypeptide oder Proteine bezeichneten regulären (Kopf-Schwanz)-Polymeren. Peptide sind also Amide, die z.B. durch Kondensation (unter Austritt von H_2O) zwischen der NH_2-Gruppe der einen und der COOH-Gruppe einer anderen Aminosäure zustande kommen. Die Iteration des Kondensationsprozesses führt bei den 20 proteinogenen Aminosäuren zu einer unvorstellbar großen Zahl möglicher Polypeptide. So hat ein Protein aus vier oder hundert Aminosäuren bereits $20^4 = 160000$ oder $20^{100} \approx 10^{130}$ mögliche Sequenzen.

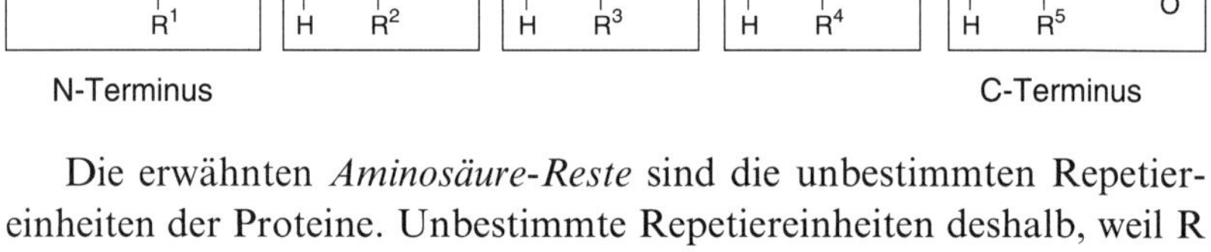

Die erwähnten *Aminosäure-Reste* sind die unbestimmten Repetiereinheiten der Proteine. Unbestimmte Repetiereinheiten deshalb, weil R unspezifiziert ist. Jedes Protein hat am einen Ende eine freie NH_2-Gruppe (*N-Terminus*) und am anderen Ende eine freie COOH-Gruppe

(*C-Terminus*). Proteine werden üblicherweise so geschrieben, daß sich der N-Terminus auf der linken Seite der horizontal angeordneten Kette befindet.

Zur einfachen Kennzeichnung von Peptiden wird die Dreibuchstaben-Notation (*Tab. 10.18*) der beteiligten Aminosäuren verwendet. Peptide mit einer Bindung zwischen C(1) und N(2) (wie bei *N*-(L-α-Glutamyl)glycin) bedürfen keiner besonderen Erklärung.

Peptide mit einer Bindung anders als zwischen C(1) und N(2) (wie bei *N*-(L-γ-Glutamyl)glycin) bedürfen einer besonderen Kennzeichnung. (Die Acyl-Reste der Glutaminsäure erhalten die Buchstaben α oder γ, je nachdem, ob die (C(1)O_2H)- oder die (C(5)O_2H)-Gruppe betroffen ist.)

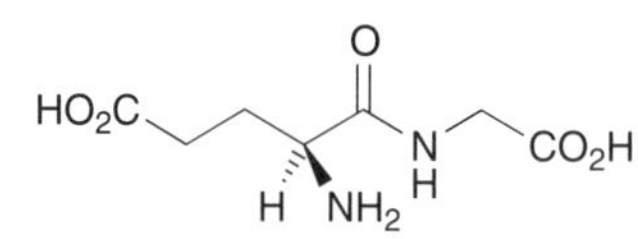

N-(L-α-Glutamyl)glycin Glu-Gly

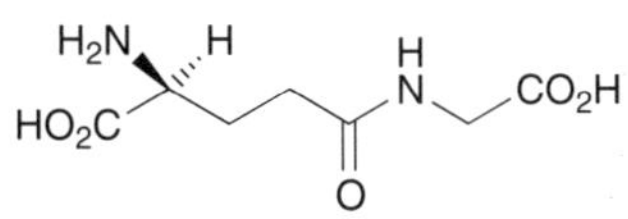

N-(L-γ-Glutamyl)glycin

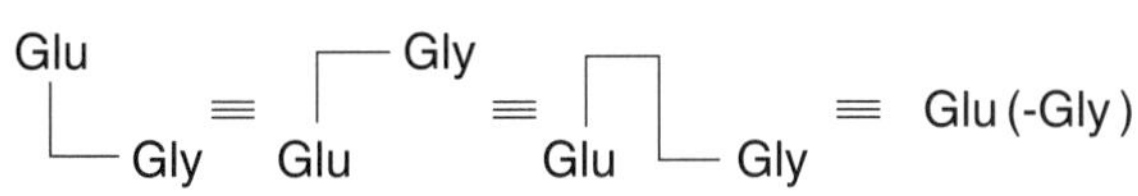

Werden in einem gegebenen Zusammenhang außer dem Peptid, welches man durch Namen oder Formelbild und der synonymen Formelnummer (z. B. **1**) gekennzeichnet hat, auch das Peptid mit umgekehrter Sequenz oder das enantiomere Peptid erwähnt, verwendet man die Formelnummer des Bezugspeptids und stattet sie zusätzlich mit dem Deskriptor *retro* oder *ent* aus.

Ala-Lys-Glu-Tyr-Leu
lupaciubin (**1**)

retro-**1**

ent-**1**

Bei cyclischen Peptiden (Cyclopeptiden) muß man auf korrekte Angabe der Sequenz achten. Dies sei für das Peptid-Antibiotikum *Gramicidin S* in drei Darstellungen aufgezeigt:

cyclo (-Val-Orn-Leu-D-Phe-Pro-Val-Orn-Leu-D-Phe-Pro-)

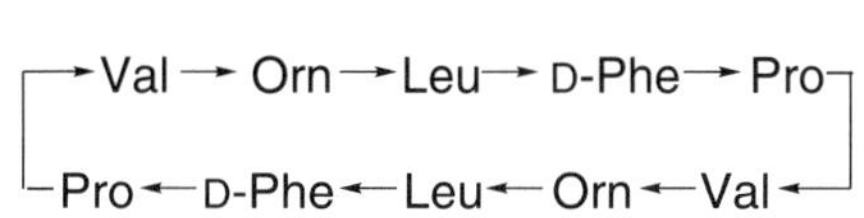

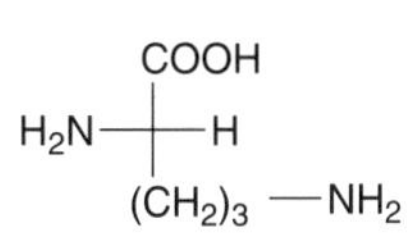

Orn = (+)-L-Ornithin

Die Amid-Bindung in Peptiden wird auch als *Peptid-Bindung* bezeichnet. Um die Peptid-Bindung in den Vordergrund zu rücken, spricht man statt vom Aminosäure-Rest (–NH–CHR–CO–) von der sogenannten *Peptid-Einheit* (–CHR–CO–NH–). Bei der Peptid-Einheit handelt es sich um ein Struktur-Element, das in allen Polypeptiden anzutreffen ist und dem Polypeptid-Rückgrat eine gewisse Steifigkeit gibt. Die Atome C^{α}_{i-1}, C_{i-1}, O_{i-1}, H_i, N_i, C^{α}_i liegen praktisch in einer Ebene (*Fig. 10.25*).

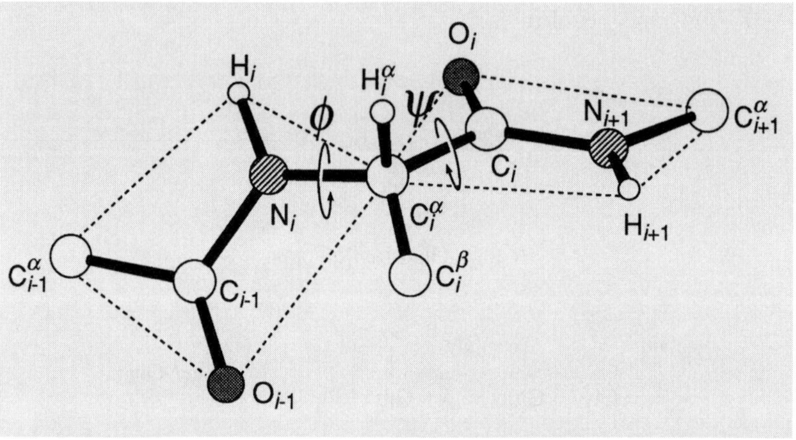

Fig. 10.25. *Die bestimmende Teilstruktur bei Polypeptiden*

Das Rückgrat der Polypeptide ist trotz der regelmäßigen Wiederkehr der planaren Anordnung von jeweils sechs benachbarten Atomen nicht starr. Das Zentrum C^{α} spielt die Rolle eines Mobilitätselements: alle von ihm ausgehenden Bindungen sind Einfachbindungen und fungieren als Rotationsachsen. Rotationen um die (C^{α}–N)- und (C^{α}–C(=O))-Bindungen lassen sich durch die zwei Torsionswinkel ϕ für C(=O)–N––C^{α}–C(=O) und ψ für N–C^{α}–C(=O)–N pro konformationeller Repetiereinheit beschreiben. Will man schließlich auch noch mitteilen, ob die *sp*- oder die *ap*-Amid-Konformation zur Diskussion steht, gibt man zusätzlich den Torsionswinkel ω für C^{α}–C(=O)–N–C^{α} (mit Werten von *ca.* 0° oder 180°) an. Um die Topologie mehrerer Polypeptide miteinander vergleichen zu können, bedient man sich häufig sogenannter (ϕ,ψ)-Diagramme (*Ramachandran*-Diagramme). In *Fig. 10.26* wird das (ϕ,ψ)-Diagramm für den Aminosäure-Rest von Gly in Oligopeptiden gezeigt.

Man erkennt den großen Konformationsraum, welcher dem Fragment des unsubstituierten Gly zur Verfügung steht. Dies ist der Fall am einen Ende der Reihe proteinogener Aminosäuren. Am anderen Ende – der Aminosäure-Rest ist hier auf den geringfügigen Torsionswinkel-Bereich $\phi = -60° \pm 20°$ fixiert – steht die *N*-substituierte Aminosäure Pro. Alle übrigen Aminosäuren liegen zwischen den Extremen Gly und Pro. *Fig. 10.27* stellt ein *Ramachandran*-Diagramm vor, das den gegenüber Gly erheblich eingeschränkten Konformationsraum für die Reste aller proteinogenen Aminosäuren außer Gly und Pro angibt.

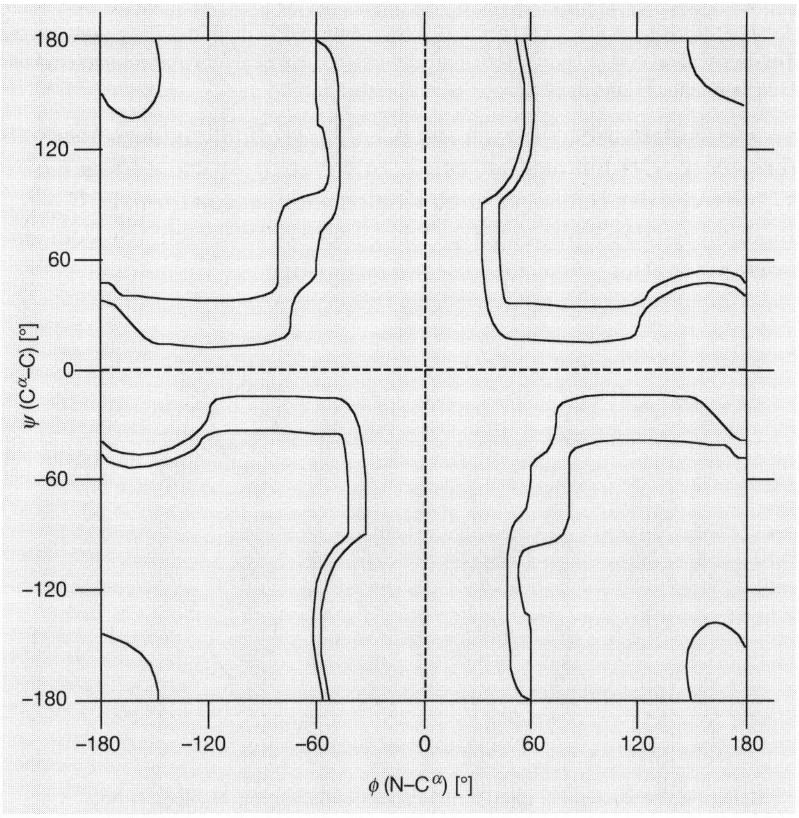

Fig. 10.26. Ramachandran-*Diagramm für den Aminosäure-Rest von Gly in Polypeptiden*

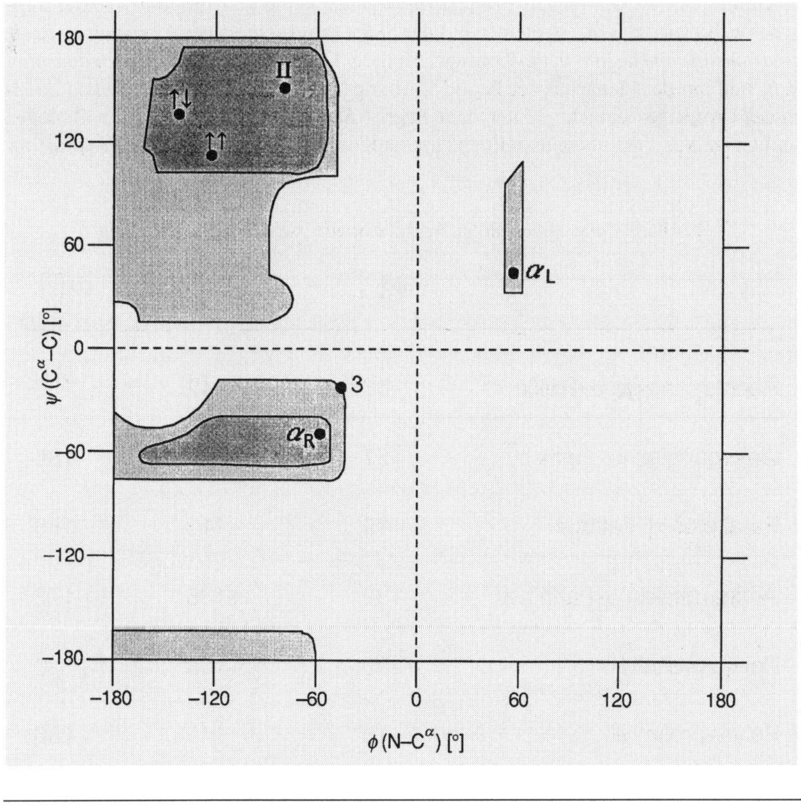

Fig. 10.27. Ramachandran-*Diagramm für die Reste der proteinogenen Aminosäuren außer Gly und Pro.* Es bedeutet α_R: rechtsgängige α-Helix; α_L: linksgängige α-Helix; 3: 3_{10}-Helix; II: linksgängige Poly(L-prolin)-II-Helix; ↑↑: paralleles und ↑↓: antiparalleles β-Faltblatt.

Bezüglich der numerischen Werte von ϕ und ψ ist die Literatur uneinheitlich. Nach den *IUPAC*-Regeln von 1974 ist das idealisiert-lineare Polypeptid-Rückgrat durch die Torsionswinkel $\phi = \psi = \omega = 180°$ charakterisiert. Das Zentrum von *Ramachandran*-Diagrammen ist danach durch $\phi = \psi = 0°$ festgelegt.

Die Rotationsbarriere um die (C(=O)–N)-Bindung liegt höher als für eine (C–N)-Bindung allgemein zu erwarten ist und beträgt *ca.* 80 kJ/mol. Von den beiden planaren Konformationen mit formaler (C=N)-Bindung ist das *sp*-orientierte Amid thermodynamisch vor dem *ap*-orientierten Amid um *ca.* 8,5 kJ/mol begünstigt.

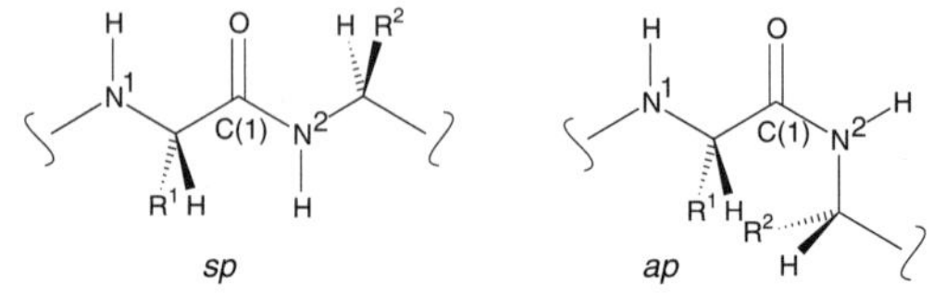

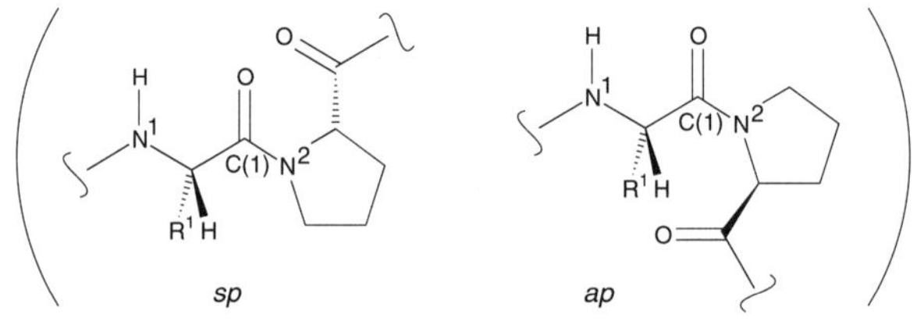

Biologen verwenden bei regulären Makromolekülen mit Nucleotid- oder Aminosäure-Resten als Repetiereinheit die Begriffe Primär- und Sekundärstruktur. Für Chemiker enthält der Begriff *Primärstruktur* eine Reihe klar differenzierbarer Teilaspekte. So wird z. B. bei Proteinen mit der Sequenz proteinogener Aminosäure-Reste eine *konstitutionelle*, mit der L-Konfiguration der Chiralitätszentren eine *konfigurationelle* und mit der Planarität der Peptid-Bindung (*Kap. 8.1.1* und *8.4.1*) eine *konformationelle* Aussage gemacht. Unter dem Begriff *Sekundärstruktur* verstehen Biologen und Chemiker wohl übereinstimmend lokale Konformationsbereiche linear-konstitu-

Tab. 10.20. *Torsionswinkel für typische Struktur-Elemente von Proteinen*

	ϕ [°]	ψ [°]	ω [°]
Rechtsgängige α-Helix	–57	–47	180
Linksgängige α-Helix	+57	+47	180
Paralleles β-Faltblatt	–119	+113	180
Antiparalleles β-Faltblatt	–139	+135	–178
Poly(L-prolin) I	–83	+158	0
Poly(L-prolin) II	–78	+149	180

ierter Makromoleküle, in denen man neben nicht-repetitiven Elementen (wie Schleifen) repetitive Elemente der Sekundärstruktur (wie *α-Helices* und *β-Faltblätter*) mehrfach aufeinanderfolgend antrifft. Übergänge von der Primär- zur Sekundärstruktur (und weiter zur *Tertiärstruktur)* sind Konformationsänderungen. Ihr Studium ist eine Angelegenheit der Konformationsanalyse. In *Kap. 7.3.3* findet man ausführliche konformationsanalytische Betrachtungen bei Proteinen sowie eine Erörterung diverser Elemente der Sekundärstruktur. In *Tab. 10.20* werden für typische Elemente regulärer Sekundärstruktur die Werte charakteristischer Torsionswinkel angegeben.

Polypeptid-Anordnungen, bei denen sich verschiedene Elemente der Sekundärstruktur zusammen mit ungeordneten Kettenabschnitten zu größeren Konformationsbereichen (*Motiven* und *Domänen*) zusammengeschlossen haben, nennt man konsequenterweise *Tertiärstruktur*. Die (molekulare) *Tertiärstruktur* gibt die räumliche Anordnung sämtlicher Atome einer einzelnen Polypeptid-Kette oder von kovalent miteinander verbundenen Polypeptid-Ketten einschließlich ihrer Seitenketten wieder. Eine (supramolekulare) *Quartärstruktur* schließlich ist bei solchen Proteinen zu berücksichtigen, die aus Untereinheiten bestehen, welche nicht-kovalent miteinander verbunden sind. Für Struktur/Funktionsbeziehungen muß man die Tertiär- bzw. Quartärstruktur eines Protein-Moleküls bzw. Protein-Übermoleküls kennen.

Weiterführende Literatur

Allgemein

J. Rigaudy, S.P. Klesney, *IUPAC Nomenclature of Organic Chemistry*, Pergamon Press, Oxford, 1979.

M.V. Kısakürek (Ed.), *Organic Chemistry: Its Language and Its State of the Art,* Verlag Helvetica Chimica Acta, Basel, 1993.

G. Giese, *Beilstein's Index,* Springer-Verlag, Berlin, 1986.

Beilstein Handbook of Organic Chemistry: Prefix List, Springer-Verlag, Berlin.

Beilstein's Handbuch der Organischen Chemie: Stereochemische Bezeichnungsweisen, Springer-Verlag, Berlin.

Zu Abschn. 10.1.

J. Lederberg, G.L. Sutherland, B.G. Buchanan, E.A. Feigenbaum, A.V. Robertson, A.M. Duffield, C. Djerassi, *Applications of Artificial Intelligence for Chemical Inference. The Number of Possible Organic Compounds, J. Am. Chem. Soc.* **1969,** *91,* 2973.

N. Trinajstic, Z. Jericevic, J.V. Knop, W.R. Müller, K. Szymanski, *Computer Generation of Isomeric Structures, Pure Appl. Chem.* **1983,** *55,* 379.

F. Harary, *Graph Theory,* Addison-Wesley Publ. Comp., Reading, 1972.

A.T. Balaban, *Chemical Applications of Graph Theory,* Academic Press, London, 1976.

L. Wittgenstein, *Philosophische Untersuchungen* in Werkausgabe Bd. 1 sowie *Eine Philosophische Betrachtung* in Werkausgabe Bd. 5, Suhrkamp Verlag, Frankfurt am Main, 1989.

P.-L. Luisi, R.M. Thomas, *The Pictographic Molecular Paradigm, Naturwissensch.* **1990,** *77,* 67.

H. Torczyner, *Magritte: The True Art of Painting,* Abradale Press, New York, 1985.

Zu Abschn. 10.2.

R.S. Cahn, C. Ingold, V. Prelog, *Spezifikation der molekularen Chiralität, Angew. Chem.* **1966,** *78,* 413.

V. Prelog, G. Helmchen, *Grundlagen des CIP-Systems und Vorschläge für eine Revision, Angew. Chem.* **1982,** *94,* 614.

Zu Abschn. 10.3.

10.3.2.

W. Klyne, V. Prelog, *Description of Steric Relationships Across Single Bonds, Experientia* **1960,** *16,* 521.

R. Bucourt, *The Torsion Angle Concept in Conformational Analysis, Topics in Stereochemistry* **1974,** *8,* 159.

10.3.4.

J.C. Speakman, *The Dissociation Constants and Stereochemistry of Some Stereoisomeric Dibasic Acids, J. Chem. Soc.* **1941,** 490.

J. Dunitz, V. Prelog, *Röntgenographisch bestimmte Konformationen und Reaktivität mittlerer Ringe, Angew. Chem.* **1960,** *72,* 896.

V. Prelog, *Specification of the Stereospecificity of Some Oxido-Reductases by Diamond Lattice Sections, Pure Appl. Chem.* **1964,** *9,* 119.

V. Prelog, M. Kovacevic, M. Egli, *Lipophile Weinsäureester als enantioselektive Ionophore, Angew. Chem.* **1989,** *101,* 1173.

M. Saunders, *Medium and Large Rings Superimposable with the Diamond Lattice, Tetrahedron* **1967,** *23,* 2105.

Zu Abschn. 10.5.

10.5.1.

L. Fieser, M. Fieser, *Steroids,* Reinhold, New York, 1959.

Nomenclature of Steroids, Pure Appl. Chem. **1972,** *31,* 285; **1989,** *61,* 1783.

N.S. Bhaca, D.H. Williams, *Applications of NMR-Spectroscopy in Organic Chemistry,* Holden-Day, Inc., San Francisco, 1964.

P. Crabbè, *Optical Rotatory Dispersion and Circular Dichroism in Organic Chemistry,* Holden-Day, Inc., San Francisco, 1965.

Atlas of Steroid Structure, Vol. 1, 1975 (Ed. W.L. Duax, D.A. Norton), Vol. 2, 1984, (Ed. J.F. Griffin, W.L. Duax, C.M. Weeks), IFI/Plenum, New York.

H. Budzikiewicz, C. Djerassi, D.H. Williams, *Mass Spectrometry of Organic Compounds,* Holden-Day, Inc., San Francisco, 1967.

E. Heftmann (Ed.), *Modern Methods of Steroid Analysis,* Academic Press, New York, 1973.

10.5.2.

W. Saenger, *Principles of Nucleic Acid Structure,* Springer, New York, 1984.

'IUPAC-IUB Rules on Abbreviations and Symbols for Nucleic Acids, Polynucleotides and their Constituents', Pure Appl. Chem. **1974,** *40,* 277.

'IUPAC-IUB Rules on Abbreviations and Symbols for the Description of Conformations of Polynucleotide Chains', Pure Appl. Chem. **1983,** *55,* 1273.

S. Diekmann, *Definitions and nomenclature of nucleic acid structure parameters, The EMBO Journal* **1989,** *8,* 1.

10.5.3.

J.F. Kennedy (Ed.), *Carbohydrate Chemistry,* Clarendon Press, Oxford, 1988.

J.F. Stoddart, *Stereochemistry of Carbohydrates,* Wiley-Interscience, New York, 1971.

W. Pigman, D. Horton (Ed.), *The Carbohydrates,* 2nd Edn., Four Volumes, Academic Press, New York, 1972.

'Tentative Rules for Carbohydrate Nomenclature, Part I, 1969', Biochemistry **1971,** *10,* 3983, 4995.

'Nomenclature of Unsaturated Monosaccharides (Provisional)', Pure Appl. Chem. **1982,** *54,* 207.

'Nomenclature of Branched-Chain Monosaccharides (Provisional)', Pure Appl. Chem. **1982,** *54,* 211.

'Conformational Nomenclature for Five- and Six-Membered Ring Forms of Monosaccharides and Their Derivatives (Provisional)', Pure Appl. Chem. **1981,** *53,* 1901.

'Polysaccharide Nomenclature (Provisional)', Pure Appl. Chem. **1982,** *54,* 1523.

'Abbreviated Terminology of Oligosaccharide Chains (Provisional)', Pure Appl. Chem. **1982,** *54,* 1517.

'Symbols for Specifying the Conformation of Polysaccharide Chains (Provisional)', Pure Appl. Chem. **1983,** *55,* 1269.

S.H. DeWitt, J.S. Kiely, C.J. Stankovic, M.C. Schroeder, D.M. Reynolds Cody, M.R. Pavia, *'Diversomers': An approach to nonpeptide, nonoligomeric chemical diversity, Proc. Natl. Acad. Sci. USA* **1993,** *90,* 6909.

10.5.4.

R.E. Dickerson, I. Geis, *Struktur und Funktion der Proteine,* Verlag Chemie, Weinheim, 1971.

G.E. Schulz, R.H. Schirmer, *Principles of Protein Structure,* Springer, New York, 1979.

C. Levinthal, *Molecular Model-building by Computer, Scientific American* **1966,** *214,* 42.

'IUPAC-IUB Nomenclature and Symbolism for Amino Acids and Peptides', Pure Appl. Chem. **1984,** *56,* 596.

'IUPAC-IUB Abbreviations and Symbols for Description of Conformation of Polypeptide Chains', Pure Appl. Chem. **1974,** *40,* 293.

10.5.4.1.

Aminosäure-Bausteine des Lebens, Folienserie des Fonds der Chemischen Industrie, Frankfurt am Main, 1993.

10.5.4.2.

R.B. Corey, L. Pauling, *Fundamental Dimensions of Polypeptide Chains, Proc. Roy. Soc.* **1953,** *B141,* 10.

G.N. Ramachandran, V. Sasisekharan, *Conformation of Polypeptides and Proteins, Advances in Protein Chemistry* **1968,** *23,* 284.

11 Symmetrie-Punktgruppen und Raumgruppen

Symmetrie ist eine weitverbreitete Eigenschaft. Ihr Vorhandensein wird oft mit Harmonie und Ästhetik verbunden. Man denke nur an die Drehsymmetrie bei Blüten oder die Spiegelsymmetrie bei Tieren und Menschen (z. B. die rechte und die linke Hand). In der Chemie lassen sich viele Erscheinungen durch Symmetrie-Betrachtungen auf einen gemeinsamen Nenner bringen. Symmetrie-Betrachtungen sind deshalb beliebt, weil die Anwendung von Symmetrie-Argumenten keine komplizierten mathematischen Hilfsmittel erfordert. In den vorausgegangenen Kapiteln ist in den verschiedensten Zusammenhängen davon Gebrauch gemacht worden. In diesem Kapitel werden die Grundlagen und Regeln erläutert, auf denen Symmetrie-Betrachtungen beruhen.

11.1. Phänomenologische Beschreibung der Molekül-Symmetrie

11.1.1. Symmetrie-Elemente und Symmetrie-Operationen

Eine *Symmetrie-Operation* ist eine geometrische Operation, deren Anwendung auf ein beliebiges Objekt eine Orientierung ergibt, die von der ursprünglichen nicht zu unterscheiden ist. Beispiel (s. nächste Seite): Eine Drehung von 180° um eine Achse, die den Bindungswinkel H—O—H im H_2O-Molekül halbiert, führt zum Platzwechsel zwischen den H-Atomen H_a und H_b. Da diese beiden Atome in Wirklichkeit voneinander nicht zu unterscheiden sind, ist die durch Drehung resultierende Orientierung mit der ursprünglichen äquivalent. Erneute Drehung um 180° führt zu einer Orientierung, welche mit der ursprünglichen identisch ist.

Bei der Drehung um eine Achse ändern alle Punkte des betrachteten Objekts ihre Lage, mit Ausnahme derjenigen, die auf der Achse liegen. Die Menge der Punkte, die während einer Symmetrie-Operation ihre Position nicht verändern, nennt man das dieser Operation zugeordnete *Symmetrie-Element*. Die Symmetrie Eigenschaften eines Objekts (z.B. eines Moleküls oder besser eines Molekül-Modells) sind mit Hilfe eines Satzes von Symmetrie-Operationen beschreibbar. Als Symmetrie-Operationen kommen in Betracht: *Drehung*, *Spiegelung*, *Inversion* (*Punktspiegelung*), *Drehspiegelung*, *Drehinversion*. Die verschiedenen Opera-

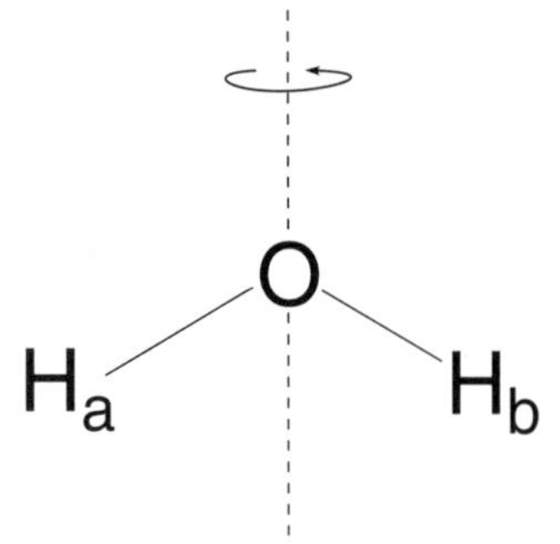

tionen werden nachfolgend kurz vorgestellt. Dabei wird erkennbar, daß man mit zwei Typen von Symmetrie-Operationen (*Drehung* und *Drehspiegelung*) auskommt. Den erwähnten Symmetrie-Operationen ist gemeinsam, daß sie die Lage des Molekül-Schwerpunkts (geometrischen Zentrums) nicht ändern, d.h., daß sich alle Symmetrie-Elemente im Schwerpunkt schneiden.

11.1.1.1. Die Identitätsoperation *E*

Die *Identitätsoperation E* läßt das Molekül unverändert. Diese Symmetrie-Operation ist erforderlich, um z.B. das Resultat einer zweimaligen Drehung um 180° mathematisch ausdrücken und mit Hilfe der Gruppentheorie beschreiben zu können, daß das Ergebnis einer Folge von Symmetrie-Operationen ebenfalls eine Symmetrie-Operation ist.

11.1.1.2. Die Drehung C_n

Sie beschreibt eine Drehung um den Winkel $\theta = 360°/n$ um eine n-zählige Drehachse. Bei einer Drehung um 180° um eine zweizählige Drehachse, die in einem *kartesischen Koordinatensystem* mit der z-Achse zusammenfallen möge, ändern sich die Koordinaten aller Punkte wie folgt:

$$x, y, z \rightarrow -x, -y, z.$$

Die Drehung C_1, bei welcher der Drehwinkel 360° beträgt, ist mit der Identitätsoperation E identisch. Ist $n > 2$, muß der Drehsinn beachtet werden, d.h., es ist dann nicht gleichgültig, ob die Drehung im oder gegen den Uhrzeigersinn erfolgt. Beispiele für Drehachsen findet man in den Molekülen Cyclopropan, Ethen und Ethin (*Fig. 11.1*). Das Cyclopropan-Molekül (oben) besitzt eine C_3-Achse senkrecht zur Molekül-Ebene und drei C_2-Achsen, die jeweils ein C-Atom enthalten und eine (C–C)-Bindung halbieren. Im Molekül-Modell für Ethen (Mitte) sind drei aufeinander senkrecht stehende C_2-Achsen zu erkennen. Das lineare Ethin (unten) weist eine C_∞-Achse und unendlich viele C_2-Achsen senkrecht dazu auf. Alle linearen Moleküle besitzen eine C_∞-Achse, da bei ihnen infinitesimal kleine Drehwinkel erlaubt sind.

11.1.1.3. Die Spiegelung σ

Diese Symmetrie-Operation kommt nur bei achiralen Molekülen vor. Das entsprechende Symmetrie-Element (die Spiegelebene) halbiert das betreffende Molekül. Alle bisher besprochenen Beispiele besitzen Spiegelsymmetrie. Eine zur z-Achse senkrecht stehende Spiegelebene bewirkt folgende Koordinatenänderung:

$$x, y, z \rightarrow x, y, -z.$$

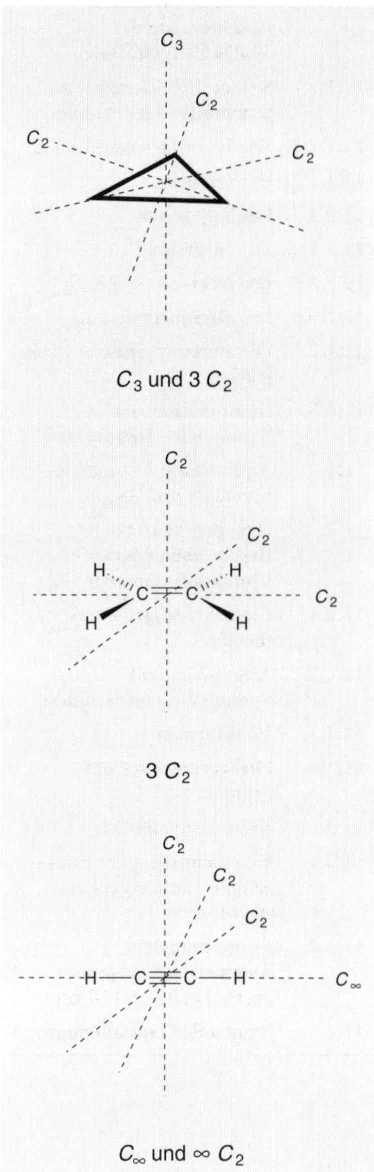

Fig. 11.1. *Beispiele für Drehachsen*

Steht die Spiegelebene senkrecht auf der (üblicherweise als vertikal angenommenen) höchstzähligen Drehachse, wird sie σ_h (horizontal) genannt. Enthält die Spiegelebene dagegen die Drehachse, wird sie als σ_v (vertikal) bezeichnet; lineare Moleküle besitzen unendlich viele solcher Spiegelebenen.

11.1.1.4. Die Inversion *i*

Die Punktspiegelung an einem Inversionszentrum (dem einzigen Punkt, dessen Position dabei unverändert bleibt) ist ebenfalls nur in achiralen Molekülen möglich und führt zu folgender Koordinatenänderung:

$$x, y, z \to -x, -y, -z.$$

Von den bisher besprochenen Beispielen besitzen Ethen und Ethin ein Inversionszentrum, nicht dagegen Cyclopropan und H_2O.

11.1.1.5. Die Drehspiegelung S_n

Sie ist eine aus zwei Teiloperationen zusammengesetzte Symmetrie-Operation: einer Drehung um 360°/n und einer Spiegelung an einer zur Drehachse senkrechten Ebene. Die beiden Symmetrie-Elemente C_n und σ_h brauchen nicht einzeln vorhanden zu sein. Cyclohexan in der Sessel-Konformation enthält eine S_6-Achse, CH_4 drei S_4-Achsen; die S_6- bzw. S_4-Achsen sind auf den ersten Blick schwieriger zu erkennen als die daraus resultierenden C_3- bzw. C_2-Achsen.

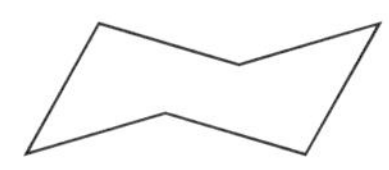

S_6

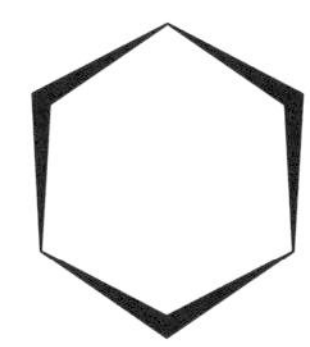

11.1.1.6. Die Drehinversion $S_{\bar{n}}$

Sie ist ebenfalls eine aus zwei Teiloperationen zusammengesetzte Symmetrie-Operation: einer Drehung um 360°/n und einer Inversion. Auch hier brauchen die beiden Symmetrie-Elemente C_n und i nicht einzeln vorhanden zu sein. Durch die Beteiligung einer Spiegelung bzw. einer Inversion kommt Drehspiegelung bzw. Drehinversion bei chiralen Molekülen nicht vor.

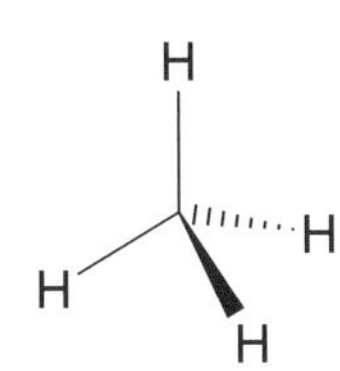

$3\,S_4$

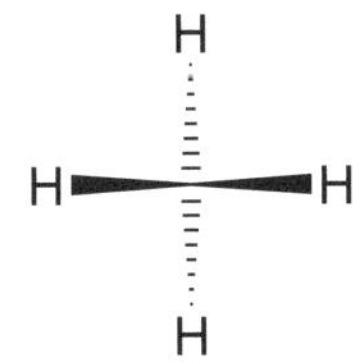

11.1.2. Die stereographische Projektion

Zur Veranschaulichung der in einem Molekül insgesamt vorhandenen Symmetrie-Elemente in einer zweidimensionalen Darstellung hat sich die stereographische Projektion als Hilfsmittel bewährt. Dazu wird das Molekül gedanklich in eine Hohlkugel gebracht, wobei der Molekül-Schwerpunkt mit dem Kugelzentrum zusammenfällt. Alle Symmetrie-Elemente schneiden sich daher im Kugelzentrum. Die Schnittpunkte bzw. -linien der Symmetrie-Elemente mit der Kugeloberfläche werden nun auf die Äquator-Ebene, die senkrecht auf der höchstzähligen Drehachse steht, projiziert (*Fig. 11.2*). Dabei gilt:

- Eine Spiegelebene σ_h schneidet die Kugeloberfläche im Äquator-Kreis, der in diesem Fall durch Fettdruck hervorgehoben wird.
- Eine Spiegelebene σ_v wird in der Projektion zu einer Linie, eine schräg stehende Spiegelebene zu einer Ellipse.
- Eine senkrecht auf der Äquator-Ebene stehende n-zählige Achse schneidet die Kugel am Nord- bzw. Südpol und wird als kleines n-Eck im Äquator-Mittelpunkt dargestellt. Dieses n-Eck wird bei einer Drehachse ausgefüllt, bei einer Drehspiegelachse offen gezeichnet. Eine C_2-Achse wird durch das Symbol ⬮ charakterisiert.
- Eine in der Äquator-Ebene liegende n-zählige Achse schneidet die Kugel an zwei einander diagonal gegenüberliegenden Punkten, die durch die entsprechenden n-Ecke markiert und durch eine gestrichelte Linie miteinander verbunden werden. Diese Linie wird durchgezogen, wenn die Achse Teil einer σ_v-Ebene ist.

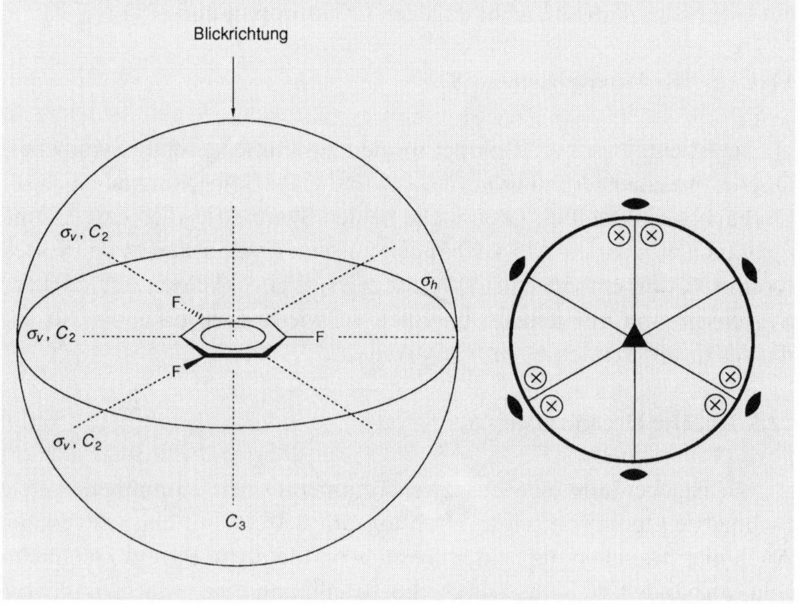

Fig. 11.2. *Die stereographische Projektion der Symmetrie-Elemente des 1,3,5-Trifluorobenzols* (rechts) *und ihre Konstruktion* (links)

Nun wählt man irgendeinen Punkt, der nicht auf einem Symmetrie-Element liegt, und führt daran die den Symmetrie-Elementen entsprechenden Symmetrie-Operationen so lange durch, bis man wieder die Ausgangsposition erreicht. Um die Information über die dritte Dimension, welche durch die Projektion verlorengegangen ist, wenigstens annähernd wiederzugewinnen, werden alle Punkte, die sich in der dem Betrachter zugewandten Nordhalbkugel befinden, mit einem Kreuz (×), alle Punkte in der Südhalbkugel mit einem Kreis (○) gekennzeichnet. Das entstehende Muster aus Kreuzen und Kreisen ist charakteristisch für die vorhandene Kombination von Symmetrie-Elementen.

In *Fig. 11.3* sind die stereographischen Projektionen beim Vorhandensein jeweils einer Drehspiegelachse S_1, S_2, S_3, S_4, S_5 oder S_6 abgebildet. Folgende Gesetzmäßigkeiten sind erkennbar:

- S_1 erzeugt das gleiche Punktmuster wie eine σ_h-Spiegelung.
- S_2 erzeugt das gleiche Punktmuster wie eine Inversion i. Dieser Sachverhalt bedeutet, daß *jede* Achse durch das Inversionszentrum eine S_2-Achse darstellt, und eröffnet die Möglichkeit, das Inversionszentrum, das die Kugeloberfläche an keiner Stelle schneidet und deshalb bei der stereographischen Projektion sonst nicht in Erscheinung treten würde, durch eine auf der Äquator-Ebene senkrecht stehende S_2-Achse darzustellen.
- S_6 erzeugt das gleiche Punktmuster wie eine Kombination von C_3 mit einer Inversion i.
- S_3 bzw. S_5 erzeugt das gleiche Punktmuster wie eine Kombination von C_3 bzw. C_5 mit einer σ_h-Spiegelung. Diese Feststellung kann man verallgemeinern: Eine Drehspiegelachse S_n mit ungeradzahligem n ist nichts anderes als die Kombination von C_n mit σ_h und braucht deshalb gar nicht getrennt betrachtet zu werden.

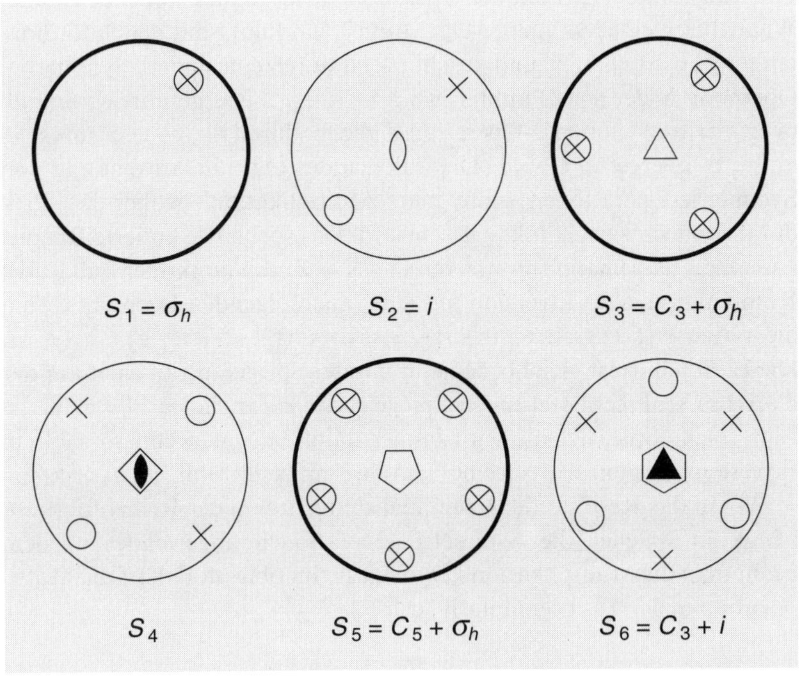

Fig. 11.3. *Die stereographischen Projektionen beim Vorliegen jeweils einer Drehspiegelachse* S_n (n = 1–6)

Außerdem ist in *Fig. 11.3* zu erkennen, daß die dargestellten Punktmuster ebenso gut durch Drehinversionen erzeugt werden können. Dabei gelten folgende Beziehungen:

$$S_{\bar{1}} \triangleq S_2$$
$$S_{\bar{2}} \triangleq S_1$$
$$S_{\bar{3}} \triangleq S_6$$
$$S_{\bar{4}} \triangleq S_4$$
$$S_{\bar{5}} \triangleq S_{10}$$
$$S_{\bar{6}} \triangleq S_3$$

Wir haben also festgestellt, daß
- Drehinversionen mit Drehspiegelungen äquivalent sind,
- σ mit S_1 äquivalent ist,
- i mit S_2 äquivalent ist.

Die Folgerungen daraus sind weitreichend: Alle bisher besprochenen Symmetrie-Operationen können mit Hilfe von Drehungen C_n und Drehspiegelungen S_n beschrieben werden.

11.1.3. Kombination von Symmetrie-Operationen

Wir haben bereits gesehen, daß die wiederholte Anwendung bestimmter Symmetrie-Operationen andere Operationen automatisch einschließt. So entsprechen sowohl C_4 als auch S_4 nach zweimaliger Anwendung einer C_2-Operation. S_3 bedingt C_3 und σ_h, und C_6 entspricht C_2 bzw. C_3 (nach drei- bzw. zweimaliger Anwendung). Über diese einfachen Fälle hinaus fordert die Kombination von Symmetrie-Operationen oft die Existenz weiterer Symmetrie-Operationen, die damit äquivalent sind. Wenn durch eine Symmetrie-Operation X ein Punkt mit den Koordinaten x_1, y_1, z_1 in x_2, y_2, z_2 und anschließend durch eine andere Symmetrie-Operation Y der neue Punkt x_2, y_2, z_2 in x_3, y_3, z_3 übergeführt wird, muß es eine dritte Symmetrie-Operation Z geben, durch die x_1, y_1, z_1 direkt in x_3, y_3, z_3 übergeführt wird. Die aufeinanderfolgende Anwendung von Symmetrie-Operationen nennt man 'Multiplikation', wobei das 'Produkt' von rechts nach links gelesen wird. Das soeben diskutierte Beispiel kann man sehr knapp formulieren: $Y \circ X = Z$. Ein konkreter Fall ist die Kombination einer Inversion mit einer nachfolgenden Drehung C_2 um die z-Achse $[C_2(z) \circ i]$: $C_2\,(z) \circ i[x,\ y,\ z] = C_2(z)[-x,\ -y,\ -z] = x,\ y,\ -z$. Dieses Ergebnis ist gleichbedeutend mit der Spiegelung an einer auf der C_2-Achse senkrecht stehenden Spiegelebene σ_h: $\sigma_h\ [x,\ y,\ z] = x,\ y,\ -z$. Eine solche Spiegelebene wird immer dann erzeugt, wenn sowohl ein Inversionszentrum als auch eine C_n-Achse mit geradzahligem n vorliegen.

Wenn das Resultat der Kombination nicht von der Reihenfolge abhängt, in welcher die Symmetrie-Operationen angewendet werden, nennt man die Multiplikation *kommutativ*. Im obigem Fall ist die Multiplikation in der Tat kommutativ, d. h.:

$$\begin{aligned} C_2 \circ i &= i \circ C_2 = \sigma_h \\ C_2 \circ \sigma_h &= \sigma_h \circ C_2 = i \\ \sigma_h \circ i &= i \circ \sigma_h = C_2 \end{aligned}$$

Dagegen ist das Ergebnis der Kombination einer C_3-Operation mit einer σ_v-Spiegelung von der Reihenfolge der Ausführung abhängig; die Multiplikation ist also nicht kommutativ. Die Kombination einer C_3-Achse mit einer σ_v-Spiegelebene erzeugt zwei weitere vertikale Spiegelebenen σ_v' und σ_v''. Ausgehend von einem beliebigen Punkt (×) gelangt man durch eine C_3-Operation, gefolgt von einer Spiegelung an σ_v, zu einer Position, die durch Spiegelung des Ausgangspunkts an σ_v'' direkt zugänglich ist (*Fig. 11.4*, oben). Die Umkehrung der Reihenfolge führt zu einem anderen Punkt, der durch Spiegelung des Ausgangspunkts an σ_v' direkt zugänglich ist (*Fig. 11.4*, unten). Dieser Befund gilt für die meisten Kombinationen. Nur folgende Symmetrie-Operationen kommutieren immer:

- zwei aufeinanderfolgende Drehungen um die gleiche Achse,
- zwei C_2-Operationen um zueinander senkrechte Achsen,
- zwei Spiegelungen an senkrecht aufeinander stehenden Spiegelebenen,
- C_n und σ_h,
- eine Inversion und eine beliebige Drehung oder Spiegelung.

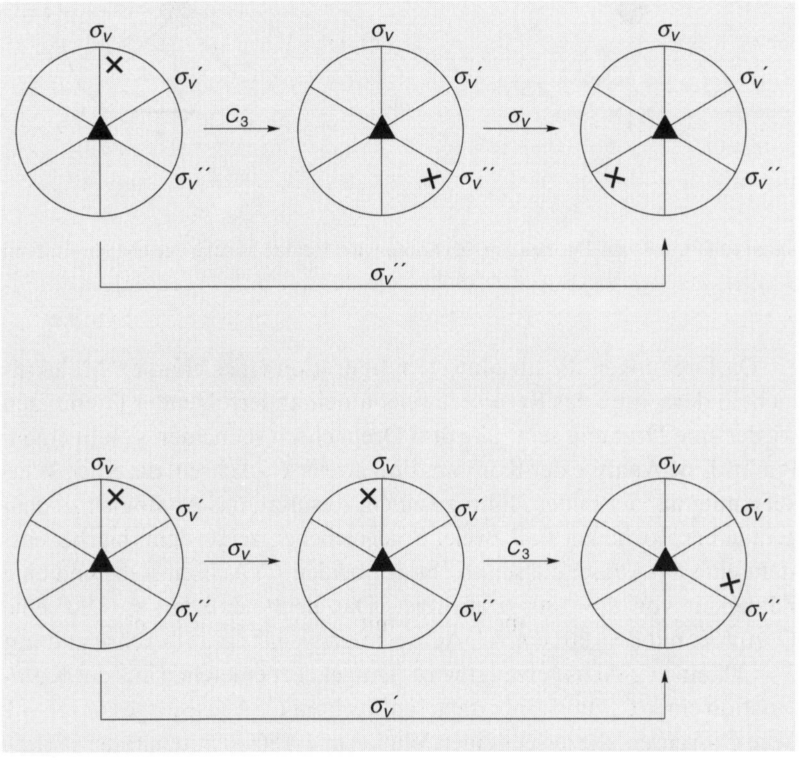

Fig. 11.4. *Kombination einer C_3-Operation mit einer σ_v-Spiegelung*

Zwei Spiegelebenen σ_1 und σ_2, die sich in einem beliebigen Winkel φ schneiden, überführen ein Objekt durch zweimalige Spiegelung in eine Position, die aus der Ausgangsposition durch eine Drehung C_n (mit $n = 180°/\varphi$) direkt zugänglich ist. Die entsprechende Drehachse fällt mit der Schnittgeraden der beiden Spiegelebenen zusammen (*Fig. 11.5*). Die Reihenfolge der Spiegelungen entscheidet, ob die Drehung im oder gegen den Uhrzeigersinn erfolgt. Die Multiplikation kommutiert nur dann, wenn die Spiegelebenen senkrecht aufeinander stehen ($\varphi = 90°$): Dann ist $n = 2$, und die Drehrichtung ist bei einer C_2-Operation unerheblich.

Umgekehrt erzeugt eine C_n-Achse in Kombination mit einer σ_v-Spiegelebene eine zweite Spiegelebene, die mit der ersten einen Winkel von $\varphi = 180°/n$ einschließt. Überdenkt man die Konsequenzen, die sich aus der Kombination der C_n-Achse mit der zweiten Spiegelebene ergeben, muß man folgern, daß nach dem gleichen Muster insgesamt $n - 1$ neue Spiegelebenen erzeugt werden. Zum Beispiel verdoppelt die Addition einer vertikalen Spiegelebene zu einer C_4-Achse die Anzahl der Punkte (×) in der stereographischen Projektion. Die Symmetrie des Punktmusters fordert die Anwesenheit von drei weiteren vertikalen Spiegelebenen (*Fig. 11.6*).

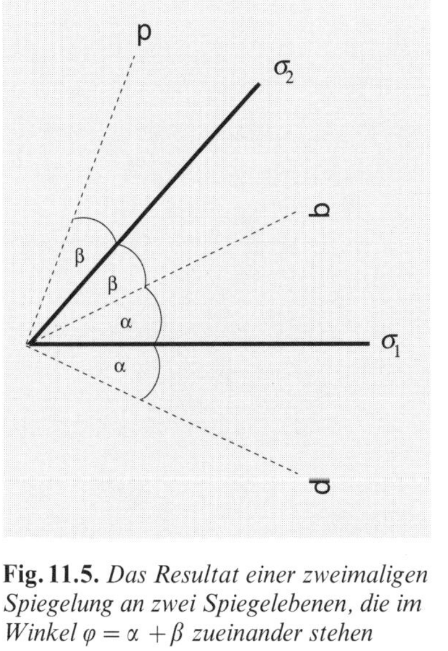

Fig. 11.5. *Das Resultat einer zweimaligen Spiegelung an zwei Spiegelebenen, die im Winkel $\varphi = \alpha + \beta$ zueinander stehen*

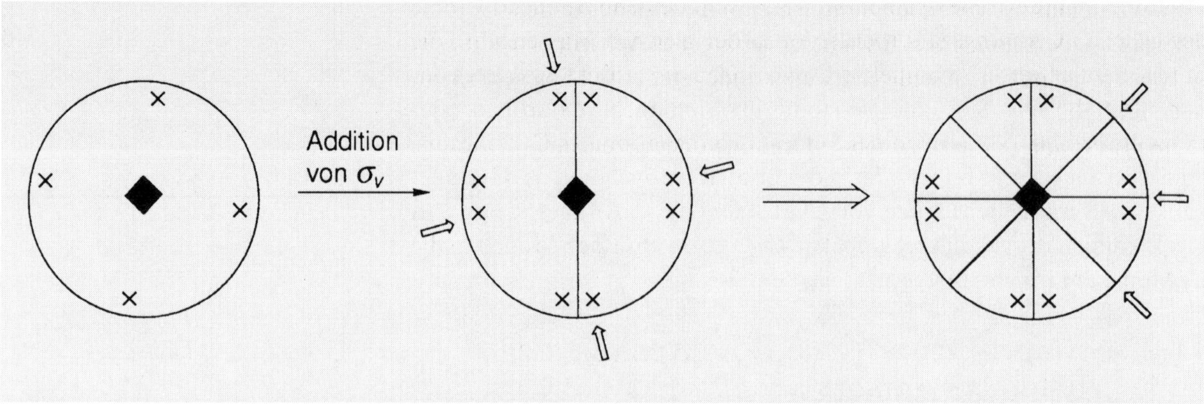

Fig. 11.6. *Addition einer vertikalen Spiegelebene zu einer C_4-Achse.* Die neu hinzugekommenen Punkte und Spiegelebenen sind mit Pfeilen markiert.

Da Drehungen die absolute Konfiguration eines chiralen Moleküls nicht ändern, muß das Resultat zweier aufeinanderfolgender Drehungen wieder eine Drehung sein; alle drei Drehachsen schneiden sich in einem Punkt. Eine Analyse der Kombination zweier C_2-Achsen, die einen Winkel φ miteinander bilden, führt zu einem Resultat, das Analogien zu dem gerade besprochenen Fall zweier Spiegelebenen zeigt; denn hierbei entsteht eine C_n-Achse, die senkrecht auf beiden C_2-Achsen steht und eine Zähligkeit von $n = 180°/\varphi$ aufweist. Das heißt, daß mit $\varphi = 90°$ eine C_2-Achse, mit $\varphi = 60°$ eine C_3-Achse, mit $\varphi = 45°$ eine C_4-Achse und mit $\varphi = 30°$ eine C_6-Achse erzeugt wird. Umgekehrt entstehen aus der Kombination einer C_n- und einer dazu senkrechten C_2-Achse insgesamt $n - 1$ neue C_2-Achsen, die jeweils einen Winkel $\varphi = 180°/n$ miteinander bilden. Dieses Ergebnis läßt sich noch weiter verallgemeinern: Bei der Kombination zweier Drehachsen oder zweier Drehspiegelachsen entstehen neue Drehachsen, bei der Kombination einer Drehachse und einer Drehspiegelachse neue Drehspiegelachsen.

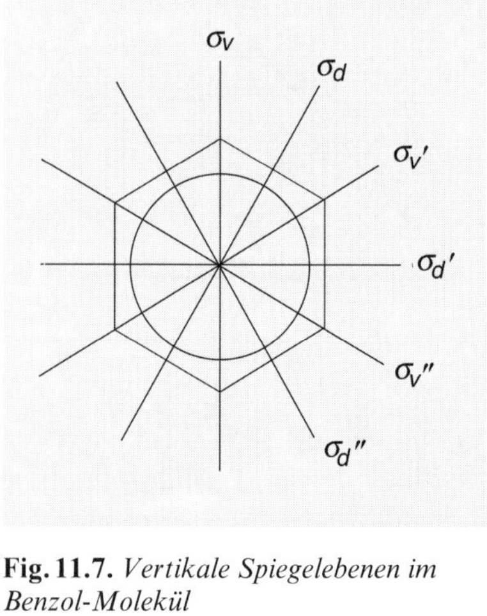

Fig. 11.7. *Vertikale Spiegelebenen im Benzol-Molekül*

11.1.4. Äquivalente Symmetrie-Elemente und Atome

Zwei in einem Molekül vorhandene Symmetrie-Elemente A und B werden als äquivalent bezeichnet, wenn A durch Anwendung einer Symmetrie-Operation des Moleküls in B übergeführt werden kann. Wenn A sowohl mit B als auch mit C äquivalent ist, sind auch B und C miteinander äquivalent. So sind die drei C_2-Achsen im Cyclopropan-Molekül (*Fig. 11.1*) miteinander äquivalent, weil sie durch die C_3-Achse ineinander übergehen. Im Benzol-Molekül dagegen liegen zwei Sätze von vertikalen Spiegelebenen vor: σ_v, σ_v' und σ_v'' bzw. σ_d, σ_d' und σ_d'' (*d* steht für diagonal; *Fig. 11.7*). Zwei Spiegelebenen innerhalb eines Satzes sind jeweils miteinander äquivalent, nicht dagegen die anderen möglichen Paare, weil erstere (aber nicht letztere) durch eine C_6-Operation ineinander übergeführt werden können.

Äquivalente Atome in einem Molekül sind dementsprechend Atome der gleichen Ordnungszahl (bei Isotopen der gleichen Massenzahl), die untereinander durch Symmetrie-Operationen vertauscht werden können. Zum Beispiel sind alle H-Atome im Methan, Cyclopropan oder Benzol und alle C-Atome in der Sessel-Konformation des Cyclohexans äquivalent. Dagegen findet man in der Boot-Konformation des Cyclohexans zwei verschiedene Sätze von C-Atomen: die C-Atome an Bug und Heck können durch keine Symmetrie-Operation am Boot-Modell in die C-Atome am Boden übergeführt werden.

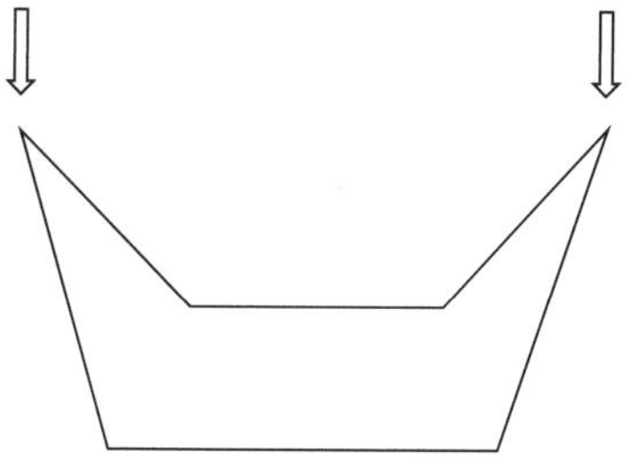

11.2. Gruppentheoretische Beschreibung der Molekül-Symmetrie

11.2.1. Elementare Gruppentheorie

Bisher haben wir die Molekül-Symmetrie phänomenologisch beschrieben. Dabei ergaben sich zwar wichtige Erkenntnisse, aber einige Fragen blieben unbeantwortet, so z. B. die nach der Anzahl möglicher Kombinationen von Symmetrie-Operationen. Darauf gibt die Gruppentheorie eine Antwort.

Eine *Gruppe* im Sinne der Mathematik ist eine Menge von (Gruppen-)Elementen, deren Verknüpfungen definiert sind und die folgende Bedingungen erfüllen:

1) Die Verknüpfung ('Multiplikation') zweier Elemente einer Gruppe muß wiederum zu einem Element dieser Gruppe führen ($A \circ B = C$). Sind alle Verknüpfungen kommutativ ($A \circ B = B \circ A$), nennt man die Gruppe *abelsch* (nach dem norwegischen Mathematiker *Niels Henrik Abel*). Sind nicht alle Verknüpfungen kommutativ, ist die Reihenfolge der Verknüpfung wichtig.

2) Ein Element einer Gruppe (die Identität E) muß mit allen Elementen kommutieren, ohne eine Wirkung hervorzurufen: $E \circ X = X \circ E = X$.

3) Für die Verknüpfung muß das Assoziativgesetz gelten: $A \circ (B \circ C) = (A \circ B) \circ C$.

4) Zu jedem Element muß ein inverses Element innerhalb der Gruppe vorhanden sein: R ist invers zu S, wenn $R \circ S = S \circ R = E$. Dann ist S natürlich auch invers zu R. Diese Beziehung zwischen den Elementen R und S wird durch $R = S^{-1}$ bzw. $S = R^{-1}$ ausgedrückt.

Gruppen können endlich oder unendlich sein. Die Anzahl der Elemente einer endlichen Gruppe wird als Ordnung der Gruppe bezeichnet. Eine endliche Gruppe ist dann vollständig und eindeutig definiert, wenn alle h Elemente und alle h^2 Verknüpfungen bekannt sind. Beispiele für Gruppen stellen die ganzen Zahlen bezüglich der Addition als Verknüpfung ($E = 0$) und die reellen Zahlen (außer der Zahl 0) bezüglich der Multiplikation als Verknüpfung ($E = 1$) dar. Man spricht von einer Untergruppe, wenn die Elemente einer Gruppe vollständig in einer anderen Gruppe enthalten sind. In endlichen Gruppen ist die Ordnung einer Untergruppe ein ganzzahliger Teiler der Ordnung der betreffenden (Über-)Gruppe.

11.2.2. Anwendung auf Symmetrie-Operationen

Ein kompletter Satz von Symmetrie-*Operationen* (nicht Symmetrie-*Elementen*) eines Moleküls bildet eine Gruppe. Da bei allen bisher besprochenen Symmetrie-Operationen ein Punkt – nämlich der Schwerpunkt des Moleküls – unverändert bleibt, nennt man diese Gruppen *Symmetrie-Punktgruppen*. Die vier Voraussetzungen für das Vorliegen einer mathematischen Gruppe sind ausnahmslos erfüllt:

1) Die Verknüpfung zweier Symmetrie-Operationen (ihre Hintereinanderausführung) ist mit einer Symmetrie-Operation des Moleküls äquivalent.

2) Die Identitätsoperation kann immer vorgenommen werden.

3) Das Assoziativgesetz gilt.

4) Jeder Symmetrie-Operation ist eine inverse Operation zugeordnet. Zu irgendeiner Drehung ist eine gegenläufige Drehung um den gleichen Winkel invers. Spiegelung und Inversion sind (wie die Drehung C_2) invers zu sich selbst.

Bevor wir untersuchen, welche Punktgruppen überhaupt in Betracht kommen, müssen wir zunächst klären, wieviel Symmetrie-Operationen an einem bestimmten Symmetrie-Element möglich sind: Erfahrungsgemäß sind Symmetrie-Elemente leichter als Symmetrie-Operationen zu erkennen.

- Eine Spiegelebene oder ein Inversionszentrum läßt jeweils nur eine Symmetrie-Operation zu, weil eine zweimalige Spiegelung oder Inversion jeweils die Ausgangssituation wieder herstellt.
- Jede C_n-Achse läßt n Drehungen (C_n, C_n^2, $\ldots C_n^{n-1}$, $C_n^n = E$) zu; denn erst die n-malige Anwendung einer C_n-Operation führt zur Ausgangsorientierung zurück.
- Jede S_n-Achse läßt n bzw. $2n$ Symmetrie-Operationen zu, je nachdem, ob n gerade oder ungerade ist.

Für geradzahliges n ergibt sich: S_n, S_n^2, $\ldots S_n^{n-1}$, $S_n^n = E$. Für ungeradzahliges n ergibt sich: S_n, S_n^2, $\ldots S_n^n = \sigma_h$, S_n^{n+1}, $\ldots S_n^{2n} = E$.

11.2.3. Punktgruppen

Die Bezeichnung der Symmetrie-Punktgruppen erfolgt üblicherweise mit Hilfe der Konvention von *Artur Schönflies*; Kristallographen bevorzugen die Bezeichnungsweise nach *Carl Hermann* und *Charles Mauguin* (s. *Abschn. 11.3.1*). Wir wollen nun die möglichen Symmetrie-Gruppen nach steigender Ordnung beschreiben.

Die einfachste Gruppe ist C_1, die nur ein Element (die Identitätsoperation E) enthält; das ist die Punktgruppe asymmetrischer Moleküle. Besitzt das Molekül eine Spiegelebene bzw. ein Inversionszentrum als einziges nicht-triviales Symmetrie-Element, liegt die Gruppe C_s bzw. C_i vor (Gruppenordnung 2). Ist eine Drehachse C_n oder eine Drehspiegelachse S_n vorhanden, haben wir es mit den gleichnamigen Punktgruppen der Ordnung n zu tun. Es kommen nur S_n-Gruppen mit geradzahligem n vor, da eine S_n-Achse mit ungeradzahligem n kein eigenständiges Symmetrie-Element darstellt, sondern als Kombination von C_n mit σ_h aufgefaßt werden kann (Punktgruppe C_{nh}). Die Kombination von C_n mit σ_v wird entsprechend C_{nv} genannt. Beide Punktgruppen besitzen die Ordnung $2n$.

Besitzt ein Molekül neben der Hauptdrehachse C_n dazu senkrecht stehende C_2-Achsen und sonst keine weiteren Symmetrie-Elemente, wird diese Kombination der Ordnung $2n$ dagegen D_n genannt. Kommt eine zur Hauptdrehachse senkrecht stehende Spiegelebene hinzu (oder liegt die Kombination $C_n + \sigma_h + \sigma_v$ vor), verdoppelt sich die Anzahl der Gruppenelemente erneut und beträgt $4n$ (Punktgruppe D_{nh}). Bei dieser Konstellation fallen die C_2-Achsen mit den σ_v-Ebenen zusammen. Ist dies nicht der Fall, so daß die vertikalen Spiegelebenen den Winkel zwischen benachbarten C_2-Achsen halbieren, ergibt sich die Punktgruppe D_{nd} mit der gleichen Ordnung $4n$. Ein Charakteristikum dieser Punktgruppe ist das Vorhandensein einer S_{2n}-Drehspiegelachse als Folge der genannten Kombination von Symmetrie-Elementen; dies ist deshalb erwähnenswert, weil die Punktgruppe D_{nd} an diesem Symmetrie-Element erkannt werden kann.

Alle linearen Moleküle besitzen eine C_∞-Achse und unendlich viele σ_v-Spiegelebenen. Wenn eine horizontale Spiegelebene fehlt, liegt die Punktgruppe $C_{\infty v}$ vor. Ist σ_h vorhanden (und damit auch ein Inversionszentrum und unendlich viele C_2-Achsen senkrecht zur C_∞-Achse), heißt die zugehörige Punktgruppe $D_{\infty h}$.

Ein Fall, der bislang noch nicht untersucht wurde, ist der, daß mehrere C_n-Achsen mit $n > 2$ vorhanden sind. Die Analyse führt zu den fünf regulären Polyedern (*Platonischen Körpern*), bei denen alle Flächen, Ecken und Kanten äquivalent sind; denn sie besitzen die Eigenschaft, daß ihre Flächen aus jeweils gleichen regulären n-Ecken bestehen (mit $n = 3$, 4 oder 5) und senkrecht auf den entsprechenden C_n-Achsen stehen. Die Summe der Anzahl der Flächen und der Anzahl der Ecken übersteigt die Anzahl der Kanten jeweils um zwei (*Fig. 11.8*).

Das *Tetraeder* besitzt folgende Symmetrie-Elemente: vier C_3-Achsen durch eine Ecke und die jeweils gegenüberliegende Flächenmitte, drei aufeinander senkrecht stehende S_4-Achsen durch gegenüberliegende Kantenmitten und sechs Spiegelebenen, die jeweils eine Kante des Tetraeders enthalten. Die sich daraus ergebende Punktgruppe T_d enthält 24 Symmetrie-Operationen.

Das *Octaeder* besitzt folgende Symmetrie-Elemente: drei C_4-Achsen (und drei dazu parallele S_4-Achsen) durch gegenüberliegende Ecken, sechs C_2-Achsen durch gegenüberliegende Kanten, drei σ_h-Spiegelebenen durch jeweils vier Ecken, vier S_6-Achsen durch gegenüberliegende Flächenmitten, sechs vertikale Spiegelebenen, die gegenüberliegende Kanten halbieren, und ein Inversionszentrum. Das ergibt insgesamt 48 Symmetrie-Operationen (Punktgruppe O_h).

Der *Würfel* ist sehr eng mit dem *Octaeder* verwandt. Er besitzt die gleichen Symmetrie-Elemente und gehört demnach zur gleichen Punktgruppe. Allerdings liegen die Symmetrie-Elemente bezüglich der Ecken und Flächen unterschiedlich: Während beim Würfel die C_4-Achsen durch die Flächenmitten und die C_3-Achsen durch die Ecken verlaufen, ist es beim Octaeder umgekehrt.

In ähnlicher Beziehung wie *Octaeder* und *Würfel* stehen *Dodecaeder* (D) und *Icosaeder* (I); sie besitzen die gleichen Symmetrie-Elemente, jedoch unterschiedlich angeordnet: sechs S_{10}-Achsen durch gegenüberliegende Flächen (D) bzw. Ecken (I), zehn S_6-Achsen durch gegenüberliegende Ecken (D) bzw. Flächen (I), 15 C_2-Achsen

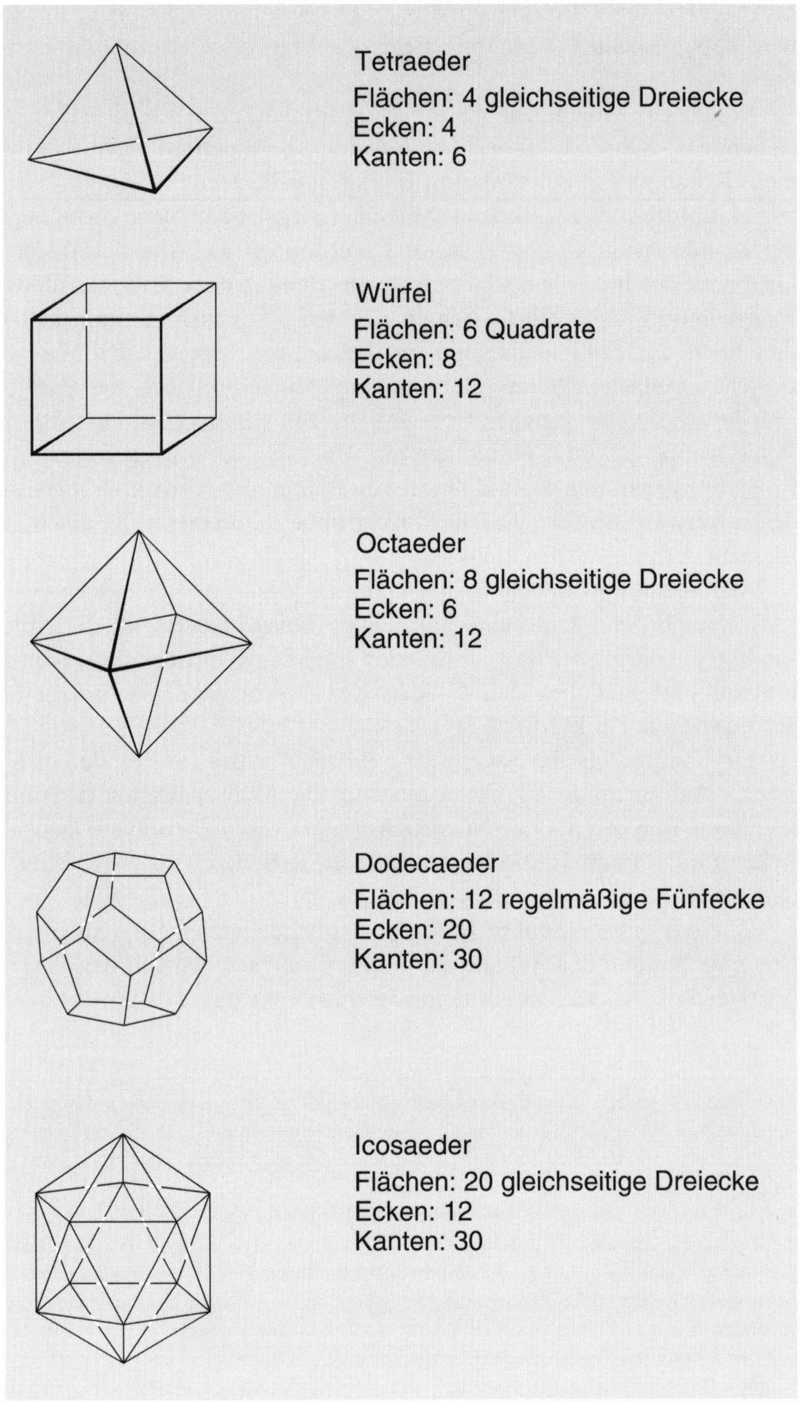

Fig. 11.8 *Die fünf* Platonischen Körper

durch gegenüberliegende Kanten, 15 Spiegelebenen, die jeweils zwei C_2- und zwei C_5-Achsen (als Konsequenz der S_{10}-Achsen) enthalten, und ein Inversionszentrum. Daraus ergeben sich insgesamt 120 Symmetrie-Operationen (Punktgruppe I_h).

Zu den Gruppen T_d, O_h und I_h gibt es jeweils eine Untergruppe, die alle C_n- aber keine S_n-Operationen (einschließlich Spiegelung und Inversion) mehr enthält, wodurch die Gruppenordnung halbiert wird. Sie heißen entsprechend T, O und I. Wird den Symmetrie-Elementen der Punktgruppe T eine σ_h-Spiegelebene (oder ein Inversionszentrum) hinzugefügt, gelangt man zur Punktgruppe T_h, die wie T_d eine Untergruppe von O_h darstellt und 24 Symmetrie-Operationen enthält. Es gibt also insgesamt sieben Punktgruppen für hochsymmetrische Moleküle. Man kann übrigens die Anzahl der Symmetrie-Operationen, die eine Punktgruppe enthält, sehr leicht aus der jeweiligen stereographischen Projektion ableiten: Sie ist gleich der Anzahl der aus einer beliebigen Ausgangsposition erzeugten äquivalenten Positionen.

Für ein Molekül bekannter Struktur kann die Zugehörigkeit zu einer Symmetrie-Punktgruppe mit Hilfe eines 'Symmetrie-Trennungsgangs' (*Fig. 11.9*) ermittelt werden. Im ersten Schritt wird geklärt, ob es sich um ein lineares Molekül handelt. Liegt ein nicht-lineares Molekül vor, so wird im zweiten Schritt des 'Trennungsgangs' geprüft, ob mehr als eine C_n-Achse mit $n > 2$ vorhanden ist und damit eine der Punktgruppen für

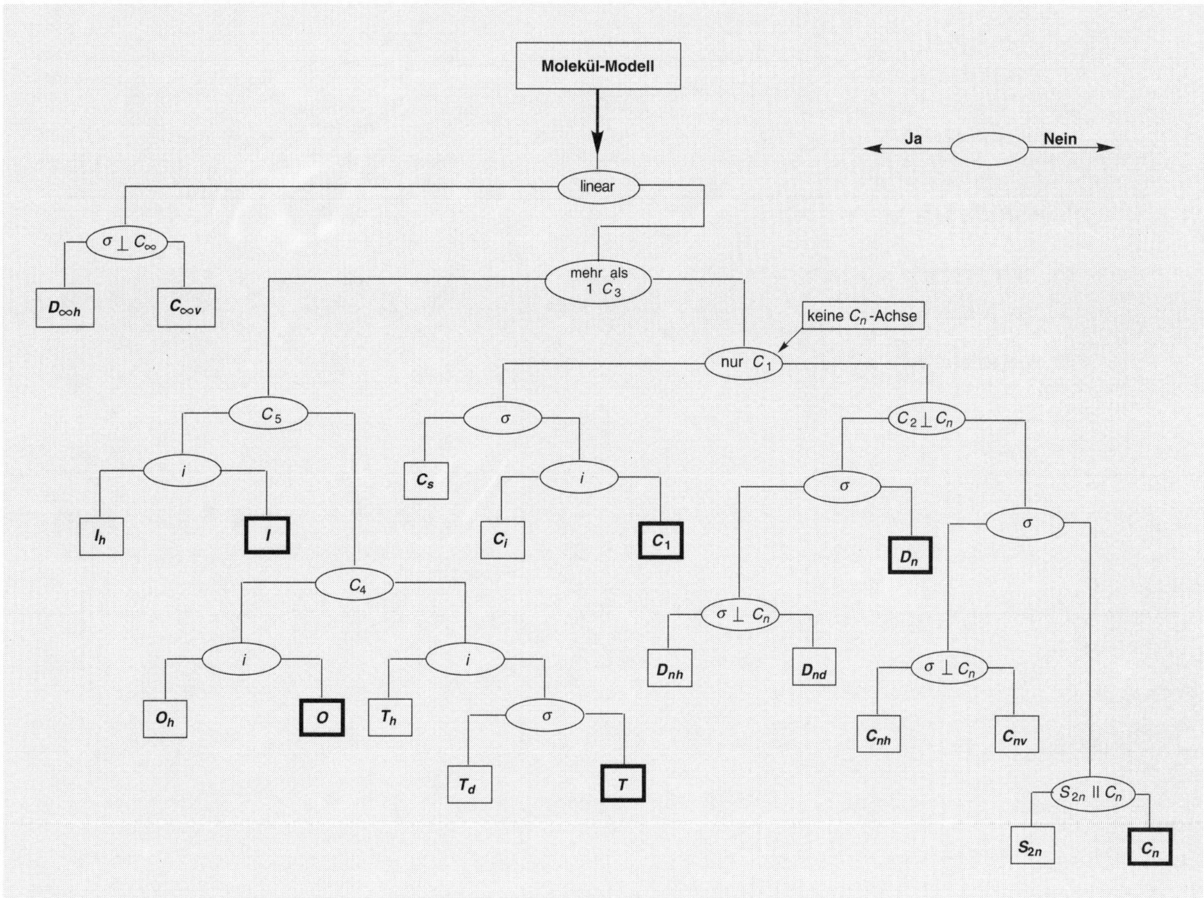

Fig. 11.9. *'Symmetrie-Trennungsgang' zur Bestimmung der Symmetrie-Punktgruppe.* Die Punktgruppen chiraler Moleküle sind durch Fettdruck hervorgehoben.

hochsymmetrische Moleküle zutrifft. Wenn dies nicht der Fall ist, werden die vorhandenen Symmetrie-Elemente untersucht. Der 'Trennungsgang' führt so mit wenigen Fragen sicher zur jeweils zutreffenden Punktgruppe. Dieses Procedere ist ausführlich in *Kap. 3* berücksichtigt worden. Wendet man es auf die bisher diskutierten Beispiele an, ergeben sich folgende Punktgruppen: C_{2v} für H_2O und die Boot-Konformation des Cyclohexans, D_{3h} für Cyclopropan und 1,3,5-Trifluorobenzol, D_{2h} für Ethen, $D_{\infty h}$ für Ethin, D_{3h} für die Sessel-Konformation des Cyclohexans, T_d für Methan und D_{6h} für Benzol.

Als weiteres Übungsbeispiel wollen wir der Frage nachgehen, wann ein Molekül ein Dipolmoment besitzt. Da das Dipolmoment als experimentell bestimmbare Größe gegenüber Symmetrie-Operationen invariant ist, muß es mit allen Symmetrie-Elementen zusammenfallen. Damit das Dipolmoment $\neq 0$ ist, darf deshalb weder ein Inversionszentrum noch eine Drehspiegelachse vorhanden sein, außerdem nicht mehr als eine Drehachse. Nähere Betrachtung von *Fig. 11.9* ergibt, daß somit nur folgende Punktgruppen erlaubt sind: C_1, C_s, C_n, C_{nv} und $C_{\infty v}$. Daher kann die Messung des Dipolmoments zu Aussagen über die Molekül-Symmetrie führen.

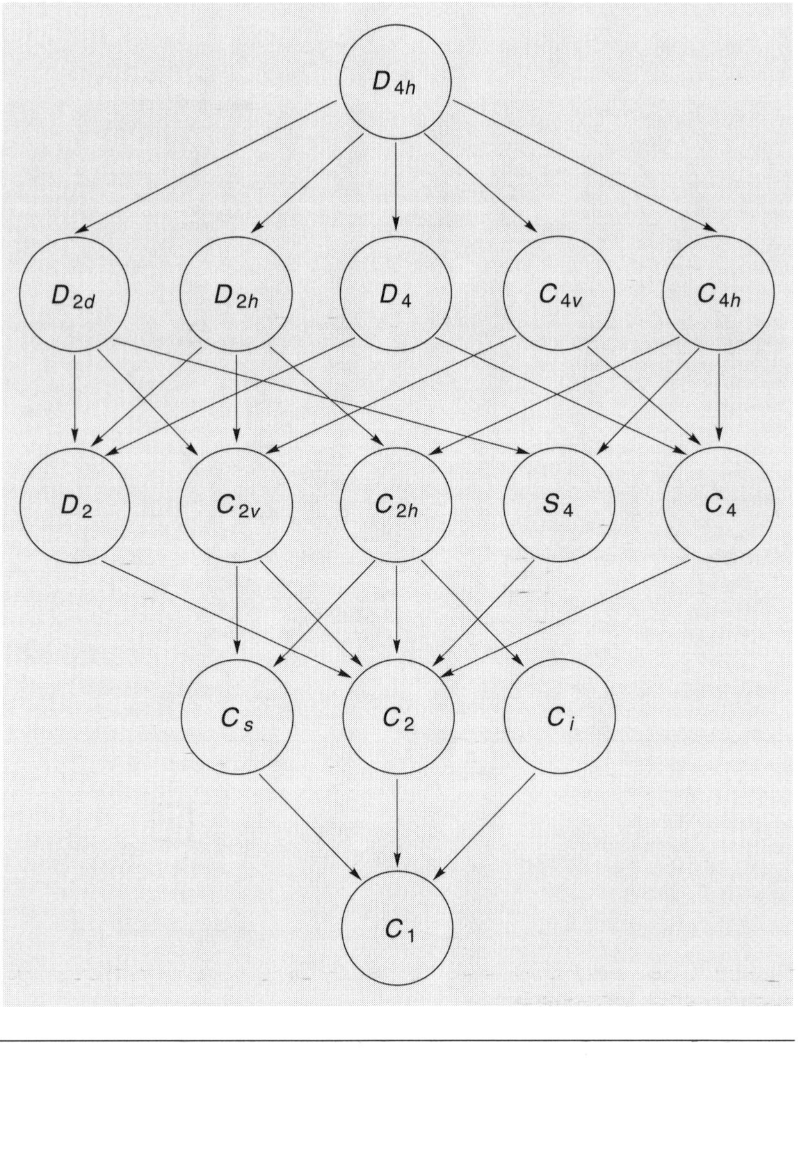

Fig. 11.10. *Hierarchie-Diagramm für die Punktgruppe* D_{4h}. Die Pfeile führen zu den möglichen Untergruppen. Jede Symmetrie-Erniedrigung halbiert die jeweilige Gruppenordnung.

11.2.4. Hierarchie von Punktgruppen

Die Frage, welches von zwei Molekülen 'symmetrischer' ist, kann nur beantwortet werden, wenn eine Punktgruppe Untergruppe einer anderen ist. Ansonsten ist ein Vergleich unzulässig; denn die Entscheidung, ob ein planares Molekül mit einer C_6-Achse symmetrischer oder weniger symmetrisch ist als eines mit einer C_5-Achse, beruht auf ästhetischen Erwägungen. Durch das Studium der Symmetrie-Operationen einer Gruppe kann man alle denkbaren Untergruppen auffinden und die Beziehungen zwischen ihnen in einem Hierarchie-Diagramm darstellen (*Fig. 11.10*). Ein solches Diagramm gibt Hinweise auf mögliche Symmetrie-Erniedrigungen durch Rotation, Schwingung oder Substitution.

11.3. Kristall-Symmetrie

11.3.1. Einschränkung der Punktgruppen durch das Kristall-Gitter

Ein Kristall zeichnet sich durch einen dreidimensional-periodischen Aufbau aus, der durch drei nicht-koplanare Translationsvektoren $\boldsymbol{a}$, $\boldsymbol{b}$ und $\boldsymbol{c}$ beschrieben wird. Diese Vektoren definieren die *kristallographische Elementarzelle* als kleinste Einheit, deren Translation die gesamte Kristall-Struktur ergibt. Je nach der Symmetrie der Elementarzelle unterscheidet man sechs Kristall-Systeme: *triklin*, *monoklin*, *orthorhombisch*, *tetragonal*, *trigonal/hexagonal*, *kubisch*. Wählt man den Eckpunkt einer Elementarzelle zum Koordinatenursprung, so werden die Positionen der Atome im Abstand $|\boldsymbol{r}|$ vom Koordinatenursprung durch die relativen Koordinaten x, y und z ausgedrückt:

$$\boldsymbol{r} = x\boldsymbol{a} + y\boldsymbol{b} + z\boldsymbol{c} \; (0 \leq x, y, z < 1)$$

Zur Beschreibung endlicher Objekte (wie Molekülen oder besser Molekül-Modellen) gibt es unendlich viele Punktgruppen, weil die Zähligkeit einer Drehachse oder Drehspiegelachse hier keinen Einschränkungen unterliegt. Ganz anders in einem Kristall. Dort ist die dreidimensional-unendliche Periodizität nur mit den folgenden Symmetrie-Elementen vereinbar: ein-, zwei-, drei-, vier- und sechszählige Drehachsen und Drehspiegelachsen. Diese Aussage leuchtet ein, wenn man sich klarmacht, daß eine Fläche mit Parallelogrammen (C_2), gleichseitigen Dreiecken (C_3), Quadraten (C_4) oder regelmäßigen Sechsecken (C_6) lückenlos abgedeckt werden kann, nicht aber mit regelmäßigen Fünf- oder Siebenecken. Dadurch wird die Anzahl der Punktgruppen auf 32 reduziert; sie sind in *Tab. 11.1* zusammengestellt und den jeweiligen Kristall-Systemen zugeordnet worden. Das monokline Kristall-System eignet sich besonders gut für C_2-, das trigonale für C_3-, das tetragonale für C_4- und das hexagonale für C_6-Achsen. Die allgemeine Punktgruppe D_{nd} ist in *Tab. 11.1* nur durch D_{2d} und D_{3d} vertreten, weil D_{4d} bzw. D_{6d} eine S_8- bzw. S_{12}-Achse enthält und deshalb mit dem Kristall-Gitter nicht vereinbar ist.

Tab. 11.1. Schönflies- *und* Hermann-Mauguin-*Symbole für die 32 kristallographischen Punktgruppen (verteilt auf die verschiedenen Kristall-Systeme).* Links sind die jeweiligen allgemeinen Punktgruppen aufgeführt. Die Zuordnung der kubischen Punktgruppen ist nicht direkt nachvollziehbar.

	triklin	monoklin	ortho-rhombisch	tetragonal	trigonal	hexagonal	kubisch
C_s		$C_s \equiv m$					
C_i	$C_i \equiv \bar{1}$						
C_n	$C_1 \equiv 1$	$C_2 \equiv 2$		$C_4 \equiv 4$	$C_3 \equiv 3$	$C_6 \equiv 6$	$T \equiv 23$
S_n				$S_4 \equiv \bar{4}$	$S_6 \equiv \bar{3}$		
C_{nv}			$C_{2v} \equiv mm2$	$C_{4v} \equiv 4mm$	$C_{3v} \equiv 3m$	$C_{6v} \equiv 6mm$	
C_{nh}		$C_{2h} \equiv 2/m$		$C_{4h} \equiv 4/m$		$C_{3h} \equiv \bar{6}$	$T_h \equiv m3$
						$C_{6h} \equiv 6/m$	
D_n			$D_2 \equiv 222$	$D_4 \equiv 422$	$D_3 \equiv 32$	$D_6 \equiv 622$	$O \equiv 432$
D_{nh}			$D_{2h} \equiv mmm$	$D_{4h} \equiv 4/mmm$		$D_{3h} \equiv \bar{6}m2$	$T_d \equiv \bar{4}3m$
						$D_{6h} \equiv 6/mmm$	$O_h \equiv m3m$
D_{nd}				$D_{2d} \equiv \bar{4}2m$	$D_{3d} \equiv \bar{3}m$		

In *Tab. 11.1* wird für jede Punktgruppe sowohl die bisher benutzte *Schönflies*-Notation als auch die von Kristallographen verwendete *Hermann-Mauguin*-Schreibweise angegeben. Letztere beruht auf folgenden Regeln:

- Eine n-zählige Drehachse wird mit n (statt mit C_n) bezeichnet.
- Anstatt Drehspiegelachsen werden die damit äquivalenten Drehinversionsachsen verwendet und mit $\bar{n}$ bezeichnet.
- Spiegelebenen werden nicht σ, sondern m (von *mirror*) genannt. Eine σ_h- Spiegelebene wird mit n/m, eine σ_v-Spiegelebene mit nm bezeichnet.
- Die Schreibweise ist so kompakt wie möglich; nur die zur eindeutigen Charakterisierung erforderliche Anzahl von Symmetrie-Elementen wird angegeben. So heißt die nach *Schönflies* D_{2h} benannte Punktgruppe nach *Hermann-Mauguin* mmm (statt $2/m\ 2/m\ 2/m$). Die der *Schönflies*-Punktgruppe C_{4v} entsprechende *Hermann-Mauguin*-Punktgruppe heißt allerdings nicht $4m$ sondern $4mm$, da hier zwei nicht-äquivalente Sätze vertikaler Spiegelebenen (nach *Schönflies* σ_v und σ_d) vorhanden sind. Außer den Punktgruppen 23 und 32 (T bzw. D_3 nach *Schönflies*) sind alle Symbole eindeutig voneinander unterscheidbar.

11.3.2. Erweiterung der Symmetrie-Konzeption durch das Kristall-Gitter

Die in einem Kristall-Gitter vorhandene *Translationssymmetrie* reduziert einerseits die Anzahl der Punktgruppen drastisch, ermöglicht andererseits das Auftreten weiterer Symmetrie-Elemente, die man in einfachen Molekülen nicht, wohl aber in (als unendlich lang angenommenen) Polymeren mit eindimensionaler Periodizität vorfindet (*Kap. 7.2.2*):

- *Schraubenachsen* durch Kombination einer Drehung mit einer Translation parallel zur Drehachse,
- *Gleitspiegelebenen* durch Kombination einer Spiegelung mit einer Translation parallel zur Spiegelebene.

Man erkennt leicht, daß zusätzliche Symmetrie-Elemente berücksichtigt werden müssen, da z.B. nach zweimaliger Spiegelung in einem Kristall – im Gegensatz zu einem Molekül – nicht notwendigerweise wieder die Ausgangsposition erreicht sein muß, sondern auch eine damit translationssymmetrische Position erlaubt ist. Damit darf ein Molekül im (als unendlich angenommenen) Kristall entlang einer Spiegelebene gleiten, solange die Gleitkomponente so eingestellt ist, daß nach zweimaliger Gleitspiegelung die insgesamt zurückgelegte Strecke einem Translationsvektor des Kristalls entspricht (*Fig. 11.11*). Entsprechend der Gleitrichtung nennt man die Gleitspiegelebenen *a*, *b*, *c*, *n* oder *d*, wobei die beiden letztgenannten Gleitspiegelebenen zusammengesetzte Gleitkomponenten entlang von Diagonalen aufweisen. Schraubenachsen werden mit dem Symbol n_m bezeichnet; dabei gibt m/n die Translationskomponente parallel zur Achse an. Erlaubt sind folgende Schraubenachsen: 2_1, 3_1, 3_2, 4_1, 4_2, 4_3, 6_1, 6_2, 6_3, 6_4 und 6_5.

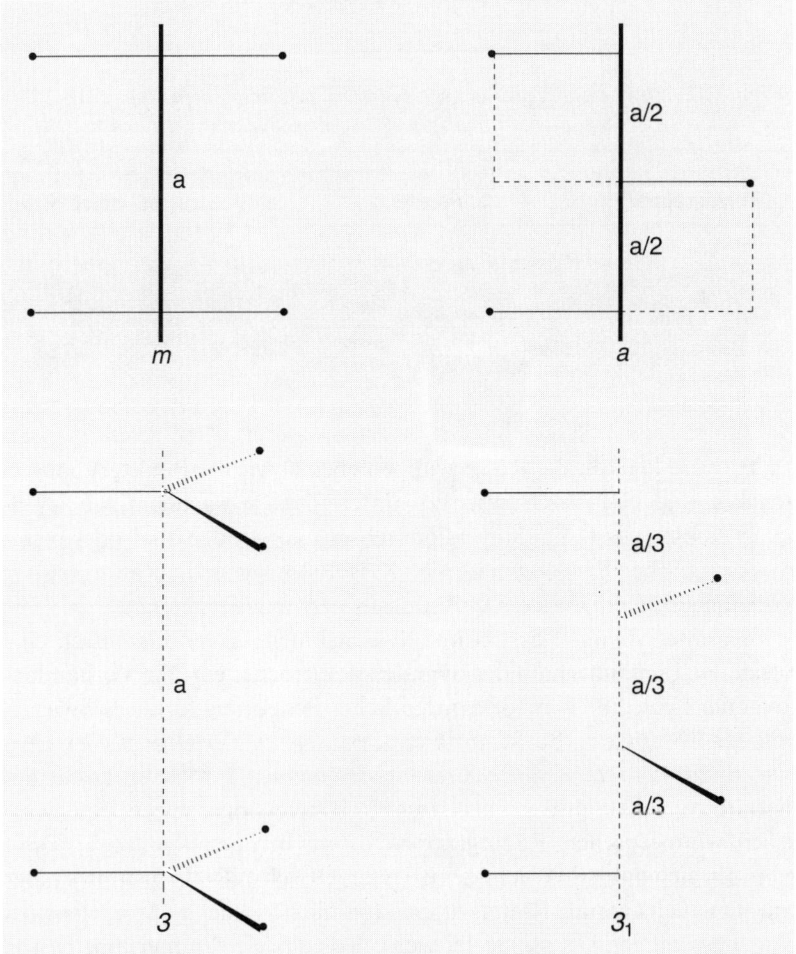

Fig. 11.11. *Vergleich zwischen Spiegelebene (m) und Gleitspiegelebene (a) bzw. zwischen Drehachse (3) und Schraubenachse (3_1)*

Außerdem werden zur Beschreibung des Kristall-Gitters neben den primitiven Elementarzellen (*P*), bei denen im einfachsten Fall nur die Eckpunkte mit Atomen besetzt sind, zentrierte Elementarzellen benutzt, die *Bravais*-Gitter *A*, *B*, *C* (jeweils einfach flächenzentriert), *I* (raumzentriert), *F* (allseitig flächenzentriert) und *R* (rhomboedrisch).

Insgesamt gibt es im Kristall 230 Kombinationen von Symmetrie-Elementen, die man *Raumgruppen* nennt. Das Raumgruppensymbol ergibt sich aus dem Punktgruppensymbol, indem

- beim Vorhandensein von Schraubenachsen statt Drehachsen oder von Gleitspiegelebenen statt Spiegelebenen entsprechende Änderungen vorgenommen werden,
- die Abkürzung des *Bravais*-Gitters vorangestellt wird.

Als Beispiel sind die 13 Raumgruppen des monoklinen Kristall-Systems mit den Punktgruppen, aus denen sie hervorgehen, in *Tab. 11.2* zusammengestellt. Man erkennt, daß die für Moleküle bewährte *Schönflies*-Notation vor der in Kristallen vorhandenen Symmetrie-Vielfalt kapitulieren muß: Die der Raumgruppe $P2_1/c$ entsprechende *Schönflies*-Bezeichnung lautet C^5_{2h} und enthält damit keinerlei Information über das *Bravais*-Gitter sowie das Vorhandensein einer Schraubenachse und einer Gleitspiegelebene parallel zur *c*-Achse.

Tab. 11.2. *Die 13 monoklinen Raumgruppen und die Punktgruppen, aus denen sie hervorgehen*

Punktgruppe	*P*-Gitter				*C*-Gitter	
2	$P2$	$P2_1$			$C2$	
m	Pm		Pc		Cm	Cc
2/*m*	$P2/m$	$P2_1/m$	$P2/c$	$P2_1/c$	$C2/m$	$C2/c$

Es wäre logisch, die Raumgruppen ebenso wie die Punktgruppen in achirale und chirale Gruppen zu unterteilen, je nachdem, ob Drehspiegelachsen (bzw. Drehinversionsachsen) vorhanden sind oder nicht. Aus praktischen Erwägungen teilen Kristallographen die Raumgruppen jedoch nach einem anderen Ordnungsprinzip ein (*Fig. 11.12*).

Bei einer *Röntgen*-Strukturanalyse nehmen Inversionszentren eine Sonderstellung innerhalb der Symmetrie-Elemente ein. Ihr Vorhandensein oder Fehlen ist von außerordentlicher Bedeutung für die Schwierigkeit der Lösung des 'Phasenproblems' (s. *Aspekte der Organischen Chemie*, Band 4: *Methoden der Struktur-Bestimmung*). Man unterscheidet deshalb zunächst zentrosymmetrische (mit Inversionszentren) von nicht-zentrosymmetrischen Raumgruppen (ohne Inversionszentren). Somit befinden sich unter den nicht-zentrosymmetrischen Raumgruppen außer chiralen auch achirale Raumgruppen (nämlich solche mit Spiegelebenen bzw. vierzähligen Drehspiegelachsen). Jede chirale Raumgruppe besitzt

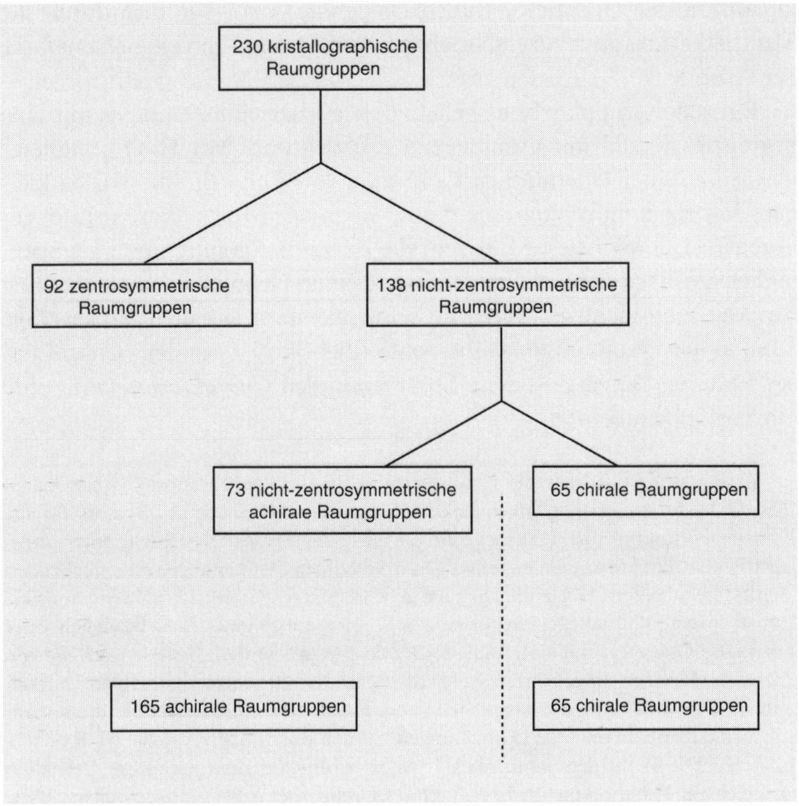

Fig. 11.12. *Unterteilung der Raumgruppen*

polare Richtungen, deren entgegengesetzte Enden durch keine Symmetrie-Operation (außer Translation) ineinander übergeführt werden können: Entlang einer polaren Richtung zeigt der Kristall *eindimensionale Chiralität*. Besonders wichtig sind diejenigen chiralen Raumgruppen, bei denen einer der drei Translationsvektoren ($\boldsymbol{a}$, $\boldsymbol{b}$ oder $\boldsymbol{c}$) mit einer polaren Richtung zusammenfällt, die also eine polare Achse enthalten.

11.4. Irreduzible Darstellungen

In *Abschn. 11.2.1* wurde festgestellt, daß eine aus h Elementen bestehende endliche Gruppe dann eindeutig definiert ist, wenn sämtliche h^2 Verknüpfungen bekannt sind. Diese Verknüpfungen werden in Form einer ($h \times h$)-Matrix, der sogenannten *Multiplikationstafel* (*Gruppentafel*), tabelliert.

Jede Symmetrie-Operation kann durch eine Transformationsmatrix repräsentiert werden. Letztere beschreibt die Koordinatenänderungen, welche die in einem Molekül befindlichen Atome bei Anwendung der Symmetrie-Operation erfahren; für ein Molekül mit n Atomen sind dazu ($3n \times 3n$)-Matrizen erforderlich, falls jeweils die x-, y- und z-Koordinate getrennt betrachtet wird. Die aus der Verknüpfung zweier Symmetrie-Operationen resultierenden Koordinatenänderungen ergeben sich dann durch die Multiplikation der entsprechenden Transformationsmatrizen. Ein Satz solcher Matrizen (eine Matrix für jede Symmetrie-

Operation der Gruppe) verhält sich demnach so, wie dies durch die Multiplikationstafel vorgeschrieben ist; man nennt ihn eine *Darstellung* der Gruppe.

Für jede Gruppe gibt es beliebig viele Darstellungen, aber nur eine begrenzte Anzahl mit grundlegender Bedeutung. Mit Hilfe geeigneter mathematischer Operationen kann man eine ($3n \times 3n$)-Matrix in kleinere Matrizen aufspalten, die immer noch der Multiplikationstafel gehorchen. Die kleinsten Matrizen, die dieser Bedingung noch genügen, bilden die irreduziblen Darstellungen einer Gruppe. In vielen Fällen benötigt man nicht die Matrizen selbst, sondern lediglich die jeweilige Summe der Hauptdiagonal-Elemente (die 'Spur' oder den 'Charakter' der Matrix). Daher sind diese Summen in den *Charaktertafeln* für jede Punktgruppe tabelliert.

Als Beispiel wollen wir die Charaktertafel für die Punktgruppe C_{2v} betrachten (*Tab. 11.3*). In der oberen linken Ecke befindet sich das *Schönflies*-Symbol für die Symmetrie-Punktgruppe. Daneben sind die einzelnen Symmetrie-Operationen aufgeführt. Unter ihnen sind die den jeweiligen irreduziblen Darstellungen entsprechenden Charaktere tabelliert. Horizontal gelesen geben sie für jede irreduzible Darstellung das Transformationsverhalten (1 = symmetrisch, −1 = antisymmetrisch) bezüglich jeder Symmetrie-Operation an. Unterhalb des Punktgruppensymbols befinden sich die von *Robert S. Mulliken* eingeführten Bezeichnungen der einzelnen irreduziblen Darstellungen. Je nachdem, ob die zugrundeliegenden Matrizen ein-, zwei- oder dreidimensional sind, benennt man die Darstellungen mit den Buchstaben A (bzw. B), E oder T (bzw. F). Die Wahl der Symbole A bzw. B beruht auf dem jeweiligen Verhalten bezüglich der Rotation um die höchstzählige Drehachse: A bei symmetrischem, B bei antisymmetrischem Verhalten. Wie aus *Tab. 11.3* hervorgeht, werden mehrere Darstellungen desselben Typs durch numerische Indices voneinander unterschieden (A_1/A_2 bzw. B_1/B_2). Wenn ein Inversionszentrum vorhanden ist, wird symmetrisches bzw. antisymmetrisches Verhalten bezüglich der Inversion mit den Indices g (für gerade) bzw. u (für ungerade) ausgedrückt. Das analoge Verhalten bezüglich einer horizontalen Spiegelebene wird durch die Zeichen ′ bzw. ″ angezeigt.

Tab. 11.3. *Charaktertafel für die Punktgruppe* C_{2v}

C_{2v}	E	$C_2(z)$	$\sigma_v(xz)$	$\sigma_v(yz)$
A_1	1	1	1	1
A_2	1	1	−1	−1
B_1	1	−1	1	−1
B_2	1	−1	−1	1

Weiterführende Literatur

E. Heilbronner, J. D. Dunitz, *Reflections on Symmetry in Chemistry and Elsewhere*, Verlag Helv. Chim. Acta, Basel, und VCH Verlagsgesellschaft, Weinheim, 1993.

F. A. Cotton, *Chemical Applications of Group Theory*, Wiley-Interscience, New York, 1971.

H. H. Jaffé, M. Orchin, *Symmetrie in der Chemie*, Hüthig-Verlag, Heidelberg, 1973.

D. Wald, *Gruppentheorie für Chemiker*, VCH Verlagsgesellschaft, Weinheim, 1985.

I. und M. Hargittai, *Symmetry through the Eyes of a Chemist*, VCH Verlagsgesellschaft, Weinheim, 1986.

C. H. MacGillavry, *Symmetry Aspects of M. C. Escher's Periodic Drawings*, Bohn, Scheltema & Holkema, Utrecht, 1976.

K. Mathiak, P. Stingl, *Gruppentheorie*, Vieweg-Akademische Verlagsgesellschaft, Braunschweig, 1969.

12 Bestimmung der absoluten Konfiguration

Als *Emil Fischer* Ende des letzten Jahrhunderts dem rechtsdrehenden Enantiomeren des Glyceraldehyds willkürlich die D-Konfiguration zuordnete, war ihm klar, daß sich möglicherweise alle daraus abgeleiteten absoluten Konfigurationen hätten als falsch erweisen können (*Kap. 10.2.1.1*). Es dauerte mehr als 50 Jahre, bis die absolute Konfiguration einer chiralen Verbindung experimentell bestimmt werden konnte. Glücklicherweise hatte *Fischer* zufällig die richtige Entscheidung getroffen.

12.1. Bestimmung der absoluten Konfiguration durch anomale *Röntgen*-Beugung

Die Methode der *Röntgen*-Strukturanalyse beruht auf der Streuung von *Röntgen*-Strahlen an Elektronen (*Fig. 12.1*). Dieses Phänomen ist durch die elektrodynamische Streutheorie, die auf den *Maxwell*schen Gleichungen basiert, beschreibbar. Durch eine elektromagnetische Welle mit der Wellenlänge λ wird ein Elektron beschleunigt und führt eine harmonische Schwingung um seine Ruhelage aus. Dementsprechend sendet es eine Streustrahlung gleicher Wellenlänge aus; man sagt, es handele sich hierbei um eine kohärente Streuung. Die Intensität der Streuwelle ist in Richtung des Primärstrahls am größten und nimmt mit größer werdendem Winkel 2θ ab. Die Phasendifferenz zwischen Primärstrahl und gestreutem Strahl ist in erster Näherung gleich 180°. Ihr genauer Wert ist von Element zu Element verschieden und hängt jeweils von der Wellenlänge ab. Weicht die Phasendifferenz merklich von dem oben genannten Wert ab, spricht man von *anomaler Streuung*.

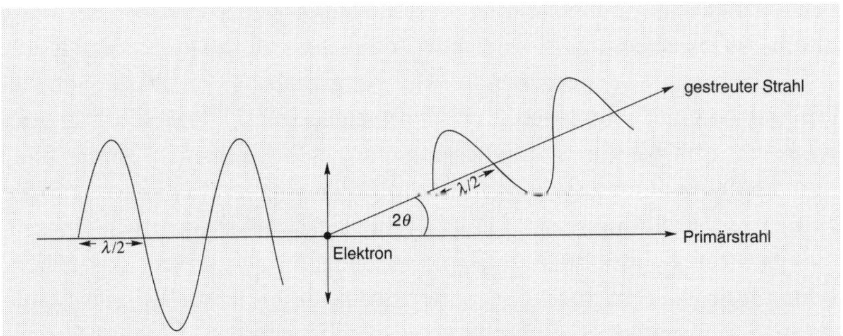

Fig. 12.1. *Schematische Darstellung der Streuung von* Röntgen-*Strahlen an Elektronen*

Aus dem Streubeitrag eines Elektrons und tabellierten atomaren Elektronendichten ist der Streubeitrag eines beliebigen Atoms (der sogenannte *Atomformfaktor*) berechenbar, daraus wiederum der Streubeitrag aller in der Elementarzelle eines Einkristalls befindlichen Atome, sofern ihre relativen Positionen zueinander bekannt sind. Aus dieser Größe (dem *Strukturfaktor*), deren Betragsquadrat experimentell zugänglich ist, lassen sich die Atom-Positionen einer unbekannten Struktur prinzipiell berechnen. Der Strukturfaktor ist daher für die Kristallstruktur-Bestimmung von zentraler Bedeutung.

Bei der Berechnung des Streubeitrags des gesamten Kristalls muß man die Phasendifferenzen der von den einzelnen Elementarzellen ausgehenden Streuwellen berücksichtigen. Durch die Periodizität des Kristall-Gitters löschen sich die meisten Streuwellen aus, so daß nur noch ganz bestimmte Werte für den Winkel 2θ zu einer meßbaren Intensität führen. Man erhält ein periodisches Beugungsdiagramm, dessen Maxima umso schärfer sind, je mehr Elementarzellen zur Beugung beitragen. Beugung findet allerdings nur dann statt, wenn die Wellenlänge der verwendeten Strahlung die gleiche Größenordnung wie die Gitter-Abmessungen besitzt. Da die Abmessungen von Kristall-Gittern ungefähr Atom-Abständen entsprechen, ist für die Beugung am Kristall-Gitter Strahlung im 100-pm-Bereich (also *Röntgen*-, Neutronen- oder Elektronenstrahlung) erforderlich.

Eine anschauliche Interpretation des Beugungsvorgangs stammt von *W. Lawrence Bragg* (*Fig. 12.2*). Man kann durch einen Kristall Scharen von Ebenen legen, die mit Atomen dicht besetzt sind und jeweils den Abstand d voneinander haben. Nimmt man an, daß ein *Röntgen*-Strahl an einer solchen 'Netzebene' wie an einem halbdurchlässigen Spiegel teilweise reflektiert wird, kommt eine meßbare Intensität der reflektierten Strahlung nur zustande, wenn keine Phasendifferenzen zwischen den Teilwellen auftreten. Die Wegdifferenz zweier Strahlen, die an benachbarten Netzebenen reflektiert werden, hängt vom Einfalls- bzw. Ausfallswinkel θ ab und beträgt $2d\sin\theta$. Um keine Phasendifferenz hervorzurufen, muß diese Wegdifferenz einem ganzzahligen Vielfachen der Wellenlänge λ entsprechen. Daraus ergibt sich die *Bragg*sche Gleichung:

$$2d \sin\theta = n\lambda$$

Fig. 12.2 läßt erkennen, daß diese Bedingung für eine bestimmte Netzebenenschar auf zweierlei Weise erfüllt werden kann: entweder durch Reflexion an der Vorderseite oder durch Reflexion an der Rückseite. Die sich daraus ergebenden Beugungsintensitäten sind gleich, sofern alle Atome normal streuen (*Friedel*sches Gesetz). Dies führt zu einer Komplikation bei der Untersuchung chiraler Kristall-Strukturen; denn das erhaltene Beugungsmuster ist unter den genannten Bedingungen immer zentrosymmetrisch. Dieses 'Hinzuaddieren' von Inversionszentren hat zur Konsequenz, daß enantiomorphe Strukturen das gleiche Beugungsmuster ergeben und daher durch die übliche *Röntgen*-Strukturanalyse nicht voneinander zu unterscheiden sind.

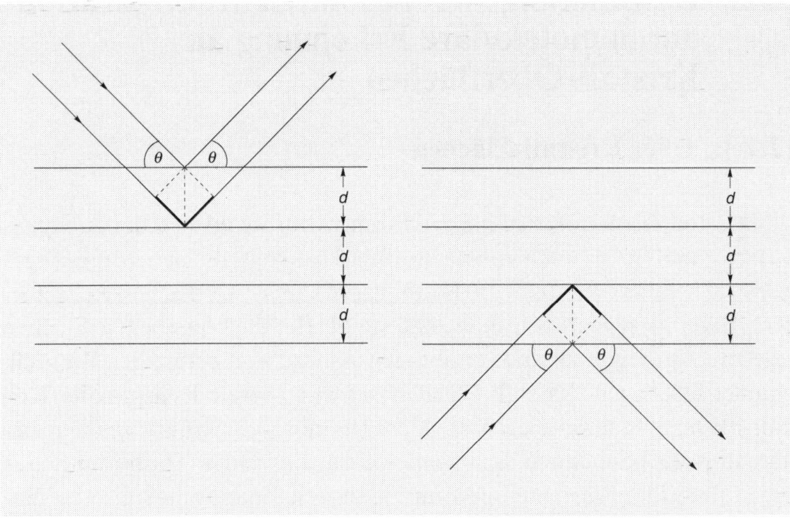

Fig. 12.2. *Reflexion von* Röntgen-*Strahlen an der Vorderseite* (links) *bzw. Rückseite* (rechts) *einer Netzebenenschar*

Streuen dagegen einige Atome anomal, ergeben sich meßbare Intensitätsunterschiede zwischen den an Vorder- bzw. Rückseite reflektierten Strahlen. Dadurch läßt sich zwischen zwei enantiomorphen Strukturen unterscheiden. Diese Methode wurde zum ersten Mal von *Johannes Martin Bijvoet* angewendet. Er untersuchte 1951 die Kristall-Struktur von Na-Rb-(+)-Tartrat unter Verwendung einer von ihm konstruierten *Röntgen*-Röhre, deren Anodenmaterial aus Zirkonium bestand. Die von dieser Röhre ausgesandte Strahlung veranlaßte die Rb^+-Ionen zu anomaler Streuung, so daß aus den oben erwähnten Intensitätsunterschieden die absolute Konfiguration des Anions eindeutig bestimmt werden konnte.

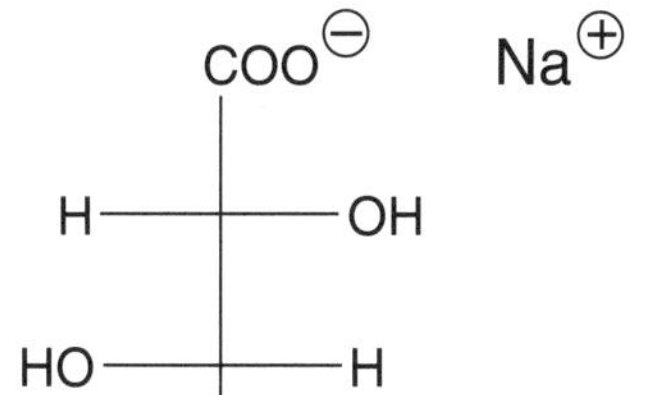

Aufgrund verbesserter Meßtechnik ist dieses Verfahren für Kristallographen inzwischen zur Routine geworden. Die zur Untersuchung kristalliner organischer Verbindungen am häufigsten verwendete Cu-*Röntgen*-Strahlung erfordert dafür die Anwesenheit von mindestens einem Atom mit einer Ordnungszahl größer als 14, also von Phosphor, Schwefel oder schwereren Atomen. Es ist zwar in Einzelfällen gelungen, die absolute Konfiguration einer Verbindung nur aufgrund des relativ geringen anomalen Streubeitrags vorhandener O-Atome festzulegen, doch ist die Sicherheit der Bestimmung erheblich größer, wenn schwere Atome anwesend sind. Gute experimentelle Daten sind in jedem Fall erforderlich.

Neben dieser häufig verwendeten Methode ist in Sonderfällen ein von *Meir Lahav* und seinen Kollegen entwickeltes Verfahren anwendbar, das zwar Kristalle erfordert, aber ohne *Röntgen*-Beugung auskommt. Es beruht auf der molekularen Erkennung maßgeschneiderter Additive an Kristall-Oberflächen und soll nachfolgend skizziert werden.

12.2. Bestimmung der absoluten Konfiguration durch molekulare Erkennung an Kristall-Oberflächen

12.2.1. Über Kristall-Flächen

Das Interesse an Kristall-Strukturen wird sowohl von der *Röntgen*-Strukturanalyse als auch von der Aufmerksamkeit, die neuerdings organische Chemiker kristallinen Festkörpern zuteil werden lassen, gefördert. Bezeichnet man Kristalle als feste Stoffe, die von ebenen Flächen gesetzmäßig begrenzt sind, ergibt sich nahezu von selbst der Wunsch, symmetriebezogene Kristall-Flächen zu klassifizieren. Es liegt nahe, Kristall-Flächen paarweise als äquivalent (homotop), enantiotop oder diastereotop zu bezeichnen, je nachdem, ob die beiden Halbräume, aus denen man ihre Ansichten gewinnt, identisch, enantiomorph oder diastereomorph sind. (Topizitätsbetrachtungen sind in *Kap. 4* angestellt worden.)

Zentrosymmetrische Kristalle weisen auf gegenüberliegenden Seiten jeweils zueinander parallele, enantiotope Flächen auf. Sie enthalten entweder achirale Moleküle oder enantiomere Moleküle, welche durch Punktspiegelung (Inversion) ineinander übergeführt werden. Die Orientierung der beiden Enantiomeren bezüglich eines rechtshändigen Koordinatensystems läßt sich durch normale *Röntgen*-Beugung eindeutig festlegen; damit sind auch die Kristall-Flächen eindeutig zugeordnet. Es ist zweckmäßig, einen aus lauter chiralen Molekülen bestehenden racemischen Kristall als *enantiopolar* anzusehen, d. h. ihn so zu behandeln, als sei er aus zwei zueinander enantiomorphen chiralen Kristall-Strukturen zusammengesetzt, die durch ein Inversionszentrum (oder eine Gleitspiegelebene) miteinander verknüpft sind.

Die thermodynamisch stabile α-Form des Glycins, die bei der Kristallisation aus H_2O auftritt, ist ein Beispiel für eine zentrosymmetrische Kristall-Struktur. In der Kristall-Struktur des α-Glycins sind vier (durch die Ziffern **1** bis **4** in *Fig. 12.3* unterschiedene) Molekül-Konformationen untergebracht. Ein Paar der Konformeren **1** und **2** ist durch eine zweizählige Schraubenachse miteinander verknüpft. Die ($C{-}H_{pro\text{-}R}$)-Bindungen zeigen jeweils in die Richtung $+b$ und ragen aus der Fläche f1 heraus. Die Konformeren **3** und **4** bilden ebenfalls ein derartiges Molekül-Paar und sind durch ein Inversionszentrum mit **1** und **2** verknüpft. Die ($C{-}H_{pro\text{-}S}$)-Bindungen zeigen jeweils in die Richtung $-b$ und ragen aus der Fläche f$\bar{1}$ heraus. Das zentrosymmetrische α-Glycin weist mikroskopisch gesehen zwei enantiopolare Sätze enantiomorpher Glycin-Konformationen vom Typ **1**/**2** bzw. **3**/**4** und makroskopisch gesehen zwei enantiotope Kristall-Flächen f1 und f$\bar{1}$ auf.

Chirale Kristalle unterscheiden sich von zentrosymmetrischen Kristallen dadurch, daß ihre Flächen nicht paarweise auf gegenüberliegenden Seiten auftreten müssen. *Fig. 12.4* zeigt das Modell eines derartigen Kristalls mit einer polaren Achse. Bei der Struktur-Bestimmung durch normale *Röntgen*-Beugung tritt hier eine besondere Komplikation auf: Wegen der Zentrosymmetrie des Beugungsmusters läßt sich die absolute Orientierung eines chiralen Moleküls in bezug auf die Kristall-Achsen und -Flächen nicht eindeutig festlegen.

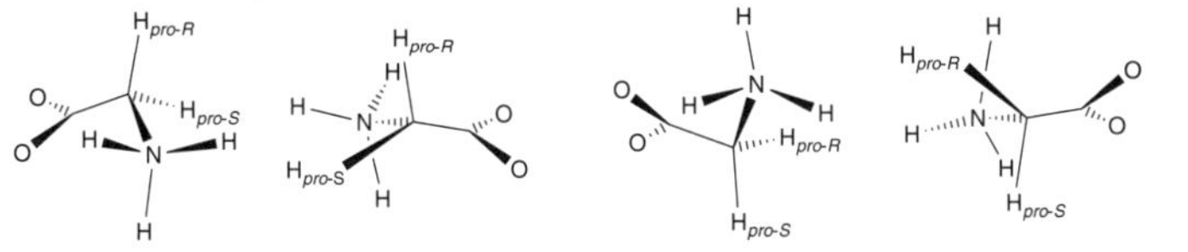

1 2 3 4

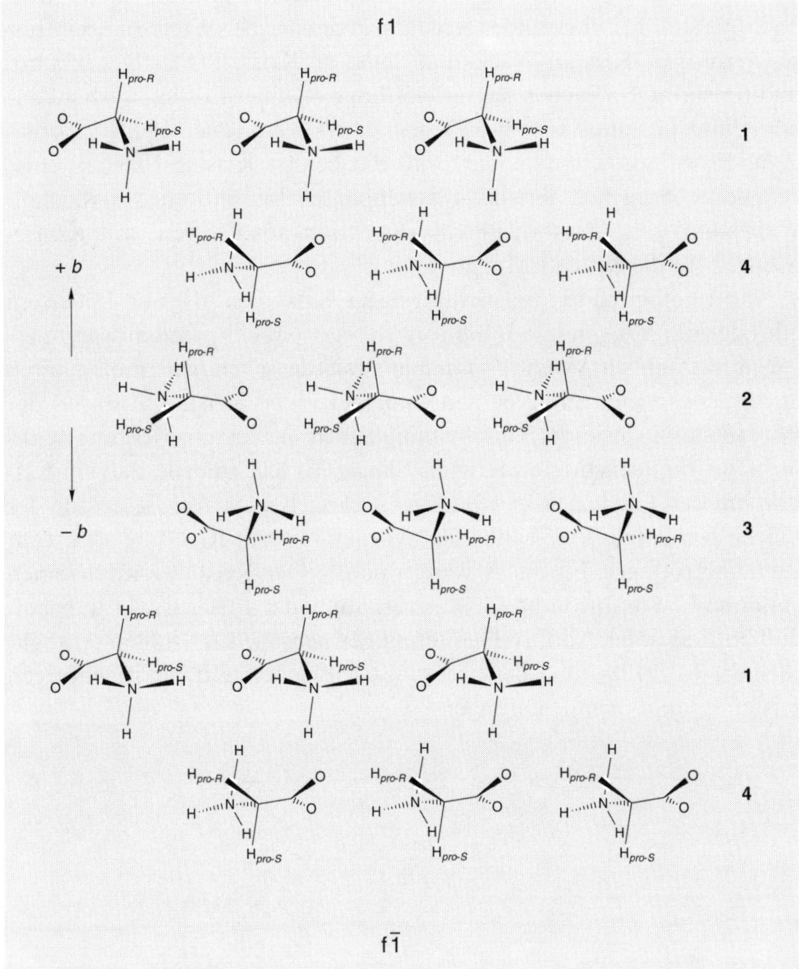

Fig. 12.3. *α-Form von Glycin* (Raumgruppe $P2_1/c$). Die benachbarten Schichten, die **1** und **4** bzw. **2** und **3** enthalten, sind jeweils durch Inversionszentren, die benachbarten Schichten, die **1** und **3** bzw. **2** und **4** enthalten, sind jeweils durch eine Gleitspiegelebene miteinander verbunden.

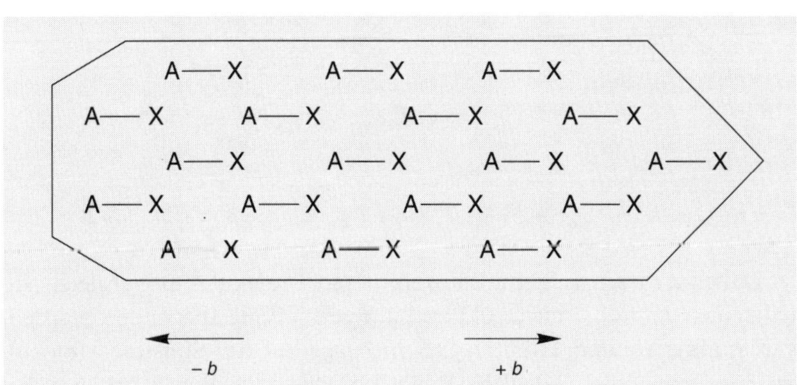

Fig. 12.4. *Modell eines nicht-zentrosymmetrischen Kristalls mit eindimensionaler Chiralität entlang der polaren Achse* b

In die β- und γ-Formen des Glycins lassen sich keine Inversionszentren oder Spiegelebenen, nur Schraubenachsen hineinlesen: Jeder Kristall enthält nur eine der enantiomorphen Konformationen.

12.2.2. Gezielte Beeinflussung der Kristall-Morphologie

Man weiß seit langem, daß Verunreinigungen in Lösungen die Morphologie sich ausscheidender Kristalle in drastischer Weise zu beeinflussen vermögen. Kristall-Wachstum findet an Kristall-Oberflächen statt, und Kristall-Oberflächen sind in der Lage, in einer Lösung vorhandene Wirt- und Gastmoleküle individuell zu erkennen und selektiv anzulagern. Es ist somit vorstellbar, daß die beiden Kristall-Flächen eines symmetriebezogenen Kristall-Flächenpaares Inhibitoren des Kristall-Wachstums mit unterschiedlicher Selektion adsorbieren: mit Konsequenzen für die Kristall-Morphologie.

Morphologische Untersuchungen an Kristallen, die aus Lösungen mit oder ohne zugesetzte Inhibitoren vorgenommen worden waren, ergaben tatsächlich einen Zusammenhang zwischen der molekularen Struktur der inhibierenden Gastmoleküle, der Kristall-Struktur der Wirtsubstanz sowie der Geschwindigkeit in Wachstumsrichtung senkrecht zur beeinträchtigten Kristall-Fläche. Es leuchtet ein, daß ein Kristall mit den Flächen A und B (*Fig. 12.5*) nach selektiver Besetzung der Fläche B mit Inhibitor-Molekülen vornehmlich in Richtung senkrecht zur unbetroffenen Fläche A weiterwächst: Der Kristall ändert seinen Habitus. Unterschiede im Größenverhältnis der Flächen von unbeeinflußten und unter Additiv-Hemmung gewachsenen Kristallen ermöglichen die Identifizierung der beeinflußten Flächen und der zugehörigen kristallographischen Richtungen.

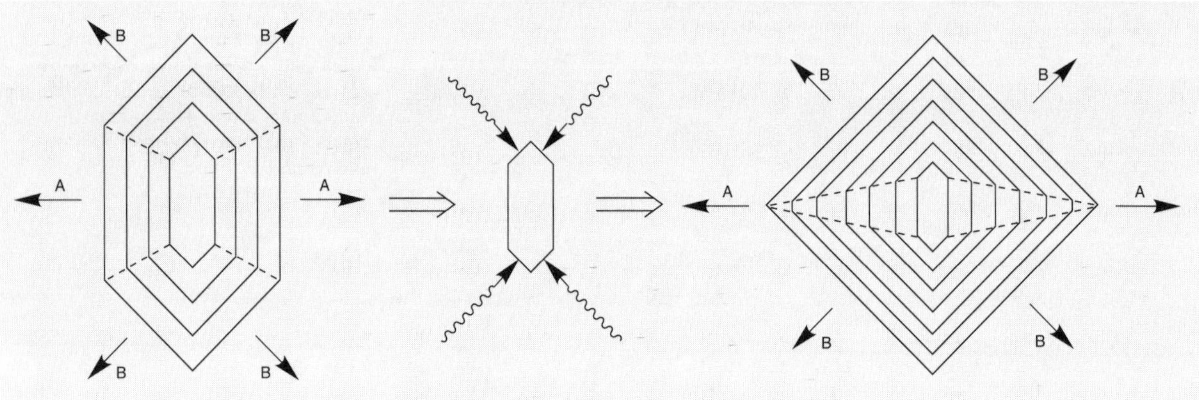

Fig. 12.5. *Beeinflussung des Kristall-Habitus durch selektive Inhibierung des Kristall-Wachstums senkrecht zu den Flächen B*

Dabei erwiesen sich Inhibitoren, deren Moleküle im Vergleich zu denjenigen des Substrats strukturell nur geringfügig abgeändert worden waren, als besonders effektiv. Der in bezug auf das Substrat-Molekül unveränderte Molekül-Teil des Inhibitors wird noch ohne Störung in die in Betracht kommende Kristall-Oberfläche eingebaut, behindert mit seinem veränderten, vom Kristall-Innern abgewandten Molekül-Teil jedoch die Adsorption weiterer Molekül-Schichten des eigentlichen Substrats. Demzufolge verzögert sich das Kristall-Wachstum senkrecht zur betroffenen Fläche, und es kommt zu einer veränderten Kristall-Morphologie.

Mit der gewollten Störung des Kristall-Wachstums durch selektive Inhibitoren (*crystal engineering*) ist es gelungen, durch maßgeschneiderte Additive die absolute Konfiguration chiraler Moleküle in chiralen Kristallen oder die absolute Konfiguration chiraler Inhibitoren mit Hilfe zentrosymmetrischer Kristalle direkt zu bestimmen. Das letztere Verfahren wollen wir näher erläutern.

12.2.3. Direkte Bestimmung der absoluten Konfiguration chiraler Additiv-Moleküle mit Hilfe von enantiopolaren Kristallen

Enantiopolare Kristalle kommen nur dann für eine Konfigurationsbestimmung in Betracht, falls eine funktionelle Gruppe W in den (*R*)-Enantiomeren zur Fläche f1 und nicht zur Fläche $\overline{f1}$ und somit in den (*S*)-Enantiomeren zur Fläche $\overline{f1}$ und nicht zur Fläche f1 ausgerichtet ist (*Fig. 12.6*). Aufgrund der Orientierung der Gruppe W kann das Additiv W–S′–A nur in den Flächen f1 und f2, nicht aber in den Flächen $\overline{f1}$ und $\overline{f2}$ eingebaut werden. Die analoge Überlegung gilt aus Symmetrie-Gründen für das enantiomorphe Additiv A–R′–W.

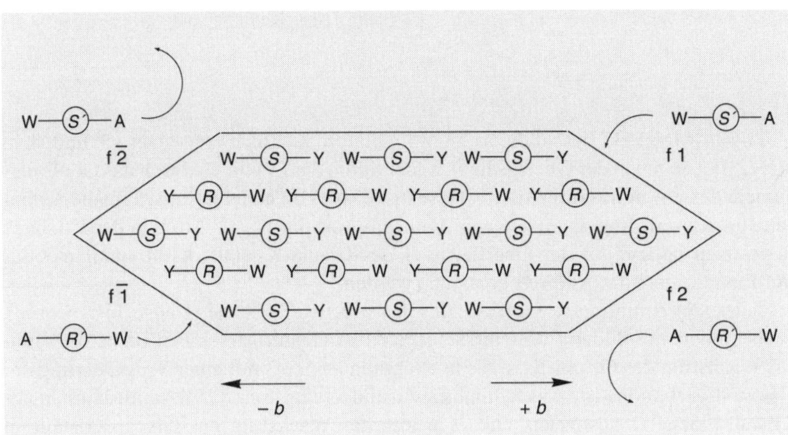

Fig. 12.6. *Modell eines enantiopolaren Kristalls aus den enantiomorphen Kristall-Bausteinen W–S–Y und Y–R–W und schematische Darstellung der Anlagerung der enantiomorphen Additive W–S′–A und A–R′–W an die Kristall-Oberflächen f1, f2, $\overline{f1}$ und $\overline{f2}$*

Diese Voraussetzung ist in der bereits erwähnten α-Form eines Glycin-Kristalls (*Fig. 12.3*) deshalb erfüllt, weil die einzelnen Glycin-Moleküle jeweils in einer chiralen Konformation vorliegen. Es gibt insgesamt zwei enantiopolare Sätze von Glycin-Konformeren (Konformationen **1** und **2** bzw. **3** und **4** in *Fig. 12.3*). Die Oberfläche f1 eines Glycin-Kristalls kann entweder durch Moleküle in den Konformationen **1** bzw. **2** oder **3** bzw. **4** gebildet werden.

In dem einen Konformerensatz (Konformere **1** und **2**) ist von den beiden (C–H)-Bindungen der CH_2-Gruppe die (C–$H_{pro\text{-}R}$)-Bindung senkrecht und die (C–$H_{pro\text{-}S}$)-Bindung fast parallel zur Fläche f1 orientiert. Gibt man als Additiv eine α-Aminosäure zur Glycin-Lösung, so vermag nur ihr (*R*)-Enantiomeres Glycin-Moleküle dieses Konformerensatzes in der Oberfläche f1 zu ersetzen: Nur hier ragt die Seitenkette der α-Aminosäure, welche inzwischen die Stelle des $H_{pro\text{-}R}$-Atoms des Glycins einnimmt, aus der Kristall-Oberfläche heraus (*Fig. 12.7*). Die ursprüngliche Stelle des ersetzten Glycin-Moleküls kann nicht vom (*S*)-Enantiomeren einer α-Aminosäure eingenommen werden: Die Seitenkette hätte das $H_{pro\text{-}S}$-Atom zu ersetzen und müßte nahezu in der Kristall-Oberfläche zu plazieren sein.

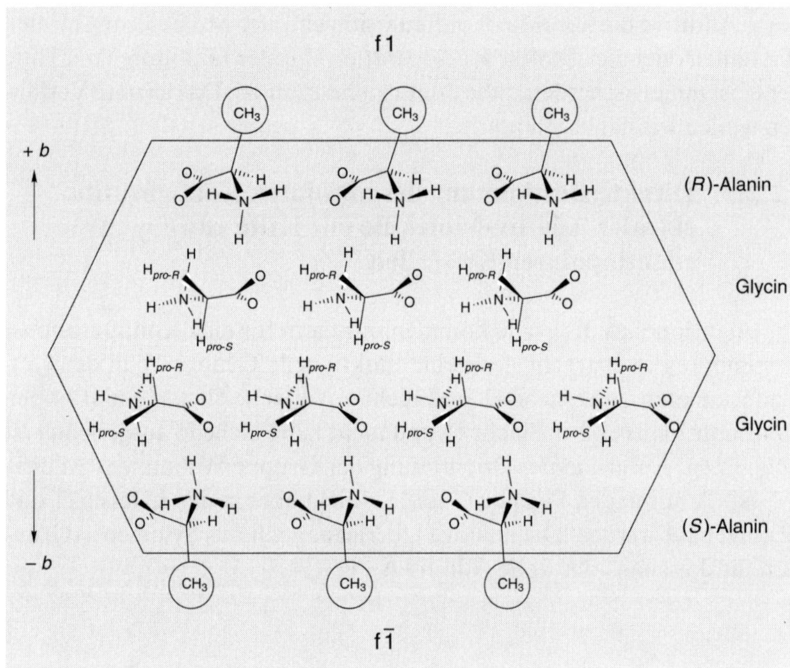

Fig. 12.7. *Ausschnitt aus dem Modell eines α-Glycin-Kristalls, in dessen Oberfläche f1 (*R*)-Alanin und in dessen Oberfläche f1̄ (*S*)-Alanin eingelagert ist*

Glycin-Moleküle des anderen enantiopolaren Konformerensatzes (**3** und **4** in *Fig. 12.3*) können in der Oberfläche f1 weder durch das (*S*)- noch durch das (*R*)-Enantiomere des α-Aminosäure-Additivs ersetzt werden: Im ersteren Fall ragte die Seitenkette ins Kristall-Innere, im letzteren Fall würde sie das $H_{pro\text{-}R}$-Atom in der Fläche f1 zu ersetzen haben. An der Oberfläche f1 des Glycin-Kristalls kann somit nur das (*R*)-Enantiomere des Additivs gebunden werden.

Jedes (*R*)-Aminosäure-Molekül, das in der Kristall-Fläche f1 adsorbiert worden ist, behindert die Bildung weiterer Schichten aus Glycin-Molekülen und stört somit das Wachstum des Glycin-Kristalls in Richtung $+b$: was mit einer Vergrößerung der Fläche f1 verbunden ist. Aus Symmetrie-Gründen würde eine (*S*)-Aminosäure in der Kristall-Fläche f1̄ adsorbiert und es würde das Wachstum des Glycin-Kristalls in Richtung $-b$ beeinträchtigt werden. α-Glycin-Kristalle sind morphologisch verändert, falls sie sich aus einer Lösung abgeschieden haben, die mit D-Aminosäuren verunreinigt war: Die Kristall-Fläche f1 ist drastisch vergrößert. Ein derartiges Ergebnis stimmt mit der Annahme überein, daß die als Verunreinigung verwendete D-Aminosäure (*R*)-konfiguriert ist.

Weiterführende Literatur

Zu Abschn. 12.1.

M. J. Buerger, *Kristallographie,* Walter de Gruyter, Berlin, 1977.

P. Luger, *Modern X-Ray Analysis on Single Crystals,* Walter de Gruyter, Berlin, 1980.

E. R. Wölfel, *Theorie und Praxis der Röntgenstrukturanalyse,* Vieweg, Braunschweig, 1987.

J. D. Dunitz, *X-Ray Analysis and the Structure of Organic Molecules,* Cornell University Press, Ithaca, 1979.

J. M. Bijvoet, A. F. Peerdeman, A. J. van Bommel, *Determination of the Absolute Configuration of Optically Active Compounds by Means of X-Rays, Nature* **1951,** *168,* 271.

Zu Abschn. 12.2.

12.2.1.

D. Y. Curtin, I. C. Paul, *Chemical Consequences of the Polar Axis in Organic Solid-State Chemistry, Chem. Rev.* **1981,** *81,* 525.

12.2.2.

Z. Berkovitch-Yellin, L. Addadi, M. Idelson, L. Leiserowitz, M. Lahav, *Absolute Configuration of Chiral Polar Crystals, Nature* **1982,** *296,* 27.

L. Addadi, Z. Berkovitch-Yellin, I. Weissbuch, J. van Mil, L. J. W. Shimon, M. Lahav, L. Leiserowitz, *Wachstum und Auflösung organischer Kristalle in Gegenwart von Additiven – ein Beitrag zu Stereochemie und Materialwissenschaften, Angew. Chem.* **1985,** *97,* 476.

I. Weissbuch, L. Addadi, M. Lahav, L. Leiserowitz, *Molecular Recognition at Crystal Interfaces, Science* **1991,** *253,* 637.

J. M. McBride, *Symmetry Reduction in Solid Solutions: A New Method for Materials Design, Angew. Chem.* **1989,** *101,* 391.

B. Kahr, J. M. McBride, *Optisch anomale Kristalle, Angew. Chem.* **1992,** *104,* 1.

12.2.3.

I. Weissbuch, L. Addadi, Z. Berkovitch-Yellin, E. Gati, S. Weinstein, M. Lahav, L. Leiserowitz, *Centrosymmetric Crystals for the Direct Assignment of the Absolute Configuration of Chiral Molecules. Application to the α-Amino Acids by Their Effect on Glycine Crystals, J. Am. Chem. Soc.* **1983,** *105,* 6615.

13 NMR-Spektroskopie

13.1. Physikalische Grundlagen

NMR-Spektroskopie (*Nuclear Magnetic Resonance Spectroscopy*, Kernmagnetische Resonanz-Spektroskopie) ist heute die unverzichtbare Methode, welche für die Bestimmung von Konstitution, Konfiguration und Konformation organischer Verbindungen in Lösung herangezogen wird. Da Atome, genauer Atom-Kerne eines Moleküls NMR-Signale verursachen, verfügt die NMR-Spektroskopie über außerordentlich gut lokalisierte Sensoren mit einer Ausdehnung von wenigen Femtometern. Sie erweisen sich als molekulare Informanten, da die spektroskopischen Eigenschaften der Kerne von der molekularen Umgebung stark abhängig sind. Die Wechselwirkung der Kerne untereinander durch den Raum oder durch die zwischen ihnen liegenden Bindungen erlaubt die Messung von (Kern–Kern)-Abständen oder von Torsionswinkeln.

Der Nutzung dieser im Vergleich zu anderen spektroskopischen Methoden einzigartigen Informationsquelle stand seit ihrer Entdeckung durch *Edward Purcell* und *Felix Bloch* (*Nobel*-Preis für Physik 1952) lange die Unempfindlichkeit der Methode entgegen. NMR-Signale sind außerordentlich schwach und waren ursprünglich schwierig zu registrieren. Die Einführung des sogenannten Puls-*Fourier*-Verfahrens (1964) löste dieses Problem auf einen Schlag. (Kern/Kern)-Wechselwirkungen lassen sich durch Einführung der sogenannten mehrdimensionalen *Fourier*-Verfahren (1974) auch bei Makromolekülen mit vielen Hunderten von Kernen bestimmen. Die Entwicklung und Anwendung dieser Methoden ist ein aktuelles Forschungsgebiet. Mit der Verleihung des *Nobel*-Preises für Chemie des Jahres 1991 an *Richard R. Ernst* sind die zwei grundlegenden Arbeiten, *Puls-Fourier-Spektroskopie* und *mehrdimensionale NMR-Spektroskopie*, gewürdigt worden.

13.1.1. Bau der Atom-Kerne

Der Kern eines jeden Atoms ist aus *Protonen* und *Neutronen* zusammengesetzt; nur der Kern des ^{1}H besteht aus einem einzigen Proton. Das Proton trägt eine einfach positive Ladung, das Neutron ist ungeladen. Beiden Kernteilchen gemeinsam ist ihre Eigendrehung (*Spin*), die man sich anschaulich als eine Rotation des jeweiligen Kernteilchens um eine zentrale Achse vorstellen kann. Diese Kreisbewegung ist mit der Eigenrotation der Erde vergleichbar. Mit der Eigendrehung des Kernteilchens drehen sich auch die Ladungsträger in den Kernteilchen (*Quarks*) um diese Achse, so daß ein Kreisstrom fließt. Ein solcher Kreisstrom erzeugt ein magnetisches Moment entlang der Rotationsachse. Das magnetische Moment tritt mit einem Magnetfeld in Wechselwirkung wie eine Magnetnadel mit dem Erdmagnetfeld. Die stabilste Orientierung eines Ladungsträgers ist dann gegeben, wenn sein magnetisches Moment parallel zur Richtung des äußeren Magnetfeldes orientiert ist, die instabilste Orientierung liegt dann vor, wenn sein magnetisches Moment antiparallel zum äußeren Magnetfeld ausgerichtet ist.

Treten mehrere Kernteilchen zu einem Kern zusammen, kommt es zu einer Addition oder Subtraktion der individuellen Eigenrotationen. Wir wollen diese Zusammenhänge nun quantifizieren.

13.1.2. Spin-Quantelung

Während sich makroskopische Objekte (z. B. die Erde) mit beliebiger Geschwindigkeit um die eigene Achse drehen können, ist dies für mikroskopische Objekte (z. B. Kernteilchen) nicht möglich. Der Spin eines Protons oder Neutrons ist konstant: $I = h/2$. Die *Planck*sche Konstante h ($h = 6{,}6 \cdot 10^{-34}$ Js) ist die Einheit für die Eigenrotation (*Drehimpuls*). Sie entspricht dem Drehimpuls einer verkleinerten Billardkugel von 1 ng Masse und einem Radius von 1 nm, die sich alle 2 Stunden einmal um sich selbst dreht. Der Atom-Kern ist im allgemeinen aus mehreren Neutronen und Protonen zusammengesetzt. Demzufolge resultiert auch der Spin eines Atom-Kerns aus den Spin-Momenten der einzelnen Kernteilchen. Da die Spin-Momente der einzelnen Kernteilchen 1/2 (in Einheiten von h) betragen, ist der Gesamtspin eines Atom-Kerns immer ein Vielfaches von 1/2. Die möglichen Werte für den Spin eines Atom-Kerns sind also 0, 1/2, 1, 3/2, ... Während die Ladung eines Atom-Kerns durch Addition der Ladungen der einzelnen Kernteilchen einfach berechnet werden kann, ist dies für den Gesamtspin nicht der Fall. Daher sind in *Tab. 13.1* die Spin-Momente I der in organischen Verbindungen häufig vorkommenden Atom-Kerne aufgelistet. Lediglich für sogenannte *gg-Kerne* mit gerader Neutronen- und gerader Protonenzahl (z. B. ^{4}He, ^{12}C, ^{16}O) gilt, daß sie keinen Kernspin haben.

Nach den Vorstellungen der Quantenmechanik kann ein Kern mit einem gegebenen Spin I nur $2I + 1$ verschiedene Eigenrotationszustände z. B. bezüglich der z-Achse (eines kartesischen Koordinatensystems) einnehmen. Diese $2I + 1$ Zustände werden durch die Beziehungen: $m_z = -I, -(I-1), ..., (I-1), I$ ausgedrückt, wobei m_z der Erwartungswert der z-Komponente für den Spin I ist. Für den Fall $I = 1/2$ erhält man zwei Zustände: $m_z = +1/2$ und $m_z = -1/2$. Der eine Zustand entspricht der parallelen Orientierung der z-Komponente des Spins zur z-Achse, der andere entspricht der antiparallelen Orientierung. Dies erinnert an die beiden verschiedenen Spin-Zustände von Elektronen. Letztere können paarweise, und dann nur mit entgegengesetztem Spin, in Orbitale 'eingefüllt' werden (*Kap. 8.3.2.2*).

Tab. 13.1. *Natürliche Häufigkeit, Spin und gyromagnetisches Verhältnis* (bezogen auf das von ^{1}H) *von Kernisotopen, die für organisch-chemische Verbindungen relevant sind*

Isotop X	Natürliche Häufigkeit [%]	Spin	γ_X/γ_H
^{1}H	99,98	1/2	1
^{3}H	0	1/2	1,06663
^{13}C	1,108	1/2	0,25144
^{15}N	0,37	1/2	0,10133
^{19}F	100	1/2	0,94077
^{29}Si	4,7	1/2	0,19865
^{31}P	100	1/2	0,40481
^{57}Fe	2,19	1/2	0,03231
^{103}Rh	100	1/2	0,03147
^{2}H	0,0115	1	0,15351
^{6}Li	7,42	1	0,14716
^{14}N	99,63	1	0,7224
^{7}Li	92,58	3/2	0,38863
^{11}B	80,42	3/2	0,32084
^{23}Na	100	3/2	0,26451

So wie das Spin-Moment eines Kernteilchens ein magnetisches Moment erzeugt, ist dem Spin-Moment eines Kerns das Gesamtmoment $|\mu| = \gamma \cdot \hbar \cdot \sqrt{I(I+1)}$ zuzuschreiben ($\hbar = h/2\pi$). Die Proportionalität zwischen dem Spin I und dem magnetischen Moment μ wird durch das *gyromagnetische Verhältnis* γ beschrieben. Das gyromagnetische Verhältnis hängt von der Kernstruktur ab und ist, wie auch der Kernspin, nicht durch einfache Formeln aus der Anzahl der Kernteilchen abzuleiten. Die gyromagnetischen Verhältnisse sind, bezogen auf dasjenige des Wasserstoff-Isotops ^{1}H, in *Tab. 13.1* wiedergegeben. Die natürlichen Häufigkeiten der für organisch-chemische Verbindungen wichtigen Kernisotope mit Spin kann man ebenfalls der *Tab. 13.1* entnehmen.

13.1.3. Energie-Zustände eines Spins im äußeren Magnetfeld

In einem äußeren Magnetfeld B_0, das konventionsgemäß entlang der z-Achse (Einheitsvektor $\vec{e}_z$) gelegt wird, ist die Energie eines magnetischen Moments gegeben durch:

$$E = -\vec{\mu}\, B_0\, \vec{e}_z = -\mu_z\, B_0 = -\gamma\, I_z\, \hbar\, B_0$$

Man erhält also für einen Kern mit dem Spin $I = 1/2$ zwei Niveaus mit den Energie-Beträgen $E(m_z = \pm 1/2) = -\gamma\hbar\,(\pm B_0/2)$. Im allgemeinen werden $2I + 1$ Zustände mit der energetisch äquidistanten Trennung $\gamma\, \hbar\, B_0$ erhalten. Man kann sich dies dadurch veranschaulichen, daß eine Magnetnadel die Tendenz hat, sich parallel statt antiparallel zum äußeren Feld auszurichten. Wie stark diese Tendenz ist, hängt vom äußeren Feld ab.

13.1.4. NMR-Spektroskopische Übergänge

Spektroskopie ist die Registrierung der frequenzspezifischen Wechselwirkung von elektromagnetischer Strahlung mit Materie. Wird Strahlung von einem materiellen System (z. B. einem Molekül) absorbiert, findet ein Übergang von einem energetisch tiefer in einen energetisch höher gelegenen Zustand statt. Bei der kernmagnetischen Resonanz erzeugt ein magnetisches Wechselfeld, das transversal zum äußeren B_0-Feld eingestrahlt wird und die Frequenz ν hat, Übergänge zwischen energetisch getrennten Spin-Zuständen, sofern die Resonanz-Bedingung $h\nu = \gamma\hbar\, B_0 = \Delta E$ oder $\omega = 2\pi\nu = \gamma B_0$ erfüllt ist. Die letztere Gleichung ist die übliche Formulierung der Resonanz-Gleichung der NMR-Spektroskopie.

Wenn die Resonanz-Gleichung erfüllt ist, wird elektromagnetische Strahlung absorbiert. Durch frequenzabhängige Messung derartiger Absorptionen erhält man ein NMR-Spektrum. Ein NMR-Spektrum spiegelt die Verteilung der Energie-Unterschiede der diversen Spin-Zustände wider. Die elektromagnetische Strahlung wird wegen der endlichen Lebensdauer T_2 der Spin-Zustände (*Relaxation*) auch in der Nähe der Resonanz $\omega = \gamma B_0$ absorbiert. Dies führt zu einer bestimmten Linienform der NMR-Linie (*Lorentz*-Linie). Die Form der *Lorentz*-Linie, die einen Realteil und einen Imaginärteil umfaßt, ist in *Fig. 13.1* dargestellt.

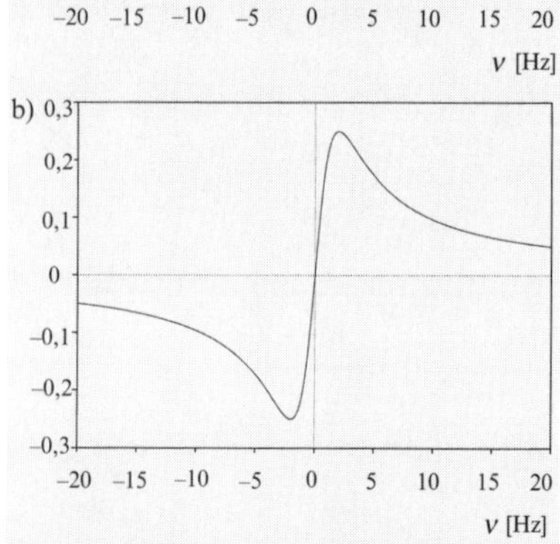

Fig. 13.1. a) *Absorptionssignal und* b) *Dispersionssignal einer* Lorentz-*Linie.* Die Relaxationszeit T_2 beträgt 0,5 s.

Der Realteil (das *Absorptionssignal*) wird durch $A(\omega)$, der Imaginärteil (das *Dispersionssignal*) durch $D(\omega)$ dargestellt. Die Breite der Absorptionslinie in halber Höhe des Signals beträgt $1/\pi T_2$. Die Absorptionslinie ist weniger breit als die Dispersionslinie. Im Spektrum wird üblicherweise nur das Absorptionssignal gezeigt, das, im Gegensatz zum Dispersionssignal, ein Maximum bei der Resonanz-Frequenz hat und schneller gegen Null konvergiert, wenn die Resonanz-Bedingung $\omega = \gamma B_0$ nicht mehr exakt erfüllt ist.

$$A(\omega) = T_2/[1 + (\omega T_2)^2], \quad D(\omega) = \omega T_2^2/[1 + (\omega T_2)^2]$$

Das Integral über den Absorptionsbereich ist von der Linienbreite des Signals unabhängig. Daher ist es möglich, die Anzahl der NMR-aktiven Kerne einer Verbindung direkt durch Integration der Signale zu bestimmen und sie einfach abzuzählen.

13.2. Chemische Verschiebung

13.2.1. Ab- und Entschirmung der Kerne

Die Resonanz-Gleichung $\omega = \gamma B_0$ würde für jedes Kernisotop unabhängig von seiner chemischen Umgebung dieselbe Resonanz-Frequenz ergeben. In Wirklichkeit verändern die Elektronen, welche die Kerne umgeben, das magnetische Feld B_0 am Ort der Kerne. Entweder wird das äußere Feld über den Wert von B_0 verstärkt oder unter den Wert von B_0 abgeschwächt. Damit ändert sich die Resonanz-Bedingung für gleiche Kernisotope in unterschiedlicher chemischer Umgebung. Die Verschiebung der Resonanz-Frequenz ein und desselben Kernisotops durch die chemische Umgebung nennt man sprachlich vereinfacht *chemische Verschiebung*. Chemisch nicht äquivalente Kerne bezeichnet man in der Fachsprache als *anisochron*.

Als Beispiel dient das NMR-Spektrum von EtOH. Die H-Kerne der Me-Gruppe sind in einer anderen chemischen Umgebung als die H-Kerne der CH_2-Gruppe und der H-Kern der OH-Gruppe. Die Integrale der drei Signale haben von rechts nach links (*Fig. 13.2*) das Verhältnis 3:2:1 und können daher der Me-, der CH_2- und der OH-Gruppe zugeordnet werden.

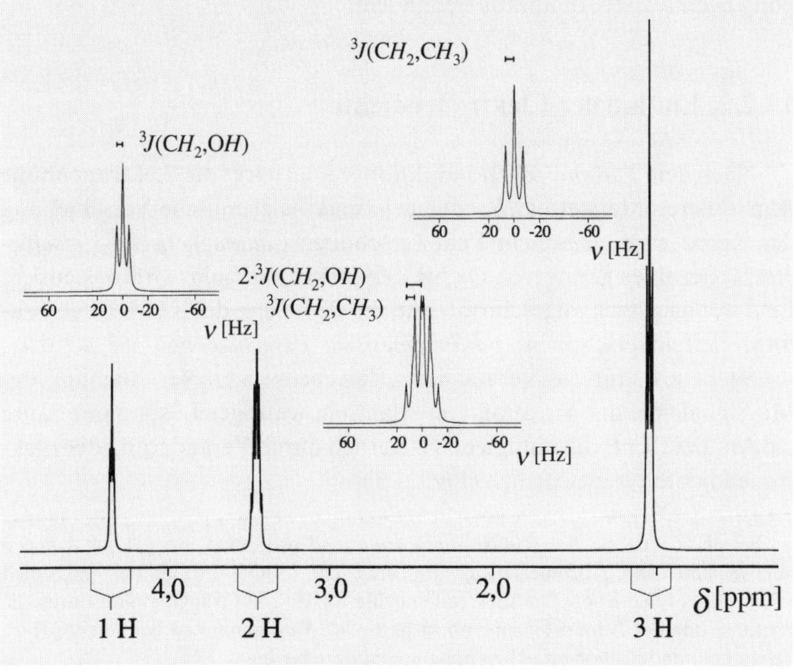

Fig. 13.2. *^{1}H-NMR-Spektrum von EtOH*

Die chemische Verschiebung der Resonanz-Frequenz des NMR-Signals ($-\sigma$) ist der Resonanz-Gleichung $\omega = \gamma B_0(1 - \sigma)$ als dimensionslose Größe zu entnehmen. Da sie viel kleiner als 1 ist, wird sie mit 10^6 multipliziert und in ppm (parts per million) wiedergegeben. Die chemischen Verschiebungen der untersuchten Probe werden relativ zur chemischen Verschiebung einer Referenz-Substanz (meist Tetramethylsilan, TMS) angegeben. Diese relative chemische Verschiebung bezeichnet man mit δ. Sie wird ebenfalls in ppm angegeben und ergibt sich aus der Resonanz-Frequenz der Referenz-Substanz ν_{ref} und der Resonanz-Frequenz der interessierenden NMR-Linie ν gemäß:

$$\delta[\text{ppm}] = 10^6\,(\nu - \nu_{ref})/\nu_{ref}$$

Die Resonanz-Frequenzen der H-Atome von EtOH sind $\delta(CH_3) = 1{,}05$ ppm, $\delta(CH_2) = 3{,}45$ ppm und $\delta(OH) = 4{,}35$ ppm. Zur Charakterisierung chemischer Verschiebungen werden die Ausdrücke 'Hochfeld' bzw. 'Tieffeld' für kleine bzw. große δ-Werte benutzt. Man sagt, die Me-Gruppe komme bei hohem Feld zur Resonanz, das OH-Proton dagegen bei tiefem Feld. Üblicherweise werden NMR-Spektren so aufgetragen, daß die chemische Verschiebung δ von rechts nach links größer wird.

Wie schon der Kernspin eines Kernisotops oder sein gyromagnetisches Verhältnis ist auch die chemische Verschiebung von Kernen in Molekülen nicht einfach auszurechnen. Sie ist zudem von der Orientierung des Moleküls relativ zum äußeren Magnetfeld abhängig. Alle unterschiedlichen Orientierungen tragen zur in Lösung beobachteten chemischen Verschiebung bei. Man ist daher von der quantitativen Interpretation der chemischen Verschiebung für strukturelle Fragestellungen weitgehend abgekommen. Es ist allerdings sinnvoll, chemische Verschiebungen mehrerer verwandter Verbindungen relativ zueinander zu diskutieren. Wir wollen deshalb einige Effekte, welche die chemische Verschiebung beeinflussen, qualitativ behandeln.

13.2.2. Einfluß der Elektronendichte

Nach dem *Faraday*schen Induktionsgesetz wirkt die Elektronenhülle dem äußeren Magnetfeld B_0 entgegen, und die chemische Verschiebung des Kerns wird zu hohem Feld verschoben (*diamagnetische Verschiebung*). Bei einer geringeren Dichte der Elektronenhülle wird das äußere Feld weniger stark abgeschirmt, und die Resonanz des Kerns ist demzufolge 'tieffeldverschoben' (*paramagnetische Verschiebung*).

So ist z. B. für die Veränderung der chemischen Verschiebung des Me-Signals bei der Titration von Alanin in wäßriger Lösung mit Säure die Ab- bzw. Entschirmung von H-Kernen durch Veränderung der Elektronendichte verantwortlich (*Fig. 13.3*).

Bei pH < 9 ist die Amino-Gruppe überwiegend protoniert, bei pH > 9 dagegen überwiegend nicht protoniert (*Kap. 10.5.4.1*). Die COOH-Gruppe liegt in beiden Fällen deprotoniert vor. Die Elektronendichte an der Me-Gruppe nimmt durch die Protonierung der Amino-Gruppe ab, d. h. die Me-Resonanz wird bei tiefem pH zu tiefem Feld und bei hohem pH zu hohem Feld verschoben.

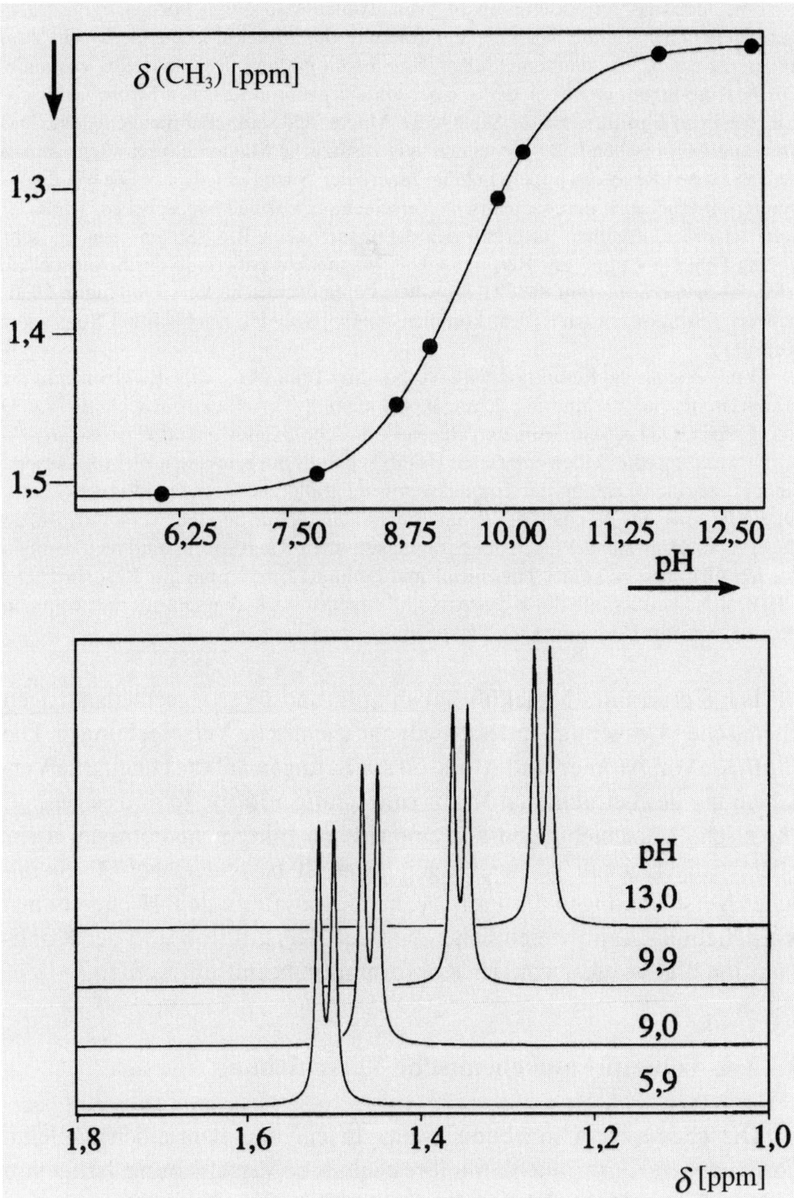

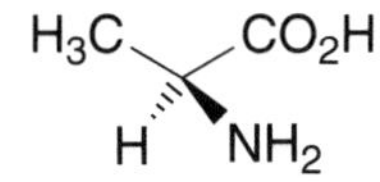

Fig. 13.3. *Chemische Verschiebung der Me-Protonen des Alanins bei der Titration einer wäßrigen Lösung.* Der pK_2 des Alanins von *ca.* 9,6 ist direkt abzulesen.

13.2.3. Anisotropie der chemischen Verschiebung

Die chemische Verschiebung eines Kerns ist von der Orientierung des Moleküls relativ zum äußeren Magnetfeld B_0 abhängig. Dieser Effekt ist bei Molekülen mit konjugierten π-Bindungen besonders ausgeprägt. Für die Erklärung der bei diesen Molekülen beobachteten Anisotropie der chemischen Verschiebung bietet sich die HMO-Theorie an. Ein ebenes, cyclisches Molekül mit $(4n + 2)$ π-Elektronen ist im Sinne von *E. Hückel* aromatisch (*Kap. 8.3.3.4.2* und *14.4.3*).

Eine derartige Verbindung mit 14 π-Elektronen wird durch Formel **1** (*Fig. 13.4*) dargestellt. Hier kommt bei einer Orientierung der Molekül-Ebene senkrecht zum äußeren Feld B_0 ein diamagnetischer Ring-Strom entlang des π-Systems zustande. Dieser Ring-Strom ist mit einem in einer Leiterschleife induzierten Strom vergleichbar, der beim Einführen dieser Schleife ins Magnetfeld senkrecht dazu entsteht. Das vom mikroskopischen Ring-Strom erzeugte zusätzliche Magnetfeld schwächt gemäß der *Lenz*schen Regel das äußere Feld im Innern der 'Stromschleife' ab. Die Me-Gruppen im Innern von **1**, deren chemische Verschiebung normalerweise bei *ca.* 1 ppm zu erwarten wäre, kommen aufgrund des diamagnetischen Ring-Stroms erst bei sehr hohem Feld (– 4 ppm) zur Resonanz. Das Magnetfeld außerhalb der Stromschleife wird dagegen erhöht, und die CH-Protonen, deren chemische Verschiebung in Olefinen bei 5–6 ppm erwartet wird, kommen im Fall von **1** tatsächlich bei 8 ppm zur Resonanz.

Durch chemische Reduktion wird Verbindung **1** mit $(4n + 2)$ π-Elektronen in die 'antiaromatische' Verbindung **2** mit $4n + 4 = 4(n + 1)$ π-Elektronen (*Kap. 14.4.2*) übergeführt. Da bei 'Antiaromaten' der elektronische Grundzustand *Triplett-Charakter* aufweist und die beiden entarteten HOMOs jeweils mit nur einem Elektron besetzt sind, richten sich die Spins der Einzelelektronen parallel zum äußeren Magnetfeld aus. Dadurch wird das Magnetfeld B_0 im Innern des 'Antiaromaten' verstärkt, außen dagegen abgeschwächt. Wegen des paramagnetischen Ring-Stroms sind die Protonen der Me-Gruppen in **2** stark entschirmt und kommen bei 22 ppm zur Resonanz. Die CH-Protonen außerhalb des π-Systems sind dagegen stark abgeschirmt und kommen bei – 3 ppm zur Resonanz (*Fig. 13.4*).

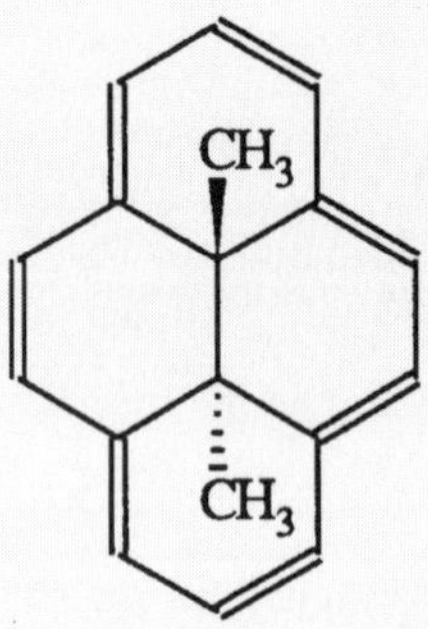

1

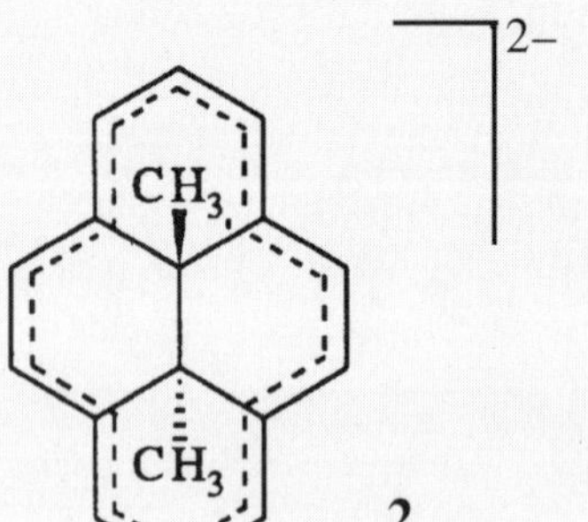

2

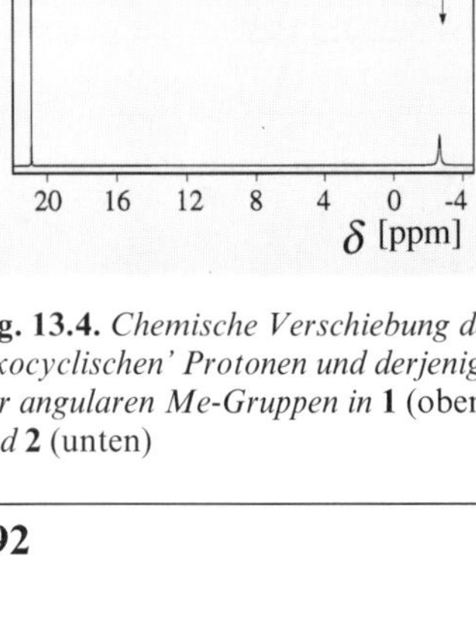

Fig. 13.4. *Chemische Verschiebung der 'exocyclischen' Protonen und derjenigen der angularen Me-Gruppen in* **1** (oben) *und* **2** (unten)

Die Kerne eines Moleküls haben aufgrund ihrer verschiedenartigen chemischen Umgebung unterschiedliche chemische Verschiebungen. Die Einflüsse von Atomen und Atom-Gruppierungen auf die chemische Verschiebung des betrachteten Kerns sind häufig additiv, so daß es gelingt, chemische Verschiebungen mit empirischen Inkrement-Beträgen mehr oder weniger genau vorherzusagen. Dies ist besonders bei ^{13}C-chemischen Verschiebungen der Fall, die, im Gegensatz zu den ^{1}H-chemischen Verschiebungen, im wesentlichen von der Konstitution und der Konfiguration und weniger von der Konformation beeinflußt werden.

13.2.4. Topizität und chemische Verschiebung

Die chemische Umgebung zweier in ein und demselben Molekül vorhandenen Kerne, und damit ihre chemische Verschiebung, hängt von der Konformation und der Elektronenstruktur des Moleküls ab. Topizitätsbetrachtungen, die in *Kap. 4* behandelt worden sind, unterscheiden zwischen homotopen, enantiotopen und diastereotopen Atom-Kernen. Die chemische Verschiebung zweier Kerne ist gleich (*isochrone Kerne*), wenn diese durch eine Symmetrie-Operation (*Kap. 11.1.1*) des Moleküls ineinander übergeführt werden können. Daher sind *homotope* Kerne, die durch Drehung ineinander übergeführt werden, immer *isochron*, *enantiotope* Kerne, die durch Drehspiegelung ineinander übergeführt werden, in achiralem Medium ebenfalls *isochron*. *Diastereotope* Kerne, die durch keine Symmetrie-Operation ineinander übergeführt werden, sind im Prinzip immer *anisochron*. Im chiral-nichtracemischen Medium entfallen die Drehspiegelachsen als gültige Symmetrie-Elemente. Daher sind dort auch die *enantiotopen* Kerne *anisochron*.

Die Me-Protonen in EtOH sind *homotop*, die CH_2-Protonen sind *enantiotop* und daher in achiralem Medium chemisch *äquivalent*. Die chemische Nicht-Äquivalenz von enantiotopen Protonen in chiral-nichtracemischem Medium kann am Beispiel von Benzyl-alkohol ($PhCH_2OH$) durch Vergleich der Spektren in einem achiralen Lösungsmittel ($CDCl_3$) und nach Zugabe des chiralen Reagenzes Tris{3-[(trifluoromethyl)hydroxymethylen]-*d*-campherato}europium(III) ([Eu(tfc)$_3$]) festgestellt werden (*Fig. 13.5*).

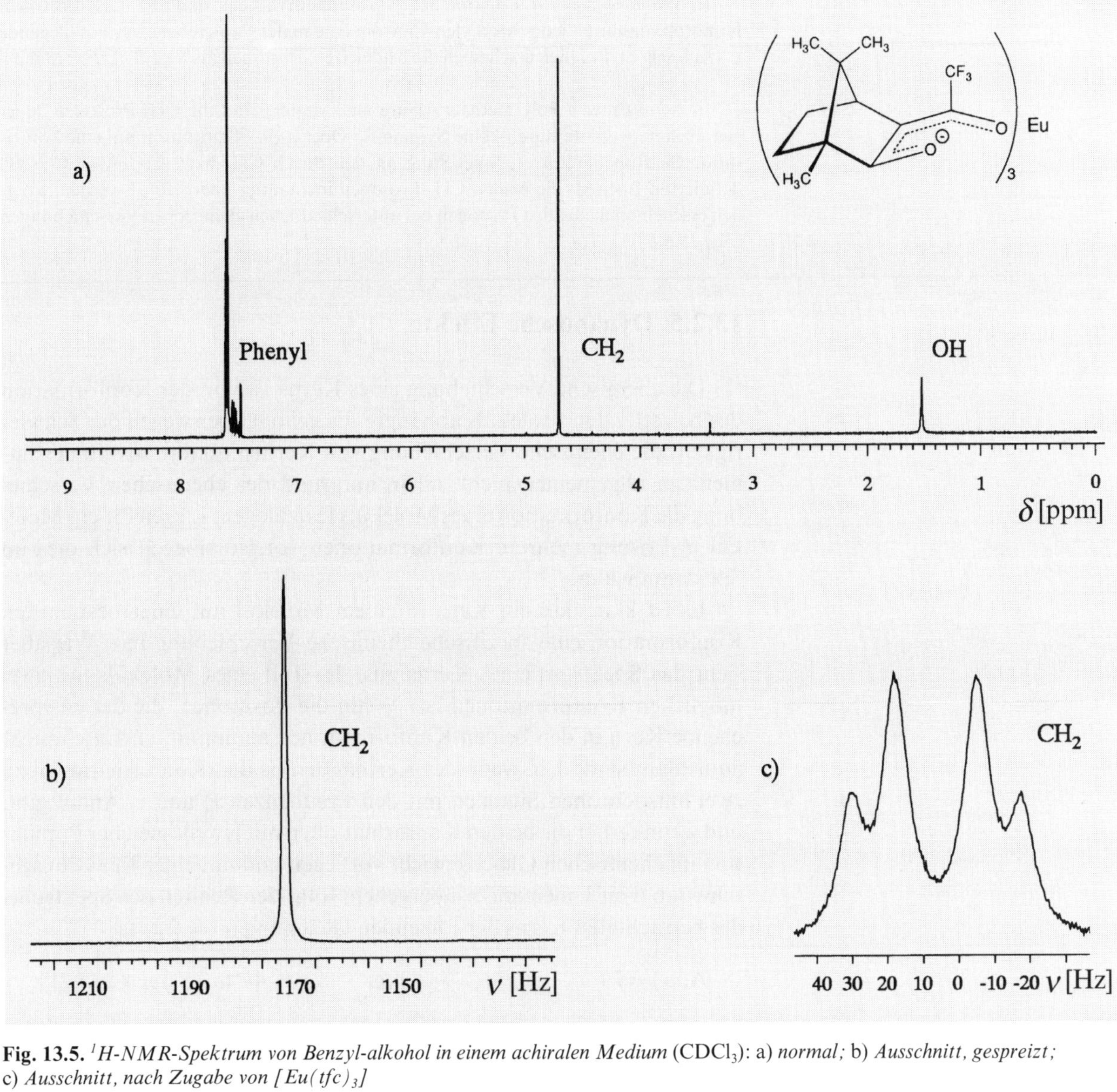

Fig. 13.5. *^{1}H-NMR-Spektrum von Benzyl-alkohol in einem achiralen Medium* ($CDCl_3$): a) *normal;* b) *Ausschnitt, gespreizt;* c) *Ausschnitt, nach Zugabe von [Eu(tfc)$_3$]*

In $CDCl_3$ sind die enantiotopen CH_2-Protonen chemisch äquivalent, nach Zugabe des chiralen Verschiebungsreagenzes dagegen bilden sich chirale Komplexe zwischen [Eu(tfc)$_3$] und $PhCH_2OH$, in denen die CH_2-Protonen diastereotop und daher chemisch nicht äquivalent sind. Die beobachteten zwei *Dubletts* zeigen dies an (*Fig. 13.5,c*). Die Form der *Dubletts* wird in *Abschn. 13.3.1* ausführlich behandelt.

Topizitätsbeziehungen helfen auch bei der Analyse der Taktizität von Polymeren (*Kap. 7.2.1*). Stereochemisch einheitlich konfigurierte Polymere haben trotz ihrer zum Teil sehr hohen Molmasse aufgrund der Translationssymmetrie sehr einfache Spektren, die von den konstitutionellen Repetiereinheiten herrühren. Die Taktizität von Polymeren ist in solchen Fällen mit NMR-Methoden zu klären.

In *syndiotaktischem* Poly(methacrylsäure-methylester) sind die CH_2-Protonen homotop, da durch jedes Methylen-C-Atom eine in der Papierebene vertikal liegende C_2-Achse geht. Folglich erscheinen die beiden CH_2-Protonen als *Singulett* (*Fig. 13.6,a*).

In *isotaktischem* Poly(methacrylsäure-methylester) sind die CH_2-Protonen dagegen diastereotop, da durch keine Symmetrie-Operation (Translation um eine konstitutionelle Repetiereinheit, Spiegelung an den durch CH_2 bzw. $C(CH_3)-COOCH_3$ definierten Ebenen) die beiden CH_2-Protonen ineinander übergeführt werden. Folglich erscheinen die beiden Protonen bei unterschiedlichen chemischen Verschiebungen (*Fig. 13.6,b*).

13.2.5. Dynamische Effekte

Die chemische Verschiebung eines Kerns ist von der Konformation des betreffenden Moleküls abhängig. Es gelingt aber wegen der Schwierigkeit, die chemische Verschiebung von Kernen quantitativ zu bestimmen, im allgemeinen nicht, allein aufgrund der chemischen Verschiebung die Konformation eines Moleküls festzulegen. Liegen für ein Molekül in Lösung mehrere Konformationen vor, so spiegelt sich dies im Spektrum wider.

Es ist klar, daß ein Kern in einem Molekül mit einer bestimmten Konformation eine spezifische chemische Verschiebung hat. Wie aber sieht das Spektrum eines Kerns aus, der Teil eines Moleküls mit zwei möglichen Konformationen ist? Wenn die Positionen, die der entsprechende Kern in den beiden Konformationen einnimmt, chemisch nicht äquivalent sind, d.h. wenn der Kern in den beiden Konformationen zu zwei anisochronen Signalen mit den Frequenzen ν_1 und ν_2 Anlaß gibt, und wenn ferner die beiden Konformationen mit jeweils gleicher Population im chemischen Gleichgewicht vorliegen und mit einer Reaktionsgeschwindigkeit k ineinander übergehen, folgt der Realteil des Spektrums des betrachteten Kerns der folgenden Gleichung ($\omega = 2\pi\nu$):

$$A(\omega) = k(\omega_1 - \omega_2)^2/[(\omega - \omega_1)^2(\omega - \omega_2)^2 + 4k^2(\omega - (\omega_1 + \omega_2)/2)^2]$$

Man kann nun drei Grenzfälle unterscheiden (*Fig. 13.7*):

- langsamer chemischer Austausch: $k \ll |\omega_1 - \omega_2|$,
- rascher chemischer Austausch: $k \gg |\omega_1 - \omega_2|$,
- Koaleszenz: $k = |\omega_1 - \omega_2|/8^{1/2}$.

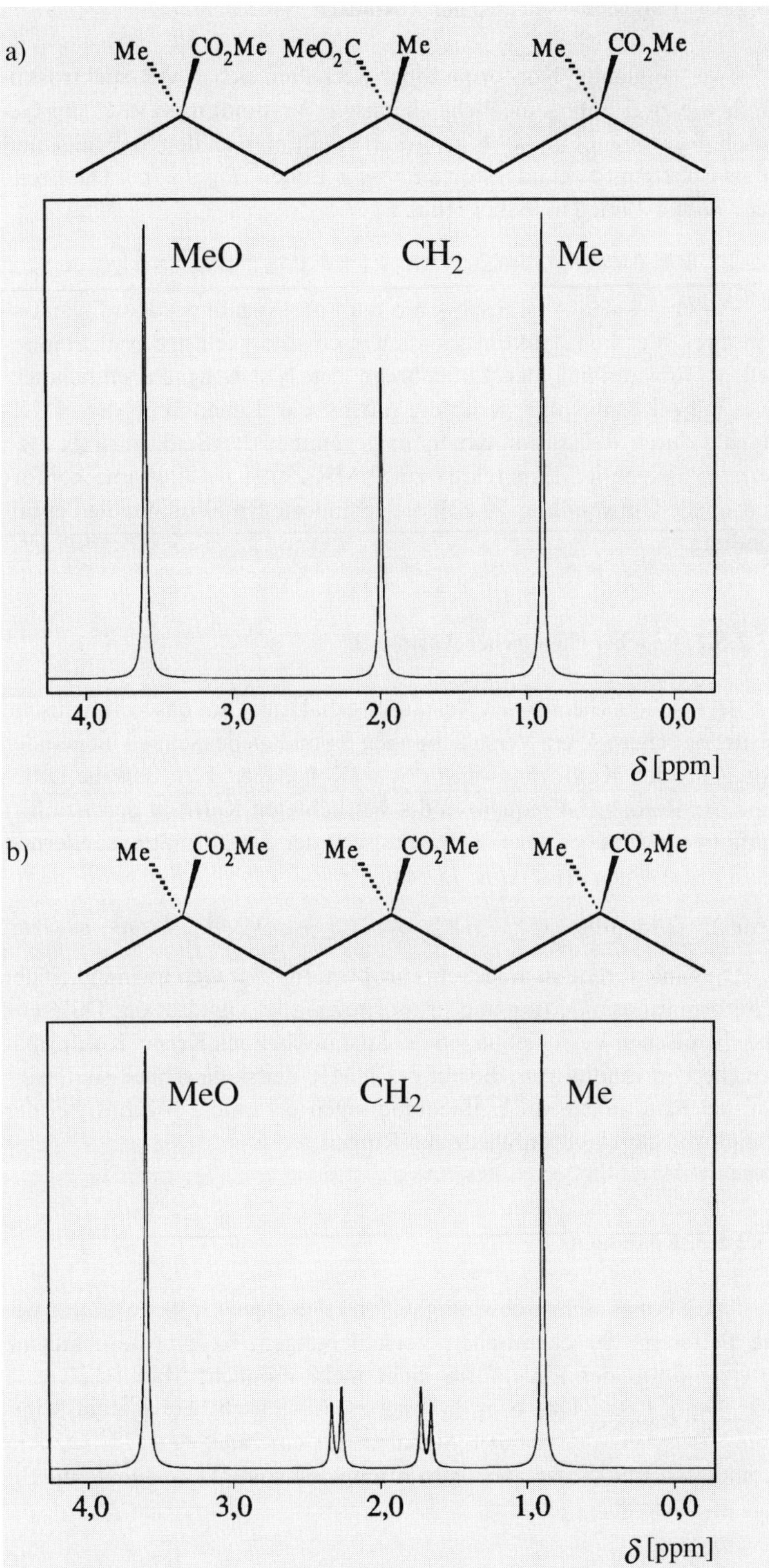

Fig. 13.6. a) *¹H-NMR-Spektrum des syndiotaktischen Poly(methacrylsäuremethylesters)*; b) *¹H-NMR-Spektrum des isotaktischen Poly(methacrylsäuremethylesters)*

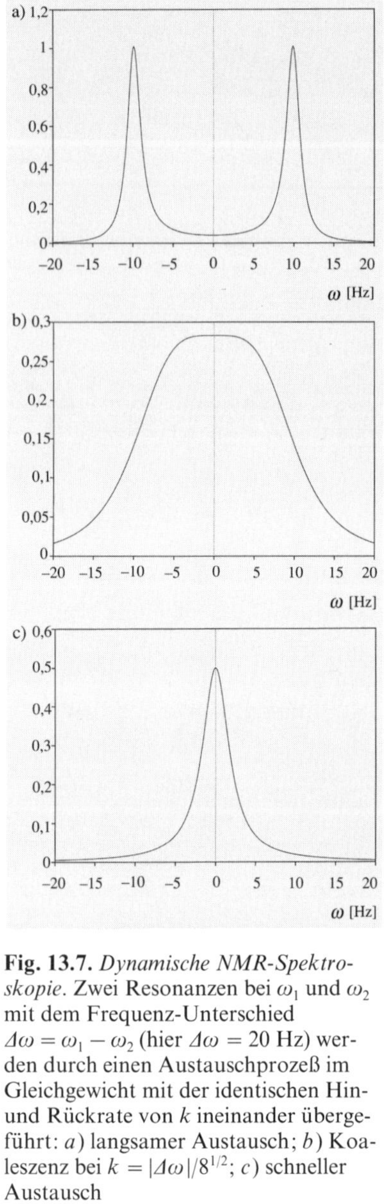

Fig. 13.7. *Dynamische NMR-Spektroskopie.* Zwei Resonanzen bei ω_1 und ω_2 mit dem Frequenz-Unterschied $\Delta\omega = \omega_1 - \omega_2$ (hier $\Delta\omega = 20$ Hz) werden durch einen Austauschprozeß im Gleichgewicht mit der identischen Hin- und Rückrate von k ineinander übergeführt: *a*) langsamer Austausch; *b*) Koaleszenz bei $k = |\Delta\omega|/8^{1/2}$; *c*) schneller Austausch

13.2.5.1. Langsamer chemischer Austausch

Zwei langlebige Konformationen verhalten sich NMR-spektroskopisch wie zwei unterschiedliche chemische Verbindungen in einem Gemisch. Für diesen Fall ($k \ll |\omega_1 - \omega_2|$) erhält man an den Stellen ω_1 und ω_2 im Spektrum zwei ungestörte *Lorentz*-Linien (*Fig. 13.7a*). Die Breite der *Lorentz*-Linien in halber Höhe ist $2k$:

$$A(\omega) = k/[(\omega_1 - \omega)^2 + k^2] + k/[(\omega_2 - \omega)^2 + k^2]$$

Für langsamen Austausch kann man die Anzahl der Konformationen direkt der Feinstruktur und die Geschwindigkeit der konformationellen Umwandlung der Linienbreite der NMR-Signale entnehmen. Dies gilt allerdings nur, wenn die intrinsische Linienbreite der NMR-Signale durch Relaxation der Spins gegenüber der Reaktionsrate k zu vernachlässigen ist. Eine relativ zur NMR-Zeitskala langsame konformationelle Umwandlung ist z.B. die gehinderte Rotation um die Peptid-Bindung.

13.2.5.2. Rascher chemischer Austausch

Bei raschem chemischen Austausch erhält man nur das arithmetische Mittel der chemischen Verschiebungen ω_1 und ω_2 der schnell ineinander übergehenden Konformationen. 'Schnell' bedeutet hier, daß die Differenz der Resonanz-Frequenzen des betrachteten Kerns in den Konformationen gegenüber der Geschwindigkeit der Konformationsänderung klein ist ($k \gg |\omega_1 - \omega_2|$) (*Fig. 13.7c*):

$$A(\omega) = 2\Delta_{1/2}/[(\omega_\Sigma - \omega)^2 + \Delta_{1/2}^2],\ \omega_\Sigma = (\omega_1 + \omega_2)/2,\ \Delta_{1/2} = (\omega_1 - \omega_2)^2/8k$$

Die Linienbreite ist umgekehrt proportional zur Geschwindigkeit der Konformationsänderung und proportional zum Quadrat der Differenz der chemischen Verschiebungen der austauschenden Kerne. Konformationelle Umwandlungen, die auf der NMR-Zeitskala schnell sind, werden bei Rotationen um Einfachbindungen gefunden, wie z. B. bei der Pseudorotation von fünfgliedrigen Ringen.

13.2.5.3. Koaleszenz

Ist die Austauschgeschwindigkeit von derselben Größenordnung wie die Differenz der chemischen Verschiebungen, ist eine anschauliche Interpretation der Linienform nicht mehr möglich: Man erhält eine sehr breite Linie. Das beim langsamen Austausch beobachtete Minimum zwischen den beiden Signalen verschwindet (*Fig. 13.7b*). Am Koaleszenz-Punkt ist die Austauschgeschwindigkeit direkt durch: $k = |\omega_1 - \omega_2|/8^{1/2}$ gegeben.

13.2.5.4. Dynamische NMR-Spektroskopie (aufgezeigt am Beispiel *cis*-Decalin)

Durch dynamische NMR-Spektroskopie ist es möglich, Reaktionsgeschwindigkeiten von Konformationsumwandlungen im Gleichgewicht zu untersuchen. Man kann sogar entartete Reaktionen erkennen, bei denen Edukt und Produkt identisch, oder Racemisierungen, bei denen Edukt und Produkt enantiomer sind und folglich zu gleichen NMR-Spektren führen: z. B. bei der (Sessel-Sessel)-Inversion des *cis*-Decalins.

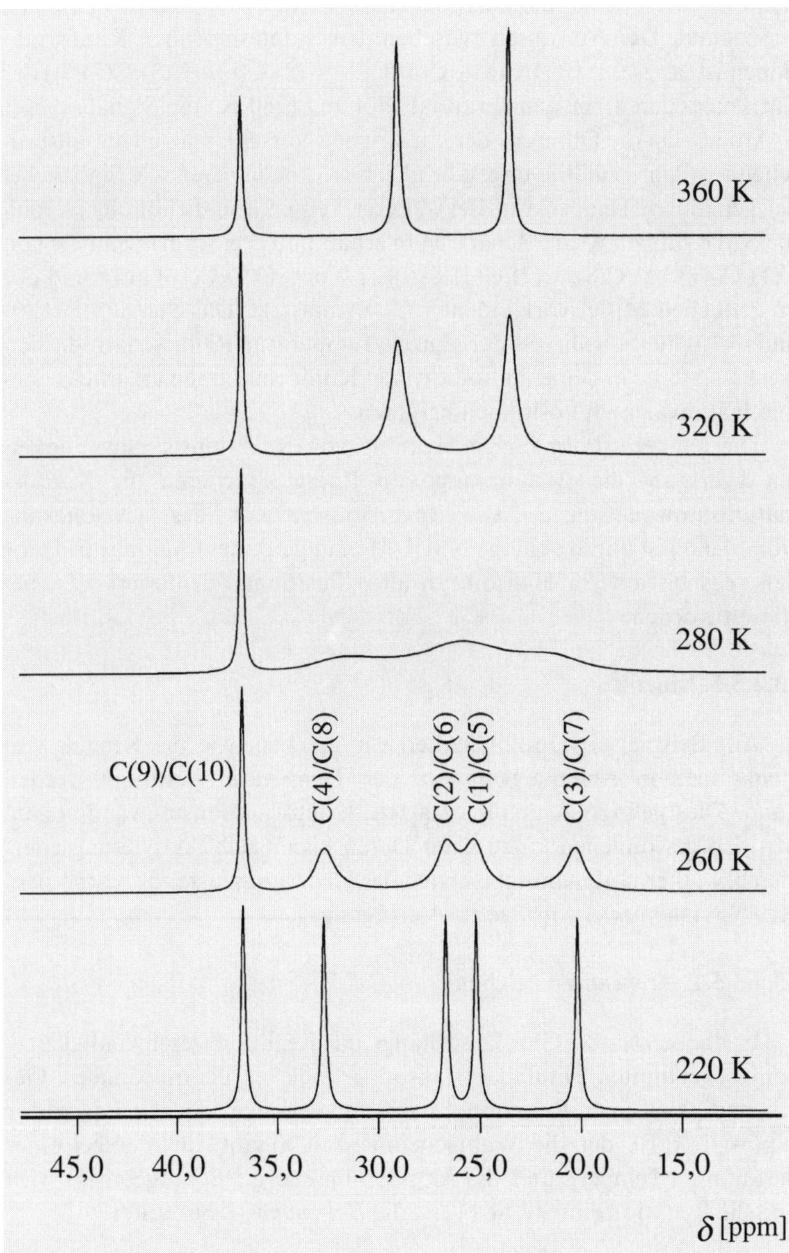

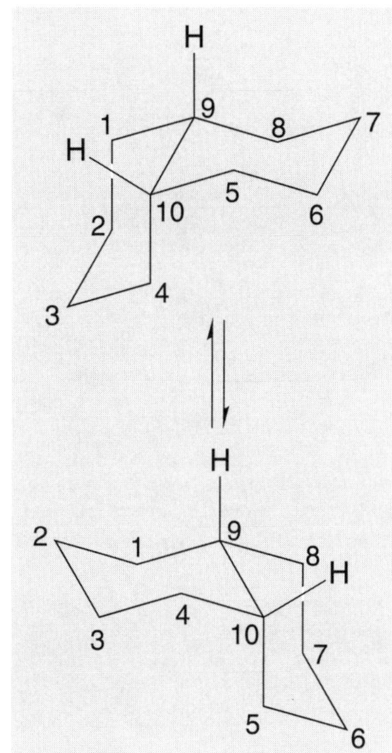

Fig. 13.8. *^{13}C-NMR-Spektren von* cis-*Decalin bei verschiedenen Temperaturen*

cis-Decalin kommt in Lösung in zwei enantiomorphen Konformationen vor, die C_2-symmetrisch sind (s. *Kap. 6.3.5.1*). Die Spektren der beiden Enantiomeren sind identisch. Wegen der C_2-Achse durch die (C(9)–C(10))-Bindung sind die Kerne C(1)/C(5), C(2)/C(6), C(3)/C(7), C(4)/C(8) und C(9)/C(10) homotop und ihre Resonanzen isochron. Man erwartet daher bei langsamer Konformationsänderung fünf verschiedene Signale. Tatsächlich zeigt das ^{13}C-NMR-Spektrum des *cis*-Decalins bei tiefen Temperaturen fünf Signale (*Fig. 13.8*).

Durch Ring-Inversion des *cis*-Decalins gehen die chemisch nicht äquivalenten Resonanz-Paare C(1)/C(5) und C(4)/C(8) sowie C(2)/C(6) und C(3)/C(7) ineinander über. Bei 220 K werden fünf ^{13}C-NMR-Signale beobachtet. Der Austausch zwischen den enantiomorphen Konformationen ist langsam: C(1)/C(5)↔C(4)/C(8); C(2)/C(6)↔C(3)/C(7). In der Tat koaleszieren bei Temperatur-Erhöhung (280 K) die Signale dieser C-Atome. Da die Differenz der chemischen Verschiebungen der austauschenden Paare zufällig ungefähr gleich ist, koaleszieren alle Signale bei der genannten Temperatur. Bei weiterer Temperatur-Erhöhung werden die NMR-Linien wieder scharf. Man erhält nun drei scharfe Signale von C(1)/C(4)/C(5)/C(8), C(2)/C(3)/C(6)/C(7) und C(9)/C(10) aufgrund der im zeitlichen Mittel vorhandenen C_{2v}-Symmetrie. Das Signal von C(9) und C(10) bleibt während der ganzen Temperatur-Reihe scharf, da sich diese C-Atome in den enantiomorphen Konformationen an jeweils chemisch äquivalenten Positionen befinden.

Die temperaturabhängige Messung von Reaktionsgeschwindigkeiten k erlaubt die Bestimmung von Energie-Barrieren für Konformationsumwandlungen. Die Inversionsbarriere des Cyclohexans (*Kap. 6.3.6*) ist durch analoge NMR-Messungen eines Cyclohexan-Derivats, das bis auf ein H-Atom an allen Positionen deuteriert war, bestimmt worden.

13.2.5.5. Kinetik

Am Beispiel *cis*-Decalin haben wir gesehen, wie die Kinetik von Reaktionen in Abhängigkeit von der Temperatur bestimmt werden kann. Dies gelingt sogar für entartete Konformationsumwandlungen. Mit den gewonnenen kinetischen Daten lassen sich Aktivierungsenergien bzw. thermodynamische Daten des Übergangszustands bestimmen. Hierfür stehen zwei Ansätze zur Verfügung.

13.2.5.5.1. *Arrhenius*-Gleichung

In der *Arrhenius*-Gleichung hängt die Reaktionsgeschwindigkeit k vom sogenannten Häufigkeitsfaktor A, welcher der maximalen Geschwindigkeit einer Reaktion entspricht, und dem *Boltzmann*-Faktor $\exp(-E_a/k_BT)$, der die Wahrscheinlichkeit angibt, mit der bei einer bestimmten Temperatur T die Aktivierungsenergie E_a aufgebracht wird und die Reaktion eintritt, ab (k_B ist die *Boltzmann*-Konstante).

$$k = A \exp(-E_a/k_BT)$$

Die Aktivierungsenergie – die Differenz der inneren Energie für Übergangszustand und Grundzustand – ergibt sich durch eine Auftragung von ln k gegen $(k_B T)^{-1}$ als Steigung der Geraden:

$$\ln k = \ln A - E_a (k_B T)^{-1}$$

Auf diese Art und Weise konnte die Barriere für die (Sessel-Sessel)-Inversion beim Cyclohexan bestimmt werden.

13.2.5.5.2. *Eyring*-Gleichung

Die Reaktionsgeschwindigkeit k wird auf die Freie Enthalpie des Übergangszustands zurückgeführt.

$$k = k_B T/h \exp(-\Delta G^{+}/k_B T)$$

Mit $\Delta G^{+} = \Delta H^{+} - T\Delta S^{+}$ ergibt sich bei logarithmischer Auftragung:

$$\ln k = \ln (k_B T/h) + \Delta S^{+}/k_B - \Delta H^{+}/k_B T$$

Die temperaturabhängige Messung der Reaktionsgeschwindigkeit erlaubt die Bestimmung der thermodynamischen Funktionen ΔH^{+} und ΔS^{+} für den Übergangszustand. Eine derartige Analyse ist nicht auf eine Interpretation von NMR-Spektren beschränkt. So ist die temperaturabhängige Messung der Geschwindigkeit der Umwandlung der Twist-Boot-Konformation des Cyclohexans in die Sessel-Konformation bei tiefen Temperaturen mittels IR-Spektroskopie für die Bestimmung dieser Barriere verwendet worden (s. *Kap. 6.3.6*).

13.3. Skalare Kopplung

13.3.1. Physikalische Grundlagen, Zweispin-System

Im NMR-Experiment ist ein Kern einem äußeren Magnetfeld ausgesetzt, welches durch die den Kern umgebende Elektronenhülle, aber auch durch andere Kerne in der Umgebung beeinflußt wird. Betrachtet man zwei Kerne I_1 und I_2, die beide einen Spin 1/2 haben, so gibt es für I_2 zwei Einstellungsmöglichkeiten: parallel ($m_z = 1/2$) oder antiparallel ($m_z = -1/2$) in bezug auf das äußere Feld B_0. Da ein Spin nicht zwei Zustände zugleich einnehmen kann, ist in jedem individuellen Molekül nur einer der beiden Spin-Zustände realisiert. Bezogen auf sämtliche Moleküle im Probenvolumen sind die Populationen der beiden Orientierungen praktisch gleich groß. I_2 erzeugt in Abhängigkeit von seiner Orientierung in bezug auf das äußere Feld B_0 am Ort des Kerns I_1 ein Zusatzfeld, das die Resonanz-Frequenz dieses Kerns um einen bestimmten Betrag verschiebt. Diese Verschiebung ist für die beiden möglichen Orientierungen des Spins I_2 gleich groß, aber im Vorzeichen verschieden. Für die parallele Orientierung von I_2 ist die Resonanz des Kerns I_1 um

$J/2$, für dessen antiparallele Orientierung um $-J/2$ verschoben. Da die beiden Orientierungen des Spins I_2 gleich wahrscheinlich sind, liefert I_1 ein Spektrum mit zwei Linien halber Intensität bei $\nu_1 \pm J/2$. Man nennt ein derartiges Muster aus zwei Linien gleicher Intensität ein *Dublett* (*d*). Die Frequenz-Aufspaltung ist die *Kopplung J*. Für I_2 gilt die reziproke Analyse. Die Aufspaltung der NMR-Resonanz von I_2 ist ebenfalls J. Man sagt, I_1 und I_2 koppeln miteinander: Sie stellen ein Zweispin-System dar (*Fig. 13.9a*).

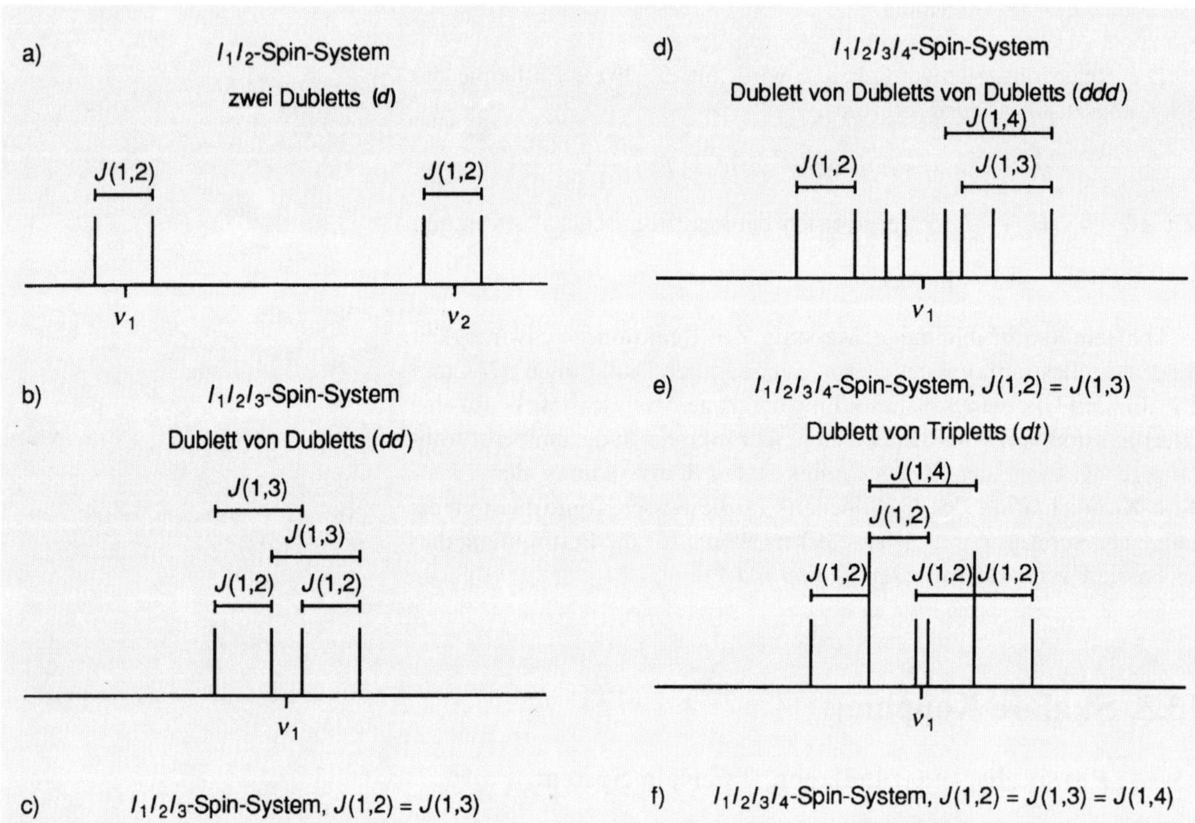

Fig. 13.9. *Kopplungsmuster für gekoppelte Spins 1/2.* Für *b*)–*f*) wird jeweils nur das Spektrum des Spins I_1 betrachtet. *a*) Zweispin-System mit *Dubletts* der Aufspaltung $J(1,2)$. *b*) Dreispin-System mit unterschiedlichen Kopplungen $J(1,2)$ und $J(1,3)$ führt zu einem *Dublett* von *Dubletts*. *c*) Bei identischen Kopplungen $J(1,2) = J(1,3)$ erhält man ein *Triplett* mit dem Intensitätsverhältnis der Linien von 1:2:1. *d*) Vierspin-System mit drei unterschiedlichen Kopplungen $J(1,2)$, $J(1,3)$ und $J(1,4)$. *e*) $J(1,2) = J(1,3) \neq J(1,4)$ ergibt ein *Dublett* von *Tripletts*. *f*) $J(1,2) = J(1,3) = J(1,4)$ ergibt ein *Quadruplett* mit den Linienintensitäten 1:3:3:1.

Man bezeichnet ein solches Spin-System auch als *AX*-System, wobei die beiden verschiedenen Buchstaben die chemische Nicht-Äquivalenz der beiden Kerne I_1 und I_2 zum Ausdruck bringen. Der mehr oder weniger große Abstand der Buchstaben im Alphabet deutet auf den Abstand der Resonanz-Frequenzen hin. Das Spektrum der beiden CH_2-Protonen in $PhCH_2OH$ nach Zugabe von $[Eu(tfc)_3]$ zeigt zwei Resonanzen mit geringer Differenz der chemischen Verschiebungen (s. *Fig. 13.5*): Man hat es hier mit einem *AB*-System zu tun. In einem *AB*-Spektrum sind – anders als im Spektrum eines *AX*-Spin-Systems – die Linienintensitäten innerhalb eines *Dubletts* nicht mehr gleich. Die vier Resonanz-Linien bilden ein 'Dach' (*Dach-Effekt*), d. h. die inneren Linien der jeweiligen *Dublett*-Komponente sind gegenüber den äußeren Linien verstärkt.

13.3.2. Weitere Spin-Systeme, ihre Bezeichnungen und Spektren

Koppelt Spin I_1 mit zwei Spins, I_2 und I_3, so können die beiden Spins I_2 und I_3 insgesamt vier Spin-Einstellungen annehmen: beide parallel (1/2,1/2), beide antiparallel (−1/2,−1/2) und die beiden gemischten Zustände: (−1/2,1/2) und (1/2,−1/2). Die Kopplungskonstante zwischen I_1 und I_2 nennt man $J(1,2)$, die zwischen I_1 und I_3 $J(1,3)$. Dann hat die Resonanz von I_1 vier Linien gleicher Intensität mit den Frequenzen $\nu_1 + (J(1,2) + J(1,3))/2$, $\nu_1 - (J(1,2) + J(1,3))/2$, $\nu_1 - (J(1,2) - J(1,3))/2$, $\nu_1 + (J(1,2) - J(1,3))/2$. Ein solches Muster nennt man ein *Dublett von Dubletts* (*dd*) (*Fig. 13.9b*). Es ist das Spektrum des *A*-Spins in einem *AMX*-System. Beide Kopplungen ($J(1,2)$ und $J(1,3)$) finden sich je zweimal in dem *Multiplett*. Sind die Kopplungen $J(1,2)$ und $J(1,3)$ identisch, fallen zwei Linien des Doppeldubletts auf die chemische Verschiebung ν_1: Man erhält ein *Triplett* (*t*) (*Fig. 13.9c*). Als Beispiel dienen die Me-Gruppe und die OH-Gruppe von EtOH, die durch ihre Kopplungen zu den beiden enantiotopen CH_2-Protonen jeweils als *Triplett* erscheinen (*Fig. 13.2*). Hat I_1 drei Kopplungspartner, so erhält man acht mögliche Zustände und demnach ein *Dublett von Dubletts von Dubletts* (*ddd*) (*Fig. 13.9d*), wenn alle Kopplungen von I_1 zu den verschiedenen Spins verschieden sind. Sind zwei Kopplungen gleich, erhält man ein *Dublett von Tripletts* (*dt*) (*Fig. 13.9e*); sind alle Kopplungen gleich, erhält man ein *Quadruplett* (*q*) (*Fig. 13.9f*). Als weitergehendes Beispiel dienen die beiden enantiotopen, chemisch äquivalenten CH_2-Protonen in EtOH, die mit den drei Protonen der Me-Gruppe und dem Proton der OH-Gruppe koppeln. Es resultiert ein *Dublett von Quadrupletts* (*dq*) (*Fig. 13.2*). Das Spin-System von EtOH bezeichnet man mit AM_2X_3.

Zwei chemisch äquivalente Kerne können dennoch zu einem weiteren Spin unterschiedliche Kopplungen aufweisen. Solche Kerne sind chemisch, aber nicht magnetisch äquivalent. Man spezifiziert dies anhand des Alphabets, indem man solche Kerne zwar mit dem gleichen Buchstaben bezeichnet, aber durch eine entsprechende Anzahl von Strichen unterscheidet. So ist das Spin-System des 1,2-Dibromobenzols ein *AA′BB′*-System (*Tab. 14.1*), da die Protonen H−C(3)/H−C(6) und H−C(4)/H−C(5) chemisch äquivalent sind. H−C(3) koppelt über drei Bindungen mit H−C(4), während das chemisch äquivalente H−C(6) über vier Bindungen mit H−C(4) koppelt. Daher sind die beiden chemisch äquivalenten Kerne H−C(3) und H−C(6) magnetisch nicht äquivalent. Entsprechendes gilt für H−C(4) und H−C(5). Die *Multiplett*-Struktur in Spektren solcher Spin-Systeme ist im allgemeinen komplizierter als diejenige in Spektren von Spin-Systemen ohne chemisch äquivalente, magnetisch aber nicht äquivalente Kerne.

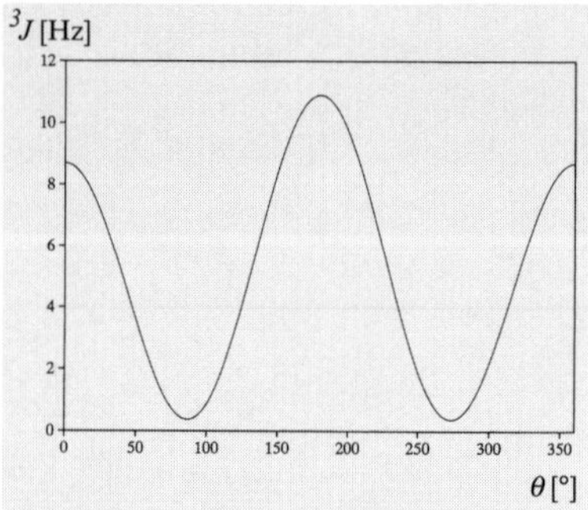

Fig. 13.10. *Typische* Karplus-*Kurve* (^3J(H,H) = 9,4 cos$^2\theta$ – 1,1 cosθ + 0,4), *die den Zusammenhang zwischen Torsionswinkel* θ *und* ^{3}J *wiedergibt*

Durch einfache Inspektion ist es möglich, Kopplungskonstanten aus *Multipletts* mit wenigen Linien bzw. mit wenigen verschiedenen Kopplungen zu entnehmen. Um Kopplungskonstanten aus komplexen *Multipletts* zu gewinnen, müssen zweidimensionale Meßverfahren angewendet werden (s. *Aspekte der Organischen Chemie*, Band 4: *Methoden der Struktur-Bestimmung*).

13.3.3. Konformationsanalyse mit Hilfe von Kopplungen

Kopplungskonstanten eignen sich zur Festlegung der lokalen Konformation. Kopplungen zwischen Kernen, die über drei Bindungen aneinander gebunden sind (sogenannte ^3J oder *'vicinale' Kopplungen*) hängen gemäß einer *Karplus*-Kurve vom jeweiligen Torsionswinkel ab (*Fig. 13.10*).

Obwohl die Parameter, welche die jeweilige *Karplus*-Kurve spezifizieren, von Fall zu Fall verschieden sind, ist der Verlauf dieser Kurve für

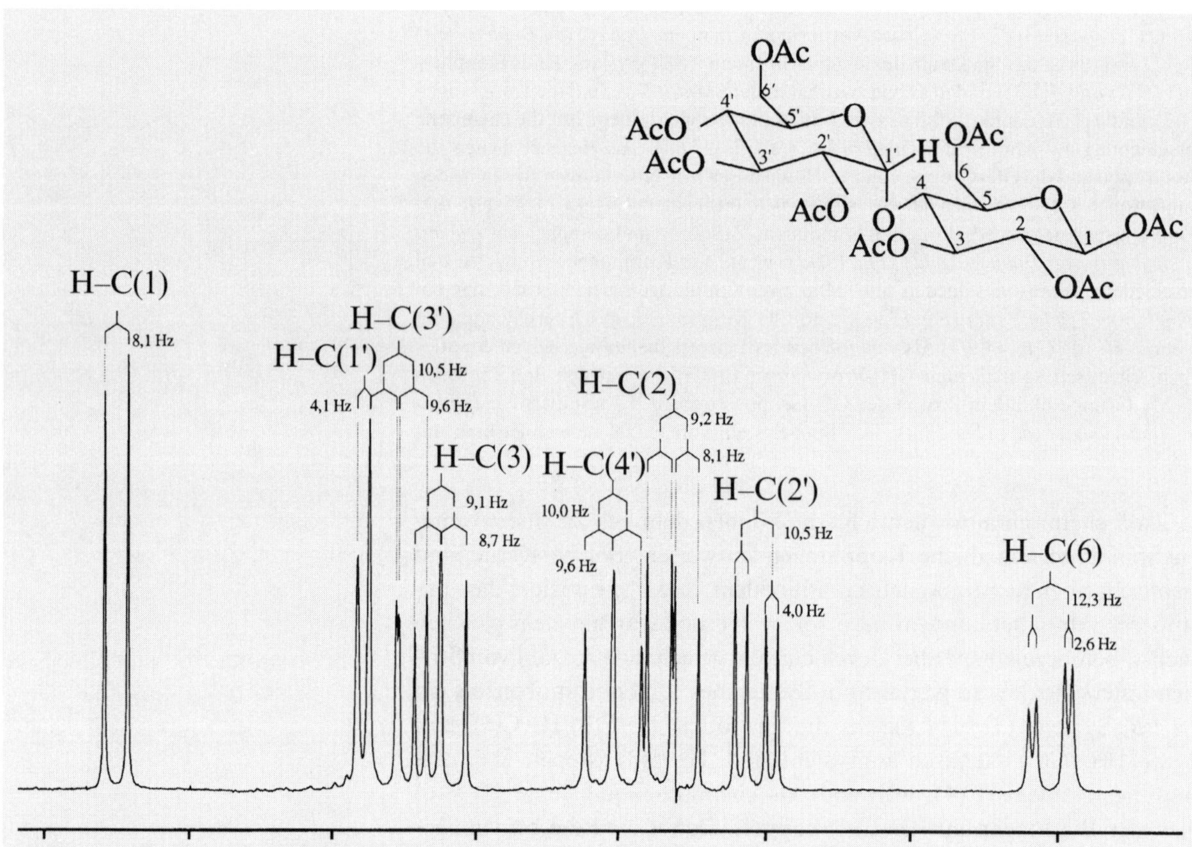

Fig. 13.11. *Ausschnitt aus dem* ^{1}*H-NMR-Spektrum von* β*-Maltose-octaacetat*

fast alle Kernkombinationen ziemlich ähnlich. Die *Karplus*-Kurve hat ein lokales Maximum für $\theta = 0°$, ein globales Maximum für $\theta = 180°$ und globale Mimima für $\theta = 90°$ bzw. 270°. Die Konformationsanalyse von Verbindungen mit Atom-Lagen im Diamantgitter (*Kap. 10.3.3*) ist besonders einfach. Hier kommen nur Torsionswinkel von ± 60° und 180° vor. Die Kopplung für die *ap*-Anordnung ($\theta = 180°$) ist von derjenigen für die *sc*-Anordnung ($\theta = \pm 60°$) leicht zu unterscheiden.

Als Beispiel wählen wir β-Maltose-octaacetat (*Fig. 13.11*). Man kann die folgenden Kopplungskonstanten bestimmen: J(H−C(1′),H−C(2′)) = 4,1 Hz; J(H−C(2′), H−C(3′)) = 10,5 Hz; J(H−C(3′),H−C(4′)) = 9,6 Hz; J(H−C(4′),H−C(5′)) = 10,0 Hz; J(H−C(5′),H−C(6′)) = 2,4 Hz; J(H−C(5′),H′−C(6′)) = 3,5 Hz; J(H−C(1), H−C(2)) = 8,1 Hz; J(H−C(2),H−C(3)) = 9,2 Hz; J(H−C(3),H−C(4)) = 8,7 Hz; J(H−C(4),H−C(5)) = 9,6 Hz; J(H−C(5),H−C(6)) = 2,6 Hz; J(H−C(5),H′−C(6)) = 4,3 Hz. Die diaxialen Kopplungen sind größer als 8 Hz, die äquatorial/axialen und diäquatorialen Kopplungen sind kleiner als 5 Hz. Dadurch ist ein eindeutiger Nachweis der relativen Konfigurationen der in den Hexopyranose-Ringen befindlichen Stereozentren möglich. Die α-glycosidische Verknüpfung der beiden Glucose-Einheiten ist durch die ^3J(H−C(1′),H−C(2′)) Kopplung von 4,1 Hz sofort zu erkennen. Alle anderen ^3J(H,H)-Kopplungen liegen zwischen 8 und 10 Hz und zeigen eine diaxiale Stellung der H-Atome an. Dies stimmt mit der Konfiguration der Glucose-Einheiten in der Maltose und mit der Annahme von Sessel-Konformationen für beide Glucose-Reste mit äquatorialen AcO-Gruppen überein (*Fig. 13.11*). Die β-Konfiguration wird durch die J(H−C(1),H−C(2))-Kopplung von 8,1 Hz angezeigt.

Die Konformation um die (C(1′)−O(4))- und die (O(4)−C(4))-Bindung kann wegen Fehlens von H-Atomen an O(4) nicht mit ^3J(H,H)-Kopplungen festgelegt werden. Methoden zur Bestimmung der Konformation um solche Bindungen mittels Kopplungskonstanten werden in *Aspekte der Organischen Chemie,* Band 4: *Methoden der Struktur-Bestimmung* beschrieben.

13.4. Distanz-Messungen

Die NMR-Spektroskopie ist in der Lage, die räumliche Distanz zwischen NMR-aktiven Kernen zu messen. Dies gelingt durch die quantitative Bestimmung des sogenannten *NOE-Effekts* (*Nuclear* Overhauser *Enhancement Effect*). Der NOE-Effekt zwischen zwei Kernen *i* und *j* ist der inversen sechsten Potenz des (Kern−Kern)-Abstands und dem Quadrat der gyromagnetischen Verhältnisse der beiden Kerne *i* und *j* proportional: NOE-Effekt $\sim \gamma_i^2\gamma_j^2(r_{ij})^{-6}$.

Wegen der Größe des gyromagnetischen Verhältnisses der H-Atome im Vergleich zu den anderen Kernen (vgl. *Tab. 13.1*) werden NOE-Effekte hauptsächlich zwischen Protonen gemessen. NOE-Effekte sind aufgrund des schnellen Abfalls mit zunehmendem Abstand nur bis etwa 500 pm zu messen. Distanzen durch den Raum sind jedoch für die Festlegung der Konformation einer Verbindung fast noch wichtiger als die skalaren Kopplungen durch die Bindungen. Die Bedeutung des NOE-Effekts wird nachfolgend anhand der Bestimmung von Sekundärstrukturen in Peptiden und Proteinen (*Kap. 7.3.3.2.3*) erläutert.

Tab. 13.2. *NMR-Relevante Abstände* [pm] *und Kopplungskonstanten* [Hz] *für charakteristische Sekundärstruktur-Elemente in Proteinen*

Abstand	α-Helix	3_{10}-Helix	antiparalleles β-Faltblatt	paralleles β-Faltblatt
$H_i^\alpha \cdots H_{i+1}$	350	340	220	220
$H_i^\alpha \cdots H_{i+2}$	440	380		
$H_i^\alpha \cdots H_{i+3}$	340	330		
$H_i^\alpha \cdots H_{i+4}$	420	330		
$H_i \cdots H_{i+1}$	280	260	430	420
$H_i \cdots H_{i+2}$	420	410		
$J(H_i,H_i^\alpha)$	4	4	9	9

Tab. 13.3. *Charakteristische Abstände* [pm] *zwischen Protonen in einer* β_I*-Schleife*[a])

Abstand	LL	LD	DL	DD
$H_2^\alpha \cdots H_2$	287	287	240	240
$H_2 \cdots H_3$	290	290	290	290
$H_2^\alpha \cdots H_3$	361	361	310	310
$H_3^\alpha \cdots H_3$	298	245	298	245
$H_3 \cdots H_4$	265	265	265	265
$H_2^\alpha \cdots H_4$	387	387	455	455
$H_3^\alpha \cdots H_4$	336	344	336	344

[a]) Die Abstände sind einer idealisierten β_I-Schleife entnommen und jeweils für die vier möglichen Konfigurationen angegeben (der erste der beiden Deskriptoren (D oder L) entspricht der Position 2, der zweite der Position 3)

Da die verschiedenen Sekundärstruktur-Elemente signifikant verschiedene Abstände zwischen Protonen haben, kann man zwischen ihnen unterscheiden. Wir vergleichen α-Helix, β-Faltblätter und β- bzw. γ-Schleifen miteinander. In den *Tab. 13.2–13.5* sind die zu erwartenden Distanzen der H-Atome im Rückgrat des Proteins für verschiedene Sekundärstruktur-Elemente angegeben. Die Strukturen der idealisierten β- und γ-Schleifen sind der *Fig. 13.12* zu entnehmen.

Die enantiomorphen β_I'- und β_{II}'-Schleifen kann man durch Spiegelung von β_I- und β_{II}-Schleifen an der Papierebene erhalten. Man erkennt deutlich, daß β_I für L-,L-

Tab. 13.4. *Charakteristische Abstände* [pm] *zwischen Protonen in einer β_{II}-Schleife*[a])

Abstand	LL	LD	DL	DD
$H_2^{\alpha}\cdots H_2$	287	287	240	240
$H_2\cdots H_3$	473	473	473	473
$H_2^{\alpha}\cdots H_3$	218	218	335	335
$H_3^{\alpha}\cdots H_3$	230	300	230	300
$H_3\cdots H_4$	279	279	279	279
$H_2^{\alpha}\cdots H_4$	352	352	445	445
$H_3^{\alpha}\cdots H_4$	336	344	336	344

[a]) Die Abstände sind einer idealisierten β_{II}-Schleife entnommen und jeweils für die vier möglichen Konfigurationen angegeben (der erste der beiden Deskriptoren (D oder L) entspricht der Position 2, der zweite der Position 3)

Tab. 13.5. *Charakteristische Abstände* [pm] *zwischen Protonen in einer γ-Schleife*[a])

Abstand	L	D
$H_2^{\alpha}\cdots H_2$	229	296
$H_2^{\alpha}\cdots H_3$	371	270
$H_2\cdots H_3$	390	390

[a]) Die Abstände sind einer idealisierten γ-Schleife entnommen (der Deskriptor (L oder D) entspricht der Position 2)

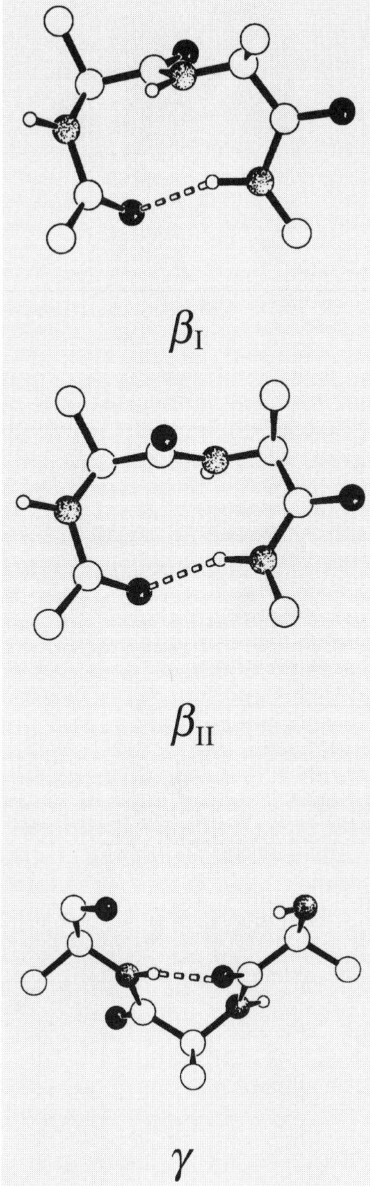

Fig. 13.12. *β_{I}-, β_{II}- und γ-Schleife in Proteinen mit L-Aminosäuren in den Positionen 2 und 3*

und β_{II} für L-,D-Aminosäuren in Position 2 und 3 der β-Schleife sterisch am günstigsten sind, da dann die *Newman*-Spannung zwischen C_2^{β} und O_1 sowie C_3^{β} und O_2 minimal ist (*Kap. 7.3.3.5*). Folglich sind $\beta_I{}'$ für D-,D- und $\beta_{II}{}'$ für D-,L-Aminosäuren in Position 2 und 3 am günstigsten. Die γ-Schleife bevorzugt D-Aminosäuren, die enantiomorphe γ'-Schleife folglich L-Aminosäuren in Position 2.

Setzt man den Abstand zwischen zwei H-Atomen, deren Kerne miteinander durch den Raum in Wechselwirkung stehen, in die r^{-6}-Beziehung ein, gelangt man zu 'berechneten' Werten für die Größe des NOE-Effekts. Auf diese Weise erfährt man rasch, daß eine Unterscheidung der Sekundärstruktur-Elemente aufgrund der verschiedenen (H···H)-Abstände mit Hilfe des NOE-Musters sehr leicht möglich ist.

Sekundärstruktur-Elemente in Proteinen sind häufig durch H-Brükken stabilisiert. Die in H-Brücken involvierten Amid-H-Atome tauschen mit den H-Atomen des Wassers langsamer aus als H-Atome, die in unstrukturierten Bereichen des Proteins vorliegen. Die Verweildauer der H-Atome ist in bestimmten Fällen Stunden bis Tage. Löst man ein Protein in D_2O auf, so bleiben nur die Amid-N-Atome von Aminosäure-Resten, die in strukturierten Bereichen des Proteins vorliegen, protoniert, also im ^{1}H-NMR-Spektrum beobachtbar, die anderen H-Atome werden gegen Deuterium ausgetauscht und verschwinden im ^{1}H-NMR-Spektrum. Man hat in letzter Zeit begonnen, die Faltung von Proteinen aus einer unstrukturierten, entfalteten Konformation (alle Amid-H-Atome tauschen schnell mit Wasser aus) in die strukturierte native Konformation (ein Teil der Amid-H-Atome ist beobachtbar) zu studieren. Erste Resultate zeigen, daß sich Sekundärstruktur-Elemente (β-Faltblätter, α-Helices) innerhalb von wenigen Millisekunden bilden können.

Die Möglichkeit, Elemente der Sekundärstruktur mittels Distanz-Messung durch NOE-Spektroskopie zu erkennen, ist nicht auf Proteine beschränkt. So ist etwa die Unterscheidung der A- von der B-DNA mit Hilfe intramolekularer (H···H)-Abstände ebenso möglich wie die Klärung der Konformation um glycosidische Bindungen in Oligosacchariden oder des Paarungsverhaltens von Oligonucleotiden mit DNA-Duplexen in Tripelhelices.

Die NMR-Spektroskopie ist als Methode, welche zur Struktur und Dynamik von Molekülen und Übermolekülen Aussagen machen kann, unentbehrlich. Im vorliegenden Kapitel wurde die NMR-Spektroskopie nur so weit vorgestellt, wie es für die Erörterung von Struktur-Problemen, die in diesem Band erwähnt worden sind, notwendig ist. Eine eingehende Diskussion bleibt *Aspekte der Organischen Chemie,* Band 4: *Methoden der Struktur-Bestimmung* vorbehalten, da die Schilderung der erforderlichen Meßverfahren den Rahmen dieser einleitenden Betrachtungen über NMR-Spektroskopie sprengen würde.

Weiterführende Literatur

Allgemein

H. Friebolin, *Ein- und zweidimensionale NMR-Spektroskopie,* VCH Verlagsgesellschaft, Weinheim, 1988.

R. K. Harris, *Magnetic Resonance Spectroscopy,* Longman, New York, 1983.

M. Hesse, H. Meier, B. Zeeh, *Spektroskopische Methoden in der organischen Chemie,* Thieme Verlag, Stuttgart, 1984.

Pretsch, Clerc, Seibl, Simon, *Tabellen zur Strukturaufklärung organischer Verbindungen,* Springer-Verlag, Berlin, 1976.

H. Günther, *NMR-Spektroskopie,* Thieme Verlag, Stuttgart, 1983.

H. O. Kalinowski, S. Berger, S. Braun, *^{13}C-NMR-Spektroskopie,* Thieme Verlag, Stuttgart, 1984.

Zu Abschn. 13.1.

E. M. Purcell, H. G. Torrey, R. V. Pound, *Resonance Absorption by Nuclear Magnetic Moments in a Solid, Phys. Rev.* **1946,** *69,* 37.

F. Bloch, W. Hansen, M. E. Packard, *Nuclear Induction, Phys. Rev.* **1946,** *69,* 127.

F. Bloch, *Nuclear Induction, Phys. Rev.* **1946,** *70,* 460.

R. R. Ernst, W. A. Anderson, *Application of Fourier-Transformation Spectroscopy to Magnetic Resonance, Rev. Sci. Instr.* **1966,** *37,* 93.

R. R. Ernst, *Sensitivity Enhancement in Magnetic Resonance, Adv. Magn. Reson.* **1966,** *2,* 1.

J. Jeener, *Ampère International Summer School* (Basko Polje, Jugoslawien) 1971.

W. P. Aue, E. Bartholdi, R. R. Ernst, *Two-Dimensional Spectroscopy. Application to Nuclear Magnetic Resonance, J. Chem. Phys.* **1976,** *64,* 2229.

R. Benn, H. Günther, *Moderne Pulsfolgen in der hochauflösenden NMR-Spektroskopie, Angew. Chem.* **1983,** *95,* 381.

K. Wüthrich, *NMR of Proteins and Nucleic Acids,* John Wiley & Sons, New York, 1986.

R. R. Ernst, G. Bodenhausen, A. Wokaun, *Principles of Nuclear Magnetic Resonance in One and Two Dimensions,* Clarendon, Oxford, 1987.

A. Bax, L. Lerner, *Two-Dimensional Nuclear Magnetic Resonance Spectroscopy, Science* **1986,** *232,* 960.

H. Kessler, M. Gehrke, C. Griesinger, *Zwei-Dimensionale NMR-Spektroskopie: Hintergrund und Überblick über die Experimente, Angew. Chem.* **1988,** *100,* 507.

R. R. Ernst, *Nobel-Vortrag: Kernresonanz-Fourier-Transformations-Spektroskopie, Angew. Chem.* **1992,** *104,* 817.

C. Griesinger, O. W. Sørensen, R. R. Ernst, *A Practical Approach to Three-Dimensional NMR Spectroscopy, J. Magn. Reson.* **1987,** *73,* 574.

H. Oschkinat, C. Griesinger, P. J. Kraulis, O. W. Sørensen, R. R. Ernst, A. Gronenborn, G. M. Clore, *Three Dimensional NMR Spectroscopy of a Protein, Nature* **1988,** *332,* 374.

J. Mason, *Multinuclear NMR,* Plenum Press, New York, 1987.

A. E. Derome, *Modern NMR Techniques for Chemistry Research,* Pergamon Press, Oxford, 1987.

N. Chandrakumar, S. Subramanian, *Modern Techniques in High Resolution FT-NMR,* Springer-Verlag, New York, 1987.

J. K. M. Sanders, B. K. Hunter, *Modern NMR Spectroscopy,* University Press, Oxford, 1987.

Attar-ur-Rahman, *One and Two Dimensional NMR Spectroscopy,* Elsevier, Amsterdam, 1989

A. Abragam, *The Principles of Nuclear Magnetism,* Clarendon Press, Oxford, 1978.

C. P. Slichter, *Principles of Magnetic Resonance,* Springer-Verlag, Berlin, 1978.

Zu Abschn. 13.2.

L. M. Jackman, F. A. Cotton, *Dynamic Nuclear Magnetic Resonance Spectroscopy,* Academic Press, New York, 1975.

J. I. Kaplan, G. Fraenkel, *NMR of Chemically Exchanging Systems,* Academic Press, New York, 1980.

Zu Abschn. 13.3.

H. Günther, *NMR-Spektroskopie,* Thieme Verlag, Stuttgart, 1983.

Zu Abschn. 13.4.

J. H. Noggle, R. E. Shirmer, *The Nuclear Overhauser Effect, Chemical Applications,* Academic Press, New York, 1971.

K. Wüthrich, *NMR of Proteins and Nucleic Acids,* John Wiley & Sons, New York, 1986.

D. Neuhaus, M. Williamson, *The Nuclear Overhauser Effect in Structural and Conformational Analysis,* VCH Verlagsgesellschaft, New York, Weinheim, Cambridge, 1989.

J. B. Udgaonkar, R. L. Baldwin, *NMR evidence for an early framework intermediate on the folding pathways of ribonuclease A, Nature* **1988,** *335,* 694.

H. Roder, A. E. Gülnur, S. W. Englander, *Structural characterization of folding intermediate in cytochrome C by H-exchange labeling and proton NMR,* Nature **1988,** *335,* 700.

14 Sonderfall Benzol

14.1. Der Konstitutionsvorschlag von *Kekulé*

Als *Kekulé* 1865 eine Konstitutionsformel für Benzol vorschlug, in welcher in einem sechsgliedrigen Ring (C–C)- und (C=C)-Bindungen alternieren, war der Schlußstein zur erst sieben Jahre zuvor begründeten Konstitutionstheorie für die Verbindungen der organischen Chemie gefunden worden: Es war nun möglich, unter Beachtung der Vierwertigkeit des C-Atoms und der Einwertigkeit des H-Atoms sechs CH-Gruppen unter Verwendung von jeweils drei *lokalisierten* (C–C)- bzw. (C=C)-Bindungen zu einem Ring zusammenzuschließen. Der einzige zur damaligen Zeit verfügbare Falsifizierungstest, welcher feststellt, ob die Anzahl von Konstitutionsisomeren, welche von *Kekulé* für Benzol-Derivate vorhergesagt worden war, mit der experimentellen Beobachtung übereinstimmt, führte allerdings in ein Dilemma.

Monosubstitution des Benzols (oder Pentasubstitution durch den gleichen Substituenten) gibt keine Konstitutionsisomeren und wirft kein Problem auf. Anders z. B. bei der Disubstitution: Mit zwei gleichen Substituenten wären insgesamt vier, mit zwei ungleichen Substituenten gar fünf Konstitutionsisomere zu erwarten. Dagegen wurden in unzähligen Fällen niemals mehr als drei konstitutionsisomere disubstituierte Benzol-Derivate gefunden.

Kekulé entzog sich dem Dilemma, indem er statt einer statischen eine dynamische Vorstellung von der Konstitution des Benzol-Rings entwickelte: Die (C–C)- und (C=C)-Bindungen sind nicht *lokalisiert*, sondern wechseln ihre Lage im Ring. Der Preis, welchen er dafür zahlte, war der Widerspruch zur *Butlerov*schen Ansicht, daß jede chemische Verbindung durch *eine* spezifische Strukturformel beschrieben werden kann und daß jeder chemischen Strukturformel ein ganz bestimmtes chemisches Individuum entspricht (*Kap. 2.4*). *Kekulé*, der neben *Loschmidt*, *Couper* und *Butlerov* das Konstitutionsmodell der klassischen organischen Chemie entwickelt hatte, zeigte mit seinen Vorstellungen zur Konstitution des Benzols und seiner Derivate zugleich die Grenzen dieses Modells auf. Eine *Kekulé*-Formel allein ist nicht in der Lage, die Anzahl von Konstitutionsisomeren für Benzol und seine Derivate zutreffend wiederzugeben. Die andere *Kekulé*-Formel, die allgemein nicht geschrieben wird, müßte eigentlich hinzugenommen und eine dynamische Wechselwirkung zwischen beiden müßte hergestellt werden: Benzol wäre so-

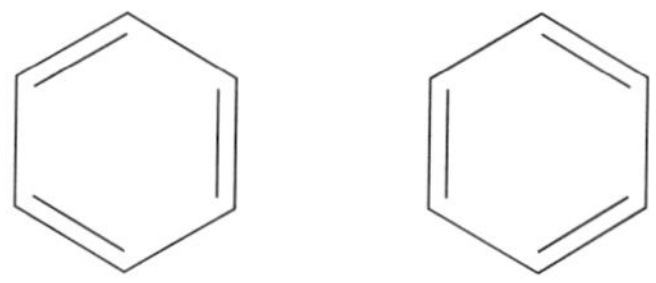

Kekulé

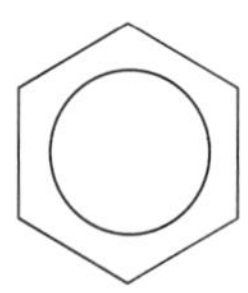

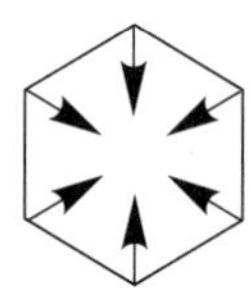

Robinson v. Baeyer

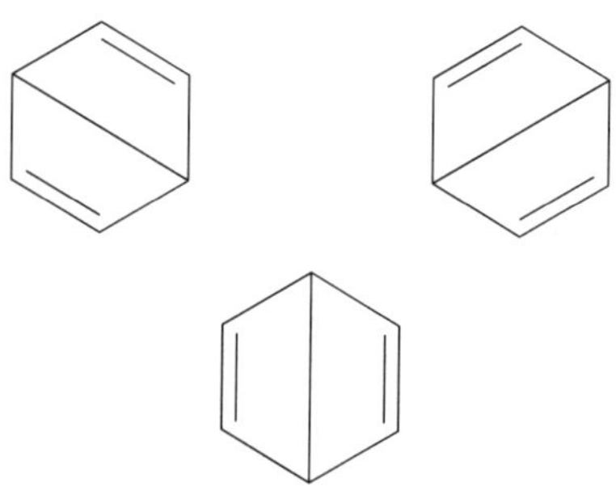

Dewar

mit ein Vertreter der D_{6h}- und nicht der D_{3h}-Symmetrie-Punktgruppe. Um der D_{6h}-Symmetrie des Benzols zu entsprechen, schreibt man häufig das *Robinson*sche Symbol (für ein Elektronensextett): ein Kreis im regulären Sechseck. Man könnte ebenso das (beim '*Benzolfest*' von 1890) von *A. v. Baeyer* vorgeschlagene Symbol verwenden. Letzteres zeigt an, daß von den C-Atomen der Koordinationszahl 3 '*die vierte Valenz für unsere Wahrnehmung verschwindet*'. Dieses Symbol für Benzol war bereits drei Jahre zuvor von *Henry E. Armstrong* verwendet worden. Es entsprach nicht nur der Symmetrie des Benzols, sondern auch seiner thermodynamischen Stabilität (*Abschn. 14.3*), die experimentell von *Julius Thomsen* bestimmt worden war.

Von zwei quantentheoretischen Ansätzen aus, von denen *Erich Hückel* Anfang der dreißiger Jahre ausgegangen war, konnte man Geometrie und Energie des Benzols 'verstehen'. Der eine Ansatz führte zur VB(*valence bond*)-Theorie und zu deren qualitativem Ableger, der sogenannten *Resonanz-Theorie*. Für die quantitative Theorie hatte *Linus Pauling* eine einfache mathematische Methode entwickelt, mit der es möglich war, die Wechselwirkung zwischen den beiden *Kekulé-Grenzformeln* des Benzols in Analogie zur Resonanz zwischen zwei gekoppelten Pendeln gleicher Schwingungsdauer zu behandeln. Zur genaueren Rechnung müssen beim Benzol allerdings drei weitere Funktionen berücksichtigt werden, welche anschaulich den drei *Dewar-Grenzformeln* entsprechen. Während auf diese Weise die Anschaulichkeit der Methode erhalten bleibt, entfällt die Grundlage zur Analogie mit der physikalischen Resonanz. Die daher unzutreffend als *Theorie der Resonanz* bezeichnete Modell-Vorstellung fand dessen ungeachtet bei Chemikern wohlwollende Aufnahme, führte aber im Lauf der Zeit zu Mißbräuchen und Fehlinterpretationen, so daß der pointierten Meinung von *Hückel*, der Fortschritt der Wissenschaft sei durch sie 20 Jahre lang verzögert worden, kaum widersprochen werden kann.

Der andere quantentheoretische Ansatz führte zur allgemeinen MO-Theorie, zur speziellen, nach *Hückel* benannten HMO-Theorie sowie zu deren qualitativem Ableger, dem qualitativen HMO-Modell. Während das qualitative MO-Modell für solche Fragen herangezogen werden soll, wo das Struktur-Modell der klassischen organischen Chemie keine Antwort gibt, wollen wir den aus der Resonanz-Theorie stammenden und in der einschlägigen Literatur häufig verwendeten Begriff *Resonanz-Energie* wenigstens erwähnt haben (*vide infra*). Wir wollen jedoch sogleich die Feststellung von *Edgar Heilbronner* und *Hans Bock* hinzufügen, daß Resonanz-Energien für die Interpretation chemischer und physikalischer Eigenschaften von Verbindungen nicht benötigt und eventuelle didaktische Vorteile durch die Konfusion wettgemacht werden, die bei ihrer unkritischen Anwendung entsteht. Doch zunächst soll aufgezeigt werden, in welcher Weise zwischen den Konstitutionsisomeren, die sich jeweils in einer Spalte von *Fig. 14.1* befinden, sicher zu unterscheiden ist.

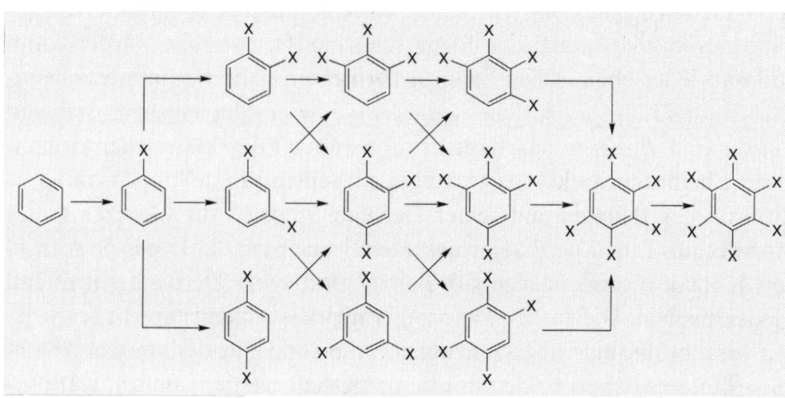

Fig. 14.1. *Der ausreichende Satz von Konstitutionsformeln für Benzol und seine sämtlichen Substitutionsprodukte* (X für H). Konstitutionsisomere stehen jeweils in einer Spalte.

14.2. Konstitutionsbestimmung bei Benzol-Derivaten

14.2.1. Die *Körner*sche Methode

Wilhelm Körner hat bereits 1869 (natürlich mit anderen Worten) aufgezeigt, daß die sechs H-Atome des Benzols homotop sind. Seine Argumentation ist im wesentlichen abstrakt und nur in einer seiner Aussagen von einer geometrischen Vorstellung abhängig. *J. Michael McBride* hat kürzlich darauf hingewiesen, daß der *Körner*sche Schluß vollständig abstrakt – und zwar in der Sprache der Gruppentheorie – ausgedrückt werden kann. Wir benutzen nachfolgend die *Körner*sche Methode, allerdings unter Verwendung der Geometrie des Benzol-Rings.

Um z. B. zwischen den drei konstitutionsisomeren Dibromobenzol-Verbindungen zu unterscheiden, stellt man jeweils die Anzahl der aus einer weiteren Substitution resultierenden Tribromobenzol-Derivate fest (*Fig. 14.1*). Vom 1,4-Dibromobenzol aus kommt man nur zum 1,2,4-Tribromobenzol. Aus 1,2-Dibromobenzol werden zwei Konstitutionsisomere, 1,2,3- und 1,2,4-Tribromobenzol, erhalten. 1,3-Dibromobenzol schließlich liefert drei Konstitutionsisomere: 1,2,3-, 1,2,4- und 1,3,5-Tribromobenzol. Ähnlich ist 1,3,5-Tribromobenzol nur mit einem, nämlich mit 1,2,3,5-Tetrabromobenzol, korreliert, 1,2,3-Tribromobenzol dagegen mit zwei konstitutionsisomeren Tetrabromobenzolen (1,2,3,4- und 1,2,3,5-Tetrabromobenzol) und 1,2,4-Tribromobenzol schließlich mit drei konstitutionsisomeren Tetrabromobenzolen (1,2,3,4-, 1,2,3,5- und 1,2,4,5-Tetrabromobenzol).

Der Graph von *Fig. 14.1* läßt die Logik erkennen, durch welche die strukturell verschiedenen Vertreter eines gesamten Stammbaums miteinander verbunden werden. Die Anwendung der *Körner*schen Methode, d. h. rückschließen, wie viele konstitutionsisomere Produkt-Komponenten mit einem Edukt gegebener Konstitution korrelieren, ist in der Praxis nicht immer so einfach, wie es auf den ersten Blick scheinen mag: In manchen Fällen tut man sich schwer, die Gesamtzahl möglicher Isomeren zu verifizieren.

Unabhängig davon möchte man auf jeden Fall die Konstitution der einzelnen Produkt-Komponenten wissen: einmal, um sie identifizieren zu können, und nicht zuletzt auch deshalb, weil die Konstitution einer Produkt-Komponente unter Umständen bereits genügt, um diejenige des Edukts festzulegen. Findet man z. B. im Bromierungsprodukt eines der Dibromobenzol-Isomeren 1,3,5-Tribromobenzol, muß ursprünglich 1,3-Dibromobenzol vorgelegen haben. Eine sichere Methode, um zwischen den Konstitutionsisomeren einer jeden Spalte von *Fig. 14.1* zu unterscheiden, bietet die NMR-Spektroskopie.

14.2.2. NMR-Spektroskopische Zuordnung

Benzol selbst läßt sowohl im ^{1}H- als auch im ^{13}C-NMR-Spektrum jeweils nur ein einziges Signal (bei 7,26 bzw. 128,5 ppm) erkennen: Die sechs H- wie auch die sechs C-Atome sind jeweils homotop.

Monosubstituierte Benzol-Derivate zeigen ein komplexes ^{1}H-NMR-Spektrum mit drei Gruppen von *Multipletts* für die beiden *ortho*-Protonen, die beiden *meta*-Protonen und das eine *para*-Proton. In den ^{13}C-NMR-Spektren werden für die sechs C-Atome vier verschiedene Signale (für C(1), C(2) und C(6), C(3) und C(5) sowie für C(4)) beobachtet.

Die drei konstitutionsisomeren X_2-Benzol-Derivate sind NMR-spektroskopisch leicht identifizierbar. Das 1,4-Isomere hat lauter homotope Protonen und zeigt im ^{1}H-NMR-Spektrum nur ein einziges Signal, im ^{13}C-NMR-Spektrum zwei Signale. Das 1,2-Isomere weist ein symmetrisches ^{1}H-NMR-Spektrum vom Typ *AA'BB'* und ein ^{13}C-NMR-Spektrum mit drei Signalen auf. Aus dem 1,3-Isomeren schließlich ergeben sich die komplexesten Spektren dieser Reihe: ein ^{1}H-NMR-Spektrum vom AB_2C-Typ sowie ein ^{13}C-NMR-Spektrum mit vier verschiedenen Signalen. Bei den tri- bzw. tetrasubstituierten Benzol-Derivaten gelingt ebenfalls eine eindeutige Unterscheidung zwischen den jeweils drei möglichen Konstitutionsisomeren (*Tab. 14.1*).

Tab. 14.1. *NMR-spektroskopische Konstitutionsbestimmung von Benzol und Benzol-Derivaten*

Verbindung	^{1}H	^{13}C
Benzol	A_6-Singulett	1 Signal
X-Benzol		
Monobromobenzol	*AA'BB'C*-Multiplett	4 Signale
X_2-Benzol		
1,2-Dibromobenzol	*AA'BB'*-Multiplett	3 Signale
1,3-Dibromobenzol	AB_2C-Multiplett	4 Signale
1,4-Dibromobenzol	*AA'A''A'''*-Singulett	2 Signale
X_3-Benzol		
1,2,3-Tribromobenzol	AB_2-Multiplett	4 Signale
1,2,4-Tribromobenzol	*ABC*-Multiplett	6 Signale
1,3,5-Tribromobenzol	A_3-Singulett	2 Signale
X_4-Benzol		
1,2,3,4-Tetrabromobenzol	A_2-Singulett	3 Signale
1,2,3,5-Tetrabromobenzol	A_2-Singulett	4 Signale
1,2,4,5-Tetrabromobenzol	A_2-Singulett	2 Signale

14.3. Energie-Betrachtungen

Struktur und Energie sind die wichtigsten Charakteristika einer chemischen Verbindung. Das 'Benzol-Problem' hat demzufolge nicht nur einen strukturellen (D_{6h}- statt D_{3h}-Symmetrie), sondern auch einen energetischen Aspekt: Benzol ist thermochemischen Untersuchungen von *Thomsen* (*Abschn. 14.1*) zufolge viel stabiler als man erwarten sollte. Diese Aussage wirft zwei Probleme auf:

- Wenn man 'stabiler als' sagt, bezieht man sich offenbar auf eine Referenz-Substanz.
- Was heißt 'stabiler als' für einen Chemiker überhaupt?

Bei einem Molekül bedeutet der Begriff 'stabil' eine thermodynamische Eigenschaft, welche durch Messung der relativen molaren *Gibbs*-Energie $\Delta_f G^{\ominus}$ bei einer gegebenen Temperatur bestimmt werden kann ($^{\ominus}$ symbolisiert den Standardzustand, d.h. einen Druck von 0,1 MPa beim Vorliegen der jeweils stabilen Phase). Die Änderung der (molaren) *Gibbs*-Energie bei einer chemischen Reaktion r unter Standardbedingungen ist durch den Ausdruck $\Delta_r G^{\ominus} = \Sigma_B \nu_B \Delta_f G^{\ominus}$ (B) gegeben, wobei ν_B den stöchiometrischen Koeffizienten des Reaktionspartners B bedeutet. Aus den Bedingungen des chemischen Gleichgewichts folgt die Beziehung $\Delta_r G^{\ominus} = -RT \ln K$ zwischen der Änderung der *Gibbs*-Energie und der (dimensionslosen) thermodynamischen Gleichgewichtskonstanten K.

Eine Verbindung A ist stabiler als ihr Isomeres B, falls für die wirkliche oder hypothetische Reaktion, bei welcher A in B übergeführt wird, die Bedingung $\Delta_r G^{\ominus} > 0$ erfüllt ist. Falls für die beiden Reaktionen

$$P \rightarrow X + Y\ (\Delta_r G_1^{\ominus});\ Q \rightarrow X + Z\ (\Delta_r G_2^{\ominus})$$

die Aussage $\Delta_r G_1^{\ominus} > \Delta_r G_2^{\ominus}$ zutrifft, ist P relativ zu Y stabiler als Q relativ zu Z. Der Ausdruck 'stabiler als' gilt sowohl quantitativ als auch qualitativ in bezug auf einen ausdrücklich genannten oder stillschweigend angenommenen Standard.

Die Ausdrücke 'stabil' oder 'stabiler' sollten nicht synonym mit 'unreaktiv' oder 'weniger reaktiv' verwendet werden, da man sonst thermodynamische und kinetische Überlegungen miteinander vermischen würde: Eine relativ stabilere chemische Verbindung kann einem Reaktionspartner gegenüber durchaus reaktiver sein als eine Referenz-Verbindung.

14.3.1. Reaktions-, Bildungs- und Bindungsenthalpien

Für die Stereoisomeren (*E*)- und (*Z*)-But-2-en ist zu erwarten, daß eines der beiden Diastereoisomeren 'stabiler' ist als das andere. Werden beide in getrennten Experimenten in reinem O_2 (in einer kalorimetrischen Bombe) verbrannt, findet man nicht nur qualitativ und quantitativ dieselben Produkt-Komponenten (4 CO_2 und 4 H_2O), sondern stellt auch fest, daß während der exothermen Reaktion jeweils eine spezifische *Reaktionsenergie* $\Delta_c U$ (bei konstantem Volumen) bzw. *Reaktionsenthalpie* $\Delta_c H$ (bei konstantem Druck) in die Umgebung abgegeben worden ist:

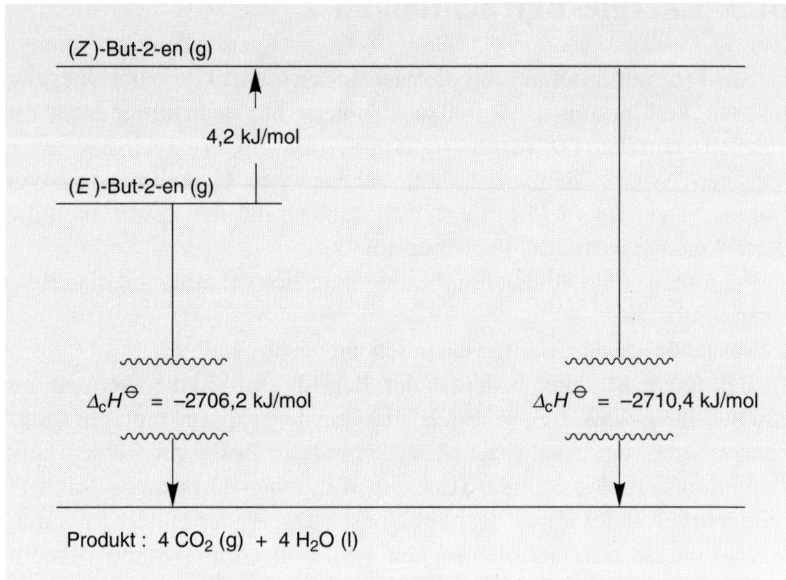

Fig. 14.2. *Graphische Darstellung zur Berechnung der thermodynamischen Stabilitätsdifferenz zwischen (E)- und (Z)-But-2-en mittels der Verbrennungsenthalpien ($\Delta_c H^\ominus$)*

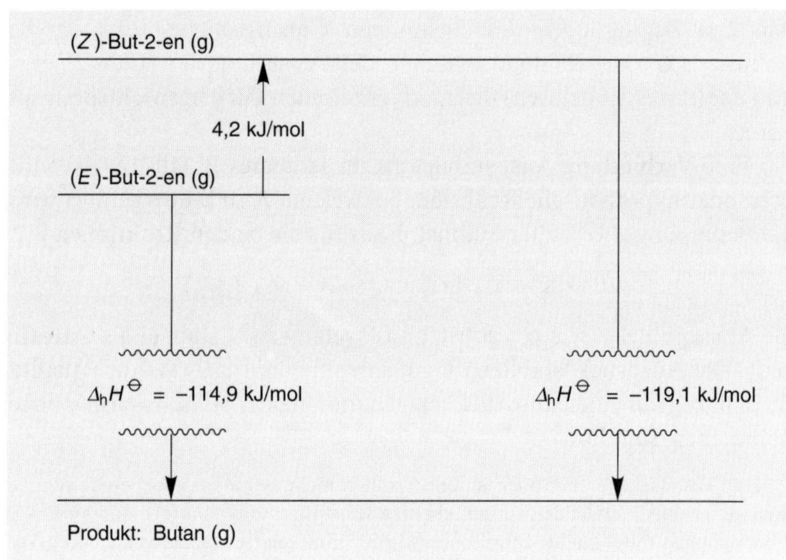

Fig. 14.3. *Graphische Darstellung zur Berechnung der thermodynamischen Stabilitätsdifferenz zwischen (E)- und (Z)-But-2-en mittels der Hydrierungsenthalpien ($\Delta_h H^\ominus$)*

$$\Delta_c H^\ominus \text{ ((}E\text{)-But-2-en)} = -2706{,}2 \text{ kJ/mol;}$$
$$\Delta_c H^\ominus \text{ ((}Z\text{)-But-2-en)} = -2710{,}4 \text{ kJ/mol.}$$

Danach ist das (*E*)-Isomere im Standardzustand um 4,2 kJ/mol *thermodynamisch stabiler* als das (*Z*)-Isomere (*Fig. 14.2*).

Statt die thermodynamische Stabilitätsdifferenz aus den experimentell zugänglichen Verbrennungsenthalpien zu berechnen, kann man von den experimentell zugänglichen Hydrierungsenthalpien (bei 25 °C in Eisessig) ausgehen:

$$\Delta_h H^\ominus \text{ ((}E\text{)-But-2-en)} = -114{,}9 \text{ kJ/mol;}$$
$$\Delta_h H^\ominus \text{ ((}Z\text{)-But-2-en)} = -119{,}1 \text{ kJ/mol.}$$

$4\ CO_2 + 4\ H_2O$	$\longrightarrow$	$(Z)\text{-}C_4H_8 + 6\ O_2$	$-\Delta_cH^{\ominus} = +2710{,}4$ kJ/mol
$4\ C$ (Graphit) $+ 4\ O_2$	$\longrightarrow$	$4\ CO_2$	$\Delta_cH^{\ominus} = -1574{,}0$ kJ/mol
$4\ H_2 + 2\ O_2$	$\longrightarrow$	$4\ H_2O$	$\Delta_cH^{\ominus} = -1143{,}3$ kJ/mol
$4\ C$ (Graphit) $+ 4\ H_2$	$\longrightarrow$	$(Z)\text{-}C_4H_8$	$\Delta_fH^{\ominus} = -6{,}9$ kJ/mol
$4\ CO_2 + 4\ H_2O$	$\longrightarrow$	$(E)\text{-}C_4H_8 + 6\ O_2$	$-\Delta_cH^{\ominus} = +2706{,}2$ kJ/mol
$4\ C$ (Graphit) $+ 4\ O_2$	$\longrightarrow$	$4\ CO_2$	$\Delta_cH^{\ominus} = -1574{,}0$ kJ/mol
$4\ H_2 + 2\ O_2$	$\longrightarrow$	$4\ H_2O$	$\Delta_cH^{\ominus} = -1143{,}3$ kJ/mol
$4\ C$ (Graphit) $+ 4\ H_2$	$\longrightarrow$	$(E)\text{-}C_4H_8$	$\Delta_fH^{\ominus} = -11{,}1$ kJ/mol

Fig. 14.4. *Berechnung der Bildungsenthalpien ($\Delta_fH^{\ominus}$) für (Z)- und (E)-But-2-en*

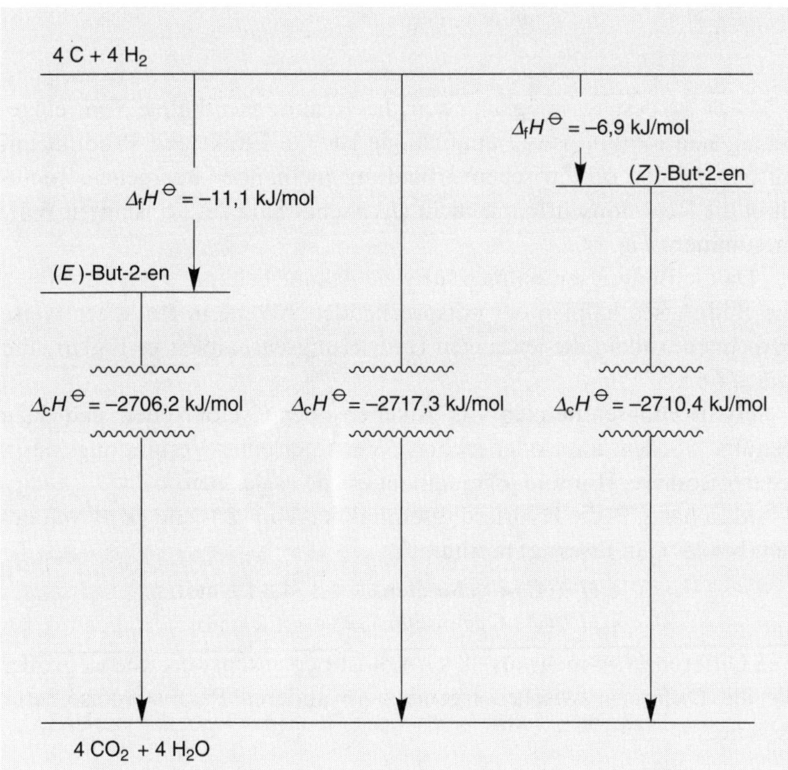

Fig. 14.5. *Graphische Veranschaulichung des* Heßschen *Satzes der konstanten Wärmesummen für (E)- und (Z)-But-2-en*

Danach beläuft sich die thermodynamische Stabilitätsdifferenz ebenfalls auf 4,2 kJ/mol (*Fig. 14.3*).

Kennt man die Verbrennungsenthalpie eines Kohlenwasserstoffs und diejenige von Kohlenstoff (Graphit) und Wasserstoff (H_2 (g)), so lassen sich die sogenannten *Bildungsenthalpien* ($\Delta_fH^{\ominus}$) berechnen (*Fig. 14.4*).

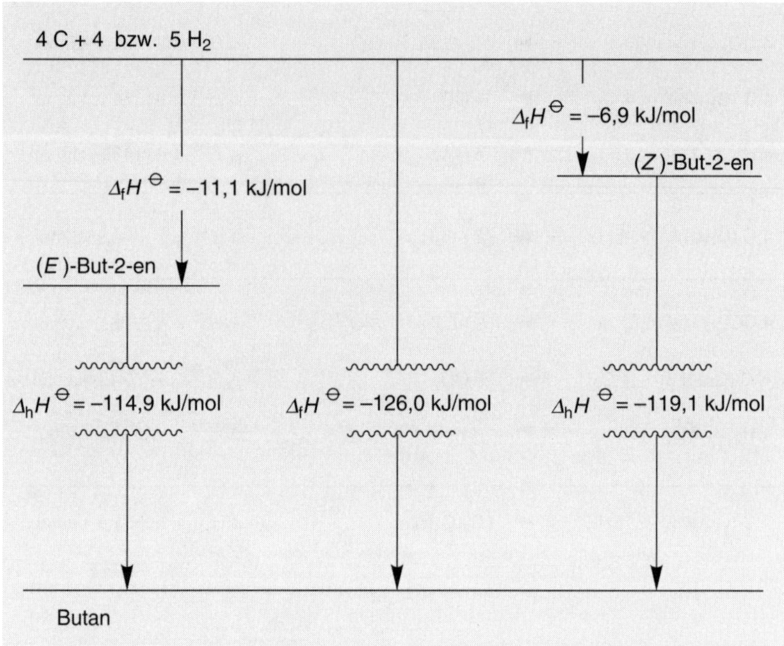

Fig. 14.6. *Graphische Darstellung zur Berechnung der Bildungsenthalpien ($\Delta_f H^\ominus$) von (E)- und (Z)-But-2-en aus der Bildungsenthalpie von Butan und den Hydrierungsenthalpien der Stereoisomeren des But-2-ens*

Dies ist deshalb möglich, weil die Reaktionsenthalpie vom eingeschlagenen Reaktionsweg unabhängig ist: Ob Edukt und Produkt unmittelbar oder *via* Zwischenverbindung ineinander übergehen, beeinflußt die Reaktionsenthalpie nicht (*Heß*scher Satz der konstanten Wärmesummen; *Fig. 14.5*).

Da die Bildungsenthalpien für viele Alkane bekannt sind, lassen sich die Bildungsenthalpien der entsprechenden Alkene in einfacher Weise berechnen, sobald die jeweiligen Hydrierungsenthalpien verfügbar sind (*Fig. 14.6*).

Hydrierungsenthalpien von Alkenen oder Cycloalkenen sind dazu benutzt worden, zwei oder mehrere Vertreter einer Verbindungsklasse (Stereoisomere, Homologe) miteinander zu vergleichen.

Man hat z. B. die Hydrierungsenthalpien von (*E*)- und (*Z*)-Cycloocten (bei 25 °C in Eisessig) bestimmt:

$$\Delta_h H^\ominus((E)\text{-Cycloocten}) = -134{,}8 \text{ kJ/mol};$$
$$\Delta_h H^\ominus((Z)\text{-Cycloocten}) = -96{,}1 \text{ kJ/mol}.$$

Die Differenz von mehr als 38 kJ/mol ist bemerkenswert. Sie ist größer als die Differenz zwischen irgendeinem anderen Paar stereoisomerer Alkene.

Werden die Hydrierungsenthalpien der Homologen Cyclopenten und Cyclohexen miteinander verglichen (was zur Kultivierung des 'chemischen Gefühls' reizvoll erscheint), so stellt man fest, daß der Betrag der Hydrierungsenthalpie des Cyclopentens um 7,1 kJ/mol geringer ist als derjenige des Cyclohexens (katalytische Hydrierung bei 25 °C in Eisessig). Hier wird die im Cyclopenten relativ zum Cyclohexen vorhandene höhere Spannung durch die geringere Energie des Cyclohexans gegenüber dem mit *Pitzer*-Spannung versehenen Cyclopentan überkompensiert. Das gleiche Resultat ergibt sich durch Vergleich der Bildungsenthalpien von Cyclohexan, Cyclopentan, Cyclohexen und Cyclopenten.

Tab. 14.2. *Bindungsenthalpie-Werte als Bildungsenthalpie-Inkremente.* C_d=C-Atom mit der Koordinationszahl 3. Für die Berechnungen werden die (C=C)- und die (C=O)-Gruppe jeweils als Einheit mit der Koordinationszahl 4 bzw. 2 betrachtet. (Quelle: *S. W. Benson*, Thermochemical Kinetics, 2. Aufl., Wiley, S. 25)

Bindung	$\Delta_f H^\ominus$ [kJ/mol]	Bindung	$\Delta_f H^\ominus$ [kJ/mol]
C–H	−16,02	S–H	−3,35
C–D	−19,79	S–S	−25,10
C–C	11,42	C_d–C	28,03
C–F	−219,66	C_d–H	13,39
C–Cl	−30,96	C_d–F	−163,18
C–Br	9,20	C_d–Cl	−20,92
C–I	58,99	C_d–Br	40,58
C–O	−50,21	C_d–I	90,79
O–H	−112,97	(O=)C–H	58,16
O–D	−116,73	(O=)C–C	−60,25
O–O	89,96	(O=)C–O	−211,29
O–Cl	38,07	(O=)C–F	−322,17
C–N	38,91	(O=)C–Cl	−112,97
N–H	−10,88	(NO_2)–O	−12,55
C–S	28,03	(NO)–O	37,66

Da es kaum möglich ist, alle bekannten Verbindungen, deren Bildungsenthalpien man wissen möchte, den aufwendigen Messungen der Hydrierungs- oder Verbrennungsenthalpie zu unterwerfen, hat man – der Baukasten-Denkweise des Struktur-Modells der klassischen organischen Chemie gemäß – die molekulare Bildungsenthalpie als Summe konstanter Enthalpie-Beiträge aus submolekularen Bauelementen zu deuten versucht. *Tab. 14.2* enthält abstrakte Bindungsenthalpie-Werte, mit deren Hilfe für Verbindungen unter Standardbedingungen im Gas-Zustand Bildungsenthalpien $\Delta_f H^\ominus$ 'berechnet' werden können.

Unten wird für Ethyl-acetat der nach *Tab. 14.2* 'berechnete' $\Delta_f H^\ominus$-Wert mit dem gemessenen verglichen:

Ethyl-acetat

$\Delta_f H^\ominus$ ('berechnet')

= 8 [C–H] + [(O=)C–C] + [(O=)C–O] + [C–O] + [C–C]

= (− 128,16 − 60,25 − 211,29 − 50,21 + 11,42) kJ/mol

= <u>− 438,49 kJ/mol</u>

$\Delta_f H^\ominus$ (gemessen)

= <u>− 432,63 kJ/mol</u>

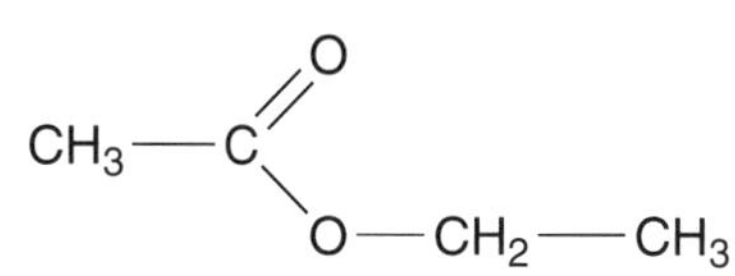

Für eine organische Verbindung X ist die Bildungsenthalpie $\Delta_f H^{\ominus}$ im gasförmigen (g), flüssigen (l) oder festen (s) Zustand gleich der Enthalpie-Änderung, welche bei der Bildung dieser Verbindung aus ihren Elementen (im Standardzustand) eintritt. Bei 298 K liegt der Standardzustand der Elemente für H_2 (g), O_2 (g) und C (s, Graphit) vor. Die Bildungsenthalpie in der Gas-Phase $\Delta_f H^{\ominus}(X(g))$ unterscheidet sich von derjenigen in kondensierter Phase um die Verdampfungs- bzw. Sublimationsenthalpie.

Fig. 14.7 veranschaulicht, wie $\Delta_f H^{\ominus}$ für Methan nach Dissoziation bzw. Sublimation der Elemente H (g, H_2) und C (s, Graphit) und nachfolgender Kombination der resultierenden Atome gedanklich zustande kommt.

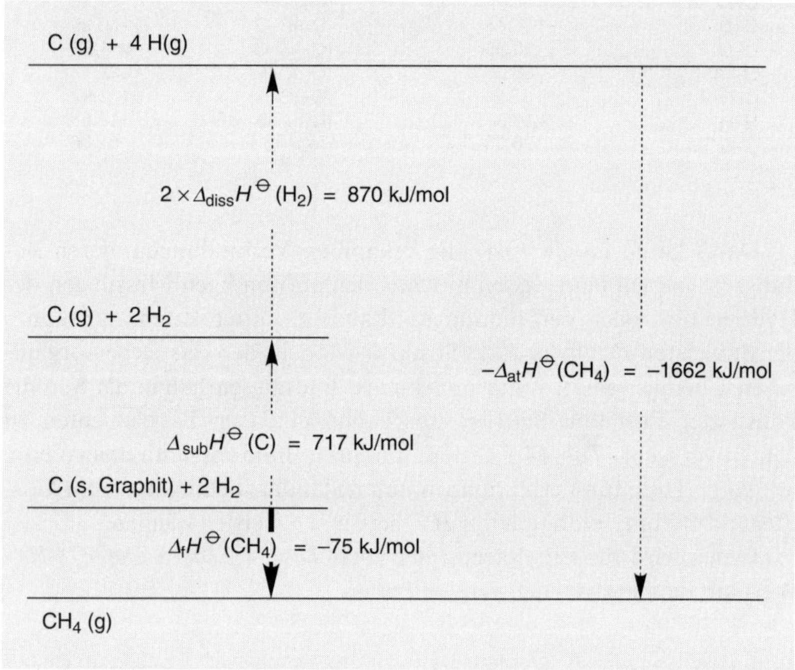

Fig. 14.7. *Graphische Darstellung zur Bildungsmöglichkeit von Methan*

Stellt man sich die Bildung des Methans in einem Gedankenexperiment so vor, daß sich die Atome bereits bei großen interatomaren Abständen in der richtigen relativen Anordnung befinden und sich synchron auf die Gleichgewichtsabstände nähern, läßt sich die hierbei freiwerdende Bildungsenthalpie so interpretieren, als ob jede einzelne Bindung einen konstanten Beitrag, die sogenannte *Bindungsenthalpie* $\Delta_b H^{\ominus}$ (C–H), beisteuern würde.

Die mittlere (C–H)-Bindungsenthalpie des Methans ist durch experimentelle Größen (Bildungsenthalpien des Methans und seiner Atome aus den Elementen) eindeutig bestimmt. Man verwendet sie (nicht ganz ohne Willkür, aber der Baukasten-Denkweise entsprechend konsequent) auch für die (C–H)-Bindungsenthalpie des Ethans: um aus der experimentell bestimmten Bildungsenthalpie dieses Kohlenwasserstoffs die (C–C)-Bindungsenthalpie berechnen zu können.

Tab. 14.3. *Atomgruppenenthalpie-Inkremente.* C_d=C-Atom mit der Koordinationszahl 3, C_B=C-Atom im Benzol-Ring, C_t und C_a=C-Atome mit der Koordinationszahl 2 (C_a=allenisches C-Atom), C_{BF}=C-Atom in einem anellierten aromatischen Ring-System wie z.B. Naphthalin oder Anthracen. (Quelle: *S. W. Benson*, Thermochemical Kinetics, 2. Aufl., Wiley, S. 272ff.)

Atom-Gruppierung	$\Delta_f H^{\ominus}$ [kJ/mol]	Atom-Gruppierung	$\Delta_f H^{\ominus}$ [kJ/mol]
C–(H)$_3$(C)	–42,68	O–(C$_d$)$_2$	138,07
C–(H)$_2$(C)$_2$	–20,63	O–(C$_B$)$_2$	–88,28
C–(H)(C)$_3$	–7,95	O–(C$_d$)(CO)	–189,12
C–(C)$_4$	2,09	O–(C$_B$)(CO)	–153,55
		O–(O)(CO)	–79,50
C$_d$–(H)$_2$	26,19	O–(CO)$_2$	–194,56
C$_d$–(H)(C)	35,94	O–(O)$_2$	79,55
C$_d$–(C)$_2$	43,26		
C$_d$–(C$_d$)(H)	28,37	CO–(H)$_2$	–108,78
C$_d$–(C$_d$)(C)	37,15	CO–(H)(C)	–121,75
C$_d$–(C$_B$)(H)	28,37	CO–(H)(C$_B$)	–121,75
C$_d$–(C$_B$)(C)	36,15	CO–(H)(C$_d$)	–121,75
C$_d$–(C$_t$)(H)	28,37	CO–(H)(C$_t$)	–121,75
C$_d$–(C$_B$)$_2$	33,47	CO–(H)(CO)	–105,86
C$_d$–(C$_d$)$_2$	19,25	CO–(H)(O)	–134,31
C–(C$_d$)(C)(H)$_2$	–19,92	CO–(C)$_2$	–131,38
C–(C$_d$)$_2$(H)$_2$	–17,95	CO–(C)(C$_B$)	–129,29
C–(C$_d$)(C$_B$)(H)$_2$	–17,95	CO–(C$_B$)$_2$	–107,95
C–(C$_t$)(C)(H)$_2$	–19,79	CO–(C)(O)	–146,86
C–(C$_B$)(C)(H)$_2$	–20,33	CO–(C)(CO)	–122,17
C–(C$_d$)(C)$_2$(H)	–6,19	CO–(C$_d$)(O)	–133,89
C–(C$_t$)(C)$_2$(H)	–7,20	CO–(C$_B$)(O)	–153,13
C–(C$_B$)(C)$_2$(H)	–4,10	CO–(C$_B$)(CO)	–112,13
		CO–(O)$_2$	–125,10
C–(C$_d$)(C)$_3$	7,03	CO–(O)(CO)	–122,59
C–(C$_B$)(C)$_3$	11,76		
		C–(H)$_3$(O)	–42,17
C$_t$–(H)	112,68	C–(H)$_2$(O)(C)	–33,89
C$_t$–(C)	115,27	C–(H)$_2$(O)(C$_d$)	–27,20
C$_t$–(C$_d$)	122,17	C–(H)$_2$(O)(C$_B$)	–33,89
C$_t$–(C$_B$)	122,17	C–(H)$_2$(O)(C$_t$)	–27,20
		C–(H)$_2$(O)$_2$	–67,36
C$_B$–(H)	13,81	C–(H)(O)(C)$_2$	–30,12
C$_B$–(C)	23,05	C–(H)(O)$_2$(C)	–68,20
C$_B$–(C$_d$)	23,77		
C$_B$–(C$_t$)	23,77	C–(O)(C)$_3$	–27,61
C$_B$–(C$_B$)	20,75	C–(O)$_2$(C)$_2$	–77,82
		C–(H)$_3$(CO)	–42,17
C$_a$	143,09	C–(H)$_2$(CO)(C)	–21,76
		C–(H)$_2$(CO)(C$_d$)	–15,90
C$_{BF}$–(C$_B$)$_2$(C$_{BF}$)	20,08	C–(H)$_2$(CO)(C$_B$)	–22,59
C$_{BF}$–(C$_B$)(C$_{BF}$)$_2$	15,48	C–(H)$_2$(CO)(C$_t$)	–22,59
C$_{BF}$–(C$_{BF}$)$_3$	6,28	C–(H)$_2$(CO)$_2$	–31,80
		C–(H)(CO)(C)$_2$	–7,11
O–(H)$_2$	–241,84	C–(CO)(C)$_3$	5,86
O–(H)(C)	–158,57	C$_d$–(O)(H)	35,98
O–(H)(C$_B$)	–158,57	C$_d$–(O)(C)	43,10
O–(H)(O)	–68,20	C$_d$–(O)(C$_d$)	37,24
O–(H)(CO)	–243,09	C$_d$–(O)(CO)	48,53
		C$_d$–(H)(CO)	20,92
O–(C)$_2$	–97,07	C$_d$–(CO)(C)	31,38
O–(C)(C$_d$)	–127,61	C$_B$–(O)	–3,77
O–(C)(C$_B$)	–96,23	C$_B$–(CO)	15,48
O–(C)(O)	–18,83		
O–(C)(CO)	–180,33		

Die Übereinstimmung zwischen gemessener und durch Addition von Enthalpie-Inkrementen erhaltener Bildungsenthalpie wird noch besser, wenn man statt von *Bindungsenthalpie-Werten* von *Atomgruppenenthalpie-Werten* ausgeht. *Tab. 14.3* enthält derartige Atomgruppenenthalpie-Inkremente, mit deren Hilfe für gasförmige Verbindungen unter Standardbedingungen die entsprechenden $\Delta_f H^\ominus$-Werte 'berechnet' werden können.

Unten wird für *tert*-Butyl-methyl-ether der (nach *Tab. 14.3*) 'berechnete' $\Delta_f H^\ominus$-Wert dem gemessenen gegenübergestellt:

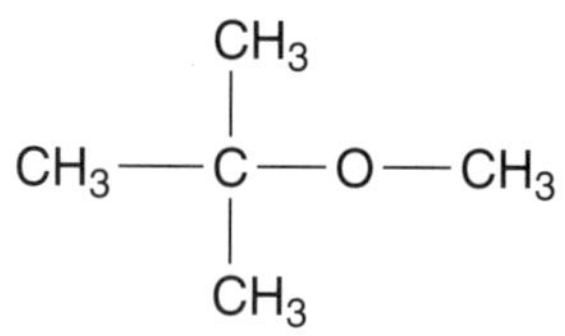

tert-Butyl-methyl-ether

$\Delta_f H^\ominus$ ('berechnet')

$= 3\,[\,C\text{–}(H)_3(C)\,] + [\,C\text{–}(O)(C)_3\,] + [\,O\text{–}(C)_2\,] + [\,C\text{–}(H)_3(O)\,]$

$= (-128{,}04 - 27{,}61 - 97{,}07 - 42{,}17)$ kJ/mol

$= \underline{-294{,}89 \text{ kJ/mol}}$

$\Delta_f H^\ominus$ (gemessen)

$= \underline{-293 \pm 4 \text{ kJ/mol}}$

Das *Additionsprocedere* hat sich für acyclische Moleküle bewährt. Falls topologische Voraussetzungen es zulassen, daß sich voneinander entfernte Atom-Gruppierungen nähern (häufig bei (*Z*)- relativ zu (*E*)-Alkenen, bei *sc*- relativ zu *ap*-Konformationen oder bei cyclischen Systemen), müssen Korrekturfaktoren eingeführt werden. Derartige Korrekturfaktoren machen klar, daß man nur bei bestimmten Verbindungsklassen von der Additivität von Bildungsenthalpie-Inkrementen, die spezifischen Struktur-Elementen zugeschrieben werden, ausgehen kann. Die Notwendigkeit, Korrekturfaktoren bei der 'Berechnung' von Bildungsenthalpien aus Bildungsenthalpie-Inkrementen zu berücksichtigen, ist ein wertvoller Hinweis darauf, daß bei bestimmten Verbindungen besondere Ursachen der Stabilisierung oder Destabilisierung vorliegen, welche zu einer Abweichung vom Normalfall führen. Cyclopropan und Benzol sind Prototypen solcher 'Abweichler'.

Während beim Cyclohexan die 'berechneten' und gemessenen $\Delta_f H^\ominus$-Werte übereinstimmen, ergeben sich für Cyclopropan und Benzol erhebliche Diskrepanzen (*Tab. 14.4*).

Das 'reale' Cyclopropan ist dem (mit Hilfe der Additivitätsbeziehung) 'berechneten' Cyclopropan gegenüber um 115 kJ/mol destabilisiert. Man wird intuitiv sagen, daß hauptsächlich die beträchtliche Winkel-Deformation (*Baeyer*-Spannung) für die Destabilisierung verantwortlich ist.

Nach der *Baeyer*schen *Spannungstheorie* weist Cyclopropan von allen Homologen erwartungsgemäß die größte Ring-Spannung auf. Die konventionelle Ring-Spannungsenergie für Cyclopropan (115 kJ/mol) ist jedoch nur wenig größer als diejenige

Tab. 14.4. *Vergleich zwischen 'berechneten' und gemessenen Standardbildungsenthalpien* ($\Delta_f H^{\ominus}$ [kJ/mol]) *für Cyclopropan, Cyclohexan und Benzol.* Die für Benzol berechneten Werte wurden unter Verwendung des fiktiven Cyclohexa-1,3,5-triens als Referenz-Struktur ermittelt; dies erklärt den krassen Unterschied zu dem gemessenen Wert

Verbindung	Cyclopropan $(CH_2)_3$	Cyclohexan $(CH_2)_6$	Benzol $(CH{=}CH)_3$
$\Delta_f H^{\ominus}$ (mit Werten von *Tab. 14.2* 'berechnet')	–61,9	–123,8	+164,4
$\Delta_f H^{\ominus}$ (mit Werten von *Tab. 14.3* 'berechnet')	–61,9	–123,8	+170,2
$\Delta_f H^{\ominus}$(gemessen)	+53,1	–123,4	+82,8
$\Delta_f H^{\ominus}$(gemessen) $-\Delta_f H^{\ominus}$ ('berechnet')	+115,0	+0,4	–81,6 –87,4

für Cyclobutan (110 kJ/mol). Die konventionelle Ring-Spannungsenergie erhält man jeweils, indem man von $-\Delta_c H^{\ominus}$ für Cyclopropan (2092 kJ/mol) $3 \cdot 659$ kJ/mol und von $-\Delta_c H^{\ominus}$ für Cyclobutan (2746 kJ/mol) $4 \cdot 659$ kJ/mol abzieht. Cyclopropan nimmt innerhalb der homologen Reihe der Cycloalkane auf jeden Fall eine Sonderstellung ein. Diese Tatsache läßt sich vom Struktur-Modell der klassischen organischen Chemie nicht erklären.

Das 'reale' Benzol mit D_{6h}-Symmetrie ist im Vergleich zum *Kekulé*-Benzol mit D_{3h}-Symmetrie und alternierenden (C–C)- und (C=C)-Bindungen um den Betrag seiner *Resonanz-Energie* stabilisiert.

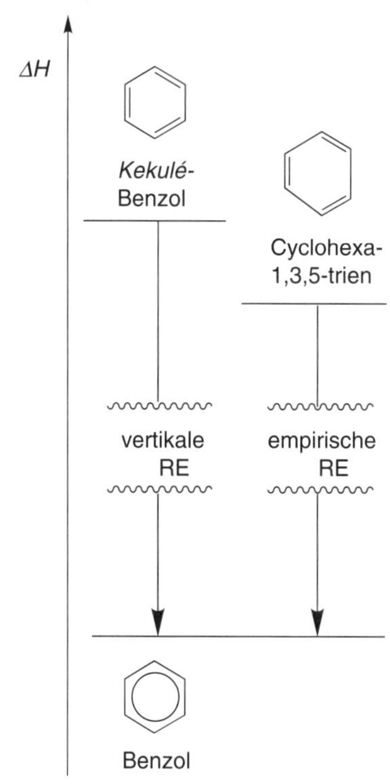

14.3.2. Berechnung von Resonanz-Energien

Die Differenz zwischen gemessener und (unter Verwendung von Inkrementsätzen) berechneter Standardbildungsenthalpie ist ein wichtiges Indiz für die Gültigkeit des Struktur-Modells der klassischen organischen Chemie. Insbesondere beim Benzol tritt eine beträchtliche Diskrepanz zwischen den auf die zuvor beschriebene Art und Weise erhaltenen Bildungsenthalpie-Werten auf. Die resultierende Energie-Differenz

$$RE = \Delta_f H^{\ominus}\,(\text{gemessen}) - \Delta_f H^{\ominus}\,(\text{'berechnet'})$$

wird *Resonanz-Energie* (*RE*) genannt (*Abschn. 14.1*). Die Definition der Resonanz-Energie wirft allerdings ein grundsätzliches Problem auf: Die Resonanz-Energie ist als konzeptionelle Größe experimentell nicht meßbar. Sie ergibt sich durch Vergleich der experimentell bestimmten Bildungsenthalpie für die zur Diskussion stehende Verbindung mit der Bildungsenthalpie, die man mit Hilfe einer chemischen Modell-Betrachtung für eine geeignete Referenz-Struktur gewonnen hat.

Um die (vertikale) Resonanz-Energie des Benzols zu bestimmen, braucht man die Bildungsenthalpie des *Kekulé*-Benzols als Referenz-

Modell. Die hypothetische Bildungsenthalpie der imaginären Referenz-Verbindung Cyclohexa-1,3,5-trien hat man mit Hilfe einer geeigneten Modell-Verbindung (wie Cyclohexen) abzuleiten versucht. In diesem Sinn hat man die Differenz aus dem dreifachen Wert der Hydrierungsenthalpie des Cyclohexens und derjenigen des Benzols (−151 kJ/mol) als (empirische) Resonanz-Energie angesehen. Bei diesem Vergleich bleibt jedoch der Unterschied in den Spannungsenergien für Cyclohexatrien und Cyclohexen unberücksichtigt (*Fig. 14.8*).

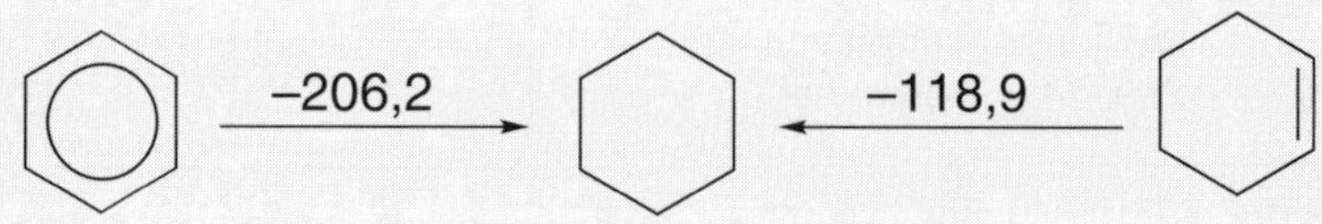

Fig. 14.8. *Vergleich der Hydrierungsenthalpien* ($\Delta_h H^{\ominus}$ [kJ/mol]) *von Benzol und Cyclohexen*

Außer der *chemischen* Annäherung an die Wirklichkeit des Benzols gibt es den *physikalischen* Ansatz, die Referenz-Struktur einem *Kraftfeld* auszusetzen (*Aspekte der Organischen Chemie*, Band 4: *Methoden der Struktur-Bestimmung*). Das Kraftfeld-Verfahren zur Berechnung von Strukturen und Energien organischer Moleküle beruht auf einem empirischen Ansatz, welcher der bereits mehrfach erwähnten Baukasten-Denkweise entspricht, aber sehr verfeinert ist. Alle Strukturparameter (Bindungslängen, Bindungswinkel, Torsionswinkel, Abstände zwischen den nicht unmittelbar aneinander gebundenen Atomen) eines Moleküls werden mit Hilfe eines Computers so lange variiert und optimiert, bis die berechneten Werte mit den (aus experimentellen Untersuchungen an einer Vielzahl von Verbindungen abgeleiteten) Sollwerten möglichst gut übereinstimmen. Der Ansatz entspricht einem raffinierten mechanischen Modell mit vielen Federn unterschiedlicher Länge und Stärke. Im Gegensatz zu den tabellierten Enthalpie-Inkrementen (*Tab. 14.2* und *14.3*) wird in Kraftfeld-Rechnungen auch die räumliche Nachbarschaft von Atom-Gruppierungen berücksichtigt, so daß z. B. Unterschiede in den Standardbildungsenthalpien von (*E*)- und (*Z*)-Alkenen korrekt wiedergegeben werden.

Für die Berechnung der Resonanz-Energie wurde das Kraftfeld MM2 von *Norman L. Allinger* (*Aspekte der Organischen Chemie*, Band 4: *Methoden der Struktur-Bestimmung*) modifiziert: Um der Problematik konjugiert-ungesättigter Systeme (*Kap. 8.3.3.4.1*) gerecht zu werden, unterschied *Wolfgang R. Roth* – einem Vorschlag von *Michael J. S. Dewar* folgend – nicht nur grob zwischen (C−C)- und (C=C)-Bindungen, sondern führte spezifische Feinwerte z. B. für verschiedene Typen von (C−C)-Bindungen ein, die sich voneinander dadurch unterscheiden, daß die daran beteiligten C-Atome mit unterschiedlicher Koordinationszahl ausgestattet sind (*Fig. 14.9*).

Er ließ die Resonanz-Energie von Buta-1,3-dien Null werden und erhielt für acyclische, konjugiert-ungesättigte Polyene eine auf Buta-1,3-dien bezogene Resonanz-Energie, die ebenfalls Null war: Experimentelle

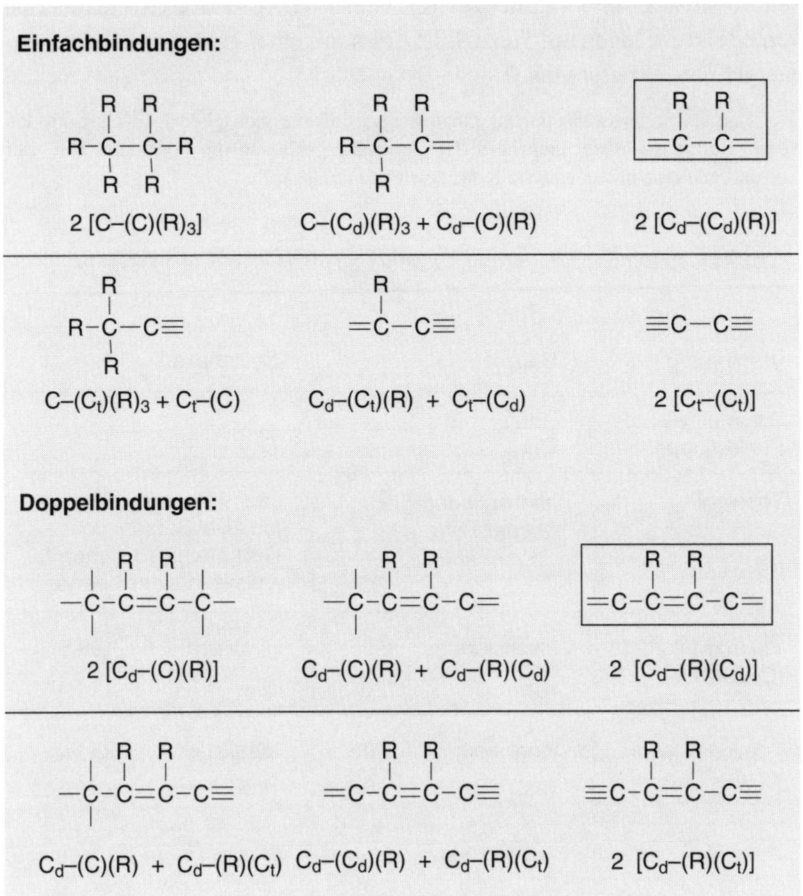

Fig. 14.9. *Die unterschiedlichen Typen von (C–C)- und (C=C)-Bindungen.* Die hervorgehobenen Fälle gelten für Benzol; die Bezeichnung der jeweiligen Struktur-Fragmente bezieht sich auf *Tab. 14.3.*

und berechnete Bildungsenthalpie-Werte stimmen innerhalb der Fehlergrenze der Methode miteinander überein. Beim Benzol dagegen erreichte die auf Buta-1,3-dien normierte Resonanz-Energie den Wert von −108 kJ/mol. Benzol ist also – welches Referenz-Modell man auch verwenden und wie man dessen Bildungsenthalpie bestimmen mag – ein Sonderfall. Seine außergewöhnliche thermodynamische Stabilität bleibt im Rahmen des Struktur-Modells der klassischen organischen Chemie, in dem die Elektronenstruktur nicht berücksichtigt wird, unerklärt. Das HMO-Modell hilft hier weiter (s. *Kap. 8*).

14.4. Annulene

14.4.1. Annulene mit ($4n + 2$) π-Elektronen: 'aromatische' Moleküle

In diese Untergruppe der Annulene gehören Moleküle, bei denen der Index m in der allgemeinen Molekularformel $(CH)_{2m}$ ungerade ist. Der Prototyp dieser Untergruppe ist Benzol, das als Annulen die Bezeichnung [6]Annulen erhält. Die individuelle Molekularformel lautet $(CH)_6$ ($m = 3$), und die Anzahl der π-Elektronen beträgt 6 ($n = 1$ im allgemeinen Ausdruck $4n + 2$). Benzol (mit einer HMO-π-Elektronenenergie von 8β) ist (bezogen auf Hexa-1,3,5-trien mit einer HMO-π-Elektronenenergie von 7β) *aromatisch.*

Es ist erwähnenswert, darauf hinzuweisen, daß die sechsgliedrigen Carbocyclen *Benzol* und *Cyclohexan* innerhalb der Verbindungsklassen der Annulene bzw. der Cycloalkane eine prototypische Rolle spielen (*Tab. 14.5*).

Tab. 14.5. *Auflistung von Strukturdaten für die sechsgliedrigen Carbocyclen Benzol und Cyclohexan*

Verbindung	Benzol	Cyclohexan
Symmetrie-Punktgruppe	D_{6h}	D_{3d}
Topologie	sechsgliedriger, ebener Ring	sechsgliedriger Ring mit zwei Sätzen von C-Atomen (mit */ohne *) jeweils in einer Ebene
Valenzwinkel (C–C–C)	idealisiert: 120° real: 120°	idealisiert: 109,5° real: 111,4°
Torsionswinkel (C–C–C–C)	idealisiert: 0° real: 0°	idealisiert: ± 60° real: ± 54,5°
	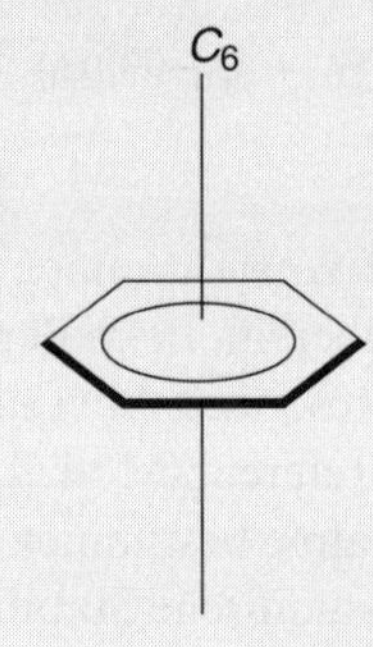 C_6-Achse senkrecht zur Molekül-Ebene	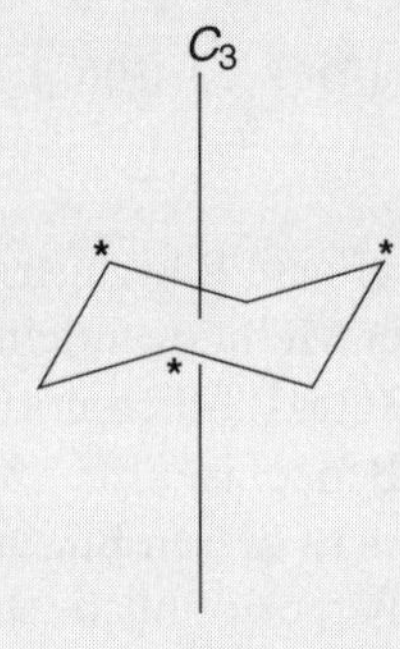 C_3-Achse senkrecht zu den beiden Ebenen

14.4.2. Annulene mit $4n$ π-Elektronen: 'antiaromatische' Moleküle

Für diese Untergruppe der Annulene der allgemeinen Molekularformel $(CH)_{2m}$ ist m gerade. Hierzu gehören sowohl das niedere als auch das höhere Vinyloge des Benzols: (Z,Z)-Cyclobuta-1,3-dien (= [4]Annulen; kurz Cyclobutadien) und (Z,Z,Z,Z)-Cycloocta-1,3,5,7-tetraen (= [8]-Annulen; kurz Cyclooctatetraen) mit den Molekularformeln $(CH)_4$ bzw. $(CH)_8$. Für Cyclobutadien ist $m = 2$ und $n = 1$, für Cyclooctatetraen ist $m = 4$ und $n = 2$.

Das unsubstituierte Cyclobutadien ist durch Isolierung in einer Argon-Matrix bei der Temperatur des flüssigen Heliums oder als *Gast in einem Wirt-Makromolekül* sogar bei Raumtemperatur zugänglich. Durch spektroskopische Untersuchungen und ergänzende Berechnungen ist sichergestellt worden, daß Cyclobutadien im Grundzustand *Singulett-Charakter* (d. h. sämtliche bindende MOs sind paarweise mit Elektronen besetzt) und eine rechteckige Geometrie (D_{2h}-Symmetrie) aufweist und daß die Topomerisierung der rechteckigen Isomeren eine quadratische Übergangsstruktur (D_{4h}-Symmetrie) durchläuft (*Fig. 14.10*).

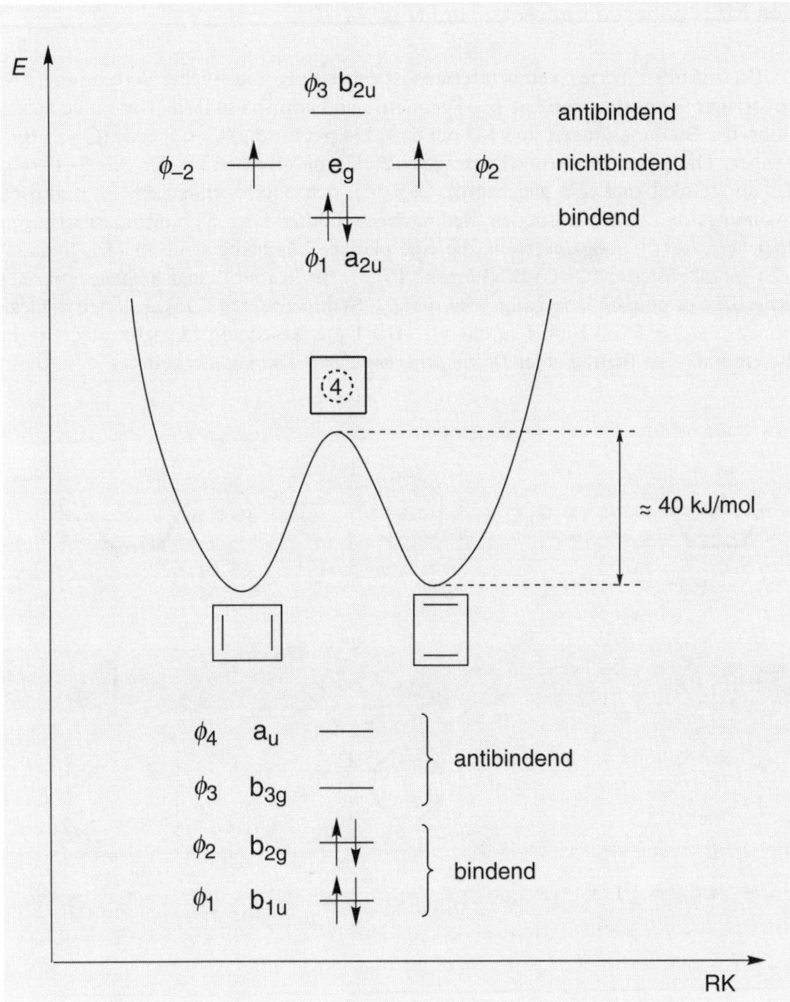

Fig. 14.10. *Isomerisierung von Cyclobutadien*

Cyclobutadien (mit einer HMO-π-Elektronenenergie von 4β) ist (bezogen auf Buta-1,3-dien mit einer HMO-π-Elektronenenergie von $4{,}5\beta$) *antiaromatisch.*

Das quadratische Cyclobutadien mit *delokalisierten* π-Elektronen, wie es vom HMO-Modell gefordert wird, weist zwei entartete MOs auf, die der *Hund*schen Regel entsprechend jeweils mit einem Elektron besetzt sind. Das *Walsh*-Diagramm zeigt in diesem Fall, daß die Entartung der beiden e_g-Orbitale in der Punktgruppe D_{4h} durch Symmetrie-Erniedrigung nach D_{2h} aufgehoben ist. Durch Verkürzung des einen Paares von (C–C)-Bindungen und Verlängerung des anderen Paars ändert sich das Energie-Schema so, daß ein symmetrie-erniedrigtes Molekül mit vier π-Elektronen stabiler ist. Die Übergangsstruktur zwischen den beiden Molekülen mit D_{2h}-Symmetrie ist das quadratische Cyclobutadien. Der hier beschriebene Effekt wird auch in anderen Fällen aufgefunden und *Jahn-Teller-Effekt* genannt. Für Cyclobutadien resultiert dann eine Elektronenstruktur mit *lokalisierten* (C=C)-Bindungen (ohne entartete MOs), bei welcher die bindenden MOs paarweise besetzt, die antibindenden MOs dagegen unbesetzt sind (*Fig. 14.10*).

Das unsubstituierte Cyclooctatetraen ist eine häufig untersuchte Verbindung. Die bevorzugte Konformation hat D_{2d}-Symmetrie und erinnert in ihrer Topologie an ein Boot. Die Bindungslängen sind 147 pm bzw. 134 pm für die (C–C)- bzw. (C=C)-Bindungen. Die (C=C–C)-Winkel betragen 126,1°, und die Beträge der (C=C–C=C)-Torsionswinkel sind alle gleich groß (±57,9°), d. h. Cyclooctatetraen ist praktisch spannungsfrei. Unter normalen Bedingungen finden zwei Stereoisomerisierungen statt (*Fig. 14.11*): *Ring-Inversion*, die eine planare Übergangsstruktur (D_{4h}-Symmetrie) mit lokalisierten (C=C)-Bindungen ($\Delta G^{\ddagger}_{\mathrm{Inv}}$ = 39,7 kJ/mol), und *Bindungsverschiebung*, die eine planare Übergangsstruktur (D_{8h}-Symmetrie) mit delokalisierten π-Elektronen ($\Delta G^{\ddagger}_{\mathrm{Bv}}$ = 55,6 kJ/mol) durchläuft. (Der Unterschied von 15,9 kJ/mol kann – in diesem Fall – als Beitrag einer *Destabilisierung durch Konjugation* gelten.)

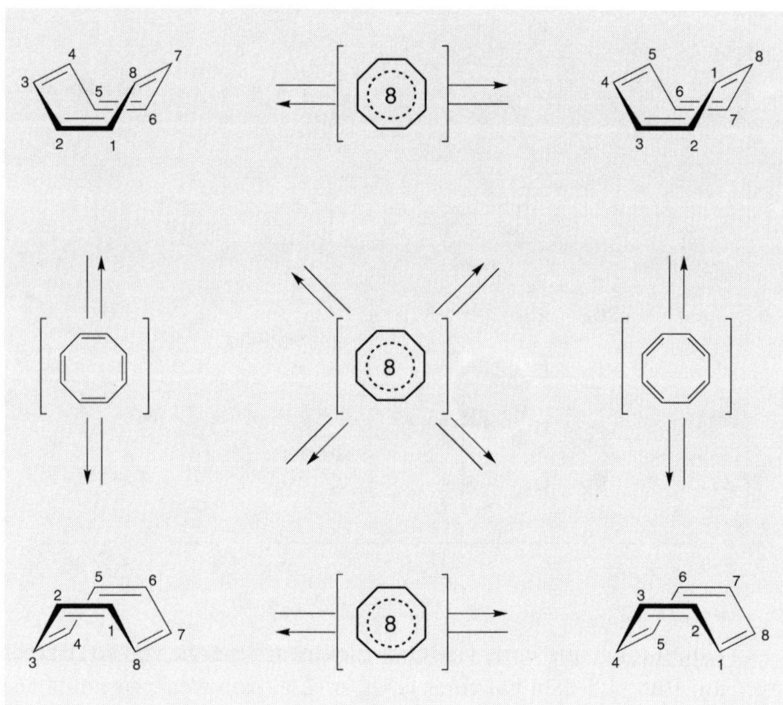

Fig. 14.11. *Isomerisierung von Cyclooctatetraen*

Das Dianion von Cyclooctatetraen ist laut *Röntgen*-Strukturanalyse von $[K((CH_3OCH_2CH_2)_2O)]_2^+[C_8H_4(CH_3)_4]^{2-}$ planar. Die acht C-Atome des Rings bilden ein reguläres Achteck. Die durchschnittliche Länge einer (C–C)-Bindung beträgt 140,7 pm. Mit 10 π-Elektronen erfüllt das Dianion die Forderungen der *Hückel*-Regel und zeigt die strukturellen Eigenschaften einer aromatischen Verbindung im Sinne von *Hückel*.

Wie man mit kreativer Phantasie und handwerklichem Geschick maßgeschneiderte 10π-Elektronensysteme gewinnen und für die mannigfaltigsten experimentellen Untersuchungen zur Verfügung stellen kann, hat *Emanuel Vogel* gezeigt.

14.4.3. Einige Bemerkungen zum Begriff 'aromatisch'

Der Begriff 'aromatisch' hat in der organischen Chemie so viele, jedoch unscharfe Bedeutungen, daß man ernsthaft erwogen hat, auf seinen Gebrauch zu verzichten. Zu Beginn des 19. Jahrhunderts bezeichnete man wohlriechende Verbindungen im Sinne der Alltagssprache als *aromatisch*. Manch eine dieser wohlriechenden Verbindungen erwies sich bei genauerer Untersuchung als Abkömmling des Benzols, d.h. als Verbindung, in welcher ein oder mehrere H-Atom(e) des Benzols substituiert worden waren. Für *Kekulé* hatte das Wort 'aromatisch' die Bedeutung eines Konstitutionsmerkmals (*Abschn. 14.1*): Er konnte cyclische Verbindungen eindeutig in *aromatische* und *nicht-aromatische* einteilen, und zwar unabhängig davon, ob diese Verbindungen bereits bekannt waren oder nur in der Phantasie des Chemikers existierten.

Emil Erlenmeyer schlug vor, das Wort 'aromatisch' für Verbindungen zu verwenden, die Eigenschaften wie das Benzol aufwiesen (und die insbesondere zu Substitutionsreaktionen und nicht – wie andere ungesättigte Verbindungen – zu Additionsreaktionen neigten). Damit war jedoch die Chance einer eindeutigen Klassifizierung verspielt. Es war vorauszusehen, daß es in Zukunft Verbindungen geben würde, die als 'vollaromatisch', 'teilaromatisch' oder 'nicht-aromatisch' bezeichnet werden könnten. Auch war abzusehen, daß man nach anderen Kriterien für Aromatizität im *Erlenmeyer*schen Sinne suchen und daß man dann eine Verbindung vom Standpunkt des einen Kriteriums als *aromatisch*, vom Standpunkt eines anderen Kriteriums als *nicht-aromatisch* bezeichnen würde. Sämtliche Kriterien für *Aromatizität* gelten in vollem Umfang nur für Benzol. Um auch andere Verbindungen miteinzubeziehen, ist die einschlägige Literatur um Worte wie *Homoaromatizität*, *Quasiaromatizität*, *Pseudoaromatizität* 'bereichert' worden. Der Höhepunkt dieses konzeptionellen Wirrwarrs wurde auch Außenstehenden verdeutlicht, als anläßlich eines Internationalen Symposiums über '*Aromaticity, Pseudo-Aromaticity, Anti-Aromaticity*', 1970 in Jerusalem, darauf hingewiesen wurde, in der Kette der 'Aromatizitäten' fehle eigentlich noch der Begriff '*Schizoaromatizität*'. Auf jeden Fall wurde dort klargestellt, daß der Begriff 'Aromatizität' – falls er überhaupt noch verwendet werden sollte – mit einem sich diskontinuierlich ändernden Struktur-Merkmal und nicht mit einer sich kontinuierlich ändernden Eigenschaft verknüpft sein sollte.

Das HMO-Modell von *Erich Hückel* liefert mit seinem Aromatizitätskriterium von $(4n + 2)$ π-Elektronen für monocyclische, periplanare, konjugiert-ungesättigte Systeme, bei denen die bindenden MOs voll besetzt sind (*Kap. 8.3.3.4.2*), ein derartiges (Elektronen-)Struktur-Merkmal.

14.5. Die Rolle von Modellen

Im Rahmen des Struktur-Modells der klassischen organischen Chemie besagt der Begriff 'Konjugation' lediglich, daß in einem Polyen (C–C)- und (C=C)-Bindungen alternierend aufeinanderfolgen (*Kap. 8.3.3.4.1*). Die baukastenmäßige Verwendung konstitutioneller Basiseinheiten wie C–C und C=C wird problematisch, wenn man den Rahmen dieses Struktur-Modells verläßt, wenn man den Bindungsstrichen jeweils zwei Elektronen zuschreibt, die sich zu einem Paar zusammengeschlossen haben, und wenn man fragt, ob Konjugation über die formale Beschreibung der Konstitution hinaus auch bedeutet, daß sich überlappende Orbitale zu MO-Sätzen gruppieren, in denen nur die antibindenden MOs keine Elektronenpaare aufweisen. *Benzol* fällt auf jeden Fall aus dem Rahmen: Die Konjugation dreier (C=C)-Bindungen im regulären Sechseck wird im HMO-Modell zum Kulminationspunkt chemischer Theorie-Fähigkeit. Eine ähnliche Rolle, die Benzol bei der *π-Konjugation* zugeschrieben worden ist, hat man Cyclopropan bei der *σ-Konjugation* zugedacht. Dem dreigliedrigen Cycloalkan wurde von *Dewar* gar *σ-Aromatizität* zugeschrieben.

Betrachtet man die Dreiring-Verbindung *Cyclopropan* als Nachbar zur 'Zweiring'-Verbindung *Ethen* und wendet, durch diesen Vergleich animiert, die im letzteren Fall bewährte Auftrennung in *σ*- und *π*-Elektronen auch auf den ersteren Fall an, kommt man nach *A.D. Walsh* zu einem anschaulichen Verständnis der konventionellen Ring-Spannungsenergie (*Abschn. 14.3.1*), die beim Cyclopropan (115 kJ/mol) im Vergleich zu derjenigen des Cyclobutans (110 kJ/mol) erstaunlich gering ist.

Werden zwei Fragmente vom Typ *gewinkeltes Methylen* in einer solchen Weise einander genähert, daß ein Zweiring zustande kommt und sich die *σ*-Orbitale in der Molekül-Ebene, die p-Orbitale senkrecht zur Moleküle-Ebene überlappen, erhält man für den (C=C)-Bereich des Ethens den MO-Satz von *Fig. 14.12*, in welchem man die MOs für *σ*- und *π*-Elektronen klar ausmachen kann.

Werden drei Fragmente vom Typ *gewinkeltes Methylen* in einer solchen Weise einander genähert, daß ein Dreiring zustande kommt und sich die *σ*-Orbitale *radial*, die p-Orbitale *tangential* überlappen, wird, über die MO-Partialsätze mit radialen bzw. mit tangentialen Gruppenorbitalen, der MO-Satz von Cyclopropan erhalten (*Fig. 14.13*).

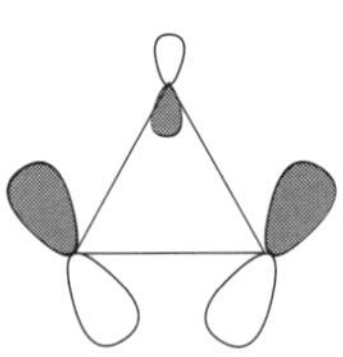

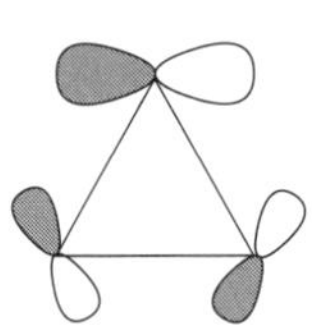

Im MO-Partialsatz mit radialer Überlappung erkennt man ein stark bindendes a_1'-Gruppenorbital und ein Paar antibindender e′-Gruppenorbitale. Die drei Orbitale sind für einen *Hückel*-Dreizentrencyclus (*Kap. 8.3.3.4.2*) typisch angeordnet, und im bindenden MO findet man keine Knotenfläche. Im MO-Partialsatz mit tangentialer Überlappung trifft man auf ein Paar bindender e′-Gruppenorbitale und auf ein antibindendes a_2'-Gruppenorbital. Die drei Orbitale sind für einen *Möbius*-Dreizentrencyclus (*Kap. 8.3.3.4.2*) typisch angeordnet, und man findet im ganzen Partialsatz kein Orbital ohne Knotenfläche. Durch Linearkombination von e′-Gruppenorbitalen aus den beiden Partialsätzen mit tangentialer bzw. mit radialer Überlappung wird jeweils ein bindendes und ein antibindendes Paar entarteter e′-MOs erhalten. Die bindenden e′-MOs des Cyclopropans lassen sich derart beschreiben, daß das Einmischen antibindender e′-Gruppenorbitale mit radialer Überlappung in die bindenden e′-Gruppenorbitale mit tangentialer Überlappung erkennbar wird. Diese Überlappung ist stärker

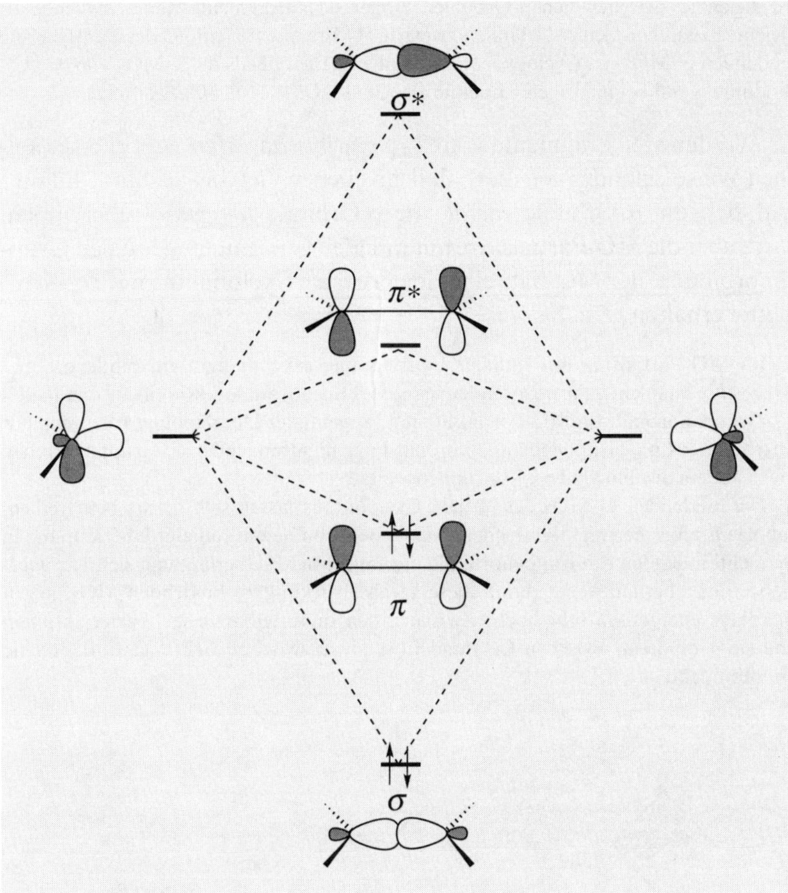

Fig. 14.12. *Linearkombination von zwei Fragmenten vom Typ* gewinkeltes Methylen *liefert die MOs für das C-Gerüst des Ethens* (D_{2h})

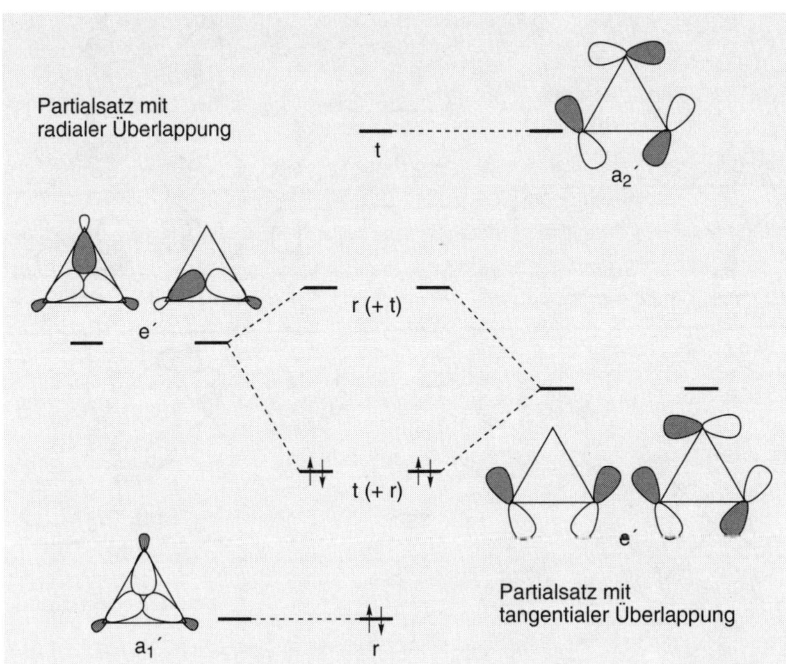

Fig. 14.13. *Linearkombination entsprechender Gruppenorbitale aus den Partialsätzen mit radialer bzw. tangentialer Überlappung liefert die* Walsh-*MOs für das Ring-Gerüst des Cyclopropans* (D_{3h})

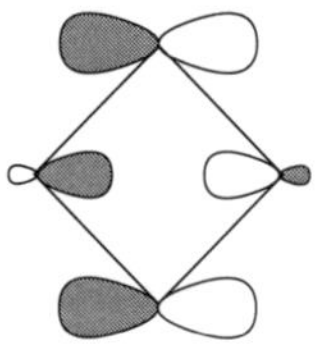

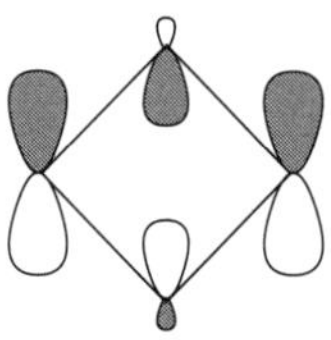

als diejenige zwischen den p-Orbitalen zweier CH_2-Fragmente und schwächer als diejenige zwischen den σ-Orbitalen zweier CH_2-Fragmente. Infolgedessen liegen die bindenden e′-MOs des Cyclopropans bei höherer Energie als die σ-MOs von (C–C)-Bindungen und bei niedrigerer Energie als die π-MOs von (C=C)-Bindungen.

Werden vier Fragmente vom Typ *gewinkeltes Methylen* in einer solchen Weise einander genähert, daß ein ebener Vierring zustande kommt und sich die σ-Orbitale *radial*, die p-Orbitale *tangential* überlappen, wird, über die MO-Partialsätze mit radialen bzw. mit tangentialen Gruppenorbitalen, der MO-Satz eines idealisierten Cyclobutans mit D_{4h}-Symmetrie erhalten (*Fig. 14.14*).

Im MO-Partialsatz mit radialer Überlappung erkennt man ein bindendes a_{1g}-Gruppenorbital, ein Paar nichtbindender e_u-Gruppenorbitale sowie ein antibindendes b_{2g}-Gruppenorbital. Im MO-Partialsatz mit tangentialer Überlappung trifft man auf ein bindendes b_{1g}-Gruppenorbital, auf ein Paar nichtbindender e_u-Gruppenorbitale sowie auf ein antibindendes a_{2g}-Gruppenorbital.

Die bindenden e_u-MOs des ebenen Cyclobutans lassen sich derart beschreiben, daß das Einmischen nichtbindender e_u-Gruppenorbitale mit radialer Überlappung in die nichtbindenden e_u-Gruppenorbitale mit tangentialer Überlappung sichtbar wird. Sie werden überhaupt erst durch diese Wechselwirkung zu bindenden MOs, liegen allerdings energetisch sehr hoch: Zwischen den unmittelbar benachbarten Atomen sind sie σ-bindend, zwischen C(1) und C(3) sowie zwischen C(2) und C(4) sind sie π-antibindend.

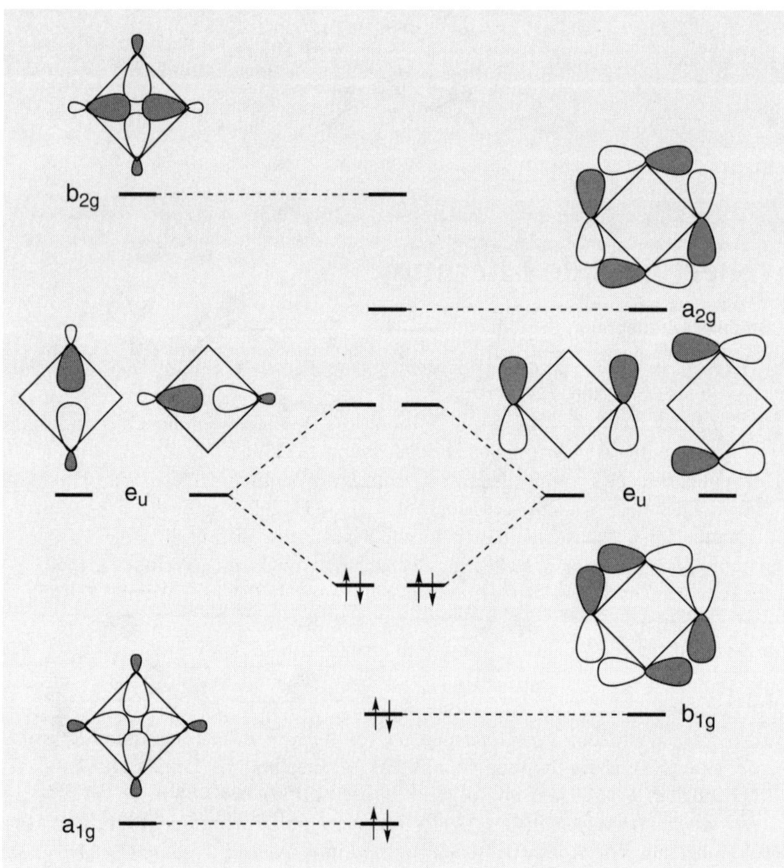

Fig. 14.14. *Linearkombination entsprechender Gruppenorbitale aus den Partialsätzen mit radialer* (links) *bzw. tangentialer Überlappung* (rechts) *liefert die MOs für das Ring-Gerüst des Cyclobutans* (*D_{4h}*) *vom* Walsh-*Typ*

Dem Leser wird der nahezu gleichlautende Text bei der Beschreibung von Cyclopropan und Cyclobutan durch das *Walsh*sche Modell nicht entgangen sein. Hiermit sollte einerseits auf den Formalismus hingewiesen werden, welchem in diesem Vorgehen gefolgt wird, Cycloalkane in Baukastenweise aus Fragmenten vom Typ *gewinkeltes Methylen* zusammenzusetzen. Andererseits sollte offenbar werden, daß das genannte Modell in der Lage ist, die Sonderstellung des Cyclopropans verständlich zu machen. Es gibt andere, hier nicht weiter erörterte Modelle, die sich um eine Deutung bemühen, sei es, daß sie eine vergleichsweise geringe Spannung des Cyclopropans oder eine relativ hohe Spannung des Cyclobutans (oder beides) annehmen.

Die Erörterung der Besonderheit des Cyclopropans hat nicht nur die größere Flexibilität und Tiefenschärfe des qualitativen MO-Modells im Vergleich zum Struktur-Modell der klassischen organischen Chemie aufgezeigt, sondern hat ein weiteres Mal die für organische Chemiker typische Betrachtungsweise erkennen lassen: den Einzelfall einer chemischen Verbindung als Spezialfall einer Verbindungsklasse anzusehen und dadurch strukturelle Querbeziehungen herzustellen, die zu Fragen führen, die sich aufgrund eines geeigneten Struktur-Modells experimentell beantworten lassen. Ein Struktur-Modell gilt als geeignet, wenn es möglichst einfach und verallgemeinerungsfähig ist und den Schnitt durch '*Ockham*'s razor' (*Entia non sunt multiplicanda praeter necessitatem*) überstanden hat.

Weiterführende Literatur

Zu Abschn. 14.1.

A. Kekulé, *Über die Constitution der aromatischen Verbindungen, Annalen der Chemie und Pharmazie* **1866,** *137,* 129.

– *Theoretische Betrachtungen und historische Notizen über die Constitution des Benzols, Annalen der Chemie und Pharmazie* **1872,** *162,* 77.

G. Schultz, *Bericht über die Feier der Deutschen Chemischen Gesellschaft zu Ehren August Kekulés, Ber. Dtsch. Chem. Ges.* **1890,** *23,* 1265.

J.H. Wotiz (Ed.), *The Kekulé Riddle,* Cache River Press, Vienna, Il., 1993.

L. Pauling, *Die Natur der Chemischen Bindung,* Verlag Chemie, Weinheim, 1962.

E. Hückel, *Ein Gelehrtenleben – Ernst und Satire,* Verlag Chemie, Weinheim, 1975.

Zu Abschn. 14.2.

14.2.1.

G. Bruni, B.L. Vanzetti, *Vier Abhandlungen von Wilhelm Körner*, Ostwald's Klassiker der Exacten Wissenschaften, No. 174 (Ed. W. Engelmann), Leipzig, 1917.

J.M. McBride, *Completion of Koerner's Proof that the Hydrogens of Benzene are Homotopic. An Application of Group Theory, J. Am. Chem. Soc.* **1980,** *102,* 4134.

G.W. Wheland, *The Körner Absolute Method* in *Advanced Organic Chemistry,* 3rd Edn., Wiley & Sons, New York, 1960.

Zu Abschn. 14.3.

14.3.1.

'IUPAC Recommendations 1994: Glossary of Terms used in Physical Organic Chemistry', Pure Appl. Chem. **1994,** *66,* 1077.

F.D. Rossini, K.S. Pitzer, W.J. Taylor, J.P. Ebert, J.E. Kilpatrick, C.W. Beckett, M.G. Williams, H.G. Werner, *Selected Values of Properties of Hydrocarbons,* United States Government Printing Office, Washington, DC, 1947.

K.B. Wiberg, *Thermochemistry* in *Determination of Organic Structures by Physical Methods,* Vol. 3 (Ed. F.C. Nachod, J.J. Zuckerman), Academic Press, New York, 1971.

G.B. Kistiakowsky, H. Romeyn, Jr., J.R. Ruhoff, H.A. Smith, W.E. Vaughan, *The Apparatus and the Heat of Hydrogenation of Ethylene, J. Am. Chem. Soc.* **1935,** *57,* 65.

G.B. Kistiakowsky, J.R. Ruhoff, H.A. Smith, W.E. Vaughan, *Hydrogenation of Some Simpler Olefinic Hydrocarbons, J. Am. Chem. Soc.* **1935,** *57,* 876.
– *Hydrogenation of Some Higher Olefins, J. Am. Chem. Soc.* **1936,** *58,* 137.

M.A. Dolliver, T.L. Gresham, G.B. Kistiakowsky, W.E. Vaughan, *Heats of Hydrogenation of Various Hydrocarbons, J. Am. Chem. Soc.* **1937,** *59,* 831.

R.B. Turner, W.R. Meador, R.E. Winkler, *Apparatus and the Heats of Hydrogenation of Bicyclo[2.2.1]heptene, Bicyclo[2.2.1]heptadiene, Bicyclo[2.2.2]octene and Bicyclo[2.2.2]octadiene, J. Am. Chem. Soc.* **1957,** *79,* 4116.

R.B. Turner, W.R. Meador, *Hydrogenation of Some cis- and trans-Cycloolefins, J. Am. Chem. Soc.* **1957,** *79,* 4133.

S.W. Benson, *Thermochemical Kinetics,* Wiley & Sons, New York, 1976.

O.V. Dorofeeva, L.V. Gurrich, V.S. Jorish, *Thermodynamic Properties of Twenty-One Monocyclic Hydrocarbons, J. Phys. Chem. Ref. Data* **1986,** *15,* 437.

14.3.2.

M.J.S. Dewar, H.N. Schmeising, *A Reevaluation of Conjugation and Hyperconjugation, Tetrahedron* **1959,** *5,* 166.
– *Resonance and Conjugation, Tetrahedron* **1960,** *11,* 96.

M.J.S. Dewar, *Resonance, Conjugation and Hyperconjugation, Chem. Eng. News,* **1965,** 86.

M.J.S. Dewar, C. de Llano, *Ground States of Conjugated Molecules, J. Am. Chem. Soc.* **1969,** *91,* 789.

W.R. Roth, O. Adamczak, R. Breackmann, H.W. Lennartz, R. Boese, *Die Berechnung von Resonanzenergien; das MM2ERW-Kraftfeld, Chem. Ber.* **1991,** *124,* 2499.

Selected Values of Properties of Hydrocarbons, Circular of the National Bureau of Standards, C 461, S. 141–143, Washington, DC, 1947.

Zu Abschn. 14.4.

F. Sondheimer, *The Annulenes, Acc. Chem. Res.* **1972,** *5,* 81.
– *Recent Advances in the Chemistry of Large-Ring Conjugated Systems, Pure Appl. Chem.* **1963,** *7,* 363.

R. Breslow, *Antiaromaticity, Acc. Chem. Res.* **1973,** *6,* 393.

G. Maier, *Tetrahedran und Cyclobutadien, Angew. Chem.* **1988,** *100,* 317.

D.J. Cram, M.F. Tanner, R. Thomas, *Die Zähmung von Cyclobutadien, Angew. Chem.* **1991,** *103,* 1048.

J.F.M. Oth, *Conformational Mobility and Fast Bond Shift in the Annulenes, Pure Appl. Chem.* **1971,** *25,* 573.

F.A.L. Anet, A.J.R. Bourn, Y.S. Lin, *Ring Inversion and Bond Shift in Cyclooctatetraene Derivatives, J. Am. Chem. Soc.* **1964,** *86,* 3576.

G. Schröder, J.F.M. Oth, R. Merenyi, *Moleküle mit schneller und reversibler Valenzisomerisierung, Angew. Chem.* **1965,** *77,* 774.

S. Z. Goldberg, K. N. Raymond, C. A. Harmon, D. H. Templeton, *Structure of the 10π-Electron Cyclooctatetraene Dianion in Potassium Diglyme 1,3,5,7-Tetramethylcyclooctatetraene Dianion, J. Am. Chem. Soc.* **1974,** *96,* 1348.

T. J. Katz, *The Cyclooctatetraenyl Dianion, J. Am. Chem. Soc.* **1960,** *82,* 3784.

E. Vogel, *Aromatic 10π-Electron Systems* in *Aromaticity,* Special Publ. No. 21, The Chemical Society, London, 1967.

14.4.3.

E. Heilbronner, *Diskussionsbemerkungen* in *Proceedings of an International Symposium 'Aromaticity, Pseudo-Aromaticity, Anti-Aromaticity'* (Ed. E. Bergmann, B. Pullman), The Israel Academy of Science and Humanities, Jerusalem, 1971.

D. Lloyd, D. R. Marshall, *Ein alternativer Ansatz zur Nomenklatur cyclisch konjugierter Polyolefine einschließlich einiger Bemerkungen über den Gebrauch des Ausdrucks 'aromatisch', Angew. Chem.* **1972,** *84,* 447.

G. Binsch, *Aromaticity – An Exercise in Chemical Futility? Naturwissenschaften* **1973,** *60,* 369.

L. Salem, *The Molecular Orbital Theory of Conjugated Systems,* W. A. Benjamin, New York, 1966.

Zu Abschn. 14.5.

A. D. Walsh, *The Structure of Ethylene Oxide, Cyclopropane, and Related Molecules, Trans. Farad. Soc.* **1949,** *45,* 179.

R. Hoffmann, R. B. Davidson, *The Valence Orbitals of Cyclobutane, J. Am Chem. Soc.* **1971,** *93,* 5699.

W. L. Jorgensen, L. Salem, *The Organic Chemist's Book of Orbitals,* Academic Press, New York, 1973.

E. Honegger, E. Heilbronner, A. Schmelzer, *Do Walsh-Orbitals 'Exist'? Nouv. J. Chim.* **1982,** *6,* 519.

M. J. S. Dewar, *Chemical Implications of σ-Conjugation, J. Am. Chem. Soc.* **1984,** *106,* 669.

D. Cremer, J. Gauss, *Reevaluation of the Strain Energies of Cyclopropane and Cyclobutane – CC and CH Bond Energies, 1,3-Interactions, and σ-Aromaticity, J. Am. Chem. Soc.* **1986,** *108,* 7467.

15 Wasserstoff-Brücken

15.1. Einleitung

Der menschliche Körper besteht zu etwa 70% aus H_2O. H_2O ist von einzigartiger Bedeutung für das Leben auf der Erde. Es besitzt eine Reihe ungewöhnlicher Eigenschaften: H_2O hat im Vergleich zu anderen Verbindungen ähnlicher Molmasse einen außerordentlich hohen Schmelz- und Siedepunkt und ist deshalb bei Raumtemperatur flüssig. (Das schwerere Homologe H_2S siedet bei $-60\,°C$ und ist bei Raumtemperatur gasförmig.) Für unser Klima ist es wichtig, daß H_2O eine hohe Schmelz- und Verdampfungsenthalpie (mit 2,26 kJ/g die höchste aller Flüssigkeiten) aufweist. Ungewöhnlich ist auch, daß die Dichte von flüssigem H_2O am Schmelzpunkt höher ist als die Dichte von Eis. Aufgrund der großen Dielektrizitätskonstanten ist H_2O außerdem ein hervorragendes Lösungsmittel für Ionen.

Wendell M. Latimer und *Worth H. Rodebush* postulierten 1920, daß schwache Bindungen zwischen den H_2O-Molekülen (*H-Brücken*) zu ausgedehnten Assoziaten führen und damit für die einzigartigen Eigenschaften von H_2O verantwortlich sind. Dabei tritt ein an O gebundenes H-Atom mit einem weiteren O-Atom in einem benachbarten Molekül in Wechselwirkung und erhöht damit seine Koordinationszahl von 1 auf 2. Trotz der Verletzung der bis dahin als unumstößlich geltenden Einbindigkeit des H-Atoms wurde dieses Konzept allgemein akzeptiert, und es trat eine rasante Entwicklung in der Untersuchung von H-Brücken des allgemeinen Typs X–H···Y ein. Man erkannte, daß diese Art der schwachen Bindung insbesondere bei der Bildung von Übermolekülen eine außerordentlich wichtige Rolle spielt; die prominentesten Beispiele stellen zweifellos die α-Helix in Proteinen (*Kap. 7.3.3.4*) und die Basenpaare der DNA-Doppelhelix (*Kap. 7.3.1.2.1*) dar. *George C. Pimentel* und *Aubrey L. McClellan* unternahmen 1960 den Versuch, die damaligen Kenntnisse über dieses Thema zusammenzufassen. In ihrem Buch *'The Hydrogen Bond'*, das viele Jahre lang als Standardwerk über H-Brücken galt, werden immerhin mehr als 2000 einschlägige Publikationen zitiert; 1985 war diese Zahl bereits auf über 20000 angewachsen!

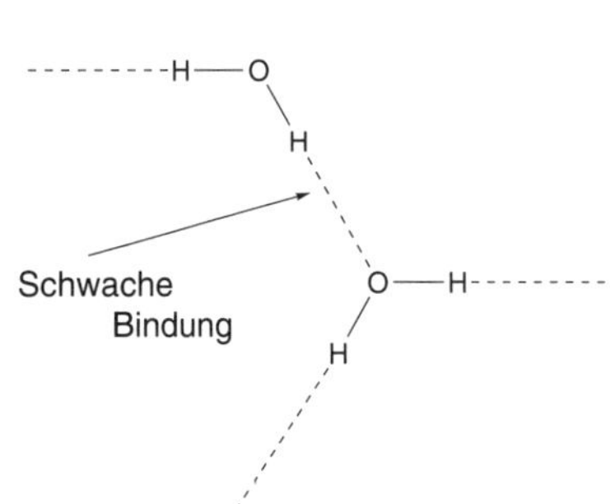

15.2. Eigenschaften von Wasserstoff-Brücken

Die Unterscheidung zwischen Molekülen, in denen Atome kovalent, und Übermolekülen (Komplexen), in denen Moleküle nicht-kovalent miteinander verbunden sind (*Kap. 7.1*), läßt unterschiedliche Kräfte für die Existenz diskreter chemischer Verbindungen erwarten. Tatsächlich ist es angebracht, bei den chemischen Bindungen die starken und die schwachen jeweils getrennt zu behandeln. Zu den starken Bindungen zählt man außer den kovalenten Bindungen (Elektronenpaar-Bindungen) noch die Ionenbindungen (elektrostatische Bindungen). Zu den schwachen Bindungen zählt man H-Brücken und *van-der-Waals*-Wechselwirkungen. Bei der Diskussion organischer Verbindungen stehen kovalente Bindungen bei den starken und H-Brücken bei den schwachen Bindungen im Vordergrund.

15.2.1. Experimenteller Nachweis

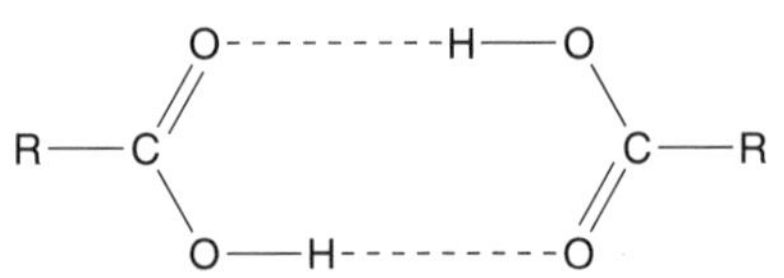

Die Bildung von Übermolekülen durch H-Brücken ändert scheinbar die Masse, die Größe sowie die Gestalt der Moleküle und beeinflußt somit die physikalischen Eigenschaften, so daß H-Brücken mit einer Vielzahl von Methoden untersucht werden können. Die durch Messung der Dampfdichte, der Gefrierpunktserniedrigung oder der Siedepunktserhöhung bestimmte effektive Molmasse solcher Verbindungen ist konzentrationsabhängig und läßt in vielen Fällen eindeutige Schlüsse auf die gebildeten Strukturen zu. So sind viele Carbonsäuren in der Gas-Phase und in unpolaren Lösungsmitteln dimer.

Die Verdampfungsentropie von Flüssigkeiten mit einem ausgeprägten Netz von H-Brücken ist deutlich größer als von der *Trouton*schen Regel vorhergesagt. Grund dafür ist die partielle Dissoziation der Übermoleküle beim Übergang in die Gas-Phase und damit die im Vergleich zu Flüssigkeiten, in denen diese Wechselwirkungen keine Rolle spielen, erhöhte Zunahme der Unordnung. Die Änderung der genannten physikalischen Größen belegt, daß Assoziate vorliegen.

Da H-Brücken die Elektronenstruktur der an der Wechselwirkung beteiligten funktionellen Gruppen beeinflussen, lassen sie sich mit spektroskopischen Methoden – vor allem mit der IR- und der NMR-Spektroskopie – gezielt untersuchen. In der IR-Spektroskopie dient hauptsächlich die (X–H)-Valenzschwingung als Informationsquelle: Die (X–H)-Bindung wird durch die Wechselwirkung H···Y geschwächt; daher ändern sich bei der Bildung von H-Brücken Lage und Intensität der entsprechenden Absorptionsbanden in charakteristischer Weise. Im ^{1}H-NMR-Spektrum ist das Signal des betroffenen H-Atoms deutlich nach tiefem Feld verschoben.

H-Brücken treten in allen Aggregatzuständen auf. In Gasen sind sie wegen der höheren Temperaturen und der geringeren Dichte seltener anzutreffen als in kondensierter Phase. Da für die Bestimmung von Kristall-Strukturen seit langem leistungsfähige und zuverlässige Methoden verfügbar sind, sind H-Brücken in Kristallen besonders intensiv untersucht worden. Das Studium von H-Brücken mit Hilfe der *Röntgen*-Strukturanalyse wird dadurch erschwert, daß H-Atome aufgrund ihrer geringen Elektronendichte schwieriger zu lokalisieren sind als alle anderen Atome. Darüber hinaus sind die durch *Röntgen*-Beugung bestimmten (X–H)-Bindungslängen um etwa 10 pm zu kurz, weil H-Atome keine Rumpfelektronen besitzen. Für genaue Untersuchungen sind daher Neutronenbeugungsexperimente erforderlich; allerdings ist der Aufwand hierbei viel größer als bei der Verwendung von *Röntgen*-Strahlen. Da jedoch sehr viele *Röntgen*-Beugungsuntersuchungen vorliegen, kann man in vielen Fällen mit statistischen Methoden zuverlässige Aussagen gewinnen. So haben *Robin Taylor* und *Olga Kennard* am Beispiel der (N–H···O=C)-Wechselwirkung gezeigt, daß röntgenographisch bestimmte Kristall-Strukturen, bei denen die systematische Verkürzung der (X–H)-Bindung korrigiert wird, im Mittel genau so zuverlässig sein können wie Neutronenbeugungsstudien.

Es ist oft schwierig, den Nachweis zu erbringen, daß tatsächlich eine Bindung H···Y vorliegt. In vielen Fällen begnügt man sich mit einem strukturellen Kriterium: Es wird dann von einer H-Brücke gesprochen, wenn der Abstand zwischen den beiden Atomen H und Y signifikant kleiner ist als die Summe ihrer *van-der-Waals*-Radien. Werden die Ergebnisse einer *Röntgen*-Strukturanalyse für diese Entscheidung herangezogen, müssen der systematische Fehler und die Unsicherheit bezüglich der Position des H-Atoms berücksichtigt werden. Daher wird oft der Abstand X···Y angeführt, um das Vorhandensein einer H-Brücke X–H···Y aufzuzeigen.

15.2.2. Struktur und Energie

Mit einer Bindungsenergie von *ca.* 10–40 kJ/mol sind H-Brücken in der Regel eine Größenordnung schwächer als kovalente Bindungen und eine Größenordnung stärker als *van-der-Waals*-Wechselwirkungen. Sie nehmen unter den nicht-kovalenten Wechselwirkungen einen herausragenden Platz ein. Die stärkste H-Brücke, die man kennt, ist die im Anion $[F–H–F]^-$ vorliegende; sie besitzt eine Bindungsenergie von über 100 kJ/mol. Der Abstand der beiden F-Atome beträgt lediglich 226 pm. Das HF_2^--Ion besitzt $D_{\infty h}$-Symmetrie, d. h. es ist linear mit zwei gleich langen (H–F)-Bindungen. Nur wenige, sehr kurze H-Brücken zeigen dieses Struktur-Merkmal. Zwar sind H-Brücken bevorzugt linear, doch in den meisten Fällen ist der (H···Y)- deutlich größer als der (X–H)-Abstand.

Man unterscheidet somit zwischen symmetrischen und unsymmetrischen H-Brücken. Das Energie-Profil einer H-Brücke X–H···X, in der die beiden Bindungspartner des H-Atoms identisch sind, kann also zwei Minima jeweils in der Nähe eines Bindungspartners oder ein Minimum genau zwischen ihnen besitzen (*Fig. 15.1*). Kurze (und damit starke) H-Brücken entsprechen eher dem letztgenannten Fall, längere (und damit schwächere) dem erstgenannten. Falls die Energie-Barriere zwischen den beiden Minima einer unsymmetrischen H-Brücke so niedrig ist, daß

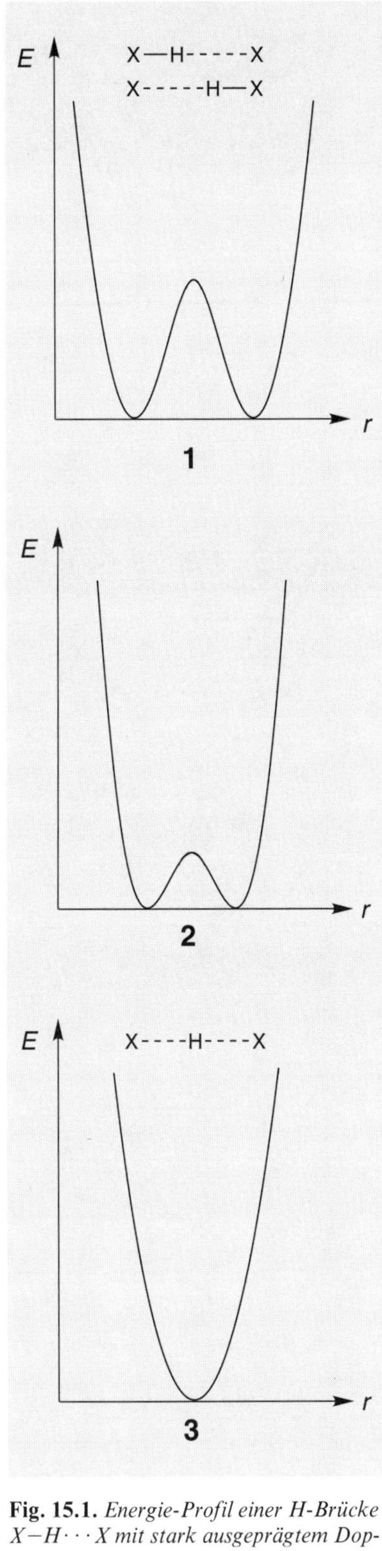

Fig. 15.1. *Energie-Profil einer H-Brücke X–H···X mit stark ausgeprägtem Doppelminimum* (**1**), *schwach ausgeprägtem Doppelminimum* (**2**) *bzw. einfachem Minimum* (**3**)

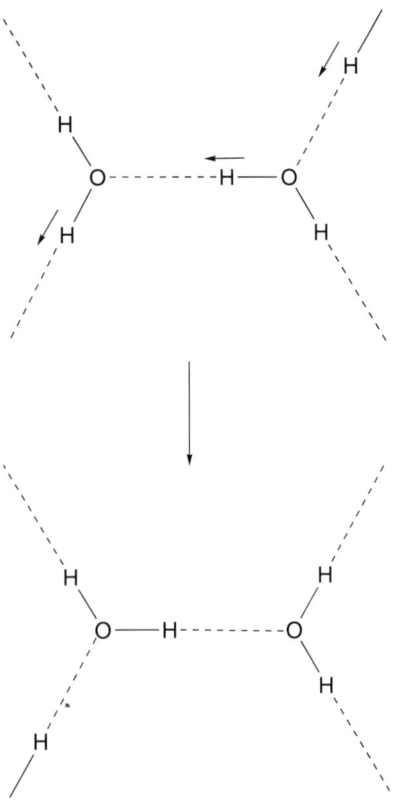

sie bei Raumtemperatur leicht überwunden werden kann (**2** in *Fig. 15.1*), ist eine solche H-Brücke von einer symmetrischen durch *Röntgen*-Strukturanalyse kaum zu unterscheiden. Erst eine Struktur-Bestimmung bei tiefen Temperaturen kann klären, ob eine ausgeprägte Schwingung um ein Minimum (**3** in *Fig. 15.1*) oder die Besetzung zweier Minima (**1** in *Fig. 15.1*) vorliegt; im letzteren Fall sprechen Kristallographen von *statischer Fehlordnung*.

Ein solcher Fall tritt in der Kristall-Struktur von Eis auf (*Fig. 15.2*). Jedes O-Atom ist tetraedrisch von vier weiteren O-Atomen umgeben (r(O···O) = 276 pm), so daß jedes H_2O-Molekül vier nahezu lineare H-Brücken bildet und als zweifacher Donor (O–H···O) sowie als zweifacher Akzeptor (O···H–O) fungiert. Man findet das H-Atom zwischen zwei O-Atomen an einem von zwei dicht benachbarten Plätzen mit jeweils gleicher Wahrscheinlichkeit. Dies wird so interpretiert, daß die zeitlich (über die Meßdauer) und räumlich (über alle Elementarzellen) gemittelte Kristall-Struktur eine Überlagerung vieler Strukturen mit gleichen O-, aber unterschiedlichen H-Positionen darstellt. Die einzelnen Strukturen können durch gekoppelten Platzwechsel von Protonen (oder auch durch Rotation von H_2O-Molekülen) leicht ineinander übergehen. Bei sehr tiefen Temperaturen werden sie eingefroren, so daß Eis eine ausgeprägte statische Fehlordnung aufweist. *Pauling* hat 1935 die Anzahl der möglichen Strukturen berechnet und damit einen Wert für die Nullpunktsentropie abgeschätzt.

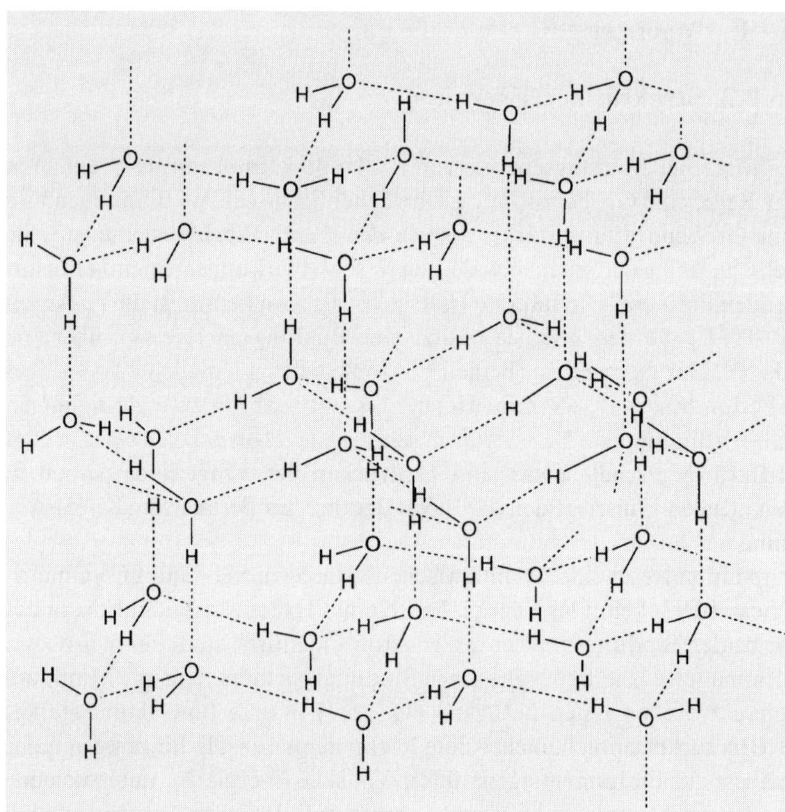

Fig. 15.2. *Ausschnitt aus der hexagonalen Kristall-Struktur von Eis* (Eis Ih)

Solche 'Protonensprünge' erklären die hohe elektrische Leitfähigkeit von Eis. Die bei 0 °C stabile hexagonale Struktur von Eis enthält käfigartige Kanäle parallel zur sechszähligen Achse. Diese 'lockere' Packung bricht beim Schmelzen von Eis teilweise zusammen, so daß flüssiges H_2O knapp oberhalb des Schmelzpunkts eine höhere Dichte als Eis besitzt. Aus der Schmelzenthalpie kann man abschätzen, daß bei diesem Vorgang nur etwa 10% der H-Brücken gelöst werden. In H_2O erfolgen Bildung und Zerfall von H-Brücken mit großer Geschwindigkeit, wobei immer noch quasi-kristalline Bereiche vorhanden sind. Die Löslichkeit vieler Substanzen (z. B. von Zuckern) in H_2O beruht auf der Bildung von H-Brücken mit dem Lösungsmittel.

Auch die ungewöhnlich hohen Siedepunkte von HF und NH_3 lassen sich mit der Bildung von H-Brücken erklären. Da HF nur ein H-Atom besitzt, findet man in flüssigem HF im Gegensatz zu H_2O lange Zickzack-Ketten mit unsymmetrischen, linearen H-Brücken (*Fig. 15.3*).

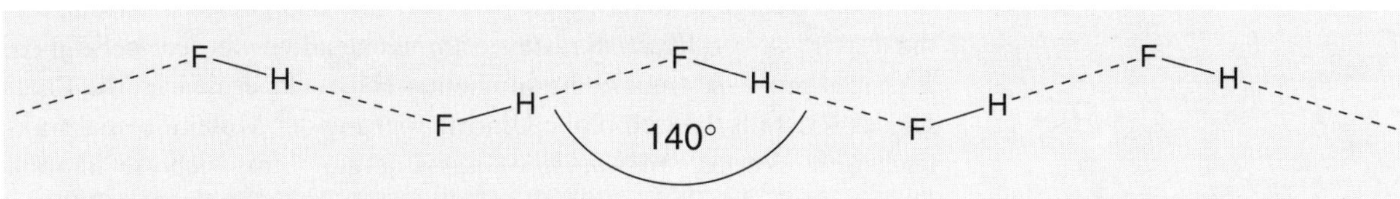

Fig. 15.3. *Ausschnitt aus der Struktur von flüssigem HF*

15.2.3. Donor- und Akzeptor-Gruppen

Eine H-Brücke kann man als Resultat einer (Säure/Base)-Wechselwirkung im *Brønsted*schen Sinne auffassen: Ein Protonen-Donor tritt mit einem Protonen-Akzeptor in Wechselwirkung. Als Donor- und Akzeptor-Gruppen für starke H-Brücken kommen vor allem folgende funktionelle Gruppen in Betracht:

δ− δ+ δ−
X—H---------|Y

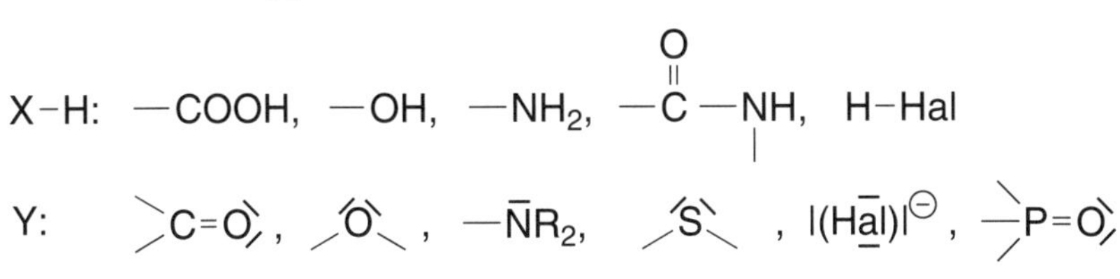

Der organische Chemiker ist natürlich an der Frage interessiert, ob auch (C—H)-Bindungen als Donor-Gruppen für H-Brücken fungieren können. Von (C—H)-Bindungen, die durch stark elektronenziehende Gruppen aktiviert sind, weiß man dies seit langem. So bildet $CHCl_3$ mit Pyridin oder Aceton Komplexe, und HCN liegt im Kristall in Form von linearen Ketten vor:

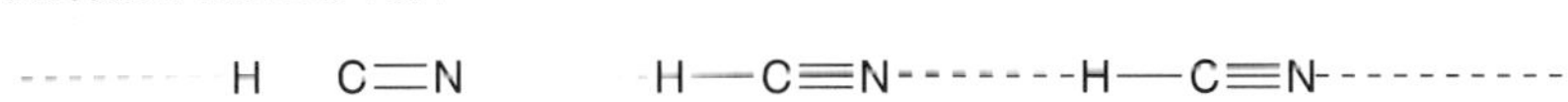

Um zu klären, ob auch weniger aktivierte (C—H)-Bindungen eine Tendenz zur Bildung von H-Brücken C—H···Y besitzen, untersuchten *Taylor* und *Kennard* 113 Kristall-Strukturen, die durch Neutronenbeu-

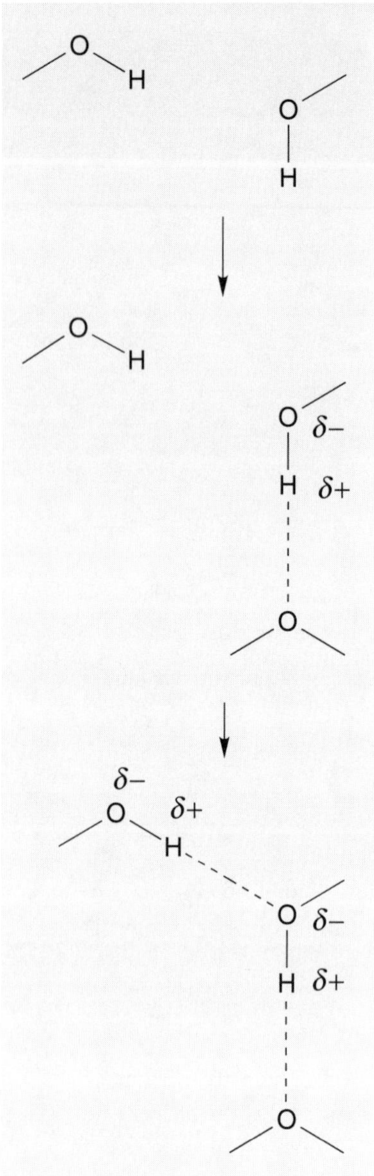

Fig. 15.4. *Bevorzugte Bildung einer zweiten H-Brücke nach Bildung der ersten* (kooperativer Effekt)

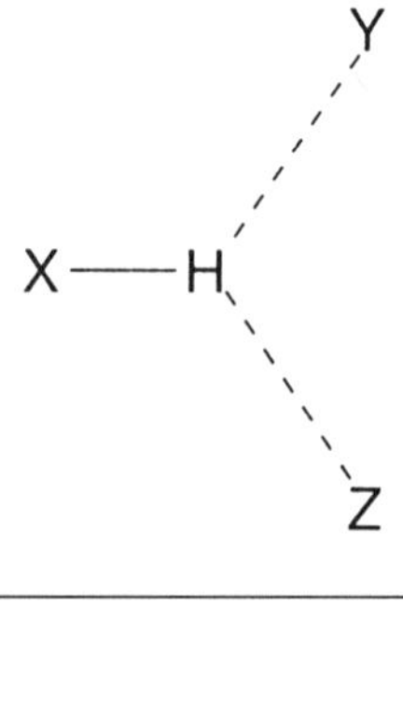

gung bestimmt worden waren. Ihre statistische Analyse ergab, daß (C–H)-Gruppen eine bemerkenswerte Präferenz zur Bildung intermolekularer Kontakte zu O-Atomen (anstatt zu C- oder H-Atomen) besitzen. Der Winkel C–H···O beträgt im allgemeinen 150–180°, und die (C–H)-Bindung ist jeweils zu einem der freien Elektronenpaare des betreffenden O-Atoms hin gerichtet. Ähnliche Ergebnisse deuteten sich auch für (C–H···N)- und (C–H···Cl)-Kontakte an, aber die verfügbare Datenmenge ließ keine statistisch zuverlässigen Schlüsse zu. Aufgrund der geringeren Donor-Stärke der (C–H)-Bindung sind (C–H···Y)-Brücken schwächer als die bisher besprochenen H-Brükken. Sie spielen jedoch für die Bildung von Kristallen eine große Rolle, wenn bessere Donoren fehlen.

15.2.4. Wasserstoff-Brücken in Kristallen

Die jeweilige Gitter-Energie von Kristallen organischer Moleküle, die durch *van-der-Waals*-Kräfte zusammengehalten werden, beträgt *ca.* 1 kJ/mol pro C-Atom. Die Bildung einer H-Brücke erniedrigt die Energie des Kristalls – durch bloße Umorientierung der Moleküle und praktisch ohne Verlust an *van-der-Waals*-Energie – um mehrere kJ/mol. Daher kann die Bedeutung von H-Brücken bei der Kristall-Bildung kaum überschätzt werden. Kristallographen wissen, daß sich bei Anwesenheit geeigneter Donor- und Akzeptor-Gruppen fast immer H-Brükken bilden. *Jerry Donohue* wies schon 1952 (also zu einer Zeit, als die Positionen der H-Atome in Kristallen nur in seltenen Fällen bestimmt werden konnten) darauf hin, daß eine OH- oder NH-Gruppe fast nie eine Position einnimmt, welche die Bildung einer H-Brücke unmöglich macht. Aus diesem Grund findet man auch häufig in den Kristall-Strukturen polarer Verbindungen H_2O-Moleküle (*Kristall-Wasser*).

Eine Suche nach in Kristallen auftretenden H-Brückenmustern zeigt, daß längere Ketten gegenüber Chelaten bevorzugt sind. Ursache dafür ist ein *kooperativer Effekt* (*Kap. 7.3.1.2.1*). Wenn z. B. eine (O–H···O)-Brücke gebildet wird, wird die (O–H)-Bindung geschwächt, so daß sich die Basizität des O-Atoms erhöht und dieses Atom dadurch ein besserer H-Brücken-Akzeptor ist (*Fig. 15.4*).

Neben einfachen H-Brücken treten in Kristallen oft gegabelte Brükken auf, in denen ein H-Atom gleichzeitig mit zwei Akzeptoren Y und Z in Wechselwirkung tritt. Diese H-Brücken sind länger als die bisher diskutierten.

Die Dominanz von H-Brücken in Kristall-Strukturen von Verbindungen, die geeignete Donor- und Akzeptor-Gruppen besitzen, wird anhand einiger Beispiele aufgezeigt.

Oxalsäure kristallisiert in zwei verschiedenen Formen, die sich im H-Brückenmuster unterscheiden. Während die α-Form zweidimensional-unendliche Schichten aufweist, findet man in der β-Form Ketten, die an zuvor erwähnte Carbonsäure-Dimere erinnern (*Fig. 15.5*). Die zusätzliche Stabilisierung, welche durch die H-Brücken hervorgerufen wird, wird daran erkannt, daß die Sublimationsenthalpien der beiden Formen um 51 bzw. 46 kJ/mol größer sind als diejenige des Oxalsäure-dimethylesters.

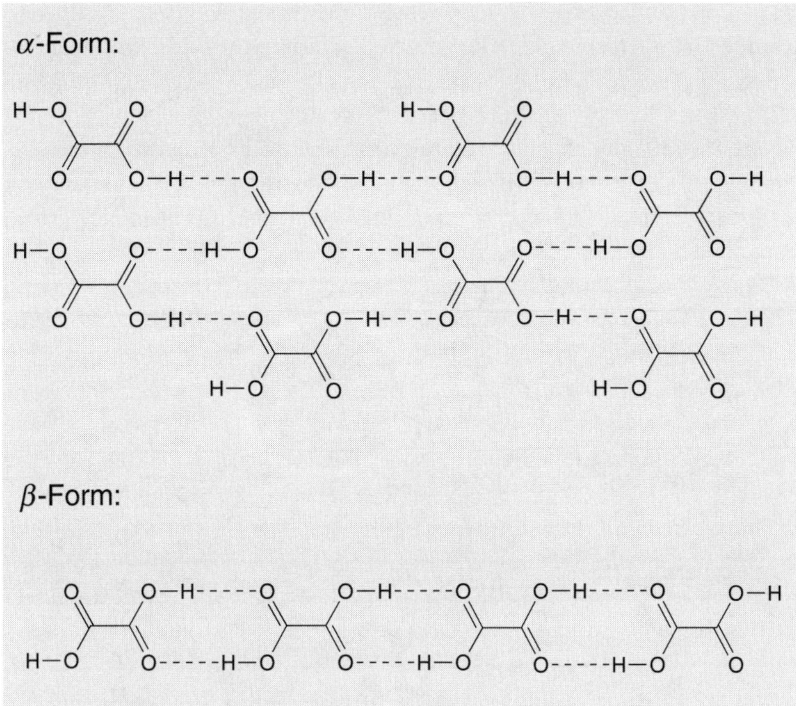

Fig. 15.5. *Ausschnitt aus der Kristall-Struktur der α- bzw. β-Oxalsäure*

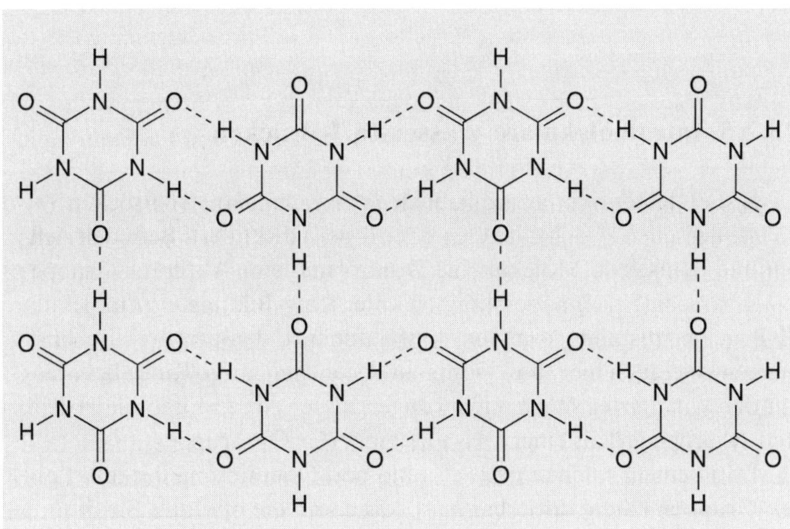

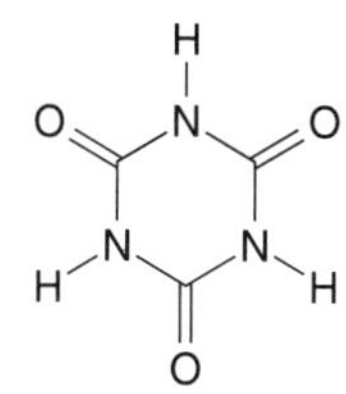

Cyanursäure

Fig. 15.6. *Ausschnitt aus der Kristall-Struktur der Cyanursäure*

In der Kristall-Struktur der *Cyanursäure* bilden sämtliche (N–H)-Bindungen lineare (N–H···O)-Brücken (*Fig. 15.6*), ohne daß die O-Atome der (C=O)-Gruppen ihre maximale Koordinationszahl von 3 erreichen. Umgekehrt sind im *Melamin* sechs Donor-, aber nur drei Akzeptor-Gruppen vorhanden, so daß nicht alle Donoren in der Molekül-Ebene abgesättigt werden können; es resultiert ein dreidimensionales Netzwerk von H-Brücken. Ein (1:1)-Komplex von Cyanursäure und Melamin besitzt dagegen gleich viele Donor- und Akzeptor-Gruppen und ermöglicht eine Schicht-struktur, in der alle (N–H)-Bindungen an einer H-Brücke und alle (C=O)-Gruppen an zwei Brücken beteiligt sind (*Fig. 15.7*).

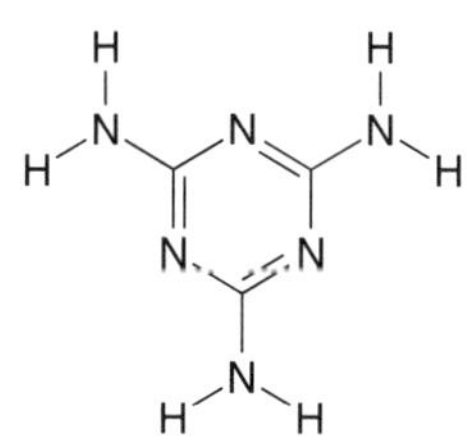

Melamin

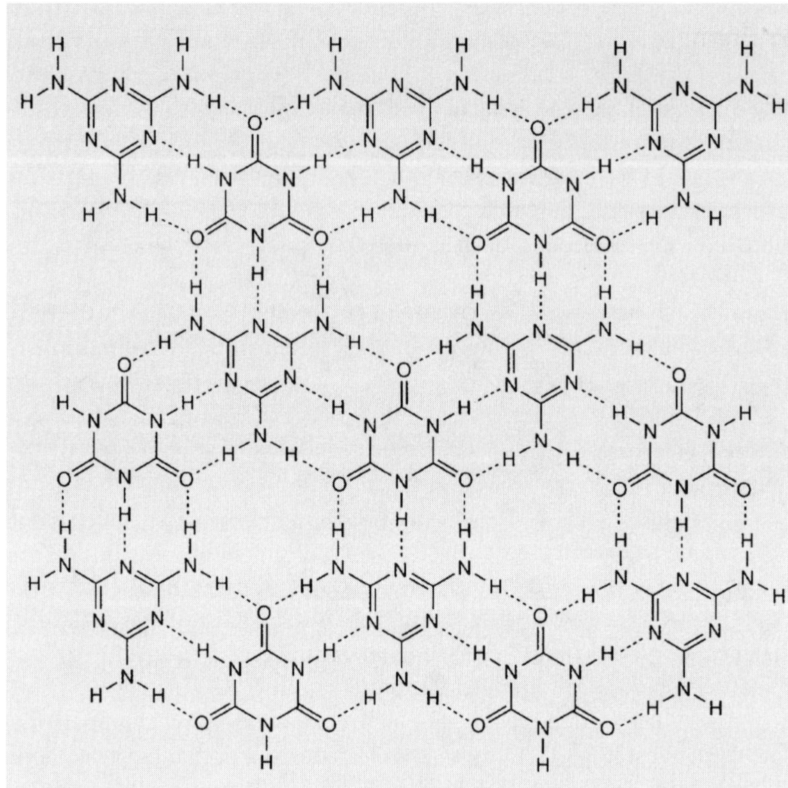

Fig. 15.7. *Ausschnitt aus der vermuteten Struktur des (Cyanursäure/Melamin)-Komplexes*

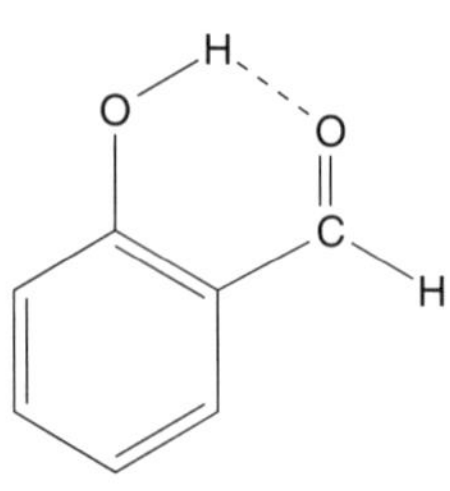

Salicylaldehyd

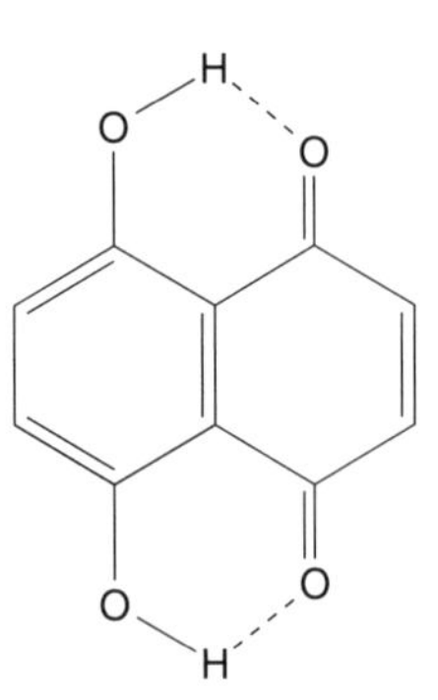

5,8-Dihydroxy-1,4-naphthochinon

15.2.5. Intramolekulare Wasserstoff-Brücken

Bisher haben wir ausschließlich *inter*molekulare H-Brücken (also solche zwischen zwei Molekülen oder Ionen) diskutiert. Befinden sich in ein und demselben Molekül eine Donor- und eine Akzeptor-Gruppe in Nachbarschaft zueinander, können unter Ring-Bildung *intra*molekulare H-Brücken zustande kommen. In Analogie zu den carbocyclischen Systemen sind auch hier fünf-, sechs- und siebengliedrige Ringe bevorzugt. Zu den wichtigsten Wechselwirkungen dieser Art gehören die H-Brükken zwischen jeweils einer OH- und einer (C=O)-Gruppe.

Da in einem solchen Fall Abstand und Orientierung der funktionellen Gruppen kaum variierbar sind, kann sich die optimale Struktur der H-Brücken nicht immer bilden. Im Gegensatz zu der in intermolekularen H-Brücken bevorzugten linearen Anordnung sind intramolekulare H-Brücken daher meistens mehr oder weniger stark gewinkelt und in der Regel schwächer als intermolekulare. Eine Ausnahme hiervon stellt das Monoanion der Maleinsäure dar: In der Kristall-Struktur des K-Salzes bildet dieses Anion eine ungewöhnlich kurze intramolekulare H-Brücke ($r(O\cdots O) = 240$ pm). Wie im HF_2^--Ion ist die Brücke linear und symmetrisch.

Intramolekulare H-Brücken sind oft der Grund dafür, daß sich Benzol-Derivate mit zwei *ortho*-ständigen Substituenten bezüglich Siedepunkt, Flüchtigkeit oder Löslichkeit deutlich von den entsprechenden *meta*- und *para*-substituierten Verbindungen unterscheiden. Auch die Enol-Form von *β*-Dicarbonyl-(= 1,3-Dioxo-)Verbindungen wird durch eine intramolekulare H-Brücke in erheblichem Maße stabilisiert. In Lösungsmitteln mit H-Brücken-Donoren werden dagegen bevorzugt intermolekulare H-Brücken zwischen den (C=O)-Gruppen und Lösungsmittel-Molekülen gebildet. Die Regel *similia similibus solvuntur* wird hier scheinbar nicht befolgt, und das (Keto⇌Enol)-Gleichgewicht ist zur Keto-Form hin verschoben.

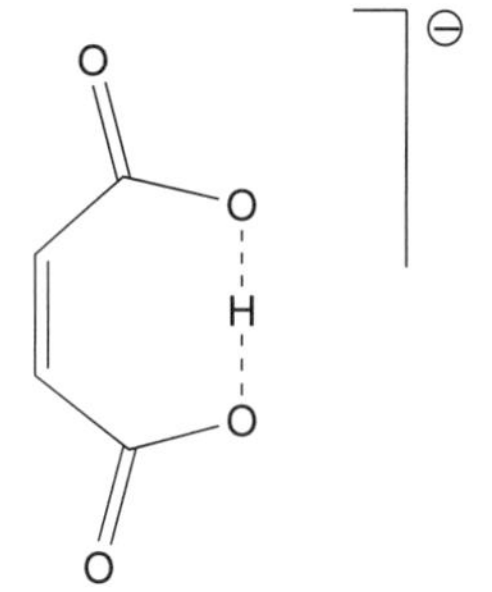

15.2.6. Wasserstoff-Brücken in Proteinen und Nucleinsäuren

Für Struktur und Funktion von Proteinen (*Kap. 7.3.3.2.3*) oder Nucleinsäuren (*Kap. 7.3.1.2*) sind H-Brücken von entscheidender Bedeutung. *Paulings* intensives Studium der (N–H···O=C)-Wechselwirkungen führte dazu, daß er die *α*-Helix und die *β*-Faltblätter als wichtige Sekundärstruktur-Elemente in Proteinen vorschlug. Auch die von *Watson* und *Crick* angestellten Überlegungen zur Struktur der DNA blieben erfolglos, bis sie erkannten, daß durch Bildung von H-Brücken Basenpaare (A=T bzw. C≡G) zustande kommen.

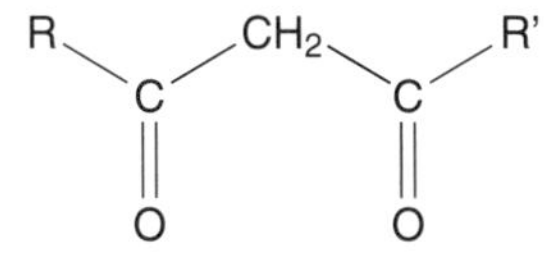

Keto-Form

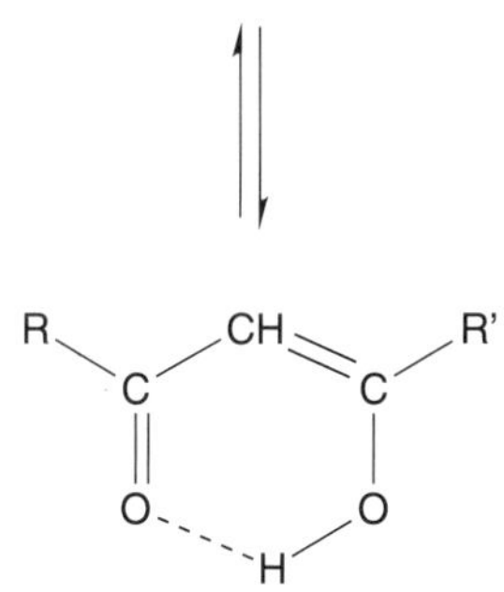

Enol-Form

George A. Jeffrey untersuchte die in Kristall-Strukturen von Nucleosiden und Nucleotiden gefundenen H-Brücken und ordnete auf der Basis der Atom-Abstände die Donor- und Akzeptor-Gruppen bezüglich ihrer Stärke. Dabei ergab sich, daß H_2O-Moleküle aufgrund des kooperativen Effekts bessere Akzeptoren sind als (C=O)-Gruppen und in dieser Eigenschaft nur von (P=O)-Gruppen übertroffen werden.

Donor-Gruppen: P–OH > C–OH > –C(=O)–NH > H–OH > NH_2

Akzeptor-Gruppen: O=P > OH_2 > O=C > O(H)–C > N(=)(–) > O(–)(–)

15.3. Theoretische Ansätze zur Beschreibung von Wasserstoff-Brücken

Der erste Vorschlag zur theoretischen Beschreibung von H-Brücken stammt von *Pauling*. Gestützt auf die Stabilität des HF_2^--Ions und die Stärke der (O–H···O)-Brücken postulierte er 1928, daß H-Brücken ionisch sind. Die Bevorzugung linearer H-Brücken X–H···Y läßt sich mit diesem einfachen Modell gut erklären; denn die elektrostatische Abstoßung zwischen den Atomen X und Y ist bei einer linearen Anordnung am geringsten. Allerdings blieben quantitative Berechnungen unbefriedigend, solange eine kugelsymmetrische Elektronendichte-Verteilung angenommen wurde. Erst die kürzlich erfolgte Beschreibung der elektrostatischen Wechselwirkung mit Hilfe von Multipolen (Ladungen, Dipolen und Quadrupolen) führte zu wesentlich besseren Ergebnissen.

Als Alternative zum elektrostatischen Modell untersuchte *Pimentel* 1951 die Stabilität von $(X{-}H{-}X^-)$-Ionen mit Hilfe einer MO-Betrachtung. Durch die Wechselwirkung zwischen dem 1s-Orbital des H-Atoms und den $2p_x$-Orbitalen der Atome X entstehen drei MOs, die nach den in *Kap. 8* genannten Spielregeln mit vier Elektronen besetzt werden müssen (*Fig. 15.8*). Dabei kommt dem mittleren MO eine entscheidende Rolle zu. Es ist um so stabiler, je elektronegativer die an der H-Brücke beteiligten Atome sind. Dies erklärt die besondere Stabilität des HF_2^--Ions.

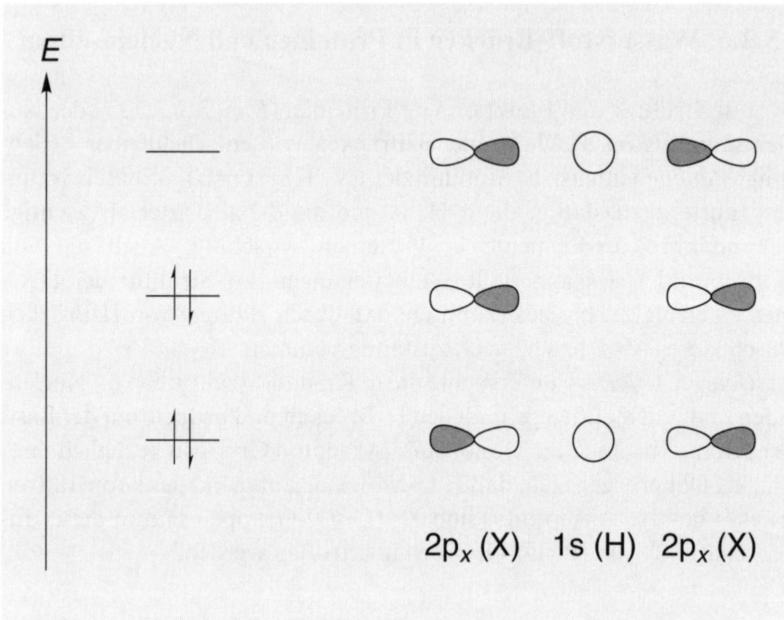

Fig. 15.8. *MO-Schema von* $X{-}H{-}X^-$

Neuere quantitative MO-Rechnungen ergaben, daß sich die Gesamtenergie eines Übermoleküls X–H···Y aus mehreren Teilenergien zusammensetzt (elektrostatische Wechselwirkung, *van-der-Waals*-Abstoßung und Ladungsverschiebung). Da von diesen Beiträgen die elektrostatische Energie oft dominiert, ist die heutige Auffassung der H-Brücken nicht sehr weit vom ursprünglichen Modell entfernt.

Genaue quantenchemische Rechnungen (ebenso wie die oben erwähnten Multipol-Modelle) stimmen mit experimentellen Befunden gut überein. Ein Beispiel dafür ist die Beschreibung der (X–H···O=C)-Wechselwirkung. Eine Suche in der *Cambridge Structural Database*, die über 100000 Kristall-Strukturen organischer und metallorganischer Verbindungen enthält, ergab insgesamt 181 Kristall-Strukturen mit intermolekularen H-Brücken dieses Typs zwischen einer NH- oder OH-Gruppe und einem Keton. Die Auftragung der an den H-Brücken jeweils beteiligten H-Atome relativ zur (C=O)-Gruppe läßt eine eindeutige Bevorzugung bestimmter Winkel-Bereiche erkennen (*Fig. 15.9*):

- praktisch alle H-Atome liegen in der Ebene, die vom Carbonyl-C-Atom und seinen Liganden gebildet wird;

– innerhalb dieser Ebene sind die H-Atome entlang der Richtung der einsamen Elektronenpaare des O-Atoms dicht gehäuft (Mittelwert: $\theta = 132°$). Allerdings ist die Verteilung nach größeren θ-Werten hin recht breit, und auch lineare H-Brücken treten auf.

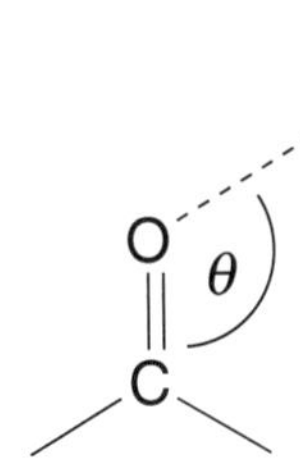

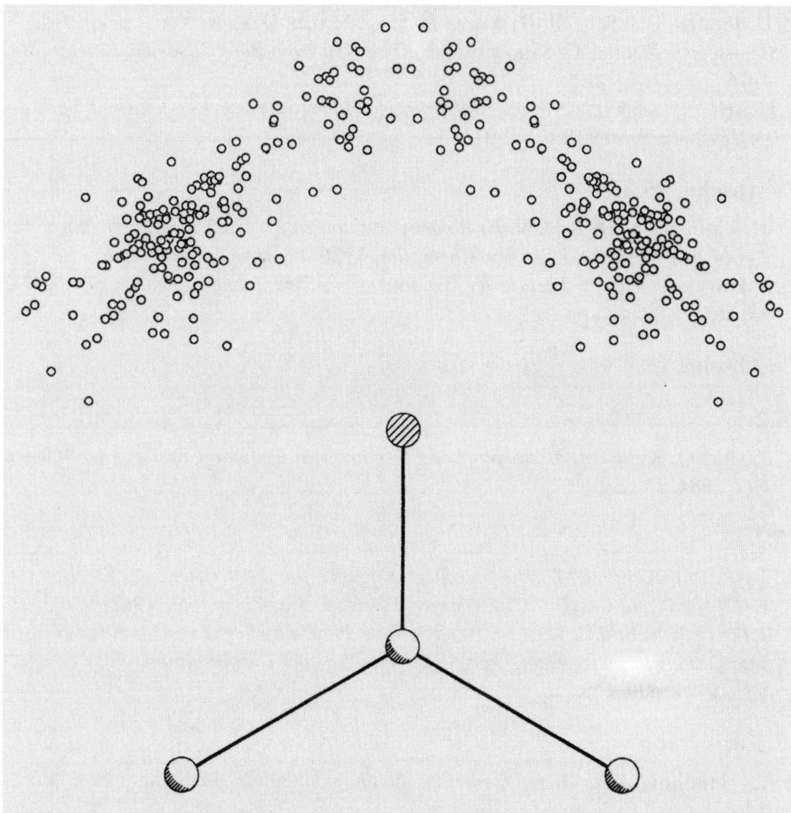

Fig. 15.9. C_{2v}-*symmetrische Auftragung der in Kristall-Strukturen gefundenen intermolekularen (X–H···O=C)-Brücken zwischen einer NH- oder OH-Gruppe und einem Keton.* Für jede H-Brücke ist das H-Atom der (X–H)-Gruppe relativ zur (C=O)-Gruppe dargestellt.

Die bevorzugte Bildung von (X–H···O=C)-Brücken, die am H-Atom linear, am O-Atom jedoch gewinkelt sind, wurde in vorangegangenen Abschnitten stillschweigend berücksichtigt (s. *Fig. 15.7*). Auch die Strukturen der Basenpaare von Nucleinsäuren (*Kap. 7.3.1.2*) und der regulären Sekundärstruktur-Elemente von Proteinen (*Kap. 7.3.3.3* und *7.3.3.4*) stehen im Einklang mit der beobachteten Verteilung der H-Brücken-Donoren. Der in *Fig. 15.9* dargestellte experimentelle Befund wird durch ein einfaches elektrostatisches Modell nicht reproduziert, wohl aber durch die erwähnten neueren Ansätze.

Weiterführende Literatur

Allgemein

G. C. Pimentel, A. L. McClellan, *The Hydrogen Bond*, Freeman & Co., San Francisco, 1960.

L. Pauling, *Die Natur der chemischen Bindung*, Verlag Chemie, Weinheim, 1962.

M. D. Joesten, L. J. Schaad, *Hydrogen Bonding*, Marcel Dekker, New York, 1974.

P. Schuster, G. Zundel, C. Sandorfy (Ed.), *The Hydrogen Bond*, Elsevier, Amsterdam, 1976.

G. Geiseler, H. Seidel, *Die Wasserstoffbrückenbindung*, Vieweg-Akademische Verlagsgesellschaft, Braunschweig, 1977.

Zu Abschn. 15.1.

W. M. Latimer, W. H. Rodebush, *Polarity and ionization from the standpoint of the Lewis theory of valence, J. Am. Chem. Soc.* **1920**, *42*, 1419.

M. L. Huggins, *50 Jahre Theorie der Wasserstoffbrückenbindung, Angew. Chem.* **1971**, *83*, 163.

Zu Abschn. 15.2.

15.2.1.

R. Taylor, O. Kennard, *Hydrogen-Bond Geometry in Organic Crystals, Acc. Chem. Res.* **1984**, *17*, 320.

15.2.3.

R. Taylor, O. Kennard, *Crystallographic Evidence for the Existence of C−H···O, C−H···N, and C−H···Cl Hydrogen Bonds, J. Am. Chem. Soc.* **1982**, *104*, 5063.

Z. Berkovitch-Yellin, L. Leiserowitz, *The Role Played by C−H···O and C−H···N Interactions in Determining Molecular Packing and Conformation, Acta Crystallogr.* **1984**, *B40*, 159.

15.2.4.

W.C. Hamilton, J.A. Ibers, *Hydrogen Bonding in Solids*, Benjamin, New York, 1968.

G.A. Jeffrey, S. Takagi, *Hydrogen-Bond Structure in Carbohydrate Crystals, Acc. Chem. Res.* **1978**, *11*, 264.

J.F. Griffin (Ed.), *The Hydrogen Bond: New Insights on an Old Story, Trans. Am. Cryst. Assoc.* **1986**, *22*.

15.2.6.

G.A. Jeffrey, W. Saenger, *Hydrogen Bonding in Biological Structures*, Springer-Verlag, Berlin, 1991.

M. Perutz, *The Significance of the Hydrogen Bond in Physiology* in *The Chemical Bond – Structure and Dynamics* (Ed. A. Zewail), Academic Press, San Diego, 1992.

Zu Abschn. 15.3.

P.A. Kollman, L.C. Allen, *The Theory of the Hydrogen Bond, Chem. Rev.* **1972**, *72*, 283.

A.D. Buckingham, P.W. Fowler, *A model for the geometries of Van der Waals complexes, Can. J. Chem.* **1985**, *63*, 2018.

R. Taylor, O. Kennard, W. Versichel, *Geometry of the N−H···O=C Hydrogen Bond. 1. Lone-Pair Directionality, J. Am. Chem. Soc.* **1983**, *105*, 5761.

16 Basenpaarung in Biologie und Chemie

In einer Bestandsaufnahme der *National Science Foundation* aus dem Jahre 1970 unter dem Titel *'Biology and the Future of Man'* hieß es: *'Those who are hopeful about synthesizing a cell in the foreseeable future have every reason ro retain their optimism.'* Diese Aussage enthält die Annahme, die Gesetze und Kenntnisse von Physik und Chemie würden ausreichen, um das Funktionieren einer lebenden Zelle zu verstehen. Die müßige Frage, ob *Chemie* ein Teilgebiet der Physik sei oder werden könne (*Kap. 8.5*), läßt sich an die *Biologie* gerichtet auf gar keinen Fall stellen. Alles, was evolvierte, hat nämlich eine irreduzible Geschichte und wird damit zu einem Glied in einer historischen statt einer nur von Naturgesetzen bestimmten, reduziblen Kette von Abläufen.

Der Chemiker kann auf verschiedene Art und Weise dazu beitragen, naturhistorische Entwicklungen zu klären. Er kann Relikte primitiver Moleküle aufspüren, welche vormals die Funktion heutiger Biomoleküle in vereinfachter Weise ausübten. Er kann ferner Evolutionsmodelle entwerfen, welche das chemische Reaktionspotential solcher Moleküle ausschöpfen, die in einer frühen Phase der Evolution eine Rolle gespielt haben mögen, inzwischen jedoch durch natürliche Selektion überflüssig geworden sind. Wichtige Einsichten lassen sich durch Experimente im Rahmen eines entworfenen Evolutionsmodells gewinnen. Falls das Drama der Evolution auf der Bühne des ausgewählten Modells bis zu einem beliebigen Zeitpunkt zurückgedreht und von da ab neu fortgesetzt würde, ließe sich z.B. klären, ob ein experimentell gewonnenes Ergebnis zwangsläufig oder nur zufällig zustande gekommen ist.

Max Delbrück und *Francis Crick*, zwei Physiker, die sich früh und ganz entschieden biologischen Fragen zugewandt hatten, haben den Mentalitätswandel beschrieben, den sie für Naturwissenschaftler außerhalb der Biologie zur Annäherung an biologische Probleme für notwendig halten.

'Ein erfahrener Physiker, der zum ersten Mal Probleme der Biologie kennenlernt, findet es unfaßbar, daß es in der Biologie keine 'absoluten Phänomene' gibt. Alles ist zeitgebunden und raumgebunden. Das Tier, die Pflanze oder der Mikroorganismus, mit dem er arbeitet, ist nichts als ein Glied in einer Evolutionskette sich wandelnder Formen, von denen keine eine bleibende Gültigkeit besitzt.'

'The laws of physics, it is believed, are the same everywhere in the universe. This is unlikely to be true in biology ... While Occam's *razor is a useful tool in the physical sciences, it can be a very dangerous implement in biology ... Biologists must constantly*

keep in mind that what they see was not designed, but rather evolved. It might be thought, therefore, that evolutionary arguments would play a large part in guiding biological research, but this is far from the case. It is difficult enough to study what is happening now. To try to figure out exactly what happened in evolution is even more difficult.'

16.1. Grundlagen

16.1.1. Skizze vom Weg zur molekularen Genetik

Das Molekül-Konzept war die Reaktion auf die beobachtete Diskretheit chemischer Verbindungen (*Kap. 2.1*). Das Molekül-Konzept wurde zur Grundlage der (molekularen) Genetik: einer kombinatorischen, auf den Vererbungsregeln von *Gregor Johann Mendel* aufbauenden Disziplin. Moleküle werden danach als Träger diskreter genetischer Information verdoppelt und nach Zellteilung an die jeweils nächste Generation weitergegeben. Der Weg zur molekularen Genetik war alles andere als gerade. Er führte an Vor- und Feststellungen vorbei, die festzuhalten in einigen Fällen sich besonders lohnt. *Max Ferdinand Perutz* hat 1987 in einem von ihm erbetenen Artikel zur Auswirkung des Buches *'What is Life?'* von *Erwin Schrödinger* aus dem Jahr 1944 die Pioniere aufgeführt, die seiner Meinung nach den Weg zur molekularen Genetik wirklich bereitet haben.

Er beginnt mit *Delbrück*, der sich 1935 unter einem Gen einen spezifischen Abschnitt eines linear-konstituierten Makromoleküls – dem Chromosom – vorstellen konnte. Zwei Jahre später vermutete *John B. S. Haldane*, daß die Verdoppelung eines Gens über eine 'Negativ'-Kopie geschehen könne. 1940 entwickelten *Pauling* und *Delbrück* – über die autokatalytische Reproduktion von Molekülen allgemein und über die Replikation von Genen speziell nachdenkend – ihre *Überlegungen zur Natur intermolekularer Kräfte bei biologischen Prozessen.* Sie wiesen darauf hin, daß der Komplementarität zweier Moleküle, die sich zu einem 'System Seite an Seite' zusammentun, Priorität vor anderen supramolekularen Orientierungen (wie wir heute sagen würden) zukommen sollte, und vergaßen nicht, zu erwähnen, daß derjenige Fall besondere Aufmerksamkeit verdiene, in welchem die beiden Moleküle nicht nur komplementär zueinander angeordnet, sondern gleichzeitig auch identisch sein würden. 1944 stellte *Oswald Theodore Avery* fest, daß DNA-Moleküle *die* Träger genetischer Eigenschaften sind. 1953 konnten *Watson* und *Crick* den Mechanismus der Replikation (über eine 'Negativ'-Kopie) aus der doppelhelicalen Struktur der DNA (zu welcher sich zwei zueinander komplementär angeordnete Polynucleotid-Einzelstränge zusammengetan hatten) ableiten.

16.1.2. Die *Darwin-Mendel*sche Theorie der Evolution

Die Erfahrung zeigt, daß charakteristische Merkmale eines lebenden Individuums in der Generationenfolge mehr oder weniger regelmäßig wiederkehren, d.h. vererbt werden. Man bemüht sich intensiv darum, festzustellen, welche aus der Gesamtheit der Merkmale, die den *Phänotyp* ausmachen, mit welchen aus der Gesamtheit der Erbanlagen, die den *Genotyp* ausmachen, kausal verknüpft sind. Die von *Mendel* aufgestellten, selbst von der wissenschaftlichen Öffentlichkeit während dreier Jahrzehnte so gut wie nicht zur Kenntnis genommenen Vererbungsregeln ließen eine kombinatorische Regelmäßigkeit und – was weitere Jahrzehnte brauchte, bevor es selbst von Genetikern allgemein anerkannt wurde – eine Lokalisierbarkeit diskreter Erbeigenschaften auf diskreten Zellpartikeln erkennen. Um die *Mendel*schen Regelmäßigkeiten in der heutigen Sprache, welche die Kenntnis der molekularen Zellbestandteile voraussetzt, ausdrücken zu können, benötigt man die folgenden (kursiv geschriebenen) Begriffe.

Jede *diploide Zelle* enthält zwei Chromosomensätze: einen von der Mutter, einen vom Vater. Die *Chromosomen* bestehen aus zwei Kernfäden (*Chromatiden*). Jedes Chromatid enthält als Grundstruktur ein *doppelhelicales DNA-Molekül.* DNA-Abschnitte, die für bestimmte (sichtbare oder nicht-sichtbare) Eigenschaften des betreffenden Organismus zuständig sind, nennt man *Gene.* Auf identischen Abschnitten eines Chromosomenpaars befinden sich definitionsgemäß immer die gleichen Gene. Letztere kommen als Paar *identischer Allele* (Homozygotie) oder als Paar *nicht-identischer Allele* (Heterozygotie) vor. Keimzellen besitzen nur einen Chromosomensatz: man nennt sie *haploide Gameten.*

In einem ersten Beispiel (*Fig. 16.1*) wird eine Kreuzung zwischen zwei homozygoten Eltern angenommen, die beide mit den identischen Allelen AA ausgestattet sind. Ihre Gameten (G) sind jeweils gleich (A). Die Angehörigen der aufeinanderfolgenden Filialgenerationen sind geno- wie phänotypisch mit den Eltern identisch.

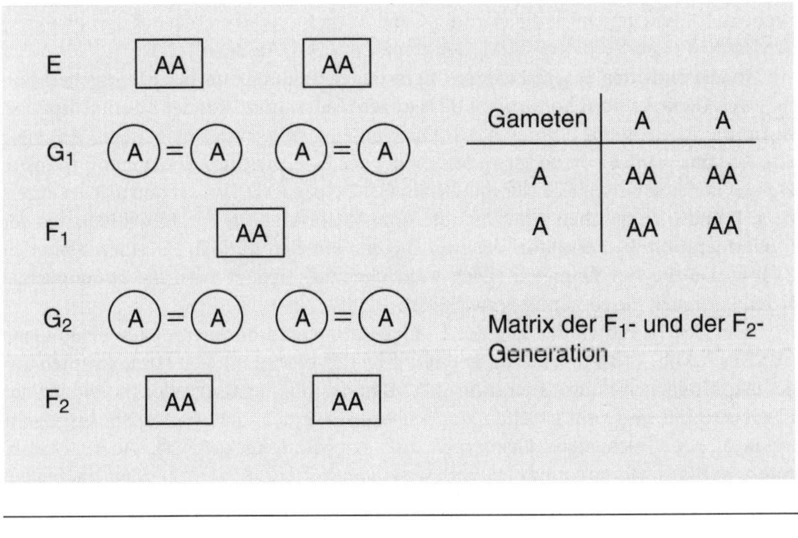

Fig. 16.1. Mendel*sche Kombinatorik für die Verteilung der Allel-Paare AA homozygoter Eltern* (E) *auf die erste* (F_1) *und zweite Filialgeneration* (F_2)

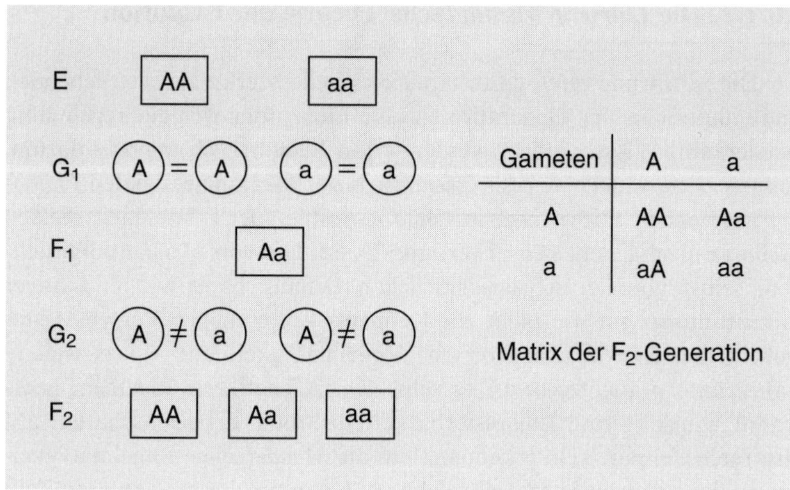

Fig. 16.2. Mendel*sche Kombinatorik für die Verteilung der Allel-Paare AA bzw. aa homozygoter Eltern* (E) *auf die erste* (F_1) *und zweite Filialgeneration* (F_2)

Fig. 16.3. *Die 1984 herausgegebene Briefmarke, welche zu Ehren von* Gregor Johann Mendel *die Regel für einen dominant-rezessiven Erbgang darstellt* (hier stehen R für A und r für a)

In einem zweiten Beispiel (*Fig. 16.2*) werden homozygote Stämme miteinander gekreuzt, die sich nur in einem Gen unterscheiden. Der eine Elternteil verfügt über die beiden identischen Allele AA, der andere Elternteil über die identischen Allele aa. Ihre Gameten enthalten jeweils nur das Allel A im einen oder das Allel a im anderen Fall. Die heterozygoten Angehörigen der ersten Filialgeneration (F_1) sind vom Genotyp Aa. Werden ihre Gameten (jeweils A oder a, in beiden Fällen) miteinander kombiniert, erhält man die Matrix der F_2-Generation: mit drei verschiedenen Genotypen (AA, Aa und aa) im Verhältnis von 1:2:1.

Bei vollständiger Dominanz des einen Allels (z.B. A) und damit bei vollständiger Rezession des anderen Allels (dann a) beobachtet man in der ersten Filialgeneration (F_1) nicht nur uniforme Genotypen (Aa), sondern auch uniforme Phänotypen (*Fig. 16.3*): Das dominante Allel A legt den Phänotyp des homozygoten Elterntyps (AA) auch für die Mitglieder von F_1 fest. Da die Genotypen AA und Aa dem dominanten Phänotyp, der Genotyp aa dem rezessiven Phänotyp entsprechen, erscheinen die Phänotypen in der zweiten Filialgeneration (F_2) im Verhältnis 3:1. Zwei Drittel der dominanten Phänotypen sind heterozygot: Wenn man sie miteinander kreuzt, verhalten sie sich wie Vertreter von F_1 bei der Kreuzung.

Bei unvollständiger Dominanz eines Allels liegt der Phänotyp der Heterozygote aus F_1 mit dem uniformen Genotyp Aa zwischen den Phänotypen der beiden Homozygoten AA und aa. Die Mitglieder der Generation F_2 verteilen sich auf drei Phänotypen, und zwar im Verhältnis ihrer Genotypen von AA/Aa/aa = 1:2:1.

In einem dritten Beispiel (*Fig. 16.4*) ist ein Individuum aus der Elterngeneration für zwei Allele A und B homozygot. Das andere Individuum aus der Elterngeneration ist für die Allele a und b homozygot. Die Gameten sind jeweils einheitlich (AB bzw. ab). Aus ihnen entstehen uniforme Mitglieder der F_1-Generation vom Genotyp AaBb. Deren Gameten weisen alle vier möglichen Genotypen (AB, Ab, aB und ab) der Allele A, a, B und b zu gleichen Anteilen auf. Beim Weiterkreuzen von Individuen aus der Filialgeneration F_1 verschmelzen zwei dieser Gameten zufällig zu einer diploiden Zygote. Da die vier Gameten gleich wahrscheinlich sind, werden die 16 möglichen Kombinationen gleich häufig verwirklicht.

Vier der 16 Individuen aus der F_2-Generation sind homozygot für beide Gene (AABB, AAbb, aaBB und aabb), und nur zwei der 16 sind mit den Homozygoten aus der ursprünglichen Elterngeneration (AABB und aabb) identisch. Vier Individuen der F_2-Generation sind vom gleichen, doppelt-heterozygoten Genotyp AaBb. Insgesamt treten $3^2 = 9$ verschiedene Genotypen auf (AABB, AABb, AAbb, AaBB, AaBb, Aabb, aaBB, aaBb und aabb im Verhältnis von 1:2:1:2:4:2:1:2:1). Sind die beiden

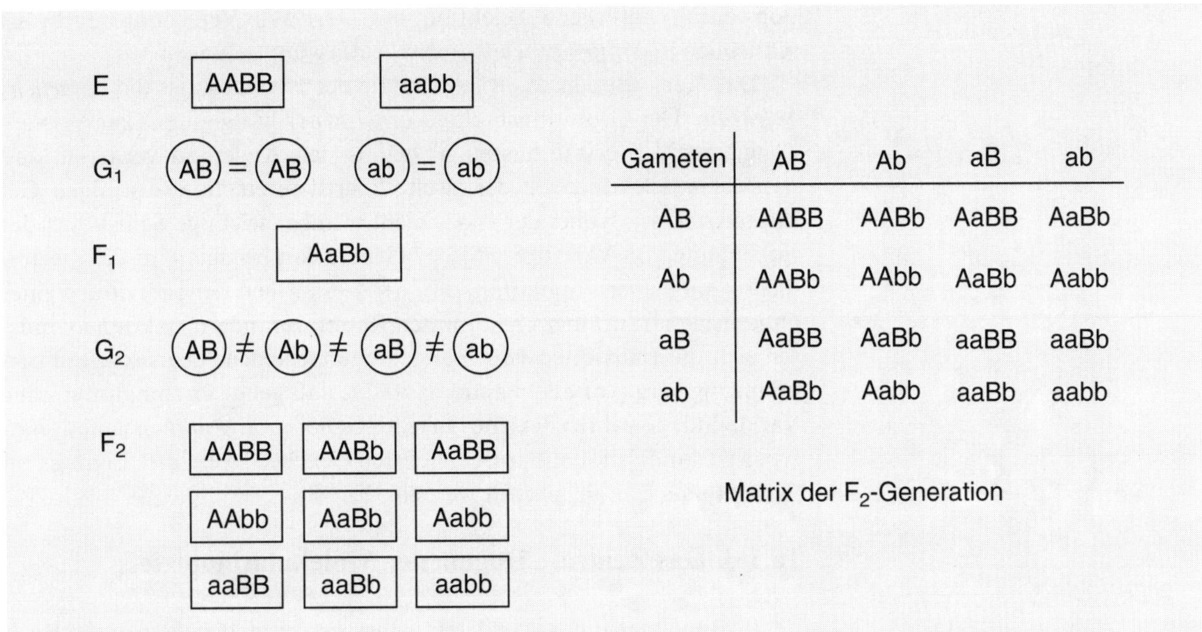

Fig. 16.4. Mendel*sche Kombinatorik für die Verteilung der Allel-Paare AABB und aabb homozygoter Eltern* (E) *auf die erste* (F_1) *und zweite Filialgeneration* (F_2)

Allele A und B dominant und somit die Allele a und b rezessiv, entsprechen den neun Genotypen vier Phänotypen (AABB, AABb, AABb, AaBB, AaBb, AaBb, AaBB, AaBb und AaBb; AAbb, Aabb und Aabb; aaBb, aaBB und aaBb sowie aabb) im Verhältnis von 9:3:3:1.

Gezielte Kreuzungsexperimente bei Organismen, die sich sexuell fortpflanzen, und statistische Analyse der phänotypischen Verteilung charakteristischer Merkmale, die bei einem Elternteil oder bei beiden Elternteilen vorhanden waren, auf die nachfolgenden Filialgenerationen sind das Fundament, auf dem die Weiterentwicklung der *klassischen Genetik* (bei welcher unbestimmte 'Erbfaktoren' eine Rolle spielten) zur *molekularen Genetik* (bei welcher 'Gene' als submolekulare DNA-Abschnitte ihre strukturelle Information auf phänotypisch fungierende Moleküle übertragen) stattgefunden hat. Das Fundament ist von *Mendel* gelegt worden. Er leistete damit *Charles Robert Darwin* einen zu Lebzeiten von beiden nicht erkannten Dienst.

Darwin hatte in seiner 'Theorie der Evolution durch natürliche Selektion' bei Kreuzungen ein stetiges Vermischen vererbbarer Eigenschaften angenommen. Diese Ansicht war mit der Tatsache nicht zu vereinbaren, daß bestimmte phänotypische Merkmale, die in einer uniformen F_1-Generation verschwunden sind, in der nicht-uniformen F_2-Generation bei einzelnen Individuen wieder zum Vorschein kommen. Die offensichtliche Schwäche in der Ansicht *Darwin*s, die auf ein Verschwinden genetischer Variation hinauslief, konnte durch die *Mendel*sche Theorie der Vererbung beseitigt werden, bei welcher die genetische Variation überzeugend erhalten bleibt. Eine 'Synthese' von *Darwin*s Theorie der Evolution durch natürliche Selektion mit *Mendels* Vererbungsregeln ist schließlich in der *neodarwinistischen* Auffassung gelungen.

Das Kernstück in *Darwins* Theorie der Evolution ist die *natürliche Selektion*. Der Evolutionsbiologe *Ernst Mayr* hat geraten, zur Vermeidung von Mißverständnissen nicht aus den Augen zu verlieren, daß natürliche Selektion erst der zweite Schritt in einem zweistufigen Gesamtprozeß sei, wobei der erste, nicht weniger wichtige Schritt auf der Entstehung von Variation in jeder Generation beruhe. Um die Zusammensetzung einer Population, d.h. der Gesamtheit der Individuen einer Organismenart in einem bestimmten Raum, verändern zu können, müssen sich die Individuen voneinander unterscheiden. Die sexuelle Fortpflanzung sorgt vor allem anderen dafür, daß geno- und phänotypische Variabilität gewährleistet sind. In jeder Generation kommen neue Genotypen zustande, die dann in der nächsten Generation auf ihre Eignung im 'Kampf ums Dasein' geprüft werden.

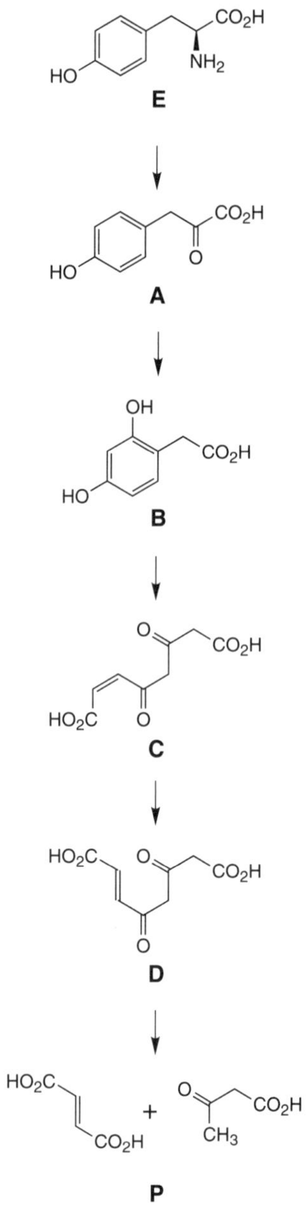

16.1.3. Das Zentrale Dogma der Molekularbiologie

1923 erschien unter dem Titel *'Inborn Errors of Metabolism'* ein Buch von *Sir Archibald E. Garrod*. In ihm wurde eine Verknüpfung zwischen jeweils einem Gen und einer biochemischen Reaktion beschrieben, welche durch ein Enzym katalysiert wird. Fehlt dieses Enzym, so kann die betreffende biochemische Reaktion nicht stattfinden, und es kommt zur Anreicherung eines Stoffwechselprodukts, das normalerweise weiter abgebaut wird. So ist es z.B. bei Menschen mit einem genetischen Defekt am Enzym Homogentisinsäure-Oxidase. Diese, nach *Mendel* rezessiv vererbte, Anomalie des Stoffwechsels wird als *Alkaptonurie* bezeichnet und besteht nach *Garrod* darin, daß sich Homogentisinsäure (**A**), ein Abbauprodukt von Phenylalanin und Tyrosin (**E**), anreichert, weil der weitere Abbau (wie wir heute wissen) zu Acetessigsäure und Fumarsäure (**P**) nicht stattfindet.

Das von *Garrod* entwickelte Konzept: *ein Gen – ein Enzym – eine biochemische Reaktion* schlug eine Brücke zwischen der molekularen Genetik und der auf molekulare Veränderungen ausgerichteten Biochemie. Es regte zu einer Analyse an, welche biochemische Reaktionen mit den sie katalysierenden Enzymen und Enzyme mit den ihnen zugrunde liegenden Genen verbindet.

Bei einer solchen Analyse sucht man für jeden der fünf Schritte (**E** → **A**, **A** → **B**, **B** → **C**, **C** → **D** und **D** → **P**), die am Abbau des Edukts **E** (Tyrosin) zum Produkt **P** (Fumarsäure und Acetessigsäure) beteiligt sind, jeweils ein anomales Individuum (eine der *Mutanten* I–V), das sich vom normalen Individuum (*Wildtyp*) dadurch unterscheidet, daß das jeweils für ein Enzym (eines von 1–5) zugrunde liegende Gen nicht (mehr) vorhanden ist (*Fig. 16.5*).

Jede Mutante ist dadurch gekennzeichnet, daß einer der fünf Reaktionsschritte blockiert ist. Jede der Verbindungen, die in der Reaktionskette von **E** zu **P** nach dem blockierten Schritt eingesetzt wird, ermöglicht die Bildung von **P**. Auf diese Weise läßt sich aus dem fehlenden

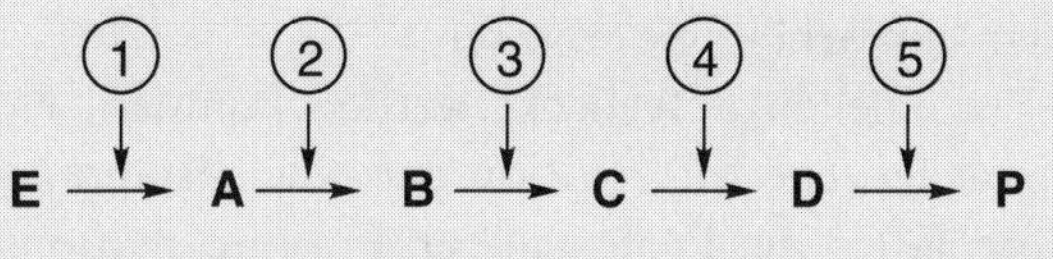

Mutante	E	A	B	C	D	P	Blockierter Reaktionsschritt
I	–	+	+	+	+	+	E → A
II	–	–	+	+	+	+	A → B
III	–	–	–	+	+	+	B → C
IV	–	–	–	–	+	+	C → D
V	–	–	–	–	–	+	D → P

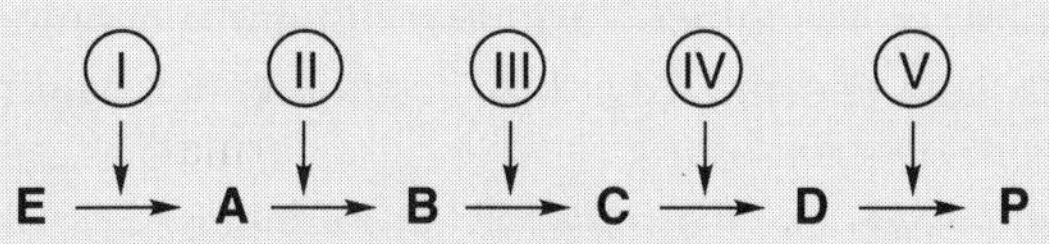

Fig. 16.5. *Kombinatorische Analyse der Beziehung: 'ein Gen – ein Enzym – ein biochemischer Reaktionsschritt'*

Enzym ermitteln, welches der zugehörigen Gene phänotypisch vom Wildtyp abweicht.

Systematische Experimente dieser Art wurden von *George Wells Beadle* und *Edward Tatum* am Pilz *Neurospora* vorgenommen. Diverse Mutanten ließen sich experimentell durch Einwirkung von *Röntgen*-Strahlen auf den Wildtyp gewinnen. Sie hörten solange auf zu wachsen, bis spezifische Verbindungen dem Minimalnährmedium zugesetzt wurden. In jedem Fall war eine vererbbare Änderung (*Mutation*) eines ganz bestimmten Gens eingetreten. *Beadle* und *Tatum* wiesen 1942 eine eindeutige Beziehung zwischen einer Mutation und dem Fehlen eines ganz bestimmten Enzyms nach. So kamen sie zum Ergebnis: *ein Gen – ein Enzym* oder (wie wir strukturbezogen sagen würden): *ein submolekularer Nucleinsäure-Abschnitt – ein Polypeptid.*

Die *genetische Information* eines DNA-Moleküls wird in der lebenden Zelle in die *funktionale Information* eines Proteins übertragen. Die genetische Information der Zelle steckt in der syntaktischen Struktur, d.h. in der Sequenz der Nucleinsäuren (*Kap. 7.3.1.2.1*). Die funktionale Information der Zelle steckt in der syntaktischen Struktur, d.h. in der Sequenz der Proteine (*Kap. 7.3.3.6*). Herauszufinden, wie die syntaktische Struktur der Nucleinsäuren in die syntaktische Struktur der Proteine 'übersetzt' werden kann, sollte sich als eines der vertracktesten Probleme der Molekularbiologie erweisen.

Bevor die Einzelheiten aufgedeckt werden konnten, wurde vorab festgestellt: Die genetische Information der Nucleinsäuren geht in die funktionale Information der Proteine über. Ein Informationsfluß in der umgekehrten Richtung findet dagegen nicht statt. Diese Aussage tritt in der Literatur unter dem Begriff *Zentrales Dogma der Molekularbiologie* auf. Genau genommen war diese Aussage differenzierter gemacht worden. Sie ließ sich nicht summarisch über Nucleinsäuren aus, sondern unterschied zwischen den beiden Typen natürlich vorkommender Nucleinsäuren: DNA und RNA (*Kap. 10.5.2*). DNA und RNA nehmen beide am Informationsfluß in der lebenden Zelle teil, sowohl aktiv wie passiv.

Emile Zuckerkandl und *L. Pauling* sprechen von *semantophoretischen Molekülen* oder *Semantiden*. Semantophoretische Moleküle sind Objekte mit einer syntaktischen Struktur und einer strukturimmanenten Funktion. Beispiele hierfür sind linear-konstituierte Makromoleküle, deren Monomer-Bausteine mindestens zwei funktionelle Gruppen aufweisen, welche für die Polymerisation der Hauptkette benötigt werden, und deren beschränkte Variabilität durch konstitutionell unterschiedliche 'Seitenketten' gewährleistet ist. Die statistische Kombination numerisch beschränkter Monomer-Variablen läßt mit zunehmender Länge der Hauptkette eine enorme Variation resultierender Makromoleküle zu.

Pauling und *Zuckerkandl* unterscheiden zwischen Semantiden erster Art (in der Regel DNA) und Semantiden zweiter Art (in der Regel RNA). Zu den Semantiden gehören aber auch die Proteine (als Semantide dritter Art). *Crick* hat die Beziehungen zwischen den drei Arten semantophoretischer Makromoleküle im *Zentralen Dogma der Molekularbiologie* schematisch dargestellt (*Fig. 16.6*).

Danach können DNA und RNA die Information ihrer jeweiligen syntaktischen Struktur aktiv übertragen und passiv übernehmen. Proteine sind dagegen nur in der Lage, die Information der syntaktischen Struktur von DNA und RNA in ihre eigene syntaktische Struktur passiv zu übernehmen.

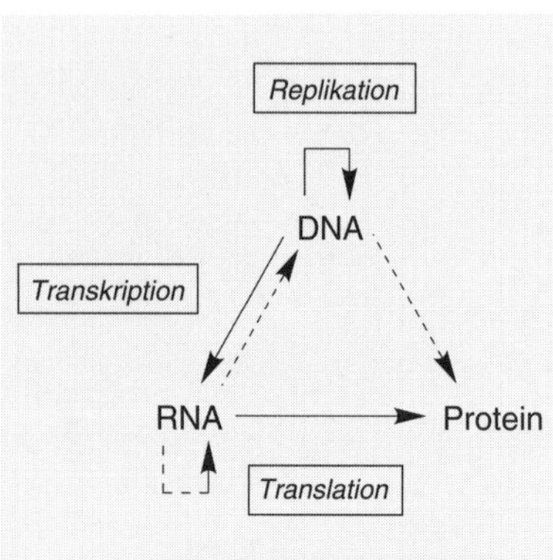

Fig. 16.6. *Schematische Darstellung des 'Zentralen Dogmas der Molekularbiologie'*

16.2. Zellulärer Informationstransfer

Replikation, Transkription und *Translation* sind diejenigen Prozesse, welche nach dem *Zentralen Dogma der Molekularbiologie* die in spezifischer Anordnung submolekularer Einheiten vorhandene syntaktische Information übertragen und/oder übernehmen. Supramolekulare Komplexe, welche durch Paarung strukturell komplementärer Nucleobasen zustande kommen, spielen bei der jeweiligen Informationsübertragung eine Schlüsselrolle.

16.2.1. Replikation

Als molekularer Informationsträger kommt an erster Stelle ein linear-konstituiertes Makromolekül mit wenigstens zwei verschiedenen Atom-Gruppierungen als *submolekulare Informationseinheiten* in Betracht. Falls die beiden submolekularen Informationseinheiten in etwa gleich häufig auftreten, vermag das molekulare Dualsystem Information zu speichern. Die spezifische Abfolge von gar vier Nucleobasen am Zuckerphosphat-Rückgrat einer Polynucleotid-Kette stellt als lesbare Sequenz submolekularer Informationseinheiten eine syntaktische Struktur dar.

Den molekularen Informationsträger in seiner syntaktischen Struktur zu verdoppeln (*replizieren*) gehört zu den Minimalforderungen an Systeme, die lebend genannt werden können. Allerdings darf die Replikation bei lebenden Systemen (oder bei solchen, die zu lebenden Systemen evolvieren) nicht völlig fehlerfrei sein. Fehlerfrei replizierende Systeme würden keine Variation erzeugen und würden dadurch keinen Ansatz für natürliche Selektion bieten (*Abschn. 16.1.2*). Fehler (*Mutationen*) bei der Replikation führen zu einer anderen Sequenz und damit zu einer veränderten syntaktischen Struktur, d.h. zu einem neuen Informationsangebot. Die kausale Folge: mannigfaltige Replikation → Mutation → Selektion → Evolution muß nach *Manfred Eigen* erfüllt sein, bevor nicht-lebende Systeme zu lebenden Systemen evolvieren können.

Mit der Struktur der doppelhelicalen DNA hatten *Watson* und *Crick* zugleich die daraus zu folgernde genetische Implikation erfaßt (*Fig. 7.30*). In ihrer zweiten Publikation (*Fig. 16.7*) wiesen die Autoren darauf hin, daß die Struktur der DNA die molekulare Matrize erkennen läßt, die für eine Synthese des jeweils komplementären Einzelstranges erforderlich ist und nach welcher zur Verwirklichung einer molekularen Replikation gesucht worden war.

Die genetische Information kann in der supramolekularen Funktionseinheit eines Duplexes erkannt (gelesen) werden. Das Duplex wird durch stabilisierende Wechselwirkungen zwischen den Nucleobasen zusammengehalten. Neben den horizontalen Wechselwirkungen zwischen Basen der beiden komplementären Einzelstränge, welche auf *H-Brücken* (s. *Kap. 15*) zurückzuführen sind, finden vertikale Wechselwirkungen zwischen benachbarten Basen ein und desselben Einzelstranges statt, welche auf *Stapelkräfte* (*stacking forces*) – und in wäßriger Lösung auf sogenannte *hydrophobe Kräfte* – zurückgeführt werden.

Unter Stapelkräften versteht man nicht-kovalente Wechselwirkungen zwischen parallel orientierten Nucleobasen. Inwieweit es sich hierbei um *(Elektronendonor/ Elektronenakzeptor)-Interaktionen* (also um stereoelektronische) oder um elektrostatische (also um elektronische) Wechselwirkungen handelt, ist ungeklärt. Und hinter dem Begriff 'hydrophobe Wechselwirkungen' verbirgt sich im wesentlichen die entropisch begünstigte Ausgrenzung von Wasser, hier aus dem Bereich der Nucleobasen.

Beide Einzelstränge eines DNA-Duplexes dienen bei der enzymatischen Polymerisation als Kopiermatrize. Am Einzelstrang mit *Sense*-Anordnung (*Kap. 7.3.1.2.1*) seiner Basen wird der zum neuen Duplex benötigte komplementäre Einzelstrang mit *Antisense*-Anordnung seiner Basen synthetisiert. Am ursprünglichen Einzelstrang mit *Antisense*-An-

No. 4361 May 30, 1953 NATURE

GENETICAL IMPLICATIONS OF THE STRUCTURE OF DEOXYRIBONUCLEIC ACID

By J. D. WATSON and F. H. C. CRICK

Medical Research Council Unit for the Study of the Molecular Structure of Biological Systems, Cavendish Laboratory, Cambridge

THE importance of deoxyribonucleic acid (DNA) within living cells is undisputed. It is found in all dividing cells, largely if not entirely in the nucleus, where it is an essential constituent of the chromosomes. Many lines of evidence indicate that it is the carrier of a part of (if not all) the genetic specificity of the chromosomes and thus of the gene itself.

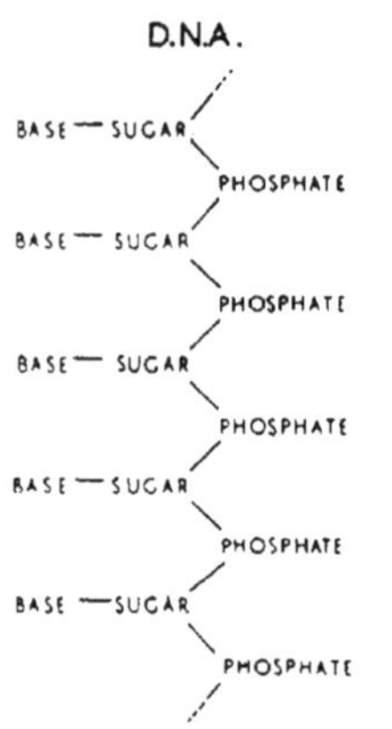

Fig. 1. Chemical formula of a single chain of deoxyribonucleic acid

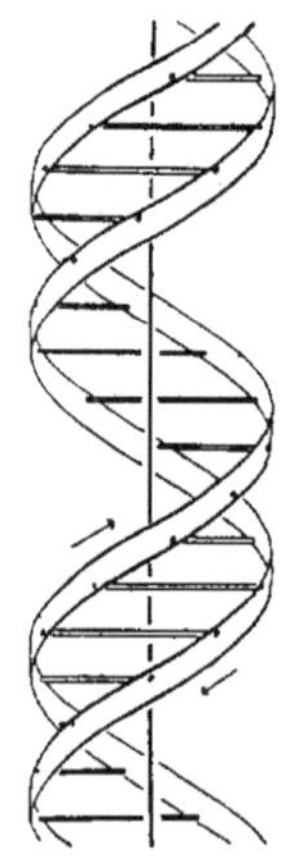

Fig. 2. This figure is purely diagrammatic. The two ribbons symbolize the two phosphate-sugar chains, and the horizontal rods the pairs of bases holding the chains together. The vertical line marks the fibre axis

Until now, however, no evidence has been presented to show how it might carry out the essential operation required of a genetic material, that of exact self-duplication.

We have recently proposed a structure[1] for the salt of deoxyribonucleic acid which, if correct, immediately suggests a mechanism for its self-duplication. X-ray evidence obtained by the workers at King's College, London[2], and presented at the same time, gives qualitative support to our structure and is incompatible with all previously proposed structures[3]. Though the structure will not be completely proved until a more extensive comparison has been made with the X-ray data, we now feel sufficient confidence in its general correctness to discuss its genetical implications. In doing so we are assuming that fibres of the salt of deoxyribonucleic acid are not artefacts arising in the method of preparation, since it has been shown by Wilkins and his co-workers that similar X-ray patterns are obtained from both the isolated fibres and certain intact biological materials such as sperm head and bacteriophage particles[2,4].

The chemical formula of deoxyribonucleic acid is now well established. The molecule is a very long chain, the backbone of which consists of a regular alternation of sugar and phosphate groups, as shown in Fig. 1. To each sugar is attached a nitrogenous base, which can be of four different types. (We have considered 5-methyl cytosine to be equivalent to cytosine, since either can fit equally well into our structure.) Two of the possible bases—adenine and guanine—are purines, and the other two—thymine and cytosine—are pyrimidines. So far as is known, the sequence of bases along the chain is irregular. The monomer unit, consisting of phosphate, sugar and base, is known as a nucleotide.

The first feature of our structure which is of biological interest is that it consists not of one chain, but of two. These two chains are both coiled around a common fibre axis, as is shown diagrammatically in Fig. 2. It has often been assumed that since there was only one chain in the chemical formula there would only be one in the structural unit. However, the density, taken with the X-ray evidence[2], suggests very strongly that there are two.

The other biologically important feature is the manner in which the two chains are held together. This is done by hydrogen bonds between the bases, as shown schematically in Fig. 3. The bases are joined together in pairs, a single base from one chain being hydrogen-bonded to a single base from the other. The important point is that only certain pairs of bases will fit into the structure. One member of a pair must be a purine and the other a pyrimidine in order to bridge between the two chains. If a pair consisted of two purines, for example, there would not be room for it.

We believe that the bases will be present almost entirely in their most probable tautomeric forms. If this is true, the conditions for forming hydrogen bonds are more restrictive, and the only pairs of bases possible are:

adenine with thymine;
guanine with cytosine.

The way in which these are joined together is shown in Figs. 4 and 5. A given pair can be either way round. Adenine, for example, can occur on either chain; but when it does, its partner on the other chain must always be thymine.

This pairing is strongly supported by the recent analytical results[5], which show that for all sources of deoxyribonucleic acid examined the amount of adenine is close to the amount of thymine, and the amount of guanine close to the amount of cytosine, although the cross-ratio (the ratio of adenine to guanine) can vary from one source to another. Indeed, if the sequence of bases on one chain is irregular, it is difficult to explain these analytical results except by the sort of pairing we have suggested.

The phosphate-sugar backbone of our model is completely regular, but any sequence of the pairs of bases can fit into the structure. It follows that in a long molecule many different permutations are possible, and it therefore seems likely that the precise

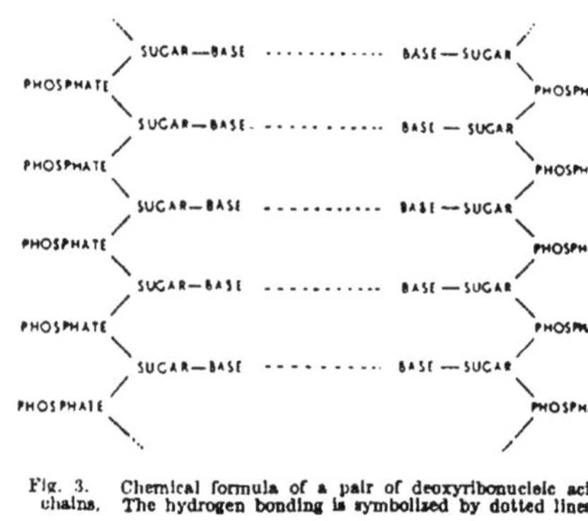

Fig. 3. Chemical formula of a pair of deoxyribonucleic acid chains. The hydrogen bonding is symbolized by dotted lines

Fig. 16.7. *Zweite Original-Publikation von* J. D. Watson *und* F. H. C. Crick *in* Nature **1953**

NATURE May 30, 1953 VOL. 171

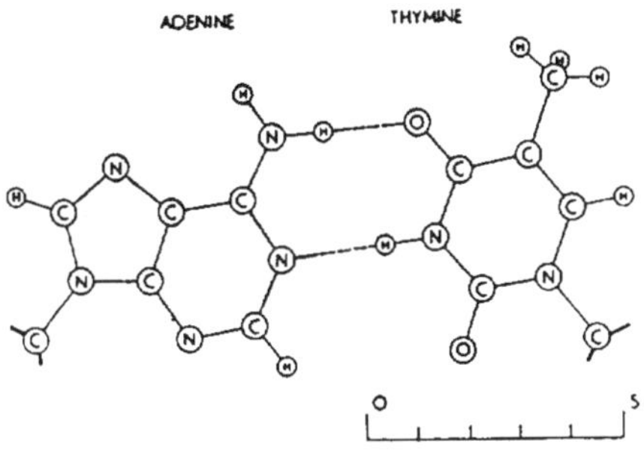

Fig. 4. Pairing of adenine and thymine. Hydrogen bonds are shown dotted. One carbon atom of each sugar is shown

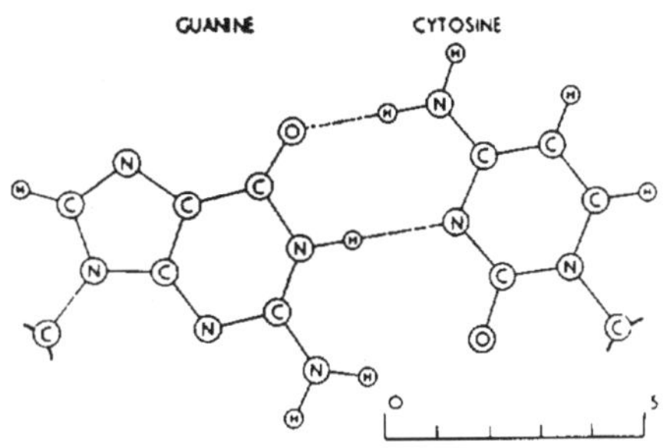

Fig. 5. Pairing of guanine and cytosine. Hydrogen bonds are shown dotted. One carbon atom of each sugar is shown

sequence of the bases is the code which carries the genetical information. If the actual order of the bases on one of the pair of chains were given, one could write down the exact order of the bases on the other one, because of the specific pairing. Thus one chain is, as it were, the complement of the other, and it is this feature which suggests how the deoxyribonucleic acid molecule might duplicate itself.

Previous discussions of self-duplication have usually involved the concept of a template, or mould. Either the template was supposed to copy itself directly or it was to produce a 'negative', which in its turn was to act as a template and produce the original 'positive' once again. In no case has it been explained in detail how it would do this in terms of atoms and molecules.

Now our model for deoxyribonucleic acid is, in effect, a *pair* of templates, each of which is complementary to the other. We imagine that prior to duplication the hydrogen bonds are broken, and the two chains unwind and separate. Each chain then acts as a template for the formation on to itself of a new companion chain, so that eventually we shall have *two* pairs of chains, where we only had one before. Moreover, the sequence of the pairs of bases will have been duplicated exactly.

A study of our model suggests that this duplication could be done most simply if the single chain (or the relevant portion of it) takes up the helical configuration. We imagine that at this stage in the life of the cell, free nucleotides, strictly polynucleotide precursors, are available in quantity. From time to time the base of a free nucleotide will join up by hydrogen bonds to one of the bases on the chain already formed. We now postulate that the polymerization of these monomers to form a new chain is only possible if the resulting chain can form the proposed structure. This is plausible, because steric reasons would not allow nucleotides 'crystallized' on to the first chain to approach one another in such a way that they could be joined together into a new chain, unless they were those nucleotides which were necessary to form our structure. Whether a special enzyme is required to carry out the polymerization, or whether the single helical chain already formed acts effectively as an enzyme, remains to be seen.

Since the two chains in our model are intertwined, it is essential for them to untwist if they are to separate. As they make one complete turn around each other in 34 A., there will be about 150 turns per million molecular weight, so that whatever the precise structure of the chromosome a considerable amount of uncoiling would be necessary. It is well known from microscopic observation that much coiling and uncoiling occurs during mitosis, and though this is on a much larger scale it probably reflects similar processes on a molecular level. Although it is difficult at the moment to see how these processes occur without everything getting tangled, we do not feel that this objection will be insuperable.

Our structure, as described[1], is an open one. There is room between the pair of polynucleotide chains (see Fig. 2) for a polypeptide chain to wind around the same helical axis. It may be significant that the distance between adjacent phosphorus atoms, 7·1 A., is close to the repeat of a fully extended polypeptide chain. We think it probable that in the sperm head, and in artificial nucleoproteins, the polypeptide chain occupies this position. The relative weakness of the second layer-line in the published X-ray pictures[3a,4] is crudely compatible with such an idea. The function of the protein might well be to control the coiling and uncoiling, to assist in holding a single polynucleotide chain in a helical configuration, or some other non-specific function.

Our model suggests possible explanations for a number of other phenomena. For example, spontaneous mutation may be due to a base occasionally occurring in one of its less likely tautomeric forms. Again, the pairing between homologous chromosomes at meiosis may depend on pairing between specific bases. We shall discuss these ideas in detail elsewhere.

For the moment, the general scheme we have proposed for the reproduction of deoxyribonucleic acid must be regarded as speculative. Even if it is correct, it is clear from what we have said that much remains to be discovered before the picture of genetic duplication can be described in detail. What are the polynucleotide precursors? What makes the pair of chains unwind and separate? What is the precise role of the protein? Is the chromosome one long pair of deoxyribonucleic acid chains, or does it consist of patches of the acid joined together by protein?

Despite these uncertainties we feel that our proposed structure for deoxyribonucleic acid may help to solve one of the fundamental biological problems—the molecular basis of the template needed for genetic replication. The hypothesis we are suggesting is that the template is the pattern of bases formed by one chain of the deoxyribonucleic acid and that the gene contains a complementary pair of such templates.

One of us (J. D. W.) has been aided by a fellowship from the National Foundation for Infantile Paralysis (U.S.A.).

[1] Watson, J. D., and Crick, F. H. C., *Nature*, 171, 737 (1953).
[2] Wilkins, M. H. F., Stokes, A. R., and Wilson, H. R., *Nature*, 171, 738 (1953). Franklin, R. E., and Gosling, R. G., *Nature*, 171, 740 (1953).
[3] (*a*) Astbury, W. T., Symp. No. 1 Soc. Exp. Biol., 66 (1947). (*b*) Furberg, S., *Acta Chem. Scand.*, 6, 634 (1952). (*c*) Pauling, L., and Corey, R. B., *Nature*, 171, 346 (1953); *Proc. U.S. Nat. Acad. Sci.*, 39, 84 (1953). (*d*) Fraser, R. D. B. (in preparation).
[4] Wilkins, M. H. F., and Randall, J. T., *Biochim. et Biophys. Acta*, 10, 192 (1953).
[5] Chargaff, E., for references see Zamenhof, S., Brawerman, G., and Chargaff, E., *Biochim. et Biophys. Acta*, 9, 402 (1952). Wyatt, G. R., *J. Gen. Physiol.*, 36, 201 (1952).

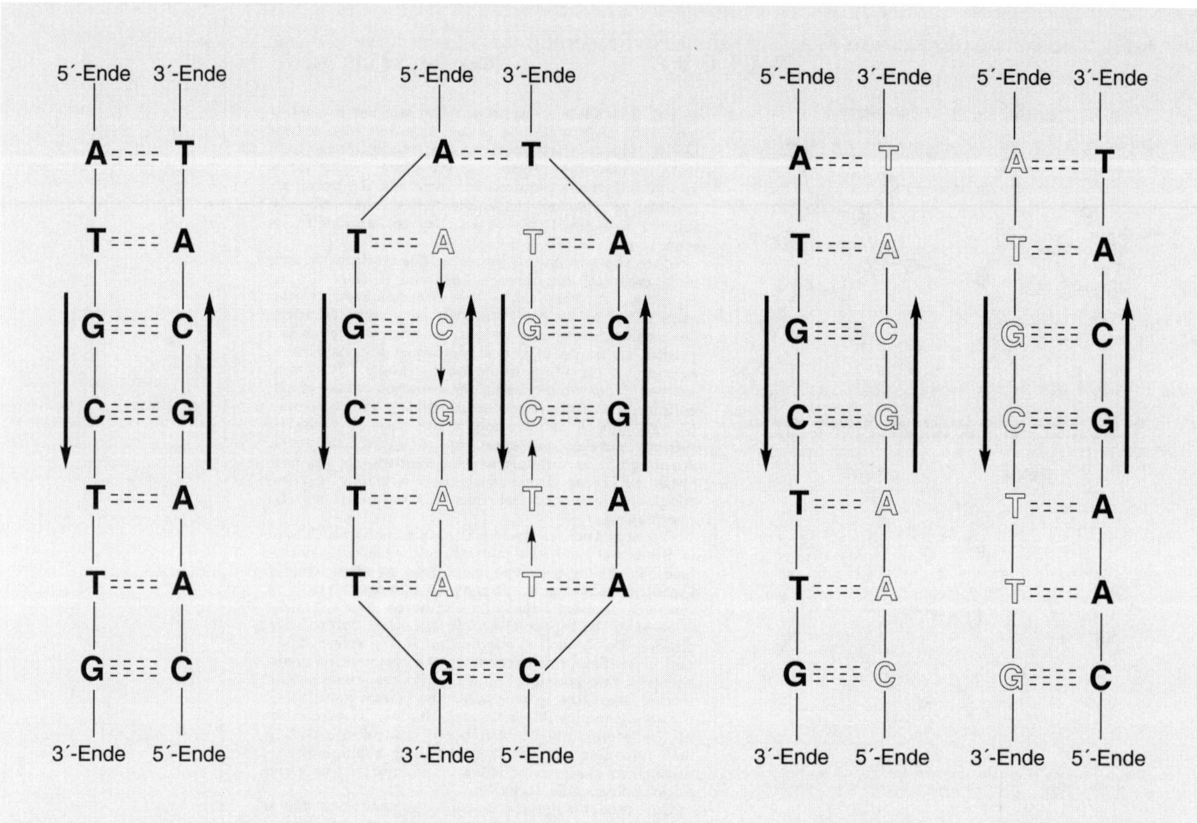

Fig. 16.8. *Schematische Darstellung der semikonservativen DNA-Replikation mit Kennzeichnung von Kopiermatrize* (mit fetten Buchstaben) *und Synthese-Strang* (mit mageren Buchstaben)

ordnung seiner Basen wird der neue Einzelstrang mit *Sense*-Anordnung seiner Basen synthetisiert. Die beiden als Endprodukte einer Replikationsrunde entstandenen Tochterduplexe enthalten jeweils einen elterlichen und einen neu synthetisierten Einzelstrang (*Fig. 16.8*): man sagt, die Replikation sei *semikonservativ*.

Wie *Arthur Kornberg*, der dafür den *Nobel*-Preis für Physiologie oder Medizin des Jahres 1959 erhielt, gefunden hat, geschieht die Synthese eines DNA-Einzelstranges enzymatisch unter Mitwirkung von *DNA-Polymerasen*. DNA-Polymerasen können den zu synthetisierenden Einzelstrang stets nur in (5′ → 3′)-Richtung wachsen lassen, weil die als Bausteine fungierenden 2′-Deoxyribonucleoside jeweils in 5′-Stellung Triphosphat-Einheiten aufweisen. Demzufolge muß die Synthese an beiden Einzelsträngen des ursprünglichen Duplexes unterschiedlich ablaufen. Tatsächlich geschieht die Vorwärtsreplikation nur am 'führenden' Einzelstrang (*leading strand*) in kontinuierlicher Weise. Am 'nachhinkenden' Einzelstrang (*lagging strand*) findet eine Rückwärtsreplikation von Einzelstrang-Stücken statt, die dann später (durch *Ligasen*) miteinander verknüpft werden: man sagt, die Replikation sei *semidiskontinuierlich*.

Die Replikation findet nur dann statt, wenn eine Nucleinsäure-Matrize, ein Starthelfer (*Primer*), aktivierte Bausteine (in Form von 2′-Deoxynucleosid-5′-triphosphaten) sowie mindestens eine DNA-Polymerase und eine ganze Reihe von DNA-bindenden Proteinen vorliegen. Eine DNA-Polymerase aus Bakterien ist imstande, animalische DNA zu synthetisieren, wie eine animalische DNA-Polymerase imstande ist, bakterielle DNA zu synthetisieren. Die Information über die Sequenz der zu synthetisierenden DNA ist allein in der Matrize enthalten. Keine DNA-Polymerase kann das Startzeichen zur Kettenpolymerisation geben. Das Startzeichen zur Synthese kommt vom Primer (in der Regel eine kurze RNA-Kette). Der Primer für die DNA-Synthese hat die Aufgabe, durch Basenpaarung mit der Matrize den Grundstock einer supramolekularen Synthese-Maschinerie zu bilden. Die Kettenpolymerisation läuft als *quasi*-intramolekularer Prozeß ab, und die Kettenverlängerung kommt durch einen nucleophilen Angriff der 3′-OH-Gruppe des Primers auf das P(α)-Atom des in Betracht kommenden Nucleosidtriphosphat-Bausteins in Gang (*Fig. 16.9*).

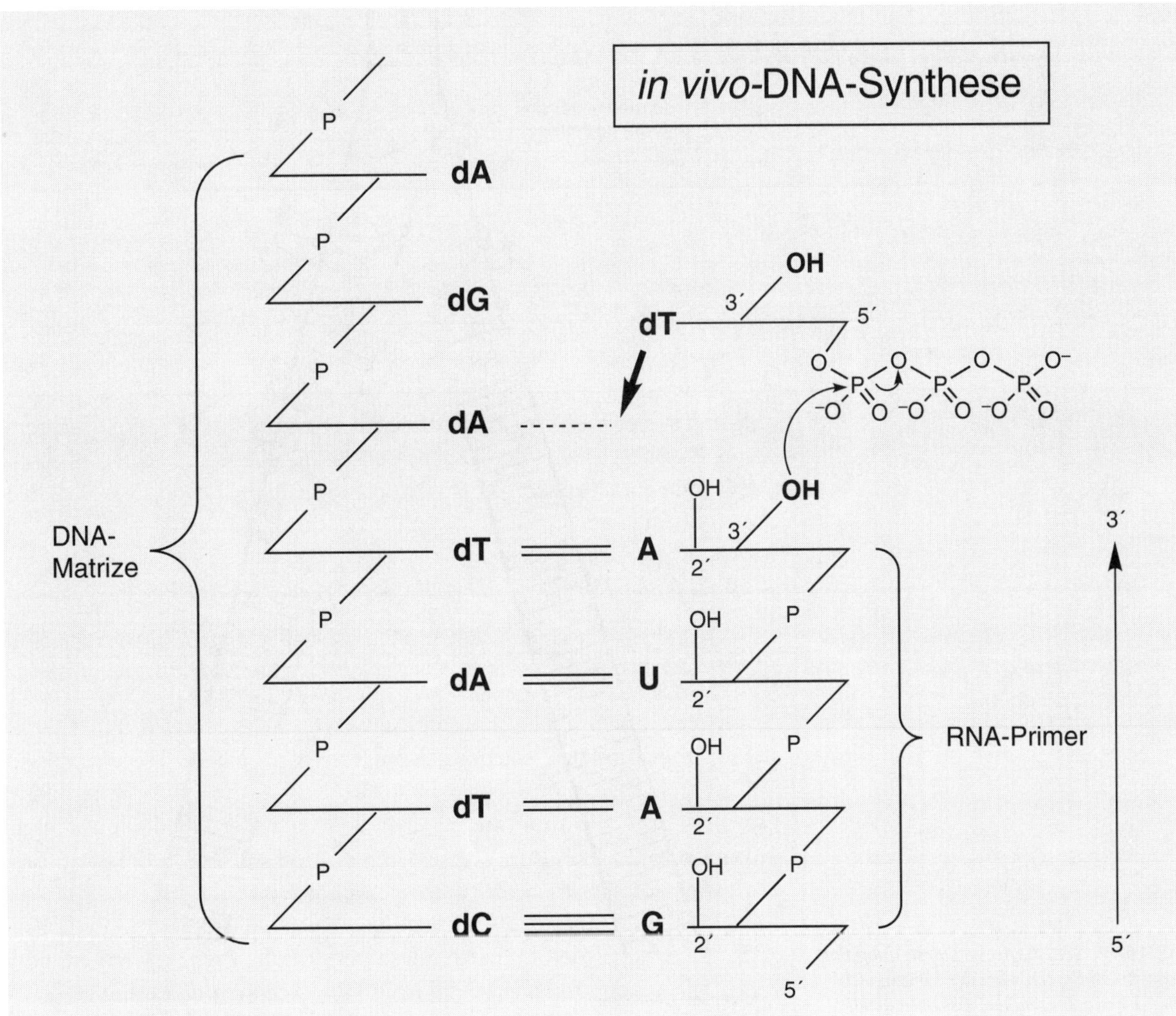

Fig. 16.9. *Kettenwachstum in (5′ → 3′)-Richtung bei der Replikation an einer DNA-Matrize*

Mit dem Erkennen der Rolle, welche die *Watson-Crick*-Basenpaarung für die semikonservativen Replikationen spielt, ist das biologische Problem, wie genetische Information für die lange Zeit der Generationenfolge von Zelle zu Zelle weitergegeben wird, im Grunde gelöst, so komplex das nur teilweise verstandene chemische Geschehen der Replikation in Wirklichkeit auch ist (*Fig. 16.10*).

Die Detail-Kenntnis der enzymatischen DNA-Replikation kommt nicht nur dem Verständnis zugute, wie genetische Information *in vivo* weitergegeben wird, sondern wird in einem *in vitro*-Verfahren, welches

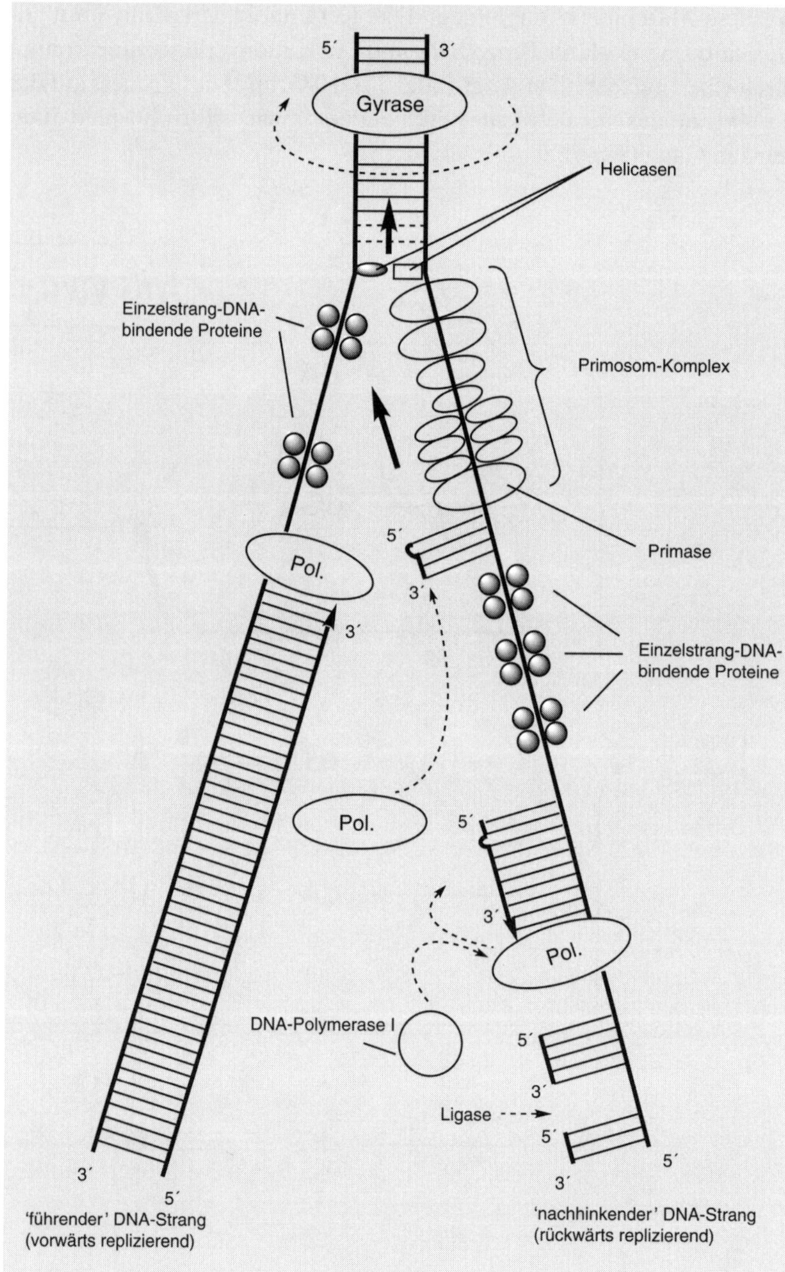

Fig. 16.10. *Schematische Darstellung des komplexen Systems bei der kontinuierlichen Vorwärts- und der diskontinuierlichen Rückwärtsreplikation*
(Pol. = Polymerase)

unter dem Namen *Polymerase-Kettenreaktion* (*polymerase chain reaction;* PCR) bekannt geworden ist, vielfältig ausgenutzt. Durch PCR kann ein bestimmtes DNA-Fragment, das sich z.B. in einem heterogenen DNA-Gemisch befindet, innerhalb weniger Stunden millionenfach angereichert werden, so daß eine Handhabung der synthetisierten DNA-Probe durch gängige Laboratoriumsmethoden ermöglicht wird. *Kary B. Mullis,* der dieses Verfahren der spezifischen *in vitro*-Synthese von DNA entwickelte, wurde dafür 1993 mit dem *Nobel*-Preis für Chemie ausgezeichnet. DNA-Polymerase, die zur enzymatischen Synthese durch PCR benötigt wird, war bereits vier Jahre zuvor von der Zeitschrift *Science* als 'Molekül des Jahres' hervorgehoben worden. Zur exponentiellen Vervielfachung eines Abschnitts aus einem DNA-Duplex müssen die Sequenzfolgen zu beiden Seiten des Zielsequenz-Paares genau bekannt sein, damit die beiden Oligodeoxynucleotide, die dort als Primer P_1 und P_2 hybridisieren sollen, gezielt durch chemische Synthese zugänglich gemacht werden können. Als Produkt molekularer Vervielfachung erhält man schließlich diskrete DNA-Duplexe mit solchen 5′-Enden, welche denjenigen der als Primer eingesetzten Oligodeoxynucleotide entsprechen. Die PCR folgt dem in *Fig. 16.11* skizzierten Procedere:

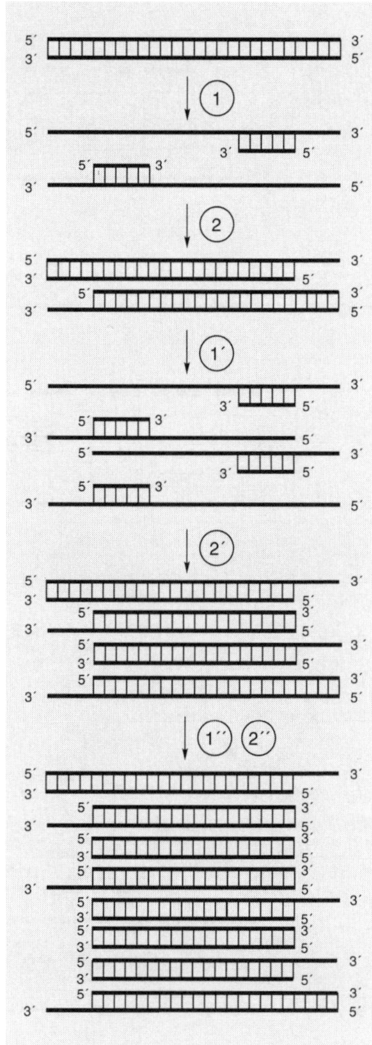

Fig. 16.11. *Schematische Darstellung dreier Vervielfachungscyclen mit Verachtfachung des anvisierten Sequenzbereichs vom ursprünglichen Duplex*

Ein DNA-Duplex, welcher die zu vermehrende Zielsequenz enthält, wird in Gegenwart von P_1 und P_2 (20–24mer), der vier Synthese-Bausteine dpppT, dpppC, dpppA und dpppG sowie einer hitzebeständigen DNA-Polymerase (Taq-DNA-Polymerase des thermophilen Bakteriums *Thermophilus aquaticus*) durch kurzfristiges Erhitzen denaturiert. Nachdem sich die beiden Primer P_1 und P_2 an den jeweiligen Einzelstrang anhybridisiert haben, werden die zustande gekommenen Doppelstrang-Stücke zum vollen Duplex verlängert. Ein derartiger Cyclus, aus *1*) Doppelstrang-Dissoziation und Hybridisierung der beiden Einzelstränge mit dem entsprechenden Primer sowie *2*) enzymatischer Kettenverlängerung des jeweiligen Primers an der komplementären DNA-Matrize, wird solange wiederholt, bis eine hinreichende Menge an gewünschtem DNA-Duplex vorliegt. Theoretisch findet nach 20 Cyclen eine Vervielfachung um das Millionenfache, nach 30 Cyclen um das Milliardenfache statt.

Läßt sich die matrizengesteuerte Replikation von Nucleinsäuren, die unter Mitwirkung geeigneter Polymerasen *in vivo* oder *in vitro* stattfindet, in Abwesenheit von Enzymen simulieren? Als Replikanden kommen nicht nur DNA-, sondern wegen der möglichen Existenz einer vergangenen RNA-Welt (*Kap. 7.3.1.1.2*) gerade auch RNA-Einzelstränge in Betracht. Ein Oligonucleotid-Einzelstrang vermag als Matrize komplementäre Nucleotid-Monomere zu komplexieren (*Fig. 16.12*). Falls der Komplex stabil genug ist (unterhalb der 'Schmelztemperatur' des entsprechenden Duplexes) und die Nucleotid-Monomeren so zueinander orientiert sind, daß die 5′-Triphosphat-Gruppierung des einen durch die 2′(3′)-OH-Gruppe des benachbarten Monomeren nucleophil angegriffen werden kann (vgl. *Fig. 16.9*), sind die Minimalvoraussetzungen zur matrizengesteuerten Synthese eines komplementären Einzelstranges erfüllt.

Es fällt auf, daß Mitteilungen über experimentelle Untersuchungen zur chemischen Replikation neuerdings mit einer auf Publikumswirksamkeit gerichteten Art und Weise gemacht werden, deren große Worte

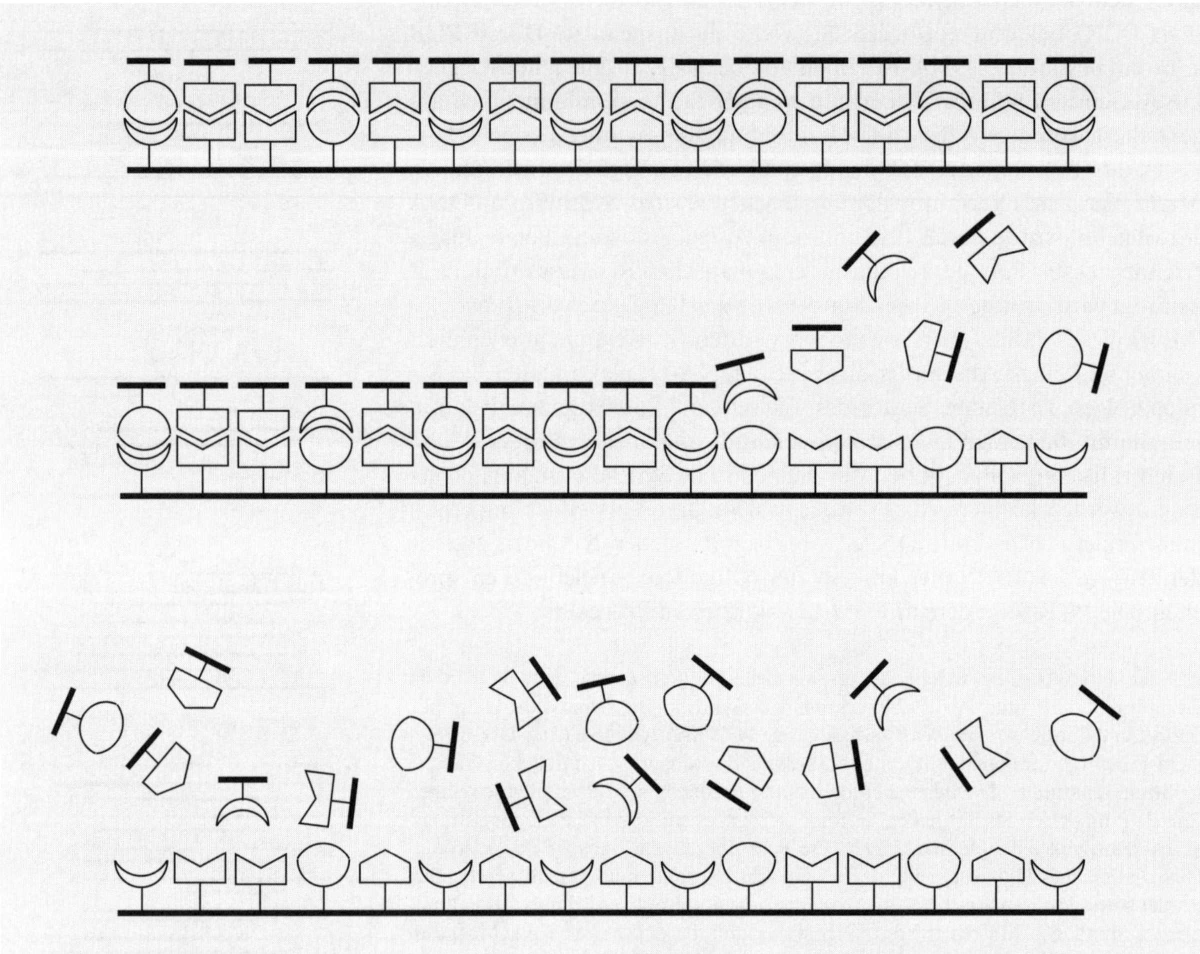

Fig. 16.12. *Schematische Darstellung der Bindung von Nucleotid-Bausteinen durch Basenpaarung an einer Oligonucleotid-Matrize*

durch das, was sie vorzuweisen haben, nicht gedeckt sind. Die seit Jahrzehnten im Gang befindlichen Pionierarbeiten von *Leslie E. Orgel* zur molekularen Replikation sind dagegen ein Musterbeispiel wissenschaftlichen Vorgehens und stellen eine der wohltuenden Ausnahmen im derzeitigen Spektakel zum 'Ursprung des Lebens' dar. Sie nennen Randbedingungen, die erfüllt sein müssen, damit eine matrizengesteuerte Polymerisation überhaupt beobachtet, und vermitteln den Eindruck, daß nicht-enzymatische Replikationen bei entsprechend aktivierten Mono- und Oligonucleotiden nur in Einzelfällen erhofft werden können.

Durch nachvollziehbare Experimente herauszufinden, wie es in der *präbiotischen Phase* der Evolution zum Struktur-Typ der Nucleinsäuren gekommen sein könnte, und wahrscheinlich zu machen, wie es tatsächlich geschah, ist eine an den synthetischen Chemiker gerichtete Forderung. In *Aspekte der Organischen Chemie,* Band 3: *Synthese* werden wir auf die synthetischen Bemühungen zur Annäherung an eine RNA- und Prä-RNA-Welt näher eingehen.

16.2.2. Translation

In einer vorangegangenen RNA-Welt ohne codierte Protein-Synthese mußten Informationsspeicherung, Informationsübertragung sowie Informationsbefolgung durch einen funktionierenden Stoffwechsel noch sämtlich von RNA-Molekülen wahrgenommen werden. In der heutigen Lebenswelt, in welcher im wesentlichen DNA als Informationsspeicher und Proteine als Funktionsmittler wirken, sind RNA-Moleküle nicht nur noch vorhanden, sondern vor allem bei der Protein-Synthese auch maßgeblich beteiligt. Darüber hinaus gibt es genügend RNA-Aktivitäten, die eine alte Tradition fortsetzen: DNA-Replikation setzt die Mitwirkung von RNA-Primern voraus, Retroviren haben ein RNA-Genom, Ribozyme wirken katalytisch als Ribonucleasen bzw. Polymerasen, und schließlich entstehen 2′-Deoxyribonucleotide unter Mitwirkung von Ribonucleotid-Reduktasen aus Ribonucleotiden – und nicht Ribonucleotide aus 2′-Deoxyribonucleotiden (*Kap. 7.3.1.1.2*).

Die Biosynthese der Proteine ist das Zentralgeschehen der molekularen Biologie. Sie findet in den *Ribosomen* (aus Ribonucleoproteinen bestehenden Zellpartikeln) statt. Hier wird die syntaktische Struktur von

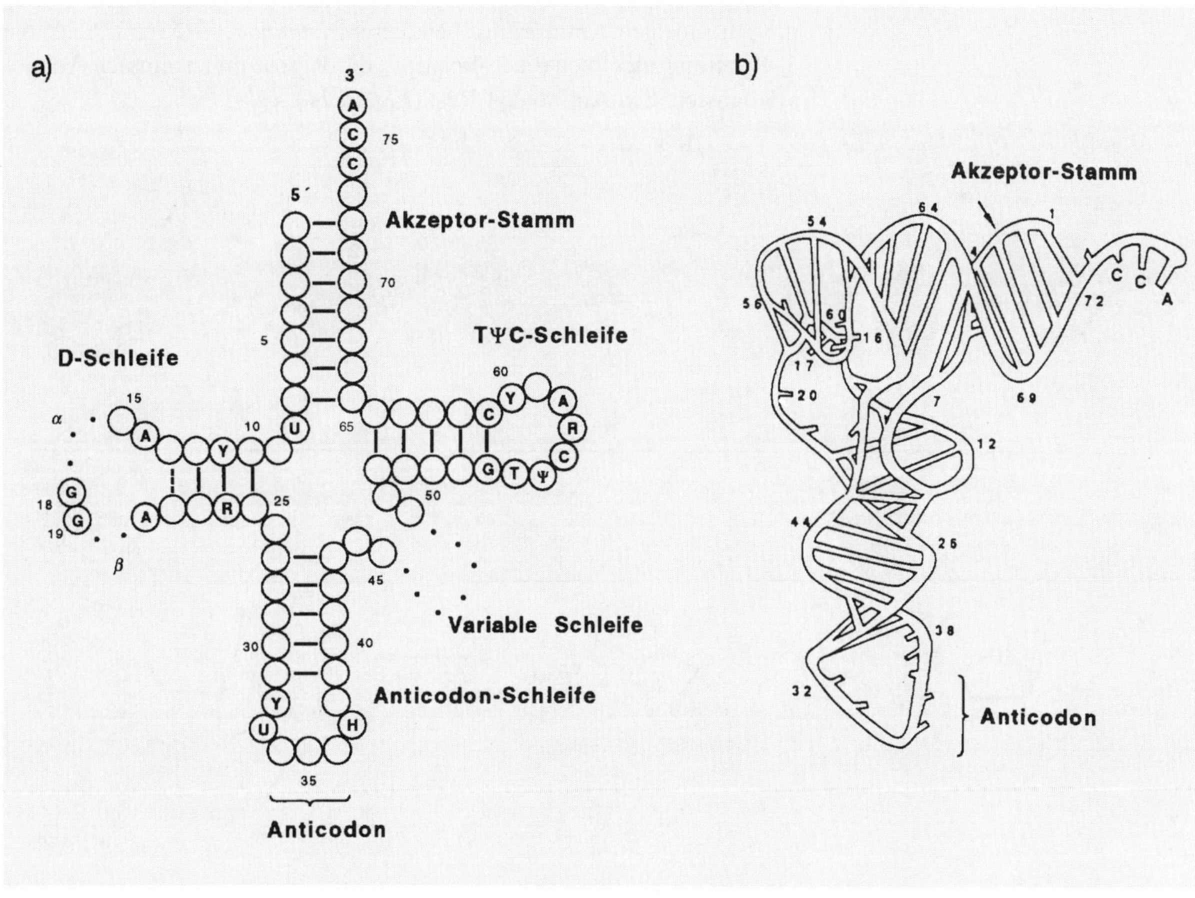

Fig. 16.13. *Zweidimensionale* (a) *bzw. dreidimensionale* (b) *Darstellung der Struktur einer tRNA*

RNA in die syntaktische Struktur von Proteinen übersetzt. Die codierte Übersetzung von einem Struktur-Typ in einen anderen ist erwartungsgemäß aufwendiger als die Verdopplung von Molekülen desselben Struktur-Typs.

Nach einer von *Crick* entwickelten Hypothese sollten 20 oligonucleotidische 'Adaptoren' mit Hilfe von 20 Enzymen spezifisch mit einer der 20 proteinogenen Aminosäuren verknüpft werden. Nach diesem Szenario würde jedes dieser Enzyme eine ganz bestimmte Aminosäure an den dafür in Frage kommenden Adaptor binden.

Die Adaptor-Hypothese konnte bestätigt werden. Der Adaptor erwies sich als ein relativ kurzer RNA-Strang mit jeweils 73 bis 93 Nucleotid-Resten (*Transfer-RNA*, kurz: tRNA). Seine (zweidimensionale) Sekundärstruktur erinnert an ein Kleeblatt (*Fig. 16.13,a*), seine (dreidimensionale) Tertiärstruktur zeigt eine charakteristische L-Faltung (*Fig. 16.13,b*).

Auffällig ist die enge räumliche Beziehung zwischen der TψC- und der D-Schleife. Die Stiele zwischen den einzelnen Blättern bestehen aus doppelhelicalen Basenpaar-Abschnitten vom Typ eines A-DNA-Duplexes (*Fig. 7.36*).

Am 3'-Ende einer tRNA findet sich stets die posttranskriptional angebrachte (Cytidyl-cytidyl-adenosin)-Sequenz. In der tRNA, die mit der zugehörigen Aminosäure beladen ist (*Aminoacyl-tRNA*), trägt die 3'-Position (oder auch die 2'-Position) der Ribose im terminalen Adenosyl-Baustein den Aminoacyl-Rest (*Fig. 16.14*).

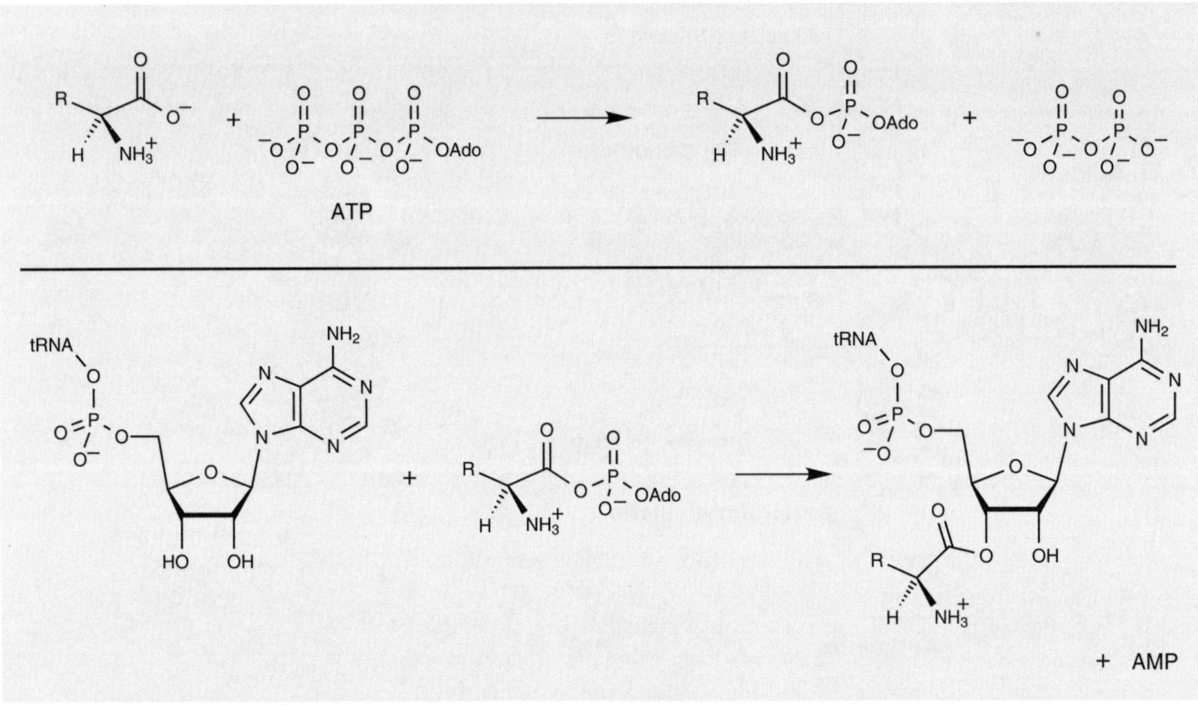

Fig. 16.14. *Aminoacylierung einer tRNA durch Aminoacyl-tRNA-Synthetasen*

Die Aminoacylierung einer tRNA geschieht in zwei Schritten. Im ersten Schritt setzt sich die betreffende Aminosäure mit Adenosintriphosphat (ATP) zur aktivierten Aminoacyladenylsäure um. Im zweiten Schritt findet eine Übertragung des Aminoacyl-Restes auf das terminale Nucleotid der tRNA statt. Beide Prozesse werden von der jeweiligen Aminoacyl-tRNA-Synthetase katalysiert. Die Aminoacyl-tRNA-Synthetase wandelt also *ihre* Aminosäure in eine *aktivierte Aminosäure* um und kann dabei hochselektiv z.B. zwischen *Phe* und *Tyr*, *Asn* und *Asp*, *Cys* und *His* oder *Lys* und *Trp* unterscheiden. Es stellte sich heraus, daß auf jede Aminosäure eine ganz bestimmte Aminoacyl-tRNA-Synthetase und entweder eine einzige tRNA oder ein Satz verschiedener tRNAs kommt.

Die Nucleoside des Anticodons und des weit davon entfernten Akzeptor-Stamms (*Fig. 16.13*) bestimmen im allgemeinen Fall, ob eine tRNA durch eine Aminoacyl-tRNA-Synthetase erkannt werden kann. Im Einzelfall ist das Gewicht der beiden tRNA-Abschnitte für die zu beobachtende Erkennungsspezifität sehr unterschiedlich. Kristallstruktur-Analyse von Übermolekülen aus einer Aminoacyl-tRNA-Synthetase und einer Aminoacyl-tRNA mit Hilfe von *Röntgen*-Strahlen werden Aufschluß über die strukturellen Ursachen für die Erkennungsspezifität geben. Es würde nicht überraschen, wenn sämtliche Fälle untersucht werden müssen, da für den Einzelfall charakteristische Konformationsänderungen während der Komplex-Bildung bei beiden Komponenten eintreten können.

Die mit *ihrer* Aminosäure spezifisch beladene tRNA kann durch Basenpaarung erkennen, wann sie als komplementärer 'Baustein-Lieferant' während der matrizengesteuerten Protein-Synthese an die Reihe kommt. Sie wird von der Matrizen-RNA, die folgerichtig als *Boten-RNA* (*messenger RNA,* kurz: mRNA) bezeichnet wird, darüber informiert. Das Akronym mRNA deutet auf die Funktion dieses RNA-Typs hin: Die Protein-Synthese findet bei Eukaryoten (also in Zellen, die über einen Kern verfügen) im Cytoplasma an Ribosomen statt. Da die genetische Information in der DNA des Zellkerns gespeichert ist, muß sie von einem Boten, eben der mRNA, zu den Ribosomen überbracht werden. Ein Ribosom ist eine strukturell und funktionell höchst komplexe Synthese-Maschine: Um einen Kern aus *ribosomalen Ribonucleinsäuren* (rRNAs) scharen sich etwa 50 Proteine. Ein Ribosom koppelt sich an einen mRNA-Einzelstrang, fährt der Länge nach die mRNA-Kette entlang und bewirkt hierbei die Basenkopplung zwischen der mRNA und einer beladenen tRNA. Die Informationsübertragung von der mRNA auf die beladene tRNA geschieht durch *(Codon/Anticodon)-Wechselwirkung* (*Fig. 16.15*).

Die (Codon/Anticodon)-Wechselwirkung kommt durch Basenpaarung zustande. Sie verwirklicht jeweils einen Einzelfall aus einer kombinatorischen Vielfalt. Jeder der 20 (bzw. 21; *vide infra*) proteinogenen Aminosäuren steht eine (oder stehen mehrere) Nucleosid-Sequenzen gegenüber. Üblicherweise werden bei der Beschreibung von Codon-Tripletts die Symbole für Phosphorsäure-Reste weggelassen und ($3' \rightarrow 5'$)-Verknüpfungen der von links nach rechts angeordneten Nucleotide angenommen (*Kap. 10.5.2*). Das 'Wörterbuch', das angibt, welche Kombinationen des 'Vierbuchstaben-Alphabets' welcher Aminosäure ent-

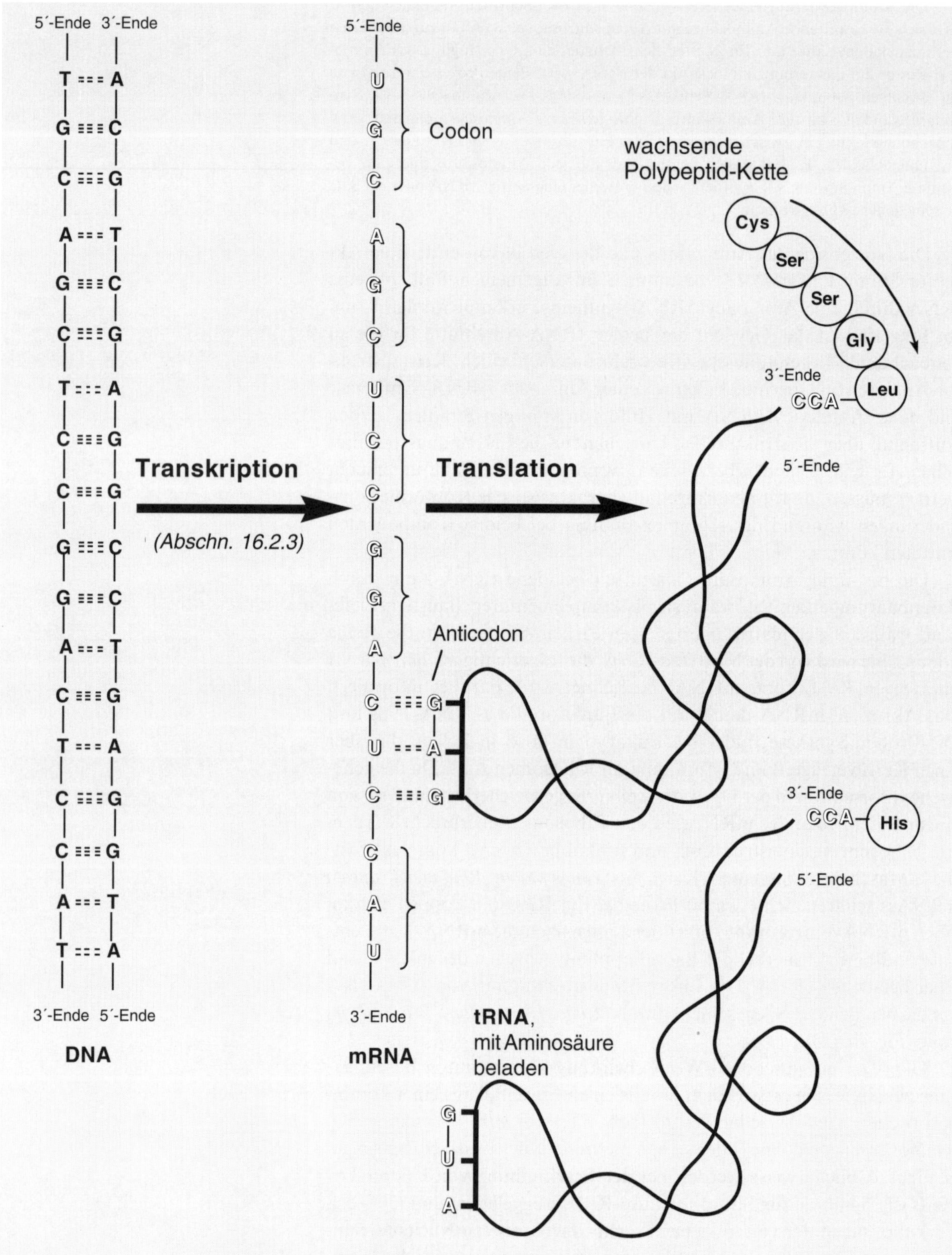

Fig. 16.15. *Informationsübertragung von der DNA über die mRNA auf die beladene tRNA*

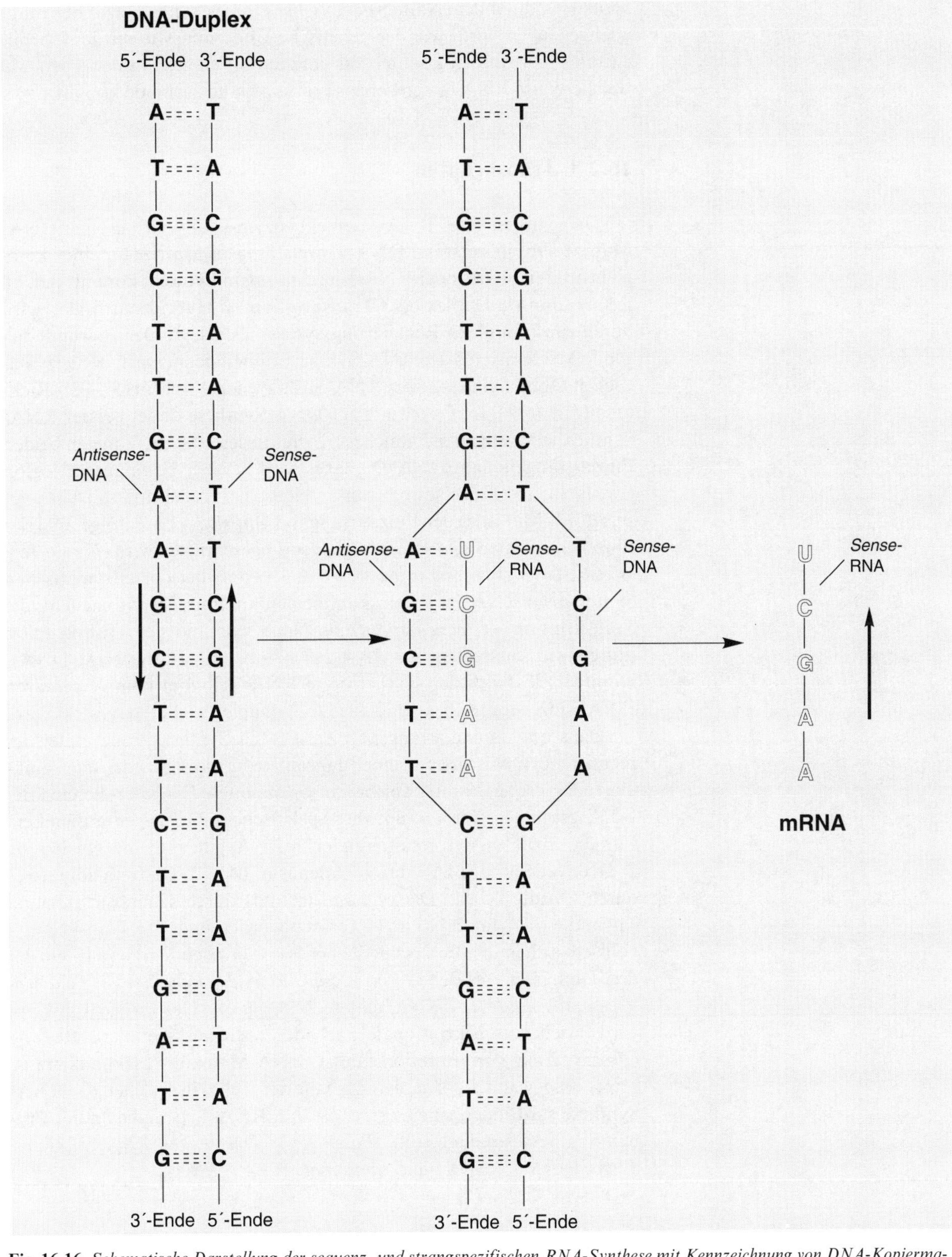

Fig. 16.16. *Schematische Darstellung der sequenz- und strangspezifischen RNA-Synthese mit Kennzeichnung von DNA-Kopiermatrize* (fette Buchstaben) *und mRNA-Synthese-Strang* (magere Buchstaben)

spricht, ist unter dem Namen *genetischer Code* bekannt. Bevor der Frage nachgegangen wird, wie der genetische Code mit Mitteln der Chemie entschlüsselt werden konnte, soll kurz darauf eingegangen werden, auf welche Weise RNA in der Lebenswelt von heute zustande kommt.

16.2.3. Transkription

Die Synthese einer RNA geschieht enzym-katalysiert an einer DNA-Matrize. Ob ein separater DNA-Einzelstrang als Matrize für einen komplementären DNA- oder RNA-Einzelstrang in Betracht kommt, d.h. ob Replikation *via* Duplex oder Transkription *via* Hybrid stattfindet, wird durch ein komplexes Regulierungssystem festgelegt. Der zugrunde liegende Mechanismus der RNA-Synthese ähnelt demjenigen der enzymatischen DNA-Synthese. Der RNA-Strang wächst stets in $(5' \rightarrow 3')$-Richtung (*Fig. 16.9*). Im Gegensatz zur DNA-Synthese findet bei der RNA-Synthese ein weniger gründliches 'Korrekturlesen' statt. Von den beiden Einzelsträngen eines DNA-Duplexes wird in einer bestimmten Region jeweils nur ein Einzelstrang transkribiert: die Transkription ist *strangspezifisch*. Mal ist es der Einzelstrang mit *Antisense*-Basenfolge, mal der Einzelstrang mit *Sense*-Basenfolge, der umgeschrieben wird (*Fig. 16.16*). *Watson-Crick*-Basenpaarung sorgt dafür, daß bei der enzymatischen Synthese der RNA der jeweils komplementäre Einzelstrang entsteht: die Transkription ist *sequenzspezifisch*. Noch während der Transkription (durch die entsprechende *RNA-Polymerase* im (Polymerase/DNA)-Komplex) löst sich der synthetisierte RNA-Teil vom komplementären DNA-Einzelstrang ab, so daß das DNA-Duplex wieder hergestellt wird.

Die sequenz- und strangspezifische RNA-Synthese findet unter der regulierenden Mitwirkung einer ganzen Reihe aktivierender oder blokkierender Proteine statt, welche im sogenannten *Promotor*-Bereich der DNA gebunden werden, um ihre spezifischen Wirkungen auszuüben. Für die Struktur der resultierenden mRNA gilt, daß die Nucleoside 2'-Deoxyadenosin (dA) durch Adenosin (A), 2'-Deoxycytidin (dC) durch Cytidin (C), 2'-Deoxyguanosin (dG) durch Guanosin (G) und Thymidin (dT) durch Uridin (U) ersetzt worden sind. Die Transkription vollzieht sich in sehr unterschiedlicher Weise, je nachdem zu welchem der drei Domänen von Lebewesen (*Archebakterien, Eubakterien, Eukaryoten;* s. *Abschn. 16.4*) die betrachtete Zelle gehört. Das Primärtranskript wird durch cotranskriptionale und/oder posttranskriptionale Reifung (*Prozessierung*) in funktionsfähige RNA-Moleküle (Sekundärtranskript) umgewandelt. Unabhängig von der Zelle, in welcher die RNA-Synthese stattfindet, sind es stets die drei RNA-Typen, die an der Protein-Synthese beteiligt sind: *Boten-RNA (messenger RNA; mRNA)*, *Transfer-RNA (tRNA)* und *ribosomale RNA (rRNA)*.

16.3. Der Genetische Code

16.3.1. Entschlüsselung

Zur Entschlüsselung des genetischen Codes wurden viele Experimente vorgenommen. Entscheidende Beiträge kamen aus den Laboratorien des Biologen *Marshall Nirenberg* und des Chemikers *H. Gobind Khorana*. Da wir weniger an der historischen Abfolge der einzelnen Schritte als an der Logik kombinatorischer Beziehungen zwischen Molekülen interessiert sind, rücken wir solche Experimente in den Vordergrund, die diesem Ziel nützen. Hierzu wurden Oligo- und Polyribonucleotide benötigt. Deren Synthese wird in *Aspekte der Organischen Chemie,* Band 3: *Synthese* beschrieben.

Die Experimente zur Entschlüsselung des genetischen Codes sind mit synthetischen Poly- oder Trinucleotiden vorgenommen worden. Im ersteren Fall wurde die Aminosäure-Sequenz solcher Polypeptide analysiert, welche durch *in vitro*-Synthese unter Verwendung von Polynucleotiden bekannter, repetitiver Nucleotid-Sequenz als mRNA erhalten worden waren. Im letzteren Fall wurde ermittelt, welche (radioaktiv markierte) Aminosäure vorhanden sein muß, damit sich eine Aminoacyl-tRNA am vorhandenen Ribosom bindet.

Das Nucleotid-Copolymere $(U)_m$ fungiert als mRNA und liefert bei *in vitro*-Experimenten mit zellfreien Homogenaten aus *E. coli* in Gegenwart von Phe das Polypeptid $(Phe)_n$. Auf der Seite des Polypeptids ist n sehr groß. Wie groß muß m auf der Seite des Polynucleotids mindestens sein, damit die biologische Synthese des Polypeptids überhaupt stattfindet?

Bevor es zur biologischen Synthese kommt, lagert sich die mit Phe beladene tRNA (Phe-$tRNA^{Phe}$) am vorhandenen Ribosom an. Mißt man diese Anlagerung bei Verwendung von [^{14}C]Phe, so erfährt man, daß das Dublett $(U)_2$ keinen Einfluß auf die Bindung von Phe-$tRNA^{Phe}$ hat und demzufolge nicht als Matrize bei der Protein-Synthese wirken kann. Anders verhält sich $(U)_3$, das ebenso wirksam ist wie $(U)_4$ oder $(U)_5$. Daraus ist zu schließen, daß speziell UUU als Codon-Triplett für die Selektion von Phe und allgemein drei aufeinanderfolgende Nucleobasen für die Selektion einer Aminosäure wirken. Dieser Schluß stimmt mit den Überlegungen überein, daß die vier Buchstaben der DNA (RNA), nämlich dA, dT, dG und dC (A, U, G und C), auf Codon-Dubletts verteilt $4^2 = 16$, auf Codon-Tripletts verteilt $4^3 = 64$ Kombinationen zulassen. In ähnlicher Weise wurde festgestellt, daß $(C)_m$ bzw. $(A)_m$ als mRNA während der Synthese von $(Pro)_n$ bzw. $(Lys)_n$ fungiert.

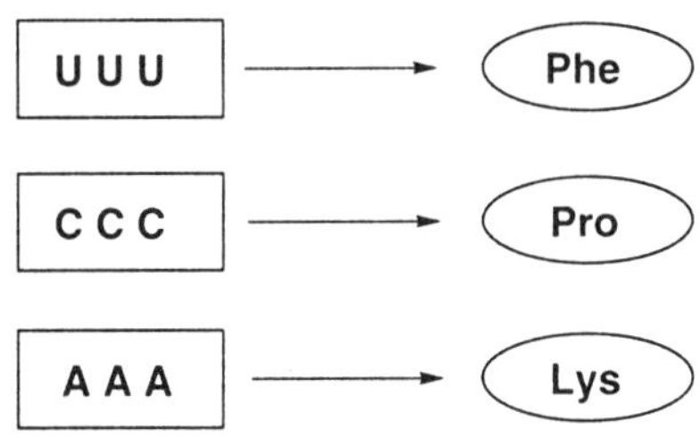

$(G)_m$ mit dem aufeinanderfolgenden Nucleotid-Triplett GGG betätigte sich dagegen nicht als Matrize. Der Grund hierfür liegt in der besonderen Neigung zur Bildung von H-Brücken zwischen Gua und Gua und damit zum Zustandekommen von Übermolekülen mit Quadruplex-Struktur.

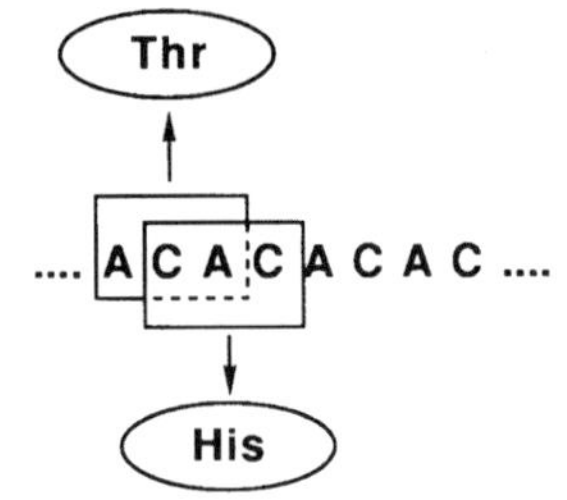

Das Copolymere $(A\text{-}C)_m$ weist, je nach Lesebeginn, die überlappenden Codonen ACA und CAC auf. Das von ihm bestimmte Polypeptid besteht zu gleichen Teilen aus Thr und His. Damit ist klargestellt, daß ACA und CAC die Codonen für Thr und His sind. Doch welches der beiden Codonen steht für Thr und welches für His? Diese Frage läßt sich experimentell als Stimulierung der Bindung von $[^{14}C]$Thr-tRNA^{Thr} am Ribosom entweder durch das Codon-Triplett ACA oder durch das Codon-Triplett CAC beantworten. Da ACA stimulierend wirkt, steht dieses Codon für Thr. Durch ein ähnliches Experiment kann das Triplett CAC als Codon für His bestimmt werden.

Das Copolymere $(A\text{-}A\text{-}G)_m$ weist, je nach Lesebeginn, die überlappenden Tripletts AAG, AGA und GAA auf. Da in Gegenwart des Codon-Tripletts AAG die Bindung von $[^{14}C]$Lys-tRNA^{Lys}, in Gegenwart des Codon-Tripletts AGA die Bindung von $[^{14}C]$Arg-tRNA^{Arg} und in Gegenwart des Codon-Tripletts GAA die Bindung von $[^{14}C]$Glu-tRNA^{Glu} am Ribosom von *E. coli* stimuliert werden, stehen die Codonen AAG für Lys, AGA für Arg und GAA für Glu.

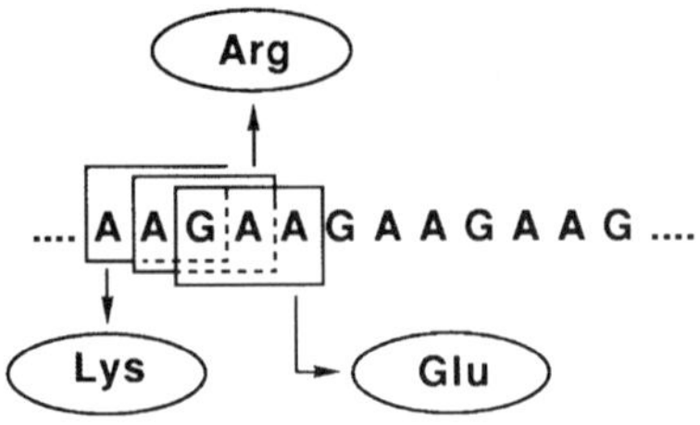

Das Copolymere $(U\text{-}A\text{-}U\text{-}C)_m$ enthält, je nach Lesebeginn, die Codon-Tripletts UAU, AUC, UCU und CUA. Es wirkt als mRNA für die Synthese des Polypeptids mit der repetitiven Aminosäure-Anordnung $(\text{Tyr-Leu-Ser-Ile})_n$. Da in Gegenwart des Codon-Tripletts UAU die Bindung von $[^{14}C]$Tyr-tRNA^{Tyr}, in Gegenwart des Codon-Tripletts AUC die Bindung von $[^{14}C]$Ile-tRNA^{Ile}, in Gegenwart des Codon-Tripletts UCU die Bindung von $[^{14}C]$Ser-tRNA^{Ser} und in Gegenwart des Codon-Tripletts CUA die Bindung von $[^{14}C]$Leu-tRNA^{Leu} am Ribosom von *E. coli* stimuliert werden, stehen die Codonen UAU für Tyr, AUC für Ile, UCU für Ser und CUA für Leu.

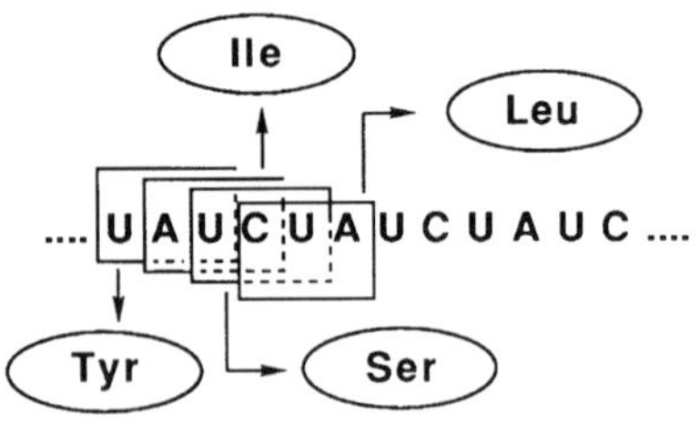

Die Analyse der Sequenz derjenigen Polypeptide, welche an einer mRNA-Matrize mit der Polynucleosid-Folge $(G\text{-}U\text{-}A\text{-}A)_m$ oder $(A\text{-}U\text{-}A\text{-}G)_m$ synthetisiert wurden, bot insofern Überraschungen, als hier kein periodisches Tetrapeptid-Muster festzustellen war. Stattdessen beobachtete man ein Gemisch von Di- und Tripeptiden. Der Grund hierfür liegt in der Tatsache, daß die Codon-Tripletts UAA und UAG als Terminationscodonen (*Stop-Codonen*) fungieren, welche eine Fortsetzung der Protein-Synthese unterbinden. Das Codon-Triplett UGA ist ebenfalls ein Stop-Codon.

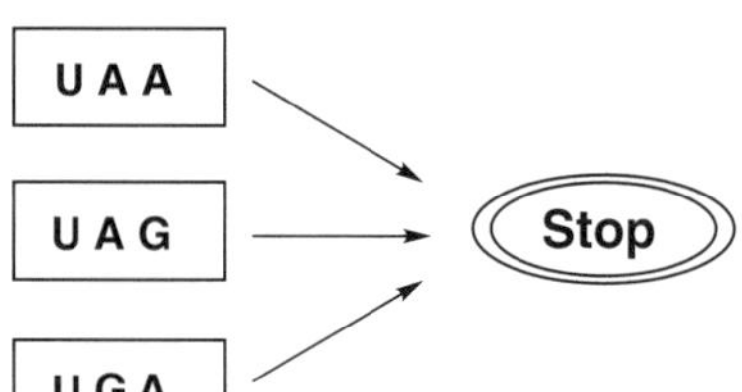

Unter den 64 möglichen Codon-Tripletts sind drei Terminationscodonen. Die übrigen 61 Codon-Tripletts sind experimentell mit den 20 proteinogenen Aminosäuren bisheriger Konvention der Molekularbiologen (*vide infra*) verknüpft worden. Das 'Wörterbuch', welches dieses Ergebnis festgeschrieben hat, wird kurz als *genetischer Code* bezeichnet und ist auf der Innenseite des hinteren Einbanddeckels des vorliegenden Bandes abgebildet. Den drei Terminationscodonen steht das Initiationscodon AUG gegenüber. Befindet es sich im Innern und nicht am Anfang einer Polynucleotid-Zeile, so steht das Codon-Triplett AUG für den Rest der Aminosäure Met. Eine Doppelfunktion übt auch das Codon-Triplett UGA aus. Es legt nicht nur den Abbruch der Protein-Synthese fest, sondern wirkt zuweilen als Codon-Triplett für den Rest der Aminosäure Selenocystein.

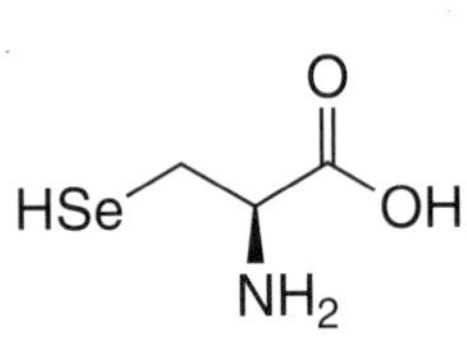

Selenocystein ist in einer Reihe von Proteinen bei einer großen Anzahl von Organismen beobachtet worden. Die für das Zustandekommen der Enzyme Glutathion-Peroxidase bzw. Formiat-Dehydrogenase in der Maus bzw. *E. coli* verantwortlichen Gene enthalten das Codon-Triplett dTdGdA. Selenocystein gehört also als 21. proteinogene Aminosäure in den genetischen Code. In *E. coli* wird das Codon-Triplett UGA einer mRNA von einer Ser-tRNA^{Ser} abgelesen, in welcher Serin in Selenocystein übergeführt wird, bevor die aminoacylierte tRNA an das Ribosom gelangt.

Der genetische Code schreibt vor, in welche Aminosäure das Codon-Triplett einer mRNA übersetzt werden soll. Bei einigen mRNAs gibt es zusätzliche, hauptsächlich in der mRNA selbst gespeicherte Information, die bestimmt, in welcher von mehreren Möglichkeiten der genetische Code angewendet werden soll. Man spricht von einer *Recodierung* und versteht darunter eine Änderung der Bedeutung von Code-Wörtern bei der Protein-Synthese am Ribosom.

16.3.2. Entartung

Da die syntaktische Information von 62 Codon-Tripletts während der Protein-Synthese in die syntaktische Information von 21 Aminosäuren übertragen wird, müssen 41 Codonen vorhanden sein, die entweder für keine Aminosäure verantwortlich oder mit einem der 21 bereits berücksichtigten Tripletts synonym sind. Das letztere ist der Fall (s. *Tab. 10.18*): man sagt, der Code sei *entartet*.

Der genetische Code läßt sich in Form einer Matrix mit 16 gleich großen Feldern darstellen (*Fig. 16.17*). Die Hälfte dieser (fett eingerahmten) Felder ist dadurch gekennzeichnet, daß in allen vier Codon-Tripletts allein die beiden ersten Codon-Nucleotide dieselbe Aminosäure bestimmen. Die andere Hälfte der (mager eingerahmten) Felder enthält Codon-

U U U	Phe	U C U	Ser	U A U	Tyr	U G U	Cys
U U C	Phe	U C C	Ser	U A C	Tyr	U G C	Cys
U U A	Leu	U C A	Ser	U A A	Stop	U G A	Stop
U U G	Leu	U C G	Ser	U A G	Stop	U G G	Trp
C U U	Leu	C C U	Pro	C A U	His	C G U	Arg
C U C	Leu	C C C	Pro	C A C	His	C G C	Arg
C U A	Leu	C C A	Pro	C A A	Gln	C G A	Arg
C U G	Leu	C C G	Pro	C A G	Gln	C G G	Arg
A U U	Ile	A C U	Thr	A A U	Asn	A G U	Ser
A U C	Ile	A C C	Thr	A A C	Asn	A G C	Ser
A U A	Ile	A C A	Thr	A A A	Lys	A G A	Arg
A U G	Met	A C G	Thr	A A G	Lys	A G G	Arg
G U U	Val	G C U	Ala	G A U	Asp	G G U	Gly
G U C	Val	G C C	Ala	G A C	Asp	G G C	Gly
G U A	Val	G C A	Ala	G A A	Glu	G G A	Gly
G U G	Val	G C G	Ala	G A G	Glu	G G G	Gly

Fig. 16.17. *Der genetische Code mit den beiden Untergruppen, in denen nur die ersten beiden Codon-Nucleotide* (fett umrandet) *bzw. in denen alle drei Codon-Nucleotide* (mager umrandet) *die zugehörige Aminosäure oder den Synthese-Abbruch bestimmen*

Tripletts, die jeweils eine von zwei Aminosäuren zuordnen oder jeweils eine bzw. zwei Aminosäuren zuordnen und einen Stop-Befehl aussprechen.

Bei der Hälfte der (mager eingerahmten) Felder kommt es also darauf an, zwischen den Nucleotiden der dritten Position des jeweiligen Codons unterscheiden zu können, wenn Fehler bei der Protein-Synthese vermieden werden sollen. Dazu dürfen Purin- und Pyrimidin-Basen auf keinen Fall und bei den Paaren der Codon-Tripletts AUA/AUG sowie UGA/UUG nicht einmal A und G miteinander verwechselt werden.

16.3.3. (Codon/Anticodon)-Wechselbeziehungen

Der Anticodon-Bereich einer aminoacylierten tRNA vermag den Codon-Bereich einer mRNA zu erkennen (*Fig. 16.18*).

Den 62 verschiedenen Codon-Tripletts, welche laut genetischem Code mit 21 Aminosäuren verknüpft sind, stehen weniger als 62 tRNAs und somit weniger als 62 Anticodon-Bereiche gegenüber. Man muß daher folgern, daß manche tRNAs *ihre* Aminosäure als Reflex auf mehr als ein Codon in das gerade synthetisierte Protein einbringen können. Dies ist möglich, weil die Basenpaarung zwischen Codon und Anticodon eine gewisse Flexibilität zeigt. Nur die beiden ersten Basen eines Codon-Tripletts und die beiden letzten Basen des komplementären, antiparallel angeordneten Anticodon-Tripletts gehen eine stabile *Watson-Crick*-Paarung ein. Die letzte Base des Codons und die erste Base des Anticodons sind recht lose (*wackelig*) miteinander verbunden. Regeln, welche den hierdurch gewonnenen Spielraum eingrenzen, nennt man nach *Crick 'Wackelkontakt-Regeln' (wobble rules)*.

Von allen Nucleinsäuren weisen tRNAs die größte Dichte modifizierter Nucleoside auf. Die enzymatisch bewirkte Abänderung, die mit wenigen Ausnahmen (z.B. Inosin) posttranskriptional geschieht, mag zu konformationellen Besonderheiten führen, welche supramolekulare Wechselwirkungen mit Proteinen oder anderen Nucleinsäuren beeinflussen. Mehr als 50 Molekül-Arten, die sich von den kanonischen Nucleosiden A, G, U bzw. C ableiten, sind inzwischen bekannt. Inosin (I) ist ein aus Hypoxanthin (Hyp) und *β*-D-Ribofuranose zusammengesetztes Purin-Nucleosid.

16.3.4. Universelle Gültigkeit?

Der genetische Code hat einen sehr weiten Gültigkeitsbereich. Ausnahmen findet man z.B. bei der DNA nicht-pflanzlicher Mitochondrien (mitochondriale DNA, kurz: mtDNA), also bei semiautonomen Organellen im Cytoplasma eukaryotischer Zellen. Die heutigen, stark kompartimentierten eukaryotischen Zellen sind nach einhelliger Ansicht (*Endosymbionten-Hypothese*) durch Symbiose eines ihrer weniger entwickelten, organellenfreien Vorläufer mit dem Vorläufer einer prokaryoti-

Falls sich die grau unterlegten Nucleoside in der 1. Position (Wackel-Position) des Anticodons befinden, kann die *tRNA*

C	A	G	U	I
G	U	C	A	C
		U	G	A
				U

diejenigen Codonen erkennen, bei denen eines der aufgeführten Nucleoside die 3. Position besetzt.

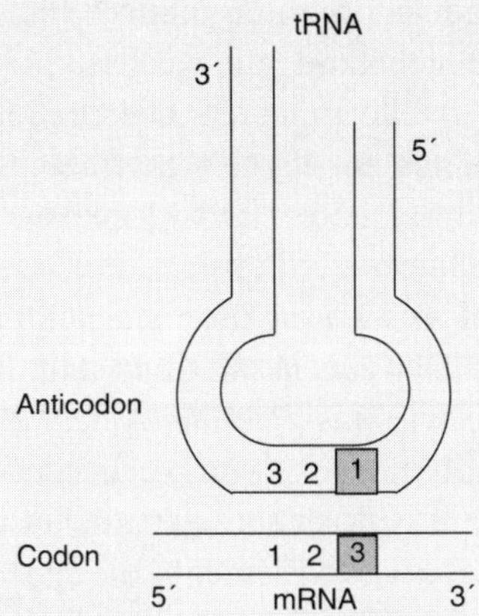

Falls sich die grau unterlegten Nucleoside in der 3. Position (Wackel-Position) des Codons befinden, kann die *mRNA*

C	A	G	U
G	U	C	A
I	I	U	G
			I

von einer tRNA erkannt werden, welche eines der aufgeführten Nucleoside in der 1. Position des Anticodons enthält.

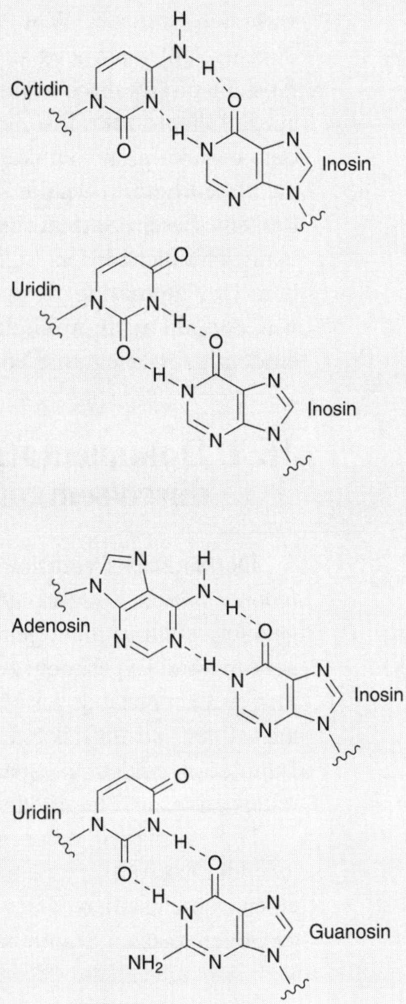

Fig. 16.18. *'Wackelkontakte' zwischen der 3. Position eines Codon-Tripletts und der 1. Position eines Anticodon-Tripletts, die Basenpaarung zwischen C und I, U und I, A und I sowie U und G zulassen*

schen Zelle (als *Endosymbiont*) zustande gekommen. Haben sich diese Endosymbionten ursprünglich wie Zellen in Zellen verhalten, konnten sie sich bald mit wechselseitiger Arbeitsteilung den Bedürfnissen der Wirtzelle anpassen. Die Organellen verfügen über den gesamten Mechanismus zur Protein-Synthese. Die meisten Proteine der Mitochondrien werden jedoch im Cytoplasma der Zellen nach Instruktion der Gene im Zellkern synthetisiert. Nur wenige Proteine werden in den Organellen auf Anweisung ihrer eigenen Gene hergestellt.

Der *genetische Code* steht in ähnlicher Weise im Zentrum der Biologie wie das *Periodensystem der Elemente* (s. Innenseite des vorderen Einbanddeckels des vorliegenden Bandes) im Zentrum der Chemie steht. Da ist jedoch ein wesentlicher Unterschied: Da dem Periodensystem der chemischen Elemente die spezifische Elektronenstruktur der Atome als Ordnungsprinzip zugrunde liegt (*Kap. 8.3*), ist anzunehmen, daß es im wahrsten Sinn des Wortes universell gültig ist. Der genetische Code dagegen gilt nach Zeit und Ort nicht universell. Er ist nach heutiger Ansicht physikalisch nicht begründet, sondern als evolutives Ergebnis ein Zufallsprodukt. Ein Zufallsprodukt, das von informationsspeichernden, molekularen Replikatoren zur teleonomischen Annäherung an ein zweckbedingtes Verhalten optimiert wurde. Der Trend der Evolution, der mit diesem Satz ausgedrückt ist, läßt sich in einem analogen Bild veranschaulichen: Der vierte Zug des Spielers, der seinen Partner nach dem 18. Zug matt setzt, erscheint in der Retrospektive zielgerichtet und war es wohl auch, wenngleich in einer Weise, die von vornherein nicht eindeutig festgelegt und vom Mitspieler beeinflußt war.

16.4. Dokumentation der Evolution durch semantophoretische Moleküle

Der Satz des Evolutionsbiologen *Theodosius Dobzhansky 'Nothing in biology makes sense except in the light of evolution'* wäre ideologisch gefärbt, wenn es nicht gelänge, die Theorie der Evolution durch Beobachtung und Experiment zu überprüfen. Man muß nur, wegen der relativ kurzen Lebensdauer des Menschen, ein geeignetes Untersuchungsobjekt auswählen, so daß sich Evolution durch Änderung einer natürlichen Population eindeutig feststellen läßt. Im übrigen gibt es keine akzeptable Alternative zur Theorie der Evolution.

Die Gültigkeit des *genetischen Codes* für alles, was wir heute als lebendig erkennen, ist ein starker Hinweis dafür, daß alles Lebendige einen gemeinsamen Ursprung hat. Alles Lebendige läßt sich in einen phylogenetischen Stammbaum einordnen. Als Klassifizierungskriterien kommen ungezählte Eigenschaften in Betracht. Im Laufe der Zeit hat eine Akzentverschiebung von morphologischen zu molekularen Kriterien stattgefunden. Die Sequenz der Proteine oder diejenige der Nucleinsäuren ist dabei mehr und mehr in den Vordergrund getreten.

Zuckerkandl und *Pauling* haben, nachdem *Crick* das 'Zentrale Dogma der Molekularbiologie' formuliert hatte, von 'Semantophoretischen Molekülen als Dokumenten der Evolution' gesprochen, welche jeweils als Basis für eine molekulare Phylogenie in Betracht kommen. Nicht-semantophoretische Moleküle, welche enzym-katalysiert zustande kamen, wie z.B. das früher für phylogenetische Stammbäume benutzte Enzym Cytochrom C, werden als *episemantische* und Moleküle, die nicht von einer lebenden Zelle synthetisiert worden sind, wie z.B. Butadien, werden als *asemantische* Moleküle bezeichnet. Am einen Ende einer Reihe stehen also semantophoretische Moleküle, insbesondere die Nucleinsäuren, am anderen Ende trifft man auf asemantische Moleküle. Asemantische Moleküle sind keine, episemantische Moleküle nur unzuverlässige phylogenetische Informationsquellen. Will man semantophoretische Moleküle als Indikatoren für die Lokalisierung einer Spezies (relativ zu anderen Spezies) am phylogenetischen Stammbaum verwenden, hat man noch darauf zu achten, daß verschiedene Proteine oder verschiedene Nucleinsäuren jeweils unterschiedlich rasch mutieren. So evolviert DNA aus Mitochondrien mit hoher Geschwindigkeit: Im Gegensatz zur DNA aus dem Zellkern fehlen bei der DNA aus Mitochondrien Reparatur-Enzyme. RNA aus Ribosomen evolviert mit sehr geringer Geschwindigkeit. Je nachdem, ob man Spezies, die erst spät von einem gemeinsamen Ahnen ausgingen, oder Spezies, bei denen die Divergenz in einer Frühphase der Evolution stattfand, untersuchen will, wird man sich dort für eine rasch und hier für eine langsam evolvierende Nucleinsäure entscheiden. Jedenfalls gilt: Wenn ein Paar phylogenetisch verwandter Spezies die gleiche Nucleotid-Sequenz (oder Aminosäure-Sequenz) aufweist, wird man diese Sequenz auch im gemeinsamen Vorfahren wiederfinden.

Mit Hilfe von rRNA hat *Woese* kürzlich die evolutionäre Beziehung bei Bakterien hergestellt und den phylogenetischen Stammbaum auf sämtliche Bereiche des Lebens ausgedehnt: mit dem Ergebnis, daß eine Neuordnung alles Lebendigen in die drei taxonomischen Domänen der Eubakterien (*Bacteria*), der Archebakterien (*Archaea*) und der Eukaryoten (*Eucarya*) vorgenommen werden konnte.

Mit Hilfe von tRNA ist *Eigen* der für den Ursprung des Lebendigen wichtigen Frage, wie alt der genetische Code sei, nachgegangen.

M. Eigen, Ruthild Winkler-Oswatitsch und *Andreas Dress* haben festgestellt, daß der genetische Code jünger als unser Planet und keinesfalls älter als 3,8 ($\pm$ 0,6) Milliarden Jahre ist. Dieser Schluß wurde mit Hilfe der *Statistischen Geometrie* und Darstellung ihrer Resultate im *Sequenzraum* gezogen. Hierbei handelt es sich um ein Procedere zur Feststellung struktureller Verwandtschaft zwischen verschiedenen Sequenzen bei Proteinen oder Nucleinsäuren. Bei Nucleinsäuren ist zu beachten, daß die zu vergleichenden Sequenzen nicht gleich lang sind, wenn zusätzliche Nucleotide eingeschoben (*Insertion*) oder entfernt (*Deletion*) worden sind, so daß man sich an *Homologien* orientiert, die über die ganze Kette verteilt sein können. Aus einer Menge homologer Sequenzen erhält man computer-unterstützt die sogenannte *Consensus-Sequenz,* bei welcher in jeder Position das am häufigsten auftretende Symbol (für das entsprechende Nucleosid) erscheint. Jedes Paar von Sequenzen läßt sich durch einen Abstand charakterisieren, welcher der Summe unterschiedlich besetzter Positionen entspricht. Bei Nucleinsäuren mit ihren vier verschiedenen Nucleotid-Einheiten ist eine größere Anzahl von Abstandskategorien zu berücksichtigen, die sich durch komplizierte geometrische Figuren als hochdimensionale Hyperkuben im Sequenzraum

Tab. 16.1. *Mögliche Evolution des genetischen Codes nach* M. Eigen et al. (1981). Zur Bedeutung von N, R und Y *s. Kap. 10.5.2.*

1. Position **2. Position** **3. Position**

N-Code im GNC-, GNY-Rahmen

G	C	A	U
Gly	Ala	Asp	Val

RN-Code im RNY-Rahmen

	G	C	A	U
G	Gly	Ala	Asp	Val
A	Ser	Thr	Asn?	Ile

RNN-Code

	G	C	A	U	
G	Gly	Ala	Asp	Val	**Y**
	Gly	Ala	Glu	Val	**R**
A	Ser	Thr	Asn	Ile	**Y**
	Arg	Thr	Lys	Ile/Met	**R**

NNN-Code

	G	C	A	U	
G	Gly	Ala	Asp	Val	**C**
	Gly	Ala	Asp	Val	**U**
	Gly	Ala	Glu	Val	**G**
	Gly	Ala	Glu	Val	**A**
A	Ser	Thr	Asn	Ile	**C**
	Ser	Thr	Asn	Ile	**U**
	Arg	Thr	Lys	Met ('START')	**G**
	Arg	Thr	Lys	Ile	**A**
C	Arg	Pro	His	Leu	**C**
	Arg	Pro	His	Leu	**U**
	Arg	Pro	Gln	Leu	**G**
	Arg	Pro	Gln	Leu	**A**
U	Cys	Ser	Tyr	Phe	**C**
	Cys	Ser	Tyr	Phe	**U**
	Trp	Ser	'STOP'	Leu	**G**
	'STOP'	Ser	'STOP'	Leu	**A**

abbilden lassen. Den geometrischen Figuren kann man zwischen Sequenzen bestehende Verwandtschaftsverhältnisse entnehmen und kann insbesondere feststellen, wie weit die 'Erinnerung' an den gemeinsamen Vorläufer bereits abgeklungen, d.h. wie *verrauscht* die ursprüngliche Information inzwischen schon ist.

Auch die Frage nach der Evolution des genetischen Codes ist von der *Eigen*schen Schule behandelt worden. *Tab. 16.1* informiert über derartige Vorstellungen.

Tab. 16.2 gibt an, auf welcher hierarchischen Ebene Struktur-Einheiten der semantophoretischen Biomakromolekül-Typen einander und darüber hinaus linguistischen Einheiten entsprechen.

Tab. 16.2. *Bedeutung linguistischer Begriffe in den Sprachen semantophoretischer Moleküle*

Linguistische Einheiten	Sprache der Proteine	Sprache der Nucleinsäuren
Sätze	Polypeptide	Polynucleotide
Wörter	Aminosäuren	Nucleotid-Tripletts
Buchstaben	C^{α} mit Seitenkette	Nucleobasen
Übersetzungs-schlüssel	Der Genetische Code	

Analogien zwischen der menschlichen Sprache und der chemischen Vielfalt des Immunsystems sind von *Niels K. Jerne* aufgezeigt worden. *Jerne* spricht in seinem *Nobel*-Vortrag 1984 von der 'Generativen Grammatik des Immunsystems' so, wie *Noam Chomsky* dem linguistischen Gestaltungsvermögen des Menschen eine generative Grammatik zugrunde legt, d.h. das Vorhandensein eines allgemein gültigen Regelwerks annimmt, das festlegt, welche syntaktischen Strukturen zulässig sind und welche nicht. So wundert es nicht, daß *Jerne* fragt: *'Wie ist es möglich, daß das Immunsystem Antikörper produzieren kann, welche spezifisch sogar solche Moleküle zu erkennen vermögen, die in der Welt zuvor gar nicht existierten und erst im Laboratorium des Chemikers synthetisiert wurden?'* und *Chomsky* auf die schon früher von *Bertrand Russell* formulierte Frage *'Woher kommt es, daß die Menschen, deren Kontakte mit der Welt kurz, persönlich und begrenzt sind, trotzdem so viel wissen können?'* eine Antwort haben möchte.

In diesem Band über die Struktur von Molekülen und Übermolekülen, welche der organischen Chemie zugerechnet werden, ist mehr als einmal von der Sprache als Vehikel der Kommunikation die Rede gewesen. Häufig wurde die regelhafte Verwendung von Symbolen, die in der chemischen 'Ikonographie' (*Kap. 10*) eine wichtige Rolle spielen, für eine sprachliche Verständigung nicht nur der Chemiker untereinander unterstrichen. Linguisten haben keinen Zweifel an der Funktion, welche die Sprache für die Entwicklung kognitiver Eigenschaften hat. *Wilhelm von*

Humboldt sah bereits klar, daß Sprachwissenschaft sich nicht im Aufzeigen der Sprachgeschichte erschöpfen darf, sondern sich darüber hinaus um Untersuchungen des menschlichen Sprachvermögens als einer biologischen Anlage kümmern sollte. Er faßt Sprache keineswegs als eine vorläufige Anhäufung von Wörtern auf, die dann anschließend strukturiert werden. Sprachen sind seiner Meinung nach nicht nur *'Mittel, die schon erkannte Wahrheit darzustellen, sondern weit mehr die vorher unbekannte zu entdecken'*. Verschiedene Sprachen unterscheiden sich voneinander darin, daß eine jede zur Entdeckung bestimmter Seiten der Wirklichkeit besonders gut geeignet ist: Jede Sprache eröffnet eine bestimmte Weltansicht. Welchen Beitrag der Chemiker mit seiner Sprache zum Weltbild des modernen Menschen leistet, hat *Kornberg* geschildert: *'Much of life can be understood in rational terms if expressed in the language of chemistry. It is an international language, a language for all of time, and a language that explains where we came from, what we are, and where the physical world will allow us to go. Chemical language has great aesthetic beauty and links the physical sciences to the biological sciences.'*

Weiterführende Literatur

Allgemein

P. Handler (Ed.), *Biology and the Future of Man,* Oxford University Press, New York, 1970.

S. J. Gould, *Wonderful Life,* W. W. Norton & Comp., New York, 1989.

W. Fontana, L. W. Buss, *What would be conserved if "the tape were played twice"? Proc. Natl. Acad. Sci. USA* **1994,** *91,* 757.

M. Delbrück, *A physicist looks at biology, Trans. Coun. Acad. Art. Sci.* **1949,** *38,* 173.

F. Crick, *What Mad Pursuit,* Basic Books, New York, 1988.

Zu Abschn. 16.1.

16.1.1.

M. F. Perutz, *Physics and the riddle of life, Nature* **1987,** *326,* 555.

E. Schrödinger, *What is Life? & Mind and Matter,* Cambridge University Press, Cambridge, 1967.

N. W. Timofèeff-Ressovsky, K. G. Zimmer, M. Delbrück, *Über die Natur der Genmutation und der Genstruktur, Nachrichten aus der Biologie von der Gesellschaft der Wissenschaften zu Göttingen,* Mathematisch-Physikalische Klasse, Neue Folge, Fachgruppe VI, **1935,** *1,* 189.

J. B. S. Haldane in *Perspectives of Biochemistry* (Ed. J. Needham, D. E. Green), Cambridge University Press, Cambridge, 1937.

L. Pauling, M. Delbrück, *The Nature of the Intermolecular Forces Operative in Biological Processes, Science* **1940,** *92,* 77.

16.1.2.

C. Bresch, *Klassische und molekulare Genetik*, Springer-Verlag, Berlin, 1965.

D. T. Suzuki, A. J. F. Griffiths, J. H. Miller, R. C. Lewontin, *An Introduction to Genetic Analysis*, 4th Edn., W. H. Freeman & Comp., New York, 1989.

B. Lewin, *Genes V*, Oxford University Press, New York, 1994.

E. Mayr, *Eine neue Philosophie der Biologie*, Piper, München, 1988.

16.1.3.

A. E. Garrod, *Inborn Errors of Metabolism*, Oxford University Press, Oxford, 1923.

G. W. Beadle, *Nobel Lecture: Genes and chemical reactions in Neurospora* in *Nobel Lecture Physiology or Medicine 1942–1962*, Elsevier Publ. Comp., Amsterdam, 1964.

E. L. Tatum, *Nobel Lecture: A case history in biological research* in *Nobel Lecture Physiology or Medicine 1942–1962*, Elsevier Publ. Comp., Amsterdam, 1964.

F. H. C. Crick, *On Protein Synthesis, Symp. Soc. Exp. Biol.* **1958,** *12,* 548.
– *Central Dogma of Molecular Biology, Nature* **1970,** *227,* 561.

E. Zuckerkandl, L. Pauling, *Documents of Evolutionary History, J. Theoret. Biol.* **1965,** *8,* 357.

Zu Abschn. 16.2.

L. Stryer, *Biochemistry*, 3rd Edn., W. H. Freeman & Comp., New York, 1988.

D. Voet, J. G. Voet, *Biochemie*, VCH Verlagsgesellschaft, Weinheim, 1992.

B. Alberts, D. Bray, J. Lewis, M. Raff, K. Roberts, J. D. Watson, *Molecular Biology of the Cell*, 2nd Edn., Garland, New York, 1989.

J. Darnell, H. Lodish, D. Baltimore, *Molecular Cell Biology*, 2nd Edn., Scientific American Books, New York, 1990.

J. D. Watson, N. H. Hopkins, J. W. Roberts, J. A. Steitz, A. M. Weiner, *Molecular Biology of the Gene*, 4th Edn., Vol. I and II, Benjamin/Cunnings Publ., Menlo Park, 1987.

M. Singer, P. Berg, *Genes & Genomes*, University Science Books, Mill Valley, California, 1991.

A. L. Lehninger, D. L. Nelson, M. M. Cox, *Prinzipien der Biochemie*, 2. Aufl., Übersetzung herausgegeben von H. Tschesche, Spektrum Akademischer Verlag, Heidelberg, 1994.

H. F. Judson, *The Eighth Day of Creation*, Simon & Schuster, New York, 1979.

R. Dulbecco, *Der Bauplan des Lebens*, Piper, München, 1987.

16.2.1.

M. Eigen, *Stufen zum Leben*, Piper, München, 1987.

J. D. Watson, F. H. C. Crick, *Genetical Implications of the Structure of Deoxyribonucleic Acid, Nature* **1953,** *171,* 964.

A. Kornberg, T. A. Baker, *DNA Replication*, W. H. Freeman & Comp., New York, 1992.

C. A. Hunter, *Wechselwirkungen zwischen aromatischen Systemen: Beruhen sie auf elektrostatischen Kräften oder Charge-Transfer-Übergängen? Angew. Chem.* **1993,** *105,* 1653.

A. Kornberg, *Nobel Lecture: The biologic synthesis of deoxyribonucleic acid* in *Nobel Lectures Physiology or Medicine 1942–1962*, Elsevier Publ. Comp., Amsterdam, 1964.
– *For the Love of Enzymes*, Harvard University Press, Cambridge, Mass., 1989.

R. L. Guyer, D. E. Koshland, Jr., *The Molecule of the Year, Science* **1989,** *246,* 1543.

K. Mullis, F. Faloona, S. Scharf, R. Saiki, G. Horn, H. Erlich, *Specific Enzymatic Amplification of DNA In Vitro: The Polymerase Chain Reaction, Cold Spring Harbor Symposia on Quantitative Biology*, **1986,** *L1,* 263.

K. B. Mullis, F. A. Faloona, *Specific Synthesis of DNA In Vitro via a Polymerase-Catalyzed Chain Reaction, Methods in Enzymol.* **1987,** *155,* 335.

K. B. Mullis, *The Unusual Origin of the Polymerase Chain Reaction, Scientific American* **1990,** *April,* 56.
K. B. Mullis, *Nobel-Vortrag: Die Polymerase Kettenreaktion, Angew. Chem.* **1994,** *106,* 1271.
K. B. Mullis, F. Ferré, R. A. Gibbs (Ed.), *The Polymerase Chain Reaction,* Birkhäuser, Boston, 1994.
L. E. Orgel, *RNA Catalysis and the Origin of Life, J. Theor. Biol.* **1986,** *123,* 127.
– *Evolution of the Genetic Apparatus: A Review, Cold Spring Harbor Symposia on Quantitative Biology,* **1987,** *L11,* 9.
– *Molecular replication, Nature* **1992,** *358,* 203.
S. L. Miller, L. E. Orgel, *The Origins of Life on the Earth,* Prentice-Hall, Englewood Cliffa, 1974.
G. F. Joyce, *Nonenzymatic Template-directed Synthesis of Informational Macromolecules, Cold Spring Harbor Symposia on Quantitative Biology,* **1987,** *L11,* 41.
G. F. Joyce, L. E. Orgel, *Prospects for Understanding the Origin of the RNA World* in *The RNA World* (Ed. R. F. Gasteland, J. F. Atkins), Cold Spring Harbor Laboratory Press, S. 1, Plainview, New York, 1993.
G. von Kiedrowski, *Ein selbstreplizierendes Hexadesoxynucleotid, Angew. Chem.* **1986,** *98,* 932.
A. Eschenmoser, *Toward a Chemical Etiology of the Natural Nucleic Acids' Structure,* The Robert A. Welch Foundation 37th Conference on Chemical Research, 1993.
– *Chemistry of Potentially Prebiological Natural Products, Origins of Life and Evolution of the Biosphere* **1994,** *24,* 389.

16.2.2.

D. L. Hatfield, B. J. Lee, R. M. Pirtle (Ed.), *Transfer RNA in Protein Synthesis,* CRC Press, Boca Raton, 1992.
A. Rich, *The structure and biology of transfer RNA, Current Biology* **1990,** Introductory Issue.
D. Moras, *Transfer RNA, Current Biology* **1991,** *1,* 410.

Zu Abschn. 16.3.

H. G. Khorana, *Nobel-Vortrag: Nucleinsäure-Synthese als Werkzeug für das Studium des genetischen Codes, Angew. Chem.* **1969,** *81,* 1027.
M. Nirenberg, *Nobel-Vortrag: Der genetische Code, Angew. Chem.* **1969,** *81,* 1017.
L. Maréchal-Dronard, A. Dietrich, J. H. Weil, *Adaption of tRNA Population to Codon Usage in Cellular Organelles* in *Transfer RNA in Protein Synthesis* (Ed. D. L. Hatfield, B. J. Lee, R. M. Pirtle), CRC Press, Boca Raton, 1992.
D. L. Hatfield, I. S. Choi, B. J. Lee, J.-E. Jung, *Selenocysteine, a New Addition to the Universal Genetic Code* in *Transfer RNA in Protein Synthesis* (Ed. D. L. Hatfield, B. J. Lee, R. M. Pirtle), CRC Press, Boca Raton, 1992.
F. H. C. Crick, *Codon-Anticodon-Pairing, The Wobble Hypothesis, J. Mol. Biol.* **1966,** *19,* 548.

Zu Abschn. 16.4.

T. Dobzhansky, *Nothing in biology makes sense except in the light of evolution, Amer. Biol. Teacher* **1973,** *35,* 125.
M. Ridley, *Evolution,* Blackwell Scientific Publications, Cambridge, Mass., 1993.
E. Zuckerkandl, L. Pauling, *Documents of Evolutionary History, J. Theoret. Biol.* **1965,** *8,* 357.
C. R. Woese, *Bacterial Evolution, Microbiol. Rev.* **1987,** *51,* 221.
C. R. Woese, O. Kandler, M. L. Whellis, *Towards a natural system of organisms: Proposal for the domains Archaea Bacteria, and Eucarya, Proc. Natl. Acad. Sci. USA* **1990,** *87,* 4576.
C. R. Woese, *The use of ribosomal RNA in reconstructing evolutionary relationships among bacteria* in *Evolution at the Molecular Level* (Ed. R.K. Selander, A. G. Clark, T. S. Whittam), Sinauer Associates, Sunderland, Mass., 1991.

M. Eigen, R. Winkler-Oswatitsch, A. Dress, *Statistical geometry in sequence space: A method of quantitative comparative sequence analysis, Proc. Natl. Acad. Sci. USA* **1988,** *85,* 5913.

M. Eigen, R. Winkler-Oswatitsch, *Statistical Geometry in Sequence Space, Methods in Enzymol.* **1990,** *183,* 505.

M. Eigen, W. Gardiner, P. Schuster, R. Winkler-Oswatitsch, *Ursprung der genetischen Information, Spektrum der Wissenschaft* **1981,** *Juni,* 36.

M. Eigen, B.F. Lindemann, M. Tietze, R. Winkler-Oswatitsch, A. Dress, A. von Haeseler, *How Old is the Genetic Code? Statistical Geometry of tRNA Provides an Answer, Science* **1989,** *244,* 673.

M. Eigen, *Virus-Quasispezies oder die Büchse der Pandora, Spektrum der Wissenschaft* **1992,** *Dezember,* 42.

N.K. Jerne, *Nobel-Vortrag 1984: Die generative Grammatik des Immunsystems, Angew. Chem.* **1985,** *97,* 813.

N. Chomsky, *Knowledge of Language,* Praeger, New York, 1986.
– *Reflexionen über die Sprache,* Suhrkamp Taschenbuch Wissenschaft 185, Frankfurt am Main, 1977.

B. Russell, *Human Knowledge. Its Scope and Limits,* Simon & Schuster, New York, 1948.

A. Kornberg, *The Two Cultures: Chemistry and Biology, Biochem.* **1987,** *26,* 6888.

Namensregister

Sachregister

D

E

F

G

L

M

N

Q

R

S

W

X

Y

Z